高级供水系统建模与管理

Advanced Water Distribution Modeling and Management

【美】Thomas M.Walski（托马斯·M. 沃斯基） 等 编著

周玉文 谢善斌 译

内 容 提 要

本书全面、深入、系统地介绍了城市供水系统构建水力模型的原理、方法和用途，英文原版《高级供水系统建模与管理》（Advanced Water Distribution Modeling and Management）是目前世界上最具影响力的供水系统建模与管理方面的专业书籍。本书具备专业理论用书、专业课教材和专业手册等多种功能，可供给水排水科学与工程，环境工程、城市规划、软件工程、自动化工程、信息工程、企业管理等专业的相关工程技术和管理人员以及高等院校的师生使用。

Special thanks to *The New Yorker* magazine for the cartoons throughout the book.

图书在版编目（CIP）数据

高级供水系统建模与管理 /（美）沃斯基等编著 ；周玉文，谢善斌译. -- 北京 : 中国水利水电出版社，2016.3

书名原文: Advanced Water Distribution Modeling and Management

ISBN 978-7-5170-3863-4

Ⅰ. ①高… Ⅱ. ①沃… ②周… ③谢… Ⅲ. ①城市供水系统－系统建模－研究 Ⅳ. ①TU991

中国版本图书馆CIP数据核字(2015)第300039号

版权登记号：01－2007－2894

书　名	**高级供水系统建模与管理**
原书名	Advanced Water Distribution Modeling and Management
原　著	［美］Thomas M. Walski （托马斯·M. 沃斯基）等 编著
译　者	周玉文　谢善斌
出版发行	中国水利水电出版社 （北京市海淀区玉渊潭南路1号D座　100038） 网址：www. waterpub. com. cn E-mail：sales@waterpub. com. cn 电话：（010）68367658（发行部）
经　售	北京科水图书销售中心（零售） 电话：（010）88383994、63202643、68545874 全国各地新华书店和相关出版物销售网点
排　版	中国水利水电出版社微机排版中心
印　刷	北京纪元彩艺印刷有限公司
规　格	184mm×260mm　16开本　39.25印张　931千字
版　次	2016年3月第1版　2016年3月第1次印刷
印　数	0001—2000册
定　价	**150.00**元

中译本序

城市地下管线是保障城市运行的重要基础设施和“生命线”。近年来，随着城市快速发展，地下管线建设规模不足、管理水平不高等问题突显，一些城市相继发生大雨内涝、路面塌陷甚至管线泄漏爆炸等事件，严重影响了人民群众生命财产安全和城市运行秩序。为切实加强城市地下管线建设管理，保障城市安全运行，提高城市综合承载能力和城镇化发展质量，经国务院同意，发布了《国务院办公厅关于加强城市地下管线建设管理的指导意见》（国办发〔2014〕27号），可见国家对城市基础设施规划、建设和运行管理的重视。

城镇供水管网是城市运行的重要基础设施和“生命线”的重要组成部分，规划、建设和管理好城市供水系统是业内专业技术人员的职责。中国是发展中国家，正处于城市化发展的进程中，由于城市规模还在扩大，因而作为为其提供支撑的城市基础设施的城市供水系统也在不断地扩大。为了保证城镇供水系统运行、维护和安全等方面正常有序，中华人民共和国住房和城乡建设部于2014年6月1日开始实施《城镇供水管网运行、维护及安全技术规程》，供水系统建模与管理就是推广技术之一。因此，《高级供水系统建模与管理》的翻译与出版，非常及时和必要。

一个优秀的专业技术人员必须是终身的学习者。供水系统建模技术为专业技术人员提供了新的使用工具，无论使用者来自哪个学科，他们都面临着学习和知识更新的需要，《高级供水系统建模与管理》可以作为专业教材与手册，帮助初学者和专业技术人员更好地学习与掌握城镇供水管网模拟技术。

周玉文教授等所翻译的《高级供水系统建模与管理》一书，是我国供水系统领域难得的技术更新的教材，它必将为培养我国的专业工程技术和科学管理人才做出巨大贡献！

中国工程院院士

张杰

2014年6月16日

译者序

城市供水系统是城市的重要基础设施，是城市的“生命线”工程。中国是发展中国家，正处于城市化发展的进程中，城市规模在不断扩大，作为为其提供支撑的城市基础设施的城市供水系统也在不断扩大；同时，中国又具有全世界最复杂、最庞大的城市供水系统。因此，城市供水系统的规划、设计、建设、运行、维护、管理与安全都面临着巨大的挑战。

为了科学地规划、设计、建设、运行、维护和管理好我国不断扩大的城市供水系统，我们翻译了由海思德出版社出版的《高级供水系统建模与管理》(Advanced Water Distribution Modeling and Management)。本书系统、全面地介绍了城市供水系统构建水力模型的原理、方法和用途，是目前世界上最具影响力的供水系统建模与管理方面的专业书籍。本书不仅全面、深入和系统地介绍了相应的理论知识，也比较详细地介绍了供水系统模型的构建方法和使用，各章的后面还给出了大量习题，以期帮助读者更好地学习理解和消化吸收本章内容。本书的特定结构决定了其具备专业理论图书、专业课教材和专业手册等多种功能，可供给水排水科学与工程、环境工程、城市规划、软件工程、自动化工程、信息工程、企业管理等专业的相关工程技术和管理人员以及高等院校的教师和学生使用。

2001年出版的《供水系统建模》(Water Distribution Modeling) 曾获得了社会上的高度评价，在此基础上修订出版的《高级供水系统建模与管理》(Advanced Water Distribution Modeling and Management) 扩充了很多新内容，由原来的441页扩充到目前的800页，因此，读者可以更全面地了解国际上最新和最先进的研究成果。

供水系统建模与管理是水信息技术的重要组成部分，它将推动信息技术的进步。同时，信息技术的进步又反过来不断推动供水系统建模与管理事业的发展。供水系统建模与管理的技术发展是无止境的，专业技术人员的知识更新和不断学习也是无止境的，而本书正是知识更新的最佳教材。

参与本书第一稿翻译工作的主要人员有周玉文、谢善斌、王磊、张红旗、李文涛、王新庆、邢丽云、李骥、沈宏观、付亚平、王峰，由周玉文、谢善斌统稿；第二稿审译由周玉文完成。

十分感谢中国工程院院士张杰先生百忙之中拨冗为本书中译本撰写序！

我能完成这本译著要感谢我的恩师——哈尔滨工业大学赵洪宾教授，是他对所从事的事业的热爱使我产生了对城镇供水管网进行科学研究的兴趣，也促使我以他为榜样认真地培养我的学生们。

在本书中译本的出版过程中，中国水利水电出版社的阳淼编审以及该社土木建筑出版分社的李亮副编审、周媛编辑、李康编辑和知识产权出版社的张冰编辑均给予了大力支持，付出了辛勤的劳动，在此向他们表示衷心的感谢！

为了读者使用方便，将英文原版书所附光盘（CD - ROM）内容放置于“水电知识网（www. waterpub. com. cn）下载中心”，读者可以方便地获得 Water CAD 软件和书中所有习题的数据，更方便读者领会本书所介绍的内容和完成习题。

感谢本书 Thomas M. Walski 博士等作者为读者提供了如此有价值的专著，使我们能在认真拜读和专研的基础上将其翻译成中文，才有机会将这本巨著介绍给中国的读者。感谢奔特力工程软件有限公司（Bentley）为我们创造了翻译这本巨著的机会。

本书的翻译工作是一项艰苦的创造性劳动，译者的主观愿望是尽量使其完美，但是由于水平有限，译稿的疏漏之处在所难免，不当之处敬请读者指正。

北京工业大学教授

周玉文

2014 年 6 月 16 日

专家和作者寄语：

“小小的经验往往可以推翻大量理论。”

——卡德曼（Cadman）

仅以此书献给那些设计、建设、运行和维护全世界供水系统的人们。

——作者

一万多名执业工程师、教授和学生已经将《供水系统建模》作为他们的组织、大学及图书馆的技术资源，《高级供水系统建模与管理》以成熟资源为基础，并收集了来自于世界领先供水系统专家的新资料。

以下列出了收到的部分读者评价。

“这本书非常好地包含了许多供水系统建模专家的知识总结。”

——［美国］艾伦·L. 戴维斯博士，执业工程师（Allen L. Davis，CH2M Hill）

“《高级供水系统建模与管理》是一部完美的、综合的、权威的著作。如果你从事于本领域或想要了解这方面内容，这本书将是最好的选择。”

——［美国］李·塞萨里奥，执业工程师（Lee Cesario，Denver Water）

“这本书让我们了解了供水系统建模的复杂性。这本书写得非常好，并像适合实际工程师那样适合初学者参考。我祝贺海思德……”

——［印度］萨钦·申德（Sachin Shende，CMC，有限责任公司）

“海思德再次完成了一部内容全面的著作，它包含了供水系统管理的高级知识。关于**GIS**和系统安全性的部分，对系统脆弱性方面的数据管理特别及时地做了介绍。”

——［美国］詹姆斯·W. 梅尔博士，执业工程师（James W. Male，Universityof Portland）

“对于从事于供水系统分析、设计和建模的人来说，这是一本相当综合的参考书。关于 SCADA 数据的章节详细说明了当代 SCADA 系统是如何工作的。”

——［美国］凯文·芬曼（Kevin Finnan，Bristol Babcock ）

“我从事于供水系统的计算机建模已经有 **15** 年了。海思德的这本《高级供水系统建模与管理》提及了水力网络建模。这本书对于任何一位从事于供水系统建模的人来说，无论你是否使用海思德软件，都必须拥有。”

——［美国］杰夫·H. 埃德蒙兹，执业工程师（Jeff H. Edmonds，URS Corporation）

“……对于学生、工程师、教授来说，这都是一本好的参考书，因为它包含了供水管网建模部分的理论和实践内容。它为你节省了搜索不同参考文献的时间，因为它包含了网络建模的所有部分……事实上，它包含了设计、运行和维护一个供水管网的所有方面，是我们最好的参考书目。”

——［阿拉伯联合酋长国］穆罕默德·谢哈布硕士（Mohamad Shehab，Halcrow International Partnership）

“……出色的资源。每一位从事于供水系统建模的工程师都应该参考这本书。我也感觉到，对于所有工程专业的学生，都要把这本书作为必需的手册。我们现在为公司购买了许多本。”

——［美国］迈克尔·S. 威尔逊（Michael S. Wilson，England Thims & Miller 股份公司）

“这本书对于任何一位从事供水系统分析的工程师都是必需的。得分 **A++**”

——［美国］基斯·W. 沃索尔，培训工程师（Keith W. Walthall，Hunter Associates Texas 有限责任公司）

“它不仅包含了基本的建模理论，还提供了非常详细的建模方法和手段。我向任何一位从事于水力建模，无论是初学者还是专业技术人员，推荐这本书。”

——［美国］迈克尔·J. 威姆佩，执业工程师（Michael J. Whimpey，Central Utah Water Conservancy District）

“作为一个从事环境与水方面工作的公司，我们发现这本书从理论到实践都是最完善的。”

——［以色列］约阿夫·伊农硕士（Yoav Yinon，DHV MED）

“自从我的员工开始使用这本书，它就成为一本必需的参考书，让我们的能力得以提高，并将其作为日常使用的基础资料，它不仅对于建模问题，而且对于一般的工程了解也是有帮助的。”

——［美国］杰里·韦克菲尔德，执业工程师（Jerry Wakefield，Apex Engineering）

“这是一本对于试图获得执业工程师许可证的年轻工程师所必需的。它对于经验丰富的专业工程师来说也是相当有帮助和启发的。”

——［美国］戴维·福格尔松（David Vogelsong，City of Fredericksburg ）

“这本书是相当好的资源，可以被用来获得专业发展的学时。”

——［美国］文森特·汤森，执业工程师（Vincent Townsend，PLS Fleming Engineering 股份公司）

“这是有关供水系统建模最综合的一本著作，我已经从事这方面工作27年了……是一本我非常喜欢的参考书。”

——［加拿大］皮特·Shatzko 执业工程师（Pete Shatzko Engineering 有限责任公司）

“这本书已经成为我们解决水力学问题最好的使用资源。我现在可以在图书馆得到这本书，而不用回到大学课本上面去……这是一个非常好的投资。”

——［美国］吉恩·E. 索恩，执业工程师（Gene E. Thorne，Gene E. Thorne & Associates 股份公司）

“这本书已经成为供水系统建模领域必需的，因为这类工程软件已经存在。这本书涵盖了从头到 尾，怎样得到建模软件的结果，模拟真实的供水系统状况。”

——［美国］乔·斯坦利，执业工程师（Joe Stanley，City of Eden，NC ）

“这本书对于所有的供水系统建模者来说都是一本必需的参考书。它对基本概念作了一个完整的回顾，并为理解供水系统建模的本质提供了常识方法。购买这本书是很值的，它能发挥持续的参考资源的作用。”

——［加拿大］罗伯特·纽文豪生（Robert Niewenhuizen，City of Swift Current）

“如果你从事于供水系统建模，你必须要拥有这本书。即使你在供水系统建模方面没有背景知识，这本书对建模技术深入浅出的讲解也使其易于学习。”

——［美国］迈克尔·P. 麦克沙恩，培训工程师（Michael P. McShane，City of Richland）

“非常完美的书——帮我在我的公司做了大量工作。”

——［美国］理查德·C. 米勒，执业工程师（Richard C. Miller，J. Kenneth Fraser and Associates）

“……例如对于水质建模、遗传算法和 **GIS** 方面的高级方法论描述得相当简单，以至于使建模技术很容易被掌握。总之，在这本综合性的书中，所有方面都得到了描述。我很骄傲地拥有这个完美的专业伙伴。”

——［英国］大卫奥·露克，硕士，美国土木工程师学会会员，尼日利亚工程师学会会员（David Oloke，Enplan Group，Consulting Engineers）

“**Walski** 博士和他的合著者已经写出关于供水系统建模和水力方面的一部完善的著作。……任何一位工程顾问或者从事供水系统评价、规划或运行的人都必须拥有这本书。”

——［美国］安东尼·P. 奥马利，执业工程师（Anthony P. O'Malley，Larkin Group 股份公司）

“《供水系统建模》这本书无论是从实际方面还是从理论方面，都已经在美洲中部地区提供了非常好的向导。”

——［玻利维亚］马丁·A. 埃德，农业经济学学士学位，土木工程师，农业经济师，F. I. Agr. E.（Martin A. Ede，Land & Water Bolivia，有限公司）

“我发现这本书非常见闻广博，我一直参考它……。不幸的是我们这个城市只有一本书，总是从一个人传到另一个人手中……。这是我对这本书所评论的唯一不足。”

——［美国］罗德. 柯林斯（Rod Collins，City of Nampa）

“在这本书当中有许多好的信息。”

——［美国］丹尼尔·萨默菲尔德，执业工程师（Daniel Summerfield，DJ & A，P. C.）

“这本参考书目绝对是物超所值。它的编排有利于快速参考，也适用于反复阅读。”

——［美国］丽贝卡·享宁（Rebecca Henning，U. S. Army Corps of Engineers）

“我发现这本书对于我从事的供水系统设计非常有用。使我们很容易理解和掌握大量信息。”

——［冰岛］克里斯蒂安·克努特松（Kristján Knutsson，Honnun 有限责任公司）

“我已经从事水/废水工程 **30** 年了，但到目前为止，尚未看到一本有关供水系统建模的书写的像《供水系统建模》这样好，如此综合，且很容易阅读。对这本书的评价，我不可能说得很全面……总之，这是一本每个工程师的书架上都需要准备的书。”

——［美国］加里·A. 亚当斯，执业工程师（Gary A. Adams，Obsidian Group 股份公司）

“这是商业工作中最有用的书籍之一。如果你碰巧从事咨询行业的工作，这本书将会帮你做出最佳选择。我已经使用多次，每一次它都能让我对水力网络运作有更好的理解。”

——［墨西哥］阿方索·卡斯塔莫丝，硕士（Alfonso Castaños，Kuroda）

"最好的工程书籍之一。"

——［美国］莱昂内尔．苏．执业工程师，硕士（Lionel Sun，Seattle Public Utilities）

"《供水系统建模》已经很快成为工程中供水系统建模的范本。它是完整的资源，很容易被使用和理解。我们已经使用它修补我们的供水系统建模程序，并用来作为我们有关供水的午间训练课程系列之一。我们非常欢迎它！"

——［美国］杰弗里·W. 希利，执业工程师（Jeffry W. Healy，Banning Engineering，P. C.）

"极好的知识库。我真的盼望看到这系列著作得到进一步发展。"

——［新西兰］加里·麦格劳，新西兰工程师（Garry McGraw，Matamata Piako District Council）

"对于民用建设顾问来说这是一本必备书籍。这本书总结得非常好而且很深刻。每当我遇到有关供水系统建模问题时，这是我首先打开的书。如果你从事于任何一个与供水有关的领域，我都推荐你购买这本书。"

——［美国］格雷戈里·A. 柏奇，培训工程师（Gregory A. Baisch，Connor & Associates 股份公司）

"这是一本有关供水设计与建模的重要参考书。通过这本书的介绍，输水和供水都变得很容易。每一位水工程师都必须拥有这本书。"

——［美国］埃尔法蒂赫·萨利姆，执业工程师（Elfatih Salim，Fairfax County Government，VA）

"这不仅仅是建模方面的书。它还可以被任何一位有资格的工程师参考，这些工程师对理解怎么样更好地建立、运行、维护水系统很感兴趣。对于任何一位从事于供水系统设计、运行或维护的工程师来说，拥有这本书都是明智的。"

——［美国］威廉·M. 理查兹，执业工程师（William M. Richards，WMR Engineering）

"我已经从事供水系统设计和分析很多年了，但很失望一直没有找到有关综合处理计算机建模方面的参考材料。这本书正是我所寻找的！"

——［加拿大］凯利·G. 卡贝，执业工程师（Kelly G. Cobbe，Cumming Cockburn 有限责任公司）

"对于供水系统的模拟与建模，这是一本发挥了 **15** 年重要作用的著作。从这个领域的执业工程师角度来说，仅用这一本书就可以获得全部信息，它确实是我资料库中最好的资源。的确是四星级的出版物!”

——［印度］拉克什·洪萨博士（Rakesh Khosa，Indian Institute of Technology）

“《供水系统建模》对于所有供水领域的专家来说都是一个有用的工具和参考书。从基本的水力学知识和技术、建模范例到实际范例，都以一种简单实际的方式解释得很清楚。”

——［葡萄牙］阿丰索·波瓦工程师（Afonso Povoa，Pascal-Engenheiros）

“这些年以来，我一直使用三四本书中介绍的综合供水方法的信息。这是我遇到的第一本有关综合性知识，并介绍供水中有用模拟的书。海思德的这本《供水系统建模》已经取代了我书架上面其他的书。”

——［美国］艾丽森·福克斯沃思（Alison Foxworth，Edwards & Kelcey Engineers 股份公司）

“一本供水系统建模方面的真正杰作。”

——［巴西］马塞洛·穆尼斯·盖乌斯（Marcelo Monachesi Gaio，COPASA）

“这本《供水系统建模》是学习这门课程一流的资源，也是你书架上面必备的。每章最后的测试特别有用，而且可以呈报到 **PDH** 或教育信用。我很高兴拥有这本书!”

——［美国］P. 斯科特·比斯利，执业工程师（P. Scott Beasley，Crawford Design Company）

“这是一本关于水力建模和供水系统的好资源。当我遇到建模问题时，它是我求教的首要资源。它对于你们的工程图书馆来说确实很必需。”

——［美国］肖恩·K. 斯文森，执业工程师（Shane K. Swensen，Jordan Valley Water Conservancy District）

“每当我设计供水管网时，我基本不再使用书桌上面的其他几本参考书了，因为海思德的这本《供水系统建模》包含了所有我需要知道的内容。”

——［津巴布韦］赫伯特·尼库恩可瓦（Herbert Nyakutsikwa，Nyakutsikwa HJ Engineering Services）

“《供水系统建模》对于我们供水系统的 **GIS** 综合也是一本很有用的资源。”

——［美国］蒂莫西·怀特（Timothy White，James W. Sewall Company）

致谢

《高级供水系统建模与管理》的原版本《供水系统建模》是许多人努力的结果。首先而且最重要的，我想感谢10000多名个人用户把《供水系统建模》作为其组织、大学和图书馆的技术资源。你们的评论、反馈和鼓励是推动这项工作的动力。

许多作者为《高级供水系统建模与管理》这本书做了巨大贡献。在Tom Walski带领下，海思德公司的员工作出了他们的贡献，他们包括Stephen Beckwith、Scott Cattran、Donald Chase、Walter Grayman、Rick Hammond、Edmundo Koelle、Kevin Laptos、Steven Lowry、Robert Mankowski、Stanley Plante、John Przybyla、Dragan Savic和Barbara Schmitz。每位作者的信息和他们对各个章节的贡献将在“作者和作者的贡献”中提到。他们每个人想法的综合使得这本书是一个相当实际且有用的资源。此外，还要感谢这本书的编辑们——（Kristen Dietrich和Colleen Totz）——是他们无数小时的辛勤劳动把许多作者和评论者的信息组合成为一个连续的且可理解的教材。

关于瞬时分析的新内容阐述了一些独特的挑战，就如最先被Edmundo Koelle用葡萄牙语创作的那样。感谢Pedro Piña、Berenice G. Alves和Pedro Santos Viera提供的翻译服务，感谢Frank DeFazio、Keven Laptos、Bill Richards和Ben Wylie提供的技术支持。

许多工程师、技术支持代表还有海思德公司的产品专家审阅了各个章节和附带的范例。并提出有价值的建议。这些评论家包括Tom Barnard、Joshua Belz、Jack Cook、Samuel Coran、Steve Doe、Andres Gutierrez、Jennifer Hatchett、Gregg Herrin、Wayne Hartell、Keith Hodsden、Rajan Ray、Michael Rosh、Sasa Tomic、Michael Tryby、Ben White和Ben Wilson。Houjung Rhee、Kristen Dietrich、Tom Walski、Don Chase和Walter Grayman对每一章结尾的讨论话题和练习做出了贡献。

书中的插图和表格在Peter Martin的指导下创作和组合，并受到了海思德公司的Haritha Vendra和Adam Simonsen，以及海思德Roald公司的Cal Hurd和John Slate的帮助。特别感谢cartoonbank. com公司的Richard Madigan对这本书中的纽约人卡通画的创作，还要感谢球墨铸铁管材协会；重型阀门；优质泵业；AWWA基金会；国家防火协会；红色阀门公司；Val-Matic公司；F. S. 公司；Badger水表公司；CMB公司；赫西公司；沃特伯里市水务局提供给我们的插图。

还有几个人参与了本书后期的交付印刷及发行工作。感谢Lissa Jennings对出版事宜的贡献；感谢Rick Brainard和Jim O’Brien提供艺术指导和设计；感谢Ben Ewing和

Prince Aurora 对网站设计付出的巨大艰辛；感谢 Corrine Capobianco 和 Emily Charles 通过 Amazon. com 和其他网站对本书的在线展示；感谢 Wes Cogswell 对 CD 和软件安装的管理；感谢 Beaver Wood 协会的 Jeanne 和 David Moody 做出非常好的索引；感谢 Kezia Endsley 做出的校正工作。

我们非常感激我们尊敬的——Lee Cesario、Bob Clark、Jack Dangermond、Allen Davis、Paul DeBarry、Frank DeFazio、Kevin Finnan、Wayne Hartell、Brian Hoefer、Bassam Kassab、Jim Male、Bill Richards、Zheng Wu 和 Ben Wylie——做出的巨大贡献。他们提供了见解并付出辛苦劳动，这又增加了我们著作的深刻性。

最后，特别感谢海思德著作执行副主席——Niclas Ingemarsson——他提供的人力资源与管理使得我们工作得以完成；还要感谢公司主席——John Haestad——他提供的视角和动机使我们的想法变成了现实。

Adam Strafaci

执行编辑

作者和作者的贡献

《高级供水系统建模与管理》凝聚了海思德二十多位投稿者及每一位评论家、工程师和软件开发者的心血。作者及其编写的各章如下所示。

作者

Thomas M. Walski

Ha estad Methods, Inc.（第 1～5 章、第 7～10 章、第 12 章和第 13 章）

Donald V. Chase

University of Dayton（第 1～5 章、第 7～10 章）

Dragan A. Savic

University of Exeter, United Kingdom（第 7 章、第 8 章和第 10 章及附录）

Walter Grayman

W. M. Grayman Consulting Engineer（第 2 章、第 5 章、第 7 章、第 8 章、第 10 章、第 11 章）

Stephen Beckwith

A. L. Haime and Associates Pty., Ltd., Australia（第 6 章及附录）

Edmundo Koelle

Campinas University, Brazil（第 13 章）

主要贡献作者

Scott Cattran

Woolpert LLP（第 12 章）

Rick Hammond

Woolpert LLP（第 12 章）

Kevin Laptos

Gannett Fleming, Inc.（第 13 章）

Steven G. Lowry *Consultant*（第 6 章）

Robert Mankowski

Haestad Methods，*Inc.*（第 12 章）

Stanley Plante

Camp，*Dresser & McKee*，*Inc.*（第 12 章）

John Przybyla

Woolpert LLP（第 12 章）

Barbara Schmitz

CH2MHill（第 12 章）

海思德方法

海思德方法的工程人员包含不同专业群体，他们来自六大洲，有着软件开发和工程咨询背景，涵盖了从公用事业到学术界的各类人才。广泛的技术领域对于民用工业中最综合性的软件和教材做出重要贡献。除了这个领域中的具体作者之外，海思德方法里面的许多人也为这本书的成功做出了巨大贡献。

Thomas M. Walski，PhD，PE

Thomas M. Walski，博士，执业工程师，海思德工程学的副主席，获美国环境工程科学院授予了证书。在过去的 30 多年里，Walski 博士一直专门从事本领域；为美国军事工程师们研究民用工程；成为得克萨斯州奥斯汀市（Austin，Texas）的供水运行专家，怀俄明州（Wyoming）的流域卫生部门的执行主任，美国宾夕法尼亚州自来水公司的工程经理；在过去的几十年中，他还在海思德的 IACET 公认的供水系统建模课程上给 2000 多名专业人员上过课。

作为一位在供水系统建模领域学识渊博的专家，Walski 撰写了其他著作，包括《供水系统分析》、《供水模拟与测量》（与 Johannes Gessler 和 John Sjostrom 合著）、《供水系统——人工事故维修》（与 Jim Male 合著）。他也是《供水系统复原》一书的首要编辑与作者；还是 AWWA 消防委员会的主席，该委员会制定了《消防供水》的最新版本。

他还供职于众多专业委员会并担任几个委员会的主席，其中包括 ASCE 水源系统委员会、ASCE 环境出版委员会、ASCE 环境工程奖励委员会、ASCE 供水修复任务委员会。

Walski 博士还撰写了 50 多篇综述文献和大概一百多次会议发言。他还获得了《美国供水协会杂志》评选的供水和设备维护最优论文的三次冠军，曾经担任过《环境工程》杂志的编辑。他在 Vanderbilt 大学获得了环境和水源工程的硕士和博士学位。他还是两个国家注册的专家级工程师和供水、废水运行管理人员。

Donald V. Chase，PhD，PE

Donald V. Chase，博士，执业工程师，是 Dayton 大学民用与环境工程专业的助理教授，数字建模和计算机模拟领域的权威人士。在 Kentucky 大学获得博士学位之前，他是美国密西西比州 Vicksburg 军方排水沟实验站的土木工程师。

Chase 博士是注册的专业工程师和ASCE与AWWA会员。他在这些组织中拥有几个职位，包括 ASCE 环境区供水委员会的主席。

Dragan A. Savic，PhD，CEng

Dragan A. Savic，博士，土木工程师，是一位特许的专业工程师，在各个水工程学科中有着十五年研究、教学、咨询经验。他的研究方向是把计算机建模和最优化技术应用于土木工程系统，特别是供水系统、水力构筑物、水力发电厂、环境保护与管理的设计和运行。

Savic 博士在英格兰 Exeter 大学水系统中心任职，是系统优化学科的主要奠基人，还就职于一个专门把最优化技术应用于水系统的规划、设计、运行的咨询部门。他还发表了一百多篇研究/专业论文，并被管网优化与建模的研究部门所认可。

Walter Grayman，PhD，PE

Walter Grayman，博士，执业工程师，在过去的 18 年中是独立咨询公司 W. M. Grayman 的所有者。Grayman 在研究、规划和实施领域有着三十多年的工程经验。Grayman 博士在供水、水质管理、水力学、地理信息系统、系统分析、水源等领域有着广泛的工程背景，他特别强调计算机在这些领域的应用。在过去的几十年中，Grayman 专门从事于供水系统的取样、分析、建模领域。在这些领域他是公认的专家，并参与、创作或合著了几十篇论文，管理好几个工厂，并在国际范围内巡回演讲。Grayman 博士和 Robert Clark 博士合著了最近出版的《饮用水供水系统中的水质建模》。

Stephen Beckwith，PhD

Stephen Beckwith 博士是一位 A. L. 黑姆联合有限公司的高级 SCADA 工程师。该公司位于澳大利亚西部的珀斯。在 SCADA 系统用于水工业的设计和装备领域，他有着长达 12 年的经验。他的研究领域包括短期的供水需求量预报运算和供水系统运行优化中软件使用的发展，特别是进化计算技术，例如遗传算法用于水泵时序安排、水库储水量问题。他在澳大利亚 Western 大学获得博士学位之前，任职于澳大利亚西部水电公司，后于澳大利亚 Western 大学任电力工程助教。

Beckwith 博士与澳大利亚西部供水公司有着长期的合作，提供 SCADA 工程服务，包括项目计划、定义、规范和技术设计。在此项合作之前，他从事 SCADA 控制系统在澳大利亚和英国的卫星、汽油、采矿工业的应用。

Beckwith 博士发表了几篇科技论文，主题涉及供水系统优化、需求量预报、SCADA 在水工业中的应用。

Edmundo Koelle，PhD

Edmundo Koelle 博士是 Sao Paulo 大学水利机械和流体计算专业的教授，目前是巴西 Campinas 大学的教授。Koelle 博士有着 30 多年与水力网络、水泵系统、水力发电厂和石油管道中气蚀现象、瞬变流现象、流动感应振动、流体传送原理有关的教学、咨询、研究和设计经验。他是《管网系统中流体瞬变流》（应用科学与计算数学出版社，1992）的合著者，还是会议论文和杂志上大量论文的作者。

Scott Cattran，MS

Scott Cattran 是美国科罗拉多州丹佛市 Woolpert LLP 公司的合伙人和 GIS 部门经理。Cattran 先生在苏格兰爱丁堡大学获得了 GIS 专业的硕士学位。在 Woolpert 公司，Cattran 先生负责供水、排水、雨水地理信息系统工程。他专门研究自动数据转换程序，将 GIS 与模型软件、计算机维护管理系统以及相关的数据库管理系统结合起来。Cattran 先生在将 GIS 与建模软件结合方面做了几次讲演，并在《公用工程》杂志和 ESRI 公司的《Arc 新闻》上面发表了文章。

Rick Hammond，MS

Rick Hammond 是美国印第安纳州印第安纳波利斯市 Woolpert LLP 公司的工程主任。Hammond 先生在 Green Bay 的 Wisconsin 大学获得了区域分析学士学位，并在 Madison 的 Wisconsin 大学获得了城市规划硕士学位。Hammond 先生在使用 GIS 处理环境工程问题领域有着 14 年的经验。他研究的方向是将 GIS 计算机管理系统与水力学和水力建模结合起来。Hammond 先生就 GIS 与维护行为的集成做了几次讲演，并在《公用工程》杂志上面发表了文章。

Kevin Laptos，PE

Kevin Laptos，执业工程师，在 Gannett Fleming 公司（美国宾夕法尼亚州哈里斯堡市）有着 12 年专家级工程经验。目前，Laptos 先生是一位工程经理，还是一个水力学和建模组织、环境资源部门的领导人。他的责任包括供水系统的水力和水质建模；水和废水瞬变流研究；系统地图和 GIS 研究；水系统和系统设备的水力测试。Laptos 先生是 AWWA 和 ASCE 的会员，并参加了 AWWARF 工程顾问委员会和 AWWA 工程计算机应用委员会。

Steven G. Lowry，PE

Steven G. Lowry，执业工程师，在水力、水质、供水系统瞬变分析领域有着 23 年的经验。他还在建立、设计 SCADA 系统和管理安全系统评估方面经验丰富。Lowry 先生在提供与供水有关的培训方面有着十几年的经验，包括教授海思德著作和专业现场特殊培训提供的持续教育课程，提供专门为如美国水工业公司、美国宾夕法尼亚水公司、新泽西市政部门的个人员工的网络课程。

Robert F. Mankowski，PE

Robert F. Mankowski，执业工程师，在设计、分析、水力和水力系统的计算机模拟领域有着 10 多年的经验。

Mankowski 先生是海思德公司研究和发展的领导者，例如对整个公司的软件发展的管理。他是 WaterCAD v1.0 的首席工程师，经历了 WaterCAD 模型从发展到今天的过程。在 1997 年，他实现了 WaterCAD 与 GIS 的第一次连接，自从 2000 年春天 WaterGEMS 最初的原型诞生以来，他都是技术贡献者。

加入到海思德公司之前，Mankowski 先生是洛杉矶水和能源部的一名工程师，在这里他从事于供水系统的设计和分析，该供水系统为 465 平方英里范围内的 360 万人服务。

Stan Plante，PE

Stan Plante，执业工程师，是 CDM 的首席工程师并指导着俄亥俄州及邻州的各种信息技术工程。从他的事业可以看出，Plante 先生专门研究水力模型的发展与应用，为供水和废水收集总体规划服务。他已经管理了缓慢和快速发展条件下许多供水和排水总体规划项目，还为全国范围内的建模提供技术指导和排除故障，特别是供水工程。在过去的几年中，Plante 先生从事于 GIS 在各种不同工程环境中的应用（如大城市、小城市、飞机场等），其中几个工程包含模型集成组件。

John Przybyla，PE

John Przybyla，执业工程师，是俄亥俄州代顿市 Woolpert LLP 公司的工程专家。Przybyla 先生在 Michigan 州立大学获得了土木工程的学士学位、卫生工程学的硕士学位。他是三个国家的注册高级工程师。无论是在私人还是公共领域 Przybyla 先生在使用 GIS 和信息技术处理工程和商业问题方面，都有着 20 多年的经验。他已经出版并发行了 20 多篇有关商业过程流程设计、GIS 发展、数据库管理、网络设计与管理和系统综合方面的论文。

Barbara A. Schmitz

Barbara A. Schmitz 是一名高级 GIS 顾问，还是一位有着 18 年发展和应用地理空间技术经验的工程经理。她是 CH2M Hill 公司的高级技术领导者，该公司从事与供水、排水、水资源管理工程相关的 GIS 应用。Schmitz 女士专门研究 GIS 技术与自来水公司、排水公司维护管理系统的集成，以促进公司系统资产管理和数字地图、环境评估、合流制污水、下水道渗、入流管理以及日常维护与管理计划编制。她将 GIS 数据库与建模软件（例如水力模型）结合起来，用于支持系统设计、分析和最优化。Schmitz 女士还为 CH2M Hill 客户和内部员工提供 GIS 和相关技术培训。

Schmitz 女士撰写了多篇高水平论文和与 GIS 主题有关的各种会议发言。她还为几本有关废水和水系统建模的书，以及如何使用地理信息系统的练习手册，提供了关于 GIS 应用的章节。

原书序

一位优秀的建模者必须是一位好的交流者和终身学习者。建模者有责任建立供人们以一种形式或其他形式使用的工具，而使用者来自不同的学科，其中有的是管理者，有的是工程运行和概预算工程人员。这个模型不仅要满足当前的需要，还要预测到将来经济发展的需要。

为了建立一个有效的模型，工程师必须学习区域规划部门、本地经济发展委员会、本地市委员会、郡委员会以及与此相关的各种概预算部门的需要。除了这些要求，还要研究人口统计与运输的问题，这为将来的管网定线位置、土地使用以及将来的人口密度提供信息。这些项目必须得到评估并作为将来的情景综合到校准模型之中。

设计过程中涉及各个部门，导致许多政府人员与其他人必须与供水系统的需求保持一致。因为概预算委员会会对将来经济发展的决定产生影响，所以对工程的熟悉有利于管理。

模型将被运行和维护部门使用，用来对他们的水泵运行程序表、过滤器运行、化学药物投加量进行调整，还可以用来计划未来维护的停工时间。水系统的关键部位可能发生失效，这可以通过模型来加以研究，并能在实际情况发生前演示这种情形。SCADA 系统或区域研究记录得到的变化可以通过模型进行研究，能够为漏失调查、水质调查和消防流量决定需求量。模型研究还有助于精确定位大量的水漏失、水污染以及其他不详的、未标明的阀门关闭。

建模者有责任维护模型的健康。如果模型没有获得合格的检查和最新信息的合格更新，它将很快没有价值。因此，强制规定模型必须备有证明文件，每一次更改都必须完整且系统地得到记录。每一次新的建设或维护任务完成时，适当的变化必须立即应用于模型并校准。如果建模者直到施工图完成的时候才做这项工作，那么模型就会很快过时，各个部门对于模型的信心将会呈指数下降。

虽然创建和维护一个模型需要担负许多责任，但是一个维护良好的模型带来的回报将是不可估价的。

William M. Richards，PE

WMR 工程公司

原书序

William M. Richards，PE

原书前言

当我们开始编写《供水系统建模》这本书的时候，对这本书的感觉就是我们有责任填补我们看到的供水系统建模著作中的差距。一些关于建模理论的好书和一些最新建模技术创新的研究论文都已经出现；但是，我们还是找不到对于建模者直接可理解的实际统一信息。我们正着手为供水系统建模者提供可直接利用资源的远大工程目标。

经过一年时间并分发一万多份书面材料之后，我们感觉到完成这个目标还有很长的路要走。供水工业证实了我们的认知是正确的——必须有一个新的技术资源作为衔接水力学理论和前沿技术的桥梁，并能够传递到模型。来自于私人咨询公司、政府部门和学术界的成百上千的读者给我们写信，让我们知道了《供水系统建模》已经取代了其他所有书架上的建模类图书。他们还提供了其他有价值的主题反馈，我们需要出版第二版。

回顾《供水系统建模》的发展涉及的所有方面都很令人吃惊，并且有灵感立即开始撰写新著作的工作。《高级供水系统建模与管理》是第二次努力的成果。其中包括《供水系统建模》中所有的内容，还有多达 350 页的最新建模技术和读者提出的主题新资料。可理解的编写方式使得《供水系统建模》如此成功，《高级供水系统建模与管理》也采用同样的方式并使用简单的语言讲述了综合复杂的主题，使学生可以充分理解。

涉及的一些新的主题包括以下几方面：

- 模型简化；
- 使用 GIS 进行用水量分配；
- 水质取样和校准；
- 建模与 SCADA 系统的集成；
- 基于遗传算法的校准和设计；
- 建立变速水泵模型；
- 供水系统安全；
- 水力瞬变现象；
- 使用流量发射器；
- 把 GIS 与水力建模集成。

章节预览

第 1 章总体介绍了供水系统、水力模型的应用和建模过程；并回顾了供水工程的历史，涵盖了从大约公元前 1500 年克里特岛第一条供水管道到今天的最新成果。

第 2 章介绍了基本水力学理论及其在供水系统建模中的应用。这一章已经延伸讨论了对于不同水质问题的处理方法。

第 3 章将第 2 章中介绍的理论与典型供水系统和计算机模型基本物理原理联系起来。得到的结论是，我们要以一个新的、深入的观点看待把供水模型简化时必须采取的步骤。

第 4 章讨论了计算用户需水量和消防需水量以及需水量的变化曲线。这一章使用几个范例深入讲解了需水量数据和对于 GIS 在需水量分配的应用。

第 5 章包含了系统测试并扩展到对于不同主题的讨论，例如水质测试和水箱、水库取样技术。

第 6 章讲述了 SCADA 数据在供水系统建模中的使用。这一章介绍了处理 SCADA 数据和 SCADA 数据类型的讨论、不同的采集技术、错误的修正以及确认数据的过程遇到的问题的解决方式。这些讨论通过讲解 SCADA 数据用于水力建模的范例来得到支撑。

第 7 章介绍了模型校准并深入讨论了用遗传算法来进行模型校核以及水质模型校核。

第 8～10 章帮助工程师将模型应用到实际问题当中来处理系统设计和运行领域的问题。这些章节中新的主题还包括使用模型设计和运行水箱，使用最优化法设计和编制更新改造规划，模拟变速水泵，最优化水泵运行时序安排，以及维持充足的余氯量。

第 11 章讲述了供水系统安全，包括传递攻击分析的信息，应用供水模型模拟供水系统污染的预防性反应和实际反应，实行安全检测以保护供水系统的信息。第 11 章的许多观点来自于国际水安全会议的讨论，该会议召开于 2001 年 11 月 3—4 日，由海思德公司主办。

第 12 章和第 13 章是本书新增的章节。

第 12 章介绍地理信息系统及其怎样与供水系统建模结合来支持可维持的水力模型的发展。

第 13 章介绍了包含瞬变水力现象的基本理论和产生原因的讨论。

本书后所列的几个附录为本书提供了广泛材料。除了关于单位和符号的附录以及转换因素、数据表格之外，还增加了两个新的附录——一个是关于 SCADA 系统的构成，另一个是关于最优化技术的不同类型。这两个新附录，涵盖了大多数建模者需要知道的知识类型范围，还为那些需要更深入理解这个领域问题的人提供了广泛的背景信息。

继续教育和问题解答

本书中还包括了 100 多个有关水力学和模型的问题，学生和专业人员有机会在每个章节中应用这些材料。其中有些问题有很简短的回答，还有些问题需要更多的思考并且可能不止有一种解答方法。本书附带的光盘（可在“水电知识网（www.waterpub.com）下载中心”下载，译者注）包含了海思德公司的 WaterCAD 软件（详见“关于软件”），该软件可用来处理很多问题，还有先前遇到的问题中涉及大量信息的数据文件。虽然我们已经尽力使这本书成为对所有建模者都有价值的资源，包括那些可能使用其他软件包的人，但是这些数据文件仅仅是一个便利品，而不是一个必需品。

如果你想要解决问题并获得以继续教育单元形式（CEUs）的继续教育培训资格，你可能需要填写 CD - ROM 上面的考试题，并把你的结果递交给海思德公司等待评级。

为了获得更多信息，可以查看“继续教育单元”、“关于软件”以及“CD - ROM 内容”。

海思德公司还出版了解答向导，免费提供给没有递交继续教育培训资格的教师和专业人员。

反馈

海思德的作者和员工已经努力使《高级供水系统建模与管理》尽可能地有用、完整和精确。但是，我们也承认总有需要改进的空间，我们诚邀读者帮助我们改进后续更好的版本。

如果你有关于这本书改进的意见和建议，或者有兴趣成为我们将来出版版本尊贵的评论家之一，我们希望收到你的来信。我们有固定的论坛用于提供反馈，以下是论坛地址：

www. haestad. com /peer - review /

我们希望你能够发现我们努力和经验的目标，致力于成为你们图书馆的核心资源，并尽力为你做最好的模型。

Thomas M. Walski，PhD，PE

海思德公司工程和产品部副主席

继续教育单元

随着当今工程领域技术的快速进步，对于土木工程学来说，继续教育要比以前更加重要。实际上，继续教育对于越来越多的工程许可执照来说是强制性的，对于年度许可执照来说，需要继续教育学分（CEUs）或者专业人员发展课程（PDHs）。

这本书的大部分章节包含了练习以加强水力学原理和书中先前讨论的建模技术。对于许多问题，本书提供了极好的机会去进一步了解供水系统建模中使用的软件。而且，这些练习可以完成并提交给海思德公司用来评级和授予继续教育。

为了获得继续教育学分，这本书的章节集合成几个单元。完成下面的步骤才能合格地获得下表显示的资格。提醒你不需要按顺序完成这些单元，你可以跳过几个单元或只完成一个单元。

单元	包含的主题	包含的章节	可获得的继续教育学分（1个学分=10节课程）	等级费用①（美元）
1	介绍和建模理论	第1章和第2章	1.5	75
2	系统组成和需求量	第3章和第4章	1.5	75
3	测试和校准	第5～7章	1.5	75
4	设施的设计和用户系统	第8章和第9章	1.5	75
5	系统运行	第10章	1.5	150
6	水系统安全与GIS	第11章和第12章	1.0	50
7	瞬时现象分析	第13章	1.0	50
所有单元	所有内容	所有章节	11.0	550

① 价格变化没有注明。

（1）从这本书所附CD-ROM中的exam _ booklet. pdf文件打印出考试手册，或者用电话、传真、邮件、电子邮件与海思德公司联系来获得考试手册。

Haesetad Methods　　Phone：+12037551666
37 Brookside Road　　Fax：+12035971488
Waterbury，CT 06708　　e-mail：ceu@haestad. com
USA
ATTN：Continuing Education

（2）阅读和学习包含在你所选择单元章节的材料。

(3) 解答相关章节后面的相关问题并完成考试手册。

(4) 将你的考试手册和费用寄回海思德公司用来评级。

(5) 一位海思德工程师将会评论你的作业并寄回你的等级考试手册。如果你通过了(通过 70%)，你将获得一个授权的继续教育学分文件表明已经成功地完成所有单元。

(6) 如果你没有通过，你将被允许改正你的作业并在 30 天内重新递交以便评级，并不再收取其他费用。

完成练习应注意的要点：

- 有些问题有英制和 SI 制单位两种版本。你只需要完成一种版本。
- 在你可以取得部分资格的地方展示你的成果。
- 许多问题可以用计算器人工完成，其他问题具有非常实际的尺度，如果使用供水管网模型分析将更加容易。
- 为了帮助完成练习，本书附带了一张光盘。光盘中包含了海思德公司 WaterCAD 软件的学术版本、软件说明书，还有一些带有现存问题信息的计算机文件。为了获得光盘中更加详细的内容和软件许可，请查看本书后面的信息页。
- 你不需要使用 WaterCAD 解答问题。

关于软件

本书所附光盘中包含海思德的 WaterCAD 单机版软件的理论版本。下面提供了一些对于这个软件的简短总结。为了获得该软件的详细信息和怎样应用它解决供水问题，请查看光盘中的帮助系统和教程文件。本书中包含的软件功能很强大，但是不可以提供给专业人员使用（查看本书后面的授权许可）。

单机版 WaterCAD

单机版 WaterCAD 功能强大而且容易使用，可以帮助土木工程师设计和分析供水系统。单机版 WaterCAD 有一个很像 CAD 的接口，但是不需要使用第三方软件来运行。WaterCAD 提供了用于模型复杂水力模拟的直接接口。关键功能如下：

- 执行恒定状态和延时模拟；
- 在任意一个节点分析多重随时间变化的需求量；
- 建模流动控制阀、减压阀、恒压阀、压力阻断阀、闸阀；
- 圆柱水箱和非圆柱水箱建模以及恒定水头节点建模；
- 追踪稳定物质和非稳定物质化学元素；
- 确定系统内任何部位的水源和水龄；
- 快速识别系统运行中的无效性；
- 评估能量费用的节约；
- 执行水力等效网络的简化，包括数据剔除、支管、串联和并联管道的删除；
- 分析平衡不同投资规划和系统改建策略，找到效益最高的解决办法；
- 确定系统消防水量，设置适当的阀门顺序和消火栓来控制整个流动或者清洗供水系统的一部分；
- 建模对消防喷淋系统装置、灌溉系统、漏失或在用水节点处节点需水量随压力成比例变化的地方进行模拟；
- 校准模型，快速并容易地使用一个基于遗传算法的工具自动调节管段糙度、连接处的需水量、管段和阀门状况；
- 自动生成系统水头曲线；
- 使用数据库查询和编辑工具高效管理大量数据和各种不同情况的模拟；
- 构造、运行、合并子模型，追踪不同设定状态下系统的物理图层；
- 产生完全自定义的曲线图、图表和报告。

目录

第1章

供水系统模型简介

供水系统建模是自2000年前克里特人首次开创管网输配水系统后技术进步过程中的最新技术。目前，供水系统模型是确保当前和将来在服务区域设计和运行可靠、高效和安全的输配水系统的关键部分。模拟技术的先进性和可行性使得这些目标能更圆满地实现。

本书的构思是从收集系统数据、理解计算机模型如何运行、通过构建和率定模型到设计和运行系统模型，引领工程师理解建模的整个过程。本书中的内容可作为建模新手或工科学生的起步课程，同样也对供水系统模拟领域的专业人员有一定的参考价值。

本章通过全面介绍基本供水系统，限定供水系统的用途以及归纳建模过程的基本步骤向读者介绍了供水系统模型。本章最后一部分还展示了近些年供水系统的发展情况。

1.1 供水系统简介

虽然供水系统的规模和复杂程度各不相同，但是他们有着共同的基本目的——将水从水源地（或水处理设备）输送到用户。

饮用水水源

未经处理的水（又称为原水）来源于地下水水源或湖泊、水库和河流的地表水。原水通常被运送到水处理厂，经水处理过程生产出处理后的水（又称为饮用水或成品水）。原水的净化程度由原水水质特性、相关饮用水标准、使用的处理过程和供水系统的性质而决定。

处理过的地表水在离开水处理厂进入供水系统之前，通常进入被称为清水池的单元。水处理过程中清水池主要起到三个作用。

(1) 清水池可以保证消毒的接触时间，如果在处理单元末端添加氯进行消毒就需要充足的接触时间来确保消毒程度。

(2) 清水池能储存水量，作为净水厂和供水系统之间的水量调节设施。供水系统在用水高峰期水量和低谷期水量之间的上下波动中工作，这样清水池在用水量低时可储存多余的处理水。而在用水高峰时又能输送多余水量以供利用。清水池的储水功能不仅可使净水厂以更加平稳的速度运行，而且能得到更合适的处理效率，这意味着建设和运行成本的减少。

(3) 清水池可作为净水过滤滤池的反冲洗水水源。如果需要时，这种过滤滤层能在短时间内高速反冲洗。

如果水源为地下水，许多水源地可以持续供应水质较好且不需消毒的水直接使用，然而消毒过程总是与防止供水系统受污染和污染物的繁殖相关联。地下水的消毒过程与受地表水影响的水源消毒过程不同，因为它通常是在水井处进行。

饮用水用户

供水系统的消费者最容易被确定，因为他们是供水系统存在的首要原因。家庭用户、工厂、医院、饭店、高尔夫球场以及大量其他种类的消费者均依赖于供水系统满足他们从饮用水到灌溉水的需要。如书中所示，消费者和他们用水的状态决定了供水系统运行的机制，因此，水的使用因时间［如长期（季度）和短期（每日）］以及空间的不同而异。熟练掌握如何将用水量分配到系统中，对于精确建模很关键。

供水系统设备

从水源到用户之间需要管网、水泵、阀门和其他的传输设施。同时，还需要如水池、水库之类的储水设施去适应因使用和消防用水变化引起的需求波动。管网、储水设施和供水设施共同构成所谓的供水系统（WDS）。

输配水干管 管网系统通常分为输水干管和配水干管。系统中大型设备之间的输水干管由能远距离输送大流量水的部分组成。例如，输水干管被用来传输城市和乡镇水处理设备和储水池之间的水。单个用户通常不直接使用输水干管的水。

配水干管是从输水设备到最终用户的中间一步。配水干管的管径比输水干管的小些，这些干管沿城市街道的布局和走向分布。弯管、T形管、Y形管、交叉管和其他装置常用来连接管段和改变管道的走向。消防栓、隔离阀、控制阀、通气阀和其他操作部件一般与配水干管直接相连。用户管网，即入户管线，传输配水干管到最终用户之间的水。

家庭用户、商业和工业用户有各自的室内给水系统输送水到水池、冲洗系统、灌溉系统及其他。典型的室内给水系统不被包括在供水系统建模中，然而在一些情况下，如在消防系统中，室内给水系统也可以建模。

系统构造 输配水系统可能是环状结构或树状结构，如图1.1所示。如其名称所示，在环状系统中水可以沿着不同的途径从水源输送到指定用户。在树状系统（又称为枝状系统）中，水仅能沿着一条路径从水源输送到用户。

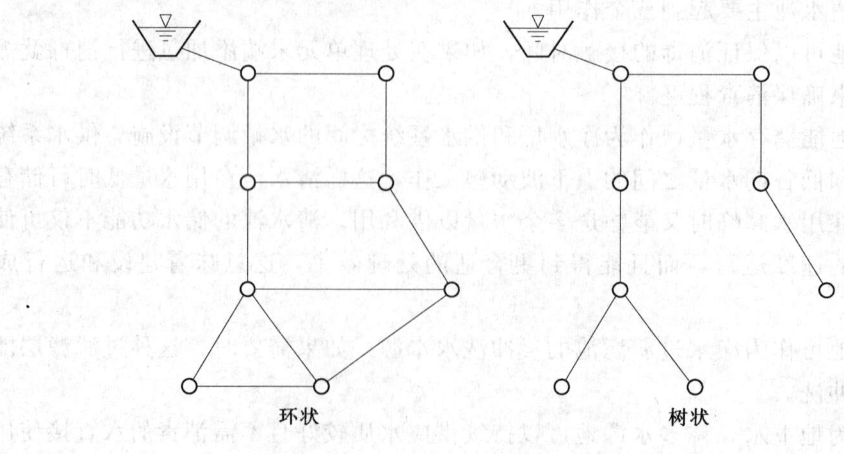

图1.1 环状与树状管网

环状系统通常比树状系统更具可行性，因为安装了大量阀门的环状系统有更高的安全性。例如，如图 1.2 所示：假设每种系统中靠近水库的干管出现故障，环状系统中故障能被排除且在修复时对中间区域以外的用户产生很小影响；然而在树状系统中，所有故障下游的用户直到修复完成时供水中断才会停止。环状系统的另一个优势在于它的流速更低，系统可行性更高。因为水可以通过多种路径送至用户。

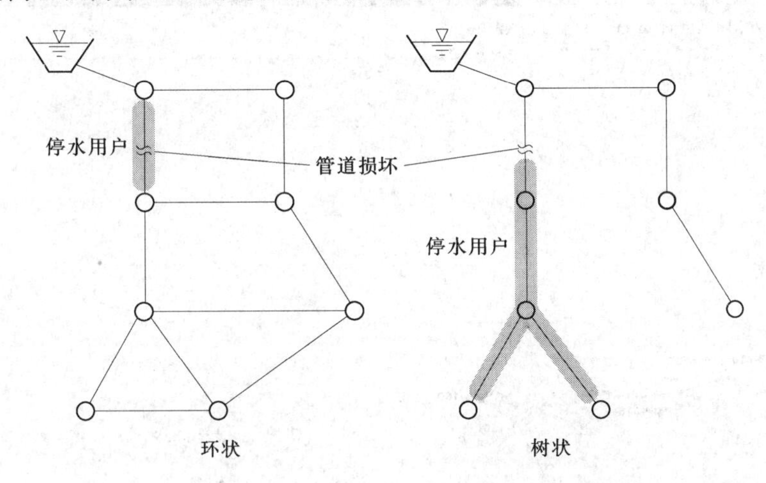

图 1.2　管网出现故障后的环状系统和树状系统

大部分供水系统是环状系统与树状系统的结合，要在考虑供水可靠性时采用环状系统与考虑节省设备成本时采用树状系统之间求得平衡。例如，在乡村配水管网系统中，低密度的用户会从经济和逻辑观点考虑禁止使用树状系统互联。

1.2　什么是供水系统模拟

模拟这个词指的就是用一种系统模仿另一种系统功能的过程。在本书中，模拟（simulation）指的是用数学表述真实系统的过程及建立模型。当直接从实验中得知真实系统不可行或是在实际管网运行前评价该系统时，模拟现存系统或规划的管网动力学特性就被广泛采用。此外，考虑到水质问题，直接测试系统的成本高且会对公众健康有巨大的隐患。

模拟系统能用来预测在不破坏实际系统运行的广泛条件下，系统对多种情况做出的反应。使用模拟系统能预测实际和规划系统中的问题，并在实际工程资本投入之前得到解决办法。

例如，自来水公司可能想建立新的系统以确保足够的消防用水而不影响用户用水。系统可以被直接建立和检测，但是一旦发生问题，修补的费用将是巨大的。无论工程规模是大是小，建立在模型基础上的模拟系统均能提供有价值的信息去帮助工程师抉择。

模拟系统可能处于稳定状态或延时状态。稳定状态下的模拟表示快照，常用来确定静态条件下系统的操控行为。这种类型的分析对决定短期的消防效果或系统的平均需求条件是有用的。延时状态模拟（EPS）常被用来评价系统随时间的变化。这种类型的分析允许使用者模拟水箱的充满与放空、调节阀门的开关、因需求变化引起的压力和流速的改变以及模拟者的自动控制战略。

现代模拟软件包使用图形用户界面，使得构建模型更容易，模型结果也更形象化；而旧版的软件仅仅依靠列表的输入和输出。一种全新的带有模型图形注释的现代软件界面如图 1.3 所示。

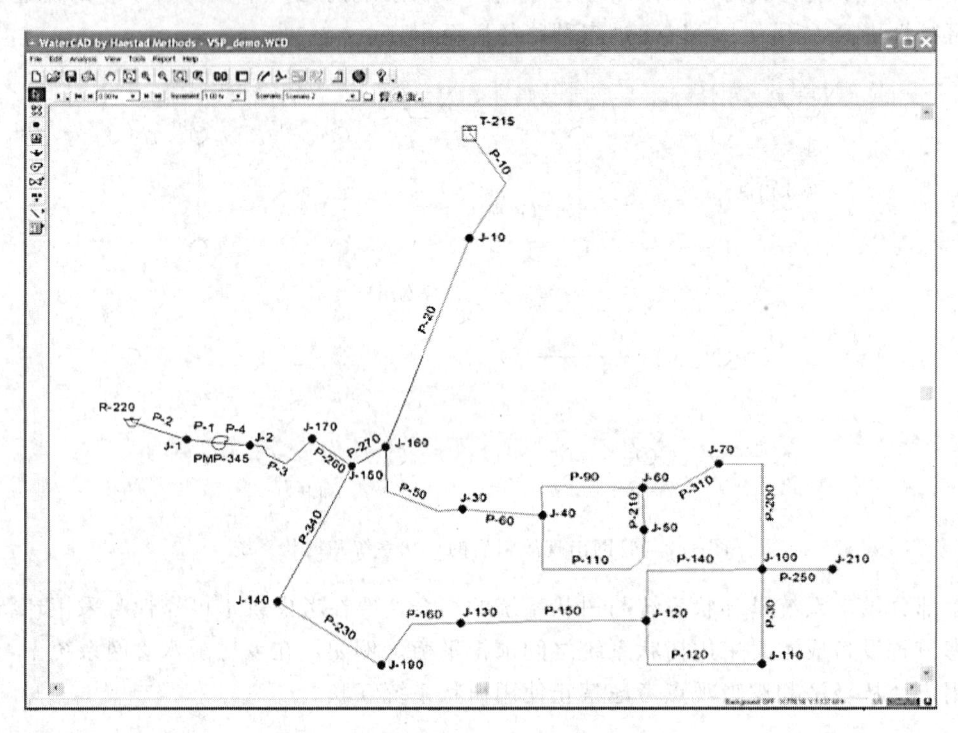

图 1.3 软件界面和相关的模型绘图界面

1.3 供水模型的应用

大部分供水管网模型能用来分析一系列压力管道系统，如工业制冷系统、输油管线以及其他以满流形式输送不可压缩单相流的管网。然而，市政供水设施使用这些模型则是最为普遍的。由于模型复杂的拓扑结构、频繁的增加和改变以及庞大的规模，使得模型对供水管网模拟尤为重要。系统服务成百上千的用户是很平常的（大型管网则供应上百万用户），这样对供水企业决策的潜在影响可能是巨大的。

供水管网模拟被用来实现以下目的：

- 远期规划，包括新设计和改建；
- 消防研究；
- 水质调查；
- 能耗管理；
- 系统设计；
- 包括操作人员训练、紧急事故处理和排除故障在内的日常操作用途。

长期规划

规划设计者仔细研究供水系统的各个方面，试图确定哪项大型的基本改进工程对确保未来水质是必要的。这个过程即管理设计过程（同样指总体规划或详细规划），用来设计系统扩建以及未来 5 年、10 年或 20 年水的使用状况。可能由于人口增长、公司合并或兼并以及自来水公司的联合而发生系统扩建，当系统扩建发生时，水力管网能否充分服务于用户的能力将得到评价。

模型不仅能用来确定潜在问题区域（如低压区或水质较差区），也能用来安置新的输水干管、泵站和存储设施以避免潜在问题的发生。与使故障系统复原相比，使系统处于最佳服务水平更为可取。

设施维护

与所有的工程系统一样，供水系统的磨损可能使系统构件如管道、水泵、阀门和水库需要维护。尤其是老化的有弯度金属管，可能由于矿物沉积物和水中发生的化学反应使沉淀物在管中堆积。这使得管的输水能力降低、压力降低，从而使水质变差。为解决这些老化效应，自来水公司需要清理管段以及对管段进行重新更换。同样，也可以采用新管段（可能更长）或者平行布置管段等方法解决上述问题。通常，采用水力模拟来评价维护情况以确定最经济的维护方案。

消防研究

供水系统通常要为消防提供用水。系统设计满足消防要求很有必要，正常情况下这对整个管网的设计有很大的影响。工程技术人员首先确定消防要求，然后使用模型检测系统是否满足这些要求。如果系统不能提供指定流量并维持一定的压力，通过模型同样可以用来设定水力参数（如管段、泵站）来解决问题。

水质调查

一些模型不仅可以进行水力模拟也能提供水质模拟。使用水质模型时，研究人员可以通过管网模拟水龄、水源追踪并进行物质浓度分析。例如，余氯量能用来进行更有效的研究和设计，可以分析管网中的消毒副产品（DBP），以及评价储水池水质的影响。水质模型同样可用来研究改善水质的水力措施。

能耗管理

能源消耗是仅次于设施维护的耗资，泵站的能源消耗是自来水公司最大的投资项（见图 1.4）。水力模拟可被用来研究系统运行时的操作特性和泵站的能耗。通过测试不同泵站的特性，可以预测其能耗，这样自来水公司可以努力节省成本。

日常管理

操作供水系统的人员负责确保系统压力、流量和水池内水位保持在合理范围内。操作者必须监控这些指示器的数值，当指示值在可行范围外时采取相应措施。例如，通过开启一台水泵或调节指示值，操作者能调节系统以使其在合理范围内运行。水力模拟常用于日常操作以确定各种可能因素的影响，从而为操作者决策提供更可靠的信息。

图 1.4　泵站是自来水公司投资最多的设备之一

操作人员培训　大部分供水系统操作人员的工作做得很好。作为这一事实的证明，大部分系统很少发生故障，而且由于操作者失误引起的情况也很少发生。然而，经过较长一段时间的培训，操作者可获得运行系统能力方面的经验，并充满自信，他们有时在极端条件下可获得最关键的经验。水力模拟为培训系统操作人员提供系统在不同运行条件所采用的不同控制策略以及在紧急情况下运行的最佳条件。

紧急事故处理　紧急状况是供水系统操作中很实际的一部分，操作者需要做好处理从停电到主要设施发生故障的准备。在紧急状况发生前通过使用模型设计能避免危及设施安全的处理，或者至少可以降低用户受影响的程度。建模是设计系统对紧急和意外状况反应的最佳工具。

系统故障诊断　当现存系统的水力或水质特性不达标时，模型模拟能被用来找到可能的原因。例如，一系列模拟试验出现持续低压表明可能由于区域内阀门关闭，工作人员将会被分派去检查该区域周围的阀门状况。

1.4　建模过程

对于面对新程序以及实际系统的大量数据和地图的人来说，整理、校核和使用供水系统模型是一项预示性的工作。同任何大项目一样，完成建模的方式就是分解它的组成部分，并逐步完成每一组成部分。有的工作可以平行完成，然而有的工作必须以组完成。组成建模过程的任务如图 1.5 所示。注意：建模是一种主动性的过程。

理解任何建模项目的第一步就是自来水公司开发时考虑将模型和用途的需求与近期和远期的目标达成一致。包括高层管理人员、工程师、操作维修人员在内的所有公司人员，以人力资源、时间和资金的形式承担模型是很重要的。建模的过程不应当被看作单一建模者的努力，而是以建模者为核心的公司人员的全面努力。当公司人员已经接受模型版本后，随即就一些问题展开讨论，如模型简化程度和校核准确程度。

图1.5表明，建模过程的大部分工作在模型被用来解决实际问题前就已经完成。因此，一旦模型已经被开发和校核，应预先安排充足的时间来使用模型就显得尤为重要，太多的建模项目缺少使用目标，因为建模过程占据了所有的分配时间和资源，没有留下足够的时间使用模型和理解多种途径解决问题。

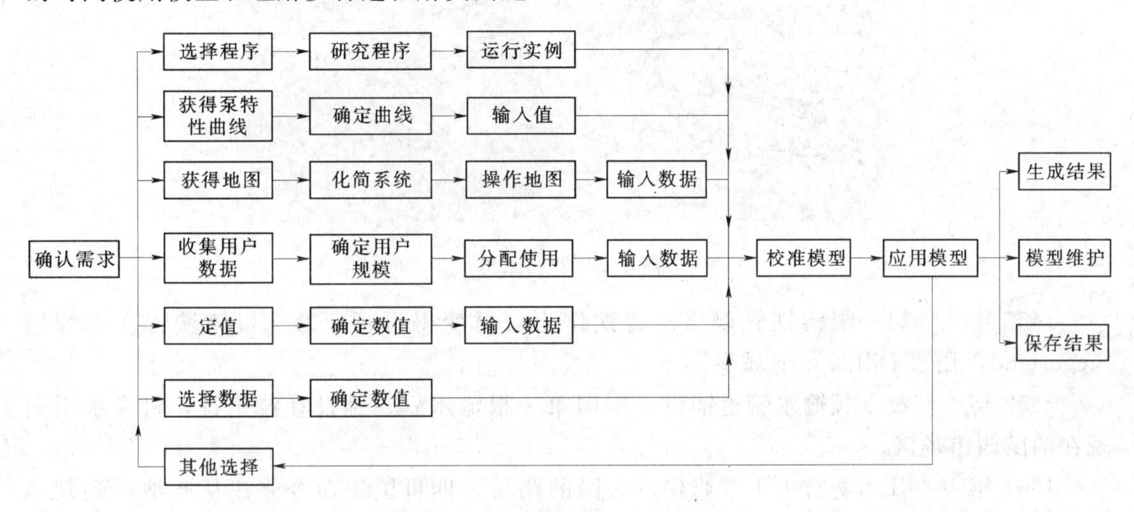

图1.5 建模流程图

建模过程涉及一系列抽象概念。首先，系统中实际的管段和水泵以地图和这些设施的图示来表达。然后，地图被转化成以线和节点表达的模型；其他的抽象成体现点和线的数学描述。之后，确定模型方程，其表达式在系统地图上体现或以表格形式输出。模型值来源于这些抽象概念，这些抽象概念产生于系统改进的设计或现存系统的更佳操作过程中。

1.5 供水技术简史

输送水供人类使用的实践活动已进行了数千年。从3500年前希腊克里特的第一根管道到今天复杂的水力模型，供水技术的历史简直就是个故事。以下列举了自从有供水工程之后在该领域的一些关键性历史事件。

公元前1500年——在克里特第一根供水管道被使用。克里特文明在克里特岛上繁衍。Knosso城开发了一种使用管状导管输水的水道系统。其他的古代文明区已有地表水水渠，但克里特的这些管道可能是最早的管网。

公元前250年——阿基米德原理产生。以π的发现并对其进行说明而闻名的阿基米德注意到任何物体在水中都会占据一定的体积，提出了最早的流体定理。利用这个定理，他证明了锡拉库扎Hiero国王的王冠并非纯金所制。传说当他在洗澡时发现此定理时异常兴奋，以至于赤身裸体横穿于大街上高呼“找到了”（“Eureka”）。

公元100年——罗马水道修建。罗马人通过水道长距离引水到所在城市（见图1.6）。很多水道位于地面之上，有封闭的管道供应公共喷泉和浴场。罗马水利委员会委员Sextus Julius Frontinus写了两本关于罗马供水系统的书。

图 1.6 罗马水道

1455 年——第一根铸铁管诞生。铸铁作为管材变得可行。第一根铸铁管产于德国 Siegerland，用于 Dillenburg 城堡。

1652 年——波士顿输水管道铺设。美国第一根输水管道铺设在波士顿，将泉水引向现在的昆西市场区。

1664 年——凡尔赛宫主干管修建。法国的路易十四世国王命令修建从塞纳河到凡尔赛宫殿的 15mile 长的铸铁主干管，这是当时这类管中最长的，并且部分管子一直使用到 21 世纪，管线的一部分停用之后在 19 世纪 60 年代从法国被运送到美国，一直在那里进行展览。

图 1.7 法国的路易十四世国王和凡尔赛宫管道的一个管段

1732 年——毕托发明了速度测试装置。亨利·毕托（Henri Pitot）担负测试塞纳河中水流速度的任务，他将 L 型管放入水流中，发现管中水以同样速度上升，这样毕托管应运而生了。

1738 年——伯努利的《水动力学》出版。瑞士的伯努利家族延伸了早期牛顿和莱布尼兹对流体系统的数学和物理发现。在圣彼得堡和斯特拉斯堡，丹尼尔·伯努利（Daniel Bernoulli）出版了《水动力学》，但是在实际上谁提出了书上的某些原理他与父亲 Johann

有些矛盾。这些原理将成为使用在水力模型上的能量原理的核心和许多设备如文丘里管，最显著的如飞机机翼的设计基础。然而，在1752年，实际上是他们的同事——伦纳德·欧拉（Leonard Euler）——提出能量方程的形式并一致延续至今。

1754年——第一个美国供水系统建成。美国最早的供水系统修建于宾夕法尼亚州。宾夕法尼亚州伯利恒市的摩拉维亚社区声称有最早的供水系统，紧接着是萨佛思城和宾夕法尼亚州的费城。费城的供水系统靠马驱动，并且管子由木料做成。这种木制管子后来被能承受更高压力的带铁箍的木管取代。10年后，第一个蒸汽驱动水泵在伯利恒使用。

1770年——谢才发现水头损失关系。早期研究人员发现在移动的水中能量有损失，安托因·谢才（Antoine Chezy）认为在一定条件下可以用V^2/RS合理表示。这个关系式是使用几个世纪的水头损失方程的基础。

1785年——开发了套筒接合技术。伦敦切尔西自来水公司最早使用套筒接合技术。接口首先用纱或麻包裹，然后用沙密封。托马斯·斯木泊森（Thomas Simpson）相信这种接口的发明代替了以前使用的粗法兰接头。

1839年——哈根和泊松方程提出。格特黑勒夫·哈根（Gotthilf Hagen）和吉恩·路易斯·泊松（Jean Louis Poiseuille）独立提出了小管段中层流水头损失方程。但他们的工作是实验性的，直到1856年，弗朗兹·纽曼（Franz Neuman）和厄道德·哈根巴齐（Eduard Hagenbach）才从理论上推导了哈根和泊松方程。

1843年——圣·维南提出运动方程。一些研究者，包括路易·纳维（Louis Navier）、乔治·斯托克斯（George Stokes）、奥古斯丁·柯西（Augustin de Cauchy）和西梅·泊松（Simeon Poisson），致力于研究描述流体运动的不同表达式。他们以“纳维-斯托克斯方程”而闻名。让-克洛德·巴雷的圣·维南提出了这些方程的最一般的形式，但圣·维南方程通常用来表示纵向和横向被均化（即一维流）形式的方程。

1845年——提出达西-魏斯巴赫水头损失方程。朱利斯·魏斯巴赫（Julius Weisbach）出版了三卷系列工程力学，其中包括了他的实验结果。达西-魏斯巴赫方程本质上是谢才工作的引申，谢才方程中的C与达西-魏斯巴赫方程中的f之间的关系为$C^2=8g/f$。达西的名字还与水力分析中广泛用于通过多孔介质的流体的达西定理相联系。

1878年——第一个自动洒水装置得以使用。最早的洒水装置在Parmelee安装，这是第一个为消防用的洒水装置。

1879年——拉姆的《水动力学》出版。荷瑞斯·拉姆（Horace Lamb）在《流体运动的数学理论》上出版他的论文。随后以书名《水动力学》出版，其最新一版出版于1932年。

1881年——美国供水协会成立。22个初始成员共同创建了美国供水协会。该协会的第一位主席是来自于伊利诺伊的雅各布·福斯特（Jacob Foster）。

1883年——层流与湍流的区别得到解释。较早的工程师例如哈根观察到层流与湍流之间的区别，但奥斯本·雷诺（Osborne Reynolds）最早通过实验明确定义了这两种流态。他以无量纲数定量表示流体存在的形式，以后将其命名为雷诺数。他提出决定流体运动是直线还是弯曲的条件的实验研究和平行渠道中流体阻力定律。

1896年——克尔发明用于压力管的毕托管。曾经进行过许多尝试将亨利·毕托的速度测量设备延伸到压力管，最终是爱德华·克尔使用两个相互垂直连到压力计的毕托管开发了第一套实用装置。克尔毕托流速计在之后几年里广泛使用，克尔的公司——毕托流速计研究协会，将进行流量控制设备（其他设备）的研究一直延续到 21 世纪。

1906 年——海曾-威廉公式提出。A. 海曾和 G. S. 威廉提出了水管中水头损失的经验公式。虽然海曾-威廉公式在粗糙管、紊流中不像达西-魏斯巴赫方程具有普遍性和准确性，但是其易于使用且在北美地区得到广泛应用。

1900—1930 年——提出边界层理论。一些德国科学家广泛地研究了流体和固体之间的互作用，这些科学家包括路德维格·泊然德（Ludwig Prandtl）和他的学生舍道·冯·卡门（Theodor von Karman）、约翰·涅克热德斯（Johan Nikuradse）、海因里奇·巴拉斯（Heinrich Blasius）和托马斯·斯坦顿（Thomas Stanton）。由于他们的研究，他们能从理论上解释并通过实验证实管壁和流体之间的阻力的本质。尤其是涅克热德斯的实验，即将均匀的砂粒粘在管内壁测试水头损失，这使得达西-魏斯巴赫方程中的 f 系数的计算得到了更好的理解。斯坦顿最早提出了 f 系数、管道粗糙度和雷诺数之间关系的图解表示法，促进之后产生了摩迪图。这项工作在 H. Schichting 的著作《边界层理论》中得到总结。

1914 年——建立了第一个美国饮用水标准。美国公共卫生服务部门提出第一个饮用水标准，之后被不断完善。美国环保署（EPA）最终将其作为制定美国水质标准的原则。

19 世纪 20 年代——水泥-石灰做内衬层的供水干管。用水泥-石灰做干管内衬层能减少腐蚀和结垢。清理和为管道加内衬层的规程在 19 世纪 30 年代提出。

1921 年——第一个水力学会标准出版。水泵产业商业标准的初版以 19 页小册子的形式出版。这些标准成为水泵命名原则、测试和划分等级的主要参考依据。

1936 年——哈代·柯劳斯方法的提出。伊利诺伊大学一位结构工程教授哈代·柯劳斯（Hardy Cross），提出了在复杂管网中求解水头损失方程的方法。这个方法广泛用于手工计算，并且作为早期数字计算机管网分析的依据。

1938 年——Colebrook-White 方程被提出。Cyril Colebrook 和伦敦皇家学院的 Cedric White 在泊然德及其学生工作的基础上提出 Colebrook-White 方程以确定商业管达西-魏斯巴赫方程中的 f。

1940 年——汉特曲线提出。20 世纪 20 年代和 30 年代，美国国家标准署的瑞·汉特（Roy Hunter）对各种建筑物中水管的使用进行了研究。他提到的“设备单元计算”成为估算建筑物用水的基础，即使管子附件逐年变换。他的概率分析抓住了建筑物中设备越多被同时使用的可能性越少的数学概念。

1944 年——穆迪图的提出。普林斯顿大学的利维斯·穆迪（Lewis Moody）提出了穆迪图，本质上它是紊流流态下 Colebrook-White 方程和层流状态下哈根-泊松方程的图表表述。这个图表非常有用，因为当时 Colebrook-White 方程没有显解。斯坦顿在 30 年前提出了相似的图表。

1950 年——迈克爱勒瑞网络分析器的提出。迈克爱勒瑞网络分析器，是一台电模拟计算机，它用电而不是水来模拟供水系统行为。该分析器使用称为“fluistors”的专用设备来表现管段中的水头损失，因为在海曾-威廉公式中，水头损失随流量的 1.85 次幂变化而改变，正常电阻器符合欧姆定律，电压降落与电流成线性关系。

20 世纪 50 年代——研发出最早的数字计算机。电子数字积分计算机（ENIAC）在宾夕法尼亚州大学被装配组合。它包括大约 18000 根电子管，填充了 30×50ft（9×15m）的空间。数字计算机，如 ENIAC 计算机和通用自动计算机显示计算机能很快地进行数值计算，为解决复杂水力问题的编程提供可能。

1956 年——承插接口的提出。发明用橡皮垫圈作为承插接口。这种装配大大加速了管道系统的建设。

20 世纪 60 年代和 70 年代——最早的管网数字模型产生。由于数字计算机的产生和 FORTRAN 程序语言的建立，大学研究员开始提出管网模型，并使得工程师在实践中应用它们。肯塔基州大学的 Don Wood、不列颠哥伦比亚大学的 Al Fowler、犹他州大学的 Roland Jeppson、麻省理工学院的 Chuck Howard 和 Uri Shamir 以及阿克伦城大学的 Simsek Sarikelle，均论述了管网模型。

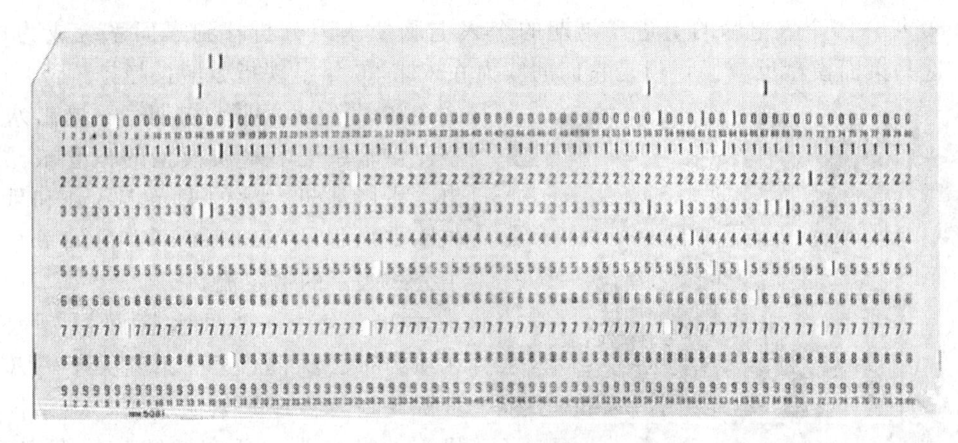

图 1.8　计算机打孔卡

1963 年——最早的美国 PVC 管标准颁布。美国国家标准署将 CS256—63 作为“PVC 塑料管的商业标准（SDR-PR 和 Class T)”，这是美国聚氯乙烯水管最早的标准。

1963 年——城市和区域信息系统协会（URISA）建立。城市和区域信息系统协会由爱德佳·霍尔伍德（Edgar Horwood）博士建立，URISA 成为最早使用和综合空间信息技术以便改善城市和区域环境生活质量的组织机构。

20 世纪 60 年代和 70 年代——水系污染产生。由于缺乏环保意识，当放置在地上的或储存在渗漏水池中的化学药品因泄漏而被人们摄入或吸入时，会导致健康隐患。随着时间的流逝，这些化学物质进入了供水系统，在马萨诸塞州的 Woburn、亚利桑那州的 Phoenix/Scottsdale 和新泽西州的 Dover Township 这些地方产生了所谓的供水系统污染。供水系统水质模型常用来确定消费者可接受的化学物质剂量。这些情况产生了像《法网边缘》（*A Civil Action*）和《永不妥协》（*Erin Brockovich*）受欢迎的电影。

20 世纪 70 年代——供水系统优化设计的最早尝试。麻省理工学院的 Dennis Lai 和 John Schaake 开发了最早的优化供水系统设计方法，像 Arun Deb、Ian Goulter、Uri Shamir、Downey Brill、Larry Mays 和 Kevin Lansey 等大量研究员的文章紧随其后。

20 世纪 70 年代——模型变得更强大。虽然最早的管网模型可能仅解决了简单系统的恒定流方程，但在 20 世纪 70 年代压力调节阀和延时模拟等带来了模型的新特性。

1975 年——数据文件取代了输入卡片。建模者能在分时共享终端远程创建数据文件，这种数据文件代替了穿孔卡片。

1975 年——AWWA C—900 被认可。AWWA 通过了其关于 PVC 供水管道的首项标准，C—900 管可以制成与老式的铸铁管直径相当的管材。

1976 年——Swamee-Jain 方程的提出。Colebrook-White 方程的大量近似值被公布，使一个显函数方程不需要迭代就可求得相同解。印度工程师 P. K. Swamee 和 Akalnank Jain 发表了这些近似值的最一般形式。显函数方程的使用为管网问题提供了更快的数字解决法。

1976 年——Jeppson 的《管网中的水流分析》出版。Roland Jeppson 是《管网中的水流分析》的作者，这本书展示了用以解决管网问题的大量技术概要。

1980 年——个人电脑的引进。早期的个人电脑使水力分析移到桌面系统成为可能。最初，这些桌面模型反应慢，但是它们的威力在未来 20 年呈现指数增长趋势。

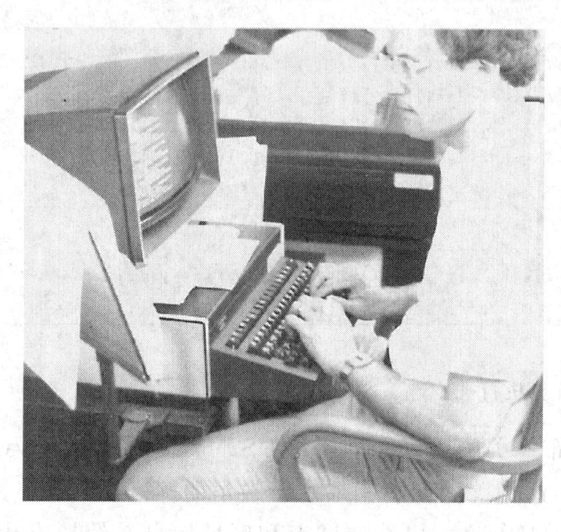

图 1.9 分时共享终端

20 世纪 80 年代初期——提出水质模型。供水系统中水质模型的概念最早被提出，肯塔基州大学的 Don Wood 和俄亥俄州辛辛那提的 USEPA 研究员们最早提出了公式表示的恒定流。

1985 年——“供水管网模型竞赛”。在纽约布法罗召开了一系列关于 ASCE 水资源规划与管理领域的会议，会议提供给研究人员名为“任意城镇”的真实系统，并要求对其进行管网优化。通过对比结果，显示了多种模型的优缺点。

1986 年——动态水质模型介绍。在 AWWA 供水系统讨论会上，三个组独立介绍供水系统的动态水质模型。

1988 年——梯度运算方法的提出。Ezio Todini 和 S. Pilati 提出“管网分析的梯度运算方法”，R. Salgado、Todini 和 P. O′Connell 提出了“一些给水管网分析的传统方法与梯度方法的对比”。梯度运算方法作为 WaterCAD 模型的基础。

1989 年——AWWA 召开专门会议。AWWA 召开水工业的计算机与自动化会议。这种会议很快成为信息管理技术（IMTech）常态性事件。

20 世纪 90 年代——自来水公司私有化。自来水公司私有化显著增加，作为其他自来水公司的经验，产生巨大的解除管制的推动力。

1991 年——供水系统中的水质模型会议。USEPA 和 AWWA 研究基金会在辛辛那提为世界各地的研究人员召开为期两天的会议。这次会议是水质模型作为一个被认可的工具的里程碑。

1991 年——全球定位系统（GPS）技术变得可行。GPS 系统成本降低使得 GPS 可以作为一种经济的工具在水力模型中确定点的坐标。

1993 年——水质模型工具的介绍。水质模型伴随美国国家环境署的刘易斯·柔斯曼（Lewis Rossman）开发的 EPANET 软件而产生。作为研究工具，EPANET 为某些商业等级模型提供了依据。

1990 年至今。一些商业软件开发商发行了供水模型软件包。每次发行都会为数据管理带来新的改进，并为与其他现有的计算机系统相互运用带来新的能力。

2001 年——自动校核。供水模型的校核从一种研究工具发展到使用遗传算法的标准模型。

2001 年——安全意识。供水系统安全的重要性增加，公众认识到水质模型的价值，使其成为保护供水系统的一个工具。

2002 年——与 GIS 的集成。伴随 WaterGEMS 这种结合两个工具的实用性软件的发行，模型和 GIS 软件高度集成。

1.6 预期状况

预言未来是困难的，特别在迅速发展的领域例如软件产业。然而，可以预测某种特定的发展趋向，就像数据共享走向大众化、模型可操作以及自动化的设计工具添加到建模人员的装备中一样。

接下来的逻辑问题是："何时管网模型将不再被工程师所需要?"答复是：决不可能。虽然文字处理软件可以减少数字拼写和语法差错，但它不可能写出一本畅销小说。即使技术再发展，人类生存、呼吸、思维的根本需求还是存在的。管网模型是专业工程师或技术员的另一个工具（却是非常强有力和多用途工具）。用户仍然有责任了解实际系统，了解模型和根据合理的工程学评判做出决定。

参考文献

Mays, L. W. (2000). "Introduction." *Water Distribution System Handbook*, Mays, L. W., ed., McGraw Hill, New York, New York.

第2章 建模理论

以模拟为基础的模型是以数学方式模拟真实供水系统的方法。为有效反映供水系统模拟软件的功能并解释产生的结果，工程师和建模者必须清楚相关的数学原理。本章介绍了广泛应用于供水管网模拟软件的水力学和水质分析原理。

2.1 流体性质

流体被分为液体和气体。两种状态之间最显著的不同就是液体密度远大于气体，比起液体，气体高度可压缩（液体相对不可压缩）。在一个供水模拟系统中考虑的最重要的流体物理量是重度、流体黏度和（较小程度）可压缩性。

密度和重度

流体密度指单位体积流体的质量，在标准大气压、标准温度 32.0℉（0℃）下，水的密度为 1.94slug/ft^3（1000kg/m^3）。虽然微小改变对供水模型影响微弱，但温度和压力的改变会影响其密度。

描述单位体积流体重量的物理量称为重度，它与密度通过重力加速度相关，即

$$\gamma=\rho g \tag{2.1}$$

式中 γ——流体重度，M/(L^{2}T^2)；

ρ——流体密度，M/L^3；

g——重力加速度，L/T^2。

在标准压力和温度条件下，水的重度是 62.4lb/ft^3（9.806N/m^3）。

黏度

流体黏度是描述流体反抗变形能力的物理量，这种变形由切应力引起。对许多流体，特别是水来说，黏度是反应速度梯度与切应力关系的比例系数。牛顿黏性定律描述如下：

$$\tau=\mu\frac{\mathrm{d}V}{\mathrm{d}y} \tag{2.2}$$

式中 τ——切应力，M/(LT^2)；

μ——绝对黏度（或动力黏度），M/(LT)；

$\frac{\mathrm{d}V}{\mathrm{d}y}$——速度梯度，1/T。

这个方程的物理意义可用图 2.1 所示的两块平行木板来描述。两块木板之间的空间充满流体并且板足够大，其边缘效应可被忽略。两板之间距离为 y。上面的板相对于下面的

板以恒定速度 V 运动。流体显示不滑动的特性，这意味着流体贴着它们的接触面。因此，如果 V 和 y 的数量级不是很大，两板之间的黏度分配关系是线性的。

根据牛顿第二运动定律，以恒定速度运动的物体，其受到的外力等于零。这样流体一定受到与上面板上力大小相等、方向相反的力 F。流体间的力是流体和木板间切应力存在的结果。这些平衡力之下的速度是速度梯度的函数，就像牛顿黏性定律描述的速度梯度正比于木板和流体黏度。

黏稠的流体，如果汁和糖蜜，有很高的黏性系数；稀的流体，如水和汽油，有很低的黏性系数。对大部分流体来说，黏度保持恒定，不因它受到的切应力的数量级而变化。

图 2.1 中，随着上面板的黏度增加，流体切应力以同样速度增加。符合牛顿定律的流体称为牛顿流体，水和空气就是牛顿流体的样例。某些种类的流体，如油漆和泥浆，随着切应力的变化其黏度发生变化，具有这种行为的流体称为拟塑性流体。

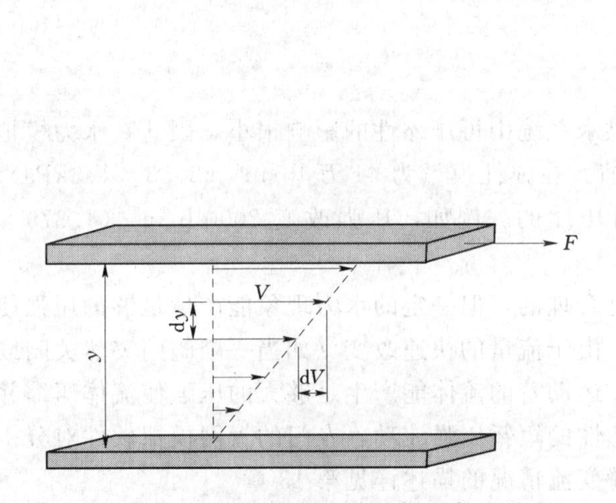

图 2.1 黏度牛顿定律的物理表示

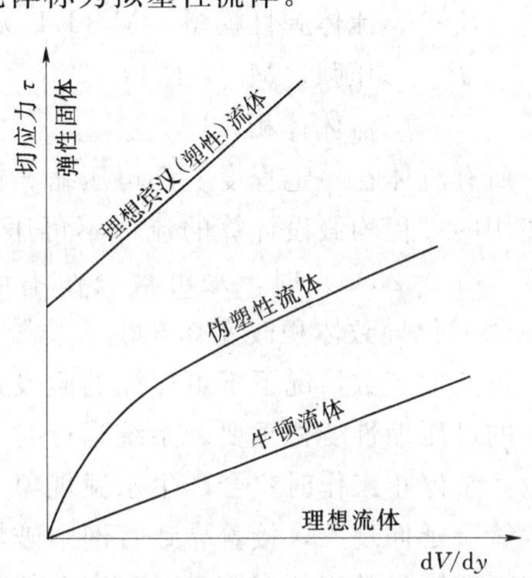

图 2.2 塑性与流动性的应力应变关系

典型牛顿流体和非牛顿流体中切应力与速度梯度的关系如图 2.2 所示。因为大部分供水系统模型用来模拟水，所以方程仅考虑牛顿流体。

黏度是温度的函数，但是在气体和液体中这个关系式是不同的。在一些情况下，液体中黏度随温度的增加而降低，气体中黏度随温度的增加而增大。然而，在供水系统中温度的改变很小，因此在实际应用中水黏度的变化可以忽略不计。一般情况下，供水系统模拟软件把黏度当作常量［假设温度为 68℉（20℃）］。

式（2.2）中的黏度指绝对黏度，在与流体运动相关的水力学公式中，流体黏度与密度之间的关系通常用一个单独变量来表示，即运动黏度。其表达式如下：

$$\nu=\frac{\mu}{\rho} \tag{2.3}$$

式中 ν——运动黏度。

就像在图 2.2 中板和流体间存在切应力一样，在管壁和管中运动的流体之间也存在切应力。流体黏度越高，流体中的切应力就越大，使得沿着管段的摩擦阻力损失也越大。供水系统模拟软件包将流体黏度作为估计管段沿程损失的参数，它能够处理任何流体，需要建模者输入黏度和密度值，开发出来的水力计算模型则能自动计算相应值。

流体可压缩性

可压缩性是与流体占据的体积和压强相关的物理特性。一般情况下，气体比液体容易被压缩。空气压缩设备就是利用空气的压缩性储存能量的简易设备，压缩设备实际上是一台间断性迫使空气分子进入附加一定容积容器的泵。每当压缩器运转时，空气的质量、容器的压力都会增加。这样流体质量、体积和压力之间存在一定关系。

这个关系可通过考虑流体的混合质量得到简化。可压缩性可通过定义流体弹性模量来描述，即

$$E_v = -V\frac{dP}{dV} \tag{2.4}$$

式中 E_v——流体弹性模量，M/(LT^2)；

P——压强，M/(LT^2)；

V——流体体积，L^3。

所有流体在一定程度上都可压缩。供水系统中可压缩性的影响很小，因此在水力模拟中使用的方程均假设计算的流体不可压缩。在弹性模量为 41 万 lb/in^2（2.83×103kPa）、温度 68℉（20℃）时，水可被当作不可压缩的。例如，压强改变 2000lb/in^2（1.379×104kPa）仅导致体积改变 0.5%。

虽然大多数情况下不可压缩的假设是合理的，但一定的水力现象能产生足够的压强使得水的可压缩性变得重要。系统运行时，由于流量的快速改变（如当一个阀门突然关闭或断电，泵停止工作时）会产生水锤现象。运动着的流体能产生足够大的压强使流体压缩并发生管壁延伸现象，接着导致管网中破坏性的短暂压强波动，专门的管网模拟软件对分析这些短暂压强效应很有用。对于完全的瞬变流情况的描述详见第 13 章。

蒸汽压

假设一个部分充满水的容器，当水第一次被添加时可测到容器中的压强，过一段时间再进行测量。读数表明容器中的压强在这个阶段已经增加。由于水的蒸发，导致流体蒸汽压增加。

假设温度保持不变，压强将会达到对应于此温度下水的饱和蒸汽压的恒定值。这个恒定值对应于此温度下水的平衡压强或饱和蒸汽压。在这个点，蒸发和浓缩速率相同。

温度增加时，饱和蒸汽压增加。这个关系解释了为什么夏天的空气比冬天的感觉更为湿润，以及为什么海拔高的地方水的沸点较低。

压强为 1 个标准大气压，当室温加热到 212℉（100℃）时水开始沸腾。因为在那个温度下水的蒸汽压为 1 个标准大气压，相似情况下，如果水被放置在温度为 68℉（20℃）时，压强将减小到 0.023 个标准大气压，水同样会沸腾。

这个概念能应用在供水系统中压强降到很低的情况中，当有蒸汽泡的流体被泵吸进然后很快破碎将会发生泵的气穴现象。这种现象发生时，管线中压强一定等于或小于流体的饱和蒸汽压。当发生气穴现象时，听起来就像抽取的是砾石。管壁和水泵的部件可能遭到

严重的破坏。关于气穴现象的内容详见第 13 章。

2.2　流体静力学和动力学

静水压强

压强被认为是施加于与流体接触的物体上法线或正交于物体的力。在英制单位中，压强通过每单位平方英尺面积的力来表述（lb/ft^2）。但是在水厂通常使用 lb/in^2，其代表缩写为 psi。在 SI 制单位中，压强单位为 N/m^2，又称为帕（Pa）。然而，供水系统中压强的数量级发生变化大，因此压强常以千帕（kPa）或 1000Pa 为单位。

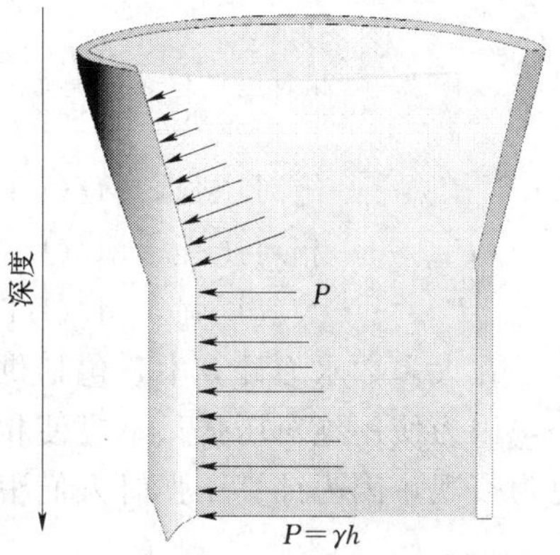

压强随深度不同而不同，如图 2.3 所示。对于静止流体，压强随深度的改变呈线性，称为流体静态分布，即

$$P=\gamma h \tag{2.5}$$

图 2.3　水塔中水的静态压力

式中　P——压强，$M/(LT^2)$；

　　γ——流体重度，$M/(L^2T^2)$；

　　h——流体深度，L。

上述方程在给定压强求 h 时写为

$$h=\frac{P}{\gamma} \tag{2.6}$$

P/γ 称为压强水头，即水压产生的能量，考虑到采用英制单位时水的重度是 62.4lb/ft^3，故得到水的压强水头的变换关系为 $1lb/in^2=2.31ft$（1kPa=0.102m）。

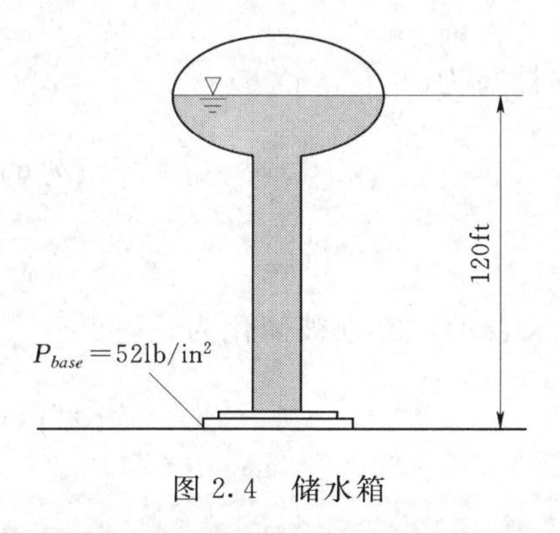

图 2.4　储水箱

【例 2.1】　压强计算。

如图 2.4 所示，储水容器中液面上升到基准面之上 120ft。容器底部压强由其上面的水柱直接产生，其计算如下：

$$P=\gamma h=\frac{62.4\,\frac{lb}{ft^3}(120ft)}{114\,\frac{in^2}{ft^2}}$$

$$P=52psi$$

绝对压强和相对压强　给定点的压强由给定点之上的流体重量产生，地球大气的重力产生的压强为大气压强。虽然实际大气压强随着海拔和气候的改变而变化，但在海平面大气压为 1 个标准大气压（$14.7lb/in^2$ 或 101kPa）。

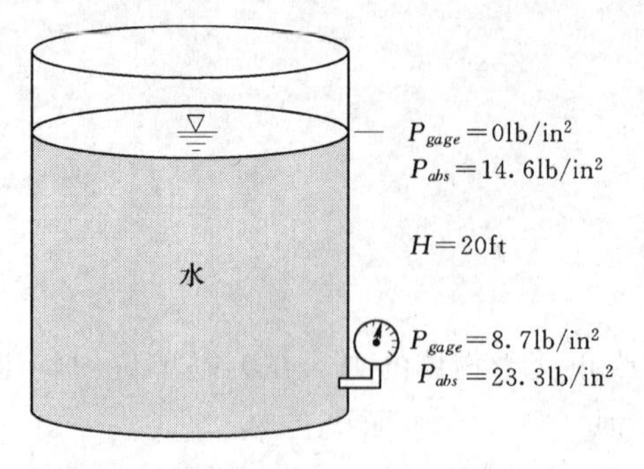

图 2.5 相对压强与绝对压强

水力计算中常使用的两种类型的压强即绝对压强和相对压强。绝对压强将绝对零压强（即真空时）作为衡量基准，相对压强则以大气压强作为衡量基准。两者之间的关系见式（2.7），其说明如图 2.5 所示。注意到放置在地表面的压强计向大气敞开时，其刻度盘显示为零。如果相对压强为负值时（即压强小于大气压），这个负压就称为真空度。

$$P_{abs}=P_{gage}+P_{atm} \tag{2.7}$$

式中 P_{abs}——绝对压强，M/(LT^2)；

P_{gage}——相对压强，M/(LT^2)；

P_{atm}——大气压强，M/(LT^2)。

在大多数水力计算中，包括供水系统分析，通常使用相对压强，使用绝对压强意义很小，因为使用绝对压强只不过使相对压强由于大气压强的存在而增大；何况相对压强通常更为直观，因为计算压强时人们很少考虑大气影响。

流速分区与流态

流体通过管段时在直径方向其速度分布不是常数，准确地说流体微粒的速度依赖于粒子相对于管壁的位置。多数情况下，典型管段水力模型中的平均流速可用下式进行计算：

$$V=\frac{Q}{A} \tag{2.8}$$

式中 V——平均速度，L/T；

Q——管段流量，L^3/T；

A——管段横截面积，L^2。

圆管横截面积可由直径 D 直接计算，因此速度方程被写为

$$V=\frac{4Q}{\pi D^2} \tag{2.9}$$

式中 D——管径，L。

供水系统中直径以英尺为单位，流量以每分钟加仑来表示，方程被简化为

$$V=0.41\frac{Q}{D^2} \tag{2.10}$$

式中 V——平均流速，ft/s；

Q——管段流量，gal/min；

D——管径，in。

雷诺数 19 世纪后期，英国科学家雷诺用通过玻璃管的流体进行试验。他的试验设备与图 2.6（Streeter、Wylie 和 Bedford，1998）有很多相近之处。该试验设备的设计目

的是用于确定通过长玻璃管的流量（即模拟管段）以及对流动的液体进行染色。他观察到，在流量很小的情况下，染色流与流体表层有明显的界面，雷诺称这种流态为层流；在流速稍高的情况下，染色流开始部分扩散，染色流与流体表面有些浑浊，他称这种流态为过渡流；在流速很高的情况下，染色流完全分解，与流体充分混合，雷诺称这种流态为紊流。

当雷诺使用不同的流体进行试验时，他注意到使染色流保持完整的条件不仅与管段流体流量有关，而且与流体密度、黏度和管段直径有关。

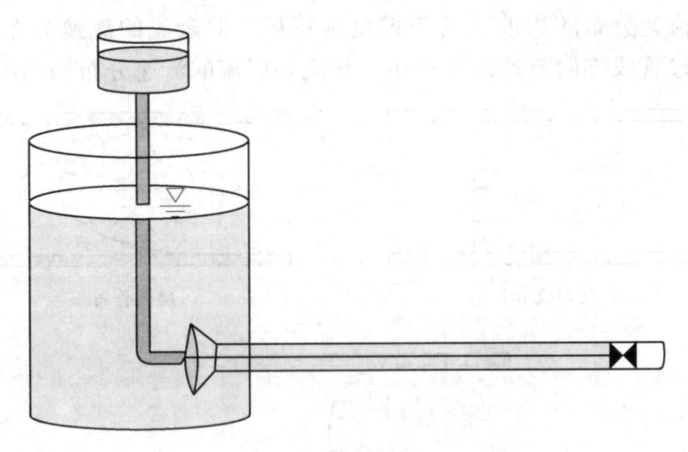

图 2.6　用于确定雷诺数的试验装置

基于雷诺试验现象和因次分析，可计算得到一个无量纲的数来描述流态。在概念上，雷诺数可被认为是流体惯性力和黏性力间的比例系数。满管流的雷诺数用以下方程来计算：

$$Re=\frac{VD\rho}{\mu}=\frac{VD}{\nu} \tag{2.11}$$

式中　Re——雷诺数；

D——管径，L；

ρ——流体密度，M/L^3；

μ——绝对黏度，M/(LT)；

ν——运动黏度，L^2/T。

三种流态的雷诺数的范围区分见表 2.1。市政给水管网中的水流总是紊流，除了在水需求量很低和供应间断的地方可能存在层流和停滞状态。

表 2.1　　随流态区间变化的雷诺数

流　态	Re
层流	<2000
过渡区	2000～4000
紊流	>4000

流速分布图　由于沿管长方向切应力的存在，管段中管径方向上的流速不是常数，而是管壁处流速为零，流速随着距管壁的距离加大而增加，沿着管段中心线方向流速达到最大值。图 2.7 展示了管段中流速的变化，即流速分布图。

流速分布图的形状依流态是层流还是紊流而不同，在层流中，流体微粒平行或分层运动，相邻层之间产生很强的切应力使得雷诺试验中的染色流能保持完整。在数学上，层流流速分布图为抛物线，如图 2.7 所示。层流中，通过管段的水头损失主要是流体黏度的函数，而不是管段粗糙度的函数。

紊流以引起流速分布随机改变的粗糙度为特征。但紊流的流速分布不及层流分布稳定，这意味着通过管段方向流速改变很小，紊流和层流的流速分布图如图 2.7 所示。

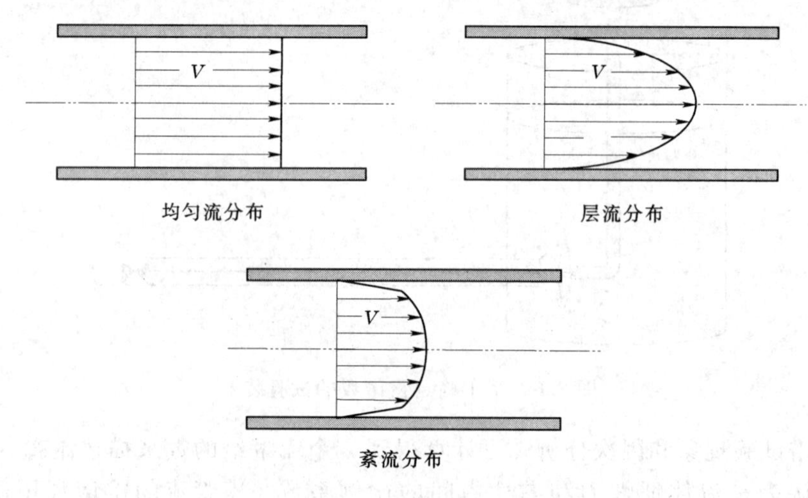

图 2.7　不同流态的流速分布

2.3　能量定义

流体具有三种形式的能量，能量值取决于流体的运动（动能）、位置（势能）和压强大小（压能）。在水力系统中，流体可以同时具有这三种形式的能量。单位重量的流体具有的能量称为水头［见式（2-12)］，其中，动能称为速度水头（$V^2/2g$），势能称为位置水头（P/γ）。常用的能量单位是 ft·lb（焦耳，J），水头单位采用 ft（m）。

$$H=Z+\frac{P}{\gamma}+\frac{V^2}{2g} \tag{2.12}$$

式中　H——总水头，L；

Z——高程，L；

P——压强，M/(LT²)；

γ——流体重度，M/(L²T²)；

V——流速，L/T；

g——重力加速度，L/T²。

系统中每一点都有一个相应的水头，描述系统中总水头与距离关系的线称为能量坡度曲线（*EGL*），位置水头和压强水头之和称为水力坡度曲线（*HGL*），它对应于水在管中竖直上升的高度。图 2.8 所示为简单管段的 *EGL* 和 *HGL* 线。

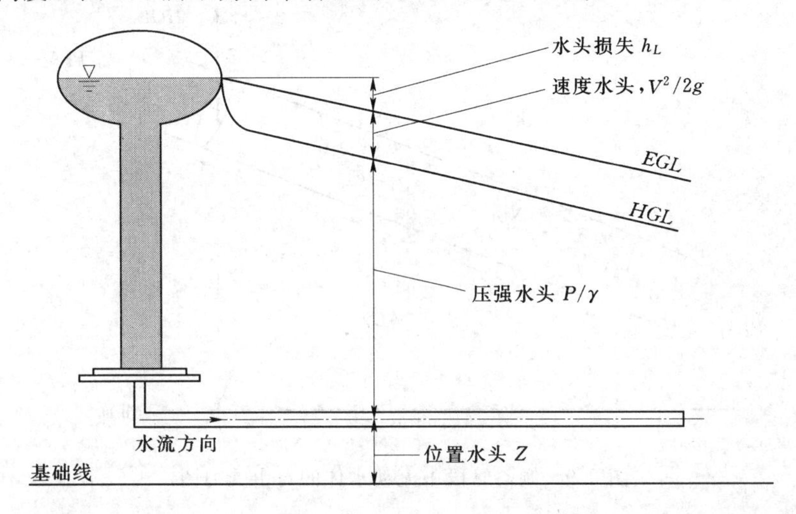

图 2.8　能量坡度曲线 *EGL* 和水力坡度曲线 *HGL*

在大多数供水系统应用中，位置水头和压强水头值比速度水头值大很多。出于这个原因，速度水头常被忽略，建模者依据水力坡度而不是能量坡度工作。因此，给定位置高度和水力坡度曲线，压强可按下式确定：

$$P=\gamma(HGL-Z) \tag{2.13}$$

能量损失

能量损失（又称为水头损失），通常由于以下两种原因产生：

- 管壁的摩擦；
- 通过设备使流线改变引起的紊动。

由于摩擦的存在，沿着管壁的水头损失称为摩擦阻力损失或水头损失，由于流体紊动产生的损失称为局部水头损失。

2.4　摩擦阻力损失

当流体沿着管段流动时，流体与管壁之间产生切应力。切应力是摩擦力存在的结果，其值取决于管段中流体特性、流体移动速度、管段粗糙度以及管子长度和直径。

例如，如图 2.9 所示的管段，其断面上流体受到的力的平衡能被用来描述由于摩擦产生的水头损失。这些发挥作用的力包括以下几项：

- 断面 1 与断面 2 之间的压强差；
- 包含在断面 1 与断面 2 之间的流体重力；
- 断面 1 与断面 2 的管壁切应力。

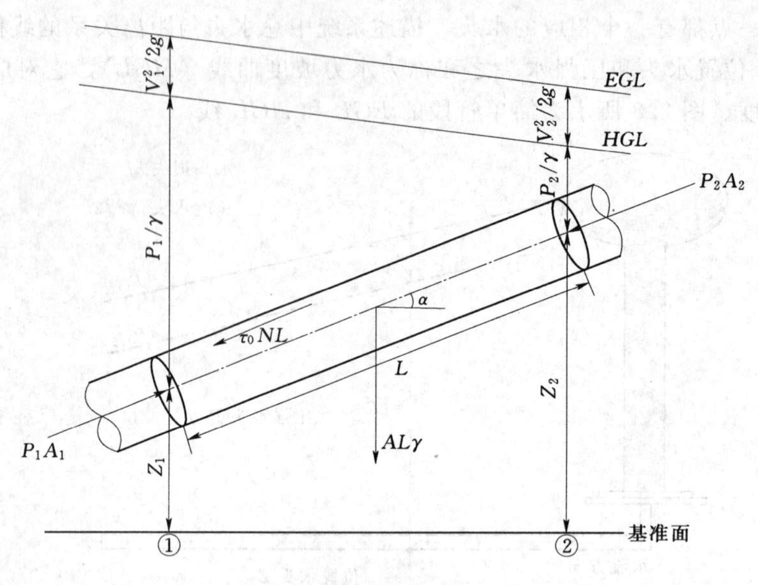

图 2.9　倾斜管段中流动水体的自由受力图

假设管段中流体速度恒定（即加速度等于零），系统可在压强差、重力和切应力下保持平衡，则有

$$P_1A_1-P_2A_2-\overline{A}L\gamma\sin\alpha-\tau_0 NL=0 \tag{2.14}$$

式中　P_1——管段断面 1 的压强，M/(LT^2)；

A_1——管段断面 1 的横截面面积，L^2；

P_2——管段断面 2 的压强，M/(LT^2)；

A_2——管段断面 2 的横截面面积，L^2；

$\overline{A}$——断面 1 与断面 2 的平均截面面积，L^2；

L——断面 1 与断面 2 间的距离，L；

γ——流体重度，M/(L^{2}T^2)；

α——管段倾斜角度；

τ_0——管壁切应力，M/(LT^2)；

N——管段横截面周长，L。

式（2.14）左边的项表示两断面之间沿着管段的摩擦阻力损失。由 $\sin\alpha=(Z_2-Z_1)/L$，摩擦产生的水头损失由以下方程计算（注意：该过程不考虑速度水头，因为管径不变，所以速度水头不变）：

$$h_L=\tau_0\frac{NL}{\gamma A}=\left(\frac{P_1}{\gamma}+Z_1\right)-\left(\frac{P_2}{\gamma}+Z_2\right) \tag{2.15}$$

式中　h_L——摩擦阻力水头损失，L；

Z_1——管段断面 1 的高度，L；

Z_2——管段断面 2 的高度，L。

使用牛顿流体黏性定律分析层流，可发现流体中切应力的存在。切应力是流体黏度、速度梯度、流体重度（密度）和管段直径的函数。此外，管壁粗糙度同样也是影响因素

（即管壁越粗糙，切应力越大）。考虑到以上这些因素，可得

$$\tau_0 = F(\rho, \mu, V, D, \varepsilon) \tag{2.16}$$

式中 ρ——流体密度，M/L^3；

μ——绝对黏度，M/L/T；

V——流体平均速度，L/T；

D——管径，L；

ε——管内粗糙度，L。

达西-魏斯巴赫公式

通过量纲分析得到了达西-魏斯巴赫公式。该公式是根据式（2.16）列出的变量得到的压头损失方程（注意单位长度的压头损失），即

$$h_L = f\frac{LV^2}{D2g} = \frac{8fLQ^2}{gD^5\pi^2} \tag{2.17}$$

式中 f——达西-魏斯巴赫摩擦阻力系数（简称摩阻系数）；

g——重力加速度，L/T^2；

Q——管段流量，L^3/T。

达西-魏斯巴赫摩阻系数 f 是管壁切应力的变量的函数［见式（2.16）］。同样，使用量纲分析，得到摩阻系数的函数关系：

$$f = F\left(\frac{VD\rho}{\mu}, \frac{\varepsilon}{D}\right) = F\left(Re, \frac{\varepsilon}{D}\right) \tag{2.18}$$

式中 Re——雷诺数。

达西-魏斯巴赫摩阻系数与流体速度、密度和黏度、流体流动的管段粗细及管壁粗糙度相关。流体速度、密度、黏度和管段型号由雷诺数体现，管内粗糙度由相对粗糙度这个变量来表示，其计算用管段绝对粗糙度（ε）除以管段直径（D），即 ε/D。

20 世纪 30 年代早期，德国研究人员 Nikuradse 进行确定水头损失的基础性试验（Nikuradse，1932）。他将粒度均匀的砂粒用胶水粘在三根不同型号的管子的内壁上。试验表明当 ε/D 一定时，f—Re 曲线图是一条光滑的曲线。

部分由于 Nikuradse 的砂粒实验，常量 ε 命名为管内等效砂粒粗糙度。表 2.2 列出了各种材料管材的 ε 值。

表 2.2　　各种管材对应的等效砂粒粗糙度

材　料	等效砂粒粗糙度 ε	
	ft	mm
铜，黄铜	$1\times10^{-4}\sim3\times10^{-3}$	$3.05\times10^{-2}\sim0.9$
锻铁，钢	$1.5\times10^{-4}\sim8\times10^{-3}$	$4.6\times10^{-2}\sim2.4$
涂沥青铸铁	$4\times10^{-4}\sim7\times10^{-3}$	$0.1\sim2.1$
电镀铁	$3.3\times10^{-4}\sim1.5\times10^{-2}$	$0.102\sim4.6$
铸铁	$8\times10^{-4}\sim1.8\times10^{-2}$	$0.2\sim5.5$

续表

材　　料	等效砂粒粗糙度 ε	
	ft	mm
混凝土	$10^{-3}\sim10^{-2}$	0.3～3.0
无涂层铸铁	7.4×10^{-4}	0.226
有涂层铸铁	3.3×10^{-4}	0.102
有纺织涂层铁	1.8×10^{-4}	5.6×10^{-2}
水泥	$1.3\times10^{-3}\sim4\times10^{-3}$	0.4～1.2
锻铁	1.7×10^{-4}	5×10^{-2}
无涂层钢	9.2×10^{-5}	2.8×10^{-2}
镀层钢板	1.8×10^{-4}	5.8×10^{-2}
木制排气管	$6\times10^{-4}\sim3\times10^{-3}$	0.2～0.9
聚氯乙烯管	5×10^{-6}	1.5×10^{-3}

资料来源： Lamont (1981)、Moody (1944) 和 Mays (1999)。

其他研究人员通过对人工粗糙管进行试验，得到了相对粗糙度范围内的大量管段摩阻系数。

Colebrook-White 方程与穆迪图　很多方程表述了摩阻系数与雷诺数和相对粗糙度间的关系。最早并且最通用的公式是 Colebrook-White 方程，即

$$\frac{1}{\sqrt{f}}=-0.86\ln\left(\frac{\varepsilon}{3.7D}+\frac{2.51}{Re\sqrt{f}}\right) \tag{2.19}$$

使用 Colebrook-White 方程的难点在于它是摩阻系数的隐函数（方程两边都有 f）。一般情况下，可通过假设 f 值反复求解一直到方程两边相等为止。

图 2.10 所示的穆迪图，由 Colebrook-White 方程演变而来，是求解达西-魏斯巴赫摩阻系数的图解法。

观察得到，在层流状态下（雷诺数小），摩阻系数是雷诺数的线性函数；然而在完全紊流状态下（ε/D 高且雷诺数很高），摩阻系数仅仅是相对粗糙度的函数。造成这种不同状况的原因在于层流状态下粗糙度影响可被忽略，而紊流状态时黏滞力又可以被忽略。

Swamee-Jain 公式　Swamee 和 Jain (1976) 提出的公式接近于达西-魏斯巴赫摩阻系数公式，比用 Colebrook-White 方程反复迭代更为方便。该方程是雷诺数和相对粗糙度的显函数，即

$$4\times10^{3}\leqslant Re\leqslant1\times10^{8}\text{ 且 }1\times10^{-6}\leqslant\varepsilon/D\leqslant1\times10^{-2}$$

$$f=\frac{1.325}{\left[\ln\left(\frac{\varepsilon}{3.7D}+\frac{5.74}{Re^{0.9}}\right)\right]^{2}} \tag{2.20}$$

由于该方程简单且准确合理，大部分供水系统模型软件包使用 Swamee-Jain 方程计算摩阻系数。

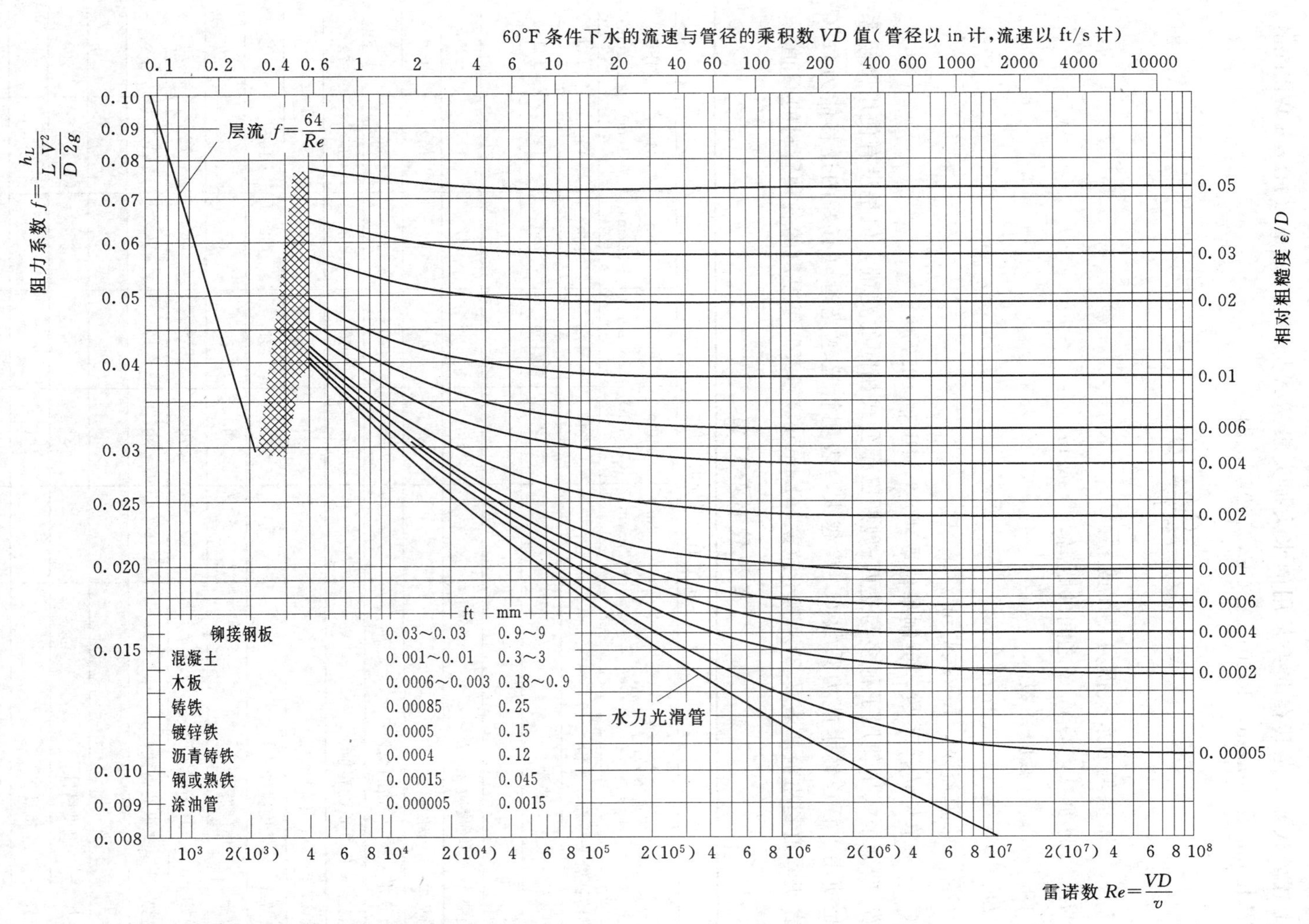

根据 L. F. Moody，"Frletion Factors for Plpe Flow"，Tram. A. S. M. E, Vol. 66, 1944，许可使用。

图 2.10　穆迪图

海曾-威廉公式

除上述公式外，尤其在北美常用的水头损失表达式是海曾-威廉（Hazen-Williams）公式（Williams 和 Hazen，1920；ASCE，1992），即

$$h_L=\frac{C_f L}{C^{1.852}D^{4.87}}Q^{1.852} \tag{2.21}$$

式中 h_L——摩擦阻力水头损失，ft 或 m；

L——断面 1 与断面 2 之间的距离，ft 或 m；

C——海曾-威廉系数；

D——管径，ft 或 m；

Q——管道流量，ft^3/s 或 m^3/s；

C_f——单位转换系数，英制单位取 4.73，SI 制 10.7。

海曾-威廉公式中使用了很多与达西-魏斯巴赫公式相同的变量，但是没有使用摩阻系数，而是使用了管道输水能力系数 C。C 越大，表明管道越光滑（有好的迁移能力）；C 越小，表明管道越粗糙。表 2.3 为基于拉蒙（Lamont）1981 年提出的各种管材的 C 值。

表 2.3　　各种管材的 C 值

管道型号	各种管径对应的 C 值					
	1.0in (2.5cm)	3.0in (7.6cm)	6.0in (15.2cm)	12in (30cm)	24in (61cm)	48in (122cm)
未涂层铸铁管——新，光滑		121	125	130	132	134
涂层铸铁管——新，光滑		129	133	138	140	141
管龄 30 年						
趋势 1——轻度腐蚀		100	106	112	117	120
趋势 2——中度腐蚀		83	90	97	102	107
趋势 3——可评估的腐蚀		59	70	78	83	89
趋势 4——严重的腐蚀		41	50	58	66	73
管龄 60 年						
趋势 1——轻度腐蚀		90	97	102	107	112
趋势 2——中度腐蚀		69	79	85	92	96
趋势 3——可评估的腐蚀		49	58	66	72	78
趋势 4——严重的腐蚀		30	39	48	56	62
管龄 100 年						
趋势 1——轻度腐蚀		81	89	95	100	104
趋势 2——中度腐蚀		61	70	78	83	89
趋势 3——可评估的腐蚀		40	49	57	64	71
趋势 4——严重的腐蚀		21	30	39	46	54

续表

管道型号	各种管径对应的C值					
	1.0in (2.5cm)	3.0in (7.6cm)	6.0in (15.2cm)	12in (30cm)	24in (61cm)	48in (122cm)
混杂的						
新刮管道		109	116	121	125	127
新刷管道		97	104	108	112	115
涂纺布铸铁——新，光滑		137	142	145	148	148
旧管道——作为相同管龄内涂层铸铁管						
电镀铁管——新，光滑	120	129	133			
锻造的铁管——新，光滑	129	137	142			
有内涂层的钢管——新，光滑	129	137	142	145	148	148
无内涂层的钢管——新，光滑	134	142	145	147	150	150
内涂石棉水泥管		147	149	150	152	
未涂石棉水泥管——清洁		142	145	147	150	
内衬棉纱水泥和棉纱沥青管——清洁		147	149	150	152	153
光滑管（包括铅、黄铜、铜、聚乙烯和PVC）——清洁	140	147	149	150	152	153
PVC波纹管——清洁	134	142	145	147	150	150
混凝土——斯柯贝（Scobey）						
等级1，$C_s=0.27$；清洁		69	79	84	90	95
等级2，$C_s=0.31$；清洁		95	102	106	110	113
等级3，$C_s=0.345$；清洁		109	116	121	125	127
等级4，$C_s=0.37$；清洁		121	125	130	132	134
最好，$C_s=0.40$；清洁		129	133	138	140	141
少量更换衬里的管道——清洁		109	116	121	125	127
预应力混凝土管——清洁				147	150	150

资料来源：Lamont（1981）。

拉蒙提出管龄与系数C之间不可能有单一的相关关系，相反，系数C的减小同样受运输水腐蚀性的影响。他提出由于管段中水的冲击产生了四种降低承载能力的趋势。其中趋势一是轻微碰撞时水仅仅略微腐蚀，趋势四是剧烈碰撞时水迅速冲击铸铁管。从表2.3中可以看出，碰撞程度严重影响系数C。通过试验确定输水能力降低的问题在本书后面的一些章节中会进一步讨论。

从纯粹理论观点考虑，管道的系数C因紊流状态下流速的不同而不同。式（2.22）用来修正不同流速状态下的C值，但是这种修正影响很小。流速增加2倍会造成粗糙系数减少5%。这种差异通常在粗糙估值的误差范围内，因此，大部分工程师假设无论流态怎样系数C均保持恒定（Walski，1984）。然而，如果在流速很高的情况下测试C值（如流速高于10ft/s），会产生很显著的误差。因此，系数C常用来估计低流速状态下的水头损失。

$$C=C_0\left(\frac{V_0}{V}\right)^{0.081} \tag{2.22}$$

式中　C——速度修正后的系数；

C_0——参考的 C 系数；

V_0——确定 C_0 后的流速修正值，L/T。

曼宁公式

另一个明渠水头损失表达式是曼宁公式，即

$$h_L=\frac{C_f L(nQ)^2}{D^{5.33}} \tag{2.23}$$

式中　n——曼宁粗糙系数；

C_f——单位转换系数，英制单位取 4.66，SI 制单位取 10.29。

与此前的水头损失表达式相同，用曼宁公式计算的水头损失依赖于管长和管径、通过管段的流量和粗糙系数。在这种情况下，n 值越高表示管内粗糙度越高。表 2.4 提供了一般管材的曼宁粗糙系数。

表 2.4　　一般管材的曼宁粗糙系数

管材	曼宁系数	管材	曼宁系数
石棉水泥管	0.011	波纹金属	0.022
黄铜	0.011	电镀铁	0.016
砖	0.015	石墨	0.011
新铸铁	0.012	塑料	0.009
混凝土		钢	
钢结构	0.011	煤焦油涂层	0.010
木制结构	0.015	新的无波纹	0.011
离心纺织布	0.013	铆制	0.019
铜	0.011	木制排气管	0.012

摩擦阻力损失方法对比

大多数水力模型可以让使用者从达西-魏斯巴赫方程、海曾-威廉公式或曼宁水头损失方程中选择，这依赖于问题的本质和使用者的喜好。

达西-魏斯巴赫方程是建立在物理基础之上的方程，由牛顿第二定律基本方程衍变而来。在合适的流体黏度和密度下，达西-魏斯巴赫方程可被用来计算管中任何流态下任何牛顿流体的水头损失。

此外，海曾-威廉和曼宁公式是经验表达式（指公式从经验数据提出），仅适用于紊流条件。

海曾-威廉公式主要在美国使用，达西-魏斯巴赫方程主要在欧洲使用。然而，曼宁公式不被使用在供水系统模型中，仅偶尔在澳大利亚使用。表 2.5 分别体现了这三个方程的构造，这三个方程得出单位管长的水头损失即摩阻比降（S_f）。

表 2.5　　典型管段的摩擦阻力损失方程

方　　程	$Q/(m^3/s)$；D/m	Q/cfs；D/ft	Q/gpm；D/in
达西-魏斯巴赫公式	$S_f=\frac{0.083fQ^2}{D^5}$	$S_f=\frac{0.025fQ^2}{D^5}$	$S_f=\frac{0.031fQ^2}{D^5}$
海曾-威廉公式	$S_f=\frac{10.7}{D^{4.87}}\left(\frac{Q}{C}\right)^{1.852}$	$S_f=\frac{4.73}{D^{4.87}}\left(\frac{Q}{C}\right)^{1.852}$	$S_f=\frac{10.5}{D^{4.87}}\left(\frac{Q}{C}\right)^{1.852}$
曼宁公式	$S_f=\frac{10.3\ (nQ)^2}{D^{5.33}}$	$S_f=\frac{4.66\ (nQ)^2}{D^{5.33}}$	$S_f=\frac{13.2\ (nQ)^2}{D^{5.33}}$

资料来源：ASCE（1975）和 ASCE/WEF（1982）。

2.5　局部损失

在阀门、三通、弯头、减压阀以及其他的附属设备那里同样存在水头损失（见图 2.1）。这些损失称为局部损失，当水流过设备和弯头时由于紊流而产生。图 2.12 说明当水流过阀门和 90°弯头时水流中产生的涡流蜗旋。

图 2.11　48in 的弯头

局部损失产生的水头损失可以用速度水头 ($V^2/2g$) 乘以局部水头损失系数计算［见式 (2.24)］：

$$h_m=K_L\frac{V^2}{2g}=K_L\frac{Q^2}{2gA^2} \tag{2.24}$$

式中　h_m——局部水头损失，L；

K_L——局部水头损失系数；

V——流速，L/T；

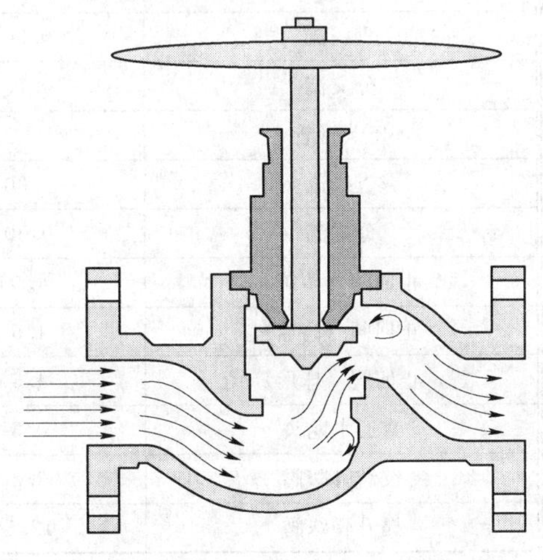

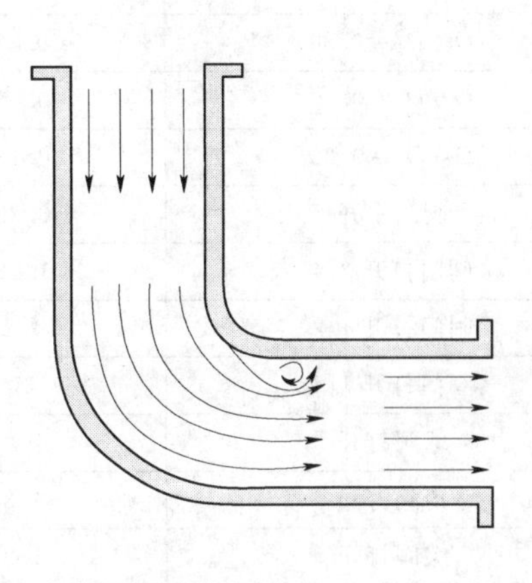

图 2.12　涡流蜗旋图

g——重力加速度，L/T^2；

A——横截面面积，L^2；

Q——流量，L^3/T。

局部水头损失系数通过试验获得，已经获得了许多不同种类设备和装置的数据。表2.6提供了几种最常使用装置的局部水头损失系数。更多局部水头损失系数见Crane（1972）、Miller（1978）和Idelchik（1999）的相关文献。

表2.6　局部损失系数

设　备	K_L	设　备	K_L
管道入口		90°弯管	
喇叭口	0.03～0.05	弯管 D=4	0.16～0.18
圆边	0.12～0.25	弯管 D=2	0.19～0.25
锐利边	0.50	弯管 D=1	0.35～0.40
凸出	0.78	折管	
渐缩		$\theta=15°$	0.05
$D_2/D_1=0.80$	0.18	$\theta=30°$	0.10
$D_2/D_1=0.50$	0.37	$\theta=45°$	0.20
$D_2/D_1=0.20$	0.49	$\theta=60°$	0.35
圆锥收缩		$\theta=90°$	0.80
$D_2/D_1=0.80$	0.05	三通	
$D_2/D_1=0.50$	0.07	直线流	0.30～0.40
$D_2/D_1=0.20$	0.08	分支流	0.75～1.80
渐扩		T形水龙头	
$D_2/D_1=0.80$	0.16	d=龙头直径	1.97 $(d/D)^4$
$D_2/D_1=0.50$	0.57	D=水管直径	
$D_2/D_1=0.20$	0.92	四通	
圆锥扩		直线流	0.50
$D_2/D_1=0.80$	0.03	分支流	0.75
$D_2/D_1=0.50$	0.08	45°Y形管	
$D_2/D_1=0.20$	0.13	直线流	0.30
阀门全开	0.39	分支流	0.50
阀门打开3/4	1.10	止回阀（传统）	4.0
阀门打开1/2	4.8	止回阀（高速）	1.5
阀门打开1/4	27	止回阀（球形）	4.5
球阀打开	10	直通水龙头	0.5
角阀打开	4.3	铰链脚踩阀	2.2
蝶阀打开	1.2	提升脚踩阀	12.5

资料来源：Walski（1984）。

对供水模型来说，局部水头损失通常比沿程水头损失小很多（因此有术语局部损失）。因为这个原因，许多建模者通常选择忽略局部损失。然而，一些情况下，如在有更多的设备和更高流速的泵站或是多种阀门集成化条件下，必须考虑管道系统中的局部损失起的显著作用。

就像管段粗糙系数，局部水头损失系数随流速变化稍有不同。然而，在多数实际管网问题中，局部水头损失系数被当作常数处理。

阀门系数

大部分阀门制造商提供阀门打开百分比与阀门系数（C_v）关系的图表，其中局部水头损失系数（K_L）与阀门系数（C_v）的关系见式（2.25）：

$$K_L = C_f D^4 / C_v^2 \tag{2.25}$$

式中 D——管径，in 或 m；

C_v——阀门系数，$(gal/min)/(lb/in^2)^{0.5}$ 或 $(m^3/s)/(kPa)^{0.5}$。

C_f——单位转换系数，英制单位取 880，SI 制单位取 1.22)。

等效管段长度

建模者可能选择通过增加每个局部损失的等效管长度去调节模拟管长的方式来考虑局部损失，而不是直接包括局部水头损失系数。考虑到阀门和设备的局部水头损失系数，等效管段长度产生同样的水头损失，其计算如下：

$$L_e = \frac{K_L D}{f} \tag{2.26}$$

式中 L_e——等效管段长度，L；

D——等效管段直径，L；

f——达西-魏斯巴赫摩阻系数。

当手工计算更为普遍时，等效管段长度也常被使用，因为它能在进行管段全面分析时节省时间。伴随近代计算机模型技术的发展，这不再是一种普遍的做法。由于水力模型中直接使用局部水头损失系数非常容易，因此确定等效管段长度的过程实际上效率更低。除此之外，等效管段长度的使用对许多水质计算中流行时间的预测会产生不利影响。

2.6 阻抗系数

已经有许多计算水头损失的相关公式，这些公式是变量即阻抗系数的数学表达式。理想水力模型条件下，这种公式形式使方程无论采取哪种摩阻计算方法，在本质上都保持不变，见式（2.27）：

$$h_L = K_P Q^z \tag{2.27}$$

式中 h_L——摩擦阻力水头损失，L；

K_P——管段阻抗系数，T^z/L^{3z-1}；

Q——管段流量，L^3/T；

z——流量指数。

下面将介绍采用不同水头损失计算方法计算 K_P 的方程。

达西-魏斯巴赫公式

$$K_P = f\frac{L}{2gA^zD} \tag{2.28}$$

式中　f——达西-魏斯巴赫摩阻系数；

L——管段长度，L；

D——管径，L；

A——管段横截面面积，L^2；

z——取 2。

海曾-威廉公式

$$K_P = \frac{C_fL}{C^zD^{4.87}} \tag{2.29}$$

式中　K_P——管段阻抗系数，s^z/ft^{3z-1} 或 s^z/m^{3z-1}；

L——管段长度，ft 或 m；

C——速度修正系数 C；

z——取 1.852；

D——管径，ft 或 m；

C_f——单位转换系数，英制单位取 4.73，SI 制单位取 10.7。

曼宁公式

$$K_P = \frac{C_fLn^z}{D^{5.33}} \tag{2.30}$$

式中　n——曼宁粗糙系数；

z——取 2；

C_f——单位转换系数，英制单位取 4.64，SI 制单取为 10.3（ASCE/WEF，1982）。

局部水头损失

阻抗系数也能定义局部水头损失，如以下方程所示［见式（2.31）］。正如管段阻抗系数，局部水头损失阻抗系数是装置或设备物理特性和流出量的函数。

$$h_m = K_MQ^2 \tag{2.31}$$

式中　h_m——局部水头损失，L；

K_M——局部水头损失阻抗系数，T^2/L^5；

Q——管段流量，L^3/T。

按式（2.24）可得到局部水头损失阻抗系数计算方程为

$$K_M = \frac{\sum K_L}{2gA^2} \tag{2.32}$$

式中　$\sum K_L$——局部水头损失阻抗系数之和。

2.7 能量的获取——水泵

许多情况下，需要增加能量去克服势能差、摩擦阻力损失和局部损失。水泵是利用机械能转化为总水头的设备。增加的水头称为泵的水头，是通过水泵的流量的函数。以下着重讨论离心泵，因为它是供水系统中最常使用的水泵。关于水泵的其他信息详见 Bosserman（2000）、水力协会标准（2000）、Karassik（1976）和 Sanks（1998）等相关文献。

水泵水头与流量的关系

水泵水头与水泵流量间的关系用类似于图 2.13 的水泵水头与流量关系曲线图给出（又称为水泵的水头特性曲线）。这个曲线定义了水泵增加的水头与通过水泵的流量间的关系。水泵的水头与流量关系图是非线性的，就如所想象的，通过水泵的水越多，增加的水头越少。水头特性曲线上看到的水头是通过水泵的水头差，称为总的动压头（TDH）。

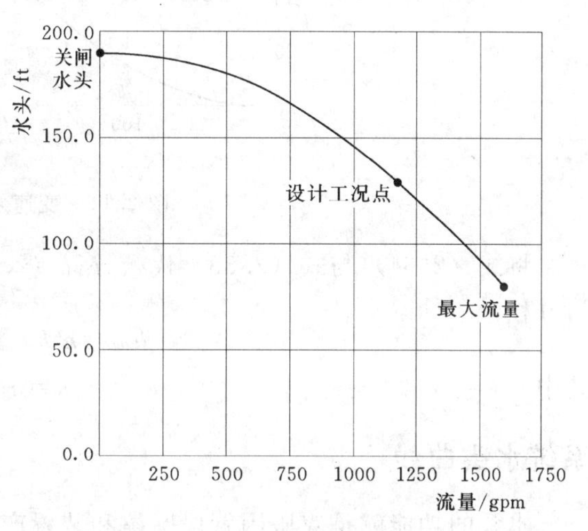

图 2.13　水泵水头特性曲线

这个曲线在水力模拟中是数学函数，一些模型选取的数据点与多项式曲线相吻合，但是更为普遍的方法是通过以下形式的幂函数来描述曲线：

$$h_P = h_0 - cQ_P^m \tag{2.33}$$

式中　h_P——水泵水头，L；

h_0——关闸水头（流量为零时的水泵水头），L；

Q_P——水泵出流量，L^3/T；

c、m——描述水泵曲线形状的系数。

关于水泵的更多性能测试的内容详见第 5 章。

变速泵的关系定律　给定发动机速度与叶轮直径，离心泵的特性曲线就能被确定。但是应用关系定律能确定任何速度和任何直径水泵的特性曲线。对变速泵而言，这些关系定律如下所示：

$$Q_{P1}/Q_{P2} = n_1/n_2 \tag{2.34}$$

$$h_{P1}/h_{P2} = (n_1/n_2)^2 \tag{2.35}$$

式中　Q_{P1}——泵速 1 情况下水泵的流量，L^3/T；

n_1——泵速 1，L/T；

h_{P1}——泵速 1 情况下水泵的水头，L。

因此，水泵的流量与水泵速度直接成比例，水泵的输出水头与速度平方成正比。利用这个关系，一旦已知任一速度下水泵的特性曲线，那么其他速度下水泵的特性曲线就能被推得。图 2.14 给出了变速泵的关系定律，其中通过水泵不同水头特性曲线的线表示高效区。

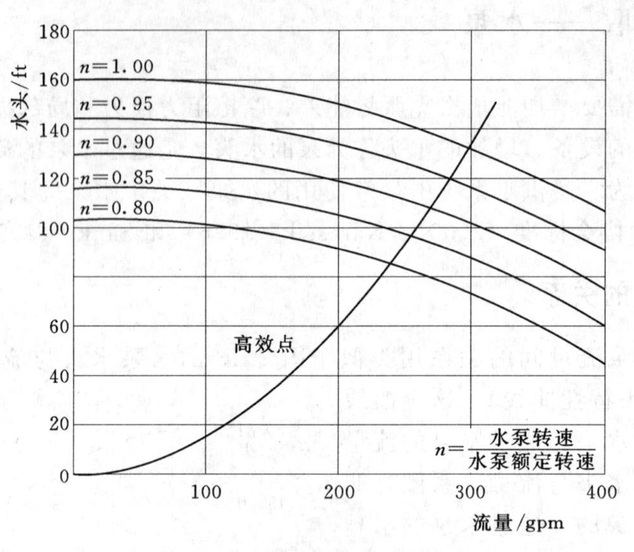

图 2.14　变速泵的相关系数

将式（2.34）与式（2.35）代入方程（2.33）解出 h 得到变速泵与速度水头曲线的专门方程：

$$h_{P2}=n^2h_0-cn^{2-m}Q_{P2}^m \tag{2.36}$$

其中

$$n=n_2/n_1$$

系统水头曲线

水泵的功能就是克服因管段摩擦和装置产生的高程差和水头损失。增加水泵可以克服水头差，需添加的数量大小依赖于系统特性与布局（与水泵的流量无关），即静压水头或静态提升高度。然而，摩擦和局部损失与通过水泵的流量密切相关。当流量一定时这些损失与静压水头相加得到的图即所谓的系统水头曲线（见图 2.15）。

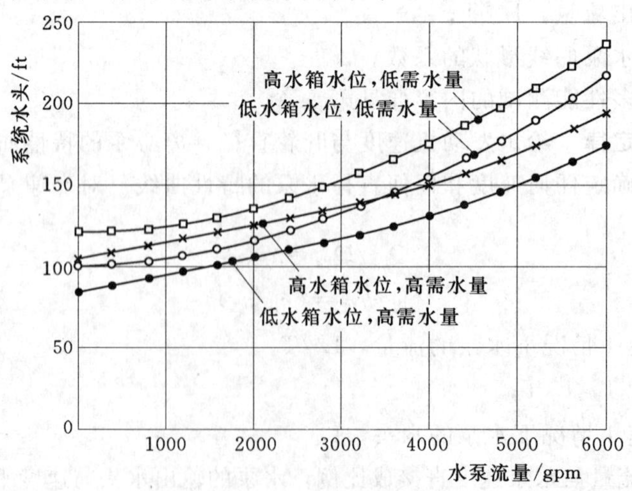

图 2.15　系统水头曲线族

水泵特性曲线是水泵本身的函数却与系统无关，系统特性曲线依赖于系统却与水泵无关。不同于水泵的曲线，系统水头曲线在给定水泵和速度条件下，随着水箱中水平面和用水量的改变而上下变化。图上表明形成的是系统特性曲线族，而不是单一的系统特性曲线。

在两点之间单一管段情况下，系统水头曲线可按下列方程形式描述：

$$H = h_l + \sum K_P Q^z + \sum K_M Q^2 \qquad (2.37)$$

式中 H——总水头，L；

h_l——静态高度，L；

K_P——管段阻抗系数，T^z/L^{3z-1}；

Q——管段流量，L^3/T；

z——系数；

K_M——局部水头损失阻抗系数，T^2/L^5。

这样，管段每一部分的沿程水头损失和局部损失沿着管段总长度不断累加。当系统较为复杂时，由于水力管网的相互依赖性，用单一方程描述系统曲线上的点已不大可能。在这种情况下，可能需要使用水力模型进行水力分析。水力坡度曲线有助于形象化地表示水泵处水头的突然增加、水流沿着管段流动产生的坡度和有局部损失处的下降（见图 2.16）。

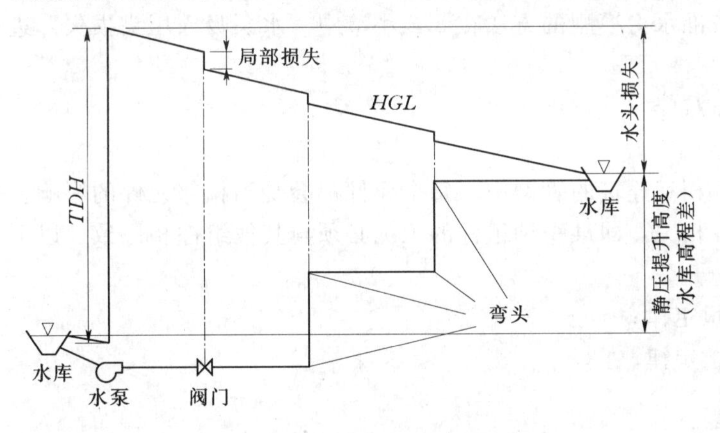

图 2.16 水泵系统的水力坡度线简图

水泵的工况点

水泵水头流量曲线和系统水头曲线画在同一坐标轴上（见图 2.17），水泵的特性曲线和系统水头曲线仅有一个公共点，该交叉点被定义为水泵的工况点，用以表示通过水泵的流量和水泵将增加的水头。这个水头等于系统需要克服的静压头和其他损失。

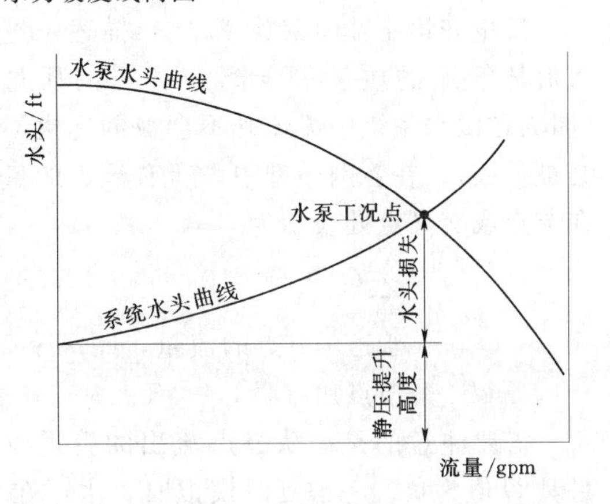

图 2.17 系统工况点

水泵特性曲线的其他用途

除了水泵的水头—流量曲线图，其他代表

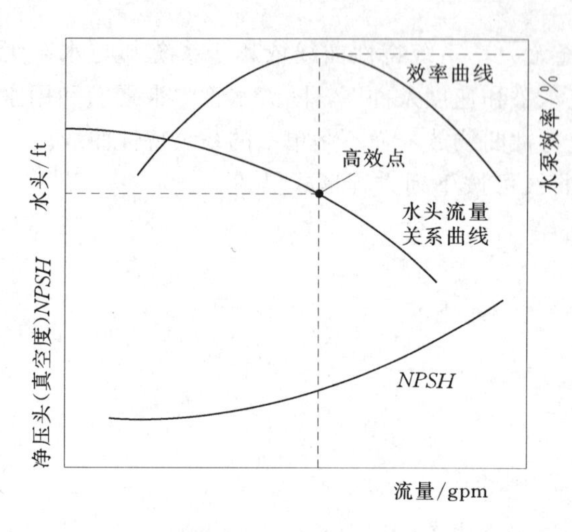

图 2.18　水泵效率曲线

水泵特性的曲线图描述功率、马力和效率关系（见图 2.18），在第 3 章（见 3.7 小节）和第 5 章（见 5.4 小节）会进一步讨论。因为自来水公司想要尽量减少系统运行所必需的能量，所以工程师要选择尽可能高效的水泵。水泵的生产费用在第 10 章作进一步讨论。

设计泵站时另一个需要考虑的问题是管网净压头（*NPSH*）（见 8.3 小节中“水泵吸入压头损失”）。管网净压头指在泵的吸入端产生的真空压头。每台水泵需要得到的管网净压头超过所需要的以确保水泵的局部压强不会下降到流体蒸汽压之下而引起气穴现象。如 2.1 小节中“蒸汽压”讨论的一样，气穴本质上是水泵里流体的沸腾，可能引起巨大的破坏。所需要的管网净压头对每个水泵模型是唯一的，且是流量的函数。确定用净压头校准水力模型的方法在 8.3 小节中“水泵吸入压头损失”进一步讨论。

2.8　管网水力学

在水力组件相互连接的管网中，每个元件都会受到相邻元件的影响。整个系统以某种方式与所有组件相关，即某一种组件的工况必须与其他组件相一致。以下两个概念定义了这些相互关系：

- 质量守恒定律；
- 能量守恒定律。

质量守恒定律

质量守恒定律（见图 2.19）描述了进入流体管道的质量等于离开管道的质量（因为在供水系统中流体既不会被创造也不会被消灭）。在管网模型中，所有流出的量在节点或交叉点处表示为

$$\sum_{pipes} Q_i - U = 0 \qquad (2.38)$$

式中　Q_i——管道 i 节点的流量，L^3/T；

U——节点用水量，L^3/T。

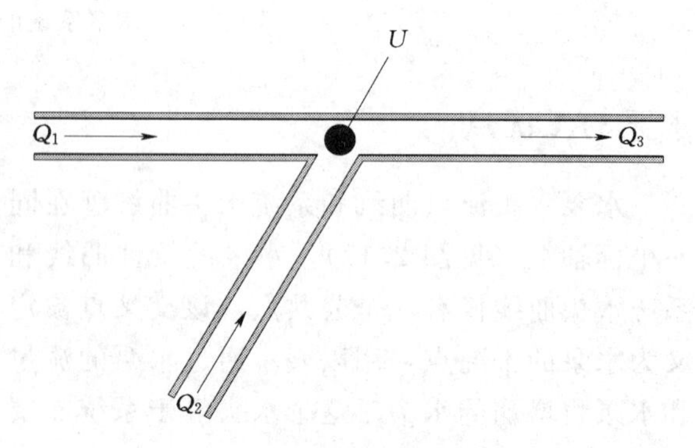

图 2.19　质量守恒定律法则

需要注意的是：从节点流出的管道流量其 Q 值为负。考虑延时模拟时，水可在水箱中被储存和取用，这就需要描述在一定节点处水的累积量：

$$\sum_{pipes} Q_i - U - \frac{\mathrm{d}S}{\mathrm{d}t} = 0 \tag{2.39}$$

式中 $\frac{\mathrm{d}S}{\mathrm{d}t}$——蓄水量变化，$L^3/T$。

质量守恒定律方程可被应用于所有交叉节点和管网中的水箱，每种情况有各自的方程。

能量守恒定律

能量守恒定律指出，无论采取什么路径（Bernoulli，1738），两点间的能量差是一致的。从水力分析的便利性来说，水头方程写为

$$1+\frac{P_1}{\gamma}+\frac{V_1^2}{2g}+\sum h_P = Z_2+\frac{P_2}{\gamma}+\frac{V_2^2}{2g}+\sum h_L+\sum h_m \tag{2.40}$$

式中 Z——高程，L；

P——压强，$M/(LT^2)$；

γ——流体重度，$M/(L^2T^2)$；

V——流速，L/T；

g——重力加速度，L/T^2；

h_P——水泵水头，L；

h_L——管道摩擦阻力水头损失，L；

h_m——局部水头损失，L。

管网中相邻的任意两点间的能量差等于水泵产生的能量与管道和管件间产生的能量损失之和。对于任意两点间的任何连通路径可以写出这一方程。特别是水库或水箱间的路径（水头差已知），或者环状的管路，因为能量改变总和为零（见图2.20），即

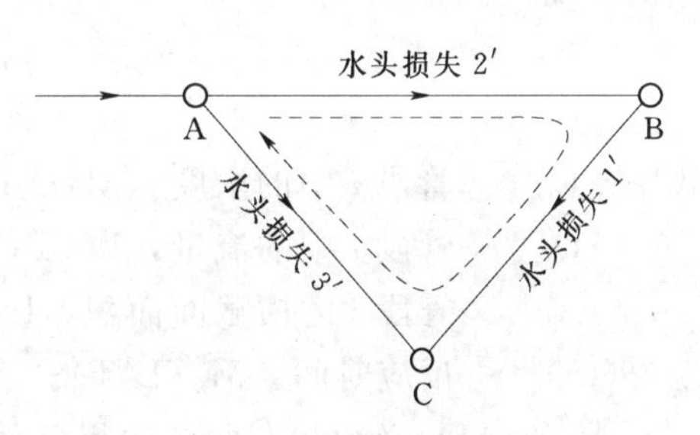

图 2.20 环形管道水头损失之和为零

$$A\rightarrow B\rightarrow C\rightarrow A=0$$

即 （+水头损失 2′）+（+水头损失 1′）+（−水头损失 3′）=0

求解管网问题

真实的供水系统不是由单一管段组成的，并且不能用单独的连续性方程和能量方程求解。根据使用的方法，系统中每个节点都一定有一个连续方程，每个管段（或环）一定都有一个能量方程。对真实系统而言，就有数千个这种方程。

求解这些方程的最早系统方法是由 Hardy Cross（1936）提出的。然而，数字计算机的发明产生了更有能力的数字技术。这些技术能建立并且求解矩阵形式管网水力学方程。因为能量方程是非线性的，所以方程不能直接依据流量和水头求解。这些技术可以给出估计解，之后不断改善直至解的误差在指定范围内，此时则认为是获得了水力方程的解。

一些用于管网分析的方法由 Bhave（1991）、Lansey 和 Mays（2000）及 Larock、Jeppson 和 Watters（1999）以及 Todini 和 Pilati（1987）进行了介绍。

2.9 水质模型

水质模型是水力管网模拟模型的直接延伸，能被用来做多种有用分析。水力管网模拟模型的开发者意识到水质分析的潜力，在 20 世纪 80 年代中期将水质计算特性添加到了水力模型中。迁移、混合和衰减反应是水质模型中有代表性的基本物理和化学过程。水质模拟同样使用管网水力的解决办法作为计算部分。通常用水在管网中流行的流速和流程确定停留时间和影响消毒药剂迁移和衰减的其他水力特性。延时水力模拟的结果能作为水质分析的切入点。

描述管段中的输送、节点处的混合、化学构成和衰减反应以及水箱中的存储和混合的方程由 Grayman、Rossman 和 Geldreich（2000）给出。水质模型的附加说明参见 Clark 和 Grayman（1998）的文献。

管段中的迁移

大部分水质模型使用一维推流反应迁移模型预测通过管段迁移的要素浓度的改变，并说明其形成和衰减反应。式（2.41）表明管段 i 中的浓度是管段长度（x）和时间（t）的函数，即

$$\frac{\partial C_i}{\partial t}=\frac{Q_i \partial C_i}{A_i \partial x}+\theta(C_i), i=1\cdots P \tag{2.41}$$

式中 C_i——管段 i 中的浓度，M/L^3；

Q_i——管段 i 中的流量，L^3/T；

A_i——管段 i 的横截面面积，L^2；

$\theta(C_i)$——反应时间，$M/(L^3T)$。

式（2.41）必须结合两个边界条件方程（在 $x=0$ 和 $t=0$ 时的浓度）同时求解。求解方法将在本书后续章节阐述。

推流迁移方程是过水断面划分开的管段流量的函数，与平均流速值相等。这样，水体沿着管长方向以一定速度迁移，速度值与平均流速成正比。该方程建立在管段中纵向扩散被忽略、水体被完全混合的假设前提下（紊流条件下的有效假设）。进而，能将反应项代入到相应的方程来说明迁移过程中物质的形成和分解。这个方程将在之后推导。但首先推导的是节点混合方程。

节点处的混合

水质模拟使用节点混合方程结合推流迁移方程描述个别管段的浓度，以管段的边界条件作为前提。描述进入节点的质量平衡的方程可以写成以下形式：

$$\left[C_{OUT_j}=\frac{\sum_{i\in IN_j} Q_i C_{i,n_i}+U_j}{\sum_{i\in OUT_j} Q_i}\right] \tag{2.42}$$

式中 C_{OUT_j}——流出节点 j 的浓度，M/L^3；

OUT_j——流出节点 j；

IN_j——流入节点 j；

Q_i——从管道 i 流入节点的流量，L^3/T；

C_{i,n_i}——从管道 i 流入节点的浓度，M/L^3；

U_j——节点 j 的浓度源，M/T。

节点混合方程描述了离开管网节点的浓度（或推流迁移进入相邻管段或作为节点流量从管网中去除）是进入管段浓度的函数。方程描述了流量加权平均浓度。如果水源位于一节点处，物质可以被添加或结合，由输入浓度的混合方程表示。图 2.21 介绍了如何在管道节点处使用节点混合方程。输入浓度依据式（2.42）被混合，通过作为离开系统的节点流量流过被模拟的管道获得结果浓度。节点混合方程假设输入流量完全并且立即混合。假设的基础是在节点处发生紊流，通常能达到充分混合。

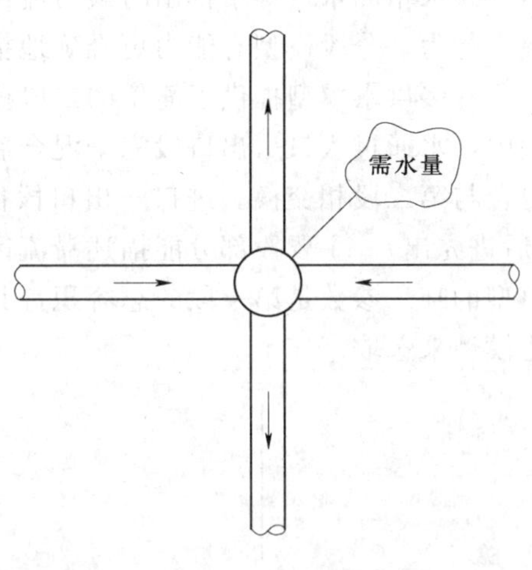

图 2.21　节点混合

水箱中的混合

有时管段连接水库和水箱作为逆向节点。同样，进入和离开水箱和水库物质的平衡如下：

$$\frac{dC_k}{dt}=\frac{Q_i}{V_k i}[C_{i,np}(t)-C_k]+\theta(C_k) \tag{2.43}$$

式中　C_k——水箱或水库 k 中的浓度，M/L^3；

Q_i——从管段 i 进入水箱或水库的流量，L^3/T；

V_k——水箱或水库 k 的体积，L^3；

$\theta(C_k)$——反应项，$M/(L^3T)$。

当水箱被填满时采用式（2.43）。在水箱被充满的一段水力时段内，从上游管段流入的水与已经储存在水箱内的水混合。如果浓度不同，就发生混合反应。水箱混合方程表示在水力时段内水箱中发生的混合反应及任何反应。在有排水的水力条件下，水质反应项能够省略，并且方程被简化为下式：

$$\frac{dC_k}{dt}=\theta(C_k) \tag{2.44}$$

在特殊情况下，稀释项可能被省略，这是因为没有发生稀释。这样，容器中的浓度仅受化学反应影响。此外，从水箱中排出的水浓度成为与它连接管段的推流迁移方程的边界条件。

式（2.43）和式（2.44）假设水箱和水库中物质完全并且及时混合。这个假设常常被用在水质模型中。然而，也有其他模拟水箱和水库中水流过程的有用的混合模型（Grayman et al.，1996）。例如，为消毒提供足够时间的接触水池或清水池通常被描述成简单地使用“先进先出”（FIFO）模型的活塞流反应器。在FIFO模型中，最早作为流入进入水箱的水量就是最早流出量。

如果水箱中发生严重的短路现象，可采取“后进先出”（LIFO）模型。在注水时，最早进入水箱的水量等于排出时最后流出的水量。使用更广泛的分段模型能描述更多复杂的混合行为，分段模型有能力更准确地描述混合过程和水箱中的时间延续。

许多供水模型提供了简单的二段模型，如图2.22所示（Rossman，2000）。在这种模型中，水通过入口—出口段完全混合后进出水箱，当第一段完全充满时，溢出的流量完全混合与第二段相交换。进口—出口段能描述最后进入的水流为最早流出水流的短路状况（后进先出）。主要段部分能描述滞流区或死水区，其中包含比第一段停留更久的水。这个模型的唯一参数是第一段的总容积，其合适值一般通过绘图人员的现场测量或余氯测量对比模型来选取。

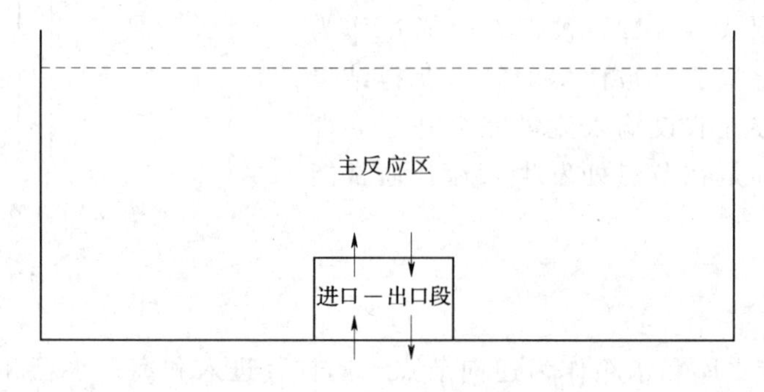

图2.22　两段水箱混合模型

图2.23表示更为复杂的三段模型，用单一管段进水和出水的水箱。这个范例表明水箱是分层的，进入水箱的新的（优质的）水充满第一段，然后转移到包含存很久水的混合段里，最后转移到存放更久水、劣质水的死水区段。模型模拟了不同段之间水

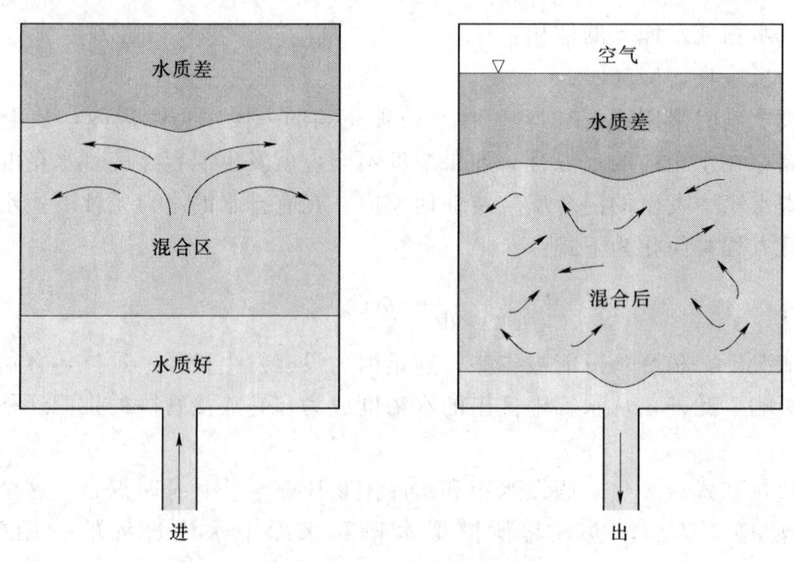

图2.23　三段水箱混合模型

的交换，这样能够模拟复杂的水箱混合动力学。与其他描述的模型一样，CompTank，是一种能用来模拟三段的模型，可从 AWWA 研究基金会报告（Grayman et al.，2000）中获得。

以上提到的所有模型能用来模拟不参与化学反应（保守的）要素，以及随时间变化物质的形成和衰减反应。模型同样能用来描述水流入和流出水箱或流入和流出同时进行的操作模式。

化学反应术语

式（2.42）、式（2.43）、式（2.44）组成可以用典型水质模拟算法求解的一阶反应微分方程的相互关联系统。这一系列方程式和求解法则能用来模拟影响供水系统水质的不同的化学反应。化学反应方程如式（2.43）和式（2.44）所示。管道、水箱和水库的浓度是这些反应方程的函数。水离开处理厂进入供水系统之后，进行许多复杂的物理化学反应，其中的一些不易理解，大部分反应不能被模拟。然而，通常模拟的三种化学过程是水体推流反应、界面反应（典型发生在管壁上）以及生成反应，包括限制反应物的形成反应。首先介绍水体反应表达式，之后介绍混合水体推流和管壁反应的表达式。

水体反应 水体反应在流体容器内发生，并且是物质浓度、反应速度和级数以及生成物浓度的函数，n 阶水体反应的普通表达式见式（2.45）（Rossman，2000）：

$$\theta(C)=\pm kC^n \tag{2.45}$$

式中 $\theta(C)$——反应项，$M/(L^3T)$；

k——反应速率系数，$L^3/(M^{n-1}T)$；

C——浓度，M/L^3；

n——反应速率指数常数。

式（2.45）是在供水系统模型中最常使用的水体反应项。速度表达式表明单一反应物参与反应，假设其他反应物（如果它们参与反应）不超过维持反应的必要浓度。反应速率常数 k 表示生成反应（正的）或衰减反应（负的）的发生。反应速率系数的单位依赖于反应的级数。反应级数依赖于反应物和反应生成物的组成，反应级数通常经试验确定。

零级、一级和二级衰减反应通常用来模拟发生在供水系统的化学反应。图 2.24 概念性地说明三种最基本反应中浓度相对于时间的改变。使用式（2.45）的一般表达式，反应模型可以使 $n=0$、$n=2$、$n=1$，然后进行衰退分析通过实验确定速度常数。

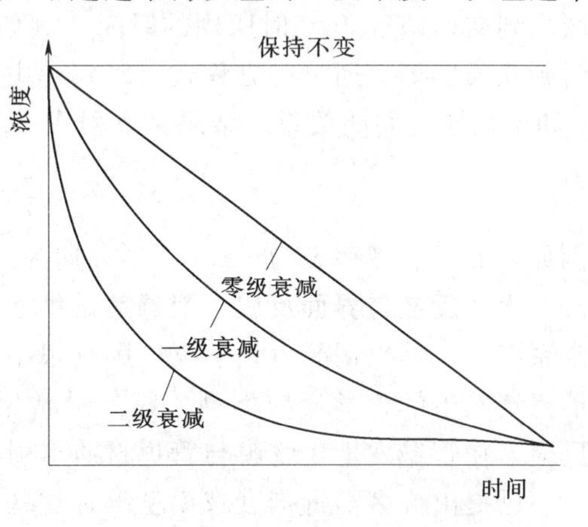

图 2.24 对于零级衰减、一级衰减和二级衰减反应，浓度与时间的概念性描述

最常使用的反应模型是一级衰减反应模型。这个模型已经用在氯衰减、氡衰减和其他衰减过程。一级衰减为指数衰减，如式

(2.46) 所示：

$$C_t = C_0 e^{-kt} \tag{2.46}$$

式中 C_t——t 时刻的浓度，M/L^3；

C_0——初始浓度；

k——反应速率，1/T。

“嗨，如果真是这样简单就好了。”

对一级反应来说，k 的单位是 $(1/T)$，其值通常用 1/d 或 1/h 来表示。另一种表达反应速度的方法是引入通常用来描述放射性物质衰减速率的半衰期概念。半衰期指物质浓度减少到初始浓度 50％时所用的时间。例如，氡的半衰期大约是 3.8d，氯的半衰期从几小时到几天不等。通过解方程式（2.45）中当 $C_t/C_0=0.5$ 时的时间 t 很容易得到衰减速率、k 和半衰期之间的关系。结果见方程式（2.47）：

$$T = -\frac{0.693}{k} \tag{2.47}$$

例如，如果衰减率 k 为 -1.0，半衰期为 0.693d。

水体反应与界面反应　消毒剂是供水系统中最常模拟的因素。在离开水处理厂进入供水系统前，消毒剂受电化学反应影响很小。图 2.25 说明了沿着管长方向的管段中水流和消毒剂发生的化学反应类型。氯（最常用消毒剂）在水体流动中与天然有机物（NOM）反应，在管壁发生生物膜与管道材质（引起腐蚀的）的氧化反应。

已提出许多消毒剂衰减模型解释这些反应。对大部分供水系统模型来说，应用一级衰减模型是相当准确的，并且已经被应用。Rossman、Clark 和 Grayman（1994）提出了发生在供水系统管段内的复杂反应的数学框架。框架说明了消毒剂从水流到管壁（质量传递效应）的物质迁移及发生的化学反应。

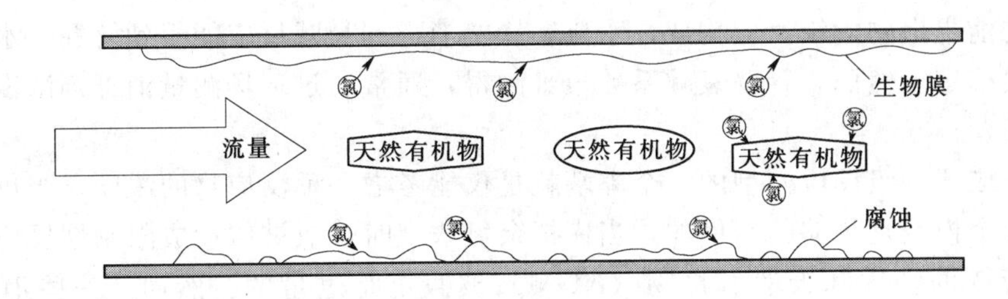

图 2.25　发生在典型供水系统中的消毒剂反应

$$\theta(C)=\pm KC \tag{2.48}$$

式中　K——总反应速率常数，1/T。

式（2.48）是一个简单的一级衰减反应（$n=1$）。然而，目前反应速率常数 K 是水反应系数和管壁反应系数的函数，如以下方程所示：

$$K=k_b+\frac{k_w k_f}{R_H(k_w+k_f)} \tag{2.49}$$

式中　k_b——水反应系数，1/T；

k_w——管壁反应系数，L/T；

k_f——水流到管壁的物质转换系数，L/T；

R_H——管道水力半径，L。

管壁消毒剂衰减速率依赖于消毒剂被迁移到管壁的快慢和在那里发生的反应的速度。物质转换系数过去常利用舍伍德数（Sherwood mumher）与水流分子扩散系数（水中因素）和管段直径来确定消毒剂被迁移的速率，即

$$k_f=\frac{S_H d}{D} \tag{2.50}$$

式中　S_H——舍伍德数；

d——水分子扩散系数，L^2/T；

D——管径，L。

对于滞流条件（$Re<1$），舍伍德数 $S_H=2.0$。对于紊流条件来说（$Re>2300$），舍伍德数通过公式（2.51）来计算：

$$S_H=0.023Re^{0.83}\left(\frac{\nu}{d}\right)^{0.333} \tag{2.51}$$

式中　Re——雷诺数；

ν——流体运动黏度，L^2/T。

对层流条件（$1<Re<2300$），可以使用沿着管长的平均舍伍德数。为得到 6in（150mm）管中的层流，在速度为 0.056ft/s（0.017m/s）条件下，流量需要小于 5gal/min(0.3L/s)。在这种流态下，水头损失可被忽略，则

$$S_H=3.65+\frac{0.0668\left(\frac{D}{L}\right)(Re)\left(\frac{\nu}{d}\right)}{1+0.04\left[\left(\frac{D}{L}\right)Re\left(\frac{\nu}{d}\right)\right]^{2/3}} \tag{2.52}$$

式中　L——管长，L。

使用之前提出的一级反应构架，水流和管壁消毒剂衰减反应能得到解释。水流衰减系数通过经验确定。然而，管壁衰减系数很难测得，通常通过现场测量消毒剂浓度和水质模拟结果估计。

生成反应 一级反应模型的一个弊端就是仅能考虑一种反应物的浓度。当仅有一种反应物时，这个模型是足够的。例如，当模拟余氯浓度时，氯被假设成限制性反应物，其他反应物如管壁的物质和天然有机物（NOM）被假定是过量的。然而，一些消毒副产物（DBP）的生成反应不满足这个假定。NOM 通常是限制性反应物，而不是氯。DBP 的形成仅仅是可用一种限制性反应物模拟的一般类别反应的一个范例。Rossman（2000）提到的这类生成和衰减反应方程见式（2.53）：

$$\theta(C)=\pm k(C_{lim}-C)C^{n-1} \tag{2.53}$$

式中 C_{lim}——反应的限制性浓度，M/L^3。

一级反应增长率的限定值已经被用来表示供水系统中三卤甲烷的生成和消毒副产物 DBP 的一般形式（Vasconcelos et al.，1996）。数学表述形式见式（2.54），图形表述见图 2.26。

$$THM(t)=C_0+[FP-C_0][1-e^{-kt}] \tag{2.54}$$

式中 $THM(t)$——时刻 t 的三氯甲烷浓度；

C_0——初始三氯甲烷浓度；

FP——生成电势；

k——反应速率常数。

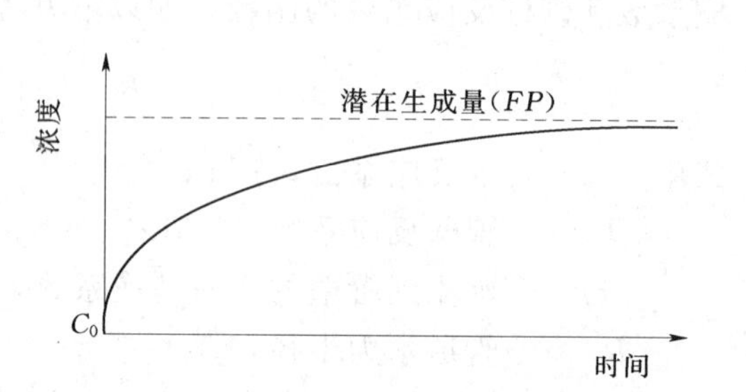

图 2.26 有极限值的一级反应速率

水质模拟的其他类型

虽然每个软件包的水质特性各异，除了已经描述的要素分析，最一般的水质模拟类型是水源示踪和水龄分析。这两种模拟方案采用的解决方法实际上是元素分析方法的特例。

水源示踪分析 考虑到可靠性或提供给用户足够的水量，自来水部门通常不止使用一种水源。例如，两个水处理厂为同一个供水系统服务。一个水处理厂从地表水源取水，另一个从地下水层取水。来自这些水源的原水可能明显不同，因此处理后水的水质也可能不同。

使用水源示踪分析法，可确定受特殊水源影响的供水系统区，更重要的是，能确定发生不同水源水的混合的区域。水源混合的重要性依赖于水的水质特性。有时，混合能降低水的感观质量（例如，引起沉淀或气味问题），并且有助于维持残余消毒剂问题。当水通过管网迁移时水源示踪分析在跟踪储存水水质问题方面同样有用。

水源示踪分析对更好地管理这些情况同样有用。尤其是它能用于确定供水系统模型中每个节点、水箱和水库中来自特殊水源水的百分数。用作这种计算的软件过程是水源示踪有机物在输出浓度为 100 个单位时成分分析的特例。本节开始部分提到的物质迁移方程和混合方程用于模拟通过管网的迁移途径以及迁移延迟的影响和微量元素浓度的稀释。之后能直接读出模拟计算值，将其作为从水源位置输送的水的百分数。

水龄分析 影响供水系统水质的化学过程是供水系统中水的物理和化学性质的函数

（如管材和管龄）。然而，更一般地，这些化学过程伴随时间发生，使得停留时间成为供水系统中影响水质的关键因素。系统中水总的停留时间或水龄已经成为可靠的水质的代名词。当量化水箱对水质的影响时，水龄值得特别关注。评测残余消毒剂的损失量和消毒副产品的形成同样是有益的。

校核水力模型时，比起元素分析，水龄分析的主要优势是不需要其他的水质校核方法。然而水龄分析在确定水质方面不像元素分析那么准确，但却是一种校核水力模型信息的简便方式。可以考虑一个项目，自来水公司正在分析水池中的混合以及管网存在水质问题时，对水质的影响水龄分析的有用性。如果水力模型被建立并且校核准确，它能直接用来评价水龄。

水龄分析显示在水箱中停留时间长有助于水体降解。利用这条信息能设计一种更准确的分析方法（例如，水力动力学和混合特性评价，或者确定残留消毒剂影响的元素分析），构思初步改进方案或评价运行。

水龄分析报告显示了通过管网流动的水总的停留时间。同样，软件分析使用的运算法则是元素分析的特例。从水源进入管网的水被认为水龄为零。元素分析被认为是 $k=+1$ [(mg/L)/s] 的零级反应，这样元素浓度的增加与时间成比例，并且沿管网迁移路径总的停留时间利用数字求和得到。

“我所知道的就是必须检查正在被水泥包围的湖泊和河流的水质。”

使用以上提到的水质迁移和反应动力学描述，以及现代软件包中不同类型的水质相关模型，供水系统中水质能够被精确预测。水质模拟能够帮助改善供水系统运行和改造方法，实现减少水力停留的时间，并且作为一种改善残留消毒剂和其他水质相关操作管理的工具。与消费者更严格的水质要求相结合的技术的不断进步，促进开始使用强大水质模型的自来水公司数量在增长，这些模型已能满足消费者要求。

求解方法

最早的供水系统水质模型是恒定流模型（Wood，1980 及 Males、Clark、Wehrman 和 Gates，1985）。这些模型使用联立方程或者推导方法以确定通过供水系统的恒定流水质浓度。然而，由于供水系统操作的瞬时可变性，水箱对水质的影响以及水源浓度的瞬时改变，很显然恒定流水质模型在表述实际系统时具有局限性。这导致 20 世纪 80 年代中期几种动力水质模型的提出（Clark、Grayman、Males 和 Coyle，1986；Hart、Meader 和 Chiang，1986；Liou 和 Kroon，1987；以及 Grayman、Clark 和 Males，1988）。

解决水质模型中动力学水质模型方程可采用两种方法。一种方法建立在欧拉（Eulerian）方法基础上，即将每根独立管段划分为一系列等长度的小管段。另一种方法就是拉格朗日（Lagrangian）法，即当水流过管段时追踪管中均匀水质浓度。这些解决方法见图 2.27 和图 2.28 以及以下文字的详细说明。在这两种解决方法中，水力模型必须首先用于延时模拟（EPS）以确定流量、流向和模拟过程中每个管段中的恒定流速。

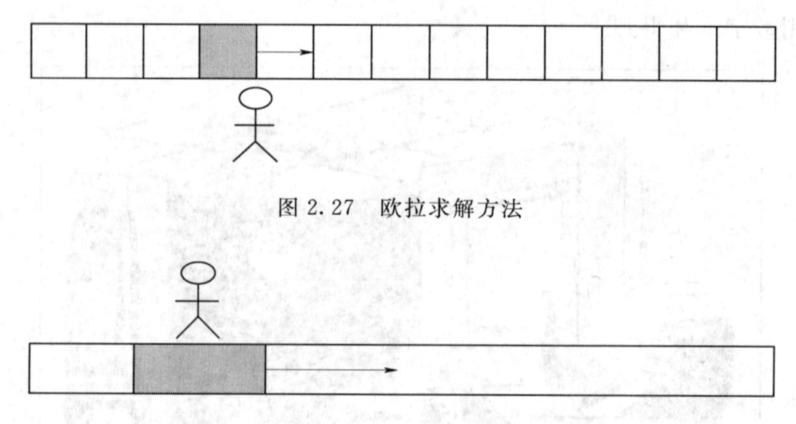

图 2.27　欧拉求解方法

图 2.28　拉格朗日法

欧拉方程　依据欧拉方程（见图 2.27），观测者在确定的位置观察经过的水。Grayman、Clark 和 Males（1988）提出供水系统中水质模型的欧拉求解方法。Rossman、Boulos 和 Altman（1993）确定这个方程的形式，命名它为离散体积法（Discrete Volume Method，DVM）。

在 DVM 中，每个时段管段被划分为选定管长的一系列小管段，使通过每个小管段的迁移时间等于确定的模拟过程中保持恒定的水质模拟时段长度。使得在一个水质模拟时段内水从一个小管段流向相邻下游的小管段。

为了满足这个约束，小管段长度随管段不同和管内流速改变而不同。如果模拟的要素发生反应，则根据每个水质模拟时段内相应的反应方式来调节水质浓度。

在一个或多个管段下游的节点处，其节点处水质浓度通过采用平均流量权重法计算，就像前面式（2.42）所描述的。水瞬时流经水泵和阀门，水质不发生变化。在水力时段末端，如果有流量或流向的改变，相关连接的管段网格也要改变，先前时段末端的水质浓度常用来确定每个新的子管段中的初始水质条件。采取专门的数值假设来调节某些比较困难的情形，如管段非常短（运行时间比水质模拟时间短）和管段非常长（连接管段数量很大）。

拉格朗日法　在拉格朗日法中（见图 2.28），观察者不是在一旁静止地观察流体而是随着水流移动。此外，是追踪具有均匀浓度的水质节点通过管段，而并无固定的网格。由于水源水质改变或是在节点处水流混合，新的水质节点被添加。为了减少水质节点的数量，算法研究人员提出了浓度差异少量变化时临近水质节点混合的运算法则。Liou 和 Kroon（1987）以及 Hart、Meader 和 Chiang（1986）提出供水系统的水质模型求解方法。

拉格朗日法能用在时间驱动或是事件驱动中。在时间驱动中，用固定时段确定边界条件。在事件驱动中，当水源水质改变或质点的方向发生改变时被确定为边界条件。

对比这些方法，Rossman 和 Boulos（1996）发现拉格朗日时间驱动法是最有效和最通用的供水系统水质建模方法。

参考文献

ASCE.（1975）. *Pressure Pipeline Design for Water and Wastewater*. ASCE，New York，New York.

ASCE/WEF.（1982）. *Gravtty Sanitary Sewer Deslgn and Construction*. ASCE，Reston，Virginia.

ASCE Committee on Pipeline Planning.（1992）. *Pressure Pipeline Design for Water and Wastewater*. ASCE，Reston，Virginia.

Bemoulli，D.（1738）. *Hydrodynamica*. Argentorati.

Bhave，P. R.（1991）. *Analysis of Flow in Water Distribution Networks*. Technomics，Lancaster，Pennsylvania.

Bosserman，B. E.，（2000）. "Pump System Hydraulic Design." *Water Distribution System Handbook*，Mays，L. W.，ed.，McGraw-Hill，New York，New York.

Clark，R. M.，and Grayman，W. M.（1998）. *Modeling Water Quality in Distrlbution Systems*. AWWA，Denver，Colorado.

Clark. R. M.，Grayman，W. M.，Males，R. M.，and Coyle，J. A.（1986）. "Predicting Water Quality in Distribution Systems." *Proceedings of the AWWA Distribution System Symposium*，American Water Works Association，Denver，Colorado.

Crane Company（1972）. *Flow of Flulds through Valves and Fittings*. Crane Co.，New York，New York.

Croos，H.（1936）. "Analysis of Flow in Networks of Conduits of Conductors." *University of Illinols Expertment Station Bulletin No.* 286，Department of Civil Engineering，University of Illinois，Champaign Urbana，Illinois.

Grayman，W. M. Clark，R. M.，and Males，R. M.（1988）. "Modeling Distribution System Water Quality: Dynamic Approach." *Journal of Water Resources Planning and Management*，ASCE，114（3）.

Grayman，W. M.，Deininger，R. A.，Green，A.，Boulos，P. F.，Bowcock，R. W.，and Godwin，C. C.（1996）. "Water Quality and Mixing Models for Tanks and Reservoirs." *Journal of the American Water Works Association*，88（7）.

Grayman，W. M.，Rossman，L. A.，and Geldreich，E. E.（2000）. "Water Quality." *Water Distrlbution Systems Handbook*，Mays，L. w.，ed.，McGraw-Hill，New York，New York.

Grayman，W. M.，Rosssman，L. A.，Arnold，C.，Deininger，R. A.，Smith，C.，Smith，J. F.，and

Schnipke, R. (2000). *Water Quality Modeling of Dlstrlbutlon System Storage Facilities*. AWWA.

Hart, F. F., Meader, J. L., and Chiang, S. N. (1996), "CLNET—A Simulation Model for Tracing Chlorine Residuals in a Potable Water Distribution Network." *Proceedlings of the AWWA Dlstrlbutlon System Sympostum*, American Water Works Association, Denver, Colorado.

Hydraulic Institute (2000). *Pump Standards*. Parsippany, New Jersey.

Idelchik, I. E. (1999). *Handbook of Hydraulic Reststance*. 3rd edition, Begell House, New York, New York.

Lamont, P. A. (1981). "Common Pipe Flow Formulas Compared with the Theory of Roughness." *Journal of the American Water Works Assoclatlon*, 73 (5), 274.

Lansey, K., and Mays. L. W. (2000). "Hydraulics of Water Distribution Sytems." *Water Distrlbutlon Systems Handbook*, Mays, L. W., ed., McGraw-Hill, New York, New York.

Larock, B. E., Jeppson, R. W., and Watters, G. Z. (1999). *Handbook of Pipeline Systems*. CRC Press, Boca Raton, Florida.

Liou, C. P. and Kroon, J. R. (1987). "Modeling the Propagation of Waterborne Substances in Distribution Networks." *Journal of the American Water Works Association*, 79 (11), 54.

Karassik, I. J., ed. (1976). "*Pump Handbook*." McGraw-Hill, New York, New York.

Males, R. M., Clark, R. M., Wehrman, P. J., and Gates, W. E. (1985). "An Algorithm for Mixing Problems in Water Systems." *Journal of Hydraulic Englneering*. ASCE. 111 (2).

Mays, L. W., ed. (1999). *Hydraulic Design Handbook*. McGraw-Hill, New York, New York.

Miller, D. S. (1978). *Internal Flow Systems*. BHRA Fluid Engineering, Bedford, United Kingdom.

Moody, L. F. (1944). "Friction Factors for Pipe Flow." *Transactions of the American Society of Mechanical Englneers*, Vol. 66.

Nikuradse (1932). "Gestezmassigkeiten der Turbulenten Stromung in Glatten Rohren." *VDI-Forschungsh*, No. 356 (in German).

Rossman, L. A. (2000). *EPANET Users Manual*. Risk Reduction Engineering Laboratory, U. S. Environmental Protection Agency, Cincinnati, Ohio.

Rossman, L. A., and Boulos, P. F. (1996). "Numerical Methods for Modeling Water Quality in Distribution Systems: A Comparison." *Journal of Water Resources Planning and Management*, ASCE, 122 (2), 137.

Rossman, L. A., Boulos, P. F., and Altman, T. (1993). "Discrete Volume-Element Method for Network Water-Quality Models. *Journal of Water Resources Planning and Management*, ASCE, 119 (5), 505.

Rossman, L. A., Clark, R. M., and Grayman, W. M. (1994). "Modeling Chlorine Residuals in Drinking Water Distribution Systems." *Journal of Environmental Englneering*, ASCE, 1210 (4), 803.

Sanks, R. L., ed. (1998). *Pumplng Station Design*. 2nd edition, Butterworth, London, UK.

Streeter, V. L., Wylie, B. E., and Bedford, K. W. (1998). *Fluid Mechanics*. 9th edition, WCB/McGraw-Hill, Boston, Massachusetts.

Swamee. P. K., and Jain, A. K. (1976). "Explicit Equations for Pipe Flow Problems." *Journal of Hydraulic Engineering*, ASCE. 102 (5), 657.

Todini, E., and Pilati, S. (1987). "A Gradient Method for the Analysis of Pipe Networks." *Proceedings of the International Conference on Computer Applications for Water Supply and Distribution*, Leicester Polytechnic, UK.

Vasconcelos, J. J., Boulos, P. F., Grayman, W. M., Kiene, L., Wable, O., Biswas, P., Bhari,

A. , Rossman, L. , Clark, R. , and Goodrich, J. (1996). *Characterization and Modeling of Chlorine Decay in Distribution Systems*. AWWA, Denver, Colorado.
Walski, T. M. (1984). *Analysis of Water Distrlbution Systems*. Van Nostrand Reinhold, New York, New York.
Williams, G. S. , and Hazen, A. (1920). *Hydraulic Tables*. John Wiley & Sons, New York, New York.
Wood, D. J. (1980). "Slurry Flow IN Pipe Networks." *Journal of Hydraulics*, ASCE. 106 (1), 57.

讨论话题与习题

学习本章并且完成全部习题。将你的成果提交给 Haestad Methods，就能获得 11.0 继续教育学分。参见继续教育单元或登录网站 www. haestad. com/awdm－ceus/，可以获得更多信息。

2.1 求左下图中所示包含在两板间流体的黏度。上板以 3ft/s 的速度移动。

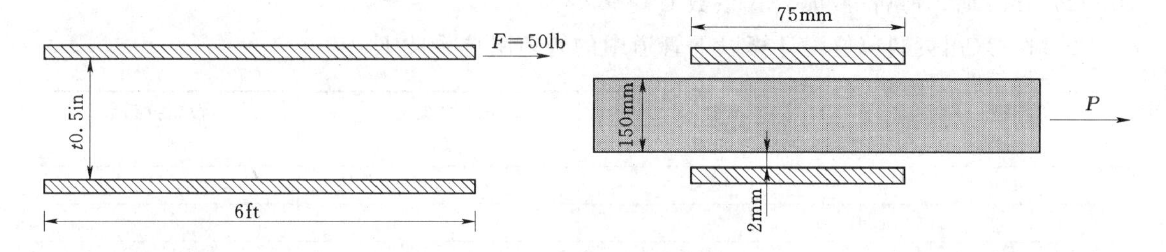

2.2 如右上图中所示，求以 1.5 m/s 的速度推直径 150mm 圆轴通过套桶所需要的力 P。轴和套桶间水温度为 15℃。

2.3 求盛水容器 15m 深底部的压强。

2.4 如果水池底部压强为 45lb/in^2，容器的水位高是多少？

2.5 温度为 65°F 的水以 300gal/min 流量流经管径为 6in 的铸铁管，是层流、紊流还是过渡流？

2.6 在供水系统中一般存在哪种流动类型，是层流还是紊流或是过渡流？用合理解释证实你的选择。

2.7 如果经过管道的流量为 1000gal/min，图中所示系统中 A 点总水头是多少？A、B 两点间水头损失是多少？

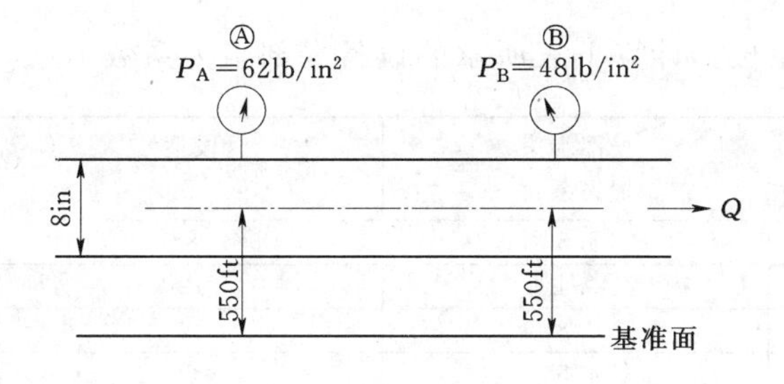

2.8　习题 2.7 所示管道系统中，为使两个压强计读数相等，B 点的标高是多少？

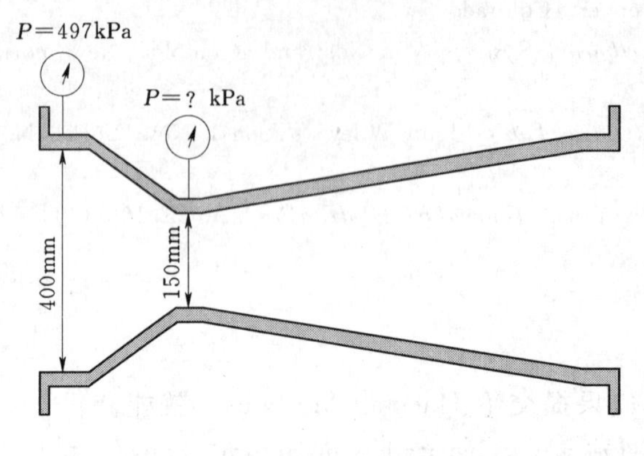

2.9　假设通过左图中所示的文丘里管无水头损失，在喉管处压强计读数是多少？假设通过文丘里管的流量为 158L/s。

2.10　如果 60°F 的水以 1250gal/min 流量通过管径为 10in、管长 2500ft 的管道时，水头损失是多少？使用达西-魏斯巴赫方程求解。

2.11　在习题 2.10 中，如果水头损失是 32ft 时，通过管道的流量是多少？使用达西-魏斯巴赫方程求解。

2.12　求具有以下特性的管的管道长度：Q=41L/s，D=150mm，海曾-威廉公式系数 C=110，H_L=7.6m。

2.13　在如习题 2.7 所示的管道系统中，如果两压强计间距离为 725ft，流量为 1000gal/min 时，海曾-威廉公式系数 C 是多少？

2.14　采用英制单位：计算以下管道中的管道阻抗系数 K_P。

管长 /ft	管径 /in	海曾-威廉公式系数	管段阻抗系数 K_P
1200	12	120	
500	4	90	
75	3	75	
3500	10	110	
1750	8	105	

采用 SI 制单位：计算以下管道中的管道阻抗系数 K_P。

管长 /m	管径 /mm	海曾-威廉公式系数	管段阻抗系数 K_P
366	305	120	
152	102	90	
23	76	75	
1067	254	110	
533	203	105	

2.15　采用英制单位：计算下表所示的设备局部阻力系数 K_M。

设备类型/流态	局部水头损失系数	管段型号 /in	局部阻力系数 K_M
闸式阀——打开 1/2	4.8	8	
T 型流	0.4	12	
90°斜弯管	0.8	10	
消火栓	4.5	6	

采用 SI 制单位：计算下表所示设备的局部阻力系数 K_M。

设备类型/流态	局部水头损失系数	管段型号 /mm	局部阻力系数 K_M
闸式阀——打开 1/2	4.8	200	
T 型流	0.4	300	
90°斜弯管	0.8	250	
消火栓	4.5	150	

2.16 采用英制单位：确定供水系统中以下位置的压强，假设 HGL 和地面标高已知。

节点编号	HGL /ft	标高 /ft	压强 /(lb/in²)
J—1	550.6	423.5	
J—6	485.3	300.5	
J—23	532.6	500.0	
J—5	521.5	423.3	
J—12	515.0	284.0	

采用 SI 制单位：确定供水系统中以下位置的压强，假设 HGL 和地面标高已知。

节点编号	HGL /m	标高 /m	压强 /kPa
J—1	167.8	129.1	
J—6	147.9	91.6	
J—23	162.3	152.4	
J—5	159.0	129.0	
J—12	157.0	86.6	

2.17 利用物质守恒定义，左下图所示的节点保持连续吗？

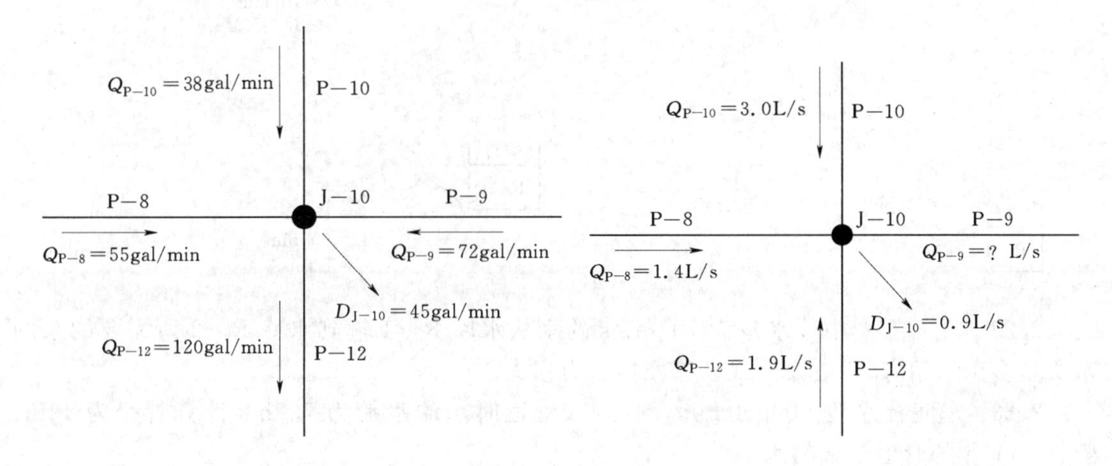

2.18　求出通过如右上图中所示的管道 P—9 的流量和流向以保持右上图中节点 J—10 处供水连续性。

2.19　管网能量守恒定律能应用于左下图所示的管网吗？为什么能或为什么不能？每根管中总水头损失（总摩擦和局部损失）和流向见图所示。

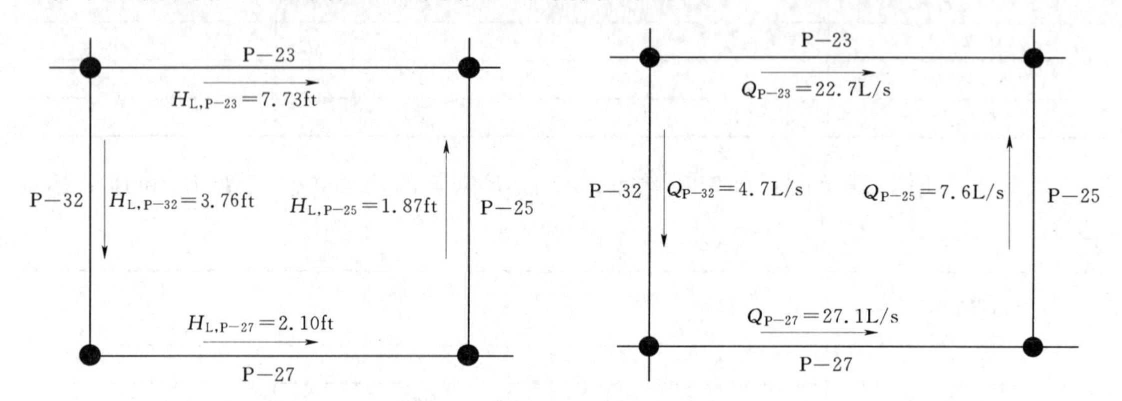

2.20　能量守恒定律能应用于右上图中所示系统吗？描述每根管的物理特性数据见下表。假设在管网中没有局部损失。

管道编号	管长 /m	管径 /mm	海曾-威廉公式 系数
P—23	381.0	305	120
P—25	228.6	203	115
P—27	342.9	254	120
P—32	253.0	152	105

2.21　求通过左下图中所示系统的流量。用海曾-威廉公式计算摩擦阻力损失。

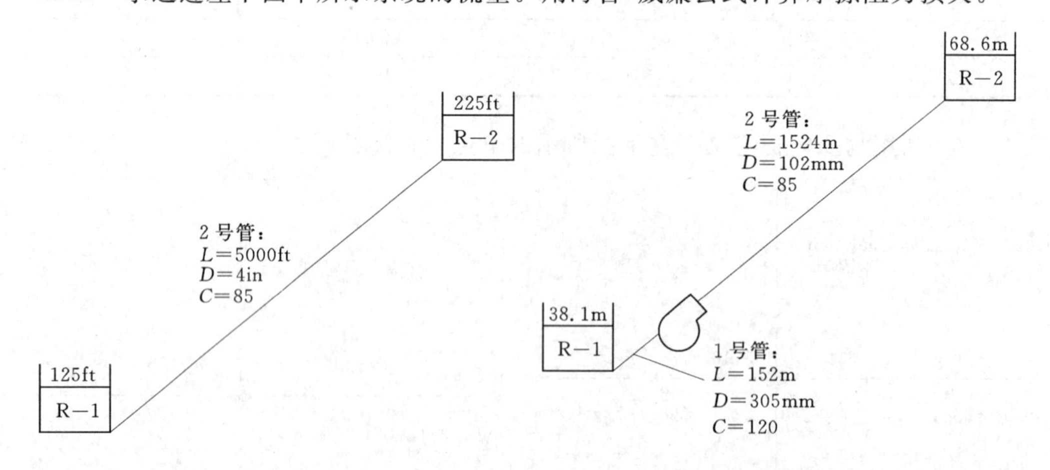

2.22　在右上图中，水量为 70.8L/s 的水从水库 R—1 输到水库 R—2 所需要的泵的水头是多少？用海曾-威廉公式计算摩擦阻力损失。

2.23　管道流量为 900gal/min，当进入管道时水的水龄为 7.2h。计算管径为 12in、管长 1500ft 的管道末端的水龄？

2.24　假设 102mm 的管道用来服务长街末端的家庭用户。如果管道长度为 975m，进入管道时水的水龄为 63h，则离开管道的水的水龄是多少？假设水消耗量为 1.6L/s。

2.25　考虑下表给定的数据，图中离开节点 J—4 的水的平均水龄是多少？通过管道 P—4 的流量是多少？通过管道 P—4 到达节点 J—5 的水的平均水龄是多少？将答案填入下表。

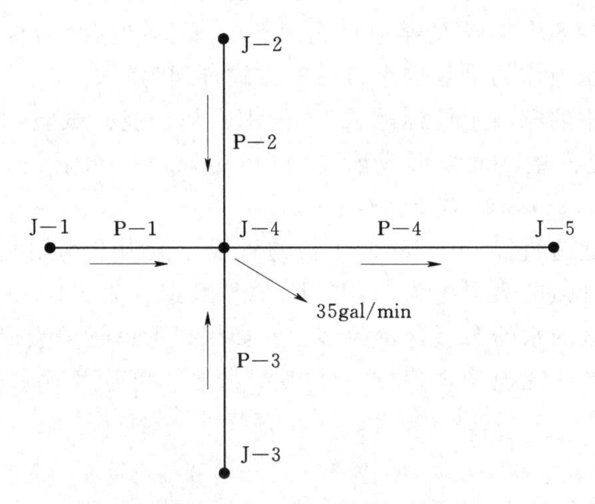

管道编号	流量 /(gal/min)	管长 /ft	管径 /in
P—1	75	1650	10
P—2	18	755	8
P—3	23	820	6
P—4		2340	10

节点编号	平均管龄 /h	节点编号	平均管龄 /h
J—1	5.2	J—4	
J—2	24.3	J—5	
J—3	12.5		

2.26　如果水池中初始氯浓度是 1.5mg/L，7d 后从游泳水池取的水样中氯浓度将是多少？水池中水的烧杯实验表明一级反应率是 $-0.134d^{-1}$。

2.27　以上描述的游泳水池中（如水被认为保留在水池中，不被储存在实验室），你认为实际反应速率常数等于 $-0.134d^{-1}$ 吗？设一些因素可能造成实际反应率的不同。这些因素最可能引起真实反应率高于还是低于 $-0.134d^{-1}$？

2.28　在习题 2.25 所示的系统中，离开节点 J—4 的物质浓度是多少？（假设物质是保守元素）管道 P—1 物质浓度为 0.85mg/L，管道 P—2 物质浓度为 1.2mg/L，管道 P—3 物质浓度为 1.2mg/L。

2.29　如果在管道始端氟浓度为 1.3mg/L，在管径为 152mm、管长为 7.62m 的管道末端氟浓度是多少？氟是一种保守元素，它不会随时间衰减。忽略散射，如果最初在管道中没有氟，在上游末端以 2.0mg/L 的浓度加入，如果通过管道的流量为 15.8L/s 时，管道末端什么时候能达到这个浓度值？假设沿着管长没有其他节点。

2.30　居民已发现他们的一口水井氡含量高。由于氡衰减相对很快，他们正探索水进入供水系统前在水井处使用带有障板的清水池以达到一定时间的拦截。他们的目的就是使清水池中氡的含量减少 80%。氡的半衰期为 3.8d。要达到这个目标在清水池最少的停留时间是多少？使用清水池作为满足这个目标的方式合理吗？

2.31　水处理厂中的三卤甲烷标准为 20μg/L。基于烧杯试验，发现其形成遵循增长率为 2L/d 的一级反应模型，最终形成浓度为 100μg/L，一天后三氯甲烷的浓度为多少？使三氯甲烷浓度达到 0.99μg/L 需要多久？

2.32　某城市拟建造直径 6in、5000ft 长的管线，拟为平均用水量 20gal/min 的小区供水。基于测试，预计氯的衰退率为 0.5L/d，管壁衰退率为 1ft/d。如果管线中的余氯为 1mg/L，那么供应小区的水的余氯含量为多少？如果只考虑管壁衰退，那么余氯含量为多少？（提示：利用供水系统模型，建立一个由蓄水池、单管及代表小区节点组成的管网模型。）

第3章 建立模型

如第1章所述，供水模型是真实系统的一种数学描述。在建立模型之前，搜集描述管网的信息是必要的。在本章中，我们引入并讨论在构建模型中所用的各个数据源。

本章中还介绍了模型的简化。简化是指简化真实系统的模型表示过程，它涉及决策应该包括在模型内的真实管网的细节程度。

3.1 地图和资料

获取构建供水模型所需数据可以从许多潜在的数据源中得到，并且这些资源获得的难易程度对于不同的自来水公司有很大的不同。下面各节讨论最常用的某些资源，包括系统图、竣工图及电子数据文件。

系统图

系统图通常是能够全面理解一个供水系统的最有用的文件，这是因为它表达了系统多种有价值的特征。系统图可能包括以下信息：

- 管道的排列、连通性、材料、直径等；
- 其他系统构件的位置，如水箱和阀门；
- 各个压力区域边界；
- 高程；
- 水箱特征的多种注释与参考；
- 背景信息，如车行道、溪流、规划区域等；
- 其他实用信息。

地形图

地形图用一系列的等高线来表示地表高程。等高线代表处于同一高程相连接的一个点集，并且可以看作是地表水平“切片”的一个外轮廓线。图3.1表示一个球体的横断切面和地形视图，而图3.2表示一个实际地形图的一部分。地形图通常用它所呈现的等高线间距来表示，例如20ft等高线间距的地形图或1m等高线间距的地形图。

通过将一个地形图叠加到管网模型图上，有可能在整个系统上插值得出连接节点和其他位置的地面高程。当然，等高线间距越小，所估计各点的高程就越精确。如果可利用的地形图不能满足所需要的精度水平，就需要考虑其他高程数据源。

地形图也可以以数字高程模型（DEM）的形式获得，该模型可用来电子插值高程。数字高程模型的结果与基础地形数据一样精确，因此，它有可能使计算高程达到一个较高

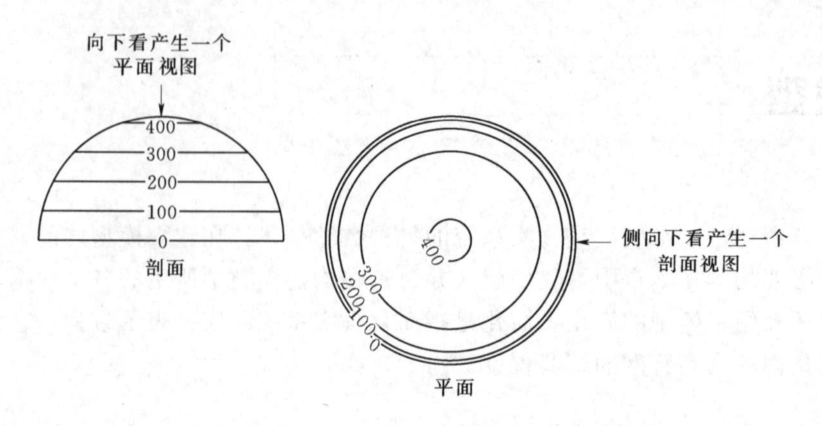

图 3.1 半球的高程图表达

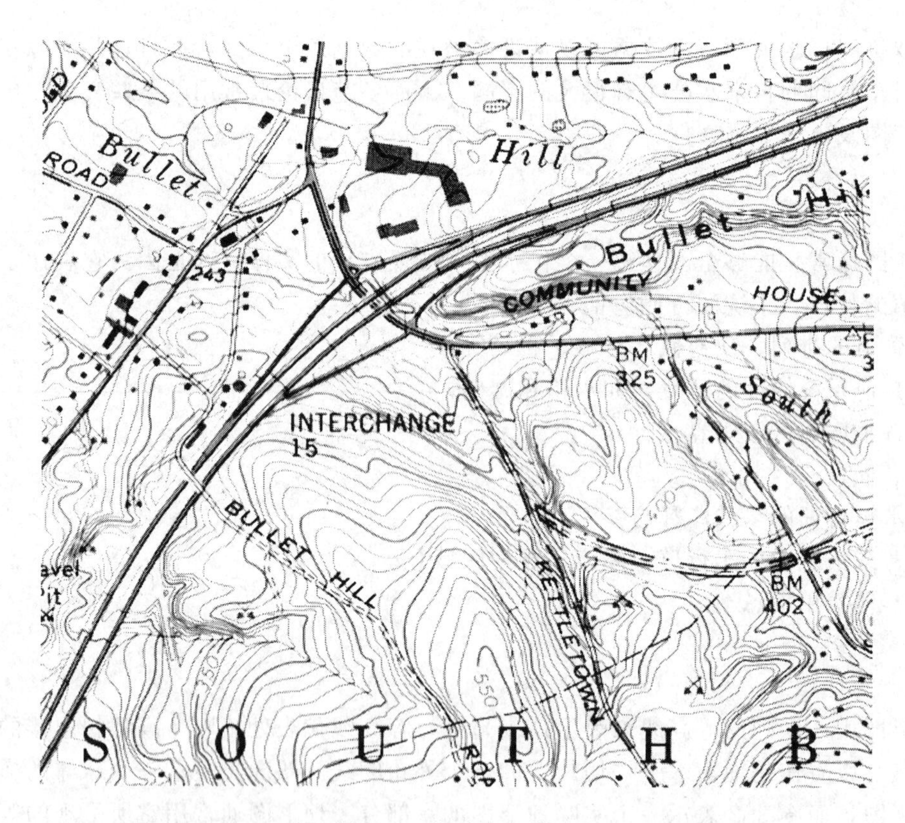

图 3.2 典型的地形图

的显示精度，但是不能比底图更为精确。

竣工图

地点限制和不断的修改会造成原始规划设计和实际建成系统的不一致。因此，绝大部分自来水公司实行工程竣工验收，并生成一组竣工图或记录图以记录系统实际建成状况。

在有些情况下，审查员的记录甚至可能用来作为文档的补充形式。在对管道长度、配件的类型和位置、高程等要求有良好精确度的地方，竣工图尤其有用。

竣工图也可以对其他系统构件提供可靠的描述，如储水箱和泵站。单个水箱可能有一套完整的图纸或者其规划被包含在一个更大的建设项目之中。

电子地图和记录

许多自来水公司有其系统的某些电子表示形式，这些形式可能是非图形的数据库，也可能仅仅是图形的计算机辅助设计图（CAD），或者是综合了图形和数据的地理信息系统（GIS）。

非图形数据 能找出某些非图形格式的电子数据是很常见的，例如设备采购和设备清单数据库，甚至是一个基于文本模型的设备记录。这些数据源对于加快模型建设的过程很有帮助。即便如此，仍需小心以确保管网拓扑是正确的，这是因为在非图形表达的管网中即使是一个简单的印刷错误也很难被发现。

计算机辅助制图 计算机技术的发展已促使自来水公司在管理的所有方面产生大量的改进，当然制图也不例外。CAD系统使插入测量数据、综合不同数据源数据变得更加容易，此外也使维护和更新地图比以往更快、更可靠。

至于只有纸质地图的系统，自来水公司将这些地图数字化，转换为电子制图格式。传统上，数字化是应用专门的计算机外部设备、数字化绘图板和游标描摹纸质地图的过程（见图3.3）。将纸质地图固定在绘图板上，制图人员用游标上的十字叉丝定位纸质地图上的点位。通过磁技术或光学技术，绘图板在CAD图上适当位置产生一个等价的点。只要绘图板校准正确，其就可以自动地考虑旋转、倾斜和比例。

图3.3　典型的数字化仪

还有一种数字化的形式被称为屏幕数字化（见图3.4）。这种方法将一张纸质地图扫描成栅格电子格式（如一张位图），将其带入CAD系统背景，并且在不同的图层上进行描摹。使用“屏幕”这个术语是因为制图员注意力集中在计算机屏幕上，而不是在数字化绘图板上。

地理信息系统 地理信息系统（GIS），是一种以计算机为基础的工具，它用来绘制和分析发生在地球上的对象和事件。GIS技术集成了常见的数据库操作，如查询和统计分析，及得益于地图的独特的可视化和地理分析能力（ESRI，2001）。因为GIS储存了与地理联系在一起的专题层数据，分散的数据源可以相互结合以确定数据间的关系，并生成新的信息。

GIS还可用来完成一些任务，如邻近分析（识别在特定节点某个距离范围内的客户）、叠置分析（确定完全在某一特定区域内的所有节点）、网络分析（确定所有受到某个供水

图 3.4　在航空摄影图上的管网模型

干管爆裂影响的用户）和可视化（图形化地展示和传播总体规划方案）。在与 GIS 紧密联结的水力模型中，效益远远超出构建模型的过程，并且还包括系统简化、需水量生成以及大量的其他运行问题。

3.2　模型表示

管网的概念是供水模型的基础。管网包括系统的所有不同构件，并且定义这些构建单元如何连接。管网由节点和连接组成，其中节点表示在系统中特殊位置点的特征，而连接表示节点之间的关系。

管网构件单元

供水模型有许多种类型的节点单元，包括在该处管道互联的连接节点、储水水箱和水库节点、水泵节点以及控制阀门节点。模型使用连接单元来描述管道与这些节点的连接。而且，像阀门和水泵这样的单元有时也被归为连接而非节点。表 3.1 列出了每一种模型单元在模型中用于表示的单元的类型和主要的建模目的。

表 3.1　　　　　　　　　　　　　常见管网模型单元

单元	类型	主要建模目的
水库	节点	给系统提供水
水箱	节点	储存系统中过量的水并在高峰期放水
连接节点	节点	向系统输入或从系统输出水
管道	连接	把水从一个节点向另一个节点转移
水泵	节点或连接	提高水力坡度以克服海拔高差和摩擦损失
控制阀	节点或连接	在系统中按指定标准控制水流或水压

命名习惯（单元标签）　因为模型中可能包含数万个单元，为了使现实世界中的构件和模型中的单元之间有尽可能明显的关联，命名方法需要慎重考虑（见图 3.5）。某些模型只允许采用数字编号的单元，但是绝大多数现代模型至少支持某种程度的文本和数字相连的标签方式（如“连接节点－1”、“水箱 5”或者“西区水泵 A”）。

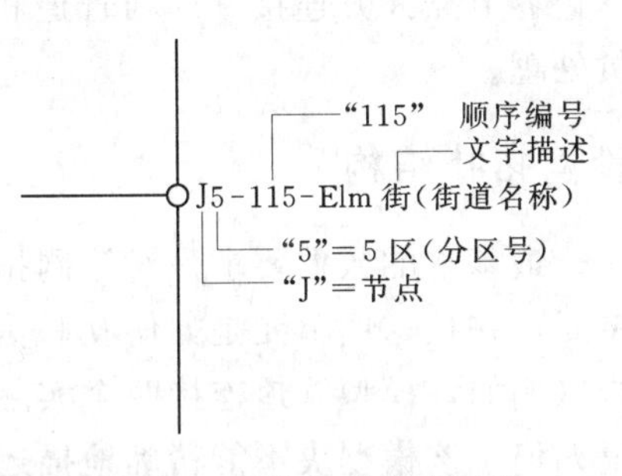

图 3.5　用命名习惯表示的节点示意图

命名方法应该反映出建模工作人员对特定管网的思考方式，可以使用包含前缀、后缀、数字和描述性文字的混合字符串对管网单元命名。一般地说，标签应该尽可能地短以避免使图形或报告杂乱，但其应该包含能够识别该单元的足够信息。例如，一个命名方法可能包含一个前缀以表示该单元类型，另一个前缀表示压力区或地图区域，一个序列号和一个描述性的后缀。

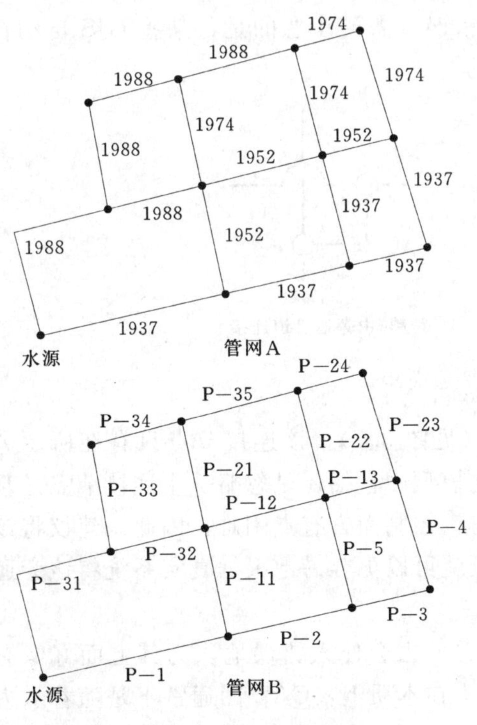

图 3.6　有逻辑的设置标签方法

当然，建模工作人员可以选择使用具有某些创造性的命名方式，但重要的是要考虑到某些现在看来很明显的命名可能对将来的用户而言却是不容易理解的。合理使用单元标签可以使用户更容易使用过滤和排序命令检索模型数据列表。在一些情况下，如自动校核，对具有相似特征的管道分组可能有助于使校核更加容易。如果管道标签已经建立，这样相似的管道有类似的标签，分组就变得容易。

管道标签最好是从水源开始并且沿着每根管道向外计数，而不是随机地在一个节点开始设置管道标签。此外，管道单元并非随机铺设的一样，因此所提出的管道标签方案也应体现出这一点。例如，考虑图 3.6（管网 A）中的管道，它们是在四个不同的年份分别在四个不同的工程中铺设的。通过在图 3.6（管网 B）中所示的管道标注，用户可以更为合理地将管道分组、过滤和排序。例如，在 1974 年建设工程中铺设的管道标注为P—21、P—22等，这样，这些管道就可以分在一组。这对于一个庞大的系统工作能够节省时间。

边界节点 一个边界节点就是一个管网单元，用来表示具有已知水力坡度高程的位置。边界条件是在管网内设定一个要求，即所模拟的进入或流出系统的流量与上述水力坡度高程一致。水库（又称为固定水头节点）和水箱是边界节点的常见形式。

每个模型必须至少有一个边界节点，这样使水力坡度有一个参考点。此外，每个节点必须至少有一条路径能够回溯到某个边界节点，这样才可以计算其水力坡度。当一个节点与边界节点断开连接（即当管道和阀门关闭的时候）会导致一个错误情况，需要由建模人员处理。

管网拓扑结构

最基本的数据要求是对管网拓扑结构有精确的表示，详细记载管网拓扑结构包括哪些单元，并且这些单元是如何互联信息的。如果一个模型不能如实地复制实际系统的拓扑结构（例如，模型管道连接两个实际上并不是相互连接的节点），那么，无论保留的数据质量如何，该模型决不能精确地描述现实系统的运行情况。

系统图通常是拓扑信息的很好来源，其一般包括管道直径、长度、材料以及与其他管道互联的数据。但是，某些情况下建模人员必须谨慎使用这些数据，因为地图可能会包括有缺陷或不清楚的地方。

错误的交叉连接 干管在图上出现交叉并不一定意味着在该交叉点处存在水力连接。如图3.7所示，其可能是一条干线跨过另一条管道（称为跨越交叉）。将这个位置模拟为一个交叉节点是错误的，并且会导致严重的模型错误。需要注意的是，某些GIS自动在管道交叉处设定节点，这在水力上可能是不正确的。

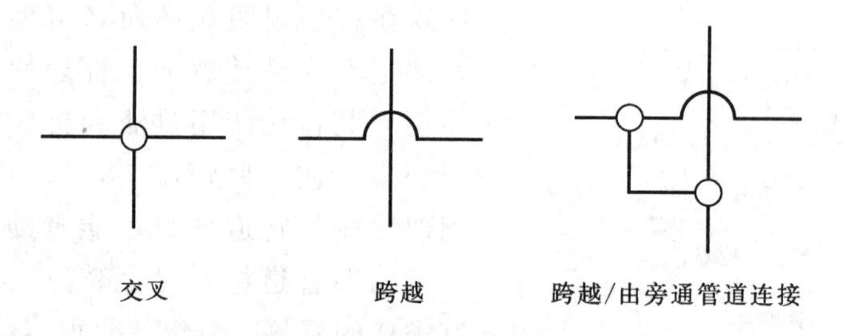

图3.7 管网交叉和旁通交叉

当跨越管道在现场通过一个旁通管道连接时（见图3.7），该连接节点只有在所示旁通管道是打开的时候才包括在模型中。由于选择在模型中包括还是忽略一个连接节点是基于现场中的一个旁通管道的开关状态，这种选择对于控制而言有点困难，因此，建议将该旁通管道本身包含在模型中。这样，建模工作人员就可以更容易地根据真实系统将该旁通管道开启或者关闭。

将CAD图形转换到模型 虽然纸质地图有时看上去会使人错误地认为其上面好像有一个管道交叉点，但是CAD图却有个相反的问题。在本质上，CAD图通常不是随着水力模型而创建的，表示管道的几何线条在一个大比例的图上可能看起来是相连的，但是更近

"我们搞砸了！这件事只有我们三个人知道，
但它正式的原因将是计算机错误。"

距离地观察该CAD图形，这些线条实际上并未连接。图3.8示范了可能会导致拓扑错误的三种不同情况。

• T形交叉点：该处是三根相交的管道还是两根不相交的管道？这个图中表明没有交叉点，但这很可能是一个绘图错误。

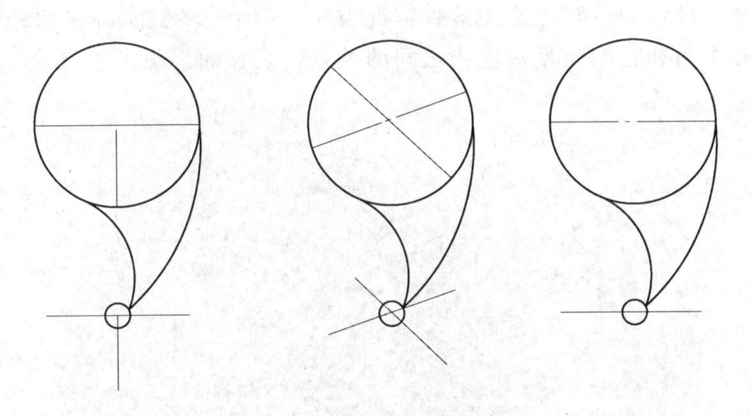

图3.8　一般CAD转换错误

• 十字交叉管道：这是四根相交的管道还是两根不相交的管道？

• 管道端点几乎相连：这两根管道真的不相交吗？

将CAD图形中的元素自动转换为模型中的单元可以节省时间，但是（对于任何一个自动转化过程）建模工作人员需要知道相关的可能缺陷，并且应该审查最终结果。某些模型在审查过程中通过高亮突显可能的连接错误以帮助纠正错误。尽管如此，依然存在难以侦测的错误的可能性，无论如何，在创建模型单元时建模工作人员应该追踪比照CAD图形。

3.3 水库

水库这个术语在供水系统模型中有某种特别的意义，其与在通常的供水系统建设和运行中所使用的意义相比有些许不同。一个水库在模型中表示一个边界节点，其可以向系统供水也可以接受系统来水，并且水库有很大的容量从而使其水位不受影响而保持恒定。这是一个没有容量限制的水源，这意味着在理论上无论在多长的时间段内都可以处理任何速度的入流或者出流，不会产生水库干枯或者溢流。实际上，并不存在真的无限水源。然而出于建模的目的，设置一些位置，在该位置入流和出流对节点的总水头影响很小或没有影响。

水库用来模拟总水头受到其他因素控制而不是用水的速率控制的任何水源。湖泊、地下水水井和水处理厂的清水池在供水模型中通常表示为水库。建模时，从自来水公司处买水的市政系统可能将其与供水源连接模拟成一个水库（现今绝大多数模拟软件包含这种功能）。

对于水库来说，需要两个信息，即水力坡度线（水面高程）和水质。按模型定义，储水量对水库来说不必考虑，这样不需要它的储水量数据。

3.4 水箱

储水水箱也是一个边界节点，但是其与水库不同，水箱的水力坡度线随入流和出流的水量上下波动。水箱的储水容积是有限的，并且水箱可能被完全充满或者完全放空（尽管绝大多数真实系统设计和运行时避免这种情况发生）。绝大多数实际供水系统中都有储水水箱，并且实际水箱和它的模型对应物之间的关系也是显而易见的。

图 3.9　储水水箱

对于恒态运行，水箱被视为一个已知水力坡度高程的节点，并且模型计算在该 *HGL* 下水箱的入流或者出流速度。对于一个恒态运行而言，给定一个同样的 *HGL* 设定，水箱在水力上的效果是与水库一致的。在 EPS 模型中，水箱中的水位可以随时间变化。要追踪水箱的 *HGL* 变化，必须要说明水位与储水容积的关系。图 3.10 说明了不同形状水箱的这种关系。对于圆柱形水箱，确定这种关系就是确定水箱直径，但是对于非圆柱形水箱来说，表示水箱的这种特征会更为困难。

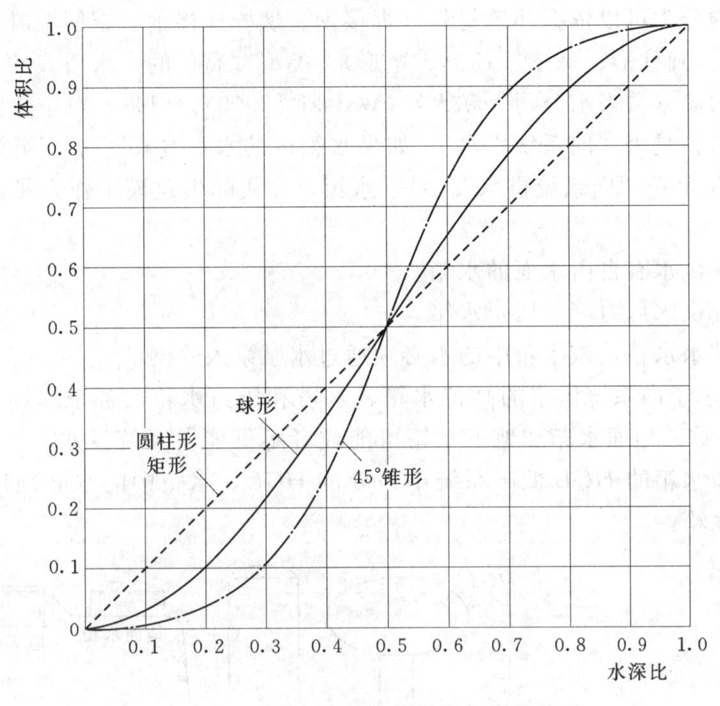

图 3.10　不同水箱形状的水深与容积关系

一些模型不支持非圆柱形水箱，这使建模工作人员只能根据水箱的高度和容积来近似确定一个当量直径。当然，这种近似可能会给水力坡度引入严重的错误。幸运的是，绝大多数的模型支持非圆柱形水箱，但是所需要的一整套准确数据随模型不同而不同。

无论水箱是什么形状，对建模来说有几个重要的高程。最大高程表示水箱的最高充水水位，如果水箱有一个高程控制阀门装置，那么，该高程它通常由该高程控制阀门的设置来确定。溢流高程，即水箱开始溢流时的高程，比最大充水高程更高一些 。同样地，最小高程应是在水箱中可能存在的最低水位。基础或参考高程是水箱测量的一个基准数据。

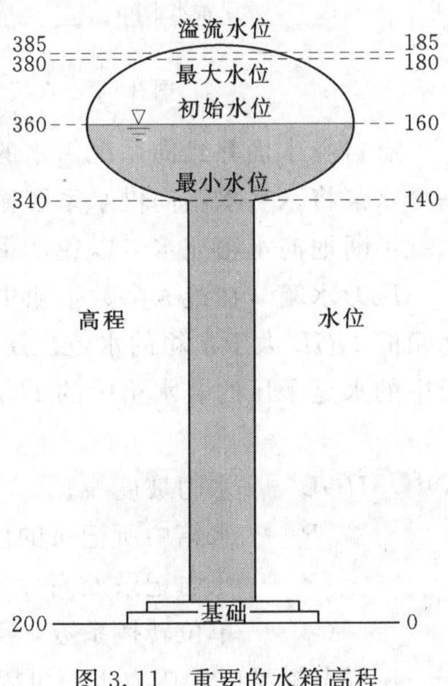

图 3.11　重要的水箱高程

水箱中的 *HGL* 可以作为一个绝对高程或相对高程引用，这取决于所使用的基准数据。例如，在科罗拉多州丹佛的“Mile High”城附近工作的建模工作人员，可以指定一个水箱的基础高程作为基准数据，然后使用各个 *HGL* 与该基准数据的相对值。当然，建模工作人员也可以使用绝对高程进行工作，但其可能达数千英尺。选择使用绝对高程还是相对水箱水位高程是完全取决于个人喜好的。图 3.11 阐明了水箱建模时重要的水位惯例。注意：当使用相对水箱水位时，对于同一个水位可能会有不同的数值，这取决于所选择的基准数据。

储水水箱的分类可以依据建筑材料（焊接钢、螺栓连接钢、钢筋混凝土、预应力钢筋混凝土）、形状（圆柱形、球形、环形、矩形）、类型（高位的、水塔式的、地面的、地下的）和所有权归属（自来水公司、私人）（Walski，2000）。但是，对于管网建模来说，最重要的分类是水箱是否“向系统供水”。如果水箱内的水面高程等于水箱外部供水系统的 *HGL*，就可以说水箱“向系统供水”。对于水箱，在实际中建模工作人员可能会遇到以下三种情况：

（1）向系统供水有自由水面的水箱。

（2）向系统供水压力（气压）水箱。

（3）水泵储水水箱，该水箱中的水必须通过水泵泵入管网。

图 3.12 显示了向系统供水的高位水箱、水塔和压力水箱，各个水箱的 *HGL* 与系统该处的 *HGL* 一致。地面水箱和地下水箱可能或者不可能向系统供水，这取决于其高程。如果其中的一个水箱的 *HGL* 低于系统中该处的 *HGL*，水箱中的水必须用水泵泵出，这就是水泵蓄水水箱。

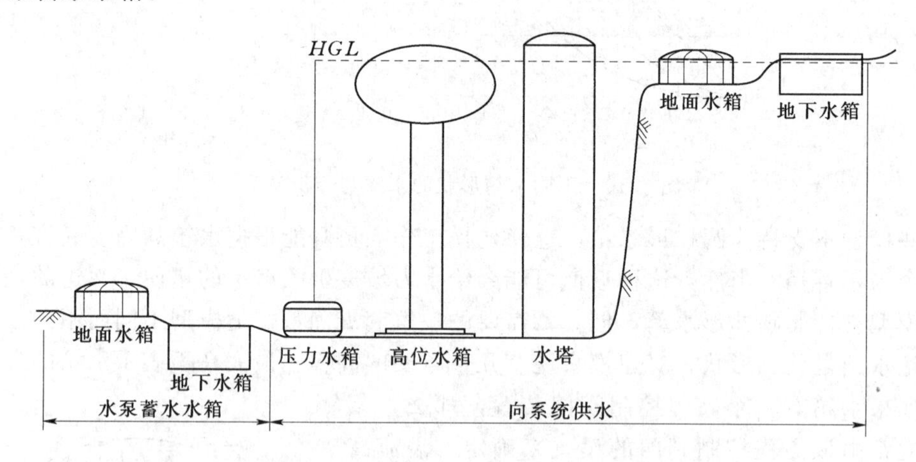

图 3.12　直接供水、压力水箱和水泵蓄水池之间的关系

有自由水面并且向系统供水的水箱是最简单的也是最常见的水箱。水泵蓄水水箱需要一个水泵将水从水箱向供水系统输运，还需要一个控制阀门（通常模拟为一个稳压阀）使系统不断地向水箱充水，以免严重影响周边系统水压。

压力水箱　在绝大多数水箱中，水箱水位等于水箱中的 *HGL*。但是，在压力水箱中，水箱的 *HGL* 大于水箱的水位。压力水箱，也称为气压水箱，部分充满压缩空气。因为水箱中的水是承压的，水箱中的 *HGL* 大于水位，如式（3.1）所示：

$$HGL=C_f P+Z \tag{3.1}$$

式中　*HGL*——水力坡度线；

P——水箱中所记录的压力，Pa 或 kPa；

Z——压力记录处高程，t 或 m；

C_f——单位转换系数，英制单位取 2.31，SI 制单位取 0.102。

在恒态模型中，压力水箱可以用一个等于该水箱 *HGL* 的水箱或水库来表示。在 EPS

模型中，该水箱必须用一个向系统供水的有自由水面的当量水箱来表示。由于水箱中的空气占据一定的体积，压力水箱的有效容积低于水箱总容积的 30％～50％。建立这类水箱模型，首先需要确定水箱中的最大、最小压力，并且应用式（3.1）将其转化为 *HGL* 值。当量水箱的横截面面积（或直径）可以使用式（3.2）确定：

$$A_{eq}=\frac{V_{eff}}{HGL_{max}-HGL_{min}} \tag{3.2}$$

式中　A_{eq}——当量水箱的横截面面积，ft^2 或 m^2；

V_{eff}——水箱有效体积，ft^3 或 m^3；

HGL_{max}——最大水力坡度线，ft 或 m；

HGL_{min}——最小水力坡度线，ft 或 m。

实际的压力水箱和模型水箱之间的关系如图 3.13 所示。

用这种方法，水箱的 EPS 模型将会记录水箱的 *HGL* 和水箱中水的体积，但不是真实的水位。

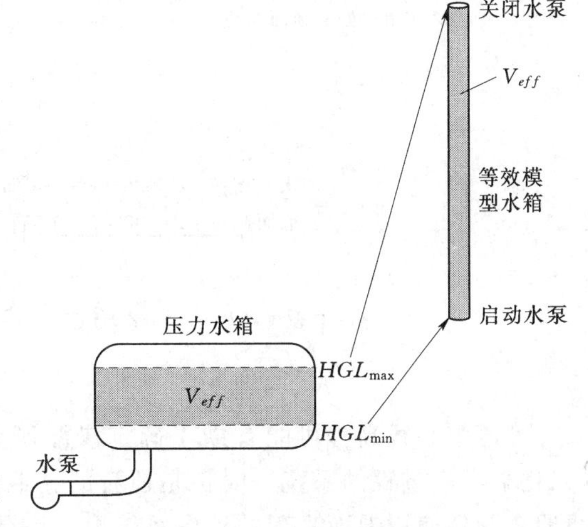

图 3.13　压力水箱和模型水箱的关系

3.5　节点

正如这个术语所表明的那样，节点的首要作用之一是提供为两个或两个以上管道交汇的位置。然而事实上，节点并不一定都是管网的交汇点，它也有可能是一个单独管道的末端节点（通常是一个管道的盲端）。节点的另一个主要作用就是为水体从系统中出流或向系统入流（有时也指负的出流）提供一个具体位置。

节点通常不直接与实际的供水构件单元相关，这是因为管道通常通过配件连接起来，并且系统中的出流是沿着一根管道并与其相连接的众多用户处流出的。从建模的观点来看，这些差别的重要性是不同的，具体介绍在 3.11 小节展开。绝大多数用户只有很小的影响，因此这些用户用水可以分配在其附近的节点上，对模型不会产生不利影响。

节点高程

通常，在节点处定义的唯一一个物理特征就是高程。该属性可能令人觉得很容易定义，但是在给连接节点设定高程之前有几点需要仔细考虑。因为压力是通过计算所得的水力坡度（水头）与高程之间的差值来确定的，最重要的考虑是，压力在什么高程下是最重要的。

选择一个高程　图 3.14 展示了一个典型的节点，其表明至少存在四个可用于模型中的高程选择。高程可以选在 A 点，即所示管道的中心线上。也可以选择管道上方的地面高程（B 点），或者也可能选择的是消火栓处的高程（C 点）。最后的一个选项，高区用户处的地面高程 D 点也可以使用。每一个可能的选择点都有不同的利益考虑，因此确定使用哪一个高程需要基于各个不同的具体情况而做出。无论选择哪个高程，在一个给定的模型中具体做法应该保持一致，避免混乱，这应该是一个好习惯。

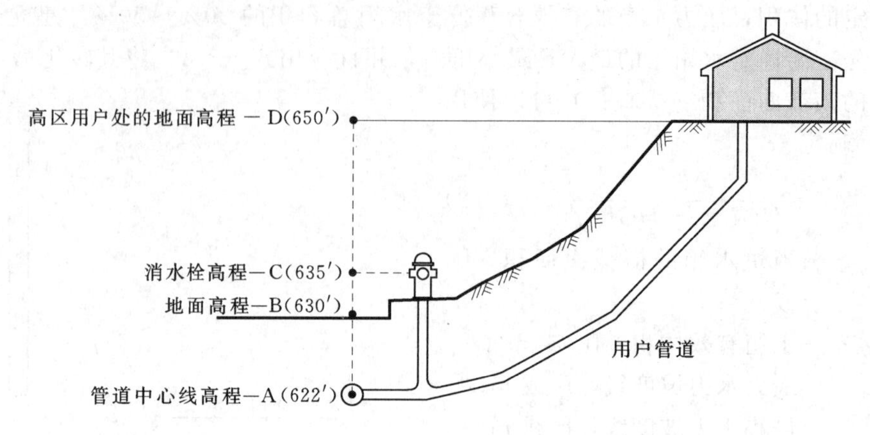

图 3.14　节点高程选择

管道中心线高程可能有助于确定渗漏研究中的压力，或者当模拟一个地面管道系统（如化学生产过程的系统）时也是适合的。地面高程可能是最易得的数据，并且也能更简便地叠置到使用地面高程的地图系统上，该数据经常使用于市政供水系统模型中。但是，这两种方法都有可能忽略了较差的服务水压地区，因为模型不能正确地表示高程显著地高于地面高程或者管道中心线高程的用户可接受的水压。在这种情况下，基于所需的高区用户选择高程可能更为适合。

在校核模型（见第 7 章）过程中，精确的节点高程是至关重要的。如果模拟节点所选择的高程与所记录的现场测量不一致，那么直接的压力比较是没有意义的。获得良好节点高程的方法在 Walski 的文章（1999）中有介绍。

3.6　管道

在管网中，利用管道从一个节点到另一个节点输运水流。实际上，单个的管道通常制成长度大约为 18ft（5.49m）或 20ft（6m），然后串接成为一根管线。实际的管线可能也有多种不同配件，如弯头，用于处理流向改变；又如隔离阀门，用来截断通过管线某一部分的水流。图 3.15 所示为球墨铸铁管段。

图 3.15　球墨铸铁管段

建模时，单个管段及相关的配件都合并为一个单一的管线单元。模型管线在其长度范围内有相同的特征（大小尺寸、管线材料等）。

长度

给管线赋值的长度应该表示水流从一个节点到其相邻节点的整个长度，而不是管线两端节点的直线距离。

比例模型和示意性模型 绝大多数模拟软件可以让用户选择管道测量长度或是用户自定义长度。测量长度是通过软件自动确定的，或者根据背景电子地图按比例得出。用户自定义长度，在测量电子地图不可得到时使用，要求用户基于其他的测量方法手动输入，例如，使用可移动的地图测量轮（见图 3.16）测得的管线长度。使用用户自定义长度的模型是一个示意性的模型。示意性模型的全部连通性应与测量模型一致，但是这种表示平面的质量更类似于示意图而非照片。

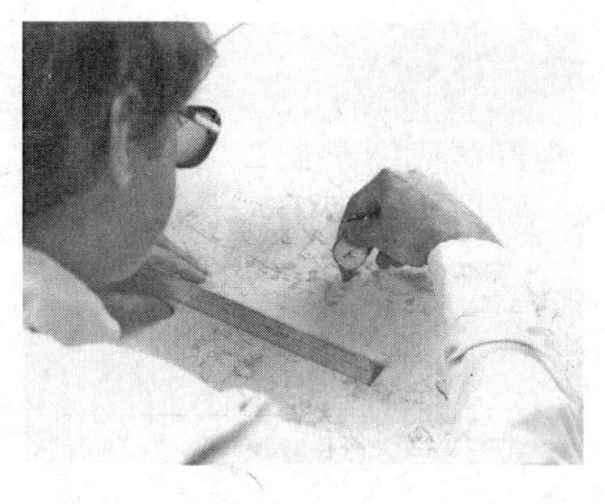

图 3.16 使用地图测量轮测量管线长度

甚至在某些测量模型中，可能存在一些区域，这些区域由于有太多的节点，这样不利于在测量模型中处理（如在泵站处）。在这些情况下，建模工作人员可能希望有选择性地对系统中的那个部分进行示意性描述，如图 3.17 所示。

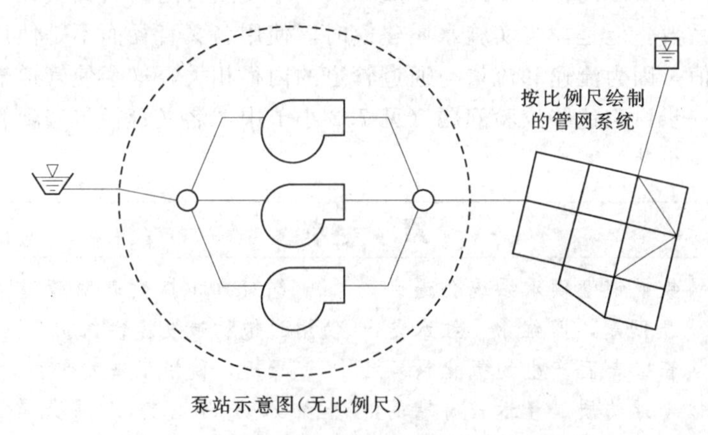

图 3.17 按比例绘制的泵站管网系统示意图

管径

与节点高程一样，确定一个管径不像其看上去那样直接。一个管道的名义直径是指它的通用名称，如一个直径为 16in（400mm）的管道。管道的内径，是从管道一侧的内壁到其对面的管壁的距离，由于制作标准的差异可能会不同于管道的名义直径。绝大多数新的管道内径实际上会大于它的名义直径，但准确的测量取决于管道的类型（压力等级）。

例如，图 3.18 表示一根新的球墨铸铁管，名义直径为 16in，压力等级为 250lb/in^2，外径 17.40in，壁厚 0.30in，这样，内径为 16.80 in（AWWA，1996）。

管道内径随着时间的推移可能在管道内部产生腐蚀、结瘤和沉积变化，这增加了管道的混乱程度（见图 3.19）。腐蚀和结瘤铁质管道相关。当腐蚀反应在该管道内部表面发生时，称为节瘤形成过程，反应副产物延展并形成不规则形状的结块（或小节瘤）。沉积是一个化学沉淀过程，由于水中的化学条件而沿着管壁形成沉淀物的积聚。例如，石灰沉积是由于碳酸钙的沉淀引起的。实际上沉积可以用来控制腐蚀，但是，如果它不受控制地持续发生就会明显缩小管道内径。

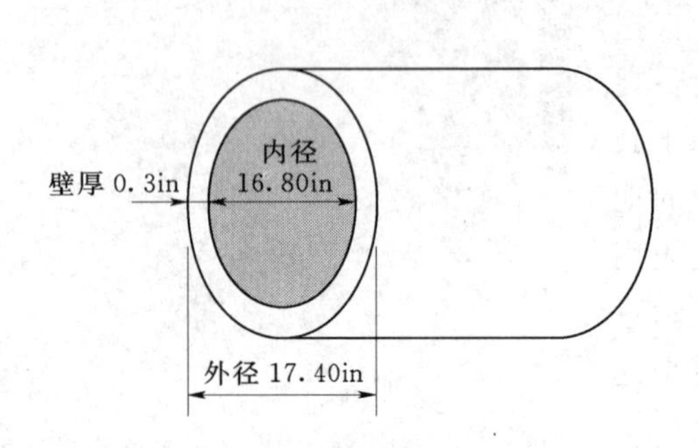

图 3.18 16in 管道断面

图 3.19 管道腐蚀与结瘤

当然，没有人会认为有 16.80in（426.72mm）内径的管道，并且由于前述的过程，很难测量一根管道的实际内径。因此，一般在模型中使用管道的名义直径并且结合考虑管径差异的粗糙度系数。但是，当实施水质建模时，使用名义直径而不是使用实际直径可能会产生较大的差值。因为流速和流量与通过管道的内径相关，这会使管道输运特征受到影响。第 7 章将进一步讨论这些校验问题（见 7.2 小节中“名义管径与实际管径”）。典型的粗糙度系数见 2.4 小节。

红 水

没有内衬的铸铁或钢管供水系统会遇到由于腐蚀产生的水质问题，即红水。红水是处理后的水含有从管壁表面产生的氧化铁颗粒，非常小的胶体悬浮物质。经过长时期的过程，这种腐蚀可以减小管壁厚度，并导致产生问题。然而，最直观和直接的影响是氧化铁颗粒会使水变成黑、红褐色。这降低了水的感官性状指标，而收到大量用户的投诉。

有几种能够控制管道腐蚀产生红水的方法。最传统的方法就是生产含有稍微过饱和的氧化钙的水。当水进入供水管网时，溶解的氧化钙缓慢地沉淀在管壁上，形成一个很薄的保护层（Caldwell 和 Lawrence，1953；Merrill 和 Sanks，1978）。Langelier 指数（水的腐蚀电势能指数）能用于表明投加氧化钙水的电势能，选择允许的最佳投加率（Langelier，1936）。

绝对饱和指数表明管道应该受到保护，使用过饱和碱度提供保护。

最近，使用正磷酸锌和六合磷酸盐在防止红水方面已经变得更普遍（Benjamin、Reiber、Ferguson、Vanderwerff 和 Miller，1990；Mullen 和 Ritter，1974；Volk、Dundore、Schiermann 和 LeChevallier，2000）。有几种理论在关注这些抑制剂防护腐蚀的主要机理。腐蚀控制方法的有效性取决于管道内发生的水力学流体特性。几个研究人员已经报告腐蚀抑制剂和碳酸盐膜在低流速条件下工作得并不好（Maddison 和 Gagnon，1999；McNeil 和 Edwards，2000）。供水管网模型可以提供一种方式去确认长时间低流速的管段和潜在的红水问题。想要控制红水实际运行的方式（如冲洗和喷射）还可以使用水力模型模拟来实现。

局部损失

将实际系统中的每一个配件和附属件都包含到模型中是没必要的繁琐任务。可以代替的做法是将那些配件所引起的局部损失与所在管道相关（即将局部损失作为管道的一个属性）。

在许多水力模拟中，常常忽略局部水头损失，这是因为其在整个系统中对总的水头损失影响很小。然而，在某些情况下，管道中的流速和配件的构造会使局部水头损失相当大(如在泵站处)。术语“局部”是相对的，所以这些损失的影响在不同情况下也有所不同。

局部水头损失合成　在任何一个瞬时，模型中的流速在某个特定管道的长度上是一个常量。由于单个的局部水头损失与系数和速度的乘积相关，由几个局部水头损失构成的总体水头损失在数值上等于一个单一的合成局部水头损失系数。这个合成系数等于各个单个系数的简单和。

3.7　水泵

水泵是一个以增加水力坡度的方式给系统注入能量的单元。因为水往低处流（即从高能量往低能量区域流动），水泵用来在期望的位置推高水头以克服管道水头损失和物理高程差值。如果系统不是完全依靠重力运行，水泵就是供水系统中的一个组成部分。

在供水系统中，最常用的水泵类型是离心水泵。离心水泵有一个电机，其带动水泵内称为叶轮的叶片。转动叶轮的机械能传递给水体，使水头升高。图 3.20 显示了离心水泵的横截面和水泵中水流的通路。水从入流管道中通过旋转叶轮①的一个孔眼进入水泵，在旋转叶轮①处，在各个叶片之间水体被向外甩出并且进入出流管道②。

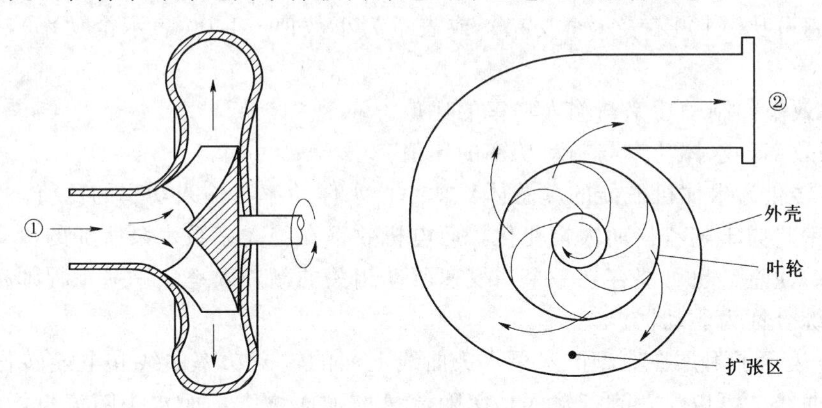

图 3.20　离心水泵的横截面

水泵特性曲线

对于离心水泵，水泵的性能是流量的一个函数。该性能由以下四个参数来描述，这些参数相对于流量绘出。

- 水头：通过水泵所增加的总动水头（使用长度单位）（见 2.7 小节）。
- 效率：水泵的总效率（从电能转化为水体机械能的效率）单位为百分比（见 5.4

小节中“水泵效率测试”及 10.8 小节中“建立流量—效率关系曲线”)。

- 启动马力：启动水泵所需的功率（使用功率单位）。
- 必需的净吸上真空高度水头（*NPSH*）：用来防止气蚀现象所需的高于真空的水头（使用长度单位）（见 2.7 小节中“水泵特性曲线的其他用途”）

只有水头曲线是求解管网问题所需的能量方程。一旦管网方程求解，其他曲线用于确定能耗、需要的电机（启动马力）和吸水管道（*NPSH*）。

定速水泵和变速水泵 水泵特征曲线与电机运行的转速相关。对于定速水泵，无论其他因素如何，电机始终保持某个定常转速运行。变速水泵则有一个电机或其他动力能够改变水泵转速，以适应系统条件。

变速水泵实际上并非一种特殊类型的水泵，而是一个与变速驱动或控制器连接的水泵。最常见的变速驱动类型是控制水泵电机电流，并因此控制水泵转速。水泵转速的不同会产生不同的水头和流量特征。变速水泵在需要运行灵活性的系统中很有用，例如，当流量迅速变化但需要水压保持不变时。这种情形的一个范例是一个只有很少或没有可用储水容积的管网系统。

功率和效率 当涉及一台水泵时，术语“功率”可能是以下几种含义中的一种，可能的含义列举如下：

- 输入功率：传递给电机的功率，通常为电的形式。
- 制动功率：从电机传递给水泵的功率值。
- 水体功率：从水泵传递到水体的功率值。

当然，能量从一种形式转化为另一种形式（从电到电机，从电机到水泵，从水泵到水体）都存在能量损失，并且每一种转化都有一个与其相关的效率。与这些转化相关的效率可以表示为百分比（100%表示全功率）或表示为小数值（1.00 表示全功率），并且一般如下定义：

- 电机效率：制动功率与输入功率的比值。
- 水泵效率：水体功率与制动功率的比值。
- 电能转化为水体机械能的（总体）功率：水体功率与输入功率的比值。

水泵效率趋向于随流量而大幅变化，而电机效率在绝大多数水泵所加的负载范围内保持相对恒定。注意：也可能存在一个与变速驱动相关的额外效率。一些工程师将电机和速度控制器的综合称为驱动器。

图 3.21 表示了附加在典型的水泵水头曲线上面的输入功率曲线和电能转化为水体机械能的效率曲线。可以注意到，输入功率随流量增加而增大，而水头随流量增加而减小。对于每一种叶轮尺寸，存在一个对应于最大效率的流量。稍大或稍小的流量，效率都会降低。在效率曲线上最高的点称为最佳效率点（BEP）。

获得水泵数据 理想条件下，自来水公司应该有系统中每一台水泵所对应的水泵运行曲线的存档。这些数据的来源就是通常提供给自来水公司的泵站施工图，或者是当水泵更新时作为制造厂商提交文档的一部分内容。如果没有水泵运行曲线图，通常可以从制造商处获得该曲线的一份拷贝（如果能提供该水泵的类型和序列号）。

为了完成能耗计算，还应该获得水泵效率曲线。需要注意的是，不同的功率和效率定

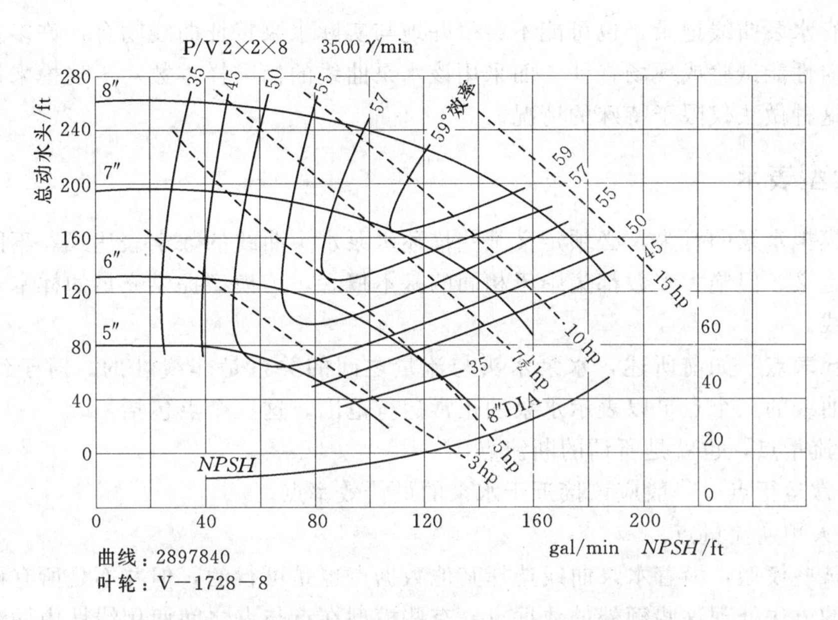

图 3.21 带有效率、*NPSH* 和马力的水泵特性曲线图

义可能产生混淆，区分特定文件中所指的是哪一个术语是很重要的。

每台水泵都与其分类型号稍有不同，并且正常磨损会使水泵的运行性能随时间而改变。因此，应该检查水泵以确认记录中的特性曲线与现场运行情况是否相符。如果一个运行点与特征曲线不符，应制作新的曲线以反映实际运行情况。关于这个话题的更多信息见第 5 章（见 5.4 小节中“水泵效率测试”）。

容积式水泵

事实上所有的供水系统水泵都是离心泵。然而，管网模型也能应用于其他的场合，例如，化学药剂投加、低压生活污水收集系统和污泥抽升，在这些场合使用容积式水泵（如隔膜泵、活塞泵、潜水泵、凸轮泵和螺杆泵）。与离心泵不同，这些泵抽升流量恒定，不管提供的水头为何，都能达到非常高的压力。

在多数模型中，使用的标准近似水泵曲线并不考虑容积式水泵，因为这些泵的特性曲线事实上只包含一条直线，即垂直线。这取决于模型，强行使水泵曲线适合这种形状通常会导致报错。

在模型中近似表示容积式水泵的简单处理方法就是根本不包含这个泵，而是用两个节点——吸水节点和流出节点——且这两个节点并不连接。

吸水节点处设定节点流量等于水泵流量，流出节点设定入流与这个流量相等。然后模型设定吸水节点和流出节点的 *HGL* 和压力（用户延时曲线选项也能用）。

因为吸水节点和流出节点是分离的，因此建模者在水泵的吸水节点和流出节点段都设定水箱或水库是非常重要的。否则，模型将不符合物质不灭定律。例如，如果在出流端节点流量不等于入流端入流量，模型可能不会给出正确解。因为多数模型假设节点流量与压力无关，如流量必须等于系统的需水量加上或减去蓄水量。如果没有蓄水量，并且如果流量与需水量不相等，模型就不能求解。

即使有水泵曲线记录，也可能不会很好地与实际水泵特征曲线吻合，许多自来水公司放弃了任何性能试验或现场查证，而采用该水泵曲线的标准样本数对于建模来说是足够精确的。但这种做法仅限于特殊的情况。

水泵的模型表示

为了模拟水泵的行为，必须定义某些描述水泵水头曲线的数学表达式。不同的模型支持不同的定义，但绝大多数都集中于相同的基本概念，为模型提供充足的样本点来定义特征水头曲线。

选择代表点 如前所述，水泵水头与流量之间的关系是非线性的。对于绝大多数水泵，沿着曲线的三个点足以表示水泵的正常运行范围。这三个点包括：

- 零流量点，也就是所谓的断流点。
- 正常运行点，一般应该接近于水泵的最佳效率点。
- 最大预期流量点。

对于某些模型，沿着水泵曲线选择其他数据点也是可行的，但并不是所有模型都可以采用同样的方法处理这些额外的数据点。有些模型在点与点之间使用线性内插法，有些模型在点与点之间使用多项式曲线拟合，还有一些模型使用整体多项式或指数曲线拟合所有数据集。

常恒功率水泵 许多模型也支持常恒功率水泵这个概念。对于这种类型的水泵，无管水泵中流过的水有多少，水泵所产生的水体功率都是一个常量。

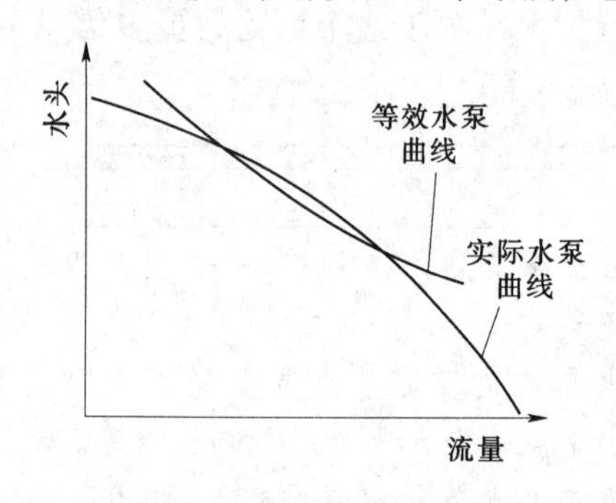

图 3.22 恒功率水泵特性曲线

水体功率是流量和水头的乘积，这意味着描述恒水体功率的曲线是由流量和水头两个量形成的渐进曲线，如图 3.22 所示。

有些建模工作人员使用恒功率水泵概念简单地定义一条曲线，这是因为这样做比从水泵特性曲线上提取几个点更容易一些，或者得不到该特性曲线。但是，应用这种方式产生的结果可能是不可靠的，有时还是违反直觉的。如图 3.22 所示，恒功率近似值在某个特定流量范围内是精确的，但对于非常高或非常低的流量则是不准确的。对于非常初步的研究，当所有的建模工作人员知道水泵的近似大小，这个近似值就可以迅速地用于确定管道尺寸。但是，这不能用来进行水泵选择。

建模工作人员必须记住，作为恒功率水泵输入的功率并不是电机的额定功率，而是所加的水体功率。例如，一个 50hp 的电机，效率为 90%，以其额定功率的 80%运行，并且连接一个以 70%效率运行的水泵，这样就产生大约 25hp 的水体功率（即 50×0.9×0.8×0.7)。输入模型的应该是 25hp 这个值，而不是 50hp。

节点与连接的表示 一台水泵可以表示为一个节点或是一个连接单元，这取决于所采用的软件包。在将水泵标识为连接的软件中，水泵在系统中以与管道相同的方式连接上游和下游节点。连接符号更接近反映水泵内在数学上的表达，但也有可能引入错误。例如，

图 3.23 表示了水泵入流和出流管线是如何被忽略的，以及相应的水头损失是如何被忽略的。

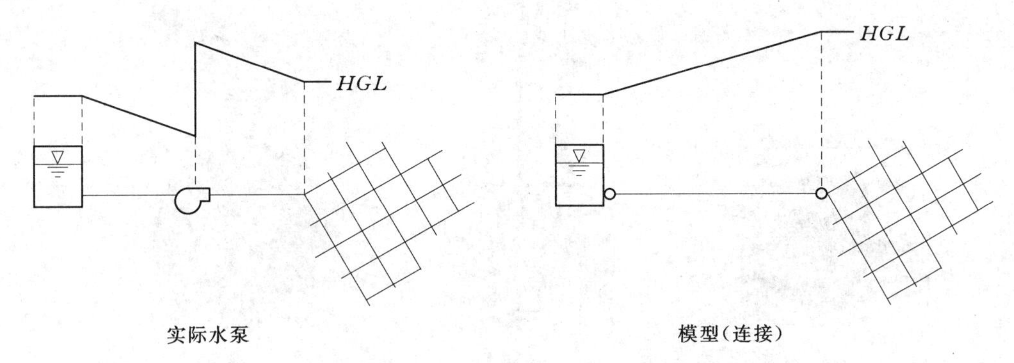

图 3.23 实际水泵和模型化为连接单元水泵的比较

其他的模型将水泵表示为节点，一般还会有一些特定的连通性规则（如只允许有一根单一的下游管道）。这种节点表示法更不容易出错，也更真实，并且更易于建模工作人员实现。节点表示法可能也更加直观，因为现实中的水泵通常被视为在单点位置有两个明显的水力坡度（一个在输入侧，一个在输出侧）。图 3.24 给出了一个水泵的节点表示方法。

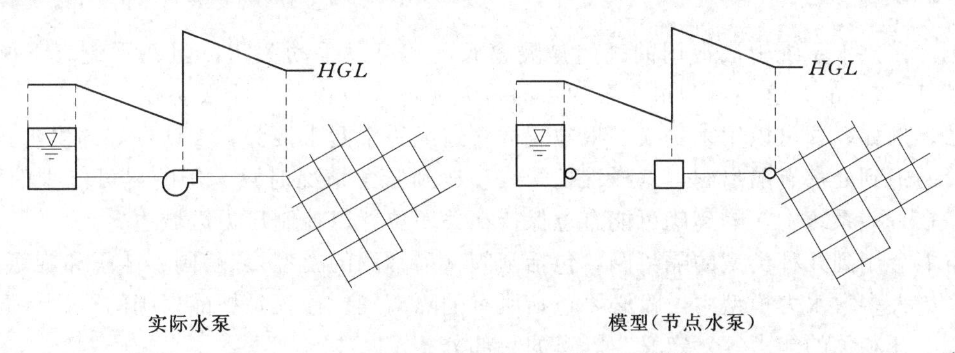

图 3.24 实际水泵和模型化为节点水泵的比较

3.8 阀门

阀门是一个以不同程度（称为节流）打开和闭合以改变其水流阻力从而控制水流通过管道运动的单元（见图 3.25）。阀门可以划分为以下五种类型：

- 隔离阀；
- 单向阀；
- 高度阀；
- 排气阀和真空破坏阀；
- 控制阀。

一些阀门被设计为基于压力或流量自动地控制阀门通过的水量，而另一些阀门则被设计为手动操作，并用于完全关掉系统的某些部分。不同类型的阀门行为差别很大，这取决

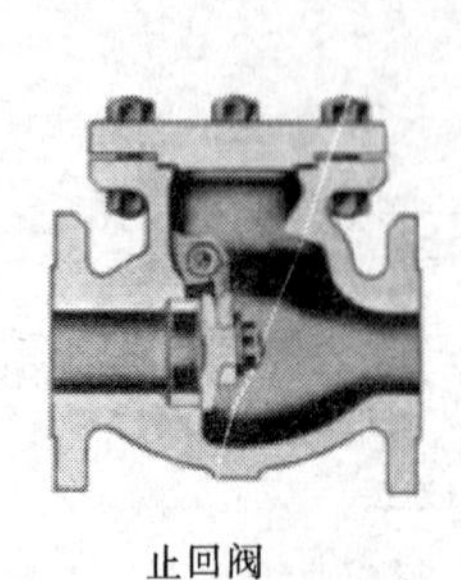

止回阀

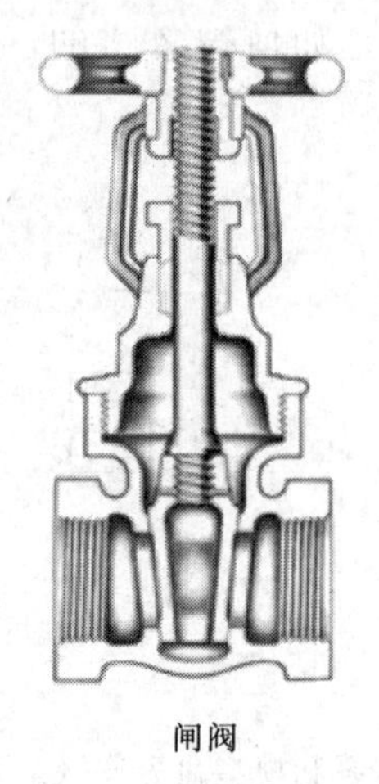

闸阀

蝶阀

本图得到 Crane 公司全部授权

图 3.25　不同阀门类型

于所使用的软件。本节介绍了某些最常用的阀门类型及其应用。

隔离阀

也许在供水系统中最常用的阀门是隔离阀，其可以手动关闭以阻断水流。正如术语“隔离”所暗示的，这些阀门最主要的目的是为现场人员提供一个关掉供水系统中一部分的方法，例如，这可以用来更换一根破裂的管道或一个漏水接头。设计良好的供水系统在整个管网中到处都有隔离阀，这样维护管线和遇到紧急情况时只会影响尽可能少的用户。例如，在一些系统中，隔离阀可能有意保持在关闭位置以控制压力区域边界。

可能会用到几种类型的隔离阀，包括闸阀（最常用的类型）、蝶阀、球阀和旋塞阀。

在绝大多数水力模型中，没必要包括所有的隔离阀。往往是把隔离阀的行为（局部水头损失、开和关的能力等）定义为管道的一部分。

构建模型的一个常见问题是，是否明确包括由打开的闸阀而产生的局部水头损失或者将这些损失考虑在海曾-威廉公式的 C 系数中。如果不考虑局部损失的 C 系数是已知的，那么考虑局部损失的当量 C 系数应由下式得出：

$$C_e=C\left[\frac{L}{L+D\left(\frac{\sum K_L}{f}\right)}\right]^{0.54} \tag{3.3}$$

式中　C_e——考虑局部水头损失的海曾-威廉系数；

C——海曾-威廉系数；

L——管段长度，ft 或 m；

D——管段直径，ft 或 m；

f——达西-魏斯巴赫摩擦系数；

$\sum K_L$——局部水头损失系数之和。

例如，考虑 6in（152mm）管道中 400ft（122m）的管段，C 系数为 120，$f=0.02$。从式（3.3）可知，包括一个开放闸阀（$K_L=0.39$）的管道的当量 C 系数为 118.4。如果

是两个开放的闸阀，当量 C 系数为 116.9。假定 C 系数增加或减少 5 只产生很小的影响，所以这种差异通常可以忽略。注意：如果校准一个模型没有明确考虑许多局部损失，那么校准得来的 C 系数结果为当量 C 系数，而不需进一步调整。

单向阀

单向阀，又称为止回阀，用于确保管道内的水流以一个方向通过管道，而不能以相反流向流动（倒流）。任何水倒流都会引起单向阀的关闭，直到水流再一次以正向流动通过该阀门。

简单的止回阀通常用一个装铰链的圆盘或一个拍门来阻止水流逆向通过阀门。例如，水泵的出流管道包括一个止回阀以阻止通过水泵的水倒流（这会损坏水泵）。绝大多数模型自动假定每个水泵都有一个内置的止回阀，这样就没必要明确地设置一个止回阀（见图 3.26）。如果水泵在其出流端没有设置止回阀，当动力关闭时，水就会经过水泵倒流。这种情况可以模拟为一根平行于该水泵的管道，其只在水泵关闭时开启。该管道必须有一个当量长度和局部损失系数，其产生的水头损失与水泵逆流运行时相同。

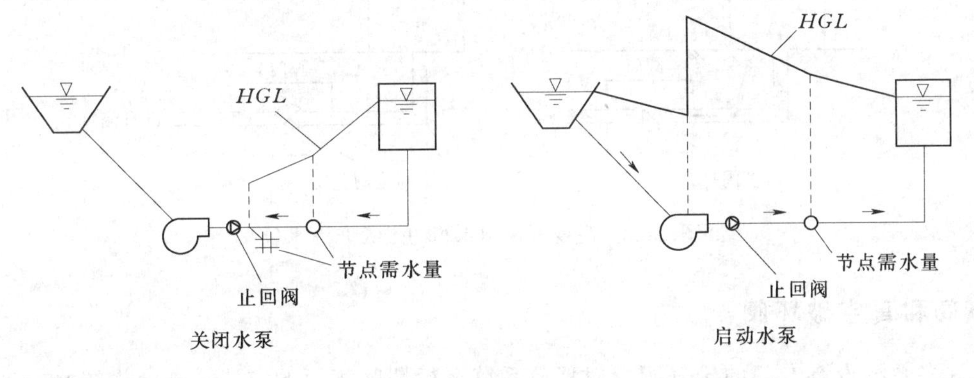

图 3.26　在水泵处的止回阀

在机械上某些止回阀在其拍门完全扣回并且阻止任何倒流之前需要有某一个水头差。这些阀门可能允许有少量的倒流流量，这或者会或者不会产生显著的影响。当饮用水系统与非饮用水用户水力上有连接时，倒流会产生严重后果。这种情况下，称为交互连接，对于供水系统是严重的威胁，鉴于这些情况发生的可能性要求使用高质量的止回阀。图 3.27 表示一种看上去无害的情况，但却是一个潜在的交互连接。一种称为倒流保护器的设备对倒流具有很高的敏感度，并且经常与一个或多个止回阀串接使用以防止倒流。

图 3.27　潜在的交互连接

对于提到的绝大多数建模软件，不同类型的止回阀之间的敏感度并不存在差别（所有止回阀都假定为完全关闭，即使是最小的倒流流量也都会使其如此）。只要止回阀是用一个局部损失系数来表示，多数软件包都会将其模拟为一个与管道相关的属性，而不是要求构建一个独立的阀门单元。

高度阀

许多自来水公司在一个管道进入水箱的位置点使用一种称为高度阀的设备（见图3.28）。当水箱中水位升至某个指定上限时，这个阀门就会关闭以防止更多的水流进入，这样就消除了溢流。当水流流向相反时，该阀门重新开启，使水箱向外排水以供给系统中的用水需要。

许多软件包采用不同的形式，自动将高度阀的特性结合到水箱的最高水位和最低水位，而不需要明确包含这些阀门。但是，如果一个水箱中不存在高度阀，水箱就有可能溢流，因此必须在模型中采取一些步骤包含这种特性。

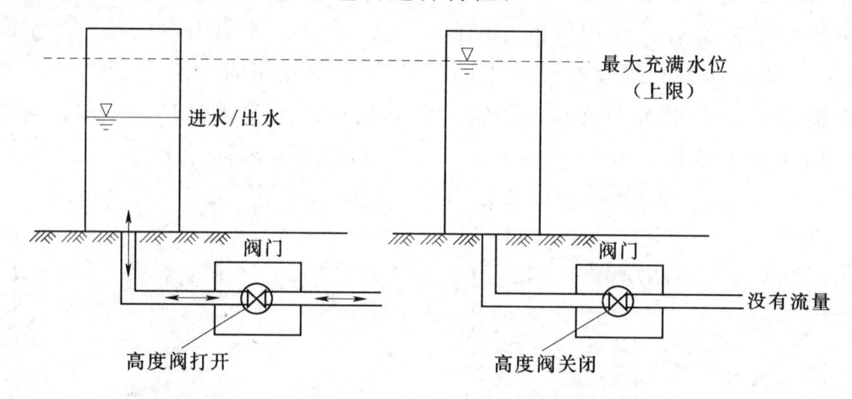

图 3.28　高度阀控制水箱的最大充满水位

排气阀和真空破坏阀

许多系统设有专门的排气阀，以释放系统运行期间积聚的空气；还会设置真空破坏阀门，其在系统启动时排出空气，并且在阀门处产生负压时接纳空气进入系统（见图3.29）。这类阀门通常在系统高点可以找到，因为那里积聚的空气易于存留，在水力坡度改变的位置也容易找到这些阀门，因为那里的压力很容易下降到低于周围环境或者大气压力。能发挥两种类型阀门作用的组合空气阀也经常被用到。

排气阀和真空破坏阀门通常不包含在标准的供水系统模型中。但是，这些单元对于进一步的研究是很重要的，如瞬变分析。

控制阀

控制阀，又称为调节阀，其设置是最重要的。对于一个流量控制阀，其设置指的是流量设置，而对于一个节流控制阀，其设置指的是局部损失系数。然而，对于基于压力的控制阀，其设置可能是水力坡度或者是该阀门试图维持的压力。模型是由水力坡度驱动的，所以，如果使用压力设置，不仅要使压力设置正确，并且阀门高程也要正确，这是相当重要的。

给定一个阀门的设置，模型计算出通过阀门的流量及阀门进、出口的 *HGL*（和压

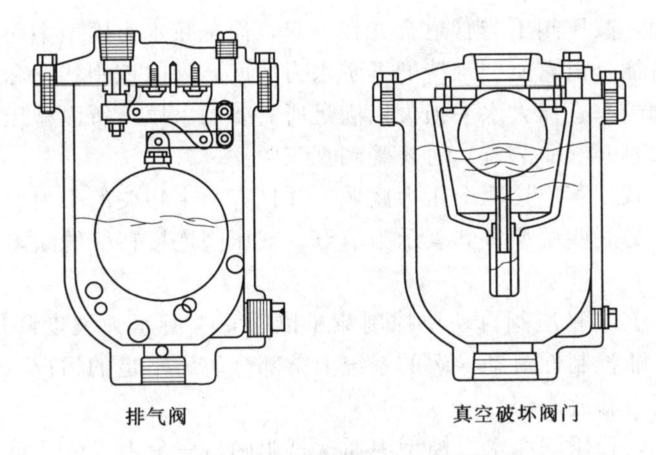

图 3.29 排气阀和真空破坏阀门

力)。控制阀在这方面是很复杂的，它不像水泵只是开或关，阀门可以是以下所列状态之一。注意：在不同的模型之间术语可能稍微有些变化。

- 活动的：自动控制流动。

开：完全打开。

关（1)：完全关闭；

节流：控制流量和压力。

- 关（2)：手动关闭，当位于控制阀处的一个隔离阀关闭时。
- 非活动的：忽略。

由于控制阀存在多种可能状态，因此常存在许多模型收敛问题。

减压阀（PRVs） 减压阀自动节流以防止下游水力坡度超过某个设定值，并且应用于下游高压可能引起损害的情况。例如，图 3.30 表示压力区域之间的一个连接。如果未设减压阀，上部地区的水力坡度会使较低区域的压力太高以至于管道破裂或开启安全阀。

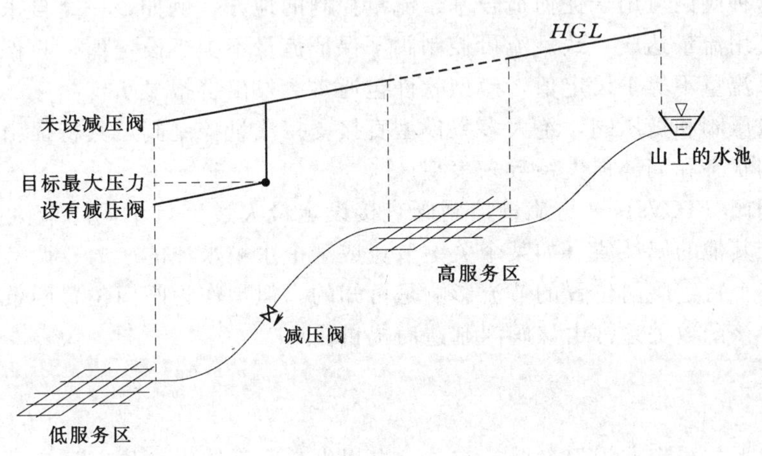

图 3.30 描述减压阀用途的示意性管网图

与隔离阀不同，减压阀不与管道合并在一起，而是在水力模型中明确地表示出来。减压阀在模型中的特征是由它所要维持的下游水力坡度、阀门控制状态和局部水头损失系数来表示的。因为阀门有意加大水头损失以满足所需要的水压，所以减压阀的局部水头损失系数只是在该阀门打开（非节流）时才受到真正关注。

与水泵一样，减压阀连接两个压力区域，并且有两个相关的水力坡度，所以一些模型将其表示为连接，另一些模型将其表示为节点。减压阀连接特征的缺陷与先前描述的水泵一样（见3.7小节）。

稳压阀（PSVs） 稳压阀自动地控制流量以防止上游水力坡度降低到某个设定值之下。这种阀门用于非控制性流动导致的系统上游部分压力不足的情况（见图3.31）。稳压阀经常用于模拟压力释放阀门。

像减压阀一样，稳压阀在水力模型中通常是明确地表示出来，并且其特征由其所要维持的上游压力、阀门控制状态和局部损失系数来表现。

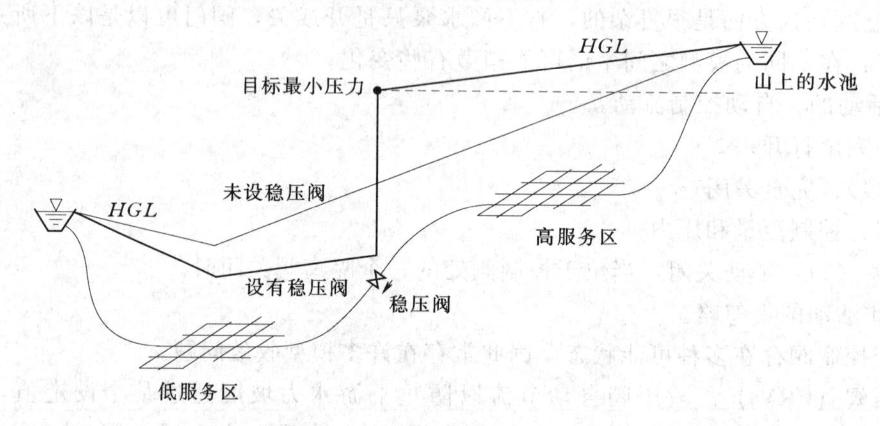

图3.31 描述稳压阀的管网示意图

流量控制阀（FCVs） 流量控制阀自动节流以限制通过阀门的流量处于某个用户设定值之内。这种阀门可用于任何适合基于流量控制的地方，例如，一个自来水公司与某个用户就最大使用流量达成一致。流量控制阀不保证流量不少于设定值，只保证流量不超过设定值。如果流量不等于设定值，模型软件包通常会发出警报显示。

类似于减压阀和稳压阀，绝大多数模型直接支持流量控制阀，其特征由其最大流量设置、阀门控制状态和局部损失系数来表现。

节流控制阀（TCVs） 与流量控制阀直接设定最大过流量不同，节流控制阀自动节流并基于系统其他的属性值（如某个关键节点或某个水箱水位的压力）调节其局部损失系数。通常，某个特定阀门位置的节流影响是可知的，但是作为阀门位置函数的局部损失系数是未知的。该函数关系常由该阀门制造商提供。

阀门名册

许多自来水公司都有阀门名册，它是一个提供整个系统中与隔离阀门位置、类型和状态相关的具体信息和其他配件信息的记录集。从建模的观点看，阀门名册可以对水力复杂交叉点处的管道连通性提供有价值的详细信息，特别是在系统图可能没有展示细部状态的地区尤其如此。

3.9 控制（状态切换）

运行控制，如压力切换，用于自动改变一个单元的状态和设置，这可以是基于一天中的特定时间，或者是对管网内的各个情况做出响应。例如，当系统内压力低于某个预定值时，可能设定某个切换以打开某个水泵。或者，水泵可能由程序控制打开并且在早晨的前几个小时向水箱充水。

如果没有运行控制，各种情况都必须手动监测并且控制。这样运行费用昂贵，易于出错，并且有时是不切实际的。自动化的控制方式使操作人员可以承担更多的管理任务，关注比日常运行更多的问题，如在某个给定时间开启水泵，或改变控制阀设置以适应需水量变化。因此，系统可以运行得更经济、可以预测、更加实际。

模型可以通过不同的方式来表现控制。有些人认为控制是单独的模型单元，有些人认为其可以作为被控制的管道、水泵或阀门的一个特性来看。

管道控制

对于一个管道来说，其实际能改变的状态是该管道（或者更确切地说，是与该管道相关的隔离阀）是开启的还是关闭的。绝大多数管道总是开启的，但是某些管道可能处于开启或者关闭状态，以模拟某个基于系统状态而自动或手动改变状态的阀门。如果管道中的某个阀门处于调节状态，那么可以处理为直接改变与该管道相关的局部损失，或者在该管道中插入一个节流控制阀门并且调节该阀门。

水泵控制

最简单的水泵控制是开启水泵或者关闭水泵。对于变速水泵来说，控制也可以用来调整该水泵的相对速度因子，以提高或者降低压力及其输运的流量。对于水泵相对速度因子的更多信息，见2.7小节。

控制水泵最普通的方法是通过水箱水位进行控制。水泵可以分为“先开”水泵（其首先开启）或者是“后开”水泵（其在后面开启）。“先开”水泵设定为当水箱排水至指定的最低水位时开启，在水箱重新充水至设定的最大水位，通常仅低于溢流点时关闭。而“后开”水泵仅在“先开”水泵仍在运行，水箱仍持续排水至最低水位以下时开启。“后开”水泵在水箱充水至低于“先开”水泵停止供水水位的某个点时关闭。当存在其他的要求时，如日常时间控制规则或者并联的水泵不是同一型号时，控制会变得更加复杂。

调节阀门控制

与水泵类似，控制阀门可以改变它的状态（开启、关闭或有效状态）和设置。例如，当上游压力较小时，操作人员可能更希望通过流量控制阀来限制流量；或当发生火灾需要较高的需水量时，将减压阀完全打开以满足要求。

控制设置指示器

如果一个压力切换设置是未知的，水箱水位图和水泵日志可能会提供一些线索。如图3.32所示，可以通过水箱水位图并结合水泵是否工作的时间确定压力切换设置。在确定压力切换设置的过程中运行人员的建议也是很有帮助的。

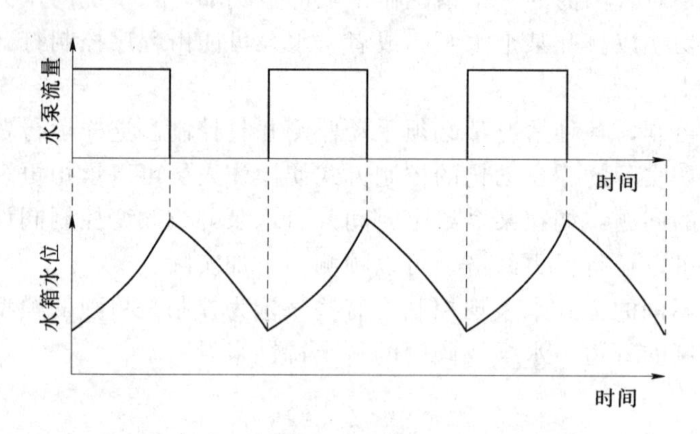

图3.32　水箱水位与水泵运行的相关性

3.10　模拟类型

在定义了基本单元和管网拓扑之后，模型就可以根据其目的得到进一步精细化。一个模型可以有多种模拟类型，这取决于建模工作人员是要观测还是要预测。两种最基本的类型如下：

- 恒态模拟：假设水力需水量和边界条件不随时间改变，估计系统的状态（流量、压力、水泵的运行属性、阀位等）。
- 延时模拟（EPS）：以一系列的恒态模拟计算系统状态，确定系统在一段时间内的准动态行为，在这一系列恒态模拟中水力需水量和边界条件随时间改变。

恒态水力模拟

如这个术语所暗示的，恒态指的是系统不随时间变化的某个状态，本质上是指某个系统已经达到平衡的一种长期行为。水箱和水库水位、水力需水量以及水泵和阀门运行都保持定常，并且定义了模拟的边界条件。恒态模拟提供的信息包括：平衡流量、压力以及其他定义管网状态的各节点水力需水量和各个边界条件变量。

真实的供水系统几乎不会处于一个恒定状态。因此，恒态模型是一个数学上的概念。需水量和水箱水位是不断变化的，并且水泵也是按常规开启和关闭，往复循环。对于恒态水力模型，与其说它是一个静止物体的清晰照片，不如说它更像是一个移动物体的模糊影相。但是，在数学上构建一个恒态模型，可以使设计人员预测出某个特定水力情况（例如，峰值小时需水量或某个特定节点的消防流量）的响应，是一个很有帮助的工具。

恒态模拟是其他类型模拟的构建模块。一旦掌握了恒态模拟的概念，那么理解更高级的话题，例如延时模拟、水质分析和消防研究（这些话题将在后续章节中讨论）就更加容易了。

恒态模型通常用于分析特定的最差情况，例如，峰值需水量时段、消防用水量以及系统构件失灵，在这些情况中，时间的影响不是很重要的因素。

延时模拟

恒态水力分析提供的结果对于在水力模型中的大部分应用很有帮助。但是，对于许多情况，某个恒态水力模拟的假定是不成立的，或者模拟需要允许系统随时间而变化。例如，要了解用水随时间变化的影响、水箱的充水和放水周期，或者水泵和阀门对系统变化的反应，这些都需要应用延时模拟（EPS）。

延时模拟需要输入大量信息，这是非常重要的。由于数据容量和建模工作人员在校准、分析和设计中可能的工作量，强烈建议在运行延时模拟之前模型必须在恒态模拟情况下进行检查。一旦得到满意的恒态运行情况，继续进行延时模拟就会更容易。

延时模拟计算过程　与影片放映机将一系列静止图像依次放映形成一部电影的方法类似，延时模拟中的各个水力时间步长实际上是顺次排在一起的恒态水力模拟。在每个恒态步长之后，会再次估计系统边界条件并且作出更新以反映连接节点需水量、水箱水位、水泵运行状态等的变化。然后，另一个水力时间步长开始，继续进行该过程直至延时模拟结束。

模拟持续时间　延时模拟可以运行任意长的时间，这取决于该分析的目的。最常见的模拟持续时间通常是 24h 的倍数，这是因为需水量和运行的最可识别模式是一整天。但是，当模拟短期内的紧急事件或中断的发生时，只模拟将来的几个小时，预测水箱水位和系统压力的即时变化，可能更合适。对于水质应用，模拟一个持续几天时间的情况以使管网水质达到稳定水平，可能更为合适。

即使是已建立了日常模式，建模工作人员可能也想考虑为期一周或持续更长时间的模拟。例如，考虑一个在系统内运行的容量不充分的储水水箱。水箱内每天结束时的水位或许只是稍微低于前一天结束时的水位，这在检查模型结果时可能被忽视。如果使用为期一两周的模拟，水位下降越来越多的趋势将会更加明显。甚至在有足够储水量的系统中，一个为期 48h 或更长时间的模拟可以更好地确定水箱排水和充水的特征。

水力时间步长　运行延时模拟时的一个重要决策是选择水力时间步长。该时间步长是指延时模拟中的一个恒态分析部分的时间长度，选择的时间段长度应该使系统水力情况从一个步长到下一个步长是逐步变化的。如果时间步长太大可能会导致水力突变发生，使模型很难给出好的结果。

对于任何给定系统，预测时间增量多少是困难的，但这方面经验在某种程度上是有益的。除非有其他考虑的事项需要不同的时间步长，建模工作人员开始时一般假定时间步长为 1h。

为什么使用情景分析管理器？

当第一次创建供水模型的时候，输入到计算机的数据使用打孔卡，提交和计算过程作为批量处理。以这种运行方式，需要将输入数据分段产生每一段计算结果。因为典型的建模项目需要分析许多不同的情况，消耗大量时间创建和调试不同段的输入卡。

当采用数据文件代替打孔卡时，可以批处理数据。建模者现在可以非常容易地编辑和复制输入文件，但是仍然存在需要管理大量模型运行的问题。采用许多数据文件或者很多人编辑同一个数据文件是混淆、低效和容易出错的工作。

这个问题的解决方法就是在一个单一的模型数据文件中保存不同方案的数据集。例如，当前平均日需水量数据、在节点37有相仿流量的最大日需水量数据和在2020年的高峰小时需水量都可以创建、管理和储存在中心数据库中。一旦这个数据结构储存在适当位置，用户就能整合不同方案数据集，创建许多运行方式或情景分析。

例如，一个情景分析可以包括2020年的最高小时需水量结合成一组基础数据结构，该结构包括在华盛顿小山上建议修建的水箱和沿着北大街新建的16in（400mm）的管道。基于由用户创建的不同方案数据集构建模型运行方式的概念比批处理概念更直观，与基于现代程序的目标导向范例一致。接着，情景分析和方案数据集的描述性命名规定在用户行为的内部文件中提供。

因为供水建模中的方案往往是由先前的方案产生，好的情景管理器将使用遗传算法的概念基于现存的父代方案产生新的子代方案。结合这种遗传算法的概念和基于方案数据集的情景分析结构能够给模型的用户一个自己求证的方式，根据先前模型运行的结果快速产生新的、好的结论。

在初始阶段，通常采用批处理的用户可能发现某些在情景分析管理中使用的术语和概念有一些难度。但是，经过一些实践后，如果不采用这种通用特性再去构建或维护模型就变得难以想象了。

当连接节点需水量和水箱入流/出流流量变化较大时，缩短时间步长可以提高该模拟的精度。模型对时间增量变化的灵敏度可以通过对比使用不同时间增量的同一个分析结果来研究。这种灵敏度也可以在校准过程中进行评价。最后，建模工作人员找出计算时间和准确性之间的适当平衡。

中间变化　当然，系统内的变化不会总是恰好发生在各个时间增量上。当确定一个单元的状态变化发生在时间步长之间时（如某个水箱完全充满或者排干，或者触发某个控制条件），许多模型会在该时间点上即时自动报告状态变化和运行结果。然后模型会继续往前运行进入下一个时间增量，直到需要另一个中间时间步长为止。如果在中间时间点上需要频繁计算，建模工作人员应考虑减小时间步长增量。

模拟的其他类型

通过利用恒态模拟和延时模拟的基本概念，可以建立更多高级的模拟类型。水质模拟用于确定系统内的化学或者生物组分浓度，或者确定水龄或水体供水来源（见2.9小节中“水质模拟的其他类型”）。自动消防流量分析用于建立适合消防需求的系统。费用分析用于考虑系统运行和改进所需费用影响。瞬变分析用于研究由于水泵或阀门的状态突然改变引起的流量和压力的短期波动（见第 13 章）。

随着计算机技术的进步和软件方法的完善，水力模型成为供水系统设计和安全、可靠的运行更为重要的组成部分。

3.11 管网简化

管网简化是将对系统行为有重要影响的水力管网中的一部分包含进模型的一个过程。尽量将一个大系统中的每个用户连接管、闸阀及其他构件都包含在模型内是一项工作量巨大的但对模型结果不会有明显影响的工作。抓住系统的每一个特征也会产生大量的数据资料，这使模型管理、使用和发现其中的问题成为工作量、易出错的任务。简化是构建模型的一个更为实际的方法，它可帮助建模工作人员得出可靠的、准确的结果，而不用投入更多不必要的时间和金钱。

在 Eggener 和 Polkowski（1976）系统地将管道从威斯康星州 Menomonie 市的模型中移掉以测试模型结果的灵敏度时，他们第一次研究了管网简化。他们发现在正常需水量情况下，可以移掉大量的管道而不会产生明显的影响压力。Shamir 和 Hamberg（1988a，1988b）研究了减小模型规模的严格规则。

简化不应与省略数据混为一谈。在简化过程期间没有被模拟的系统部分并没有被丢弃，而是将其影响包含在模型中的系统部分加以考虑。

简化实例

考虑下面所提出的局部管网，其连接到一个现有的供水系统模型。图 3.33～图 3.36 表示需水量如何从个人用户聚集到能够服务越来越大区域的节点上。虽然建模工作人员几乎从来不会将图 3.33 所示的个人用水连接包括在模型中，但在这个范例中，简化可以外推到更大的管网中，所显示的以下步骤实现了不同的简化程度。

如图 3.33 中所描述的管网，有可能完全没有简化。在这个实例中，每一个服务水龙头处都有一个连接节点，每一所房子都有一根管道和连接节点。在干管交汇处也有连接节点，这样，总共有接近 50 个连接节点（不包括那些消火栓所要求的节点）。

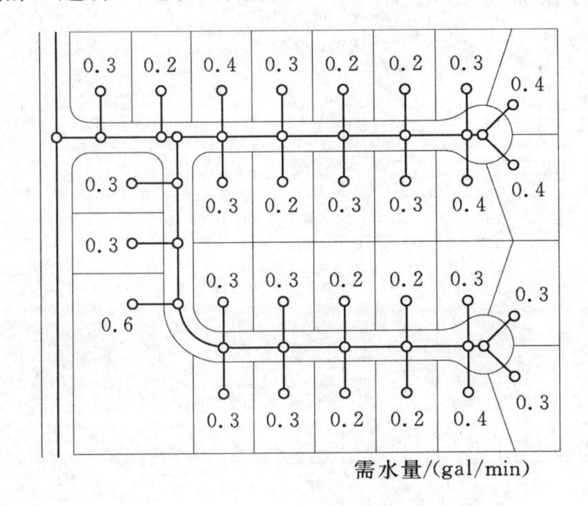

图 3.33　包括所有连接管道的管网

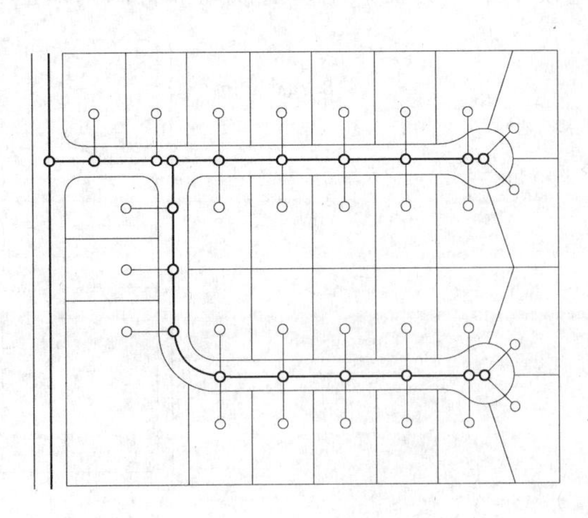

图 3.34　最小程度简化

再次模拟同一局部管网，不过只是稍微进行了简化。这次不再明确地包含每一家住户，只包含管道接头和主要的交叉口。这一简化使管网只有不到 20 个连接节点（见图 3.34）。注意：这种简化，不能得到用户服务管道的水力结果，这是因为用户管道和连接节点没有包含在模型内。如果服务管道的结果不重要，那么图 3.34 中所示的简化模型则表示了足够的管网细节。

该系统甚至可以进一步简化，模拟只包括主要管道的末端和主要的交叉接点（见图 3.35）。将需水量归集到连接节点变得有点棘手，因为连接节点并非在每个水龙头位置。这个模型的需水量归集到距服务用户最近的连接节点上（沿服务管线）。虚线边界内的范围表示每个模型连接节点的供水区域。例如，右上部的连接节点分配的是八所房子的需水量，而右下部的连接节点分配的是十所房子的需水量，等等。

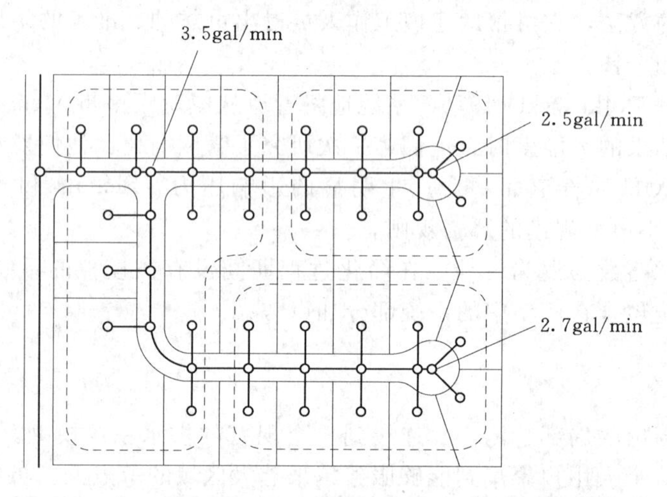

图 3.35　适度简化

把该局部管网简化成从现有系统取水的单个连接节点，可以达到更高程度的简化。移除该局部管网内的所有管道，将所有的需水量都归集到剩下的那个连接节点（见图 3.36）。这样，模型将会显示与该局部管网相关的需水量对整个水力管网的影响。但是，建模工作人员就不能确定该局部管网内的压力和流量变化。

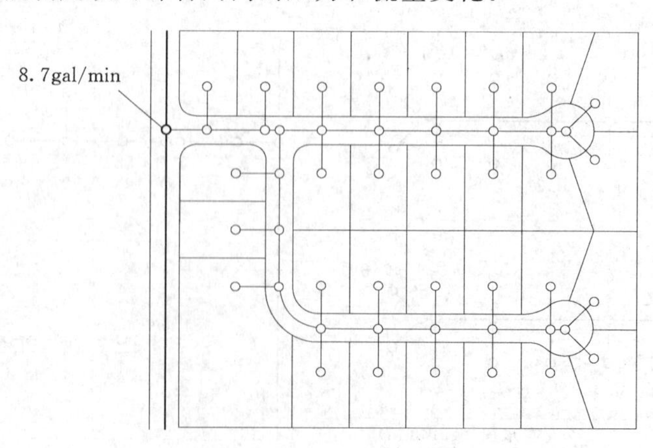

图 3.36　最大程度简化

更大的简化程度也是可能实现的，甚至是将该局部管网与主管线的连接节点也排除在模型之外。该局部管网的需水量可以简单地加到某个邻近的连接节点上，附加到这个节点上的没有包括在模型中的其他局部管网的其他影响可能也在此处综合。正如这个实例所演示的，简化的程度取决于模型的使用目的，并且很大程度上依赖于建模工作人员的判断力。

模型简化策略

确定一个管道是否应包含在模型内没有绝对的标准，但是说所有的模型最可能简化到某一程度还是比较可靠的。供水管网的一个系统与另一个系统有很大的不同，并且建模判断在构建解决方案方面发挥很大作用。对于一个小管径系统，如家庭供水管道或者消防洒水装置系统，在估测流量方面的小差别可能对系统水头损失有明显的影响。而对于一个大城市供水系统，某个局部管网需水量的影响对于大的输水干管系统可能不大。

相反的观点　关于简化，对于不同的模型存在着明确相反的观点。一些建模工作人员认为，一个模型不能多于几百个构成单元，因为没有人可以理解一个大模型中包含的所有数据资料。而其他的建模人员则主张模型应该包含所有管道，这样数据录入可以由经验较小的人员完成，这些人员不需要练习判断一个单元是否应包含在模型中。运用该方法的人可以使用数据库搜索、单元构件自动确认算法和需水量分配程序（见4.1小节中“需水量的空间分配”）生成各种应用的简化模型。

处于两个极端之间　绝大多数的管网模型介于上述两个极端之间。简化的程度取决于模型的使用目的。一个极端是能耗运行研究需要最少的细节情况，而确定各个消火栓可以使用的流量需要最多的细节。对于总体规划或区域用水研究，更大程度的简化一般能满足需要。然而，对于施工设计工作或水质研究，则需要包括系统更多的内容以精确地模拟现实系统。

建模工作人员的职责是其必须很好地理解模型的使用目的，并基于此目的选择合适的详细程度。绝大多数建模工作人员选择发展其自己的简化策略。

“啊，我们还在这里？如此多的厄运，谁警告过不要吃掉所有植物的。”

十分重要的管网单元

任何对系统重要或是对系统行为有潜在影响的单元都应该包括在模型中。对于绝大多数模型，这种单元包括：

- 大的用水用户；
- 已知条件的点，如采样点；
- 未知条件的关键点；
- 大直径管道；
- 构成重要环路的管道；
- 水泵、控制阀门、水箱和其他控制单元。

重要性未知的单元

如果建模工作人员不确定包括或排除一些特定单元可能会产生的影响，有一个很简单的方法可以用来准确地找出其在系统中的确切影响。那就运行一下模型看会发生什么。

基本简化管网模型可以通过经验和判断来创建，可疑的重要管道要包括进来。模型应该在所研究的条件和注释结果的范围内运行。将一个或多个可疑的管道关闭（以阻止其输运水体），然后让模型再次运行。如果建模工作人员确定两次分析的结果本质上是一致的，那么这些管道显然对系统没有明显的影响，可以将其从简化模型中移除。

如果一根管道的重要程度不能确定或是令人怀疑，通常还是将该管道留在模型中较好。对于较旧的、非图形界面的软件，通常希望尽可能限制管道数量，以防止由于数据过多而迷失其中。但是，由于当今先进的计算机和易于使用的软件工具，没有理由将管道排除在模型之外。

自动简化

越来越多的自来水公司正将其模型与 GIS 系统连接，甚至通过从 GIS 导入数据来创建模型。然而，GIS 单元通常多于用户在模型中所需要的管道，这对于顺利的数据转换过程会产生障碍。例如，图 3.37 显示模型中单一的管道连接是如何对应于大量的 GIS 单元的。当每个消火栓支线和用户管道包含在 GIS 内时，GIS 中的管道数目会更多。当然，建模工作人员可以从模型中手动除去这些管道，但这项任务是十分单调和易于出错的，尤其是当它必须在几个时间周期和规划方案内不断重复时，更是如此。因此，使简化过程自动化是很值得的并且也更为有效。

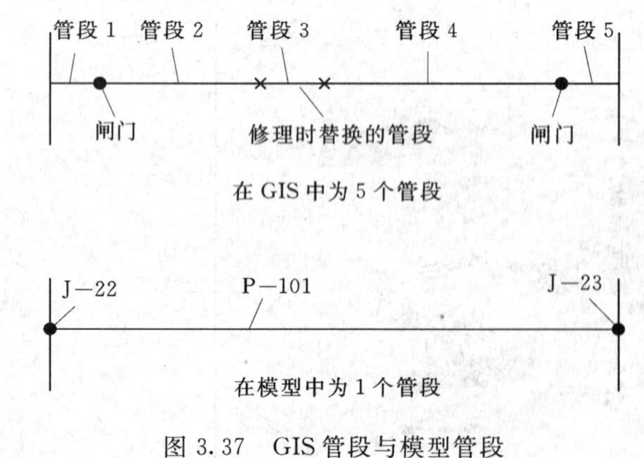

图 3.37　GIS 管段与模型管段

基于某个规则，如管径，简单地将管道和节点从模型中移除是一个直接的过程。但是，当需要了解分配给要移除节点的需水量

（和相关的需水量变化模式）和喷洒系数时，这个过程就变得复杂了。如果想要考虑要移除管道的水力学特性，这个过程会变得更加复杂。

简化不是一个单独的过程，而是几个不同的低水平单元的移除过程，这些过程依次应用以确保从逻辑上将各个需水量赋给其供水水源。简化过程也包括提出水泵、水箱和阀门的处理规则，并且确定哪些管道和节点标记为不可移除的。

对于手动简化，系统简化的程度取决于原始数据的类型和模型要达到的最终目的。如果原始数据是包括服务管线和消防支线系统的全部GIS数据，并且模型将用于建立水泵控制或研究能耗，那么就有可能移去大多数的管道。如果模型是根据供水图手动建立并且模型用于确定每个消火栓的可用灭火用水量，那么可能就没有多少简化空间。

与简化相关的过程在以下部分中讨论。

移除简单管道 管道移除最简单的方法是只根据管道尺寸或其他标准将管道从系统中移除，而不考虑其对需水量负荷或水力学特性的影响。当从GIS导入数据时，如果该数据集包括用户管道和消防支线，这种做法是很有帮助的。这类管道移除通常是在需水量分配到模型节点之前进行（作为一个预处理步骤），但也并不总是这种情况。某些声称实行自动简化的模型只是执行了这一简化过程。

移除分支管道 第二种最简单的简化方法是移除末端不包括水箱的盲端分支管道。这一过程也称为分支管道修剪或分支管道移除，用户需要确定某些有限数量的分支是否应该修剪，或者一个管网是否应该修剪成为作为某个环路一部分的一根管道。图3.38显示了一个分支管道如何修剪为作为一个环路中一部分的一个节点。当盲端分支管道被移除时，这种移除对系统剩余部分的输水能力没有影响。

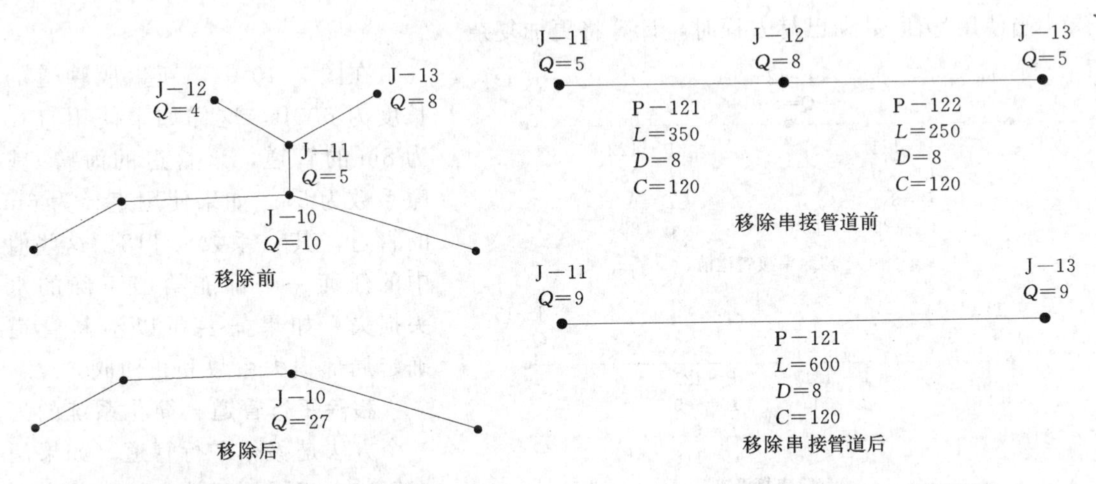

图3.38 移除分支管道（支管清理）

图3.39 移除串接管道——相同属性

移除串接管道（没有其他管道连在同一个节点上） 在绝大多数情况下，移除串接管道（有时称为管道合并）对模型性能的影响可以忽略。例如，在图3.39中，管道P—121和P—122可以合并形成一个新的管道P—121。在这个实例中，J—12处的需水量在新生成管道的两个端节点之间平均分配。对于这种情况，也可以应用关于需水量的其他分配规则。例如，两个节点中的任何一个可以接收原来J—12节点的需水量，或者该需水量可以按用户指定的规则分配。

如果两根连接管道之间的节点有很大的需水量，移除该节点可能会对模型结果产生不利影响。为了防止这种情况，建模工作人员可以考虑对流量设定一个限值，这样超过该限值的节点不能移除。

将两根管道合并为一根管道的关键问题在于确定新生成管道的各个属性。在图 3.39 中，生成新管道的长度等于两根被合并管道长度之和，并且因为该两根管道有相同的直径和 C 系数，新生成的管线也就有同样的直径和 C 系数。

当两根管道有不同的属性时，如图 3.40 中所示，问题就变得更加复杂了。在这种情况下，新管道长度仍为两根管道长度之和，但是现在存在新管道产生与原有两根管道同样水头损失的无限多个直径和 C 系数的组合。作为一个选项，建模工作人员可以选择其中一根管道的直径和 C 系数作为新管道的属性。或者，该建模工作人员可以为新管道挑选一个 C 系数或直径，然后计算出另一个的属性值。例如，如果建模工作人员指定了管径，那么新管道的 C 系数就可以由式（3.4）得出。

$$C_r=\left(\frac{L_r}{D_r^{4.87}}\right)^{0.54}\left(\sum_i\frac{L_i}{D_i^{4.87}C_i^{1.85}}\right)^{-0.54} \tag{3.4}$$

式中 L——长度，ft 或 m；

D——管径，in 或 m；

C——海曾-威廉系数；

r——新生成管道号；

i——第 i 个合并管道。

当使用达西-魏斯巴赫方程时，计算将更加复杂。

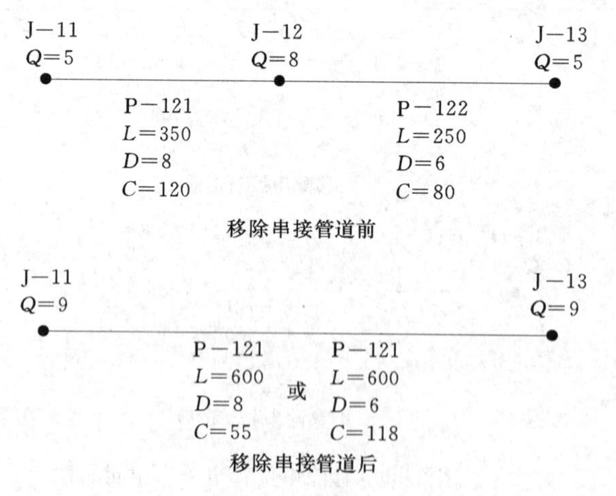

图 3.40 移除串接管道——不同属性

在图 3.40 中，新生成管道的长度为 600ft，这样如果使用直径为 8in 的管道，该管道的海曾-威廉系数为 55，如果使用直径为 6in 的管道，其 C 系数为 118。这些值中的任何一个都能给出正确的水头损失。如果需要可以给新管道确定局部损失系数和止回阀。

移除平行管道 简化系统的另一个方法是移除平行管道（如果两根管道有相同的开始和结束节点则被视为平行的）。当移除平行管道时，其中的一根作为占优势管道，并且新生成的等价管道将使用该管道的长度以及直径或 C 系数。新管道是使用占优势管道的直径还是 C 系数，另一个参数就用等价管道公式计算得出。例如，如果使用占优势管道的直径，那么 C 系数就由下面的方程给出：

$$C_r = \frac{L_r^{0.54}}{D_r^{2.63}} \sum_i \frac{C_i D_i^{2.63}}{L_i^{0.54}} \tag{3.5}$$

在图 3.41 中，管道 P—40 的长度和直径不变，但因移除了管道 P—41，增大 C 系数从而增加了管道 P—40 的过流容量。

在移除平行管道时需要考虑的其他因素是止回阀和局部损失。如果两根管道都设有止回阀，那么新管道也应该设一个止回阀。但是，当确定等价管道时，准确分配局部损失系数会更困难。在绝大多数情况下，分配某一平均值不会引起大的错误。

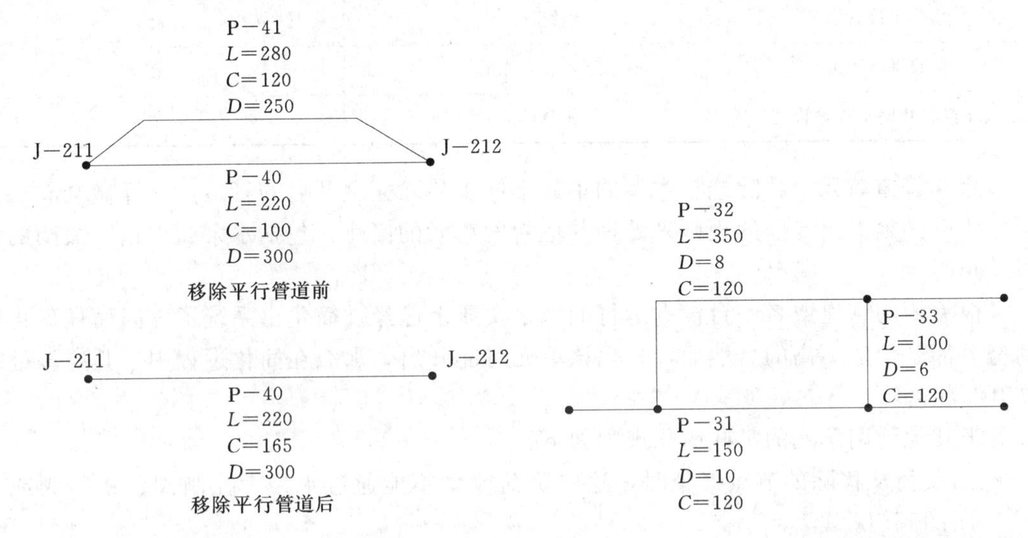

图 3.41　移除平行管道

图 3.42　移除环状管网中的管段

移除管道，破坏环路　前述管道移除类型可以降低一些模型的复杂度，但是为了显著缩小一般的供水系统规模，实际上有必要打开环路。两个平行管道可以视为一个环路，它们可以按前述的基本方法来处理，并且可以使用式（3.5）考虑来计算水力学能力。这一部分可以将多于两个构件的环路简化应用到系统简化之后的部分。

考虑图 3.42 中由管道 P—31、P—32 和 P—33 组成的三条管道环路。移除回路中的任何一根管道都可能生成先前所述方法可以进一步简化的分支管道系统。与前述移除管道操作的解决方案对比，通过移除一根管道打破环路的结果与被移除的是哪一根管道有关，这是因为这种移除对于系统剩余部分的过流能力有一定影响。

因此，需要有一个规则来确定应首先移除哪一根管道。通常，最好是移除过流能力最小的那根管道，这可能由最小管径的管道或最小过水能力的管道来定义。

$$\frac{CD^{2.63}}{L^{0.54}} \tag{3.6}$$

在图 3.42 中，管道 P—33 的过载流能力最小，移除该管道应该对系统的过流能力产生的不利影响最小。

应注意到，移除过流能力最小的管道对整个模型的精确性的影响并不总是最小的。在某些情况下，过流能力很小的管道可能在某些方案中却是很重要的，甚至可能无论它有多小的过流能力都需要保留下来。

基本管道移除概要 可能的管道移除操作产生的结果汇总于表 3.2。前面三种移除操作都相当简单，系统会产生正确的流速和水头损失。但第四种移除操作会损失一定的过流能力，而且从一个环路中移除不同的管道会产生不同的过流能力。

表 3.2 管线移除操作概要

动　作	对节点的影响	系统容量的损失
移除分支管道	移除节点	无
移除串接管道	移除节点	无
移除平行管道	不移除节点	无
从环路状管网中移除管道	不移除节点	有

移除非管道单元 移除连接类型的单元不同于移除完全开启的管道，这样做会有一些问题，所以必须提出专门的规则来处理其他管网单元的简化，包括水泵、水箱、关闭的管道以及阀门。

一根关闭的管道或者一台没有运行的水泵实质上已经被简化出系统了，因而任何再简化的努力都是价值不高的。然而，如果该单元可能开启，那么在简化过程中，其应该处理为“开”状态。

关于其他管网单元的某些简化规则如下：

- 当负荷从移除的节点聚集时，这些负荷流量不能通过水泵、控制阀、止回阀或关闭的阀门。
- 分支管道中的水泵、控制阀和止回阀可以被剪除，并可表示为留下来的上游系统中的一个出流。
- 水泵、控制阀和止回阀可以从串联、并联或环路系统中被移除，但是要考虑其影响，而这通常是困难的。
- 如果一个止回阀串接在一根管道上，那么合并后的新管道也必须有这个止回阀。
- 在简化过程中水箱通常很重要不能被移除，并且连接水箱的管道也不能被移除。

简化复杂管网 简化一个实际系统包括依次应用一系列基本的移除操作。通常，最好按表 3.2 给出的次序执行简化操作。首先，移除所有盲端或分支管道，然后移除串接管道，而后合并平行管道，最后移除环路中的管道。在每一项操作之后，都有必要检查一下管网，因为前一项操作可能会产生此前不存在的盲端管道或平行管道。

图 3.43 显示了一个正在简化的管网，其展示了这些操作过程。这个管网看上去像一个盲端分支管道，如果采取手动简化，建模工作人员可以简单地将需水量加在一起并将其置于节点 J—10 上。但是，计算机难以辨识哪条是分支管道，因此必须首先除去串接的管道和环路才能识别出该分支管道。

简化停止标准 使用前述的基本步骤，自动简化会将任意一个管网精简到只有少数的水箱和水泵。但是在绝大多数情况下，用户并不想要删减这么多。停止简化的关键在于定义不能被简化的连接和节点的标准。

通常，用户会指定某一直径和更大直径的所有管道不能被移除。这就在系统中保留了

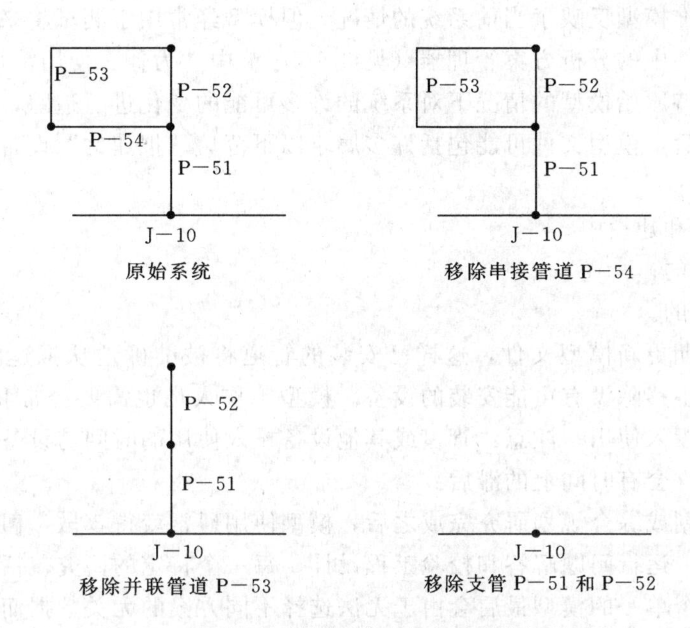

图 3.43　对复杂管网系统应用自动简化的步骤

更大的管道。用户也可以指定某些特定的管道，尤其是那些能够破坏环状管网的管道，是不能被移除的（或从环状管网中移除管道的基本操作就根本不能进行）。用户也可以指定，如果移除一根管道去掉了一个大于设定需水量的节点，那么该移除操作也不能执行。

在设定这些限制之后，继续这些简化过程直到生成一个满足用户所定义的简化程度的简化管网为止。

简化的总结

关于简化没有一个硬性的规定。它完全依赖于用户的看法和模型的使用目的。对于一个运行大型输水干线并且售水给社区管网的自来水公司来说，模型可能简化为只包括水源和大直径管道。而对于一个从该公司接收送水的社区来看，情况可能相反。尽管绝大多数规划和分析行为可以在适度简化的模型上成功执行，但是局部消防流量估计和水质分析则要求管网只能作少量简化或没有简化。

3.12　模型维护

一旦一个供水模型已经建立并且校准，它就可以在一定条件下模拟和预测该供水系统的运行状态。对于部分自来水公司模型可能是相当大的投资，并且通过精心维护该模型而在将来使用过程中使投资进一步最大化。

保存良好的模型运行和历史记录文档是确保模型可以由他人或在以后正确使用所必须的，而且还可以确保时间不会浪费在解释和重建先前已做的工作上。必须在模型文档或纸质记录上撰写该系统在不同模型版本下的状态。这些说明会帮助后来的使用者确定最好的模型运行方式作为将来分析的起点。

最初的已校准模型反映了当前系统的情况，但模型经常用于测试将来的情况和选择管道系统。模型软件中的分析方案管理器（见 3.10 小节中“为什么使用情景分析管理器?”）使用户能够在维持原始模型的情况下对系统的许多可能的变化进行追踪，其中一些系统是从未建设的。最后，模型文件可能包括许多属于以下范畴“拟建的”设备和需求：

- 已安装的；
- 正在设计和建设中；
- 以后安装的；
- 从未安装的。

用户需要定期更新模型文件，这样已安装的管道将被准确地从拟建的设备中提取出来，并且从模型中移除没有可能安装的设备。模型工作人员也需要经常和运行人员沟通，确定新管道何时投入使用。注意：管道或其他设备投入使用的时间与设备在系统图或 GIS 中出现的时间也许会有时间上的滞后。

一旦总体规划或综合规划研究完成之后，模型使用通常变得零散，但模型还会用于响应开发人员查询、运行问题解答和校验工程设计。每一个特定的研究包括创建和运行附加的运行方案。一个单一的模型最后会由于无法选择不同方案的无关数据而变得混乱。

处理这些特殊研究的一个好的习惯做法是从现有的模型开始创建一个新的用于研究各个可选规划方案的数据文件。一旦该计划方案完成，与所选计划相关的设备和需水量应该放入主要的模型文件作为将来的设备和需水量。运行研究所用的模型版本应该在设备真正投入使用时才更新。

参考文献

American Water Works Association (1996). “Ductile Iron Pipe and Fitting.” *AWWA Manual M-41*, Denver, Colorado.

Benjamin, M. M., Reiber, S. H., Ferguson, J. F., Vanderwerff, E. A., and Miller, M. W. (1990). *Chemlstry of corrosion inhibitors in potable water*. AWWARF, Denver, Colorado.

Caldwell, D. H., and Lawrence, W. B. (1953). “Water Softening and Conditioning Problems.” *Industrial Engineering Chemistry*, 45 (3), 535.

Eggener, C. L., and Polkowski, L. (1976). “Network Modeling and the Impact of Modeling Assumptions.” *Journal of the American Water Works Association*, 68 (4), 189.

ESRI. (2001). “What is a GIS?” http://www.esri.com/library/gis/abtgis/what_gis.html.

Langelier, W. F. (1936). “The Analytical Control of Anti-Corrosion in Water Treatment.” *Journal of the American Water Works Association*, 28 (10), 1500.

Maddison, L. A., and Gagnon, G. A. (1999). “Evaluating Corrosion Control Strategies for a Pilot-Scale Distribution System.” *Proceedings of the Water Quality Technology Conference*, American Water Works Association, Denver, Colorado.

McNeil, L. S., and Edwards, M. (2000). “Phosphate Inhibitors and Red Water in Stagnant Iron Pipes.” *Journal of Envlronmental Engineering*, ASCE, 126 (12), 1096.

Merrill, D. T. and Sanks, R. L. (1978). *Corrosion Control by Deposition of $CaCO_3$ Films*. AWWA, Denver, Colorado.

Mullen, E. D., and Ritter, J. A. (1974). "Potable-Water Corrosion Control." *Journal of the Amerlcan Water Works Association*, 66 (8), 473.

Shamir, U. and Hamberg, D. (1988a). "Schematic Models for Distribution Systems Design I: Combination Cencept." *Journal of Water Resources Planning and Management*, ASCE, 114 (2), 129.

Shamir, U. and Hamberg, D. (1988b). "Schematic Models for Distribution Systems Design Ⅱ: Continuum Approach." *Journal of Water Resources Planning and Management*, ASCE, 114 (2), 141.

Volk, C., Dundore, E., Schiermann, J., LeChevallier, M. (2000). "Practical Evaluation of Iron Corrosion Control in a Drinking Water Distribution System." *Water Research*, 34 (6), 1967.

Walski, T. M. (1999). "Importance and Accuracy of Node Elevation Data." *Essential Hydraulics and Hydrology*, Haestad Press, Waterbury, Connecticut.

Walski, T. M. (2000). "Hydraulic Design of Water Distribution Storage Tanks." *Water Distribution System Handbook*, Mays L. W., ed., McGraw Hill, New York, New York.

讨论话题与习题

学习本章并且完成全部习题。将你的成果提交给 Haestad Methods，就能获得 11.0 继续教育学分。参见继续教育单元或登录网站 www.haestad.com/awdm-ceus/，可以获得更多信息。

3.1　手工查找如图所示系统的流速并且计算节点 J—1 的水压。而且当水泵的输水压力达到 115ft 时算出水泵吸水口及其出水口压力。用海曾-威廉公式计算局部损失。h_P 单位为 ft，Q 单位为 ft^3/s。

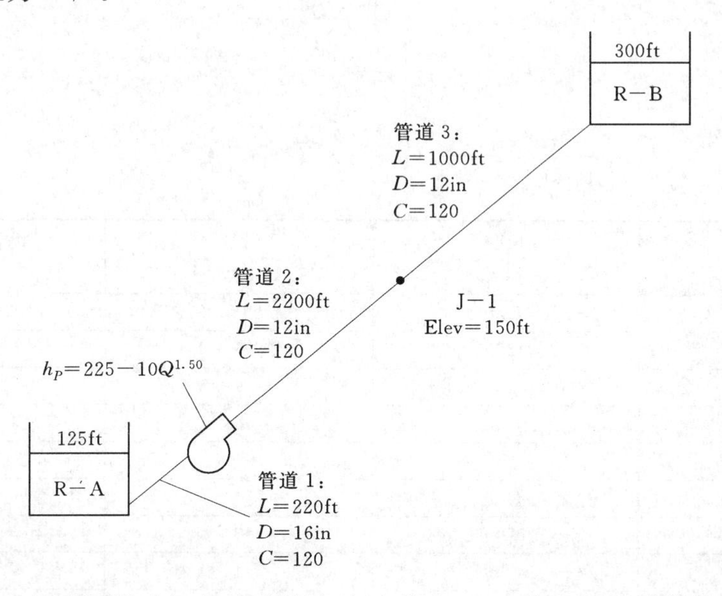

3.2　仔细观察系统所示每个管道的水流及节点 J—1 的水压。计算当节点 J—1 的流量为 21.2L/s 时的水压与流量（水压单位：m；流量单位：m^3/s）。用海曾-威廉公式计算水头损失。

提示：如果计算管道 1 与管道 2 中的水流状况应首先计算出管道 3 的水流状况。

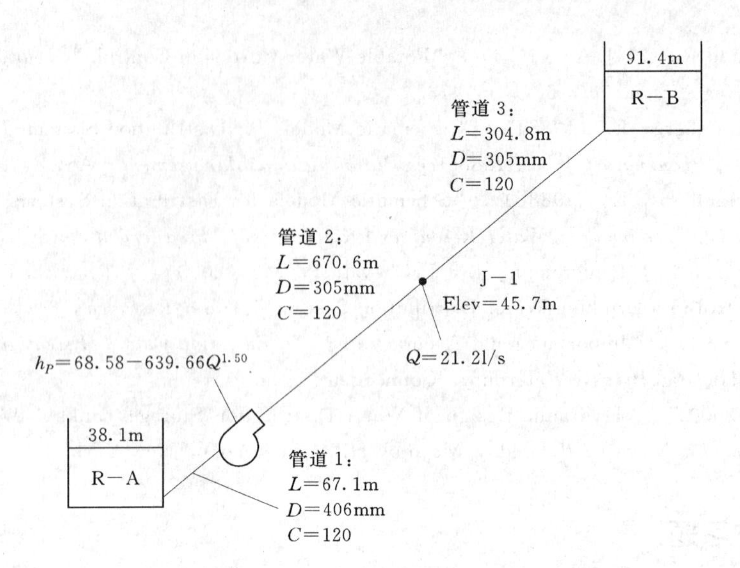

3.3 采用英制单位：仔细观察下图所示乡村供水系统中的每根管道的水流状况及其每个节点的水压。系统的相关数据在下面的表格中给出。在习题的最后填写所给表格。

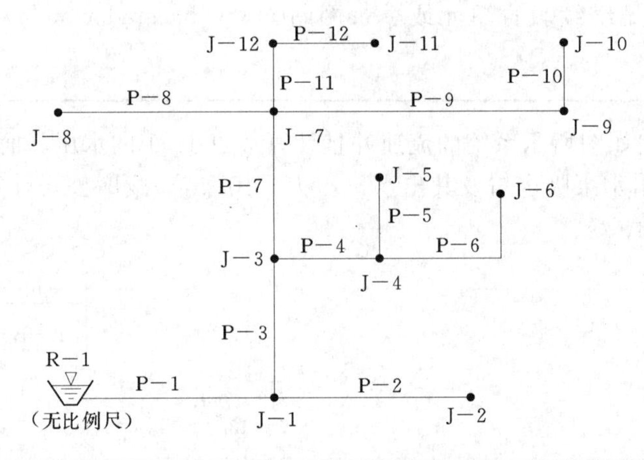

管道编号	长度 /ft	管径 /in	海曾-威廉公式系数
P—1	500	10	120
P—2	1200	6	120
P—3	4200	10	120
P—4	600	6	110
P—5	250	4	110
P—6	500	4	100
P—7	5200	8	120
P—8	4500	4	100
P—9	5500	3	90
P—10	3000	6	75
P—11	570	6	120
P—12	550	4	80

节点编号	高程/ft	需水量/(gal/min)
R—1	1050	N/A
J—1	860	40
J—2	865	15
J—3	870	30
J—4	875	25
J—5	880	5
J—6	885	12
J—7	880	75
J—8	850	25
J—9	860	0
J—10	860	18
J—11	850	15
J—12	845	10

管道编号	流量/(gal/min)	水头损失/ft
P—1		
P—2		
P—3		
P—4		
P—5		
P—6		
P—7		
P—8		
P—9		
P—10		
P—11		
P—12		

节点编号	*HGL*/ft	压强/(lb/in^2)
J—1		
J—2		
J—3		
J—4		
J—5		
J—6		
J—7		
J—8		
J—9		
J—10		
J—11		
J—12		

采用SI制单位：仔细观察前图乡村供水系统中的每根管道的水流状况及其每个节点的水压。系统的相关数据在下面的表格中给出。在习题的最后填写所给表格。

管道编号	管长/m	管径/mm	海曾-威廉公式系数
P—1	152.4	254	120
P—2	365.8	152	120
P—3	1280.2	254	120
P—4	182.9	152	110
P—5	76.2	102	110
P—6	152.5	102	100
P—7	1585.0	203	120
P—8	1371.6	102	100
P—9	1676.4	76	90
P—10	914.4	152	75
P—11	173.7	152	120
P—12	167.6	102	80

节点编号	高程/m	需水量/(L/s)
R—1	320.0	N/A
J—1	262.1	2.5
J—2	263.7	0.9
J—3	265.2	1.9
J—4	266.7	1.6
J—5	268.2	0.3
J—6	269.7	0.8
J—7	268.2	4.7
J—8	259.1	1.6
J—9	262.1	0
J—10	262.1	1.1
J—11	259.1	0.9
J—12	257.6	0.6

管道编号	流量/(L/s)	水头损失/m
P—1		
P—2		
P—3		
P—4		

续表

管道编号	流量/(L/s)	水头损失/m
P—5		
P—6		
P—7		
P—8		
P—9		
P—10		
P—11		
P—12		

节点编号	*HGL*/m	压强/kPa
J—1		
J—2		
J—3		
J—4		
J—5		
J—6		
J—7		
J—8		
J—9		
J—10		
J—1 1		
J—12		

3.4 确定如图所示从A点到D点300m长管道系统每个点而不是仅仅在管路最后的D点上的影响。管道内径是150mm，粗糙系数为0.0001 m，并且在此情况下的黏滞系数为$1\times10^{-6}m^2/s$。A点的水头为200m，在此管道的地面标高为120 m。

通过A点的流量是9L/s。A、B、C、D点相互之间距离相等。

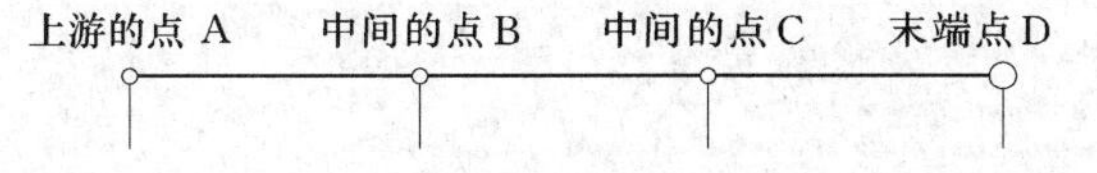

(1) 假设管道沿线没有用水用户（在所有管道的流量均为9L/s)。计算管道所有部分的水头损失及其水压（单位：m)，包括A点、B点、C点、D点。

(2) 假设B点和C点（在邻近的管道上）在第二和第三部分上的流量分别减少到8L/s和7L/s。确定B点、C点、和D点的水压。

(3) 假设管道中的流量都是孤立没有联系的，例如第二和第三部分的流量分别是6L/s和3L/s。计算B点、C点和D点的水压。

在这些流量中，水集中在末端使用与水在沿线被使用相比管道中水压变化是否较剧烈？你认为在较大的流量时能不能得到相似的结果？水压单位：m。

点号	(a) 部分	(b) 部分	(c) 部分
B			
C			
D			

第 4 章

用户用水量

用水量或者水的使用量，也称为需水量，是发生在供水系统中的流体动力学背后的驱动力。任何一个水离开供水系统的地方就代表着一个用水点，包括用户的水龙头、一个漏失点或一个打开的消火栓。

在建立一个水力模型时，与用水有关的三个问题必须予以解答：①多少水量正被使用？②用水点位于何处？③用水量作为一个时间的函数怎样变化？本章针对以下三种基本需水量类型逐一回答这些问题：

- 用户需水量是满足系统中用户在非紧急状态下的所需用水量。这种需水量类型通常表示总用水量当中的可计量部分。
- 未计量水量（*UFW*）就是总用水量中由于系统漏失、供水被盗、未计量水量或其他原因而损失的那一部分水量。
- 消防需水量是在确保消防处于紧急状态时提供足够消防用水的已计算系统容量需求。

确定需水量不像收集与系统物理特性有关的数据那样是一个直接的过程。某些数据，例如水费收费和产量记录，可以直接从自来水公司得到，但这些数据通常不是能够直接输入模型的形式。例如，测量数据不是以节点来分组的。一旦这些数据已经收集到，确定用水速率就是一个要研究过去和当前用水趋势的过程，在某些情况下，还要对将来用水趋势作出预测。

在用水速率确定之后，用水量就会作为需水量或者负荷按空间分布到模型节点。这个过程称为模型加载。加载通常是一个多步骤的过程，其可能随着考虑问题的不同而变化。下面的步骤概括了一个建模者可能要遵循典型的过程范例。

(1) 向节点分配平均日需水量。

(2) 给出恒态运行的各个峰值因子（见 4.2 小节中的“峰值因子”）或者 EPS（延时模拟）运行的每日曲线（见 4.3 小节）。

(3) 估算消防和其他特殊需水量。

(4) 根据规划和设计，预测将来状态下的需水量。

本章给出了一些在加载供水系统模型过程时要遵循的方法。

4.1 基准需水量

绝大多数模型工作人员的工作是从确定基准需水量开始的，这些需水量可以应用多种峰值因子和需水量变化系数，或者也可以包括新的土地开发和用户产生的需水量。基准需水量一般包括用户需水量和未计量水量。通常，当前年份的平均日需水量是其他需水量分配建立的基准水量。

数据源

已经存在编辑过的数据 对一个特定自来水公司而言，找出需水量信息的第一步往往应该是研究该公司的已有数据。先前的研究，甚至有的可能已经建立了模型，有时可能节省许多调查大量背景信息的时间。

然而，许多自来水公司没有现成的研究或模型，或者可能只有有限的资源去收集这类信息。同样地，即使是存留下来的模型也可能过时，并且可能不会反映管网最近的扩充和发展情况。

系统运行记录 可以收集各种运行记录，这些运行记录可以提供对给定系统的需水量特征的深入认识。处理设备日志可以提供关于长期用水趋势的数据，例如季节性用水变化或者一般的用水增长指标。水泵日志和水箱水位图（见图 4.1）可以提供的数据包括每日系统用水数据、需水量变化模式和存储水箱水位的时间变化。

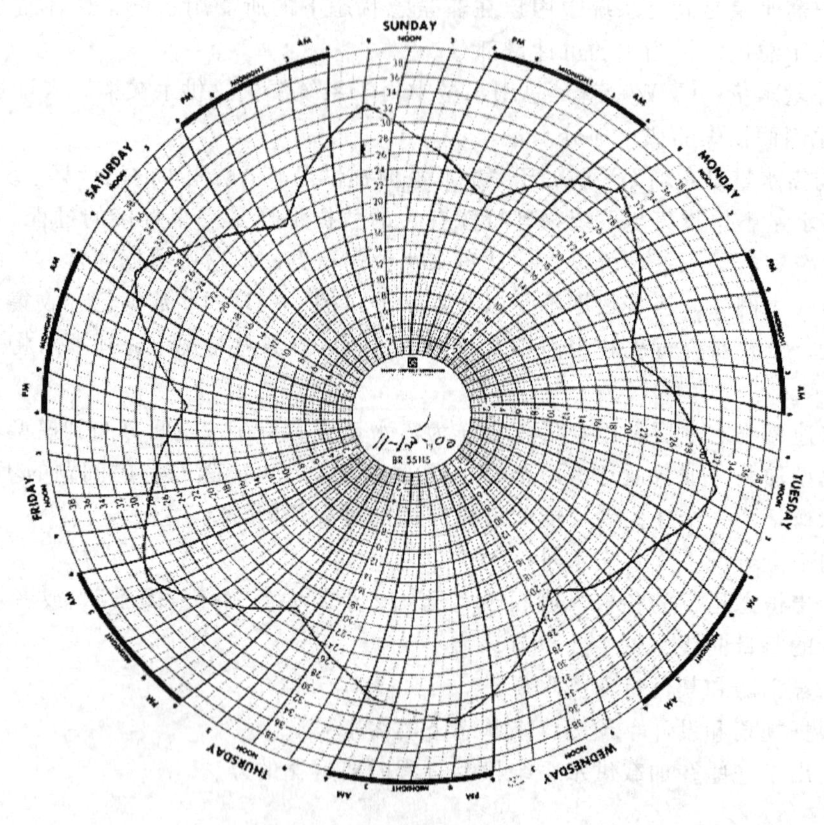

图 4.1 水箱水位曲线

康涅狄格州沃特伯里市水务局提供。

供水系统可能以多种方式测量和记录用水量，主要包括以下几种方式：

- 流量信息，如一个处理设备或者水井设备的产水速率。
- 体积信息，如一个用户所使用的水量。
- 水力坡度信息，如在某个水箱内的水位。

上述数据经常以不同的方式收集，并且在其使用前必须要进行转化。例如，水箱物理特征可以用来将水箱水位数据转化成体积数据。如果结合描述水箱水位的时间变化数据，这些体积可以直接与流量相关。

客户水表和收费记录　如果在整个系统中使用水表，它就可以是确定用户需水量的最好数据源。用户通常是基于用水量体积测量值缴费的，即通过每个月或每个季度周期的水表读数得到测量值。使用这些定期记录的用水量体积，可以计算用户的平均使用率。因此，收费记录提供了足够的信息来确定一个用户的基准需水量，但是不足以确定一个较精确的时间尺度上的需水量波动，而这正是 EPS 所需要的。

理想情况下，将需水量数据从另一个数据源载入到模型是相对自动化的。Cesario 和 Lee（1980）描述了一个早期的自动模型加载的方法。Coote 和 Johnson（1995）在印地安那州 Valparaiso 市建立了一个系统，系统中每一个用户的账户都与他们水力模型中的一个节点联系起来。随着地理信息系统（GIS）在自来水公司中的逐渐普及，更多的建模工作人员正转向使用 GIS 来存储和操作导入模型中的需水量数据。Stern（1995）描述了控制数据怎样从洛杉矶的 GIS 中导入，Basford 和 Sevier（1995）以及 Buyens、Bizier 和 Combee（1996）分别在弗吉尼亚州的 Newport News 及佛罗里达州的 Lakeland 描述了相似的应用。当 GIS 使用变得更为广泛时，更多的自来水公司将在用户数据、GIS 和水力模型之间建立自动的连接。

需水量的空间分配

虽然自来水公司做了大量的流量测量工作，例如为了计费在用户水表处开展的测量工作以及为了生产监测而在水处理厂和水井处开展的测量工作，但是这些数据通常并未被整理成建模所需要的一个节点接一个节点的基础数据。建模工作人员因此面临着采用一种有效方法在空间上聚集数据，并且将适当的用水数据分配到模型节点上的任务。

“水，啊——6～8杯！”

这种方法是用某个节点需水量构成的用户数量计数［或者一个给定使用地块的面积(英亩或公顷)、固定用水设备单元数量或当量居住单元数量］，乘以适当负荷分类的单位需水量数目［如每人每日的加仑（公升）数］。例如，如果一个连接节点服务 200 人，并且平均用水量是 100gal/(人・d)［380L/(人・d)］，那么该节点总的基准需水量将是 20000gal/d（75710L/d)。

在应用单位需水量时，使用者必须认真理解该方法考虑了哪些内容。方程（4.1）～方程（4.3）分别表示了三种不同的单位需水量，其可以由自来水公司确定（Male 和 Walski，1990)。

英国的需水量

英国并不像北美地区一样全部用水表计量。例如，在英国仅有约 10%的居民用户采用水表计量。

在英国，替代分户水表计量的方式是将供水系统划分成小的供水区，称为计量分区(DMA)。它由阀门分隔，通过较少的入口和出口水表供水（WRc，1985)。在 DMA 中的人口数量可以统计得相当清楚，一般500～5000 人，也有高达 10000 人的。记录流量使用数据记录技术或遥测水表传到中央位置。

在未计量区域，单个居民用水量估算为 150L/(人・d)，但实际用水量会有相当大的变化（Ofwat，1998)。某些变化属于由 ACORN（街区分类方法）考虑的不同社会经济学阶层，在英格兰和威尔士将这类特性分成“高收入现代家庭”和“最贫穷的阶层”。

英国的用水量变化曲线与其他发达国家相似，变化曲线可以通过 DMA 或一组 DMA 估算。监测数据仅用于确定大用户的用水量变化曲线。

因为大多数居民没有水表计量，在英国未计量水量较大，但是大多数未计量水量都被分配到合法的用户，并且能近似合理的估算。因此，实际的漏失水量取决于压力、爆管频率、漏失控制策略和管龄。

尽管英国和北美地区在计量实践中的方式有差别，但模型的加载过程仍然包括很多相同的步骤，在英国应用收集到的系统计量数据进行模型率定工作比对没有普遍深入的供水计量区域进行率定要容易得多。

$$\text{系统范围用水量}=\text{产水量}/\text{家庭用户数} \tag{4.1}$$

$$\text{非工业的用水量}=(\text{产水量}-\text{工业用水量})/\text{家庭用户数} \tag{4.2}$$

$$\text{家庭用水量}=\text{家庭计量用水量}/\text{家庭用户数} \tag{4.3}$$

这三种需水量可以在每一个人或每一个账户的基础上确定。虽然这三种需水量都是指单位需水量，但是每一种都产生不同结果，因此，模型工作人员准确理解正在使用的是哪一种单位需水量是非常重要的。第一种单位需水量包括所有的非紧急状态用水量，因而是最大的数值；第二种单位需水量排除了工业用水量；第三种单位需水量排除了工业用水量和未计量水量，因而是最小的。如果使用第三种单位需水量，那么未计量水量和工业用水量必须与单位需水量分开处理。当工业用水量集中在管网中的一部分时，这种方法可能是有利的。

另一种用于确定单个用户基准需水量的方法是使用用水收费记录。然而系统很少能提供足够的记录信息用于直接确定用户用水量的所有方面。尽管具备产水量记录和完整的收费记录，但这两种记录之间也可能存在不匹配的情况，需要予以解决。

对于产水量和所计算的用户用水量之间的数值差，存在两种基本的平差方法：至上而下的方法和至下而上的方法。这两种方法都是建立在质量守恒的概念上，其示意图如图4.2所示。

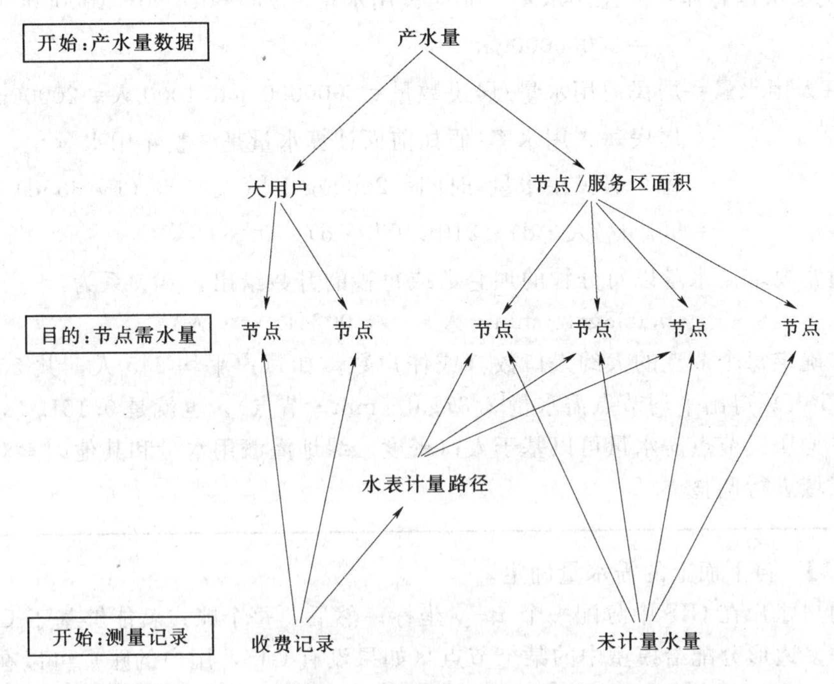

图 4.2　加载模型的方法

至上而下的需水量确定方法应从水源（即“上”端）开始，并且向下计算各个节点的需水量。通过知道产水量和任意大规模的单个用户用水量，剩余的水量就在其他的用户中分配。至下而上的需水量确定则相反，从单个用户的用水收费记录开始，并沿着水表路径相加各个用户用水量作为某个中间程度的聚集量来确定这些节点的需水量。

加载模型采用的绝大部分方法是至上而下和至下而上方法的某种变化和组合，并且一般与特定系统有关，这取决于数据获得的难易程度、输入数据的资源以及需水量准确性的要求。对于某些系统，可以针对每一个区域的特性确定使用至上而下的方法还是至下而上的方法。

Cesario（1995）使用术语“用水量估计方法”（estimated consumption methocl）和“实际用水量方法”（actual consumption method）来描述这两种方法。然而，这两种方法都包含某种程度上的估计。通过至上而下的方法和使用基于一个水表路径接着一个水表路径基础的用水数据，能够达到某种中间程度的用水量细节估计（AWWA，1989）。

绝大部分设计决策，特别是小管径管道，是由消防流量控制的，因此加载模型时的小错误对管线尺寸的确定只有很小的影响。在通过一个系统追踪水质成分时，模型加载变得重要了，这是因为在这些分析过程中通常不再考虑消防流量。

【例 4.1】 自上而下的需水量确定。

假设一个系统，其服务一个 1000 人的社区和一个有计量用水量的工厂。在一年中，饮用水的总产水量是 30000000gal （114000m^3）。这个工厂用水量计量为 10000000gal（38000m^3）。这种情况下平均每个居民用水量可以直接确定：

居民用水量总体积＝总用水量－非居民用水量＝30000000gal－10000000gal
＝20000000gal

居民每人用水量＝居民总用水量/居民数量＝20000000gal/1000 人＝20000gal/人

居民每人用水率(假如前面计算水量是一整年用水量)
＝每个居民用水量/时间＝20000gal/[(人·y×(1y/365d)]
＝55gal/(人·d)＝210L/(人·d)

模型通常要求需水量以每分钟的加仑数或每秒的升数给出，其关系为

0.038gal/(min·人) ＝0.0024L/(s·人)

然后，确定每个节点的大约人口数（或住户数，如每户平均 2.5 人，共 25 户，则每个节点 62.5 人）得出平均节点需水量 2.37gal/(min·节点)，也就是 0.15L/(s·节点)。

这些平均居民节点需水量可以基于人口密度、绿地灌溉用水量和其他因素对处于城镇中的不同区域进行调整。

【例 4.2】 自下而上的需水量确定。

每个用户账户在 GIS 中分配一个 $x-y$ 坐标。然后，每个账户就能够基于 GIS 中每个节点周围的多边形分配给模型中的某个节点（如果没有 GIS，用户的账户可以在用于收费目的的用户服务信息系统中直接赋给某个节点）。此后，在用户信息数据库中记录的每一个账户都能够赋给某个模型节点。通过查询该用户信息数据库，在任何收费周期内的每个节点平均需水量就能够得以确定。

此时，收费数据必须采用未计量水量而加以修正。假设一个用户，将其未计量水量平均分配给每个节点。每天产水量是 82000gal/d，而计量的售水量为 65000gal/d。对于每个节点，需水量必须考虑未计量水量而给予修正。一个方法是把未计量水量按比例分配给节点的需水量，即

修正后的需水量＝节点用水量×(产水量/计量售水量)

对于一个用水量为 4.2gal/min 的节点，修正后的需水量为

4.2gal/min× （82000/65000） ＝5.3gal/min＝0.33L/s

从前面的示例中可以看出，至下而上的需水量分配方法需要大量的前期工作来建立用户账户和用户所属节点之间的关联，但是在该项工作完成之后，这些节点负荷量可以容易地被重新计算。当然，因为未计量水量而需做出节点需水量修正以及瞬时需水量绝大多数不可能等于平均需水量的事实，表明上述两种方法都会出错。

【例 4.3】 需水量分配。

在一个具体的需水量分配中，一个关键步骤是确定每个节点的供水用户。图 4.3 描述了模型连接节点上的用户需水量的分配。虚线表示连接节点供水区域之间的边界。例如，标记为 J—1 的连接节点应该包含 9 户住家和 2 个商业设施的需水量。同样的，节点 J—4 表示包含 1 所学校、6 户住家和 1 个商业建筑的需水量。

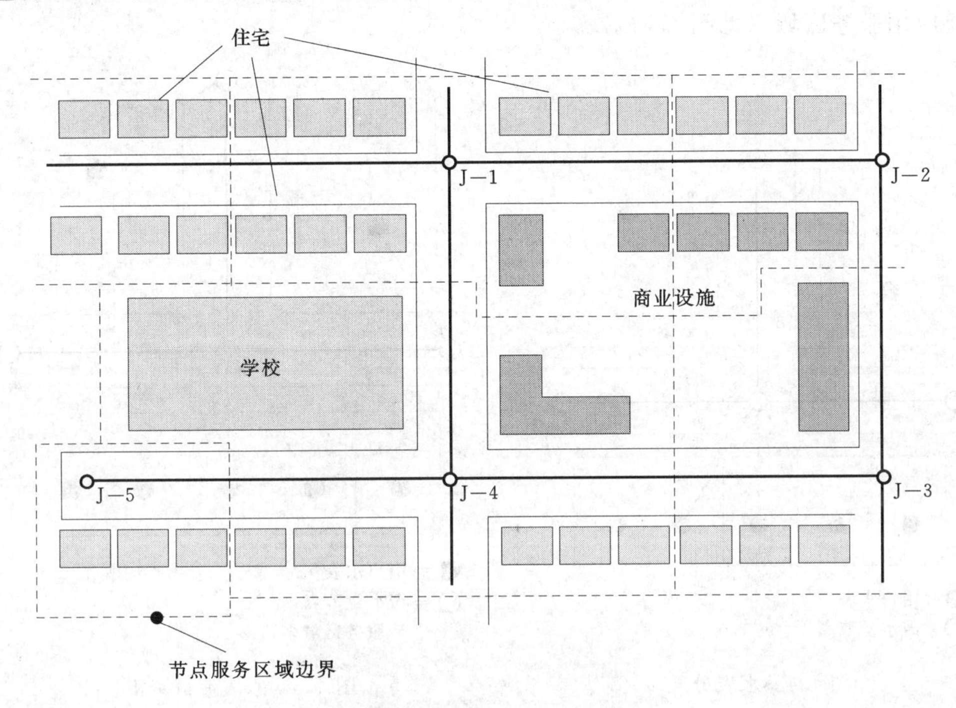

图 4.3 给管网节点分配需求量

按照需水量的分配，建模工作人员必须确定已经将需水量分配到连接节点上，并且所用方法必须确保：①在系统范围内和每一个压力区域内的节点需水量的总量与产水量记录吻合；②需水量的空间分配非常近似于实际的需水量。

当使用高质量的 GIS 数据工作时，建模工作人员需要精确地将需水量分配给节点。节点需水量可以用几个与 GIS 相关的方法来分配，如一个简单的需水量与管线直径成反比的分配模型或是一个供水区域多边形覆盖模型。需水量与管线直径成反比的方法假定需水量与小管径管线相关，而大管径管线主要用于输水，因而在配水方面权重很小。更多详细的方法使用广泛的统计数据分析，并且通过综合各个数据层数据进行 GIS 处理，这些数据层考虑了各种各样的数据变量，如人口随时间的变化、土地用途、季节变化、规划和将来的发展速度。Davis 和 Brawn（2000）介绍了一种他们使用 GIS 分配需水量的方法。

使用 GIS 分配需水量

如前所述，建立一个配水模型的主要部分是在模型中将需水量精确地分配到节点单元。GIS 的空间分析能力使其成为一种用于需水量自动分配过程的逻辑工具。

下面提供了一些已经成功使用的自动分配策略。

水表分配 这种分配策略使用GIS的空间分析能力将已经过地理编码（拥有基于实际位置的坐标数据，如x—y坐标）的用户水表分配给最近的需水量节点。因此，这种类型的模型加载采用的是一项点对点的需水量分配技术，是将已知点的需水量（用户水表）分配给管网需水量点（需水量节点）。水表分配是处理所需数据中最简单的技术，因为它不需要应用服务区域（见图4.4）。

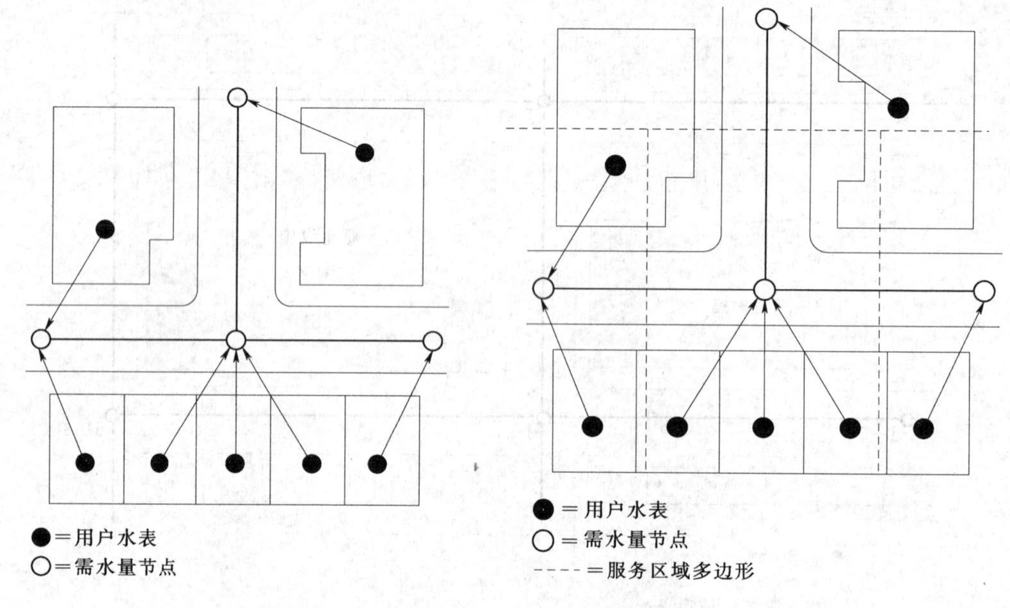

图4.4 水表分配

图4.5 水表流量聚集

然而，水表分配策略的精确度比更复杂的分配策略的低，这是因为“最接近”是由需水量节点和用户流量水表之间的直线距离确定的。由于未考虑管线路径，因此最近的需水量节点可能不是水表实际计量流量的位置。此外，计量水表的实际位置可能未知。理想情况下，这些水表点应该位于水龙头的位置，但是，一个建筑物或地块的中心可能最能够代表用户账户位置。

水表流量聚集 水表流量聚集是将某个服务区域内的所有水表流量分配给某个设定的需水量节点的技术。服务区域多边形定义了每个需水量连接节点的服务区面积（见图4.5）。

水表流量聚集是一个多边形对应点的分配技术，这是因为服务区域包含在一个GIS多边形层内，而需水量连接节点包含在一个点层内。与每个服务区域多边形相关的需水量指定到各自的需水量节点。

由于需要有服务区域，该方法的初始设置要比较简单的水表分配策略更加复杂，但是水表分配策略对于水表指定到需水量节点需要有更深入的权衡过程。自动化创建服务区域多边形可能不会产生所需要的结果，因此可能需要手动调整该多边形边界，尤其是在该图形的边缘。

流量分配 这个策略是将一个地区总的需水量分配到许多服务多边形区域内（服务区域），并且更进一步，分配到这些多边形相关的需水量节点上。总水量区域是一个包括所有服务分区域（及其需水量节点）的需水量总量的已知（可测）的多边形区域，但是总需水量在各单个节点之间的分配是不知道的。总水量区域可以是基于压力区域、水表路径或其他标准。

在一个总水量区域内的已知需水量采用等额分配或者按比例分配方法在该区域内的服务多边形之间进行分配。等额分配方式简单地将已知需水量在各个需水节点之间平均分配。例如在图4.6中，在水表路径A中的总需水量可能是55gal/min（3.48L/s），而在水表路径B中的总需水量可能是72gal/min（4.55L/s）。由于水表路径A中有11个节点，水表路径B中有8个节点，每个节点需水量将分别是5gal/min（0.32L/s）和9gal/min（0.57L/s）。

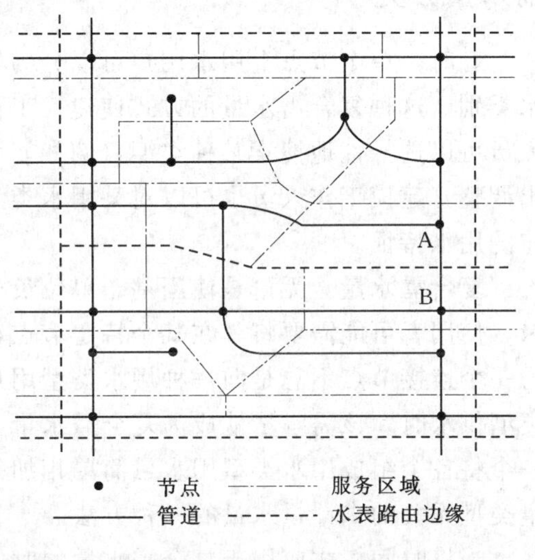

图4.6　等额流量分配

按比例分配方式基于服务区域多边形的面积或者人口属性，将总需水量在各个服务区域多边形内分配。也就是说，一个服务区域多边形所占的总面积或总人口的百分比越大，分配给该服务区域多边形的总需水量的百分比就会越大。

每个服务区域多边形都有一个相关的需水量节点，并且每个服务区域多边形所计算的需水量要分配给这个需水量节点。例如，如果一个服务区域多边形占到了总多边形面积的50%，那么，与总多边形相关的需水量的50%将分配给与该服务区域多边形相关的需水量节点。

流量分配策略要求定义总配水区域或总人口多边形、各个服务区域多边形以及与其相关的各个需水量节点。

有时，建议采用一个多需水量综合分配方法。这项技术在考虑未计量水量情况的时候特别有用。水表分配或水表流量聚集方法可用来分配正常的需水量，并且可以用流量分配技术来分配未计量水量。

节点需水量分配　可以用节点需水量分配技术直接将一个需水量分配给一个需水量节点。这个方法主要采用手工操作，而且用于将大型的（一般是工业或商业）用户分配给可能服务于该用户的需水量节点。如果所有的需水量通过其他的分配策略已经予以考虑，那么就不需要使用该技术。

预测将来需水量　自动化技术也已经发展到可以辅助分配将来需求量到节点。这类似于流量分配，除非所使用的基础层的形式与包含信息的服务层相互垂直，而不是平均日用水量。

需水量预测取决于包含关于预期将来情况数据的某个多边形图层。可以使用的某些数据类型包括将来的土地用途和预测人口数，可以与需水量密度（如每日每人的加仑数）相结合，基于交通分析区域、人口普查区域、规划区域，或者其他分类的多边形区域相结合。这些数据类型中的多种数据不包括需水量信息，因此要求将包含在将来情况多边形区域中需水量密度的信息转化为预测需水量值。

使用基于人口和土地利用基础上的用水量数据方法是将那些多边形叠置于节点服务区域多边形之上，对此在第 12 章中有更详细的介绍。

需水量分类

有时，单个节点上用水用户可以分为好几类，建模工作人员需要理解模型中的这些用水类别。这种复合需水量的方式使建模工作人员可以对用水类型特征进行追踪。建模工作人员可以选择性地搜索某种类型（例如，居民用水类型或工业用水类型）的需水量并且做出调整。建模工作人员也可以对某用水类型特征做出改变，从而自动修改该类型的所有用户的用水特征。

复合需水量 无论是使用基于单位负荷的方法还是基于收费记录的方法产生基准需水量，使用者可能需要将其在某个特定节点转换为复合需水量。这种转化是必需的，这是因为一个连接节点不总是向一种用水类型用户供水。当一个特定连接节点向超过一种需水量类型供水时，该需水量就成为复合需水量。用复合需水量确定连接节点的总用水速率，是一个将各个组成用水类型用水量简单相加的问题。复合需水量也是追踪节点上与其他需水量类型无关的未计量水量的一种方法。

当将时间模式应用于复合需水量的时候，某个节点在任何时刻的总需水量等于每个基准需水量乘以其各自时间模式变化系数的总和［见式（4.4）］，对于绝大多数软件包也可能是将不同模式分配给复合需水量中不同的组成用水类型。

$$Q_{i,t}=\sum_{j}B_{i,j}P_{i,j,t} \tag{4.4}$$

式中 $Q_{i,t}$——节点 i 时刻 t 的总需水量，ft^3/s 或 m^3/s；

$B_{i,j}$——节点 i 处需水类型 j 的基准需水量，ft^3/s 或 m^3/s；

$P_{i,j,t}$——节点 i 时刻 t 需水类型 j 的模式系数。

命名方法 需水量类型取决于模型的尺度，其可能包括大范围的用水类别，如“住宅用水”、“商业用水”和“工业用水”，或分为更详细的用水类型，如“学校用水”、“餐厅用水”、“多户家庭住宅用水”等。

当讨论需水量时产生的一个问题是每个自来水公司的用水用户分类不同。例如，公寓在一个自来水公司分类里可能是“住宅”用户，在另一个自来水公司里可能是“商业”用户，或者在其他自来水公司里可能是一个“多户家庭住宅”用户。学校可能划分为是“公众机构”、“商业”、“公共设施"，或只是“学校”类型的用户。一个只是为一个自来水公司工作的建模工作人员可以很容易适应该公司的命名习惯，但是一个为多个自来水公司工作的咨询人员在其为不同管网系统提供咨询时可能很难有时间了解不同的命名习惯。

水量平衡技术

无论建模工作人员是否研究整个系统、某个特定的压力区域或一个单一用户，水量平衡技术对于确定发生在一个适当的时间尺度上而不仅是在每月的收费周期上的需水量变化都是有用的。对于一个供水系统，水量平衡简单地指出：进入系统的水量必须等于从系统或区域出来的水量（考虑蓄水设备中的变化）。以方程的形式，其可表示如下：

$$Q_{demand} = Q_{inflow} - Q_{outflow} + \Delta V_{storage} / \Delta t \tag{4.5}$$

式中 Q_{inflow}——平均入流量，ft^3/s 或 m^3/s；

Q_{demand}——平均需水量，ft^3/s 或 m^3/s；

$Q_{outflow}$——平均出流水量，ft^3/s 或 m^3/s；

$\Delta V_{storage}$——系统内蓄水量变化，ft^3 或 m^3；

Δt——测量前后的时间差，s。

注意：上面方程中的产水量速率和需水量速率表示在其时间周期内的平均流量。然而，蓄水量的变化可以通过该时间周期最初和结束时每个水箱的蓄水容积变化差来得出，即

$$\Delta V_{storage} = \sum (V_{i,t+\Delta t} - V_{i,t}) \tag{4.6}$$

式中 $\Delta V_{i,t+\Delta t}$——水箱 i 在时刻 $t+\Delta t$ 的蓄水量，ft^3 或 m^3；

$V_{i,t}$——水箱 i 在时刻 t 的蓄水量，ft^3 或 m^3。

当计算蓄水设备中的水量体积变化时，必须使用一个符号约定。如果在该时间间隔内蓄水设备中体积减少，那么该体积水体就加到入流量上；而如果在该时间间隔内体积增加，那么该体积就从入流量中减去。

对于垂直的圆柱形水箱（或任何有垂直边的水箱），蓄水量的变化可以直接由水箱水位来确定如下：

$$\Delta V_{storage} = \sum_i (H_{i,t+\Delta t} - H_{i,t}) A_{i,t} \tag{4.7}$$

式中 $H_{i,t+\Delta t}$——水箱 i 在时刻 $t+\Delta t$ 的水位，ft 或 m；

$H_{i,t}$——水箱 i 在时刻 t 的水位，ft 或 m；

$A_{i,t}$——水箱 i 在时刻 t 的表面面积，ft^2 或 m^2。

【例 4.4】 水量平衡。

考虑一个压力区域，其只有一个直径为 40ft 的圆柱形水箱。在当天监测时间开始时，其水位是 28.3ft，而第二天的开始时水位是 29.1ft。在这期间，进入该压力区域的总流量确定为 455gal/min，并且没有向其他区域的出流量。在这个区域内总的日平均需水量是多少？

已知水箱直径，它的面积可以求得，即

$$A = \frac{\pi D^2}{4} = \frac{\pi (40)^2}{4} = 1256 ft^2$$

蓄水水箱的水体体积变化量为

$$\Delta V = A(H_{t+1} - H_1) = 1256 ft^2 (29.1 ft - 28.3 ft) \times 7.48 gal/ft^3 = 7516 gal$$

在监测期间水箱中的蓄水量增加了，因此，水箱入流必须从总入流量中减去。根据水箱蓄水量和平均入流量的变化，发生在 1h 监测期间内的该区域平均需水量是

$$Q = 455 - \frac{7516}{60 \times 24} = 449.8 gal/min$$

这就回答了对于水箱充水期间压力区域平均需水量一定小于平均入流量。

使用单位需水量

对于新的用水用户，流量通常可以基于社区内的相似用户来估计。很多调查人员已经汇编好不同设备类型通常的用水量。为了使用这个数据，建模工作人员需要确定单元数量(如宾馆里的房间数或餐厅里的座位数)，然后乘以典型的单元流量来确定所建立的平均日流量。

表 4.1 提供了多种不同类型用户的典型单位负荷。因为在一个给定的类别里所建立的情况会有很大变化，所以给出了变化范围。

表 4.1　　不同用户的典型用水量

用户类型	流量范围	
	(L/d)/人或单位	(gal/d)/人或单位
机场，每名乘客	10～20	3～5
大礼堂，每个座位	6～10	2～3
保龄球道，每条球道	60～100	16～26
营地		
先锋类型	80～120	21～32
孩子们的、中心厕所和浴室	160～200	42～53
白天，没有进餐	40～70	11～18
奢侈，私人浴室	300～400	79～106
服务人员	140～200	37～53
带有私人厕所和浴室的旅行车每个旅行车（2.5 人）	500～600	132～159
乡村俱乐部		
居住类型	300～600	79～159
短暂类型招待餐	60～100	16～26
居住单位，住宅		
单独水井供水的公寓房屋	300～400	79～106
未计量的公共供水的公寓房	300～500	79～132
寄宿公寓	150～220	40～58
旅馆	200～400	53～106
寄宿房屋和旅店	120～200	32～53
汽车旅馆	400～600	106～159
拥有独自水井或者计量供水量的私人住宅	200～600	53～159
未计量的公共供水私人住宅	400～800	106～211
工厂，公共厕所垃圾，每班	40～100	11～26
露天市场（每天都开放）	2～6	1～2

续表

用户类型	流量范围	
	(L/d)/人或单位	(gal/d)/人或单位
公共机构		
普通类型	400～600	106～159
医院	700～1200	185～317
办公室	40～60	11～16
带有厕所的野餐公园	20～40	5～11
带有厕所的餐厅		
普通类型	25～40	7～11
只有厨房废物	10～20	3～5
快餐	10～20	3～5
快餐，纸餐具	4～8	1～2
酒吧和鸡尾酒会	8～12	2～3
普通类型，每位	120～180	32～48
普通类型，24h，每个座位	160～220	42～58
酒馆，每个座位	60～100	16～26
收费站的服务区，每个柜台座位	1000～1600	264～423
收费站的服务区，每个座位	600～800	159～211
学校		
自助餐厅，每日	40～60	11～16
自助餐厅和淋浴，每日	60～80	16～21
寄宿的住处	200～400	53～106
自助洗衣店，每台设备	1000～3000	264～793
商店		
房前空地第一个 7.5m（25ft）	1600～2000	423～528
每一个另外附加的 7.5m	1400～1600	370～423
游泳池和沙滩、厕所和淋浴	40～60	11～16
剧院		
室内每个座位，每天放映两场	10～20	3～5
户外的，包括食品架，每辆轿车$\left(3\frac{1}{3}人\right)$	10～20	3～5

资料来源：Ysuni（2000），基于 Metcalf and Eddy，1979。

其他的调查人员已经将非住宅设备用水量与每个行业的标准工业分类代码相联系，如表 4.2 所示。为了使用这个表格，建模工作人员要确定一个行业中的雇员人数，并用该人数乘以表格中给出的每个雇员的用水量。如表 4.1 所示，在表 4.2 中给出的典型值存在一个相当大的变化量。

表 4.2　　根据预测水平数据的非住宅平均用水量

类　别	SIC 码	用水量 /[(gal/d)/人]	样本规模
建筑业		31	246
普通建筑物承包人	15	118	66
巨大建筑物	16	20	30
特别行业承包人	17	25	150
制造业		164	2790
食品和相关产业	20	469	252
纺织品机械产业	22	784	20
服装和其他纺织品产业	23	26	91
木材产业	24	49	62
家具设备	25	36	83
造纸及其相关产业	26	2614	93
印刷和出版业	27	37	174
化学及其相关产业	28	267	211
石油和煤炭产业	29	1045	23
橡胶和各种塑料制品	30	119	116
皮革制品	31	148	10
石头、黏土、玻璃制品	32	202	83
初级金属工业	33	178	80
制成的金属工业	34	194	395
工业机器和设备	35	68	304
电子及与电有关的设备	36	95	409
运输设备	37	84	182
器械及相关产业	38	66	147
混合制造工业	39	36	55
运输和公共设施		50	226
铁路运输	40	68	3
当地和城市间的乘客运输	41	26	32
火车运输和仓库储存	42	85	100
美国邮政局	43	5	1
水路运输	44	353	10
航空运输	45	171	17
运输业	47	40	13
通信	48	55	31
电力、石油、和卫生设施	49	51	19

续表

类　　别	SIC 码	用水量 /[(gal/d)/人]	样本规模
大规模贸易		53	751
大规模耐用贸易货物	50	46	518
大规模非耐用货物	51	87	233
零售业		93	1044
建筑原材料和花园用品商店	52	35	56
普通商店	53	45	50
食物商店	54	100	90
汽车商和服务店	55	49	498
服装和装饰商店	56	68	48
家具商店	57	42	100
餐饮处	58	156	341
综合零售业	59	132	161
金融、保险业、房地产		192	238
储蓄所	60	62	77
非储蓄办公处	61	361	36
安全和商品经纪人	62	1240	2
保险公司	63	136	9
保险商、经纪人等服务	64	89	24
房地产	65	609	84
财产和投资办公室	67	290	5
服务设施		137	1878
旅馆和其他住处	70	230	197
个人服务	72	462	300
商业服务	73	73	243
汽车修理、服务、停车	75	217	108
综合修理服务	76	69	42
电影	78	110	40
娱乐和消遣服务	79	429	105
卫生服务	80	91	353
司法部门	81	821	15
教育	82	110	300
社会服务	83	106	55
博物馆、植物园、动物园	84	208	9
社团	86	212	45

续表

类　别	SIC 码	用水量/[(gal/d)/人]	样本规模
工程与管理	87	58	5
NEC 公司服务商	89	73	60
公共管理部门		106	25
行政部门，立法机关，普通机关	91	155	2
司法，公共秩序，安全部门	92	18	4
人力资源部门	94	87	6
环境质量和住宅	95	101	6
经济规划部门	96	274	5
国家安全和国际事务	97	445	2

资料来源：Dziegielweski、Opitz and Maidment，1996。

未计量水量

理想情况下，如果读取每个用户的水表读数，其和应该等于离开水处理设施所计量的供水总量。然而，实际上不是这种情况。尽管入流真的等于出流，但并不是所有的出流量都被计量了。这些“失去的”流量就是指未计量水量（UFW）。

对于为什么所有已测量用户用水量的总和可能小于自来水公司总产水量，这存在许多可能的原因。造成这种差异的最常见原因是漏失、测量中的误差和未计量用水量。理想情况下，用户需水量和未计量水量应该分别估计。这样，自来水公司可以分析减少未计量水量的效益。

未计量水量必须像任何其他需水量一样被加载到模型中。然而，事实上未预计就表示用户不知道将该用水量放在什么地方。通常，用户简单的计算总未计量水量，并在所有节点之间平均分配水量。如果建模工作人员知道由于使用年限的原因系统的某个部分会有更大可能的漏失，那么可以将更多的未计量水量分配在该区域。

图 4.7　使用漏失检测设备

漏失　漏失常常是未计量水量中最大的一部分，而且包括来自供水管线、配水管线和主要干管、水表和水箱处的水量损失。漏失总水量随着系统不同而变化，但是在系统年限和总未计量水量之间有一个一般的相互关系。较新的系统可能只有5%的漏失，而较旧的系统可能有40%或更高的漏失。如果漏失监测和维修程序没有到位，漏失将随着时间的推移而趋向增大。图 4.7 中所示为使用声波探测设备探听漏口出流的声音。

影响漏失的其他因素包括系统压力（压力越大，漏失越多）、干管和用户管线爆裂的频率、漏失检测和控制策略。这些因素使得漏失很难估计，即使没有考虑其他未计量水量原因的复杂性也是如此。如果不能获得更好的信息，未计量水量通常在系统中平均分配。

流量计校准 流量测量误差也是产生未计量水量的因素。流量测量不会总是精确的，因而测量的用户用水量可能包含有误差。某些没有校准的流量计在低流量时使用，特别是在其使用年限较长时，就更不准确。

未计量用水量 系统可能有非法的连接或其他类型的未计量用水量。不是所有的未计量用水量都表示窃水。消火栓出流、管线放空和其他维护设备用水通常都没有计量。

4.2 需水量变化系数

根据定义，在一个恒态模拟期间基准需水量不随时间变化。然而，实际上，需水量根据几种时间尺度而随着时间连续变化：

- 每日。在一天的过程中用水量随着用水活动而变化。
- 每周。周末的用水量变化模式不同于工作日。
- 每季。这取决于户外用水范围或季节变化，例如旅游，需水量可能随着季节的变化而发生显著变化。
- 长期。需水量的增加是由于人口和工业基础的增长、未计量水量的变化、原来没有供水服务区域的合并和邻近供水系统的区域化。

建模工作人员需要认识到在所有这些尺度上的时间变化的影响。这些随时间变化的需水量在模型中以下面任一方法处理：

- 对某一特定状态下的恒态运行。
- 延时模型运行（EPS）。

对于 EPS，模型需要基准需水量数据和需水量随时间变化的信息。这些时间变化的模拟将在下一节中介绍。

在恒态运行中，用户可以在基准需水量的基础上使用变化系数并且（或者）将不同的需水量分配给特定节点，从而建立模型运行。幸运的是，整个需水量分配不需要重做。

下面是经常考虑的需水量事件：

- 平均日需水量：平均日（过去、当前或将来）平均需水量。
- 最大日需水量：最大用水日（过去、目前或将来）的平均需水量。
- 最大小时需水量：最大小时（过去、目前或将来）的平均需水量。
- 记录内的最大日：历史记录中的最高平均需水量。

峰值因子

对于某些用水情况（特别是预测的用水情况），需水量可以通过应用一个乘数因子或者一个峰值因子来确定。例如，建模工作人员可能需要确定对于某个特定系统将来的最大日需水量将是平均日需水量的两倍。峰值因子为不同情况的流量比率的计算值，例如，应用在平均日需水量以获得最大日需水量的峰值因子可以使用方程式（4.8）得到，即

$$PF=Q_{max}/Q_{avg} \tag{4.8}$$

式中 PF——最高日需水量和平均日需水量之间的峰值因子；

Q_{max}——最大日需水量，ft^3/s 或 m^3/s；

Q_{avg}——平均日需水量，ft^3 或 m^3/s。

确定系统范围的峰值因子是相当容易的，这是因为大多数自来水公司坚持记录产水量和水箱水位。然而，对应用于各个节点上不同类型的需水量峰值因子的确定则难得多，这是因为各个节点没有像系统那样作为一个整体遵循相同的需水量变化模式。

从平均日到最高日的峰值因子变化范围一般为1.2～3.0，而从平均日平均时到最大日最大时的因子通常为3.0～6.0。当然，这些值是与系统相关的，这样其必须基于所掌握的系统需水量特征来确定。

消防流量代表一种特殊类型的峰值情况，将会在4.5小节中讲述。估计系统的消防流量时，通常将消防流量加到最高日流量上。

高未计量水量系统的需水量 在高未计量水量系统中，使用全局需水量变化系数计算需水量是基于未计量水量的相对总量在将来会保持恒定这个假定。未计量水量还可以处理为复合需水量中的一部分，如4.1小节中"复合需水量"所讨论的。如果未计量水量减少，那么自来水公司就会出现更高的峰值因子，这是因为未计量水量往往会使每日的需水量曲线变得平缓。Walski（1999）描述了一种方法用于修正漏失量随时间变化的系统中的需水量变化系数：

$$\frac{M}{A}=\frac{\left(\frac{M}{A}\right)_c Q_c+L}{Q_c+L} \tag{4.9}$$

式中 M/A——修正后的需水量变化系数；

$(M/A)_c$——用水用户需水量变化系数；

Q_c——将来通过用户水表计量的用水量，ft^3/s 或 m^3/s；

L——将来漏失量，ft^3/s 或 m^3/s。

【例4.5】 峰值因子。

如果计量用户的需水量变化系数 $(M/A)_c$ 是2.1，而且将来情况下预计的计量需水量 $Q_c=2.4\times10^6$ gal/d，那么总的需水量变化系数可以基于所预计的将来漏失量来确定，如下表所示。

漏失量/($\times10^6$ gal/d)	M/A	漏失量/($\times10^6$ gal/d)	M/A
0.0	2.1	1.0	1.8
0.5	1.9		

因为漏失量对平均需水量和最大需水量的影响相同，所以当漏失量降低时峰值需水量变化系数增加。$(M/A)_c$ 的数值可以使用当年数据和式（4.10）来计算：

$$\left(\frac{M}{A}\right)_c=\frac{\frac{M}{A}(Q_c+L)-L}{Q_c} \tag{4.10}$$

L 值和 Q 值是基于当年的实际值。例如，在这个问题中，当年总需水量变化系数是1.8，计量需水量是 1.5×10^6 gal/d，漏失量是 0.6×10^6 gal/d。计量用水量的变化系数为

$$\left(\frac{M}{A}\right)_c=\frac{1.8(1.5+0.6)-0.6}{1.5}=2.1$$

商业建筑需水量 估计拟建的商业建筑需水量的一个方法称为固定设备单位流量法。如果用户/建筑的特性是已知的，并且用水设备的数量和类型（厕所、餐具清洗机、自动饮水机等）可以确定，那么峰值设计流量是可以确定的。固定设备单位流量法考虑了建筑内所有设备不可能同时运行这个事实。第 9 章包含了使用该方法的更多信息（见 9.4 小节）。

4.3 随时间变化的需水量

从本质上讲，由于需水量是连续变化，因此市政供水系统中的用水是非恒定的。为了使 EPS 能够精确地反映实际系统的动态特征，必须将这些需水量的波动考虑到模型中。

市政供水系统中用水量的时间变化通常按 24h 的周期循环，称作每日需水量变化模式。然而，系统流量过程变化不只是在每日的基础上，还有每周的和每年的变化。正如所预料的，周末用水变化模式经常不同于平时用水变化模式。用水的季节变化与气候变化相关，如温度和降雨，而且还与用户不断变化的习惯有关，如发生在夏季月份中的户外娱乐和农业生产。

日用水量变化曲线

每个城市有其独特的用水情况，它是最近气候状况和每日时间的一个函数（经济发展也影响需水量，但是它作用的周期时间要比通常的模型时间范围更长，而且是在使用未来需水量预测中考虑该因素）。图 4.8 描述了一个住宅区域常见的每日用水量曲线。夜间绝大多数人睡觉时会有一个相对低的用水量，早晨人们醒来为一天的生活做准备的那几个小时用水量增加，白天用水量又会降低，傍晚当人们回到家的时候用水量又会再次增加。

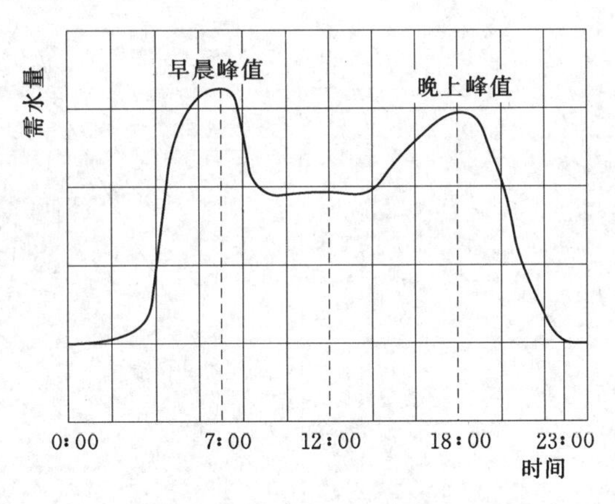

图 4.8 典型的日用水量变化曲线

对于不同的自来水公司和不同的需水量类型，用水模式可能会很不一样。例如，在某些地区，居民为了减少蒸发量在夜间浇灌，这可能导致在黎明前的几个小时产生峰值用水量。对于受某种单一工业影响很大的小村镇，每天的用水量变化模式可能很明确，这是由于大多数人口都有类似的时间安排。例如，一个大型的用水工厂每天运行 24h，那么该系统总的需水量变化模式可能显得相对平坦，这是因为恒定的工业用水量比住宅用水量变化模式中的峰值大很多。

建立系统范围的日用水量变化曲线

系统范围的日用水量变化曲线可以通过使用本章前面讨论的相同的水量平衡技术来建

立。唯一需要仔细考虑的水量平衡是在一系列的计算中执行的，其中之一就是 EPS 模拟的每个水力步长中的计算。

时间增量 在各个测量值之间的时间总计与所建立的日用水量变化曲线的分辨度和精确度直接相关。如果各个测量值只能每天得到一个，那么只能计算每天的平均值。同样的，如果测量值在每个小时时间增量中都可得到，那么可以用每个小时的平均值来定义一整天的用水量时间变化模式。

如果建模工作人员使用的时间步长太小，那么水箱水位的很小误差就可能导致用水计算中的大误差。这种误差在 Walski、Lowry 和 Rhee（2000）的文献中有更进一步的解释。模拟小于 1h 的水力时间步长通常只是在水箱水位变化很快的情况下才是合适的。尽管设备运行（如水泵启闭周期运行）频繁发生，但对于需水量变化模式的时间间隔比水力时间步长还长的情况也是可以接受的。

建模工作人员应该注意按时间增量测量的测量值只能大致表示峰值需水量事件的情况。例如，简单地考虑最大时需水量（在任何连续 1h 范围内的最高平均需水量）。如果测量值是在整点开始时测量得到的，那么只有在实际峰值小时恰好按照整点的时间增量那样起始和结束（如最大时发生在 7：00—8：00 之间），所确定的计算最高时需水量才是准确的。如果真正的最高时需水量不是发生在整点，如 7：15—8：15，建模工作人员将会低估最大时需水量。图 4.9 中每日需水量曲线说明了这一点。如图 4.9 所示，随着时间增量变得越小，最大时流量变得越大（如 15min 的最大时需水量比 1h 的需水量要大）。

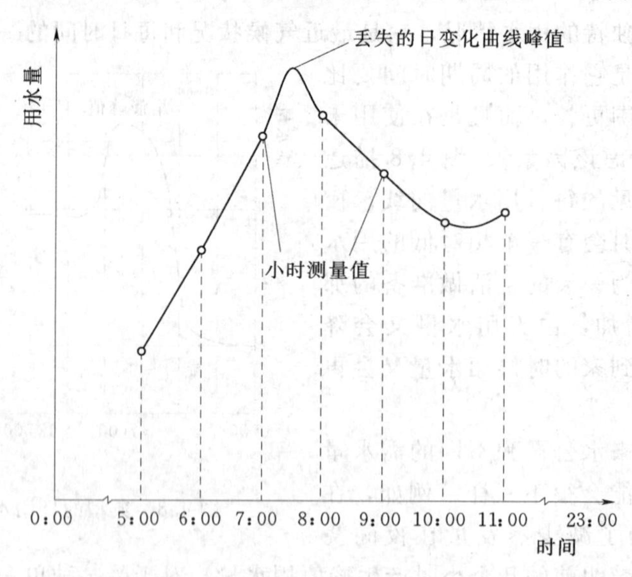

图 4.9 由于模型时间步长影响造成每日需水量曲线丢失峰值的情况

建立用户每日用水量曲线

通常，为特定用户建立每日用水量曲线需要比从一般的收费记录中提取的信息更多。在这种情况下，需要更密集的数据收集方法用于描述需水量的时间变化特性。

用户用水量的数据记录 频率很高地人工读取用户水量明显是一件沉闷而且费用昂贵

的事情。数据记录过程指的是在现场自动收集原始数据。这些数据稍后、将用于多种目的的汇编和分析，包括建立每日需水量曲线。数据记录的不同应用在 Brainard（1994）、Rhoades（1995）以及 DeOreo、Heaney 和 Mayer（1996）的文章中有讲述。

数据记录方面已经有许多新的进展，这使其成为一个可靠而且相当便宜的记录用户用水量的方法。图 4.10 显示了一个典型的水表/数据记录设备。自来水公司现在可以很容易地在用户的水表上放置一个数据记录仪，用来确定用户用水量的变化模式。如果在所有用户上都有这么详细的数据将是非常好的，获得该信息的费用只是对于大用户和较少的采样用户来说是合理的。

图 4.10　典型的水表/数据记录设备
由 F. S. Brainard & Company 制造的 Meter-Master Model 100EL 流量记录仪

典型用户　虽然仔细研究少量用户，并且将该研究结论推广到系统中的其他用户上是可能的，但是这种数据外推的方法有某些内在的危险。选择“理想的”平均用户的可能性很小，而且在测量中与基准情况的任何背离或者误差，都将在该需水量数据应用到一个完整的社区系统中时被放大。对于所有的统计数据收集方法，样本规模越小，结果的可信度就越小。

也有在任何环境下采用的典型用户都是不合适的情况。例如，对于大型的工业用户，尽管其有相类似的区域分类，但在用水量的体积和变化模式之间可能没有任何关系。因此，大用户（工业、医院、宾馆等）的需水量及其每日变化情况应该单独确定。

尽管数据记录不可能应用到所有用户，但是研究大用户的需水量，并且将至上而下确定的需水量概念应用到小用户中仍然可以得出合理的需水量计算值。将大用户的数据从整个系统或区域用水量中减去，其需水量的差值就可以归结为小用户的需水量。

尽管每个收费周期内的用水量是确切知道的，但是要想知道什么时候用水或者在一个短的时间周期内使用多少水这些绝对确定的信息是不可能的。Bowen、Harp、Baxter 和 Shull（1993）在几个美国城市收集了单个的和多户居民用水量数据。可以使用这些需水量变化规律做为将需水量变化模式赋给居民节点的一个起点。

Buchberger 和 Wu（1995）和 Buchberger 和 Wells（1996）提出了一个随机模型用于计算居民需水量，并且通过收集广泛的各个居民用户数据得到确证。这个模型对于估计在配水管网外围的盲端和环路系统的水力情况是特别有用的。研究人员发现，不能简单地将一栋单个房子的需水量乘以房子数量来确定一个大的区域中的需水量。其提出的方法提供了一个综合各个随机需水量的方式，该随机需水量就是来源于各个用户的用水，如刷牙用水、洗衣机、洗碗机用水等，将这些随机用水量聚集为一个大的区域较长时间间隔内的用水量。

通常，旅馆和公寓的需水量变化模式与那些居民用户的相类似，办公楼宇的需水量变化模式是 8：00—17：00 之间的用水，零售区域需水量变化模式是 9：00—21：00 之间的用水。每个用水量超过系统总产水量一定百分比的大企业应该为其建立单独的需水量变化模式。

在模型里定义用水变化模式

用水量可以通过描述这个系统中每个节点处的一系列的流量-时间来直接定义。这种定义方法的一个缺点是它不可以为有相似用水方式的节点提供大量可重复使用的数据。因此，绝大部分水力模型表示需水量是通过使用一个恒定的基准需水量乘以在每个时间增量内的一个无量纲的需水量变化模式系数来实现的。

一个需水量变化系数定义如下：

$$Mult_i = Q_i / Q_{base} \tag{4.11}$$

式中 $Multi_i$——第 i 时间步长的需水量变化系数；

Q_i——第 i 时间步长的需水量，gal/min 或 m^3/s；

Q_{base}——基准需水量，gal/min 或 m^3/s。

这些需水量变化系数模拟需水量的每日变化系数，并且可以在有相似用水特征的各个节点处重复使用。基准需水量经常选择为每日平均需水量（但也可以使用最高日需水量或某些其他值）。假定一个基准需水量是 200gal/min，表 4.3 描述了如何使用一个基准需水量和模式变化系数计算节点的需水量。

表 4.3　　使用模式变化系数计算节点需水量

时间	模式变化系数	需水量
0：00	0.7	200gal/min×0.7＝140gal/min
1：00	1.1	200gal/min×1.1＝220gal/min
2：00	1.8	200gal/min×1.8＝360gal/min

可以想象，用户的用水模式像用户自己一样也是各种各样的。图 4.11 描述了不同分

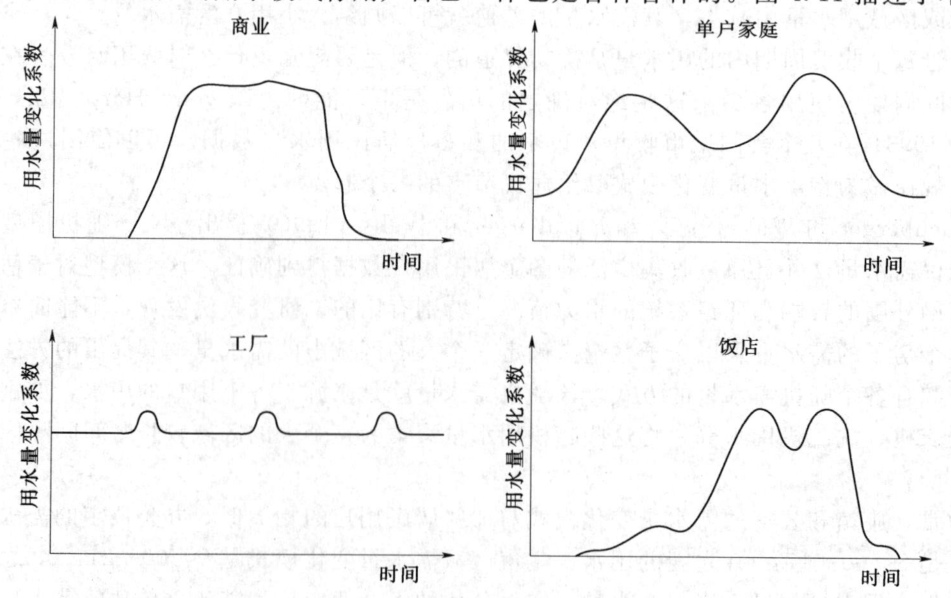

图 4.11　不同用户日变化曲线

类条件下不同的每日需水量曲线。一个大致的分类，如商业用水，可能包含很大的不同，这足以对不同的商业供水类型进行进一步的子类定义。例如，一家旅馆可能有一个与居民用户相类似的需水量变化模式。一家餐厅饭店其峰值用水时间可能是傍晚和晚上。一家服装店可能在一天内的任何时候却使用非常少的水。一个办公室的用水可能与工间休息时间和中饭时间吻合。

有时，在一个需水量分类内的用户，其个体需水量模式与总体需水量模式有很大的不同。对绝大部分用户类型而言，这种差异的影响对模型来说是很大的。对于其他的用户，例如工业用户，用水模式中的误差可能会对模型产生很大的影响。通常，一个用户的单个用水量越大，其确保用水数据精确性的重要性越大。

阶梯式模式和连续式模式 在阶梯式需水量变化模式中，需水量变化系数假定为在该模式时间步长期间保持恒定。连续式模式是指：连续变化模式：与该模式的时间步长无关。使用插值方法计算时间步长中间时刻的各个变化系数值。如果该模式时间步长重新设定为更小或更大的值，那么模式变化系数会自动重新计算。这种模式变化系数值在新的时间步长间隔中的连续曲线的端点值之间用线性插值来更新。得到的结果是一个更加精确的吻合曲线，该吻合曲线独立于所设定的时间步长，如图 4.12 所示。

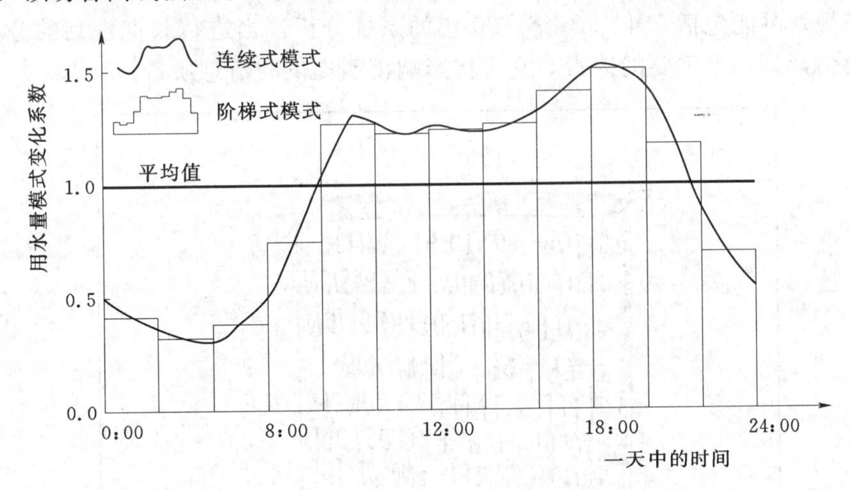

图 4.12 阶梯式模式和连续式模式差

例如，表 4.3 中的模式可以扩展，以显示一个典型模型在时间区间 0：00—1：00 内将时间步长从 1h 变为 15min 之后怎样确定需水量变化系数。如表 4.4 所示，连续式模式在各个中间时刻的变化系数与阶梯式模式中对应部分有很大的不同。

表 4.4 **内插的阶梯式和连续式模式变化系数**

时间	用水量模式	阶梯式的用水量变化系数	连续式的用水量变化系数
0：00	0.7	0.7	0.7
0：15	0.7	0.7	0.8
0：30	0.7	0.7	0.9
0：45	0.7	0.7	1.0
1：00	1.1	1.1	1.1

模式起始时间和重复 当定义和使用模式工作时，重要的是理解如何引用模式的起始时间。模式时间 2h 指的是 2：00，还是指从模拟开始的第 2 个小时？如果一个模型模拟从午夜开始，那么在标准时间和时间步长数之间就没有区别了。如果该模型是指某个其他时间（如 6：00，这时许多系统已经充满所有水箱了）开始模拟，那么该模式可能需要在时间上相应的调整，时间或向前改变，或向后改变。

绝大部分建模工作人员认为需水量模式每 24h 重复一次，这期间只会产生微不足道的差异，并且都乐于每天使用相同的模式，这样第 25 小时和第 49 小时所用的需水量与第 1 个小时所用的一样。对于一家一天有三个班次的工厂，变化模式可能每 8h 重复一次。其他工厂的模式可能一点都不重复。每个软件包以其自己的方式处理模式重复；因此，某些研究和试验对一个特定的应用可能需要采用所需要的行为。

4.4 预测将来需水量

建立配水模型不仅是要解决现在的问题，而且还要防止将来发生的问题。虽然建立模型时尽最大努力解决相关问题，但将来还是会存在许多不确定性，需水量的预测也不例外。长期的规划可能包括 5 年、10 年、20 年的系统分析。当进行长期规划的分析时，将来需水量的估计是一个重要的因素，它直接影响模型提供的信息质量。

这个过程的不确定性使得建模工作人员处于尝试预测未来的困难境地。然而，这些分析的复杂性可以利用软件降低到某种程度，这些软件支持创建一系列的将来可能的方案并进行各个方案之间的比较。测试各个方案将来的预测情况为模型工作人提供了理解关于需水量预测决策的灵敏度的一种方法。模型中的情景分析管理工具有助于使这个过程更为容易。然而，即使是最全面的方案管理也只是需要被智能地应用，以取得合理结果的另一种工具。

历史趋势

因为城市和工业的发展很难预测，因此也很难预测将来的需水量。需水量预测的精度只与所做的假定和用来外推估计将来需水量的发展的方法有关。某些城市有相对平稳的需水量，但是其他一些城市会经历不稳定的发展，这对设计供水系统工程人员来说是个挑战。

经济将怎样影响当地工业？经济增长速度还会继续其现在的速度还是会下降？建立低流量计量设备的规范会导致用水量减少吗？人口的增长和对水资源保护的更加关注的综合结果会是什么？这些问题都很难回答，没有任何现有方法可以完全确定的回答。

通常，关于将来备选规划应该使用哪一种决策方法不是一个自来水公司范围内的规划决策模型的决策问题。建模工作人员不应该单独尝试预测将来，而更应该让自来水公司决策人员对于将来的可能需水量进行预测更容易达成一致意见。

图 4.13 显示了一些将来可能的情况，给出了一个历史需水量变化模式。尽管这种方法有其缺点，但是用于预测需水量的最常用的方法是检查历史需水量趋势并在假设这种趋势将会继续的情况下外推将来的需水量。

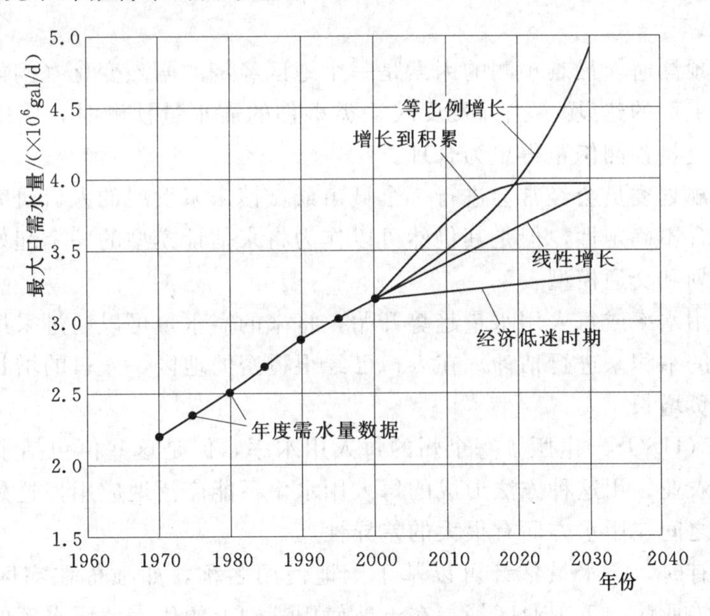

图 4.13　预测将来用水量的几种方法

将来需水量的空间分配

规划部门和其他组织可能提供将来一些年份的人口预测，并且将这些人口预测与人口普查的区域、交通分析区域、规划区域或其他区域结合起来。然后处理这些数据，以确定供水模型中节点需水量的空间分配。

这种处理需要建模工作人员作出很多判断，这反映了该过程的不确定性。对于未来的预测，根据其固有的特性，包含许多变化的不确定性。如果影响社区发展的重要因素已经确定，则建模人员可对现在的基准需水量如何调整和用于规划用途做出好的判断，从而节省时间。模型工作人员考虑将来的消防需求也很重要。这是因为消防需水量经常要比基准需水量大得多，其通常是将来确定管线尺寸时的一个主要因素。

分项预测

分项预测不是基于流量数据外推的预测方法之上，而是检查需水量变化的原因，然后预测数据的将来情况，这有时更为合理。这种技术称分项预测。用户不是预测需水量，而是预测这些事情，如工业产量、宾馆房间数和水的费用，然后使用一个预测模型来预测需水量。

分项需水量预测的最简单类型包括分别预测人口和每人需水量。例如，用这种方式，建模工作人员可以将人口增加和每人用水量减少的因素中分离开来，用水量减少的原因在于低用水量设备和其他水资源保护措施实行的结果。

这些方法试图考虑影响将来需水量的许多变量，包括人口预测、水价、土地利用、工业发展，还有水资源保护的影响（Vickers，1991；Macy，1991）。IWR 主要模型（Opitz 等，1998；Dziegielewski 和 Boland，1989）是一个复杂的模型，它使用分项预测技术来预测需水量。

在进行一项预测时，最难预测的因素是一个地区经济的剧烈变化（例如，一个军事基地的关闭或一个工厂的建设）。当开发反映这类事件的需水量预测时，使用分项预测、人口预测可以将比流量预测修正得更为合理。

人口估计　规划委员会经常会进行一个城市或城镇未来发展的人口研究和估计。尽管人口估计经常包含不确定性，但是其仍然可以作为将来估计模型的一个起始点，如供水模型、排水管线规划和交通模型。

从当前每人用水率或每人用水量趋势开始，将来的需水量可以通过采用将来人口数和将来每人用水量的乘积来进行估计。在人口已经很稠密的地区，人口的增长可能只是一点正增长，甚至是负增长。

美国地质局（USGS）出版了每个州的每人用水率，但是这些值包括了非市政的用水量，例如发电和农业。用这种方法形成的每人用水率不能广泛地应用，这是因为特定州内的不同区域用户之间在用水方面有很大的差异性。

土地使用　有时，需水量估计可以基于土地使用名称，如独栋住宅区、高密度住宅区、商业区、轻工业区、重工业区等。在土地使用基础上的代表性用水率的信息，可以对同样类型土地使用的其他地区的规划有所帮助。

随着人口估计，用土地利用情况对每个区域将来的增长程度进行预期，这包括居民土地利用、工业土地利用和商业开发。例如，获得或失去某个大型工业会对供水系统的整体用水量产生巨大的影响。

4.5　消防用水量

当一场火灾正在发生时，消防用水量代表系统总需水量的一个巨大的部分。消防用水量的影响是很难精确得到的，这是由于火灾经常随机发生在不同区域，而每个区域具有不同的消防要求。通常，足以扑灭一个着火点所需的总水量取决于着火建筑物的大小、建筑材料、建筑内部物质的可燃性以及与邻近建筑的接近程度。

对于某些系统，消防费用比水质或系统建设费用具有更低的优先级。在一些情况下，用户非常分散，例如在一些农村地区，为了减少费用，管网设计可能不提供消防条件。这样，消防局要依赖消防车或其他水源来灭火（如专门建立用于灭火的水塘）。

为消防提供供水的主要利益之一是降低社区里面的居民和商业的保险费率。在美国，社区消防基础设施（消防局的消防能力和配水管网供水能力）是由保险服务办公室（ISO）使用消防等级系统（ISO，1998）审核并评级的。在加拿大，保险咨询组织（IAO）使用市政消防等级表（IAO，1974）评估供水系统。国际标准化组织评估程序在AWWA M－31 中给出（1998）。

在欧洲，没有用于所有欧洲国家的消防标准，因此，每个国家必须提出或采纳它自己的消防流量需要。例如，英国消防服务部门要求的消防理想流量是基于消防供水规范的国家指导性文件之上的（Water UK 和 LGA，1998）。同样，德国标准（DVGW，1978）、法国标准（Circulaire，1951、1957 和 1967）、俄罗斯标准（SNIP，1985）以及其他的标准，都是基于消防危险类别而设定的，而消防危险类别是根据要保护的财产类型、火灾传播的危险性、安装的防火装置或者任何这些因素的组合来设定的。

因为系统将通过使用 ISO 方法来评估，因此美国的工程人员通常在 ISO 等级系统上进行消防基础设计，包括根据 ISO 方法来确定消防用水量。尽管消防实际所需的水量取决于建筑物和火灾本身，但是 ISO 方法提出一个可用于系统设计和评估的必需消防流量（NFF）。不同的计算方法用于不同的建筑物类型，如居民建筑、商业建筑或工业建筑。

对于一户或两户家庭住宅来说，消防用水量可以基于建筑之间的距离来确定，如表 4.5 所示。

表 4.5　不高于两层的居民住宅消防用水量

建筑物间距 /ft	消防用水量 /(gal/min)	建筑物间距 /ft	消防用水量 /(gal/min)
>100	500	11～30	1000
31～100	750	<11	1500

对于商业和工业建筑来说，消防用水量是建立在建筑面积、建筑等级（即框架结构或者砖混结构）、分类（如百货公司或者化学品生产工厂）、方位（距离最近建筑的类型和距离）、交通（门和墙的种类和位置）的基础之上。其公式可以概括为

$$NFF = 18FA^{0.5}O(X+P) \tag{4.12}$$

式中　NFF——消防用水量，gal/min；

F——建筑结构类型系数；

A——有效面积，ft^2；

O——容积系数；

X——曝露因子；

P——通信系数。

确定 NFF 的程序在文件 Fire Protection Rating System（1998）和 AWWA M-31（1998）中有记录。消防最小用水量不少于 500gal/min（32L/s），最大用水量不多于 12000gal/min（757L/s）。该程序最常见的消防用水量值小于 3500 gal/min（221L/s）。当 nff＜2500gal/min（158L/s），消防用水量值接近最小 250 gal/min（16L/s），当 *NFF* 值最接近 500gal/min（32L/s）的时候，消防用水量值高于 2500gal/min（158L/s）。如果建筑装设了喷洒水装置，消防用水量值还可以调整。

除了流量要求外，还存在对该流量供水的持续时间要求。根据 ISO（1998），消防需水量为 3500gal/min（221L/s）或更少的定义为“公共消防”，而那些需水量大于 3500gal/min（221L/s）的界定为“个体财产消防”。对于需水量为 2500gal/min（158L/s）或更少的火灾来说，2h 的供水持续时间是足够的；对于消防需水量为 3000～3500gal/min（190～221L/s）的火灾，使用 3h 作为供水持续时间；对于消防需水量大于 3500gal/min（221L/s）的火灾，使用 4h 的供水持续时间。此外，还有一些稍微不同的评估规则。

喷洒器需水量估计方法基于所覆盖区域面积和以 gal/(ft^2·min）为单位的流量密度，在 NFPA 13（1999）中有对商业和工业建筑的描述，在 NFPA 13D（1999）中是对单户或双户居住住宅的描述。对于居民住宅，当一个喷洒器运行时，喷洒器应提供最小 18gal/min（1.14L/s）的流量，当多于一个喷洒器同时运行时，每个喷洒器应提供不小于 13gal/min（0.82L/s）的流量。对于商业和工业建筑来说，流量密度可以在 0.05～0.35gal/(ft^2·min）[2～14L/(m^2·min)] 之间变化，这取决于与该建筑相关的危险等级和楼层面积。喷洒器设计具体在 9.5 小节讲述。

NFPA 13 提供了一个用于确定流量密度的图表，该图表是基于所处情况的危险程度是轻度、中度还是重度绘出的。对单股水流作规定不如对喷洒器出流水量进行规定。这些值在 100～1000gal/min（6.3～63L/s）之间变化，这取决于危险等级划分。

参考文献

American Water Works Association（1989）. “Distribution Network Analysis for Water Utilities.” *AWWA Manual M-32*，Denver，Colorado.

American Water Works Association（1998）. “Distribution System Requirements for Fire Protection.” *AWWA Manual M-31*，Denver，Colorado.

Basford，C.，and Sevier，C.（1995）. “Automating the Maintenance of Hydraulic Network Model Demand Database Utilizing GIS and Customer Billing Records.” *Proceedings of the AWWA Computer Conference*，American Water Works Association，Norfolk，Virginia.

Bowen，P.T.，Harp，J.，Baxter，J.，and Shull，R.（1993）. *Residential Water Use Patterns*. AWWARF，Denver，Colorado.

Brainard，B.（1994）. “Using Electronic Rate of Flow Recorders.” *Proceedings of the AWWA Distribution System Symposium*，American Water Works Association，Omaha，Nebraska.

Buchberger, S. G. , and Wu, L. (1995) . "A Model for Instantaneous Residential Water Demands." *Journal of Hydroulic Engineering*, ASCE, 121 (3), 232.

Buchberger, S. G. , and Wells, G. J. (1996) . "Intensity, Duration, and Frequency of Residential Water Demands." *Journal of Water Resources Planning and Management*, ASCE, 122 (1), 11.

Buyens, D. J. , Bizier, P. A. , and Combee, C. W. (1996) . "Using a Geographical Information System to Determine Water Distribution Model Demands." *Proceedings of the AWWA Annual Conference*, American Water Works Association, Toronto, Canada.

Cesario, A. L. , and Lee T. K. (1980) . "A Computer Method for Loading Model Networks." *Journal of the American Water Works Association*, 72 (4), 208.

Cesario, A. L. (1995) . *Modeling. Analysis, and Design of Water Distribution Systems*. American Water Works Association, Denver, Colorado.

Circulaire des Ministreres de l'Intériur et del'Agriculture du Février (1957) . *Proection contrel'incendie dans les communes rurales*. Paris, France.

Circulaire du Ministrere de l'Agriculture du Auout (1967) . *Réserve d'eau potable. Protection contre l'incendie dans les communes rurales*. Paris, France.

Circulaire Interministérielle du Décembre (1951) . *Alimentation des commmes en eau potable-Lutte contre l'incendie*. Paris, France.

Coote, P. A. , and Johnson, T. J. (1995) . "Hydraulic Model for the Mid-Size Utility." *Proceedings of the AWWA Computer Conference*. American Water Works Association, Norfolk, Virginia.

Davis, A. L. , and Brawn, R. C. (2000) . "General Purpose Demand Allocator (DALLOC) ." *Proceedings of the Environmental and Water Resources Institute Conference*. American Society of Civil Engineers. Minneapolis, Minnesota.

DeOreo, W. B. , Heaney, J. P. , and Mayer, P. W. (1996) . "Flow Trace Analysis to Assess Water Use." *Journal of the American Water Works Association*, 88 (1), 79.

DVGW. (1978) . "DVGW W405 Bereitstellung von Löschwasser durch die Öffentliche Trinkwasserversorgung." *Deutscher Verein des Gas—und Wasserfaches*, Franfurt, Germany.

Dziegielewski, B. , and Boland J. J. (1989) . "Forecasting Urban Water Use: the IWR-MAIN Model." *Water Resource Bulletin*, 25 (1), 101 - 119.

Dziegielewski, B. , Opitz, E. M. , and Maidment, D. (1996) . "Water Demand Analysis." *Water Resources Handbook*, Mays, L. W. , ed. , McGraw-Hill, New York, New York.

Insurance Advisory Organization (IAO) (1974) . *Grading Schedule for Municipal Frie Protection*. Toronto, Canada.

Insurance Services Office (ISO) (1998) . *Fire Suppression Rating Schedule*. New York, New York.

Macy, P. P. (1991) . "Integrating Construction and Water Master Planning." *Journal of the American Water Works Association*, 83 (10), 44 - 47.

Male, J. W. , and Walski, T. M. (1990) . *Water Distribution: A Troubleshooting Manual*. Lewis Publishers, Chelsea, Florida.

Metcalf & Eddy, Inc. (1979) . *Water Resources and Environmental Engineering*. 2nd Edition, McGraw-Hill, New York, New York.

National Fire Protection Association (NFPA)(1999) . "Sprinkler Systems in One-and Two-Family Dwellings and Manufactured Homes." *NFPA* 13*D*, Quincy, Massachusetts.

National Fire Protection Association (NFPA) (1999) . "Standard for Installation fo Sprinkler Systems." *NFPA* 13, Quincy, Massachusetts.

Office of Water Services(Ofwat)(1998). 1997 - 1998 *Report on Leakage and Water Efficiency*. http: //

www. open. gov. uk/ofwat/leak97. pdf，United Kingdom.

Opitz，E. M.，et al. (1988)．“Forecasting Urban Water Use：Models and Application.” *Urban Water Demand Management and Planning*，Baumann D.，Boland，J. and Hanemann，W. H.，eds.，McGraw Hill. New York，New York，350.

Rhoades，S. D. (1995)．“Hourly Monitoring of Single-Family Residential Areas.” *Journal of the American Water Works Association*，87 (8)，43.

SNIP (1985)．*Water Supply Standards* (in Russian)．2. 04. 02 - 84，Moscow，Russia.

Stern，C. T. (1995)．“The Los Angeles Department of Water and Power Hydraulic Modeling Project.” *Proceedings of the AWWA Computer Conference*，American Water Works Association，Norfolk，Virginia.

Vickers，A L. (1991)．“The Emerging Demand Side Era in Water Conservation.” *Journal of the American Water Works Association*，83 (10)，38.

Walski，T. M. (1999)．“Peaking Factors for Systems with Leakage.” *Essential Hydraulics and Hydrology*，Haestad Press，Waterbury，Connecticut.

Walski，T. M.，Lowry，S. G.，and Rhee，H. (2000)．“Pitfalls in Calibrating and EPS Model.” *Proceedings of the Environmental and Water Resource Institute Conference*，American Society of Civil Engineers，Minneapolis，Minnesota.

Water Research Centre (WRc) (1985)．*District Metering. Part I-System Design and Installation*. Report ER180E，United Kingdom.

Water UK and Local Government Association (1998)．*National Guidance Document on the Provision of Water for Fire Fighting*. London，United Kingdom.

Ysuni，M. A. (2000)．“System Design：An Overview.” *Water Distribution Systems Handbook*，Mays，L. W.，ed.，McGraw-Hill，New York，New York.

“计算机病毒把我的家庭作业弄没了。”

讨论话题与习题

学习本章并完成全部习题。将你的成果提交给 Haestad Methods，就能获得 11.0 继续教育学分。参见继续教育单元或登录网站 www.haestad.com/awdm-ceus/，可以获得更多信息。

4.1 建立一个如下图所示给水系统的恒定流模型。描述系统的数据和平均日需水量在下列表格中列出。

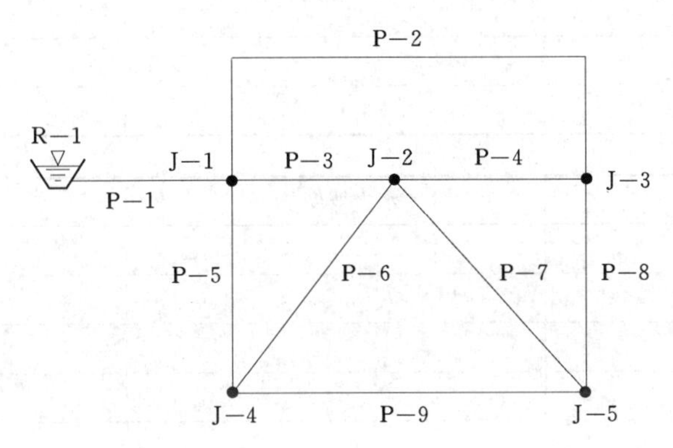

管道编号	长度 /ft	管径 /in	海曾-威廉系数	局部损失系数
P—1	500	12	120	10
P—2	2600	10	120	0
P—3	860	8	120	0
P—4	840	8	120	5
P—5	710	6	120	0
P—6	1110	4	120	0
P—7	1110	4	120	0
P—8	710	6	120	0
P—9	1700	6	120	0

节点编号	标高 /ft	需水量 /[(gal/min)]
R—1	750	N/A
J—1	550	250
J—2	520	75
J—3	580	125
J—4	590	50
J—5	595	0

（1）将管道和节点的结果填写在下列表格中。

管道编号	流量/(gal/min)	水力坡度/(ft/1000ft)
P—1		
P—2		
P—3		
P—4		
P—5		
P—6		
P—7		
P—8		
P—9		

节点编号	水力坡度/ft	压力/(lb/in²)
J—1		
J—2		
J—3		
J—4		
J—5		

（2）完成下列表格使得所有的需水量增加到平均日需水量的225%。

管道编号	流量/(gal/min)	水力坡度/(ft/1000ft)
P—1		
P—2		
P—3		
P—4		
P—5		
P—6		
P—7		
P—8		
P—9		

节点编号	水力坡度/ft	压力/(lb/in²)
J—1		
J—2		
J—3		
J—4		
J—5		

(3) 完成下面的表格，除了平均日需水量以外，还要在节点 J—3 处加上消防需水量 1850gal/min。

管道编号	流量/(gal/min)	水力坡度/(ft/1000ft)
P—1		
P—2		
P—3		
P—4		
P—5		
P—6		
P—7		
P—8		
P—9		

节点编号	水力坡度/ft	压力/(lb/in²)
J—1		
J—2		
J—3		
J—4		
J—5		

4.2 采用英制单位：以 1h 为间隔，为下图所示系统执行一次 24h 的模拟。模拟所需数据见列表格。作为一种选择，管段和连接点数据已经被输入到了 Prob4 - 02. wcd。把阶梯模式用于每日连续需水量模式。回答最后的问题。

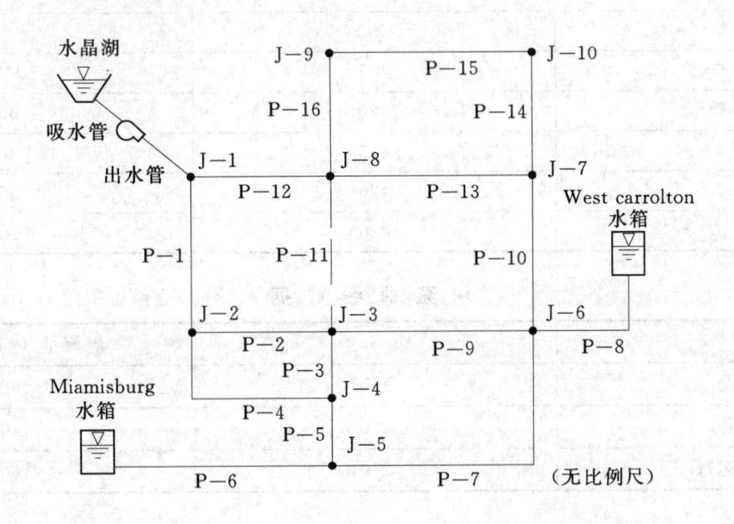

管道编号	管长 /ft	管径 /in	海曾-威廉 系数
吸水段	25	24	120
出水段	220	21	120
P—1	1250	6	110
P—2	835	6	110
P—3	550	8	130
P—4	1010	6	110
P—5	425	8	130
P—6	990	8	125
P—7	2100	8	105
P—8	560	6	110
P—9	745	8	100
P—10	1100	10	115
P—11	1330	8	110
P—12	890	10	115
P—13	825	10	115
P—14	450	6	120
P—15	690	6	120
P—16	500	6	120

节点编号	标高/ft	需水量/(gal/min)
水晶湖	320	N/A
J—1	390	120
J—2	420	75
J—3	425	35
J—4	430	50
J—5	450	0
J—6	445	155
J—7	420	65
J—8	415	0
J—9	420	55
J—10	420	20

水 泵 曲 线 数 据

		流量/(gal/min)
关闸	245	0
设计	230	1100
最大运行	210	1600

水 箱 标 高 信 息

		West Carrolton 水箱
底部标高/ft	0	0
最低水位标高/ft	535	525
初始标高/ft	550	545
最高水位标高/ft	570	565
水箱直径/ft	49.3	35.7

每 日 需 水 量 曲 线

时间	变化系数
午夜	1.00
6：00	0.75
中午	1.00
18：00	1.20
午夜	1.00

(1) 作为时间的函数，画出 Miamisburg 和 West Carrolton 水箱中的 *HGL* 图。

(2) 画出节点 J—3 处对应时间的压力图形。

采用 SI 制单位：以 1h 间为隔，为上图系统执行一次 24h 的模拟。进行模拟所需数据见下列表格。作为一种选择，管段和连接点数据已经被输入到了 Prob4 - 02. wcd。把阶梯模式用于每日连续需水量模式。回答最后的问题。

管道编号	管长 /m	管径 /mm	海曾-威廉系数
吸水段	7.6	610	120
出水段	67.1	533	120
P—1	381.0	152	110
P—2	254.5	152	110
P—3	167.6	203	130
P—4	307.8	152	110
P—5	129.5	203	130
P—6	301.8	203	125
P—7	640.1	203	105
P—8	170.7	152	110
P—9	227.1	203	100
P—10	335.3	254	115
P—11	405.4	203	110
P—12	271.3	254	115
P—13	251.5	254	115
P—14	137.2	152	120
P—15	210.3	152	120
P—16	152.4	152	120

节点编号	标高/m	需水量/(L/s)
水晶湖	97.5	N/A
J—1	118.9	7.6
J—2	128.0	4.7
J—3	129.5	2.2
J—4	131.1	3.2
J—5	137.2	0
J—6	135.6	9.8
J—7	128.0	4.1
J—8	126.5	0
J—9	128.0	3.5
J—10	128.0	1.3

水泵曲线数据

		流量/(L/s)
关闸	74.6	0
设计	70.1	69
最大运行	64.0	101

水箱的高程信息

		West Carrolton 水箱
底部标高/m	0	0
最低水位标高/m	163.1	160.0
初始标高/m	167.6	166.1
最高水位标高/m	173.7	172.2
水箱直径/m	15.0	10.9

每日需水量变化曲线

时间	变化系数
午夜	1.00
6：00	0.75
中午	1.00
18：00	1.20
午夜	1.00

(1) 作为时间的函数，画出 Miamisburg 和 West Carrolton 水箱中的 *HGL* 图。

(2) 画出节点 J—3 处对应时间的压力图形。

4.3 为下图所示系统建立一个恒定状态模型，并回答下面的问题。下列表格给出了构建模拟所需的数据。作为一种选择，管道和连接节点数据已经被输入到了 Prob4

-03.wcd。

提示：这个系统没有局部水头损失。PRV 设置为 74lb/in²。

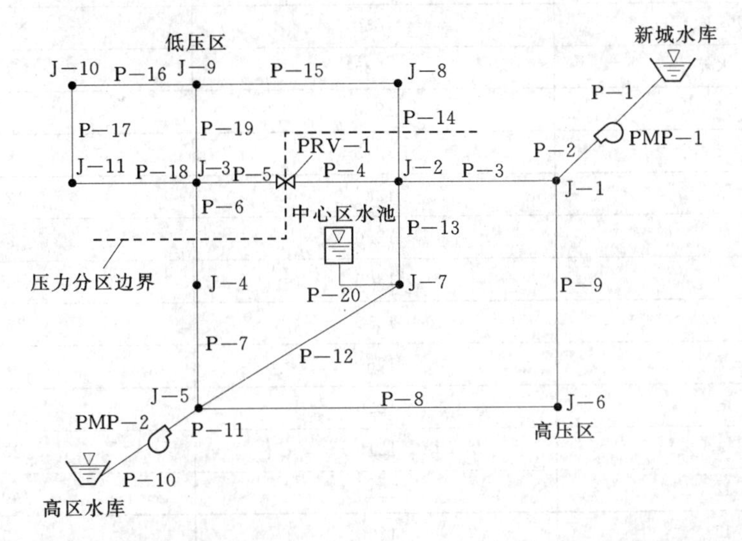

管道编号	管长 /ft	管径 /in	海曾-威廉系数
P—1	120	24	120
P—2	435	16	120
P—3	2300	12	120
P—4	600	10	110
P—5	550	10	110
P—6	1250	12	110
P—7	850	12	110
P—8	4250	12	120
P—9	2100	12	120
P—10	50	24	105
P—11	250	16	105
P—12	1650	10	115
P—13	835	8	110
P—14	800	8	100
P—15	1300	6	95
P—16	1230	6	95
P—17	750	6	95
P—18	1225	8	95
P—19	725	6	100
P—20	155	4	75

节点编号	高程/ft	需水量/(gal/min)
高区水库	1230	N/A
新城水库	1050	N/A
中心水箱	1525	N/A
J—1	1230	0
J—2	1275	0
J—3	1235	120
J—4	1250	35
J—5	1300	55
J—6	1250	325
J—7	1260	0
J—8	1220	100
J—9	1210	25
J—10	1210	30
J—11	1220	45
PRV—1	1180	N/A
PMP—1	1045	N/A
PMP—2	1225	N/A

水 泵 曲 线 数 据

	PMP—1		PMP—2	
	水头/ft	流量/(gal/min)	水头/ft	流量/(gal/min)
关闸	550	0	320	0
设计	525	750	305	1250
最大运行状况	480	1650	275	2600

(1) 填写下表中管道和连接点结果。

管道编号	流量/(gal/min)	水力坡度/(ft/1000ft)
P—1		
P—2		
P—3		
P—4		
P—5		
P—6		
P—7		
P—8		

续表

管段编号	流量/(gal/min)	水力坡度/(ft/1000ft)
P—9		
P—10		
P—11		
P—12		
P—13		
P—14		
P—15		
P—16		
P—17		
P—18		
P—19		
P—20		

节点编号	水力坡度/(ft)	压力/(lb/in²)
J—1		
J—2		
J—3		
J—4		
J—5		
J—6		
J—7		
J—8		
J—9		
J—10		
J—11		

使用平均日需水量作为基本需水量来分析下面系统需水量状况。

(2) 把所有需水量增加到平均日需水量的15%。J—2和J—10节点处的压力是多大?

(3) 在节点J—4处增加1200gal/min的消防用水量。新城处的水泵站的出流量是多大?J—4节点处的压力是多大?

(4) 把节点J—3的需水量由120gal/min换成225gal/min。节点J—3在这两种状态下的压力分别是多少?

(5) 把节点J—3、J—9、J—10和J—11处的现在需水量分别换成200gal/min、50gal/min、90gal/min和75gal/min。中心水箱是正在进水还是出水?需水量改变之前水箱状况与初始模拟是怎样对应的?

4.4 对习题4.3中（1）部分系统条件进行延时模拟。但是，首先增加一个PRV到管道P—6并关闭管段P—14。

提示：当PRV被嵌入的时候，管道P—6必须分成两个管段。把PRV的标高指定为1180ft，并把值设定为74lb/in^2。

模拟从午夜开始，持续了24h，水力步长时间间隔是1h。高位水箱的容量和几何尺寸以及每日需水量变化曲线都在下列表格中提供。假定日需水量曲线应用于每一个连接节点，并且需水量曲线遵循一个连续模式。假定高区泵站暂时不运行。

中心水箱信息

底部标高/ft	1260
最小水位标高/ft	1505
初始水位标高/ft	1525
最大水位标高/ft	1545
水箱直径/ft	46.1

日需水量变化曲线

时间	变化系数
午夜	0.60
3：00	0.75
6：00	1.20
9：00	1.10
中午	1.15
15：00	1.20
18：00	1.33
21：00	0.80
午夜	0.60

（1）画出中心水箱*HGL*与时间的关系图。

（2）画出新城泵站出水量随时间的变化图。

（3）画出节点J—3压力随时间的变化图。

（4）中心水箱完全充满了吗？如果充满的话，什么时候充满的？当水箱充满或完全放空时，该怎么办？

（5）为什么新城泵站在午夜和6：00出水量增加？为什么泵站出水量减少，特别是在15：00以后？

（6）节点J—3处的压力随时间变化明显吗？

4.5 假如有一泵站为一个压力区域供水，用一个稍小水泵向区外供水，只有一个直径为40ft的圆柱形水箱，绘出日需水量变化曲线。水泵抽水速度是小时平均速率，水箱水位是每个小时内刚开始的值。

这个压力区域平均用水量是多少？较高压力区域的平均流量是多少？

时间	入流量 /(gal/min)	抽出流量 /(gal/min)	水箱水位 /ft
0：00	650	0	35.2
1：00	645	210	38.5
2：00	645	255	40.4
3：00	652	255	42.1
4：00	310	255	43.5
5：00	0	255	42.8
6：00	0	255	39.6
7：00	0	0	36.0
8：00	0	0	33.4
9：00	225	0	30.3
10：00	650	0	28.9
11：00	650	0	30.5
12：00	650	0	32.1
13：00	650	0	33.8
14：00	650	45	35.8
15：00	645	265	37.5
16：00	645	260	37.5
17：00	645	260	37.2
18：00	645	260	36.5
19：00	645	260	36.4
20：00	645	255	36.7
21：00	645	150	37.2
22：00	115	0	38.7
23：00	0	0	38.3
24：00	0	0	37.1

第 5 章

供水系统测试

要使供水模型能完全反映现场情况，需要深入了解系统在大范围运行条件下的运行方式。例如，该模型能否重现发生在夏季高峰用水期间的流量变化模式和压力情况？或者该模型能否精确地模拟氯的衰减？在现场收集供水系统数据可以提供对系统运行情况有价值的观察，并且这是模型校核的一个基本部分。

模型校核过程中的第一步是数据采集，本章将对此进行深入讨论。本章首先对系统测试作简要讨论，这包括一些对流量和压力测量的简单测试，以及对可能遇到的某些缺陷的描述。然后，本章还详细论述了消火栓流量测试、水头损失测试、水泵运行测试和水质测试。本章最后还探讨了数据质量的重要性，特别是其在采用自动校核方法时的应用。

5.1 测试基本原理

压力测量

在整个供水系统中压力的测量可以监测系统服务情况，并且可以收集模型校核所用的数据。水压读数通常可以在消火栓（见图 5.1）处读取，也可以在水龙带喉管（又称为龙头套管）、家庭水龙头、泵站（吸水端和出流端）、水箱、水库和放空阀门处、排气阀以及其他类型阀门处读取压力读数。

图 5.1　装在消火栓上的压力表

如果测量是在一个不与供水干管直接相连的位置处（如在某个家庭水龙头处），在供水干管和压力测量处之间的水头损失必须进行考虑。当然，最好的解决方案是干管与该测量器之间没有水流流动（因而没有水头损失）。检查是否有水流进入该建筑，可以在该水龙头处倾听是否有水流流动的声音。

当测量压力时，由于系统中水流的变化、微小的波动可能都会从仪表中观察到。如果不是想要观察压力波动本身的情况，可以使用一些设备来减缓压力波动，例如，压力缓冲器和充液压力计。

当测量压力在压力计刻度最大值的 50%～75%时，压力计最为准确。测量一个供水系统时，使用几个不同压力范围的压力计是可取的。普遍使用的压力计的范围是 0～100lb/in^2（690kPa），然而，对于在水泵出流端处或者某个低高程处的测量，读数可以达到 200psi（1380kPa）的压力计可能也是需要的。如果在某个水泵吸水端测量压力，那么可能要求压力计能够读负压，这种压力计称为真空测压计。注意：所测的是压力计高程的水压，而不是节点高程的水压，节点高程的水压是用来计算 *HGL*（见 7.1 小节）高程的。

流量测量

在整个系统的关键位置测量流量可以了解到流量变化模式和系统运行情况、提供用水数据以及为校核确定流量。

本章所描述的许多测试要求在管线中测量流量。有多种流量计可以用于此目的，包括文丘里流量计、电磁流量计和超声波流量计。压力和流量的计量与记录设备应该定期进行校准并且进行程序性的性能检查以确保其处于良好的工作状态。此外，即使一个流量计是精确的并已经过校准，但是监测站可能使用一种精度不高的模拟仪表或表盘读数表，这也会限制整体的精度。

所使用的流量计的量程随系统的不同而异。通常，只是在供水系统中的少数几个关键位置连续测量流量，如处理水厂和泵站。从这些位置所得到的数据应该在系统的校核中获得最大可能的使用。从较高压力区域到较低压力区域的流量也可以在压力区域边界处采用组合减压阀门/流量仪表进行测量（Walski、Gangemi、Kaufman 和 Malos，2001）。更少见的是，系统在整个管网中的关键位置使用内嵌的流量计，并且使用 SCADA（监控和数据采集）和自动测量记录传导技术将流量传回到控制中心（见第 6 章）。这种全面的流量监测类型在美国并不普遍；然而，更多的供水公司管理人员和运行人员已经开始看到内嵌流量信息的价值。

临时性的流量测量在检查水泵出流或者看一下是否需要在整个系统中进行内嵌流量计量时可能是一个合算的选择。图 5.2 展示了使用毕托杆进行现场测量。将该毕托杆插入管线中测量总水头和压力水头，然后将其转换为速度

图 5.2　毕托杆的尖端插入到透明管道内部

(Walski，1984a)。毕托杆不能与毕托管流量计混淆，毕托管流量计只能测量速度水头。流量测量可能也会使用手持式或插入式电磁流量计或超声流量计。

流量计设备的安装是重要的。为确保由任何弯头或者障碍物造成的扰动不会影响读数，流量计设备应安装在该扰动下游足够远（通常位于大约 10 倍管径的距离）的地方，这样该影响才会完全消除。

在一定时间内某个水箱的净入流和出流流量可以通过监测该水箱内的水位来测定，然后基于该水箱的横断面面积计算该流量通量。

系统测量中的潜在缺陷

流量测量测试是有益的，但是要记住其存在潜在的缺陷。测试可能导致对某些用户的供水中断。例如，消防流量测试常常导致比正常水压低的水压和比正常流速高的流速，特别是在住宅区尤其如此。高流速会带走管线中的沉积物或者将管壁上的结瘤剪切下来，这会使用户用水产生污染。

为了测试方便，当对阀门进行操作时，用户可能会偶然或者必须与系统断开。正如下面章节所述，水头损失测试需要操作系统阀门将供水干管的某些部分隔离。当执行这些测试时，阀门的操作必须仔细规划以避免在不注意的情况下把用户从系统中隔离。要避免用户因断水而感到惊讶，应该在这些测试前提前通知用户。

5.2 消火栓流量测试

在没有消防测试的情况下，获取大范围的运行情况数据将是很困难的，包括高峰需水量阶段的数据。这些测试可以用于高流量情况（见 5.8 小节）的模拟，并且可以分析极端情况下的系统行为。消火栓流量测试主要用于测量系统输送消防流量的能力，也可以提供系统在静态情况下（消火栓处无出流）和工作情况下（消火栓处发生高的出流）的压力数据，而且还可以与水力模型连接，用于校核参数，如管线粗糙度（Walski，1988）。执行消火栓流量测试的步骤在 AWWA（1989）和 ISO（1963）中都有介绍。

如图 5.3 所示，执行一个消火栓流量测试需要两个或更多的消火栓。一个消火栓标志为剩余消火栓，在该处进行所有的压力测量；另一个是出流消火栓，该处进行所有的流量测试。当出流消火栓关闭时，即静态条件，剩余消火栓中的水压被称为静压力。当一个或

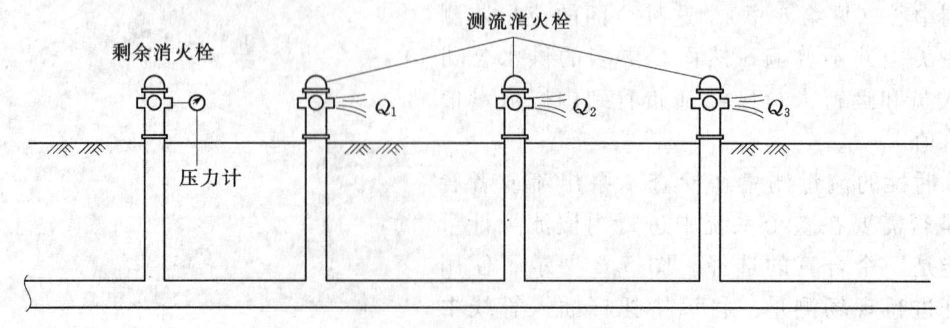

图 5.3　消火栓流量测试

多个出流消火栓打开时，即出流条件，在剩余消火栓处的压力被称为剩余压力。

执行一个消火栓流量测试是一个很简单的过程，一天时间内可以在系统中进行多次这样的测试。尽管并不是一个重要的要求，但许多供水公司都有个操作方针要求剩余消火栓在与压力表连接之前必须打开并且允许出流。这种预防措施有助于去除自上次测试以来积聚在消火栓支线和桶体内的任何微小颗粒。之后，将一个压力表与剩余消火栓连接，并读取静压数据。

接下来，首个出流消火栓打开并出流。一旦读数稳定，就可以在该出流消火栓处使用手持式或夹具式毕托管流量计（见图 5.4）或毕托管扩散器（见图 5.5）读取读数。与此同时，从剩余消火栓处读取压力读数。一旦剩余压力被读取并且记录下出流消火栓处的出流流量，可根据需要在其他消火栓处重复相同步骤。

图 5.4 手持式毕托管流量计

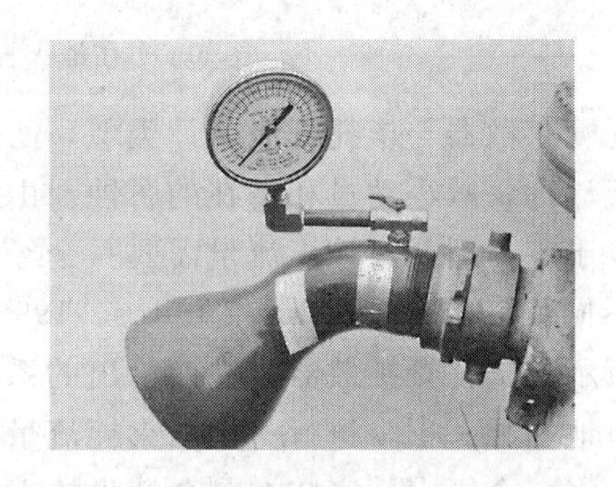

图 5.5 毕托管扩散器

在一个测试中，出流消火栓的数目是通过在剩余消火栓处观测的压力降来确定的。通常，要得到好的效果需要一个至少 10lb/in² （70kPa）的压力降。在一个 6～8in（150～200mm）的管线中，设置一个消火栓出流就足够了。对于更大的管线，可能需要更多的消火栓出流。

毕托管流量计和扩散器

由于毕托管流量计（见图 5.4）实际上是将与出流相关的速度水头转换成了压力水头，采用方程（5.1）的孔口关系式，毕托计的压力读数就可转化为一个消火栓的出流量。

$$Q=C_f C_d D^2 \sqrt{P} \tag{5.1}$$

式中 Q——消火栓出流量，gal/min 或 L/s；

C_d——流量系数；

D——管径，in. 或 cm；

P——毕托管流量计压力读数，lb/in² 或 kPa；

C_f——单位转换系数，英制单位取 29.8，SI 制单位取 0.111。

对于一个典型的出口为 2.5in（64mm），流量系数为 0.9，方程（5.1）可以转化为

$$Q=167\sqrt{P}$$

在方程（5.1）中的流量系数考虑了发生在消火栓开口处和毕托管流量计末端之间的水流直径的减小和通过该开口端的水头损失。该系数取决于消火栓开口内部的几何形状，并且可以通过触摸消火栓喷口内壁来确定（见图 5.6）。

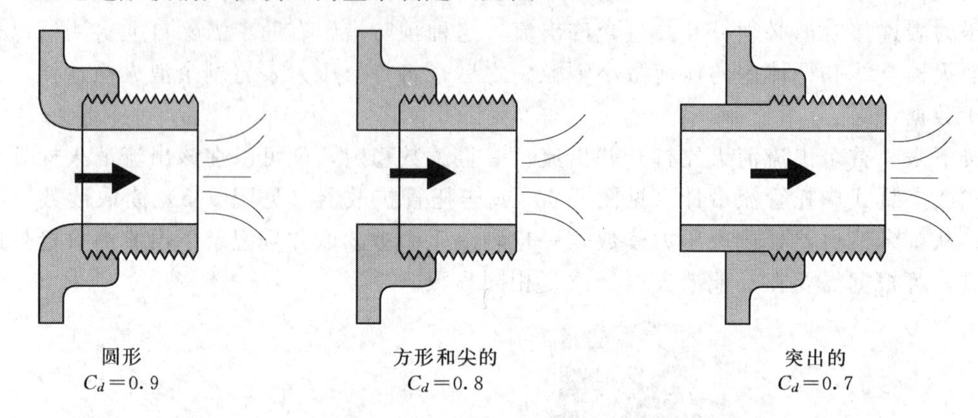

图 5.6　在消火栓开口处的流量系数

毕托管扩散器与毕托管流量计类似，所不同的是其加装了一个喷口用来改变从消火栓处的出流流向，减小动量和潜在的腐蚀。由于速度水头传感器所测量的扩散管内部某点的压力不等于零，因此，计算流量需要一个经过稍微修正的公式。该公式因所用扩散管的制造厂商不同而各异（Walski 和 Lutes，1990；Morin 和 Rajaratnam，2000）。例如，对于图 5.5 所示的毕托管扩散器，先前给出的系数 167 就减小到了 140。

简单地回顾一下，执行一个消火栓流量测试的程序如下：

（1）将一个压力计安装在剩余消火栓上并记录静水压力。

（2）将出流消火栓上的 2.5in（64mm）的盖帽取下。

（3）触摸消火栓开口内部并确定其几何形状。

（4）缓慢地开始出流。

（5）当仪表读数稳定时，在出流消火栓处读取毕托管流量计读数。

（6）同时测量剩余消火栓处的剩余压力。

（7）慢慢的关闭该消火栓。

（8）根据消火栓开口几何形状确定流量系数。

（9）通过使用方程（5.1）或由毕托管扩散器制造商提供的方程确定该消火栓流量。

当所有数据都采集完毕时，可以建立一个类似于表 5.1 的表，以显示该消火栓流量测试的结果。

表 5.1　　**消火栓流量测试结果**

测流消火栓数量	剩余压力 /(lb/in^2)	1 号消火栓流量 /(gal/min)	2 号消火栓流量 /(gal/min)	3 号消火栓流量 /(gal/min)	总流量 /(gal/min)
0	78	N/A	N/A	N/A	0
1	72	1360	N/A	N/A	1360
2	64	1150	975	N/A	2125
3	40	850	745	600	3105

若有足够的资源，可以在测试该消火栓流量时在整个系统的多个位置测量其他的剩余压力。读取这些额外的压力读数将提供关于在系统中水力坡度如何变化的更多信息。根据供水系统的特性，压力的降低可能会局限在出流消火栓的附近。

如果该消火栓测试执行是为了模型校核提供数据，那么记录下该测试时间点的边界条件就极端重要。记住，该边界条件反映了水箱和水库的水位，以及任何高负荷水泵、中继水泵或者控制阀（如减压阀）在消火栓静态或出流情况下的运行状态。这些边界条件也必须在水力模型中定义，并将在第 7 章（见 7.2 小节中“时间边界条件的变化”）中进行讨论。

此外，在测试时系统需水量需要在模型中进行适当的复制，重要的是，当测试执行时需要记下一天中的该时间点和天气情况以帮助建立这些需水量和边界条件。

消防流量测试的潜在问题

消防流量测试是一种很有用的工具。然而，其确实会出现一些问题。这是由于消火栓的出流量相当大，以下的建议可以减小与这些出流相关的潜在问题。

（1）将消火栓出流的持续时间最小化，这有助于减小潜在的出流泛滥（在某些区域，在向受纳水体排水之前可能需要对其进行脱氯处理）。

（2）将消火栓出流导入经过一个 2.5in（64mm）的喷口，而不是一个 4.5in（115mm）的喷口。这将有助于减小街道水流泛滥，而又可以产生足以满足校核用的流速。

（3）采用消火栓扩散管以减小消火栓出流的高流速。这有助于避免腐蚀问题以及对植被的损害。

（4）在温暖天气期间执行消防流量测试以避免结冰问题。

（5）预先通知可能会被该测试影响的用户，在一些系统中，消防流量测试会冲起沉积物和铁锈，引发临时性的水质问题。

（6）确保缓慢的开启和关闭消火栓，因为流动的急速改变会在系统中引发危险的压力波动。

用消火栓试验评价供水能力

本章介绍的消火栓流量实验的结果通常用于评价供水系统提供消防用水的能力。在某些所希望的剩余压力条件下转换实验流量为供水能力的标准公式——通常为 $20lb/in^2$（135kPa）——由保险服务办公室推导（1963），并由 AWWA M－17（1989）给出如下：

$$Q_r = Q_t\left(\frac{P_s - P_r}{P_s - P_t}\right)^{0.54}$$

式中　Q_r——在压力 P_r 条件下，剩余消火栓处的消防流量，gal/min 或 L/s；

Q_t——实验期间的消防流量，gal/min 或 L/s；

P_s——静压，psi 或 kPa；

P_r——希望的剩余压力，psi 或 kPa；

P_t——实验期间的剩余压力，psi 或 kPa。

Q_r 的值与当地的主干管供水能力相关，可以用于评价消防用途的供水系统。

使用以上公式时作如下假设：

（1）在静态条件下忽略水头损失。

（2）相应最大日需水量。

（3）所有的水泵和在真实消防时应该打开的调节阀门在测试期间都要打开和运行。

（4）在整个消防时间发生期间有充足的水量供消防之用。

（5）水箱水位在正常日低水位。

（6）剩余和测流消火栓紧密靠近（Walski，1984b）。

供水系统模型能够明确地考虑这些系数，并且以更精确和灵活的方式确定所给定的剩余压力处的消防流量。然而，这个方程仍然在广泛使用。

也可以重新整理前面的公式，根据以下公式和给出消火栓流量实验结果，提供一个粗略估计某些预测流量的剩余压力：

$$P_r = P_s - (P_s - P_t)\left(\frac{Q_r}{Q_t}\right)^{1.85}$$

在这种情况下，Q_r 是估计的流量，P_r 是在此流量下的压力，所有其他条件保持相同。

（7）确保剩余消火栓和出流消火栓在水力上相距邻近。有可能两个消火栓在街道上很接近，但是它们由不同的干管供水，这些干管可能在几个街区内水力上并没有相互连接。理想的是，出流消火栓和剩余消火栓应该并排位于同一管线上，但是由于几乎不可能出现这种情况，作为替代方法是通过最小化消火栓之间的流量来提高精度（该流量经常是通过在两个出流消火栓之间架设一个剩余消火栓来减少的）。

使用消防流量测试进行校核

除了测量管网的消防能力之外，消防流量测试可以给水力模型校核提供有价值的数据。使用一个测试的结果，一个与出流消火栓出流量相等的需水量应该分配给模型中与该出流消火栓相对应的连接节点。当运行水力模拟时，代表剩余消火栓的连接节点的 *HGL* 应该与现场中测量的 *HGL* 吻合。

注意：在现场测量和模型结果之间对比应该以 *HGL* 的形式，而不是水压的形式（见7.1小节）。尽管本节指的是压力对比，但要注意，在实际中与模型结果比较之前，现场压力应该转化为等价的 *HGL*。

考虑如图5.7所示的系统，并且消防流量测试的结果如表5.1所示。该图上半部分表

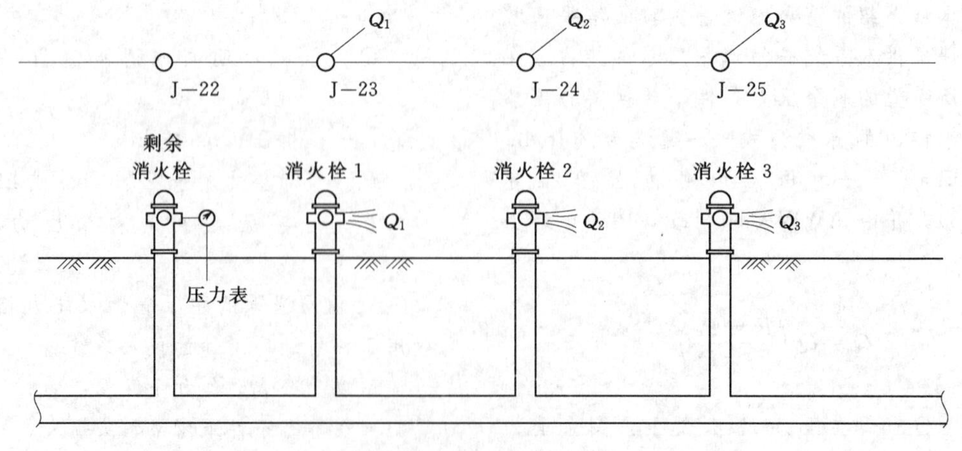

图 5.7　现场测试流量作为管网模拟的建模需水量

示一系列消火栓的模型表示，其中节点 J—23、J—24 和 J—25 分别与消火栓 1、消火栓 2 和消火栓 3 对应，而 J—22 与剩余消火栓对应。在表 5.1 中所概括的消火栓流量测试结果可以在四个独立场景中描述：

- 没有任何消火栓出流的静态情况。
- 消火栓 1 出流。
- 消火栓 1 与消火栓 2 同时出流。
- 消火栓 1、消火栓 2 和消火栓 3 都同时出流。

仅有消火栓 1 出流的场景产生 1360gal/min（$0.086m^3/s$）的出流量和 72psi（497kPa）的剩余压力。因此，需水量 1360gal/min 放在模型节点 J—23 上，并且当运行该水力模拟时，在 J—22 处计算所得到的压力与在现场中所测得的 72psi 的剩余压力比较。如果在 J—22 处的压力接近于这一数值，这个模型就校准得比较好了（至少是在这种情况下）。

此外，如果 J—22 的压力不接近于所测得的压力，需要对模型进行调整以使其能够更好地吻合。确定实际上必须做出的调整取决于产生该偏差的具体原因。

第 7 章介绍了更多的关于可能产生偏差的原因以及模拟流量测试结果的细节信息。前述过程可以在每种出流条件下重复，并且根据需要改变各个参数以得到观察压力值和计算压力值之间的适当匹配。

用来表示消火栓的模拟节点和现场中的消火栓应正好位于相同的位置，这点很重要。正如下面的范例那样，在校核中正确的位置特别重要。

在图 5.8（a）中，对剩余消火栓处进行压力测量，并且该消火栓的模型表示是在数百英尺外的 J—35［见图 5.8（b）］。建模工作人员可能已经认为该简化是合适的，其理由为剩余消火栓与节点 J—35 的位置相当近而且其高程也近似相等，所以其压力应该相近。在校核期间，建模人员就（错误地）将现场所测量的剩余消火栓处压力和 J—35 处的模拟压力进行比较，并适当调整模型以得到一个可接受的匹配。

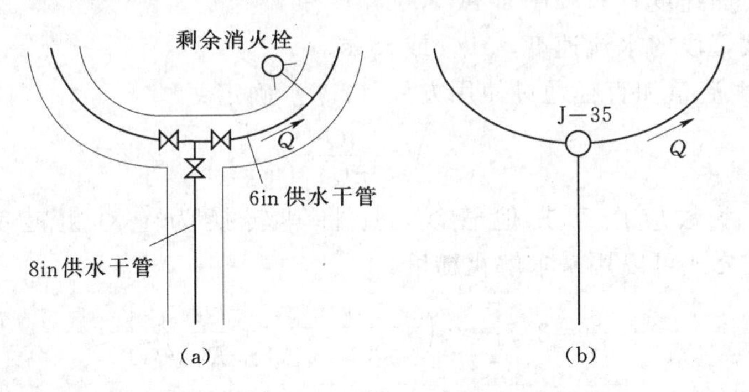

图 5.8 节点定位的重要性

在这种情况下建模工作人员未能考虑到的是在消防流量测试时位于两点（节点 J—35 和实际的消火栓位置）之间的水头损失。如果该水头损失很大，在节点 J—35 计算所得的压力将高于在剩余消火栓处计算所得的压力。在尽力将不同位置的压力匹配时，建模工作人员就会将误差引入模型。模型校核问题和用于该目的的消火栓流量测试在第 7 章中将有更详细的介绍。

5.3 水头损失测试

水头损失测试的目的是直接测量通过一定长度管线的水头损失和流量，然后，可以利用该信息来计算该管线的粗糙度。水头损失测试可以采用双压力计方法或者平行管线方法进行。双压力计方法采用从两个标准压力计得到的压力读数来确定沿管线长度的水头损失，平行管线方法使用一个单一的压差计来得出该水头损失。

所测试的干管长度一般位于两个消火栓之间。在一个水头损失测试期间，关闭测试管线下游的阀门，从水力上隔离测试管段。这样，所有通过该部分的水流都引向下游的消火栓进行测量。假定管线内径是已知的，然后在该两点之间测量水头损失、管段长度和流量，并借助海曾-威廉系数和达西-魏斯巴赫摩擦系数［式（5.2）和式（5.3）］的表达式来计算该管线内部粗糙度。

$$C=\left(\frac{C_f LQ^{1.852}}{h_L D^{4.87}}\right)^{1/1.852} \tag{5.2}$$

式中 C——海曾-威廉系数；

L——测试管段长度，ft 或 m；

Q——测试管段流量，ft^3/s 或 m^3/s；

h_L——摩擦阻力水头损失，ft 或 m；

D——测试管段直径，ft 或 m；

C_f——单位换算系数，英制单位取 4.73，SI 制单位取 10.7。

$$f=h_L\frac{D2g}{LV^2} \tag{5.3}$$

式中 f——达西-魏斯巴赫摩擦系数；

g——重力加速度，$32.2ft/s^2$ 或 $9.81m/s^2$；

V——测试管段的水流速度，ft/s 或 m/s。

该水流速度由流量和直径通过使用方程（2.9）确定：

$$V=\frac{4Q}{\pi D^2}$$

要将此摩擦系数应用于其他管线，应将其转换为绝对粗糙度。式（5.4）的 Colebrook-White 公式可以用来求解粗糙度：

$$\frac{\varepsilon}{D}=3.7\left[\exp\left(\frac{1}{-0.86\sqrt{f}}\right)-\frac{2.51}{Re\sqrt{f}}\right] \tag{5.4}$$

式中 ε——绝对粗糙度；

Re——雷诺数。

对于光滑管线，以上方程有时会产生负数，应将其修正为 0 粗糙度（即水力学上的光滑管）。

双压力计测试

对于双压力计测试而言（见图 5.9），测试管段位于两个消火栓之间，并且通过关闭下游阀门隔离开。两个消火栓上的压力使用标准压力计测量，并将这些压力转化为 *HGL*。然后，在测试管段上的水头损失计算为两个消火栓之间的 *HGL* 之差，如方程（5.5）所示。McEnroe、Chase 和 Sharp（1989）发现要克服在测量长度、直径和流量方面的不确定性，压降需要达到 15～20lb/in² （100～140kPa）。

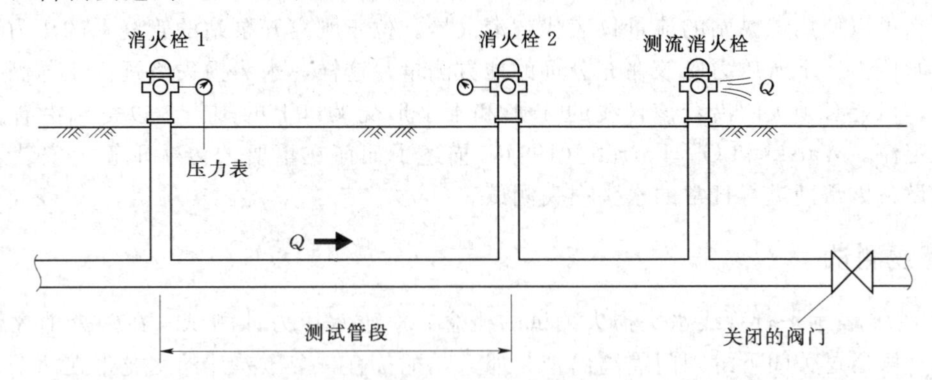

图 5.9　双压力计测试

$$h_L = HGL_U - HGL_D \tag{5.5}$$

式中　HGL_U——上游消火栓的水力坡度线，ft 或 m；

HGL_D——下游消火栓的水力坡度线，ft 或 m。

注意到该水力坡度线更经常地用上下游消火栓之间的压力和高程差来表示。可以重新整理方程（5.5）后得

$$h_L = C_f(P_U - P_D) + (Z_U - Z_D) \tag{5.6}$$

式中　P_U——上游消火栓的压强，lb/in² 或 kPa；

P_D——下游消火栓的压强，lb/in² 或 kPa；

Z_U——上游消火栓高程，ft 或 m；

Z_D——下游消火栓高程，ft 或 m；

C_f——单位转换系数，英制单位取 2.31，SI 制单位取 0.102。

水头损失只有在有流量流动时才发生，因此，如果没有流量经过所测试的管段，在上游与下游消火栓处的 *HGL* 值将相同。即使如此，在上游与下游消火栓之间也可能因两者之间的高程不同而导致两者之间的压力也将不同。假定一个无流量情况，方程（5.6）中的水头损失设定为 0，高程差可以通过使用压力来表示，如下式所示：

$$Z_U - Z_D = -C_f(P_{US} - P_{DS}) \tag{5.7}$$

式中　P_{US}——静态条件下，上游消火栓的压强，lb/in² 或 kPa；

P_{DS}——静态条件下，下游消火栓的压强，lb/in² 或 kPa；

C_f——单位转换系数，英制单位取 2.31，SI 制单位取 0.102。

将方程（5.7）代入到方程（5.6）中得到一个用于确定这两个消火栓之间水头损失的新的表达式。该表达式通过使用两组压力读数，即静态情况下和出流情况下的压力读数，消除了对压力表高程的需要，即

$$h_L = C_f[(P_{UT} - P_{DT}) - (P_{US} - P_{DS})] \tag{5.8}$$

式中　P_{UT}——出流条件下，上游消火栓压力，lb/in² 或 kPa；

P_{DT}——出流条件下，下游消火栓压力，lb/in² 或 kPa；

C_f——单位转换系数，英制单位取 2.31，SI 制单位取 0.102。

在某些情况下，所测试的管段可能位于某个固定的系统仪表附近，例如某个泵站的出流，那么可以使用该泵站的流量仪表代替消火栓。位于刚离开泵站的管线上的压力计可以给出上游压力。下游压力应该在充分远的地方测量，这样，水头损失将远大于与测量有关的误差。可能必须关闭沿着该管线的 T 形和十字形交叉口上的阀门，以得到沿着这根长管的恒定流。Walski 和 O' Farrell（1994）描述了如何在重要的传输干管上安装水头损失测试设备以帮助进行日常的水头损失测试。

平行管线测试

图 5.10 表示平行管线水头损失测试的概念。对于双压力计测试，在两个消火栓之间的测试管段通过关闭下游阀门隔离出来。那么，配备有一个压差计的水龙带在两个消火栓之间与所测试的管段平行相接。由于在该水龙带或压差计之间没有流量，因而没有水头损失，在压差计两侧的水力坡度线等于同侧的消火栓的水力坡度线。因此，所测量的压差可以用在以下表达式来计算整个管线的水头损失：

$$h_L = C_f \times \Delta P \tag{5.9}$$

式中　ΔP——压差，lb/in² 或 kPa；

C_f——单位转换系数，英制单位取 2.31，SI 制单位取 0.102。

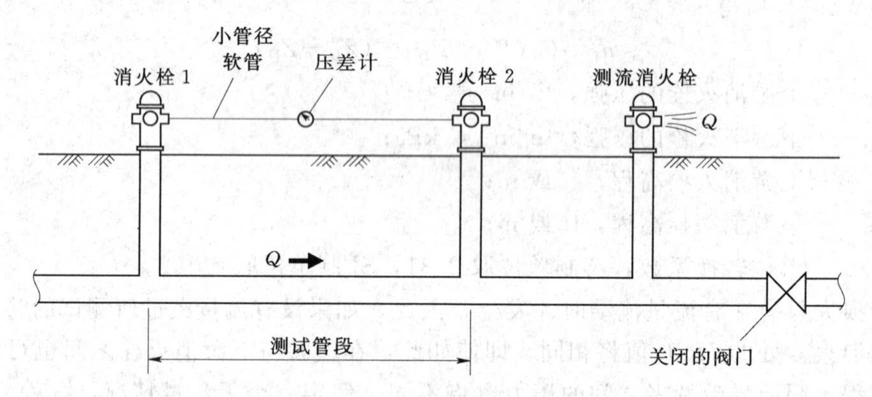

图 5.10　平行管水头损失测试

对于任何流体而言，所测试管线的水头损失或者压强水头差可以通过将该压强差（ΔP）除以该流体的重度（γ）得到。

由于该压力读数是从一个地方（在压差计处）读取的，就不需要考虑任何一个消火栓的高程。然而如果平行水龙内的水的温度可以变得与测量管线内的水温不同，就会产生误差（Walski，1985）。因而，即使是不读取数据的时候也应使软管中的水保持流动。这可以通过开启位于压差计处的一个小阀门来实现。

找出通过测试管段流量的过程与在消防流量测试中的过程相类似。用一个毕托管流量计测量出流消火栓的速度水头，并假定从该消火栓的出流量等于通过该测试管段的出流量。然后使用孔口公式［方程（5.1）］将毕托管流量计读数转化为该消防栓的出流量（McEnroe、Chase and Sharp，1989）。

McEnroe、Chase 和 Sharp（1989）发现要克服在测量长度、直径和流量时的不稳定，对于平行管线方法而言必须达到 2～3lb/in²（14～21kPa）的压降。

水头损失测试的潜在问题

无论采用什么方法测量水头损失，所有通过测试管段的水流都会被导引到某个出流消火栓出流，这是通过关闭该出流消火栓的下游阀门来实现的。如果是一个环形管网系统，在某些侧向干管上的隔离阀门可能也要关闭，如图 5.11 所示。为了确保在关闭阀门时没有向用户停止供水，供水公司应该检查系统图以确认在系统中有其他可用的供水线路。检查过程中，当在关闭阀门时，作为核查，应有人观察该阀门下游的压力表，如果压力降到 0 应准备发出信号。

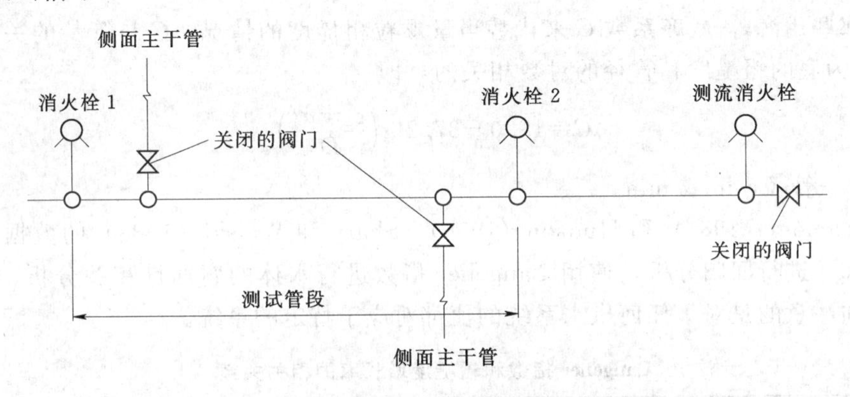

图 5.11　在水头损失测试期间隔离阀的使用

很多情况下，在这两个消火栓之间的测试管段上会有用户接入。为了得到精确的结果，在水头损失测试期间用户用水量与通过出流消火栓的出流总量相比，可以忽略。记住，在方程（5.2）和方程（5.3）中，该出流流量被假定为反映通过该测试管段的总水量。因此，如果通过测试管段的水量因为在系统中的某些点的出流而与所测量的流量有明显的差值，那就必须对这种情况做某种修正。

使用水头损失测试结果进行校核

使用水头损失测试结果的过程相当直接，水头损失测试提供了一个管段内部粗糙度的信息，因此，一旦水头损失测试完成，所计算的粗糙度系数值可以简单地应用于计算机模型。然而，水头损失测试的范围取决于工程预算。某些工程，选择代表系统的干管作为样本进行测试，然后将得到的结果外推到系统的其他部分。

减小必须要做的水头损失测试次数以得到有效的数据的一种方法是对大范围的多种管线大小、管线类型和管龄进行水头损失测试。然后，将这些数据以图表形式列出，将管线粗糙度表示为管段和尺寸大小的一个函数（Ormsbee 和 Lingireddy，1997），然后，基于所选管线的管龄和尺寸选择粗糙度系数。

那些管线粗糙度大范围变化的系统常常包括较多的无内衬的铸铁管。Sharp 和 Walski (1988) 指出在无内衬的、商用的铸铁管中，当量颗粒粗糙高度值将随时间而线性增加。因此，绝对粗糙度为

$$\varepsilon=\varepsilon_0+at \tag{5.10}$$

式中 ε——绝粗糙度，in 或 mm；

ε_0——新管粗糙度（$t=0$），in 或 mm；

a——粗糙度的年变化率，in/a 或 mm/a；

t——管龄，a。

在水头损失测试中，通过测量少数几根管线的粗糙度，确定方程（5.10）中的系数（粗糙度年变化率 a）是可能的，并且假定水的腐蚀特征没有大的变化，可以将该数值应用于同类型的其他管线。Walsk、Edwards 和 Hearne（1989）研究出一种方法用于在管线使用期内水质发生变化时调整数值。

对于那些用海曾-威廉系数 C 来代替当量颗粒粗糙度的情况，C 与管龄的关系是通过一个以 10 为底的粗糙度和管径的对数相关的，即

$$C=18.0-37.2\lg\left(\frac{\varepsilon_0+at}{D}\right) \tag{5.11}$$

式中 D——管径，in 或 mm。

使用 Lamont（1981）和 Hudson（1966），Sharp 和 Walski（1988）的数据，并且用方程（5.10）进行回归分析，使用 Langelier 指数进行水体的腐蚀性相关分析，如表 5.2 所示。必须注意的是对于任何供水系统的值都对应于特定的系统。

表 5.2　　Langelier 指数和粗糙度增长率的相关关系

描述	a		Langelier 指数
	in/a	mm/a	
轻微腐蚀	0.00098	0.025	0.0
中等腐蚀	0.003	0.076	−1.3
明显的腐蚀	0.0098	0.25	−2.6
严重的腐蚀	0.030	0.76	−3.9

5.4 水泵运行状况测试

水泵特征曲线有水头、制动马力、效率和 NPSH 四种（见图 2.18）。尽管建模工作人员通常可以依靠生产厂商所提供的水泵特征曲线，但是在现场收集水泵运行数据校验这些曲线应该是一个好的实践做法。下面将讨论如何确定水头特征曲线上的各个点。接着是一个测量效率的讨论，在水泵能量分析中需要它。

水头特征曲线

如第 2 章所述（见 2.7 小节），水头特征曲线给出了作为通过该水泵流量的一个函数

的总动力水头。考虑图 5.12 所示的水泵，如果在该水泵的出流端（断面 2）和吸水端（断面 1）之间应用能量方程，可以得到以下表达式：

$$h_{dis}+\frac{V_{dis}^2}{2g}=h_{suc}+h_P-h_L-h_m+\frac{V_{suc}^2}{2g} \quad (5.12)$$

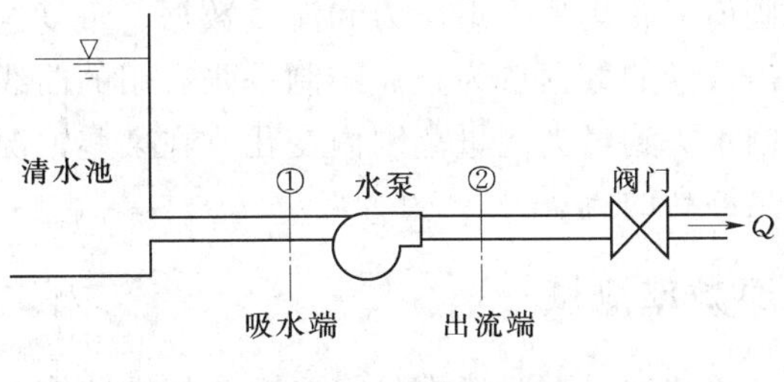

图 5.12　水泵性能检测

式中　h_{dis}——水泵出流端水头，ft 或 m；

V_{dis}——出流端水头测量点处的流速，ft/s 或 m/s；

g——重力加速度，32.2ft/s² 或 9.81m/s²；

h_{suc}——水泵吸水端水头，m 或 ft；

h_P——水泵水头，m 或 ft；

h_L——摩擦阻力水头损失，m 或 ft；

h_m——局部水头损失，m 或 ft；

V_{suc}——吸水端水头测量点处的流速，ft/s 或 m/s。

由于断面 1 和断面 2 紧邻在一起，任何由摩擦引起的水头损失通常可以忽略。此外，水泵内由于流线改变而产生的局部水头损失没有在 h_m 项之中直接考虑，因而，水头损失项通常设为零，而在水泵内的局部水头损失通过水泵水头项 h_P 来考虑。

假定断面 1 和断面 2 有同样的高程，式（5.12）可以重写为

$$h_P=\left(\frac{P_{dis}}{\gamma}-\frac{P_{suc}}{\gamma}\right)+\left(\frac{V_{dis}^2}{2g}-\frac{V_{suc}^2}{2g}\right)+h_L+h_m \quad (5.13)$$

式中　P_{dis}——出口水压，lb/in² 或 kPa；

P_{suc}——入口水压，lb/in² 或 kPa。

水泵水头特征曲线是一个 h_P—流量的曲线图。如方程（5.3）所示，要绘制该曲线，需要吸水端和出流端的压力以及吸水端和出流端的速度水头。这些速度水头可以基于通过该水泵的流量（绝大多数泵站都安装有流量计）以及吸水端和出流端的管线直径来计算。对配水水泵而言，由于吸水端和出流端的管线直径通常没有大的不同，因此速度水头项之间的差别常常被忽略。

如果该水泵在吸水端和出流端管线上安装有压力计，压力信息也可以很容易地被收集。然而，在某些情况下，水泵只在出流端安装有一个压力计。在此情况下，吸水端水头可以在水泵吸水端一侧应用能量方程得到，但要确保水力边界条件和水泵之间的所有水头损失都考虑到。如果水泵没有出流端压力计，那么能量方程就可以在水泵出流端和某个已知水头点之间（一个边界条件）应用。同样，在这两个点之间的所有水头损失也都必须考虑。

通过找出一系列水泵流量的相应水泵水头就可以得出该水泵的水头特征曲线。为了做到这一点，操作人员通过使用该水泵出流端一侧的一个阀门来改变水泵流量。当该出流阀门全部打开时，开启该水泵并使其达到全速。接下来，测量吸水端压力、出流端压力和水泵流量。将这些测量值代入方程（5.13）的结果是该水泵曲线上的一个点。然后，稍微调

整阀门，收集另一组压力和流量数据。重复这个过程，每次将该阀门关闭一点，直至得到所需数量的数据点为止。绘制一张有用的曲线图的关键是流量要在整个范围内变化，即从关闸水头到最大流量范围内变化。在某些情况下，可能需要操作消火栓或者放空阀门以得到足够高的流量。

水泵效率测试

通常情况下，建模只需要水头特性曲线，然而，某些模型在确定泵站的能耗时，也需要流量和水头。为了确定能耗，模型必须将水泵产生的水体功率转化为该泵所使用的电功率。这个转化是通过下面总结的效率关系来进行的：

$$e_p = \text{输出水体内率}/\text{泵耗功率} \tag{5.14}$$

$$e_m = \text{泵耗功率}/\text{输入电功率} \tag{5.15}$$

式中　e_p——水泵效率，%；

　　　e_m——电机效率，%。

水泵功率指的是作用在水泵轴杆上的制动马力，这在现场是很难测量的。因此，所计算的是总效率（从输入电功率到输出水体功率）：

$$e_{w\text{-}w} = e_p \times e_m = \text{输出水体功率}/\text{输入电功率} \tag{5.16}$$

式中　$e_{w\text{-}w}$——从输入电功率到输出水体功率的总效率，%。

尽管在上述方程和绝大多数计算中，效率用小数来表示，但是通常还是以百分数的形式讨论。水体功率可由下式计算：

$$WP = C_f Q h_P \gamma \tag{5.17}$$

式中　Q——流量，gpm，L/s；

　　　h_P——水泵水头，ft 或 m；

　　　γ——水的重度，lb/ft^3 或 N/m^3；

　　　C_f——单位转换系数，英制单位取 4.058×10^{-6}，SI 制单位取 0.001。

电功率的测量取决于在泵站可以使用的仪器，大型泵站可能直接读取功率表（千瓦数），这样从输入电功率到输出水体功率的总效率可以很容易地通过将水体功率和电功率转化为相同的单位而计算出来。在另外一些情况下，可能是以安培数测量输入电流。已知电压、功率因子和相位数，电功率可以如下确定：

$$EP = VI\sqrt{N}(PF) \tag{5.18}$$

式中　EP——电功率，W；

　　　V——电压，V；

　　　I——泵站平均电流，A；

　　　N——相位数；

　　　PF——功率系数。

除了驱动最小水泵的电机之外，水泵的电机通常是三相的。功率因子是电机型号和三相电机负载的一个函数。更多的信息可以在 WEF（1997）中找到。

在某些泵站，可能没有任何设备来测量电功率，并且电工也可能很难确定电流安培数。在这些情况下，必须在该建筑的功率表处测量能耗，并且将所用电能除以时间来确定功率。如果该功率表可以直接读取，要知道其已考虑了其他的耗电源。

与水头特征曲线相似，效率曲线绘制可以通过设定某个流量、测量必需的参数，然后调节流量直至有足够的点以形成所要确定的曲线。

水泵运行测试的潜在问题

水泵模型表达所需要的一个关键信息是关闸水头（即零流量时的水头）。为了得到该点，在水泵运行时将出流端阀门关闭并进行测量。非常值得注意的一点是如果关闭阀门让水泵运行一段时间，水泵中的水可能会开始发热，这将潜在地损伤水泵以及密封件。因此，该测量必须非常迅速地进行。

另一个潜在的关注问题是电费价格。某些供水公司在其电费结构中包含一个电流需求负荷，其通常是基于泵站 15～30min 的最高峰值耗电区间。这种需电负荷价钱会相当高（如 14 美元/kW），并会将该电费应用到计费周期的所有时段，也可能会应用到接下来的计费周期，甚至达到一年。重要的是，注意到水泵测试可能需要大量的能量，并且必须注意不要给供水公司带来新的、昂贵的电量负荷。

使用水泵运行测试数据进行数据校核

从水泵运行测试中所获得的数据用来生成水泵水头-流量和效率曲线，可以用来建立数学模型来模拟水泵的运行情况。将所采集的水泵测试数据输入到模型中，然后模型使用曲线拟合技术生成描述该水泵效率和水头曲线的关系方程。

5.5 延时模拟数据

5.1～5.4 小节所描述的测试中的绝大多数工作是对供水系统的静态测量，也就是说在一个单一条件集下，对单个空间点在时间上的状态测量。这些信息用于恒态和 EPS 模型中对多种参数的估计是有用的。当开发一个 EPS 模型时，需要进行一个几天时段内的现场测量补充静态现场试验数据。可以使用这些信息校准 EPS 模型（见第 7 章）并确认现有的 EPS 模型充分地表示了供水系统随时间变化的行为。

在校核和确认 EPS 模型中，以下两类数据很有用：

- 在供水系统中随时间变化的检测量：流量、压力和水箱水位；
- 在整个系统内某种惰性示踪剂浓度随时间的变化。

以下部分讨论这两类数据。

供水系统的时间序列数据

流量、压力、水箱水位和其他的特征在整个系统中随着时间和空间的不同而变化。各个特征量值通常会发生季节性变化、一周内每一天的变化、每日内的变化和小时间尺度的随机变化。如果供水系统的一个延时模型已经适当地建立并且已经校核，模型结果会近似地反映该系统在一段时间内的行为。这种随时间和空间变化的数据经常采集来用于一个 EPS 模型的校核（见第 7 章）。

通常，时间序列数据可以自动地通过遥感监测得到，这些是 SCADA（Supervisory Control and Data Acquisition，管理控制和数据采集）系统（见第 6 章）的一部分。这些信息通常可以很容易地上传并转换为校核过程中所用的某种格式。尽管信息可能以非常频繁的时间间隔传输，对于绝大多数校核过程，通常每 15～60min 一次测量就足够了。SCADA 数据可以通过从流量表、压力表或用于短期数据采集的数据记录仪采集的数据来进行补充。5.1 节描述了不同类型的流量表。

传输追踪测试

在一个追踪测试中，将某种惰性物质加入到一个供水系统的水体中一段时间，该稳定物质在整个系统中的运动可以通过测量其在系统内关键位置处的浓度随时间的变化来确定（Grayman，2001）。该结果数据可能用于与校准过程中的某个 EPS 水力模型和某个水质模型相关联（将这些数据用于校准的具体情况见第 7 章）。

传输追踪测试的步骤如下：

（1）确定供水系统中所添加的稳定物质。稳定物质是某种化学品，在适当的位置将其投加到配水管网水体中，投加稳定物质要考虑所研究的目的和位置的具体情况，或者对于有多水源供水的情况，在各个水源之间自然发生的水质差异情况，例如硬度。常用的化学品包括氟化物、氯化钙、氯化钙和氯化锂。示踪剂的选择常常取决于政府规定（例如某些地方政府不允许使用氟化物）、该化学品获得的难易程度和费用、将该化学品投加到系统中的方法，以及测量和分析设备。例如，可能选中某种示踪剂化学品，是因为其廉价而且可以使用水厂现有的干性化学品投加系统进行投加。所投加的示踪剂的量取决于测量方法（即投加量要足够大，这样可以测量到浓度的变化）和相关规范（其结果浓度不能超过允许水平）。

（2）在开始测试前，建议用模型模拟该测试系统以确定可能的结果。提前确定结果有

助于确定最佳的采样位置和时间，并确定最可能的浓度，以确保其处于测量设备的测量范围之内。

(3) 一个受控的现场试验是以如下方法之一进行的：①在一个预设的时间段内将惰性示踪剂注入系统；②常规添加某种惰性物质，如氟化物，在某个预设时间段内停止添加；③追踪某种自然产生的物质，其在不同水源之间浓度不同。

(4) 在该现场试验期间，在供水系统的选定位置测量该示踪剂的浓度。希望对该示踪剂在整个系统中的运动能够有快速反馈，这样可以在采样计划中做出调整。例如，如果示踪剂到达某个位置的时间比预期的时间长，采样时间就需要延长而超过原计划的时间。对于某些示踪剂，如氟化物，在实验室可以测量得更为准确。为满足快速反馈和精确测量的要求，可以采用一种快速方法，如使用 Hach 手持式数字仪表，可以用于快速反馈，它与实验室中分析瓶中的样品是一致的。测量应该持续进行，直到该示踪剂已经到达系统中的某些区域，成为水龄最大的水体。在一个包含单个水箱或多个水箱的系统中，可能要求一个示踪剂测试持续很多天（Clark、Grayman、Goodrich、Deininger 和 Hess，1991）。

(5) 在示踪剂测试中，水力模型要求其他的一些参数，如水箱水位、水泵的运行情况、流量等，这些数据也需要频繁地采集。这些信息都是模型校核/确认过程所必需的一部分。

(6) 通常，一个稳定物质测试的执行是与一项水质研究（见 5.6 小节）相关的，这样，其他的组分，如余氯，可能在示踪剂测试的同时进行测量。

5.6 水质采样

将一个已校核的水力模型扩展到包括水质模拟时，必须确定很多的物理和化学参数。某些测试需要进行实验室规模的分析，其可以很容易地在适当配设的水质实验室中进行。其他的测量可以直接在现场进行。本节下面描述这些测试的类型，执行这些测试有助于水质模型的开发。

一个已校核过的 EPS 水力模型为水质模型提供了一个起点。恒态水力分析不足以对水质提供有效的分析，这是因为其只是反映了随时间变化的运行特征，但是没有考虑在水箱和水库中的存储和混合效果，而这是一个导致水质退化的因素。正如第 2 章中所述，传输、混合和化学反应取决于管网中水体的管线流量、传输路径和停留时间（所有这些都是由水力模拟所确定的管网特征）。因此，一个已校核的延时水力模型是任何水质建模工程的一个先决条件。当一个水力模型已经准备好后，某些类型的水质建模分析（特别是水龄分析和水源追踪分析）只需要很少一些额外的工作就可以进行了，然而模拟反应性组分需要关于反应速率系数的额外信息。

由于在水体中的反应和在管壁上发生的反应，消毒剂残留物（氯化物、氯胺）在衰减。在供水系统中消毒剂副产物（DBP）随时间的推移而增长，这样模型需要一个生成反应速率。对于所有的非惰性物质需要有水体反应系数，而对于消毒剂建模需要有管壁反应系数。对于所有物质都需要边界条件和初始条件。确定水体和管壁反应系数包括实验室分析和现场研究，将在以下部分讨论。确定边界条件和初始条件比较简单，在 7.5 节讲述。

实验室测试

对于组分分析，其反应动力学可以用水体和管壁反应系数来说明。水体反应系数可以与单个的管线和储水水箱相关联或者应用到全局上。管壁反应系数可以与单个管线相关联，或者应用到全局上，或者赋给具有相似特征的管线组。与容积反应系数不同，容积反应系数可以通过实验室测试确定，而管壁反应系数必须通过现场测试测量或者作为校核过程的一部分而确定，其将在本节后面部分以及7.5小节中介绍。

水体反应系数 用来表示发生在水体中反应速率的参数称为水体反应系数。水体反应系数可以通过使用一个被称为"瓶试"的简单试验程序而确定。"瓶试"可以让水体反应从其他影响水质的过程中分离出来，这样，水体反应可以单独估计为一个时间的函数。从概念上，瓶中的水体体积可以认为是沿着管线传输的一块水体（见2.9小节）。一个"瓶试"可以评估传输时间对水质的影响，并且可以试验确定所需参数以准确地模拟该过程。

确定"瓶试"的时间长度和采样频率是首要的也是最重要的决策。采样的历时和频率会影响与该速率系数的试验确定相关的误差。该试验的历时应该反映该管网中的传输时间。例如，如果使用已校核水力模型的水龄分析表明停留时间为5～7d，执行一个7d的测试可以提供整个范围的水体反应数据。

"瓶试"过程

1. 准备阶段

（1）规划该试验的时间。

（2）收集该试验所需材料。

（3）清洗准备瓶子，在过程中使用不含氯的水。

（4）为各个试验方法和研究范围准备试验反应物。

（5）准备试验笔记本，记录试验条件和结果。

2. 样本采集

（1）在清水池进入配水管网处采集水体。

（2）将所采集水体充入瓶中，盖上瓶盖，瓶子上方无空隙。

（3）开始计时。

3. 采样测试

（1）将各个样品存放在一个完全黑暗的环境下，温度保持恒定（可以使用一个清洗槽或BOD培养皿）。

（2）在指定时间将样品取出，并使用试验流程测量。

（3）记录该试验流程的时间和结果。

4. 数据处理

（1）绘制数据曲线。

（2）处理数据以确定反应速率系数。

采样的频率应该与反应速率成比例。通常，在试验开始的时候采样频率应该更快一些（对于快速反应每30min采样一次，慢的反应每2h采样一次），并逐渐降低到一个较低的水平（一天一次或两次）。在确定一个采样规划以后，可以将瓶子、试剂和其他的试验设备放在一起。

"瓶试"可以用来确定不同类型反应（如消毒剂衰减反应或DBP生成反应）的水体反应速率。瓶子的大小取决于试验程序所要求的水体体积。消毒剂浓度的确定方法要求容积为20～100mL。而确定DBP生成的方法通常要求选用较小的采样体积。在任一个试验中，瓶子的容积和数目都应该包括相同的平行样本的采样。

对于模型工作人员来说，重要的是在测量消毒剂余量浓度时，能够对其精度感到满意(或不满意)。每一种分析方法都有其最大和最小的检测限度，同时每位检测人员完成某个方法的检测时都可能会有与其自身相关的偏爱或者误差。例如，想要测量 0.08mg/L 的浓度，但是分析方法只能精确到 0.20mg/L，这样就会产生错误的数据。可以使用重复分析来量化这些类型的误差。

瓶子应该根据试验程序在试验之前清洗。很多情况下如果测试瓶准备不当，那么该试验就会产生无用的数据。例如，如果测量消毒剂衰减，该测试瓶就要按如下方法准备使其不能干扰该衰减反应。应该将该测试瓶在该消毒剂强溶液（10mg/L）中浸泡 24h，然后用实验室清水清洗（Summers、Hooper、Shukairy、Solarik 和 Owen，1996)，这样能够达到消除干扰的目的。试剂应该根据测量组分的特定试验流程而进行收集和准备，一旦试验已经计划并且实验室也准备好，就可以开始该项测试了。

为了确定供水系统中的反应速率，采样水通常是在其离开清水池并进入管网时采样，但也不需要总是这样。水体采样时，应迅速将其填充到瓶中，盖上瓶盖，并且瓶中不能有空气混入。在最后一个瓶盖盖上后试验开始。在预定的试验时间内，按照特定组分的试验程序，取出水样并且测试。在取样的间隔时间内，水样应该储存在完全黑暗的、恒温的环境中，这是因为反应速率（以及反应系数）与温度有关，一些反应还受到周围光线的影响。

【例 5.1】 瓶测数据分析。

当所有的测量完成，并且该试验结束之后，其数据将表明每个水样的组分浓度是一个时间的函数。然后将该数据绘制成图，以 y 轴表示组分浓度（因变量），以 x 轴表示时间(自变量)。图 5.13 和表 5.3 展示一个组分为氯的“瓶试”所采集的数据示例。

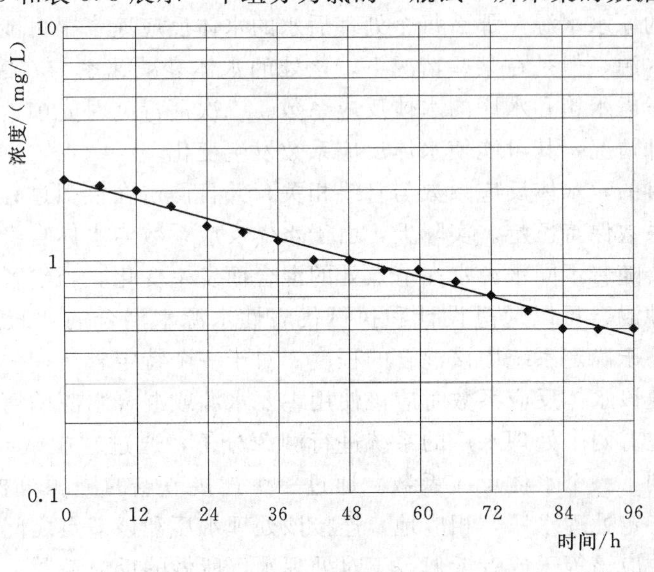

图 5.13 通过测试结果绘制的最适直线，该直线的斜率是水体反应系数

表 5.3　　水瓶实验结果

时间/h	检测浓度/(mg/L)	时间/h	检测浓度/(mg/L)
0	2.2	54	0.9
6	2.1	60	0.9
12	2.0	66	0.8
18	1.7	72	0.7
24	1.4	78	0.6
30	1.3	84	0.5
36	1.2	90	0.5
42	1.0	96	0.5
48	1.0		

如果水体中存在的某种物质符合一阶反应动力学，那么其反应速率系数可以用线性回归技术得到。可以将“瓶试”中收集的数据绘制出一条最适直线，如图 5.13 中所示浓度绘制在一个对数坐标轴上。在表 5.3 中该直线的斜率为 $0.0165h^{-1}$，即为该水体反应系数。注意：该反应系数为负数，这是因为该组分浓度随时间而衰减。

图 5.13 中所示的直线与测定数据吻合非常好。大多数可能的情况是数据并不是十分吻合。实际上，可能有少量的数据点会有大幅偏离，这些点被称为“大幅偏移点”，应该对其仔细检查，如果发现这些点会对数据分析结果造成不利影响，可以将其剔除。如果有大量的偏移点，可能要执行另一次“瓶试”以尽量得到更为可靠的数据。

“瓶试”可以在任何水样中执行，无论该水样是在哪里采集的。从处理水厂和供水系统其他的入流点处采样特别重要，这是因为这些设施是作为水源的，并因而对水质有很强的影响。原水的水质也会影响处理后水的水质。因此，如果一个系统有多个处理水厂，每个都有一个不同的原水水源，那么每个处理后水的水体反应速率很可能不同。尽管储水水箱不是处理水的水源，但是在某些情况下，该处的水体衰减速率与在配水系统中的不同。因而，应该单独考虑水箱和水库的水体反应系数。二次消毒（对先前消毒过的水体进行再次消毒）是另一种情况，其可能使水体反应系数发生变化。

出于模拟的目的，水体反应系数与管线相关，并且假定在模拟过程中对于一个特定管线，其水体反应系数保持恒定。实际上，由于水体反应系数与水体自身有关，水体反应速率在实际系统中会随着不同水源水在节点处的混合而发生变化。当给各个管线的水体反应系数赋值时，这种混合可以通过设计和执行代表性水源水混合的“瓶试”试验来得以考虑。溯源分析有助于确定系统中该混合的程度。对于一个特定管线，一天中的水源混合会产生变化，在赋值该水体反应系数时应该使用主要水源或混合水源的情况来设定。

例如，假定在有两个处理水厂的系统进行溯源分析，通过“瓶试”，每一个处理水厂和储水水箱都得到了一个水体反应系数。通过一个连接节点的溯源分析发现该节点 90% 的水来自于某个特定处理水厂，相应地，连接该处理水厂和该节点之间路径的那些管线的水体反应速率系数应该等于或者近似等于对处理水厂所做的反应系数。对于一个单一水源的系统，应注意到水体反应系数是通过某个管线或者储存于某个水箱中的水体的一个函数，而不是该管线或者水箱其自身的一个函数。因此，确定一个全局的水体反应系数常常是对模拟某些管网中发生的水体反应的最简单和最好的方法。

现场研究

可能进行几种不同类型的现场研究来收集数据用于校核一个水质模型。本节下面将描述三种研究类型。第一种现场研究旨在确定实际管线直径——水质模型中的一个重要的参数。第二种现场研究是确定管壁反应系数。

确定实际管线直径 在美国，管网模型中的摩擦水头损失通常使用海曾-威廉水头损失方程表示。

$$h_L=\frac{C_f(Q)^{1.852}(L)}{C^{1.852}D^{4.87}} \tag{5.19}$$

式中 h_L——摩擦阻力水头损失，ft 或 m；

C_f——单位转换系数，英制单位取 4.73，SI 制单位取 10.7；

Q——流量，ft^3/s 或 m^3/s；

L——长度，ft 或 m；

C——海曾-威廉系数；

D——管径，ft 或 m。

绝大多数供水系统模型使用基于最初规定的名义直径的管线直径（见 7.2 小节中“名义管径与实际管径”）。对于新管线，这些值也只是近似值；而对于旧的管线，由于形成节瘤，这些值严重高估了有效管径。例如，一根新的 50 等级球墨铸铁管线，其名义直径为 6in（152.4mm），而实际上内径为 6.4in（162.56mm）。节瘤在旧的金属管线中是很普遍的，因而可导致有效管径显著减小。

对于绝大多数水力应用，使用名义直径是可以接受的。特别是执行 C 值测试的情况，在估算 C 值的过程中使用名义直径是可以接受的。在效果上，在实际直径和 C 值偏移量之间的误差是相互的，因此，水头损失和流量可以计算达到某个通常可接受的精度水平。这可以通过观察方程（5.19）中的分母认识到，并且任何能够得到同样分母值的 C 值和直径的组合量都可以得到同样的水头损失值。例如，C 值为 83、管线直径为 12in（305mm）和 C 值为 134、管线直径为 10in（254mm）所得到的水头损失相同。

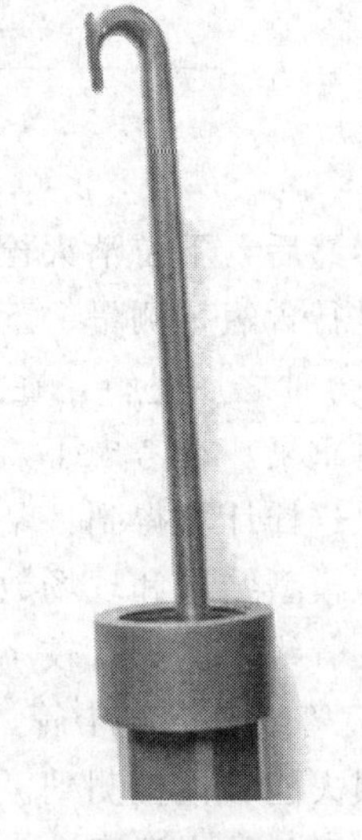

图 5.14 用于探测管道直径的测径器

然而，采用错误的管线直径可以导致在预测流速时的显著误差。由于流速在水质模型中是一个主要的因素，无论是对水流传输时间的影响还是管壁需氯量的计算，都是如此，正确地估计流速会发生额外的费用。因此，应该确保当用于水质模型这一部分时，用在水力模型中的各个管线直径应更为接近反应实际值。有几种方法可以用来估计一根管线的实际直径：

- 在原位置直接测量直径：一组特殊设计的测径器可以用来在某个特定位置直接测量管线直径。图 5.14 表示的是一个特殊设计的测径器。将该测径器插入到管线并在一个卡口处停止，适当调整该测径器，这样可以直接测量该管线内径。必须注意，这种方法可以提供相当精密的点测量。然而，如果由于不规则的节瘤而导致管径沿管线显著变化，点测量就不一定能代表一个管段实际的直径了。

- 测量流量和流速然后计算管径：流量可以计算为流速和断面面积的乘积。因此，如果某个管线内的流量和流速已知，实际管径就可以计算。有多种方法可以测量流量和流速。然而，为了使用这些方法来计算实际管径，这些测量方法必须是独立的。因此，如果用一个流量计测定流速，并使用一个假定的直径将流速转化为流量，这种方法就只能作为单个测量来使用，因而需要第二个独立的测量方法。毕托管流量计经常用于消火栓测试的一部分，可以用来确定流量。在上游的一个敞口点注入一个脉冲式的示踪剂并且在下游的一个消火栓处进行测量，也可以提供一个准确的水流传输时间和流速的计算（Wright 和 Nevins，2002）。
- 提出并使用实际管线直径的详细目录：维护已经不再运行的管线的数据库是一项很好的做法。这个数据库应包括管线的材质、安装时间、管线位置、名义直径、备注标明该管线的状况，也包括有效直径。这些信息可用来定义特定年代和材料的管线的特征有效直径，并且输入模型中作为初始名义直径的一个可选项。而且，这些信息可以作为分析系统中爆管的一个基础。

测量管壁需氯量　管壁需氯量可以用类似 C 值测试（Grayman、Rossman、Li 和 Guastella，2002）那样的方法间接在现场测量。可以选择一个长度最小为 1000ft（305m）的均匀管段（不相同的直径、材质和年代）来分析。通过使用阀门关闭主要支线和下游端将该管段隔离出来，如图 5.15 所示。

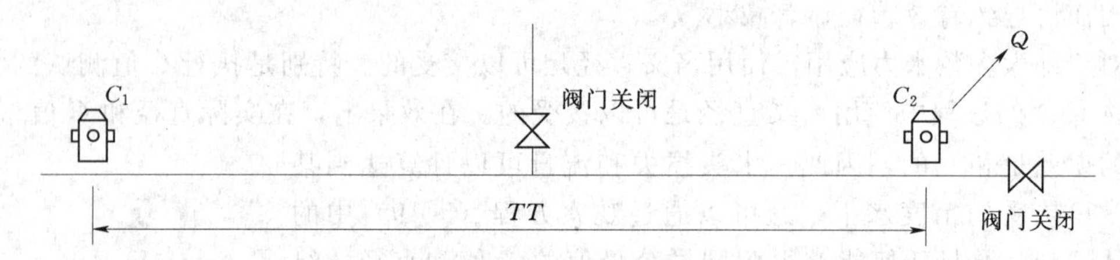

图 5.15　进行现场管壁需氯量试验的装置

然后，下游消火栓以恒定流速出流，并且在上游消火栓（C_1）处和出流消火栓（C_2）处进行含氯量测量。下游消火栓处的含氯量测量应该在上游消火栓处含氯量测量之后的 TT 分钟之后进行，在这里 TT 是两个消火栓之间水流的输运时间。该过程可以在不同流量时重复。在考虑了氯的水体衰减（在短的管段内通常可以忽略）之后，管壁需氯量系数可以这样计算得到：基于现场数据以一个电子表格或者迭代运行一个该管线的水质模型直到该模型结果和现场数据相匹配为止。这种方法最适合于那些预期具有相对较高管壁需氯量的管线，例如，较小管径、没有内衬的铸铁管线。大型管线和不含铁的管线材料，例如 PVC 管或者混凝土管，通常有相对低的管壁需氯量。在短的管线中可能很少或者没有余氯损失能够被检测到。

深入的水质调查　可以执行一项持续多天的深入的水力和水质调查用来校核或者验证一个延时水力和/或水质模型。在这样一项调查中，可以一起考虑关于系统如何运行的信息和在现场或者通过远程传输得到的时间序列数据。这种类型的调查非常昂贵，并且牵涉到很多的人员、仪器设备和实验室分析。因此，应该仔细地规划和实施。一项便于执行的调查可以获得丰富的信息，这些信息在理解水体通过所研究区域范围的运动情况以及校核和验证一个模型方面都是无价的。Clark 和 Grayman（1998）提出了关于如何准备并实施一项深入的水质现场调查的详细描述。本节的这些信息很大程度上使用了他们的著作《饮用水供水系统水质模型》所提供的描述。

在建模过程中，一项深入的现场调查的目的是收集足够的信息以调整模型参数，或者通过模拟在现场观测到的结果来验证模型参数。在该研究期间没有收集的运行信息变成未知的，这在模拟过程中产生了不确定性。理想情况下，在规划一项现场研究之前要能够得到该研究区域的详细模型。如果是这种情况（并且即使是一个没有很好校核的模型），就可以使用该模型预测系统如何运行，这样就可以确定收集哪些数据，以及在何时、何处收集，这样能够最好地使用研究结果来校核或者验证模型。

在理想情况下，为了设计一个能够最好服务该项工作目的的试验，最好预先定义在现场研究期间该供水系统应该如何运行。例如，一个目标可能是以一个季度的典型状态的方法运行该系统。另一个目标是以改进的方式（如避免一次仅数分钟的水泵开启）运行系统，这样可以简化建模过程。

作为水质建模成果一部分执行的深入调查，通常专注于收集与系统水力属性相关的数据，以及关于消毒剂残留和其他水质组分如温度、pH 值、消毒剂副产物（DBP）的现场数据。在某些研究中，某种示踪物质被用来确定水流传输时间和水体通过供水系统流动的模式。储水设施中的混合模式可能在一项深入的调查中也有研究。

一个现场研究可以分为现场研究设计、执行以及分析和使用该数据结果集三个阶段。可证明的是，最重要的阶段是预先规划阶段。在执行一个采样研究之前，应该准备好一份详细的采样计划。Clark 和 Grayman（1998）提供了在采样计划中应该给予说明的事项以及在采样研究之前必须做的一些特定事情：

• 采样地点：采样地点的选择通常是在可以提供最大量信息的地点和采样最方便的地点之间权衡得出的。采样点应该在整个研究区域中分布，并且应该反映所感兴趣的多种情况，如输水干管和局部管线、由水源直接供水的区域以及受到水箱影响的区

域。由于采样通常是在昼夜连续进行的，这些采样点必须在任何时间都容易到达。同样，采样龙头应该放在干管附近，这样这些采样就反映了干管中的水质。

如果使用自动采样器，采样点可能应该确保安全性（自动采样设备是非常昂贵的），并且可能要求电力供应和一个废水排放方法。对于人工采样，应考虑采样人员在采样点之间的交通时间。至于专用的采样龙头，可以设置在供水公司和公共建筑处，例如消防站、消火栓处经常作为采样点使用。泵站和阀门井也是一个好的采样点，这是因为其可能会直接在干管上采样。当通过一个消火栓或者服务管线采样时，必须注意最小化或者考虑采样时间和水体离开干管时间之间的时间延迟。

- 采样频率：对于自动采样器，例如余氯监测仪、pH 计、压力计，一般设定采样频率，并且通常每几分钟执行一次采样。在手工采样的情况下，采样一圈通常是指采样人员采样一遍。该采样人员在一个点采样，分析样本，接着到下一个地点采样，一直这样进行下去。这些实际工作的约束和项目预算导致要在采样器数、采样点数和采样频率之间进行权衡。

  采样频率常常是一小时一次或者几小时一次。一个采样点处特征变化的速度是选择采样频率重要的一个因素。因此，如果预期一天中余氯量逐渐衰减，那么所需的采样频率就比预期该余氯量随时间迅速变化的频率要小一些。在设计一个采样程序时，应完整地彩排一遍采样工作：采样人员开始一圈的采样，确定开车的时间和测试采样过程以确定必须花费在一个站点上的时间总量，这可以提供很重要的信息。在跟踪某个锋面通过系统时（例如，氟化物投加停止），希望能够在预期该锋值到达时刻以更大的频率采样。
- 系统运行：采样规划应该确定预期发生在采样研究期间的一般的系统运行情况，并且讨论捕获系统运行信息的方法。例如，该规划应该说明在研究期间是否计划了任何非常规的运行情况。
- 示踪研究：如果执行一个示踪研究，就应讨论该示踪研究的详细情况。这些详细情况包括使用的示踪剂类型、使用该示踪剂的法规要求、所需示踪剂的数量、何处购买该示踪剂、如何以及以何种速率将示踪剂注入系统、在现场如何测量该示踪剂，应使用什么设备。可能还需要召开与相关管理机构的会议。
- 采样点准备：在采样研究之前，为了准备采样点应该计划多种活动。这些活动可能包括消火栓测试和清洗冲刷、安装采样设施、确定所需的清洗冲刷时间，并通知在建筑内采样点处的操作人员。在实际采样开始之前应该安装好自动监测设备并完整测试几天。
- 样品采集程序：采样计划应该包括采样程序期间所执行的详细过程。所要讨论的问题包括在每个采样之前采样龙头出流的流速和时间长度、采样容器的充水和密封、样品的保存和测试所需要的试剂、样品容器标签、数据记录以及将样品运送到实验室。
- 分析程序：对于任何在现场进行的分析，应该确定并描述详细的分析程序过程。这包括氯和其他水质组分的测量。此外，还应该确定在实验室里使用的程序。建模工作人员知道每个测试的精度和最小检测限度是重要的，这样可以准确地估计现场结果。

- 人员组织和安排：深入的采样调查涉及大量人员，需要轮班连续工作几天。必须确定该调查组中每个成员的工作安排。这项工作应该包括后勤安排（在何处会合、谁携带什么设备、紧急电话号码等）。
- 安全问题：在计划一项研究时，该调查组的安全是极为重要的。事故的可能性是非常高的，这是因为昼夜不停的连续工作、可能的坏天气、异常的环境情况、采样点接近交通线路，以及其他很多因素。操作人员应该能够很清晰地识别并且携带适当的识别卡，应该穿着反光性衣服或者其他随身用具以使其更为鲜明可见，使用标志性车辆（如可能的话），携带手电筒，并且仔细考虑过如何应对不同的紧急情况或不寻常情况。应该在采样研究之前，通知警察局和其他政府机构，并可以考虑通过报纸或电视发布公告。
- 数据记录：收集的信息是非常有用的，在研究计划中应包含一个记录和保护该信息的程序，应该准备的数据表格包括采样地点、采样时间（应考虑采用军用时间以避免模糊性）、采样人员姓名、现场测量、带回实验室分析用的样本和任何备注或观测资料。表格应使用墨笔填写，并在其送达保存中心前要完好保存。
- 设备与所需供给品：在开始采样调查之前，应该与时间安排和计划一起整理出一份完整的设备和所需供给品的清单，这样可以得到适当的材料。
- 分析设备的校准和检查：在研究之前所有设备应该进行适当的校核和彻底的检查。研究计划应该详细说明执行这项任务的方法和时间安排。
- 培训要求：在开始这项调查之前，所有调查人员应该查看采样站点并接受动手培训，使用相关仪器并了解试验方案。
- 应急计划：经过几天的调查过程，该调查的某些方面很可能与原计划不一致。制订应急计划的目的就是针对这些情况。应急计划应该解答设备故障、恶劣天气、人员生病、系统运行改变以及其他的可能事件。
- 通信：在采样调查期间，采样全体人员、运行中心工作人员和该项研究的所有管理人员之间，在遇到问题或者情况变化时进行通信是重要的。推荐使用移动电话或者双向无线通信设备。

这项研究规划是执行水质调查的一个蓝图。在实际的调查中，数据和信息在某个接近实时的中心位置基础上进行综合和评估。如果该研究的某些方面不像开始预想的那样进行（如示踪剂以比预想快的速度在系统中传播、通过），那么在实施时就应该作出修正。该调查的每一个方面都应该在调查期间和接下来的现场工作完成期间记录备案。

尽管深入的水质采样研究是昂贵的，但是其在提出并确认水质参数，以及确信该水力模型足以完成水质模型任务方面是有价值的。

5.7 供水系统水箱和水库采样

供水系统水箱和水库中的主要水质问题是污染物质进入该设备、长时间停留和较差的混合情况。检测是确定污染物质、研究水箱或水库中的混合情况和水质行为的一种有效机制。采样和监测研究有以下三种类型：

- 水质研究可以提供储水设施内以及入流和出流的水质参数的时间和空间变化。
- 示踪剂研究可以提供水箱中水体混合行为的信息。
- 温度研究可以得到水箱内温度如何随着位置和深度的不同而变化的信息。

可以执行这些研究，将其作为更好地理解水库和水箱如何运行的综合研究的一部分。采样结果也同样可以用于校核或者验证储水设施的数学或几何相似模型。对供水系统水箱和水库的监测计划的设计和实施可以参考 AWWA 研究基金会最近资助的研究（Grayman 等，2000）。

水质研究

水箱和水库的水质监测研究可以提供关于储水设施内以及其入流和出流的水质参数随时间和空间变化的数据。在一项水质研究中，为了解释水质监测的数据，应该收集水库的状态信息（如是正在充水还是在放水）。一个水箱或者水库内部的采样提供了关于该设施内部各个水质参数实际的空间变化信息。水质数据与该水箱入流和出流历史数据相结合，这进一步加深了对该水箱水质行为的理解。

执行水箱和水库内的水质研究可以满足许多不同的目的。在整个供水系统的多个储水设备处执行程序化的和规范化的采样可以满足规程的要求，可以确定这些设备内通常的水质状况以及潜在的问题。也可以专门设计水质采样研究用来确定水质随时间和在储水设备内的位置变化，以及发生在储水期间的水质变化，或者发生在出流和入流期间的混合过程。

除了在储水设备入口和出口处采样以外，在该设施内的不同位置和不同深度采样可以提供关于空间变化的信息，所采的样本可以作为以预设采样频率、执行和记录分析的自动监测仪采样的补充。通常要测量余氯和水温。为了理解储水设备内的氯衰减反应动力学，通常执行水体氯衰减测试。在一个水箱内，壁面需氯量的效应通常很小，这是因为水箱体积与壁表面面积的比率很大。可能还需要采集其他的水质组分以满足规章要求或者响应关心的特定的水质问题。

水箱内部取得的水样通常从水箱顶部的舱口取出。当对高位水箱或者水塔采样时，应确保攀爬和采样操作的安全性，此时安全问题变得更为重要。

示踪研究

水箱内的示踪研究与供水系统内的示踪研究的服务目的相似，即确定该容器的水体流动。在一项水箱示踪研究中，将某种化学示踪物质添加到该入流水体中并且通过分析该储水水箱内或者其出流水中的示踪物质来监测水体的运动情况。水质采样研究通常与示踪研究结合进行。

供水系统水箱和水库的示踪剂研究可以提供关于储水设施内水体停留时间的信息、混合情况及入流和出流情况。其目的是为了确定进入水库的流入水体如何混合以及随后流出该设备。此外，示踪剂研究数据可用于开发、校核或者验证计算流体动力学（CFD）模型或者物理尺度模型。当一个给定的水库存在这些模型时，在对储水设备进行一项昂贵的全尺寸的改变之前可以对设计或者运行方面的修改进行测试。

Grayman 等（2000）描述了一个与示踪剂研究计划相关的程序。其包括示踪剂化学物的选取和注入、执行该项研究的后勤考虑以及收集辅助性水力和水质数据。下面将讨论这些问题。

示踪剂化学物 最常使用的示踪剂化学物包括氟化物和盐溶液（氯化钙、氯化钠、氯化锂和氯化钾）。在美国，饮用水供水的可接受化学物通常要受限于国家卫生基金会（National Sanitation Foundation，NSF）已经核准的化学物或者已经由州管理机构核准的食物级化学物。重要的是应该确保该示踪剂物质不会对入流水体密度产生影响，因为这会导致容易产生被误解的结果。

示踪剂注入 逐步投加的注入方法通常用在供水系统储水设施上，将示踪剂在一个或者多个储水设备充水期间以相对恒定的浓度注入到储水设备的入流水体中。注入点应该离该水库入口足够远，这样该示踪剂在进入这个水库之前能够与入流水体充分混合，但是该注入点也要离水库足够近，这样示踪剂不会直接进入供水系统。在水进入水库之前注入点的下游要有一个采样龙头，这样进入该储水设备的实际示踪剂浓度可以被监测到。

示踪剂投加剂量 应该计算示踪剂的投加剂量，这样水箱中的浓度变化可以清楚地检测出来。而不会导致浓度超出规定要求。

检测位置和频率 应该在水箱的入口或者出口处监测或者提取水样，理想情况下，在该设备内部位置也要提取样本。如果怀疑设备中有分层现象，则在不同的深度采样是重要的。设备内部的采样通常受限于可达的采样点和永久采样点的位置。如果提取水样，大概每小时一次的采样频率通常已经满足水箱入口采样水龙处在水箱充水期间的采样要求，但对水箱出流期间的采样，此频率偏小。对于自动监测器，建议采用更大的采样频率。采样应该持续几个水箱的充/放水循环，或者直到该水库中的水接近该示踪化学物的背景浓度之前，都应该进行采样。

许可授权 美国各个州的相关机构对于投加示踪剂的政策有很大的不同。例如，有些州可能不允许投加氟化物，而另外一些州可能不允许停止投加正常剂量的氟化物。在执行示踪剂研究之前，从所在州的管理部门获得书面许可是一个好的做法。

流量测定 入流流量和出流流量对于评估该水库的行为和解释示踪剂结果是必要的。如果水库是以充水和放水的模式运行（有别于同时发生入流和出流情况），入流流量和出流流量可以在该研究期间通过水位测量估计。对于同时充水和放水以及需要更精确流量的情况，可以在入口或者出口处使用流量计。

温度监测

水箱或水库内的温度变化可能影响该设施内的混合特征，在极端情况下，会导致分层现象发生。温度的空间和时间的变化是源于入流水温的变化、水箱内的温差导热和不充分的混合。水箱或者水库内的流量模式有时候会受到1.0℃以内温差的影响。水平方向和竖直方向的温度都会有变化，而且可能随着充水和放水的周期过程，在几天甚至不同季节之间，发生变化。

温度可以使用温度计或探针手工测量，或者采用热敏电阻和数据记录器自动测量。人工测量温度成本较低，并且很容易实现，但是在长期采样情况下劳动量过大。自动测定温度需要借助价值数千美元的仪器。采取任何一种方法，温度测量都应该十分准确（如果可能的话应接近 0.1℃），这是因为很小的温度变化通常都会观察到。

对于手工采样，样本通常可以从采样龙头处得到或者采用水泵、采样仪器从不同采样点得到。使用泵或者深度采样器从不同的深度采集样本要求在水库或水箱上部通过采样器进行样品收集。

长期的温度测量可以使用由一系列热敏电阻和一个数据记录仪组成的设备来进行。这些热敏电阻放在所要求的深度并与一个数据记录仪连接，该记录仪以一个预设的频率（通常每 15～60min 就足够了）来读取读数。图 5.16 是一系列热敏电阻和一个数据记录仪的示意表示。在此，热敏电阻与一个链条相连接并且设定特定的深度。另有热敏电阻连接到浮筒上以测量当水位变化时在水位下方固定预设深度处的水温。对于水箱在冬季会发生结冰的地区，内部采样设备应该在冬季前撤除。

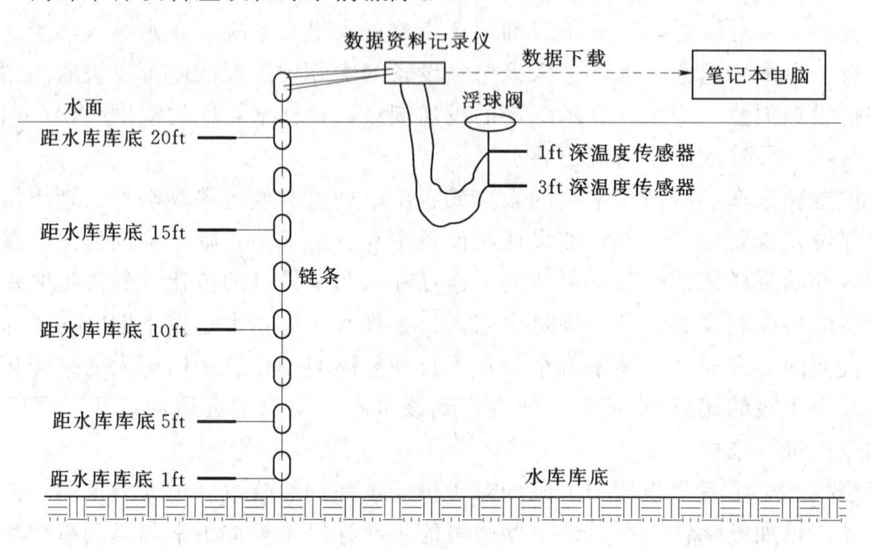

图 5.16　典型的电热调节器：温度观测的数据资料记录仪外形

5.8　校核数据的质量

用户有时会试图校核流速和水头损失非常低，而水力坡度线相当平坦的模型。在这些情况下，系统中的水头几乎与边界条件处的相同，这样粗糙系数或者需水量几乎为任何值都产生相似的结果（Walski，2000）。McBean、Al-Nassari 和 Clarke（1983）使用一阶分析以确定模型校验中有用的现场数据所需的压力测量精度。

对于第 2 章所述的水头损失计算公式（见 2.4 小节中“海曾-威廉公式”），该水头损失很大程度上取决于流量和 C 值。绝大多数校验模型最终都归结为根据如下公式调整如 C 值：

$$C=\frac{k(Q\pm\Delta Q)}{(h_L\pm\Delta h_L)^{0.54}} \tag{5.20}$$

式中　C——海曾-威廉系数；

k——取决于单位和供水系统的系数；

Q——估计流量，gal/min 或 m^3/s；

ΔQ——流量 Q 的测量误差，gal/min 或 m^3/s；

h_L——摩擦阻力水头损失，ft 或 m；

Δh_L——摩擦水头损失测量误差，ft 或 m。

如果流量和水头损失很小，测量这些量值时的误差会与这些量值本身处于同一数量级，则这些量值在校核的时候就没有多大的使用价值。如果采用这些值，通过校验得到的参数会很差。

成功校核的关键是加大流量和水头损失的值，这样，这些值会远大于误差。最好的方法是如 5.2 小节中所述的那样进行消火栓测试。如果模型在正常需水量和消防用水量情况下吻合良好，那么用户就有信心将该模型应用于其他情况。

对于大型管线［如大于 16in(400mm)］，消火栓测试不会产生大的流速。对于这些大型管线，工程人员需要创造相应的水头损失条件，可以采用测量很长的管线或者通过允许水箱水位大幅降低然后向该水箱迅速充水来人为地增加流量。图 5.17 展示了一个消火栓流量测试。

图 5.17　消火栓流量测试

优化校核的影响　如果能够得到功能强大的优化软件（见 7.3 小节中“自动校核方法”），其可以精确地、自动地校核一个供水模型，这甚至比获得高质量的现场数据更为重要。优化软件是要受到现场测量数据支配的。如果有非常优良的现场测量的水头损失数据，优化程序可以给出良好的校核结果，包括管线粗糙系数、需水量和管网单元状态。然而，由于水头损失测量中的错误，该优化程序将会给出容易误解的校核结果，这是因为其很难对好的和坏的现场测量数据进行分别。

方程（5.20）中分母的作用是在校核中所使用数据可接受性的基本准则的一个关键，如式（5.21）中所示。正如水头损失逼近实际的水头损失存在的误差那样，对应计算水头损失的观测资料的有用性也会降低。

$$h_L \gg \Delta h_L \tag{5.21}$$

这个规则对于手工或者自动校核中的数据估计都是适用的，但是对于自动校核特别重要。对于手工校核，*HGL* 值用来核实结果，奇异数据将会被忽视。然而，对于自动校核优化，每一个 *HGL* 观测都要处理为是正确的，否则会产生出基于错误值的方案，而优化程序则认为是最优的方案。因此，只有符合方程（5.21）所述标准的 *HGL* 观测资料才可以用于校核。

当水头损失很小时，收集的数据可以用于检验粗糙系数和需水量是否是错误的，但是不能用来确定哪个值是正确的。例如，在低需水量期间，如果测得的水压是 65lb/in^2（448kPa）而模型预测为 75lb/in^2（517kPa），用户就可以确定模型出了某种问题（通常不可能是粗糙系数或者需水量）。但是如果模型预测为 65lb/in^2（448kPa）而测定模型也是

65lb/in² (448kPa)，用户不能得出该模型是正确的，这是因为错误的粗糙系数和需水量也可能产生这种结果。

使这个问题变复杂的是尽管模型使用者对整个系统中的水压或者 *HGL* 值有准确的认识，但其通常不会以两点之间的水头损失来考虑问题。例如，一个模型工作人员可能知道系统的某一部分的压力为 50psi (340kPa)，并且该区域的 *HGL*=960ft (293m)，但是很少会直觉感到在该处和邻近的水箱之间会存在多大的水头损失。

【例 5.2】 *C* 值的灵敏度分析。

对于一个给定的供水系统，流量误差通常不会大于流量测定值，因此方程 (5.20) 可以被简化，水头损失可以与 *C* 值关联：

$$C=\frac{k}{(h_L \pm \Delta h_L)^{0.54}}$$

很明显，当与实际水头损失所对应的误差项变大时，任何所计算的 *C* 值确信范围也变大。例如，如图 5.18 所示的系统，在边界点和测量点之间的实际 *C* 值为 100，水头损失为 10ft (或 m)，其确信范围较大，因而其不能在测量水头损失时误差较小而产生一个大的 *C* 值变化。例如，如果水头损失为 10ft 而测定时的误差为 5ft，则只能推知 *C* 值是介于 124～69 之间的某个值。另一方面，如果水头损失为 40ft，而测定误差为 2ft，则 *C* 值介于 103～97 之间。

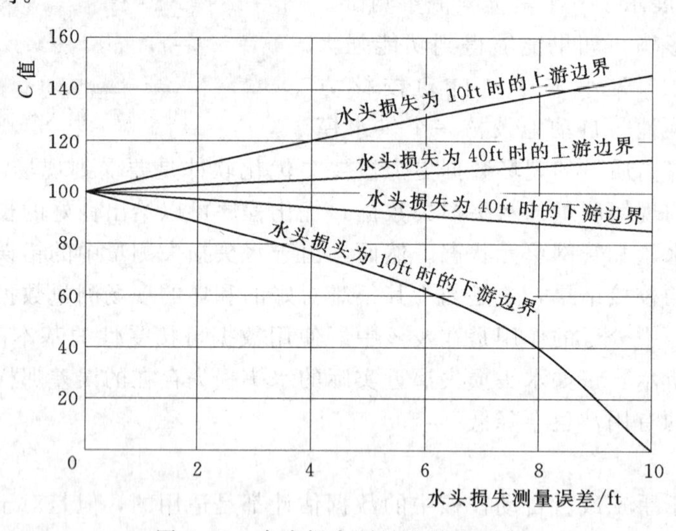

图 5.18　水头损失测量误差的影响

校核数据中的误差源　式 (5.21) 所提供的不等式可以看作筛选数据用于自动校核的一个基本规则，并且其可以通过增大左边项或者减小右边项来得到满足。右边项的误差主要是由于压力读数、高程或者边界条件数据的不精确造成的，现讨论如下。

- 压力读数：压力表必须精确且可以读到＋/－1psi (6.8kPa)，并且最好比这个更精确。假使整个校准过程有疑问，即使是高质量的压力表也会超出校准值几个单位，因此压力表必须经常进行校准。

- 高程：高程数据往往是最大的误差来源，然而，不同于压力数据，一旦精确地建立了一个高程数据，它就不会随时间而变化。用于普通模型节点的高程数据会有相当大的误差但仍然是有用的；然而，用于校核时就应精确到1ft（0.3 m）以内。这意味着应该通过调查确定压力表（非地面）的高程，可以使用一个高质量的全球定位系统（GPS）或者使用来源于1ft（0.3m）精度级的数字正摄影像的等高线图（Walski，1998）。其他高程数据的可能来源是所调查的排水管道井盖的高程，如果这些高程考虑了精度，并且是从经过校准的、足够精确的高质量高度计上读数的，那么这些高程也可以使用。
- 在流量测试期间的SCADA数据：某些工程师对SCADA数据深信不疑。然而，SCADA数据可能是从不精确的传感器在不准确的高程处采集来的。关于SCADA数据，Akel（2001）指出尽管其数据是数字化生成的，但不能排除是一个误差源。SCADA数据在数据传输和获取间隔时间内也可能会有误差。绝大多数SCADA系统并非不间断地与传感器连接，而是周期性地（时间间隔从数秒到数分钟不等）获取该传感器数据。因此，在SCADA上显示的压力可能并不是对应于系统即时时刻的压力（关于SCADA数据的误差来源的更多信息见第6章）。
- 流量测试期间的图表记录器：图表记录器在获取流量测试数据时存在类似的问题。由于图移速度是慢的，消火栓流量测试通常表现为一条竖直线。如果该测试不是长时间运行，从图表记录器上得到一个准确的流量测试压力读数是不可能的。在流量测试期间，由操作人员观测相关的消火栓、泵站和控制阀处的压力表是观测压力数据最为安全的方法。如果人员足够，最好在测试期间，在关键的压力控制阀和水泵站处安排人员读取压力表读数。在一个流量测试中，具有相当高的数据采集速度的数据记录仪可能也用于采集压力和流量读数。在流量测试期间，消火栓的启闭要有足够长的时间，这样可以消除所有的瞬变效应，否则其可能会掩盖实际的数据，这一点是要注意的。在流量测试期间，压力调节阀门可能也要用一段时间来完成调节。
- 水箱水位：操作人员通常更容易关注水箱水位的波动而不是该水位的精度。因此，发现水箱水位的读数会相差几英尺并非没有可能。在校核数据采集之前需要先检查水箱水位传感器。此外，当读取压力数据时，必须即时读取水箱水位和水泵状态。当数据收集时，使用水箱在下午期间的平均水位会导致校核中的错误。

如果认识到优化校核的好处，模型工作人员需要仔细的规划数据收集过程，并认识到优化校核可能并不是最好的选择。例如，在某些情况下，如大型输水干管，可能在管线上进行C值测试并采用该值更好，而不是进行最优化校核。虽然最优化程序可以大大简化校核所需的调整工作，但是该软件没有判断和忽略可疑数据的能力。确保模型输入精确和有用的数据是用户的职责。

参考文献

Akel, T. (2001). "Best Practices for Calibrating Water Distribution Hydraulic Models." *Proceedings of the AWWA Annual Conference*, American Water Works Association, Washington, D. C.

American Water Works Association (1989). "Installation, Field Testing, and Maintenance of Fire Hydrants." *AWWA Manual M-17*, Denver, Colorado.

Clark R. M., and Grayman, W. M. (1998). *Modeling Water Quality in Drinking Water Distribution Systems*. AWWA. Denver, Colorado.

Clark, R. M., Grayman, W. M., Goodrich, R. A., Deininger, P. A., and Hess, A. F. (1991). "Field Testing Distribution Water Quality Models." *Journal of the American Water Works Association*, 84 (7), 67.

Grayman, W. M. (2001). "Use of Tracer Studies and Water Quality Models to Calibrate a Network Hydraulic Model." *Current Methods*, 1 (1), Haestad Methods, Inc, Waterbury, Connecticut.

Grayman, W. M., Rossman, L. A., Arnold, C., Deininger, R. A., Smith, C., Smith, J. F., and Schnipke, R. (2000). "Water Quality Modeling of Distribution System Storage Facilities," AWWA and AWWA Research Foundation, Denver, Colorado.

Grayman, W. M., Rossman, L. A., Li, Y., and Guastella, D. (2002). "Measuring and Modeling Disinfectant Wall Demand in Metallic Pipes." *Proceedings of the ASCE Environmental Water Resources Institute Conference*. American Society of Civil Engineers. Roanoke, Virginia.

Hudson, W. D. (1996). "Studies of Distribution System Capacity in Seven Cities." *Journal of the American Water Works Association*, 58 (2), 157.

Insurance Service Office (ISO) (1963). *Fire Flow Tests*. New York, New York.

Lamont . P. A. (1981). "Common Pipe Flow Formulas Compared with the Theory of Roughness." *Journal of the American Water Works Association*, 73 (5), 274.

McBean, E. A., Al-Nassari, S., and Clarke, D. (1983). "Some Probabilistic Elements of Field Testing in Water Distribution Systems." *Proceedings of the Institute of Civil Engineers*, Part 2, 75-143.

McEnroe. B. M., Chase, D. V., and Sharp. W. W. (1989). "Field Testing Water Mains to Determine Carrying Capacity." *Miscellaneous Paper EL-89*, U. S., Army Engineer Waterways Experiment Station, Vicksburg, Mississippi.

Morin. M. . and Rajaratnam, I. V. (2000). *Testing and Calibration of Pitot Diffusers*. University of Alberta Hydraulics Laboratory, Alberta, Canada.

Ormsbee, L. E., and Lingireddy, S. (1997). "Calibrating Hydraulic Network Models." *Journal of the American Water Works Association*, 89 (2), 44.

Rossman, L. A., Clark. R. M., and Grayman, W. M. (1994). "Modeling Chlorine Residuals in Drinking-Water Distribution Systems." *Journal of Environmental Engineering*, ASCE, 120 (4), 803.

Sharp. W. W., and Walski, T. M. (1988). "Predicting Internal Roughness in Water Mains." *Journal of the American Water Works Association*, 80 (11), 34.

Summers. R. S., Hooper, S. M., Shukairy, H. M., Solarik, G., and Owen, D. (1996). "Assessing DBP Yield: Uniform Formation Conditions." *Journal of the American Water Works Association*, 88 (6), 80.

Vasconcelos, J. J., Rossman, L. A., Grayman, W. M., Boulos, P. F., and Clark, R. M. (1996). *Characterization and Modeling of Chlorine Decay in Distribution Systems*. AWWA Research Foundation, Denver, Colorado.

Walski, T. M. (1984). *Analysis of Water Distribution Systems*. Van Nostrand Reinhold, New York, New York.

Walski, T. M. (1984b). "Hydrant Flow Test Results." *Journal of Hydraulic Engineering*, ASCE,

110 (6), 847.
Walski, T. M. (1985) . "Correction of Head Loss Measurements in Water Mains." *Journal of Transportation Engineering*. ASCE, 111 (1), 75.
Walski, T. M. (1988) . "Conducting and Reporting Hydrant Flow Tests." *WES Video Report*, U. S. Army Engineer Waterways Experiment Station, Vicksburg, Mississippi.
Walski, T. M. (1998) . "Importance and Accuracy of Node Elevation Data." *Essential Hydraulics and Hydrology*. Haestad Press, Inc. , Waterbury, Connecticut.
Walski, T. M. (2000) . "Model Calibration Data: The Good, The Bad and The Useless." *Journal of the American Water Works Association*, 92 (1), 94.
Walski, T. M. , Edwards, J. D. , and Hearne, V. M. (1989) . "Loss of Carrying Capacity in Pipes Transporting Softened Water with High pH." *Proceedings of the National Conference on Environmental Engineering*, American Society of Civil Engineers, Austin. Texas.
Walski, T. M. , Gangemi, Kaufman, and Malos. (2001) . "Establishing a System Submetering Project." Proceedings of the AWWA Annual Conference. Washington, DC.
Walski, T. M. , and Lutes. T. L. (1990) . "Accuracy of Hydrant Flow Tests Using a Pitot Diffuser." *Journal of the American Water Works Association*, 82 (7), 58.
Walski, T. M. , and O'Farrell, S. J. (1994) . "Head Loss Testing in Transmission Mains." *Journal of the American Water Works Association*, 86 (7), 62.
Water and Environment Federation (WEF) . (1997) . "Energy Conservation in Wastewater Treatment Facilities." *WEF Manual of Practice MFD* - 2, Alexandria, Virginia.
Wright, C. , and Nevins, T. (2002) . "In-situ Tracer Testing for Determining Effective Inside Pipe Diameters." *Proceedings of the ASCE Environmental Water Resources Institute Conference*, American Society of Civil Engineers. Roanoke, Virginia.

讨论话题与习题

学习本章并且完成全部习题。将你的成果提交给 Haestad Methods，就能获得 11.0 继续教育学分。参见继续教育单元或登录网站 www. haestad. com/awdm-ceus/，可以获得更多信息。

5.1 采用英制单位：根据下表给出的压力表读数，计算每一个消火栓的 *HGL*，完成下表。

消火栓编号	高程 /ft	压力表读数 /(lb/in²)	*HGL* /ft
FH—1	235	57	
FH—5	321	42	
FH—34	415	15	
FH—10	295	68	
FH—19	333	45	
FH—39	412	27	

采用 SI 制单位：根据下表给出的压力表读数，计算每一个消火栓的 HGL，完成下表。

消火栓编号	高程 /m	压力表读数 /kPa	HGL /m
FH—1	71.6	393	
FH—5	97.8	290	
FH—34	126.5	103	
FH—10	89.9	469	
FH—19	101.5	310	
FH—39	125.6	186	

5.2 采用英制单位：如下图所示，用一个水箱收集消火栓的流量。水箱长 50ft、宽 30ft、深 12ft。如果用 90min 充满容器水深 10ft，求消火栓的平均出流量？

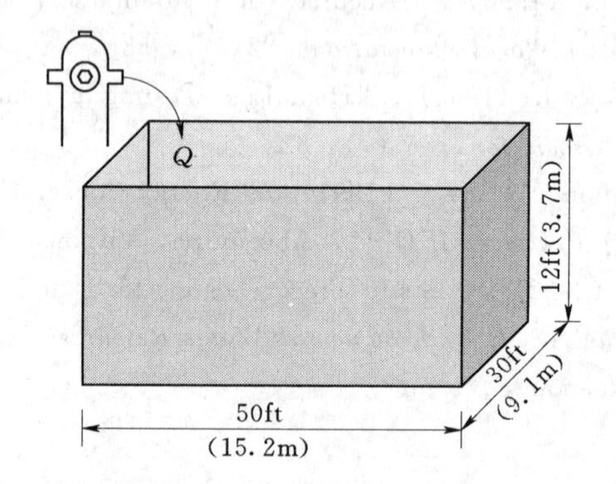

采用 SI 制单位：如上图所示，用一个水箱收集消火栓的流量。水箱长 15.2m、宽 9.1m、深 3.7m。如果用 90min 充满容器水深 3.0m，求消火栓的平均出流量？

5.3 采用英制单位：如下图所示，用 4 个消火栓进行消火栓消防流量试验。在消火栓放水之前，记录的剩余消火栓处的静压是 93lb/in²。下表给出了流量试验的数据，计算每一个消火栓的流量并完成下表。流量从 2.5in 喷嘴直接喷出，每一个消火栓都有圆边入口，入口处喷嘴接到消火栓筒上。

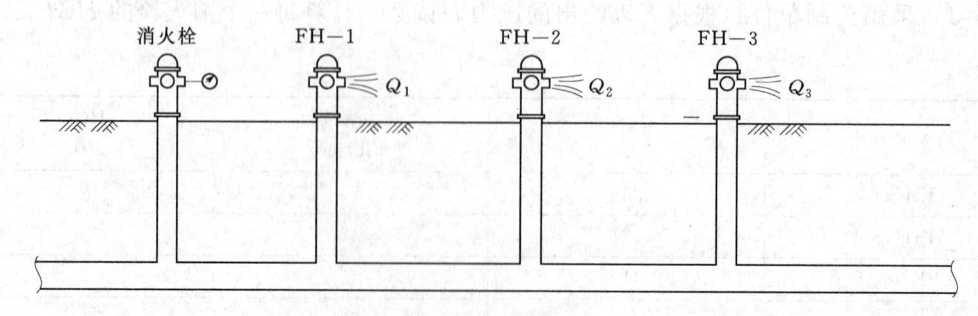

(1) 你认为收集的消防流量试验的数据能够用于水力模拟模型吗？为什么行？或为什么不行？

（2）根据消防流量试验结果，你认为消火栓是在输水管线上还是在供水管线上？

（3）这些试验结果与接近水源（如水箱）的输水试验结果一致还是远离水源的结果一致？

（4）如果需要在最小剩余水压 20lb/in^2 条件下的消防流量是 3500gal/min，在这个位置上这一系统有能力输送足够的消防流量吗？

	剩余压强/(lb/in^2)	毕托管读数/(lb/in^2)	消火栓流量/(gal/min)
剩余消火栓编号	88	N/A	
FH—1	N/A	58	
FH—2	N/A	52	
FH—3	N/A	Closed	

	剩余压强/(lb/in^2)	毕托管读数/(lb/in^2)	消火栓流量/(gal/min)
剩余消火栓编号	91	N/A	
FH—1	N/A	65	
FH—2	N/A	Closed	
FH—3	N/A	Closed	

	剩余压强/(lb/in^2)	毕托管读数/(lb/in^2)	消火栓流量/(gal/min)
剩余消火栓编号	83	N/A	
FH—1	N/A	53	
FH—2	N/A	51	
FH—3	N/A	48	

采用 SI 制单位：如前图所示，用 4 个消火栓进行消火栓消防流量试验。在消火栓放水之前，记录的剩余消火栓处的静压是 641kPa。下表给出了流量试验的数据，计算每一个消火栓的流量并完成下表。流量从 64mm 喷嘴直接喷出，每一个消火栓都有圆边入口，入口处喷嘴接到消火栓筒上。

（1）你认为收集的消防流量试验的数据能够用于水力模拟模型吗？为什么行？或为什么不行？

（2）根据消防流量试验结果，你认为消火栓是在输水管线上还是在供水管线上？

（3）这些试验结果与接近水源（如水箱）的输水试验结果一致还是远离水源的结果一致？

（4）如果需要在最小剩余水压 138kPa 条件下的消防流量是 220L/s，在这个位置上这一系统有能力输送足够的消防流量吗？

	剩余压强/kPa	毕托管读数/kPa	消火栓流量/(L/s)
剩余消火栓编号	627	N/A	
FH—1	N/A	448	
FH—2	N/A	Closed	
FH—3	N/A	Closed	

	剩余压强/kPa	毕托管读数/kPa	消火栓流量/(L/s)
剩余消火栓编号	607	N/A	
FH—1	N/A	400	
FH—2	N/A	359	
FH—3	N/A	Closed	

	剩余压强/kPa	毕托管读数/kPa	消火栓流量/(L/s)
剩余消火栓编号	572	N/A	
FH—1	N/A	365	
FH—2	N/A	352	
FH—3	N/A	331	

5.4　采用英制单位：如下图所示，在直径 8in、长 650ft 的 PVC 管道上进行 2 个测压表的水头试验。管道建于 1981 年。从出流消火栓排出的流量是 1050gal/min。从试验获得的数据列于下表。

消火栓编号	高程/ft	压强/(lb/in^2)
消火栓 1	500	62
消火栓 2	520	57

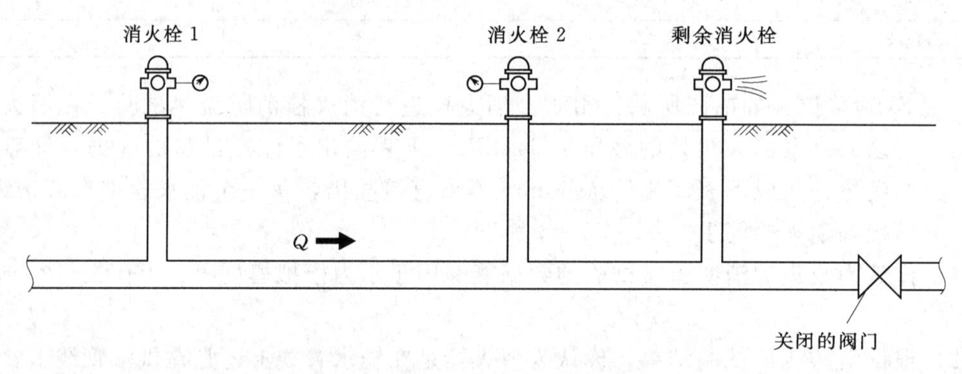

(1) 能够用水头损失试验的结果确定管道内部的水头损失吗？为什么能？为什么不能？

(2) 如果结果不能用，引起问题最可能的原因是什么？

采用 SI 制单位：如上图所示，在直径 203mm、长度 198m 的 PVC 管道上进行 2 个测压表的水头试验。管道建于 1981 年。从出流消火栓排出的流量是 66.2L/s。从试验获得的数据列于下表。

消火栓编号	高程/m	压强/kPa
消火栓 1	152	428
消火栓 2	158	393

（1）能够用水头损失试验的结果确定管道内部的水头损失吗？为什么能？为什么不能？

（2）如果结果不能用，引起问题最可能的原因是什么？

5.5　采用英制单位：如习题5.4所示，在相同的直径8in、长度650ft的PVC管道上进行不同的2个测压表的水头试验。在这个试验中，在第一个消火栓的压力是65lb/in^2，在第二个消火栓的压力是40lb/in^2。从出流消火栓排出的流量是1350gal/min。

（1）能够用水头损失试验的结果确定管道内部的水头损失吗？为什么能？为什么不能？

（2）在这条管道上的海曾-威廉系数C是多少？

（3）这个试验的结果能够帮助率定供水系统吗？

（4）这是PVC实际的粗糙系数值吗？

采用SI制单位：如习题5.4所示，在相同的直径203mm、长度198m的PVC管道上进行不同的2个测压表的水头试验。在这个试验中，在第一个消火栓的压力是448kPa，在第二个消火栓的压力是276kPa。从出流消火栓排出的流量是85.2L/s。

（1）能够用水头损失试验的结果确定管道内部的水头损失吗？为什么能？为什么不能？

（2）在这条管道上的海曾-威廉系数C是多少？

（3）这个试验的结果能够帮助率定供水系统吗？

（4）这是PVC实际的粗糙系数值吗？

5.6　下表给出了氯衰减瓶装试验的结果。计算这个水样的体积反应率系数。

时间/h	0	3	6	9	12	15	18	21	24	27	30	33	36	39	42	45	48	51	54	57	60
浓度/(mg/L)	1.5	1.4	1.2	1.0	1.0	0.9	0.7	0.7	0.6	0.5	0.5	0.5	0.4	0.4	0.3	0.3	0.3	0.3	0.2	0.2	0.2

5.7　采用英制单位：水泵试验的数据示于下表。幸运的是，这个水泵的入口端和出口端都有压力旋塞。入口端管道的直径为12in，出口端管道的直径为8in。画出这个水泵的水头—流量曲线。

入口压强/(lb/in^2)	出口压强/(lb/in^2)	水泵流量/(gal/min)
10.5	117	0
10.1	116	260
9.3	114	500
8.7	111	725
7.2	101	1250
5.7	93	1500
4.4	85	1725
3.0	76	2000
1.6	65	2300
−0.2	53	2500
−2.0	41	2700

采用 SI 制单位：水泵试验的数据示于下表。幸运的是，这个水泵的入口端和出口端都有压力旋塞。入口端管道的直径为 300mm，出口端管道的直径为 200mm。画出这个水泵的水头—流量曲线。

入口压强/kPa	出口压强/kPa	水泵流量/(L/s)
72.4	803	0
69.6	798	16.4
64.1	784	31.5
60.0	764	45.7
49.6	694	78.9
39.3	644	94.6
30.3	586	108.8
20.7	522	126.2
11.0	451	145.1
−1.4	366	157.7
−13.8	283	170.3

5.8　在直径 12in、长 350ft 的管道上进行 C 系数试验，上游压力表标高为 520ft，下游压力表标高为 524ft。

(1) 可以重新整理海曾-威廉公式，以便求解 C：

$$C=KQ/h_L^{0.54}$$

式中　C——海曾-威廉系数；

K——常数；

Q——流量，gal/min；

h_L——阻力水头损失，ft。

如果长度用 L(ft) 表示和管径用 D(in) 表示，K 的表达式是什么？在这个问题中 K 所有的因素都是常数，确定 K 的数值。

(2) 如果水头损失 (h) 和高程 (z_1 和 z_2) 以 ft 计，压强 (P_1 和 P_2) 以 lb/in^2 计。上游和下游压力表之间的水头损失的表达式是什么？

(3) 高程测量误差接近 0.01ft，压力表精度为±1psi。打开下游消火栓排出流量 800gal/min（精度±50gal/min），上游压强为 $60lb/in^2$，上游压强为 $57lb/in^2$。确定实际海曾-威廉系数 C 的可能范围，并且填写下表。

注意：对于最粗糙情况可能的 C 系数，用流量 800～50gal/min 和水头损失 $h+5$ft。对于最平滑情况可能的 C 系数，用流量 800＋50gal/min 和水头损失 $h-5$ft。

	最粗糙情况可能的 C 系数	最平滑情况可能的 C 系数
Q/(gal/min)		
h/ft		
C		

(4) 根据这个试验能计算大约的 C 系数吗？

(5) 在这个问题中，那个测量对误差的影响较大？水头损失还是流量？

(6) 如果重新进行试验，如何改进这个试验？

5.9 采用英制单位：在一个新工业区要接入的干管上进行消火栓流量试验。在野外获得 2.5in 口径喷嘴的消火栓流量试验的值。首先，采用公式（5.1）确定 0.90 流量系数的消火栓出流量。

使用如下公式：

使用 5.2 小节中题为“用消火栓试验评价供水能力”中给出的公式确定现在的系统是否能为新工业区输送 1200gal/min 的消防流量。

公式如下：

$$Q_r = Q_r\left(\frac{P_s - P_r}{P_s - P_r}\right)^{0.54}$$

消火栓编号	静水压强	剩余压强	毕托管压强
200	48lb/in^2	33lb/in^2	12lb/in^2

采用 SI 制单位：在一个新工业区要接入的干管上进行消火栓流量试验。在野外获得 2.5in 口径喷嘴的消火栓流量试验的值。首先，采用公式（5.1）确定 0.90 流量系数的消火栓出流量。

使用如下公式：

使用 5.2 小节中题为“用消火栓试验评价供水能力”中给出的公式确定现在的系统是否能为新工业区输送 75.7L/s 的消防流量。

消火栓编号	静水压强	剩余压强	毕托管压强
200	331kPa	227.5kPa	82.7kPa

5.10 一个自来水公司在标准管径 8in 的管道上完成 C 系数试验，并且计算的 C 系数为 40。后来，试验表明由于服务期间结核形成的影响，实际的管径是 6in。采用正确的管径，纠正后的 C 系数会是多少？如果在管道中的流量是 200gal/min（0.446ft^3/s），使用 8in 标准管径和 6in 实际管径，流速各是多少？

5.11 进行氯的现场试验，估计 6in 管径（实际管径）、1500ft 长管道的管壁需氯量。试验期间的流量是 300gal/min。根据瓶装试验确定氯的水体衰减率为－0.2/d。试验期间管段的上游和下游段的余氯测量值分别为 0.80mg/L 和 0.55mg/L。计算下面的值：流速、流行时间、单独由水体需氯量造成的氯损失和由管壁需氯量造成的氯损失（即观测的氯损失和由水体氯衰减造成的氯损失之间的差）。接着建立如下图所示的这个管道的模型并反复运算模型找出产生检测的氯损失的管壁需氯量系数。假设水温为 15℃。

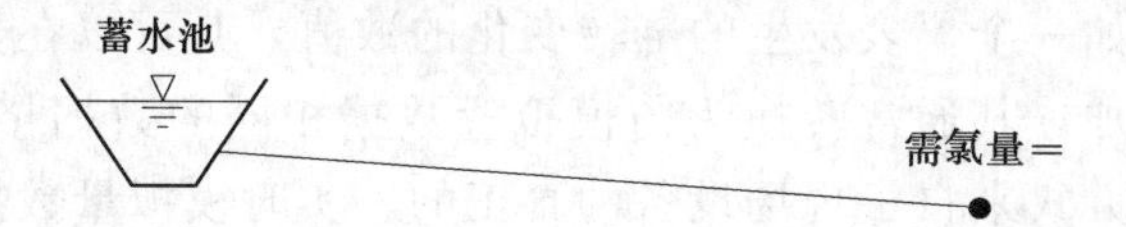

第6章

水力模型中SCADA数据的使用

管理控制与数据采集（SCADA）系统可使运行人员能够远程观察实时测量信息，例如某个水箱中的水位，以及远程操作管网单元构件，如水泵和阀门。SCADA系统可设置为当供水系统内的一个错误被确认时，在中央主机处发出警报。其也能用来保存系统内不同变量的时间行为的历史记录，如水箱和水库的水位。附录E是对SCADA系统及其组件的深入介绍。

当使用SCADA数据工作的时候，模型工作人员通常能够访问更多的数据，但却不容易处理它们。例如，模型工作人员可能掌握几周的数据并从中选择用来校核一个EPS模型，因而必须在其中选择一天或多天的代表性数据用来作为校核的基础。从这些可能的几个数据源所包括的数以千计的数字中，选择最好的模型分析时间区间是非常困难的。通常，所有仪器同时正确运行的工作日是不存在的，所以一般选择问题最少那天作为分析基础。

用SCADA数据工作还会产生的问题是读数错误、时间量程错误或数值遗漏可能在大量的原始数据中不容易发现。幸运地是，模型工作人员能够使用一些程序将SCADA数据汇编并组织成为一个更可用的格式，通常是电子表格的形式。使用这些程序生成的表格和曲线图，可以直接应用到一系列的应用中，包括EPS模型校核、系统运行预警和估计干管爆裂期间的漏损水量。

本章提供处理这些问题的方法，并且讨论SCADA数据类型、不同的数据收集技术和格式，在SCADA数据中错误的解释和校正、SCADA数据有效性的确认，以及其他以建立水力模型为目的的处理和管理SCADA数据的常见过程。

6.1 SCADA数据类型

从SCADA系统接收的数据有以下几种：

- 模拟量数据（实数）：模拟量数据通常以整数或者IEEE浮点数字表示（根据IEEE标准，它们在小数点前后没有固定位数）。它可能被用于表示趋势（将其置于随时间变量变化的图中）或者用于产生警报，数据会表明一种异常的情况。
- 数字数据（运行/停止或者打开/关闭）：数字数据可能用于根据该数据所反映的状态量（运行/停止或者打开/关闭）而发出警报。
- 脉冲数据：例如一个仪表发生的翻转变化的数值，其可以在数据采集点或SCADA中央主机上累加。其通常转换为与模拟量数据相同的数据格式；然而，它们本质上是以不同的方式来自于现场设备的真正的、实时模拟量数据。
- 状态比特位（标志位）：状态比特位通常是与模拟量数据相伴的。例如，如果

SCADA 系统认为一个数据可能无效，那么一个数据标志位可以与一个模拟量数据输入相伴，用于标志该数据的无效性。

虽然，SCADA 数据对于许多水力模型应用是有用的，但是 SCADA 数据的一般构成——基于时间的流量、压力、水位和设备状态记录——尤其适用于 EPS 分析。而且，恒态模型也能受益于 SCADA 数据。例如，该数据对于设定模型边界条件是有用的。对于应用于水力模型的任何信息，SCADA 数据要求要进行仔细的操作处理，以保持其可用性，而不能盲目地接受。

6.2 数据检查间隔时间和未处理数据

SCADA 系统通常部署在大面积的地理区域中，其间通过通信相连接，例如无线电或者电话线。与本地固定的计算机连接，这样的通信信道比较慢。因此，许多 SCADA 系统使用某些形式的数据采集时间安排以保持带宽。因此，数据通常不是从现场的所有设备上连续地采集，这样，对于一个 SCADA 系统，通常其是以平均值的形式显示模拟量数据，而不是以连续的瞬时值的形式来显示。从现场获取数据主要有以下两种方法：

- 中央主机“巡查”现场设备，提取现场数据。
- 现场设备发送“非请求”数据到中央主机。

使用水力模型帮助构建 SCADA

对于大多数情况，本书把 SCADA 作为数据源帮助支撑水力建模工作。然而，水力模型也能用于帮助 SCADA 操作员建立一个现有 SCADA 系统的控制或完全新建 SCADA 系统的安装。操作员在模型中能够实验出不同控制策略、决定新控制方式是否有改进、是否有负面影响，而不是用真实的供水系统进行实验。

在 SCADA 系统实际工作之前，通常使用 EPS 模型对诸如水箱水位和阀门状态等事件进行模拟对其进行测试。这些测试结果能够用于确定控制定点、水位和变频器装置。使用与 SCADA 系统人机界面相连接的模型输出，使得模拟大量实际时间组合成为可能，可以更好地测试 SCADA 系统。

在一个“被动巡查”系统中，SCADA 中央主机依次检查各个远程终端（RTUs，关于远程终端的更多信息见附录 E），每个远程终端按次序响应，报告最新的模拟量数据值、警报和设备状态（水泵是运行还是停止，阀门是开启还是关闭，等等）。如果没有状态变化发生，所检查的远程终端通过异常产生报告，在该异常中响应为“没有新情况报告”。如果发生一个状态变化，那么该远程终端会报告适当的信息。这个方法减少了对系统带宽的要求；然而，由于每个远程终端必须等待检查，每个检查周期的时间长度可能依赖于有信息要报告的远程终端的数量。许多系统可以设置为以固定的时间间隔检查选定的远程终端，以保证充足的时间让系统收集每个远程终端的所有数据。

在一个非请求响应的系统内，远程终端按要求以随机的方式产生所有的报告消息。通常，这些消息报告某个状态的变化或者某个故障，或只是简单地将数据传送到 SCADA 中央主机。该信息本身称为非请求数据，这是因为中央主机没有要求该数据。在这些系统中，远程终端下载一个模拟量数据值的集合以及保存在设备本地内存中的过去设备状态，但是其并不保证对中央主机非请求的回应。远程终端也可以设置为当数据内存已经达到完全容量时产生一个非请求的数据传送。

某些 SCADA 系统使用“巡查”和“非请求”相综合的一种响应机制。它们周期性地检查以确定现场设备的完好程度，而依靠“非请求”消息作为现场警报的载体传送到中央主机并显示，这些系统就是所谓的混合系统。混合系统的实践结果是在数据传回到中央主机之前，现场采集设备中的数据通常是被压缩的。这将使数据传输的拥挤最小化，最优地利用与通信信道相关的受限带宽，并且可以在现场的远程终端内存中保存更大量的数据。

6.3 SCADA 数据格式

SCADA 系统通常允许一些形式的数据传输到外部应用。举例来说，数据可能以 ASCⅡ文本或者一个电子表格文件的形式传输到一个专有的“数据历史”软件包。表 6.1 说明通过使用一个标准的 ODBC 连接（开放数据库互连），把已经从一个 SCADA 系统收集来的流量表和阀门位置信息的数据直接输入到一个 Excel 表格中。

一旦数据以表格的形式保存在一个电子数据表中，就可能通过对该数据进行操作以研究该设备或相关监控设备的行为。表 6.1 中流量随时间的测量可以用来估计控制该流量通过该管线的阀门的运行情况。

表 6.1　　直接输入到电子数据表格的流量计数据

时间/(年-月-日　时：分)		流量/(mL/d)	闸门位置/(开度,%)
2001-08-22	21：56	8.52	10.00
2001-08-22	21：57	8.70	10.00
2001-08-22	21：59	8.70	10.00
2001-08-22	22：00	8.76	10.00
2001-08-22	22：01	8.76	10.00
2001-08-22	22：02	8.52	10.00
2001-08-22	22：14	8.52	18.40
2001-08-22	22：15	10.26	19.24
2001-08-22	22：16	13.20	20.08
2001-08-22	22：17	13.26	20.92
2001-08-22	22：19	13.26	22.61
2001-08-22	22：20	16.74	23.45
2001-08-22	22：21	17.58	24.29

续表

时间/(年-月-日　时：分)		流量/(mL/d)	闸门位置/(开度,%)
2001-08-22	22：22	19.32	25.13
2001-08-22	22：23	19.92	25.97
2001-08-22	22：24	19.68	26.81
2001-08-22	22：25	19.68	27.65
2001-08-22	22：26	22.62	28.49
2001-08-22	22：27	22.50	29.33
2001-08-22	22：29	22.50	31.01

6.4　管理SCADA数据

为了处理SCADA数据，模型工作人员必须浏览这些数据记录，将这些信息组织到与水力相关的组中，仔细地审查这些数据，识别并且解决潜在的问题（如时间问题、数据缺失等），而且得出一个模型的时间步长尺度用于EPS分析。

使用SCADA数据的第一个步骤是对从SCADA系统或从其他任何数据源下载的数据信息进行初步的检查。必须确认每个参数开始、结束的时间和日期，从而确定所有参数的最大共同的时间区间。数据记录中的明显错误，如空白或缺省值，应该会影响记录的时间范围的确定。

这时，将数据分为两组也是明智的：①在SCADA时间增量上的平均测量值；②在该SCADA记时打印机上的报告值。SCADA平均数据的范例是根据总计流量仪表（用来测量总流量的设备）所确定的泵站流量。SCADA计时打印机数据的范例是水箱水位或系统压力。这两种类型数据的差别在一些模型应用中是明显的，特别是准备每日需水量曲线时尤其如此。例如，某个传感器10：15：23时的压力为61.2psi可能是该时刻的即时压力或者是从前一次读数到现在时刻的平均压力。模型工作人员需要检查显示的是哪一个值。

在大型复杂系统中，SCADA数据应该组织成多个组，其通常对应于水力模型中各个压力区域对应的各个分布坡度。在某些情形下，可能需要将数个模型压力区域合并成一个SCADA数据组，这是因为SCADA数据不是在这些压力区域之间的水泵或者阀门处采集的。在SCADA数据组建立之后，为了要检查和确认这些SCADA记录，模型工作人员应该确认相匹配的记录，例如，某水泵站的流量、压力和水箱水位。注意：通常需要将某些系统设备放置在多个SCADA数据组中。例如，一个流量计记录可以表示一个压力区域的出流流量和第二个区域的入流流量。

6.5　SCADA数据错误

从SCADA系统获得的数据中的错误可能是由系统故障或者系统预定的停工时间所引

起的，并且这些错误可能包括趋势性数据中的数据间断，或者数字事件缺失，或者警报点缺失。以下各个部分主要集中讲述在某个 SCADA 系统正常运行期间从现场采集的模拟量数据的错误。这些错误可能不会影响配水系统模型的创建和调试，但是模型工作人员应该知道任何可能发生的数据错误，并且在比较模型结果与从 SCADA 系统获得的数据时考虑这些情况。

数据压缩问题

当在远程终端数据压缩的时候，常常造成 SCADA 中的数据错误。该数据压缩是为了减少在现场设备和 SCADA 中央主机之间传输的数据量，这样可以最好地利用与该通信线路相关的可用带宽。这种压缩的结果是从现场获得的趋势性模拟量数据可能不会连续地再现出实际的现场变量的行为。特别的，通过 SCADA 获得的数据可能不会像实际现场变量那样快速变化。重要的是该数据用户理解从某个使用的 SCADA 系统中获得的数据所固有的误差量度。例如，当使用 SCADA 数据作为模型确认时，在调试一个模型以充分反映有疑问的现场变量之前，理解所收集数据的质量是重要的。

通常的压缩技术使用各种不同的传输方法，但是只有当变量的行为有大的变化时才传输数据。例如，监测某个趋势变量对时间的梯度，并且只有当该梯度变化已经高于某个预设值的时候，才将数据信息传送到中央主机。其他的技术包括只有当变量已经超过该变量总变化幅度的某个预设的百分比时才会传输一个新的值。因而从一个 SCADA 系统获得的模拟量数据可能会存在“阶梯”行为，这不是精确地对应于现场变量的变化情况。这种行为都会发生，而无论信息是从检查现场数据中获得的还是从非请求的数据传输中得到的。

其他的 SCADA 系统可能在检查获得的现场数据之间或者在所传输的非请求的现场数据之间进行平均化。在这些范例中的每一个情形下，在 SCADA 运行人员的终端所显示的数据分辨率比现场变量的实际变化质量要低。因此，该数据的用户应该了解一个数据是否是即时的，是在何时采集的，或者是否是在查询间隔时间上的平均值。该数据的用户理解该数据收集的特定机制并且在分析该数据时将其考虑其中，这一点是重要的。

时间相关问题

在 SCADA 数据趋势中的其他错误来源可能是与时间相关的。当数据保存在现场内存中然后再传输到中央主机，如非请求数据传输那个范例，该 SCADA 系统可能使用一种“回填”机制。当该机制发生时，数据从远程终端中采集，然后在 SCADA 的中央主机中更新过去数据的趋势展示以显示数据值已经从现场上传。因此，存在在显示趋势中的这些值可能不会代表从现场来的完全记录的一个时间间隔，并且所显示的最近的数据仍然需要从最新的现场信息中得到更新。审视该数据的运行人员和模型工作人员应该知道“回填”机制可能会影响趋势数据过去的多长时间。实践中，数据可能直到更新时都显示为常数，在显示趋势不准确的时间区间是由该 SCADA 系统的配置设置的，这样做的目的是最优化通信带宽和现场数据内存的使用。

SCADA系统和水力模型集成：两个采样应用

在没有SCADA的位置估计参数

SCADA系统散布在整个服务区域的各个离散站点上监测配水系统的运行。然而，可能在配水系统中存在某些位置，如水表井，缺乏一个SCADA站点功能所要求的电力和通信连接。对于这些情况，其流量和压力可以从附近站点的SCADA信息中估计。当这些计算不复杂时，可以在该SCADA软件内执行这些计算(例如，可以通过从其他站点基于高程差偏移压力读数的方法计算)。然而，当情况更为复杂时，要求要有一个SCADA软件接口界面的水力模型以获得参数估计。

关于非SCADA位置信息的计算步骤包括如下：

- 从SCADA导出边界条件数据。
- 配置水力模型使其满足这些特定条件。
- 运行该模型。
- 审查结果或将结果从模型中返回到SCADA。

这种过程通常是自动化的并且伴随着SCADA系统和模型软件之间的某种动态数据链接而完成。

估计干管爆裂期间的水量损失

追踪在干管爆裂期间从系统中的出流水量有助于确定水量损失。通常，一个大的干管爆裂会显示在SCADA记录上，其表现为低的压力读数，莫名其妙的水箱水位降低，过大的水泵流量，或者其他莫名其妙的数据矛盾。

在管线爆裂时间点附近的时间周期内的SCADA信息可以下载到一个水力模型，然后，执行该模型模拟在爆管时刻的系统条件。

通过调整在爆管处的需水量（或者喷洒口喷洒系数）和尝试该爆管的不同起始时间和终止时间，模型工作人员应该可以将爆管期间的模型结果与SCADA记录相匹配，因而可以确定水量损失数量。然后，这些结果可以用于估计未计量用水。

数据回填机制是一项可以优化SCADA系统的有用功能，但是它会造成供水公司数据收集的困难。因此，当一个机构使用一个自动数据历史数据库产品以方便SCADA数据部署到供水公司范围的计算环境中的时候，该软件与所用SCADA系统的数据回填机制兼容是很重要的。这保证趋势数据对于该数据的其他用户不会丢失。

此外，在SCADA数据本身会发生与时间相关的错误。某些数据可能是瞬时的，该时间为中央SCADA主机接收数据的时间，而不是该数据在现场采集的时间。因此，事件和趋势的时间标记可能与现场实际事件发生的时间不相符合。如果一个SCADA系统是以这种方式配置行为，用户必须知道通信信道和各种不同的数据收集机制中存在的固有时间滞后。对于很多的SCADA系统，这种时间滞后可能只有几秒或者更少，但是对于具有大的远程数据内存的系统，在极端的环境下，时间差别可能会产生很大的误差，这种情况是可以想得到的。其结果是对事件和报警数据运用造成不便。

例如，考虑一个系统，当在SCADA中央主机接收到事件和警报信息时，给这些信息打上时间信息，而对于远程的SCADA站点则配置为如果与中央主机的连接丢失或者中央主机停止工作，则这些站点缓存这些警报和事件。这种配置正是所期望的，这是因为运行人员必须要知道在一个故障期间已经发生的警报，这些警报确切发生的时间可能不会被认为是相关的，只有在接收到警报之后才有可能正确分析。当系统恢复正常运行并且接收到该警报或者事件，这些警报或者事件由中央主机打上时间信息。然后，审查从 SCADA 系统获得历史数据的用户就会看到该警报或者事件发生的时间与从其他观测得到的证据并不对应，例如，特定位置上的数据记录仪或回填的趋势数据。该数据的用户必须理解所审查的数据是通过什么机制打上时间信息的，并且要知道是否发生可能会造成时间信息实际错误的系统故障。在数据分析时，这些信息都应该被考虑。

对 SCADA 数据信息进行认证以确定其对于模型目的是否可用和足够精确，这是很有帮助的，其可以通过画出在前面所确定的共同时间区间上的每个数据记录来达到目的。绘制在横轴上的时间尺度应该使用 SCADA 系统放置在这些记录上的时间信息。审查并比较这些图形，单根曲线比较或整组曲线比较，可以帮助确定是否存在遗失的记录、所使用的设备问题或者时间信息错误。这些情况从图绘的数据中识别比从数据库的列表中识别容易多了。

某些系统的运行行为应该相互一致，如向某个区域供水的加压泵站中的一个水泵启动，在同一个区域的某个水箱水位升高。如果相关的运行行为不一致，如在该水泵启动前该水箱水位开始上升，那么需要检查 SCADA 数据的时间尺度。如果 SCADA 和系统的数据信息来源超过一个，彻底检查与时间相关的问题是特别重要的。图 6.1 表示一个 SCADA 与时间相关问题的范例。

数据缺失

SCADA 中的数据缺失是由许多原因造成的，如停电、远程终端和中央主机之间的通信故障或者多种暂时性的 SCADA 软件小错误。无论原因如何，必须确定不完整系统数据的时间区间。在许多 SCADA 系统中，缺失的数据是有标志的。通常，如果确定一个输入或者传感器没有正常运行，远程终端或者是中央主机将会设置一个可疑数据的标志。最常见的原因是超出范围值或者低于范围值。同样，如果中央主机不能够与某个远程终端通信，其将会对由该远程终端提供数据的所有数据库项设置可疑数据标志。如果没有一个数据回填机制的特性，模型工作人员可以依靠该数据标志认为数据是不可用的。

如果没有可以使用的状态标志，模型工作人员可以寻找缺失数据的其他标志。在问题时段开始时，标志快速地下降到零或一个负值可以作为数据丢失的证据。同样地，该问题时段结束时标志快速地上升也可以作为证据。某些远程终端使用“变化率”警报来强调这些情况。

需要注意的是，不是所有的零值都表示不正确的 SCADA 数据；然而，因为传感器零点的浮移（在传感器零点处的变化通常需要较长时间），即使是真值为零，某些传感器也可能给出一个非零读数。例如，那些关闭的水泵可能会显示出 2gal/min 的流量，其应该转换为零。

从 SCADA 信息中记录丢失的另一个标志是在 SCADA 数据图中出现水平区段。SCADA 软件可以编程“锁定”数据，这样使最新报告的参数保存在内存中直到接收到一个新的、已被更新的值。在这种情况下，当数据遗失时，该数据记录图不会出现一个向零值的降落。相反，该 SCADA 数据图在遗失记录期间将呈现“水平线”，并且在该问题时

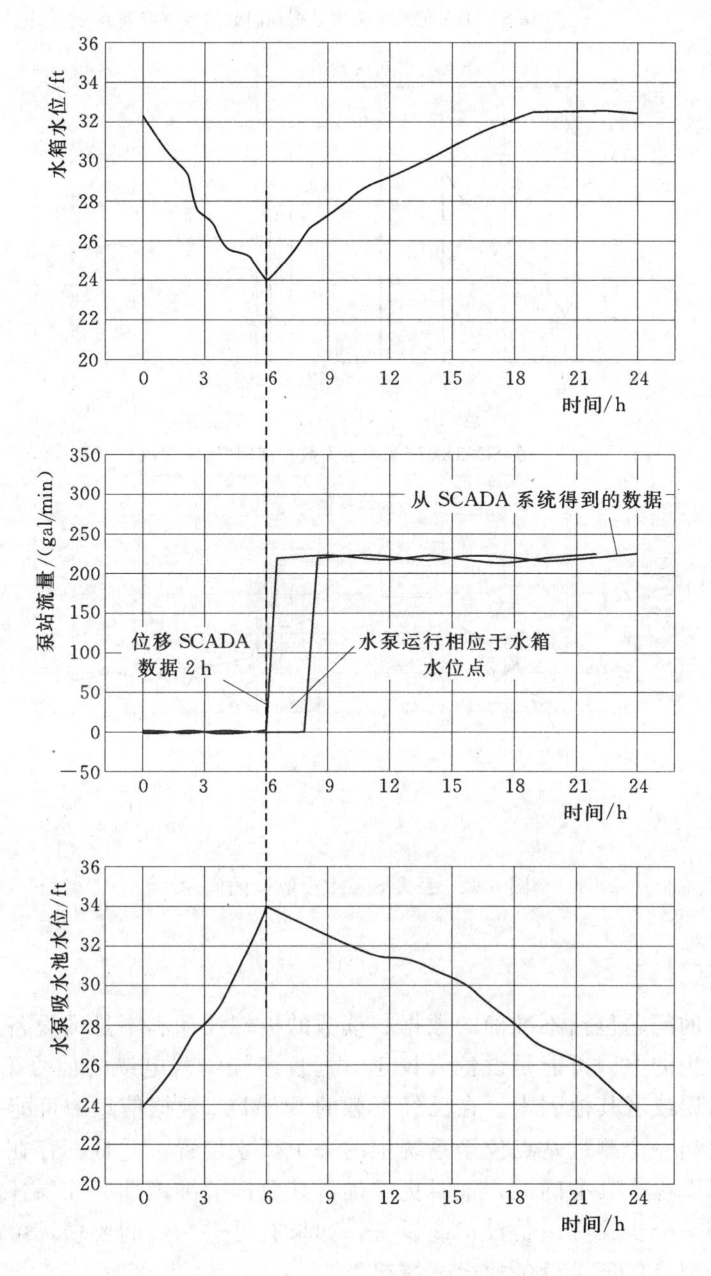

图 6.1　时间问题

间段结束时重新恢复到正常的显示情况。图 6.2 展示了一个 SCADA 数据图中遗失数据期间的范例。

遗失数据通常都转换为零或者水平线，但是某些系统开始相应的校正行为以代替遗失的数据，如线性插值和使用许多已知良好数据点的平均值。使用这些技术的系统通常包括一些标志来说明原始数据正在遗失或者是可疑的。此外，某些 SCADA 系统使用编辑软件包，其允许用户确定如何处理遗失数据。

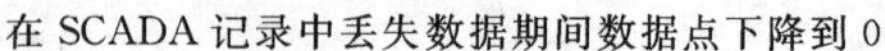

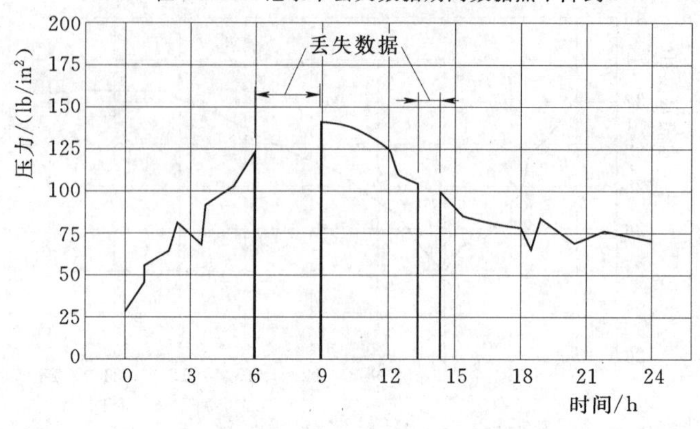

在 SCADA 记录中丢失数据期间"锁定"数据

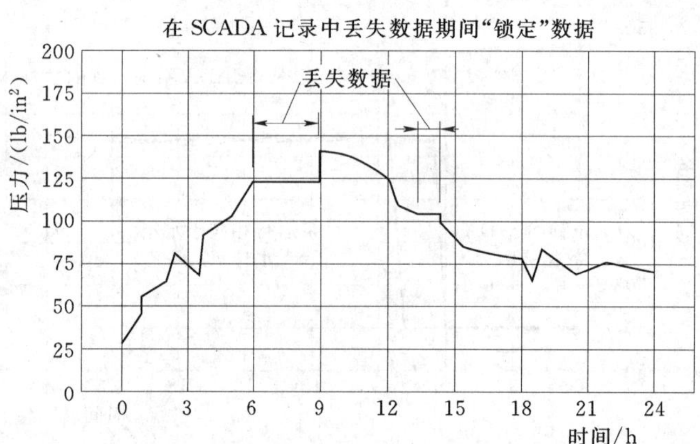

图 6.2　丢失 SCADA 数据的问题

所使用的仪器

与仪器相关的问题包括不准确的数据、读数的极端波动和不足的设备量程。现场设备的不准确读数发生的原因可能是设备未校正、远程终端输入电缆的信号干扰、SCADA 软件的信号翻译错误或者其他因素。在已经下载的 SCADA 数据信息中可能很难确认不准确的数据，特别是当一个测量站点位于系统中的一个孤立位置，并且不存在任何附近站点可以与其数据关联以检查其准确性，这时更难确认其数据的准确性。如果怀疑某个现场设备是不准确的，第一个步骤应该是校正该设备。如果有更进一步的要求，可以使用一个图形记录仪或者数据记录仪记录设备的运行情况。

读数时的极端波动，称为数据长钉，是源于水泵启动/停止或者阀门打开/关闭时产生的水力瞬变（关于水力瞬变的详细讨论见第 13 章）。电力不稳定或者信号电缆的不正确防护产生的间歇性干扰，这些结果也会导致数据长钉发生。某些智能的现场设备也使用极端值表示内部诊断已经确定该输入值是可疑的。通常，数据长钉表示在 SCADA 记录中的一个单一的极端值或者更小的、不断重复的变化值。这些波动通常不会反映实际系统的运行，并且不能通过水力模型模拟而重现。因此，该模型工作人员应该筛选 SCADA 记录，适当地在数据中控制长钉出现。

现场设备通常设定在某个范围或者区间内运行。如果该区间不足，就可能存在系统运行点高于或低于该设备能力的时间段。在这些时间段期间，SCADA 数据图通常是“水平线”，直到该系统变量回到该设备量程范围内的某个值。这个行为也可以表明该设备已经失效，或者超出测定范围，或者信号很差。如果确定一个现场设备量程不足，应该增加该测量范围，或者安装一个有适当测量范围的替代设备。估计“水平线”期间的值可能是困难的。将其与附近站点的数据关联，或者安装临时性的图表记录仪或数据记录仪可能有助于填补“水平线”上的记录。图 6.3 表示反映设备相关问题的 SCADA 数据图。

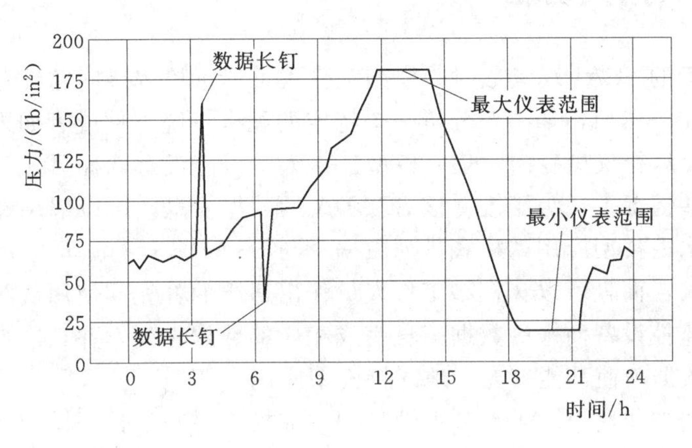

图 6.3　仪表问题

未知高程

在 SCADA 系统中的传感器可能非常精确，但是该传感器（不是该远程终端或者地面的高程）的高程可能是未知的（或只是大致知道）。为了使从那个传感器传来的数据有用，必须确定其精确高程。例如，某个水位传感器的零读数可能的参考高程为一个阀门井中的转换器高程而不是该水箱的地面高程。

其他的错误来源

SCADA 系统中其他的错误来源包括：

- 通信系统、中央主机或远程终端故障。这些错误可能可以根据 SCADA 系统记录的数据中的数据自然间断来识别。正常地，状态标志也会指出存在一个通信问题。
- 通信系统中的噪声。这种错误不能明显地从 SCADA 所记录的数据中识别，但是可以通过与从现场数据记录仪上采集的数据的长期比较或者通过复杂的统计筛选技术识别出来。然而，大多数实际噪声错误通常导致中央主机处没有收到任何信息。
- 可能长期没有检测的现场设备的错误。这种错误通常是由于现场设备校正中的一个浮动值造成的，可以通过模型比较或者通过与从现场数据记录仪直接采集来的数据的长期比较来确认。
- 现场数据采集设备的分辨率不足。许多远程终端只使用 16 位或 32 位的分辨率。

如果所使用的测量现场变量的设备要求更高的数据字长，那么该设备的数据精度就会在该数据的通信中遗失。这个错误也可以通过与从现场数据记录仪直接采集的数据的长期比较得到确认。绝大多数新的远程终端通过使用 IEEE 浮点格式可以避免这个问题；然而，对于较旧的远程终端或者可编程逻辑控制器（PLCs，关于可编程逻辑控制器的更多资讯见附录 E），由于其使用整数代表模拟量数据该问题依然存在。

6.6 数据问题的处理办法

当发现不正确的 SCADA 读数时，模型工作人员通常检查该问题没有发生的另外一个时间段和数据诸元。然而，如果要分析一个特定的配水系统事件或者如果采集 SCADA 数据，要求 SCADA 运行人员专门收集，模型工作人员可能没有选择另外一个没有问题时间段的选项。在这些情况下，为了改善该 SCADA 的数据信息，可以解决许多先前描述的问题，并且以满足水力模型应用的格式排列数据。与 SCADA 运行人员的讨论可以洞察产生数据不一致的原因，而且可以让模型工作人员作出适当的补充。使用从图表记录仪、数据记录仪或者其他监控设备而来的数据信息完成相应的数据序列，并且恰当地变化时间尺度和调整 SCADA 数据项使其能够充分地支持模型应用。

EPS 模型分析要求将 SCADA 数据信息划分成模型时间步长。模型时间步长的长度取决于所执行分析的类型，并且通常是基于将总的分析时间段划分成一个合理的、易于管理的步长数。然而，可能很难以直接对应于模型时间步长的时间增量来下载 SCADA 数据。通常的指导性做法是将 SCADA 数据信息以比模型时间步长更高的频率列出，这可能会存在小的信号波动或信号漂移。可以使用某种平均（或平滑）方法（如三点移动平均）来使该波动平滑，如图 6.4 所示。

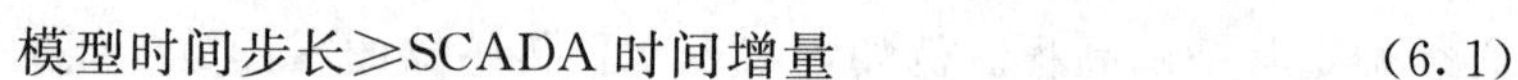

模型时间步长≥SCADA 时间增量　　(6.1)

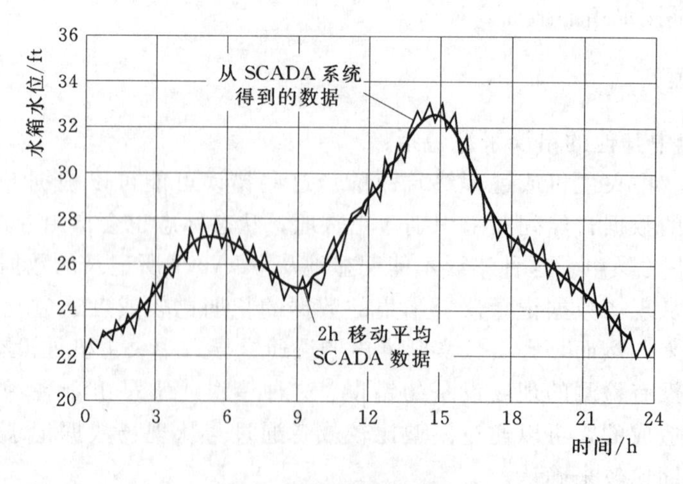

图 6.4　平滑数据波动

通常，在 SCADA 数据值之间插值以计算模型时间步长点的参数值是适合的。例如，一个以 15min 为时间增量的 SCADA 数据库可能列出在 10：50 的水箱水位为 25ft，而在 11：05 水箱水位为 31ft。模型时间步长为 1h 的时间长度，步长起始时间正好在这个小时的正点上。从这些 SCADA 读数中可以插值计算出在 11：00 时的水箱水位为 29ft 以用于模型应用。然而，这牵涉到一个状态改变的信息的平均或者插值处理可能不会产生可接受的结果。例如，一个水泵的启动/关闭或阀门的开启/关闭可能要求一个单独的模型时间步长以精确地描述该事件的发生，如图 6.5 所示。

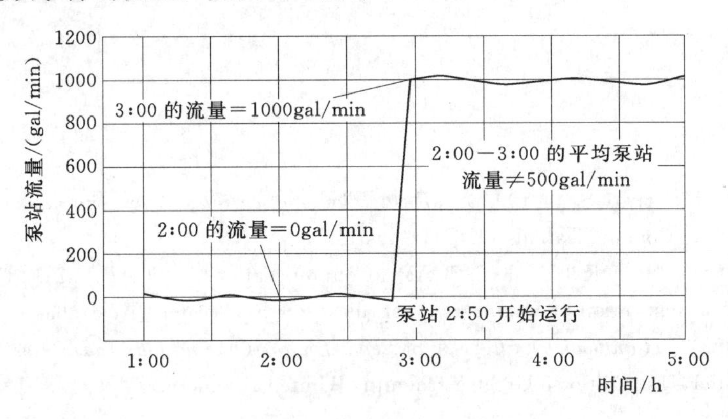

图 6.5 数据平均问题

6.7 查证数据有效性

伴随着通过 SCADA 系统远程监控带来的便利性而来的是该数据用户变得过度依赖来自于 SCADA 系统的数据而导致的错误。数据用户可能错误地假定从 SCADA 系统接收的数据的正确性，而实际上确定数据完整性的唯一方法只有通过严格的分析。可以使用中央主机中的软件自动检测传感器数据错误，使用一些技术来连续地自动分析数据，例如，神经网络分析。然而，通常使用更为传统的数据技术来确认关键传感器和与一个 SCADA 系统相关的系统的有效性。

可以检查用于 SCADA 系统中的关键流量计和其他传感设备的数据完整性，这可通过使用局部安装的数据记录仪来完成，如纸质图形记录仪或者更先进的电子数据记录仪。该设备是在物理上连接到所调查的传感器设备的数据信号线上，然后采集该设备的数据。这种数据记录技术提供了比 SCADA 系统所能提供的更好的数据源，这主要是因为不存在前面所述的通信错误源。

当然，该传感器本身可能需要校准。从一个 SCADA 系统获得的数据可以用来指出某个传感器何时运行不正确。这是通过比较来自该传感器的数据和综合系统中其他传感器的数据计算得出的预期值来完成的。这种比较可以在安排传感器维护计划方面提供帮助。该传感器的正确校准可以通过与临时性的测量设备的比较来完成，该临时性的测量设备必须保持高标准的精度水平，并且在审查传感器性能时放置在该处以反映所测传感器性能。许多使用 SCADA 系统的自来水公司已经发现这些与区域数据记录系统配合使用的临时性传感器在校准传感器方面与SCADA系统一样有用。包括这些基于站点的临时性探测设备的定期维护规划是一个自来水公司用来确定从一个SCADA系统接收到的现场数据的可靠度的一个方法。

本地数据记录系统不会受到有限带宽通信信道限制的影响。因此，其特别适合于收集高频变化的具体细节，例如，在一个无线连接之上的快速变换的信号瞬变或者由于水力瞬变产生的快速压力变化。为了从输入到一个SCADA系统的数字化输入信息中捕捉相同程度的细节，要求要有高的采样频率，这或许对于所使用的SCADA通信系统可获得的带宽来说是不合适的。

参考文献

Barnes, M., and Mackay, S. (1992). *Data Communications for Instrumentation and Control*. Instrument Data Communications (IDC), Australia.

Haime. A. L. (1998). "Practical Guide to SCADA Communications." *SCADA at the Crossroads Conference Workshop*. The Institution of Engineers Australia, Perth, Western Australia.

Williams. R. I. (1992). *Handbook of SCADA Systems for the Oil and Gas Industries*. Elsevier Advanced Technology Limited, 1st Edition, Great Yarmouth, United Kingdom.

第7章

管网水力模型校核

即使所要求的数据已经收集并且输入到水力模拟软件包中，建模工作人员也不能认为该模型是对系统的准确的数学表示。水力模拟软件只是使用所提供的数据来求解连续性方程和能量方程，因此，该数据质量将决定其所求结果质量。水力模型的准确度依赖于对其校核的程度，因而在使用一个模型辅助决策之前应该总要执行校核分析。

校核是一个比较模型运算结果和现场观测值的过程。如果有必要，需要对描述系统的数据进行调整，直到在某个大范围的运行条件下，模型预测运行情况与系统测量运行情况吻合良好。校核过程可能包括改变系统需水量、调整管线粗糙系数、更改水泵运行特征，以及调整可以影响模拟结果的其他模型属性。

校核过程是必需的，其原因如下：

- 模型信心：计算机模型提供的结果经常用于辅助决策一个水力系统的运行或者改进。校核展示了该模型再现现有工况的能力，因而增加了工程人员采用该模型预测系统行为的信心。
- 系统理解：校核一个水力模型的过程可以很好地深入了解该水力系统行为和运行状况。特别是它可以表明哪些输入值是模型最敏感的，这样模型工作人员就会知道在确定这些值时要更加细心。若对该系统有更加深入地理解，有助于该模型工作人员对系统各种投资改进或者运行改变的可能影响会有更深入的理解。
- 问题发现和解决：经常检查的校核方面是发现描述系统数据错漏的一种能力，例如，错误管径、缺失管线或者闭合阀门。因此，校核的另一作用是其可以帮助定位建模过程中产生的错误。

本章开始是讨论校核数据需求以及供水系统计算机预测与实际现场运行情况之间差异的原因：这些差异可能是一些累积效应，如来自于系统建模时所用方法的误差、近似以及简化；或是与位置相关的原因，如过时的系统地图；以及一些更难于定量化的原因，如用水量所固有的变化特性。

接下来，本章介绍一些用于校核模型的方法，包括手工方法和自动方法（如遗传算法）。本章还总结了校核的限制因素以及如何知道什么时候模型已经得到充分校核。

7.1 模型预测与现场测量的运行情况

在模型结果和现场观测之间做比较的时候，用户必须确认该现场数据是正确并且是有用的。现场测试的具体细节在第5章中说明，本节主要讲述校核中数据有用性确认。

基于水头的比较

当对现场和模型结果进行比较时，没有任何数学上的原因使用压力比较而不用水头比较，相反也是一样。由于压力只是水头相对于地面高程数据的变换表示，对于比较目的而言，这二者在本质上是等价的。然而，对于校核目的而言，采用水头而不是压力进行比较存在以下几种重要的原因（Herrin，1997）：

- 水头给模型工作人员某种该数据是精确的和可靠的感觉。如果计算和测量的水头值之间有很大的差值，其能够很快给模型工作人员一个信号，可能某个值出现错误，例如，可能是某个高程输入错误。
- 水头值可以直接给出管线流向指示，而压力值不能给出这种指示。
- 采用水头比使用压力测量工作更为容易，其不用在模型中考虑节点位置的精确高程，这是因为在将所测量压力转化为水头时，所使用的是测压计的高程，而不是节点的高程。

尽管如果其他条件相同，通过水头比较或者压力比较都会产生相同的结果，但是基于压力的比较更容易忽视错误，并且更难发现实际观测和模型结果之间不一致的地方。因此，模型工作人员在完成现场数据收集之后的首个步骤应该是将压力和水箱水位数据转化成相应的水头值。然后，比较相应的水头观测值和模拟值。

数据采集的空间位置

管线粗糙系数和节点需水量的误差会影响水力坡度线的坡度。如果数据是在边界节点附近采集的，模型数据和现场数据之间的差值可能会较小，这是因为即使水力坡度线的坡度（因而粗糙系数和需水量）存在较大的误差，而由于相应的管线距离较短，误差就较小。因此，用于模型校核的水头数据通常应该在距已知边界水头处相当大距离处采集。对于那些在模型简化中没有被删除的管线，也应该进行数据采集。

每一个压力区域内应至少进行一处流量测试，并且流量测试的数月应该大致与该压力区域的大小成比例。通常，更多的测试会增强用户对模型的信心。选择采样点的一种方法是使用某种特定的程序选择采样点，以使该模型预测的不确定性最小化（Bush and Uber，1998）。另一种方法是使用遗传算法确定进行消防测试的最佳位置，以使所覆盖的管网区域最大化（Meier and Barkdoll，2000）。

数据采集可以分为单点读取（提取水样）或者连续监测。单点读取是指在某个空间位置在某个特定时间点上采集数据，而连续监测是在某个空间点随着时间变化采集数据。对于单点读取，应该在那些所测量参数为恒定的位置处采集数据，这样该采样的量测就是该位置相当长时期内的代表。为了发挥连续监测的最大功效，应该在那些测量参数是动态变化的地方进行数据采样。对于在一个动态变化的地方必须要做单点测量，要仔细标注该数据点所对应的时间和边界条件，这一点是很重要的。

7.2 模型中的误差源

模拟的首要目的是以一种有用的方式再现真实系统的行为，以及其空间和动态的特征。为了做到这一点，所提供的数据应该能够描述系统的物理特征、系统负荷和实际边界条件。即使所收集的描述模型的所有数据与实际系统吻合良好，模型计算所得到的压力和流量也不太可能与观测值完全一致。为了使模拟计算过程易于处理，在模拟软件中使用了很多数学假设，当然所模拟的结果仍然是有意义和有用的。因此，模型本质上是在真实系统和所模拟现实之间的一个平衡，需要尽量使二者吻合。本节将说明输入数据中的某些误差来源，并且讲述现场情况和模拟结果之间存在差异的原因。

某些人可能认为仅仅通过调整管线内的粗糙系数值或者估计节点需水量直到压力和流量的观测值与计算值达到某种吻合，校验就可以完成。一般来讲，这种说法的基础是不同的管线长度、直径和水箱水位可以直接测量得到，而管线粗糙系数值和节点需水量通常是通过估算得到的，因而其值有调整的空间。然而，许多因素都会使模型与现场测量之间产生差异（Walski，1990）。使两者之间产生差异的具有不确定性的任何输入数据都可以作为校核调整的对象，这样可以获得模型预测行为和实际现场行为之间的合理吻合。

在校核过程期间所发现的模型值和测量值的差异也同样意味着系统本身存在问题。在任何数据改变以获得合理的模型数据之前应该对系统进行详细的检查。系统可能存在的问题有较大水量的漏损、未经允许的用水服务、计量用水中先前未监测到的错误、所记录的管段尺寸误差、未知的节流或者关闭阀门、旧的水泵叶轮或者残留于管线内的施工废料。

错误类型

输入数据的错误可以主要分为两类，即录入错误和测量错误。录入错误尽管很好纠正，但很难发现（如一根 2250ft 的管段长度不小心被输入为 250ft 了）。幸运的是，如今一些基于图形的水力管网模型都提供工具以减少这种潜在的错误。例如，一些模型包含有对输入数据的自动确证检查或者具有通过基于绘图比例测量两节点之间距离的方法来自动确定管线长度和角点的功能。

不幸的是，这些工具无法完全消除可能的人为错误。当数据录入完成以后，建议检查模型，排查是否还有可能的排版打字错误。一种技巧是使用很多模型中具有的排序和颜色编码的功能来快速确定非常大（或非常小）的管线长度、直径或管线内部粗糙系数。至少这些数值应该仔细检验确认。

与录入错误相比，测量错误更难于识别和校正。这种错误的一个范例可能是由系统图形比例的变化产生的。例如，如果一根管线的管长以某个工程比例从一个比例尺为 1in(2.54cm)＝1000ft(304.8m)的系统图中测量，其所测量的管长可能相比实际管长产生±50ft(15.24m) 以内的误差。对于特定的模型应用而言，这种水平精度对于校验目的而言可能是足够的也可能是不够的。

名义管径与实际管径

如第 3 章（见 3.6 小节）所讨论的，一根管线的名义管径和实际管径通常是不同的。确定一根管线的实际管径是更为复杂的，其要考虑该管线安装之后随着时间发生的腐蚀和沉积作用的化学过程。因此，对于缺少更有效的数据情况，通常在模型中采用名义管径，然后通过调节粗糙系数来补偿由于管壁增长所导致的管径变化。

对于严重的管壁节瘤现象，如果海曾-威廉公式中的 C 值低于 20 或 30，才有可能得到一个合适的校核。相反，对于新管线的校核可能需要高的粗糙系数值。这是由于新管线的实际管径通常比名义管径大，可能使用一个增大的粗糙系数以考虑这种管径的差别。

管线管径相对于粗糙系数对水头损失的影响更大。根据海曾-威廉公式可知，水头损失是所增加的管径接近五次方的一个幂函数，而其所增加的粗糙系数只是二次方的一个幂函数。当管径增加 10%时，其结果是水头损失将会减小近 40%，而当粗糙系数增加 10%，水头损失将会减小大约 20%。

在一个模型中调节粗糙系数和管径只能获得不多的好处。例如，一根管径为 6in(150mm)、粗糙系数为 100 的管线与一根管径为 5in(130mm)、粗糙系数为 161 的管线的水头损失相同。在校核中，用户需要最小化所调整的变量数目，而将管径考虑为一个未知变量则会使每根管线所需要确定的变量数加倍。因而，对粗糙系数的调节是对模型校核精调的更好的方法（不包括 7.5 小节所述的水质校核中的某些情况）。

粗糙系数值可以有助于确定模型中的其他问题。通常来讲，如果 $C<40$ 或 $C>150$ 就应该校核该模型，这可能是其他情况造成的，例如某个部分关闭的阀门，造成观测水头和模型计算水头之间存在差值。这时，可以在模型中改变该阀门的状态，或者是在现场调节实际阀门的状态。在校核过程中，这两种做法都是有价值的。

管线内部粗糙系数值

在管线粗糙度值的估计方面已经进行了大量的研究。Colebrook 和 White（1937）提出了管线过流容量随管龄而发生衰减的理论。在对一些城市进行的全尺寸模型的管线测试中记录了实际系统中的效果（California Section AWWA，1962；Hudson，1966）。后来，Lamont（1981）汇编了一个更大范围的表，记录了大范围变化的管线材料、管线尺寸和管龄所对应的管线 C 值。此外，也对管线粗糙度的升高作为水质的一个函数进行了估计

(Walski、Edwards 和 Hearne，1989)。这个研究确定两个同样尺寸、材料和管龄的管线由于历史上所通过该管线的水体水质不同而有不同的有效管径和粗糙度。

补偿误差 不考虑所有这些变量的影响，现场所收集的压力数据可以用来为管线选择适当的粗糙系数。然而，在校核一个模型过程中，重要的是考虑补偿误差的潜在可能性，也就是说，如果向管网中引入一个误差而可能使另一个误差保留下来，即这两个误差的相互补偿作用而使其保留了下来。在校核时，对变量或变量组所做的调整不应该仅仅只考虑在某个单一工况下的情况，而应该要考虑，这些调整之后的变量组要适用于某个范围内多个运行工况情况，这样有助于消除补偿误差。

【例 7.1】 补偿误差。

考虑如图 7.1 所示的简单平行管线系统，其中每根管线的内部粗糙系数未知，假定在每根管线的每个端点节点测量压力，通过系统的总流量已知，该管线环线每个端点节点的高程相同。这样通过管线 1 和管线 2 的水头损失相同，管线 1 和管线 2 的水头损失表达式可以相等（注意：将 7lb/in² 的压降转化为水头损失为 16.2ft)。

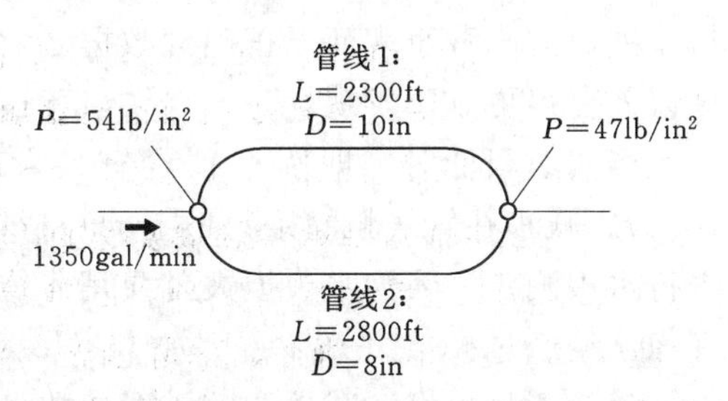

图 7.1 简单平行管道系统

$$\frac{L_1}{D_1^{4.87}}\left(\frac{Q_1}{C_1}\right)^{1.852}=\frac{L_2}{D_2^{4.87}}\left(\frac{Q_2}{C_2}\right)^{1.852}$$

式中 L——管线长度，ft；

D——管径，ft；

Q——管线流量，ft^3/s；

C——海曾-威廉系数。

表 7.1 展示了该系统的一个简单分析的结果。第 1 列表示管线 1 假定的 C 值取值范围。第 2 列表示由假定的 C 值、已知的水头损失、管长和管径所确定的通过管线 1 的流量。第 3 列表示假定系统总流量为 1350gal/min 时管线 2 的流量。第 4 列表示由水头损失、管线特征和管线流量反算得到的管线 2 的 C 值。

表 7.1 **平行管线系统的流量和粗糙系数值**

管线 1		管线 2	
粗糙系数 C	流量/(gal/min)	流量/(gal/min)	粗糙系数 C
80	660	689	166
90	743	606	146
100	825	524	126
110	908	441	106
120	991	358	86
130	1073	276	66
140	1156	193	46

很明显，对于能够使管线1和管线2产生相同通过系统的水头损失存在多个C值。尽管对于某个工况，一组C值可能是正确的，但是对于另一工况该组选择可能会将错误引入模型，这是一个辨识补偿误差存在的有用线索。那么，该问题就变为哪一组C值是正确的呢？必须测量其中一条管线的流量来回答这个问题并得出正确的C值。

这个问题说明了一个简单两管线系统的补偿误差。对于同一个系统，假定进入该系统的流量和上游节点的压力都是未知的。流量、管线粗糙系数和上游压力的组合不同，并且使其能够与在下游节点处所测量的单个压力相匹配，这种组合数量本质上是无限的。当从点A到点B之间的平行路径变得更多时，这个问题变得更复杂。这个简单的范例表明补偿误差通常隐藏于表面上正确的数据之后。随着问题规模的扩大和相对水力测量的减少，该误差变得更难于发现。

当流速很低时，即使C值含有很大的误差，模型也可能看上去校准好了（Walski，1986）。减小在管线粗糙系数值上的补偿误差可能性的最好方法是在大范围需水量条件下进行水头测定。因为水头损失公式是非线性的，因此补偿误差很难让未校核的模型看起来好像已经经过校核。

流量测量提供了减少调整错误参数可能性的另一种方法。例如，在前述范例中，已知通过该系统的总流量会减小一个自由度。显然，在现场测量模型中管线所对应的每一根管线的流量，这在实际中是不可行的。不过，为了最小化误差补偿的可能性和在校核过程中的辅助作用，应该尽可能多地进行流量测量，特别是在一些关键位置，如与处理水厂、泵站、水箱、水库和其他水源相连的管线处进行测量，也应该在传输占整个系统流量相当大一部分的主要传输干管上和沿着被认为是整个系统代表的配水管线上进行测试（Ormsbee和Lingireddy，1997）。

确定不同管龄和不同尺寸的代表性采样管线的粗糙系数可以对用于校核的粗糙系数提供一个很好的合理性检查。第5章详细地讨论了流量和粗糙系数的测量。

系统需水量的分配

供水模型方程是基于水体从连接节点出流的简化假设的。然而，实际上，用水量是沿着管线整个管长方向发生的，如图7.2所示。在模型中，将沿着管长方向发生的用水量在空间上重新分配到连接节点上就是所谓的需水量分配。该需水量分配过程在校核一个模型时应该考虑为误差的一个可能来源。另一个误差来源，通常更明显地与需水量有关，其实与需水量如何随时间变化有关（当执行一个EPS模拟时是一个非常重要的事情）。这些误差来源以及其对校核的影响将在本节讨论，此外，第4章已经更加概括地讨论了这些问题。

可以想象的是，模型可以将所有从系统出流的位置包括其中，它可以在用户管线与供水干管连接处设置连接节点，然后将该连接节点包括在模型中。然而，这种方法会显著地增加模型中所需要的管线数目，因而增加了模型的复杂性。模型简化可以通过需水量空间分配实现（见4.1小节中［例4.3］）。例如，在图7.2中，与节点J—23最近的8户居民的用水总量可以分配到节点J—23，而与节点J—24最近的10户居民的用水总量可以分配到节点J—24。通过合理地分配需水量，即使管网简化中将节点J—23和节点J—24之间的管线去除了，在模型中这些需水量也会得到考虑。然而，模型工作人员必须认识到在模型节点处所模拟的压力只是这些家庭用户处实际压力的一个近似值。

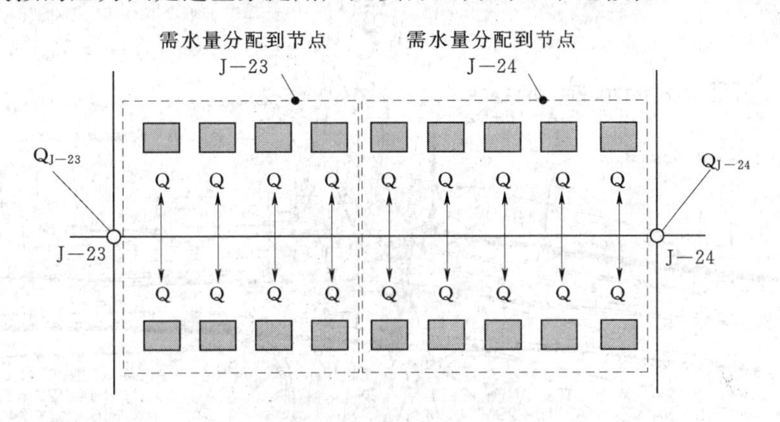

图7.2 需水量空间分配

对于将沿管线均匀水量出流等量化为连接节点处的单点负荷，现在已经提出了几种表达式。一个方法是在开展建模工作的早期时代，当执行手工计算时，用多个服务管线来校正水头损失公式（Muss，1960）。另一种方法是使用依次将管网单元包含进来并且将整个管网系统表示为一个非线性的形式来求解（Shamir和Hamberg，1988）。

在连接节点处将用水量分组，而不是在水量从系统中实际出流处分组，如果用户需水量的实际位置和所设定的节点非常接近，这将会在计算机预测和实际现场运行之间产生相对较小的差异。当大用户的需水量漏失或者分配到错误的压力区域节点中时，这种错误的空间需水量分配通常会产生问题。然而，在绝大多数情况下，在将需水量分配到正确节点上所产生的误差是可以忽略的，即使是在使用消防流量设计，其需水量远大于正常需水量的情况时，也是这样的。

当在模型和现场测量之间进行比较时，将模型中的需水量对应于执行现场测量时的时间是重要的。一个常见错误是将平均日需水量的模型水力坡度线与需水量实际上较大时的某个小时的现场测量的水力坡度线进行对比。

正如一个模型工作人员应该假设分配不切实际的管线粗糙值来得到一个已校正的模型一样，其也应该假设使用不符合实际的偏高或偏低的节点需水量来使模型得到校正。如果需要采用与历史记录明显不符的需水量值来校核该模型，那么应该对这种背离提供符合逻辑的解释。例如，在测量压力那一天，社区游泳池正好在充水或者处于压力测试期间，某个大用水量工厂由于发生罢工而临时关闭等。总之，需水量应该在符合实际现场情况的合理范围内修正。

系统图

正如第3章中所讨论的，供水系统图（见图7.3）是供水管网物理特征的首要数据来源。管网拓扑、管线/节点的连接、管线长度、名义直径以及配件和附属件的信息都可以从供水系统图中确定。

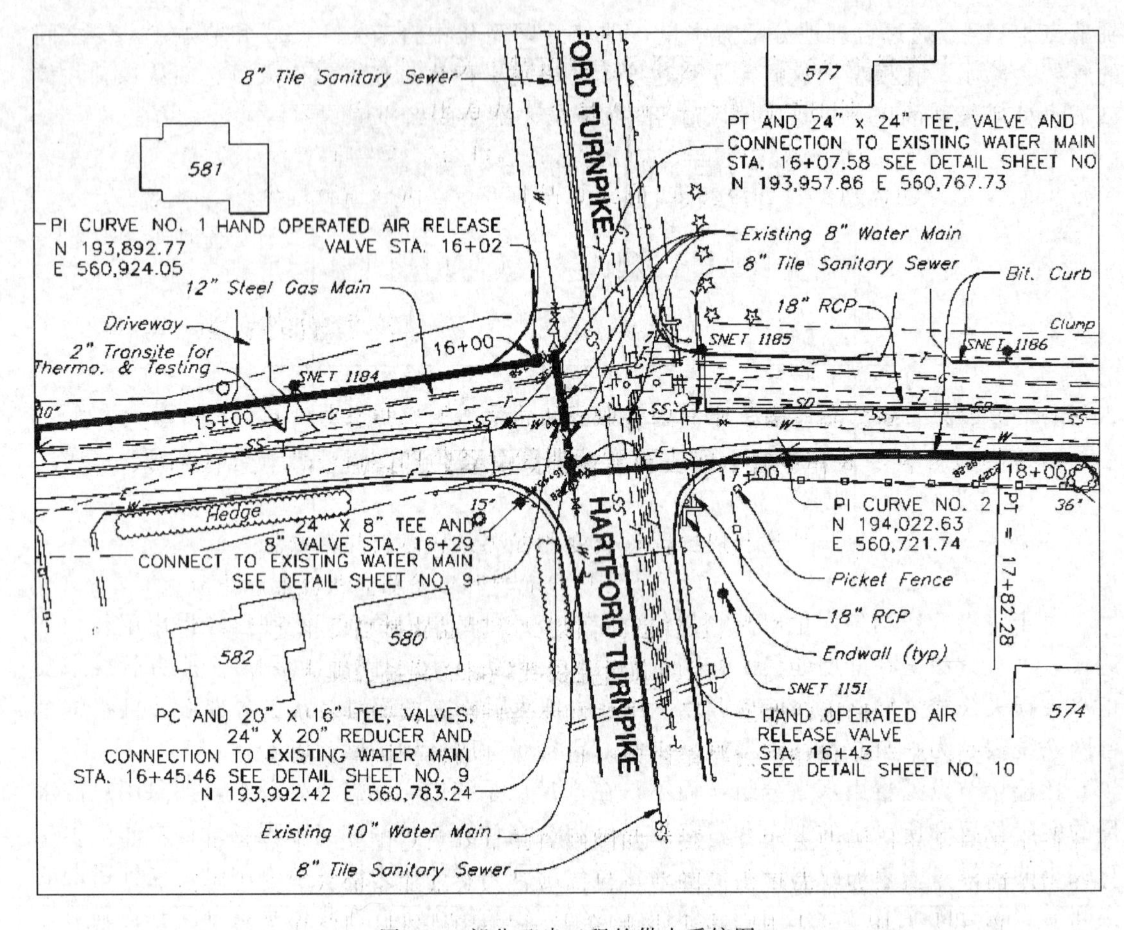

图 7.3　部分已建工程的供水系统图

当安装新的管线以及建立新的连接时，系统图应该进行更新以反映该变化。然而，供水系统图的质量和格式，可以是非常详细、规范和最新的 CAD 或者 GIS 系统，也可以是数年不断累积的规划图集。在某些情况下，完整的系统图其实只存在于系统管理者的头脑中。无论该系统图是在什么介质上获得的，重要的是认识到该系统图不是一定要反映真实世界的情况。

如果在实际情况和所预测的情况之间的压力和流量的差值非常大，以至于必须要使用不切实际与无法解释的管线粗糙度系数值（小于 30 或大于 150）或对需水量做出大幅修改以达到校核目的，那么这种差值很可能是由某个关闭或部分关闭的阀门或者系统图中的错误导致的结果。例如，假定在校核期间，无论所使用的管线粗糙度是多少，某位置处所观测的压力一直比所模拟的压力高 20lb/in^2（138kPa），该结果表明这个模型中存在问题。可能是压力测量所在的服务区域中的某根管线没有包括在该模型中，或者某个连接节点高程是错误的。

如果怀疑模型中的连接性存在错误，那么可能需要检查详细的连接图以确定管线是如何连接的，或者与系统运行人员或者维护人员沟通以确定系统中阀门的位置和状态，甚至可能需要查找原始的竣工图纸或现场建设记录。

时间边界条件的变化

时间会对校核结果产生重要的影响，因为很多描述供水系统的参数，例如需水量和边界条件，都是基于时间的。正如需水量的情况一样，将进行现场测量的时间与模拟所用的计算时间步长同步将可以提高该校核的精确度。

当为了校核而执行一个模拟，重要的是该模型的负荷和边界条件应反映压力测量时的实际情况，并且该边界条件测量应与该压力测量精度相同。如果不能准确地知道边界水头，校核结果就有可能出现错误。

例如，考虑在某个特定的一天，在 6：00、10：00、12：00、15：00 和 19：00 分别测量系统压力。由于需水量、水箱水位、控制阀设置、水泵和管线状态都随时间变化，需要建立一组独特的边界条件，其反映了测量时间上的每个点的系统情况。对于这个范例，必须执行五个独立的恒态模拟，每一个系统情况都对应于压力测量时的时间。

水箱水位如何随时间变化的信息通常从图形记录仪（见图 4.1）或某个 SCADA 系统（见图 7.4）中收集。这类信息常用于恒态校核，并且对于延时模拟（extended period simulation，EPS）校核（见 7.4 小节）特别有用。基于这些数据源的数据，水箱的入流流量和出流流量都可使用方程（7.1）确定。

$$Q_i = A\frac{H_{i+1}-H_i}{\Delta t} \tag{7.1}$$

式中 Q_i——时刻 i 的入流流量，ft^3/s 或 m^3/s；

A——水箱横截面面积，ft^2 或 m^2；

H_i——时刻 i 的水箱水位，ft 或 m；

Δt——时间段长度，s。

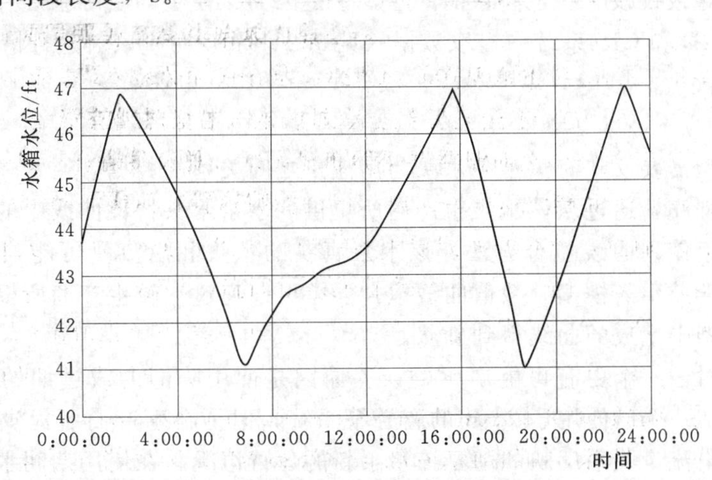

图 7.4　SCADA 数据表示水箱水位

当进行消防流量测试以收集校核数据时，很有必要派人记录水泵及减压阀的入口和出口的压力读数。用这种方法，可以确定该压力降落产生的原因是否是管段粗糙系数、水泵沿该泵特性曲线移动或者通过某个 PRV 产生水头降落。依靠 SCADA 系统获得这些数据可能不会准确，这是因为该系统可能不会提取该水泵状态信息。

模型简化

当建立一个已有系统的计算机模型时，通常分析该系统的简化版本。正如第3章（见3.11小节）所述，一个已经简化的模型可能移除了某些类型的配件和附件，并且通常不包括小管径的管线和对系统水力状况没有显著影响的那些管线。理想情况下，一个简化后的模型应该提供对系统简化而较为精确的表示。因而，在简化中确保管网连通性（或拓扑结构）的完整是非常重要的。

一个模型简化的程度对校核会产生显著的影响。过分简化一个模型，忽略了该系统中的重要管线是可能的。在这些情况下，已经被去除掉的管网细节可能需要重新添加到已简化的模型中以提高精度，特别是在消防测试附近的管网更是如此。考虑这样一个系统，其包含一个密集的小管径干管的网格，如果只是单纯基于管径将这些干管从模型中排除，可能不太合适，这是因为这些管线作为一个整体对系统会产生明显的水力影响。这种特殊的情况可以被确认出来，可以从在其他剩余管线要达到校核要求时所需要的不切实际的特别大的 C 值中识别出这种情况，特别是在高流量时更是如此。

几何特征难于辨明

即使建模工作人员提供了关于系统物理属性的高质量信息，并且对节点需水量提供了良好的预测值，校核的程度可能仍然不能令人满意。在这些情况下，通常都提示是由于系统的几何特征难于辨明所致。

如果在模型中两根管线交叉处设置一个节点，但是这两根管线并没有存在水力上的连接，这会明显地导致校核时产生潜在的问题，这是因为该模型与实际系统并不一致。模型工作人员在从CAD和GIS系统中提取数据（见3.2小节）时应该对这种情况特别关注。

水泵特性曲线

水力模拟模型需要反映有关水泵水头与出流量之间关系的数据。通常，这些模型使用某些类型的插值程序，通过从该水泵生产商所提供的水泵水头特性曲线中的选择点拟合生成某个曲线。由于使用曲线拟合方法，该水泵真实的水头和出流量可能与该曲线有点不同，这样就会将误差引入模型。数值曲线拟合误差可以通过比较生产商所提供的水泵特性曲线和从水力模型中生成的曲线得到确认。

在模拟水泵时，一个更有可能产生的误差原因是使用陈旧的或过期的水泵曲线。例如，假定现在模拟一个已使用了25年的离心泵系统，但是在生产商所提供的水泵曲线中所表示的水头和出流量关系反映的却是该水泵新的运行情况。在使用期间水泵正常的磨损会使其现场运行情况与该水泵特征曲线所表示的情况发生背离。实际上，该水泵叶轮可能自从水泵最初安装之后已经发生了几次改变，如果是这样，那原始的水泵曲线就只有很小的参考价值，因为一个水泵的水头/出流量关系是基于该水泵叶轮的特征的。这样，应该基于现场测试来确定水泵新的特性曲线。

水力管网模型校核不仅仅包括调整管线粗糙系数值和节点需水量值，直至得到合适的模拟结果。模型校核还包括大量的跟踪各种线索的探测性工作（例如确定关闭和部分关闭的阀门位置），以及对现场测试和模拟结果之间误差的调查研究性的工作（Walski，1990）。某些工作可能会有结果，而另一些工作可能没有任何结果。

7.3 校核方法

在校核过程中，确定并且处理预测行为和观测结果之间的显著差异是重要的。这一步骤常称为粗调或者宏观校核，这对使系统参数的预测值和观测值之间相互更为接近是非常必要的。在大的偏差校正之后，就应专注于精调或者微调工作。精调包括调整管线粗糙系数值和估计节点需水量，这是校核过程中的最后一步。

校核一个模型最有挑战性的部分就是对使模型与现场结果吻合所必须做出的调整做出判断。本节将介绍做出这些校核判断的一些方法。

下面的七个步骤可以作为模型校核的一个指南（Ormsbee 和 Lingireddy，1997）：

（1）确定该模型的使用意图。

（2）确定模型参数的估计值。

（3）收集校核数据。

（4）基于模型参数的初始估计评估模型结果。

（5）进行模型粗调或宏观校核。

（6）进行敏感性分析。

（7）进行模型微调或微观校核。

确定该模型的使用意图是第一步也是最为重要的一步，因为这将帮助设计人员确立该模型所需信息的详尽程度、所收集数据的特性以及现场测量和模拟结果之间可容许误差的程度。

在确定该模型的使用意图之后，模型工作人员可以开始估计模型参数并且按照前面各节所讨论的内容收集校核数据。然后可以评估模型，大误差可以通过简单地观察模型结果和现场数据之间差别的特性和位置来处理。

接下来，进行敏感性分析以判断校验的运行情况如何随参数调整情况而变化。例如，如果管线粗糙系数整体调整 10%，模型工作人员就会注意到系统中的压力没有变化太多，这表明在该需水量模式下系统对粗糙系数不敏感。另外一种情况，对于同一系统节点需水量可能改变 15%，这导致压力和流量发生显著变化。在这种情况下，可能需要花更多的时间关注于建立对系统需水量的良好估计。如果粗糙系数和需水量都对系统水头没有显著的影响，那么，该系统中的流速可能太低了，其数据对于这个目的而言是无用的。

校核过程中的最后一步是微调，这是非常费时的，特别是存在大量的管线或者节点以及节点作为调整的候选对象时，更是如此。误差补偿，如 7.2 小节所述，可使微调阶段更加复杂。

手工校核方法

反复试验或者手工校核过程通常包括模型工作人员对管线粗糙度系数和节点需水量所

进行的估计，然后进行模拟，并且比较所预测的运行情况和所观测的运行情况。如果其吻合程度是无法接受的，那么应该提出一个解释该问题原因的假设，对该模型做出修改，然后重复以上过程。

反复执行这个过程，直到得到一个模型值和观测值之间有一个满意的吻合程度为止。如果不能得到一个满意的吻合结果，那么该模型就不是实际系统中的一个真实表示，其中还存在背离之处。在这种情况下，通常需要对现场情况做出进一步调查以确定模型和实际系统之间存在背离的原因，例如阀门设置情况模拟错误和未记录的连接情况。将所计算的值叠置到一个等值线图上可以更深入地了解这个过程。

模型可以使用一个恒态模拟来进行校核，但是成功校核所使用的恒态模拟次数越多，模型越能够真实地表示实际系统的行为。最低程度上，一个恒态校核应该在一定范围的需水量情况下进行。为了进一步提高结果质量，模型应该使用延时模拟在随时间变化的情况下进行校核。在一个 EPS 中，应该进行校核直到所模拟和所观测的压力、流量和水箱水位达到一个合理的吻合为止。EPS 校核将在 7.4 小节进行讨论。

应该调整什么 这取决于所模拟的流动情况，对于数据变化的不同类型，模型会有不同的响应，下面提供了一些通用的指导性概要。

- 平均流量和低流量：对于绝大多数供水系统，整个系统的水力坡度线（也称为测压管液面）在日平均需水量情况下是相当平缓的。产生这些非常小的水头损失的原因是绝大多数系统设计为在最大需水量且同时还要满足消防流量的情况下能够以一个可以接受的服务水平运行。结果，这些管线的尺寸通常是足够大的，这样平均日水头损失很小。基于这个原因，平均日情况下的校核不会提供关于粗糙系数和用水情况的更多信息。然而，平均日条件提供了深入了解边界条件和节点高程的情况。
- 高流量：在通过系统的高流量期间，如消防时流动条件或者高峰用水时的情况，管线粗糙度和需水量值在确定系统范围的压力时发挥更大的作用。因此，管线粗糙度值以及较小范围的流量，应该在高流量期间予以调整以实现模型校准。

相对而言，当管线流量或者粗糙度较大时，存在更大的水头损失。基于这个关系，以下是一些调整模型的建议（Herrin，1997）。

- 如果模型水力坡度线高于现场记录值（见图 7.5），那么该模型没有预计足够的水头损失。为了得到更大的水头损失，要尝试减小海曾-威廉公式中的 C 值，提高所测量区域的连接节点需水量，或者同时采取以上两个措施。
- 如果模型水力坡度线低于现场记录值（见图 7.6），那么该模型可能预测太大的水头损失。为了得到更小的水头损失，尝试增加海曾-威廉公式中的 C 值且/或降低所测量区域的连接节点的需水量。

有时候，模型中除了一个节点以外所有节点水头都吻合。这种情况下，应该怀疑并且验证该节点位置处的高程。在高流量情况下，该系统增大的水头损失可能掩盖了由较差的高程数据所造成的压力预测值与测量值之间的背离。因此，在低流量情况测试期间，此时系统的水头损失较小，不准确的高程可以更为容易地鉴别出来。

调整粗糙系数 在尝试确定是否调整粗糙度或者用水量时，下面的过程是有帮助的

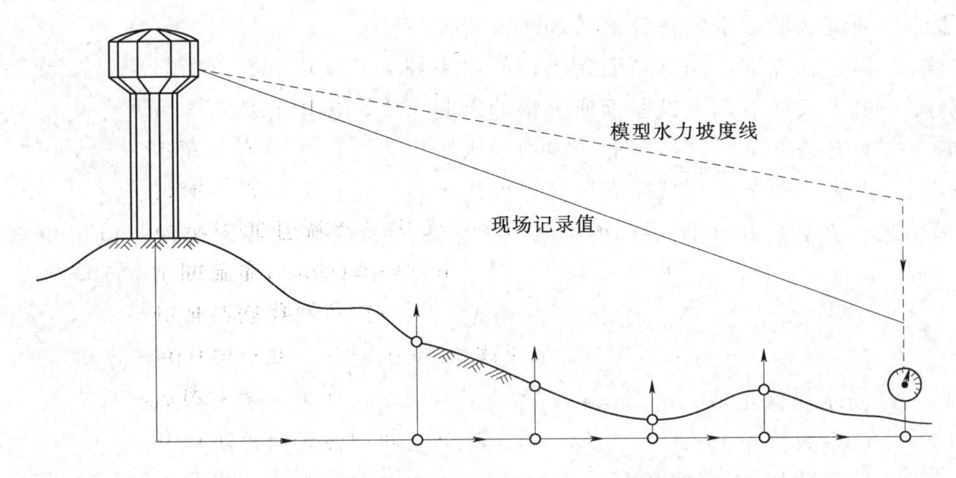

图 7.5　模型水力坡度线高于现场记录值

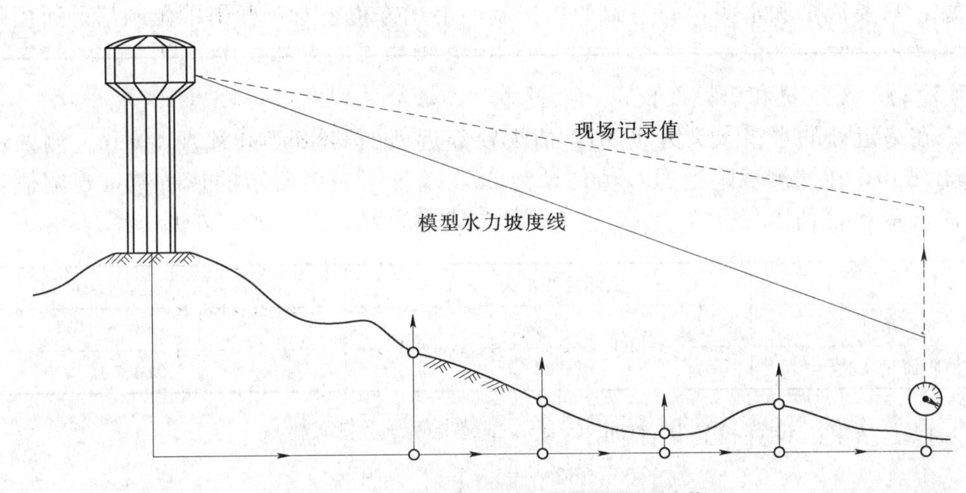

图 7.6　模型水力坡度线低于现场记录值

(walski，1983)。使用从某个消防流量测试中得到的压力和流量，模型工作人员可以使用模型模拟该消火栓流量测试，并且得出静态和测试条件期间的水头损失估计。然后用户可以计算校正系数 A 和 B 如下所示：

$$A=\frac{F}{(b/a)(Q_e+F)-Q_e} \tag{7.2}$$

$$B=\frac{F}{b(Q_e+F)-aQ_e} \tag{7.3}$$

其中

$$b=\left(\frac{h_2}{h_4}\right)^{0.54}$$

$$a=\left(\frac{h_1}{h_3}\right)^{0.54}$$

式中　A——校正系数；

B——校正系数；

F——消防流量，gal/ min 或 m^3/s；

Q_e——测试区域需水量估计值，gal/min 或 m^3/s；

h_1——静态条件下，测试断面所测得的水头损失，ft 或 m；

h_2——出流条件下，测试断面所测得的水头损失，ft 或 m；

h_3——静态条件下，测试断面所模拟的水头损失，ft 或 m；

h_4——出流条件下，测试断面所模拟的水头损失，ft 或 m。

然后将校正系数应用于所估计的海曾-威廉公式中 C 值和用水情况，以得出更好的估计。

$$Q_c = AQ_e \tag{7.4}$$

$$C_c = BC_e \tag{7.5}$$

式中 Q_c——需水量修正值，gal/min 或 m^3/s；

C_c——C 系数修正值；

C_e——C 系数初始估计值。

注意：只要流量和水头保持一致的单位制，上述方程组对于任何单位制都是适用的。

【例 7.2】 需水量和粗糙度校正。

假定在最近处的水箱水头为 970ft，消火栓邻近处的需水量是 200gal/min，测试流量是 750gal/min，在该测试附近的 C 值估计为 85，基于下表中所示的消防流量观测值得到校正的需水量和 C 值。

	实际检测水头/ft	模型预测水头/ft
静态条件	962	958
消防流量实验	927	910

引入以上结果，计算校正因子如下：

$$a = \left(\frac{970-962}{970-958}\right)^{0.54} = 0.80$$

$$b = \left(\frac{970-927}{970-910}\right)^{0.54} = 0.83$$

$$A = \frac{750}{(0.83/0.80)(200+750)-200} = 0.95$$

$$B = \frac{750}{0.83(200+750)-0.80(200)} = 1.20$$

$$Q_c = 0.95(200) = 190$$

$$Q_c = 1.20(85) = 101$$

因此，对于下一次的模型运行计算校验，用户应该将需水量降低到 190gal/min，并且将 C 值增加到 101。对前面的表中进行评估，这些计算调整和直觉所预期的是一致的。

自动校核方法

传统意义上，模型校核一直是一项手工任务，其中，模型工作人员反复尝试对管线粗糙系数或者需水量做出改变，以求在模型预测值和现场测量值之间达到收敛。由于存在大量的校正参数的可能组合，找出一组最佳的参数组合对工程人员而言是一个挑战。因此，模型工作人员可以使用基于计算机数值优化的技术来更有效、更为一致地校准系统，这项技术能够确认校正参数的最优或者接近最优的组合以达到尽可能与现场数据的某种吻合。

表 7.2 给出了自 20 世纪 70 年代以来已经开发的供水管网模型校核方法的总揽（Kapelan，Savic 和 Walters，2000）。一般来说，校核方法可分为以下三种类型：

- 迭代过程类型模型。
- 显式模型（或者是水力模拟模型）。
- 隐式模型（或优化模型）。

第一类模型是基于某些特定开发的、迭代的、反复试验的过程［在表 7.2 中表示为 IP——迭代过程（Iterative procedure）］。在这些校准过程中，未知参数变量在每一轮尝试或迭代过程中，运行模拟模型得到水头和/或流量，并通过使用这些水头和流量不断更新这些参数值。以下不讨论该模型的具体细节，但从该模型中可观察到以下一些特征：

- 通常需要简化供水模型（如通过简化管网拓扑）（见 3.11 小节）。
- 只能有效处理较小的校核问题（这些问题只有少量的校核参数）。
- 迭代模型的收敛速度是相当缓慢（Bhave，1988）。

开发这些迭代程序的主要好处是建立了关于供水模型校正的一些基本原则和指南（Ormsbee，1989；Walski，1995）。使用这些基本原则可以开发更复杂的显式和隐式校核方法。

表 7.2　　供水管网校核模型

序号	模型参考书目	模型类型①	水力学模型②（LC 数量）	决策变量③	优化方法	目标函数④（OF）
1	Rahal、Sterling 和 Coulbeck（1980）	IP	SS（1）	RC	—	—
2	Walski（1983）	IP	SS（2）	FC	—	—
	Walski（1986）			DEM		
3	Bhave（1988）	IP	SS（2）	FC，DEM	—	—
4	Ormsbee 和 Wood（1986）	EX	SS（M）	FC	—	—
5	Ormsbee 和 Lingireddy（1997）	IM	SS（M）或 EPS	FC DEM	箱式扩展方法	WSAE（NS）
6	Boulos 和 Wood（1990）	EX	SS（1）	不包括状态	—	—
	Boulos 和 Wood（1991）			变量的任何参数		
7	Boulos 和 Ormsbee（1991）	EX	SS（M）	不包括状态变量的任何参数	—	—
8	Lansey 和 Basnet（1991）	IM	SS（M）或 EPS	FC，DEM VS	基于 GRG2 梯度法	WSSE（H，Q，T）
9	Datta 和 Sridharan（1994）	IM	SS（M）	FC	敏感性分析技术	WSSE（H，RD）

续表

序号	模型参考书目	模型类型①	水力学模型②（LC数量）	决策变量③	优化方法	目标函数④（OF）
10	Ferreri、Napoli和Tumbiolo（1994）	EX	SS（1）	FC	—	—
11	Savic和Walters（1995）	IM	SS（M）	FC	遗传算法	WSSE（H，Q）
12	Reddy、Sridharan和Rao（1996）	IM	SS（M）	RC DEM	高斯-牛顿	WSSE（H，h，Q，D）
13	Walters、Savic、Morley、de Schaetzen和Atkinson（1998）	IM	SS（M）	RC	遗传算法	WSSE（H，Q）
14	Greco和Del Guidice（1999）	IM	SS（M）	FC	LINDO GINO	SSE（FC）（服从有限的H）
15	Todini（1999）	IM	SS（M）	FC	Kalman滤波器	SSE（H，D）
16	Pudar和Liggett（1992）	IM	SS（1）	LLC	Levenberg-Marquardt	WSSE（H）
17	Liggett和Chen（1994）	IM	SS（1）	FC LLC	Levenberg-Marquardt	SSE（H）
18	Chen（1995）	IM	TS	FC LLC，AV	Levenberg-Marquardt	SSE（H）
19	Vitkovsky和Simpson（1997），Simpson和Vitkovsky（1997），Vitkovsky、Simpson和Lambert（2000）	IM	TS	FC LLC	遗传算法	SAE（H）
20	Tang、Karney、Pendlebury和Zhang（1999）	IM	TS	FC DEM	遗传算法	无定义
21	Wu、Boulos、Orr和Ro（2000）	IM	SS（1）	FC	遗传算法	ASSE（H） ASAE（H） MMD（H）
22	Wu等（2002a），Wu等（2002b）	IM，IP	SS（M） TBC（M） VBC（M） PBC（M）	FC DEM VS PS	fm遗传算法	WSSE（H，Q） WSAE（H，Q） WMME（H，Q）

① IP—迭代过程（反复试验）；IM—隐式模型；EX—显式模型。

② SS—稳态；EPS—延时模拟；TS—瞬变模拟；1—单LC；2—双LC；M—多LC；LC—有载状态；BC—边界条件；TBC—水箱边界条件；VBC—阀门边界条件；PBC—水泵边界条件。

③ FC—摩擦系数；DEM—节点需水量；RC—通用管道阻力系数；VS—阀门设置；PS—泵状态；LLC—总漏失系数；AV—声速。

④ SSE—总方差；WSSE—加权总方差；ASSE—平均总方差；SAE—总绝对方差；WSAE—加权总绝对方差；ASAE—平均总绝对方差；MMD—最小最大误差；WMME—加权最小最大误差（H—节点水头；h—连接水头误差；Q—连接流量误差；T—水箱水位误差；D—节点需水量误差；RD—蓄水池需水量误差；FC—粗糙系数误差）。

第二类校正模型称为显式模型，是基于求解恒定状态下的、由质量守恒方程和能量方程组成的一组扩展方程组（在表 7.2 中显示为 EX）。这些模型本质上是求解粗糙度或者需水量的管网模型，与求解压力和流量的模型类似。在 20 世纪 60 年代期间，Shamir 和 Howard 在麻省理工学院提出了首个显式解决方法（Shamir 和 Howard，1968）。该扩展方程组包括原始的水力方程组（这些方程组通常用于管网模型模拟），外加一系列的包含水头和流量测量的派生方程组（每一个测量可以得到一个额外的方程），然后将其应用数值方法求解。未知校准参数的数目受测量数目的限制，当未知校核参数的数目大于可获得的测量数目时（未定问题），校核参数的数目必须通过分组来减少（见 7.3 小节中“校核的一些问题”）。

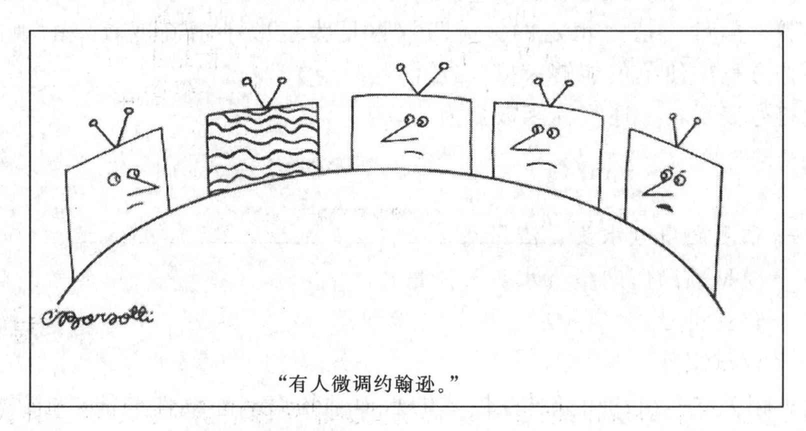

“有人微调约翰逊。”

显式校核方法有以下几个缺点和限制（Kapelan、Savic 和 Walters，2000）：

- 所校核的问题必须是正定的，也就是说，校核参数的数目必须等于所测量的数目。
- 未考虑测量误差，假定测量水头/流量是完全正确的。
- 难以量化所估计校核参数的不确定性。

第三类校核模型称为隐式模型，其包含基于最优化的模型（见表 7.2 中的模型参考书目栏）。在这种情况下，通过引入一个目标函数，该校核问题可以表示为一个最优化问题。该问题通常通过最小化该目标函数间接地求解。三种常用的目标函数类型是：误差平方、绝对误差和最大的绝对误差值。误差（残差）是作为测量（或观察）值与水力模型计算得出的输出值之间的差值而计算得到的。通常是使用水头和流量的误差值，当然可能也使用其他类型的误差值，如水箱水位、水头损失或余氯误差。与最优化方法耦合的水力模型有恒态模型（单个或多个的负荷条件）、延时模拟模型或非恒定（瞬变）模型。

最优化问题表达 最优化方法搜索某个解决方案，该方案所描述的未知校核参数能够最小化该目标函数，同时又满足可行解区域的约束条件。这个目标函数通常是最小化水头和流量的观测值与模型预测值之间差值的平方和。如果这些未知参数向量给定为 x（粗糙系数、需水量、控制状态），该目标函数可能如下给出：

$$\min_x f(x) = \sum_{i=1}^{N} w_i [v_i^* - y_i(x)]^2 \tag{7.6}$$

式中 f——目标函数；

x——未知向量；

N——观察记录的数目；

w_i——权重因子；

$y_i(x)$——模型预测系统变量（水头）。

作为一个范例，该 y 向量的观测值和预测值包括一组数值，如“517m、34l/s 和 510m”，这些数值可能分别对应于节点 J—11 处的测定的水头、管线 P—131 处的流量和水泵 PMP—4 出流端的水头。未知的 x 向量包含一些数值，例如，“121、98、5l/s、开启”，这些数值可能分别对应于管线 P—22、管线 P—23 处的 C 系数、节点 J—14 处的需水量、管线 P—224 的状态。向量 X 的值在每次迭代中都不尽相同，但是对于一个确定的迭代运行步骤，向量 y 值是恒定的。应用权重是为了减小精确度较差的观测值的影响，同时在该工作方程中使单位能够保持一致性。

用向量符号表示，上述目标函数变为

$$\min_{x} f(x)=[y^{*}-y(x)]^{T}W(y^{*}-y(x)] \quad (7.7)$$

式中 y^{*}——观测向量（水头、流量）；

$y(x)$——模型预测值向量（水头、流量）；

T——转置符号；

W——权重矩阵。

与该问题相关的一组约束条件是隐式的水力学约束（连续性和能量损失关系式）、已知的初值条件（设施状态和水箱水位）和边界条件（水库水位）。不是显式地将质量守恒方程和能量守恒方程合并到该优化程序中，最新的做法只是简单地调用一个标准的水力模拟程序以评估该解决方案的水力学问题（Ormsbee，1989；Lansey 和 Basnet，1991）。然后，将该解决方案传回到该优化程序，这时该优化程序计算该目标函数，估计这些约束条件，然后，如果有必要的话，更新这些决策变量。然后将决策变量的新值传回到该模拟模型，不断反复这个过程直至得到一个可以接受的校核结果。

随机搜索方法，更常见的是指遗传算法（GAs），也可以将一个最优化程序与水力模型求解器紧密耦合在一起工作。遗传算法优化是基于遗传学理论，是通过产生尝试解的后代种群来工作的，“最适合的”种群生存下来，繁殖并且进化到逐渐成为所期望的后代解决方案（Savic 和 Walters，1995、1997；Walters、Savic、Morley、de Schaetzen 和 Atkinson，1998）。

遗传算法通过评估每个可能解的适应程度工作，该可能解包括一系列的未知管网校核参数值。适应程度的确定是通过比较从候选解中所模拟的流量和压力值与现场收集的测量值之间的吻合程度得到的。运行几个恒态模拟以模拟不同的需水量情况，包括最低、最高和平均需水量的运行情况。在每个测量点和对于每个恒态运行，计算模拟数据和观测数据（水头和/或流量）之间的差值，然后计算该目标函数（整个管网总的误差值）。目标函数可以用许多不同的方法生成以达到不同的目的。通常采用平方误差或者均方误差作为标准。在所测定的水头和流量之间的不同权重也可以合并到该目标函数中。遗传算法可以不断产生一代又一代的可能解，直到从这些后代解的比较中不再能够产生明显改善的解为止。

遗传算法不仅消除了校核过程中绝大多数的程序性以及繁琐的过程和步骤，如果用户能够在解决方案中选择正确的（决策）变量集并且设定正确的可能解的区间范围（即可行解空间），那么遗传算法通常可以得到与所获得的数据更好的吻合。

校核的一些问题 模型工作人员在任何校核中，甚至在使用优化算法时，其使用观测数据之前，必须评估现场观测的不确定性。对于水头损失测量的误差，其与实际水头损失为同一个数量级或者更大，这种情况并非不常见（walski，2000）。这种值不应用于校核过程中，这是因为校正算法将忠实地尽力与现场观测数据相吻合，即使这些数据是错误的也是如此（见 5.8 小节）。

为了确保水头损失充分超过测量误差，在管线中的流速相当大时采集数据是有益的。在某些为消防需要而设计的系统中，需水量（还有流速和水头损失）在绝大多数时间里是相当小的，这样水头损失测量是没有意义的，还不如检查压力表高程有意义。这导致了某种工况下，其已校准的参数是不确定的，这样会导致不确定的模型预测。为了将这些校准参数确定得更为准确，需要提供另外的观测信息。然而，所必须的信息只能在系统中需水量显著高于平时观测需水量时进行现场测试得到。

在校核一个模型时发生的另一个问题是某些参数，如粗糙度和阀门状态，在数据采集的那个时刻是固定的并且是可知的，而另一些参数，如用水情况，只是在一个随机过程中的随机观测值。如果某个 C 因子确定为 90，那么该值在不太长远的将来是真实的。然而，如果在某个压力观测期间用水量确定为 100gal/min（6.3L/s），那么在校核过程中并非一定要使用该需水量。

对于所有的校核方法（即使是试错的校核方法）而言，一个常见的问题是处理校核参数的可辨识性问题，其含义是对于不同的校核参数向量 x 可能会得出（几乎）相同的、

与现场观测值 $y*$ 相近的模型预测向量 $y(x)$（Kapelan，Savic 和 Walters，2001）。这种参数的可辨识性问题在解决欠定校核问题时会出现，欠定校核问题就是所需校核的参数数量大于独立（非相关）观测值的总数。在这种情况下，存在许多的输入参数组合（如 C 因子），其可以在观测行为和模拟行为之间（如水压和流量）产生良好吻合。基于这种情况，这个已校验的模型就只能有很小的可信度。

即使是正定或者超定问题（也就是，观测值至少与所校核参数一样多），可能也会出现相类似的困难。问题的产生是因为可获得的观测值集无法为确定一个或者多个校核参数提供充分的信息（例如，压力监测点位置可能没有恰当布设以使其能够辨识所有的或者是某些参数）。尽管在校核过程中所校核的参数可能看起来是精确确定的，但是这些参数可能对现场测试数据不敏感或者其值相当不确定。

与可辨识性相关的问题可以通过对未知参数进行分组（例如，对于同样材料、直径、管龄和位置的所有管线，按其管线粗糙系数分为一组）或者通过额外的现场测量增加观测信息的数量来加以解决。参数分组是基于大体上相同年代铺设的相同材质的管线会有相同的粗糙度属性这个假定的。分组性工作很大程度上降低了校核参数的可辨识性问题，但是如果一个给定组中的管线和节点不应该应用相同的调整量时，就有可能引入误差。分组和收集额外的观测信息并不总是可能的。Kapelan、Savic 和 Walters（2001）介绍了另一种基于参数的先验估计的提高可辨识性的方法。

参数先验估计指的是在开始一个校核调整之前，直接或者间接地获得该校核参数信息。参数先验估计的可能数据源是来自于现有的，通常是不同于校核工况的，现场测试/测量/检查的数据（注意：在这些测试中所收集的数据应该不同于为模型校核而执行的测试期间所收集的包括水头和流量测量和记录的数据）。其他的先验估计数据源包括：来自于一些特定分析的数据，例如基于需水量分配分析的需水量先验估计，来自于工程知识库、文献库的数据（如作为管线材料、管龄、直径、运行条件等因素函数的管线粗糙系数水力计算表），C 系数测试或者水泵曲线测试结果，还有专家知识和经验。该方法在概念上并非不同寻常，实际上工程人员在手工校核模型时习惯上已经应用这些附加的知识了。然而，开发一个框架，在优化过程中使用这些信息，这在某种程度上可以极大地提高通过优化确定合适的校核参数集的概率。

为了将参数的先验估计引入目标优化问题，参数值的调整范围必须限制到一个狭窄的区域。在一个更为严谨的方法中，可以通过将先验估计残差的权重平方和加入到传统的观测信息残差的权重平方和中使该校核目标函数得到扩展：

$$\min_{x} f(x)=[y^{*}-y(x)]^{T}W[y^{*}-y(x)]+[x_{o}^{*}-x_{o}]^{T}V[x_{o}^{*}-x_{o}] \tag{7.8}$$

式中 x_o^*——先验参数估计向量（假定值）；

x_o——实际参数向量；

V——权重矩阵。

在水头和流量的观测值和先验估计值之间的主要区别是，在大多数情况下，观测值更为可靠。从这个重要事实出发，Kapelan、Savic 和 Walters（2001）提出了将参数的先验估计有效地结合到供水模型校核中的一个程序流程，基本步骤如下：

（1）仅用观测数据求解该优化问题（就是没有使用先验估计）。

(2) 估计已经优化参数值的灵敏度和每个已确定参数的不确定性。

(3) 识别不敏感的或者不确定的参数。这些参数需要额外的观测信息，以便能更准确地确定，因而使用先验估计就是一个可能的选项。不建议对那些具有非理性值的敏感参数使用先验估计，这些参数的存在通常表明要么是在模型中（例如，某个阀门模拟为完全打开的而实际上其是部分关闭的）要么是在观测信息（数据错误或者数据量不足）中存在某种错误。

(4) 为了减少不确定性和改进先前所辨识的不敏感的模型参数，可以收集额外的现场数据，使用先验估计，或同时使用这两种方法。该优化问题需要再次求解——这一次综合了对参数的先验估计。先验估计应该仔细使用，权重应反映每个先验估计的置信水平。最好的策略是从小权重开始并逐渐增加。而且，不是在优化模型中将某个参数值确定为某个固定值，而是将该参数定义为一个与先验估计和其权重相关的附加决策变量（见附录D.1），这种方法通常是有用的。

在所计算的校核参数值中的不确定性通常会由于综合考虑了先验估计而得到改善。然而，使用参数的先验估计可能不一定会使所计算的参数值更接近实际值。这种改进主要取决于先验估计的数量和质量。一个错误的先验估计会导致错误的结果。

校核的采样设计 在供水系统管理中，数据采集起到一个很重要的作用。现场数据采集规划实践的主要目的是确定做什么、何时做、在什么条件下做和何处观测目标系统的行为并且收集数据，在用于校核时能够产生最佳结果。这就是所谓的采样设计问题。对于做什么、何时做以及在什么条件下做的答案通常是知道的并且在第5章中已说明，但是最后一个问题，将测量设备放置在哪里，一直是研究比较的课题。Walski (1983) 建议，压力测量设备应该设置在高需水量处的附近各点、简化管网的边缘附近和远离水源处。应该执行多个消防流量测试，让消防流量和测试消火栓处的实际流量一样大，并且应该采集水头和流量测量数据。

校核和采样位置选择之间的关系类似于鸡和蛋之间的关系。为了校准一个模型，需要现场测试数据，也就是需要确定采样地点位置。另一方面，为了判断校核是否成功，需要计算对应于所有可能的校核参数的所有潜在测量位置的敏感度。为了计算这些敏感度，应该知道校核参数的数量、结构和数值。然而，只有在该校核问题解决后才能得到这些参数。因此，在求解校核问题时存在一个困难，就是采样设计问题必须首先解决，但是，要解决该采样设计问题，该校核问题应该已经解决。对于这个困难的一个明显的解决方法是在采样设计和校核工作之间进行反复迭代计算。

目前，已经做了很多关于设计优化的程序，能够使选择数据采样位置的过程自动化的研究性工作（Lee and Deininger，1992；Yu and Powell，1994；Ferreri、Napoli and Tumbiolo，1994；Bush and Uber，1998；Piller、Bremond and Morel，1999；Ahmed、Lansey and Araujo，1999；de Schaetzen、Randall-Smith、Savic and Walters，1999；de Schaetzen，2000；Meier and Barkdoll，2000；Lansey、El - Shorbagy、Ahmed Araujo and Haan，2001）。这些研究的一个共同特征是考虑某个单一的准则（例如，最小化该模型预测的不确定性，或者是最大化覆盖范围）。然而，Kapelan、Savic 和 Walters (2001a)，将采样设计构想为一个有相关约束的多目标优化问题。确定的两个主要目标是：

①最大化校核参数估计的精度或者最小化模型预测的不确定性；②最小化采样设计的总费用。

注意：在确定采样位置时由于以下几点原因最优化可能不是最好的工具，认识到这一点是很重要的：

- 许多因素很难数量化达到相关优化中所需要的精度要求。
- 确定是采用永久性的采样位置还是一次性的采样位置的考量是很困难的。
- 水力监测的标准不同于水质监测的标准。
- 用于为EPS校核采集数据的位置必须与该参数或者是所关注事项的动态行为相关联。

由于存在这些问题，Walski（2002）提出借助GIS专题图来进行采样设计的一个方法。

应用优化校核　无论采用哪种算法，在所有的校核优化方法中都包括以下相类似的步骤。

(1) 给定一个未校核的模型，用户运行模型以确信结果是合理的并且不存在大的错误。

(2) 根据第5章中所描述的精度要求和所有已知的边界条件采集现场数据。

(3) 将现场观测数据输入到所用优化模型中，然后确认所要调节的参数并且按照可能的范围分组。这些参数值的范围限制可以在开始时大致划分一下。例如，如果某个C因子值大概在80的水平，可能开始时会从40～120的范围内以增量10逐个尝试（也就是，可能的值为40、50、60、70、80、90、100、110、120）。

(4) 用户确认所用的目标函数（如平方和最小化、绝对离差最小化），并且在不同的目标值或者现场测量值之间设定权重。用户可以对该优化运行的方式进行某些控制。例如，在应用遗传算法校核中，该优化方法尝试大量的解决方案，直到其不能做出目标函数值的改善或直至达到其预设的最大运行步数。[用户可以设定遗传算法（GA）可执行的最大尝试步数或者目标值没有改进的尝试步数] 由于遗传算法可能运行非常长的一段时间，最好从一个相对较小的（对遗传算法而言）尝试数目（如10000）开始，直至得到良好的结果。对于一个接近最终解决方案的方案，可能需要使用一个更大数目的可能尝试以确保该遗传算法能够得到尽可能接近最佳解决方案的方案。

(5) 用户运行该校核并且审查所得结果。这些结果应该相当合理。如果该结果不合理，用户应该检查是否调整了正确的参数、数据是否足够精确或者是否提供了足够的数据。如果这些参数都处于其范围的上限或者下限，这可能表明该数据范围需要增大。

(6) 用户应该重复优化过程，直至所得结果是合理的。当得到合理的结果，用户可能要缩小搜索范围，以获得更大的精度。例如，如果优化确定某个C因子是90，但在最初的校核中的增量是10，用户可能想执行一个重复运行，其可能值为80、85、90、95和100，以便更准确地确定C因子。建模工作人员可能也想在某些参数已知非常合理时将其固定下来并且将某些组划分成两个或者更多的组。

(7) 在已经确定一个可以接受的粗糙系数和需水量调整的集合之后，该用户就可以将这些结果迁移到所用模型中。这些确定的数值对应于所用数据收集的时间点上的粗糙系数和需水量。特别是对于需水量，其随时间显著变化，然后，该用户需要确定那些校核值的范围，这样可以调整以表示平均日、最大时或其他情况下的需水量。整个校核过程总结如图 7.7 所示。

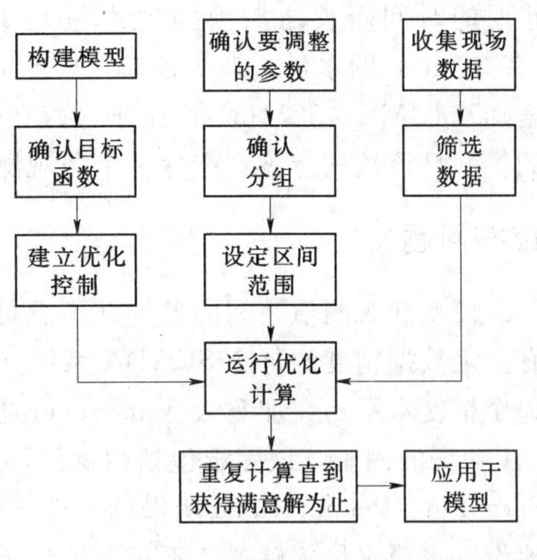

图 7.7　校核优化过程

模型确认

在一个模型校核满足某个给定的测试数据集之后，模型工作人员可以获得对模型的可信度并且/或者通过使用不同情况下获得的测试数据进一步确认该模型以发现其不足之处。在执行模型确认过程中，调整系统需水量、初始条件和运行规则使其与该测试数据收集时刻的运行情况相匹配。例如，一个在最高日校核的模型可能通过其载流容量精确地预测平均日情况而得到有效性确认。

虽然希望能够对每个模型进行有效性确认，大部分自来水公司没有时间或者金钱来执行一个遍及整个系统的有效性确认。因此，建模工作人员在将模型应用于一个新的问题之前可能希望执行一个快速的验证。在将一个 3 年的模型应用于城镇东侧某个拟议的输水干管研究之前，自来水公司可能希望执行少量的消防流量测试或者在研究区域中设置一些压力记录仪以确认系统中该部分的模型。

7.4　EPS 模型校核

在开始 EPS 模型校核之前，用户需要确任在高程、空间需水量分布以及管道粗糙度方面恒态模型已经正确校准了。一旦这个水平的校准完成，EPS 校准过程就可以开始，并且其主要包括需水量的时间变化调整。根据该模型的使用意图，EPS 校核的重点可能会发生变化。例如，对于水力研究，在现场和模型条件之间的比较主要集中在水箱水位和系统流量计流量的预测上。而对于能耗分析，关注点就是模型预测泵站运行周期循环和管网能耗的能力。

参数调整

大多数 EPS 校核都涉及检查水箱水位的观测与模拟数据对比图。通常，如果观测与模型预测的水位都朝向同一方向但是斜率有些微差别，那么在那个压力区域的用水量就应该进行调整。然而，如果水位向相反方向变化，那么水泵或者阀门的开启/关闭状态通常存在问题。

从设置在系统关键位置处的图表记录仪上采集的数据，可以用来深入观察应该调整哪些参数。

所求的需水量调整值，可以通过在模拟和观测条件下水箱储水容积差额来近似得出。例如，如果一个水箱，其模拟容量值和观测容量值都是 1.24MG（46939m^3），但在一个小时的时间步长之后模拟值水量是 1.63MG（61702m³），而实际水箱容量为 1.57MG（59431m³）的水量，那么该模型中的需水量就要在该时间段（1000gal/min 或 63L/s）内增加 0.06MG（2271m³）。由于一直在进行校核，这样的一些调整必须是合乎逻辑和合理的，并且该校核应该会产生一个与观测数据相吻合的、相当平滑的曲线。

校核问题

模型和观测值之间的差异并不总是一个表明模型不准确的信号。即使数据可能来自于有一定数据精度的某个 SCADA 系统（更多信息可见第 6 章），也不应该假定该数据达到那个精度水平。在加拿大 Vancouver 进行的一项研究（Howie，1999）记载了使用 SCADA 数据的困难，该困难包括数据的不一致以及与时间日志相关的问题。在 Wilkes-Barre/Scranton、Pennsylvania 所做的一个 EPS 校核，系统记录了另外的一些问题，包括不正确地设置水箱水位传感器、不正确地记录水泵的状态切换以及在瞬时观测值和时均数据之间的差异（Walski、Lowry 和 Rhee，2000）。

在大多数建模中，假定一旦一个 EPS 模型校核结束，只要对基准需水量进行少量调整，该日用水量变化曲线就可以用于其他天。Walski、Lowry 和 Rhee（2000）认为，在一个给定小时内的需水量，可能在预期有几乎一致的需水量变化模式的不同天之间的变化会高达 20%。

使用示踪剂校核

尽管通常示踪剂被认为是用于校核水质模型的一种工具，但是其在校核 EPS 水力模型中也很有帮助。例如，如果使用某种惰性示踪剂，模型工作人员需要调整的唯一参数就是那些影响系统水力状态的参数。

在进行示踪剂研究之前，最好使用模型模拟示踪剂在系统中的运动情况，这个模拟有助于确定示踪剂对应的输入参数，如需水量、敏感区域位置，而这些区域位置可以用于监测该示踪剂。

所选择的示踪剂应该是廉价、安全且易于探测的。在一个多水源的系统情况下，出现在一个水源中的某个水质组分的浓度不同于其他水源，该水质组分可能就是一个很好的示踪剂。例如，如果某个水源的水具有比其他水源更高的电导率，电导率（其与总可溶物浓度相关）就可以用作示踪剂。在其他一些情况下，关掉或者调整某个水厂处的氟化物投加，将会产生一个扰动，可以在系统中进行跟踪。

这项研究是通过改变示踪剂浓度进行的，并且确定该模型是否可以重现这种系统中测量到的浓度波动。这种类型的分析提供了大量的水体通过系统的路径信息。这在需水量空间分配、识别关闭的阀门和发现错误管径的管线方面是非常有益的（其在识别管线粗糙度错误或者水泵曲线错误方面并不十分有用，这是因为这些参数并不显著地影响流动模式）。关于使用示踪剂研究的更多信息见 Grayman（1998）。

能耗研究

在校核用于能耗研究的模型时，重要的是理解所使用数据的本质。水泵站不仅需要运行水泵的能耗，也有除此之外的能耗，如照明、SCADA系统、热力通风等。由于泵站可能只有一个与该泵站所有用电相关的电表，因而可能需要从总用电量中减去非水泵用电量，从而得到对水泵所使用电量的精确现场估计。

对于测量电功率而不是测量电量的情况，重要的是理解所测量的是实际功率（kW）还是表观功率（kVA）。这二者的区别在于电机内用于诱导磁场的反应功率（WEF，1997）。实际功率和表观功率的比率称为功率因数，即

$$PF=\frac{\text{实际功率}}{\text{表观功率}} \tag{7.9}$$

式中 PF——功率系数。

如果只有测量的表观功率，那么该值必须转化为实际功率，以便与模型所预测的水泵能耗相对比。

由于将能耗转换为能耗费用时有很复杂的转换列表，因此能耗的模型值和观测值之间的比较应该用kW·h来代表，而不是用美元来代表。

7.5 水质模型校核

校核是一个调整模型的过程，这样模拟能够合理地预测系统的行为。水质模型校核的根本观点与水力校核的是相同的，当然该方法的某些方法细节方面会有所不同。水质校核的目的是获得管网短时间的、动态的行为，这使水质校核问题较之已经很不明确的水力校核问题具有更大的不确定性。因而，对模拟值和实际系统之间吻合程度的期望明显更低。

水源浓度

组分源定义了水质模拟的边界条件，这正如水箱和水库水位定义了水力模拟的边界条件一样。为了进行水质模拟，描述水源中一个组分如何进入供水系统。例如，氯化物和氟化物通常从水厂或其他已处理水水源（如与某个邻近系统连接的节点）进入管网。在系统污染的案例中，污染物质可能是在管网的任何地点引入的，例如在某个互联点或者是某个受污染的水箱。水质模型通常允许水库、水箱或者连接节点作为组分源，这样可以灵活模拟不同水源类型和污染情况。

组分源可以模拟供水系统的一个常量入流，或者也可以是随时间变化的变量。模型可以提供变化模式以模拟组分源的动态行为。源处的组分浓度也可以像各种简单反馈控制器（例如，随流量变化浓度控制器或者浓度设定点控制器）一样设定。

初始条件

与水力模拟时初始条件影响快速消失不同，水质模拟中的初始情况可以持续相当长的一整段模拟时间。因此，在校核水质模型时，结果的动态情况总是初始情况的一个函数。这增加了初始条件预测的重要性和难度。

初始条件反映了水质模拟开始时的管网状态。为了模拟已经连续运行的一个真实系统的动态情况，必须要考虑在这个模拟开始之前发生的事件。例如，考虑一个案例，在该案

例中，72h之前在处理水厂投加的消毒剂刚刚到达该管网外围处的某个节点。建模工作人员要通过测量，并且给该节点赋以某个初始条件，以考虑这些以往添加消毒剂的情况。初始条件是将确定管网模拟起始状态的一系列历史事件的影响考虑到模型中的一种数学方法。

管网中的每一管线、连接节点、水箱和水库都要赋予某个与所执行的分析相关的初始值。对于组分分析而言，要赋予管网组件某个初始浓度。对于水源追踪和水龄分析，要相应地赋予管网组件某个来自于特定水源的水量百分比初值和水龄初值。在节点、水箱和水库处分配初始值，管线上的初始值通常是应用插值方法赋予的。

预计初始条件 由于很多原因，使用现场确定的值来为初始条件赋值会产生很多问题。对于组分分析而言，测量每个节点、水箱、水库和管线的消毒剂浓度在逻辑上是不可行的。此外，在一个单一的瞬时（在模拟预定要开始的瞬时）测量所有这些浓度也是不可能的。对于水力模拟，在确定初始条件时也存在同样的问题。然而，这并不太严重，这是因为水力初值条件的测量通常只是用来建立管网的边界条件。较少的测量数量可以大大简化与采集这些数据相关的逻辑考虑。对于水龄分析，预测初始条件也是很困难的，这是因为水龄不是一个在现场容易测量的参数。

然而，水质模型的动态行为可以用来消除与初值分配相关的问题。当模拟水质过程时，会形成一个耗散系统。例如，作为初始条件所分配的消毒剂残留量会在模拟开始时存在于系统中。随着模拟过程的进行，初始条件的影响随着消毒剂反应逐渐消减并且随着管网水力需水量而逐渐去除。初始时的消毒剂逐渐由水源位置新进入的消毒剂所取代。管网中的消毒剂浓度最终达到一个动态平衡，其不再与初始条件相关。因此，如果允许模拟运行时间持续一个充分长的周期，所赋的初始条件值就变得无关了。

设置初始条件 水质模型的这种耗散行为可以作为建模工作人员的一种有利条件来利用，通过确定长的模拟时间来消除预测初始条件的需要。准确的模拟时间取决于管网拓扑和水力情况，但是，可以在任何地方运行3～10倍的每日需水量变化模式的时间长度（通常，使用24h作为一个需水量变化模式周期）。一般假定所模拟的水力场景可以在将来所有时间重现。为了进行一个长时间的模拟，需要平衡管网的水力情况，这样在该需水量变化模式周期的时间范围内管网入流量等于出流量。否则，随着该模拟的进行，水箱可能会放空或者溢流，或者可能会对管线的周期性流动产生扰动。

一旦一个模型已经修正为一个长时期的模拟，那么初始条件（在管线或节点处的）就可以设定为任何值，包括0.00mg/L。供水系统中浓度达到平衡状态所花费的时间受到水箱和水库处设定的初始条件的影响。水箱和水库内的初始条件变化得非常缓慢。相反，连接节点处的初始条件变化非常快，因此连接节点处的初始条件可以安全地设为零。如果对某个水源的运行场景很熟悉，可能可以使水箱和水库内的初始条件设定得与其平衡值更为接近，这可以极大地减少模拟时间。然而，如果水源运行和水力变化情况作为多个场景进行评估，储水水箱中的平衡浓度也是很有可能发生变化的。

管壁反应系数

得到管壁反应系数比确定水体反应系数（见5.6小节）要困难得多。管壁反应系数和管线粗糙系数相类似，都因管而异。正如管线粗糙值（见 5.2 小节）的 C 系数（水头损失）测试一样，管壁反应系数也不能直接测定，但是必须通过在现场测量数据值（在此情况下是余氯和其他因子）推演，然后可以计算出该管壁反应系数，这是因为该系数可反映在现场所观测的行为中。

理想的试验是将相同特征（直径、材料、使用年限和流量）的管线隔离，然后测量该管线的余氯和其他因子。正如 5.6 小节中“测量管壁需氯量”所述，对于直径小于 12in 的金属管道，一个 1000～2000ft 长的管段由于管壁的反应通常都会产生一个可测量的余氯衰减量。然而，对于更大管径的管线和管材较低反应性的管道，可能需要研究更长的管线（可能 1mile 或者更长）。由于找到这么长的隔离的同材质管线进行现场测试是很困难的，所以需要采用其他方法来校核余氯衰减模型。

使用时间序列数据校核/确认模型　在校准和确认一个 EPS 水力和/或水质模型中的一个重要步骤是将时间序列的现场数据（在一天或更长时间内每隔一段时间所收集的数据）与模型结果进行比较。如果该现场数据与模型结果之间的差距可以接受，该模型就校准了。如果存在明显的差距，可以对不同的模型参数做出调整，以使其提高吻合程度。理想的情况是，应该有一组数据用于校准，同时有另一组数据用于确认该模型已经检验校核准确。

在 EPS 校核/确认过程中，可以综合使用三种类型的现场时间序列数据，即水力测量数据、水质数据和示踪剂数据。第 5 章介绍了采集这些数据的方法。在本章中，说明使用这种数据进行校准/验证的过程。

图 7.8 说明了在一个小供水系统中所采集的时间序列数据的一个范例。在这个范例中，进行了一个 24h 范围内的综合现场研究，其中在水箱采集水位数据，执行了一个示踪剂研究，还在供水系统的测量泵站进行了余氯测量。该示踪剂研究和水位测量的结果首先用于模型的水力校核。在水力校核完成后，使用余氯数据校核水质的余氯模型（就是调整氯的衰减速率）。在校核的这两个阶段，对于选定的泵站，绘制出现场数据、初始的模型结果和校核后的模型结果。

正如图 7.8 所示，在三个泵站以大约 3h 的时间间隔进行了示踪剂测量，并且以大约 1.5h 的时间间隔进行了水箱（泵站 D）的水位测量。首先对于该水位的测量，初始的预测变化模式并不足以反映该水箱中的真实水位。由于从水厂中流出的水量可以很好地确定水厂处流量的计量，该水箱不正确的预测水位表明整个系统需水量总的时程变化模式是不正确的。在对整个系统的时程变化模式进行全局调整之后，该模型会产生一个好得多的水箱水位预测。示踪剂浓度在泵站 A 开始时预测得相当好，但是在泵站 B 和泵站 C 存在某些明显的偏差。在泵站 A 处的吻合程度比较好是因为从水厂（此处示踪剂浓度已知）到泵站 A 的传输时间相当短，预测中误差引入的机会不大。

在泵站 B 处，较小的预测浓度表明该模型最初预测到泵站 B 的水流传输时间大于所观测的传输时间。由于盲端管线内的流量主要由需水量控制，适当的改变泵站 B 处的需水量变化模式会导致模型中的结果提高。

在泵站 C 处，模型最初预测示踪剂将比观测结果更快到达该节点。因为从水厂到该泵站的距离相对较短，观测值和预测值之间的显著差异表明在向泵站 C 方向的管路上可

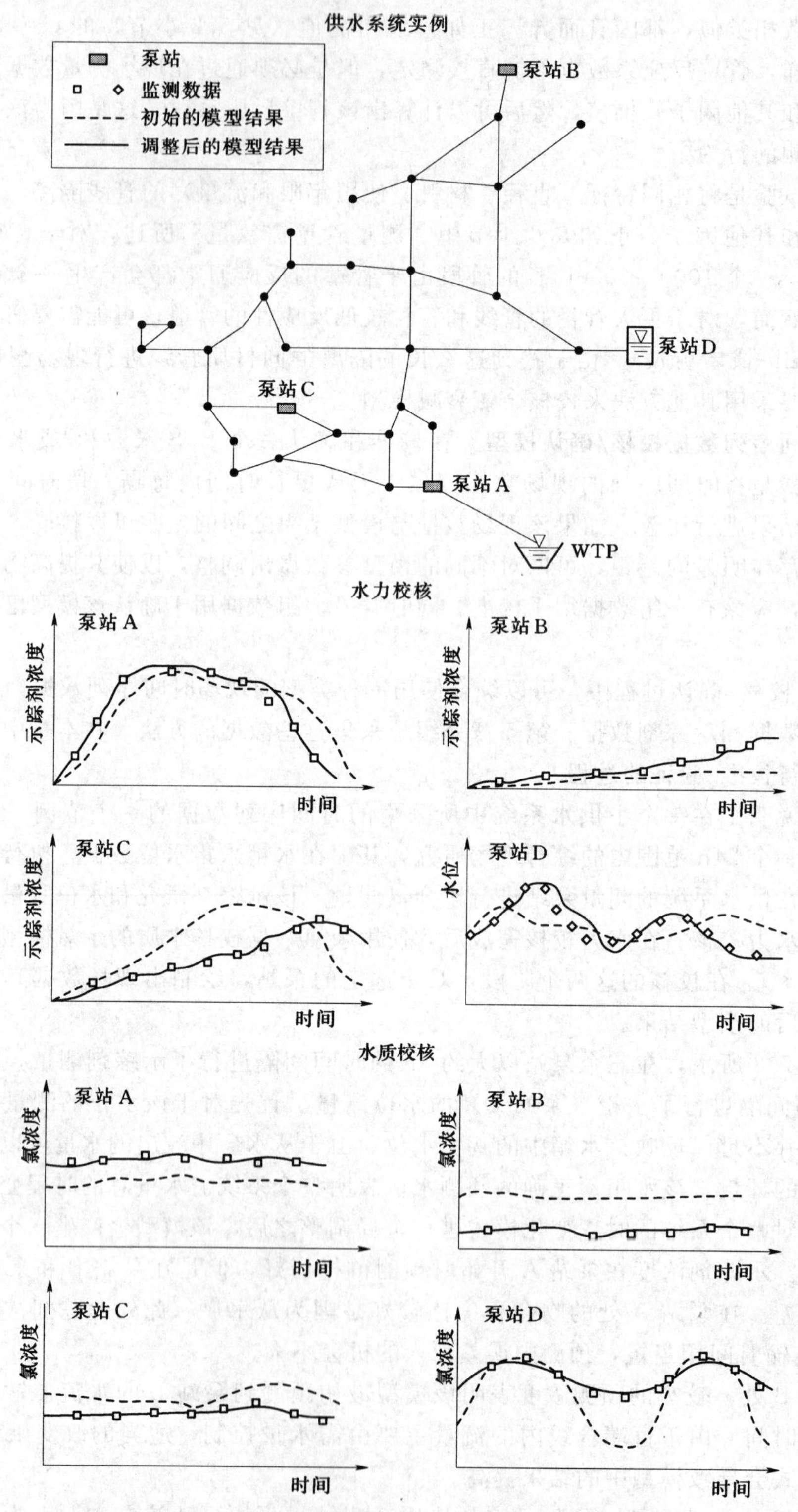

图 7.8 用于模型率定目的的事件序列数据采集

能存在某个被忽略的全关闭或部分关闭的阀门。

模型的改变产生了较好地吻合，并且某个派驻现场人员证实了有个阀门关闭了。该校核过程产生了一个认为达到可接受程度的已校核水力模型。因为在该模型中做出了一些显著的改变，自来水公司可能希望考虑采集第二组数据对该模型参数进行确认。

在该水力模型经过可接受的校核之后，使用氯的测量来校核水质模型。氯的测量可以在三个供水系统采样点和水箱的进口/出口合并管线上以大约3h的时间间隔测量。在泵站A处，所预测的氯浓度在一天中都稍低于测量值——这很奇怪，因为从水厂到泵站A通过一个大管径管线传输，时间相当短。这种系统差别表明该偏差可能是由于测量误差造成的。

通过对设备进行检查，发现用于水厂处测量氯的仪表和现场中所用的仪表没有经过合适的校准。在调整了水厂出水的氯浓度后，模型结果精确地反映了现场结果。在泵站B和泵站C，所预测的氯浓度都稍微高于观测结果。这表明模型中所用的反应速率可能没有调整。由于氯的水体衰减速率采用"瓶试"方法进行了仔细测定，应在管壁的需氯量系数方面做出调整，使与现场结果相比模型的预测结果得到改善。在所示水箱中，模型预测在该水箱充水和放水周期循环期间，水箱的入流/出流管线的余氯浓度大幅波动。在水箱内长时间的停留可以产生这种情况。所观测的余氯没有显现出这么大范围的变化这一事实可以让建模工作人员推测：可能是真实的停留时间比模型预测的停留时间短，或者是水箱中水体分层，呈现出水流后进先出（LIFO）的行为，在水箱中的不同水层进行的额外的氯的现场测试证实了该水箱中水体的分层现象。通过在模型中使用水箱水体后进先出的模型表示，所预测的氯浓度和现场结果吻合。该自来水公司也可以采取措施修正水箱运行以减少或者消除该水体分层问题。

在上述校核示例中显示了EPS水质校核过程中发现的许多典型的校核问题。在大多数情况下，基于只有很少几个泵站现场测量的参数调整是一个困难的和反复迭代的过程。使用先进工具，例如遗传算法的自动校核（见7.3小节中"自动校核方法"），给校核研究领域带来了很大的希望。

据报道，管壁反应系数值处于0～5ft/d（0～1.5m/d）范围内。由于这些值很难测定，可以基于现场浓度测量和作为校核分析一部分的水质模拟结果来进行估计。Vasconcelos、Rossman、Grayman、Boulos和Clark（1997）假定管壁反应系数和管段粗糙系数有关，即

$$k_w = \alpha / C \tag{7.10}$$

式中 k_w——管壁反应系数，ft/d；

α——拟合系数；

C——海曾-威廉系数。

某个给定系统的该拟合系数是在校核时通过反复尝试确定的。假定在整个系统中的不同地点已经采集了足够数量的观测组分浓度，可以估计每根管线的管壁反应系数初始值，并且进行模拟。然后将观测到的组分浓度与计算机模型所提供的浓度进行比较。如果两个值不能在合理范围内吻合，那么应该调整管壁反应系数直至得到一个合适的吻合程度为止。

7.6 可接受的校核程度

无论采用哪种方法进行校核，一个实际模型应该达到某些运行标准。在英国，已经建立了某些运行标准，设计人员应该努力达到这些标准（Hydraulic Research，1983）。表7.3大致列出了一些流量和水压的标准。另外还有一些标准，包括那些EPS校核的标准（WRC，1989）。

表7.3 流量和水压的校核标准

流量标准	（1）所模拟的主干管流量（该流量大于总需水量的10%）的校核误差应该在所测量流量的±5%之内。 （2）所模拟的干管流量（流量小于总需水量的10%）的校核误差应该在预测流量的±10%之内
水压标准	（1）85%的现场测试测量的校核误差应该是在±0.5m以内或者在整个系统最大水头损失的±5%以内，无论哪个值更大一些。 （2）95%的现场测试测量的校核误差应该在±0.75m以内或者系统最大水头损失的±7.5%以内，无论哪个值更大一些。 （3）100%的现场测试测量的校核误差应该在± 2m之内或者系统最大水头损失的±15%以内，无论哪个值更大一些

对于EPS校核程度的标准，除了压力和流量之外，对于特别大的水箱，在两个连续时段内，该水箱测量体积与预测体积的体积差应该在该水箱总的更新水量体积的± 5%之内（水箱更新体积是指在两个时间间隔之间总的入流体积加上总的出流体积）。

然而，在美国没有这样的指导原则；很多建模工作人员认为校核一个水力管网模型所要求的努力程度和所预期的校核精度取决于该模型的使用意图（Ormsbee和Lingireddy，1997）。

模型校核的真正测试是该模型结果的最终用户（如管道设计工程师或者系统运行人员）使用该模型辅助决策时感到满意。为达到这一目的，应该持续校准直到执行额外校核的费用超过该额外校核工作的价值。

模型的每个应用都是独特的，因此不可能得出一个单一的指导原则来评估校核。下面给出的指导原则对校核精度给出了某些数值性的指导；然而，其也不是绝对的。为了反映供水系统之间的差别和模型用户的需求，大多数的指南给出了校核精度的取值范围。精度范围的高限的数值通常对应于更大、更复杂的系统，而校核精度范围的低限数值则与较小、较简单的系统相关。“达到高程和压力数据的精度”这句话表示该模型应该和现场数据一样精确。如果已知某个节点的水头容许校核误差在8 ft（2.5m）以内，那么该模型就应该与现场数据在所设定的容许误差内吻合。重要的是要记住这些指南需要根据实际的特定位置进行调整，并且要了解该模型的使用目的。以下是不同应用场景的校核精度建议。

- 小系统［24in（600mm）或更小的管线］的总体规划：模型应该精确地预测水头，在消防测试期间，在校核数据点处校核精度应该达到5～10ft（1.5～3m，取决于系统的大小）范围之内；并且在正常的需水量期间应该达到高程和压力数据的精度。对于EPS运行也会产生水箱水位在3～6ft（1～2m）范围内的波动或误差，并且与处理水厂/泵站/水井的流量在10%～20%以内相吻合。

- 大型系统［24in（600mm）以及更大型系统］的总体规划：模型应该精确地预测水头在峰值流速时间段的水力坡度，校核精度在5～10ft（1.5～3m）之内，而在正常需水量时间段达到高程和压力数据的精度。对于EPS运行，能够产生水箱水位在3～6ft（1～2m）范围内的波动或误差，并且与处理水厂/泵站/水井的流量在10%～20%范围内相吻合。
- 管线大小的确定：模型应该精确地预测在消防流量条件下的水头，在拟议的管线终点达到5～10ft（1.5～3m）的校核精度，在正常需水量时间段达到高程数据的精度。如果新的管线影响某个水箱的运行，模型应该也能够产生一个3～6ft（1～2m）范围以内的该水箱水位波动。
- 消防流量分析：模型应该精确预测在消防流量条件下的静态水头和动态水头，每个压力区域和邻近区域的代表节点的水头校核精度能够达到5～10ft（1.5～3m）的精度，并且在正常需水量时间段能够达到高程数据的精度。如果消防流量接近于最大消防流量，这时水箱大小就很重要，该模型应该能预测水箱水位在3～6ft（1～2m）范围内的波动或误差。
- 分区设计：模型所重现的消防流量测试时的水头，在该分区与管网连接节点处能够达到5～10ft（1.5～3m）以内的精度，并且在正常需水量时间段达到该处高程数据的精度。
- 农村供水系统（无消防）：模型所重现的在峰值需水量期间的水头，在系统远程端点处达到10～20ft（3～6m）以内的校核精度，并且在正常需水量时达到该处高程的精度。
- 供水系统配水能力恢复研究：该模型所重现的研究区域内在消火栓流量测试期间的静态水头和动态水头，达到5～10ft（1.5～3m）范围内的校核精度，并且在正常需水量时间段达到该处高程数据的精度。
- 管道冲洗：该模型所重现的从消火栓处的实际出流或者配水容量［例如，消防流量以一个剩余压力20lb/in^2（138kPa）出流］达到所观测流量的10%～20%以内的精度。
- 能耗：该模型所重现的一个24h范围内的能耗精度达到5%～10%，在1h能耗的基础上精度达到10%～20%，以及高峰耗能时精度达到5%～10%。
- 运行问题：该模型应该重现系统中发生的问题，这样，该模型可以用来对该具体问题做出决策。
- 应急规划：模型应该重现在紧急状态情况下（如消防流量、电力中断或管线故障）的水头，精度能够达到10～20ft（3～6m）。
- 消毒剂模型：该模型所重现的在采样期间所观测的消毒剂浓度的变化模式，达到大约为0.1～0.2mg/L的平均误差，这取决于系统的复杂程度。

除了这些标准之外，AWWA工程计算机应用委员会（1999）在其网页上公布了一些校核指南。然而，在本节前面中所提到的，每个模型应用都是独特的，因而有其特有的校核要求。该AWWA指南只是给出了写入的范例，尚未作为标准来被接受。

总而言之，当模型产生的结果可以充满信心地针对一个供水系统的设计、运行和维护做出决策，并且进一步改进该模型精度的费用被认为是不合理的时候，这个模型就可以认为校核好了。

参考文献

Ahmed, I., Lansye, K., and Araujo, J. (1999). "Data Collection for Water Distribution Network Calibration." *Proceedings of Water Industry Systems: Modelling and Optimisation Application*, Savic, D. A., and Waters, G. A., eds., Vol. 1, Exeter, United Kingdom.

American Water Works Association Engineering Computer Applications Committee (1999). "Calibration Guidelines for Water Distribution System Modeling." http://www.awwa.org/unitdocs/592/calibrate.pdf.

Bhave, P. R. (1988). "Calibrating Water Distribution Network Models." *Journal of Environmental Engineering*, ASCE, 114 (1), 120.

Boulos, P. F., and Ormsbee, L. E. (1991). "Explicit Network Calibration for Multiple Loading Conditions." *Civil Engineering Systems*, 8 (3), 153.

Boulos, P. F., and Wood, D. J. (1990). "Explicit Calculation of Pipe-Network Parameters." *Journal of Hydraulic Engineering*, ASCE, 116 (11), 1329.

Boulos, P. F., and Wood, D. J. (1991). "An Explicit Algorithm for Calculating Operating Parameters for Water Networks." *Civil Engineering Systems*, 8, 115.

Bush, C. A., and Uber, J. G. (1998). "Sampling Design and Methods for Water Distribution Model Calibration." *Journal of Water Resources Planning and Management*, ASCE, 124 (6), 334.

Califonia Section AWWA (1962). "Loss of Carrying Capacity of Water Mains." *Journal of the American Water Works Association*, 54 (10).

Cesario, A. L., Kroon, J. R.. Grayman, W., and Wright, G. (1996). "New Perspectives on Calibration of Treated Water Distribution System Modes." *Proceedings of the AWWA Annual Conference*, American Water Works Association. Toronto, Canada.

Chen, L. C. (1995). "Pipe Network Transient Analysis—The Forward and Inverse Problems." *Thesis, Faculty of the Graduate School*, Cornell University.

Colebrook, C. F., and White, C. M. (1937). "The Reduction of Carrying Capacity of Pipes with Age." *Proceedings of the Institute of Civil Engineers*, 5137 (7), 99.

Datta, R. S. N., and Sridharan, K. (1994). "Parameter Estimation in Water Distribution Systems by Least Squares." *Journal of Water Resources Planning and Management*, ASCE, 120 (4), 405.

de Schaetzen, W. (2000). "Optimal Calibration and Sampling Design for Hydraulic Network Models." *Ph. D. Thesis. School of Engineering and Computer Science*, University of Exeter, United Kingdom.

de Schaetzen, W., Randall-Smith, M., Savic, D. A., and Walters, G. A. (1999). "Optimal Logger Density in Water Distribution Network Calibration." *Proceedings of Water Industry Systems: Modelling and Optimisation Applications*, Savic, D. A., and Walters, G. A., eds., vol. 1, Exeter, United Kingdom.

Ferreri. G. B., Napoli, E., and Tumbiolo, A. (1994). "Calibration of Roughness in Water Distribution Networks." *Proceedings of the 2nd International Conference on Water Pipeline Systems*, BHR Group, Edinburgh, United Kingdom.

Grayman, W. M. (1998). "Use of Tracer Studies and Water Quality Models to Calibrate a Network Hydraulic Model," *Essential Hydraulics and Hydrology*, Haestad Methods, Inc., Waterbury, Connecticut.

Greco, M., and Del Guidice, G. (1999). "New Approach to Water Distribution Network Calibration." *Journal of Hydraulic Engineering*, ASCE, 125 (8), 849.

Herrin, G. (1997). "Calibrating the Model." *Practical Guide to Hydraulics and Hydrology*, Haestad Press, Waterbury, Connecticut.

Howie, D. C. (1999). "Problems with SCADA Data for Calibration of Hydraulic Models." *Proceedings of the ASCE Annual Conference of Water Resources Planning and Management*, American Society of Civil Engineers, Tempe, Arizona.

Hudson, W. D. (1966). "Studies of Distribution System Capacity in Seven Cities." *Journal of the American Water Works Association*, 58 (2), 157.

Hydraulic Research (1983). *Tables for the Hydraulic Design of Pipes and Sewers.* Wallingford, England.

Kapelan, Z., Savic, D. A., and Walters, G. A. (2000). "Inverse Transient Analysis in Pipe Networks for Leakage Detection and Roughness Calibration." *Water Network Modelling for Optimal Design and Management*, CWS 2000, Centre for Water Systems, Exeter, United Kingdom, 143.

Kapelan, Z., Savic, D. A., and Walters, G. A. (2001). "Use of Prior Information on Parameters in Inverse Transient Analysis for Leak Detection and Roughness Calibration." *Proceedings of the World Water and Environmental Resources Congress*, Orlando, Florida.

Kapelan, Z., Savic, D. A., and Walters, G. A. (2001a). "Optimal Sampling Design Methods for Calibration of Water Supply Network Models." *Water Software Systems: Theory and Applications*, Vol. 1, Ulanicki, B., Coulbeck, B. and Rance, J. P., eds., Research Studies Press, Baldock, Hertfordshire, United Kingdom.

Lamont, P. A. (1981). "Common Pipe Flow Formulas Compared With the Theory of Roughness." *Journal of the American Water Works Association*, 73 (5), 274.

Lansey, K. E., and Basnet, C. (1991). "Parameter Estimation for Water Distribution Networks." *Journal of Water Resources Planning and Management*, ASCE, 117 (1), 126.

Lansey, K. E. El-Shorbagy, W., Ahmed, I., Araujo, J., and Haan, C. T. (2001). "Calibration Assessment and Data Collection for Water Distribution Networks." *Journal of Hydraulic Engineering*, ASCE, 127 (4), 270.

Lee, B. H., and Deininger, R. A. (1992). "Optimal Locations of Monitoring Stations in Water Distribution Systems." *Journal of Environmental Engineering*, ASCE, 118 (1), 4.

Liggett, J. A., and Chen, L. C. (1994). "Inverse Transient Analysis in Pipe Networks." *Journal of Hydraulic Engineering*, ASCE, 120 (8), 934.

Meier, R. W., and Barkdoll, B. D. (2000). "Sampling Design for Network Model Calibration Using Genetic Algorithms." *Journal of Water Resources Planning and Management*, ASCE, 126 (4), 245.

Muss, D. L. (1960). "Friction Losses in Lines with Service Connections." *Journal Hydraulics Division*, ASCE, 86 (4), 35.

Ormsbee, L. E. (1989). "Implicit Pipe Network Calibration." *Journal of Water Resources Planning and Management*, ASCE, 115 (2), 243.

Ormsbee, L. E., and Lingireddy, S. (1997). "Calibrating Hydraulic Network Models." *Journal of the American Water Works Association*, 89 (2), 44.

Ormsbee, L. E., and Wood, D. J. (1986). "Explicit Pipe Network Calibration." *Journal of Water Resources Planning and Management*, ASCE, 112 (2), 166.

Piller, O., Bremond, B., and Morel, P. (1999). "A Spatial Sampling Procedure for Physical Diagnosis in a Drinking Water Supply Network." *Proceedings of Water Industry Systems: Modelling and Optimisation Applications*, Savic, D. A., and Walters, G. A., eds., Vol. 1, Exeter, United Kingdom.

Pudar, R. S., and Liggett, J. A. (1992). "Leaks in Pipe Networks." *Journal of Hydraulic Engineering*, ASCE, 118 (7), 1031.

Rahal, C. M., Sterling, M. J. H., and Coulbeck, B. (1980). "Parameter Tuning for Simulation Models of Water Distribution Networks." *Proceedings of the Institute of Civll Engineers*, Part 269, 751.

Reddy, P. V. N., Sridharan, K., and Rao, P. V. (1996). "WLS Method for Parameter Estimation in Water Distribution Networks." *Journal of Water Resources Planning and Management*, ASCE, 122 (3), 157.

Savic, D. A., and Walters, G. A. (1995). "Genetic Algorithm Techniques for Calibrating Network Models." *Report No.* 95/12, Centre For Systems And Control Engineering, School of Engineering, University of Exeter, Exeter, United Kingdom, 41.

Savic, D. A., and Walters, G. A. (1997). "Evolving Sustainable Water Networks." *Hydrological Sciences*, 42 (4), 549.

Shamir, U., and Hamberg, D. (1988). "Schematic Models for Distribution System Design. I: Combination Concept." *Journal of Water Resources Planing and Management*, ASCE, 114 (2), 129.

Shamir, U., and Howard, C. D. D. (1968). "Water Distribution Systems Analysis." *Journal of the Hydraulic Division*, ASCE, 94 (1), 219.

Simpson, A. R., and Vitkovsky, J. P. (1997). "A Review of Pipe Calibration and Leak Detection Methodologies for Water Distribution Networks." *Proceeding of the 17th Federal Convention*, Australian Water and Wastewater Association, Australia, 1.

Tang, K., Karney, B., Pendlebury, M., and Zhang, F. (1999). "Inverse Transient Calibration of Water Distribution Systems Using Genetic Algorithms." *Water Industry Systems: Modelling and Optimisation Applications*. Research Studies Press Ltd., Exeter, United Kingdom, 1.

Todini, E. (1999). "Using a Kalman Filter Approach for Looped Water Distribution Network Calibration." *Water Industry Systems: Modelling and Optimisation Applications*, Research Studies Press Ltd., Exeter, United Kingdom, 1.

Vasconcelos, J. J., Rossman, L. A., Grayman, W. M., Boulos, P. F., and Clark, R. M. (1997). "Kinetics of Chlorine Decay." *Journal of the American Water Works Association*, 89 (7), 54.

Vitkovsky, J. P., and Simpson, A. R. (1997). "Calibration and Leak Detection in Pipe Networks Using Inverse Transient Analysis and Genetic Algorithms." *Report No. R* 157, Department of Civil and Environmental Engineering, University of Adelaide, Australia.

Vitkovsky, J. P., Simpson, A. R., and Lambert, M. F. (2000). "Leak Detection and Calibration Using Transients and Genetic Algorithms." *Journal of Water Resources Planning and Management*, ASCE, 126 (4), 262.

Walski, T. M. (1983). "Technique for Calibrating Network Models." *Journal of Water Resources Planning and Management*, ASCE, 109 (4), 360.

Walski, T. M. (1986). "Case Study: Pipe Network Model Calibration Issues." *Journal of Water Resources Planning and Management*, ASCE, 109 (4), 238.

Walski, T. M. (1990). "Sherlock Holmes Meets Hardy Cross or Model Calibration in Austin, Texas." *Journal of the American Water Works Association*, 82 (3), 34.

Walski, T. M. (1995). "Standards for Model Calibration." *Proceedings of the AWWA Computer*

Conference, American Water Works Association. Norfolk, Virginia.

Walski, T. M. (2000). "Model Calibration Data: The Good, The Bad and The Useless." *Journal of the American Water Works Association*, 92 (1), 94.

Walski, T. M. (2002). "Identifying Monitoring Locations in a Water Distribution System Using Simulation and GIS." *Proceedings of the AWWA Information Management and Technology Conference*, American Water Works Association, Kansas City, Missouri.

Walski, T. M., Edwards, J. D., and Hearne, V. M. (1998). "Loss of Carrying Capacity in Pipes Carrying Softened Water with High pH." *Proceedings of the ASCE National Conference on Environmental Engineering*, American Society of Civil Engineers, Austin, Texas.

Walski, T. M., Lowry, S. G., and Rhee, H. (2000). "Pitfalls in Calibrating an EPS Model." *Proceedings of the Environmental and Water Resource Instinute Conference*, American Society of Civil Engineers, Minneapolis, Minnesota.

Walters G. A., Savic, D. A., Morley, M. S., de Schaetzen, W., and Atkinson, R. M. (1998). "Calibration of Water Distribution Network Models Using Genetic Algorithms." *Hydraulic Engineering Software VII*, Computational Machanics Publications, 131.

Water and Environment Federation (WEF) (1997). "Energy Conservation in Wastewater Treatment Facilities." *WEF Manual of Praciice MFD-2*, Alexandria, Virginia.

Water Research Center (WRc) (1989). *Network Analysis-A Code of Practice*. WRc, Swindon, England.

Wu, Z. Y., Boulos, P. E., Orr, C. H., and Ro, J. J. (2000). "An Efficient Genetic Algorithms Approach to an Intelligent Decision Support System for Water Distribution Networks." *Proceedings of the Hydroinformatics Conference*, Iowa.

Wu, Z. Y. Walski, T. M., Mankowski, R., Herrin, G., Gurrieri, R. and Tryby, M. (2002a). "Calibrating Water Distribution Model Via Genetic Algorithms." *Proceedings of the AWWA Information Management and Technology Conference*, American Water Works Association, Kansas City, Missouri.

Wu, Z. Y. Walski, T. M., Mankowski, R., Herrin, G., Gurrieri, R., Tryby, M., and Hartell, W. (2002b). "Impact of Measurement Errors on Optimal Calibration of Water Distribution Models." *Proceedings of the International Conference on Technology Automation and Control of Wastewater and Drinking Water Systems*, Technical University of Gdansk, Gdansk, Poland.

Yu, G., and Powell, R. S. (1994). "Optimal Design of Meter Placement in Water Distribution Systems." *International Journal of Systems Science*, 25 (12), 2155.

讨论话题与习题

学习本章并完成全部习题。将你的成果提交给 Haestad Methods，就能获得 11.0 继续教育学分。参见继续教育单元或登录网站 www.haestad.com/awdm-ceus/，可以获得更多信息。

7.1 采用英制单位：校核如习题 3.3 所示系统，并且在 Prob7-01.wcd 给出，因此获得节点 J—5 的压强为 63.0lb/in^2。对所有的需水量使用相同的乘数调整节点的需水量（全局需水量调整）。

(1) 必须用什么系数调整需水量才能获得观测的压强？

(2) 你能说这个系统中的压强对节点的需水量是敏感的吗？

采用SI制单位：校核如习题3.3所示系统，并且在Prob7-01m.wcd给出，因此获得节点J—5的压强为434.4kPa。对所有的需水量使用相同的乘数调整节点的需水量（全局需水量调整）。

(1) 必须用什么系数调整需水量才能获得观测的压强？

(2) 你能说这个系统中的压强对节点的需水量是敏感的吗？

7.2 校核如习题4.1所示系统，因此获得节点J—4的压强为54.5lb/in²。对所有的管道使用相同的乘数调整内部管道的粗糙系数（全局调整系数）。

(1) 为了获得相匹配的压强，什么全局粗糙系数调整系数是必须的？

(2) 在平均日需水量条件下，这个系统的压强对管道粗糙敏感吗？为什么是？为什么不是？

(3) 你能说出为什么在低流量条件下绝大多数供水系统对管道粗糙值都是不敏感的吗？

(4) 希望能用±0.5lb/in² 的精度读取现场压力是合理的吗？如果不合理，你能说出现场观测压强的典型精度是多少吗？

(5) 什么因素会导致压强测量中的不精确性？

7.3 使用习题7.2中率定过的系统，在节点J—4设置消防需水量1500gal/min。

(1) 节点J—4的压强是多少？

(2) 这么大的压强是可能的吗？为什么是？为什么不是？

(3) 如果压强这么低是不可能的，对于消防需水量会发生什么？

(4) 引起这么低压强的最可能原因是什么？

7.4 开始用初始管道粗糙系数值，率定习题4.3中给出的系统，在节点J—11获得观测压力14lb/in²。对这个模拟关闭管道P—6和P—14。假设PRV的下游区域是居住区。

注意：关注PRV下游区域的管道粗糙系数值。

(1) 为了率定这个系统，需要什么管道粗糙系数值？

(2) 你认为这些粗糙系数值是现实的吗？

(3) 1500gal/min的消防流量可能比居住区需要的大。750gal/min的流量是更合理的。使用未率定的模型，确定这个系统是否能在节点J—11输送750gal/min流量，并保持30lb/in² 的最小系统范围的压强。

7.5 率定在习题4.4中完成的系统和在Prob7-05.wcd给出，重现在中心水箱（Central Tank）观测到的水力坡度线高程。

注意：关注日需水量变化曲线乘数的变化。

时间	0:00	1:00	2:00	3:00	4:00	5:00	6:00	7:00	8:00	9:00	10:00	11:00	12:00	13:00	14:00	15:00	16:00	17:00	18:00	19:00	20:00	21:00	22:00	23:00	24:00
水力坡度线/ft	1525	1527	1529	1531	1532	1534	1536	1537	1539	1540	1541	1542	1540	1537	1534	1532	1533	1535	1536	1537	1538	1539	1541	1542	1544

用修正的日需水量变化曲线乘数填入下表。如果需要可以插入多个时间。

	倍数系数
午夜	
3：00	
6：00	
9：00	
中午	
15：00	
18：00	
21：00	
午夜	

第 8 章

使用模型进行供水系统设计

多年以来，工程师已经设计了全部功能的供水系统而根本没有使用计算机水力模拟计算方法。为什么在后来的几十年中把使用计算机水力模拟计算方法作为设计供水系统的标准实践方法呢?

首先，计算机计算使工程师能够从枯燥、重复的计算中解放出来，使他们能专注于进行设计决策。其次，因为模型能够比人工计算考虑更多的实际系统复杂性，他们使工程师增强了信心，一旦工程施工安装之后，设计的工程就会正常运行。最后，使用模型的轻松和速度能够给予工程师在较宽范围、更经济有效的结果和精力充沛的设计条件下探究更多方案的能力。

工程师现在有能支付高质量水力模拟计算软件费用的能力。量化建模项目造价的最简单部分就是软件本身的费用。另一个明显的费用就是收集整理数据和构建管网模型所需要的时间。此外，还有与对人员进行使用新工具培训和获得有效使用新工具的经验所需要的时间相关的费用。然而，和要设计的项目价值及较差决策所带来的影响相比，这个总费用是非常小的。

已经适当构建的模型对自来水公司来说是个资产，就像管道和消火栓一样。模型应该很好地维护以便随时将其用于有价值的用途。事实上评价建模价值困难的部分在于建模的费用绝大部分产生在模型开发阶段，而效益将以后来的快速计算和较好决策的形式体现。

因为使模型变成有用的工具需要在时间和精力上大量投资，一般的错误就是不在充分分析设计的研究方面投入足够的时间（无论是进行大规模总体规划还是校验推荐的蓄水池位置）。为了要得到除了模型以外的绝大多数的成果，有充分的时间分析不同的方案和在大范围条件下检验这些方案是非常重要的。虽然完成附加分析消耗的时间好像会引起时间延误，好的设计会节省时间和金钱、提供洞察系统工作的能力和改进项目的性能。

8.1 管网设计的模型应用

关于模型的应用，本书已阐述过如何建立及校准模型，接下来主要介绍如何应用模型及其生成的分析结果建立管网分析模型，并用于辅助分析管网的运行，模型应用流程如图 8.1 所示。本节接下来将对模型应用流程各环节进行详细讲解。

管网校验与简化尺度

通常认为没有任何模型能够非常准确地进行校验（见第 7 章）。因此，在应用模型求

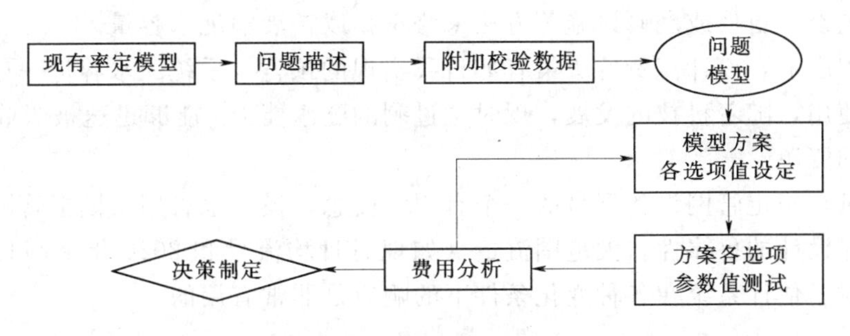

图 8.1　模型应用流程图

解某一特定问题时，工程师必须先确认该模型已充分校验，并已经达到求解问题所要求达到的精度。若未对模型进行额外调整而直接应用于分析各类问题，效果不佳，因此有必要开发有细微差别的不同版本以用于不同的分析，并注意及时更新所有版本。

例如，某一模型即使已经过简化，也能够准确地预测出一个城镇某特定区域的峰值流量和消防流量。但当考虑该区域最大供水管线发生故障时，应增设哪些管线或储水箱以保障用水，该模型也许无法提供足够的详细信息。可能需要添加许多小管线至模型中，以便精确地描述供水系统中配水的辅助通道。

基于上述原因，有必要在进一步深入分析前，在研究区域安装少量便携式水压计录器或进行一些消防流量测试。有时，尽管模型总体上校验良好，但某些针对特定情况的重要细节通常显示不出来。

而且，该模型可能拥有过于详尽的分析数据。例如，高度细化的模型对于控制阀门状态或估计水泵循环工作程序可能并非是必要的。又如，过多的详尽数据可能给人带来错觉，认为该模型存有更多的信息，因此能提供更精确的数据结果。

对用户需水量也应有类似简化考虑。模型可能是按总体规划时设定的，各节点分配相应的合理预测的需水量，然而，针对的问题可能会涉及一个特定分区或新的工业用户。那么，对这个新用户或这项土地开发，需用更为精确的预测需水量替换先前总体规划时所分配的节点预测需水量。

应用模型评估管网系统对某一特定新用户的输配水能力时，很重要的一点是切记不断改善以便为未来用户服务。因此，预测的未来需水量必须在管网尺寸计算中予以考虑。通常，问题就变为添置新设施的费用如何在新用户和自来水公司之间分摊。

设计流量

正常情况下，系统中每条管线、每个水泵和阀门等设施都是通过（根据某个）设计流量确定其型号。设计流量一般是按照该设施可能遇到的峰值流量来确定的。在任何研究中，工程师必须事先确定设施的设计流量。由于设计流量通常是基于某种预测，具有或然性，从某种程度上来说其通常是不准确的。因此，设定各种设施尺寸型号时要考虑设计流量估算的不确定性，以保证其高效运行。

设施型号过大，管线和水泵不能得到充分利用，效率低下，浪费建设资金。而且由于停留时间过长可能引起管网水质恶化。相反，设施尺寸设计过小就不能满足需求，随后需要通过并行铺设、更换或翻修设施等方法来修正，以扩展输配水容量。

在某种程度上，设计流量的决策有如自我实现的预言。系统配水容量一旦被确定，用户最终都会使用，随着科技的发展，现时“过剩的配水能力”能够迅速被吸收利用，并转化为有价值的资源。

设计流量是确定管网设备型号的一个有用的概念，模型也可用于模拟管网大范围的可能工况以确保设计的鲁棒性。大范围流量（如现时日均流量和 2020 年最高日流量）变化的延时模拟对于估计系统在各种变化条件下的响应是非常有用的。

可靠性评估

设计或改造一个管网系统时，要考虑即使系统设施零部件失灵（如爆管、停电、自然灾害、设备故障等情况），也仍需保证系统运转的可能性。显然，供水系统无法在停电时还能正常运行，但若经济上可行，系统应该设计为在非极端紧急事态或一些设备失效情况下，也至少能够满足管网合理的最低运行要求。

模拟管线发生故障时，在供水系统模型中移除或关闭相应的管线十分简单。然而，移除的连接和节点数取决于用于隔离该区域或管段（即通过阀门从系统中隔离出来的最小部分）所需要的阀门位置。如图 8.2（a）所示七段供水管线，在供水模型拓扑图中管段 1 和管段 2 处爆管产生的结果如图所示：在管段 1 处爆管只有一个管段失效［（见图 8.2 (b)］；而在管段 2 处爆管则有多个管段和节点须从模型中移除［见图 8.2（c)］。在第 10 章中将对设备操作故障的影响作进一步讨论。

整个供水系统的可靠性分析还不太具有可行性，部分原因是由于对可靠性的定义有多种不同的方法（见 Wagner、Shamir 和 Marks，1988a、1988b 的综述）。Mays（1989）在 ASCE 会议报告中认为可靠性分析是一项艺术。最近，Goulter 等（2000）写了一份包括 81 项参考方法的可靠性评估方法总揽。Walski（1993）指出，该问题并不只是单一的水力分析问题，同样是一个与系统运行和维护实践相关的问题。

“对不起，没有水。我们只是一个支持小组。”

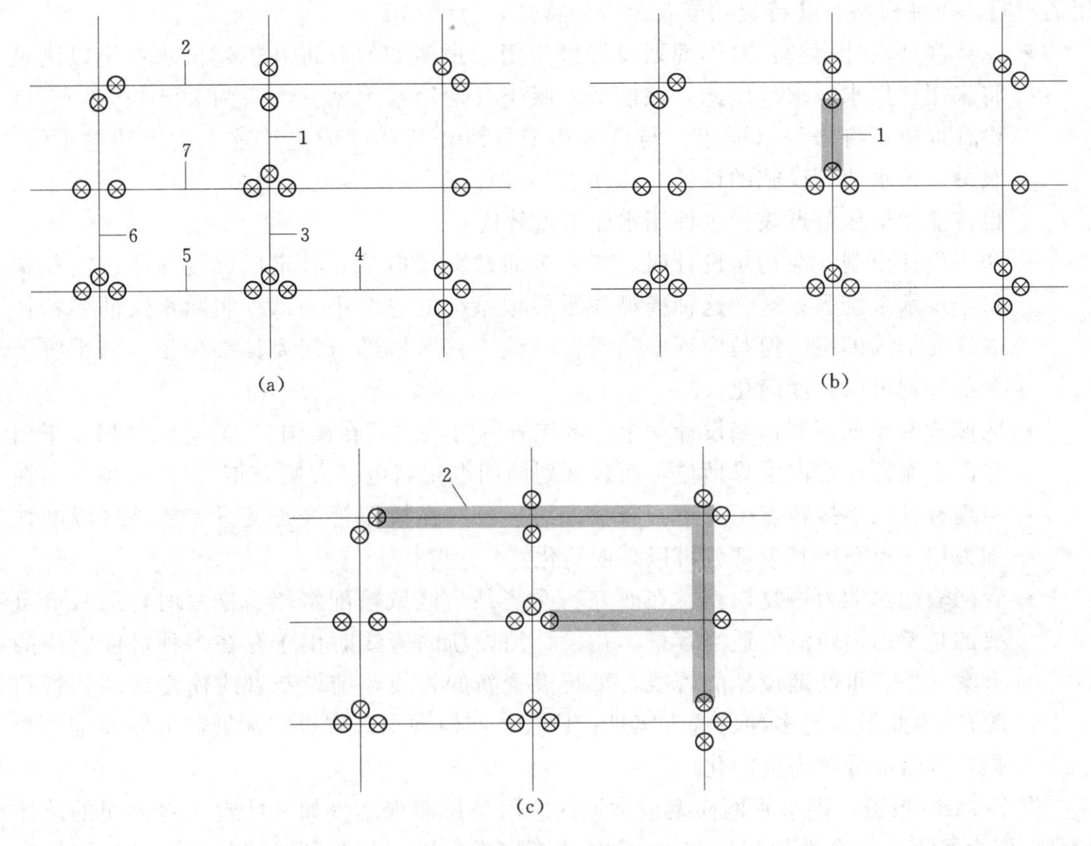

图 8.2　供水系统管段

应用模型进行设计的关键原则

在模型建立及校验结束后就可准备将其应用于设计。模型应用需要两种不同角色的人员来完成，第一种是模型操作运行人员，第二种是设计工程师，他们必须确定管网设施选型、定位及建造进度安排。大多数情况下，由于模型易于使用，以上两种角色可由一人担任，若由两人完成，则要由设计工程师设定各种模拟方案具体情况及各选项参量值，模型操作运行人员运行相应模拟。

为了获得最大收益，设计工程师应该实践大范围的模拟方案。在开始模拟处理前，进行背景调查是非常有益的。与自来水公司员工的自由讨论、相互交流能对问题本质达成一致的看法；更为最重要的是能提出大量不同的解决方案。工作初始时的讨论会有助于避免后续工作中可能遇到的困难（如为什么没有考虑某一特定选项方案等问题）。而且，团队统一讨论的解决方案也更容易让人接受。

模型应用类型

至今还没有一种使用模型的正确方法，Walski（1995）表述了依据该模型是否用于总体规划、初步设计、区域管网扩建或管网系统输配水能力恢复，来区分用于设计的模型应用的不同。每种模型有其特定功能及相应的特性，总结如下：

- 总体规划设计模型：总体规划设计模型用于预测如何改进及扩建供水系统以满足将来用户用水需求。因此，该模型着眼于长期用水规划（大致为 20～40 年）。该设计取决于将来用水需求，与街区小型管线相比，一般更注重于大型转输干线、泵站、蓄水池等设施的设计。总体规划设计模型可以高度简化，预计安装的水泵也许能用恒压节点表示（即用水库节点替代）。
- 初步设计模型：在初步设计时，工程师通常会模拟某一特定区域设施或进而模拟整个供水系统服务区。这种模型注重模拟系统的一个小局部。实际水泵的各特性曲线要加入模型，但是模型中从水源到该工程区域部分需要详细校核，而系统其余部分则可以高度简化。
- 区域管网规划模型：当设计一个小区域管网时（尤其在美国），消防流量相比于用户需求而言往往占主导地位，而且规划周期也相当短（大概 5 年）。该模型只需在与现有管网连接各点附近进行校核即可，虽然在模拟管线开发时需要该区域的详细数据，但系统其余部分可以高度简化。
- 管网输配水能力恢复模型：在研究一系统某一区域输配水能力恢复时，通常最重要的是考虑消防流的适当容量。在设计铺设新的管线时由于存在多种可能解决的方案（如，重新铺设新的管线，平行设置新的管线，铺设新管线使之成环状管路等），因此需要对多种可选方案进行比较。在模型中只有研究区域部分需要细节数据，其余部分可高度简化。

据 Cesario 报道，供水管网模型最常见的应用是长期规划（如一些自来水公司的总体规划、资金预算或综合性规划研究）。其次是消防流量研究和管网扩建设计。模型更倾向于为规划和设计人员应用，而非操作人员。当然自来水公司工作人员对模型熟悉之后，应用只是想象用户和时间的问题了（没有做不到，只有想不到）。

管线管径确定

给水管网模型的一个常用的应用就是确定管线管径。除了消防管道中使用的最小管径为 6in（150mm）的管线之外，几乎没有确定管径的标准，而相应标准通常以系统需维持的最低水压来确定。工程师的任务就是确定系统需求，检测水力计算所确认的建议解决方案是否满足需求。对于每种符合条件的解决方案，工程师接着会考虑费用是否合适及是否还有更优方案，整个处理流程如图 8.3 所示。设计流程在某些情况下可以应用优化方法（见 8.11 小节）得以改进。

一旦建立现有系统模型，工程师可将要确定管径的新管线加入模型。这些新管线的初始管径可设为最小允许管径或用式（8.1）估计的管径：

$$D=\sqrt{\frac{C_f Q}{V}} \tag{8.1}$$

式中 D——初始管径，in 或 ft 或 mm；

C_f——单位转换系数，美制单位取 0.41，[Q(gal/min)，D(in)，V(ft/s)]，SI 制单位取 1274，[Q(L/s)，D(mm)，V(m/s)]，英制单位取 1.27，[Q(ft^3/s)，

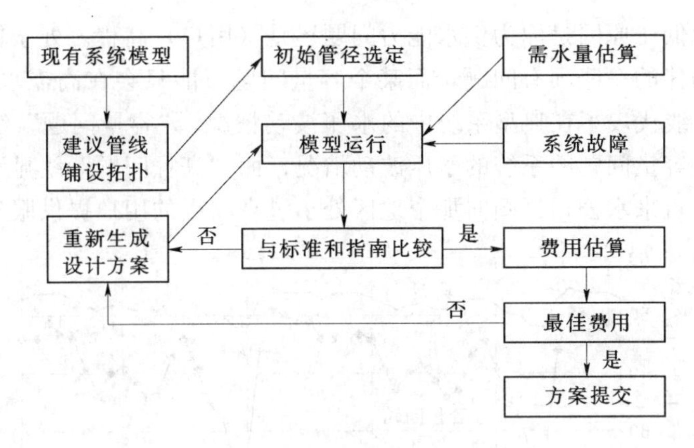

图 8.3　管线管径确定

D(ft)，V(ft/s)]；

Q——峰值流量，gal/min 或 ft^3/s 或 L/s；

V——最大允许流速，ft/s 或 m/s。

应用上式可计算出合理管径。然后，工程师在多种条件下（平均日流量、最高时流量、消防时流量、最大转输流量等）运行模型，监视模型对以下各项的结果：

- 大流速（见 8.5 小节最大允许流速指南）；
- 低于最小流量的水压；
- 不在水泵特性曲线预想工作区域运行的水泵；
- 不能按预想功率排水或注水的水箱；
- 异常高压点；
- 在峰值需水量时段的低流速点；
- 若水质分析模块运行时，低余氯或高水龄。

如果工程师发现管线运行并非良好，应调整系统管线管径，接着尝试不同的规划布局方案以得出最低费用方案。他们通常是找出在峰值需水量时也保持低流速的管线并且缩小管径，节省费用而又不违反设计标准。

在某些情况下，在设计时可能要求考虑水泵耗电分析和水质分析。各种解决方案可提供给决策者检视和讨论。这些细节将在接下来的章节中详细讨论。

8.2　确定与解决常见的供水系统问题

对于绝大多数供水系统，业内有许多一般性的规定。例如，对于供水系统设计，典型的政府标准是，“供水系统应设计成在任何流量状况下系统所有点自地面最小水压应维持在 20lb/in² （138kPa），而其正常工作水压应约为 60lb/in² （414kPa）并且不能低于 35lb/in² （241kPa）”（GLUMB，1992）。各个规定没有特别地说明如何达到这些要求，而将这些决策权留给了设计工程师。其将通过使用建模技术检验确定各个可能方案。

通常情况下，出现低压一般是由某个管线或水泵容量不足、较高的（用户）高程或这两个原因的某种综合作用的结果。模型有助于查明问题的具体原因。图 8.4 展示了 EPS 模型如何帮助确定出现低压原因是因为供水能力问题还是（用户）高程。处于较高处的用户可能会经受与低水压相伴的一些固有问题，而某个容量问题可能只会在高需水量期间显现出来。图 8.4 中“典型”线代表了在典型系统中的水压波动情况；“容量问题”线显示了某个存在水泵（或者干管）容量问题的系统的水压波动情况；而“高程问题”线显示了系统某个部分的压力波动情况，自来水公司试图向那个地区处于过高高程的用户提供服务。

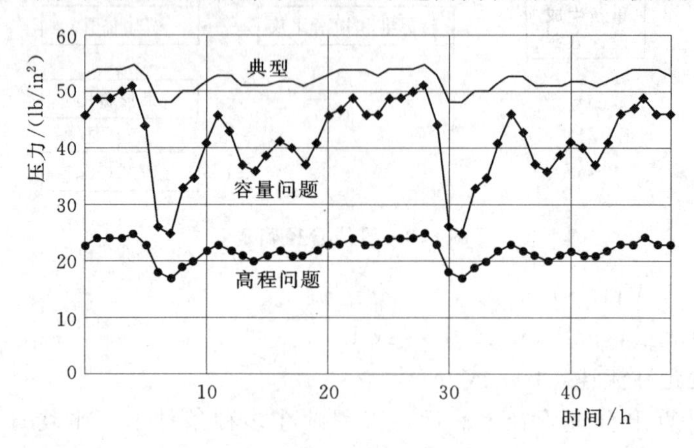

图 8.4　显示因高程或系统容量导致低压的 EPS 模拟（结果）

管径过小的管线系统

某根管径过小的供水干管在平均日甚至是最高日情况下可能不容易确认，这是因为在上述情况下用水量和流速通常没有大到足够显示出问题。如果某根管线管径太小，它可能只有在像消防流量那样的大流量情况时才会变成一个问题。消防流量比正常需水量大得多，特别是在居民区。因此，消防流量模拟是确定某个管径过小供水干管的最好方法。如果寻找大的管线（如那些水厂出水管）中的管线定型问题，诊断这些问题的最佳时机可能是供水高峰时期，在某些情况下，可能是在水箱充水期间。

通常，可以通过寻找高流速管线来发现疑似的管径过小管线。这些管线可以根据流速或水力坡度（摩阻坡度）对模型输出结果表进行排序，或者通过基于上述参数的管线颜色编码来快速定位。值得强调的一点是在评估管径过小的模型时，基于水力坡度评价比用水头损失评价要好。虽然一根管道的水头损失可能比另一根大得多，但是其水力坡度实际上可能更小，这要依赖于所比较的管线长度。

对于确定在某个干管上的最大流速不存在任何固定的规则（尽管某些自来水公司有某些指导性的规定），但是在流速达到 10ft/s（3m/s）时水压通常开始逐渐减小（并且水锤问题变得更为明显）。在更大的压力区域（方圆数英里），像 3ft/s（1m/s）这样低的某个流速都可能导致过量的水头损失。在模型中增大该管线管径应该能够使流速相应地降低而压力提高。如果不是这样，那么说明另一根管线或另一台水泵可能是引起低压的原因。

不适当的水泵

在某个由水泵服务供水的压力区域，压力显著下降可能表明某个水泵的容量问题。这种压力降落在某些情况下将会非常大，这些情形主要是绝大多数水泵能量用于提升水体高程（即克服位势水头）而不是用于克服管线摩擦阻力，或者是在该压力区域没有储水设备（或者这种储水设备远离该问题区域）。当流速增加到某个特定水平之上时，水泵产生的水头减小，由于相应的总压力降低，则压力减小。

首先，可能怀疑管径过小是造成压力不足问题的原因，但是在这个案例中通过增加管径尺寸只得到一些改善。对照该水泵与其相应容量的性能［例如，一个 600gal/min（$0.037m^3/s$）的水泵试图通过 700gal/min（$0.044m^3/s$）］将会显示出该问题所在。如果水泵的流量容量是引发问题的真正原因，安装一个较大的水泵（根据流量而不是水头）或者并联另外一个水泵就能纠正该问题。

当该压力区域有足够的储水设备时，诊断由于水泵容量不足产生的问题可能变得困难。然而，水泵容量不足可以在 EPS 运行中更清晰地显示出来，这是因为在多天的模拟期间水箱水位不能恢复到原来位置。

对于绝大多数水泵站的设计，水泵应该满足设计流量要求，即使是在最大的水泵停止工作的情况之下也是如此。例如，一个由三台水泵组成的水泵站应该能够在只用任意两台水泵的情况下满足用水需求，否则，可能需要另外的水泵容量。

持续的低压

如果压力在某个区域内一直处于低压，那么这个问题通常是由于在该压力区域内向较高高程处的用户供水造成的，即使在低需水量时期这个问题也很明显。改变管径尺寸或者水泵的流量容量不会改善这种情况。如果这个压力区域没有贮水水箱，那么有可能提高某个恒速水泵的水头或者提高某个变速水泵的控制点（假定这种提高不会给系统的其他部分过度加压）。

在许多情况下，最好的解决办法是移动压力区域边界，这样那些低水压的用户将会由邻近的较高压力区域供水。当某个较高压力区域不存在时，必须创建一个（见 8.5 小节）。如果一个新的区域建立，那么在那个区域的水力坡度线就应该服务于一个相当大的区域，而不是仅仅服务于当前压力区域分界线周围的少量用户。每一个紧随其后的压力区域应该比邻近的低压区域高程高大约 100ft（30.5m），如果其高程差小于 50ft（15.2m），太多的压力区域可能会使管网运行复杂化，如果其高程差大于 150ft（45.7m），那么在向处于最高高程的用户供水时，就难免会对该区域内处于最低高程的用户提供过高的压力。

什么是管道最大允许流速？

在进行供水管网设计时经常会问的问题是“什么是管道最大允许流速？”对这一问题的回答可使管道设计更为容易，因为已知最大流速和设计流量，工程师就能使用如下公式计算管径：

$$D=\sqrt{C_f Q/V}$$

式中　D——管径；

Q——设计流量；

V——最大流速；

C_f——单位转换系数。

这个问题没有简单答案，因为流速不仅仅受管道尺寸限制。它实际上是受由控制管道尺寸的流速引起的水头损失的限制，而不是流速本身。由于多数供水管网都是环状的，这就使问题变得复杂化，因此确定了一段管道的尺寸会影响其他全部管道的尺寸和流速。

回溯到 Babbitt 和 Doland（1931）和 Camp（1939）的技术报告，其中讨论了最大流速的经济范围数值。这一工作由 Walski（1983）进行延伸，他指出水泵供水管线中的优化流速能达到 3～10ft/s（1～3m/s），这取决于通过管道的高峰流量和平均流量的相对大小以及建设投资与运行能量费用的相对大小。

另一个要考虑的因素是当流速很高时，流速的变化也大，这个加速度能导致有害的水力瞬变（称为水锤）。减小瞬变的一个途径就是减小流速。水力瞬变将在第 13 章详细讨论。

由于这些多重复杂因素的存在，因此不能有一个简单的对于每一个设计管段都适用的优化最大流速。相反，单独用流速设计供水管网系统不是正确的方法。流速仅对在定位系统中瓶颈位置抽查管网模型输出时是有用的（即管道有非常高的流速和高的水头损失）。设计有效性的实际检验不是流速，而是在高峰蓄水量期间系统中的压力。

当用允许流速校核设计时，某些工程师采用 5ft/s（1.5m/s）作为最大流量，有些工程师则采用 8ft/s（2.4m/s），还有的工程师采用 10ft/s（3.1m/s）。

低需水量情况期间的高水压

高压通常是由于向处于压力区域内的高程过低的用户供水引起的。某些自来水公司认为 80lb/in^2（550kPa）是一个高的压力，但是绝大多数系统在出现问题之前（例如，泄漏增加、管线爆管增加、经过减压阀的水压损失增加、加热器和其他设备的负荷增加）可以承受 100lb/in^2（690kPa）的压力。某些供水系统的某些部分能够承受更强得多的压力，那是因为安装了高压级别的管线。当处理高压时，虽然减压阀（PRVs）可能会造成额外的维护问题，但是对于个体用户来说减压阀可用于降低压力。

通常情况下，在低需水量期间（平均流量的 40%～60%），通过模型运行估计高压区域是最容易的。对于一个典型系统，低需水量的范围是与夜间最小需水量相对应的。如果工程人员认为压力太高，通常的解决方法是应用系统减压阀为较低高程区域建立一个新的压力区（这与单独的家庭减压阀相反）。

当一个恒速水泵运行到比其设计流量明显低的流量区域时，在其供水区域内会导致高压。可能的解决方法是设置一个变速泵、一个储水水箱或一个减压阀，其在出流压力变得太高时将出水回流到水泵吸水端以降低水泵出口压力。

管径过大的管线系统

管径过大的管线系统很难被辨识出来，那是因为该系统通常看上去运行良好。它的不利影响表现在过多的基础建设费用和由于水体输运时间长而导致潜在的水质恶化。在设计研究期间如果怀疑某根管线管径过大，其管径就被减小且模型返回该管线的关键状态（峰值或消防流量）。如果压力不能降低到某个不可接受范围之内，该管线就是一个可以减少管径的候选对象。

图 8.5 显示了比较 6in（150mm）、8in（200mm）、12in（300mm）和 16in（400mm）

的管径管线在最高日给用水区域供水的情况，这个压力图表明 6in 管径的管线在高峰期间由于管径太小而不能提供很好的压力条件，但是 8in（200mm）管径的管线使压力条件得到了令人满意的改善。将管线管径增加到 12in（300mm）或 16in（400mm）相对于增加的投资而言不能产生明显的压力改善结果。这个问题也可以通过水头损失来看（见图 8.6），该图显示 12in（300mm）或 16in（400mm）管径的管线几乎没有水头损失，而 8in（200mm）管径的管线产生的水头损失是可以接受的。

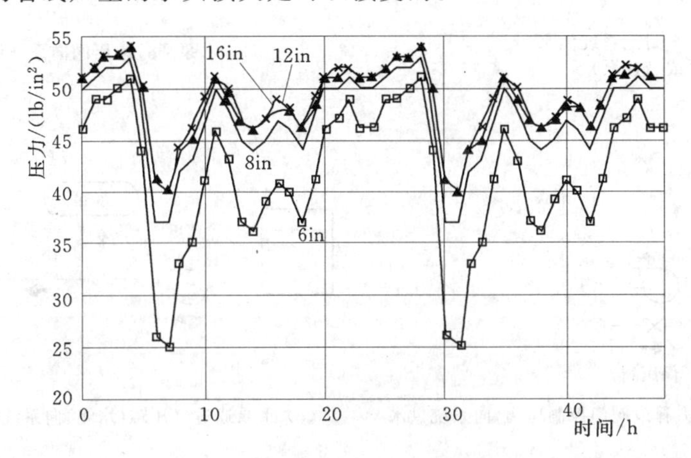

图 8.5　6in、8in、12in 和 16in 管线的压力比较

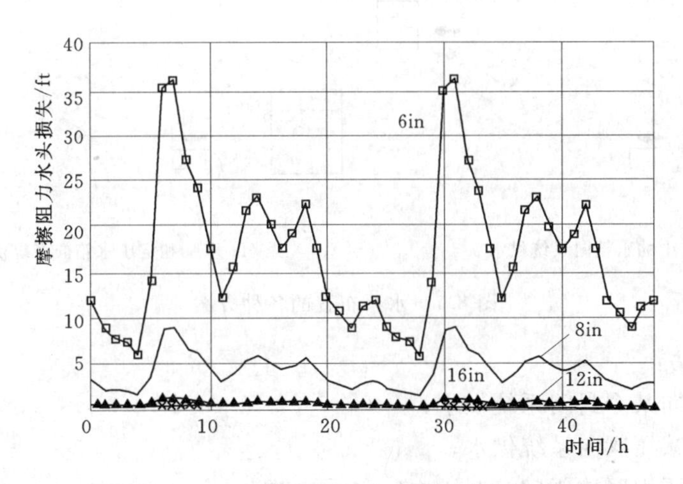

图 8.6　6in、8in、12in 和 16in 管线水头损失比较

8.3　水泵供水系统

绝大多数供水管网系统都是通过使用某种类型的离心水泵供水的。从建模的观点看，水泵的类型（如垂向或横向涡轮泵）并不像水泵的水头特征曲线、水泵供水的系统类型和水泵是如何控制的这些重要。图 8.7 展示了不同系统的某些水泵布置形式。

当通过某个泵站（图 8.8）或者从某个水井直接抽水向某压力区供水时，可以使用许

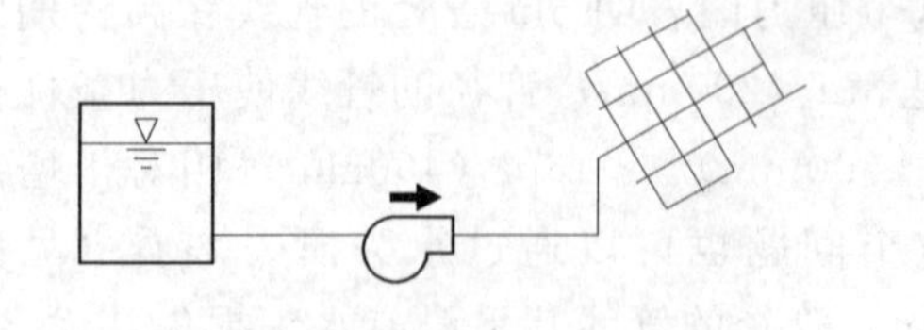

(a)水泵直接向某个封闭系统供水
(恒速泵或变速泵)

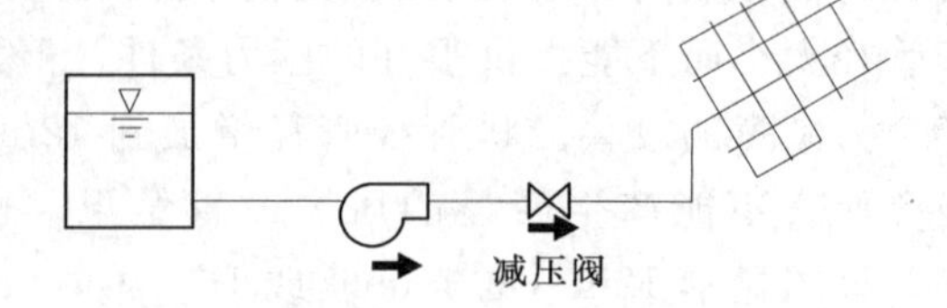

(b) 水泵通过减压阀向系统供水

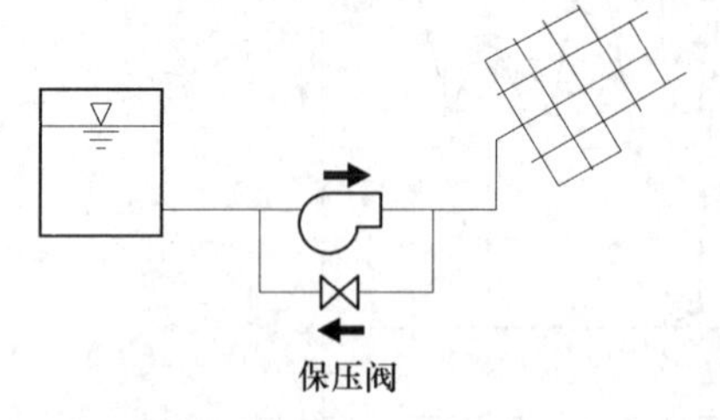

(c) 水泵通过压力释放阀门控制压力,向系统供水

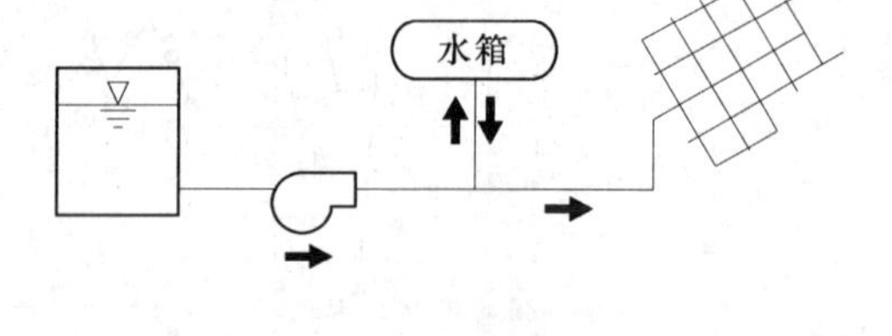

(d) 水泵通过气压罐(水箱)向系统供水

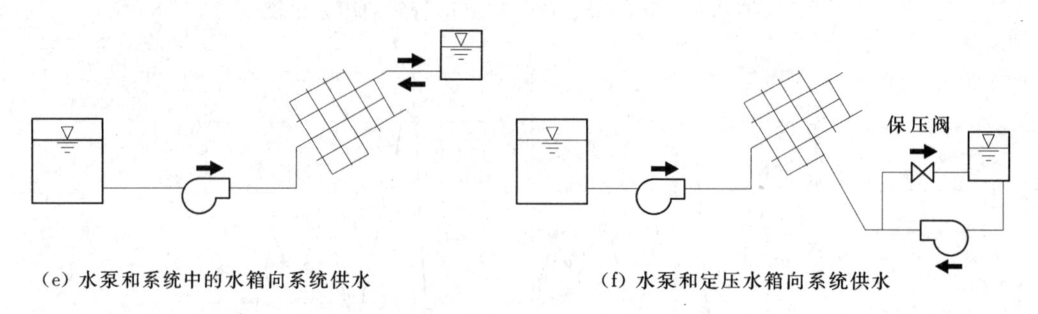

(e) 水泵和系统中的水箱向系统供水

(f) 水泵和定压水箱向系统供水

图 8.7　水泵布置的各种方案

多不同的操作方法：

- 水泵直接向某个封闭系统供水；
- 水泵通过减压阀向系统供水；
- 水泵通过压力释放阀门控制压力，向系统供水；
- 水泵通过某个气压罐（水箱）向系统供水；
- 水泵和在系统中某个位置不固定的水箱联合向系统供水；
- 水泵和具有加压泵的储水水箱向系统供水（该水箱固定于系统中）。

在本节前一部分涉及的设计问题中，水泵是从一个适当的和相对恒定的水力坡度线的水源（如水箱或者水厂的清水池）抽水［水位波动小于 20ft（6m）］。水泵吸水端 *HGL* 可能变化剧烈，或者水泵可获得的净吸上真空高度（见图 2.18）处于边缘值，这些情况引发了本节结尾部分所要讲述的其他问题。

在绝大多数水泵供水系统初始建模阶段，工程人员可能首先应该将水泵出流表示为某个泵站能够维持的已知 *HGL* 高程（即将其模拟为一个水库）。对于高需水量或者消防流量条件下的恒态运行，应该用于设定这一已知的 *HGL* 和各个管线的直径。管线直径应予以确定，这样可使在高峰需水期间的水头损失是可以接受的[如流速小于 5ft/s（1.5m/s)]，同时设定水泵的 *HGL* 以使压力在想要的 $40 \sim 80 lb/in^2$（$280 \sim 550 kPa$）范围之内[在山地区域为 $30 \sim 100 lb/in^2$（$200 \sim 690 kPa$）]。如果供水区高程变化很大，该供水系统可能分成多个压力区域（见 8.5 小节）。

图 8.8　泵站

在使用系统水头曲线选定水泵之后（见 8.6 小节），模型中的水力坡度线可以被实际的水泵曲线数据以及与系统上游管线或者边界节点相连的水泵吸水端所代替。接着运行一系列的最小日、平均日和最大日需水量情况下的恒态模拟。对于流量变化很大或者在压力区域中逐渐发生的新的建设情况应该给予特别考虑。在这些情况下，该设计可能包括确定不同型号的几台水泵，或者选择预留空置水泵位置的泵站设计，这样在后来可能安装某个额外的水泵。

工程设计人员首要的关注重点是选择合适的水泵，而水泵控制是一个运行时的问题。然而，该设计人员为了对水泵进行恰当的选型，必须对其可能如何运行有很好地理解。延时模拟运行是理解水泵控制效果和研究水泵运行的最好方法。如果该系统包括一个或多个水箱，该储水设备应该使用延时模拟运行来评估，检查水箱充放水循环和水泵运行周期。一些消防流量方案可以用来确信在某个高需水时期或者消防之后水箱蓄水能够相对迅速地恢复。该设计人员还必须检查模型里水泵吸水端的压力，这些压力在长吸水管线情况下是特别重要的。

总的来说，模拟某个新的有水泵的供水系统，应遵循以下基本步骤：

（1）选择一个作为水泵出流水头的初始服务水力坡度高程，并确定水箱位置。

（2）使用运行高需水量或者消防流量条件的恒态模拟，确定管径以达到在高需水量条件下能有可接受的水头损失。

（3）根据恒态运行模拟获得系统水头曲线，并用这些系统水头曲线选择水泵。

（4）用实际水泵数据替代模型中的恒定水头节点。

（5）使用恒态运行，模拟最小日、平均日和最大日需水量和消防流量分析来检测系统。

（6）如果系统中包括储水设备，则还应该执行延时模拟，模拟最小日、平均日和最大日的需水量情况，检查水箱和水泵运行的周期。

（7）执行延时模拟，模拟消防流量时情况，检查水箱状态恢复、水泵循环使用周期和水泵吸水端压力。

水泵直接向不使用压力控制阀的封闭系统供水

绝大多数压力区域包含一些储水设备或者由变速水泵供水。但是在有些情况下，供水区由于用水用户太少或者没有足够的电力消耗，难以辨别使用水箱或者变速水泵的节能意义（即能耗太小，并无节能意义）。这一情况可能发生在一些小系统中，如停车场、娱乐场所或者大的供水系统中孤立的高地势用水点。

向某个封闭区域供水采用的最简单办法是使用恒速水泵供水，并且不设储水设备。虽然这种方法在基建费用方面是最经济的，但是该水泵在大多数时间下不能高效运行，并且在低需水量期间很容易发生系统压力过高的情况。例如，某个选定在高峰需水量时期高效运行的水泵在低需水量期间可能以30％～50％的效率运行。因此，定速、盲端管线水泵供水系统往往趋向于最小化建设资金投入，但是却导致较高的能耗费用。

当设计一个没有压力控制设施的封闭系统时，该设计人员必须特别注意要确保所选的水泵不能使系统压力过高或者压力不足。水泵应该这样选择使其停泵水头只是略大于该水泵的最高效率点。在水泵曲线数据已经输入模型之后，系统压力应该在不同用水工况下进行校核。这些压力可以通过使用多次恒态模拟运行或者是一小套采用大范围需水量变化模式的延时模拟运行来校核。

在校核完这些压力后，应该检查水泵各个不同运行点的能耗。使用该能耗和单位能耗费用，设计人员能够估计水泵在每个运行点的运行费用。如果水泵大量时间在低效率运行点工作，那么设置储水水箱或者压力控制设施可能是提高效率的有效方法。此外，设计人员也可以选择使用三台小水泵来替代两台大水泵。例如，如果高峰流量是200gal/min（0.0126m^3/s），平均流量大约为75gal/min（0.0047m^3/s），那么三台100gal/min（0.0063m^3/s）的水泵组合或者两台200gal/min（0.0126m^3/s）水泵和一台75gal/min（0.0047m^3/s）辅助水泵（就是一个用于在封闭系统中保持压力的小水泵）可用于替代两台200gal/min（0.0126m^3/s）水泵。这样基建费用将略高，但运行（耗能）费用将降低，最终节省了水泵工作年限内净支出费用。

水泵向使用压力控制阀的封闭系统供水

如果水泵除了在高峰用水量期间以外经常使系统处于压力过高状态，那么可能需要某些类型的压力控制措施。首选的方法就是在水泵出流端安装一个减压阀（PRV）。虽然这样做浪费能量，但是其初期费用相当低，并且能够校正下游压力。这种方法很容易模拟，可以通过在水泵出流管线上模拟，或者，如果是多台水泵并联，可以在各个出流管线交接节点的下游处插入一个减压阀来模拟。

一个更有效的解决方法可能是安装一个压力释放阀门，在低需水量期间将水泵出流端的水回流到水泵吸水端，减小出流端压力。这种方案的一个优点是该压力释放阀门比上述的减压阀小很多。例如，流量大约为 500gal/min（0.0316m^3/s）的泵站，需要安装一个4～6in（100～150mm）口径的减压阀，而压力释放阀门只需要口径为 2in（50mm）的即可，因此费用更少。

压力释放阀门可以模拟为保压阀（PSV），将水泵出流端压力［或压力坡度线（*HGL*）］保持在设定的压力值。在较高流速时，该阀门保持关闭，而在较低流速时该阀门适当开启以释放压力。通过某个延时模拟运行检测压力变化范围是检查该阀门操作的一个好方法。可以使用模型评估不同的水泵型号和阀门设置的组合以确定哪个运行最优。图 8.9 展示了某个没有任何储水设备或变速水泵的系统与一个安装有压力释放阀门（模拟为一个保压阀）的系统的压力变化对比情况。

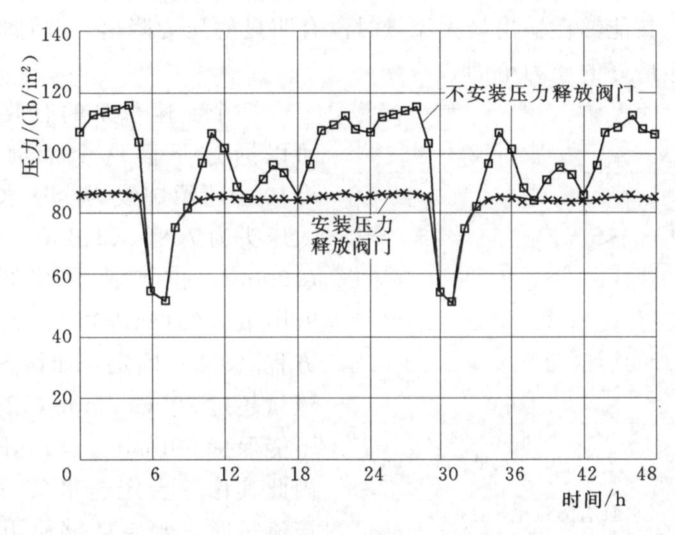

图 8.9　向某个盲端系统供水时的压力变化情况
（在水泵出口端安装或不安装压力释放阀门）

变速水泵

变速水泵经常用在没有足够储水设备的系统中。使用变速泵增加了泵站初期基建费用和日后的维护费用；但是，在方案实施之前基建和维护费用应该与其他设计方案比较权衡。在小的压力区域，安装、维护和运行一个变速水泵的费用比设置额外的储水设备的费用少。

在一个没有储水设备的系统中（即没有水箱，该水箱中的水力坡度线与该处系统中的水力坡度线一致），变速水泵能够避免压力区域中供水管网系统压力过高。尽管不如一个适当规格的定速水泵和一个水箱组合有效率，一个变速水泵还是相当高效的。

模型可以帮助设计人员选泵并确定变速水泵想要维持的压力（*HGL*）。有几种方法可用于模拟变速水泵。水泵转速可以基于时间条件或者逻辑控制规则来设定。某些模型能够让用户在模型输入时不必确定水泵的转速，而是让用户确定系统中的另外一些节点需要维持的水头。模型将会自动确定满足需水量并且达到这些水头所必须的水泵转速。这个问题在数学上是困难的，因为必须使用到两个不同的方程集：①水泵全速运行时的各个方程；②水泵转速由变速驱动器控制运行时的各个方程（海思德方法，2002）。

如果工程人员只是以一个恒态运行分析某个单一的压力区域，并且如果该模型没有模拟变速水泵的特定特征，对变速水泵的最简单的近似就是将其处理为一个定常水头节点，设定其水头等于水泵想要维持的出流 *HGL*。只要该水泵没有达到 100％的转速运行，这个方法就有效。如果水泵用这种方式模拟并且达到全速，该模型在水泵的特性曲线上不能精确地估计水泵的运行。

如果该水泵在某些情况下将要达到全速运行，并且其由下游即时压力控制，那么只要水泵吸入压头没有明显变化，可以应用一个校正的水泵曲线模拟该水泵。这条有效的水泵曲线在低流量时是平缓的，并且一旦水泵达到全速运行则水泵特性曲线下降。设计人员必须选择一个水泵，其能够在输出最大流量时没有明显的压力降落，并且选择该 *HGL* 能够保持，这样会产生最好的压力范围。

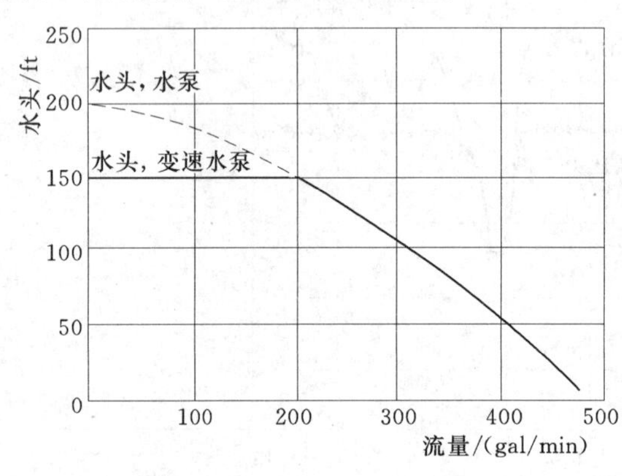

图 8.10　水泵有效工作曲线

一个变速水泵的有效水泵曲线的产生可以通过下面这个范例说明。注意：图 8.10 中所示虚线为全速水泵曲线。假定吸入压头为 708ft（216m），泵站高程为 652ft（199m），该变速泵控制的目标出流为 90lb/in²（610kPa），有效水泵曲线可以用方程（8.2）确定，如该图中实线所示。当流量超过 200gal/min（12.5L/s）时，水泵不能保持 90lb/in²（610kPa）的出流压力，因此其像一台定速水泵一样工作。当小于该流量时，水泵能够使用变速驱动保持一个独立于流量的常量出流水头。在该水泵特性曲线的水平部分总动水头可确定如下：

$$TDH = Z_{pump} + 2.31P_{set} - h_{suc} \tag{8.2}$$

式中　TDH——水平部分总动水头，ft 或 m；

Z_{pump}——水泵高程，ft 或 m；

P_{set}——出流压力设定值，lb/in² 或 kPa；

h_{suc}——水泵吸水端压头，ft 或 m。

那么，上述范例中 $TDH = 652 + 2.31(90) - 708 = 152$（ft）。

模拟变速水泵运行的一种原始的方法是先确定全速水泵曲线，然后在该水泵下游使用一个减压阀，用于将水头调整为该变速水泵的设定值。

水泵向设有储水水箱的系统供水

如果水箱的水力坡度线通常与系统的水力坡度线一致，那么水箱就可被认为是“向系统供水”。水泵向设有向系统供水的储水水箱的系统供水，无论该水箱是高位水箱还是一座小山上的高地水箱，这通常表示可以非常有效率地运行。

向一个封闭系统（即表示该系统没有储水设施）供水的水泵必须即时响应流量的变化，这是因为没有设置起调节作用的储水设备。这种即时的响应在向拥有向系统供水的储水水箱的区域供水时是没有必要的。在这种情况下，可以使用更高效、更廉价的定速水泵。该水泵可以选择在其最高效率的流量和压力情况下运行，这样消除了与变速驱动相关的低效率。此外，如果系统中有充足的储水设备，压力区域可以对停电事件做出响应而不需要昂贵的发电机和电力切换开关。

水泵应该这样选择以使其运行点非常接近于该水泵的最高效率点。延时模拟运行能够用来确定如何设置水泵控制，并确保其在虚拟的任何情况下高效运行。延时模拟运行至少应该模拟48h的工况，以表明在两天或更多天的最高或接近最高需水期间水泵能够给储水水箱补水。执行那些EPS运行表明对于在消防或电力中断之后的水箱水位恢复情况也是有帮助的。该水箱水位应该能够在该突发事件发生的几天内恢复到原水位。

如果在一个单一的压力区域内有几个水箱，那么可能很难有效地以某种方法控制系统，使其充分利用好两个水箱的调节能力，而不会碰到防止一个水箱溢流而同时保证另一个水箱不会出水的困难。这些运行问题在8.5小节中“水箱溢流水位高程”进一步讨论。

水泵向设有增压泵储水水箱的封闭系统供水

对于设有增压泵的储水设备，这种储水设备（不是集水井或者水厂清水池）的水头低于系统所需的水力坡度线，这样必须使用水泵将水从水箱提升以供使用。平坦地区与地面齐平的水箱就是一个范例。在某些情况下，这样的水箱由于比高位水箱造价更低且具有更少的视觉影响而可能更有吸引力。有时，这种布设方式可能是在一个大型系统合并或分区之后，将某个现有的水箱合并入其中的唯一方法。

在这些情况下，要求将水箱中的水用水泵打入到供水系统中。因此，运行费用比那些向系统供水的水箱运行费用更高。此外，配置这类水箱的费用包括发电机、电力切换开关、阀门和控制设备的基建费用和运行费用，这样该系统能够在停电时运行。由于系统的水力坡度线高于该水箱水面高程，向该水箱充水浪费了能量，因此这个能量在水从水箱中泵出时必须重新加上。总浪费能量取决于水箱的水位相比于系统的水力坡度线低多少。

对设有增压泵储水设备的压力区域运行恒态模型是非常复杂的，这是因为存在五种不同的运行模式，如表8.1所示。在该表中，水源水泵是指从水井、清水池或者邻近区域抽

表8.1　向封闭系统供水的水泵运行模式

模　式	水　源　泵	蓄水设施增压泵	说　明
1	开	开	需水高峰期
2	关	开	储水设备施供水
3	开	关	储水设备补水
4	开	关	储水设备已满或与管网断开
5	关	关	其他水源供水

注　表中第5种情况只有在系统存在另外的储水水箱或者其他供水水源（如存在一个与高压力区域相接的减压阀向本区域供水）时才是可行的；否则，同时关闭两种类型的水泵会使用户断水。

水进入储水设备所在压力区域的水泵。储水设备水泵将对储水设备的出水加压以向压力区域中的用户供水。

本节中所列的情况仅是一种过度简化的表达，在实际系统中可能存在大量的水源水泵和储水设备增压泵的运行状态组合方式。在某些情况下，可能并不完全是水源水泵，而且系统可能实际上是由重力供水，例如，从位于一座小山上的水厂或者从邻近压力区域接出的减压阀处供水。在任何情况下，水压过高或者水压过低的供水区域范围必须确定，以便确定所需的水泵出流水头。如果系统中没有向系统供水的储水设备，那么储水设备所用的增压泵通常是变速水泵，并且设计人员需要考虑如何设定控制，也要考虑如何选择水泵。

在规划一个泵加压储水水箱的注水周期时，实际的水箱充水时间是一个非常重要的考虑因素。如果该水箱充水速度过快，其将使周边的水力坡度线（水压）降低。相反，如果水箱充水过慢，需要用水时水箱中可能无水可用。该水箱通常通过一个保压阀供水，示意过程如图 8.11 所示。设计人员应该尝试该保压阀不同的设置，以确定某个以适当速度给水箱充水并且不影响压力的设置。此外，水箱的充/放水速度对水箱中的水质有重要的影响。

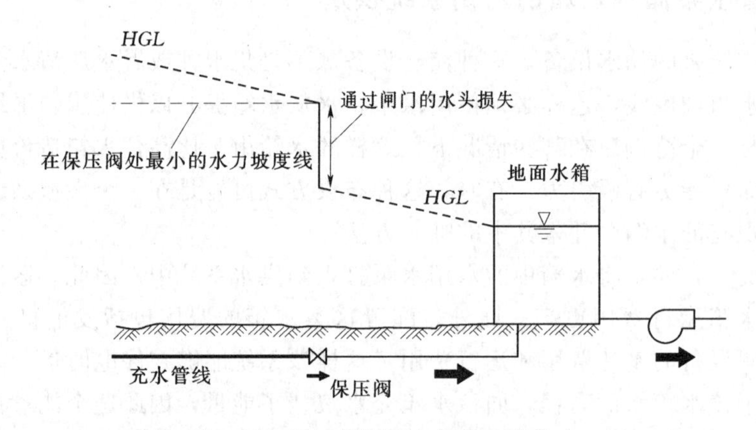

图 8.11　通过保压阀向储水水箱供水

在水泵、水泵控制方案和保压阀设置都已经确定好之后，可以执行一个至少 48h 的 EPS 运行，包括最高日需水量和平均日需水量的情况，从而确保系统能够像设计的那样运行。特别的是各个水泵的运行点应该根据各项问题一一检查。例如，一台储水设备水泵在单独运行时高效工作，但是如果它在水源加压泵工作时运行，由于其出流端压力提升可能会使其退回到水泵曲线的低效点运行。相反，如果一台储水设备水泵与水源加压泵同时正常工作，但是当水源加压泵关闭时，储水设备水泵可能会产生一个非常大的流量值。这些水泵低效情况会使电机过载并且浪费能量。

加压泵储水设备系统很容易运行，但是很难高效运行。这种低效是基于以下事实造成的，即这些水泵独自运行时可能只要克服一个系统水头曲线工作，但是它与其他水泵一同运行时却需要克服一个有很大不同特征的系统水头曲线工作。根据最大水头来选择水泵型号并且依靠变速驱动来控制水泵在其他时间的运行通常是最好的解决方法。

向气压水箱供水

气压水箱是一个以适当的压力储水的压力水箱，其使用压力水头而不是重力水头使水箱达到特定压力。因为压力水箱费用昂贵，所以它只用于不要求满足消防流量的小型系统。与变速水泵供水或者安装压力释放阀门相比，气压水箱的费用是高的。然而，使用这种水箱能够使水泵比完全没有使用储水设备的情况更加高效地运行。一个气压水箱还提供了过（高峰）电压保护和在电力中断事件时的额外的存储水量供应。

一旦一个气压水箱的模型建立起来，其能够在选泵、确定水泵控制设置和估算该水箱的调节容积方面提供帮助。此外，还需要其他的一些方法（可从水箱制造商处获取）确定该水箱中最大和最小压力空气体积。

EPS 模型运行可以估计不同流量的水泵工作周期。选泵的一条标准就是每小时启泵的最大次数，并且由于气压水箱容积很小，所以这条标准很重要。通常，水泵最短的运行周期发生在系统需水量是水泵供水量一半的时刻。

“首先，让我把你的文件拉上来。”

水源井水泵供水

水源井水泵供水与本章前述其他水泵供水类型中的绝大多数相似。一个重要的不同在于当从井内抽水时，与该井相邻的地下水水位（测压管液面）会下降，而使水泵吸入压头产生变化。通过水泵的流量越大，地下水位高程下降就越多。

在模型中，一个井表示为一个通过一段非常短的吸水管线与一个水泵相连的水库。在实际的水井中，水泵是淹没在水中的，因此并不存在抽吸管；但是，出于建模的目的，水泵必须与一个管线相连。从水泵到地面的上升管线通常比供水管线小，因此会产生很大的水头损失。图 8.12 示意了如何模拟一个水井。

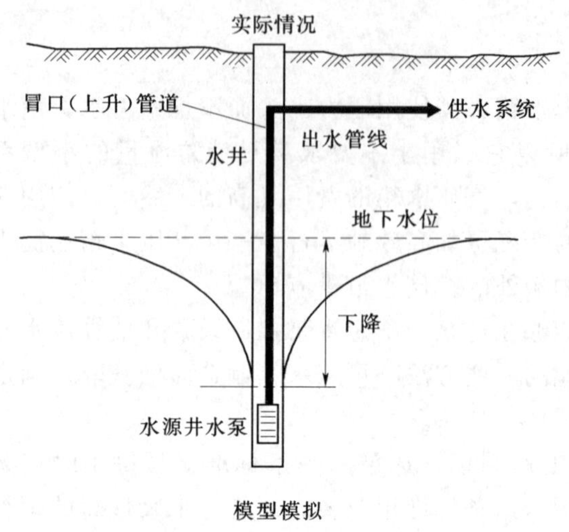

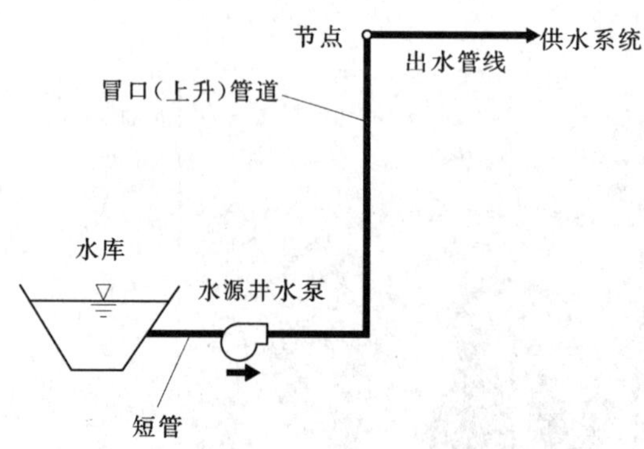

图 8.12　模型中的水井表示

在高渗水地下含水层，水泵抽水期间地下水位的降低总量可能忽略不计，这样该水井可以表示为一个单独的水库。然而，在绝大多数情况下，井中地下水位因水泵的抽吸降低明显，并且这个降低值与水泵流量呈线性相关关系（也就是说水泵的流量值除以井中水位下降值等于一个常数）。为了模拟水位下降的情形，该水泵曲线要进行修正，即将原水泵曲线减去水位下降值从而产生一条新的在模型中使用的“有效”水泵曲线，如图 8.13 所示。

对水井建模的一个问题是地下水水位随不同季节变化很大。用水量和地下水充填的季节性变化以及使用同一含水层的邻近水井抽水速度的变化都对地下水水位的波动有影响。无论原因如何，静态的地下水水位（或模型中的水库水位）必须根据所考虑的情况加以调整。对于在一年中地下水水位波动明显的情况［即变化大于 20ft (6m)］，设计人员必须使用模型在地下水位高程变化的整个范围内校核水泵。所选择的水泵需要在最低的地下水位工作，并且不会使电机过载或者在地下水位高时不会使供水系统压力过高。当地下水位高程范围十分大时，设计人员可能需要在水泵出流管线上安装流量控制阀门和/或压力调节阀门。

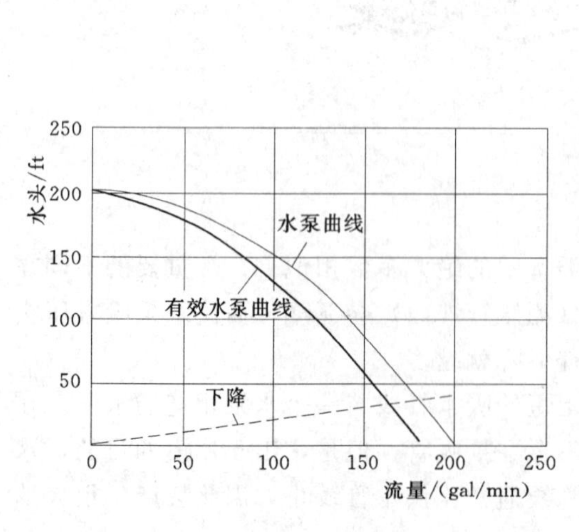

图 8.13　水井抽水时水泵曲线修正

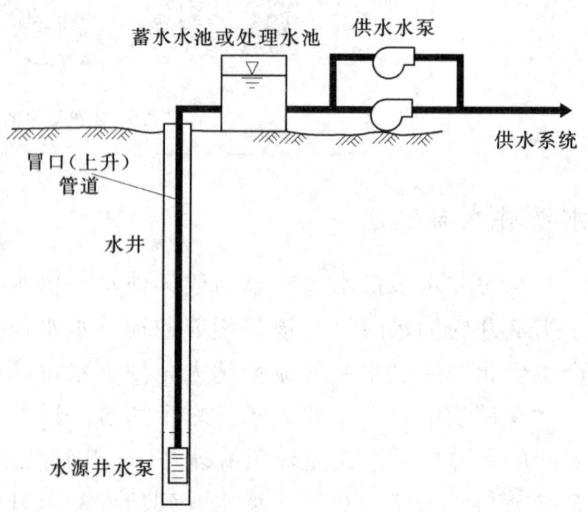

图 8.14　从水井向地表储水水箱供水

一般来说，设置水井的关键决策之一是要确定是将水直接向管网供水，还是将水提升至某个地表或者高位水箱（见图 8.14）。设置地表水箱花费较高，这是因为需要在水源井水泵之外增加一个水箱和配水水泵。然而，饮用水消毒需要有一定的接触时间，如果有必要的话，可以通过使用地表水箱来满足接触时间要求，这样可以消除大型地下水箱或管线的要求。此外，地表水箱能够以比高位水箱更低的费用存储更多的消防用水。使用地表水箱与水井相配合的方案在水井发生故障时也能够提供某种可靠性，这是因为水箱的配水水泵可以并联布设。由于空间的限制，水源井水泵在没有多个水井的情况下不能够并联布设。

水泵并联

通常，泵站在其最大的一台水泵停止工作时应该满足其下游最小需水量的要求。在小型泵站中，通常有两台水泵，任何一台水泵都能独立满足需水量要求。在大型泵站中，通常设置两台以上的水泵以获得更高的可靠性和灵活性。如果泵站这样运行，即在不同的需水量条件下，应用不同的水泵组合运行，那么很重要的一点是所选择的各个水泵无论是单独运行还是与其他水泵并联都能高效运行。

影响水泵效率的一个主要因素是该泵站上下游管线系统的容量。该容量体现在管线系统的水头曲线上。某个给定流量的曲线上的平缓坡度说明系统的水头损失较低，并且有充裕的管线容量。相反，当该曲线的坡度陡峭时，水泵提供足量流量的能力将受到管线系统的限制。系统水头曲线的陡峭程度决定了并行运行的多台水泵的效率。

评价并联水泵的最简单方法是对每个不同的水泵组合方案分别运行系统模型。对于每种组合，每台水泵的运行点应该接近于其最高效率点。如果某台水泵效率降低很大，自来水公司可能希望选择不同的水泵或者避免运行该组合。

通过查看管网系统水头曲线和并联水泵的水头曲线能够更好地了解系统的工况。例如，图 8.15 展示了两台同型号水泵并联运行时的情况。如果存在充足的管线容量（即系统水头曲线是相当平缓的），那么每台水泵单独工作时能够传输 270gal/min 的流量，而两台水泵一起并联工作时能够传输 500gal/min 的流量。但是如果管线系统容量受到限制，

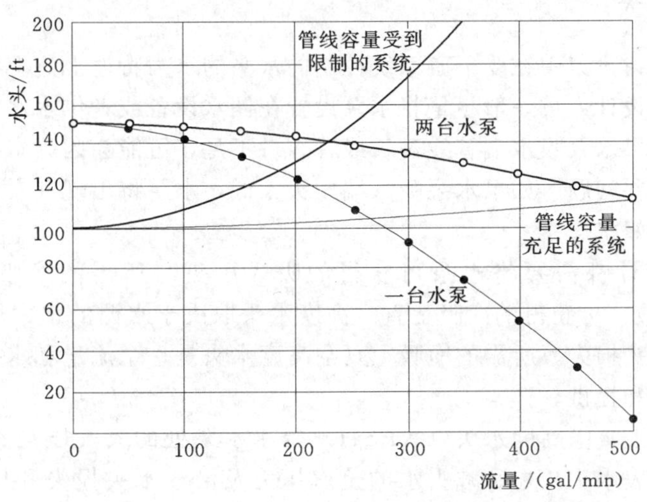

图 8.15　两台同型号水泵并联的情况

单台水泵独立工作时只能传输 180gal/min 的流量，并且两台水泵一起并联工作也只能传输 220gal/min 的流量。当加入第二台水泵时流量只有少量增加的原因是供水管线容量不足，而不是水泵容量不足。

当泵站中水泵型号不同时，该问题将变得更加复杂，如图 8.16 所示。在这种情况下，水泵 A 在需要高流量时运行，水泵 B 在低流量条件期间运行。当系统水头曲线平缓时，水泵 A 单独运行传输 220gal/min 的流量，水泵 B 单独运行传输 160gal/min 的流量，而这两台水泵一同工作传输 380gal/min 的流量。然而，对于陡峭的系统水头曲线，水泵 A 单独工作传输 180gal/min 的流量，水泵 B 单独工作产生 120gal/min 的流量，而两台泵同时工作只能产生 180gal/min 的流量。这个流量没有增加的原因是水泵 A 产生的压力超过了水泵 B 的关闸水泵水头，这样水泵 B 就不能向管网供水。这样一种系统水头曲线特征和水泵的组合应该避免。用这些水泵的模型运行将显示从水泵 B 的出流量为零或者极低。

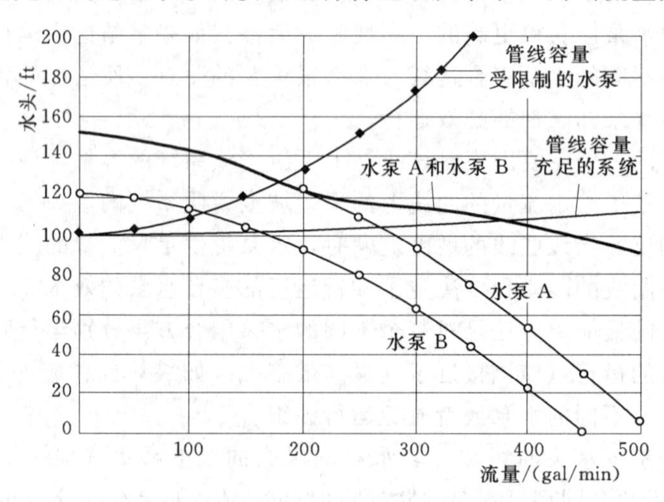

图 8.16　两台不同型号水泵并联的情况

水泵吸入压头损失

至此，本节的讨论集中在受下游系统控制的水泵的水力特性上。上游管线通常不是关键所在，这是因为设计人员一般尽量将水泵设置在储水设备或者供水水源附近以帮助减少水头损失。然而如果水泵吸水端管线过长或者容量不足，可能会因为水泵高程和吸水端管线水头损失造成一些问题。如果水泵吸入端压头太低，水泵将出现气穴问题。并且，这也使水泵很难保持良好状态。

任何水泵的设计都需要将水泵可获得的吸入压头与所需的净吸上真空高度水头（$NPSH$）进行比较。可获得的净吸上真空高度水头取决于水源的水力坡度、水泵的高程和水泵吸水端的水头损失。所需的净吸上真空高度水头是一个流量和水泵特性的函数，它由水泵制造商测定和提供。

可获得的净吸上真空高度水头（$NPSH$）等于水泵处的大气压与水泵吸水端处测量的静压水头（压力表水头）之和减去水的蒸汽压力及沿程水头损失和局部水头损失之和（速度水头通常忽略不计）。对于水泵直接从水箱吸水的简单情况，可获得的净吸上真空高度水头由 Tchobanoglous (1998) 给出：

$$NPSH_a = H_{bar} + H_s - H_{vap} - h_{loss} \tag{8.3}$$

式中 $NPSH_a$——可利用的净吸入水头，ft 或 m；

H_{bar}——(泵站所处高程的) 大气压力，ft 或 m；

H_s——(水泵吸水端处水体的) 净压水头，ft 或 m；

H_{vap}——(可随温度不同而校正的) 水的蒸汽压，ft 或 m；

h_{loss}——(从水箱到水泵之间的) 水头损失和局部损失之和，ft 或 m。

对于从吸水水箱到泵站距离长并且吸水管线复杂的情况，可以使用模型通过从水泵吸水端的 HGL 中减去水泵高程来确定 ($H_s - h_{loss}$) 项：

$$NPSH_a = h_{suc} - Z_{pump} + H_{bar} - H_{vap} \tag{8.4}$$

式中 h_{suc}——用于模型中计算的水泵吸水端水头，ft 或 m；

Z_{pump}——水泵高程，ft 或 m。

为了确定水泵吸水端的 HGL，在水泵上游与水泵相接处模拟一个节点是有用的。大气压力值主要是高度的函数，当然它也随气候变化。蒸汽压主要是温度的函数。相关的各个标准值列于表 8.2 和表 8.3 之中 (Hydraulic Institute, 1979)。

表 8.2 标准大气压

高程/ft	高程/m	大气压/ft	大气压/m
0	0	33.9	10.3
1000	305	32.7	9.97
2000	610	31.6	9.63
3000	914	30.5	9.30
4000	1220	29.3	8.93
5000	1524	28.2	8.59
6000	1829	27.1	8.26
7000	2134	26.1	7.95
8000	2440	25.1	7.65

表 8.3 水的标准蒸汽压

温度/℉	温度/℃	蒸汽压/ft	蒸汽压/m
32	0	0.20	0.061
40	4.4	0.28	0.085
50	10.0	0.41	0.12
60	15.6	0.59	0.18
70	21.1	0.84	0.26
80	26.7	1.17	0.36
90	32.2	1.61	0.49
100	37.8	2.19	0.67

如果发现可获得的 *NPSH* 比所需的 *NPSH* 小，设计人员必须选择下列选项之一来纠正这个问题，并避免气穴现象：

- 降低水泵的高程；
- 提高吸水水箱水位；
- 增大吸水管线管径以降低水头损失；
- 选择一个需要较低的 *NPSH* 的水泵。

当从最近的水箱而来的吸水管线很长时，满足 *NPSH* 需要的问题变得特别棘手。通过使用模型，设计人员可以尝试不同的管线布设和泵站位置的综合考虑以防止在实际系统中发生 *NPSH* 问题。

8.4 将一个系统扩建到新的用户

供水管网系统设计中最常见的一个问题就是确定已有系统的扩建部分的管道定线和管径尺寸。这一节重点关注对即将成为已有系统一部分的新的管线的模拟（无水表或倒流保护器），并且扩建部分与原系统的连接点不是一个水箱或者泵站。新扩建的管网可能是一个住宅区、工业园区、大型商场、汽车住宅公园、监狱、学校或者综合用途土地开发。

通常，那些在要兴建的新管网之上的水力需水量的确定性要比总体规划中需水量设计所能提供的确定性程度高。更常见的情况是，在为一个系统的扩建部分设计新的管线管径时，消防流量往往比最高时流量大得多。

分析范围

确定新扩建管网管径的难点在于其不能独立于现有的供水系统来确定管线管径。扩建区域管网的水力坡度线是现有系统和用户需水量的函数，同样也是该地区新用户和将来用户的函数。在设计过程中忽略现有管网的运行情况将产生不好的结果。因此，最好的方法是将新扩建的管线添加到一个已经校验过的现有系统的模型之中。

用户高程

在开始管线管径尺寸定型过程之前，工程人员需要确定接受服务的用户高程以确保该处水压在某个满意的范围之内。理想情况下，如果现有系统的模型可用，EPS 运行可以帮助设计人员确定可能发生在新建管线附近的 *HGL* 和压力范围。无论是使用还是不使用模型，应该记录新扩建系统与已有管线系统连接处的压力表读数，这样可以确定总体的 *HGL*。知道了压力范围和非消防时最大和最小的可接受水压值，就有可能使用式（8.5）和式（8.6）近似地估算所服务的最高处和最低处的用户高程（见图 8.17）：

$$El_{min} = HGL_{max} - C_f P_{max} \tag{8.5}$$

$$El_{max} = HGL_{min} - C_f P_{min} \tag{8.6}$$

式中 El_{min}——供水区域内用户最小允许高程，ft 或 m；

HGL_{max}——预期的最大水力坡度线，ft 或 m；

P_{max}——可接受的最大水压，lb/in^2，kPa；

El_{max}——供水区域内用户最大允许高程，ft 或 m；

HGL_{min}——预期的最小水力坡度线，ft 或 m；

P_{min}——可接受的最小水压，lb/in^2 或 kPa；

C_f——单位转换系数，英制单位取 2.31，SI 制单位取 0.102。

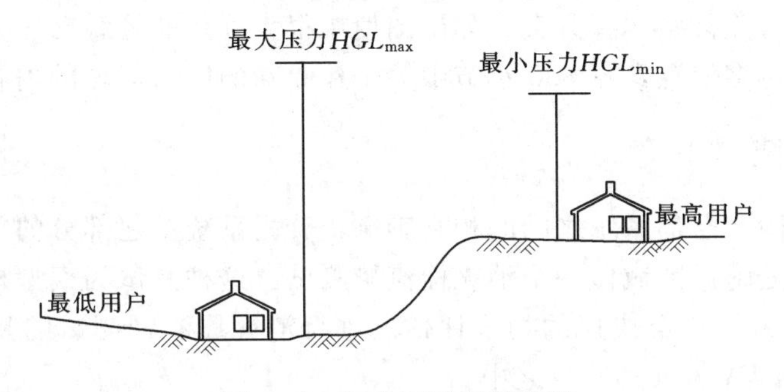

图 8.17　压力区域限制范围

【例 8.1】 用户高程范围。

如果某个压力区域中的压力坡度线通常在 860～875ft 之间变化，水压在 35～100lb/in^2 之间变化，并且最大水压为 100lb/in^2，那么可以服务的用户的地面高程范围是多少？

$$El_{min}=875-2.31(100)=644(ft)$$

$$El_{max}=860-2.31(35)=780(ft)$$

如果服务区域中的某些部分高程超出已确定的高程范围，那么设置泵站或者选择一个其他水源供水是最有可能的选择。相反，如果某些区域小于该高程范围，设置一个减压阀或者选择其他水源供水也是需要的（见 10.4 小节）。

在图 8.18 中，假设最低处用户高程为 700ft，并且要求压力不能高于 100lb/in^2。根据方程（8.5），为了满足上述压力要求，HGL 必须小于 931ft。同样假设最高处用户高程

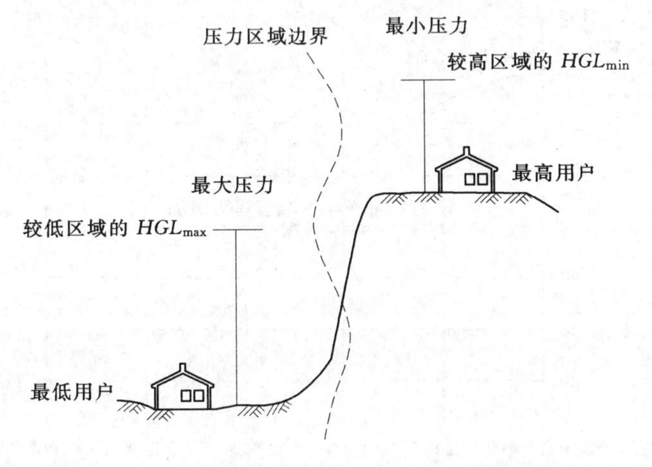

图 8.18　用户必须通过分离的压力区域供水

为 890ft，并且要求水压要高于 30lb/in²，根据方程（8.6），为了保持该高程处的最小压力，该 *HGL* 至少为 960ft。由于不可能存在既大于 960ft 又小于 931ft 的 *HGL* 值，那么这两处用户必须由不同的压力区域供水服务。

在建模之前进行这些计算有助于给建模工作者对可能遇到的这类问题有一个正确的评判。从而能够很快摒除某些选择方案，如试图使用很大管径的管线向压力区域中在过高高程处的用户供水。更多信息参见 8.5 小节中关于建立新的压力区域的内容。

评估一个已建系统

由于新扩建管网与已建系统之间的相互影响，分析系统扩建部分的重要的第一步就是对与已建系统连接处附近区域做一个消火栓流量测试。这种测试为模型校验提供数据，并且对系统的供水能力做一个快速的初步评估。进行消火栓流量测试的具体描述在第 5 章（见 5.2 小节）和 AWWA（1989）之中。

在一个消火栓流量测试期间，必须最少记录静压（P_s）、动压（P_t）和测试流量（Q_t）这三个数值。这些压力应该在剩余消火栓处测量，而流量应该在出流消火栓处测量。为了将压力转化成 *HGL*，该剩余消火栓处的高程必须准确确定。此外，在测试期间记录哪些水泵正在运行、水箱的水位和测试运行时，系统中有关任何特殊情况的信息（例如，爆管或火灾）都是有帮助的。

图 8.19 展示了一个示例流量测试的结果。该示例流量测试的静压是 60lb/in² 或者 139ft（614kPa 或 42m），消火栓流量是 500gal/min（31.5L/s），并且残余压力是 35lb/in² 或者 81ft（241kPa 或 25m）。图中曲线与坐标横轴交点的流量值（或者任何其他压力值所对应的流量值）可以从下面方程中确定：

$$Q_0 = Q_t\left(\frac{P_s - P_0}{P_s - P_t}\right)^{0.54} \tag{8.7}$$

式中 Q_0——P_0 处的流量，gal/min 或 m³/s；

Q_t——消火栓测试流量，gal/min 或 m³/s；

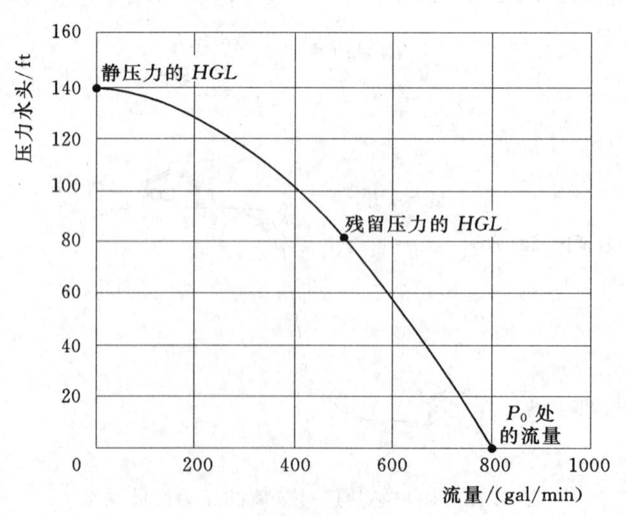

图 8.19 消火栓流量测试数据曲线图

P_s——测试期间的静压，lb/in^2 或 kPa；

P_0——Q_0 处所要计算的压力值，lb/in^2 或 kPa；

P_t——测试期间的残余压力（即测试动压），lb/in^2 或 kPa。

注意：该方程可以使用任何单位，只要各个单位量是一致的（即所有流量单位和所有压力单位保持一致）。如果将 $P_0=0$ 插入上面方程，横轴截距可以反向计算。该横轴截距确定为 802gal/min（50.6L/s），如图 8.19 所示。

当 $P_0=20$lb/in^2（140kPa）时，所对应的 Q_0 值可以表征系统的供水能力。20lb/in^2（140kPa）时的 Q_0 值应该明显大于新扩建管网的最大需水量。否则，可能需要在已建系统中进行相当大的改进。

当使用消火栓测试来评估现有系统的扩建时，所测试的消火栓的位置是重要的。剩余消火栓应该位于水源和出流消火栓之间，这样绝大多数从出流消火栓流出的水都会从剩余消火栓旁边经过，如图 8.20（a）所示。否则，其结果会起误导作用，特别是如果出流消火栓是在一个比剩余消火栓所在管线大很多的主干管上时尤其如此。

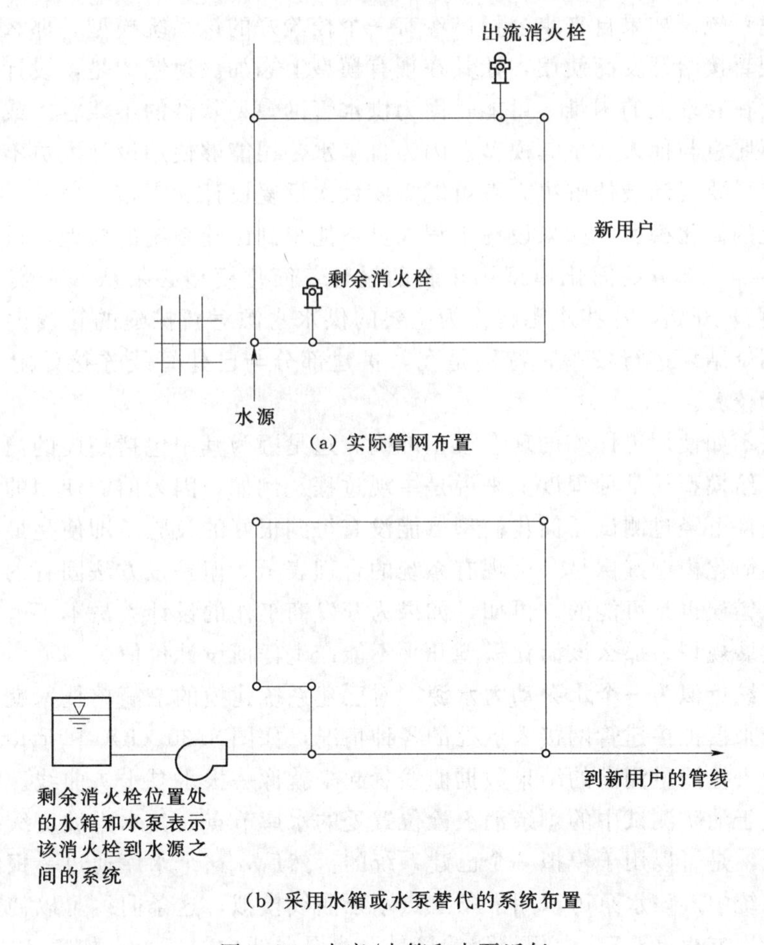

图 8.20　水库/水箱和水泵近似

在已经进行消火栓流量测试之后，该数据可以通过使用以下三个基本方法之一来模拟新建的管线系统：

- 将拟建的管线加入到已建系统的当前模型或者加入到该模型的一个适当简化版本之中，并且使用所述消防流量测试数据确证该模型。
- 建立一个已建系统的简化模型，并且向其中添加拟建管线。
- 使用消火栓流量测试结果将已建系统近似为一个等效的水库和水泵组合。

本节接下来具体讨论这些方法。注意：在已建系统和该系统扩建部分连接处设定一个强制性的 *HGL*（基于一个单一的压力表读数）几乎从来不是模拟已建系统的正确方法。

在一个已建模型之上建立扩建部分模型 模拟一个供水系统扩建部分的最好方法是将新扩建的管线和用户添加到已建系统的一个已经校验好的模型中。使用这种方法，模拟已建系统运行对新建管网的影响和新建管网对已建系统的影响都是可能的。该系统的已经校验好的模型也可以用于模拟大范围的各种状态变化情况，如未来年份里的最高日需水量、在不同位置的消防情况和重要管线的故障情况。

然而，设计系统扩建的工程人员可能已经受雇于某个土地开发商，并且可能没有多少兴趣研究已建系统。如果自来水公司已经有一个校验好的该系统模型，那么最直接的方法就是将该模型直接给开发商使用，让其在现有模型上添加。遗憾的是，设计工程师使用现有模型常常存在管理上的困难，可能是因为供水管网模型软件的不兼容，或者是因为自来水公司可能不愿意与他人分享其模型。因为自来水公司能够使用设计人员不具有的信息评价拟建的系统，要得到最佳解决方案可能需要数次反复设计和审核。

已建系统的简化模型 如果设计工程人员不能得到已建系统的模型，设计人员应该建立一个已建系统一部分的简化模型用于新的设计。简化模型必须从一个实际的供水水源（如水泵或水箱）开始，这些水源将作为主要的供水水源对新扩建的管线供水。应该使用消火栓流量测试结果进行校验，特别是在新扩建部分与已建管线连接处附近所进行的测试，更应进行校验。

这个方法不如使用更详细的现有模型准确。这是因为其中包括高度的简化，而且把将来的需水量赋给模型从某种程度上来说是主观过程。例如，因为前面使用的模型已经在大范围的不同条件下经过测试，简化模型可能没有得到很好的校验。即使是最初的测试和校验过程表明该简化模型好像是一个现有系统的合理表示，但是该方法固有的不准确性导致实质性的模拟错误也是可能的。再如，如果为开发商工作的设计人员不了解规划项目和自来水公司的发展规划，那么该简化模型几乎不能产生任何设计价值。

将已建系统近似为一个水泵动力水源 对已建系统建模的最简单技术就是使用一个水泵和水库组合来模拟扩建管网接入点处的各种情况，如图 8.20（b）中所示。正如图 8.19 所示，一个消火栓流量测试的结果数据曲线看起来就像一根水泵水头曲线。出于模拟的目的，一个放置于消防测试中的剩余消火栓位置处的水库节点，其水力坡度线被设定为该消火栓的高程线，是可以用于模拟一个已建系统的。然后，这个水库通过一根短管和一台水泵连接到新系统中。该水泵可以用一条三点水泵曲线模拟，这条曲线可以使用消火栓测试数据建立。使用方程（8.7）中相类似的符号，水泵曲线中的三个点如表 8.4 所示。注意：系数 2.31 是将消火栓测试中的压力（单位：lb/in^2）转换为水泵曲线中的水头（单位：ft）。

表 8.4　所模拟的水泵曲线上的点

水　头/ft	流　量/(gal/min)
$2.31P_s$	0
$2.31P_t$	Q_t
$2.31P_0$	Q_0

流量 Q_0可以用一个给定的 P_0 使用方程（8.7）计算得到，通常 P_0 假定为 20lb/in^2（140kPa，其他合理的压力值也可使用）。消火栓测试也可以用三个不同的流量值重复测试获得数据，并从中生成一条曲线。

对于没有消火栓的乡村供水系统，可以通过开启泄水阀或者冲洗消防水龙带，并用校验准确的量筒和秒表测量该流量的方法来执行一项近似的测试。如果该方法不可能实施，那么可以执行的最好测试就是在扩建管网与原系统连接点处设置一个曲线记录仪并监测 *HGL* 的波动变化。然后可以校正后的模型再现这些工况。

使用水泵水源的近似建模方法可能会带来一些问题，这是因为对已建系统的这种近似只考虑了测试运行时所确定的边界条件和需水量的情况（如平均日中午水源处一台水泵供水的情况）。因此，确定需水量或者是边界条件改变产生的结果是困难的。使用水泵水源近似建模的方法运行 EPS 模拟，结果将不会很准确，不能够提供反映用水变化的可靠数据。如果已建系统与扩建连接点相距很近，并且需水量和管网运行状况预计在长期的运行中保持基本不变，那么该水泵水源近似方法才运行较好。当下游需水量变化时，消火栓流量测试对于预测水压的变化是有用的，但是对于评估其他类型的系统变化，如管网中加入新的管线或者运行方案的改变（如消防泵启动）的用处不大。

8.5　压力区域建立与水池溢流水位设定

在供水管网系统设计中选择某个水箱的溢流高程是最重要的基础决策之一。该决策设定了所供水的压力区域的范围限度和该供水系统的总体布置。一旦一个水箱已经建造好，在压力区域内的 *HGL* 范围也就固定了。改变 *HGL* 范围的唯一方法就是重建、抬升或者降低该已建水箱（这可是一个费用昂贵的建议）。

在开始一个设计之前，工程人员需要查看供水区域的地形，并考虑该地区短期和长期的使用规划。设计人员应该考虑到该供水系统在未来 20～50 年完全建成以后看上去可能的状况。这一考虑对于由水泵或者减压阀供水的管网盲端系统是对的，对于有水箱的新压力区域系统更需这样考虑。

不像减压阀可以很容易地重新设置其状态或者水泵也可以很容易地更换，水箱是相对持久不变的设施。即使对于没有水箱的系统，用户也变得适应某个特定水压，或者更重要的是工业设备和消防系统可能已经按照在某个给定的 *HGL* 条件下工作来设计和建造了。管网边界条件的任何改变，像某个水箱的溢流水位的变化，可以改变系统的动力学状态，因此必须仔细分析和设计。

建立一个新的压力区域

建立一个新的压力区域的决策可能会由以下原因引起：

- 建立一个新的独立系统。
- 用户搬迁到一个区域，其高程对于完全由现有的压力区域供水而言太高或者太低了。
- 自来水公司希望对一个区域有更好的控制。

在开始模拟系统之前，手动选择压力区域的边界。当布置好压力区域后，设计人员应该检查所服务的最高处和最低处用户的高程。如果最高和最低处用户的垂向高程相差小于120ft（37m）左右，那么很可能选择单一压力区域对其供水。如果高程差比上述数值大很多，需要更多的压力区域。通常，服务区域内的最高处和最低处用户的高程和可接受压力范围的限制，可以用来确定该压力区域的 HGL。方程（8.8）和方程（8.9）的某些有用的指导原则可用于选择 HGL：

$$HGL_{min} > (最高处用户高程) + C_f P_{min} \tag{8.8}$$

$$HGL_{max} < (最低处用户高程) + C_f P_{max} \tag{8.9}$$

式中 HGL_{min}——最小水力坡度线，ft 或 m；

HGL_{max}——最大水力坡度线，ft 或 m；

P_{min}——可接受的最小水压，lb/in^2 和 kPa；

P_{max}——可接受的最大水压，lb/in^2 和 kPa；

C_f——单位转换系数，英制单位取 2.31，SI 单位取 0.102。

第一条原则［方程（8.8）］保证最高处用户至少拥有最小可接受压力，第二条原则［方程（8.9）］保证最低处用户不会遭受过高压力的损害。在平坦地区，通常能够存在一个满足上述两原则的可能的 HGL 值的范围。然而在山地地区，由于最高处和最低处用户的高程相差很大，或许可能会找不到满足上述两个不等式的 HGL（见 8.4 小节）。通常情况下，这种较大的高差意味着拟建的压力区域实际上应该是两个（或更多个）压力区域，或者最低处用户将会有超过 P_{max} 的压力。

上述两原则适用于正常情况下的压力，而不适用于消防时水头损失很大的工况。对于这些情况需要另外的分析来确定管线管径并确保足够的压力。倘若只有少数用户遭受压力过高影响，某些自来水公司要求用户安装个人减压阀。

布置新的压力区域

可以将布置压力区域的需要可视化，如图 8.21 所示。该图展示了如何沿着一座 500ft（152m）高的小山布置压力区域。在这个范例中，在压力区域之间的高程差为 100ft（30m）。通常情况下，压力区域之间的高程差应该在 80～120ft（24～37m）之间。过大的高程差会造成区域内低高程处用户压力过大或者高程处用户压力不足。较小的区域间高程差分隔值会使压力分区过多，并且需要设置过多的水泵、水箱和减压阀。

通常绝大部分地区的地形看起来不像图 8.21 中那样平缓，而是有山脊和山谷。设计压力区域的好方法之一就是选择这些压力区域的名义 HGL，并且确定对应于这些压力区

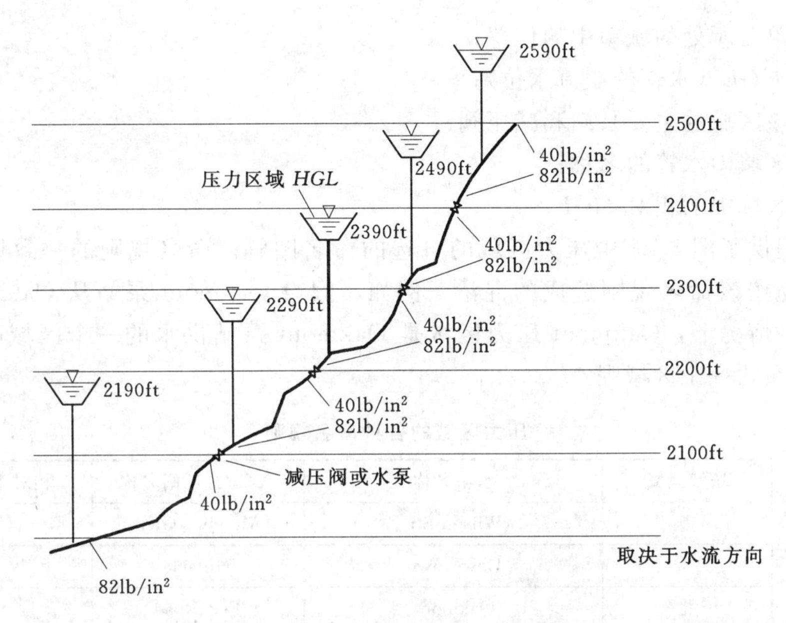

图 8.21　压力区域竖向剖面图

域分隔边界的高程等高线。图 8.22 所示就是这种地图的一个范例。该图表示一幅地形图，有一个新的压力区域的最高压力限和最低压力限。在最高压力限和最低压力限之间的区域由该压力区域供水。图中实线以上的区域需要由较高压力区域供水，而在虚线以下的区域需要由较低压力区域供水。这些边界线并非是不能改变的，但是其给出了系统如何进行布置的建议。

图 8.22　压力区域地形图

对于一个供水管网模型中的所有组成单元，应该根据压力区域给出一个命名规则。某些可能的方式如下：

• 这些单元所处的城镇中的位置；
• 名义 *HGL*（水箱的溢流水位）；
• 服务该区域的主要泵站和减压阀；
• 在该区域中水箱的名称；
• 在该区域中的相对 *HGL*。

表 8.5 提供了图 8.21 中压力区域的可选的命名图解。命名规则的一致性是重要的，这是为了避免按该命名规则造成的混淆。例如，假设 Oakmont 泵站从 Oakmont 水箱吸水，那么这种情况下，Oakmont 压力区域是 Oakmont 泵站供水的一个区域呢还是 Oakmont 水箱所在的一个区域呢？

表 8.5　压力区域的各种命名规则

HGL	城镇区域	水箱名称	水泵/减压阀名称	相对 *HGL* 的状态
2190	南	Wilson St.	Mundy's Glen	低服务区
2290	中心	Downtown	Hillside	中等
2390	北	Oakmont	Flat Road	高
2490	西北	Liberty Hill	Oakmont	非常高
2590	较远西北	Hanover Industrial Park	Rice Street	顶端

在一个像图 8.22 的地图中，设计人员可以开始布置输水管线。一个压力区域内主要的输水干管（不包括那些从一个压力区域连接到临近区域的管线）应该布置得大体上与地形等高线平行，并且保证在该高程内能够由其提供服务。当然，道路和建筑物的布设可能会使这种情况在实际中不会发生，但是就这张地图来说，设计人员能够大体上确定这些干管应该如何布设，这样可避免使管线远离所定义的压力区域。

在这种情况下，从不同的压力区域通过一个减压阀或者一个水泵向一个新用户供水比从该压力区域的一个水箱供水可能更为经济。图 8.23 展示了一个这样的范例，在这种情

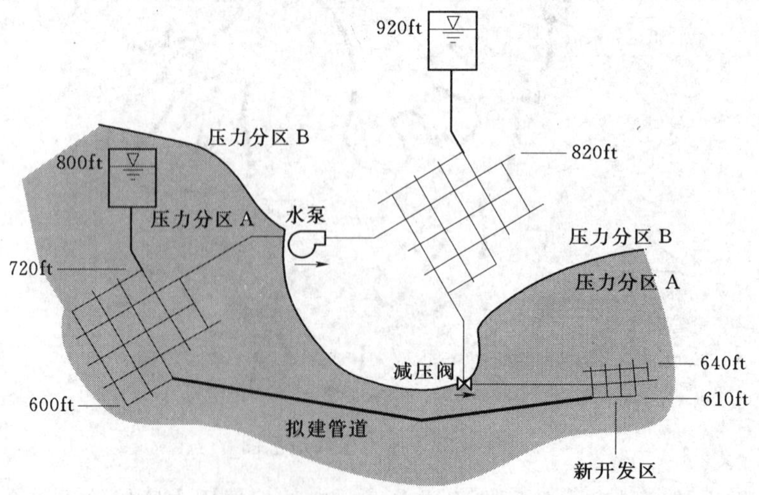

图 8.23　在“错误的”压力区域附近的新开发区

况下，至少在近期内，从较高压力区域B向标识为“新开发区”位置的用户供水比从较低压力区域A供水好（从区域A供水需要铺设费用昂贵的标识为“拟建管道”的长距离输水干管）。即使通过减压阀供水浪费了水泵能量，减压阀也是必要的，这是因为开发区的新用户能够得到与A压力区域相似的供水压力。这一做法，用户可以在不花费资金铺设拟建的管线的情况下享有适合的供水压力。

水箱溢流水位高程

在水箱溢流水位高程确定后，必须确定水箱的尺寸。首先，水箱的高度设定要基于一个恰当的水位高程变化范围。这是因为这一变化范围对于定义该压力区域内的最大压力值和最小压力值有最大的影响。水箱的最高水位、最低水位的设定可以使系统在所有的水箱水位情况下都能保持适当的压力。由于水箱中水位的大幅波动对应于系统压力的类似波动，水箱中的绝大部分水体应该存储在水箱溢流水位的20～40ft（6～12m）之内。这里列出的分析是确定一个水箱最佳选址及其溢流水位的基础。接下来所述的模型分析的作用是确定该管线是否满足将水输送到压力区域的要求。

对于图8.24中的水箱，如果使用水位低于869ft（265m）高程的储水，那么压力将低于30lb/in^2（207kPa）。如果水箱水位降至846ft（258m）高程以下，压力将不能满足20lb/in^2（140kPa）的标准。因此，水位低于846ft（258m）的储水容积为最低容积，其用处只是将水箱中的部分水体抬高到可接受的高程范围。水位不能降落到不会逆向影响水压的范围。此外，这部分额外的水体会导致长时间的停留并产生水质问题。

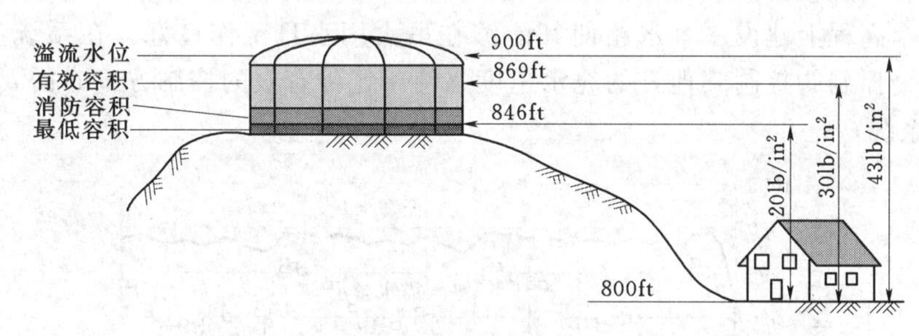

图8.24　水箱剖面图

为了避免水质问题和水箱容积浪费，储水设备必须设置在恰当的高程上。通常，设计人员设法将所有的储水容积设置为能够满足至少20lb/in^2（140kPa）水压的有效容积，从而倾向于高架储水水箱。尽管水塔（见3.4小节）与相同储水体积的高架储水水箱相比费用更少，但是并不是所有的水塔中的容积都是可用的。在该水箱底部最低容积的存在会导致水质问题。

水箱水位波动　经过校验的水力模型能够用来校核储水水箱中的水位波动。水泵应该有某个设计流量容量，使其即使在最大的水泵停止工作时也能够满足最高日需水量的要求，并且有某个水头使压力区域的系统水头曲线的变化范围接近或者经过水泵最佳效率点。

水泵、管网和水箱的组合布置使用EPS模型能够进行最好的评估。EPS应该基于所预计的最高日、平均日和最低日需水量情况运行。如果水泵向水箱充水，通常很容易循环启动水泵以使水箱在一个合理范围内运行。运行模型最少48h以确定在一个最高日需水量之后水箱能否重新充水恢复到原有水位，这是重要的。如果水箱水位不能恢复，那么系统中的薄弱连接（水泵或管线）需要更新。

如果一个配水储水水箱是从水厂的清水池通过重力或者一个减压阀充水，那么要让水箱水位像所希望的那样波动会变得很困难。如果该系统很小或该水箱靠近供水水源，水箱中的水可能不会充分使用。可以使用模型模拟对这些情况进行校正，模拟在一天中关闭阀门几个小时的情况或者通过切换到一个控制阀门来控制该减压阀几个小时。

当系统和经过系统的水头损失变大时，在高峰用水期间，*HGL* 趋向于坡度更加陡峭。对于水箱而言，这种低的 *HGL* 值，意味着一个选定的溢流水位能够很好地在一个夏季最高日需水量时工作良好的水箱，可能由于水位太低而不能在冬季平均或者最小用水日有效地工作。对于这种情况的EPS运行结果看起来类似于图8.25，该图表示一个水箱在最小需水日、平均需水日和最大需水日期间运行的不同水位变化范围。对于这一问题有几种可能的解决方案：

- 将该水箱作为一个溢流水位低于 *HGL* 的水泵储水设备运行（这会是一个最费钱的解决方案，并且为了保证可靠性需要一个发电机）。
- 建设一个箱体高的水箱，冬季期间在高水位部分运行，夏季期间在低水位部分运行（具有较大的季节压力变化）。
- 大幅提高通过系统的管线容量，使夏季期间 *HGL* 不会降幅太大（从资金费用观点上看是很费钱的）。
- 在某个高程上建设一个水箱使其能够在最大用水日工作良好。在系统主干管上使用一个控制阀控制其他日的充水速度（使用这种有效的控制方式时需要一个SCADA系统）。

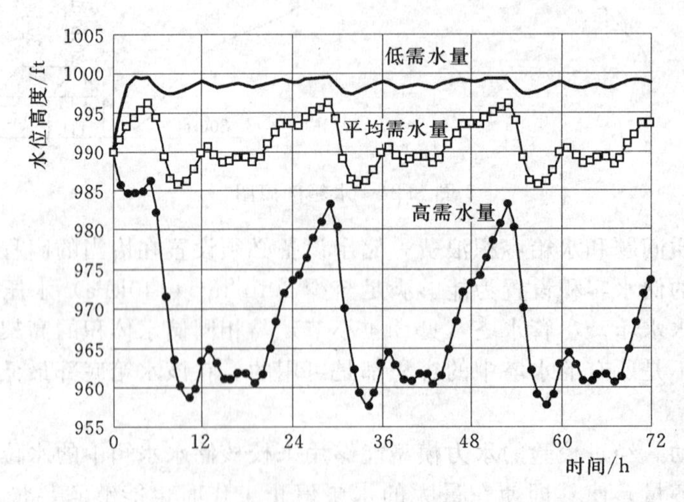

图8.25　水池水位波动

EPS模型为设计人员提供了一个比较上述方法并且确定如何使用这些方法的工具（如可以确定一个恰当的管径或一个阀门的有效控制设置）。然后，可以比较每种解决方案的效益和费用。

紧急情况期间水箱的工况 另一个设计问题是与水箱水位在消防或者停电事故使水箱水位下降之后如何能够很好地恢复到原有水位相关的。不可能期望水箱立即恢复到原有水位，但也不能需要几天时间才恢复到其正常的水位循环。虽然这个问题在一定程度上是一个水箱运行时的问题，但设计人员需要对紧急情况设计预留充足的容量。

一个压力供水区内的多水箱工况 当一个压力区域中存在多个水箱时，该区域的设计和运行问题变得更加复杂。为了建模的需要，很难将所有的水箱水位波动控制在设想的范围内。通常是将压力区中的所有水箱的溢流水位应保持一致。采用这种方法，每个水箱的所有水位范围都能够被使用。对于多水箱系统，在每个水箱上设置一个水位控制阀也是有帮助的。特别是当该水箱接近于水源时尤其如此，这是因为其 *HGL* 在这个区域较高。

一个常见的问题是靠近水源处的水箱充水迅速而出水缓慢，而在系统周边的水箱则充水缓慢而出水迅速。一种解决方法是在对靠近水源的水箱充水时使用节流阀，在水箱接近充满时节制入流流量，使更多的水流向远程水箱。靠近水源的水箱应该通过一条单独的装有止回阀的管线进行出水，这样水箱即使在停电时控制阀处于节制或者关闭状态下也能够顺利出水（见图 8.26）。这种情况可以用一个止回阀和一个节流控制阀来模拟。

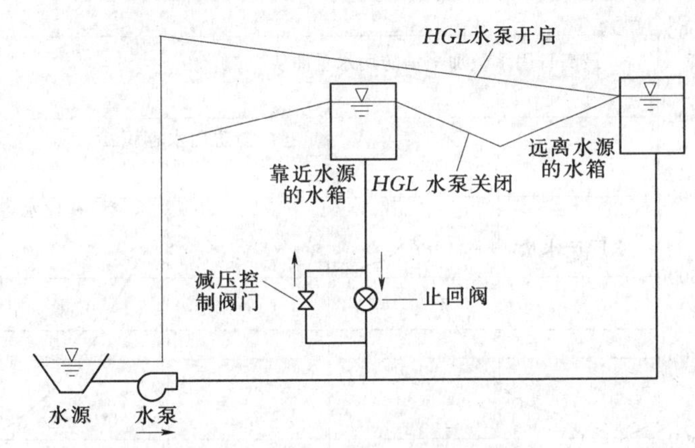

图 8.26 压力区域内多水箱情况

EPS 模型可以用来确定多水箱的压力区域内是否存在问题，并且测试这些压力分区不同的运行策略。特别重要的是测试大范围需水量变化的系统水力状况。这些需水量应该包括季节性变化和将来的预计需水量，因为人口规模和居住位置的变化（如靠近某个新建水箱的郊区会有更多需水量）将会引起管网如何运行的变化。

供水分区 当多个供水系统进行合并时，无论是因为分区、合并还是扩充，邻接的系统通常不会有相同的 *HGL* 高程；也就是说，它们处于不同的压力区域，因而不能简单地连接。因此，将各个供水系统集合成一个整体变得有些困难。集成各个供水系统最容易的方法是在系统边界处安装一个水泵或者减压阀。通常，其中的一个系统不再使用其原有水源，或者只是将其作为备用水源使用。相反，它将使用其他系统作为其替代水源。通常需要大管径管线在连接点处连接一个系统及其新的水源。在两个系统交汇的边界各点处，管线管径通常是小的，通常需要在一个或两个系统中进行一些管线改善措施，包括铺设平行管线并且/或者重新铺设新管。

如果新的管线即将铺设，设计人员有一个极佳的机会按压力分区所应有的情况建立相应的压力分区，而不是按其已经发展的情况在需要范围之外建立分区。通常，系统互联节点附近的管线的尺寸是个限制性的因素，铺设这些管线的平行管线或者重新铺设这些管线将是建模分析的焦点。

水箱容积考虑 至此，本节的讨论都集中在水箱中水位的重要性。水箱的横截面（和相应的容积）也是很重要的。很大程度上，水箱容积的确定是建模之外的工作，需要考虑平衡储水量、消防储水量和紧急状态储水量的总需水量。但是太大的储水容积可能引起水质问题。水箱容量要求在 Ten State Standards（GLUMB，1992）和 Walski（2000）中有更详尽的描述。

一个水箱的容积通常是由所需的用水量平衡储水容积与大的消防和紧急状态储水容积一起确定的。这些容积可以看作图 8.27 中所示曲线以下的面积。在水厂产水量曲线与最高日用水量曲线之间的面积是所需的水量平衡储水容积，而在最高日用水量曲线与最高日用水量加上消防用水量曲线之间的容积是所需的消防用水容积。在某些系统中，紧急状态储水容积超过了所需的消防用水容积，并可能占主导地位。

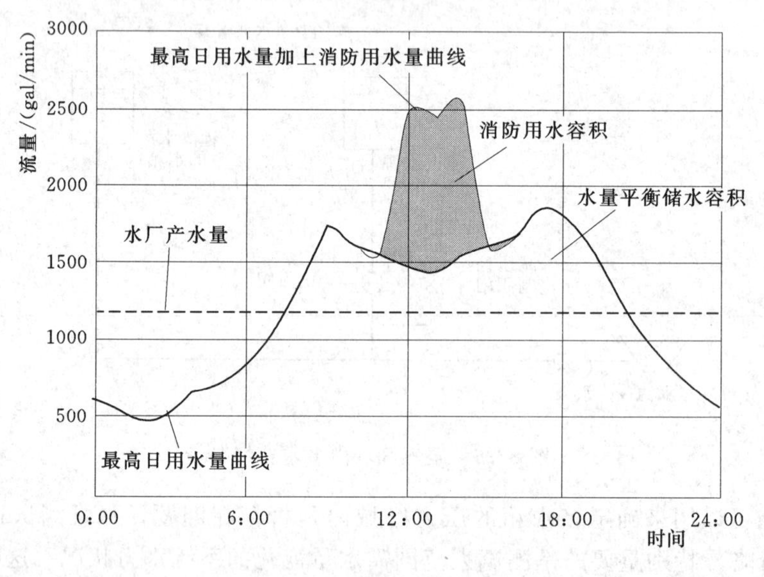

图 8.27 确定水箱容积

水箱中的水位在一个充水和放水的循环过程中呈现周期性的变化。在理想情况下，无论该循环是一整天还是直到水泵重新启动的时间，水箱中的水位应该在其循环中至少有几英尺高度的波动。建模软件的 EPS 能力是一个在比较水箱和管线尺寸不同的设计时预测其运行特性的有价值的工具。

如果水箱水位降低幅度不大，说明水箱可能容积过大，或者水泵可能启闭循环过于频繁。如果在峰值需水量期间水箱水位降落非常迅速，那么水箱可能过小。将水箱容积增大至下一个较大的标准容积可能就解决了这个问题。对于在最高日用水量或者紧急情况用水之后水箱不能及时恢复至正常循环水位的情况，服务于水箱的供水系统可能没有足够的供水能力满足需水量要求。可能需要几次模型运行来确定该问题的症结（如某个水泵容量不足或某个管线管径过小）并解决它。

水箱不应该在紧急需水量情况［如一个 2h、1500gal/min（0.095m^3/s）的消防情况］下全部泄空。如果水箱在该期间完全泄空，原因可能是水箱过小或是另外的水源（如一个泵站或水厂）可能没有按预期的情况运行。消防流量要求可参见 AWWA M-31（1998），来自火险行业的其他资料所述。

如果预计出现由于余氯不足的水质问题，那么应该进行水质分析以确定余氯不足是否是因为管网或者是水池引起的。当发现发生消毒剂的大量衰减是由于储水水箱内的停留时间造成的，该水箱容积可能需要减小或可能需要修改运行过程（Grayman 和 Kirmeyer，2000）。

8.6 确定选泵评估用的系统水头曲线

系统水头曲线是一根水头—流量曲线，该曲线表示某个给定的流量经过水泵向管网输送所需的水头。在购买水泵之前，表示水泵所需要克服的水头的系统水头曲线必须确定。在只有一根管线连接两个水箱的简单情况下，系统水头曲线可以不用模型模拟计算产生。当选择一个在复杂供水管网系统中使用的水泵时，特别是在吸水端水箱和水泵出流端之间有环状管线或支状分叉管线时，手工计算只能给出一个系统水头曲线的粗略近似。在这种情况下，需要一个模型计算出更为准确的水头曲线。

系统水头曲线取决于水箱水位、供水系统中其他泵站的运行状态、管线系统的物理特性和需水量。因此，系统水头曲线独特地反映系统运行的即时状态。因而，对于任何泵站，实际上存在一个类似于图 8.28 所示的多条系统水头曲线族。其中最高的系统水头曲线相对应的是低的吸水端水箱水位、高的出流端水箱水位、低需水量、其他水泵/水井运行，并且甚至可能有关闭的阀门。最低的系统水头曲线对应于高的吸水端水箱水位、低的出流端水箱水位、没有其他的水源运行、高需水量（特别是接近水泵出流端的消防需水量），并且所有的阀门开启。关于系统水头曲线的更多信息参见 Walski 和 Ormsbee（1989）。

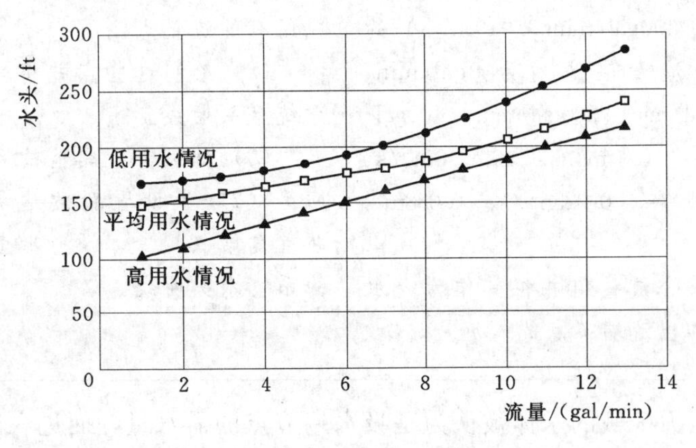

图 8.28 系统水头曲线

有一台水泵的供水管网模型运行一次可以确定系统水头曲线上的一个工况点。获得所有可能的流量范围内的系统水头曲线需要模型运行多次恒态模拟，每次恒态运行表示该曲线上的一个工况点。得到系统水头曲线的最简单的方法是从模型中移去拟建安装的水泵，只在该位置上留下吸水端和出流端节点，如图 8.29 所示。为了能够适当地计算该曲线，必须在水泵的两端都设有一个水箱或者水库。

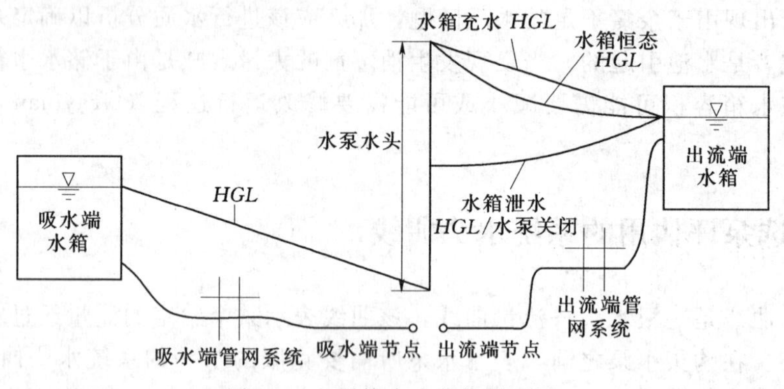

图 8.29　系统水头曲线剖面图

系统水头曲线生成

某些模型可以自动计算系统水头曲线。手工生成系统水头曲线的方法如下：

(1) 校验模型，并确定吸水端和出流端节点，但是不确定两端之间的水泵。

(2) 设置需水量、水箱水位和其他运行条件［例如，吸水端水箱高程为 720ft (220m)，出流端水箱高程为 880ft (270m)，平均需水量，2 号水井关闭］。

(3) 确定所选水泵的可能供水流量范围。例如，若选择一个 300gal/min($0.019m^3/s$) 的水泵，则使用的流量值序列为 0gal/min、100gal/min、200gal/min、300gal/min、400gal/min、600gal/min ($0m^3/s$、$0.006m^3/s$、$0.013m^3/s$、$0.019m^3/s$、$0.025m^3/s$、$0.038m^3/s$)。

(4) 选择第一个流量值并将其作为吸水端节点的需水量和出流端节点的入流量。

(5) 运行模型，并确定吸水端节点和出流端节点的 *HGL* 高程。例如，吸水端节点的 *HGL* = 715ft (218m)，出流端节点的 *HGL*=890ft (271m)。

(6) 从出流端节点的 *HGL* 减去吸水端节点的 *HGL* 得到系统水头曲线上一个点的坐标［在这个范例中是 100gal/min ($0.006m^3/s$) 和 175ft (53m)］。

(7) 重复执行第 (4) ～ (6) 步直到生成所有的流量点。

(8) 绘制这些点并将其连接，得到一根系统水头曲线。

(9) 如果需要其他的系统水头曲线，返回第 (2) 步设置新的边界条件和需水量，并重复第 (3) ～ (8) 步直到获得所有想要的系统水头曲线。

流出吸水端压力区域的水体被认为是吸水端节点的需水量，而进入出流端压力区域的水量被认为是出水端节点的入流量（或负需水量）。由模型确定的吸水端和出流端节点之间的水头差是必须加到通过水泵的输送流量之上的水头（即两个压力分区之间的水头差值）。然后改变抽水端和出流端节点的流量，并且重新运行模型以生成水头曲线上的其他各点，不断重复以上步骤直到绘出整条曲线为止。

该系统水头曲线应该涵盖水泵运行的合理的工况范围。一旦得到系统水头曲线，就可以联系水泵制造商确定选择的水泵（参照模型计算结果、泵铭牌、叶轮和泵速），能够在所需要的流量和某个高效且有充足的净吸上真空高度水头的条件下提供所需的水压。

将从水泵厂商处获得的水泵水头曲线与系统水头曲线叠置，将能确定水泵的运行点。这些运行点也可以通过将拟建的水泵加入到模型中，并对不同的情况执行一系列的模拟运行得到。设计人员应该校核水泵可能遇到的各个运行点范围内的效率和 *NPSH*。

通常，不同厂商的多个水泵都可以适当地运行。对于决定购买何种水泵将基于许多因素，这些因素包括泵站的平面布置、水泵类型、运行和维护人员的个人偏爱、购置费用、对某种品牌的熟悉程度以及对应于整个使用期的能耗费用。第 10 章将论述如何计算能耗费用。在某个水泵选定之后，设计人员应该使用 EPS 运行确定不同需水量和紧急情况下在系统中如何运行。

8.7 较低压力区域供水

当一个系统延伸到低地势区域时，用户所处高程可能不在包含供水水源的压力区域可供水范围之内。建立一个较低压力区域将避免向低高程用户提供过高的水压。在哪个准确的压力限制点上必须减压还没有一致的看法。然而，对于大多数系统，上限压力大约设定为 100lb/in^2（690kPa）。对于某些系统，特别是在山区，可能配水压力会高达 200lb/in^2（1380kPa），因此需要在用户供水管上设置减压阀以减小水压。

减压阀向某个盲端压力区域供水

安装一个减压阀向盲端区域供水通常是控制低高程压力区域中压力的最容易的解决方案。这种方法的关键是找出一个能使压力保持在某个合理范围之内的压力（*HGL*）设定。通常 PRV 安装的初始阶段是为了给系统小范围的扩建供水。然而，减压阀的设置（或者所要保持的下游压力）应该基于对该地区人口增长的预计和预期的商业发展来确定。通过减压阀的压力降落应该在 40～60lb/in^2 或 90～110ft（275～413kPa 或 27～34m）。较小的压力减少会使服务的压力区域的大小受到限制。太大的压力降落可能会产生一个沿着压力分界处的不可接受的高压用户带或低压用户带。

减压阀应该尽可能近地设置在作为压力区域边界的等压线附近。当减压阀远离该压力区边界时，经常需要并行的管线向两个压力区域供水。在这种情况下，一根平行管线位于较高压力区域，而另一根平行管线位于邻近的、较低压力区域。

图 8.30 展示了一个在 1810ft（552m）*HGL* 区域和 1690ft（515m）*HGL* 区域之间的区域边界线。这个区域边界线位于地面高程 1600ft（488m）处。如果该减压阀恰好设置在 1600ft（488m）处，那么上部压力区的压力为 91lb/in^2（627kPa），而下部压力区的压力为 39lb/in^2（269kPa），这两个压力都是合理的。

如果减压阀位于 1640ft（500m）处，上部压力将为 74lb/in^2（510kPa），而下部压力

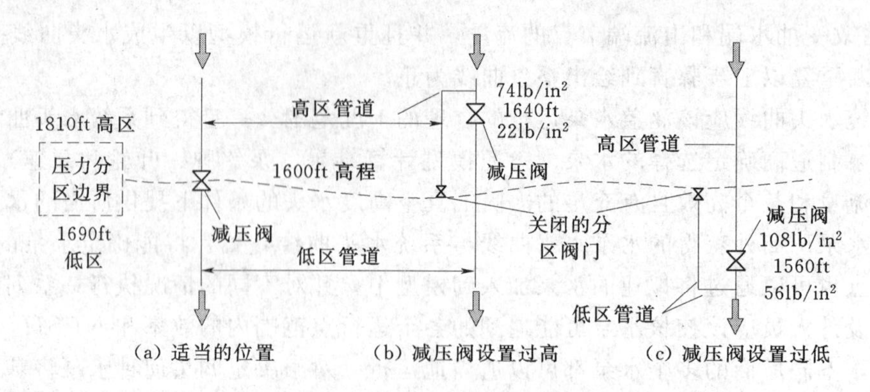

图 8.30 设置减压阀位置

将成为 22lb/in^2（152kPa）。低压部分只是刚刚可以接受，若存在正常的水头损失，可能水压又不能达标。

如果该减压阀设置在 1560ft（475m）处，压力将会从上游端的 108lb/in^2（745kPa）减少到下游端的 56lb/lb^2（386kPa）。在这种情况下，减压阀上游端的压力太大，可能需要在该处道路上铺设两根管线，这样该区域的用户可以由较低压力区域供水，而不会接受无法承受的高压。

当选择并模拟减压阀本身时，重要的是注意到大的减压阀可能不会准确地控制小的流量。在小流量时更好的控制方式是采用一个更小的减压阀［例如，对于一个 8in（200mm）的干管采用一个 4in（100mm）的减压阀］。当一个减压阀必须通过较大流量时（例如，满足消防流量需要），必须核查该减压阀的规格以确保那个较小的减压阀不会明显地限制流量通过。这种限制也可以通过模拟该减压阀在高流量时的局部水头损失来检查。但是，某些模型没有考虑阀门在控制（关闭）模式时的局部水头损失情况。当使用这样的一个模型时，对应于减压阀开启状态时的局部水头损失可能将赋给与其连接的一根管线。如果通过那个小减压阀的局部水头损失在大流量时过大，确定一个正常流量的小减压阀和一个平行的通过较大流量的较大的减压阀可以解决这个问题。

在一些情况下，沿着一根管线使用一个减压阀将水从一个高位水源输送到一个有少量用户的低位区域。模型可能显示该减压阀成功地产生了一个非常高的压力消减［即大于 100lb/in^2（690kPa）的压力降落］，但是查核该减压阀的规格以确保在减掉所要求的压力情况下通过流量，并且不产生气穴或者气蚀现象，这是重要的。

设有水箱的较低区域

如果较低区域有一个水箱并且其水位随系统状态变化，设定减压阀状态会变得更加困难。如果该减压阀设置（即设置阀门后的压力）得太高，水箱可能会溢流或者水位阀门关闭水箱，这样水箱不再向外泄水。如果该减压阀设置过低，水箱不能够得到充分补水。

通常，如果水箱远离减压阀，通过该区域的水头损失和每日的需水量波动可能足以使水箱在所要的水位范围内循环运行。然而，可能需要季节性地修改减压阀设置以使水箱能够在所需要的水位范围内运行。设计人员可以通过使用从 EPS 运行中所获得的信息找出正确的减压阀设置并确定这些设置的季节性变化。

如果水箱靠近于该减压阀，实际上不可能使用一个减压阀设置使该水箱水位充分的波动。为了使水箱水位充分波动，设计人员可以使用一个控制阀，这将在下一节中介绍。还有一种做法是使用一个带有双状态控制的减压阀。当水箱处于充水模式时，减压阀运行较高设置；而当水箱处于泄水模式时，减压阀运行较低设置。这个切换可以使用计时器来完成，当需水量低时（典型的是夜间）使水箱处于充水模式。采用这种方法，不需要复杂的可编程逻辑控制器，一个简单的计时器就够了。模型可以核查水箱能否达到其所期望的水体运转周期，并且计算水箱重新充水所需要的时间总量。如果该水池充水太快，减压阀可在上游压力区产生问题。如果水箱充水过慢，水箱水位恢复时间可能要比设计时间更长。设计人员需要查核较高压力区域的压力波动和输水干管内的流速以确保其是可以接受的。

由控制阀供水的较低区域

如果自来水公司希望采用比减压阀更为复杂的控制，可以使用控制阀来控制水箱的充水和泄水。控制阀可以使用从水箱和系统中其他点的信息基于相当复杂的逻辑编程运行。使用控制阀的一个缺点是它依赖于昂贵的遥感勘测或者 SCADA 设备提供关于水箱水位信息，并且还需要分布式的逻辑控制器（或由操作人员执行的远程控制）来控制该阀门。而且，需要一个后备电源，这样在断电期间控制阀可以恰当地运行，而减压阀不需要任何电源。控制阀还需要对任何信号或者传感信息的遗失进行编程处理或报警，并且对雷电干扰敏感。

控制阀能够进行简单的开/关控制或者模拟控制。例如，开/关控制会在水箱充水时开启该阀门而在水箱泄水时关闭该阀门。在一个模拟控制中，通过阀门的流量或者阀门开度由水箱水位或者其他一些模拟输入确定。阀门可以编程使其随着水箱水位降落而开度不断变大。相反，阀门也可以保持某种设置直到水箱充水完毕，然后切换到某种开度更小的设置以使水箱泄水。使用开/关控制方法在该阀门处于关闭状态而发生断电时存在不能供水的危险性。而节流阀在断电期间至少能通过一些流量。

控制可以通过运行模拟来测试；然而，阀门的运行在模型中与在实际中略有不同。实际的阀门，是控制开启度（例如，可以设置 40%开启度）。可是在绝大部分模型中，在流量控制阀中，所控制的值是最大流量，或者在节流控制阀中，所控制的值是局部水头损失系数。

在模型中使用流量控制阀设置流量是确定管线和水箱尺寸合适的、最简单的方法。这种方法不要确认控制阀的尺寸，并且有助于选择对应给定工况的阀门开启度。为了获得这些信息，该阀门应该模拟为一个局部水头损失系数是可控变量的节流控制阀（TCV）。阀门局部水头损失系数和阀门开启度百分比之间的关系必须用阀门制造厂商提供的数据在模型之外得出。

如果水头损失不很大，通常在应用中使用蝶阀，这是由于其低廉的价格和良好的截止特性。球阀虽然价格更高但在控制上效果更好。

减压阀或者控制阀的上游条件

在某些情况下，边界阀门（无论是减压阀还是控制阀）上游区域的水头损失会变得过大［如较低区域需水量是 500gal/min（0.032m^3/s），通过一个 6ft（150mm）管径的管线输水］。这样的水头损失会使上游区域水压降低到不可接受的水平。这个问题长远的解决方案就是增加上游区域中该管线的过流能力。但是这种改造工程通常耗资很大，然而即使不能获得一个大的预算，可能也需要一个直接的解决措施。短期的解决方案可能是在一个调节阀门井里使用一个组合的减压阀/控制阀。EPS运行可以显示为了在上部区域最关键（通常是最高）点处保持足够压力，减压阀设置应设定为多少。组合的减压阀/控制阀在模型中可以通过直接在减压阀上游放置一个控制阀来模拟。设计人员也应该在上游区域寻找任何容易改造的瓶颈位置以帮助向该减压阀供水。

8.8 现有系统的供水能力修复

模型经常用于评估旧的供水管网系统的供水能力修复。修复工作可能是必需的，原因如下：

- 水锈和结垢的累积影响；
- 由于新用户导致的需水量增加；
- 过量的漏失；
- 基础设施的改进，如邻近供水系统管线的街道重建或者污水管线重新铺设；
- 水质问题。

与供水能力恢复相关的问题比设计一个新系统在某种程度上要更困难些。可能的问题如下：

- 与现有管线一同工作的问题；
- 与其他已埋设的设施的众多冲突；
- 新增的铺砌条件的重要性；
- 需要考虑大范围的选择方案。

管网供水能力恢复分析比其他设计应用更为简单的一种情况是压力区域及其边界已经确定好，并且通常不会改变。

自来水公司在实行系统恢复时面临的问题不仅仅是简单的确定管径，还面临着其他的选择方案。自来水公司可以更换原有的管线或者保持原有管线不变并且平行铺设新管线以增加容量。除了铺设新的管线之外，为设计人员提供了一个其他恢复方法的选项范围，包括刮擦泡沫（pigging，通过水压使一个泡沫小球通过管线），使用水泥砂浆或者环氧树脂衬里来清洗管壁，安装逆向内衬器、滑动内衬和管线爆破。这些选项中的每个方法都需要通过一个稍微不同的方法来模拟，具体方法将在接下来的各节中介绍。

数据收集

在建模改进设计之前，设计人员需要充分分析现有系统以确定其能力和不足。因为系统已经存在，数据容易获得。对于有模型校核的案例，消防流量测试（见 5.2 小节）提供了关于系统供水能力的大量信息。其他有用测试包括管线粗糙系数测试（见 5.2 小节）和在管网关键部位设置测压点以获得压力表读数。管线粗糙系数测试提供了观察不同管线输水能力的视图，而图形记录仪显示了系统如何处理当前日需水量波动的情况。发生在最大需水量小时期间的任何压力的大幅降低都显示了供水能力的问题。有关测试和校验的更多信息，可参见第 5 章和第 7 章。

现有管线的水力容量和管网的结构完整性都是重要的。如果有足够的测量措施，比较某个区域的供水量与该区域已测量的用水量的供水监测就可以给出未计量水量的一个指标。也可以使用声波测漏设备对所研究区域的漏失检测进行调查。审查管线过去维修的工作单并且与维护人员沟通交流可以发现该管线是否存在结构性问题。如果出于某个原因，该地区的管线的某一段必须开挖出来，相关设计人员应该检查该管段内壁的结瘤和结垢情况以及该管段外壁的腐蚀损坏痕迹。铸铁管线的碳化腐蚀可能要求要刮削处理甚至喷砂清理以去除腐蚀形成的坑洞。

用户管线的监测记录也应该用来评估以确定任何与干管连接的用户管线是否需要更换，或者旧的用户管线是否只是重新连接到新的干管上。在一些情况下，简单的保留旧的干管用于服务以避免更换大量用户管线的费用，这可能是值得的。其他的一些自来水公司的策略包括旧的管线退役、铺设平行干管和在新的干管铺设之后将旧的用户管线与其相连。

系统现有状况模拟

在已有消防流量和管线摩擦阻力系数测试结果的情况下，就可以校核所研究区域的详细模型。该校验工作经常能够发现系统中存在的容易的或是花费很少费用就能校正的问题，如关闭或部分关闭的阀门。很明显，开启一个关闭的阀门与恢复管网供水能力或者铺设新的管线相比要经济得多。

已有系统的模型还能够展现哪些管段是管网供水的瓶颈。这些瓶颈部分通常是最高流速或者最高水力坡度的管段。然后应该采集现场数据来证实该模拟结果。那些瓶颈管段必须更换、铺设平行管线或进行修复。通常，最大时需水量和消防流量都是控制工况，可使用恒态运行来解决这类问题。

选择方案概览

通常，更换管线的决策是最昂贵的选择方案，因此除了现有管线的结构处于很差的情况以外，不应该选择这种方案。是铺设平行管线还是修复现有管线取决于该区域的设计流量。修复现有管线会恢复其原有的大部分输水能力，但是不会大幅度提高该管线的名义管径。管道爆破是一种在旧管线原处破坏管道的技术，可以在原来旧管线埋设处的开孔敷设一根稍微更大一点的管线。如果将来流量远远大于管线的原有流量，那么管线输水能力恢复不会提供足够的输水能力，就需要铺设与旧系统大致平行的新管线。所推荐的管线更换决策评估过程的示意图如图 8.31 所示，这将在后文中讨论。

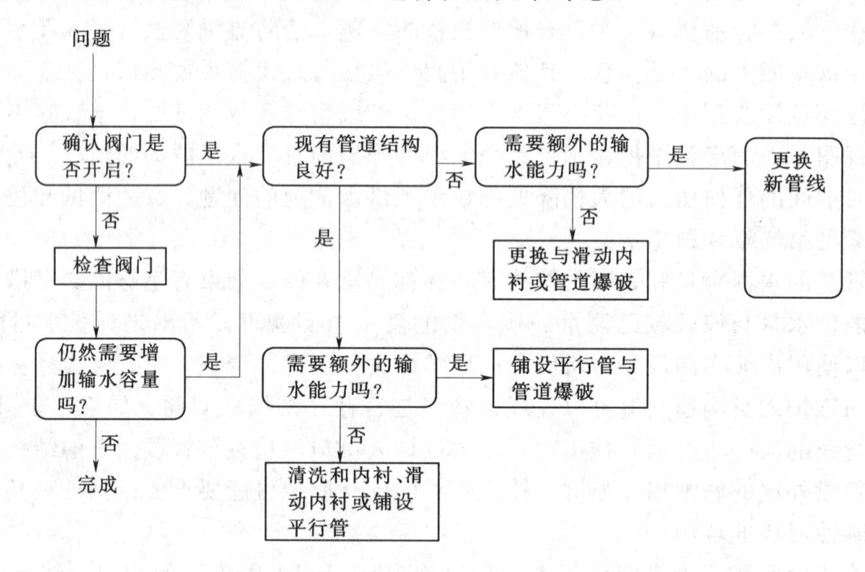

图 8.31 管线输水能力恢复可选方案概览

更换新管线 大多数自来水公司没有足够的资源更换其供水系统中的大部分管线。考虑到这种限制，设计人员必须在确定所更换的管线方面精心选择。模型可以从水力的观点来回答哪些管线是不合适的。从模拟得到的信息需要与其他信息相结合，例如哪些管线发生过爆管、漏失和水质问题，从而做出有依据的决策。采用这种方法，确定系统中状态最糟的管线用于更新。通过在所研究区域不同点检查消防流量，模型可以标示出那些具有最严重的水力限制条件的管线。在大多数情况下，这些管线是旧的、没有内衬的、4in（100mm）和 6in（150mm）的管线。这些管道也往往具有最高的爆管率，这是因为其内壁强度最低。设计人员应该选择性地在模型中更替这些管线然后重新运行模型。然后，接下来的模型运行可以显示出下一处最糟糕的瓶颈管线。设计人员也应该注意在一些情况下最糟糕的水力限制条件可能在所研究区域之外。

铺设平行管线 如果现有的管线具有较好的结构性能，管道不必进行更换。那么重点应该放在确定与所要求的输水能力相比较，多长的管线具有最糟糕的水力输水能力。消防流量测试可以指出所研究区域哪些部分有问题，但是造成这些问题的确切管线最好通过模型运行确定。

与在整个研究区域零星地铺设平行管线或者更换管线相比，通常最好的解决方法是包括通过所研究区域的中心铺设一个环状管网或者一个大管径的干管［如16in（400mm）的管线］。这个新的干管将缩短水流从大管线到达消火栓的流动距离。如果新的平行管线比现存的管线大得多，消火栓就应该从原有管线上移至新的管线上以便利用较大的供水能力。设计人员还需要记住：模型中某个节点可获得的消防流量与该节点附近的某个消火栓可获得的消防流量不是一码事，这是因为在这个节点和这个消火栓之间的距离和其相关的水头损失的原因（见5.3小节）。

管线清洗和内衬（非结构化供水能力恢复） 管线清洗可能是一种经济而有效的可选方法，其避免了铺设新的管线来恢复损失的过流容量，可以在以下情况中采用这种方法：

- 该管线的结构性能良好；
- 预期系统将来的需水量不会大幅度地大于现在系统设计的需水量；
- 由于管线结瘤、结垢或者其他沉积物的原因导致的输水能力损失很大。

对于管径较小的管线［4in、6in和8in（100mm、150mm和200mm）］，铺设新管线的费通常只比管线供水能力恢复的费用稍贵。但是，当管线直径增加，通过清洗恢复管线供水能力的经济性变得很有吸引力。由于安装新的管线要干扰其他的地下公用设施或者承担昂贵的路面修复费用而变得非常昂贵，因此刮削或者清洗管线就显得非常经济了。

管线清洗的效果可以使该已清洗的管线粗糙系数变得更理想来模拟。通常，海曾-威廉公式C系数值可以提高到100～120这个级别，通常在较大的管线中可以达到更高的值。C系数值从90增加至110不能证明该管线清洗的费用是合理的，但是该值从40增加到110就可能以一个合理的费用校正了一个水压不足问题。

一个管线清洗之后是否要用水泥黏合衬里通常是根据水质考虑来决定的。如果不希望该管道在将来产生腐蚀、结垢或者沉积物等问题，该管线可能不能没有一个内衬层。然而，在大多数情况下，最好对管线内衬处理以保证管线清洁的好处。水泥砂浆或者环氧乙烯不会明显减小管线内径，通常是供水干管的首选内衬材料，但是也可以采用滑动内衬。

在模拟包括一个内衬的任何类型的管线恢复中，重要的是在任何模型运行中使用该内衬管线的实际内径。

滑动内衬（结构化恢复） 可以采用一些能够增强管线结构强度的管线供水能力恢复方法。这些方法包括折叠和成型管线内衬、模具内衬和滑动内衬。折叠和成型管线内衬是折叠起来使其易于插入现有的管线内部，然后在原处重新展开成型，形成内衬。模具内衬包括通过一个模具将内衬管线拖入，暂时性地减小其尺寸以使其容易插入到现有的管线中。滑动内衬的操作是将一个稍微小一点的管线拖入到一个已经清洗的干管中（见图8.32）。逆向内衬（一种滑动内衬）是适当的使用一种硬化的袜子状的内衬。实践中，该过程通常只是在低压应用中使用，这是因为当压力升高时所要求的逆向内衬的

图8.32 滑动内衬过程

厚度会变得过大了。

在滑动内衬中使用的内衬材料通常是塑料，因而相当光滑（$C=130$）。但是，内衬管线的管径与原来管线相比有些不同；因此，在模型中必须使用内衬管线的实际内衬管径。在存在大量的用户管线必须连接到该管线的情况下，结构化恢复与水泥砂浆衬里相比具有更小的吸引力。可以通过减小该管线的有效摩擦阻力和已内衬管线的直径，使其与该内衬层管线的值相一致来模拟结构化恢复。

管线爆破。管线爆破实际上是能够增加一个管线内径的唯一一种恢复技术。使用该技术时，在一个由碎性材料（铸铁或石棉水泥）做成的管线内通入一个塑孔器，然后该管线被爆破。产生的碎片嵌入周围的土壤，然后将一个与原先管道相同（或略大）尺寸的衬管沿着产生的空洞放入。如果存在必须要连接到新管线上的用户管线，那么就必须进行开挖作业。

评价

在供水系统恢复研究中，可选方案数目往往比其他管网设计问题中的可选方案多得多。基于管网整个使用周期的费用，探讨所有可能的解决方案是确保获得最佳经济技术方案的唯一途径。可能会有多个方案可以解决一个设计问题，但是每种方案都有其本身的不足和优点。

8.9 能耗和资金费用的权衡

泵站附近，在一些情况下可能值得使用较大管线以降低水头损失从而减小能耗费用。供水系统的费用受管径大小的影响，包括铺设管线的资金费用和能耗费用的折现价值。这些费用可以用式（8.10）来确定：

$$TC = \sum_{\text{全部管线}} f(D,x) + PW\int k_1 Qp(h_1 + k_2 D^{-4.87})/e \tag{8.10}$$

式中 TC——管网使用周期的总费用，美元；

$f(D, x)$——管网建设资金费用函数；

D——管径，ft 或 m；

x——管网铺设条件集；

PW——能耗费用的折现值系数；

k_1——能量转换系数；

Q——随时间变化的实际流量，gal/min 或 L/s；

p——能源单价，美元/(kW·h)；

h_1——净扬程，ft 或 m；

k_2——描述系统特征系数；

e——从输入电流到水体扬升的总效率，%。

对于一个复杂管网，以上方程不能求出解析解。但是，由于在通常的供水系统中大多数管线对能耗费用只有很小的影响，因此可以简化该问题。通常只有从泵站到最近水箱的管线对能耗费用有显著的影响。对于两个水箱之间的一系列管线，Walski (1984) 提出了一种求得最优管径的解析法。两水箱间只有一根管线的最简单情形，求解方式如图 8.33 所示。

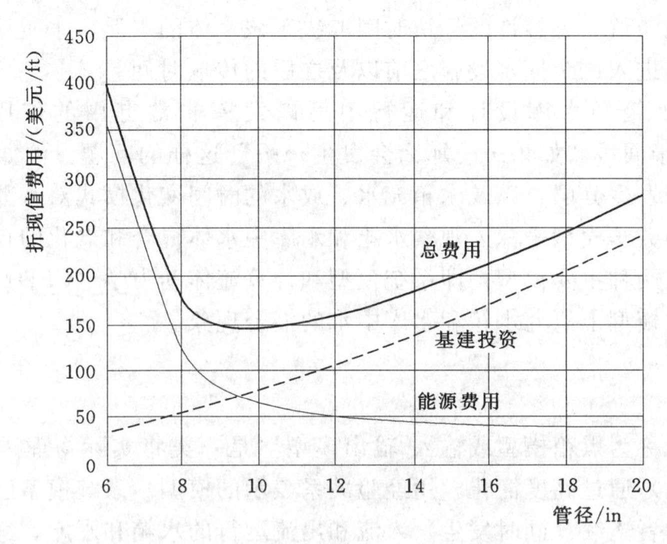

图 8.33 泵动力管线中建设费用和能耗费用之间的关系示例

即使与建设费用相比，总能耗费用的折现价值也相当大，该能耗中的绝大部分是用来克服压力区域之间的水头差（就是用于克服静压头）。因为只有用于克服摩擦损失的能耗费用是管径的函数，那么只有该部分的能耗费用在与建设资金费用的权衡中得到考虑。进一步说，泵站本身的费用，包括房屋、土地、管线、阀门、SCADA 和建设工程费用都与水头损失无关。泵站最初的建设费用与水头损失关系不大，因此不必在这个费用分析中考虑。

在管道尺寸大小确定中所使用的最优流速取决于能耗和建设的比较费用、资金利率、水泵效率、管线中高峰流量与平均流量的比率。对于中等规模的水泵 [大约 1000gal/min (60L/s)]，Walski (1983) 指出：当高峰流量与平均流量的比率为 2 时，在高峰流量时其最优流速应该约为 6ft/s (2m/s)。而对于高峰流量与平均时流量比率为 1.25 的管线，在高峰流量时其最优流速应该约为 4.5ft/s (1.5m/s)。

一些研究者 (Murphy、Dandy 和 Simpson，1994；以及 Walters、Halhal、Savic 和 Ouazar，1999) 已经将遗传算法应用到水泵动力系统的最优管径设计中。

8.10 在水箱设计和运行中使用模型

储水设备是供水系统中基本的一个组成构件。传统上，其设计和运行应满足该供水系统的水力要求，包括提供紧急情况时的应急水量、平衡管网压力和全天的用水量。然而，还必须考虑该设备的设计和运行对水质的影响，以避免在该设备以及由该水箱或者水库供水的供水管网内的水质恶化。

水体混合和老化是发生在已处理水水箱和水库内能够影响水质变化的两个相关现象。在这些设施中，水质恶化通常与水的老化有关。长时间的停留使得消毒剂残留量降低并促进了细菌的再次生长。水体不均匀的混合导致产生水龄较大的区域。因此，在供水系统储水设施的设计和运行中一个隐含的目标就是使水体停留时间最小化，并且避免储水设施中出现部分水体长期滞留。可容许的停留时间取决于该水体的水质、水质反应速度、所用消毒剂类型和该水体进入这个储水设施之前以及之后的传输时间。

数学模型在水箱和水库设计和运行中可以发挥非常有用的作用（Grayman 等，2000）。其可以用于回答“如果……那么会发生……”这样的问题。例如，水在水箱中是如何混合的，是否发生分层，以及水箱充水、放水的时间变化模式对水龄和余氯的影响如何。可以应用多种数学模型来深入观察水箱和水库中水体混合和老化的行为过程。在接下来的部分中将讨论两种主要模型，即系统模型和计算流体动力学（CFD）模型。此外，也可以应用物理相似模型来研究水箱和水库中水的混合现象。

系统模型

系统模型（又称为黑箱模型或输入-输出模型）是一类将实际物理过程（即水箱或者水库中的混合现象）通过高度简化，用经验关系表示的模型。系统模型已经用于表示充水和放水模式运行或者连续（同时发生）入流和出流运行的水箱和水库。这些模型包括完全混合模型、推流式模型、后进/先出（LIFO）模型和多舱体模型。惰性物质和非惰性物质都可以用该模型进行模拟。

系统模型实际上没有清晰地模拟水箱内水体的运动过程，而是基于入流的水质和假定水箱内的宏观行为来确定该水箱出流的水质（或水龄）。基于现场研究、更详细的模拟或者以往的经验来选择该水箱内水体运动行为的模式是用户的责任。例如，水箱内水体完全的和瞬时的混合是一种标准的模型假定，而实际发生的混合可能更加复杂。

可以得到的水箱和水库的系统模型既可以作为整个供水系统模型的一部分也可以作为单独的模型。作为供水系统模型一部分的水箱模块，对于检查该水箱的行为以及其在一段时期内（通常几天时间）对该供水系统内的水质和水龄的影响都很有用。例如，在图8.34中由一个供水系统模型产生的曲线显示了离开某个水箱几天时间中水的水龄和余氯变化过程。然后该水池的影响传递到该供水系统中，这样就可以确定该水箱的影响。

然而，为了设计和运行而研究该水箱对水质在长时期内的影响是有用的（即代表不同季节情况的几个月）。虽然这种类型的研究可以使用供水系统模型来完成，但是长时期的延时模拟是很难进行的。一种可选的方法是使用一个单独的水箱模型，基于假定的临时性入流-出流记录来模拟。对于已有的水箱，其入流-出流记录通常可以直接通过某个 SCADA 系统所采集的日常该水箱水位或者流量记录来构建。

Comp Tank，是可以从 AWWA 研究基金获得的一种独立的水箱模型（Grayman 等，2000），它包括几种不同的水箱和水库的系统模型。使用 CompTank 模型评价不同的水箱设计的一个范例如图 8.35 所示。在这个范例中，使用某个关键月假定的入流-出流变化模式研究了水箱体积对水质的影响。正如图中所示，如果建设一个 200 万 gal 的水箱，其水龄大致在 15～22d 之间变化，而建设一个 100 万 gal 的水箱，会使水龄在 7～12d 之间。

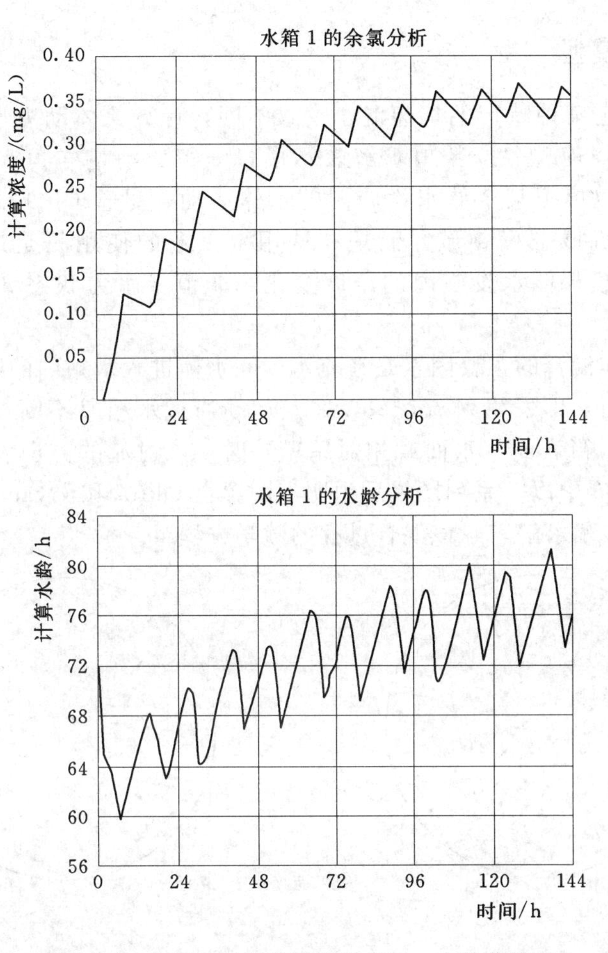

图 8.34　水龄—时间曲线图和余氯—水龄曲线图

即使是该较低范围的水龄也通常被认为是太大了，因此可以使用该模型进一步探索不同的运行模式对水龄的影响。

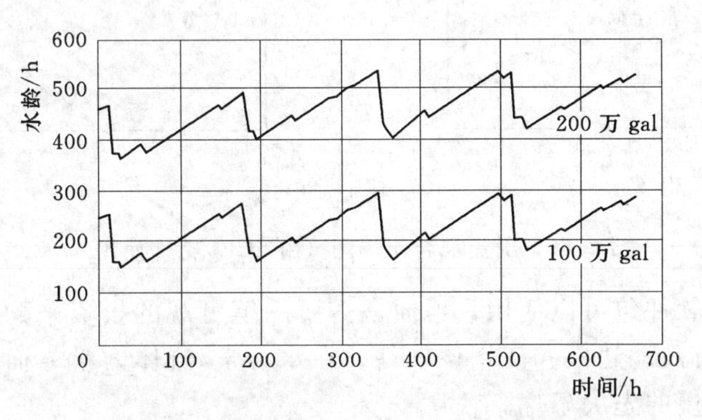

图 8.35　使用水箱模型研究水箱尺寸对水龄的影响

计算流体动力学模型

与系统模型假定某种特定的理想混合模式不同，计算流体动力学（CFD）模型是基于模拟流体运动的物理现象。数值求解表示质量守恒、动量守恒和能量守恒的耦合非线性偏微分方程组以模拟某个储水设施内的水体运动。尽管CFD模型已经广泛用于化学工程、核工程和机械工程领域，但是在饮用水工业的使用只是最近才发展起来的。CFD模型可以用于模拟储水设施内的温度变化、非恒定水力状态和水质状态以及组分衰减的影响。

影响水箱内水体混合的主要因素是在充水期间水体进入水箱内的射流现象。当水流通过入口进入该水箱时，即发生射流现象，在其运动通过水箱时不断扩展，将周边水体卷入。当该射流抵达水箱表面（水面或相对箱壁）时，该射流的方向发生改变并且产生流型。该行为在图8.36中以一系列图展示说明［图源自Okita和Oyama（1963）］。CFD模型使用了数值求解技术求解表示该混合过程的数学方程组。

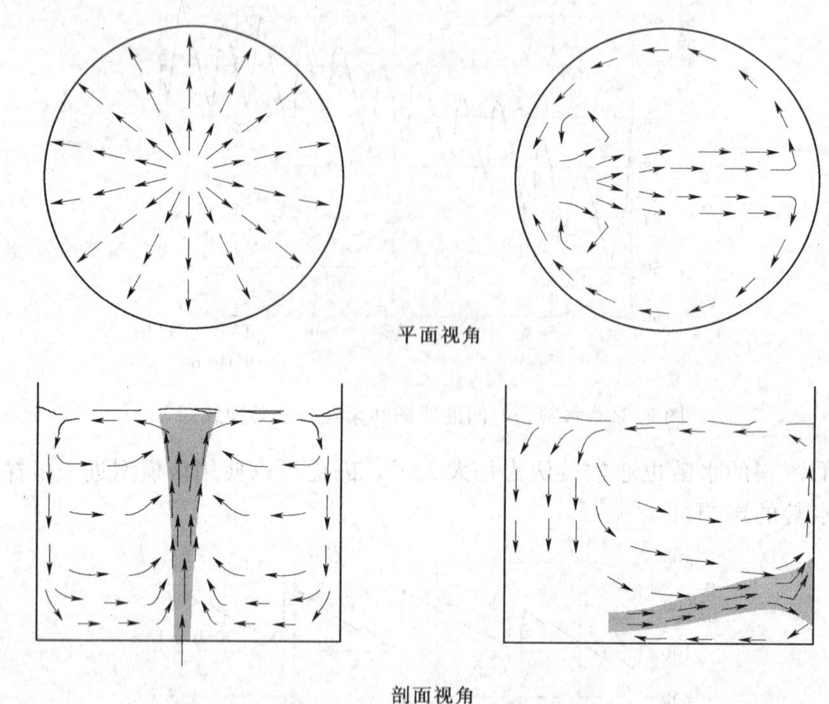

图8.36　射流混合流场图（由SCEJ特许使用）

许多商业CFD软件包可以使用，但通常需要一笔可观的投资来购买或者租借这些软件，并且学习如何有效地建模和使用该软件。在水力学/流体力学方面的培训被认为是有效使用CFD模型建模的先决条件。

在研究水箱时，CFD模型可以用来确定水箱内的流量和流速模式，并且用示踪剂在该水箱内运动时显示其行为。该示踪剂在一定时间内轨迹的图形表示可以显示水流停滞区域，并发现所期望的水龄较大水体区域。通过使用CFD模型检查不同的入流口情况（位置、口径、角度)、不同的流速和潜在的温度影响，工程人员可以选择一个合适的水箱设计和运行。由CFD模型产生的一个水箱流场图如图8.37所示。

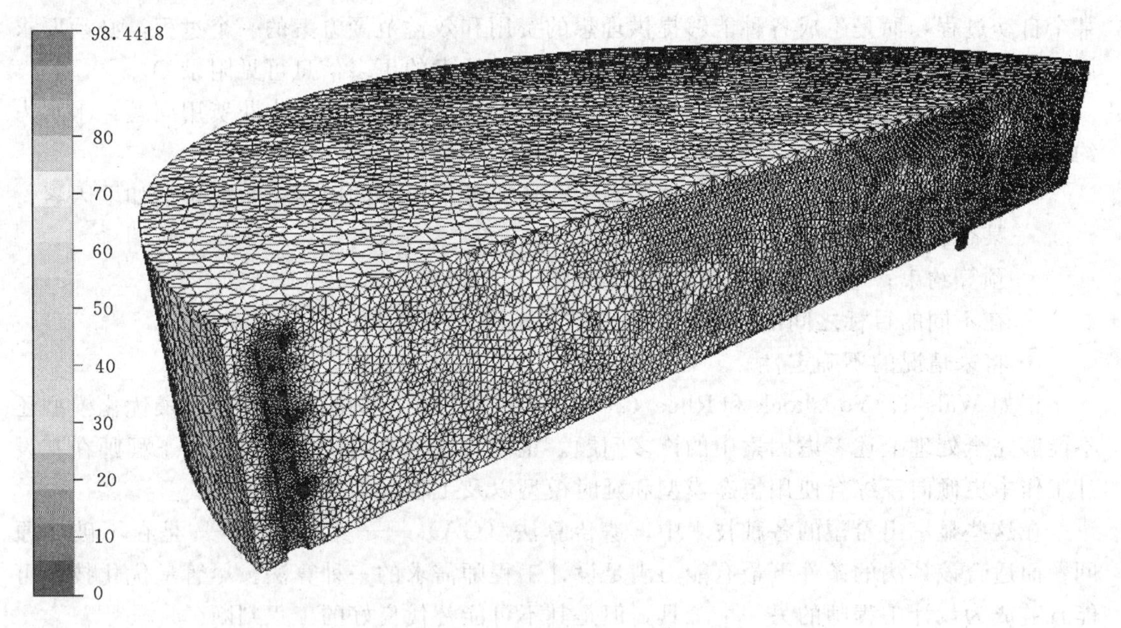

图8.37 CFD模型产生的流场图

8.11 优化设计和供水能力恢复规划

供水系统建设、维护和维修合起来的总资金费用通常是很大的。研究人员和专业工程师一直都在寻找新的方法以形成更经济、更有效的设计方案。但是，如果要使供水管网的设计和管理以最有效、最经济的方式完成，那么这些将是需要采用系统和仔细严格方法的复杂任务，而且这些任务要求要有熟练工程判断和大量资金资源的支持。最优化，当其应用于供水管网系统设计和供水能力恢复规划时，其是一个针对所考虑的问题寻找最佳或者最优解决方案的过程(最优化过程和技术的更多信息可见附录D)。

最早采用最优化技术的尝试时间可以追溯到Babbitt和Doland(1931)以及Camp(1939)。第一个计算机最优化项目由Schaake和Lai(1969)完成。到1985年，Walski(1985)已经记载接近100篇该课题方面的论文，并且从那时起该方面论文数量大幅增加(Lansey，2000)。最优化所使用的方法已经包括诸如线性规划、动态规划、混合整数规划、启发式算法、梯度搜索法、枚举法、遗传算法和模拟退火法(见附录D)。这些模型已经经过一些标准模拟问题的检验，如纽约隧道问题(Schaake和Lai，1969)和城镇问题(Walski等，1987)，甚至应用到一些实际系统中(Jacobsen、Dishari、Murphy和Frey，1998；Savic、Walters、Randall-Smith和Atkinson，2000)，并获得了合理的结果。

尽管经过这样大量的研究，还是没有找到最优化方法进入标准工程实践的方法，部分原因是现有的算法通常没有打包成用户友好的工具包。更重要的是，对于任何模型总存在着实际与该模型之间的差别。这对于最优化模型来说是真实的——该算法不能够完全反映这个设计过程（Walski，2001）。然而，也不应该将最优化看作只是确定一个解决方案的某个自动过程，而是生成各种能够提供理想的费用和效益范围方案的一个过程，必须要求设计工程师完全参与该过程（关于如何使用最优化技术的更多信息可见附录 D）。

大多数最优化算法将该问题设定为一个必须满足以下条件的最小花费用问题：①水力约束；②满足需水量要求；③满足水压约束条件。

在实际中，设计工程人员除了这些因素，还要考虑更多的因素，主要包括如下因素：

- 某个合理的冗余和可靠性水平；
- 预算约束；
- 在不同的目标之间的权衡（如，消防要求和水质要求）；
- 将来情况的不确定性。

正如 Walski、Youshock 和 Rhee（2000）用说明性的实例问题指出的，最优化模型还不能够完全处理上述考虑因素中的许多问题。正因为这个原因，大多数设计工程师在其设计工作中更倾向于综合使用恒态模型和延时模型以及工程判断来进行工作。

在这些显示出希望的各种技术中，遗传算法（GA）——其在讨论——是在不破坏原问题而适合该算法的条件下最有能力满足设计工程师需求的一种算法。尽管最优化技术可能日益成为设计工程师的另一个工具，但是其不可能替代良好的工程判断。

构建优化设计

供水系统的设计通常可视为一种以管线管径作为主要决策变量的最小费用的最优化问题。虽然一个供水系统的运行费用是很可观的（从维护、维修、水处理、能耗费用等），但是一些项目的费用通常与管径关系不大。在大多数情况下，管网的布置、连通性和管线节点处的最小水压约束是设计的固定目标。

显然，其他的管网单元（如配水池和泵站）和其他的可能目标（针对将来需水量的不确定性所要求的可靠性、冗余度、灵活性以及满意的水质）都应该包括在最优化过程中。但是，在最优化过程使用中包括水库和水泵以及数量化的其他额外目标值在内的困难已经使研究人员在确定管径问题时使用一个最小费用的单一目标。通常，水泵和储水设施的可选方案确定为一个完全独立的方法，其在该最优化过程之外考虑（见 8.9 小节、10.8 小节）。即使是这样有某种程度限制的管网优化设计方程式，也是一个求解困难的问题（Savic 和 Walters，1997）。确定管径问题的目标函数假定为一个管线管径和长度的费用函数：

$$\min_{x} f(x) = \sum_{i=1}^{N} c_i(x_i, l_i) \tag{8.11}$$

式中 f——目标函数；

x——未知管径 x_i 的向量；

N——管线数目；

c_i——管线 i 的费用函数；

l_i——管线 i 的长度。

与该问题相关的约束集包括连续性方程和能量损失方程，这些约束集可以通过运行一个标准的评估该解决方案水力条件的水力模拟程序来得到满足。其他的约束条件可能包括以下几个方面：

- 在每个或者选定的节点的最小和最大水头约束；
- 管线中的最小和最大流速；
- 最小可靠性和冗余度约束；
- 其他的运行约束，如 24h 或其他时间段内的水库水量平衡，或者保证储水设施中最小的循环水量。

供水能力恢复规划 供水能力恢复规划问题的形成与确定管径问题相类似，这是因为已恢复供水能力的管线（已清通、更换、铺设平行管等）将得到一个不同的新的管径值和新的摩擦阻力特征值，这些已经在本节所列的设计方程中包含。除了管径确定和供水能力恢复之外，其他的系统单元，如水箱、阀门和水泵，应该在系统性的设计中予以考虑（Wu 和 Simpson，2001）。供水系统综合的最优化模型的形式，应该包括在该系统所有构成组件处于恒态和延时模拟情况下的管径确定、供水能力恢复及水箱、水泵的设计。

阶段性建设 对于大多数最优化模型，假定全部供水系统是以单一的设计流量同时建立起来的。然而，供水系统要通过数十年的演化以满足原始系统设计人员可能预见到或者没有预见到的需水量要求。对于一个预计设计流量的单一工程可能相对容易最优化，但是跨越若干年的系统分阶段建设则复杂得多。

Halhal、Walters、Savic 和 Ouazar（1999）开发了一种管网最优化方法，其能够完成供水管网改造的优化时间安排。该方法引入了时间的概念，在评估不同的设计时考虑基于时间影响的因素，例如，通货膨胀、资金利率、管网特性变化等。该方法定义了多个设计可选分项，用来在管网及其规划发展期使用，例如，在规划期的累积效益最大化，而不同阶段投资的现在价值之和最小化，并且保证其低于分配给整个项目的资金总额。

最优化设计方法

寻找最优化设计方案的方法包括反复试算方法和常规优化方法。最优化方法这个词语通常是指一些数学技术，该技术使用某种方法自动调整系统的细节以获得该系统最佳的可能运行状态，或者是使得系统在某个特定的运行水平达到费用最低的设计。以下只是已经应用到供水模型优化设计和供水能力恢复规划中的一些方法。有关最优化方法的更多列表和详情见附录 D。

反复试算法 在实际中，有经验的设计工程师会凭借个人经验避免分析每种可能的设计方案。这使得其关注于费用效益合理的方案。在管网水力计算程序的辅助下，设计人员传统上采用反复试算的方法产生少数几个可行的解决方案（方案能够满足设计约束），然后对这些方案进行评估。在大的系统中，大量的因素限制了该手工设计的有效性：

- 一个问题可以有多种可能的解决方案；因此，考虑的可选方案的数目就会受到可获得的设计时间和资金资源的限制。
- 在一处所做的改变可能影响其他地方的运行，从而导致在一个高度非线性系统中难以手工确定其因果关系。

因此，由反复试算法得到的设计方案可能在满足设计规范及其相关约束（压力、流速等）方面比较成功，但在最优经济性方面效果往往不佳。

部分枚举法 1985 年 Gessler 提出了一种基于有限数目可选方案枚举的简化方法。在其工作中，其设计了通过水力模拟模型评估摈除一些不符合要求方案的测试（就是测试压力约束）。在测试过程中，该技术考虑到了以下两个方面：

- 在已经得出一个满足水力可行解要求的管径组合之后，就没有必要检测其他任何费用明显更为昂贵的管径组合。
- 在遇到一个不可行方案之后，其他任何管径等于或小于这个组合的管径组合均视为不可行方案。

系统设计的观点

在给水管网设计中采用最优化技术的部分难点就在于很难描述设计目标。决策过程中不同的部分有不同的决策观点，总结如下：

用户："我们想要以最低的价格获得最好的服务。"

高层管理者："提供充足的供水能力，但要保持在资金预算之内。"

规划者："即使预测未来存在很多不确定因素，但也要满足需求。"

工程师："在不确定时，将系统设计得可靠些。"

施工部门："如果已经打算掘路挖洞，最好铺设大管径管道。"

维护部门："让我们的工作更灵活和清晰，从而我们不必再只依靠一根管道或者一个泵站。"（不必在一根管道或者一个泵站上"上吊"）

消防部门："你曾经从建筑物里把被困人员扛出来吗？因为你没有足够的水来灭火。给我们大量的水。"

这些不同的观点很难在使用计算机最优化的决策过程中面面俱到。

在这个工作中通过管线将管线连接之间分组是另一个创新点。自来水公司不大可能在街区之间改变管径，并且在系统之中插入连接瓶颈管，这样做可能会节省一些资金，并且还能够满足最小压力需要。

正是因为上述考虑，部分枚举法不需要计算所有管线组合的流量和压力分布。实际上，管线组合的总数目越大，需要计算压力分布的组合百分比就越少。但是，Murphy 和 Simpson（1992）后来指出该方法无法用于确定小规模管网的扩建优化设计工作，虽然其在 1985 年的《管网模型的竞赛》"Battle of the Network Models"（Walski 等，1987）中做得比任何传统优化方法更好。

线性规划法 线性规划法（见附录 D.3）是通过求解一系列线性子问题的方法来减少所研究问题的固有的非线性特性的复杂度（Alperovits 和 Shamir，1977；Goulter 和 Morgan，1985；Fujiwara 和 Khang，1990）。该决策变量是某个特定管径的管线长度：

$$x_{ij} = \text{管线尺寸为 } j \text{ 的管线 } i \text{ 的长度} \tag{8.12}$$

为了保证任意两个节点之间的所有管线之和等于这些节点之间的距离而引入了另外一个约束条件，即

$$\sum_{j=1}^{J} x_{ij} = l_i \tag{8.13}$$

式中　J——管线总数目。

通过这种方法获得的最优解决方案包括在每一对节点之间的一个或者两个不同管径的管段。然而，众所周知的是当使用不同管径的短管线时，这些所谓的成段分开的管段的解决方案并不是所期望的。对于一个实际的解决方案，应该将分开管段设计修改为每根管线只有一个管径。

非线性规划法　非线性规划法（El-Bahrawy和Smith，1985；Duan，Mays和Lansey，1990）也已经用来尝试解决管网设计问题（见附录D.3）。这些方法依赖于目标函数值与决策变量之间的函数关系，需要进行目标函数对决策变量的偏导数计算。对于管线设计问题，只有在将管径认为是连续量的情况下才有可能求解。

由于该方法将管径处理为连续变量，这往往会陷入局部最优解中，而且它还受到所处理问题规模的限制，因此使用非线性规划方法处理管线设计问题会受到一定的限制。

搜索法　虽然线性规划和非线性规划方法对于找到局部最优解是很有效的，但是在实际问题中使用却变得很不方便，如矩阵转置（线性规划）或计算对决策变量的偏导数（非线性规划）。在某种情况下，目标函数值与决策变量之间的函数关系的认知要么不太清楚，要么过于复杂以致无法处理。那么，自动搜索方法可以用于替代计算的纯数学规划方法。这些方法的共同特征是采用某种生成-测试策略，即生成一个新的点并检测它的函数值。依靠这种特定的方法，生成某个新的点（或点集），然后继续进行对最优解的搜索。

遗传算法　对于前面所讨论的任何最优化方法，绝大多数的实际管网模型都太大或者过于复杂，以至于不进行大量简化就无法处理。在显示出有希望的技术中，遗传算法(GAs）是最有能力满足设计工程人员需要的方法，而且它不需要改变所求解问题的条件来满足算法的需要（Dandy、Simpson和Murphy，1996；Savic和Walters，1997；Walters、Halhal、Savic和Ouazar，1999；Wu等，2002）。关于遗传算法的更多细节见附录D.4。

“它是好的，但它最好的品质都是孕育出来的。”

即使是从遗传算法的基本原理产生的时间算起，其历史也相对较短，但是却充满希望。简单来说，遗传算法采用了达尔文进化理论的计算机模型，对于传统求解技术，例如，线性规划或者基于梯度的算法，常常无法求解的高度复杂的问题中“进化”出好的设计或者解决方案。遗传算法结合了多种思想，如问题方案的种群，在一个种群中最恰当（最适应）的解决方案将获得生存，包括新方案的诞生、死亡、繁殖、由子代从父代对遗传物质（设计参数）的继承以及这些遗传物质的偶然变异（因此产生新的设计方案）。

一个用于供水系统最优化的遗传算法使用：

- 在一系列决策变量（如管径）之上定义的目标函数；
- 一个该系统已经校核的模型，用于模拟系统水力状态并且确保在任何时间都满足连续性方程和水头损失方程（刚性约束）；
- 对不满足供水服务要求，如节点水压、水库流量不平衡，或管线中过低/高的流速，而进行惩罚的惩罚项（柔性约束）。

最优化问题

至此，所述的最优化方法绝大部分都是用于处理管径设计问题的。这是一个解决设计和修复规划问题的简化方法。以下各个部分讨论与使用最优化方法相关的许多关键点。其中包括费用数据含义、设计的可靠性和冗余度、不确定性、影响未来发展和需水量的管径决策以及水泵和水库的处理。

费用数据含义 费用数据通常是设计分析中最容易看漏的部分。根据所解决的问题，可能存在数千种费用方面只差1%或2%的解决方案，然而这些费用的精度可能只有±20%。这看起来在最优化方面是一个致命的漏洞，但是只要相对费用是一致的，这种误差的影响就不会那么大。例如，如果一根24in（600mm）的管道比20in（500mm）管道价格高10%，即使其绝对费用误差很大，较大的管道还是比较小的管道价格高10%。因此，最优化沿着某个给定的管线路径在不同的管径之间选择管线效果是好的。

但是，当应用最优化方法来比较不同的管线铺设路径时，这些费用的差别不是简单的由管径决定的，而是与其他一些因素有关，例如，道路开挖和铺设情况以及公路用地费用。这样，如果所有因素不能够准确地考虑，那么在比较费用时这些不确定性将会带来误导性的解决方案。不同的路面铺设费用的影响会比管径的影响大得多，因而在这些费用上的不确定性会导致一个误导性的“最优”方案。

比较一个传统施工方法时，在费用估计过程中的这种差别是最受批评的，如工程人员可以有相对较准确数据用最新颖的方法进行新管线的安装。又如，工程人员必须依据一个十分有限的费用数据库和在施工难度方面具有很大的不确定性的单向顶管工作。在这种情况下，该最优化过程会将一个85000美元（风险费用5000美元）的费用与80000美元（风险费用20000美元）进行比较。一些业主可能更倾向于较高费用但风险最小的方案。但是，存在一些方法可以使用最优化技术寻找高效、鲁棒的设计方案，这些方案适用于一定范围的“等等再看”的策略，具有某种程度的经济效益性或者在适用性和鲁棒性之间权衡最优（Watkins和McKinney，1997）。多目标最优化技术提供了进行这种权衡的方法，并且已经应用到水资源（Haimes和Allee，1982）和供水系统设计中（Walski、Gessler

和 Sjostrom，1990；Halhal、Walters、Savic 和 Ouazar，1999；Dandy 和 Engelhardt，2001）。多目标优化技术的更多信息可见附录 D。

总的来说，管线安装的费用不仅仅是管长和管径的函数。用在任何最优化过程中的费用函数（费用对管径的函数）必须反映已铺设管线的实际费用。使用某个单一的费用函数，不考虑管网布设条件、地表覆盖和所需要的公路用地以及交通管制的差别，这样将会导致误导性的“最优”方案。

可靠性/冗余度 无论采用哪种最优化方法，最优化通过减小某些管线管径或者完全消除这些管线降低了费用。这往往使得该系统刚刚有能力满足系统用水需求，但没有能力在不降低所要求运行水平的情况下应对爆管或者超过设计值的需水量。这种考虑是非常重要的，但是很难将其考虑到设计研究之中。

很多研究者已经寻找了一些方法来将可靠性和供水能力综合考虑，正如 Mays（1989）和 Goulter 等（2000）所总结的那样。常用的方法通常是通过强制管线中的固定最小管径环路管网断开或者让关键管段停止服务来评价方案。

如上所述，如果有足够的阀门分隔爆管和维修影响区域，环路可以提供额外的供水可靠性。一个环路的每一个分支应该能够输送相当大的流量。某个环路一边是 24in 的管线，另一边是 2in 的管线，如果该 24in 的管线发生故障，该环路就不能够提供足够的流量。

在最小费用时强求足够的可靠性是特别困难的，这是因为不存在普遍接受的供水系统可靠性的量化定义。管网事故可以以供水服务中断的时间和次数、影响的用户数量、水压不足的持续时间和幅度大小，或者以上因素的某种综合来量化定义。

系统规划中的不确定性 系统规划中不确定性的最大来源是需水量预测的不确定性。在较小系统中，当经济下降时，某个工厂关闭、某个灌溉系统改用再生水、某所学校安装消防喷淋系统，或者某个学校中的一个新的集体宿舍，或者某个监狱中新的狱室楼房开启使用，都能够使“最优”规划方案不正确。对于大型系统，尽管一个单一的事件不会影响需水量预测，但对于预测将来的需水量依然存在极大的不确定性。

规划保守派存在的错误是采用过大管径，这会导致较高的资金费用和通过系统较长的管网流行时间，后者将影响水质。但是，过大的管径也意味着系统能够输送更多的消防流量，并且为未来的需水量增长提供额外的供水能力。偏低值部分存在的错误是采用偏小的管径，这将引起系统低压、消防流量不足和新建管网的延期使用。偏小和过大管径都有严重后果，应该尽力在系统风险与节省投资和获得的效益之间达到平衡。

考虑到在需水量预测中的不确定性，管线设计中应该在最小费用设计和最大供水能力设计之间做一个权衡。允许用户检查供水能力和费用之间权衡结果的最优化方法指的是多目标的最优化技术（见 8.11 小节中“多目标决策”和附录 D.5），并且其已经应用到水资源（Haimes 和 Allee，1982）和供水系统设计中（Walski、Gessler 和 Sjostrom，1990；Halhal、Walters、Savic 和 Ouazar，1999；Dandy 和 Engelhardt，2001）。

管径大小影响需水量 使优化设计复杂化的另外一个因素是最优化方法经常假定管径不会对需水量需求有可量化的影响。也就是说，认为需水量是用来确定管径大小的，但是又假定不存在反向的影响。然而，在实际中，所在区域的管线容量对用水量的发展影响显著。实际上，房地产开发商更倾向于开发自来水公司附近的地块，这样有足够的供水能力服务于所规划的开发。

例如，考虑一座城市，其沿着两条主干道——绿街和红街——向西发展。如果自来水公司和市政排水公司沿着绿街铺设大型管线而没有在红街上铺设相应的管线，那么沿着绿街的发展将会快得多。供水系统供水能力的提供本质上是一个“自我实现预言”的过程，并且在某种程度上，无论管线铺设在哪里，自来水公司的管线大小和位置决策都会是正确的。

水泵和水库处理 水泵的存在要求在最优化过程中必须考虑管网的设计和运行情况。这意味着一个设计方案的费用不但必须包括管线、泵站和水箱的建设资金费用，还必须包括一个特定时期内的系统运行费用，并且所有费用表示为等量的折现值（见 8.9 小节和 10.8 小节）。Savic、Walters、Randall-Smith 和 Atkinson（2000）提出了一种方法可以优化选择安装新的水泵或者更新泵站。

提供新的配水池供水或者扩建现有水库也应该一并考虑在最优化设计中。其中包括根据配水池的储水要求对这些水库在每天（或甚至更长时间）的用水周期内的充水和放空水的过程进行模拟，此外，还要分析瞬时的高峰流量和紧急事故流量。完整的模拟系统对全天用水量变化的响应，对于在优化设计程序中的使用来说太耗时了，其要求对巨大数目的设计方案进行估计。因此，在优化过程中可能只考虑一天之中较少的几个代表性时段以进行该系统的运行评估，而完整的 24h 模拟用于检查最终设计方案的可行性。使用少量恒态空间需水量分配（最小、最大、平均时需水量或者其他的一些需水量），而不是一个完整的 24h 模拟要求使用某种近似技术以确保储水体积、水库水位及水库入流、出流之间的一致性。这显然是该问题的一个简化，而且对于任何模型，都涉及现实和效率之间的一种权衡。

除了引入新的变量之外（导致该问题维数增加），在最优化过程中，水库和水泵流量的处理要求该优化算法不但处理离散变量，也要处理离散变量和连续变量的混合情况。这在寻找全局最优解时引入了另外一个难度。这些最优化问题的建模和解决方案还没有达到像线性规划技术那样的成熟；然而，这些问题在设计中又有很丰富的应用领域。遗传算法和其他的适应性搜索技术（有关这些技术的更多信息见附录 D）为这个问题提供了一个潜在的解决方案。

设计最优化问题的多目标化和处理

正如许多真实的工程设计或者决策问题一样，供水管网的设计需要达到多方面目标：最小风险、最大可靠性、与期望（目标）值水平最小的偏离程度、最佳的水质、最少的费用投资（建设和运行费用）等。多目标最优化的原则与单目标最优化不同。对于后者，其目标是找到最优解，这一最优解是对应于将所有不同目标集中为一个单一目标函数的最小或者最大的函数值。

在多目标最优化过程中，不同目标之间的相互影响会产生一系列的折中解决方案，最著名的就是折中最优方案（Pareto-optimal solutions）。这些方案就是所谓的非占优解——也就是对于所有的目标不存在任何更好的解。换句话说，在各个分项选择方案的 Pareto 最优方案集中从一个方案变为另一个方案，不可能改善一个目标而不使另一个其他目标更差（Pareto 最优方案集定义见附录 D.5）。

在设计过程中考虑多个目标最优化作为一个直接支持决策过程的工具提供了三个主要方面的改进（Cohon，1978）：

- 当采用多目标优化方法时，通常可以确定更大范围的选择方案。
- 多目标的考虑促进了在规划设计和决策过程中参与人员更适当的角色；建模工作人员提出各种备选方案，决策者使用模型产生的各种方案。
- 如果考虑一个问题的多个目标，那么该问题的模型更具有现实性，因为实际设计问题几乎都是多目标的。

多目标决策

最小费用最优化是通过减小管径和减少其他基础设施来实现的。但是，随着其他基础设施的添加（如大管径管线、大的水箱、更多的水泵等），这些工程设施在供水能力和处理系统不确定性方面的好处增加了。这种权衡比较如图 8.38 所示（Walski，2001），该图表明在将额外基础设施带来的益处包括在该最优化过程中时，该“最优”决策从最小费用决策向更倾向于有些过剩供水能力的决策转变。Walski、Youshock 和 Rhee（2000）指出在一个实际研究中，决策者一向倾向于更稳健的解决方案而不是最小费用的方案。这样，最终的决策更多地取决于找到满足水力约束的实际基础设施改进的最小费用组合。

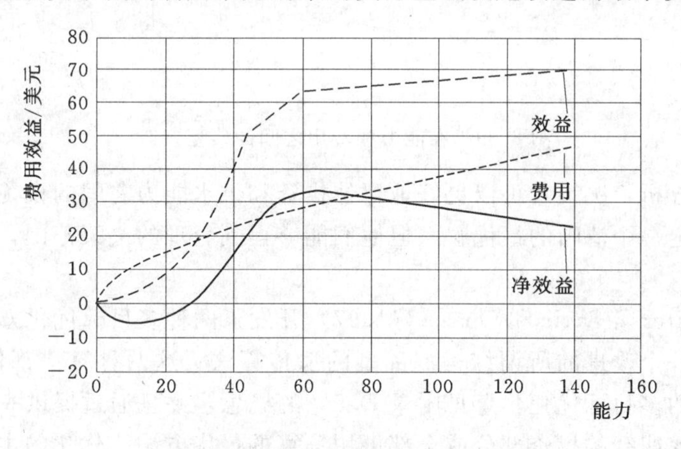

图 8.38　最大净收益的目标函数

进化算法，如遗传算法，使管径确定和其他决策的权衡过程更加容易，这是因为这些算法在每个迭代步骤都评估该方案的益处，不仅仅在梯度方向上如此。与求解水力方程所需的时间相比，在评估中计算方案的收益和费用通常都是很小的一步。因此，费用-收益的权衡可以很容易地包括在遗传最优化算法过程中（Wu 等，2002)。通过量化系统超过所要求的绝对最低流量或者水压所带来的水力益处，遗传算法可以最大化该益处来确定最优的容量设计，同时满足水力约束和该设计可获得的预算要求。这种问题可以称为“给定一个预算，我们能增加多少供水能力？”

多目标设计中的困难是要量化一个方案的收益。通常，在消防时能够输送到许多节点的流量值可以作为供水能力的一个良好指示。相类似的，也可以使用在一些指示节点超过某个最小压力的水压值来表示供水能力。

枚举的方法可以产生大量的设计方案，但其中许多都是较差的方案。也就是说，存在其他方案可以在更经济条件下获得更大的收益。枚举技术可以摒弃那些较差的方案而只保留“非低等”（或 Pareto 最优）的方案。这些方案正是用户最希望得到的方案。图 8.39 以两个目标为例展示了一个多目标分析的典型结果。图 8.39 中的点代表了若干尝试方案，而实线表示了如果不要求离散管径的最优理论解集。

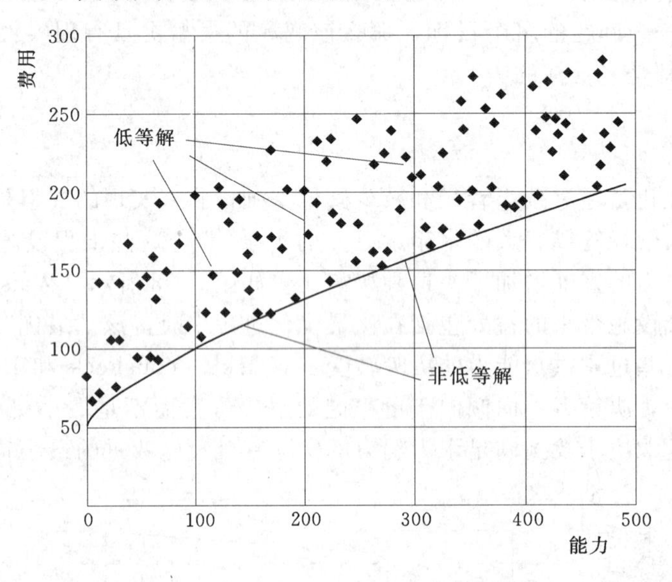

图 8.39 在能力和费用之间的典型权衡

使用多目标分析，决策者可以更好地评估投资和供水能力之间的权衡关系，虽然他们不能够准确地确定一个清晰的最优解，但他们能够得到合理的决策范围，并且知道哪些决策是差的。

Halhal、Walters，Savic 和 Ouazar（1997）开发了两种多目标优化方法，分别基于标准的遗传算法和一个改进的所谓结构混乱型的遗传算法。这两种算法都使用了 Pareto 最优化选择（更多的多目标优化信息见附录 D.5）的概念，并且通过提供一个不同目标之间的权衡曲线来寻找明智的投资部分或全部可用预算的最优方法。优化的主要目标是提高供水管网系统的供水能力、管线系统的结构完整性、优良的水质和系统运行的灵活性。所研究问题的结构是这样的，由于费用的限制，在可行方案中只有选择设计变量（管线升级选项）中的很小一个子集。由结构混杂遗传算法得出的多个简单单元的演进解决方案与多目标方法相结合，这会保证在整个过程中有不同费用的良好解决方案的一个范围，这种方法被证明是很有效的。Wu 等（2002）使用用户友好的达尔文模型改进了这一算法，使用户能够为尝试的解决方案定义一个大的适应度变化范围。

使用最优化技术

使用一个供水管网最优化模型与在传统设计分析中广泛使用的模拟模型非常相似。图 8.40 展示了使用的步骤。

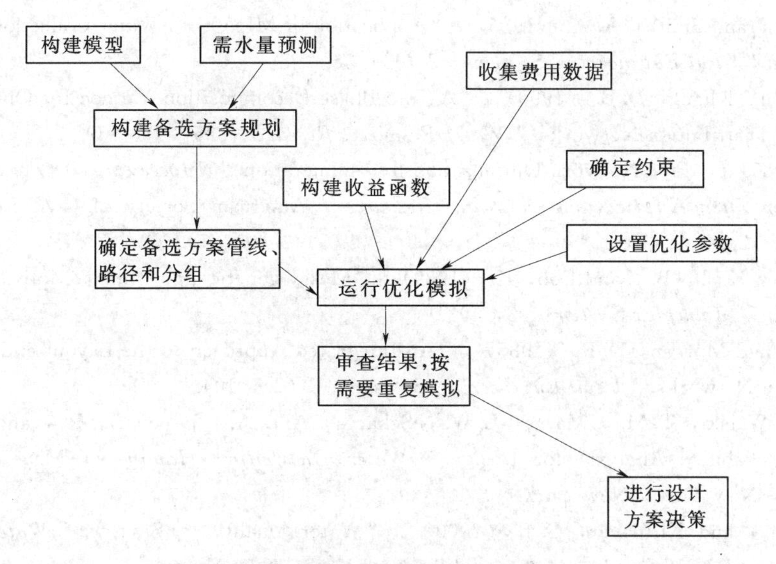

图 8.40 供水管网最优化模型

参考文献

Alperovits, E., and Shamir, U. (1977). "Design of Optimal Water Distribution Systems." *Water Resources Research*, 13 (6), 885.

American Water Works Association (1989). "Installation, Field Testing, and Maintenance of Fire Hydrants." *AWWA Manual M* - 17, Denver, Colorado.

American Water Works Association (1998). "Distribution System Requirements for Fire Protection." *AWWA Manual M* - 31, Denver, Colorado.

Babbitt, H. E., and Doland, J. J. (1931). *Water Supply Engineering*. McGraw-Hill, New York, New York.

Camp, T. R. (1939). "Economic Pipe Sizes for Water Distribution Systems." *Transactions of the American Society of Civil Engineers*, 104, 190.

Cesario, A. L. (1995). *Modeling, Analysis, and Design of Water Distribution Systems*. AWWA, Denver, Colorado.

Cohon, J. L. (1978). *Multiobjective Programming and Planning*. Academic Press, New York, New York.

Cunha M. D., and Sousa, J. (1999). "Water Distribution Network Design Optimization: Simulated Annealing Approach." *Journal Of Water Resources Planning And Management*, ASCE, 125 (4), 215.

Dandy, G. C., and Engelhardt. (2001). "Optimum Rehabilitation of a Water Distribution System Considering Cost and Reliability." *Proceedings of the World Water and Environmental Resources Congress*, Orlando, Florida.

Dandy, G. C., Simpson, A. R., and Murphy, L. J. (1996). "An Improved Genetic Algorithm for Pipe Network Optimization." *Water Resources Research*, 32 (2), 449.

Duan, N., Mays, L. W., and Lansey, K. E. (1990). "Optimal Reliability-Based Design of Pumping and Distribution Systems." *Journal of Hydraulic Engineering*, ASCE, 116 (2), 249.

El-Bahrawy, A. , and Smith, A. A. (1985) . "Application of MINOS to Water Collection and Distribution Networks." *Civil Engineering Systems*, 2 (1), 38.

Fujiwara, O. , and Khang, D. B. (1990) . "A Two-Phase Decomposition Method for Optimal Design of Looped Water Distribution Networks." *Water Resources Research*, 26 (4), 539.

Gessler, J. (1985) . "Pipe Network Optimization by Enumeration." *Proceedings of the Specialty Conference on Computer Applications in Water Resources*, American Society of Civil Engineers, New York, New York.

Goldberg, D. E. , Korb, B. , and Deb, K. (1989) . "Messy genetic algorithms: Motivation, analysis, and first results." *Complex Systems*, 3, 493.

Goulter, I. C. , and Morgan, D. R. (1985) . "An Integrated Approach to the Layout and Design of Water Distribution Networks." *Civil Engineering Systems*, 2 (2), 104.

Goulter, I. C. , Walski, T. M. , Marys, L. W. , Sekarya, A. B. A. , Bouchart, R. , and Tung, Y. K. (2000) . "Reliability Analysis for Design." *Water Distrbution Handbook*, Mays, L. W. , ed. , McGraw-Hill, New York, New York.

Grayman, W. M. , and Kirmeyer, G. J. (2000) . "Water Ouality in Storage." *Water Distribution Handbook*, Mays, L. W. , ed. , McGraw-Hill, New York, New York.

Grayman, W. M. , Rossman, L. A. , Arnold, C. , Deininger, R. A. , Smith, C. , Smith, J. F. , and Schnipke, R. (2000) . *Water Quality Modeling of Distribution System Storage Facillties*. AWWA and AWWA Research Foundation, Denver, Colorado.

Great Lakes and Upper Mississippi River Board of State Public Health & Environmental Managers (GLUMB) (1992) . *Recommended Standards for Water Works*. Albany, New York.

Haestad Methods, Inc. (2002) . "Interview with Dr. Ezio Todini: GGA Inventor," *Cliencare Newsletter*, Mar/Apr 2002.

Haimes, Y. Y. , and Allee, D. J. (1982) . *Multiobjective Analysis in Water Resources*. American Society of Civil Engineers, New York, New York.

Halhal, D. , Walters, G. A. , Savic, D. A. , and Ouazar, D. (1999) . "Scheduling of Water Distribution System Rehabilitation using Structured Messy Genetic Algorithms." *Evolutionary Computation*, 7 (3), 311.

Hydraulic Institute (1979) . *Engineering Data Book*. Hydraulic Institute, Cleveland, Ohio.

Jacobsen, Dishari, Murphy, and Frey (1998) . "Las Vegas Valley Water District Plans For Expansion Improvements Using Genetic Algorithm Optimization." *Proceedings of the AWWA Information Management and Technology Conference*. American Water Works Association, Reno, Nevada.

Lansey, K. E. (2000) . "Optimal Design of Water Distribution Systems." *Water Distribution Systems Handbook*, Mays, L. W. , ed. , McGraw-Hill, New York, New York.

Maire, H. R. , Simpson, A. R. , Foong, W. K. , Phang, K. Y. , Seah, H. Y. , and Tan, C. L. (2001) . "Ant Colony Optimization for the Design of Water Distribution Systems." *Proceedings of the World Water and Environmental Resources Congress*, Phelps, D. , and Sehlke, G. , eds. , Orlando, Florida.

Mays, L. W. , ed. (1989) . *Reliability Analysis of Water Distribution Systems*. ASCE Task Committee on Risk and Reliability Analysis, New York, New York.

Murphy, L. J. , Dandy, G. C. , and Simpson, A. R. (1994) . "Optimal Design and Operation of Pumped Water Distibution Systems." *Proceedings of the Conference on Hydraulics in Civil Engineering*, Australian Institute of Engineers, Brisbane, Australia.

Murphy, L. J. , and Simpson, A. R. (1992) . "Genetic Algorithms in Pipe Network Optimization." *Re-*

*search Report No. R*93, Department of Civil and Environmental Engineering, University of Adelaide, Australia.

Okita, N., and Oyama, Y. (1963). "Mixing Characteristics in Jet Mixing." *Japanese Chemical Engineering*, 1 (1): 94-101.

Savic, D. A., and Walters G. A. (1997). "Genetic Algorithms for Least-Cost Design of Water Distribution Networks." *Journal of Water Resources Planning and Management*, ASCE, 123 (2), 67.

Savic, D. A., Walters, G. A., Randall-Smith, M., and Atkinson, R. M. (2000). "Large Water Distribution Systems Design Through Genetic Algorithm Optimisation." *Proceedings of the ASCE Joint Conference on Water Resources Engineering and Water Resources Planning and Management*, American Society of Civil Engineers, Hotchkiss, R. H., and Glade, M., eds., proceedings published on CD, Minneapolis, Minnesota.

Schaake, J. C., and Lai, D. (1969). "Linear Programming and Dynamic Programming Applied to Water Distribution Network Design." *MIT Hydrodynamics Lab Report* 116, Cambridge, Massachusetts.

Tchobanoglous, G. (1998). "Theory of Centrifugal Pumps." *Pumping Station Design*, Sanks, R. L., ed., Butterworth, Boston, Massachusetts.

Wagner, J., Shamir, U., and Marks, D. (1988a). "Water Distribution System Reliability: Analytical Methods." *Journal of Water Resources Planning and Management*, ASCE, 114 (2), 253.

Wagner, J., Shamir, U., and Marks, D. (1988b). "Water Distribution System Reliability: Simulation Methods." *Journal of Water Resources Planning and Management*, ASCE, 114 (2), 276.

Walski, T. M. (1983). "Energy Efficiency through Pipe Design." *Journal of the American Water Works Association*, 75 (10), 492.

Walski, T. M. (1984). *Analysis of Water Distribution Systems*. Van Nostrand Reinhold, New York, New York.

Walski, T. M. (1985). "State-of-the-Art: Pipe Network Optimization." *Computer Applications in Water Resources*, Torno, H., ed., ASCE, New York, New York.

Walski, T. M. (1993). "Practical Aspects of Providing Reliability in Water Distribution Systems." *Reliability Engineering and Systems Safety*, Elsevier, 42 (1), 13.

Walski, T. M. (1995). "Optimization and Pipe Sizing Decisions." *Journal of Water Ressources Planning and Management*, ASCE, 121 (4), 340.

Walski, T. M. (2000). "Water Distribution Storage Tank Hydraulic Design." *Water Distribution Handbook*, Mays, L. W., ed., McGraw-Hill, New York, New York.

Walski, T. M. (2001). "The Wrong Paradigm—Why Water Distribution Optimization Doesn't Work." *Accepted for Journal of Water Resources Planning and Management*, ASCE, 127 (2), 203.

Walski, T. M., Brill, E. D., Gessler, J., Goulter, I. C., Jeppson, R. M., Lansey, K., Lee, H. L., Liebman, J. C., Mays, L. W., Morgan, D. R., and Ormsbee, L. E. (1987). "Battle of the Network Models: Epilogue." *Journal of Water Resources Planning and Management*, ASCE, 113 (2), 191.

Walski, T. M., Gessler, J., and Sjostrom, J. S. (1990). *Water Distribution Systems: Simulation and Sizing*. Lewis Publishers, Ann Arbor, Michigan.

Walski, T. M., and Ormsbee, L. (1989). "Developing System Head Curves for Water Distribution Pumping." *Journal of the American Water Works Association*, 81 (7), 63.

Walski, T. M., Youshock, M., and Rhee, H. (2000). "Use of Modeling in Decision Making for Water Distribution Master Planning." *Proceedings of the ASCE EWRI Conference*, Minneapolis, Minnesota.

Walters, G. (1998). "Optimal Design of Pipe Networks: A Review." *Proceedings of the International Conference on Computer Methods and Water Resources in Africa*, Computational Mechanics Publications, Springer Verlag.

Walters, G. A., Halhal, D., Savic, D., and Ouazar, D. (1999). "Improved Design of 'Anytown' Distribution Network Using Structured Messy Genetic Algorithms." *Urban Water*, 1 (1), 23.

Watkins, D. W. Jr., and McKinney, D. C. (1997). "Finding Robust Solutions to Water Resources Problems." *Journal of Water Resources Planning and Management*, ASCE, 123 (1), 49.

Wu, Z. Y., Boulos, P. F., Orr, C. H., and Ro, J. J. (2001). "Rehabilitation of Water Distribution System Using Genetic Algorithms." *Journal of the American Water Works Association*, 93 (11), 74.

Wu, Z. Y, Walski, T. M., Mankowski, R., Tryby, M., Herrin, G., and Hartell, W. (2002). "Optimal Capacity of Water Distribution Systems." *Proceedings of the 1st Annual Enviromental and Water Resources Systems Analysis (EWRSA) Symposium*, Roanoke, Virginia.

Yates, D. F., Templeman, A. B., and Boffey, T. B. (1984). "The Computational Complexity of the Problem of Determining Least Capital Cost Designs for Water Supply Networks." *Engineering Optimization*, 7 (2), 142.

讨论话题与习题

学习本章并完成全部习题。将你的成果提交给 Haestad Methods，就能获得 11.0 继续教育学分。参见继续教育单元或登录网站 www.haestad.com/awdm-ceus/，可以获得更多信息。

8.1 采用英制单位：对于图中的系统，如果节点 J—7 处的允许生活水压是 20lb/in^2，计算其可用的消防流量。假定水泵 P1 和水泵 P2 正在运行而水泵 P3 关闭（该管网也在 Prob8-01.wcd. 中给出）。

提示：用一根短的大管径管道连接恒定水压点（水库）至 J—7 节点。设定恒定水头点的水力坡度线为节点 J—7 处的高程加上所需的生活水头，并检查进入该节点的流量。

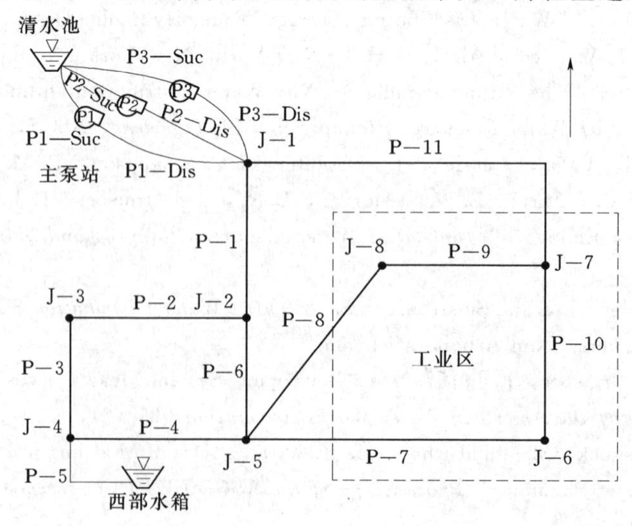

节点编号	高程/ft	需水量/(gal/min)
清水池	630	N/A
西部水箱	915	N/A
J—1	730	0
J—2	755	125
J—3	765	50
J—4	775	25
J—5	770	30
J—6	790	220
J—7	810	80
J—8	795	320
P1	627	N/A
P2	627	N/A
P3	627	N/A

管道编号	管长/ft	管径/in	海曾-威廉 C 系数
P1—Suc	50	18	115
P1—Dis	120	16	115
P2—Suc	50	18	115
P2—Dis	120	16	115
P3—Suc	50	18	115
P3—Dis	120	16	115
P—1	2350	12	110
P—2	1500	6	105
P—3	1240	6	105
P—4	1625	12	110
P—5	225	10	110
P—6	1500	12	110
P—7	4230	6	105
P—8	3350	6	105
P—9	2500	6	105
P—10	2550	6	105
P—11	3300	4	85

水 泵 曲 线 数 据

			P2		P3	
		流量/(gal/min)	水头/ft	流量/(gal/min)	水头/ft	流量/(gal/min)
出口关闭	305	0	305	0	305	0
设计值	295	450	295	450	295	450
最大运行状态值	260	650	260	650	260	650

(1) 哪个节点在消防流量时有最低的水压?

(2) 为工业区供水时在节点 J—7 处是否有足够消防流量?

(3) 如果消防流量不足，是什么原因导致可用流量偏低?

(4) 分析用来改进节点 J—7 处消防流量的解决方案?

采用 SI 制单位：对于图中的系统，如果节点 J—7 处的允许生活水压是 138kPa，计算其可用的消防流量。假定水泵 P1 和水泵 P2 正在运行而水泵 P3 关闭（该管网也在 Prob8 - 01. wcd. 中给出）。

提示：用一根短的大管径管道连接恒定水压点（水库）至节点 J—7。设定恒定水头点的水力坡度线为节点 J—7 处的高程加上所需的生活水头，并检查进入该节点的流量。

管道编号	管长/m	管径/mm	海曾-威廉 C 系数
P1—Suc	15.2	457	115
P1—Dis	36.6	406	115
P2—Suc	15.2	457	115
P2—Dis	36.3	406	115
P3—Suc	15.2	457	115
P3—Dis	36.6	406	115
P—1	716.3	305	110
P—2	457.2	152	105
P—3	378.0	152	105
P—4	495.3	305	110
P—5	68.6	254	110
P—6	457.2	305	110
P—7	1289.3	152	105
P—8	1021.1	152	105
P—9	762.0	152	105
P—10	777.2	152	105
P—11	1005.8	102	85

节点编号	高　　程/m	需　水　量/(L/s)
清水池	192.0	N/A
西部水箱	278.9	N/A
J—1	222.5	0
J—2	230.1	7.9
J—3	233.2	3.2
J—4	236.2	1.6
J—5	234.7	1.9
J—6	240.8	13.9
J—7	246.9	5.0
J—8	242.3	20.2
P1	191	N/A
P2	191	N/A
P3	191	N/A

水 泵 曲 线 数 据

			P2		P3	
		流量/(L/s)	水头/m	流量/(L/s)	水头/m	流量/(L/s)
出口关闭	93.0	0	93.0	0	93.0	0
设计值	89.9	28.4	89.9	28.4	89.9	28.4
最大运行状态值	79.2	41.0	79.2	41.0	79.2	41.0

(1) 哪个节点在消防流量时有最低的水压?

(2) 为工业园供水时节点 J—7 处是否有足够消防流量?

(3) 如果消防流量不足，是什么原因导致可用流量偏低?

(4) 分析用来改进节点 J—7 处消防流量的解决方案?

8.2　采用英制单位：枝状管网的不足之处是主干管爆裂使得很多用户停水，就像习题 3.3 中给出的那样。在下面表格中添加管道来提高这一系统的可靠性（这一管网也能在 Prob8-02.wcd 中找到）。

管道编号	起始节点	终端节点	管长/ft	管径/in	海曾-威廉 *C* 系数
P—20	J—1	J—8	11230	12	130
P—21	J—2	J—4	3850	8	130
P—22	J—5	J—7	1500	8	130
P—23	J—11	J—10	680	6	130

（1）完成新的环状系统的下列表格。

管道编号	流量/(gal/min)	水力坡度/(ft/1000ft)
P—1		
P—2		
P—3		
P—4		
P—5		
P—6		
P—7		
P—8		
P—9		
P—10		
P—11		
P—12		

节点编号	*HGL*/ft	压强/(lb/in^2)
J—1		
J—2		
J—3		
J—4		
J—5		
J—6		
J—7		
J—8		
J—9		
J—10		
J—11		
J—12		

（2）可以通过关闭管道来模拟主干管爆裂。如果管道 P—3 关闭，完成环状系统的以下表格。

管道编号	流量/(gal/min)	水力坡度/(ft/1000ft)
P—1		
P—2		
P—3		
P—4		
P—5		

续表

管道编号	流　　量/(gal/min)	水力坡度/(ft/1000ft)
P—6		
P—7		
P—8		
P—9		
P—10		
P—11		
P—12		

节点编号	*HGL*/ft	压　　强/(lb/in²)
J—1		
J—2		
J—3		
J—4		
J—5		
J—6		
J—7		
J—8		
J—9		
J—10		
J—11		
J—12		

采用SI制单位：枝状管网的不足之处是主干管爆裂使得很多用户停水，就像习题3.3中给出的那样。在下面表格中添加管道来提高这一系统的可靠性（这一管网也能在Prob8—02.wcd中找到）。

管道编号	起始节点	终端节点	管长/m	管径/mm	海曾-威廉 *C* 系数
P—20	J—1	J—8	3422.9	305	130
P—21	J—2	J—4	1173.5	203	130
P—22	J—5	J—7	457.2	203	130
P—23	J—11	J—10	207.3	152	130

(1)完成新的环状系统的下列表格。

管道编号	流量/(L/s)	水力坡度/(m/km)
P—1		
P—2		
P—3		
P—4		
P—5		
P—6		
P—7		
P—8		
P—9		
P—10		
P—11		
P—12		

节点编号	*HGL*/m	压强/kPa
J—1		
J—2		
J—3		
J—4		
J—5		
J—6		
J—7		
J—8		
J—9		
J—10		
J—11		
J—12		

(2) 可以通过关闭管道来模拟主干管爆裂。如果管道 P—3 关闭，完成环状系统的以下表格。

管道编号	流量/(L/s)	水力坡度/(m/km)
P—1		
P—2		
P—3		
P—4		
P—5		
P—6		

续表

管道编号	流量/(L/s)	水力坡度/(m/km)
P—7		
P—8		
P—9		
P—10		
P—11		
P—12		

节点编号	*HGL*/m	压强/kPa
J—1		
J—2		
J—3		
J—4		
J—5		
J—6		
J—7		
J—8		
J—9		
J—10		
J—11		
J—12		

8.3 分析习题 4.3 中水力管网系统的如下变化。

(1) 将管道 P—16、P—17 和 P—19 处的管径从 6in 增至 8in。请问这些管道的水头损失会大幅减小吗？为什么会或为什么不会？

(2) 将高区水泵的扬程增至当前扬程的 120%。这一扬程增加能克服新城水泵的扬程吗？高区泵站的出流是多少？

(3) 减少中心水池 30ft 的水面高程。水池在建模时作为一个水库来为稳态工况服务。整个系统对这一变化有什么反应？高区水泵能运行吗？水泵是在高效段工作吗？为什么是或为什么不是？

8.4 采用英制单位：分析习题 4.2 中给出的水力管网系统的下列状况。使用习题 4.2 提供的数据作为下列情形的基础条件。完成这些工况情形的表格。

(1) 增加节点 J—7、J—8、J—9 和 J—10 处的基本需水量 175%的供水需求。

(2) 将节点 J—6 处的需水量增至 300gal/min。

(3) 将所有 6in 的管道改为 8in。

(4) 将 West Carrolton 水箱的压力坡度线降低 15ft。

(5) 增加节点 J—7、J—8、J—9 和 J—10 处的基本需水量 175%的供水需求，并将所有

6in 的管道改为 8in。

（6）将 West Carrolton 水箱的压力坡度线降低 15ft，并且增加节点 J—6 处的需水量到 300gal/min。

（7）增加节点 J—7、J—8、J—9 和 J—10 处的基本需水量 175%的供水需求，将所有 6in 的管道改为 8in，并将 West Carrolton 水箱的压力坡度线降低 15ft。

工况	时间	水泵出流量 /(gal/min)	节点 J—1 处的水压/(lb/in^2)	节点 J—3 处的水压/(lb/in^2)	Miamisburg 水箱出流量 /(gal/min)
(1)	午夜				
(2)	2：00				
(3)	19：00				
(4)	中午				
(5)	6：00				
(6)	21：00				
(7)	午夜				

采用 SI 制单位：分析习题 4.2 中给出的水力管网系统的下列状况。使用习题 4.2 提供的数据作为下列情形的基础条件。完成这些工况情形的表格。

（1）增加节点 J—7、J—8、J—9 和 J—10 处的基本需水量 175%的供水需求。

（2）将节点 J—6 处的需水量增至 18.9L/s。

（3）将所有 152mm 的管道改为 203mm。

（4）将 West Carrolton 水箱的压力坡度线降低 4.6m。

（5）增加节点 J—7、J—8、J—9 和 J—10 处的基本需水量 175%的供水需求，并将所有 152mm 的管道改为 203mm。

（6）将 West Carrolton 水箱的压力坡度线降低 4.6m，并且增加节点 J—6 处的需水量到 18.9L/s。

（7）增加节点 J—7、J—8、J—9 和 J—10 处的基本需水量 175%的供水需求，将所有 152mm 的管道改为 203mm，并将 West Carrolton 水箱的压力坡度线降低 4.6m。

工况	时间	水泵出流量 /(L/s)	节点 J—1 处的水压/kPa	节点 J—3 处的水压/kPa	Miamisburg 水箱出流量 /(L/s)
(1)	午夜				
(2)	2:00				
(3)	19:00				
(4)	中午				
(5)	6:00				
(6)	21:00				
(7)	午夜				

8.5　采用英制单位：确定以下各种工况下节点 J—8 处可利用的消防流量。假定系统在消防时最小压力是 $20lb/in^2$。所用系统见习题 8.1。

（1）只有水泵 P1 工作。

（2）水泵 P1 和水泵 P2 同时工作。

（3）水泵 P1、水泵 P2 和水泵 P3 同时工作。

（4）西部水箱压力坡度线增至 930ft 并且水泵 P1 和水泵 P2 同时工作。

（5）管道 P—11 用直径为 12in 的铸铁管（C=120）替换并且水泵 P1 和水泵 P2 同时工作。

（6）管道 P—11 用直径为 12in 的铸铁管（C=120）替换并且所有水泵同时工作。

工　况	在节点 J—8 处可利用的消防流量/(gal/min)
(1)	
(2)	
(3)	
(4)	
(5)	
(6)	

采用 SI 制单位：确定以下各种工况下节点 J—8 处可利用的消防流量。假定系统在消防时最小压力是 138kPa。所用系统见习题 8.1.

（1）只有水泵 P1 工作。

（2）水泵 P1 和水泵 P2 同时工作。

（3）水泵 P1、水泵 P2 和水泵 P3 同时工作。

（4）西部水箱压力坡度线增至 283.5m 并且水泵 P1 和水泵 P2 同时工作。

（5）管道 P—11 用直径为 305mm 的铸铁管（C=120）替换并且水泵 P1 和水泵 P2 同时工作。

（6）管道 P—11 用直径为 305mm 的铸铁管（C=120）替换并且所有水泵同时工作。

工　况	在节点 J—8 处可利用的消防流量/(L/s)
(1)	
(2)	
(3)	
(4)	
(5)	
(6)	

8.6　采用英制单位：一个新的管网连接到现有系统的节点 J—10 附近，如下图所示。使用下列数据表中的数据或打开文件 Prob8 - 06. wcd. 来构建现有系统的模型。回答以下问题。

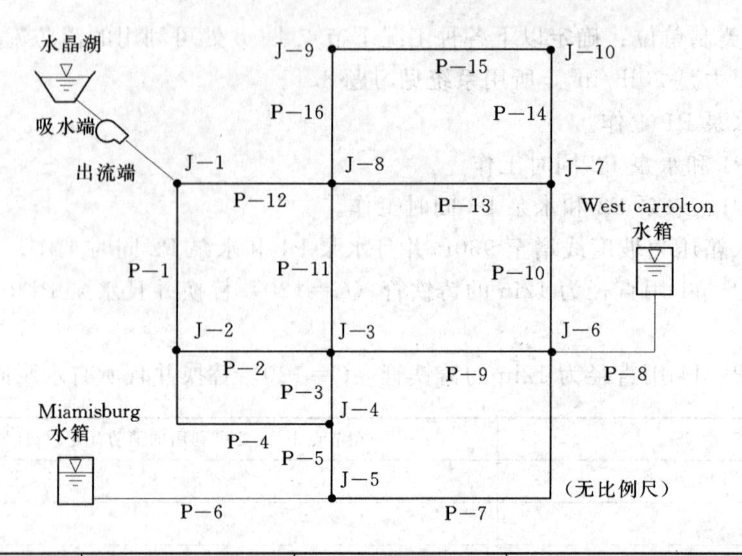

管道编号	管径/in	管长/ft	海曾-威廉系数
出流端	21	220	120
吸水端	24	25	120
P—1	6	1250	110
P—2	6	835	110
P—3	8	550	130
P—4	6	1010	110
P—5	8	425	130
P—6	8	990	125
P—7	8	2100	105
P—8	6	560	110
P—9	6	745	100
P—10	10	1100	115
P—11	8	1330	110
P—12	10	890	115
P—13	10	825	115
P—14	6	450	120
P—15	6	690	120
P—16	6	500	120

节点编号	高程/ft	需水量/(gal/min)
J—1	390	120
J—2	420	75
J—3	425	35
J—4	430	50
J—5	450	0

续表

节点编号	高程/ft	需水量/(gal/min)
J—6	445	155
J—7	420	65
J—8	415	0
J—9	420	55
J—10	420	20

水箱编号	最小水位标高/ft	初始水位标高/ft	最大水位标高/ft	水箱直径/ft
Miamisburg 水箱	535	550	570	50
West carrolton	525	545	565	36

水库编号	水 位 标 高
水晶湖	320

水 泵 曲 线 数 据

水泵编号	出口关闭水头/ft	设计水头/ft	设计流量/(gal/min)	最大运行水头/ft	最大运行流量/(gal/min)
PMP—1	245	230	1100	210	1600

(1) 节点J—10处的生活节点水压为20lb/in^2，计算它的消防流量。

(2) 在给定West carrolton水箱可能的水位高程情况下，确保周围用户在正常用水时(非消防时)大约可接受的水箱水面高程范围是多少?

(3) 高于上述高程范围应该为用户采取什么措施?

(4) 低于上述高程范围应该为用户采取什么措施?

采用SI制单位：一个新的管网连接到现有系统的节点J—10附近，如前图所示。使用下列数据表中的数据或打开文件Prob8—06. wcd. 来构建现有系统的模型，并回答以下问题。

管道编号	管径/mm	管长/m	海曾-威廉系数
出流端	533	67.1	120
吸水端	610	7.6	120
P—1	152	381.0	110
P—2	152	254.5	110
P—3	203	167.6	130
P—4	152	307.9	110
P—5	203	129.5	130
P—6	203	301.8	125

续表

管道编号	管径/mm	管长/m	海曾-威廉系数
P—7	203	640.1	105
P—8	152	170.7	110
P—9	203	227.1	100
P—10	254	335.3	115
P—11	203	405.4	110
P—12	254	271.3	115
P—13	254	251.5	115
P—14	152	137.2	120
P—15	152	210.3	120
P—16	152	152.4	120

节点编号	高程/m	需水量/(L/s)
J—1	118.9	7.6
J—2	128.0	4.7
J—3	129.5	2.2
J—4	131.1	3.2
J—5	137.2	0.0
J—6	135.6	9.8
J—7	128.0	4.1
J—8	126.5	0.0
J—9	128.0	3.5
J—10	128.0	1.3

水箱编号	最大水位标高/m	初始水位标高/m	最小水位标高/m	水箱直径/m
Miamisburg 水箱	173.7	167.6	163.1	15.2
West carrolton 水箱	172.2	166.1	160.0	11.0

水库编号	水位标高/m
水晶湖	97.5

水泵曲线数据

水泵编号	出口关闭水头/m	设计水头/m	设计流量/(L/s)	最大运行水头/m	最大运行流量/(L/s)
PMP—1	74.7	70.1	69.4	64.0	100.9

(1) 节点J—10处的生活节点水压为138kPa，计算它的消防流量。

(2) 在给定West carrolton水箱可能的水位高程情况下，确保周围用户在正常用水时

(非消防时）大约接受的水箱水面高程范围是多少？

（3）高于上述高程范围应该为用户采取什么措施？

（4）低于上述高程范围应该为用户采取什么措施？

8.7 推荐详细的给水管网如下图所示。使用数据表中数据或者 Prob8－07 文件构建系统模型。该系统将在节点 J—10 处接入现有的主干管。主干管节点 J—10 处消火栓流量检测值列于下表。流量被控制在 2.5in 喷嘴出流系数为 0.9。

	静压/(lb/in²)	剩余压强/(lb/in²)	毕托管压强/(lb/in²)
2139	74	60	20

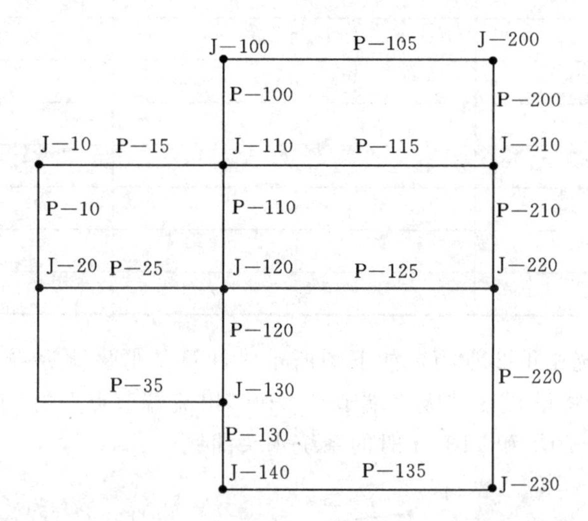

计算新管网系统每个节点是否有足够的压力满足 750gal/min 的消防流量。所有管道都是新 PVC 管，海曾-威廉系数 $C=150$。

将现有系统作为水库来建模，一水泵自节点 J—10 处与其连接。使用图 8.19 消火栓流量测试的结果产生等效虚拟水泵的水头曲线。

节点编号	标高/ft	需水量/(gal/min)
J—10	390	20
J—20	420	20
J—100	420	20
J—110	415	20
J—120	425	20
J—130	430	20
J—140	450	20
J—200	420	20
J—210	425	20
J—220	445	20
J—230	460	20

管道编号	管径/in	管长/ft
P—10	6	625.0
P—15	6	445.0
P—25	6	417.5
P—35	6	505.0
P—100	6	250.0
P—105	6	345.0
P—110	6	665.0
P—115	6	412.5
P—120	6	275.0
P—125	6	372.5
P—130	6	212.5
P—135	6	596.5
P—200	6	225.0
P—210	6	550.0
P—220	6	453.5

8.8 假定两系统相距2000ft，如下图所示。计算从低区大系统向高区小系统供水的水泵系统曲线。水泵将设置在“吸水端节点”和“出流端节点”之间，如管网图所示。计算出流水箱水位在1170ft和1130ft时的系统水头曲线。

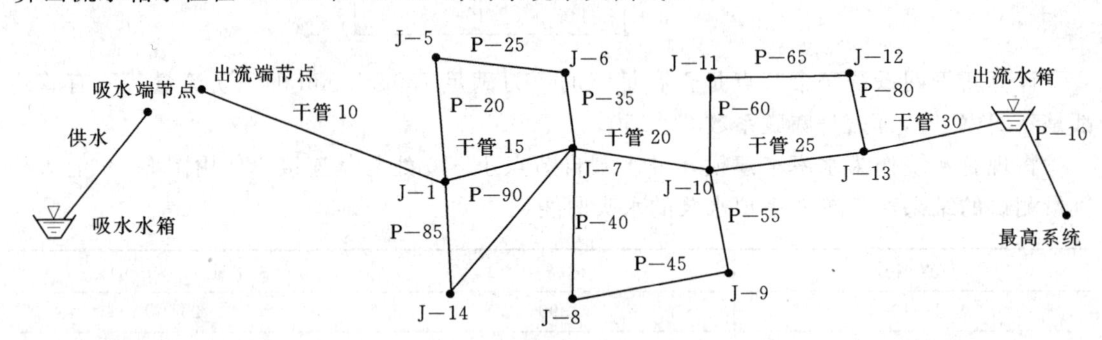

管道编号	管径/in	管长/ft	海曾-威廉系数
干管 10	12	2000	130
干管 15	12	5878	130
干管 20	12	3613	130
干管 25	12	2670	130
干管 30	12	3926	130
P—10	12	29	130
P—20	6	3514	130
P—25	6	4988	130

续表

管道编号	管径/in	管长/ft	海曾-威廉系数
P—35	6	2224	130
P—40	6	3276	130
P—45	6	3198	130
P—55	6	3363	130
P—60	6	2345	130
P—65	6	23	130
P—80	6	1885	130
P—85	6	3475	130
P—90	6	6283	130
供水管	12	60	130

节点编号	标高/ft	需水量/(gal/min)
吸水端节点	995	N/A
出流端节点	995	N/A
J—1	1082	10
J—5	1095	10
J—6	1100	10
J—7	1098	10
J—8	1098	10
J—9	1112	10
J—10	1115	10
J—11	1077	10
J—12	1124	10
J—13	1122	10
J—14	1075	10
最高系统	1150	700

水箱编号	标高/ft
吸水水箱	1000
出流水箱	1130

第9章

用户系统建模

绝大多数供水系统建模都是由自来水公司进行或服务于自来水公司。在一些实例中，存在整个供水系统用水由其他自来水公司通过批量售水协议提供的情况，这样，其水源实际上来自相邻的系统。这种典型情况如图9.1所示，其中水源水自来水公司通过一个水表和一个倒流保护器向邻接的用户供水系统输送供水。采用这种系统的如军事基地、监狱、大学校园和主要工业区。这些系统包括居民用水、工业用水、冷却用水、灌溉用水和消防用水。绝大多数供水系统设计工作在用户系统中和自来水公司系统中都是相同的。

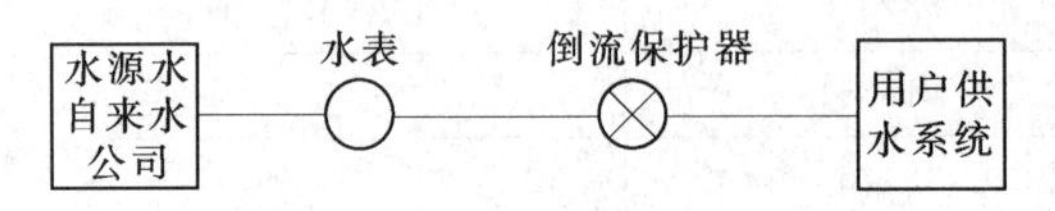

图9.1 使用自来水公司的供水系统作为水源的用户供水系统

为用户供水系统建模和为自来水公司系统建模是有区别的。当为用户供水系统建模时，设计者是不能控制水源的，因此必须将模拟衔接到自来水公司系统。绝大多数关于扩展到必须模拟的自来水公司供水系统的信息可以在8.4小节中找到。此外，设计者必须考虑用户供水系统中水表和倒流保护器的水头损失，而这对于自来水公司的工程师来说通常不是一个问题。

9.1 水表建模

用户水表通常是一个安装于尺寸在0.625～2in管线上的容积式技术流量计，或安装于尺寸在1.5～20in管线上的涡轮技术流量计（见图9.2）。在一些应用中，水流速度变化很大，可采用复合式水表，这种水表包括一个针对低流速的容积式水表单元和一个针对高流速的涡轮水表单元。

图9.2 涡轮技术流量计

单一的注册水表在模型中可以表示为一个局部损失或一根当量管线，但是绝大部分水表生产商并不提供模型中所用的局部水头损失系数（K_L），而是提供一条压降和流量的相关曲线，如图9.3所示。设计者必须找出这条曲线上某点的流量与压降计算K_L值，之后将这些值代入方程（9.1）。所选择点通常为流量范围内的高端点流量：

$$K_L = C_f \Delta P D^4 / Q^2 \tag{9.1}$$

式中 K_L——局部水头损失系数；

ΔP——压降，lb/in² 或 kPa；

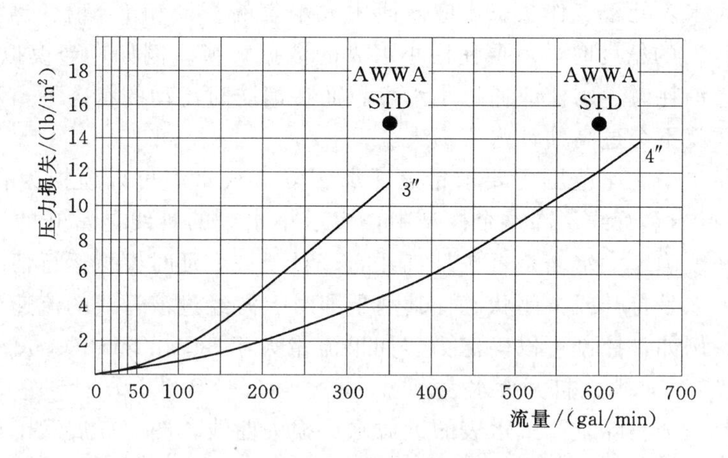

图 9.3　典型生产商水表的损失曲线

D——管径，in 或 m；

Q——流量，gal/min 或 m^3/s；

C_f——单位转换系数，英制单位取 880，SI 制单位取 1.22。

一旦确定了一个给定类型水表的 K_L 值，就可以将其应用于几何形状相似的不同型号的水表。在表格 9.1 中列出了一些具有代表性的水表的典型 K_L 值。AWWA M-22 (1975) 介绍了水表型号。

表 9.1　　不同类型水表的局部水头损失系数 K_L

水表类型	尺寸/in	局部水头损失系数 K_L
容积式水表	5/8	4.4
	2	8.3
	6	17.2
涡轮式水表	1.5	6.7
	4	9.4
	12	14.9
复合式水表	2	3.9
	4	18.1
	10	33.5
涡轮式消防水表	3	4.1
	6	4.1
	10	4.3
多喷嘴水表	5/8	5.1
	1	5.3
	2	12.6

对于复合式水表而言，单一的 K_L 值不能充分描述流量与压降之间的关系。当模拟高

流量情况时，大水表处于工作状态，应该使用大水表的直径和 K_L 值。当要求 2～3lb/in^2 (13.7～20.6kPa) 的精度时，就要使用小水表的数据替换。例如，当模拟观察水箱循环、水泵运行或能量消耗时，水流应通过小水表。而在消防时流动的状态下，水表被启用并应用到模型中这样就不会过高估计水头损失。

如果需要在整个流速范围内要求精度，那么复合式水表可以模拟为有适当的管径和 K_L 值的两个平行当量管线。在这个模型中，表示小水表的管线是常开的。对于一个恒态流动，设计者必须确定大水表是否也是打开的。对于一个延时模拟运行情况，用于表示特定水表的管线可以是打开或关闭状态，其基于即时上游经过该管线的流速或基于通过小水表的水头损失。例如，控制可以确定为"如果流量大于 30gal/min (0.002m^3/s)，或水头损失大于 10ft (3m)，那么打开大水表。"

图 9.4 表示一个实际复合式水表的近似水头损失曲线，图 9.5 展示了如何在模型中表示水表。模拟复合式水表的替代方法是，应用模拟软件中通用的水头损失-流量曲线定义功能定义等效管道。

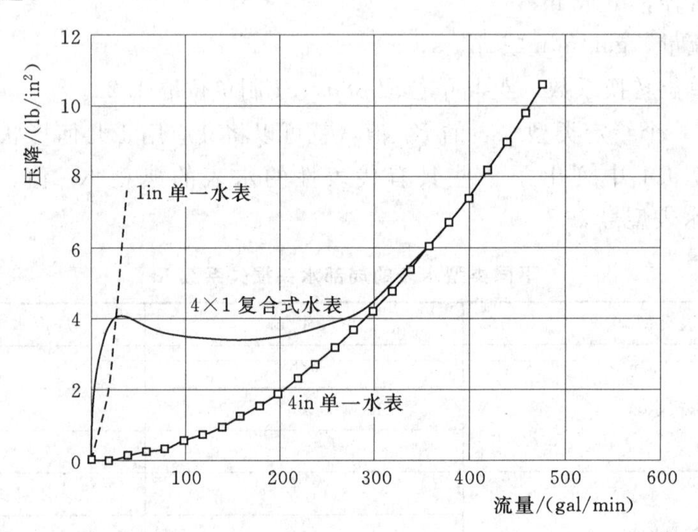

图 9.4 复合式水表的近似水头损失曲线

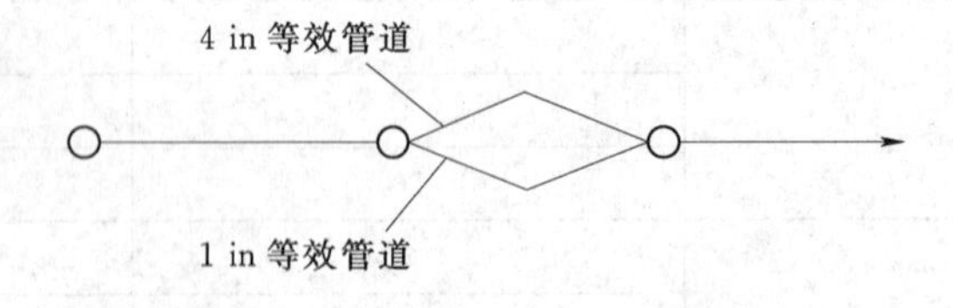

图 9.5 复合式水表的模型表示

9.2 倒流保护器

自来水公司核准的倒流保护器（见图 9.6）一般是阻止大用户之间交叉连接所必需的 (AWWA M－14，1990)。倒流保护器的显著特征是即使在其开启之前水流通过阀门时也要求有相当大的压降。因此，通过该设备的水头损失会比服务管线的摩擦阻力损失或通过水表时的局部损失更大，这在较低流速时特别明显。

图 9.6　倒流保护器

图 9.7 所示为压力降落倒流保护器或双止回倒流保护器的典型压降曲线。由于打开该阀门要求水力坡度线显著下降，因此模拟倒流保护器比在有附加的局部损失当量管线中插入一个止回阀更为复杂。有几种方法可用于模拟倒流保护器。

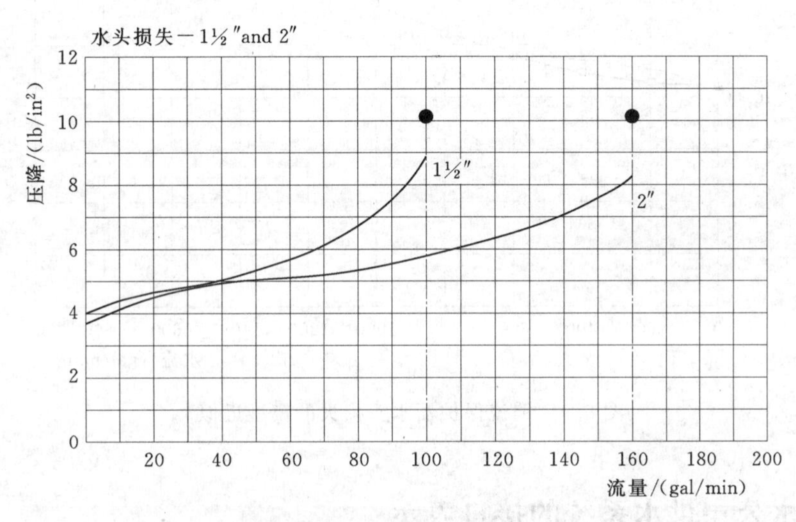

图 9.7　减压倒流保护器的压降曲线

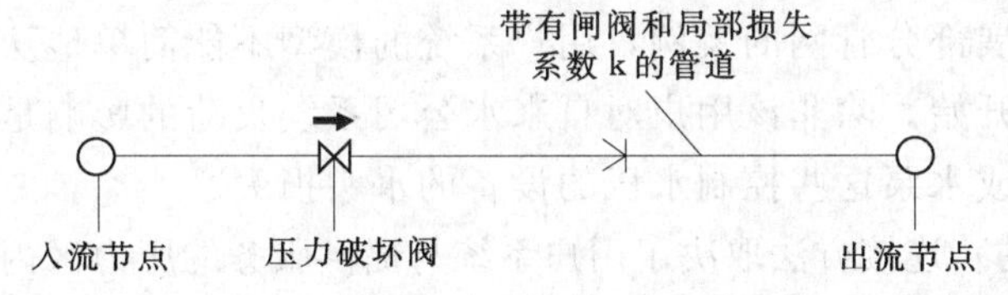

图 9.8　倒流保护器的模型管网表示

倒流保护器可以模拟为一个有 P_{min} 大小水头损失的定阻阀串接一条有一个止回阀和一个局部水头损失系数的当量管线（见图 9.8）。这个局部水头损失系数是由初始压降加上阀门曲线上的一个代表性点（Q，P）用以下方程计算确定的：

$$k=C_f(P-P_{min})D^4/Q^2 \tag{9.2}$$

式中　k——局部水头损失系数；

P——曲线上代表点处的压强，lb/in² 或 kPa；

P_{min}——通过倒流保护器的最小压降，lb/in² 或 kPa；

D——阀门直径，in 或 m；

Q——曲线上代表点处的流量，gal/min 或 m³/s；

C_f——单位转换系数，英制单位取 880，SI 制单位取 1.22。

P_{min}的值就是压降曲线与纵轴的交点。倒流保护器水头损失的模型近似如图 9.9 所示。有多个难以近似表示的水头损失曲线的倒流保护器可以应用归纳得出的用户自定义水头损失-流量关系来模拟。一些模型允许用户插入通用阀门，这样用户就可以输入描述水头损失-流量之间关系的点。在水头损失-流量关系是严格递增时（即无下降）该特性非常有效。

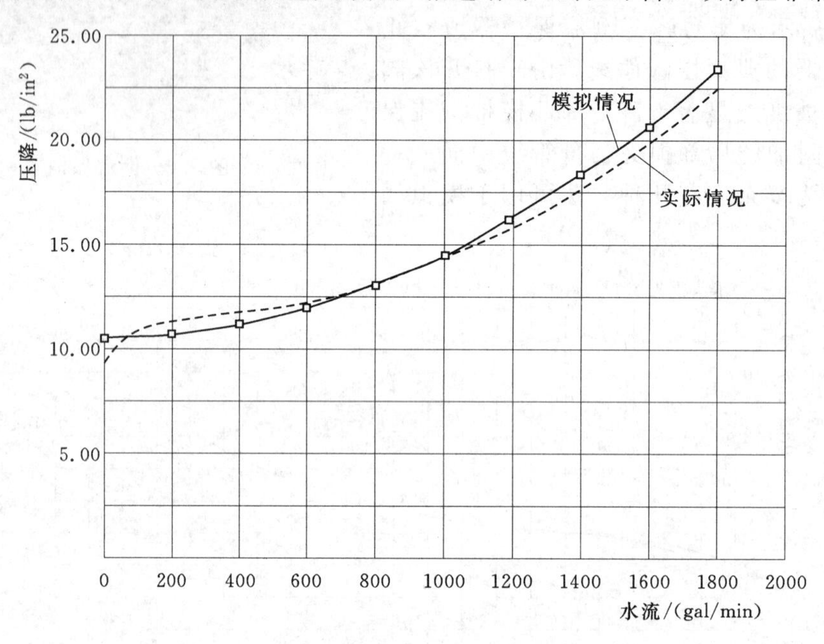

图 9.9 倒流保护器水头损失的模型近似

9.3 自来水公司供水系统的接口表示

作为一个给定供水系统的一般的扩展部分管网的案例，用户系统的模型不能简单地从服务于它的供水系统的某个指定几何点开始。除非该用户对自来水公司系统负荷的影响是可以忽略的，否则必须考虑水源、水箱或水泵这些控制水压的设备的水头损失。

最好的模拟（供水系统与用户系统的）连接方法取决于用户系统与提供服务的压力区内的自来水公司系统的相对大小比较。如果用户使用了自来水公司系统水源中一半的水量，且水头损失占总水头损失的一半，那么模拟自来水公司系统回溯到一个合理的已知水源是重要的。如果该用户系统只是表示一个可忽略的需水量百分比，那么可能只需要将供水系统模拟为一个水库和水泵，应用一个消防流量测试的结果即可（见 8.4 小节中“将已建系统近似为一个水泵动力水源”）。当然，如果在用户系统中提供消防流量，那么该负荷不能被忽略。

9.4 用户需水量

第 4 章所述的需水量估计材料适用于用户系统。当模拟一个用户系统时，需水量分配可能比模拟整个系统时更精确。对于小工业联合体，近期用水量可以直接用水表读数确定。

拟建系统的商业需水量

有些商业开发（如旅馆和办公楼建筑）的工程师可能也想将模型应用于他们的工程中，但没有像自来水公司那样掌握用户的数据。这个问题在20世纪20—30年代由美国国家标准局提出，结果提出了估计用水量的“用水器具当量需水量方法”（Hunter，1940）。

这个方法包括确定建筑物中盥洗池、水槽、洗碗机等的数目和设定各排水器具的用水量当量值。各器具当量值见表9.2。一旦所有器具当量值都知道了，就可以用所谓的Hunter曲线（见图9.10）将其转化为峰值设计流量。

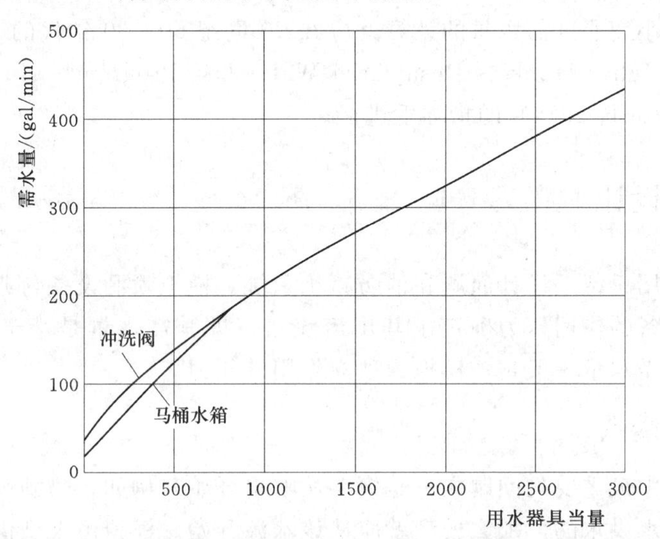

图9.10 用Hunter曲线根据用水器具当量值确定峰值用水量

表9.2 用水器具当量

用水器具类型	用水器具当量	用水器具类型	用水器具当量
浴缸	2	洗涤槽（每个龙头）	2
冲洗便盆	10	小便冲洗阀	10
洗涤盆和洗涤盘	3	小便厕所	5
牙齿的单元	1	小便槽（每英尺）	5
牙齿洗脸盆	1	洗碗机（1/2″）	2
洗脸盆（3/8″）	1	洗碗机（3/4″）	4
洗脸盆（1/2″）	2	冲水厕所（冲水闸门）	10
饮水喷泉	1	冲水厕所（水箱）	5
洗衣店洗衣盘	2	洗衣机（1/2″）	6
淋浴喷头（3/4″）	2	洗衣机（3/4″）	10
淋浴喷头（1/2″）	4	厨房水槽（1/2″）	2
软管连接（1/2″）	5	厨房水槽（3/4″）	4
软管连接（3/4″）	10		

Hunter曲线的基本前提是建筑物中的用水器具越多，其同时使用的可能性就越小。此种假定可能不适用于大型运动场、竞技场、剧院等，这些地方的用水设施会在一个很短

的时间内被极大量地使用，如在中场休息时或间歇时。

表 9.2 中的数值稍微有点过时，因为它们是在低流量盥洗池和低流量淋浴水头时期之前制作的，但现在还没有更好的方法。这种方法也应用于统一的卫生设备编码（International Association of Plumbing and Mechanical Officials，1997），其改进的版本包括在 AWWA Manual M-22（1975）中。尽管器具用水量当量设置可能需要做一些调整以反映现代卫生设备实践，但 Hunter 曲线分析背后的逻辑性仍具有正确性。

通过用水器具当量需水量方法确定的峰值需水量，必须考虑喷洒水设施、冷却用水以及其他工业过程需水量。

用于居民区和小商业区需水量的计算就应在 20 世纪 50—60 年代的“约翰斯-霍普金斯居民用水程序”（Johns Hopkins Residential Water Use Program）（Linaweaver、Geyer 和 Wolff，1966；Wolff，1961）的指导下进行。

9.5 喷洒设备设计

供水模型也可用于帮助设计灌溉和消防喷洒系统。模拟喷洒设备与典型的供水系统的主要区别是喷洒设备的作用压力确定了其出流流量（即其需水量是基于其作用压力的），而在供水系统中，需水量一般是被模拟为独立作用的压力。

模型的起始物理端点

喷洒设备研究中最重要的问题之一是模型从哪里开始。例如，喷洒设备是由水泵从水井、水箱或池塘抽水供水的，那么模型就应从该水源开始。模拟由大型供水系统供水的喷洒设备就更复杂了。在这种情况下，可能很难确定模型的起点应该是从街道干管开始，还是要回溯到实际的供水水源或水箱。这个决定的关键是确定喷洒设备出流的影响范围，在与其他需水量综合之后，可能会降低供水系统中的水压线。如果对供水系统中的压力影响很大，那么就需要将模型延伸到系统中。对应用消防流量检测来确定和模拟用户系统与供水干管的连接的深入解说，详见 8.4 小节中“将已建系统近似为一个水泵动力水源”。

“别在意我，各位。我只是来检查自动喷水灭火系统的。”

如果是由一条小管线为一个喷洒设备系统供水，如一根 2in（50mm）的农村供水系统干管，那么将这根管线包括在模型中当然是必要的，因为在较高的流量下引起的水头损失是相当大的。如果此喷洒设备系统是由一般的供水系统供水，那么必须应用 9.1 小节所述的方法将水表和倒流保护器装置设置在模型之中。

在估计所能获得的压力用于运行一个喷洒设备系统时，持保守的观点是重要的。由于水管积垢、更多的用户或压力区域范围的改变，供水系统可随着时间而变化。自来水公司不能保证能够在干管中永久地保持某一个确定的压力（AWWA M－3 1，1998）。

喷洒设备水力学

喷洒设备的出流受孔口出流方程控制：

$$Q=C_dA\sqrt{2gh} \tag{9.3}$$

式中 Q——流量，gal/min 或 m^3/s；

C_d——流量系数；

A——孔口面积，in^2 或 m^2；

g——重力加速度，$32.2ft/s^2$ 或 $9.81m/s^2$；

h——孔口水头损失，ft 或 m。

与明确说明过流面积和流量系数相比，喷洒设备制造商通常使用 K 值表示（不要与局部水头系数 K_L 相混淆）。K 代表喷洒设备尺寸和型号，并且根据下式与出流流量和压力相关：

$$Q=K\sqrt{P} \tag{9.4}$$

式中 K——喷洒设备系数；

P——压力，lb/in^2 或 kPa。

表 9.3 所列为消防喷洒设备的 K 值。最好从喷洒设备厂商那里获得其 K 值，也可以从一个压降-流量图表中计算出 K 值。

表 9.3　喷洒设备出流特征

标准孔口尺寸		标准 K 值	K 值范围	
in	mm	$(gal/min)/(lb/in^2)^{1/2}$	$(gal/min)/(lb/in^2)$	$(dm^3/min)/(kPa^{1/2})$
1/4	6.4	1.4	1.3～1.5	1.9～2.2
5/16	8.0	1.9	1.8～2.0	2.6～2.9
3/8	9.5	2.8	2.6～2.9	3.8～4.2
7/16	11.0	4.2	4.0～4.4	5.9～6.4
1/2	12.7	5.6	5.3～5.8	7.6～8.4
17/32	13.5	8.0	7.4～8.2	10.7～11.8
5/8	15.9	11.2	11.0～11.5	15.9～16.6
3/4	19.0	14.0	13.5～14.5	19.5～20.9
—	—	16.8	16.0～17.6	23.1～25.4

续表

标准孔口尺寸		标准 K 值	K 值范围	
in	mm	$(gal/min)/(lb/in^2)^{1/2}$	$(gal/min)/(lb/in^2)$	$(dm^3/min)/(kPa^{1/2})$
—	—	19.6	18.6～20.6	27.2～30.1
—	—	22.4	21.3～23.5	31.1～34.3
—	—	25.2	23.9～26.5	34.9～38.7
—	—	28.0	26.6～29.4	38.9～43.0

注 再版得到了《自动喷洒设备系统手册（1999）》版（Automatic Sprinkler Systems Handbook，Copyright 1999），国家防火协会（NFPA）Quincy，MA 02269 的许可。该再版材料在所引用材料中，只是表示其整体标准，不是 NFPA 完全的、官方的立场。

近似的喷洒设备水力学

许多水力模型可以应用喷流器模拟喷洒设备水力学（见 10.9 小节）。对于一个喷流器，模型工作者只需在一个连接点处输入喷洒设备的 K 值，那么模型就会确定该节点流量为该点压力的函数。该喷流器系数应与喷洒设备的 K 值相同，且与该喷洒设备相对应的节点应与其处于同一高程，而不是与管线高程相同。如果该喷洒设备通过小支管与大管连接，这些小支管可能引起相当大的水头损失，必须将其包含在模型中。

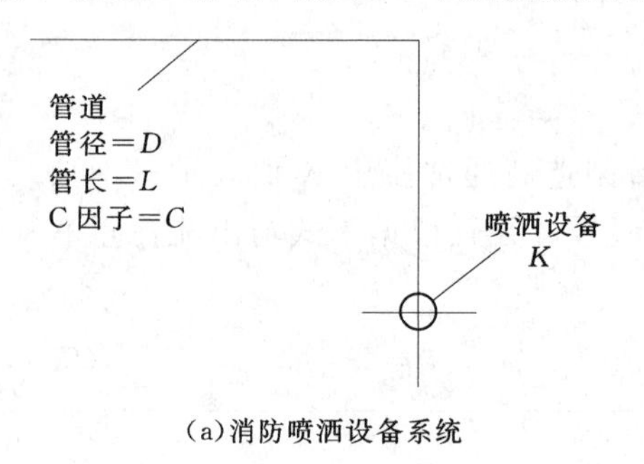

(a)消防喷洒设备系统

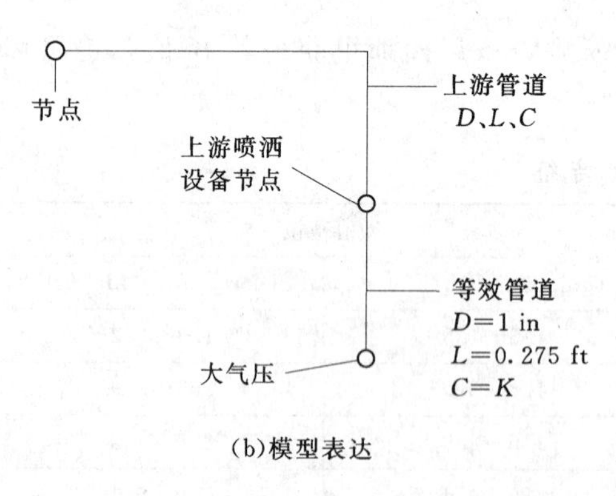

(b)模型表达

图 9.11 喷洒设备作为等效管线的模型表达

然而，一些供水系统模型不能显式地考虑喷洒设备的 K 值。因此，喷洒设备以及相应的水头损失必须模拟成一段向大气泄流的当量长度管线。喷洒设备的下游大气压力可由从当量管线进入水库、水箱或者压力水源的泄流来表示，且这些下游节点处的水力坡度线与喷洒设备的高程相等（见图 9.11）。应用这种方法，设计者必须给表示该喷洒设备的当量管线赋以某个长度、直径和粗糙率值。应注意到存在无限个能够得出与该喷洒设备水头损失相同值的 D、L 和 C 的组合，这点是非常重要的。一个解决方案是用直径为 1in（25mm）、管长为 0.271ft（0.083m）的管段，使用这些尺寸，管线的 C 值等于喷洒设备的 K 值（Walski，1995）。

管道设计

为了降低费用，喷洒设备系统通常以一个分叉的、树状的模式布设。其不同于环状供水管网系统，而是用隔离阀将单个管段隔离，喷洒设备系统只有很少的隔离阀。如果需要维修喷洒设备管线，在维修时整个系统通常都要关闭。

选择合适的喷洒设备系统

绝大多数喷洒设备系统是湿式管道系统，这种系统中总是充满有压水。每个喷头都具有易熔或易碎的元件，当这些元件暴露在高温环境下就会导致喷头开启。虽然这种设计在大多数情况下能起作用，但是为适应特殊环境也做了一些变更设计。

一种常见的变更就是豪雨喷洒系统。在这类系统中，喷洒设备的喷头为常开状态，水由喷水管线之外的总控阀门控制。当发生火情时，总控阀门开启，所有喷洒设备同时喷水。

豪雨喷洒系统一般应用于火灾的热量不能使喷头开启的地方，例如层高很高的建筑物。当模拟这类系统时，所有的喷洒设备喷头必须模拟为开启。豪雨喷洒系统的不同在于其是一个预作用喷水系统，它装备了一个阀门，此阀门是基于某种附属检测系统控制开启的。

在设计喷洒系统时常常遇到的一个挑战，就是在受低温影响地区管道如何防冻。对这情况两种可行的选择方案，即防冻剂系统和干式管道系统。

在防冻剂系统中，湿式管道系统充满水和防冻剂的混合物。这种防冻剂解决方法，建议应用于与饮用水系统相连的系统中，其有化学纯丙三醇或丙烯乙二醇。这种系统通常用于保护小的，没有供暖的地区。

干式管道系统中充满压力空气。当热量引起喷洒设备喷头开启，系统中的空气压力降低。这种压力降低引起干式管道阀门开启，从而允许压力水通过系统到达喷洒设备喷头。由于填充喷洒设备系统管线有时间延迟，在控制火情方面干式管道系统不如湿式管道系统那么有效。在一个供水模型中，干式管道系统和湿式管道系统的模拟方式相同(即假设系统总是充满水)。

喷洒设备系统管道内的流速通常大于其他供水系统管道内的流速，因此该系统中每个阀门和配件的局部水头损失都要考虑。否则，在设计时出流流量可能被高估。

喷洒设备系统一般管径较小。由于管径较小，标准管径和实际内径之间的差别可能很显著，这取决于管材。例如，标准管径 1ft（250mm）的 C901 HDPE 管道可能具有 0.86～1.062in（21.8～27.0mm）的内径，这取决于 *DR*（内外径比），而具有相同标准直径的铜管，其内径为 0.995～1.055in（25.2～26.8mm），这取决于管道类型。20%的内径差别可以导致过流能力相差 40%。因此在喷洒设备系统设计时应用实际内径是重要的。

喷洒设备喷头不需要太大的压力来运行，正常情况下 $10lb/in^2$（70 kPa）的压力通常就足够了［最小压力为 $7lb/in^2$（48 kPa）］。当喷洒设备在低压下输送水量时，其冲开喷头空口盖和得到令人满意的出流模式的能力降低了。

设计人员应监测该当量管段上游末端的压力，从而确定某个特定的管线尺寸是否能产生足够压力。因为在设计中喷洒设备的压力很重要，那么在给模型中节点高程赋值时确定喷洒设备喷头的精确高程是非常重要的。

这些包括在喷洒设备水力学和设计中的信息也适用于消防和灌溉喷洒系统。这两类系统中有许多类似之处，但又都有各自特征，具体内容见以下各节。

消防喷洒设备

美国国家消防协会（NFPA）标准13（1999c）和13D（1999b）指导消防喷洒设备设计。其他信息在NFPA（1999a）和AWWA M－31（1998）中作了规定。

消防喷洒设备用于控制火情，不需要将火完全扑灭。因此，在确定消防喷洒设备系统性能要求时，可以给从消火栓和消防车的水龙出流设定某种允许限制。

消防喷洒设备通常是这样布置的，控制火情只需要打开几个喷洒设备。设计不应该基于所有喷洒设备同时开启的假定，除非有一定的原因认为会发生这种情况。

消防喷洒设备需水量是基于喷洒设备工作时的控制面积和与其相关的应用场所类别。应用在图9.12中所示的面积密度曲线，可以确定水的喷洒密度。在NFPA（1999c）和Pucholvsky（1999）中有大量的表格，用以描述各类场所分组中的各种（消防）活动类型。在表9.4中可以看到每个分组中的应用场所类型。

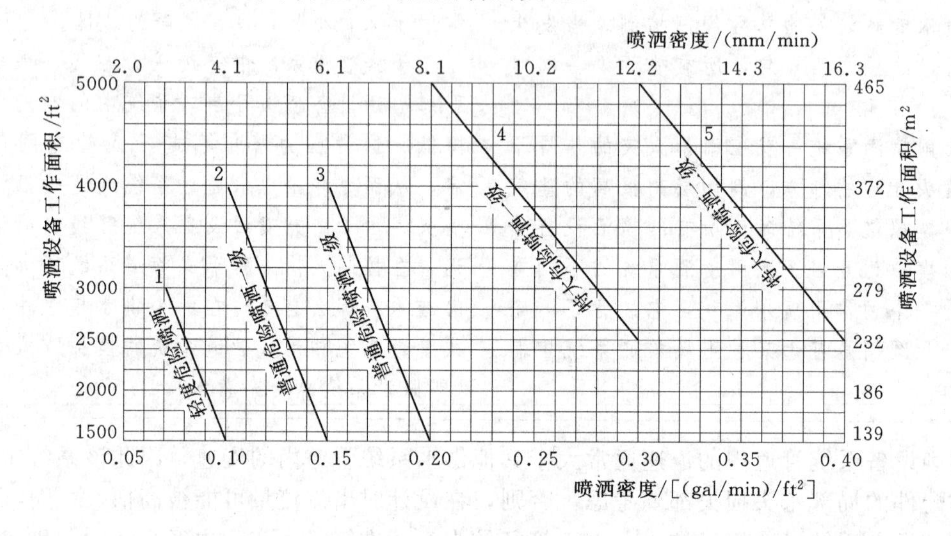

图9.12 面积密度曲线

再版得到了《自动喷洒设备系统手册（1999版）》（Automatic Sprinkler Systems Handbook，Copyright 1999），国家防火协会（NFPA）Quincy，MA 02269的许可。该再版材料在所引用材料中，只是表示其整体标准，不是NFPA完全的、官方的立场。

表9.4 分类示例

类型	适用场合
轻度危险喷洒	教堂，医院，博物馆，办公室
普通危险喷洒一级	面包店，食品商店，洗衣店
普通危险喷洒二级	干洗衣店，邮局，汽车修理间，木材产品装配厂
特大危险喷洒一级	飞机修理库，印刷厂，面粉厂，橡胶回收/硫化
特大危险喷洒二级	可燃液体喷雾，塑料处理，溶剂清洗

用喷洒密度乘以喷洒设备工作面积（两者均由图9.12确定），可以计算喷洒设备需水量。如果该工作面积小于应用曲线中所用的最小面积，那么就采用该最小面积计算。例

如，如果一个轻度危险消防场所面积小于 1500 ft^2（139m^2），那么就应用消防面积为 1500ft^2 所对应的消防喷洒密度。

此外，对于喷洒设备需水量，灭火需要确定所需的水龙流量范围。在表 9.5 中给出了喷洒设备的一些水龙带流量和持续时间的典型值。

表 9.5　　消防水龙带流量和供水持续时间

危险类型/商品种类	总水龙带流量 /(gal/min)	历时 /min
轻度危险	100	30
一般危险	250	60～90
重度危险	500	90～120
货架，等级Ⅰ、Ⅱ 和Ⅲ商品到 12 ft（3.7 m）高	250	90
货架，等级Ⅳ商品到 10 ft（3.1 m）高	250	90
货架，等级Ⅳ商品到 12 ft（3.7 m）高	500	90
货架，等级Ⅰ、Ⅱ和Ⅲ商品超过 12 ft（3.7 m）高	500	90
货架，等级Ⅳ商品超过 12 ft（3.7 m）高和塑料商品	500	120
通用存储，等级Ⅰ、Ⅱ和Ⅲ商品超过 12～20ft（3.7～6.1m）	500	90
通用存储，等级Ⅳ商品超过 12～20ft（3.7～6.1m）	500	120
通用存储，等级Ⅰ、Ⅱ和Ⅲ商品超过 20～30ft（6.1～9.1m）	500	120
通用存储，等级Ⅳ商品超过 20～30ft（6.1～9.1m）	500	150
通用存储，A 组塑料 5 ft（1.5m）	250	90
通用存储，A 组塑料超过 5～20ft（1.5～6.1m）	500	120
通用存储，A 组塑料超过 20～25ft（6.1～7.6m）	500	150

注　再版得到了《自动喷洒设备系统手册（1999 版）》（Automatic Sprinkler Systems Handbook，Copyright 1999），国家防火协会（NFPA）Quincy，MA 02269 的许可。该再版材料在所引用材料中，只是表示其整体标准，不是 NFPA 完全的、官方的立场。

喷洒设备管道尺寸

传统上，喷洒设备管道尺寸是基于“管道表”方法，该方法中管道型号是基于由该管线供水的喷洒设备数量。虽然该方法也可用于某些情况，但“水力计算”设计仍是首选的方法。手工的“水力计算”设计根据当量管道来模拟局部水头损失，当许多喷洒设备出流时计算很繁琐，为近似计算。而自动的“水力计算”方法基于水力模型，可以对系统提供更为精确的评估。

通常，喷洒设备系统通过一系列的恒态运行来模拟，每个恒态运行对应于某个不同的喷洒设备或喷洒设备组的运行。以建筑顶楼供水管线最远端的一个或两个喷洒设备为代表控制设计计算，此处最远通常是指水力最远。

如果喷洒设备系统不能提供足够流量，设计工程师首先应该试着加大管径，从而降低水头损失。如果加大管径无效，该供水干管提供的水头可能不足以运转系统。在此情况下，必须增加喷洒设备的压力。在绝大多数情况下，在建筑中安装一个消防水泵比增加供水干管压力要简单，而且费用较小。

灌溉喷洒设备

灌溉系统经常运行，且设计为更多的喷洒设备可以同时使用。尽管灌溉喷洒设备与消防喷洒设备不同，但其仍可以用孔口出流方程模拟。

对于更大的系统，所有喷洒设备同时开启将需用更多的水量以及更大的管道和水表。为了减小管径和水表型号，这些系统通常要“划分区域”，从而保证在某个给定时间只有一组喷洒设备开启。如果水源充足且存储水量不是问题，那么每个区域的运行可以模拟成一个独立的恒态分析。如果储水量有问题（如水从一个小池塘抽取），那么在模拟时，应用延时分析以确保供水充足。

参考文献

American Water Works Association (1975). “Sizing Service Lines and Meters.” *AWWA Manual M* - 22, Denver, Colorado.

American Water Works Association (1990). “Recommended Practice for Backflow Prevention and Cross Connection Control.” *AWWA Manual M* - 14, Denver, Colorado.

American Water Works Association (1998). “Distribution System Requirements for Fire Protection.” *AWWA Manual M* - 31, Denver, Colorado.

Hunter, R. B. (1940). “Methods of Estimating Loads in Plumbing Systems.” *Report BMS* 65, National Bureau of Standards, Washington, DC.

International Association of Plumbing and Mechanical Officials (1997). *Uniform Plumbing Code*. Los Angeles, California.

Linaweaver, F. P., Geyer, J. C., and Wolff J. B. (1966). *A Study of Residential Water Use: A Report Prepared for the Technical Studies Program of the Federal Housing Administration*. Department of Housing and Urban Development, Washington, DC.

National Fire Protection Association (NFPA) (1999). *Fire Protection Handbook*. Quincy, Massachusetts.

National Fire Protection Association (NFPA) (1999). “Sprinkler Systems in One-and Two-Family Dwellings and Manufactured Homes.” *NFPA* 13*D*, Quincy, Massachusetts.

National Fire Protection Association (NFPA) (1999). “Standard for Installation of Sprinkler Systems.” *NFPA* 13, Quincy, Massachusetts.

Pucholvsky, M. T. (1999). *Automatic Sprinkler Systems Handbook*. National Fire Protection Association, Quincy, Massachusetts.

Walski, T. M. (1995). “An Approach for Handing Sprinklers, Hydrants, and Orifices in Water Distribution Systems.” *Proceedings of the AWWA Annual Convention*, American Water Works Association, Anaheim, California.

Wolff, J. B. (1961). “Peak Demands in Residential Areas.” *Journal of the American Water Works Association*, 53 (10).

讨论话题与习题

学习本章并完成全部习题。将成果提交给 Haestad Methods，就能获得 11.0 继续教育学分。参见继续教育单元或登录网站 www. haestad. com/awdm-ceus/，可以获得更多信息。

9.1 一个工业设备的供水系统，通过一个水表和一个减压倒流保护器从一个市政系统取水。以下各图表示连接到简化的市政系统的工业管线系统，以及水表及倒流保护器的水头损失曲线。市政系统水源的总水头为 320ft，倒流保护器的高程为 90ft。水表和倒流保护器位置在标准管径为 6in 的管道 P—C—1 上。应用下面提供的数据构建一个正常需水量条件下的系统模型。

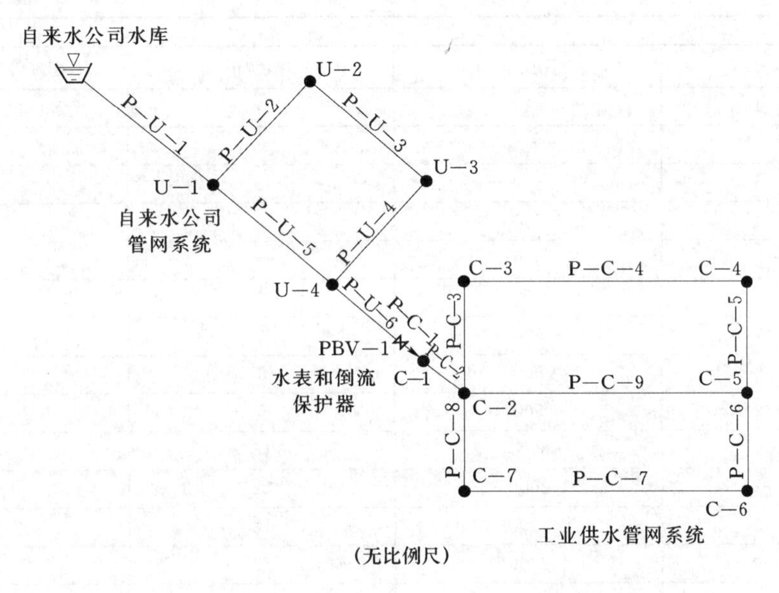

(无比例尺)

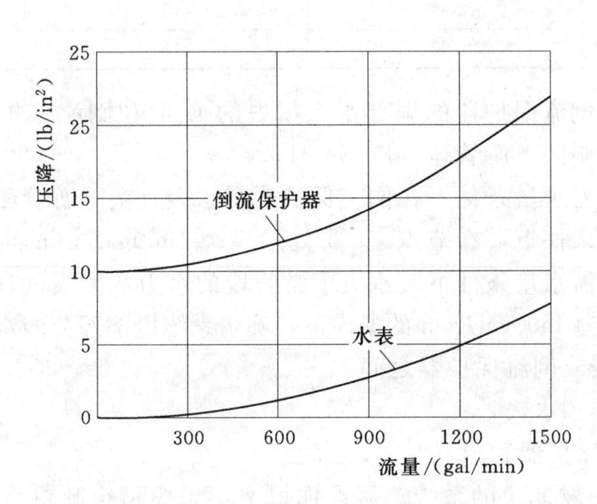

节点编号	高程/ft	需水量/(gal/min)
C—1	90.0	0
C—2	120.0	5
C—3	100.0	5
C—4	135.0	5
C—5	140.0	5
C—6	135.0	5
C—7	130.0	5
U—1	100.0	200
U—2	95.0	500
U—3	80.0	700
U—4	100.0	200

管道编号	管长/ft	管径/in	海曾-威廉系数
P—C—1	1	6	130
P—C—2	50	6	130
P—C—3	500	6	130
P—C—4	500	6	130
P—C—5	500	6	130
P—C—6	500	6	130
P—C—7	500	6	130
P—C—8	500	6	130
P—C—9	500	6	130
P—U—1	3000	16	130
P—U—2	2000	12	130
P—U—3	2000	12	130
P—U—4	2000	12	130
P—U—5	2000	12	130
P—U—6	100	12	130

(1) 确定水表和倒流保护器的局部水头损失的 K 值和倒流保护器的 P_{min} 值。将局部水头损失直接应用于阀门下游管道（P—C—1）。

(2) 确定在正常需水量条件下，倒流保护器和水表直接下游管段的水头。

(3) 正常需水量条件下，在节点 C—4 处加一个 1500gal/min 的消防需水量，确定该点处的压力。在这种需水量条件下，水表下游管段的水力坡度线（HGL）是多少？

(4) 在消防流量为 1500gal/min 的条件下，确定系统以下部分的水头损失（单位：ft）：

- 在水源和水表或倒流保护器之间；
- 在倒流保护器和水表处；
- 在水表/倒流保护器和节点 C—4 之间。

9.2 本题采用习题 9.1 的系统。假设你根本不想模拟市政供水系统，即使是如图所示的简化系统也不想做。你宁愿将位于水表和/倒流保护器下游的节点 C—2 模拟为一个恒定水头节点。应用前面所述习题（2）确定的水力坡度线（*HGL*），插入一个与节点C—1通过一个长1ft、直径为6in的管道连接的水库，且此管道的海曾-威廉公式*C*系数为130。从模型中删除阀门和系统的市政管网部分或使其不再相连。

（1）应用这个水力坡度线（*HGL*），在1500gal/min流量的情况下，节点C—4处的剩余压力是多少？

（2）删除市政管道系统、倒流保护器和水表，将其模拟为一个恒定水头，在消防需水量情况下，是否能给出精确的表示？

9.3 一个现有的小型灌溉系统，在A区域由5个喷洒设备组成，如下图所示。一个新的景观区（B区）计划面积大致和A区相同，要求再安装5个喷洒设备。

现有灌溉系统所需的水是从附近的池塘里用泵抽出的。业主还想用现有的功率为1.5hp的泵给增加的喷洒设备供水。这种泵的生产商水泵曲线数值在下面的表中提供。该泵的高程为97ft。

假设池塘水面高程为101ft，为该喷洒设备系统建立一个恒定水力模型。为了需要时（如维修需要等）将系统隔离，在管道M—3和管道M—4都装有一个1in的闸阀（$K=0.39$）和一个1in的倒虹吸控制阀（$K=14$）以防止污染物如化肥进入池塘中。

为模拟喷洒设备，将一个水力坡度线高程与喷洒设备水头高程相同的水库用一个当量管线与喷洒设备相连。

根据喷洒设备生产商提供的信息，在喷洒设备处需要30lb/in^{2}的压强以产生1.86gal/min的流量。在此流量下喷洒设备的作用半径是15ft。喷洒设备的间距由作用半径确定。如果给定这些信息，用方程（9.4）来解出喷洒设备系数*K*并确定9.5小节中所讨论的当量管道的特征。

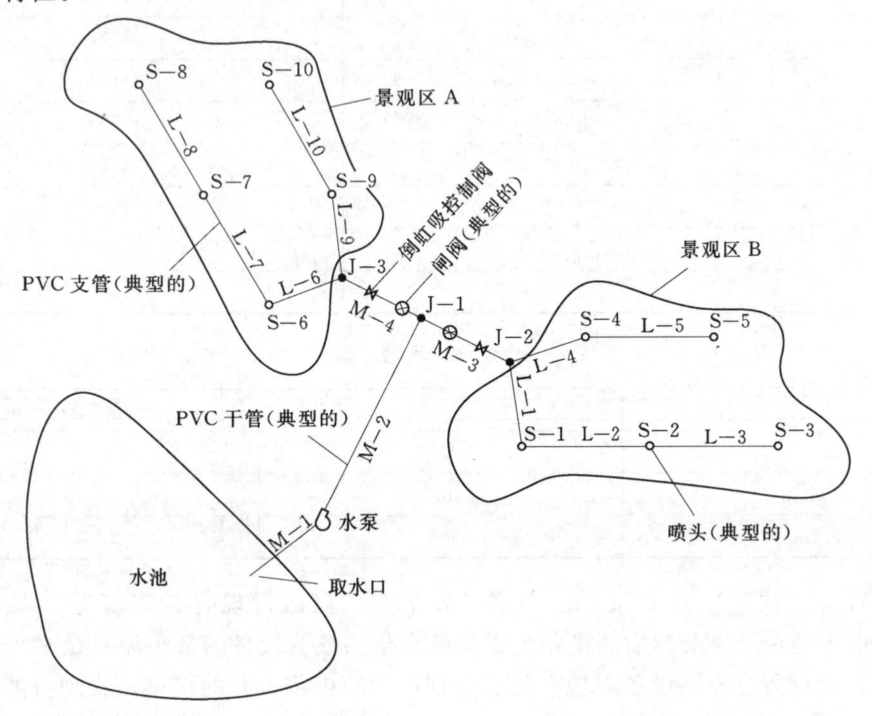

喷洒设备编号	高程/ft	喷洒设备编号	高程/ft
S—1	115.45	S—6	115.75
S—2	115.40	S—7	116.00
S—3	115.25	S—8	116.10
S—4	115.15	S—9	115.55
S—5	115.10	S—10	115.80

节点编号	高程/ft
J—1	115
J—2	115
J—3	115

干管编号	管长/ft	海曾-威廉系数
M—1	19	150
M—2	80	150
M—3	12	150
M—4	12	150

支管编号	管长/ft	海曾-威廉系数
L—1	17	150
L—2	26	150
L—3	26	150
L—4	16	150
L—5	26	150
L—6	16	150
L—7	26	150
L—8	26	150
L—9	17	150
L—10	26	150

水泵曲线数据

	水头/ft	流量/(gal/min)
出口关闭	230	0
设计	187	10
最大运行	83	20

(1) 现有的系统用 0.75in 的支管和 1in 干管。只运行现有系统模型（即关闭管道 M—3)。水泵是否能为所有喷洒设备提供足够水量？喷洒设备的最小流量是多少？

(2) 再运行所有喷洒设备（现有的和计划中的）中都打开的模型。为现有的和计划中的管段都用0.75in支管和1in干管。水泵是否能为所有喷洒设备提供充足的水量？喷洒设备的最小流量是多少？

（3）如果你从零开始设计整个系统（尚未安装任何管段），为了满足最小的流量/压力需要，支管和干管的最小管径应该是多大？假定所有喷洒设备同时出流且水泵和前面表中描述的相同。

（4）业主明显倾向于继续利用现有的管线，并且为了节省费用想在新系统中使用更小的管线。在做这个设计工作中，要采取什么运行措施？

9.4 本题是习题9.3的继续。灌溉系统每天使用2.5h浇灌景观区。制定的时刻表是景观区A浇灌时间为4：00—6：30，B区为6：30—9：00。所用的管道型号是支管0.75in和干管1in。

（1）用现有的水泵和习题9.3所给的最小系统需求，是否能为所有的喷洒设备提供足够的水量/水压？

（2）你要考虑在旱季池塘是否有足够的水用来灌溉。该池塘的体积数据在下表中提供。应用这些体积数据将池塘模拟为水箱，运行一个延时模拟（EPS）以确定在每天循环中灌溉系统所用的总体积水量。忽略蒸发和下渗，外推用水速度，确定在池塘干涸之前旱季能持续供水多久？

水 池 数 据

水池总容积	$10000ft^3$	初始水池高程	103ft
最大水池高程	104ft	最小水池高程	98ft

水池水深容积关系

水深比	容积比	水深比	容积比
0.0（elev.=98ft）	0.0（vol.=0）	0.8（elev=102.8ft）	0.7（vol.=$7000ft^3$）
0.5（elev.=101ft）	0.3（vol.=$3000ft^3$）	1.0（elev.=104ft）	1.0（vol.=$10000ft^3$）

9.5 一个场所消防等级为普通危险一级的建筑物，其一个$1500ft^2$面积内所要求的最小消防喷洒设备用水量是0.16（gal/min）。单个喷洒设备的有效覆盖面积为$130ft^2$。

（1）计算$1500ft^2$的有效面积需要喷洒设备的个数。

（2）为满足$1500ft^2$面积的需水要求，每个喷洒设备的最小流量要求是多少？

（3）如果这种喷洒设备的$K=4.0$，喷洒设备出口需要多大压力才能达到所需流量？

9.6 用设备当量法来为一个有以下各个设备总量的商业办公综合楼估算其峰值设计流量。

32	小便池（冲洗阀）	16	饮水喷泉
60	冲水厕所（冲洗阀）	2	洗碗机（0.75in）
50	水槽	4	厨房水槽（0.75in）
2	有8个淋浴喷头的淋浴室	4	软管连接（0.75in）

该综合楼有草坪灌溉设备，但不在高峰需水时段使用。消防水量是独立管线供应的。因此，消防和灌溉需水量不需要包括在计算中。

确定设备单位的总数和设计流量。如果你想在高峰流量时段服务管线中流速为5ft/s，那么你大概要选择多大管径的管线。

第 10 章 运行

在供水管网计算机建模早期，模拟主要用于解决设计问题。因为使用模型是相当麻烦的，操作人员更倾向于在现场测量水压和流速等数据，而不愿与复杂的计算程序打交道。最近，软件技术的发展使模型更加强大并易于使用。因此，操作人员已经接受将计算机模拟作为工具来辅助自己以保证供水系统平稳运行。

操作人员使用模型能模拟所有可能情况下供水系统中任何位置发生的事情。现场收集大量数据是经费所不许可的。操作人员通过模型能分析那些困难的，或者是不可能的情况，在实际系统建立（如自来水厂停产一天）一个已校核好的模型，并只通过少量的现场观察数据就能得到一幅供水系统真实运行的完整图像。

10.1 管网运行过程中模型的角色

模型可用于解决一些面临的问题，分析拟议的运行改变，并且准备不寻常的事件。通过比对模型结果和现场运行数据，操作人员能够确定系统出现问题的原因，在第一时间形成正常工作的解决方案，而不是求助于在实际系统中反复试验校正。

实际测量一些参数，如某个管线中的流量或者某个消火栓的水力坡度线（*HGL*）有时是困难的。假如操作人员需要知道系统中某位置的流量，而该位置现在没有流量计，那么必须在该位置开挖地面，在管线上安装活栓和一个毕托管，或者其他测流设备（这是一件耗费物质和金钱的事情）。而且，因为操作人员必须要考虑到用户的健康和安全，他们不能为了观察某个操作的影响而简单地对实际系统进行实验，比如说，压强区域边界也要靠操作人员设定。然而，操作人员通过模型分析多种类型的操作变化和对异常事件的规划就容易了。

与设计工程师对拟建的系统研究不同，操作人员能在实际系统中获得现场数据，包括压强、水箱水位和流量。解决运行问题包括将这些现场数据与模拟结果的综合使用。在本章中出现频率较高的最为有用的一些数据类型是通过消火栓流量测试、压强图表记录仪和 SCADA 及遥感系统采集的数据。

假设所用模型已校核好了，现场数据与模型计算结果值之间有出入，这意味着系统存在问题，并提供了线索应如何解决问题。通过对比现场观测结果与模型预测可能会发现一些问题，这些问题包括阀门的关闭、水锤以及未按预期工作的水泵等。本书中所讨论的模型没有明确地检查短期的水力瞬变现象（如水锤）。然而，引起非正常压强波动的其他原因被排除之后，水锤能够通过某个排除流程而诊断得出。

模型作为操作人员的培训工具也是很有用的。就像飞行员在飞行模拟机上的训练一样，操作人员能在供水系统模拟中得到训练。这样，操作人员在模型上犯错误的代价要比在实际系统上犯错误的小得多。此外，操作人员在一些情况发生之前就能确定如何去处理它们，如重大的管线故障或火警。Cesario（1995）描述了模型如何协助操作人员改变管网的运行操作，否则他们只能勉强尝试不同操作方案。

真实系统发生的不寻常情况经常给建模工作者提供一个机会，根据这些条件去进一步校核模型，这些条件由于其破坏性和对系统非所需的影响，操作人员有意不愿去重现。当这些事件发生时，收集尽可能多的信息并在其丢失、遗忘之前记录下来是重要的，这些信息是关于压强、系统流量、用户投诉、水箱水位、操作人员的讲述等。在许多案例上，解决这些问题时，有经验的现场人员和水厂操作人员会记录所有的这些信息，在危机解决之后进行备案或丢弃。

以下的各个小节，描述了如何应用某个配水模型解决某些操作问题。本章假定已有一个该系统的已校核好的模型，包括以下一些主题：

- 常规操作问题解决方案；
- 特殊事件的应对准备；
- 能源效率计算；
- 管线冲刷；
- 测量；
- 水质调查；
- 操作对水质的影响。

10.2 低压问题

与供水系统相关的最经常发生的操作问题就是低压或压强波动。虽然确认该问题的存在很简单，但是找出原因并确定一个好的解决方案就要困难得多。

问题识别

顾客投诉、建模研究、常规检查所获得的现场测量显示系统的某个部分存在低压。压强问题可以这样确认：通过将带有数据记录设备的压强表或图表记录仪与某个消火栓或水龙端部连接，不间断地记录压强。有时，某个用户可能报告一个低压问题，而这时该干管压强正常。在这种情况下，该低压可能是由于用户管线中的某个限制条件或某个使用点/入口点设备引起了相当大的水头损失。

如果测量结果显示该干管低压强存在，且怀疑该供水系统中存在某个问题，下一步要做的是检查该问题的时间特性。如果测试读数显示该压强一直低下，那么这可能是因为该地区相对于其服务压强区域而言高程太高。

只在高需水量期间发生的压强下降，通常因为管线或水泵容量不足或关闭了某个阀门。如果该问题发生于非高峰期，可能是远程水箱已充满水之后附近水泵停车，使水泵出流方向一侧的压强下降。

模拟低压

如果可以获得数据，该问题可以在模型中重建并模拟。有瞬时压强读数可以使用恒态分析，但是可以使用延时模拟（EPS）尽量重建压强记录曲线来获得更多的信息。

尽管一些引起低压问题原因（高程、设备容量不足等）的判断能够只从图表记录读数中快速得到，但是，准确地识别引起该问题的薄弱系统部件仍需要模型。例如，定位系统中潜在的瓶颈管线，模型检查那些具有高流速的管线。高流速管线的容量在模型中通过添加平行管线、改变管径或者调整粗糙率而得到提高，然后看该问题能否解决。如果该问题是由于水泵容量不足，就输入新的水泵曲线数据或叶轮尺寸。如果高程是主要原因，那么需要调整压强区域边界，或者增加加压泵。

如果某个压强问题只是在用水高峰期间系统的某个远程部分存在，那么增加一个存储水箱可能解决问题。在城市内，储水量通常受消防需水量限制，而在乡村系统中，储水量可能要受峰值小时需水量的限制。存储水量的需要在 8.3 小节中有更深入的讨论。

查找关闭的阀门

模型与图表记录仪的数据经常不一致，特别是在用水高峰期或消防流量测试时期。模型可能显示比所观测到的小得多的压强下降。当在真实系统中存在某个关闭的阀门或者半关闭的阀门，导致系统与模型相比存在一个显著的容量减少时，这种不一致通常就会发生。该问题构件通常可以通过测量整个实际系统的水力坡度线，寻找与压强区域划分无关的水头突变来定位。如果该水力坡度线比模型预测的某一特定点下游要低很多，很可能那里有某一个关闭的阀门。

如前所述，水力坡度线等于高程加上压强水头。因为水力坡度线与高程和压强都有关系，对比水力坡度线比只对比压强，更容易查明关闭的阀门位置。

虽然压强表的精度影响水力坡度线计算，但是不准确的高程很可能引起更严重的错误，因为它在这两个参数中更难测量。地形图通常有太大的等高间距因而不能提供所需的精度，因此它并不是非常精确的数据源。可以通过使用污水系统检查井高程、高度计或GPS来获得更为精确的高程（Walski，1998）。

一个检查数据的好方法是比较从水源处（或附近水箱）到出现压强问题区域处的测量和预测的水力坡度线。如前所述，在测量的水力坡度线上的某个突然降落表明可能存在某个关闭的阀门。

因为在流量小时水头损失也小，水力坡度线的某个突然降落不可能发生在正常需水量的情况下（在正常的情况下，水力坡度线坡度一般为1‰～2‰，判断该问题是困难的，如图10.1所示。综合这些困难是水力坡度线本身不精确造成的，如果这些测试点的高程通过调查或者GPS不能被精确确定，其可能偏差5ft以上。因此，测量误差可能大于得出好的结论所需数据的精度。

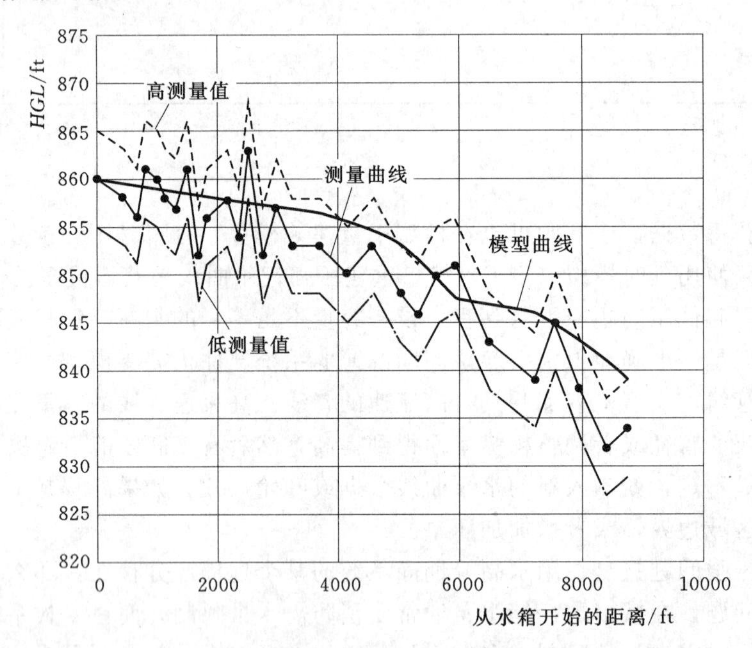

图10.1　低流量条件下 *HGL* 的坡度

为了克服这些误差，这些管线中的流速必须增大，产生某个足够大的水头损失。通过开启某个消火栓，或者在必须情况下开启某个排水阀，水头损失增加，这样，水力坡度线的坡度比测量误差明显大得多，如图10.2所示。即使有如图中所示的“噪声”数据，模型数据和实测数据清晰地在距离水箱约3200ft（975m）处分开。对于剩下的区域范围，水力坡度线的坡度对于模型数据和实测数据都是一样的。因此，要么是在大约3200ft（975m）处存在某种类型的限制，要么模型在那个区域有错误。

通常，保持消火栓或排水阀在长时间段内为打开状态，且同时将压强表从一个位置移

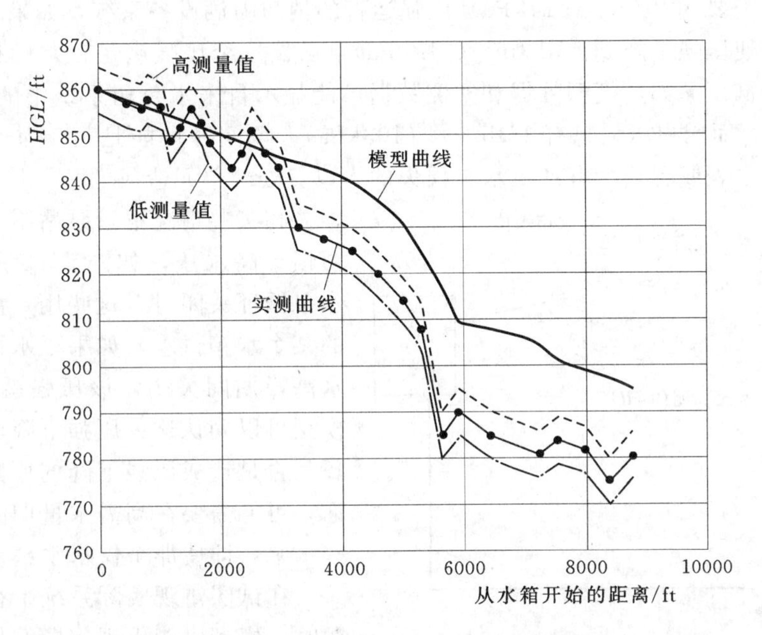

图 10.2 高流量条件下 *HGL* 的坡度

动到另一个位置是困难的；运行几个消火栓流量测试，同时在其余的多个消火栓测试压强，这可能是最好的做法。用这种做法，进行三个测试就可以产生一个相当大数目的数据点。同样的消火栓应以同样的速率出流，同时记录其他几个消火栓的压强。

解决低压问题

在形成该压强问题的原因已经被识别并确认之后，可能的解决方案通常相当直接，包括如下几种：

- 做出操作改变，如开启阀门；
- 改变减压阀或者水泵控制设置；
- 定位并修复任何漏失点；
- 调整压强区域边界；
- 执行设备改建项目，如铺设新的干管；
- 清洗管道并加内衬；
- 安装水泵，建立一个新的压强区域；
- 安装新的水箱。

某些压强问题对于自来水公司而言是难以解决的。例如，某个工业用户可能需要一个很高的压强，或者某个居民由于该用户自己的管线问题而产生低压。如果该自来水公司没理由花费大量金钱去对系统进行改造，以便满足用户的特殊愿望或改善用户管线，该问题就变为一个用户关系问题了。

使用模型，自来水公司能确定问题的原因，研究增加压强的方法，更好地确定系统改造的费用是否超过利益，或者发现问题不在自来水公司系统自身。例如，某个商业用户已经安装了一个需要 60lb/in^2（414kPa）压强运行的消防喷洒设备系统，如果自来水公司作了运行改变，使压强下降到 45lb/in^2（310kPa），虽然这个压强满足正常的标准，但这个用户将会很烦恼。又如，模型数据和实测数据可能显示自来水公司系统中的压强为 60lb/in^2（414kPa），而用户压强只有 15lb/in^2（103kPa）。该问题可能是由于某个过小的倒流保护器阀门、水表或者某个有过大水头损失的入口点处理单元造成的。

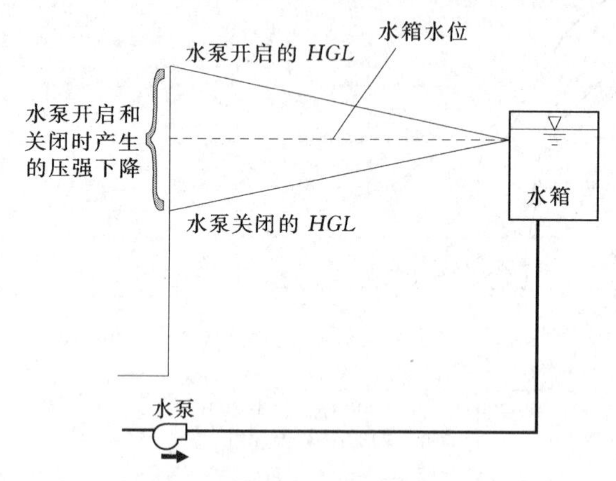

图 10.3　水泵运行对靠近泵站的用户的影响

在某些情况下，泵站附近的用户可能习惯于高水压，如图 10.3 所示。当某个水泵循环关闭时，这些用户由可能较远处的某个水箱供水。如果该水泵要在某个需水高峰期间关闭，该压强就会大幅下降。模型可以确认这种压强下降，以及水泵循环是否是造成压强下降的原因。如果是的话，可能需要在高需水量期间一直运行某些水泵，即使那个供水水箱是满的。

在试图重现实际系统中存在的低压问题时，模型可能出现问题。例如，模型数据和实测数据可能在水泵关闭时吻合，但是水泵开启时的数据则不吻合，这表明模型中这些水泵运行曲线可能不准确（如某个泵的叶轮可能已经改变，但在模型中没有更新）。其他出现在模型数据和实测数据之间可能的差别，可能是减压阀的控制设置。随着时间推移，这些设置本身可能会发生变化。有的在现场可能会发生变化，但在模型中没有改变。为了运行准确，模型必须反映即时的运行条件，同时采集现场数据。

漏失检测　除非能获知准确的需水量，本方法只能在漏失量相对于需水量来说很大的情况下才有效。除非非常准确地知道需水量，如果漏失量相对于需水量来说很大，这方法才能有效［即在某个压强区域中用水量 200gal/min（0.013m^3/s），漏失量为 100gal/min（0.006m^3/s）］。在这些情况下，这些大量漏失表现为地面出水，没有必要用模型定位。

作为上述场景的一个例外，在系统某个部分，当有非常高的夜间需水量要求能够精确反映每日的用水量时，模型可以用于帮助漏失定位。如果没有大的夜间用水用户，如夜间运行的工业用户，用水量通常下降到大约 40%的平均日用水量。因为在夜间漏失没有减少，如果模型的夜间大用水量与历史记录相吻合，在系统的这一部分可能怀疑有漏失。

在某些情况中，产生低压的原因是由于某个管线故障而产生的某个大范围、非地面出水的水量损失。在这种情况下，水量可能通过某个大直径的下水道、某个溪流或在某个不易察觉的地势低的区域而损失了。这种漏失的一个显示迹象可能是某个水泵的需水量上升，如果损失很大的话，会表现为某个高位水箱的水位不寻常的下降，或者这些现象发生在这些设备附近。如果漏失发生在较小的环状干管上，其影响在某个小范围的区域内就能够觉察到，并且可能不会注意到需水量的上升。这些漏失通常通过观测查检查井有没有额外的水流，或者倾听消火栓和阀门看有无漏水声音来查找。

10.3 低消防流量问题

低消防流量是另一个常见的运行问题。在一个已有系统中解决该问题不同于给新建的系统设计管线，因为自来水公司不能将系统改善所需费用摊派到新用户身上。运行管理人员宁可去找系统中的瓶颈管线，然后改造它。

识别问题

在一个现存系统中消防用水量不足的可能原因如下：

- 偏小的干管；
- 由于管线腐蚀或结垢引起的输水能力的长期下降；
- 用户的地理位置远离水源；
- 水泵不适合；
- 阀门关闭或者部分关闭（见 10.2 小节讨论）；
- 上述一些原因的组合。

消防流量测试可以揭示该问题的大小。但是模型可以帮助确定并且量化该问题的产生原因并提出可能的解决方案。消防流量测试应该首先应用于精确地校核所感兴趣区域的模型。如果在消防流量测试阶段，预测的压强大于观测压强，该问题通常是存在关闭的阀门(或有时是减压阀不能适当的运行)。在大流量事件期间绘制实际的和模拟的水力坡度线，这有助于定位和确定低消防流量的原因。

如果模型被校准，并且没有发现关闭的阀门，那么流量不足的原因可能是管道容量不足，或者问题区域与供水水源之间的距离过长。模型为操作人员提供了一个可检查每根管线流速工具。如果对于长管线运行时流速大于 8ft/s（2.4m/s），那么问题就是管径过小。

如果模型需要与相当粗糙的管线相对应的某个摩擦系数（如某个海曾-威廉 $C<60$），并且该值可以通过目视检测管线内壁粗糙度或通过测试来确认，那么，因为管线结垢而使输运容量损失将受到责备。

干管等径、粗糙度影响水力坡度线的坡度，管线长度影响压强下降的大小。例如，在没有大的影响压强时，通过一根旧的、管径为 6in（150mm）、长度 100ft 的干管（30.5 m）比通过一个管径相同、长度 10000ft（3050m）的管线输送的流量更大，这是可能的。

在已经简化的模型中，为了得到一个精确的消防流量图，可能需要将已经移除的管线重新加进模型中。

低消防流量的解决方案

最佳的低消防流量解决方案取决于通过模型所确认的问题和现场数据的采集。通常，解决方案包括以下一种或几种方案的组合：

- 铺设新管段；
- 管线输水能力恢复（管线清洗和加装内衬、增加内衬涂层或者管线爆裂）；
- 增设加压泵；

• 在问题区域附近增加储水设备。

这些选项中的每一个以不同的方式影响系统，并产生不同的好处，所以比选这些选项方案时，应该实行基于性价比分析而不是仅仅基于最小花费用分析。该评价模型通常以恒态分析模型来执行。只有对于储水设备容积或者供水系统向储水设备充水能力的问题，才应该应用EPS模型。

铺设新管线和输水能力恢复 铺设新的管线（增加过流容量）和恢复已有管线的输水能力使某个给定流速的管线水力坡度变缓，如图10.4所示。通过允许建模工作人员检查水力坡度线，模型能辅助定位哪些管线是输水瓶颈，需要被修复或者使输水能力恢复。

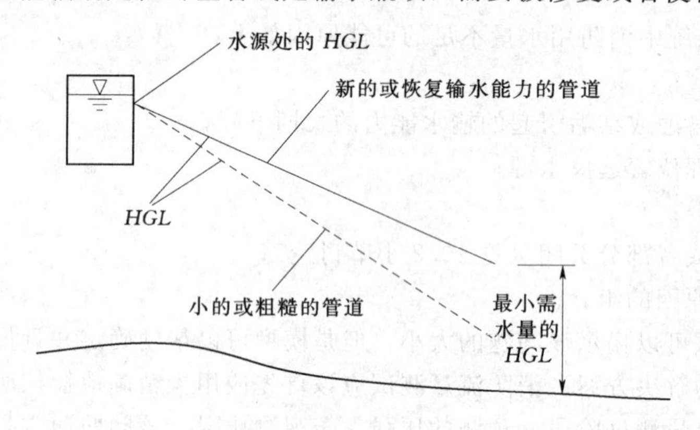

图 10.4 管道改进对 HGL 的影响

加压泵 从初期建设投资的观点看，加压泵通常是校正低压问题的最省钱的方法。加压泵大幅度提高了运行和维护费用，然而，在将来的管网扩建中，该方案不如其他的可能方案那样具有较强的灵活性。加压泵提高了水泵处的水力坡度线但是并没有减小水力坡度，如图10.5所示。因此，一般来说，加压泵只适用于将水输运上小山，不适于补偿那些管径太小的情况。甚至可以说，加压泵能给系统的某些部分过分增压，甚至引起水锤，特别是在下游没有蓄水池或者减压措施的情况下。

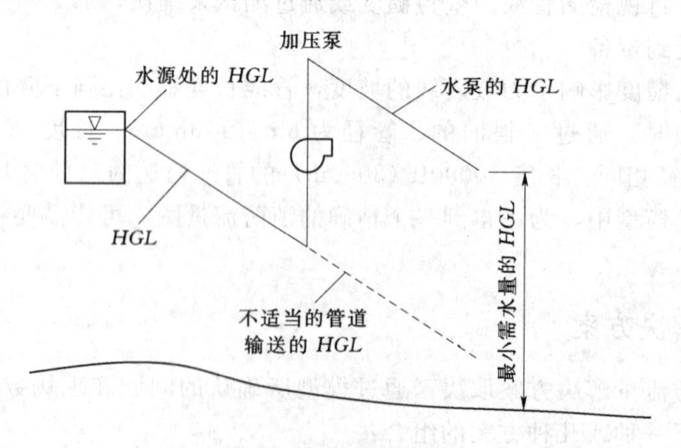

图 10.5 使用加压泵增加 HGL

增加储水设备 在系统边缘区域增设储水设备，是个造价较高的措施，但是这种方法提供了最好的效果。储水设备极大地提高了消防流量和水压，因为水可以从两个不同方向到达着火点（原来的那个水源以及新的储水设备水源）。这种流动分离可以大大降低干管中的流速。因为水头损失大体上正比于流速的平方，如果流速减小一半，水头损失只有原来值的 1/4，如图 10.6 所示。储水设备可以在发生某个水管爆裂或者停电事件时提高系统的可靠性，并且有助于减缓瞬变流现象。

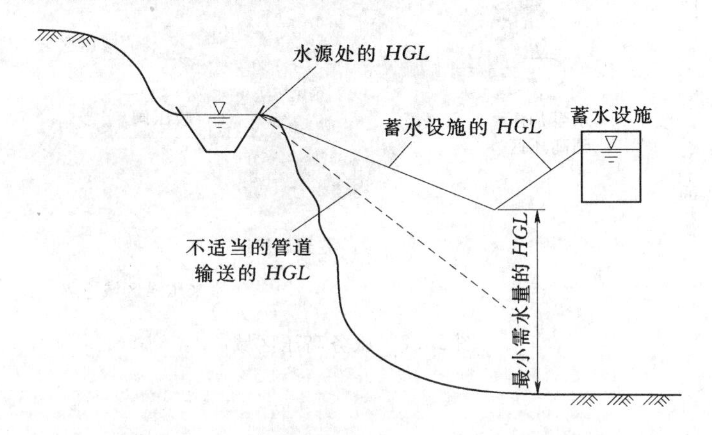

图 10.6　附加蓄水设施定位对 HGL 的影响

10.4　调整压强区域边界

尽管已努力对 8.5 小节中所讨论的供水系统进行了适当布置，自来水公司有时发现仍旧不能摆脱低压或者高压的烦恼。就如在 10.2 小节所讨论的，因为用户投诉，低压问题通常能很快被识别并校正。另一方面，高压问题可以持续，那是因为绝大部分用户没有认识到它们接受的压强过大。

当确定某个区域压强过高，最好是偏移该压强区域边界，这样，相应的用户就能从某个低压区域接受更为合理的压强。然而，在某些情况下，这可能不是一个实际的解决方法。例如，在图 10.7 中，右边的用户区域可能离左边的低压区域太远，不能经济地连接，这样其只能从较高压强区域通过减压阀供水。减小压强能减小漏失，延长管道设备服务期限。在安装之前，模拟减压阀的运行性能，确定对已有用户和消防流量的影响，这是重要的。

自来水公司可能希望调整该压强区域边界，降低与水泵相关的能耗费用，并避免系统过高压强。开始这项工作的最好方法是确定压强区域之间边界的高程等高线，在模型中沿着该边界关闭阀门。

例如在图 10.8 中，自来水公司已经选择了 1200ft（366m）高程等高线作为具有水力坡度线值为 1300～1410ft（396～430m）之间的压强区域的边界。模型能够帮助指出系统中由于关闭阀门将引发的问题。并能帮助操作人员确认解决方案。在这个范例中，在阀门 B 和阀门 D 之间的一些用户将由较高压强区域供水。然而，该图中间的那根 12in（300mm）的管线可能是一根重要的为较低压强区服务的输水干线。如果阀门 B 和阀门 D 关闭，该管线不再服务于这个目的，这样必须寻找别的解决方案。

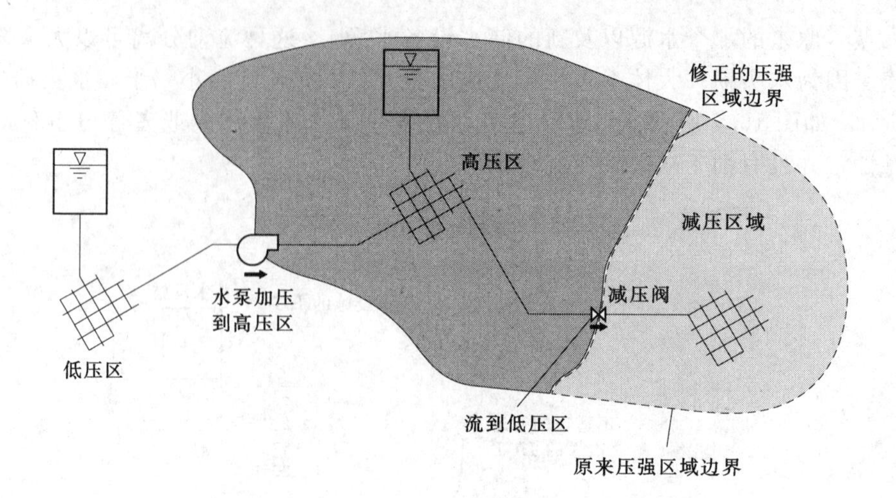

图 10.7　服务高压区域

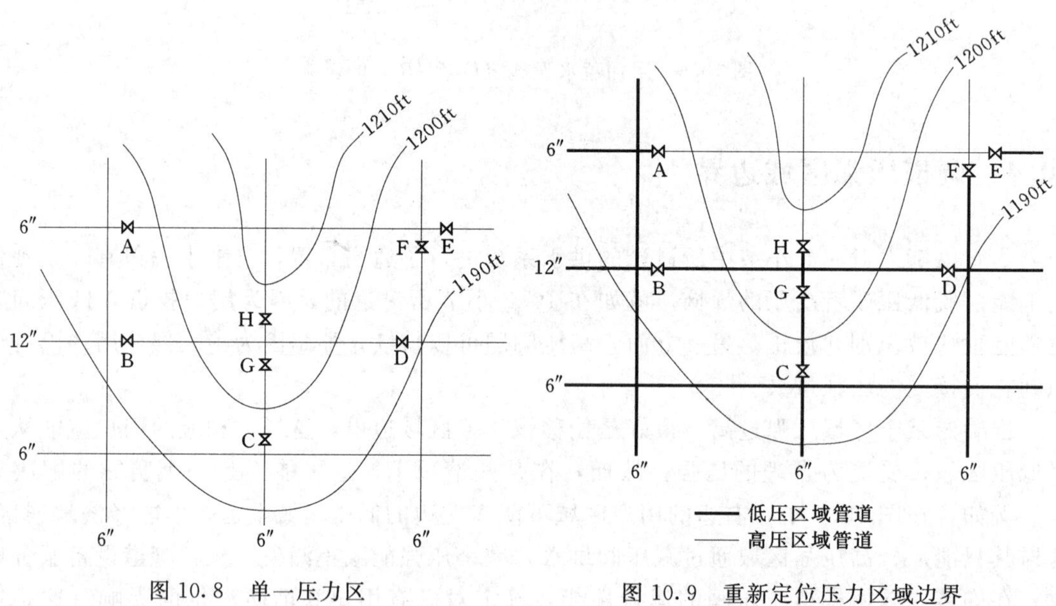

图 10.8　单一压力区

图 10.9　重新定位压力区域边界

如果阀门 G 附近区域的高程只是略高于 1200ft（366m），那么可能简单地将压强区域划分移动到阀门 H，让阀门 B、阀门 C、阀门 D 打开，如图 10.9 所示。然而，如果该解决方案导致阀门 G 附近用户的压强过低，那么必须在阀门 G 与阀门 H 之间建立一个超越管线（见图 10.10）。此外，需要某个小的用户管线服务较高高程用户，该管线与 12in（300mm）的干管平行并延伸到 1410ft（430m）压强区域边界。注意：即使压强较低，在阀门 G 点附近的任何消火栓应该保持与 12in（300mm）管线的连接，这是因为其具有较大的输水容量。

这个范例说明对压强区域边界的调整会变得多么复杂。这个模型是一个测试不同阀门方案并确定调整效果的优秀方法。如果该模型最初已经简化，需要在所研究区域的整个管网网格中填入管线以获得足够的细节用于分析。沿着压强区域边界的所有管线和关闭的阀门都是重要的。例如在图 10.10 中，在阀门 E 和阀门 F 附近的交叉节点是在较高压强区域，这两个阀门本身表示在较低压强区域内的两根管线的终点。

恒态分析已经说明在正常的一天压强处于某个希望的范围内之后，边界附近的消火栓流量模拟结果与实际的消火栓测试数据进行了比对。这个比对能确认任何由于潜在的边界改变可能导致的消防流量容量问题，例如，减少了某个区域的供水点数量。在某些情况下，需要增加管线或关闭环路。同样，在各个区域之间安装减压阀和/或者止回阀，向较低压强区域提供额外的供水，提高可靠性。

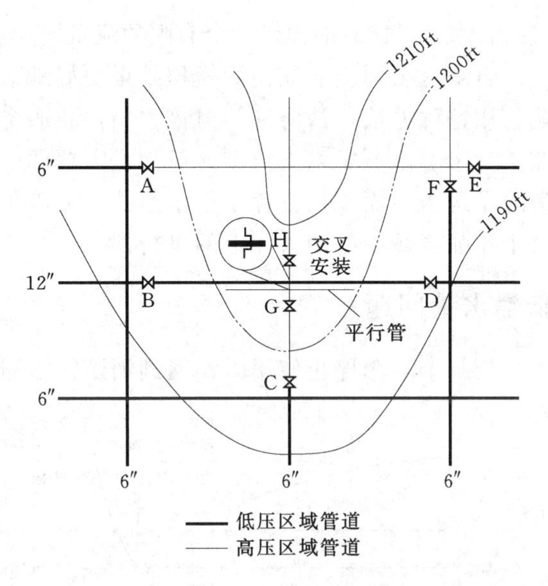

图 10.10 隔离压力区域和安装超越管道

调整压强区域边界可能导致出现某些长而流量很小的盲端管线。这些盲端应该避免，这是由于有潜在的水质问题。可能需要在这些管线的末端安装排水阀门。

10.5 水箱停止使用

有时，供水管网中的储水水箱由于要检查、清洁、修理和重新喷漆而必须停止使用。即使一项简单的检查也会使一个水箱停止服务几天，这期间要完成几项耗时的任务，例如排水、清除沉淀物、检查、消毒、水箱充水。

由于水箱在系统运行中是如此重要，将某个水箱停止服务会显著影响供水系统运行（对水压影响的信息见 10.6 小节中“模拟关闭方案”）。系统容量会明显减小；相反，在非用水高峰期，当需水量降落到低于水泵的供水容量较大时，系统会压强过高。

消防流量

当水箱对于流量平衡很重要时，其主要作用是对最高小时需水量和消防流量提供流量补偿。将某个水箱停止服务，就减少了一个紧急事件时的主要水源。应该应用模型分析系统中几个地方的消防流量，确定该水箱停止服务会产生什么影响，而其他水源能供应多少流量（如水厂清水池、水泵或者经过减压阀的水源）。

如果紧急状态的水量损失很大，那么自来水公司可能希望采取以下一种或者几种措施：

- 安装临时的应急水泵；
- 如果需要，准备启动与某个邻近自来水公司互联的某条管线；
- 在一个压强区域分界处安装一对消火栓，这样，在紧急情况时可以连接一个临时消防泵。

可以模拟这些紧急情况的连接方案，确定额外提供的流量总量。有时，添加一个紧急连接或者水泵可能只能提供一个有限的流量增加，这是因为在系统其他地方存在一些瓶颈。

自来水公司企业能使用模拟结果更好地表现停止某个水箱对消防部门和主要用户的影响。用这种办法，消防部门对该水箱停止服务做出准备，并且做出适当的供水安排，如果在该受影响区域发生火情，这可能是需要的。例如，消防部门可能准备在紧急情况下使用消防车运水，而不是依赖于供水系统；或者他们会研究将水龙连接到邻近有充足储水量的某个压强区域中的消火栓上的可行性。

低需水量问题

当某个水箱停止使用时，遇到消防需水量的问题是显而易见的，甚至在平常时间或者低用水量时也会突然出现一些问题。当一个压强区域由常速水泵的泵站供水而且没有储水设备时，水泵就会沿着其特性曲线去满足需水量。在非高峰时间，水泵的出流量相比于设计流量会非常低（如平均流量的40%），因此这个流量以较高的水头流出。会产生非常高的系统压强，这取决于水泵的特性曲线形状。当设计使用克服高水头的深井水泵时，最坏的问题出现了（也就是说，其水泵特性曲线非常陡），这是因为需水量的微小变化都能导致巨大的压强改变。

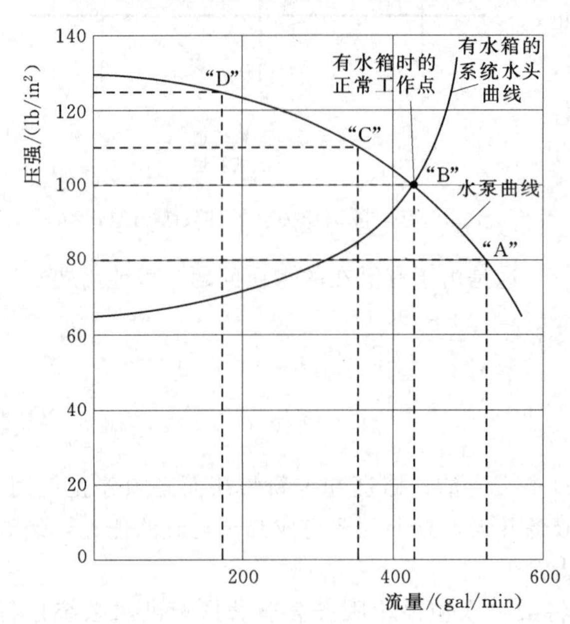

图 10.11　需水量改变对封闭系统中恒速水泵的影响

这种情况的一个范例如图 10.11 所示，并且相应的数据列于表 10.1 中。图 10.11 表示了系统中某个代表节点的压强（如水泵出口端）和其他点的压强如何随高程变化。相对较低的夜间需水量表明该系统在这段时间可能水头损失很小，这综合了该水泵出口压强提高对系统压强的影响。如果这个区域的管线通常在 85lb/in²（586kPa）的压强下运行，某个 15lb/in²（103kPa）的压强增量可导致临界的管线爆裂［那些不能承受 85lb/in²（586kPa）压强的管线先前就已经爆裂］。如果某个水箱停止使用，自来水公司要承受某条主要管线爆裂。

表 10.1　　图 10.11 所示水泵的流量和相应压强关系

点	需水量	压强/(lb/in²)	流量/(gal/min)
A	高峰需水量	80	520
B	有水箱的正常工况点	100	420
C	平均需水量	110	350
D	夜间需水量	125	180

EPS 模型可以用于模拟发生在一天当中的压强和流量情况，确定在非高峰需水量期

间压强是否可能过高，或者在高峰需水量期间压强过低。如果压强变得过高，那么在水泵出口管线上可以安装一个减压阀，或者安装一个压强释放阀，排出倒流回水泵吸水端的水。该减压阀可以模拟为当压强超过给定设置时阀门为开启状态的保压阀。如果在需水高峰期间压强过低，那么可能需要增加水泵或者修改水泵控制。

10.6 关闭系统某个区域

为了安装与某个新管道的连接、修理某条爆裂的管线或者恢复某条管线部分的输水能力，管线有时需要停止服务。没有模型，工程人员要么需要对该系统运行影响作出某种智能猜测，或者执行某个尝试性的关闭方案看看会发生什么。模型模拟是一个极好的选择方案或者是对这些选项的补充措施。

表示关闭方案

在模型中阀门的正确位置对于确定某个关闭方案对供水系统运行的影响是重要的。图 10.12 表示连接节点 J—37 和节点 J—38 的管线 P—140。在关闭方案 A 中，管线 P—140 停止服务，同时节点 J—37、节点 J—38 以及与这两个节点相连的管道也停止服务。在关闭方案 B 中，启用阀门 G 和阀门 H，则只有管线 P—140 停止服务。建立模型通常不会包括管线中的小的管段，例如阀门 G 与节点 J—37 之间的一小段管段，所以操作人员需要细心地分析如何修改节点和管线以正确地模拟该关闭方案。绝大多数水力模拟软件包允许用户以管线的一项功能来模拟该管线关闭，而不是在模型中包括所有的阀门。

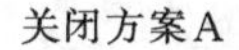

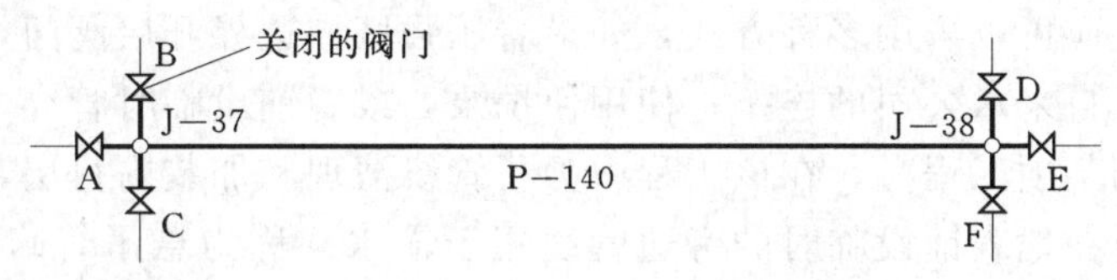

关闭方案B

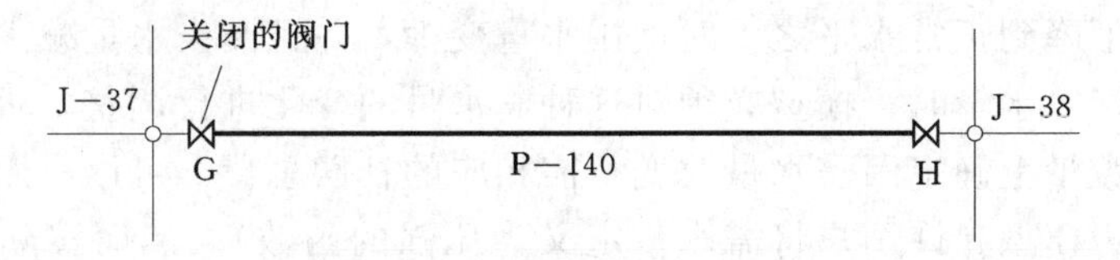

图 10.12 模拟管道关闭

当关闭某条有很多水龙头的大型输水干管时，该问题就变得更加复杂。在这种情况下，所有与该干管平行的较小的管线必须包括在模型中。即使在当前管网简化水平下这些管线没有包含在模型中的也需重新包含在模型中（在大型干管运行时，这些管线可能被认为是不重要的）。在图 10.13 中，用虚线表示的 6in（150mm）管线可能最初被排除在模型之外。但是，在模拟 16in（400mm）管线关闭期间，较小的管线变得很重要，并且应该包括在模型之中。

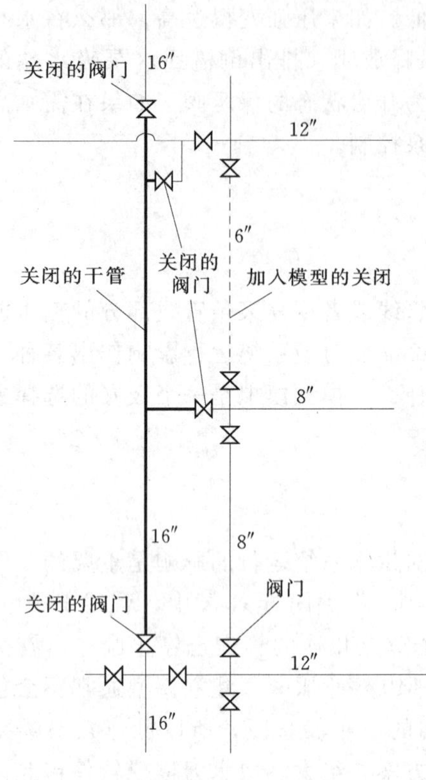

图 10.13　输水干管关闭

模拟关闭方案

模型设定正确之后就可以用于模拟关闭方案。在执行任何延时模拟（EPS）之前，应用恒态模拟确定用户是否会立即停水。这个问题可能会在模型输出中以“出现孤立节点”警告的形式显示，或者以出现负压节点的形式显示。注意：在一个供水管网系统中实际上不存在负压，而是表示设定的需水量不能得到满足。

在该恒态运行成功完成之后，就能清楚有哪些用户将要停水，操作人员就要继续进行延时模拟。关闭方案的运行将会显示系统中被影响的部分是否由储水设备供水。一个依赖储水设备的系统，其水箱水位会快速下降。在这种情况下，应用延时模拟（EPS）研究水箱水位的范围和其对系统压强的影响。

通常，在设备短期关闭时，系统可以由储水设备供水。模型可以确定在储水设备水量用完之前能持续供水多长时间。如果需要设备长期关闭，自来水公司就会应用延时模拟结果确定该区域替代供水水源的可行性。

额外的供水供应可以采用多种方式，如沿着压强区域边界开启阀门，从邻近区域获得供水；打开与邻近自来水公司的连接；使用便携泵，或者铺设临时管线、水龙带，给停水区域输水。当规划某项工程时，在该工程中为了管线清理和加装内衬层，需要一些管线停止服务，这就需要在地表铺设临时的旁通管线用于输水（称为悬吊管），给那些停止服务区域的用户供水。

在模拟水箱关闭时，需要考虑压强对需水量的影响。实际上，需水量是系统压强的某个函数。当压强下降到正常水平之下时，用水量变少，并且漏失水量减少。当以压强下降的某个函数来估计需水量时，模型必须对这种需水量的变化进行调整，否则模拟结果会偏于保守。为了从数量上确定因需水量改变所需相应的补偿总量，可以应用基于压强的需水量模型（某些水力模型允许用户将需水量定义为压强的函数）。然而实际上，需水量下降是通过与压强变化相关的某个因子，因此通常需要进行大量的判断。

10.7　电力中断

某个电力中断事件可能只影响一个泵站，也可能影响整个系统。通常，自来水公司尽量将重要的设施在数个方向上与有冗余供电能力的电网相连接。然而，没有任何电力系统是完全可靠的，电力可能因恶劣的天气或极端的用电需求负荷而导致中断。

绝大多数自来水公司依赖某些方法的组合来应对电力中断事件，如高位水箱、发电机、燃料发动机驱动水泵。发电机可能固定设置在泵站内，或者临时存放在某处并在需要时再运输到指定位置。位于泵站内的发电机可能设置为在电力中断时自动启动，或者设置为需手动启动。

电力中断模拟

某个电力中断事件可以模拟为关闭所有的没有发电机或燃料发动机的水泵。该行为可能导致一些节点与所有水箱或水库形成水力分离，或者出现负压。通过这种方式构建的模型会产生错误信息，并且可能不会计算成功。处理该问题的一个可能方法是确定与系统分离的压强区域，虚构一个水库，通过止回阀以某个低水头向这些压强区供水，使所有压强为负值的区域都变成低水头。然后，该负压可用于表示用户将停水。

在运行 EPS 之前，用恒态模型完成模拟电力中断。该恒态模型运行识别那些将很快停止服务的节点。在那些问题解决之后，运行 EPS 来研究在电力中断期间储水设备服务的影响。有储水设备的区域首先在储水设备水位下降时会产生压强下降，然后，一旦水箱放空了，就停止服务。在这个案例中，对于那些没有水箱的系统，每个区域应该设有一个低水头水库通过非常小的管道与系统连接，这样，节点就不会在模型中变得孤立。在某个压强区域中，较低高程的用户在水箱实际运行放空之前，可能只受到非常小的影响。

在电力中断期间，绝大多数需水量将减少。工厂没有电力供应可能不得不关闭，这样就不会使用更多的水。洗碗机和冲洗机器在电力中断期间也不能运行。建模工作人员需要评估并计算这些可能情况产生的影响。

在自来水公司使用便捷式发电机以应对电力中断的那些区域，在将发电机移动到目标位置、安置并开始运行期间内，系统只能依靠储水设备独自运行。在模型中可能需要建立基于时间的控制以在发电机安置到位之后再启动水泵运行（可能要在模拟之后几个小时）。

电力中断持续时间

估计某个电力中断的持续时间是这类分析中最困难的决策之一。通常的模拟应该基于电力中断持续时间的最长合理估计（即模拟最坏情况）。如果电力中断时间较短，该系统运行就会好一些。

延时模拟应该运行一段时间，这会给水箱足够的时间让其在电力中断之后恢复至正常水位。因此，该延时模拟不能简单地在电力恢复时结束。整个水箱水位的恢复可能需要几个小时或者几天。虽然系统在达到这一点时可能运行很好，但有时在恢复水位期间会出现问题。例如，因为水箱水位越低，就只需要越小的水头，这项任务要由水泵去克服，这样水泵的出流速度可能太高，导致电机过载而跳闸。而且，长时间的系统范围的电力中断后，恢复可能会受水源容量限制。

10.8 电力消耗

自来水公司最大的运行费用之一是水泵运行的能量费用。然而，许多自来水公司并没有认识到，对少量小水泵的改造或者运行调整的投入，可以通过节省大量的能源很快地收回投资。许多泵站只要很小的努力就有极好的机会节省大量费用。因为抽水需要大量的能量，节省的1%～2%在一年内合起来就能达到几千美元。一些泵站在最佳效率运行时，能节省差不多20%～30%。

关于高能耗的常见运行问题如下：

- 水泵实际出水水头与其设计水头不一致；
- 水泵是基于某种周期时间选定并连续运行的；
- 变速泵运行时的转速对应于低效率运行点。

在模拟水泵运行时，可以应用高度简化的模型，这是因为在能量计算中，只有泵站与水箱之间的大型干管是重要的。细节的添加通常对这类应用的结果只产生小的影响。

除了以下各节中关于使用模型来确定能量费用的信息之外，可获得的指导能量费用最小化的出版物包括：Arora 和 LeChevallier，1998；Hovstadius，2001；Reardon，1994；Walski，1993。

许多研究人员在能量管理方面尝试应用优化技术，获得了一些成果。能量管理仍旧是一个非常活跃的研究领域（Brion 和 Mays，1991；Chase 和 Ormsbee，1989；Coulbeck 和 Sterling，1978；Coulbeck、Bryds、Orr 和 Rance，1988；Goldman、Sakarya、Ormsbee、Uber 和 Mays，2000；Lansey 和 Zhong，1990；Ormsbee 和 Lingireddy，1995；Ormsbee、Walski、Chase 和 Sharp，1989；Tarquin 和 Dowdy，1989；Zessler 和 Shamir，1989）。

“请上车，汤姆——我们要去俄克拉何马。听说他们有‘电’。”

确定水泵运行工况点

许多水泵是基于其运行点而选择的，但是在一天中其运行所在的运行点变化非常大。

对于一个水泵最简单的分析方法是计算每天水泵输出的时间变化，并与水泵最高效率点的流量相比较。图 10.14 表示某个水泵出流进入一个没有储水设备的压强区，在为期 2 天的周期内该水泵的出流量-时间的关系。如果该水泵的最高效率点流量大约是 400gal/min ($0.025m^3/s$)，那么该泵运行是有效率的。然而，如果是 600gal/min ($0.038m^3/s$)，那么该泵运行没有效率，浪费能量。

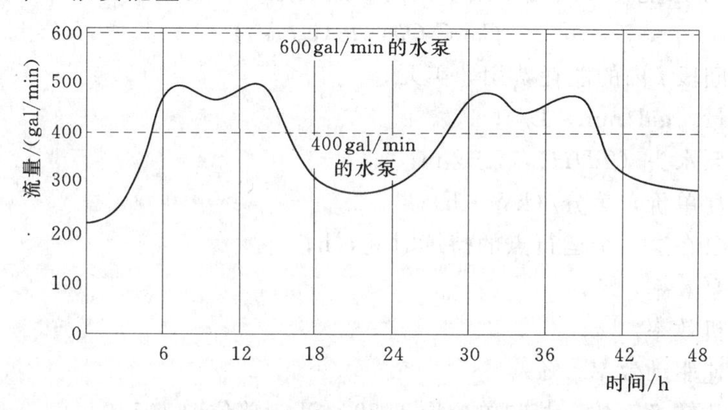

图 10.14　在封闭系统中水泵流量与时间的关系

变速泵不能在广泛的流量范围内高效运行，如图 10.15 所示。例如，变速泵出流克服的水头为 150ft (46m)，可能高效运行的流量为 500gal/min ($0.032m^3/s$)，而不是在 250gal/min ($0.016m^3/s$)。

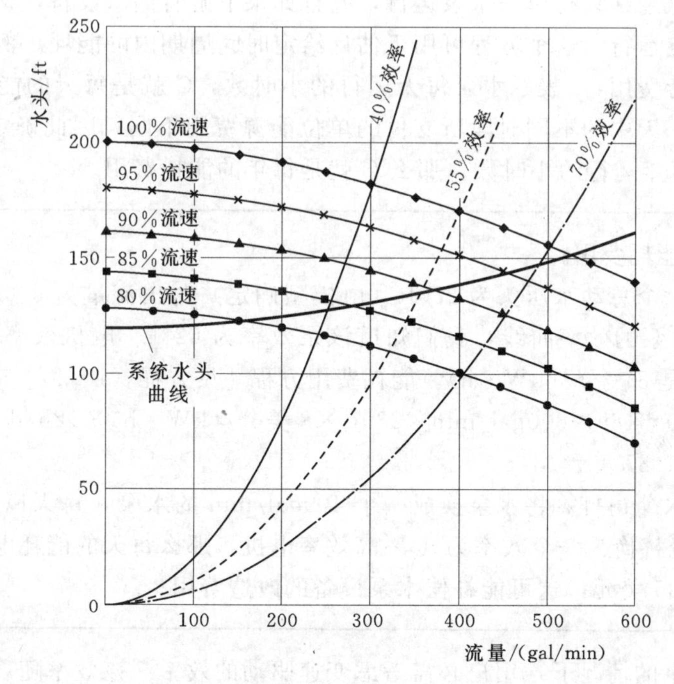

图 10.15　确定水泵运行工况点的方法

这种分析有助于操作人员确定水泵是否高效运行。操作人员总想确切地知道：对于给定的水泵，与效率更高的水泵相比，其要多花费多少钱。下面的几节将解释纠正水泵运行中低效率的各个选项和计算相关费用的必须计算。

能量费用计算

水泵的费用取决于流量、水泵水头、效率、能耗单价和水泵的运行持续时间。在一个给定时间周期内水泵能耗费用可以用下面的公式确定：

$$C=C_f Q h_P p t/(e_p e_m e_d) \tag{10.1}$$

式中 C——时间段 t 内的能耗费用，美元；

Q——流量，gal/min，L/s；

h_P——水泵水头（TDH），ft 或 m；

p——能耗单价，美分/(kW·h)；

t——水泵在这一个运行点的持续时间，h；

e_p——水泵效率，%；

e_m——电机效率，%；

e_d——变速驱动效率，%；

C_f——单位转换系数，英制单位取 1.89，SI 制单位取 101.9。

确定连续运行的水泵每天和每年的能耗费用，相对应的 t 值使用 24h 和 8760h。水泵、电机、变速驱动（如果有的话）的效率通常是指水体获得能量的效率或总体效率，这是因为其考虑的是电机和水泵的综合效率，并且通常在现场直接实测（见 5.4 小节）。

由于绝大部分泵站只有单一水泵运行，并且如果下游有储水设备，该水泵在一整天内大体在同一工况点运行，这个方程可用于估计给定时间周期内的能耗。例如，计算某台水泵在一天内的运行费用，t 表示水泵每天运行的小时数，C 就是每天的能耗费用。由于某些自来水公司在一天中的不同时段所支付的单位能源费用不同，因此确定 C 值是复杂的。如果 t 是该水泵每年运行的小时数，那么 C 就是每年的能耗费用。

【例 10.1】 能耗费用。

考虑水泵在一个总动水压头为 230ft（由模型确定）时出流量为 600gal/min，并且每天运行 12h。从水泵的效率曲线，我们知道该泵效率为 62%。电机效率为 90%，单位能量费用（电价）是 8 美分/(kW·h)。能耗费用方程［见方程（10.1）］应用如下：

$$C(\text{美元/d})=(0.0189\times 600\text{gal/min}\times 230\text{ft}\times 8\text{ 美分/(kW·h)}\times 12\text{h/d}/(62\%\times 90\%)$$

$$C=44.87\text{ 美元/d}$$

如果该自来水公司打算将水泵换成一个 400gal/min 的水泵，每天以 70% 的水泵效率运行 18h，将电机替换为一个效率为 95% 高效率电机，那么每天的能耗电费是 37.65 美元/d。每年节省 2635 美元，这可能补偿水泵设备的改造费用。

在设有变速泵的情况下，用户必需考虑变速驱动的效率。该效率随着水泵转速、电机制造厂商、负载还有其他一些参数的变化而变化。建模者应该从厂商处获取他们所使用电机的驱动效率数据。

几年来，使用大范围的变速驱动以调整水泵转速，其包括变频驱动（VFDs，又称为可调频率驱动)、涡流耦合、水力耦合和绕线转子滑环。这些驱动中的绝大部分涉及允许在电机输出与水泵输入之间有某些滑环，但是变频驱动实际上为了电机的变速运转，改变了电机的电输入。现在绝大部分变速泵使用变频驱动。

表 10.2 中给出了变速驱动效率的某些典型数据。然而，重要的是注意到较新的变速驱动效率要大大好于较老的驱动。在该表中所示的变频驱动数值是从几个不同厂商中取得的，并且涡流耦合、水力耦合数据是从 TREEO (1985) 获得的。

多个不同运行点

某些水泵在运行时不是停留在单一运行点，而是根据水箱水位、需水量控制阀门设置和其他水泵的状态，使其在几个不同运行点上运行。然后，通过使用模型，对每个运行点求解方程 (10.1)，确定该运行点的 Q 和 h，以及该水泵在该工况点运行的时间。

表 10.2　　变速驱动效率数据样本

全速水泵效率/%	变速驱动效率/%		
	变速泵效率	涡流耦合	水力耦合
100	97～95	85	83
90	95～92	78	75
70	93～88	59	56
50	92～8 1	43	33

在一天中，随着流量的变化，水头和水泵效率也在变化，影响着所用能耗总量。因此在计算能耗费用时要分别考虑每个工况点和水泵在该工况点运行的时间。然后，总计包括所研究时期的与每个时段相关的能耗费用，即可得到该时期的总的能耗费用。

如在表 10.3 中所示，一天中所有每段独立时间之和是 24h，其中包括水泵不运行的时间。对于每个工况点，模型会确定 Q 和 h，然后水泵效率曲线就会给出水泵效率值，那么每个工况点期间的能耗费用就可以确定。因而，总计费用就可以给出每天或每年的能耗费用，如表 10.3 所列，水泵的运行状态可以通过三个工况点来近似表示。

表 10.3　　不同工况点的能耗费用的示例计算

给出的信息				计算数据 [使用公式 (10.1)]	
能耗单价：0.08 美元/(kW·h)		电机效率：92%			
Q /(gal/min)	h /ft	效率 /%	t /(h/d)	费用	
				美元/d	美元/d
200	150	65	4	3.03	n/a
220	135	68	14	10.05	n/a
250	125	63	6	4.89	n/a
总计			24	17.97	6561

连续变化水泵流量

对于给盲端供水系统供水的定速水泵，其流量会连续变化。这些水泵没有单一的工况点，甚至没有可数的工况点。在确定与这些水泵相关的能耗费用时，将每小时（或其他的时间步长）对应于单一的工况点。例如，如果上面的表格是为具有连续变化流量的水泵而制作的，那么其应该有 24 个工况点，而不是 3 个。然后，一个自动计算能耗费用的电子数据表或者模型就变为该计算的选择方法。流量变化的时间尺度将确定该时间步长大小。例如，在 1h 内流量有大的波动，就需要更小的时间步长。

使用电子数据表的困难是必需在该电子表格中从水泵曲线上根据每个流量读取相应的效率。理想情况下应该开发一个表示流量与效率关系的函数，如下节所述。

建立流量-效率关系曲线

描述水泵出流量与其效率关系的曲线，通常可以用一个开口向下的抛物线［见式(10.2)］表示。

$$e_p = a_0 + a_1 Q + a_2 Q^2 \tag{10.2}$$

因此，关键是确定系数 a_0、a_1 和 a_2 的值。最容易的方法是向多项式回归程序（或者电子表格）键入至少三对的 Q、E 值，然后由该程序确定 a_0、a_1 和 a_2。在某些水力模型中，可以得到该项功能。

只知道最佳效率点，就可以得出这些回归系数的快速近似。在该点导数为零，并且效率曲线应该经过点（0，0）。基于这些知识，这些系数可近似为

$$a_0 = 0 \tag{10.3}$$

$$a_1 = \frac{2e_0}{Q_0}$$

$$a_2 = \frac{-e_0}{Q_0^2}$$

式中　e_0——最佳效率点的效率，%；

　　　Q_0——最佳效率点的流量，gal/min 或 L/s。

虽然以上这些系数的精度低于使用多个点回归分析确定的抛物线，但是对于某些计算可能已经足够。

例如，在下表中给定效率-流量数据，应用多项式回归程序生成一个流量—效率关系方程，如方程（10.4）所示，并在图 10.16 中绘出。

Q/(gal/min)	效率/%	Q/(gal/min)	效率/%
200	55	600	60
400	85		

$$e_p = -0.00069Q^2 + 0.5625Q - 30 \tag{10.4}$$

只使用最高效率点数据，这些系数为－0.00053、0.42 和 0。为了更精确，应用更高阶的多项式。通常来说，其可写为

$$e_p = \sum_{i=0}^{N} a_i (Q)^i \tag{10.5}$$

式中　N——所采用多项式的阶数。

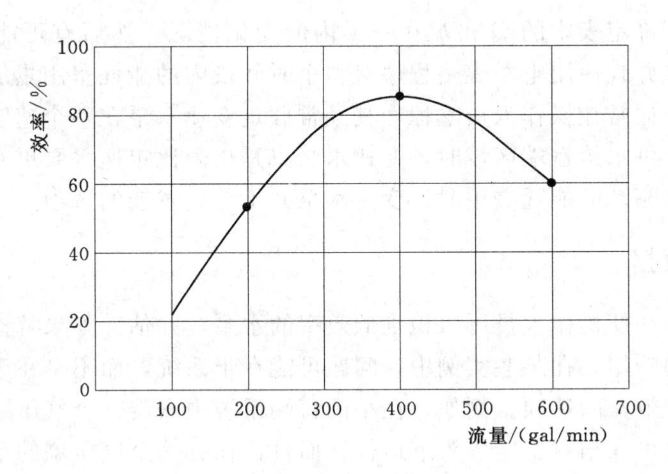

图 10.16　流量与效率关系

变速泵

计算变速泵能耗费用的方法与计算流量连续变化水泵的步骤类似，除了其在流量和效率之间的关系没有简化之外，还包括总动水压头（TDH）的函数没有简化。该方程可近似为

$$e_p = a_2(Q/n)^2 + a_1(Q/n) + a_o \tag{10.6}$$

式中　n——水泵转速与水泵测试转速的比率。

对于较高阶数的多项式，更通用的方程形式为

$$e_p = \sum_{i=0}^{N} a_i (Q/n)^i \tag{10.7}$$

扩展效率曲线

虽然离心水泵可以在流量从 0 到最佳效率点以外较远的范围内工作，但是绝大多数水泵厂商仅在很小的流量范围内给出水泵效率曲线。然而，在完成能量计算时，建模工作人员可能需要确定在流量非常低和非常高的情况下水泵的效率。

在所给效率范围以外画效率流量曲线会产生很大的判断空间和相应的误差。适合效率曲线的点为抛物线，它与外推抛物线提供数据逻辑近似点据，但是不一定正确。

虽然制造商会提供很窄范围的效率数据，它们确实还提供了很宽流量范围的水头能量关系数据，但通常都没有流量。

水泵效率能够根据这些数据采用以下公式计算：

$$e = \frac{100 C_f Q h_P}{BHP}$$

式中　e——效率，%；

Q——流量，gal/min 或 m^3/h；

h_P——水泵产生的附加水头，ft 或 m；

BHP——制动马力，hp 或 kW；

C_f——单位转换系数，英制单位取 2.53×10^{-4}，SI 制单位取 2.72×10^{-3}。

这个公式的每一个点在所提供的范围内都应精确符合制造商的效率数据，当需要时，它提供了一种计算效率曲线限制条件之外效率点的方法。

模型可以用于确定表中的 Q 和 h 在一天内的变化情况。然后有可能查找每个时间间隔内的水泵效率，并且使用电子表格程序对整个时间段内的能耗费用累加。

这些计算结果通常让操作人员吃惊，其经常假定变速水泵在整个速度变化范围内高效运行。实际上，在供水给盲端区域时，变速水泵只是略微比定速水泵更有效率。当考虑到变速驱动费用和该驱动的能耗费用时，变速水泵并不总是省钱的选项。

使用水泵能耗数据

前面提到的方法使操作人员可以识别低效率的水泵，并估计如果替换更有效率的水泵和电机所能节省的费用。在某些实例中，问题可能在于系统，而不是在于水泵，因此，改造系统是更有成本效益的选项。例如，在小的盲端系统中安装一个气压罐，这可能是有帮助的，这样，水泵可在相对稳定水头下运行。而且，在有一个气压罐的系统中，改善水泵控制可能节省能耗。

一般情况下，水泵在吸水端和出水端有稳定的水头，比水泵向盲端区域供水更有效率。水箱（甚至是在小系统中的气压罐 ）都对减少能耗费用很有帮助。

模型可用于模拟不同的策略。通过模拟程序能计算与不同的水泵、工况点、运行策略相关的能耗费用，这样可以选择出最有效率和最优成本效益的解决方案。一旦运行策略改变，能耗的节省就能年年回馈给自来水公司。能耗节省的折现价值可以与相应的改造资金投入相比较。

在供水系统中，无论何时发生大的改变，必须重新检查水泵。在泵站出水端安装一个新的平行管线或更大的管线，将降低该系统水头曲线，并将工况点移动到更大的流量值上。在某些情况下，这种改变可能使水泵移动到较低效率的工况点。在某些实例中，可能需要通过切削水泵叶轮来抵消这种改变。另外一种办法是调节水泵出口阀门，将该工况点移动到效率更高的位置。模型可以用于确定任何改变前后水泵的工况点。

理解电费比率结构

为了从水泵效率研究中获益最多，对于自来水公司而言，理解电费比率结构是基本的。某些供电公司每天不同时间段的电价不同，在用电高峰时期尤其如此。可以按照每个时间周期对应的电价来说明这种定价机制。此外，一些供电公司使用阶梯电费比率，当总耗电量增加时，单位电价费率下降。还有一些供电公司使用基于峰值用电比率变化的阶段电费比率。

不是所有的用电费用都像前面提到的那样构成的。某些费用是按与自来水公司用电所占最大比率相关的需电负荷或容量负荷收费。最大比率所占的那个时间段可能是过去 3 个月中的用电最高峰的 15min 时段，或者是去年用电最高峰的 1h。其可通过用户或某些其他标准按仪表逐个计算。建模工作人员可以通过模拟水泵抽水峰值时段估计需求负荷，并且确定哪个时段产生最高用电比率。在某些情况下，总费用对高峰用电量可能比对所用电量更为敏感。

自来水公司需要理解该用电峰值负荷，并且采用某种方式运行系统以使该峰值用电负荷最小。通常，该峰值负荷设定为用水最高日或者有大型火情的一天。作为目标，自来水公司应该尽量不超过峰值日水泵的用电比率。

该需电量负荷可以使用以下方程中的峰值流量及其相对应的水头和效率来计算：

$$需电量负荷(kW)=C_f Q h_p/(e_m e_p) \tag{10.8}$$

式中 C_f——单位转换系数，英制单位取1.88，SI制单位取0.0098。

注意：以上方程中，没有考虑时间，这是因为需电量负荷是一个用电比率，而不是总用电量。

水泵运行时程优化

水泵运行的时程安排是在供水系统中选择可用的水泵将要在该天中的某些时段运行的过程。水泵运行时程安排的目的是最小化供水费用，同时满足各个物理和运行的约束条件，如在系统水库中保有充足的水量以满足所必需的随时间变化的用户需水量。

改进水泵运行时程的核心是以方程（10.1）所定义的能耗费用计算。根据该方程，操作人员最小化费用的最好方法如下：

- 最大化效率（e），通过使水泵运行在最高效率点；
- 最小化水头（h），通过使水泵运行在低水头下；
- 最小化电价（p），水泵在电费最低的时候运行。

如果经过考虑在系统中适当地安装水泵，在节省电费方面就没有多大的空间了。然而，通过尝试使用不同的水泵运行时程安排方案，操作人员就可以发现在水泵运行中进一步节省费用的运行策略。同样，一旦选定水泵，对于没有储水设备的系统就只有很少的优化空间，这是因为水泵必须在满足用水量的基础上运行。然而，在有水箱的系统中，就有大得多的优化空间，例如在较高压强区域的水箱中存储能量，使水泵能够以最高效率方法运行。

评估大量运行方案的一个方法是通过最优化的应用。运行最优化着眼于日常供水系统的运行，以适当处理在最小化水泵运行费用和维持用户的某种可接受的服务水平之间的平衡为目的（Brdys和Ulanicki，1994；Jowitt和Germanopoulos，1992）。

在最优化问题中考虑的水泵运行费用的重要特征是：电力价格结构表（包括总用电量和电力需求负荷两个方面）、可用水泵组的各个相对效率、这些水泵提供的水头和边际处理费用。因此，最优化的目标函数为

$$\min_x f(x)=\sum_{i=1}^{N}[c_c(x)+c_d(x)] \tag{10.9}$$

式中 f——目标函数；

x——水泵时程向量；

N——泵站总数；

c_c——泵站的耗电费用（单位用电量费用）；

c_d——泵站的需电负荷费用（用电峰值容量费用）。

伦敦主环系统水泵运行时程最优化

应用最优化方法处理水泵运行时程安排的一个成功的范例是在英国的伦敦环形干管时程（London Ring Main，LRM）安排系统。该环形干管（LRM）由泰晤士自来水公司建设，是一条50mile（80km）长的地下隧道，直径7.5ft（2.5m），在伦敦地下130ft（40m）处运行。LRM构建成环形，通过11个竖向水道向局部供水系统供水，并且作为一个向伦敦供水系统供水的选择方案。

泰晤士自来水公司沿用了一个维多利亚时代建设的为伦敦供水的供水管网。比简单更换旧管线（这可能会造成在城市中的巨大破坏）更好的是，泰晤士自来水公司建立了LRM用于改造伦敦的供水管网。处理过的水从伦敦主要的五个水处理厂输入到LRM，然后通过11个竖向输出水道泵入伦敦的供水系统。

因此，问题就是确定输送给LRM多少水量并在何时输送，从LRM抽取多少水量并何时间抽取。

使这个问题变得更为复杂的是：为了最小化运行费用，LRM中水泵的运行时程安排必需与伦敦供水系统中水泵的时程安排结合起来考虑。

该解决方案是通过水力模拟和最优化程序相结合找到的。使用了两个主要最优化技术，即线性规划和“货郎担”算法。线性规划用于提供供水的不同时程安排，“货郎担”算法用于使这些时程安排产生变化以使水泵（开关、调速）切换数最小。这个时程安排系统在水泵节省能耗费用方面已经产生了一些效果。它也已经广泛地用于员工培训（Simons，1996）。

如果在该最优化问题中，只考虑水力要求，那么重要的约束条件包括用户需水量、水库容量、取水限制、水泵抽水能力、自来水厂出水量。然而，如果也考虑水质要求，该问题就会变得更复杂多了（见10.13小节中“优化技术”）。例如，最佳加氯策略需要不仅确定最佳水泵运行方案，而且还需要确定供水系统中在水质源点处和中继加氯站点处的最佳水质浓度变化模式。

寻找最佳水泵时程安排的方法 现有几种已经用于寻找最佳水泵时程安排的最优化方法。现在采用的主要方法是线性规划、非线性规划、动态规划、启发式方法（不同的最优化技术的更多信息见附录D）。

线性规划（LP）：是一个在供水系统和相关领域中广泛使用的运行最优化技术，例如水资源管理（Jowitt和Germanopoulos，1992）。线性规划的优点包括较易于适应相对高的变量维数的能力、得到通用的最优化解能力和易于得到标准LP软件。然而，线性规划也有多种缺点，主要表现在将非线性关系线性化过程中的信息丢失、该方法与问题细节相关的特性以及解决大问题时的高计算量。线性规划的更多信息参见附录D.3。

非线性规划（NP）：例如二次方程规划、可分离变量规划，在供水系统分析中，没有线性规划那样普及。这是由于该最优化过程与其他方法相比通常很慢，并且计算耗时。然而，Yu、Powell和Sterling（1994）以及Percia、Oron和Mehrez（1997）已经在供水系统运行最优化中应用非线性规划方法。非线性规划的更多信息见附录D.3。

动态规划（DP）：广泛应用于水资源系统最优化中（Ormsbee、Walski、Chase和Sharp，1989；Zessler和Shamir，1989；以及Lansey和Awumah，1994）。应用动态规

划进行供水系统的运行最优化，该问题将被分解成许多过程，并在所有有效运行状态中分析从一个状态到下一个状态的情况（更多信息见附录 D.3）。一旦计算出所有的结果，就可选出最经济的一个作为解决方案。然而，该问题受制于所谓的维度问题，这限制了使用动态规划最优化系统的大小。例如，当系统中有两个以上的水库或者甚至是有几个不同水泵组合的单水库系统时，动态规划公式可能变得不适应了。需要计算的总量随着水库数量和可能的水泵组合增长如此快速，以致该计算要求必备的条件变得不可接受。

启发式方法：用于供水系统的运行最优化的启发式方法包括遗传算法（Goldberg 和 Kuo，1987；Esat 和 Hall，1994；Savic、Walters 和 Schwab，1997；Wu、Boulos、Orr 和 Ro，2000；以及 Wu、Boulos、Orr、和 Moore，2001）和非线性启发式方法（Ormsbee 和 Linigireddy，1995；以及 Pezeshk 和 Helweg，1996）。遗传算法在开发一系列的水泵开/关决策以达到最小化运行费用时非常有用。

最优化水泵运行时程安排的步骤。关于最优化水泵时程安排的一般步骤如下：

（1）建立一个校准好的 EPS 模型。

（2）输入电力价格表和水泵效率曲线。

（3）制定水箱水位和系统压强的约束条件。

（4）仔细考虑，估计该天的实际需水量变化模式。

（5）运行系统运行优化器。

（6）检查结果的合理性。

（7）与操作人员交流结果。

这些步骤的绝大部分是相当简单的。然而，估计给定一天的需水量存在相当大的不确定性，并且估计该天需水量的变化模式存在一些小误差，这会产生非常不同的运行策略，这些策略有可能是也有可能不是最佳的。

10.9 供水管网冲洗

供水管网冲洗是一个帮助操作人员控制供水系统水质的重要手段。冲洗可将干管内的沉积物搅起并冲走，同时从该系统中将水质差的水体冲走，而代之以从水源补充的新鲜水。冲刷的过程细节讨论见 Antoun、Dyksen 和 Hiltebrand（1999）；California-Nevada AWWA（1981）；Chadderton、Christensen 和 Henry-Unrath（1992）；Oberoi（1994）；Patison（1980）；以及 Walski（2000）。术语有方向冲刷或者单向冲刷用于描述在冲刷期间为了最大化冲刷速度和控制水流流向的阀门操作。

管道冲刷通常是通过以预定的变化模式开启一个或者多个消火栓。管道冲刷通常的经验做法是要冲刷到有干净的水流出，这意味着消火栓必需开启以使最新鲜的水流入到冲刷区域。冲刷程序通常在水源处开始，然后向外移动，一直到整个系统。

然而，执行冲刷程序的操作人员不能看到在干管中发生什么，或者测量管线中的流速或者流量等参数。供水模型提供了查看管线内部情况的方法，并且获得冲刷是如何工作的表征。

冲刷模拟

因为在冲刷时，每根管线都可以输送大量的水量，因此在该区域中的所有冲刷管线都应该包括在模型中。如果该冲刷管线为单向供水，如在分岔系统中，就不需要模型确定流速；然而，模型运行仍有助于确认系统维持适当服务的能力。在一个有多水源或者有环状流动路径系统的区域中，确定流动方向和流速更具有挑战性。在这些实例中，管线中的流动常常与操作人员预计的不相符，因此使用模型分析就很有帮助。

表示出流消火栓

模拟冲刷最容易的方法是在冲刷期间将出流节点需水量改为所期望的值，即所谓的自由出流。在概念上，这种方法相当简单。然而，绝大多数自来水公司并不知道每个消火栓上其所期望的自由出流流量是多少，所以必须要估计该值。关闭的阀门使该流量估计过程更为复杂，因为有时会关闭阀门以方便有方向冲刷。某些自来水公司在冲刷时，会测量并且记录每个消火栓的出流量。这个信息在将来模拟时是非常有用的，如果在最近的冲刷之后，系统没有重大的改变，这个信息可以用于很好地估计节点需水量。

估计需水量也是困难的，这是因为出流水量与压强的相互关系。干管上的压强影响消火栓的出流量，并且消火栓的出流量也影响着压强。在大的干管中，流量几乎完全受消火栓支管或者消火栓本身的水头损失控制。在小的干管中，供水系统可能产生比消火栓更大的水头损失。

“当人们说解数学题目时，他们说的就是这类事情吗？”

消火栓建模所用方法必须考虑到由于冲刷而引起的压强下降。一种方法是将消火栓向大气出流，表示为一根当量管线向与该消火栓同高程的水库出流。这种表示方法如图 10.17 所示。这个过程的第一步是估计该消火栓的水头损失，以及在出口处静压水头向流速水头的转换，作为一个快速的近似估计，2.5in（60mm）消火栓出流孔口可表示为大约长 1000ft（305m）的直径为 6in（150mm）的当量管线加到消火栓支管上，而一个 4.5in（115mm）的出流孔口可表示为长 250ft（76m）的直径为 6in（150mm）的管线（Walski，1995）。因为在消火栓支管中流速很高，所有的局部水头损失必须计算，可以使用局部损失系数 K 或者一个当量管线。

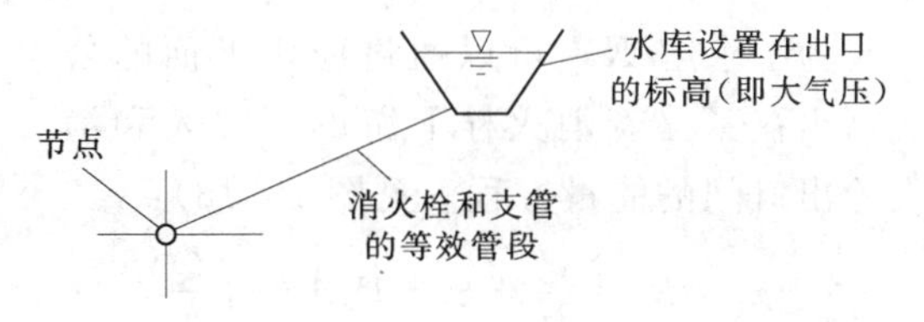

图 10.17　把消火栓表示成一个水库

使用水库和当量管线增大了模型的规模，这是因为每个消火栓表示一根额外的管线。如果消火栓没有出流，表示消火栓的当量管线就应该被关闭。倘若模型工作人员用适当的当量长度表示消火栓，那么这方法比简单地在一个节点设定一个需水量更加精确。

使用喷流口估计消火栓出流量

模拟消火栓出流量的另外一个方法是使用喷流口。喷流口是模型节点的属性之一，其用下式使节点出流量与该喷流口节点上游的即时压强相关：

$$Q=K\sqrt{P} \tag{10.10}$$

式中　Q——经过喷流口的流量，gal/min 或 L/s；

K——喷流口流量系数，$(\mathrm{gal/min})/(\mathrm{lb/in^2})^{0.5}$；

P——经过喷流口的压降（$\mathrm{lb/in^2}$ 或 m）。

将消火栓简化模拟为一个喷流口，并输入恰当的 K 值，这是可能的。然而，不是所有的在消火栓上游的可用能量都即刻损失了，而是某些能量被转换成变大的速度水头，特别是在较小的（2.5in 或 63mm）消火栓出口尤其如此。

为了精确地模拟一个消火栓，模型工作人员必须提供一个总体 K 值，其包括经过消火栓的水头损失和压强水头向流速水头的转换。AWWA 标准 C502（AWWA，1994a）和 C503（AWWA，1994b）详细说明了经过一个消火栓所允许的压强下降。

例如，标准认为当通过流量 500gal/min（31.5L/s）时，一个 2.5in 的出口的压强下降值必须少于 2.0gal/min（1.46m）。这些值与消火栓的压强下降值和流量有关，与方程（10.10）的方法类似，见下式：

$$Q=k\sqrt{P} \tag{10.11}$$

式中　k——消火栓压强下降系数，$(\mathrm{gal/min})/(\mathrm{lb/in^2})^{0.5}$ 或 $(\mathrm{L/s})/\mathrm{m}^{0.5}$；

P——经过消火栓的压降，$\mathrm{lb/in^2}$ 或 m。

K 与 k 之间的区别在于，K 需要求解，并且其包括通过消火栓的水头损失和考虑流速水头到压强水头的转换；而 k 只考虑通过消火栓的水头损失，并且是一个已知值。

为了求解 K，可以通过应用下面的公式写出在紧接着消火栓上游的压强表和消火栓出口间的能量方程（见图 10.18）：

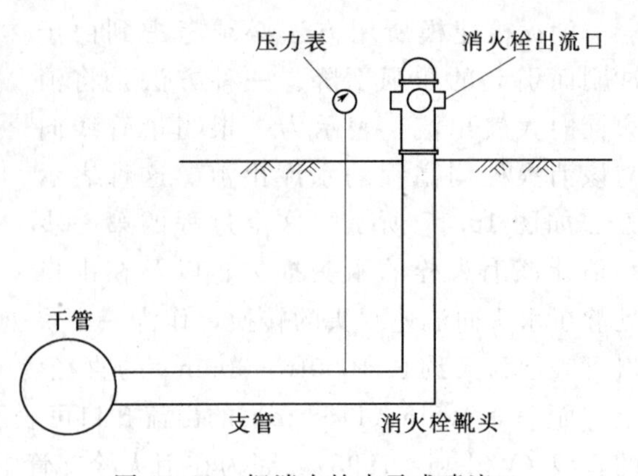

图 10.18　把消火栓表示成喷流口

$$\frac{v_p^2}{2g}+z_p+P_p=\frac{v_o^2}{2g}+z_o+P_o+C_f\left(\frac{Q}{k}\right)^2 \tag{10.12}$$

式中　v_p——消火栓上游的瞬时流速，ft/s 或 m/s；

g——重力加速度，ft/s^2 或 m/s^2；

z_p——P_p 测量处的高程，ft 或 m；

P_p——消火栓上游的瞬时压强，lb/in^2 或 m；

v_o——消火栓出口处流速，ft/s 或 m/s；

z_o——P_o 测量处的高程，ft 或 m；

P_o——消火栓出口处压强，lb/in^2 或 m；

C_f——单位转换系数，英制单位取 2.31，SI 制单位取 1。

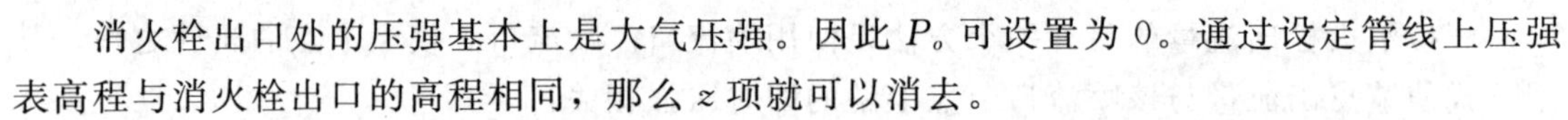

消火栓出口处的压强基本上是大气压强。因此 P_o 可设置为 0。通过设定管线上压强表高程与消火栓出口的高程相同，那么 z 项就可以消去。

方程（10.10）和方程（10.12）都可以解出消火栓上游的瞬时压强，设定两个方程等价，可以得出方程（10.13）：

$$C_f\left(\frac{Q}{K}\right)^2=\frac{v_o^2-v_p^2}{2g}+C_f\left(\frac{Q}{k}\right)^2 \tag{10.13}$$

因为已知直径而不是流速，该流速可替换为

$$v=\frac{Q}{c_f D^2} \tag{10.14}$$

式中　D——消火栓出口直径；

c_f——单位转换系数，英制单位取 2.44，SI 制单位取 0.0785）。

将方程（10.14）代入方程（10.13），解出 K 的结果如下：

$$K=\frac{1}{\left(\frac{1}{2gC_fc_f^2}\left(\frac{1}{D_o^4}-\frac{1}{D_p^4}\right)+\frac{1}{k^2}\right)^{1/2}} \tag{10.15}$$

在北美一个典型的消火栓支管直径为 6in（150mm），典型的消火栓出口直径为 2.5in（63mm）和 4.5in（115mm）。AWWA 标准（AWWA，1994a；AWWA，1994b）给出了以特定流量通过消火栓的最大允许水头损失。绝大多数消火栓有相对较小的水头损失。使用标准中的或者制造商测试的 Q 和 P 值，从方程（10.11）就能计算出 k 值。表 10.4 提供了对于 6in（150mm）管线 k 值范围所对应的 K 值。

表 10.4　　　　　　　　　　　　　消火栓的喷射 *K* 值

标准出口尺寸/in	*k*		*K*	
	gal/min/(lb/in)$^{0.5}$	(L/s)/m$^{0.5}$	(gal/min)/(lb/in^2)$^{0.5}$	(L/s)/m$^{0.5}$
2.5	250～600	18～45	150～180	11～14
2～2.5	350～700	26～52	167～185	13～15
4.5	447～720	33～54	380～510	30～40

给出了基于 5ft(1.5m) 的埋深，消火栓直径为 5.5in(140mm) 的系数。给出这些值的范围是因为每个制造商对于消火栓栓筒及其阀口有不同的设置。最低值是 AWWA 标准的最小值。

表示消火栓的接合节点高程应该是消火栓出水口高程，不是干管或者消防支管的高程。因为高流速主要发生在消火栓支线上，在支线上的局部水头损失很重要，并且不应该被忽略。

相对于节点的消火栓位置

尽管消火栓位置靠近交叉点，但通常其并非精确地位于模型节点上。因此，模拟消火栓出流时，将其流量放置在模型节点上是不完全正确的。通常，如果该消火栓处于一个大干管上节点附近的小干管之上时，该问题才变得很大［如消火栓位于一个直径为 6in (150mm)、管长 30ft (9m) 的管线上，与管径为 24in (600mm) 的干管连接点距离 30ft (9m)］。在模型中，几乎所有的流量都会从管径为 24in (600mm) 的管线到达该消火栓。实际上，流量在到达消火栓之前总是必须流经 30ft (9m) 长的 6in (150mm) 管线。因为直径为 6in (150mm) 的管线比直径为 24in (600mm) 的管线对流动的阻力大得多，这对消火栓出水会产生很大的影响。

此外，当自来水公司在进行有方向冲刷时（就是关闭阀门控制水流流向），在消火栓实际位置与消火栓模型节点位置之间的差异可能更大。在进行有方向冲刷期间，消火栓和模型节点之间可能存在关闭的阀门，这使事情变得复杂。邻近于节点的消火栓可能不是直接与该节点相连，如图 10.19 所示。将流量放置在已有的该节点上可能不准确，并且可能需要添加另外一个节点以便准确地描述该情形。如果该自来水公司将要进行有方向冲刷，那么需要添加大量的额外节点以便准确地表示已关闭的阀门。

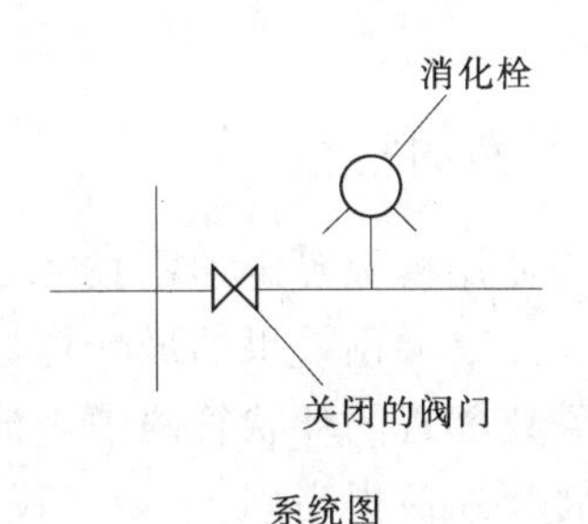

系统图

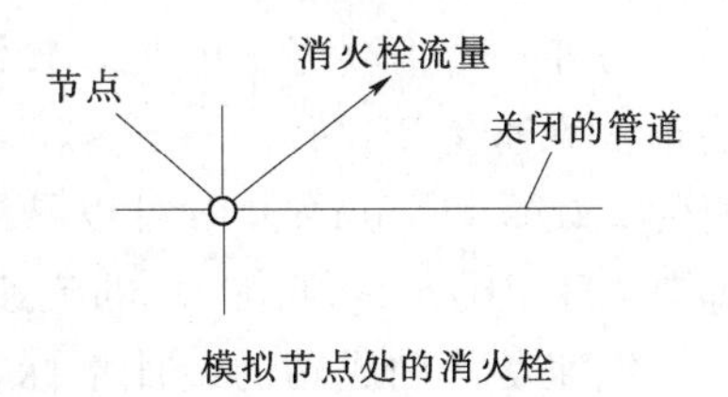

模拟节点处的消火栓

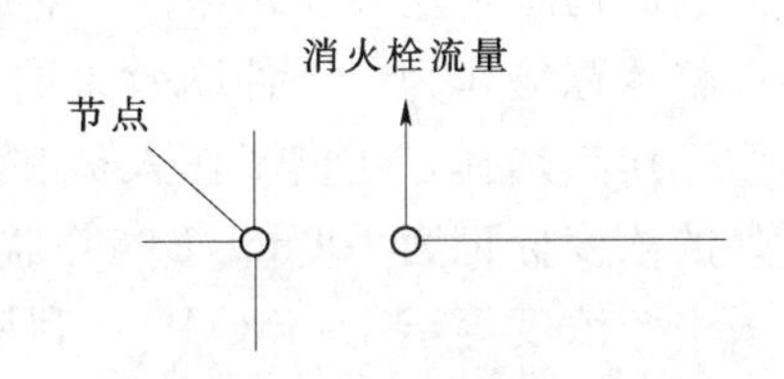

模拟关闭阀门边界处的消火栓

图 10.19　精确模拟靠近关闭阀门附近的消火栓

恒态与延时 (ESP) 运行

如果操作人员只对流速感兴趣，并不试图跟踪水质，那么可以用恒态运行模拟冲刷时每个消火栓的出流。然

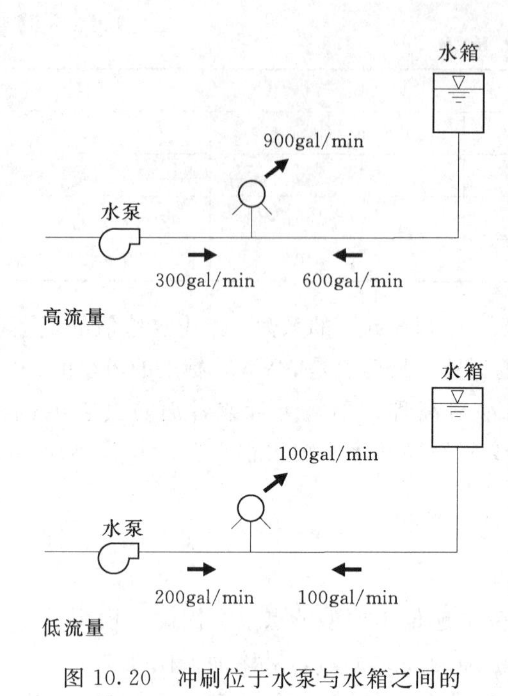

图 10.20　冲刷位于水泵与水箱之间的消火栓的影响

后，在所有的恒态模拟过程中，每根管线内的最大流速可以作为一个指标，用于估计冲刷时可以提高的速度，以及清洗管线方面的效果。可以使用 EPS，在模拟冲刷过程中追踪个体水质组分。

某些自来水公司在整个冲刷期间没有完全开启消火栓，而是先完全开启消火栓以冲起沉淀物，然后再减小流量将该沉淀物冲出管线。只要在足够长的时间内流量能持续且方向不变，这种方法就是有效的。当消火栓位于水箱和水泵之间时，绝大部分流量可能首先来自水箱，因为来自水泵的流量受水泵曲线限制。然而，当该水箱水位下降并且消火栓流量减少时，输送到出流消火栓的水可能更多的来自水泵而不是水箱。因此，在更高的流量期间，冲起的脏水可能不会有效地从系统中排出，并且很可能不经意地流入那个水箱。图 10.20 表示了这种情况。模型运行将显示有必要提高流速进行冲刷，或者关闭阀门控制水流流向。

成功冲刷的指标

当使用模拟确定冲刷技术的效果时，操作人员会选择一些参数作为成功的指标。通常，流速是冲刷效果的最佳指标。然而，没有固定的规则确定成功的冲刷所需要的速度。在小管线邻近的环状管网中，流速达到 2ft/s（0.6m/s）就被认为是一个很好的数值。然而，将流速值提高到 5ft/s（1.5m/s），将会产生更好的冲刷效果。在大型输水干管中得到高流速是很难的，因此冲刷几乎没有效果。

另外一个需要考虑的是，管线中流速的改变要基于该管线平时的正常流速。例如，管线正常流速是 2ft/s（0.6m/s），就要求充分的更高的流速用于冲刷。该管线中任何在流速为 2 ft/s（0.6m/s）时可以悬浮的沉淀物已经被移除了，并且留下的物质是大小和密度都要大于 2ft/s（0.6m/s）的流速才能移除的。

流速是冲刷成功的最佳指标，但是冲刷必须要经过足够长的时间来完成，以便让冲刷冲起的污水传输并排出系统。冲刷可以通过在模型中应用水质追踪特性追踪，并且用户可以将示踪氯作为一个冲刷效果的指标。

作为选择，建模工作人员在开始时将系统和水箱中的浓度标记为 0.0mg/L，将水源处的浓度标记为 100mg/L，并监视在冲刷期间要多久新鲜水才能流过整个系统（所有管线中的浓度等于 100mg/L）。利用水力模拟程序的颜色编码特性，从水源出来的新鲜水可标识为蓝色，而在开始模拟时管线中现存的水可标识为红色。并且可以用色谱表示介于这两种浓度之间的不同浓度。用这种方法，该模型用户能观测到旧水是如何被新水所取代。这类模拟能够作为一个指示为确定该冲刷需要持续多长时间提供服务。

理想的情况是，该模型应能在冲刷事件期间追踪水体混浊度。然而，冲刷对于水体混浊度的效果不能够精确预测，这是因为浑浊度不符合质量守恒定律（Walski，1991）。然而，将浑浊度与冲刷速度关联，能够获得某些发现（Walski 和 Draus，1996）。

回顾冲刷运行效果问题之一是确定该运行成功的程度。当消火栓出流，实际上存在用于判断成功与否的三个等级效果：

- 冲刷已将冲刷区域清洁；
- 冲刷对冲刷区域无影响；
- 冲刷区域污物已被冲起但没有成功清洁干净。

目标是最大化清洁区域，最小化受到影响且没有成功清洁的区域。在冲刷结束之后，没有成功清洁的区域会产生水体混浊的投诉，并且表现为流速只比正常条件下稍高，但没达到足够的成功冲刷流速，并且冲刷历时不足，不能使悬浮污物朝着出流消火栓方向流出。模型可以辅助定位这些区域，并且通过调节阀门和冲刷区域次序，使这些区域减到最少。

10.10 确定供水系统水表规格

子系统水表计量

许多已经建设完的供水系统在位于水厂（或水池）的主要水表与用户水表之间很少设有水表或者没有水表。系统操作人员可能想知道遍及整个系统各个位置的关于供水系统流动的更多信息，这样能够更好地理解水的使用、确认该系统的可用容量并计算系统中不同区域的未预计水量的总量。

理解未预计水量有助于管理漏失探测和修复以及制定供水干管修复计划。只要水表设置在适当的位置，就能提供额外的信息用于模型校核精调。在子系统内安装水表在英国是通常的做法，因为那里单个用户一般很少安装水表。

由于费用和安装困难，系统流量表只安装在遍布整个系统中很少的一些选定点上。水泵站和压强区域边界上的减压阀井是最常见的水表测量位置。其他重要的计量位置包括所有流量进入一个区域的管线。

要确定水表的规格首要的问题是弄清经过该水表的流量范围。水表选择时需要获得测量流量的上限值和下限值。但是，与用户水表情形不同的是，没有可以在供水系统内的大区域应用的当量单位用水量方法（见 9.4 小节）。下节为应用模型确定水表规格提供了一些指导思想。

应用模型确定水表规格

在模型运行之前，操作人员应该基于用户数量或者临时水表（如毕托棒）读数来估计流量范围。使用毕托棒需要挖掘到干管的顶部，然后从该管线分接。即使采用精度较差的钳表，也需要接到该管线上，并且水表的管线上游为长直流动（可不考虑弯头、配件等的边界影响），而当管壁特性未知时，钳表需要校核到有一定准确性。有了临时的水表测量，操作人员不能确信已经测量到流量变化的整个范围，这是因为临时水表可能在极端事件发生期间还没有被安装。

运行 EPS 模型可以生成任何需水条件，包括预期条件下的需水变化模式。通过多次运行模型并绘出相应的需水模式图，操作人员就能看到该水表可能会遇到的流动类别。

水表可以基于管线大小和水表类型来确定型号。例如，在确定流量的变化范围后，工程人员可以选择文丘里管的贝塔比率（指文丘里管的喉管直径与管线直径的比率），或者确定对于电磁水表而言流速是否足够高。设于连续供水区域的管线（如一根从减压阀或无储水设备的变速水泵处的出流管线）上的水表，与安设于某台水泵上（该水泵在向一个有储水设备的区域供水，时开时关，反复循环）的水表之间，过流流量变化模式通常是很不同的。这些不同的变化模式如图 10.21 所示。位于有储水设备的系统中的一台水泵处的水表，其量程更加有限，而那些为满足需水量而流量不断变化的管线要求水表要有更大的量程。

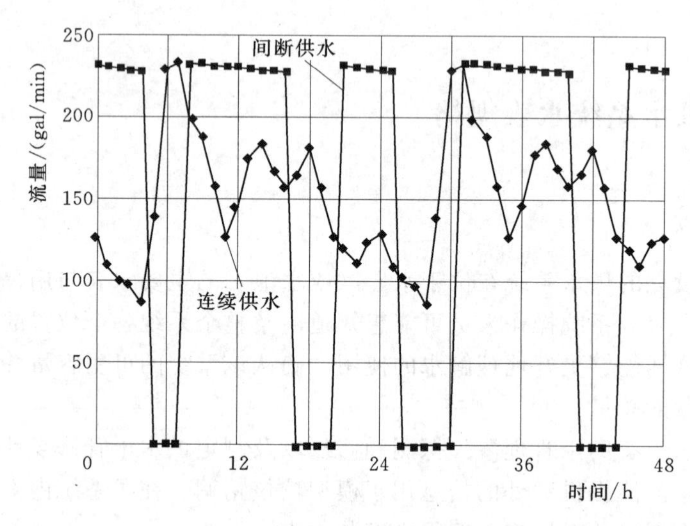

图 10.21　通过水表进入到有和没有蓄水设施的系统的流量变化

水表选择的含义

在估计完流量的范围之后，可以选择水表类型。小流量，如那些直径为 4～6in（100～150mm）水泵的出流管线，可以用有某种脉冲计数器（其可以模拟方式产生流速信息）的涡轮水表来计量。

当流量变得较大时，一般很少使用涡轮水表，而大多使用电磁流量计、水头差计量表（文丘里管、孔板、流管、孔口等类型）或者超声波流量计。水头差计量表通常最可靠、费用最省、无动力运行。然而，它只限于测量单向流量（除了某些例外情况），并且当流速增大时会产生很大的水头损失。而且，最近随着减压阀技术的发展，已经制造出几种也能够作为流量计服务的减压阀。

最后，选择水表取决于水流的特性、安装位置、操作人员的偏好。供水管网模型可用于提供流量范围信息，且在水表安装之后，该模型可用从流量计得来的信息改善模型。

10.11 关于系统污染研究的模型

模型也能用于分析历史上的供水系统污染事件。通常，当怀疑供水系统受到污染时，并没有足够的数据完全重现这些污染事件。但是，应用现有数据作为一个起始点，重现引起污染的事件，并使用EPS模型确定系统中接受污染水体的位置，这是可能的。因为不可能或如所期望的重建实际的污染事件，建模工作人员通常没有全部数据（而这些数据在模拟现时系统时是能够得到的），特别是当发生污染事件的年份较早，尤其如此。与模拟近些日期的情况相比，该结果包括较大的不确定性，然而合理的结论仍然可以从模型中得出。

对供水系统水质模拟的第一个应用是现在著名的马萨诸塞州Woburn案例（Murphy，1991；Harr，1995）。这个模型用于证实早些年发生的污染。因此，需要该模型的几个不同版本以反映系统在所谓的污染事件期间是如何变化的。Murphy还将这种类型的模型应用于加利福尼亚的San Jose。

USEPA在密苏里的Cabool（Escherichia coli serotype 0157：H7）和Gideon（Salmonella typhimurium）中首次应用水质模型调查污染事件。Cabool事件涉及243个案例，6人死亡，并且引起两根供水管线爆裂（Geldreich，1996）。在Gideon，应用水质模型确定最可能的污染源是鸟粪掉落水箱的污染（Clark等，1996；Clark和Grayman，1998）。近期所关注的是在加拿大安大略湖的Walkerton的供水系统污染。

Kramer、Herwald、Craun、Calderon和Juranek（1996）的报告指出，在1993—1994年间，美国爆发的水传播疾病中26.7%是由于供水系统的缺陷造成的。对于这些由于水源缺陷而暴发疾病的案例，如果系统有多处水源，可以应用水质模型追踪每个水源的影响范围。

水质模型在法庭案件研究中（又称为事后调查）也已经用于判断诉讼中的责任主体。虽然已经进行了许多这类研究，但由于围绕这些应用的法律问题，这些研究很少被公布。两例水质模型的法庭应用记录在Harding和Walski（2000）（该例发生在Phoenix/Scottsdale，Arizona）和Maslia等（2000）[该例发生在Dover Township（Tom's River），New Jersey]。在Phoenix的研究表明：在特定点的污染物浓度可以大幅度波动，无论是小时性的还是季节性的都是如此，这是由于需水量变化引起的水泵运行改变导致的。

法庭研究不同于绝大多数的规划和设计应用，在该模型中不是运行平均日或者高峰日的延时（EPS）模型，而是该模型必须模拟许多实际的每一天，这样才可以重现历史事件。这类的建模包括大量的研究，研究当发现污染已经发生时，系统是如何运行的。因为该系统经过多年演变，某些模型版本要求反映出不同的拓扑、设备和负荷。

虽然在文献中报道的一般的水质模型研究主要集中在消毒剂衰减方面（Clark、Grayman、Goodrich、Deininger和Hess，1991；Rossman、Clark和Grayman，1994），但法庭研究可以包括多种污染物，包括挥发性有机物、微生物和无机化学物质。尽管这些化学物质的特性在模型中通常处理为质量守恒的（即管道中不存在让不稳定化学物离开管线的通道)，该化学物质会经历多种状态转变。例如，挥发性化学物质可离开存储于水箱之中的水体。Walski (1999) 确定只有一小部分在储水水箱中的三氯乙烯（TCE）能够挥发到大气中，这是因为水箱中的紊动不够。

即使不可能精确地模拟供水系统中的化学物质或者微生物的特性，水质模型也可提供一个描绘系统水流如何流动的景象，并且因而显示系统的哪些部分接受特定水源、水箱供水或受管线爆裂影响。

10.12 漏失控制

供水系统水量损失可分为两个基本部分，即由于爆管导致的水量损失和由于背景漏失产生的水量损失。爆管的特征可表现为仅限于在该爆管报告期间有突然的水量损失，而未报告的爆管则继续溢流水。背景水量损失可表现为从管道配件和干管中破裂或者腐蚀穿孔处不断地渗漏的水。

供水系统中的漏失水量与系统压强有关，所以在非高峰期减小压强能减少漏失。虽然北美地区并不常用减少水压控制漏失的方法，但在某些欧洲系统中这种方法常有应用(Goodwin，1980；Germanopoulos，1995)。压强减少是通过阀门控制来完成的。

除了水压管理之外，积极的漏失控制包括将大型管网分解为更小的能够更好监测的区域［在英国称为按计量分区（DMA)］(Engelhardt、Skipworth、Savic、Saul 和 Walters，2000)。水量审计，详细地计算流入与流出供水系统各个区域的水量，然后用于确定有大量漏失的区域。然而，其不能提供漏失位置的具体信息。对于微小的漏失，需要探测、调查。

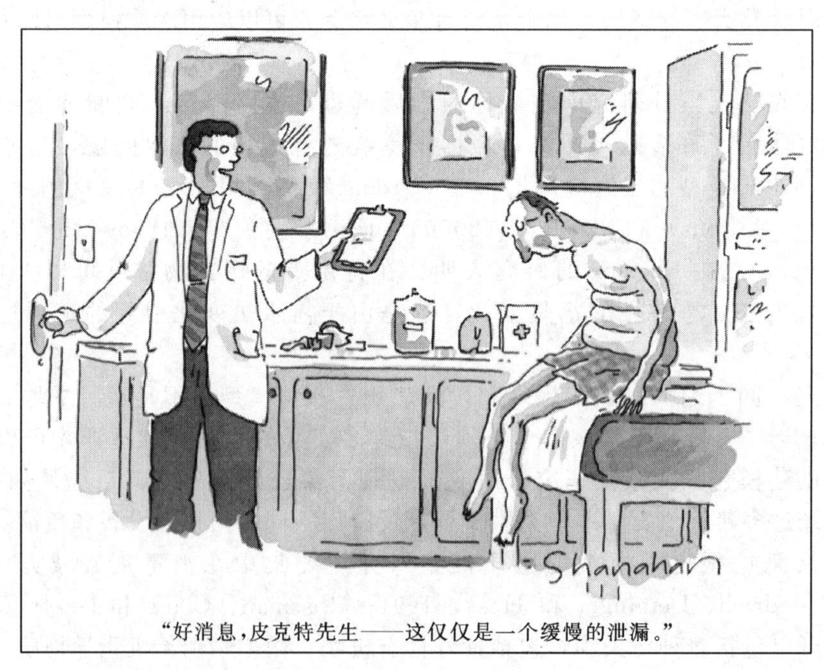

"好消息，皮克特先生——这仅仅是一个缓慢的泄漏。"

模型能用于帮助管理漏失减少，这可通过将管网分解为几个更小的区域，或者调整控制阀门作用于整个系统的压强和流量来确定效果。建模工作人员必须注意存在的一个实际限制是：必须在不能影响较高高程处的用户供水的情况下降低水压。

虽然在阀门操作之后预测压强是相当简单的，但是使用模型估计漏失水量的减少总量则很不精确。该估计通过使用一根喷流口单元或者通过一根小管线连接系统的水库来模拟漏口，（见 9.5 小节中有关模拟喷洒设备的类似技术信息）。压强的降低导致通过该漏口单元的流量减少。当漏口修复，该单元的系数就要改变以反映漏口数减少。

关于使用恒态模拟对漏失建模的问题已经进行了一些研究（Martinez、Conejos 和 Vercher，1999；Pudar 和 Ligget，1992；Stathis 和 Loganathan，1999），但是漏失本身不易发现的特性限制了其精确性。使用逆瞬态模型定位漏失在一些文献中也已经有报道（Tang、Brunone、Karney 和 Rosetti，2000；Kapelan、Savic 和 Walters，2000）。

供水系统中的漏失与压强有关。如果压强下降，那么漏失量也下降，如果模型工作者想要研究将漏失作为压强的函数，那么将系统中的漏水量作为已知的需水量分配就没有用了。相反与压强相关的漏失应该用喷流口模拟（见 10.9 小节中“使用喷流口估计消火栓出流量”）。当然，难点在于确定在哪里设置这个（或这些）喷流口以及如何设定喷流口流量系数。使用模型给所有节点分配小的喷流口流量系数更精确，将漏失设置在一个或者二个节点上更容易，也能达到大致一样的效果。

为了估计喷流口流量系数，建模工作人员必须估计漏失流量，然后使用该区域的平均压强，使用下式计算出喷流口流量系数 K：

$$K=\frac{Q}{\sqrt{P}} \tag{10.16}$$

式中 K——喷流口流量系数；

Q——漏失流量，gal/min 或 L/s；

P——区域平均压强，lb/in^2 或 kPa。

使用平均压强不完全准确，这是因为漏失并不是压强的线性函数。然而，在对漏失的理解方面存在太多的不确定性，因此这个误差不大。

如果该泄漏被置于单一节点上，在方程（10.16）中所确定的 K 应该用在那个节点上。如果漏失分布在 N 个节点上，那么每个节点的 K 值可按下式计算：

$$K_n=\frac{K}{N} \tag{10.17}$$

式中 K_n——在第 n 个某节点上的喷流口流量系数；

K——喷流口流量系数；

N——发生漏失的节点数。

【例 10.2】 使用喷流口计算漏失。考虑压强区域，估计漏失流量为 200gal/min，并且平均压强为 $65lb/in^2$，则总喷流口流量系数为

$$K=\frac{200}{\sqrt{65}}=24.8$$

如果该漏失分布在大约40个节点，则每个节点的流量系数为0.62。

10.13 保持管线中足够的消毒剂余量

在自来水厂中应用消毒剂的主要作用是氧化无机物、控制气味和味道，达到消毒要求。应用消毒剂的第二个作用是在供水过程中保持保护性的消毒剂余量。在供水系统中保持消毒剂余量的做法广泛应用以抑制细菌、病原体、生物膜的生长。在美国，最常使用的消毒剂是氯，这是因为其具有氧化能力、良好的残留特征和经济性。其他常用的消毒剂包括氯胺、二氧化氯。

当消毒过的水通过供水系统时，消毒剂与流动水体中的自然有机物（NOM）、生物膜和管线管壁上的管线材料反应，在供水系统中产生消毒剂需求量和余量损失。在自然有机物（NOM）与消毒剂残留量之间发生的复杂氧化和置换反应，导致生成某种类型的化合物，称为消毒剂副产物（DBPs）。消毒剂副产物被公认为对身体有潜在的负面作用。事实上，多种潜在的健康危机与消毒剂副产物有关，包括癌症、婴儿先天不足和自然性的流产(Boorman 等，1999；Waller、Swan、DeLorenze 和 Hopkins，1998)。因此，美国和许多其他国家规定了消毒剂副产物的允许浓度。

在美国，第一份有关消毒剂及其副产物的规则，以消毒剂及其副产物的最大年平均值的形式规定了最大污染水平（MCLs)，其规定如下：

- 氯：4mg/L（如 Cl_2）；
- 总三卤甲烷（TTHM)：80μg/L；
- 卤乙酸（5)：60μg/L。

总三卤甲烷是氯仿、一溴二氯甲烷、二溴一氯甲烷和三溴甲烷的浓度总和。卤乙酸是一氯乙酸、二氯乙酸、三氯乙酸、一溴乙酸、二溴乙酸的浓度总和（U.S. EPA，1998 和 2000)。

最常见的由氯形成的消毒剂副产物是卤代甲烷（如氯仿、溴仿）和卤代乙酸（如氯乙酸）。其他的消毒剂形成的消毒剂副产物也如此。所以，自来水公司必须平衡添加太多或太少消毒剂的风险。通常可以接受的实践（或目标）是在自来水厂添加足量的消毒剂，这样可以在整个供水系统中保持消毒剂余量，但同时不要过量添加消毒剂，因为这可生成消毒剂副产物。某些自来水公司为了在供水系统中包含水龄较大水体的区域保持余氯水平，而在供水系统中进行二次加氯。

消毒剂余量估计

传统上，供水系统中消毒剂余量水平是通过使用现场采样程序来估计的。在供水系统中对消毒剂的监测要受到联邦和州的规章影响。EPA 的地表水处理规范要求，使用地表水的供水系统在进入供水系统的入口点处消毒剂的残留浓度至少为 0.2mg/L，并且在整个供水系统中保持可检测的消毒剂余量。然而，该规范并没有确定测得的残留量是多少或在哪里测量残留量，也没有对地下水源系统作出规定。在绝大多数情况下，自来水公司利用选择的监测地点来强制性地检测大肠菌。EPA 的总大肠菌规范详细说明了基于用户数量的所必需的检测点数目。

注意： 由于采样的局限性，监测不能提供供水系统中消毒剂及其副产物的浓度随空间和时间变化的完整图片。例如，消毒剂余量在邻近的地点之间和一天的时间过程中可以变化很大，这是由于需水量的变化和水箱冲水和放水的操作变化。

图 10.22 说明了在供水系统中一天内两个位置余氯量的变化。图中实线对应于与自来水厂非常邻近的节点。与预期的一样，水很快到达该节点，所以只有很少量的余氯损失发生（在自来水厂加氯速度为 1mg/L），并且余氯在一整天内保持相对恒定。该图中虚线表示距离水厂相当远的点，并且其受附近水箱影响，结果是：①水体输运到该节点的时间很长，导致余氯量损耗增大；②在该节点接受水箱供水期间，余氯浓度很低。如果邻近水箱的节点在一天中按常规例程采样，监测结果就不会反映夜间发生的余氯浓度很低的情况。

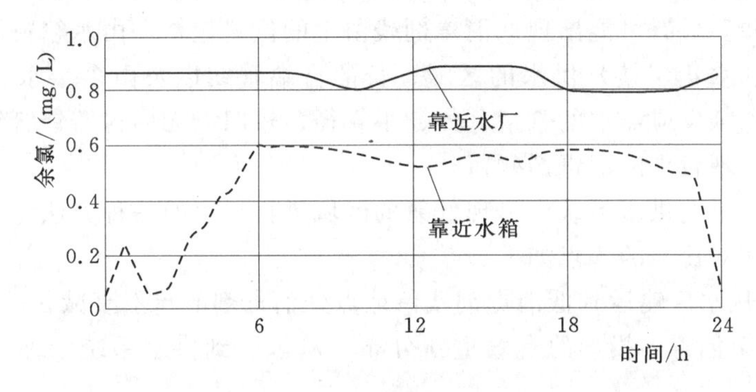

图 10.22 余氯在两个节点的日变化过程实例

只依靠监测的另一个缺点是：监测只提供很少的信息以帮助估计不同的操作或消毒剂选项对消毒剂及其副产物浓度在整个系统分布的影响，这些必须在实际执行这些选项前完成。另一方面，适当地运行供水系统模型是一个做大范围的“如果-会发生什么？(what—if)”方案的极好工具。模拟供水系统中消毒剂余量和消毒剂副产物浓度的先决条件是一个校核好的、该供水系统的（EPS）水质模型。

模型可以用于估计在供水系统内大范围的、能够影响该消毒剂及其副产物浓度的运行和设计因素。在这些分析中，通常涉及以下步骤：

（1）选择一个或多个季节性需水情况。在夏季高需水量的情况下，供水系统中水的驻留时间一般低于冬季较低需水量的情况。然而，因为夏季温度更高，消毒剂衰减速率更高。结果，常常需要评估两个季节以确定哪个是更为重要的情况。

（2）模拟几天的时间段内的消毒剂及其副产物的情况。因为在一个系统中的驻留时间可能会是几天或者甚至是几个星期，系统应该模拟一段足够长的时间以捕捉系统的动态特性，其可产生低残留余量或者高消毒剂副产物浓度。一个校核好的 EPS 水力模型可以用于估计驻留时间，并且可以确定充足的模拟时间。

(3) 估计不同的操作步骤对消毒剂余量和消毒剂副产物浓度的影响。可能影响消毒剂残留量的运行规划包括在水厂处的加氯速率、影响储水驻留时间的水箱和水库的运行（如在冬季时降低水位）以及管线盲端冲刷程序。运行改变应该根据其费用、水力可靠性和对整个系统中消毒剂残留量和消毒剂副产物浓度的影响进行评估。

(4) 估计结构改变对消毒剂残留量和消毒剂副产物浓度的影响。如果运行改变无效，那么可以研究结构改变，其可以更好地维持消毒剂残留量或者减少消毒剂副产物的生成。可能的结构改变包括在供水系统安装中继加氯设备、对水泵或水箱进行改造、减少在储水设备里的驻留时间，或者在压强区域内进行改造。

这些研究范例的具体说明见以下文献：Clark 和 Grayman（1998）；Vasconcelos 等（1996）；Tryby 等（1999）；Vandermeyden 和 Hartman（2001）；Elton、Brammer 和 Tansley（1995）；Sekhar 和 Uber（2001）；Prentice（2001）；Kiene 和 Hemery（1999）。

二次加氯

最小的消毒剂残留量常常出现在供水系统的部分区域，从消毒剂投加位置到达那里需要很长的传输时间。最有可能出现低消毒剂残留量的位置包括：由水箱特别是那些多级水箱（几个压力区和水箱串接）供水的区域、长的盲端管线以及由多个水源供水的混杂区域。由具有高消毒剂反应需求的管壁（如、小管径、较旧、无内衬铸铁管线）的管线供水的区域经常也能出现较少的消毒剂残留。

二次加氯是一个在供水系统中出现低氯的区域进行加氯的一种方法。二次加氯（与在水厂提高加氯速率对比）的优点如下：

- 其避免了从水厂输运到低消毒剂残留地点处消毒剂的自然衰减；
- 其导致一个消毒剂投加的有效重新分布，从水厂到供水系统中那些需要投加的外围区域；
- 其有可能减少消毒剂副产物的生成。

尽管许多自来水公司都进行了二次加氯，但也有许多自来水公司由于远程加氯站点相关的运行、维护和安全问题则避免这样做。最近已有几个研究调查了供水系统中的二次加氯站点的最佳地点和控制（Tryby 等，1999；Nace、Harmant 和 Villon，2001；Propato、Uber、Shang、Polycarpou，2001；Wang、Polycarpou、Shang 和 Uber，2001）。

在早期水质模型中，二次加氯的表示是困难的和近似的，这是因为组分只能通过加入以设定浓度的流量来引入。所以，为了模拟氯的添加（没有增加流量），只能设定需水量和附近同样流量大小的入流，并设定该入流的浓度。这个表示方法限制了模拟加氯设备的实际行为的能力。近期的模型添加了几个选项，其在模拟二次加氯中更加容易和灵活。现在用户可以选择方法和适当的加氯浓度，这可以最逼真地表示需模拟的二次加氯设备的运行。下面讨论在某些模型中提供的三种选项。

物量投加器水质源　这种情况用于表示某种投加器，其可以手动设置投加某种物质的常量投加速率。从投加器节点出来的浓度依赖于流经投加器节点的流量，其浓度可按下式计算：

$$C_0=\frac{\sum Q_i C_i + M}{\sum Q_i} \tag{10.18}$$

式中 C_0——节点出流浓度，M/L^3；

Q_i——节点 i 的入流流量，L^3/T；

C_i——节点 i 的入流浓度，M/L^3；

M——物量投加速率，M/T。

随流量变化的投加器 这种情况是指流量改变了，在节点入流浓度上增加设定的浓度，并且可以用于模拟随着流量变化而投加化学物的水质源点：

$$C_0=\frac{\sum Q_i C_i}{\sum Q_i}+C_f \tag{10.19}$$

式中 C_f——节点处增加的水质浓度，M/L^3。

设定浓度点投加器 最后一种情况是表示控制投加速率以保持固定的节点出流浓度，是个典型的反馈控制系统：

$$C_m=\frac{\sum Q_i C_i}{\sum Q_i} \tag{10.20}$$

式中 C_m——没有外部投加混合之后的浓度，M/L^3。

如果 $C_m<C$（出流浓度设定点），则 $C_0=C$（出流浓度设定点）。

如果 $C_m=C$（出流浓度设定点），没有化学物投加，则 $C_0=C_m$。

消毒剂副产物的生成

消毒剂副产物的生成与水龄有关，这样有高水龄水的区域，预计会有较高的消毒剂副产物浓度。与水龄的这个关系在卤代甲烷的生成方面是最强的，而在卤乙酸的生成方面是相当弱的或是不存在的（Chen 和 Weisel，1998）。

有关消毒剂浓度的动态变化和消毒剂副产物的产生是研究和规章制定中一个非常活跃的领域。对饮用水工业的一项普遍关注的特别领域是 U.S. EPA 第二阶段消毒剂及消毒剂副产品规程和在未来几年内确定采样点位置时所需要的初始供水系统估计（IDSE）过程。作为该过程的一部分，供水系统建模是在该供水系统中选择将来采样位置的一个选项。

优化技术

好的水质要符合消毒剂浓度在合适的范围内，以保证好的消毒性能并避免水体有异味。如果使用具有不同水质的不同水源，并在供水系统中的某些控制点中要求混合的时候，这个问题就变复杂了。

氯的浓度是通过在水厂的加氯时程变化模式、水泵运行的时程安排和管网中中间节点以及加氯站点的额外加氯共同控制的。然而，涉及的现象很复杂。所以，确定最佳的加氯策略最好通过最优化技术逼近，用最优化技术确定最佳的水泵运行方法、水源处最佳的浓度变化模式以及在供水系统中二次加氯站点的最佳浓度变化模式。

不仅要考虑供水要满足所有节点的水量，还要考虑消毒剂残留量。除了运行水泵费用的目标函数之外，可以引入的新的目标函数是与水体氯化费用或最小化优化后的余氯浓度和目标余氯浓度值偏差相关。Tryby 和 Uber（1999）综合了同时使二次加氯站点的数量与应用的消毒剂的总量达到最小值的目标函数。他们使用混合整数线性规划解决了整型变数为加氯站点位置，连续变量是周期性的加氯物量数的问题。Constans、Brémond 和 Morel（2000）考虑用线性规划公式去确定加氯站点位置和优化加氯时间变化模式。

Sakarya 和 Mays（1999）报道了一个尝试使用离散时间最优控制以确定供水系统的运行效率。他们研究了系统中水泵的优化运行，使某种物质的浓度与期望达到的水平之间的差距最小化，同样也使水泵的运行时间和能耗总费用最小化。系统中的压强、物质浓度、储水高度有相应的惩罚因子，一旦这些参数与期望值有偏差，模型就应用这些惩罚因子。Goldman 和 Mays（1999）完成了一个类似的研究，使用模拟退火算法（见附录 D）优化系统运行。这个模型应用在美国加利福尼亚州诺瓦托市的 North Marin Water 区，在满足水力和水质的约束情况下，确定花费电费最少的最优化运行。

Dandy 和 Hewitson（2000）推荐了一种最完善的方法，考虑了供水系统的设计和运行（包括水量和水质），并且该方法在澳大利亚 Yorke Peninsula——一个位于阿德莱德（Adelaide）以西大约 50km 的乡村地区得到应用。其使用遗传算法模型优化系统的总费用，包括以下方面：

- 新的管线、水泵和水箱的基建投资资金费用；
- 水泵的电力费用折现值；
- 因为余氯低导致的水体传播疾病，给社区带来的可能费用折现值；
- 由于消毒剂副产物的副作用（癌症风险），给社区带来的可能费用折现值；
- 加氯量超过允许值，给社区带来的费用折现值（感官价值）；
- 消毒剂的费用折现值。

供水系统设计的传统方法只考虑水力因素，而将消毒作为运行时的考虑因素处理，与之不同的是这项研究证明了在一个单一的分析中包括优化设计、运行和水质的优点。上述费用中的多项很难数量化（感官、癌症风险）。对于可以数量化的费用项目范围，可以作为效益包括在该问题的方程式中，最大化、最小化或者作为必须满足的约束条件。

Goldman、Sakarya、Ormsbee、Uber 和 Mays（2000）提出了其他模型以帮助优化运行，但是这些模型仍然为自来水公司广泛使用。

参考文献

American Water Works Association（1994a）. “Standard for Dry Barrel Fire Hydrants.” *AWWA C502-94*，Denver，Colorado.

American Water Works Association（1994b）. “Standard for Wet Barrel Fire Hydrants.” *AWWA C503-94*，Denver，Colorado.

Antoun，E. N.，Dyksen，J. E.，and Hilitebrand（1999）. “Unidirectional Flushing.” *Journal of the American Water Works Association*，91（7），62.

Arora, H., and LeChevallier, M. W. (1998). "Energy Management Opportunities." *Journal of the American Water Works Association*, 90 (2), 40.

Boorman, G. A., Dellarco, V., Dunnick, J. K., Chapin, R. E., Hunter, S., Hauchman, F., Gardner, H., Cox, M., Sills, R. C. (1999). "Drinking Water Disinfection By-products: Review and Approach to Toxicity Evaluation." *Environmental Health Perspectives*, 107, Supplemental 1: 207.

Brdys, M. A., and Ulanicki, B. (1994). *Operational Control of Water Systems: Structures, Algorithms, and Applications*. Prentice Hall.

Brion, L., and Mays, L. W. (1991). "Methodology for Optimal Operation of Pumping Stations in Water Distribution Systems." *Journal of Hydraulic Eegineering*, ASCE, 117 (11), 1551.

California-Nevada AWWA (1981). *Distribution Main Flushing and Cleaning*. California-Nevada AWWA, Rancho Cucamonga, California.

Cesario, A. L. (1995). *Modeling. Analysis, and Design of Water Distribution Systems*. AWWA, Denver, Colorado.

Chadderton, R. A., Christensen, G. L., and Henry-Unrath, P. (1992). *Implementation and Optimization of Distribution Flushing Programs*. AWWARF, Denver, Colorado.

Chase, D. V., and Ormsbee, L. E. (1989). "Optimal Pump Operation of Water Distribution Systems with Multiple Tanks." *Proceedings of the AWWA Computer Conference*, American Water Works Association, 205.

Chen, W. J., and Weisel, C. P. (1998). "Halogenated DBP Concentrations in a Distribution System." *Journal of the American Water Works Association*, 90 (4), 181.

Clark, R. M., Geldreich, E. E., Fox, K. R., Rice, E. W., Johnson, C. H., Goodrich, J. A., Barnick, J. A., and Abdesaken, F. (1996). "Tracking a Salmonella Serover Typhimurium Outbreak in Gideon, Missouri: Role of Contaminant Propagation Modeling." *Journal of Water Supply Research and Technology-Aqua*, 45 (4), 171.

Clark, R. M., and Grayman, W. M. (1998). *Modeling Water Quality in Drinking Water Distribution Systems*. AWWA, Denver, Colorado.

Clark, R. M., Grayman, W. M., Goodrich, R. A., Deinimger, P. A., and Hess, A. F. (1991). "Field Testing Distribution Water Quality Models." *Journal of the American Water Works Association*, 84 (7), 67.

Constans, S., Brémond, B., and Morel, P. (2000). "Using Linear Programs to Optimize the Chlorine Concentrations in Water Distribution Networks." *Preceedings of the ASCE Joint Conference on Water Resources Engineering and Water Resources Planning and Management*, Minneapolis, Minnesota.

Coulbeck, B., Bryds, M., Orr, C., and Rance, J. (1988). "A Hierarchal Approach to Optimized Control of Water Distribution Systems." *Journal of Optimal Control Applications and Methods*, 9 (1), 51.

Coulbeck, B., and Sterling, M. (1978). "Optimal Control of Water Distribution Systems." *Proceedings of the Institute of Electrical Engineers*, 125, 1039.

Dandy, G., and Hewitson, C. (2000). "Optimising Hydraulics and Water Quality in Water Distribution Networks using Genetic Algorithms." *Proceedings of the ASCE Joint Conference on Water Resources Engineering and Water Resources Planning and Management*, Minneapolis, Minnesota.

Elton, A., Brammer, L. F., and Tansley, N. S. (1995). "Water Quality Modeling in Distribution Networks." *Journal of the American Water Works Association*, 87 (7), 44.

Engelhardt, M. O., Skipworth, P. J., Savic, D. A., Saul, A. J., and Walters, G. A. (2000). "Rehabilitation Strategies for Water Distribution Networks. A Literature Review with a UK Perspective." *Urban Water*, Vol. 2, No. 2, 153-170.

Esat, V., and Hall, M. (1994). "Water Resources System Optimization Using Genetic Algorithms." *Hydroinformatics* 94, Vol. 1, Rotterdam, Netherlands.

Geldreich, E. E. (1996). *Microbial Quality of Water Supply in Distribution Systems*. Lewis Publishers, Boca Ration, Florida.

Gemanopoulos, G. (1995). "Valve Control Regulation for Reducing Leakage." *Improving Efficiency and Reliability in Water Distribution Systems*, Kluwer Academic Press, London, United Kingdom, 165.

Goldberg, D. E., and Kuo, C. H. (1987). "Genetic Algorithms in Pipeline Optimization." *Journal of Computing in Civil Engineering*, 1 (2), 128.

Goldman, F. E., and Mays, L. W. (1999). "The Application of Simulated Annealing to the Optimal Operation of Water Systems." *Proceedings of the 26th Water Resources Planning and Management Conference*, American Society of Civil Engineers, Tempe, Arizona.

Goldman, F. E., Sakarya, B., Ormsbee, L. E., Uber, J., and Mays, L. W. (2000). "Optimization Models for Operations." *Water Distribution Systems Handbook*, Mays, L. W., ed., McGraw-Hill, New York, New York.

Goodwin, S. J. (1980). "The Results of the Experimental Program on Leakage and Leakage Control." *Technical Report TR* 154, Water Research Centre.

Harding, B. L., and Walski, T. M. (2000). "Long Time-series Simulation of Water Quality in Distribution Systems." *Journal of Water Resources Planning and Management*, ASCE, 126 (4), 199.

Harr, J. (1995), *A Civil Action*. Vintage Books, New York, New York.

Hovstadius, G. (2001). "Pump System Effectiveness." *Pumps and Systems*, 9 (1), 48.

Jowitt, P. W., and Germanopoulos, G. (1992). "Optimal Pump Scheduling in Water Supply Networks." *Journal of Water Resources Planning and Management*, ASCE, 118 (4), 406.

Kiene, L., and Hemery, A. (1999). "Monitoring of Water Quality in Distribution Systems Using Optimized Models, On-line sensors and Booster Chlorination Stations." *Proceedings of the Water Resources Planning and Management Conference*, American Society of Civil Engineers, Reston, Virginia.

Kramer, M. H., Herwald, B. L., Craun, G. F., Calderon, R. L., and Juranek, D. D. (1996). "Waterborne disease—1993 and 1994." *Journal of the American Water Works Association*, 88 (3), 66.

Kapelan, Z., Savic, D. A., and Walters, G. A. (2000). "Inverse Transient Analysis in Pipe Natworks for Leakage Detection and Roughness Calibration." *Water Network Modeling for Optimal Design and Management*, CWS 2000, Centre for Water Systems, Exeter, United Kingdom, 143.

Lansey, K. E., and Awumah, K. (1994). "Optimal Pump Operations Considering Pump Switches." *Journal of Water Resources Planning and Management*, ASCE, 120 (1), 17.

Lansey, K. E., and Zhong, Q. (1990). "A Methodology for Optimal Control of Pump Stations." *Proceedings of the Water Resources Planning and Management Specialty Conference*, American Society of Civil Engineers, 58.

Martinez, F., Conejos, P., and Vercher, J. (1999). "Developing an Integrated Model of Water Distribution Systems Considering both Distributed Leakage and Pressure Dependent Demands." *Proceedings of the ASCE Water Resources Planning and Management Division Conference*, Tempe, Arizona.

Maslia, M. L., Sautner, J. B., Aral, M. M., Reyes, J. J., Abraham, J. E., and Williams, R. C. (2000). "Using Water-Distribution Modeling to Assist Epidemiologic Investigations." *Journal of Water Resources Planning and Management*, ASCE, 126 (4), 180.

Murphy, P. J. (1991). *Prediction and Validation in Water Distrbution Modeling*. AWWARF, Denver, Colorado.

Nace, A., Harmant, P., and Villon, P. (2001). "Optimization of Location and Chlorine Dosage of the Booster Chlorination in Water Distribution Network." *Proceedings of the World Water and Environmental Resources Congress*, The Environmental & Water Resources Institute, Reston, Virginia.

Oberoi, K. (1994). "Distribution Flushing Programs: The Benefits and Results." *Proceedings of the AWWA Annual Conference*, American Water Works Association, New York, New York.

Ormsbee, L. E., and Lingireddy, S. (1995). "Nonlinear Heuristic for Pump Operations." *Journal of Water Resources Planning and Management*, ASCE, 121 (4), 302.

Ormsbee, L. E. Walski, T. M., Chase D. V., and Sharp W. W. (1989). "Methodology For Improving Pump Operation Efficiency." *Journal of Water Resources Planning and Management*, ASCE, 115 (2), 148.

Patison, P. L. (1980). "Conducting a Regular Main Flushing Program." *Journal of the American Water Works Association*, 72 (2), 88.

Percia, C., Oron, G., and Mehrez, A. (1997). "Optimal Operation of Regional System With Diverse Water Quality Sources." *Journal of Water Resources Planning and Management*, ASCE, 123 (2), 105.

Pezeshk, S., and Helweg, O. J. (1996). "Adaptive Search Optimization in Reducing Pump Operating Costs." *Journal of Water Resources Planning and Management*, ASCE, 122 (1), 57.

Prentice, M. (2001). "Disinfection Modeling Study for the Owen Sound Water Distribution System." *Proceedings of the AWWA Annual Conference*, American Water Works Association, Denver, Colorado.

Propato, M., Uber, J. G., Shang, F., Polycarpou, M. M. (2001). "Integrated Control and Booster System Design for Residual Maintenance in Water Distribution Systems." *Proceedings of the World Water and Environmental Resources Congress*, The Environmental & Water Resources Institute, Reston, Virginia.

Pudar, R. S., and Liggett, J. A. (1992). "Leaks in Pipe Networks." *Journal of Hydraulic Engineering*, ASCE, 118 (7), 1031.

Reardon, D. (1994). "Audit Manual for Water-Wastewater Facilities." *CR* - 104300, EPRI, St. Louis, Missouri.

Rossman, L. A., Clark, R. M., and Grayman, W. M. (1994). "Modeling Chlorine Residuals in Drinking-Water Distribution Systems." *Journal of Environmental Engineering*, ASCE, 120 (4), 803.

Sakarya, A. B., and Mays, L. W. (1999). "Optimal Operation of Water Distribution Systems for Water Quality Purposes." *Proceedings of the 26th Water Resources Planning and Management Conference*, American Society of Civil Engineers, Tempe, Arizona.

Savic, D. A., Walters, G. A., Randall-Smith, M., and Atkinson, R. M. (2000). "Large Water Distribution Systems Design Through Genetic Algorithm Optimisation." *Proceedings of the ASCE Joint Conference on Water Resources Engineering and Water Resources Planning and Management*, American Society of Civil Engineers, Hotchkiss, R. H., and Glade, M., eds., proceedings published on CD, Minneapolis, Minnesota.

Savic, D. A. , Walters, G. A. , and Schwab, M. (1997) . "Multiobjective Genetic Algorithms for Pump Scheduling in Water Supply. " *AISB*, Lecture Notes in Computer Science 1305, Springer Verlag.

Sekhar, W. W. , and Uber, J. G. (2001) . "Field Study of Chlorine Decay and Disinfection Byproduct Formation in Water Distribution Systems. " *Proceedings of the World Water and Environmental Resources Congress*, The Environmental & Water Resource Institute, Reston, Virginia.

Simons, R. (1996) . "Simulation and Optimisation Join Forces to Schedule London's Water. " *The Newsletter of Mathematical Programming in Industry and Commerce*, http: //www. eudoxus. com/mpac9601. pdf.

Stathis, J. A. , and Loganathan, G. V. (1999) . "Analysis of Pressure-Dependent Leakage in Water Distribution Systems. " *Proceedings of the ASCE Water Resources Planning and Management Division Conference*, Tempe, AZ.

Tang, K. W. , Brunone, B. , Karney, B. , and Rossetti, A. (2000) . "Role and Characterization of Leaks Under Transient Conditions. " *Proceedings of the ASCE Joint Conference on Water Resources Engineering and Water Resources Management*, Minneapolis, Minnesota.

Tarquin, A. , and Dowdy, J. (1989) . "Optimal Pump Operation in Water Distribution. " *Journal of Hydraulic Engineering*, ASCE, 115 (2), 168.

TREEO (1985) . "Operations and Training Manual on Energy Efficiency in Water and Wastewater Treatment Plants. " *TREEO Center*, University of Florida, 1986.

Tryby, M. E. , Boccelli, D. L. , Koechling, M. T. , Uber, J. G. , Summers, R. S. , and Rossman, L. A. (1999) . "Booster Chlorination For Managing Disinfectant Residuals. " *Journal of the American Water Works Association*, 91 (1), 86.

Tryby, M. E. , and Uber, J. G. (1999) . "Development of a Booster Chlorination Design Using Distribution System Models. " *Proceedings of the 26th Water Resources Planning and Management Conference*, American Society of Civil Engineers, Tempe, Arizona.

U. S. Environmental Protection Agency (1998) . *Stage I Disinfectants and Disinfection Byproducts Rule*. Office of Water, http: //www. epa. gov/safewater/mdbp/dbp 1. html.

U. S. Environmental Protection Agency (2000) . *Stage 2 Microbial/Dininfection Byproducts Federal Advisory Committee*. Office of Water, http: //www. epa. gov/safewater/mdbp/st2faca. html.

Vandermeyden, C. , and Hartman, D. (2001) . "Water Quality Modeling of a Complete Distribution System. Development, Results, and Practical Applications. " *Proceedings of the AWWA Annual Conference*, American Water Works Association, Denver, Colorado.

Vasconcelos, J. J. , Boulos, P. F. , Grayman, W. M. , Kiene, L. , Wable, O. , Biswas, P. , Bhari, A. , Rossman, L. A. , Clark, R. M. , and Goodrich, J. (1996) . *Characterization and Modeling of Chlorine Decay in Distribution Systems*, AWWA Research Foundation, Denver, Colorado.

Waller, K. , Swan, S. H. , DeLorenze, G. , Hopkins, B. (1998) . "Trihalomethanes in Drinking Water and Spontaneous Abortion. " *Epidemiology*, 9 (1), 134.

Walski, T. M. (1991) . "Understanding Solids Transport in Water Distribution Systems. " *Water Quality Modeling in Distribution Systems*, AWWAEF, Denver, Colorado.

Walski, T. M. (1993) . "Tips for Energy Savings in Pumping Operations. " *Journal of the American Water Works Association*, 85 (7), 48.

Walski, T. M. (1995) . "An Approach for Handling Sprinklers, Hydrants, and Orifices in Water Distribution Systems. " *Proceedings of the AWWA Annual Conference*, American Water Works Association, Anaheim, California.

Walski, T. M. (1998). "Importance and Accuracy of Node Elevation Data." *Essential Hydraulics and Hydrology*, Haestad Press, Waterbury, Connecticut.

Walski, T. M. (1999). "Modeling TCE Dynamics in Water Distribution Tanks." *Proceedings of the 26th Water Resources Planning and Management Conference*, ASCE, Tempe, Arizona.

Walski, T. M. (2000). "Water Quality Aspects of Construction and Operation." *Water Distribution System Handbook*, Mays, L. W., ed., McGraw-Hill, New York, New York.

Walski, T. M., and Draus, S. J. (1996). "Predicting Water Quality Changes During Flushing." *Proceedings of the AWWA Annual Conference*, American Water Works Association, Toronto, Canada.

Wang, Z, Polycarpou, M. M., Shang, F., Uber, J. G. (2001). "Design of Feedback Control Algorithm for Chlorine Residual Maintenance in Water Distribution Systems." *Proceedings of the World Water and Environmental Resources Congress*, The Environmental & Water Resources Institute, Reston, Virginia.

Wu, Z. Y., Boulos, P. F., Orr, C. H., and Moore, M. (2001). "Using Genetic Algorithm for Water Distribution System Optimization." *Proceedings of the World Water & Environmental Resources Congress*, Orlando, Florida.

Wu, Z. Y., Boulos, P. F., Orr, C. H., and Ro, J. J. (2000). "An Efficient Genetic Algorithms Approach to an Intelligent Decision Support System for Water Distribution Networks." *Proceedings of the Hydroinformatics Conference*, Iowa City, Iowa.

Yu, G., Powell, R. S., and Sterling, M. J. H. (1994). "Optimized Pump Scheduling in Water Distribution Systems." *Journal of Optimization Theory Applications*, 83 (3), 463.

Zessler, M. L., and Shamir, U. (1989). "Optimal Operation of Water Distribution Systems." *Journal of Water Resources Planning and Management*, ASCE, 115 (8), 735.

讨论话题与习题

学习本章并完成全部习题。将你的成果提交给 Haestad Methods，就能获得 11.0 继续教育学分。参见继续教育单元或登录网站 www.haestad.com/awdm-ceus/，可以获得更多信息。

10.1 完成习题 4.4，添加对新城泵站的控制，使水泵在 0：00—4：30 开启，在 4：30—11：00 关闭，在 11：00—24：00 开启。

（1）画出中央水塔的 *HGL* 随时间的变化曲线图。

（2）画出新城泵站出水量随时间的变化曲线图。

（3）系统在当前控制下，运行是否合理？如不合理，请指出不合理之处。

10.2 完成习题 4.4，对泵站添加如下控制：

- 新城泵站在中央水塔水位低于 1515ft 开启水泵运行。在水位高于 1530ft 时停止运行。
- 高地泵站在水塔的 *HGL* 值下降到 1510ft，启动运行。在水位高程达到 1530ft，停止运行。

初始状态下，新城泵站运行和高地泵站停止运行。

（1）画出中央水塔的 *HGL* 随时间的变化曲线图。

“它好像吃了一些家庭作业。”

（2）画出新城泵站的出水量随时间的变化曲线图。

（3）在这个正常日需水情况下，是否需要从高地水库用泵抽水对水箱供水？

10.3　完成习题10.2，并且在节点J—5处添加2250gal/min的消防流量，消防需水量在11：00开始，并持续3h。

（1）画出中央水塔的*HGL*随时间的变化曲线图。

（2）画出新城泵站的出水量随时间的变化曲线图。

（3）画出高地泵站的出水量随时间的变化曲线图。

（4）画出节点J—5处压强随时间的变化曲线图。

（5）节点J—5处的压强能保持在可接受的范围之内吗？整个系统能保持吗？

（6）一旦高地泵站运行，中央水塔需要几个小时才能恢复到模拟开始时的初始水位(1525ft)？

10.4　下图所示的系统同样是习题4.3中给出的系统。然而，在管道P—6中添加了一个减压阀（PRV），管道P—4状态为关闭。注意：在管道P—6上添加一个减压阀（PRV）需要将该管道分成二根管道，在管道P—6上的减压阀（PRV）（高程1180ft）的压强设置为74lb/in^2。假设在这次模拟过程中，两个泵站都处于运行状态中。

执行消防分析以发现最大消防流量，这个消防流量加到原有的需水量之上，用于供水系统中的每个节点［即该消防流量在某一时刻只能应用于一个节点（加到原有的需水量之上），同时，其他节点流量保持其原有需水量］。系统中任何地方的（除了泵站的吸水端之外）允许最小压强为30lb/in^2。

提示：如果你使用WaterCAD，你就能用自动消防流量特性自动对单一模型中的所有节点执行该分析。

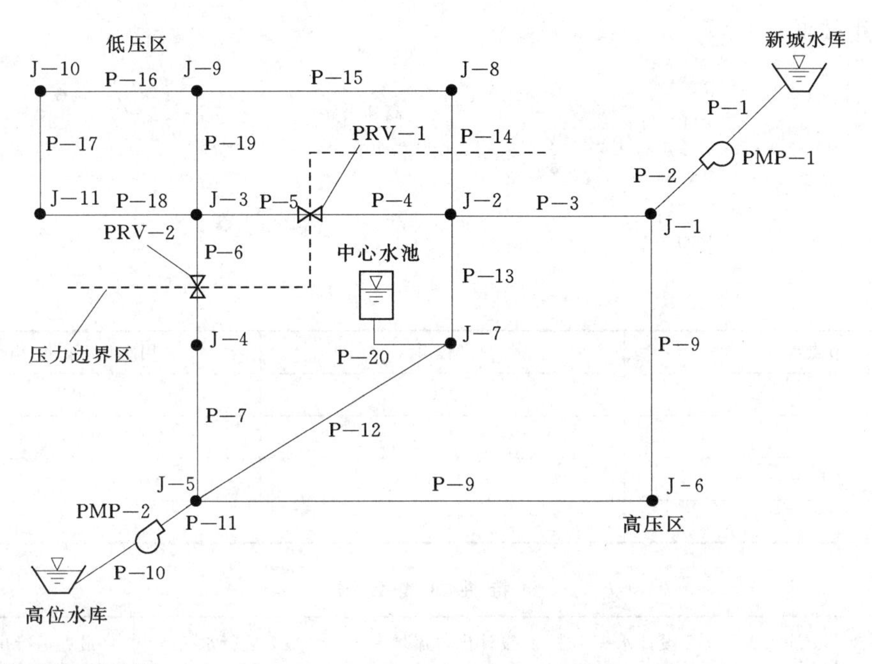

(1) 完成以下表格。

节点编号	消防流量/(gal/min)	消防用水时的压强/(lb/in^2)
J—1		
J—2		
J—3		
J—4		
J—5		
J—6		
J—7		
J—8		
J—9		
J—10		
J—11		

(2) 你认为这个管网能够满足系统的消防流量要求吗？该系统向一个居民区和一个工业区供水。假设所需消防流量为3500gal/min。

(3) 必须要有多少个消火栓开启，才能在节点J—6处流出所要求的消防流量。假设每个消火栓由图10.17中所示系统表示，并且消火栓的开口尺寸为2.5in。同样，在这种情况下，假定的水库的*HGL*必须设定等于所关注节点（J—6）的高程。

10.5　在图中给定系统的管线图和下面的数据（在文件Prob10 - 05.wcd中），权衡一下连接泵站和水塔R—2的两条可行路线。一条线路的长度是3mile，沿着高速公路，但需要高的回填和恢复费用。另一条路线比上面一条路线长3000ft，但该管道铺设在辅路侧部，费用较低。

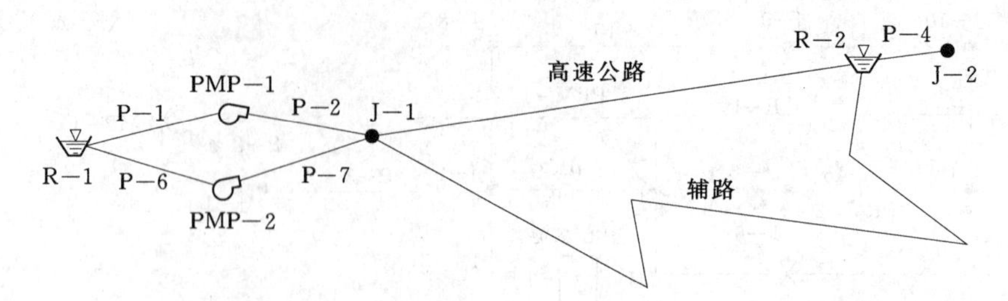

节点编号	高程/ft	用水量/(gal/min)
J—1	980	500
J—2	950	1200
R—1	1000	N/A
R—2	1100	N/A

泵特性曲线数据

水泵编号	静水头/ft	设计水头/ft	设计出口流量/(gal/min)	最大运行水头/ft	最大运行出口流量/(gal/min)
PMP—1	160	140	2000	100	3000
PMP—2	160	140	2000	100	3000

管道编号	长度/ft	管径/in	材质	海曾-威廉系数
P—1	40	12	球墨铸铁	130
P—2	40	12	球墨铸铁	130
P—4	25	12	球墨铸铁	130
P—6	40	12	球墨铸铁	130
P—7	40	12	球墨铸铁	130

在水源只有一个水泵运行，确定选择12in、14in、16in中哪种尺寸的管道，并且选择哪条铺设路线更好（是沿着高速公路还是后面的公路）。电费和建设费用的信息在下面中提供。

水泵运行所需时间可以如下计算：

$$f = Q_{demand} / Q_{pump}$$

式中 Q_{demand}——系统总需水量，gal/min；

Q_{pump}——计算的水泵流量，gal/min。

对于该系统，电费可以如下计算：

$$C_{energy} = 0.22 Q_{pump} H_{pump} f$$

式中 C_{energy}——电费，美元/年；

H_{pump}——计算的水泵水头，ft。

20 年能耗费用的现在价值（PW，美元）如下给出，假设 7%的年利率：

$$PW=10.6\times C_{energy}$$

使用下表中的值，计算管线的建设费用。

管径 /in	费用（高速公路） /（美元/ft）	费用（辅路） /（美元/ft）
12	90	60
14	95	65
16	100	70

填写下面表格，给出建设费用和每个方案的电费折现值。

管径 /in	线路	流量 /（gal/min）	水头 /ft	f	电费折现值 /美元	建设费用 /美元	总造价 /美元
12	辅路						
14	辅路						
16	辅路						
12	高速公路						
14	高速公路						
16	高速公路						

设计年限为 20 年的最经济的方案是哪个？

10.6　采用英制单位：计算习题 4.2 所述系统中的来自 Miamisburg 水箱的部分水量和来自 West Carrolton 水箱的部分水量。在构建模拟时，添加如下的水泵控制。水泵的初始状态为开启，在模拟中的第 8 小时，水泵关闭。然后在第 16 小时又开启。假设每个节点的初始流量为 0，根据模拟中的第 12 小时的情况，完成下面的表格。

节点编号	来自 Miamisburg 水箱的水量	来自 West Carrolton 水箱的水量
J—1		
J—2		
J—3		
J—4		
J—5		
J—6		
J—7		
J—8		
J—9		
J—10		

采用SI制单位：计算习题4.2（采用SI制单位）所述系统中的来自Miamisburg水箱的部分水量和来自West Carrolton水箱的部分水量。在构建模拟时，添加如下的水泵控制。水泵的初始状态为开启，在模拟中的第8个小时，水泵关闭。然后在第16小时又开启。假设每个节点的初始流量为0，根据模拟中的第12小时的情况，完成下面的表格。

节点编号	来自Miamisburg水箱的水量	来自West Carrolton水箱的水量
J—1		
J—2		
J—3		
J—4		
J—5		
J—6		
J—7		
J—8		
J—9		
J—10		

10.7 采用英制单位：确定习题4.2所示系统的水龄。在构建模拟时，添加水泵的控制。水泵的初始状态为开启，但在模拟中的第5小时水泵关闭。在第12小时又开启。根据模拟的第12小时情况，完成下面表格。每个节点的初始水龄见下面表格。

节点编号	初始水龄/h	平均水龄/h
J—1	0.0	
J—2	0.0	
J—3	0.0	
J—4	0.0	
J—5	0.0	
J—6	0.0	
J—7	0.0	
J—8	0.0	
J—9	0.0	
J—10	0.0	
PMP—1	0.0	
水晶湖	10.0	N/A
Miamisburg水箱	15.0	
West Carrolton水箱	7.0	

采用SI制单位：确定习题4.2（采用SI制单位）所示系统的水龄。在构建模拟时，添加水泵的控制。水泵的初始状态为开启，但在模拟中的第5小时水泵关闭。在第12小时

又开启。根据模拟的第12小时情况，完成下面表格。每个节点的初始水龄见下面表格。

节点编号	初始水龄/h	平均水龄/r
J—1	0.0	
J—2	0.0	
J—3	0.0	
J—4	0.0	
J—5	0.0	
J—6	0.0	
J—7	0.0	
J—8	0.0	
J—9	0.0	
J—10	0.0	
PMP—1	0.0	
水晶湖	10.0	N/A
Miamisburg 水箱	15.0	
West Carrolton 水箱	7.0	

10.8　采用英制单位：确定习题4.2所示系统中的氯浓度。对于这个组分，水体容积反应率为－2.6/d，水管管壁反应系数为－1.25ft/d，并且扩散率为 $1.3\times10^{-8}ft^2/s$。每个节点的初始氯浓度均为1.0mg/L，水晶湖水库的氯浓度为2.3mg/L，Miamisburg水箱的氯浓度为0.7mg/L，West Carrolton水箱的氯浓度为0.9mg/L。分析一个72h的EPS，每天需水量按需水量变化模式不断重复。完成下面表格。

节点编号	60h后的氯浓度/(mg/L)
J—1	
J—2	
J—3	
J—4	
J—5	
J—6	
J—7	
J—8	
J—9	
J—10	
Miamisburg 水箱	
West Carrolton 水箱	

采用SI制单位：确定习题4.2（采用SI制单位）所示系统中的氯浓度。对于这个组分，水体容积反应率为－2.6d，水管管壁反应系数为－0.38m/d，并且扩散率为 $1.2\times10^{-9}m^2/s$。每个节点的初始氯浓度均为1.0mg/L，水晶湖水库的氯浓度为2.3mg/L，Miamisburg水箱的氯浓度为0.7mg/L，West Carrolton水箱的氯浓度为0.9mg/L，分析一

个 72h 的 EPS，每天需水量按需水量变化模式不断重复。完成下面表格。

节点编号	60h 后的氯浓度/(mg/L)
J—1	
J—2	
J—3	
J—4	
J—5	
J—6	
J—7	
J—8	
J—9	
J—10	
Miamisburg 水箱	
West Carrolton 水箱	

10.9　采用英制单位：给定的管网如下图所示，并且模型数据在下列表中给出或保存在文件 Prob10 - 09. wcd 中，确定是否会因为系统容量的限制或用户高程问题而在节点 J—7 处产生低压。即使在高峰需水量期间（无消防用水）压强维持在 35lb/in²，通过以下方法检查该问题的原因：

- 用需水量变化系数 0.6、1.0 和 1.33，分别建立模型运行，确认压强是否下降？
- 建立一个 24h 的 EPS 模型运行。

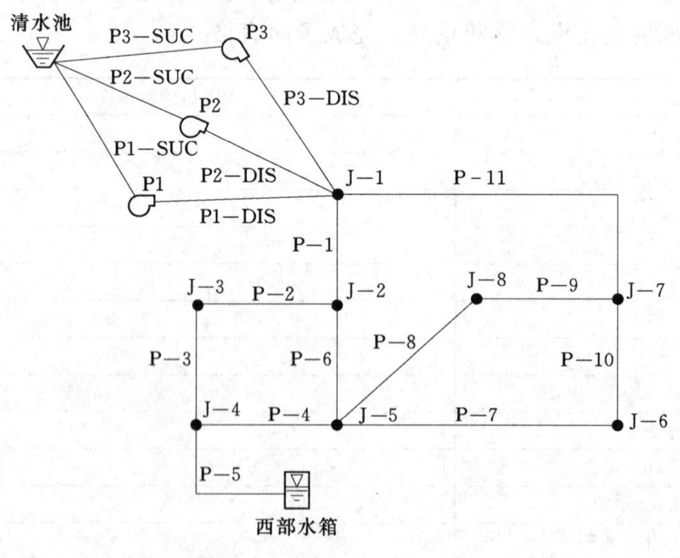

(1) 从峰值需水量到低需水量期间，节点 J—7 处的压强和 HGL 改变了多少？如果运行一个 EPS 模拟，西部水箱的水位变化范围是多少？

(2) 当需水量变化时，HGL（水压）有较大变化吗？或者水压是否对需水量相对不敏感？

(3) 压强是否在很大程度上依赖水箱水位？

（4）在一天中需要开启多少台水泵满足需水量要求？

（5）为了提高压强，你有什么建议？

管道编号	长度/ft	管径/in	海曾-威廉系数
P1—Suc	50	18	115
P1—Dis	120	16	115
P2—Suc	50	18	115
P2—Dis	120	16	115
P3—Suc	50	18	115
P3—Dis	120	16	115
P—1	2350	12	110
P—2	1500	6	105
P—3	1240	6	105
P—4	1625	12	110
P—5	225	10	110
P—6	1500	12	110
P—7	4230	6	105
P—8	3350	6	105
P—9	2500	6	105
P—10	2550	6	105
P—11	3300	4	85

节点编号	高程/ft	用水量/(gal/min)
J—1	730	0
J—2	755	125
J—3	765	50
J—4	775	25
J—5	770	30
J—6	790	220
J—7	810	80
J—8	795	320

水库编号	高程/ft
清水池	630

水箱编号	最低水位/ft	初始水位/ft	最高水位/ft	水箱直径/ft
西部水箱	900.0	917.0	920.0	50.0

泵特性曲线数据

			P2		P3	
水头 /ft	流量 /(gal/min)	水头 /ft	流量 /(gal/min)	水头 /ft	流量 /(gal/min)	水头 /ft
静止	305	0	305	0	305	0
设计	295	450	295	450	295	450
最大运行状态	260	650	260	650	260	650

水力模式(连续)

时间/h	乘数
0	0.60
3	0.75
6	1.20
9	0.90
12	1.15
15	1.00
18	1.33
21	0.90
24	0.60

泵 站 控 制

		P2	P3
初始状态	打开	打开	关闭
如果西部水箱满足条件，则运行	<916.0ft	<913.0ft	<905.0ft
如果西部水箱满足条件，则关闭	>919.5ft	>917.0ft	>914.0ft

采用SI制单位：给定的管网前图中所示，并且模型数据在下列表中给出或保存在文件Prob10-09.wcd中，确定是否会因为系统容量的限制或用户高程问题而在节点J—7处产生低压。即使在高峰需水量期间（无消防用水）压强维持在240kPa，通过以下方法检查该问题的原因：

• 用需水量变化系数0.6、1.0和1.33，分别建立模型运行，确认压强是否下降；或者

• 建立一个24h的EPS模型运行。

(1) 从峰值需水量到低需水量期间，节点J—7处的压强和*HGL*改变了多少？如果运行一个EPS模拟，西部水箱的水位变化范围是多少？

(2) 当需水量变化时，*HGL*（水压）有较大变化吗？或者水压是否对需水量相对不敏感？

(3) 压强是否在很大程度上依赖水箱水位？

(4) 在一天中需要开启多少台水泵满足需水量要求?

(5) 为了提高压强，你有什么建议?

管道编号	长度/m	管径/mm	海曾-威廉系数
P1—Suc	15.2	457	115
P1—Dis	36.6	406	115
P2—Suc	15.2	457	115
P2—Dis	36.6	406	115
P3—Suc	15.2	457	115
P3—Dis	36.6	406	115
P—1	716.3	305	110
P—2	457.2	152	105
P—3	378.0	152	105
P—4	495.3	305	110
P—5	68.6	254	110
P—6	457.2	305	110
P—7	1289.3	152	105
P—8	1021.1	152	105
P—9	762.0	152	105
P—10	777.0	152	105
P—11	1006	102	85

节点编号	高程/m	用水量/(L/s)
J—1	222.50	0.0
J—2	230.12	7.9
J—3	233.17	3.2
J—4	236.22	1.6
J—5	234.70	1.9
J—6	240.79	13.9
J—7	246.89	5.0
J—8	242.32	20.2

水库编号	高程/m
清水池	192.0

水箱编号	最低水位/m	初始水位/m	最高水位/m	水箱直径/m
西部水箱	280.42	279.50	274.32	15.24

泵特性曲线数据

水泵编号	静止水头/m	设计水头/m	设计流量/(L/s)	最大运行状态水头/m	最大运行状态水头流量/(L/s)
P1	93.0	89.9	28.4	79.3	41.0
P2	93.0	89.9	28.4	79.3	41.0
P3	89.9	77.7	15.8	48.8	28.4

水力模式(连续)

时间/h	乘数
0	0.60
3	0.75
6	1.20
9	0.90
12	1.15
15	1.00
18	1.33
21	0.90
24	0.60

泵站控制

		P2	P3
初始状态	打开	打开	关闭
如果西部水箱满足条件，则运行	＜279.2 m	＜278.3 m	＜275.8 m
如果西部水箱满足条件，则关闭	＞280.3 m	＞279.5 m	＞278.6 m

10.10 采用英制单位：这个问题使用了习题10.9中的已校核模型。在节点J—8附近的用户，其高程为760ft，投诉出现低压现象。在节点J—8附近的消火栓测量水压为46lb/in^2。该问题是供水系统问题还是用户支管问题？

(1) 运行一个该模型的EPS模拟，画出节点J—8处压强随着时间的变化曲线图。46lb/in^2的压强是否在系统中该处是合理的？

(2) 为了得到该问题原因的看法，当该处压强最低时查看该处*HGL*，是否与水箱处的*HGL*有较大差值（大于20ft）？这个水头损失告诉你什么？

(3) 确定该水头损失的来源，在低压时查看系统中的流速，哪些管道具有最高的流速？

(4) 运行时可以做什么工作来校正该问题吗？

(5) 46lb/in^2是低压吗？

采用SI制单位：这个问题使用了习题10.9（采用SI制单位）中的已校核模型。在节点J—8附近的用户，其高程为231.65m，投诉出现低压现象。在节点J—8附近的消火栓测量水压为 317kPa。该问题是供水系统问题还是用户支管问题？

（1）运行一个该模型的 EPS 模拟，画出节点 J—8 处压强随着时间的变化曲线图。317kPa 的压强是否在系统中该处是合理的？

（2）为了得到该问题原因的看法，当该处压强最低时查看该处 *HGL*，是否与水箱处的 *HGL* 有较大差值（大于 6.1 m）？这个水头损失告诉你什么？

（3）确定该水头损失的来源，在低压时查看系统中的流速，哪些管道具有最高的流速？

（4）运行时可以做什么工作来校正该问题吗？

（5）317kPa 是低压吗？

10.11　如下图所示，在节点 J—6 附近的客户投诉出现低压问题，并且压强图表记录器的数据如图曲线所示。使用下面的数据表格，或打开 Prob10－11.wcd，构建一个模型。

（1）确定该低压现象是否由于高程、水泵容量不足、管线尺寸偏小或是某些大需水量造成的？

（2）你怎样使用模型去确认这个问题？运行模型去确认该问题。

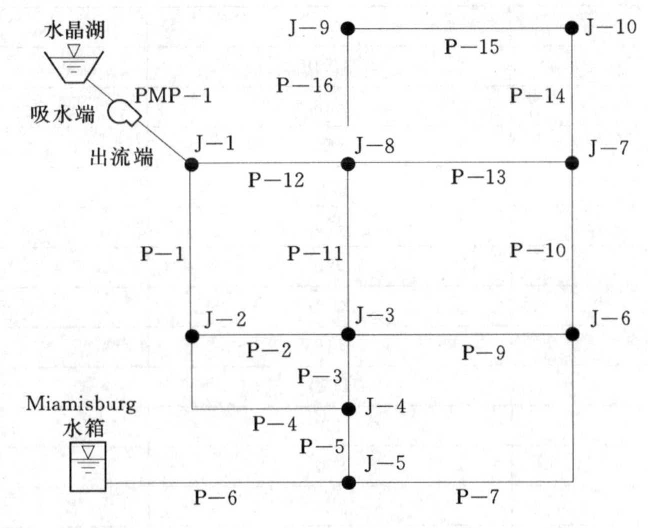

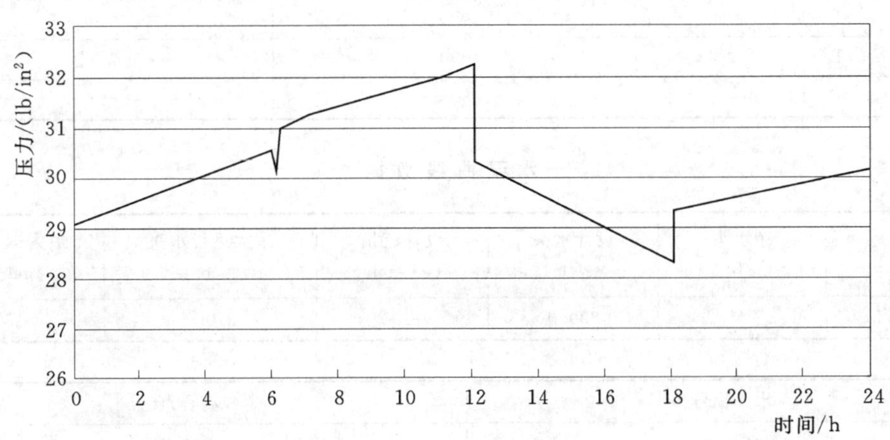

节点编号	高程/ft	需水量/(gal/min)
J—1	390.00	120
J—2	420.00	75
J—3	425.00	35
J—4	430.00	50
J—5	450.00	0
J—6	485.00	155
J—7	420.00	65
J—8	415.00	0
J—9	420.00	55
J—10	420.00	20

管道编号	管长/ft	管径/in
出流端	220	21
吸水端	25	24
P—1	1250	6
P—2	835	6
P—3	550	8
P—4	1010	6
P—5	425	8
P—6	990	8
P—7	2100	8
P—9	745	8
P—10	1100	10
P—11	1330	8
P—12	890	10
P—13	825	10
P—14	450	6
P—15	690	6
P—16	500	6

水泵曲线数据

水泵编号	净水头/ft	设计水头/ft	设计流量/(gal/min)	最大运行水头/ft	最大运行流量/(gal/min)
PMP—1	245	230.0	1100	210.0	1600

水库编号	高程/ft
水晶湖	320.0

水箱编号	最小水位高程 /ft	初始 *HGL* /ft	最大水位高程 /ft	水箱直径 /ft
Miamisburg 水箱	535.0	550.0	570.0	50.0

水力模式（逐步的）

时间/h	乘　数
0	1.00
6	0.75
12	2.00
18	1.20
24	1.00

10.12　如果图中在节点 J—5 附近的用户投诉在每天 14：00—17：00（模拟状态的第 14～第 17 小时）时有低压现象，确认低压是否因为供水系统本身原因？如果是，使用 EPS 模型模拟，生成改善系统的替代方案。当压强下降到 37lb/in² 时，客户收到消防系统的报警。（管网文件在 Prob10 - 12. wcd 中）

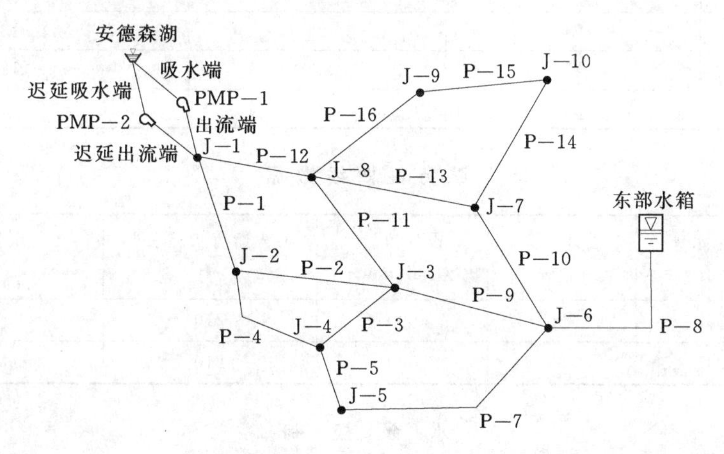

节点编号	高程/ft	用水量/(gal/min)
J—1	390	120
J—2	420	75
J—3	425	35
J—4	430	50
J—5	460	20
J—6	445	155
J—7	420	65
J—8	415	0
J—9	420	55
J—10	420	20

管道编号	长度/ft	管径/in	海曾-威廉 C 值
P—1	6	1250	110
P—2	6	835	110
P—3	8	550	130
P—4	6	1010	110
P—5	8	425	130
P—7	8	2100	105
P—8	12	560	110
P—9	8	745	100
P—10	10	1100	115
P—11	8	1330	110
P—12	10	890	115
P—13	10	825	115
P—14	6	450	120
P—15	6	690	120
P—16	6	500	120
出口	21	220	120
入口	24	25	120
迟延出流端	21	220	120
迟延吸水端	24	25	120

泵特性曲线数据

水泵编号	静止水头 /ft	设计水头 /ft	设计流量 /(gal/min)	最大运行状态水头 /ft	最大运行状态流量 /(gal/min)
PMP—1	245	230	600	210	1000
PMP—2	245	230	600	210	1000

水 泵 控 制

		PMP - 2
初始设置	打开	关闭
如果东部水箱打开	＜560ft	＜545ft
如果东部水箱关闭	＞564ft	＞555ft

水箱编号	最低水位 /ft	初始水位 /ft	最高水位 /ft	水箱直径 /ft
东部水箱	565.0	553.0	525.0	54

水库编号	高程/ft
安德森湖	320.0

水力模式(连续)

时间/h	乘数
0	1
6	0.75
12	2.0
18	1.2
24	1

10.13 与习题10.12使用同样的供水管网，确定在第8小时，在每个节点压强为20lb/in^{2}时，哪种消防流量能被传输。首先水箱供水，后来水箱停止供水。在12：00时需水高峰期间，查找同样信息。

提示：对这个问题，使用WaterCAD自动消防流量特性，在习题10.12中的指定时间检查边界和操作情况。针对这些情况，创建一个恒态运行，建立并运行该消防流量分析。

在8：00时，压强为20lb/in^{2}的消防流量

节点编号	水箱供水	水箱不供水
J—1		
J—2		
J—3		
J—4		
J—5		
J—6		
J—7		
J—8		
J—9		
J—10		

在12：00时，压强为20lb/in^{2}的消防流量

节点编号	水箱供水	水箱不供水
J—1		
J—2		
J—3		
J—4		
J—5		
J—6		
J—7		
J—8		
J—9		
J—10		

10.14　使用习题10.12的同样的模型，确定当14：00—20：00停电时，在供水系统全面恢复前需要多长时间，假定模型中的0点表示24：00。全面恢复表示水箱水位恢复到停电前的水位，利用习题10.12的数据，通过在14：00、20：00控制水泵出流管的开启/关闭状态模拟停电情形。

10.15　采用英制单位：图中给定一个已有的小型系统，执行三项运行确定对节点J—8处（最高高程用户）的压强影响，即水泵允许在水箱水位下降到25ft、20ft或15ft时（相对于水箱的基础高程而言）开启。使用图中所示的阶梯式的需水量变化模式。（管网文件在Prob10-15.wcd中）

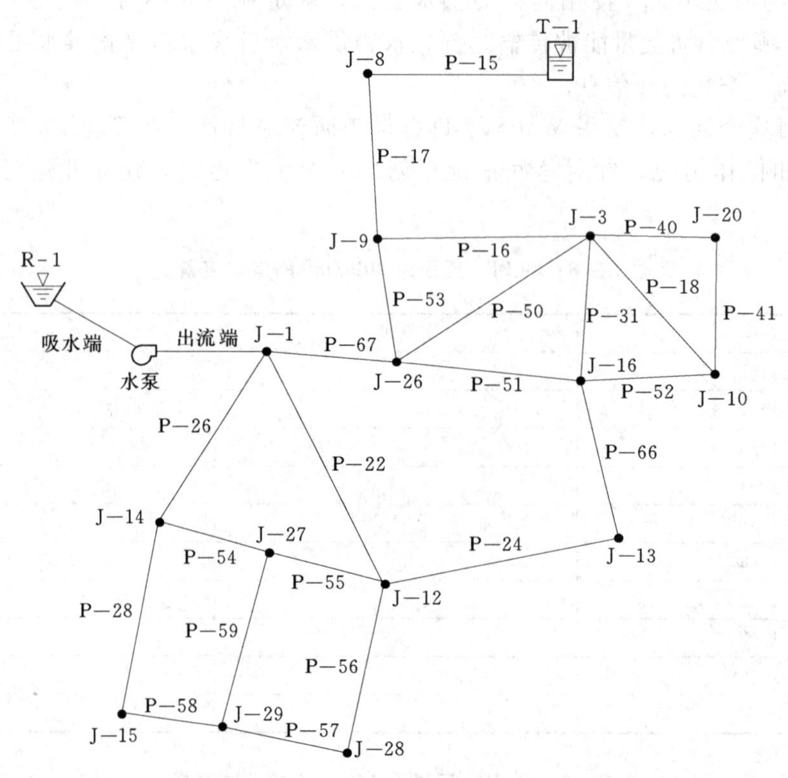

节点编号	高程/ft	需水量/(gal/min)	模式
J—1	25.00	100	居民
J—3	75.00	55	居民
J—8	90.00	80	商业
J—9	80.00	15	居民
J—10	65.00	18	商业
J—12	35.00	18	居民
J—13	40.00	15	商业
J—14	20.00	20	居民
J—15	10.00	20	居民

续表

节点编号	高程/ft	需水量/(gal/min)	模式
J—16	55.00	10	商业
J—20	53.00	25	商业
J—26	60.00	25	商业
J—27	30.00	20	商业
J—28	20.00	15	商业
J—29	20.00	15	居民

管道编号	管长/ft	管径/in
出流端	38	12
吸水端	33	12
P—15	970	12
P—16	850	12
P—17	955	12
P—18	905	6
P—22	1145	12
P—24	1195	12
P—26	1185	4
P—28	1215	4
P—31	1023	8
P—40	570	6
管—41	645	6
P—50	1080	6
P—51	870	6
P—52	630	6
P—53	585	6
P—54	360	6
P—55	370	6
P—56	540	6
P—57	400	6
P—58	320	6
P—59	560	6
P—66	956	12
P—67	570	6

水泵曲线数据

	静止水头 /ft	设计水头 /ft	设计流量 /(gal/min)	最大运行状态水头 /ft	最大运行状态流量 /(gal/min)
水泵	210	160	600	100	900

水泵控制

初始设置	打开
如果 T—1 打开则	<175.0ft
如果 T—1 关闭则	>179.5ft

水箱编号	基础标高 /ft	最大水位 /ft	初始水位 /ft	最小水位 /ft	水箱直径 /ft
西部水箱	150.0	180.0	176.0	150.0	40.0

水库编号	高程/ft
R—1	20.00

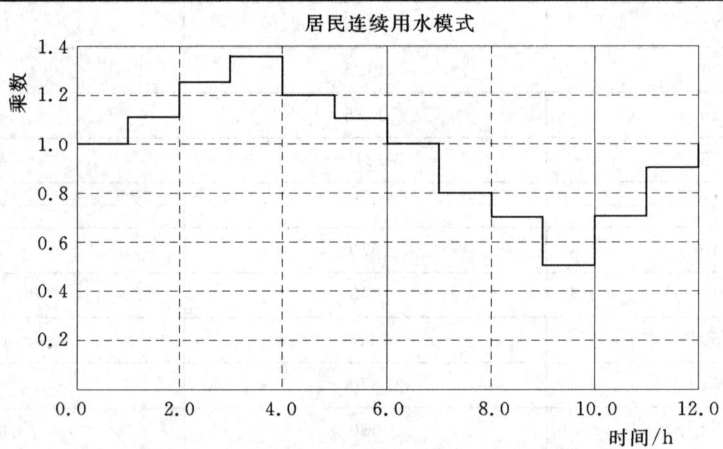

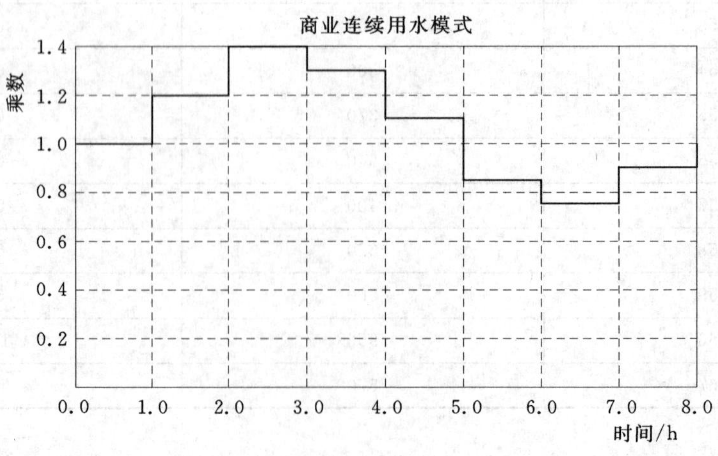

（1）观察对节点 J—8 处的影响，绘制一个对于每个水泵控制方案中节点 J—8 处的压强随时间的变化曲线。

（2）运行一个 480h（20d）的水质模型，并且绘制每个运行方案下的水箱中平均水龄随时间的变化曲线。

（3）基于你的计算，重置水箱中的初始水质为 60h，重新运行这些方案。绘制每个方案节点 J—8 处的最小水压随平均水龄的变化曲线图，并考虑该水压/水质之间的权衡。

（4）你建议该系统如何运行？

采用 SI 制单位：图中给定一个已有的小型系统，执行三项运行确定对节点 J—8 处（最高高程用户）的压强影响，即水泵允许在水箱水位下降到 7.6m、6.1m 或 4.6m 时（相对于水箱的基础高程而言）开启。使用图中所示的阶梯式的需水量变化模式。（管网文件在 Prob10－15. wcd 中）

节点编号	高程/m	需水量/(L/s)	模式
J—1	7.62	6.31	居民
J—3	22.86	3.47	居民
J—8	27.43	5.05	商业
J—9	24.38	0.95	居民
J—10	19.81	1.14	商业
J—12	10.67	1.14	居民
J—13	12.19	0.95	商业
J—14	6.10	1.26	居民
J—15	3.05	1.26	居民
J—16	16.76	0.63	商业
J—20	16.15	1.58	商业
J—26	18.29	1.58	商业
J—27	9.14	1.26	商业
J—28	6.10	0.95	商业
J—29	6.10	0.95	居民

管道编号	管长/m	管径/mm
吸水端	9.8	305
出流端	11.9	305
P—15	295.7	305
P—16	259.1	305
P—17	291.1	305
P—18	275.8	152
P—22	349.0	305
P—24	364.2	305

续表

管道编号	管长/m	管径/mm
P—26	361.2	102
P—28	370.3	102
P—31	311.8	203
P—40	173.7	152
P—41	196.6	152
P—50	329.2	152
P—51	265.2	152
P—52	192.0	152
P—53	178.3	152
P—54	109.7	152
P—55	112.8	152
P—56	164.6	152
P—57	121.9	152
P—58	97.5	152
P—59	170.7	152
P—66	291.4	305
P—67	173.7	152

水 泵 曲 线 数 据

	静止水头/m	设计水头/m	设计流量/(L/s)	最大运行状态水头/m	最大运行状态水头流量/(L/s)
水泵	64.0	48.8	37.85	30.5	56.8

水 泵 控 制

初始设置	打开
如果 T—1 打开则	<7.62m
如果 T—1 关闭则	>8.99m

水箱编号	基础标高/m	最大水位/m	初始水位/m	最小水位/m	水箱直径/m
T—1	45.72	54.86	53.34	45.72	12.2

水库编号	高程/m
R—1	6.10

(1) 观察对节点 J—8 处的影响，绘制一个对于每个水泵控制方案中节点 J—8 处的压强随时间的变化曲线。

（2）运行一个 480h（20d）的水质模型，并且绘制每个运行方案下的水箱中平均水龄随时间的变化曲线。

（3）基于你的计算，重置水箱中的初始水质为 60h，重新运行这些方案。绘制每个方案节点 J—8 处的最小水压随平均水龄的变化曲线图。并且考虑该水压/水质之间的权衡。

（4）你建议该系统如何运行？

第 11 章

供水系统安全

供水系统的安全问题长期以来一直是水工业所关注的问题。自然的、偶然性的或故意的污染，或者其他可能影响系统安全供水能力的事件，这些可能的原因一直都是大量研究的主题。1998 年 5 月，克林顿总统发布 63 号总统令（Presidential Decision Directive, PDD 63)，其中概述了一项关于包括国家供水系统的关键基础设施保护的政策。然而，只是到了 2001 年 9 月 11 日的恐怖事件之后，水工业才真正关注于对恐怖活动而言的国家供水系统的安全薄弱环节。

11.1 供水系统脆弱性

由于供水系统的空间分布多种多样（见图 11.1)，它们本身易于遭到各种各样的行为活动的攻击，这些活动可能威胁供水系统可以接受的水质水平和可靠供水的能力。在水输送至用户的过程中存在几方面的弱点。这些弱点包括：①原水水源（地表水或地下水)；②原水输送渠道及管线；③原水水库；④各个处理设施；⑤与供水系统管线的连接；⑥水泵站和阀门；⑦已处理水水箱和水库。上述的每个系统要素对于自来水公司在保护供水方面而言提出了各自的挑战。这些挑战包括：

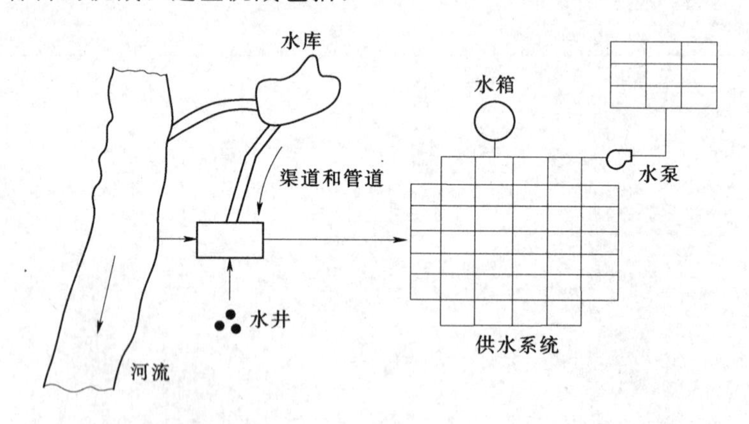

图 11.1 供水系统中主要的薄弱点

- 管网物理破坏，使其不能够以可以接受的水压给所有用户输送足量的水；
- 输送给用户的水受到化学或生物制剂污染，因此，不能安全使用或对用户而言是不可以接受的水质；
- 用户对自来水公司提供安全可靠的供水能力失去信心。

供水系统对于自然的、故意的或偶发性的事件以及对供水系统安全性的挑战是脆弱的。每一种类型事件的示例如下：

- 自然事件：洪水、地震、火灾、恶劣天气（干旱、飓风、龙卷风等）、污水池以及地表或地下水源的自然污染；
- 故意行为事件：恐怖或犯罪行为产生的污染、破坏或毁坏；
- 偶发性事件：意外将污染物排放入水源，在给水供水系统和废水收集系统之间的交叉跨越连接，储水容器和管线意外事故和爆裂。

11.2 潜在的供水安全事件

物理破坏

因为供水系统中的关键物理构件单元的损害或毁坏，供水系统向其用户供水的能力可能会被危害。关键的构件单元包括原水供水设施（如水坝、水库、管线和渠道）、处理设施和已处理水单元（如传输管线及水泵站）。

通常而言，物理破坏可以导致用水服务中断、重大的经济损失而造成不便，并使用户丧失信心，但对人体健康造成的直接威胁是有限的。但是这种通常情况不包括以下两种：①由大坝毁坏所造成的洪水波而造成的生命和财产损失；②水处理厂氯气爆炸泄漏，产生对附近人员有害的或致命的气体。

在供水系统安全历史上的一些著名事件

Bibilical 时代，在《圣经》“出埃及记”一章中所提到的第一次瘟疫是尼罗河水变成“血色”，这时的埃及人转而将井水作为替代供水水源。

19 世纪，在伦敦爆发霍乱，John Snow 博士确认供水为主要因素。

19 世纪 60 年代，在美国南北战争期间，士兵射杀农场动物并将之弃置于水塘以毒化供水水源，这样使推进部队不能使用这些水源。

1941 年，美国联邦调查局 J. Edgar Hoover 署长承认“供水设施给外国特工提供了一个特别脆弱的攻击点”。

20 世纪 40 年代，第二次世界大战期间，在中国（被细菌污染）和波西米亚（被污水污染），供水被故意污染。

1978 年，在 Kanawha 河，四氯化碳溢出造成俄亥俄河的供水受污染，并促进建立一个早期预警系统。

20 世纪 80 年代，在美国马萨诸塞州 Woburn 关于工业污染的诉讼和审判，其展现于后来的《公民行动》的书和电影之中。

1993 年，在（美国）爱荷华州发生洪水，造成 Des Moines 水厂的 25 万户用户的供水服务中断。

1993 年，在（美国）密尔沃基 40 万人生病，这是由于在公共供水中所传送的隐孢子虫引起。

1998 年，克林顿总统发布 63 号总统指令，其中指定供水系统为国家重要基础设施之一，并概述了一项保护政策。

2001 年 9 月 11 日，对世界贸易中心和五角大楼的攻击，有力地表明对于恐怖分子的攻击，美国是很脆弱的。

水厂应检查其各个实体设施，确定其薄弱环节，并相应提高其安全性。例如，将氯气（消毒）变为液态次氯酸盐（消毒）将减少有毒氯气泄漏的危险（尤其是在较低安全防护的地方）。此外，在设备意外或故意被损坏的情况下，冗余的系统构件可以提供备用能力，防止给水服务中断。

污染

在源水或已处理水的供应中，由于污染物的出现，可被接受的水质水输运能力被危及。污染物可以通过自然原因、意外泄漏或特意的恐怖活动、犯罪行为等各类事件而进入给水系统。如图 11.1 所示，存在污染物进入供水系统的许多潜在位置。这些位置包括原水水源（地表或地下水）、原水输送系统、水处理设施还有实际的供水系统。水处理是阻止污染物到达用户的主要方法，但这种方法可能对在原水中发现的某些污染物组分未必有效，而且对在供水系统中进入已处理水的污染物无效。在供水系统中保持消毒剂余量可为免受某些细菌污染提供保障，但这种方法并非适用于所有的污染组分。

污染长久以来一直被视为对供水系统的一种严重的潜在恐怖行为威胁（Hoover，1941 年）。化学或生物制剂可能蔓延到整个供水系统，并导致在饮用这种水的人群中发生生病或死亡事件。对于有些制剂，直到急诊室报告某种特定病症的患者增加之时，才会知道有污染物存在。供水系统中发生蓄意破坏的化学和生物污染已不是什么新鲜事了（Hick-man，1999；Deininger，2000；Clark 和 Deininger，2000）。在古罗马（氰化物）、在美国内战期间（在农场池塘中的动物尸体）、在第二次世界大战期间的欧洲和亚洲（炭疽、霍乱和污水），以及最近在科索沃（在水井之中的油漆、石油和汽油），都有这类恐怖活动的报道。Deininger 和 Meier（2000）讨论了蓄意破坏供水系统的话题。

供水系统以外的污染，曾导致许多人死亡和病痛。这些污染爆发示例包括（但不仅限于）在安大略省（加拿大）walkerton 的大肠杆菌污染（Haestad Methods，2002），在秘鲁的霍乱污染（Craun et al.，1991），在威斯康星州（美国）密尔沃基（Milwaukee）的隐孢子虫污染（Fox and Lytle，1996），以及在密苏里州（美国）Gideon 的沙门氏菌污染（Clark 等，1996）。

美国陆军对潜在的生物制剂进行了信息汇编（Burrows 和 Renner，1998）。表 11.1 总结了可能会影响到供水系统的生物制剂的资料。

表 11.1　　生物武器制剂的潜在威胁

制剂名称	类型	武器	水威胁	在水中的稳定	氯[①]残留量
Anthrax	细菌	是	是	2 年（孢子）	孢子有抵抗力
Brucellosis	细菌	是	很可能	20～72d	未知
C. perfringens	细菌	很可能	很可能	在下水道中	有抵抗力
Tularemia	细菌	是	是	可达 90d	灭活，1pm，5min
Glanders	细菌	很可能	未必	可达 30d	未知
Meliodosis	细菌	很可能	未必	未知	未知
Shigellosis	细菌	未知	是	2～3d	灭活，0.05ppm，10min
Cholera	细菌	未知	是	‘幸存井’	‘容易杀死’
Salmonella	细菌	未知	是	8d，自来水	灭活

续表

制剂名称	类型	武器	水威胁	在水中的稳定	氯[①]残留量
Plague	细菌	很可能	是	16d	未知
Q Fever	病原体[②]	是	可能	未知	未知
Typhus	病原体	很可能	未必	未知	未知
Psittacosis	病原体-相似	很可能	可能	18～24h，海水	未知
Encephalomyelitis	病毒	很可能	未必	未知	未知
Hemorrhagic fever	病毒	很可能	未必	未知	未知
Variola	病毒	很可能	可能	未知	未知
Hepatitis A	病毒	未知	是	未知	灭活，0.4ppm，30min
Cryptosporidiosis	原生动物[③]	未知	是	稳定数天或更多	卵囊有抵抗力
Botulinum toxins	生物毒素[④]	是	是	稳定	灭活，6ppm，20min
T-2 mycotoxin	生物毒素	很可能	是	稳定	有抵抗力
Aflatoxin	生物毒素	是	是	大概稳定	可能有耐药力
Ricin	生物毒素	是	是	未知	在10ppm有抵抗力
Staph enterotoxins	生物毒素	很可能	是	大概稳定	未知
Microcystins	生物毒素	很可能	是	大概稳定	在100ppm有抵抗力
Anatoxin A	生物毒素	未知	很可能	在几天内灭活	未知
Tetrodotoxin	生物毒素	很可能	是	未知	I灭活，50ppm
Saxitoxin	生物毒素	很可能	是	稳定	在10ppm有抵抗力

资料来源：基于Burrows和Renner（1998）。

① 外界环境，氯<1ppm，30min，或如给出的。

② 从人类和动物处病原体产生的寄生虫。

③ 一个细胞组成或由类似细胞的群体组成。

④ 对人类有毒。

在评估不同的化学和生物制剂潜在的威胁时，有很多因素应予以考虑。以下是这些因素其中一部分的摘要：

- 获得难易程度：该制剂是易于获得或是难以取得的？
- 监测响应：制剂能否为监控设备侦测？
- 物理表象：有没有与该制剂相关联的指示性气味、颜色或味道？
- 剂量/健康影响：必须达到多大的剂量才能对人体健康有影响？
- 在水中的化学和物理稳定性：该制剂在水中能稳定多久？
- 耐氯性：氯或其他消毒剂能否有效地中和该制剂？

Deininger和Meier（2000）以有效性相对因子R为条件对各种制剂及化合物进行了排列，R值基于致命性和溶解度应用以下公式计算：

$$R=\text{水中的溶解度(mg/L)}/1000\times\text{致命剂量(mg/人)} \tag{11.1}$$

表11.2以效力降低的顺序列出了多种生物制剂和化学品的R值（即在水中毒性不断降低）。

表 11.2 在水体中各类毒物的相对毒性

化合物	R
A 型肉毒毒素	10000
VX	300
沙林	100
尼古丁	20
秋水仙碱	12
氰化物	9
胺吸磷	5
氟代乙醇，钠，氟乙酸	1
亚硒酸	1
亚砷酸盐，砷	1

资料来源：基于 Deininger 和 Meier（2000）。

水源水污染 水源水的污染受到密切的关注，那是由于存在许多潜在的地点可以使污染物进入地表水或地下水水源，而且对整个水源水地区提供安全保障也是困难的。所幸的是，污染物进入水源水受到稀释、化学反应、阳光照射和水处理的作用，因此在其进入供水系统的时候浓度可能会显著地减小。水源水的污染可能是由于自然的水文过程、污染物的意外排放或有意向水体中投放污染物造成的。

对水源污染的辨识和响应的主要机制是早期预警系统。早期预警系统是一个综合体，它由设备、各项制度性安排以及各项政策方针组成，并在一套综合方法之中应用以达到辨识和响应水源水中的污染物的目的。有效的早期预警系统包括以下构件（Grayman、Deininger 和 Males，2002）：

- 一个侦测水源水中可能存在某种污染物的装置；
- 一种确认污染存在、确定污染事件的性质并且能预测何时（和多长时间内）污染将影响水源水的进水口及进水口处的污染程度（浓度）的方法；
- 一个制度性的框架，一般由集中式的管理单元构成，其协调和管理与污染事件相关的各种活动；
- 传输与污染事件相关信息的通信连接设备；
- 响应水源水中出现的污染以降低对用水用户的影响的各种机制。

早期预警系统的重要组成部分是探测污染事件，如果有需要的话可以采取减缓措施。三项探测泄漏和其他污染事件的基本机制为：①监测；②由造成泄漏的设备的自我报告；③由公众或外部团体对某个（污染）事件的空间定位及报告。有效的早期预警系统通常综合了所有这三项机制。

大范围的在线监测设备是有用的，其可用作早期预警系统的一部分（AWWARF，2002）。常规的传感器包括溶解氧、酸碱度、导电率、温度和浊度，其价格相对便宜，易于获得且易于使用，但它们在辨识绝大多数瞬时污染物的出现时只能提供很少的有用信息。更多的高级在线检测仪，都昂贵得多，如气相色谱仪和分光光度仪，而且要求更为专业的技术和维护，但是它们作为早期预警系统的一部分更加有效。

检查世界范围内的在线监控仪表明：若能提供充分的资源，如果需要的话几乎所有的分析都能够实现自动化。生物检测仪利用活体水生生物（如鱼、蚌类、水蚤和细菌），来测量水中污染物对该生物有机体的影响。生物检测仪不提供精确的污染物信息，而是发出警告信号，表明水中存在某种不正常的物质，影响了生物检测仪中所用的有机活体。虽然这些技术在许多地方至今已使用了差不多 20 年，但从生物检测技术领域来看，它仍然是一门新兴技术。在将来的早期预警系统中可能应用其他新兴技术，在其他领域中广泛得到开发，它们包括电子鼻、DNA 切片、流动细胞计数、免疫磁性细胞分离技术和在线细菌监测。Sobsey（1990）总结了在饮用水中辨识微生物污染的技术发展水平现状。

如果在水源水中确认发现某种污染物，可以采取几种应对措施来减轻泄漏事件的影响：

- 关闭给水入口，使用备用水源；
- 在影响到水源入口前清理泄漏；
- 在水处理厂加强临时性的化学处理；
- 公告通知。

关闭进水口是保证饮用水供应免受污染物影响最有效的保障，但是只有污染物在进入进水口之前识别才有作用。这受限于自来水公司，在能够提供充足供水的情况下关闭其进水口所需时间。水源水体本身的自净只对有限范围的污染物起作用（如一些石油制品，其可以从水体中物理分离）。增强的化学处理包括添加凝结剂、活性炭、消毒剂或其他化学品。为了能够有效控制，必须清楚污染的化学机理并确定合适的化学剂量。

"我能叫你回来吗？我们正处在树蛙过敏向生物恐怖主义的转变之中。"

如果水源水处的污染物不能被辨识出来，那么在事件发生时唯一的防线是当时的常规水处理流程。表 11.3 展示了对于不同的处理类型和污染物类别的典型污染物去除范围。

实际的污染物去除率取决于特定的设计、源水的化学特征、温度等。其他处理选项提供了额外的防护，防止污染物进入用水用户，这些处理选项包括常规的使用小颗粒活性炭和地下水灌注然后再抽取用水的方法。还有一种方法是源水储存，在取水与给水处理之间提供了一个时间间隔，这样在用水之前可以考虑额外的测试。

表 11.3　　污染物去除过程的效果

	细菌	病毒	原生动物	VOC	SOC	TOC	嗅和味
氧化，汽提	P	P	P	G-E	P-F	F	F-E
絮凝，沉淀/过滤	G-E	G-E	G-E	G-E	P	P-G	P-G
石灰软化	G-E	G-E	G-E	P-F	P-F	G	P-F
离子交换	P	P	P	P	P	G-E	—
反渗透	E	E	E	F-E	F-E	G	—
超滤	E	E	E	F-E	F-E	G	—
消毒	E	E	E	P-G	P-G	G-E	P-E
颗粒活性炭	F	F	F	F-E	F-E	F	G-E
粉末活性炭	P	P	P	P-G	P-E	F-G	G-E
紫外线照射	E	E	E	G	G	G	G

资料来源：基于 AWWA (1990)。

缩写词：P—差（去除 0～20%）；F—明显（去除 20%～60%）；G—好（去除 60%～90%）；E—优秀（去除 90%～100%）；— —数据不足；VOC—挥发性有机物；SOC—合成有机物；TOC—总有机碳。

供水系统污染　供水系统通常是封闭的系统，它一般比源水水源更为安全。然而，若由于以下原因使污染物直接进入供水系统则有可能产生非常严重的后果：

- 没有处理设施提供保障（除了消毒剂残留之外）；
- 在供水系统之内的监控通常是很有限的；
- 在供水系统内的污染点到用户的传输时间可能很短；
- 如果某种污染物在它到达供水系统的储水设备之前没有被检测到，已污染水将在这一段时间内供应给许多用户。

在供水系统中可能存在的污染点包括如下：

- 水处理厂：水处理厂是源水水源和供水系统之间的连接点。由于所有的供水都流经水厂，所以它特别脆弱，易于受到攻击。处于处理流程终端的清水池应特别注意。在清水池中，大量的供水汇集在一个单一的位置，污染物进入该点，则会在好几个小时内影响所有离开该水厂的供水。水处理厂通常会有一些安全措施，而且大型水厂 24 小时有人值班。
- 泵站和阀门：由于在任意一个给定时间大量的水可能流经这些设备单元，这些构件有可能是潜在的污染点。因此，在这些地方注入的任何污染物都将影响许多下游用户。
- 处理水水箱和水库：水箱和水库易于受到污染，那是因为它们在一个单一的位置存放相对大量的水，且常常位于一个封闭的地方，一般是以无压形式保存，而且为了便于维护，人员可以进入容器内部。露天水库因对外敞开而特别容易受到污染，但是露天水库的数量相对较少。由于水箱或水库中储藏的水量较大，需要大量的污染物才能影响水质。一旦足量的污染物进入水箱并与水箱中的水相互混合，由水箱供水的供水系统中的水质将会受到很多天的影响，一直要到水箱由于充（水）放（水）的工作流程而使污染物充分稀释为止。该过程图示于图 11.2 之中，该图中显示了大约需要 12 天时间将污染物的浓度从初始的峰值浓度减少到 90%。

- 消火栓：消火栓布设于整个供水系统的相对主要管线上用于灭火。现在还没有恐怖分子通过消火栓将污水泵入供水系统的记录实例，但是有从消火栓直接充水的水车意外倒流的多个案例。
- 供水系统连接：一个能够克服系统压力的水泵可以将污染物注入系统，影响附近用户或者供水系统中更大的区域范围，这取决于水泵所处的位置和泵入系统的水量。

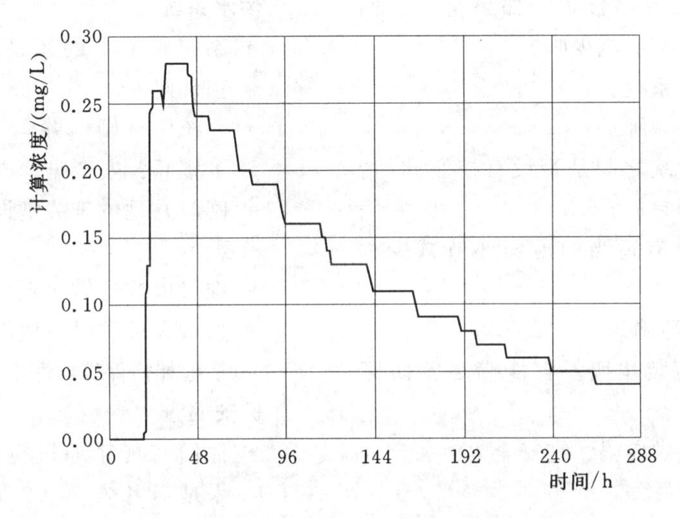

图 11.2 某个混合良好的受污染水箱中污染物浓度降落曲线

11.3 薄弱环节评估

对薄弱环节进行研究或分析的目的如下：

- 检查各个设备，确定其在各种事件情况下的弱点，这些事件可能威胁设备完成它们特定运行目的的能力；
- 对与各个设备和供水系统运行相关的风险进行评估和优先级划分；
- 开发一个程序以减少风险并对可能威胁供水系统的事件做出响应。

正规的薄弱环节分析已经应用于分析那些恐怖分子认为是弱点的设施或那些可能引起严重后果的自然事件。这些设施包括核电站、军事基地和联邦水坝。将这些分析方法引用到供水系统是最近的事，并且还在继续发展（Sandia National Laboratories，2001）。这种评估方法能使用正规化的信息集合和分析工具，或者更简单，如一组核对清单、协议和流程。

供水系统薄弱环节检查清单

水源

井：

- 水井是否有盖，是否具有永久更适宜的保护结构？
- 水源是否有盖并且上锁？
- 通风井是否不容易接近？
- 区域是否有围栏，水井是否有灯，是否清除了植物和障碍？

地表水源：

- 入口是否容易接近？如果是，它们的薄弱环节能减少吗？
- 当地供水系统。
- 由谁运行和维护？
- 在供水系统之间是否设有控制阀门？由谁控制它们？
- 它们是否有适当的薄弱环节减少程序吗？

预备应急水源确认：

- 可以用瓶装水吗？它能满足预防医学标准吗？
- 有充足的供应吗？它安全吗？

处理

- 水如何消毒？使用氯吗？
- 整个系统检测率的水平如何？由谁负责？多久检查一次？
- 是否还添加其他的化学药剂？
- 这一工艺过程如何，由谁执行这一过程？能自动检测浓度吗？
- 能改进处理过程以防止不希望的物质注入系统吗？
- 设施安全吗？对它进行检测吗？多久检查一次？
- 场所有围栏吗？有锁吗？是否清除了植物和障碍？有很好的照明吗？

蓄水设施

- 结构是否有盖？有围栏吗？上锁吗？有很好的照明吗？清除周围的植物和障碍吗？
- 结构能与供水系统隔断吗？
- 人孔或检查口、通风孔上锁吗？安全吗？

供水系统

- 系统是地上的还是地下的？它能被损坏吗？
- 系统中有闸门井吗？设施有围栏吗？上锁吗？安全吗？谁能接近它们？
- 闸门井是位于关键设施的上游吗？

人员

- 谁可以接近供水系统的设施？
- 这些人可靠吗？他们被审查过吗？
- 钥匙如何保管？联合锁保护和管理吗？

保安巡查

- 他们有规律地进行操行管理吗？如果是，多久一次？在什么场合？这足够吗？
- 关键点和/或关键工艺有远程监控吗？有必要吗？

样本/检测

- 经常进行余氯检测吗？在哪里采样？
- 现有何类型的检测能力？
- 有适当的应急规划吗？
- 做医学设备鉴别和水上流行病追踪吗？

引自（Hickman，1999）

无论采用哪一种方法，薄弱点分析都可以嵌入到供水系统内的风险管理之中。考虑风险分析的基础框架是由风险评估和风险管理相互交织区域构成的，风险分析认为消除所有的风险是不可能的，但是风险是可以被辨识、评估、管理以及与其他资源相协调，这样使最终风险控制在一个可接受的水平之内。非常简单，风险分析可以包含在一系列的问题之中，如下所示：

评估

- 什么可能出现问题？
- 它是如何发生的？
- 怎么可能使它发生的呢？
- 后果是什么？

管理

- 风险评估应该回答哪些问题？
- 应该做什么以减少所述风险的影响？
- 应该做什么以减少所述风险发生的可能性？
- 各个可用选项的折中（权衡）方法是什么？
- 处理所述风险的最好方法是什么？

检查和核对清单

在执行一项薄弱点分析时，自来水公司能够制定出一系列的检查方案和各个子项的检查清单。检查方案包括各个子项，例如，设计方案检查、设备的现场检验以及自来水公司内部的运行和维护程序的检视。

正规的评估工具及方法

供水系统的薄弱点估计涉及大量的设备和范围广泛的潜在的风险及解决方案。有各种各样可以利用的方法和工具来帮助自来水公司组织、管理和评估这些信息。这些工具包括故障树、事件树、决策树、蒙特卡洛仿真以及计算机仿真。

故障树 Sandia 国家实验室与美国环保署以及美国水协研究基金会联合，开发了一套给水系统薄弱点评估培训软件包。该软件包主要是源于基于实践的薄弱点评估方法论，最初由 Sandia 为了核安全地区而开发，后来应用到联邦水坝安全。这项分析的核心组件是一个风险评估流程，如图 11.3 所示。

应用于 Sandia 评估的工具之一是故障树。图 11.4 展示了一个应用于供水系统的常见的故障树的范例。故障树是一种分析系统设计和运行的自顶向下的方法。顶层的事件是系统不希望发生的状态，在某种情况下，定义的顶层事件发生了，将导致自来水公司不能满足为用户提供安全供水的任务。在第二层中，那些特定的确定可能导致不能满足任务的方法可以枚举出来，如源水供应、处理能力或供水中断。

接下来故障树与所组合的事件通过与门或者或门结合。对于一项高一级事件的发生，一个与门表示多个事件必须同时发生，而或门表示两个或多个事件中的任一个都可以导致更高一级事件的发生。故障树表示图所描述的最底层细节是一个基本事件，在所示的范例中，基本事件是指“未开发”事件，那是因为它们可以被分解为更详细的细节（细节层在该图表中没有表示出来）。

故障树可以被看作是能导致整个系统崩溃的事件的图形描述。作为其中的一个选择，通过设定基础事件发生的概率，以及沿着该树的上行方向，计算顶层事件发生的总体概

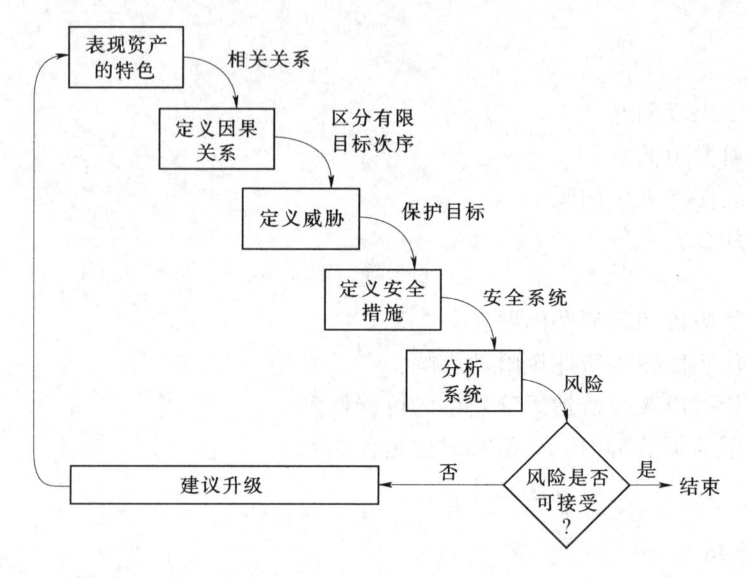

图 11.3 应用与供水系统的风险评估程序（Sandia National Laboratories，2001）

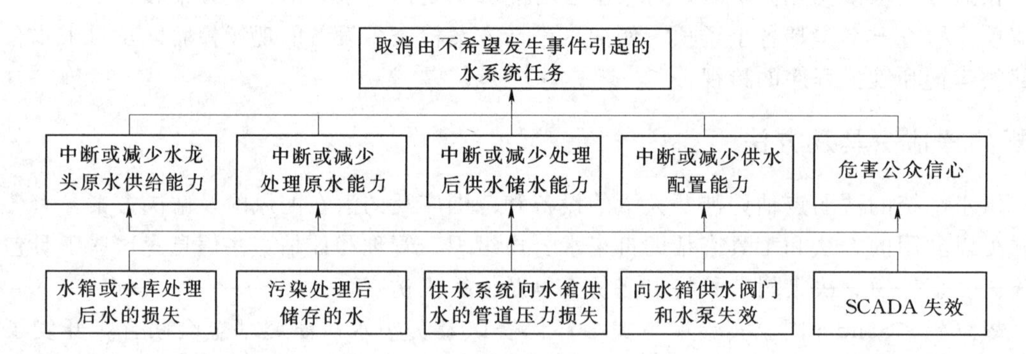

图 11.4 供水系统故障树示例（Sandia National Laboratories，2001）

率，这可能需要更多工具。

蒙特卡洛仿真 蒙特卡洛仿真是分析复杂的概率行为很重要的物理系统的一项知名技术。Grayman 和 Males（2001）开发了一个水源早期预警系统的蒙特卡洛仿真，以测试不同设计方案的有效性。泄漏事件可以表示为或然性发生的（即流动的概率分布，不同物质、数量以及历经时间的泄漏概率）。这些事件的关系（如河流如何响应一个溢出）都内嵌于这个模型中，因而可以随着基于事件概率而产生的不同输入多次运行。这个模型用于研究 Ohio 河上不同的早期预警系统设计在已处理水的出水水质方面的有效性（如监测位置、监测频率、响应策略等）。

计算机仿真模型 仿真模型是另外一种工具，其可以用于薄弱点研究以帮助自来水公司理解其系统如何响应一个意外的或者特意的物理或化学事件。这种理解可以用于确认此类事件的后果，用于检测使这些事件的影响最小化的解决方案，或者学习当这些事件发生时应如何响应。在以下章节中将更详细讨论仿真模型。

11.4 仿真模型应用

模型是系统的表示，在这些系统检测（“如果……将会……”）场景的结果时特别有效。在供水系统安全的相互关系中，“what if”场景的一些范例如下：

“真是快。”

- 如果一个临河的储油罐破裂，向河流排放，而该河流下游是一个供水水源，那么自来水公司应何时关闭其取水口以及取水口应关闭多长时间？
- 如果供水系统中的一个主干管爆裂了，整个供水系统的压力将会发生什么变化？是否有能力为消防保障提供足够的流量和压力？
- 如果径流污染某个水井，哪些用户将会接收到受污染的水？污染物多长时间会流到他们那里？
- 如果恐怖分子设法将一桶某一特定化学物品倒入已处理水水箱中，水箱中化学物将如何混合？如果污染未被发现，哪些用户将接收到受污染的水？他们什么时候接受到的？污染物的浓度会是多少？

在供水系统安全领域，计算机模型已被用于研究三种不同的时间范围：

- 作为一种规划工具，查看将来可能发生什么，以评估一个系统在发生不同类型事件时的薄弱点，并计划如果发生了这样的一个事件，应如何响应。
- 作为一种实时工具，在实际事件发生期间使用，为得出针对该情形的响应提供帮助。
- 作为一种研究已经发生事件的工具，这样可以理解什么事情发生了。

使用的模型特征和在这三个时间范围内使用的信息类型，可以有极大的不同。以下几节将在三种类型计算机模型的相互关系情况下讨论这些问题。这三种类型计算机模型为供水系统模型、水箱和水库混合模型以及地表水的水力和水质模型。

供水系统模型

供水系统模型可以用来模拟供水系统中的流动和压力，以及进入供水系统的组分的运动和转换。本书的前几章讨论了供水系统模型的应用。在本节中，我们将更详细地研究因为意外或故意的原因而已经进入供水系统的模型污染物的特定案例。

为了模拟污染物在供水系统中的运动，需要该系统的水力延时模拟（EPS）模型。该模型应反映所关注的各个水力条件。在将该模型应用于薄弱点研究时，选择几个常见的运行条件是适宜的，如一个典型的夏天、一个典型的冬天、一个典型的春/秋天。模拟所有可能的条件是不可能的。此外，所挑选的典型运行条件可以提供反映大多数情况下的信息，而不是仅仅代表每年中少数几天的条件。

污染物在模型中是通过描述该组分在供水系统中的变化特征、进入系统的位置以及所引入组分量值的时间过程来表示的。大多数现代供水系统模型提供多个选项用于设定这些信息。特定情况下，组分表示为惰性物质，即表示除了稀释以外该组分不会改变浓度；或者表示为非惰性物质，这表示其遵循某种形式的衰减（如一阶指数衰减）。对于薄弱点研究，一般假定组分是惰性的。

大多数现代供水系统模型为用户提供了几个选项，以用于在水（水质）源处将污染物引入第 10.13 小节。在每一个情况下，可将时变模式应用于水（水质）源。这些选项包括如下：

- 浓度（类型源点）：一个浓度组分类型源点在一个节点上设定进入管网的任何外部入流的浓度，就如从位于一个连接点上的水库或水源的出流。
- 水流同步（水质）投加设备：一个水流同步（水质）投加设备投加一定浓度组分源到流体中，产生所有从管网中的其他节点汇流到该节点混合之后的结果。
- 设定（水质）投加设备：只要节点的汇流浓度低于该设定值，则该设定（水质）投加设备组分源确定任意从源点出流的浓度为该设定浓度值。
- 质量（水质）投加设备：质量投加设备组分源向从管网中的汇流源点加入一固定量的（某）物质流量。
- 初始浓度：某个水箱中的初始浓度可能设定为随着时间推移而改变，这是由于（该组分）衰减或在（水箱）充（放）水循环中的（组分浓度）稀释。

这些确定源点浓度的选项允许用户选择最准确的方法，用于描述其所模拟的物质污染事件。

用作规划模型 供水系统模型可以应用于广泛的“what if”场景，以确定该供水系统总的薄弱点。例如，该模型可以用来确定某个主干管破裂的后果或该系统被有意或意外污染的影响。掌握了这些信息，自来水公司就可以利用这些信息，提出一个有效的行动计划。

在图 11.5 中给出了一个供水系统模型应用结果的范例，即该模型用于描述污染物在供水系统中的踪迹。这个范例说明，污染物在一个 24h 时段内以恒定的流动速率和浓度速率直接由水泵加压进入供水系统。该图还表明，在这个24h时段内，污染物是如何传输到该系统相当大的部分的。

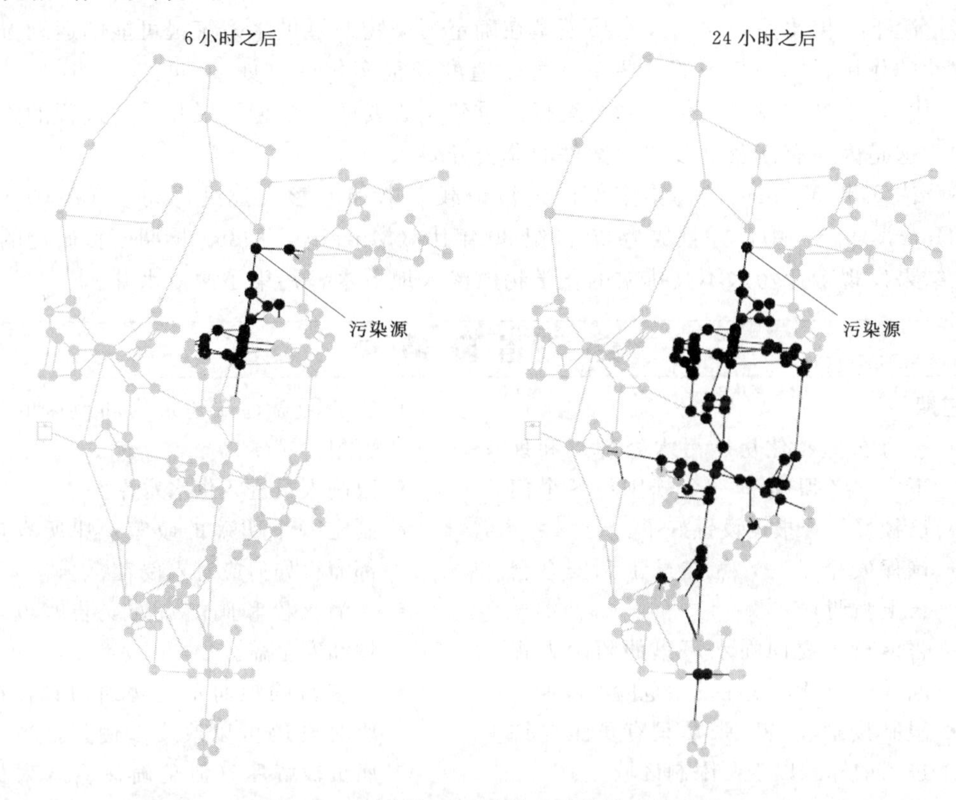

图11.5 污染物质通过供水系统的运动示例

任何紧急情况规划的一个重要部分就是在其发生之前模拟可能的紧急情况。这些准备工作的另一面是利用模型模拟紧急情况，训练操作人员。可以给操作人员设定某个污染场景，然后要求其作出响应。操作人员的响应可以在模型中模拟，显示污染流将运动到哪里、响应行为怎样影响污染流的运动以及用户的受污染情况。

历史事件模拟 1993年12月，是什么原因导致密苏里州Gideon突然爆发破坏性和致命性的腹泻病例？在新泽西州Dover镇严重儿童疾病的数量不断增加，这是不是由于40多年前工业污染了供水所造成的？这些问题有多种类型，其都是利用供水系统模型研究的历史事件模拟（又称为追溯或法医模拟）（见10.11小节）。

在Gideon爆发的疾病被确定是沙门氏菌造成的，并且怀疑一个私有的水箱是该病菌的源头（Clark等，1996）。美国环保局应用Gideon供水系统的供水系统模型，研究该病菌通过该供水系统传播并感染用户的可能场景。最终确定，可能是那个水箱维护很差，被禽鸟所污染。突然降温导致在水箱中出现逆温，整个水箱中混合着污染的鸟粪和羽毛，这导致产生味道和气味问题。在某个强劲的放水过程，可将受污染的水放出并注入到供水系统中。类似的历史事件模拟在密苏里州的Cabool和安大略的walkerton爆发的大肠杆菌调查中也已经做过（Haestad Methods，2002）。

20世纪，美国因工业化学品的不妥善处理和处置造成了一些地下水的污染。在许多情况下，被污染的地下水用来作为饮用水源，因此，用户接触到较多的污染物。其中的许多事件已导致法律行动和政府去研究污染物对接触到特定物质人群的影响。在这些案例中的许多情况下，供水系统水力及水质模型在确定污染物通过供水系统很可能的运动方面起到关键性的作用。因为其中的一些事件可以追溯到很多年前（如20世纪50年代—20世纪80年代），模型的发展和供水系统运行的重建是必要的。模型发展和重建进程的资料是有限的，这是因为有涉及许多法律案件的非公开要求。

马萨诸塞州Woburn的污染案例已经被记载在书和电影《公民行动》（A Civil Action，Harr，1995）中，并且成为20世纪80年代（Murphy，1986）早期模拟研究的一个课题。结果发现工业污水不当排放的化学物质渗入地下水，污染了两口水井。

安全措施清单

短期

- 在办公室、住房、污水处理厂和地下室，必须建立一个规则：各个门已锁好，警报也设置好了。
- 确保安全第一，并在员工和安全会议上强调它。
- 告诉员工要向在水厂里的陌生人提问并做记录，或在发生危险时呼叫。
- 限制接触设备。张贴只有员工允许进入的标志以表明限制区域。
- 在停车场、处理间和其他很少有人出入的地方增加照明设备。
- 任何时间都不要将钥匙留在交通设备上。
- 邀请当地执法部门熟悉你的设备，并建立一项报告和应对各种威胁的机制。
- 与公共卫生官员讨论监测、响应和通知的事务问题，并建立机制。
- 建立一个指挥链和紧急电话名单，以用于紧急情况。
- 向当地执法部门和应急管理人员提供你的运作程序的副本。

长期

- 安装运动传感器和摄像机，以监测、检测并记录事件。他们可以连接进SCADA系统用作远程监控。
- 安装涵盖远端建筑物和地区的入侵警报。
- 限制人员进入供水水库。
- 制定一个明确的政策，让所有员工都懂得如何应对入侵者。
- 在消火栓和阀门盒处安装塞填安全帽和安全盖。
- 安装密码锁而不是普通门锁，在需要时密码可以改变。例如，当一名雇员被解雇（但是确保应急人员和执法人员得到更新了的密码）。
- 在薄弱地区如在井口、水库通风口、仪表井等处建立围墙并锁上。
- 在设备上标记标识和涂上独特的油漆。
- 将预警监测系统集成到给水输运、处理和供水系统之中，这样输送水的化学特征、流动 、压力、温度的变化，管理员可以立即得到通知。
- 设计并安装缓开缓闭阀门。
- 了解你的员工和谁是你现在正雇用的人。建立一个对所有新员工进行背景调查的标准程序。
- 在计算机系统中安装防火墙，并经常改变密码。
- 开展并参加培训活动，以备员工发现、延误并作出适当的反应。

引自（Denileon，2001）

在不同的运行模式和需水量条件下，应用一系列的恒态供水系统模型，确认得到了Woburn的受污染水地区。

在亚利桑那州的Phoenix和Scottsdale地区涉及化学品三氯乙烯［氯乙烯（TCE）］的地下水污染的案例中，应用延时模拟模型模拟供水系统的运行和在这些供水系统中的水体运动。在这项研究中最值得注意的是在供水系统中长期（多年的）连续的水力和水质模拟（Harding和Walski，2000）。

最近在新泽西州Dover镇完成的供水系统的详细研究，由美国有毒物质和疾病登记机构确认了在供水井与用户间长达数十年的供水路径（ATSDR，2001）。在这项研究中，现今的供水系统模型最先开发和校准。随后，开发从1962—1996年内的该供水系统的各个模型。这些模型用来追踪服务于该系统的各个供水井传输到各节点的水量百分比。

在所有的历史情况重现模拟中，所面临的挑战就是要利用历史数据来确定在所关注时间段内该供水系统的特征和运行情况。一般情况下，模型要再现过去时间的情况，难度增加了。其中的一个关键挑战是在记录不完整时重建实际的水泵运行情况。例如，一个典型的供水井运行时可能每天出水10万gal（69gal/min，4.4L/s），但供水井水泵出流120gal/min（7.6L/s）。这可能表示，供水井水只有57%的时间运行，但其在哪些时间段运行呢？这一问题的确认对于确定哪些客户将由哪些水源供水将产生很大的差别。

实时模拟　假定一个供水系统的管理人员接到警方电话，警方表示某人因倾倒有毒化学品进入供水系统已被逮捕。倾倒位置、化学品和大致时间及污染持续时间是已知的。管理人员首先要做的当然是通知公众。接着管理人员需要来确定如何操作该系统，以冲洗掉污染物，也就是他需要确定打开哪些消火栓，以及这些消火栓要开多久。管理人员对于在常规的一天中水是如何流过该系统的有很清楚地认识，但他还需要知道冲洗过程会极大地改变常规的流动变化模式。企图通过反复实验的方式来清洗系统，那将是一个长时间的、充满风险的、不确定性的建议。最好和最容易分析此问题的方法是使用一个经过适当开发和维护的供水系统模型。

供水系统模型已被建议作为一个实时或接近实时系统的一部分，用以协助供水系统运行时多方面的需要，包括能源管理、水质管理和应急状态运行。供水系统模型的这些用途的主要障碍是要求该模型必须在广泛条件下校准，并准备快速、轻松地以延时模拟模式运用。关于该系统当前状态的信息必须通过直接与SCADA系统连接很容易地提供给该模型。此外，这个模型必须以自动模式建立，这样，操作就可表示为一系列的逻辑控制，这些控制反映了现有的作业程序。基于现有技术，这两方面的信息要求是可行的，但是到现今为止这种类型的运行方式也只有有限的例证。

将一个模型作为实时响应的一部分的关键在于拥有现成的模型准备运行。在紧急情况下，没有时间来建造一个新模型，而只能有时间来对现有的模型式作一些小的调整。

水箱和水库混合模型

供水系统模型应用简化、假定的表示方法来表现水箱和水库中的混合情况，如完全和瞬时的混合、推流或后进一先出的“短路”模型。虽然已证明对于绝大部分的规划和运行情况来说这是合适的，当规划紧急污染事件时可能需要更准确地描述设备内水体如何混合。

计算流体动力学（CFD）模型用数学方程来模拟流型、传热和化学反应，从而提供水箱中实际混合过程的更为真实的图像。在过去几年中，在饮用水工业使用CFD模型已经显著增加（Grayman 等，2000），且该技术已应用于许多规划与设计方面的研究，以评估水箱的混合特征及其进、出水口结构。现有几个商业CFD软件包可用。使用CFD模型需要很多经验，并且对于复杂情况，模型运行时间需要几小时、几天甚至几个星期。进行薄弱点研究时，在评估某污染物添加到一个贮水设备的可能影响时，水箱的混合特征方面的知识是有用的。

地表水的水力及水质模型

地表水供水系统的水力及水质模型可以用来研究污染物在地表水体中的运动。在评估进水口对于可能是偶然的或有意的加入水体的污染物的脆弱性时，这一信息是有用的。这种模型作为早期预警系统的一部分也是有用的，可以用来预测上游入水口处已被侦测到的污染物的实时运动。水力/水质模型以及专门设计的“泄漏模型”有很多通用的用途，可用于薄弱点研究和实时预测（Grayman、Deininger 和 Males，2000）。

11.5 安全措施

许多安全措施是有用的，可以用来降低供水系统受到有意（或意外）事件威胁的脆弱性。这些事件将威胁到自来水公司向其用户提供安全供水的能力。其中一些措施，可以以很小的成本迅速地实现，而另一些则可能需要相当长的时间和很多资源来实现。具体措施的适用性因各个供水系统的不同而不尽相同。在评估潜在的安全措施时，自来水公司应该平衡降低风险与贯彻落实措施成本之间的关系。

以下列出了说明各种可能的安全措施。

- 保持较高的消毒剂残留量：如表11.1所示，许多潜在的生物制剂接触氯后都会失去活性。其他消毒剂（如氯胺）的消毒效果尚未完全清楚。可以采取措施使消毒剂残留保持在一个可接受的范围。这些措施包括：①在整个系统安设连续的氯监测仪器来向中央控制中心报告氯残留量，并在低残值时发出警报；②警报期间在水处理厂增加氯的剂量（虽然这可能导致不希望的更高水平的消毒剂副产物）；③在供水系统中经常性消毒剂残留量低的地方增加加氯中继站点；④修改运行策略，以减少系统中的水龄，包括改变水箱的充水、放水模式。
- 增加供水系统关键设施周边的安全性：Deininger 和 Meier（2000）建议采用以下措施以增加供水系统的安全性：

应在进水口、泵站、处理水厂和水库处设立围墙围住，以确保安全，防止无意的破坏。除此之外，必须有入侵警报，通知操作人员有人已经进入某个禁区。一个直接的反应可能是关闭部分水泵系统，直到权威人士确定对该系统不会有威胁。在地下水库，通风设备的建造必须满足不容许任何人将液体倾注入水库的要求。高于地面的有顶棚舱口的水库，不应该有梯子允许攀爬。此外，舱盖应确保安全。

“青蛙？这不是某种警告吗？”

- 在可能的注入点安装安全的倒流保护器或止回阀：如果有一个能够克服系统压力的水泵，污染物可以在任何连接点注入供水系统。倒流保护器对于这类行为（即外部流体注入）设置了障碍和屏障，但为了有效实施，必须安装倒流保护器，这样其与管网耦合，不容易解开。在评估这些问题时与广泛安装这些设备产生的相关维护和费用必须予以考虑。
- 对于原水供应开发早期预警系统：如果没有被监测到，原水（地表水和地下水）中的污染物可以通过处理水厂进入供水系统。早期预警系统是一个设备、制度安排以及用来检测和响应源水中的污染物的策略的组合体。
- 在供水系统关键位置安装连续监测的检测仪器：监测可以提供一种方法，确认供水系统中存在的不想要的污染物。为了使监控器作为一个安全机制是切实有效的，应连续或频繁地在供水系统关键地点采样，并需要与中央操控中心相连接。
- 制订具体的应急响应计划：应急响应计划好像一个保险政策——人们希望永远不会有机会使用它，但如果有紧急事故，有一个响应的计划是令人十分高兴的。这个计划应提供如何应对范围广泛的紧急情况的详细资料。该计划应保持不断更新且操作人员应该熟悉它，这样在需要时可以迅速实施。制订紧急应对计划的程序已经由美国水厂联合会（AWWA，2001）开发。

参考文献

Agency for Toxic Substances and Disease Registry（ATSDR）.（2001）. *Summary of Findings. Historical Reconstruction of the Water-Distribution System Serving the Dover Township Area, New Jersey: January* 1962 – *December* 1996. Atlanta, Georgia.

American Water Works Association.（1990）. *Water Quality & Treatment A Handbook of Community Water Supplies*. 4th Edition, McGraw-Hill, New York, New York.

American Water Works Association（2001）. "Emergency Planning for Water Utilities." *Manual of Practice M* – 19, Denver, Colorado.

AwwaRF.（2002）. *Online Monitoring for Drinking Water Utilities*. Edited by E. Hargesheimer, Denver, Colorado.

Burrows, W. D., and Renner, S. E.（1998）. "Biological Warfare Agents as Threats to Potable Water." *Environmental Health Perspeciives*, 107（12）, 975.

Clark, R. M., and Deininger, R. A.（2000）. "Protecting the Nation's Critical Infrastructure: The Vulnerability of U. S. Water Supply Systems." *Journal of Contingencies and Crisis Management*, 8（2）, 73.

Clark, R. M., Geldreich, E. E., Fox, K. R., Rice, E. W., Johnson, C. W., Goodrich, J. A., Barnick, J. A., and Abdesaken, F.（1996）. "Tracking a *Salmonella* Serovar *Typhimurium* Outbreak in Gideon, Missouri: Role of Contaminant Propagation Modeling." *Journal of Water Supply and Technology*, 45（4）, 171.

Craun, G., Swerdlow, D., Tauxe, R., Clark, R., Fox, K., Geldreich, E., Reasoner, D., and Rice, E.（1991）. "Prevention of Waterborne Cholera in the United States." *Journal of the American Water Works Association*, 83（11）, 43.

Deininger, R. A.（2000）. "Constituents of Concern. The Threat of Chemical and Biological Agents to Public Water Supply Systems." *Appendlx F in Pipeline Net User's Guide*, SAIC, McLean, Virginia.

Deininger, R. A., and Meier, P. G.（2000）. "Sabotage of Public Water Supply Systems." *Security of Public Water Supplies*, Deininger, R. A., Literathy, P., and Bartram, J, eds, NATO Science Series 2, Environment-Volume 66, Kluwer Academic Publishers.

Denileon, G. P.（2001）. "The Who, What, Why, and How of Counterterrorism Issues." *Journal of the American Water Works Association*, 93（5）, 78.

Fox, K. R., and Lytle, D. A.（1996）. "Milwaukee's Crypto Outbreak Investigation and Recommendations." *Journal of the American Water Works Association*, 88（9）, 87.

Grayman, W. M., Deininger, R. A., and Males, R. M.（2002）. *Design of Early Warning and Predictive Source-Water Monitoring Systems*. AWWA Research Foundataion, Denver, Colorado.

Grayman, W. M., and Males, R. M.（2001）. "Risk-Based Modeling of Early Warning Systems for Pollution Accidents." *Proceedings of the IWA 2nd World Water Congress*, IWA, London, United Kingdom.

Grayman, W. M., Rossman, L. A., Arnold, C., Deininger, R. A., Smith, C., Smith, J. F., Schnipke, R.（2000）. *Water Quality Modeling of Distrlbution System storage Facilities*. AWWA Research Foundation, Denver, Colorado.

Haestad Methods, Inc.（2002）. *Proceedings of the Water Security Summit*. Haestad Press, Waterbury, Connecticut.

Harding, B. L., and Walski, T. M.（2000）. "Long Time-Series Simulation of Water Quality in Distribution Systems." *Journal of Water Resources Planning and Management*, ASCE, 126 (4), 1199.

Harr, J. (1995). *A Civil Action*. Vintage Books, New York, New York.

Hickman, D. C. (1999). "A Chemical and Biological Warfare Threat: USAF Water Systems at Risk." *Counterproliferation Paper No.* 3, Maxwell Air Force Base, USAF Counterproliferation Center, http://www.au.af.mil/au/awc/awcgate/cpc-pubs/hickman.pdf.

Hoover, J. E. (1941). "Water Supply Facilities and National Defense." *Journal of the American Water Works Association*, 33 (11), 1861-1865.

Murphy, P. J. (1986). *Water Distrlbution in Woburn, Massachusetts*. University of Massachusetts, Amherst, Massachusetts.

Sandia National Laboratories (2001). "Water Infrastructure Security Critical Infrastructure Protection." *Webcast presented by AwwaRF*. http://www.awwarf.com/whatsnew.html.

Sobsey, M. D. (1999). "Methods to Identify and Detect Contaminants in Drinking Water." *Identifying Future Drinking Water Contaminates*, National Academy Press, Washington, D. C.

讨论话题与习题

学习本章并完成全部习题。将你的成果提交给 Haestad Methods，就能获得 11.0 继续教育学分。参见继续教育单元或登录网站 www.haestad.com/awdm-ceus/，可以获得更多信息。

11.1 一个供水系统中的水源（节点 A）已受到污染，请问污染物什么时候到达位于节点 B 处的医院。现在有一个已校准的平均日条件下的恒态水力模型，假定该条件可用于代表现时情况。

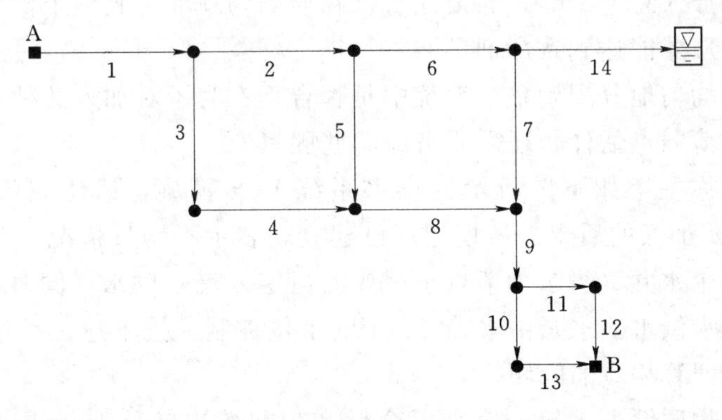

下表包含管网在平均日恒态流动条件下的信息。请在其中填入流速值和流动时间值。

管道编号	管径/in	管长/ft	流量/(gal/min)	流速/(ft/s)	流动时间/h
P—1	8	8000	500		
P—2	8	8000	300		
P—3	8	8000	200		
P—4	8	8000	180		
P—5	6	8000	50		

续表

管道编号	管径/in	管长/ft	流量/(gal/min)	流速/(ft/s)	流动时间/h
P—6	8	8000	240		
P—7	8	8000	40		
P—8	8	8000	220		
P—9	8	4000	240		
P—10	6	4000	120		
P—11	6	4000	120		
P—12	6	4000	100		
P—13	6	4000	100		
P—14	8	4000	200		

(1) 从节点 A 到节点 B 的最长和最短流动时间分别是多少？

(2) 在污染物从节点 A 到节点 B 的流动过程中，预测流动将保持恒定是否合理？

(3) 当在图表中所示的水箱从充水循环切换到放水循环时，将可能会发生什么情况？

(4) 基于你的分析，你感觉用一个恒态模型是否合理，或者是否需要用一个延时模拟（EPS）水力和水质模型来计算流动时间？

11.2 你要进行一个供水系统的薄弱点分析，希望确定如果某个特定的有毒物质被投入到城市供水中会有什么潜在的威胁。该城市供水系统服务人口 10 万人，平均日用水量是每人 400L。假设平均每日实际饮用水量为每人 1L。这种有毒物质对一个人的平均致命剂量估计为 1 天内摄入总量 1mg。假设此有毒物质均匀地混合到整个供水系统中，那么必须加入多少有毒物质才能达到致命剂量？

假设此污染物均匀地分配到整个系统中是否合理？为了对加入此种污染物的供水系统做出一个更精确的薄弱点估计，还需要考虑哪些因素？

11.3 假设给你一个如下图所示的供水系统 EPS 模型，请研究污染物在几个地点（Prob11 - 03.wcd）加入的后果。该模型现已建立，表示平均日情况，并重复日变化模式 288h。该系统由一个水井（表示为节点 J—13 的恒定入流）供水，同时由水泵在 R—1 节点抽取的地表水源水供水。水泵由水箱 T—1 的水位控制。按下述三种情况运行该模型模拟污染物的运动并回答相应的问题。

(1) 某种惰性物质倒入水箱，完全混合后产生初始浓度是 100mg/L。如果此物质没有被检测出来，且系统正常运行，多久后水箱的浓度降低 90%到 10mg/L？是否所有的用水点都会在某个时间接受到被污染的水？

(2) 在第 6 小时到第 7 小时期间，在井（节点 J—13 处）中加入某种高浓度（1000mg/L）污染物。污染物是否能到达水箱？污染物将影响系统的多大范围？将整个系统的污染物清理干净需要多长时间？

(3) 某种污染物在节点 J—5 处用水泵打入系统，从 6：00 开始一直持续 24h，速度为 1gal/min，浓度为 1000mg/L。这个污染物是否能达到水箱？水箱中的最大浓度是多

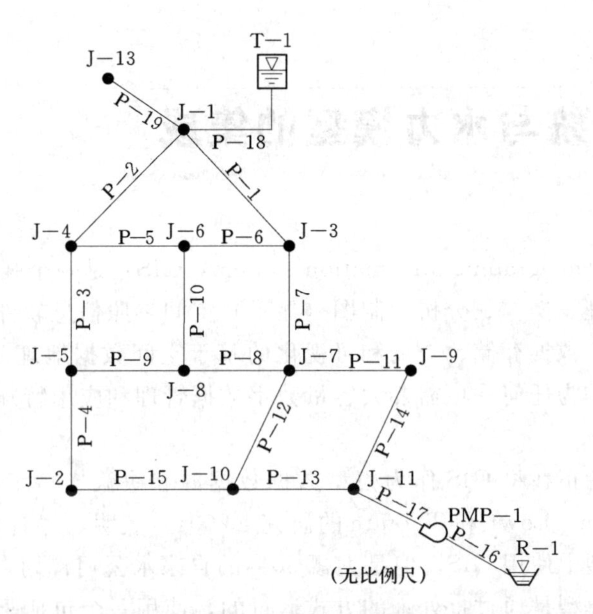

少？在整个事件中有多少节点在任一时刻接收到的浓度曾大于 1mg/L？哪个需水点（节点 J—5 除外）接收到的浓度最大？什么时候整个系统的浓度降到 1mg/L 以下？

第12章 地理信息系统与水力模型的集成

地理信息系统（geographic information system，GIS）是一个强大的计算机硬件和用于汇编、存储、管理、操作、分析、制图（显示）空间参照信息软件的综合体。它集成了数据库操作，例如，数据存储、查询和可视化的基于空间数据地理分析功能的统计分析。地理信息系统可以作为任何一项需要大容量数字数据管理和应用特殊分析工具工程的一个组成部分。

供水管网建模者正在将GIS作为模型数据数据源和决策支持工具的一个越来越有价值的工具。Anderson、Lowr和Thomte的研究（2001）表明，尽管大约只有15%的自来水公司目前在其模型中使用GIS，但是大概80%的自来水公司计划在将来使用GIS。

过去，大多数模型是通过批处理的方式运行的，使用一个包括驱动该模型所需模型数据的文本文件（或者纸片卡带）。渐渐地，模型具有了与数据库交互的能力，这些数据库或者处于该模型的内部，或者更为通用，或者更加商业化。最后，由于GIS本质上是一个空间数据库，其不断地发展使其与管网模型高度集成。Shamsi（2001）叙述了模型与GIS集成发展的三个阶段过程：

（1）数据交互：数据交换通过一个中间文件进行，该文件可能是一个ASCII文本文件或者是一个电子表格。数据写入到这个中间文件中，如果有必要则要在该文件中重新格式化为模型所需格式，然后读入到这个模型中。模型和GIS独立运行。

（2）数据接口：在模型和GIS之间建立连接。这些连接用于同步模型和GIS。在连接的两端复制数据，并且模型和GIS独立运行。一个最常见的方法是使用shape文件，其可以在模型和GIS之间传递数据，并且可以基于另一端的数据有选择地更新本端的数据。

（3）集成：使用一个单一的数据存储库。模型可以从GIS中取数运行，或GIS也可以从模型中取数运行。

水力模型和GIS的集成可以得到以下好处：

- 在建立模型时节省时间；
- 具有可以使用GIS分析工具将不同的土地用途、人口统计和监测数据综合起来，以更加准确地预测将来系统需求的能力；
- 对模型输入可视化的、基于地图的高质量的控制；
- 与其他GIS图层相结合，对模型输出的基于地图的显示和分析。

从一个规划者的角度来看，GIS最强大的特点也许是它能够通过其空间关系，将各个数据库集成在一起，而这些数据库如果在GIS环境之外很难或者是不可能集成在一起。例如，GIS可以将土壤数据、维修数据和水力模型输出叠置在一起，这样自动对管线设置某个等级。

本章包含了GIS在水力模型建立和其他应用领域的开发和使用的背景信息。对于GIS

技术用于模型开发的应用有兴趣的资深 GIS 从业人员可以从 12.3 小节“建立模型”开始阅读。接触过 GIS 但是对 GIS 没有经验的资深建模人员可能希望从 12.1 小节“GIS 基础”开始，然后跳到 12.4 小节“GIS 分析与可视化”。

12.1 GIS 基础

理解 GIS 的一个简单方法是将其想象为一套透明的图片，其以某种方式分层叠放在一起，在一个图层上的任何一点将会出现在其他任意图层上的同一位置，如图 12.1 所示。在一个实际的 GIS 图形用户界面（GUI）中，这些图层将一同出现，用户可以控制各图层的显示顺序。

在 GIS 中，特征（地图上的对象）不仅仅是简单的点和线，还有与之关联的属性（关于该特征的信息）。在一个供水系统中，一些设备，如管线、水箱和水泵都是拥有多个属性的特征。例如，在一个 GIS 中，一根管线表示为一个特征，该管线的直径就是该特征的一个属性。

如图 12.1 所示，地图可能包括一种以上的特征，每个特征在 GIS 地图中显示为一个

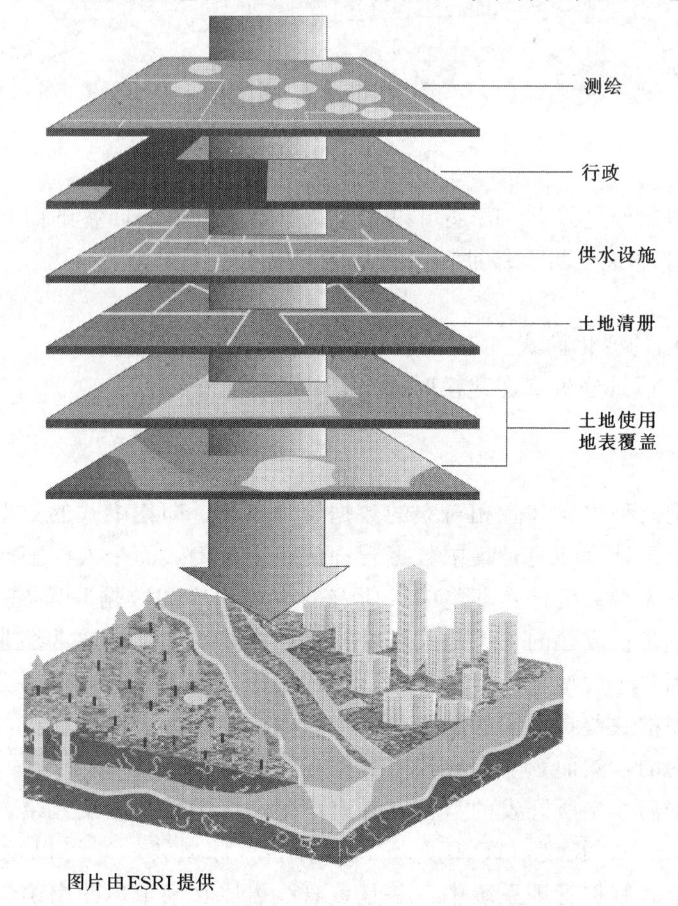

图 12.1 GIS 的概念层

图层。通过选择显示哪个图层、各个图层的显示顺序、各种显示符号的效果（大小、形状、符号的颜色），用户可以控制该结果地图的显示。图 12.2 表示一张 GIS 地图。

图 12.2 GIS 地图

除了用于地图制作之外，GIS 还可以用于执行系统分析，回答下面一些问题：

- 定位（用于邻近分析、缓冲区分析或者重叠分析）；
- 条件；
- 时间和空间的变化模式（趋势）；
- “What if”情景分析（在建模时）。

数据管理

目前使用的是两种主要并且相对立的数据管理模式，即集中式的数据管理和分散式的数据管理。大型主机计算环境是集中数据管理的一个范例，而个人电脑环境是分散数据管理的一个范例。在大型主机计算环境中，所有的应用程序和数据驻留在一个中央服务器。这种数据管理方式是很成熟的，但是其硬件和软件的开发和维护通常都非常昂贵。而在个人电脑环境中，相对于大型主机计算环境，特定用途的应用和数据库都更为便宜，但是这些数据和应用程序都驻留在不同的网络化的个人电脑中。由于比较经济，分散式的数据管理方法是非常实用的，然而，它会导致“数据岛”的产生。

在这些“数据岛”中所开发的数据常常有产生和维护性的数据冗余。例如，某根管线的直径（6in/150mm）、长度（250ft/76m）和材料（球墨铸铁）可以输入到水力模型应用、资产管理系统和维护管理系统中，并且该管线可以在某个地图中绘制和标注。但是由于只建立了主数据库或者其他数据岛的很少连接，所以自来水公司无法通过集中分析和管理这些信息来利用这些知识并提高效率。遗憾的是，全世界的许多自来水公司的数据管理情况都是这种分散的数据岛的形式。

计算机工业已经创造了如 SQL 和 ODBC 这样的一些技术以协助集中管理这些数据岛。不过，由于这些数据岛是被独立设计和开发的，其常常不具有形成有意义数据关系所需的关键标识符。例如，用水收费系统可能使用账户号码作为其基本标识符，而水力模型软件可能使用管线和节点号作为其标识符。因此在用户供水服务和系统规划中很难将用水收费信息与水力模型相关联。

在收费、客户服务、资产管理、工作管理、检查/许可、水质监测、设施规划、水力模型和文件管理的各个系统和数据库之间的共同点是什么？答案是地理。所有这些系统都包含有一些信息项（如许可、工单、测试报告），这些信息都可以与某个地理位置相关联，如地块编号、地址或者设施号码。地理是以 GIS 为中心的数据管理的基础，是集中式数据管理和分散式数据管理之间的一种折中方式；那些不能通过数据库表与表之间关系显式关联的特征，可以通过确定相互之间的邻近性（连通性、距离、邻近程度）建立地理上的关联。GIS 这个独特的特点使其成为一个很好的集成工具并且可以用于统一机构内部的各种信息资源（图 12.3）。

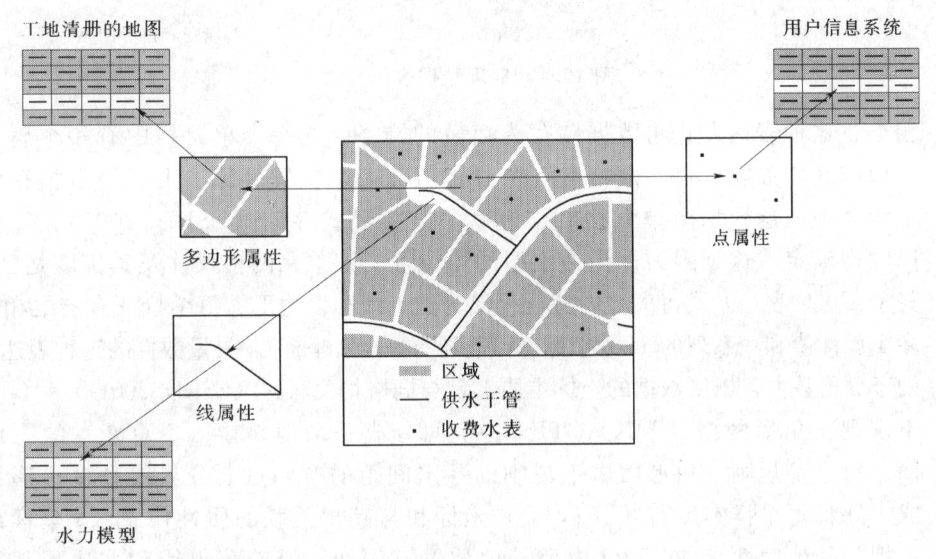

图 12.3　组织带有 GIS 中心数据管理的桌面系统

在集中式数据管理和分散式数据管理之间，GIS 要达到的折中方案是：不需要所有数据都集中管理，只有 GIS 图层需要集中管理。因此，将专门系统集中成 GIS 中心模型的唯一限制是：其必须有地理参照的某些可靠方法，如设施的 ID 号、地块编号或者街道地址。实际上，如果在两个系统中存在地理关联性和一致性以及高质量的数据，那么几乎任何类型的系统或者数据库都可以连接到这个 GIS 图层上。通常，扩展一个 GIS 的功能主要是数据的开发及其质量控制的实践。

地理数据模型

处理大多数地理数据主要有三种表达方法，即栅格、矢量和不规则三角形网格，如图

12.4 所示。下面将介绍这三种表达方式：

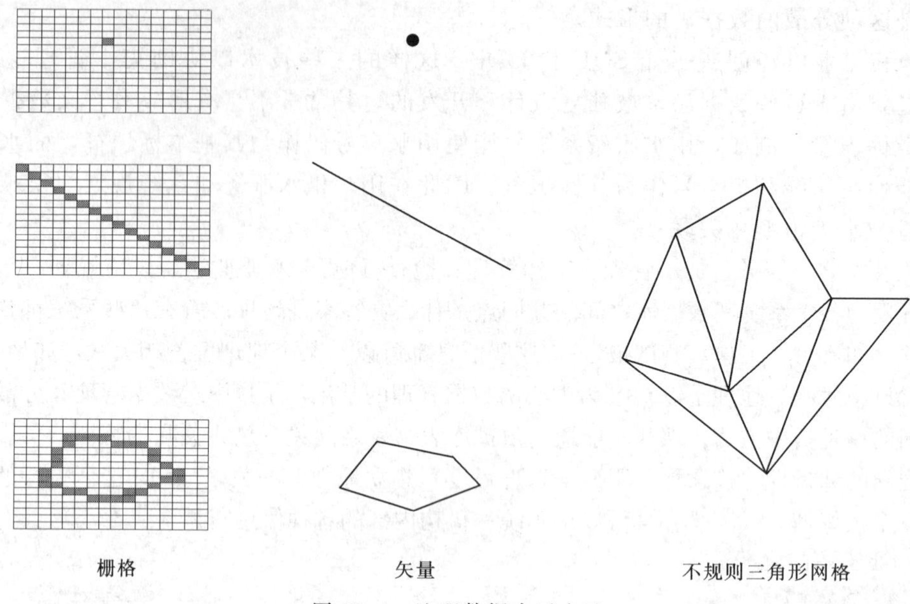

图 12.4　地理数据表示方法

- 栅格：这种表达方式将数据储存为离散的网格，在每个单元格中有一个属性的单一值与其相关联。每个网格有一个属性值和一个位置坐标。由于该数据存储于一个矩阵中，这样每个单元格的坐标就不需要显式存储（ESRI，2001）。其坐标可以动态确定，这是因为该栅格模型的原位置、该单元网格尺寸及其旋度是已知的。
- 矢量：这种表达方式将离散的特征存储为点、线和多边形。每个特征有与之相关联的多个属性值和一系列的 x、y 坐标（可能还有一个 z 坐标）。矢量数据的这种表达方式不同于栅格数据，栅格数据的坐标本质上是与栅格相关联的（ESRI，2001）。
- 不规则三角形网格（TIN）：TIN 将空间分成一系列邻接（不重叠）的三角形表面。每个不规则三角形面由不规则的一定间距的空间点、分界线和多边形特征组成。并且每个样本点有其（x，y）坐标和与其相关联的属性信息（z 坐标或者所模拟的其他属性）。在 TIN 内部其他位置（例如，沿着分界线和多边形特征，或者甚至在该三角面上）的属性值可以使用插值方法来计算。TIN 有时被认为是矢量模型的一种特定情况，但是 zeiler（1999）将其作为一种独立的数据模型。

水力模型中的大多数数据是矢量数据。例如，连接节点可以视为几何点，管线可以视为几何线段，节点服务区域可以视为多边形。尽管大多数模型数据是由矢量特征组成的，建模工作人员在一些任务中，例如，提取高程数据或者使用航拍图作为该模型的背景时，也可以使用栅格数据和 TIN 数据。

12.2　企业 GIS 的开发和维护

许多出版物，包括 Orne、Hammond 和 Cattran（2001）以及 Przybyla（2002）的作

品讲述了GIS的开发过程。技术进步的步伐和商业实现的多样性，超越了任何指导某个特定的基于GIS模型系统配置和管理的一般文献的能力。因此，本节仅给出了GIS开发过程的一般论述，并概述了在开发GIS中涉及的主要步骤。

GIS通常按以下四个层次之一实现：

(1) 项目：支持一个单一的项目目标。

(2) 部门：支持一个部门的需要。

(3) 企业：跨部门数据共享，满足多部门需求。

(4) 机构之间：与外部机构共享应用和数据。

只是为了与水力模型结合使用这个单一的目的，而在一个项目的基础上建立一个GIS，这种情况是相当罕见的，这是因为一个机构可以从一个GIS中获得许多好处，其中包括：

- 消除冗余数据的维护工作；
- 利用GIS功能简化工作流程；
- 改善高质量信息的访问；
- 具有使用空间分析解决问题的能力。

基于这些原因，GIS常常是在部门或者企业级水平上实现的。以下各小节讨论确保成功的企业级GIS实现所必须采取的一些关键步骤。对于模拟和其他一些应用中关于GIS的规划、开发和维护的更多信息，可以参阅本章末尾所列参考资料或者本书参考书目中关于GIS的一节。

GIS成功实现的关键

一个机构或者自来水公司，其执行开发GIS系统必须考虑以下几个关键因素：

- 开发一个能够支持水力模型的GIS需要高水平的数据质量、数据准确度和详细程度。
- 建立GIS需要仔细审查现有的硬件和软件，但是这并不意味着将遗弃原有系统。一些系统通常需要保留，如客户信息系统（CIS）、客户服务及维修管理系统（CMMS）以及监测和数据采集系统（SCADA）。
- 企业GIS开发需要高水平的跨部门协作。在企业GIS开发中所牵涉的所有部门应该共享该系统的同一个版本。在GIS开发中“人”的因素比技术因素更具有挑战性。
- 企业GIS开发需要一位GIS负责人，来尽最大努力来完成这项工作。该负责人必须在各部门之间建立沟通的桥梁，这样可以相互交流、协作和共享资源。
- GIS项目的最大费用通常是数据采集费用，从纸质地图数据源转换往往需要昂贵的数据转换费用。如果组织者未能考虑制图、资产数据库、水力模型的所有需求，那么其GIS系统就会出现两种问题：①不能满足将来的应用需求；②将来需要昂贵的数据升级工作。例如，该GIS必须能够重建其创建所用的地图数据源，或所有需要完成的是创建一个新的、冗余的数据集以用于维护。

需求评估

成功的GIS实现的关键是详细了解该机构的业务流程以及运行和管理需求。理解个别用户对 GIS 某些特定功能的需求也是非常重要的。该信息的收集贯穿整个需求评估过程。

需求评估有三个组成部分：

(1) 用户需求评估：该评估的目的是回答下列问题：谁将使用该系统；他们将扮演什么角色，他们用 GIS 系统完成什么工作或者需要什么功能；他们具有什么水平的技能；他们的物理位置在哪；还有他们使用这些 GIS 应用的频率。

(2) 数据源评估：数据源评估确定可以获得哪些数据源以用于支持 GIS 数据开发，包括其格式（如电子数据还是纸质数据）、地理范围、空间坐标（x，y，z）和属性精度、更新频率和最近更新日期。

(3) 系统设计评估：该评估的目的是确定现有服务器的类型、位置和特征，个人工作站和计算机组成网络构件。这包括操作系统平台、GIS 系统服务的现有应用以及目前现有利用的情况。

该需求评估是建立任何 IT 系统的一个基本部分，其通常是通过对所有潜在的 GIS 用户（包括水力工程师）和一些机构的决策人员进行详细的调查和沟通来完成的，其也可以作为业务工作流程分析的一部分完成（推荐的）。

完整的需求评估在开发 GIS 时是至关重要的，这样该 GIS 可以在现在和将来提供适当的服务。该评估应该揭示与当前系统相关的特定问题或者约束条件，并确定项目实现的需求。在一个集成 GIS 中适当执行的需求评估具有以下一些好处和优点：

- 提高运行和管理效率以及员工生产率；
- 更好地共享数据；
- 更快地访问高质量的和即时的信息；
- 全面发挥系统的能力；
- 对体现该机构任务及其优先性的组织化运行提供支持；
- 员工支持和规范化使用；
- 使该机构马上获得回报；
- 支持所有当前及未来需求的功能。

设计

GIS 开发过程的第二阶段是设计，其中可能包括以下任务：

(1) 应用设计：描述部署的商业软件和需要结合的客户程序，以生成支持用户需求所需的应用。

(2) 数据库设计：描述各个图层、各个特征及其属性的格式，并且这些都将组成新的 GIS 数据库。

(3) 数据开发规划：描述用于将数据源转换到所要的 GIS 数据库的技术、方法和流程。

(4) 系统设计：描述在新的服务器、工作站、网络组件中所安装的硬件和软件，以及对现有的硬件和软件组件的重新架构和部署（这超出本书的范围）。

(5) 实现规划和时程安排：对该任务进行描述，并且给出开发该 GIS 系统的时程安排（这超出了本书的范围）。

应用设计 通常来说，数字数据的价值，特别是在一个 GIS 系统中，是具有这样一种能力，即一旦数据创建一次，就可以重复用于许多目的，而不需要手工处理这些数据。数据的重复利用使该数据用户可以用比手工输入数据和操作处理数据大得多的数据集来工作。一旦建立了 GIS 数据库，它可以在机构或者自来水公司内服务于许多应用，而不仅仅是水力模型。

在一个部门内评估责任和工作流程时，可以确定执行某些任务在 GIS 内效率更高或者效果更好。这些任务将形成一些 GIS 应用的基础，并且作为需求分析的一部分所准备的应用描述将记录这些任务。

常见的 GIS 界面包括：

- 水文和水力学模型界面；
- 客户服务和维修管理系统界面；
- 客户信息（收费）系统界面；
- 实验室信息系统界面；
- SCADA（监控和数据采集）系统界面；
- 文件管理/工作流程界面。

“全球定位系统（GPS）说我们都在错误的建筑内。”

常见的基于 GIS 的应用（通常利用/集成了上述系统界面）包括：

- 设施映射（GIS 数据维护）；
- 服务要求追踪/工作管理；
- 资产管理/ GASB 34 报告；
- 人员安排/车辆行程路径；
- 现场数据采集/检查；
- 检漏（比较流量计总表和个人账户数据）；
- 与竣工图纸/交叉点图纸（CAD 图纸或者影像图片）连接；
- 隔离追踪/用户通知；

• 需水量预测/人口数据预测；
• 编目规划/施工监测；
• 电话报警/地下服务预警响应；
• 与管网新的连接处理；
• 交叉连接（倒流）的测试追踪；
• 水井监测/水资源分析。

数据库设计　一个自来水公司GIS开发的数据库设计应该要努力完成三个基本目标，这将使GIS成为该机构的一项战略性资产，这三个基本目标包括：

(1) 用地图表示该供水管网设施（资产）。这种表示方法可以用来生成地图产品。

(2) 列出该供水管网的清单。该GIS通常是地理分布资产（即除水厂以外的资产）的主要记录。

(3) 管网建模。GIS应能模拟在该系统中的水流并支持与水力模型软件的集成。

假定水力模型是该GIS所支持的行为之一，则该GIS的分析师应该确定可能使用的相关水力应用的完整范围。然后该分析师确定这些应用所需要的数据类型（例如，SCADA数据和竣工图纸），以及不同类型的数据是如何相关联的。如果该数据库的设计要满足所有功能和相关要求，这个信息是必需的。

在数据库设计过程中，重要的步骤是汇编有关该数据集的信息，即所谓的元数据。元数据向用户提供：

• 数据的来源；
• 数据的可靠性、质量和质量置信度；
• 采集和关联数据所用的方法；
• 质量保证（QA）/质量控制（QC）和确认过程；
• 数据可能交互的其他应用和软件系统。

在各个机构之间共享数据的能力变得越来越普遍了，元数据也变得更为重要了，这是因为它具有在互联网上使用的可扩展标记语言（xml），这种语言是一种结构化信息编程语言。在入口地址使用元数据，这样可以让用户搜寻数据层，并且确定所列的数据集是否满足这些用户对数据准确性和空间范围的需要。

随着GIS应用的成熟，主要GIS厂商已经将其软件从关联关系架构（应用/数据库）发展到对象关系架构。在较旧的关联关系环境中，连接、属性域验证以及特征之间的关系是通过表之间的关系来实现的（在数据库管理系统中执行）。在新的对象关系架构中，特征之间的关联、连接性和属性域验证是通过面向对象的组件（在客户端软件处执行）实现的，而所对应的原始对象是存储于关系数据库管理系统之中。这种新的对象关系结构的主要优点是GIS应用和数据与其他面向对象软件应用相兼容。

这种演化对于GIS与模型的集成提供了新的机遇并带来一些新的挑战。对象相比原来较旧的GIS类型（点、线、多边形）更为复杂，并且有更为复杂的连接关系。因为在面向对象中数据模型更为复杂、更加关键（Zeiler，1999），水力模型工作人员在使用对象关系GIS时必须在GIS数据库设计阶段要更为深入地参与相关工作。

举一个范例，考虑一个使用旧的关联关系系统已经建立的某个供水系统的GIS。在这个模型中，整个供水系统中的每个阀门、消防栓、供水服务区域和服务控制阀门都要求是一个节点，以保持整个系统的连通性。这样，该GIS可能很容易包括数十万个短管段（如配件连接到阀门的管段、阀门到阀门连接的管段以及阀门连接到配件的管段）。对于水力模型工作人员来说，这种程度的细节是不必要的并且甚至是有问题的。

面向对象系统给水力模型工作人员提供了强大的新机遇。例如，特征之间的连接现在根据用户提供的规则由该GIS软件来控制。再如，阀门和服务管线可以是管网的一部分而不需要在管段上创建节点（即管线可以是配件到配件之间的连接）。此外，可以确立连接规则以增强该数据库的完整性，如“一根管线只能通过一个连接配件、减压阀或者泵站与另一根管线连接”，或者“只有用户流量计或者倒流设备可以安装在服务管线末端”。这种结果使GIS数据库更易于满足水力模型工作人员的需要。

在较旧的数据模型中，建模工作人员可能需要开发代码以执行一些任务，抛弃不需要的几何点特征，并且将小的管段合并到大的管段中，这样可以在模型中形成连接一节点系统。这些代码将不仅依赖于程序员合理处理所存在大量情况的专长，而且取决于高水平的数据质量，以避免在转换中无意的错误。对于面向对象的数据存储，数据处理以形成新的、合并的特征，可以通过在该数据库设计阶段引入的行为显示出来。此外，可以在数据集开发期间应用规则来加以确保，如一根2in的管道没有所要求的某种转接配件是不能与一根16in的管道连接的。通过预先设计这些规则、属性和行为，抽取模拟一个系统所需要的特征就变成该GIS的一项基本功能了。该系统中的挑战是该技术较新、需要投入大量的设计时间和经费，以便在未来数年内将其变为现实。

虽然相对容易定义那些需要支持水力模型的地下管线系统的特征，但是在GIS内模拟一个复杂的泵站行为就会困难得多，而且可能不会那么直观和易于表达。在许多情况下，建模工作人员需要的有些信息不是存储在GIS中，因而要从其他的数据源获取，例如，竣工或设计文档处。理想情况下，对于模型所必需的所有数据都要存储在GIS中，并且该数据格式和内容要能够支持在需求评估中所确定的所有建模目标和应用。然而，实际上，建模工作人员所需要的所有数据在初始的GIS实现期间，有时并不是以一个易于获得的格式或者是以一个不能简单开发得到的格式存在（如现场数据）。因此，实现许多水力模型接口首先要分阶段解决最迫切的或节省时间的模型属性。GIS应该能够以某种重复的方式生成高百分比的模型开发所需要的数据。

重要的是认识到GIS通常只是更广义的信息管理程序的一个部分，这种信息管理系统可能包括维护管理系统、SCADA、设备自动化、CAD、流量监测数据库、供水设备数据库、竣工图和图纸，以及其他的一些要素信息。开发支持一个机构的多种需求的数据库设计有时是很难完成的，但是最终的结果不应该打折扣。

数据开发规划　如前所述，数据资产的发展往往是GIS开发过程中最重要和费用最昂贵的一步。以下各小节将讲述数据发展规划的主要组成部分和问题。

土地基准　一个自来水公司的GIS必须使用某种类型的土地基准图层作为空间参考。在该底图上必须考虑的一些设计问题是精度（±xft或m）、比例尺、映射规则［纬度/经度、国家平面坐标系、通用横轴墨卡托投影（Universal Transverse Mercator，UTM）等］、垂直基准［NAD（North American Datum，北美基准面）27、NAD83等）、用于产生该土地基准所用的方法、更新频率和该数据的及时性。

这些决策的细节超出了本书的研究范围，但是用户必须认识到其不能简单地快速做出某个决定来使用一张美国地质调查所（USGS）的四分地图、航空照片或商业地图，而不对该土地基准选择的长期潜在影响作出认真的考虑。

开发这个土地基准地图是很昂贵的，并且必须在该项目的开始阶段做出正确和精确的土地基准；否则，在土地基准没有做好而问题出现必须予以处理时费用就会逐渐升高。在开发准确的GIS时缺乏精确的土地基准是最常见的问题，这是因为所开发的多个数据集没有统一的土地基准通常会造成彼此之间的不一致，并因而造成共同使用时不能嵌合。

例如，如果空间精确的供水设施［如那些经过一个差分全球定位系统（GPS）定位的设施］被用来与不准确的基准地图图层综合使用，不可能产生一个好的地图（例如，管线可能不会处于街道中心线或某个地界线正确的一边）。不能够产生可靠的地图不仅是一个麻烦，而且可能是一个法律责任。

个案研究：南卡罗莱纳州哥伦比亚

哥伦比亚市的供水系统——南卡罗来纳州中部最大的供水系统——提供地下水到服务面积接近320mile^{2}和35万个用户。城市要建设GIS并构建和率定整个系统的供水模型以便评价和促进系统改进。

城市有使用GPS和笔记本电脑管理系统范围的财产清册，以便定位消火栓、供水闸门、水箱、水塔和泵站，以及标识符属性、类型属性、条件，并且标记指示是否现场定位属性。城市将现在的供水系统映射到GIS格式，它与城市的平面图和资产结构数据配合得特别精确。

而后简化供水管网。供水管道和节点从CAD文件中提取并在GIS系统中生成。其中包括全部等于或大于10in的管道，加上挑选的6in和8in系统形成环路需要的管道。在管线上所有的转换点都被去除，除非是管径变换点或管道之间有设施接入。一旦转换完成，就成生了简化的供水管网地图，并可以检查它的管网系统的连通性和差距。

用GIS数据、竣工资料和城市1in＝1200ft比例尺示意性的地图创建供水模型属性数据库。数据库中包含模型中包括的每一个管段的信息：

- 始端节点编号；
- 终端节点编号；
- 管段编号；
- 管段直径（in）；
- 管段长度（ft）；
- 管段阻力系数；
- 间接节点的高程；
- 在连接节点的需水量；
- 局部损失系数。

数据库中包括长期工作泵站的属性、供水系统水箱的属性和减压阀的属性。

用GIS给建模节点赋值高程。城市从USGS获得高程覆盖数据，创造一个USGS高程数据的3D面，并且根据模型节点在3D面上的位置给模型节点赋高程值。

GIS还可以用来给模型节点赋需水量数据（与水泵和水箱相关联的节点暂时被去除，因为它们没有需水量数据要赋值）。地理编码用于地理定位用户水表到TIGER（拓扑集成地理编码和参考）街道中心线文件。在地理编码期间，GIS用TIGER街道中心线文件中的地址范围匹配用户水表的地址。于是，基于用户水表到模型节点的接近程度给节点赋需水量的数值。计算合计需水量，然后把它应用到节点。

如果用不准确的街道中心线文件作为装设供水设施的空间参考（例如，把管线铺设在该街道中心线右侧 4ft 处），将来若提供了一个新的、更准确的该街道中心线的数据源，于是所有这些供水设施在 GIS 中都不得不进行移动，以便与新的空间参考相匹配，这是一个费用昂贵的计划。

数据转换　GIS 数据库设计必须满足该 GIS 所服务的应用的特定需求，例如那些水力模型。通过数据转换，使数据符合支持所有功能需求的某个统一格式。如有必要，将修改 GIS 数据库设计使之与水力模拟软件、信息管理系统、竣工图纸记录、全球定位系统以及 CAD 有效地集成。

在支持该数据开发过程中，GIS 分析师必须开发和维护数据精确标准，并实施数据质量保证/质量控制程序，以确保数据的完整性。数据精度标准越高，该数据的转换成本就越高。

在某些情况下，不能得到以数字格式表示的支持目前和将来水力模型的必要信息。因此，必须将纸质地图转换为数字格式或者使用 GPS（全球定位系统）现场采集数据。如果存在多个数据源，该分析人员应该确认哪些数据源对于所要完成的应用是最适合的，同样也要考虑将这些数据录入到该 GIS 中的方法。

栅格转换或栅格化，是将矢量数据（即点、线和多边形）转化为单元格或者像素数据。矢量转换或矢量化，是将单元格或者像素数据转化为点、线和多边形。纸质地图的扫描产生了栅格文件，其必须转换为对于模型建立有用的矢量文件。

栅格化和矢量化只有在数据源的质量支持时才使用，也就是所捕获的信息可以容易地为所用的矢量化软件所辨识。处理矢量化过程中的错误对于大多数的 GIS 开发项目而言是很繁重的任务。“屏幕”数字化（数字化仪）方法可以更有效率、产生很好的结果，因而迅速成为矢量化行业标准。

将地图数据从 CAD 文件转换为所要的 GIS 格式也带来了很多挑战。例如，CAD 文件中的一根直线在 GIS 中实际上可能表示几根管线。当该单元转化到 GIS 时，该直线必须分解为多个线段，分别表示各个单独的管段。还有一个障碍是地图的标注说明，例如，CAD 图中的管线直径和阀门尺寸，通常没有任何数据记录，并且没有与所标注的 CAD 特征关联。要将这些浮动的标注图片转化成 GIS 中的属性信息，必须将其与最近的管线相关，并且将该文本字符串过滤生成正确的属性。例如，“1987 年－3 $\frac{1}{2}$”可能需要转换成安装年份的属性值“1987”和管线直径的属性值“3.50”。

初步研究

在设计之后，GIS 开发的下一阶段工作通常是进行初步研究，其包括下面几个步骤：

(1) 按照该数据开发规划创建一个初步数据库。

(2) 按照应用设计开发高优先级应用的原型。

(3) 为关键人员提供核心软件培训。

(4) 与终端用户和管理者在几个初步审查环节期间测试各个应用程序和数据。

(5) 适当地结合从初步审查环节学到的知识最终完成数据库的设计、数据开发规划和系统设计文档。

生产

下一阶段的工作是生产，其包括以下任务：

（1）确定将用于整个服务区域数据转换的质量保证/质量控制的软件和技术。

（2）按照数据开发规划执行服务区域范围的数据转换。

（3）购置新的硬件和软件。

（4）完成各个应用。

（5）开发最终用户和系统维护文档。

（6）开始用户培训，并且展示各个高优先级应用（例如，设施地图映射）。

展示

最后阶段是展示阶段，其中可包括以下几个任务：

（1）安装所有所需要运行硬件和软件。

（2）组织用户培训和系统维护培训，这可能是核心 GIS 软件课程和应用培训的综合。

（3）验收测试（正式测试以确定该系统是否满足验收标准，以及客户是否应该接受该系统）。

（4）展示，其中可能包括从任何要退役的遗留系统的迁移。

12.3 模型建立

建立一个供水模型并随时间对该模型进行维护可能是一个水力模型项目最费时、高费用和易于出错的步骤之一。在 GIS 与建模广泛集成之前，建立一个供水模型只是一项特定的活动，它与这个机构的日常业务流程和工作流程相分离。工程人员通过从各种硬拷贝的原始数据文档中，如供水系统地图、地形图和人口普查地图，还有其他文档中搜集、综合和数字化数据，并且生成模型的输入文件。如果可以获得 CAD 数据，就可以提取模型所要求的特征用于水力模型软件中。这一过程是手工的，并且在这个过程中需要高度重视细节和许多工程判断。一旦模型开发、校准，并且运行后，模型工作人员给出所需的结果和“what-if”方案，并且通常产生一个总体规划，这样某个机构或自来水公司就可以开始做出所要求的费用改善计划。

尽管最近 10 年来水力模拟软件快速发展，其中包括将 CAD 数据自动转化为模型数据的工具和将模型连接到外部数据源的工具，许多机构和自来水公司已经发现，建立、更新和维护除了高度简化模型之外的任何模型都是困难的。因为使用手工的方法采集和管理大量的数据是不切实际的，许多机构和自来水公司没有执行日常的模拟，并且没有供水模型维护的机制。虽然各个机构可能也希望模型能够更新，但是经常会受到时间的限制或者业务流程问题的干扰。即使 CAD 图层已经更新，或者已经划定竣工红线，模型维护还是经常被忽视，这是因为该模型的输入数据与系统图纸区隔单独维护。因此，在正经历快速发展的地区，供水模型可能很快过时，并且当需要当前系统模型时常常不得不重新从零开始创建。

GIS专业人士可以使用GIS创建一个模型，这比一个工程人员在传统建模环境中从头开始创造一个模型输入文件更有效、更准确，并且更有效益。考虑如下信息：

- GIS工具可以使建模过程自动化，模型建立可以更快且更有效率，特别是对大型模型而言。
- GIS可以管理大量的数据，该模型可以包含更多细节。
- 水力模型软件和GIS都有先进的编辑工具。用户需要查看每项任务，并决定在模型中还是在GIS中完成更好。
- 在理想状况下，在GIS数据项中有一致的空间参考并应用高水平的质量控制，所集成的模型应该包含更好的数据，并且因此应该更容易校准，而且可能会产生更好的决策。
- 为了其他的应用采集并且存储在GIS中的数据，如果需要，可以提取出来，并且合并到模型输入文件中。
- 只要GIS按规程维护，重建模型输入文件所需的GIS数据就会按规程得到维护。
- 在GIS中的等高线插值和数字高程模型（DEMs）可以用来自动给模型节点分配高程。
- 模型可以叠加在GIS中的数字正摄影像之上，其可以给模型提供底图参考。
- 地理编码的客户收费记录可用于为模型产生和分配用户需水量。
- 如果将模拟结果返回到GIS，可以进一步分析，并且其他用户，如规划人员和开发人员，可以结合其他的GIS数据处理模型数据。

模型的可持续性和维护

通过与GIS专业人员协同工作，从一个合理构建的GIS中创建了一个供水模型，该工程人员可以花费时间评估该供水系统，然后作出工程决定，而不是建立或随着时间的推移重建该供水模型。如果该GIS用作建立该供水模型的基础，并且假设该GIS在很长的时期内得以维护，那么所用水力模型可以使用不断更新的GIS数据很容易地重建（见图12.5）。

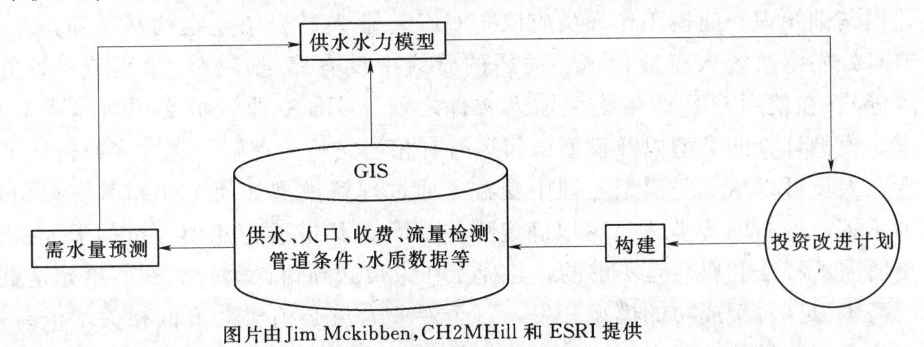

图片由Jim Mckibben，CH2MHill和ESRI提供

图12.5　维护水力模型

例如，一个模型的建立可以使用GIS选择和提取所有管径为8in（200mm）及以上的管线，然后通过手工选择其他较小的管径但是在管网中封闭重要的环路或者服务大的用水

用户所必须的管线。所有包括在模型中的管线和其他管网单元必须在该GIS中适当标注。这样，当这个GIS中的管线、节点以及相关的特征和属性都随着时间的推移而更新，这些单元可以很容易地重新选择，并且应用当前的数据重新建立所用的模型。也可以将整个系统导入到模型中，然后再将模型简化。

GIS专业人员和建模工作人员应该确定模型所必须的某些特征将驻留在哪里，是在GIS中还是在模型中。理想情况下，所需的数据集从一开始就应详细，这样它可以在GIS中存储和维护，这有助于确保该模型的建立过程可以重复，并且尽可能减少建模者对由GIS专业人员所提供数据必须做出的调整。

要对是否将新的管线添加到该供水系统中作出好的决策，必须对模型中的添加做出标记，这需要工程判断（基于管线尺寸或其他标准）。该GIS专业人员可以使用GIS工具来做模型简化所要求的大量的排序和选择工作，但是建模工作人员必须仔细审查整个管网，以确保该模型反映了现实情况。

在GIS专业人员和模型工作人员之间沟通

在一些小的系统中，建模工作人员和GIS专业人员是同一个人，但在大多数情况下，建模工作人员和GIS专业人员是在不同的部门或者是不同公司中的两个人。模型开发要想取得成功，建模工作人员和GIS专业人员之间必须协作努力。

在该模型建立过程期间，GIS专业人员必须定期与建模工作人员沟通，以确保该模型有效开发。两类专业人士之间应该承认他们的不同观点以确保有效的沟通。GIS专业人员理解GIS技术，知道其能够做什么，以及如何处理不同系统和数据库来源的数据；而建模工作人员知道模型怎样工作，模型需要什么数据，以及如何确保该模型产生有意义的结果。

建模工作人员是GIS专业人员开发或者管理的数据的用户或使用者，他应该花费时间来解释该模型所需要的数据。同样地，GIS专业人员应该解释GIS的能力和限制，以及在技术上哪些是可行的。

在模型的规划和设计上花费足够的时间，这将保证模型开发过程的顺利。具体来说，GIS专业人员和建模工作人员应该在项目的开始阶段讨论以下问题。

- 建模基础知识。建模工作人员应该向GIS专业人员介绍建模的基本知识（如只在节点处发生系统入流或出流，关闭的管线中没有流量，模型预测节点处的压力，等等）。在使用GIS产生模型输入文件之前，GIS专业人员必须对输入数据的要求、模型计算的类型以及模型如何运行有相当完整的理解。在大多数情况下，GIS专业人员可以从一些模型培训中受益。通过理解模型如何工作和对模型预期结果的了解，该GIS专业人员可以确定哪些GIS工具最适合建模人员的需要。仅仅列出所需的特征和属性是不够的；建模工作人员必须讨论为什么这些单元是重要的。
- 模型术语。对于成功的模型开发，每个专业人员必须对对方的相关术语有一个基本的了解并且熟悉对方。GIS专业人员对讨论列、表和数据库技术比较熟悉，建模工作人员对于管线和粗糙系数比较熟悉。这两类专业人员必须讨论共同的建模术语、它们的含义以及它们如何应用。例如，他们需要讨论术语“需水量”（GIS专业人员可能使用“需水量”表示个人用户的用水账单记录，但是建模工作人员可能认为是在模型节点上的集中需水量）以及术语“连接节点”（GIS专业人员可能使用“连接节点”表示任何节点，但是建模工作人员可能认为“连接节点”是两根或多根管线的交汇处）。

- 度量标准单位。建模工作人员必须定义所要求的度量和计算的标准单位以进行单位的转换。虽然建模工作人员直观地理解某些数据在模型中应该如何表示，而GIS专业人员可能不会理解。例如，如果建模工作人员需要平均需水量的单位为gal/min，但在收费系统中需水量单位是gal/d，那么这个单位必须由模型（首选的）或由GIS专业人员在模型中的该GIS数据使用之前进行转换。建模工作人员因此必须与GIS专业人员沟通，并清楚地告知GIS专业人员如何为模型输入准备数据。

使用已有的GIS建模

业内的一个常见误解是如果一个自来水公司有供水系统GIS数据集，使用该GIS生成模型所需的数据即使不是自动的也是比较容易的。如果在需求评估期间就将水力模型确认为该GIS的一个潜在应用，这可能是对的。然而，如果该GIS设计的目的只是硬拷贝制图、维护管理或者投资改善规划，那么使用该GIS产生一个水力模型可能是不容易的。当该GIS主要用于硬拷贝制图而它的“用户”从来没有与该GIS底层的数据库直接交互时，这种限制是最明显的。该GIS数据并不一定是糟糕的，即使它能够满足现有的GIS需求，也可能不会适合水力模型。

建模工作人员使用GIS数据时往往面临某些特定的挑战，这些挑战包括：

数据库设计不兼容或疏漏：

- 该GIS包含的系统单元的ID识别号不同于建模工作人员所用的ID号。
- 该GIS缺乏关键的阀门信息。
- 该GIS缺乏水泵运行性能曲线信息。
- 该GIS中可能引入很多短的管线以提供完整的拓扑结构，但是这样不必要地增加了模型的复杂性。

数据错误：

- 该GIS可能没有包括实际系统中的连接（这是因为单元之间没有“黏结”[1]），并且也可能包括在实际系统中不存在的连接（例如，有些地方管线是空间跨越交叉而不是连接交叉）。
- 该GIS可能在管线之间有人为引入的间隔，这是因为该数据是在一个平铺的系统上创建的，因而管线间的连接不能越过管片的边界。

管网构件

即使在该GIS开发期间考虑了水力模型，除非该GIS是仅仅为模型而创建，它也很可能包括比该模型所需要的详尽得多的数据。尤其是考虑到管线单元的数量，这种超量是真实

[1] 在一些软件中，出于制图或辨识的原因有时会设定：若两个或多个单元的距离小于设定的某个阈值，则认为这些单元“黏结”在一起。——译者注

的。对于 GIS，其包括每个服务管线和消防支线也并非不寻常。这些信息对于大多数的模型应用来说是不需要的，因而应该删除以提高模型的运行效率，减少文件大小并且节省费用。

除了无关的服务管线和消防支线，GIS 可能在每个隔离阀或者管线配件处开始一根新的管线，对于大多数的水力模型应用来说是不需要这样的详细程度的。因而在将 GIS 数据转化到模型数据时包括合并 GIS 单元以形成较少数量的模型单元，如图 12.6 所示。

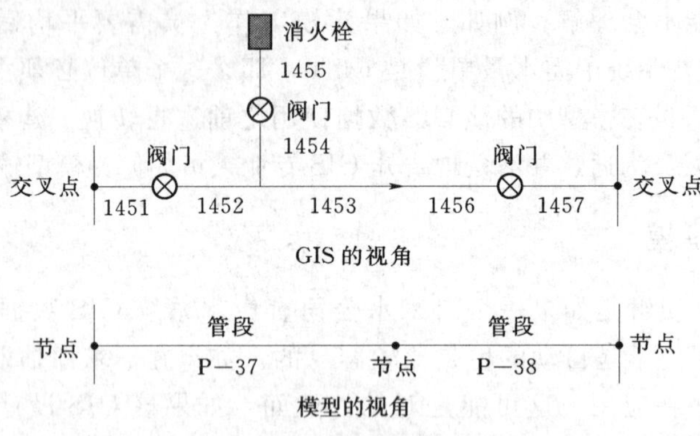

图 12.6　GIS 的视角与模型的视角

将 GIS 数据整理成水力模型需要完成两个步骤——数据导入和简化。在将数据从模型导入到 GIS 时，一些无关的 GIS 特征，如放气阀、在线仪表、泄空阀、在爆管处安装新管段的位置，必须与模型单元相关联。这种关联通常要求在 GIS 和模型之间建立映射关系。处理这些单元的首要标准是它是否有相应的水头损失与其对应。泄空阀和管线弯头通常只有微不足道的水头损失，因而其可用压力连接节点来表示，其可在模型简化中被删除。那些有显著水头损失的特征，不是将水头损失分配给某个邻接管线，就是处理为一个控制阀单元或者一个通用阀门。典型的对应关系如表 12.1 所示。

表 12.1　　GIS 属性和它们相应的模型单元

GIS 属性	模　型　单　元
弯头或其他可以忽略损失的装置	被简化掉的压力节点
弯头或其他有很大损失的装置	在邻近管道上的阀门或局部水头损失
经常打开可以忽略损失的孤立阀门	被简化掉的压力节点
经常打开有很大损失的孤立阀门	在邻近管道上的阀门或局部水头损失
一般关闭的孤立阀门	有 2 个节点的阀门或管段
经常关闭的孤立阀门	阀门或节点由关闭的管道连接
放气阀、泄空阀或压力波动安全阀	被简化掉的压力节点
用户或消火栓支管	被简化掉的压力节点，除非个别用户是要模拟的
在管线上的止回阀	邻近管道的特性
泵站的止回阀	通常包括在泵站或管道里，包括在任一边
系统水表	在邻近管道上的阀门或局部水头损失
控制阀	PRV、PSV、TCV 或 GPV，取决于阀门的功能
水泵控制阀	被简化掉的压力节点
减压器	不同管径任一边的压力节点
管材改变	可能被简化掉的压力节点，取决于水力特性

每种情况都存在权衡取舍。例如，将一个泄空阀或者水表模拟为一个节流控制阀门或者通用阀门可以很容易地给该单元分配局部水头损失。也可以将三个单元（上游管线、阀门、下游管线）模拟为一根具有局部水头损失的单一管线，这样可以减少模型规模。

将数据导入到某个模型之中后，管网单元的数量可以通过简化进一步减少。3.11 小节给出了管网简化过程的概述。

一些学者认为，随着水力模型功能的日益强大以及模型能够很容易地与 GIS 共享数据，模型简化已经变得不那么重要，模型正在向包含所有管线的精细化模型方向发展。然而，不同程度的简化仍然是合适的，这取决于该模型如何使用。

GIS 专业人员和工程人员（或建模工作人员）应该详细讨论特定的模型简化标准，其中包括管网连通的重要性。GIS 专业人员必须理解模型所要求的完整连接的管网。

用水数据提取

自来水公司通过几种可能的方法采集和计算用水数据，这些方法是从高精度到更为通用的方法，主要有三种常用技术：

- 在客户信息系统中所存储的每个收费周期内的个人用户流量记录；
- 水表路径或者压力区域等大面积范围内的总计用水数据；
- 基于土地用途或人口数量的用水量计算估计。

GIS 不要求一定要将用水数据载入水力模型，但是其可以用来有效地处理这些数据，并且提高需水量分配过程的效率。将 GIS 应用于建模的早期工作大部分集中在精确地分配需水量方面（Basford 和 Sevier，1995；Buyens、Bizier 和 Conbee，1996；Davis 和 Braun，2000）。

节点服务多边形 连接节点是几何点特征，但是一些需水量分配方法要求该节点有一个与其相关的多边形服务区域。这些多边形可以手工建立，但是也存在一些自动化技术，如建立泰森多边形。泰森多边形定义了每个节点的服务区域面积。这种空间划分方法使在一个特定泰森多边形内的任何一点到该多边形节点的距离比到其他任何节点的距离更近。一个节点的泰森多边形是通过连接其与所有相邻节点的中垂线构成的。沿着模型外边缘的节点的多边形没有外边界，所以有必要确定采用某种方法封闭边界以便计算服务区域面积。该边界可以基于某个缓冲距离，但是通常最好是手工绘制外边界。此外，模型区域中也可能存在没有用户的区域（如湖泊、公园、填埋场）。图 12.7 显示了一个每个节点周围都有泰森多边形的典型系统。

用户水表数据 当用水量数据可以从单个用户水表中获得时，GIS 可以用来给用户位置进行自动地理编码。地理编码是一个匹配地址数据项或者等价空间参考的过程，在这种情况下，是将用户服务地址（通常是）与街道中心线文件或者也包含地址信息的地块文件比对匹配。结果文件是一系列的几何点，其与地块的形心或者某个线段的内插管段相对应，这取决于用于地理编码的源文件。重要的是模型工作人员理解水表位置是如何进行地理编码的。使用背景点坐标和模型中节点坐标，可以将需水量分配到节点，其通常是基于哪些节点离用户水表最近（见图 12.8）。当在 GIS 中存储实际服务管线连接点时，那么需水量可以基于其离末端节点的距离主要地或者按比例地分配在其中的一个节点上。通常，

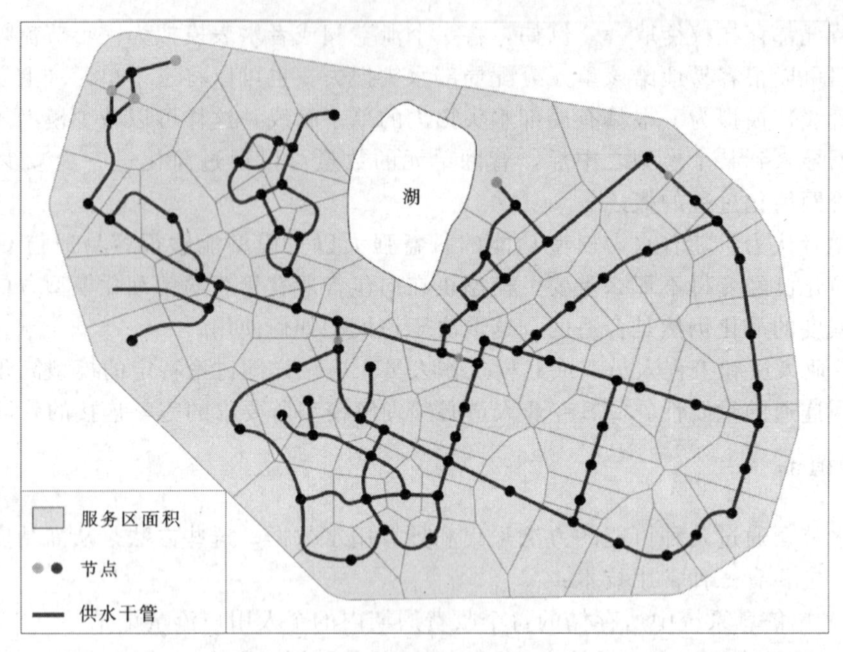

图 12.7　管网系统节点的泰森多边形

由不同方法沿管线分配需水量在模型结果中产生的差异是微不足道的。

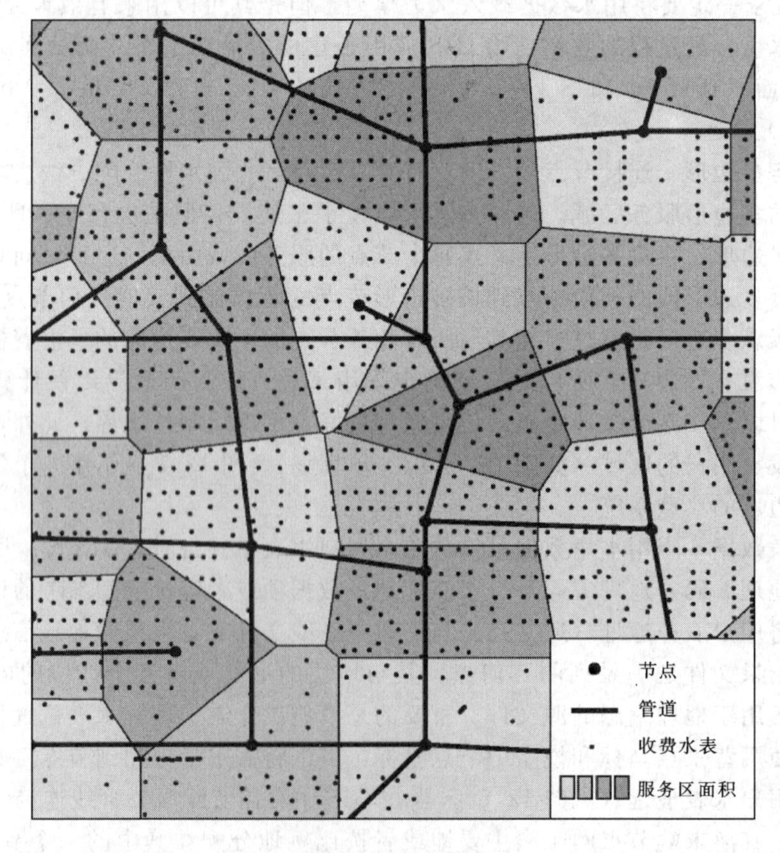

图 12.8　水表集合

地理编码是分配需水量的一个非常有效的方法，但是其依赖于源数据集（GIS 和收费系统）所包含的地址数据，而很少为了地理编码而标准化和校准。因此，重要的是认识到地理编码努力的结果可能由于地理编码的不精确导致一个多边形所分配的用水量负荷相对于另一个多边形而言是不精确的。地理编码的结果应该检查精度，并且对用水负荷分配的改变可能需要手工操作。

使用用户水表数据的另一个问题是所设的用户信息系统旨在获取用水总量数据用于收费，而没有模型所需要的流量信息。如表 12.2 所示，用户信息系统可能包括前四栏，但是模型工作人员需要的数据来自最后两栏（即流量）。必须将收费记录的体积量换算成流量数据，这可以在客户信息系统 CIS 或者 GIS 软件中执行，或者通过编写某些特定代码来进行这项计算。

表 12.2　　从客户信息系统 CIS 得到的典型收费信息

读　数 /100ft³	读数日期 /年-月-日	收费周期 /d	用水量 /100ft³	流量	
				gal/d	gal/min
6754.83	2002-03-12				
6770.25	2002-04-09	28	15.42	412	0.29
6786.72	2002-05-11	32	16.47	385	0.27
6805.99	2002-06-11	31	19.27	465	0.32
6826.93	2002-07-11	30	20.94	522	0.36
6850.74	2002-08-09	29	23.80	614	0.43
6879.08	2002-09-09	31	28.35	684	0.48
6900.10	2002-10-09	30	21.02	524	0.36
总计		211	145.27	515	0.36

建模工作人员还必须确定载入模型中的收费数值是最近收费周期的数据还是一个较长周期内的平均数据。这个决定取决于建模工作人员在某个校核实践中感兴趣的是年平均日流量还是某一特定时期的流量数据。

其他问题包括不是所有的用户水表都在同一天记录。例如，一个用户的“7 月份用水量”的计算可能是 7 月 1 日—31 日的数据，但对另一个用户可能是 7 月 11 日—8 月 12 日。此外，某些水厂可能对商业用户和住宅用户使用不同的单位。

有些水表可能在这一年中已经停止运行或者被更换，因此简单地将最近的读数减去第一次的读数不会得出正确的用水量值。有时要对账单的计量数据作出校正或者调整。建模工作人员必须确定是否使用原始数字值或者较正值。大多数情况必须手工处理。对于建模工作人员来说，处理用户账单数据的关键是与理解该数据的人沟通以确定其真实的含义。

当从用户水表确定节点用水量时，建模工作人员不要忘记未计量水量。根据该定义，其不包括在所计算的流量中。建模工作人员应该确定如何将未计量水量分配到各个节点上。这种分配可能是将未计量水量简单地在各个节点之间平均分配来完成。为了在 EPS 运行中更为准确，建模工作人员可能希望为未计量水量建立一个不同的用水量变化模式，

但这种情况通常不能得到足够的数据。

区域流量数据 对于一些大的区域，如一些压力区域和流量表计量路径区域的用水量数据可以获得时，这些区域应该作为系统流量计量的一个多边形图层合并到 GIS 中。通过叠置分析，每个多边形内的用水量可以在该多边形内的模型节点之间平均分配，而落在该多边形内的模型节点的确定可以使用多边形点分析得到。对于已经使用地理编码方法分配用户需水量数据的情况，使用计量表路径标识来布置不能地理编码的几何点通常是一个备用的方法。

此外，如果模型各节点有与其相关联的服务区域多边形，来自特定压力区域或者水表路线多边形的总需水量就可以基于其所占的较大多边形区域中的用水服务区域多边形（见图 12.9）的百分比来按比例分配该服务区域多边形（然后将需水量分配到模型的各个节点）。该方法更多的信息 12.3 小节中“节点服务多边形”。

土地用途/人口数据 在某些情况下，一个数据库中的属性数据可能足以读出收费数据，但是对于地理编码而言可能数据不足。在另外一些情况下，需水量数据只能从基于人口普查地段、交通分析区域或者其他类似区域的土地用途、人口信息来获取。当数据在 GIS 中以区域的某个给定土地用途、人口情况、建筑物的数量或人口密度的形式存储，建模工作人员需要根据这些情况得出相应的用水量。例如，如果考虑土地用途，必须建立单位土地使用面积需水量比率［如 gal/(d · acre) 或 L/(d · hm^2)］。如果考虑建筑物的数量，需要建立每种类型居住单元的需水量。使用这个数据，在 GIS 中就可以自动计算累积需水量。

图 12.10 和表 12.3 说明了如何根据土地用途确定用水。

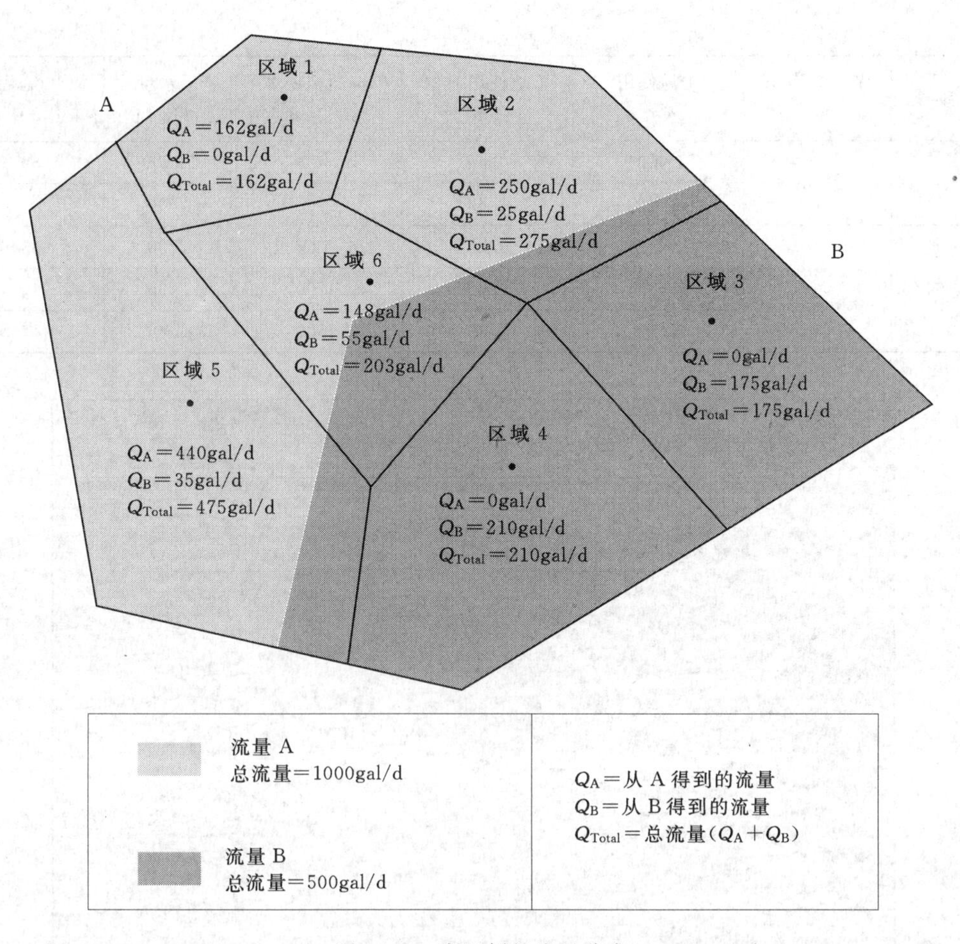

图 12.9 成比例的流量分布

表 12.3 **用土地使用面积计算用水量**

节点编号	节点总面积 /hm^2	土地使用类型	土地使用面积 /hm^2	单位面积需水量 /(L/d/hm^2)	需水量 /(L/d)	节点总蓄水量 /(L/d)
J—1	6.88	工业的	6.88	11200	77100	77100
J—2	7.69	工业的	1.38	11200	15500	60200
		商业的	0.92	4700	4300	
		居住区	5.38	7500	40400	
J—3	7.69	商业的	1.31	4700	6100	44800
		居住区	5.15	7500	38600	
		未开发	1.23	0	0	
J—4	8.50	工业的	0.17	11200	1900	20800
		商业的	0.10	4700	470	
		居住区	2.45	7500	18400	
		未开发	5.78	0	0	

续表

节点编号	节点总面积/hm²	土地使用类型	土地使用面积/hm²	单位面积需水量/(L/d/hm²)	需水量/(L/d)	节点总蓄水量/(L/d)
J—5	8.09	工业的	6.48	11200	72500	80100
		商业的	1.62	4700	7600	
J—6	4.86	工业的	0.20	11200	2200	33400
		商业的	1.36	4700	6400	
		居住区	3.30	7500	24800	

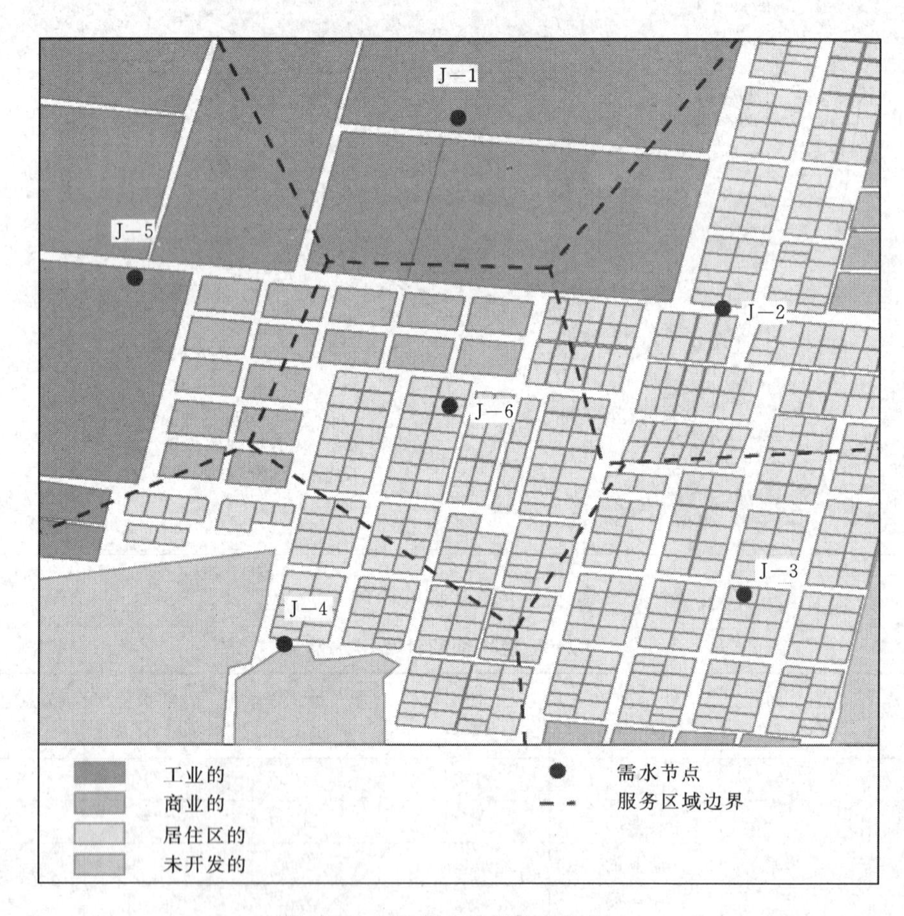

图 12.10　根据土地用途确定用水

GIS 也可以基于向建模工作人员所提供的人口或者土地使用情况的预测来计算将来情况下的需水量。定制 GIS 的操作可以让建模工作人员计算将来的用水情况，这可以通过将数据层，如人口预测和将来的土地使用多边形图层，与模型节点图层叠加来实现。

高程数据检索

许多 GIS 包含高程数据，高程数据的许多数据源是以数字形式存在的，如发布的数字高程模型（DEMs）。这些模型常常用在基础地图中绘制等高线，但是它也可以用来为任何 GIS 特征提取高程，或者也可以为模型节点提取高程。它通常是一个非常简单和快速的在某个表面模型上获取或者重叠水力模型节点的过程，然后计算每个节点的高程。如同大多数 GIS 图层一样，表面模型取决于其生成的方法，它可以非常详细或者相当粗糙。

高程数据可以以几种方法保存在 GIS 中，其中的两种方法是不规则三角形网格和栅格数字高程模型（raster DEMs）。图 12.11 显示了一个表面有水力管网覆盖的带阴影的地面高程数据的不规则三角形网格，图 12.12 显示了一个上面有水力模型的栅格数字高程模型。

图 12.11　在不规则三角形网格之上的管网

图 12.12　叠加在数字高程模型上的管网

对于水力模型而言，在某些点上需要高程数据，这些点包括连接节点、水泵节点、阀门节点和水箱节点。要确定这些节点处的高程，将该节点的 $X-Y$ 坐标传递给 GIS，然后该 GIS 软件使用该节点周围数字高程模型网格点或不规则三角形网格角点的高程来确定该节点的高程，然后将其传回到水力模型中。在 Miller（1999）、Price（1999）和 Walski 等（2001）的研究中有对使用数字高程模型的更详细的描述。

美国地质调查局已经准备了大量的美国数字高程模型，30m 网格间距的数字高程模型是可以获得的（而且有越来越多的地点可以获得 10m 网格间距的数字高程模型）。这些地图是根据所在区域 7.5min 四个图片（如 20ft 和 10ft）上的等高线得到的。在这些等高线之间插值精度可能只达到几英尺。在某些情况下，可能需要查找更高精度的高程数据源以达到所要的模型精度。首先在初始阶段使用免费的或者低费用的数据，然后再确定是否足够准确，这种做法可能是有价值的。如果不满足精度要求，可能需要获得更精确的数字高程模型。

在模型中将数据从数字高程模型转化为高程属性的软件通常要求该数字高程模型数据为某个特定格式。通常需要某些类型函数将原始的数字高程模型数据转化为所要求的栅格格式，并且将该数据映射到该 GIS 所用的坐标系统［大多数美国地质勘探局数据源是以通用墨卡托投影（UTM）坐标提供的，这种坐标系统在市政 GIS 应用中并不常用］。

大多数模型不只使用美国地质勘探局的四方图片。虽然高程数据导入软件一次可以处理一张图片，但是其通常更易于使用 GIS 的某个功能将多个栅格网格文件拼接成一个单一的文件，而不是处理多个文件。在最近几年，光探测和测距（LIDAR）技术的进步已被证实是一个获得更高分辨率和精度的高程数据来源的一个手段。LIDAR 数据可以用许多文件格式表示，包括数字高程模型数据格式和栅格格式。

水力模型 GIS 与企业级 GIS 比较

很少有人怀疑使用 GIS 中的数据创建和更新一个水力模型的价值。但是，在用 GIS 建模会出现一个问题，就是模型结果是否应该返回到 GIS 中。通常，该模型数据保存在为建模特意创建的一个单独的 GIS 图层中。

水力模型结果在企业级 GIS 中可以用于许多目的，包括：

- 制作等水压线图（用于工程及用户服务）；
- 建立供水干管更换优先权限图（可与其他的 GIS 图层结合，如土壤和修复数据）；
- 管网连接许可处理（检查管网可获得的供水能力和预留将来的需水量）；
- 污染物隔离/修复（偶然或故意引入的污染物）。

（数据的）提取、转换、加载 建模工作人员将衡量企业内的许多数据源。一个企业级 GIS 拥有中央管理的数据，由该机构中的各个个体共享。建模工作人员通常将该 GIS 作为主要的数据源或者数据中心站，并可以利用它创建模型。建模工作人员还需要访问非 GIS 管理的其他重要数据源。通常，这些信息不会驻留同一个数据库或者不在包含该 GIS 的物理服务器中。它可能使用某种数据库技术和/或者私有文件格式的混合方法维护。该数据源可能分布在整个企业，并且由多个服务器/客户端工作站控制。图 12.13 表示这样一个基于企业级 GIS 模型系统的概化图。

该图显示了分布式数据源和模型 GIS 之间的数据通路。企业建模成功的关键是尽可

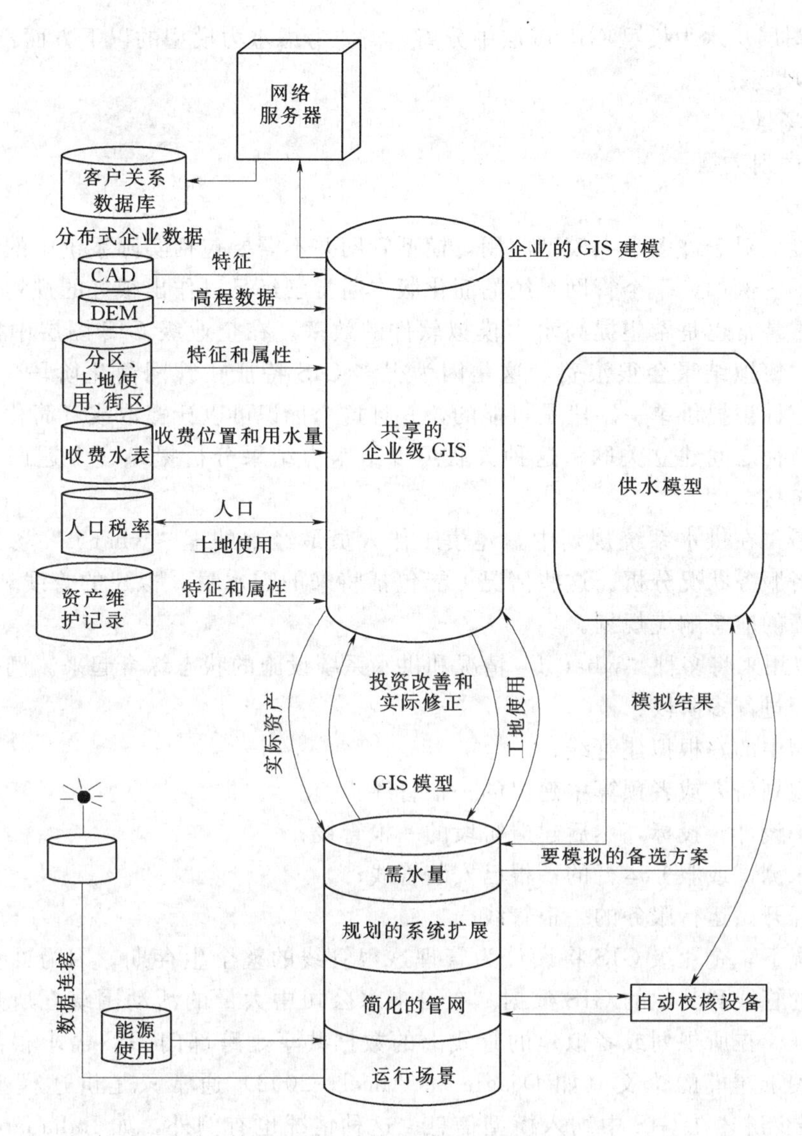

图 12.13　企业级 GIS 模型系统

能使用自动化工具完成这些数据通路之间的数据流，避免了 GIS 和原数据源之间数据的人工干预或转录。建模工作人员可以采用以下几种方式完成这项自动化工作。

- 使用一些通用工具从一个数据源提取数据，将其转化为目标数据源所要求的格式，然后将其加载到目标数据源。这些工具，称为提取/转换/加载工具（ETLs），这对于建模工作人员来说是很乐于接受并且极其有价值的。
- 使用 GIS 和数据库所提供的编程和脚本应用程序接口（API）来开发定制标准的 GIS 命令扩展，完成该提取/转换/加载步骤。
- 使用在 GIS 内可得到的特定建模商用技术。这些技术通常集中在某些密集的和关键的数据转换服务上（如管网自动简化方法、需水量加载和地形高程抽取）。

模型特征　当使用 GIS 用于建模时，要考虑水力模型的一些方面，这些考虑往往导致企业 GIS 图层从水力模型 GIS 图层中分离。需要考虑水力模型的以下方面：

- 管网尺度；
- 模型场景；
- 时间序列数据；
- 所有权。

管网尺度 对于许多水力模型应用，模型管网并不需要包括实际系统中的每根管线以获得精确结果。例如，一个管网系统的简化版本通常已经足以作出很好的规划决定，而且使用简化版本常常也是希望提高水力模拟软件的效率。在企业级 GIS 图层中提供多个字段来管理水力模拟结果会很浪费，这是因为很多 GIS 特征在管网简化阶段中被删除了。但是，为模型标识提供单一字段是可能的，并且这个标识可以让提取或者简化软件在 GIS 特征和模型特征之间建立关联。这种关联可以给水力结果分析提供一个返回所对应 GIS 特征的一个链接。

模型场景 在供水系统规划中，建模工作人员最经常处理“what-if”场景分析，而不是竣工或者服务状况分析。这些情况可能包括将来的需水量、拟建的管线和系统设施，或者设施故障的应急响应规划。

GIS 可以用来将多种“what-if”情况和供水系统设施的状态综合起来。例如，一根给定的管线要经过许多阶段：

（1）模型中的一根拟建管线；

（2）在规划研究或者预算中建议的一根管线；

（3）处于设计、投标，然后建造阶段的一根管线；

（4）尚未测试或服务运行的一根已安装管线；

（5）已经开始运行服务的一根管线。

理想情况下，企业级 GIS 将设计为管理这根管线的整个生存期，因为许多用户需要看到所规划的管线和其他的 GIS 数据。在自来水公司中大量的活动围绕在所规划或者拟建的管线展开。在所规划或者拟建的管线上的数据共享是跨部门 GIS 需求很高的一个方面。然而，关于建模的论文（如 Deagle 和 Ancel，2002）通常只是讲述模型如何使用 GIS，但是很少讲述在 GIS 中纳入模型信息。这种情况也有例外，如 Indianapolis 自来水公司（schatzlein 和 dieterlein，2002）所提议项目的 GIS 部分有一个单独的部分讨论这个问题。

时间序列数据。 水力模型和水质模型是动态的，这意味着其可以用来预测供水系统在一个时段上的响应。建模工作人员需要以一个有效的方法可视化地分析这个时间序列数据。虽然一个企业级 GIS 可以用于处理时间序列数据，但是其通常缺乏有效的处理时间序列数据的工具，这是因为 GIS 特征的大部分属性只包含一个单一值（如节点高程）。有了时间序列数据，对于数十个场景方案的每个水力参数具有 48h 的数据并非罕见。可以安装建模软件处理这些大量的数值，但是企业级 GIS 通常不是最好的存储这类数值的数据库。

所有权 在一个企业级 GIS 中，绝大多数的数据通常不属于水力建模工作人员，而且这些数据的改变通常超出建模工作人员的直接控制范围。缺乏这种控制权会出现一些问题。首先，该企业的GIS常常会有一些数据不准确或者缺失，这从维护管理或者资产管理的角度看是微不足道的，但是从水力建模者的观点看是非常重要的。该GIS的所有者可能无法做到水力建模者所要求的那么快地校正这些数据，建模者就要直接在建模GIS图层上作出这些数据较正。一个相反的但是同样的问题是，水力建模者通常不希望GIS的改变很快就反映在模型中。例如，当校准消防栓流量试验数据时，重要的是该模型反映在测试时间点上的即时情况。GIS所有者可能更新了近期的供水干管设施，而这可能会对该模型结果产生重大影响。这个底线是建模者需要对模型所用数据加以控制。

案例研究：田纳西州Germantown市

Germantown市创建了GIS以便获得其供水管网资产的完整和准确的数字地图。城市还希望使用GIS创建一个简化的供水管网来适合水力建模。Germantown对GIS开发的研究是要开发单一应用的基础GIS—建模—进而提高，在GIS上再构建起它的应用。

过去，Germantown在1in＝500ft比例尺纸质的地图上维护它的供水系统数据。城市使用数字正色摄影去编译平面数据，因此能够创建特别精确的GIS，并且能够用作水力模型的基础。根据正色摄影和平面图影射得到阀门和消火栓位置，以1in＝500ft比例尺地图作为基础，连接供水管道。结果是得到高精度的GIS数据集，立即可以用于建模应用、资产分析、地图维护，并在将来构建附加的应用。

GIS工具被用于提取水力模型的简化供水管网。简化模型包括大于6 in的管道和所有其他形成关键环路的管线。

使用附加的标准以便完成批量查询和简化管网。例如，因为Germantown市并不需要进行非定向冲刷，查询所有的消火栓支管，并从模型数据集中去除。一旦简化完成，任何被省略的临界超越管道都会被重新添加回简化后的管网中。

GIS被用来将从城市的收费数据库和储存在街区质心的用户需水量信息赋值到模型的节点。任一个收费数据地址都与街区质心的地址相关联，接着对需水量进行累加并被赋值到模型节点。这个过程将产生非常精确的需水量分配，没有GIS是不可能的。高程数据也是从Germantown市的数字高程模型中提取并被自动赋值到模型节点。于是进行模型率定和运行以便确定系统是否能满足当前的需要以及将来需要进行的投资改进。

基于成功的GIS，Germantown市现在正在考虑GIS功能扩展，如在线街区应用功能的信息集成系统和管理城市竣工图纸的文档管理系统

12.4 GIS分析和可视化

本节说明了GIS在水力模型应用流程中可能会为自来水公司提供支持的方法，包括从模型开发到资金规划、决策支持和运行支持。重要的是要注意到相当数量的规划和数据转换可能会要求开发相应的数据集，以使GIS能够执行所有这些操作。12.3小节包括了GIS开发以支持自来水公司专注于水力模型各方面的事情。

使用属性数据创建专题地图

一个典型而且十分简单的GIS应用是基于基本属性（属性是一个数据集中已经采集

的并与每个特征相关的数据）改变数据集中特征的显示外观。如图 12.14 所示，该种能力说明了将要导入到模型中的 GIS 数据的一个明显错误，其中一根 6in 的管线（150mm）处于所有都是 8in（200mm）的新管线中间。在该图中，4in（100mm）和更小管径管线是用虚线表示，6in（150mm）管线用细线表示，而 8in（200mm）和更大的管线用粗线表示。用这种方法，GIS 可以作为模型建立之前与供水系统管线相关的各种数据（如管线长度、C 值、直径等）的一个很好的质量控制工具。同样，专题地图可以用来显示哪些顾客推迟付款或者用来区分不同类型的水质投诉（或者用来显示任何数据集中的任何基本属性）。

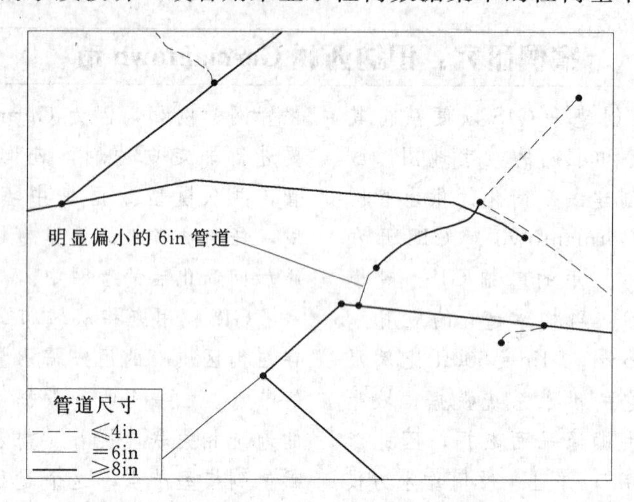

图 12.14　基本主题地图——在粗管道中间的细管道表明 GIS 中的管径错误

注意： 大多数的供水管网模型软件可以执行基本的专题图，但是在 GIS 环境中可以得到更多的能够区分独特属性值的设置。

属性数据可以用于质量控制的各种基本专题图或者根据基本属性范围进行颜色编码的地图制作。例如，高程低于 500ft 的配水节点可以用深蓝色颜色标记、501～600ft 的用浅蓝色标记、601～700ft 的用绿色标记等。这些类型的专题地图也可以有效地进行质量控制和调试运行业务。

将模型结果与管理人员、规范制定人员、媒体和一般大众沟通往往是困难的。一个好的地图比长时间的口头解释或者文字更能清晰地传递信息。一些出版物，例如，ESRI 的地图丛书包括数以百计的使用 GIS 绘制的地图（ESRI，series）。

专题地图的一些范例包括：

- 颜色编码的压力区域与模型叠置以显示哪些未开发的地块属于哪些压力区域；
- 说明在拟议的改进建设前后消防流量不足的地区范围；
- 结合流行病学数据显示在该系统中某种污染物的浓度，以协助将疾病与水质相关联；
- 显示某个管网系统三维水力坡度线视图。

多数 GIS 软件包可以在制作无数效果的基本专题制图框架内提供许多可选项操作。

使用特征的空间匹配来设定新的数据

GIS 软件可以分析不同图层特征以确定其匹配特性。采用这种方法，可以从一个系列特征得到的数据转换到第二个系列的特征中。在水力模型建立中的一个典型范例是模型节点图层与包括高程数据的某个图层叠置。这一过程更完整地介绍是在12.3小节中，但本质上，在每个节点处几何点的相关高程基于这种空间的匹配将赋值给该节点的一个属性（即该节点的高程属性）。在这种情况下，高程图层范围之外的节点则没有高程数据赋值。这种类型分析的其他范例包括：

- 将供水管网模型节点叠置在水表路径之上，以给每个节点分配水表路径号；
- 将供水管网模型的管线和节点叠置在压力区域边界之上，以将该区域编号加入到每个模型特征，创建特定区域的模型（见图12.15）；
- 将一个土地用途地图叠置在一个节点服务区域地图之上，以确定每个节点服务区域的土地用途

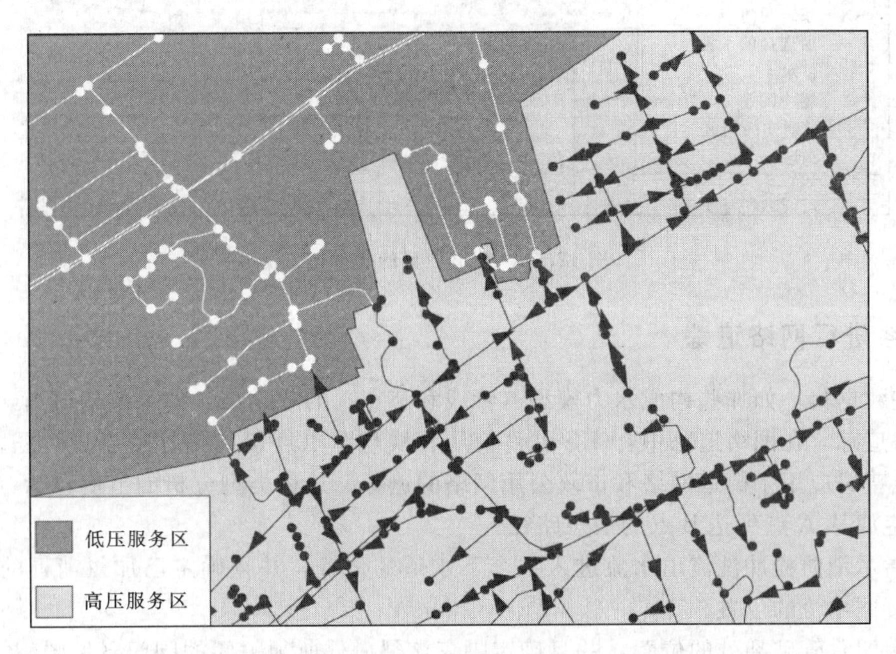

图12.15　详细区域模型

在特征之间使用空间关系以选定某种单元和赋值新的数据

除了使用特征匹配赋值新的数据之外，许多GIS软件包可以基于特征和其他特征的邻近性选择或者隔离该特征。典型的范例包括在另一个数据集中查找最接近的特征和查找在一个选定特征的确定距离之内的所有特征。这种类型分析的范例包括：

- 查找某个地块中距形心最近的供水管网节点，这样该地块计量的需水量可能分配给该节点。
- 找到一系列配水管线300ft（91m）距离内的所有地块，这样可以通知该地区的业主将在10—11月开展某个建设工程。在图12.16中，选择该图中心的黑色管线，然后做一个300ft（91m）的缓冲区以选择通知的地块区域。

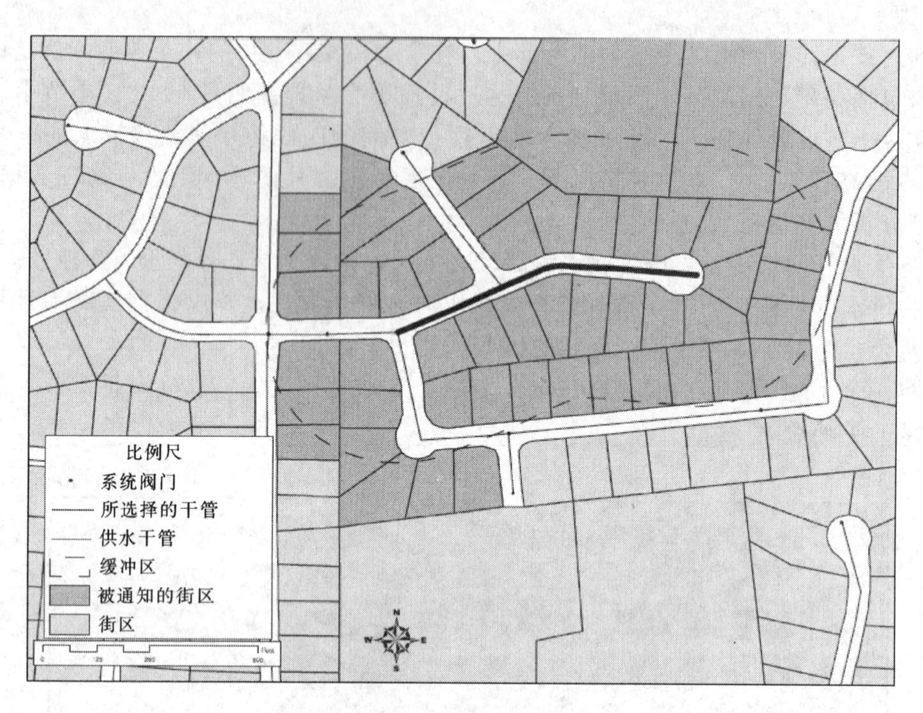

图 12.16 管道项目的缓冲区

使用关系进行网络追踪

一些数据集，如那些构成水力模型（管线和节点）的数据集，如果架构得当，就可以进行网络追踪。在网络追踪中，GIS 软件使用管线与节点连接的拓扑信息进行系统追踪。这些功能普遍应用于街道网络和市政公用网络的追踪。这种类型分析的范例包括：

- 生成从 A 点到达 B 点的最短路径。
- 指示消防栓冲洗流出水流进入某个下水道的位置，并且确定已加氯消毒的水进入管网水流的位置。
- 标明水管破裂处的位置，并且确定隔离该裂口处所须关闭的阀门（见图 12.17 ）。
- 管网追踪以确定与管网不连接的管段，这可能是由于不准确的数据或者是无意中关闭阀门造成的。这种分析在 GIS 和模型输入数据质量控制方面是很有帮助的。

使用 GIS 综合功能执行复杂分析

GIS 可以执行分析中的许多高级类型，前面几节所列的范例表明一些最常见功能可以通过大多数的商业 GIS 软件包获得，并且很容易掌握。这些简单功能也可以组合起来，从而形成执行更复杂分析的序列。相关供水行业的实例如下。

- 开发或优化压力区域边界。首先，将在每个压力区域内的静态水力坡度线多边形地图覆盖在高程模型之上，以便计算整个服务区域的理论静压力。然后，对产生的压力值进行颜色编码，并且与管线和阀门位置一起显示，以显示哪些区域边界可能需要调整以优化服务，并且确定未开发区域如何并入到这些压力区域（见图 12.18)。

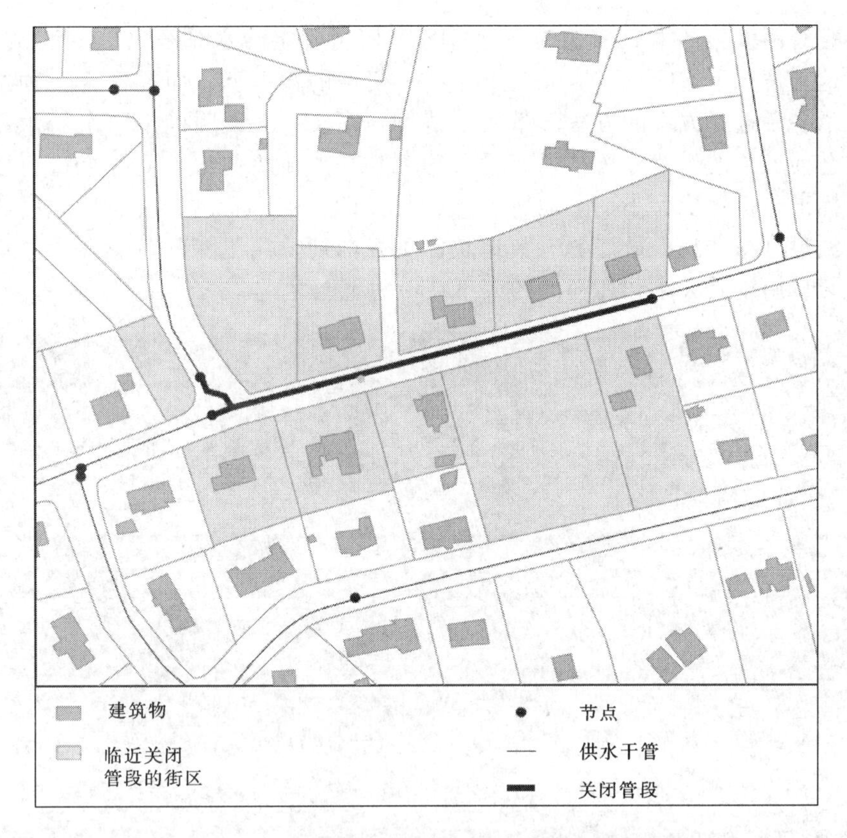

图 12.17　使用追踪分析模拟干管爆裂的隔离区域

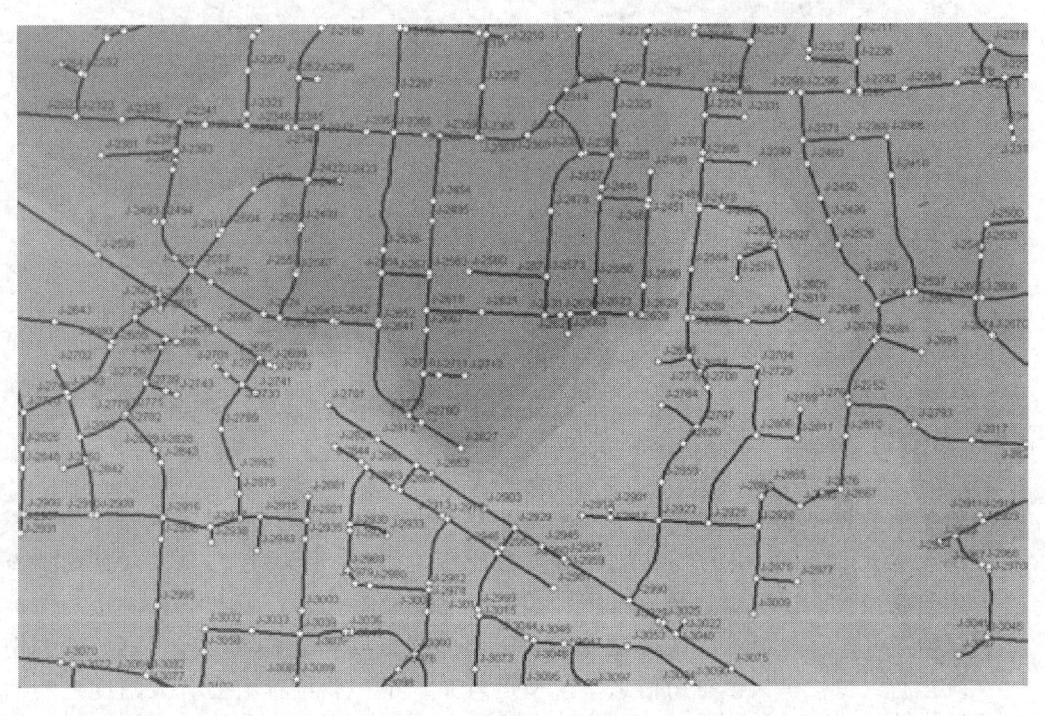

图 12.18　压力区域拓扑地图（深颜色表示相对较高的压力区）

- 确定管网设施的潜在安装位置。GIS可用于确定给水系统设施安装的良好位置。在这种情况下，GIS不是用来作为一个模型的数据源，而是作为一种给决策人员展示各种选择方案的方法。举一个范例，图12.19说明确定一个新水箱最好位置排名前五位的一个分析结果。对大约13000个地块使用不同标准进行了排序，衡量标准包括地块大小、土地所有权、与大的供水干管的距离、地块高程。结果分值经过过滤选择出最好的五个地块。更好的地块用更深的色彩表示。用白色显示的区域由于其大小和高程的约束不在考虑范围之内。

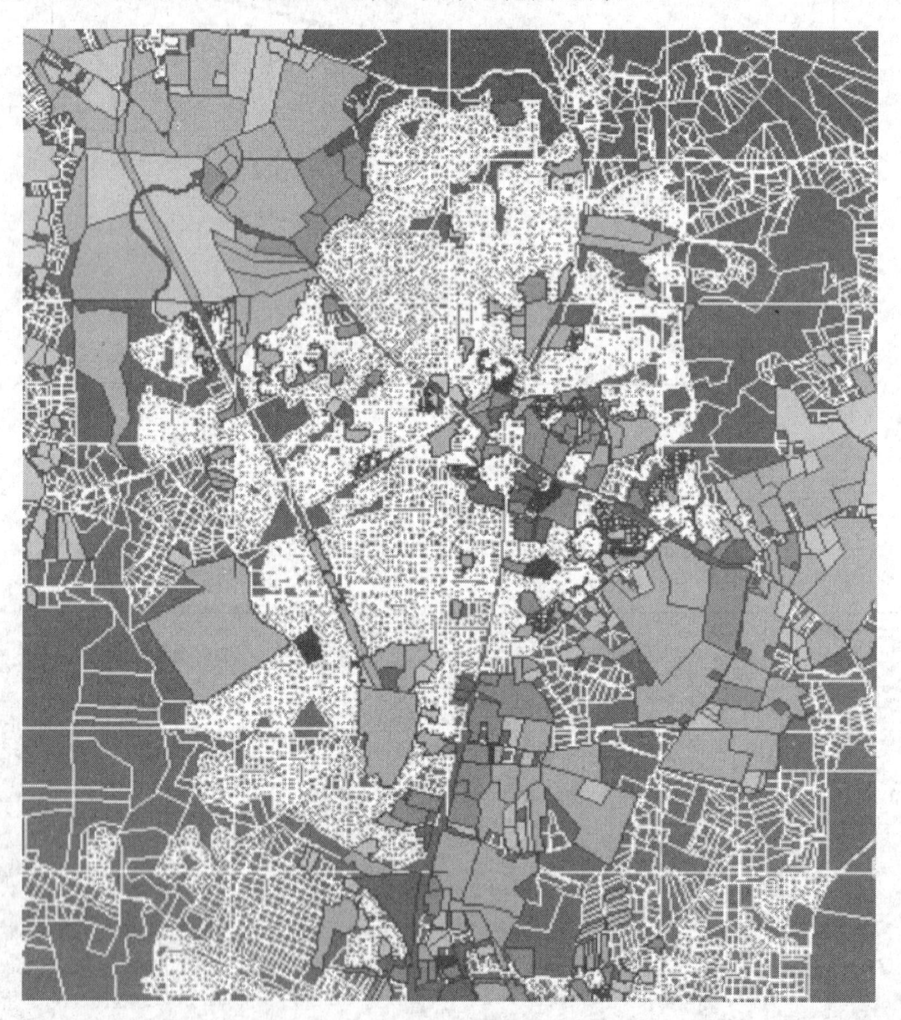

图12.19　为新水箱确定最佳场地位置

- 确定监测设备的可能位置。Walski（2002）描述的另一个范例显示了如何将模型结果导入到GIS，并且与其他数据结合使用，如财产所有权和自来水公司拥有的建筑物位置，以确定水质或者压力监测设备的良好位置。例如，在一个压力或者氯浓度几乎总是恒定的区域设置一个压力监测点或者余氯浓度传感器，不会向系统运行人员提供大量有用信息。模型运行系统中一些位置上会有大幅度波动的压力或者氯浓度数据。这些位置可以使用颜色编码在 GIS 中显示，并且可以与其他图层叠加，以显示监测地点多种方面的合理性，如自来水公司土地所有权、供电位置以及泵站和阀门井位置。

12.5 GIS 和水力模型的未来发展

GIS 软件和水力模型都接受由国际标准化组织（ISO）、开放 GIS 协会（OGC）和其他组织颁布的开放计算标准。这些标准使曾经独立的模型和 GIS 可以共享数据库和对象，使用户能降低使用过时的或不准确信息的风险，能够迅速地做出更明智的决定。

用户可以期待在未来数年内系统之间的更紧密集成，这是因为厂商开始将面向对象技术和面向对象的编程方法引入到其产品中。最终，这一技术将使模型和 GIS 彼此越来越近，以至于在某些应用中难以区分。

参考文献

Anderson，J. L.，Lowry，M. V.，and Thomte，J. C.（2001）．"Hydraulic and Water Quality Modeling of Distribution Systems：What are the Trends in the US and Canada." *AWWA Annual Conference*，Washington，DC.

Basford，C.，and Sevier，C.（1995）．"Automating Maintenance of Hydraulic Network Model Demand Database Using GIS and Customer Billing Records." *AWWA Computer Conference*，Norfolk，Virginia.

Buyens，D. J.，Bizier，P. A.，and Combee，C. W.（1996）．"Using a Geographical Information System to Determine Water Distribution Model Demands." *AWWA Annual Conference*，Toronto，Ontario，Canada.

Davis，A. L.，and Braun，R. C.（2000）．"General Purpose Demand Allocator（DALLOC）." *EWRI Conference*，ASCE，Minneapolis，Minnesota.

Deagle，G.，and Ancel，S.（2002）．"Development and Maintenance of Hydraulic Models." *AWWA IMTech*，Kansas City，Missouri.

ESRI.（2001）．*Dictionary of GIS Terminology*. ESRI Press，Redlands，California.

ESRI（series）．*ESRI Map Book：Applications of Geographic Information Systems*. ESRI Press，Redlands，California.

Miller，D.（1999）．"DEM-Based Terrain Modeling with Arc. View 3-D Analyst." *ARC User*，ESRI，July-September，16.

Orne，W.，Hammond，R.，and Cattran，S.（2001）．"Building Better Water Models." *Public Works*，October.

Price，M.（1999）．"Converting and Using SDTS Digital Elevation Models." *Arc User*. ESRI，July-September，10.

Przybyla，J.（2002）．"What Stops Folks Cold from Pursuing GIS." *Public Works*，April.

Schatzlein，M.，and Dieterlein，J.（2002）．"Finding Needles in a Haystack：IWC's Experience Optimizing Integration with Hydraulic Models." *AWWA IMTech*，Kansas City，Missouri.

Shamsi，U. M.（2001）．"GIS and Modeling Integration." *CE News*，13（6）.

Walski，T. M.（2002）．"Identifying Monitoring Locations in a Water Distribution System." *AWWA IMTech*，Kansas City，Missouri.

Walski, T. M., Toothill, B., Skronski, D., Thomas, D., and Lowry, S. G. (2001). "Using Digital Elevation Models." *Current Methods*, Haestad Press, 91.
Zeiler, M. (1999). *Modeling Our World*. ESRI Press, Redlands, California.

讨论话题与习题

学习本章并完成全部习题。将你的成果提交给 Haestad Methods，就能获得 11.0 继续教育学分。参见继续教育单元或登录网站 www. haestad. com/awdm-ceus/，可以获得更多信息。

12.1 用左边 GIS 术语匹配右边的定义。

(1) ________多边形区域	(a) 有一系列坐标表示属性的数据结构；
(2) ________ TIN	(b) 封闭的二维图；
(3) ________栅格	(c) 赋值 $x-y$ 坐标定位，诸如地址的位置；
(4) ________ DEM	(d) 由相邻不相互覆盖的三角形组成的数据结构；
(5) ________矢量	(e) 笛卡尔坐标地球表面的属性类型；
(6) ________解析范例	(f) 赋值优秀属性值连续尺寸单元；
(7) ________地理编码	(g) 由周围点产生的区域；
(8) ________ UTM	(h) 用于存储高程数据的文件；
(9) ________泰森	(i) 使用 GIS 作为存储空间存储映射数据。

12.2 考虑一个小型的已知流量的压力区。根据每一个节点的面积将需水量赋值到节点上。生成一系列泰森多边形，它们的面积列于下表。所给出的远期平均需水量为 85gal/min 并且峰值需水量为 215gal/min，由基于 GIS 的工具计算每一个节点的平均和高峰需水量。

平均和峰值需水量

节点编号	面积/acre	平均需水量/(gal/min)	高峰需水量/(gal/min)
J—151	15		
J—152	25		
J—153	23		
J—154	41		
J—155	12		
J—156	15		
J—157	11		

什么时候期望用水量正比于节点的服务区域是合乎逻辑的?

12.3 使用 3 点基于二维不规则三角形的 GIS 插补高程。在下面的简单问题中，根据所给出的 $x1$ 和 $x2$ 点高程插补 x 点高程。

根据点取出高程数据是基于这些点足够接近的假设，如插补给出精确结果。若两个点

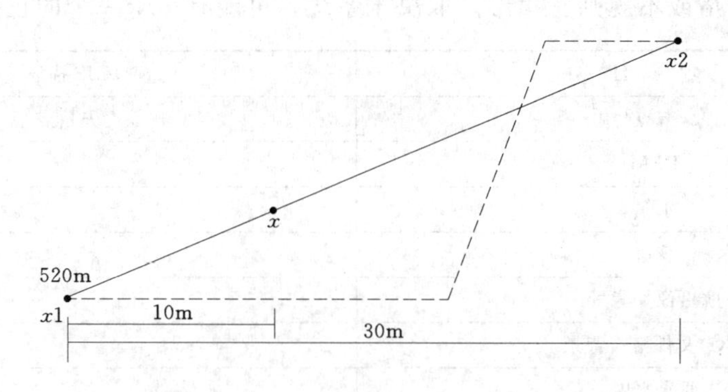

之间有陡峭的阶梯，如灰色虚线所示，x 点的高程会是多少？

12.4　根据用户水表采用最近节点方法，所给节点赋值的需水量为 16gal/min。如果未计量水量是 20%，节点需水量应该是多少？

12.5　所给土地用途的需水量计入下表。

土地用途	单位需水量/[L/(d·hm²)]
单层建筑住宅	1400
多层建筑住宅	1800
商业区	1200
轻工业	2500
开放空间	100

每个节点的土地用途

节点编号		土地用途	土地使用率/%
J—201	5	S单层建筑住宅	100
J—202	8	商业区	100
J—203	12	单层建筑住宅	65
		商业区	20
		轻工业	15
J—204	15	单层建筑住宅	40
		多层建筑住宅	60
J—205	9	轻工业	75
		开放空间	25

（1）确定每一个节点的需水量（L/s）。

（2）为了在 GIS 中完成上面的计算，需要有 2 个不同的区域层。如何描述它们？

12.6　在构建供水系统建模的 GIS 时，下面的术语中那些是矢量（并且指出它们是点、线或面)、栅格或不规则三角形。取决于系统，可能有多于一个的正确答案。

项　　目	GIS 描述
节点	矢量点
DEM	
水箱	
管道	
航摄像片背景	
DXF 文件格式背景	
原水水库	
水泵	
节点服务区域	

第 13 章

瞬变流动

水力瞬变是指在一个水力系统中发生的从起始恒定流状态到目标恒定流状态的流量与压力变化的水力过渡过程。当流量控制构件状态变化引发流速迅速变化时（例如，一个阀门关闭或水泵停车），这种变化以压力波的形式传递到系统中的各个部分。如果压力波的波幅太大而又没有设置适当的瞬变控制设施，则瞬变可能造成系统水力构件破坏。

本章介绍瞬变流相关的基本概念，讨论多种控制水力瞬变的方法，并提出系统设计中瞬变分析时应予以考虑的方面。那些直接与引发和控制水力瞬变相关的系统设备及装置的规格应予以特别关注。

瞬变分析的主要目的是确定可能由于流量控制操作而引发的瞬变水压值，并将其应用于建立系统设备与装置（如控制设备和管壁厚度）的设计标准，这样可以使管网系统达到某一可容许的安全标准，防止管道因为负压而压扁或因压力过高而崩裂。由于描述瞬变流所需方程组的复杂性，可引入数值计算模型用于分析水力瞬变流动。有效的数值模型可帮助水力工程人员分析系统可能的瞬变事件，确认并评估控制水力瞬变的各个选项方案，因而保护水力系统的安全性。

13.1 瞬变流动介绍

系统流动控制是供水系统日常管理运行的一部分，包括如下操作：阀门的开启与关闭、水泵的启动与停车、由于消防而引发的突发用水。这些动作都可引发水力瞬变现象，尤其是操作动作过于迅速。为了使因水力瞬变而引发的系统损害或故障风险最小化，水力系统所有方面适当的设计及运行操作是必要的。

当一个流动控制操作执行时，现有的恒定流动状态发生改变。系统的初始流动各个状态值，表征为沿管道位置（x）的流速（v）与水压（p），随时间（t）不断变化，直到在新的恒定条件下达到终态恒定流动。

这种发生在初始态与终态恒定流动的时间间隔 T_T 内的物理现象就是所谓的水力瞬变。通常，将由于水流流速较慢变化引发的瞬变称为涌波，而将由于水流流速的快速变化引发的瞬变称为水锤事件。

一个水力瞬变的估计包括确定由于在时间间隔 T_M 内流量控制动作操作产生的在时间间隔 T_T 内的函数值 $V(x, t)$ 与 $p(x, t)$，而所传输流体的其他物理属性（如温度和密度）值的变化则假定忽略。

水力瞬变的扩展演化可如图 13.1 所示，用系统中各个空间点的状态表示。在该图中，压力 p 表示为时间 t 的函数，表现因流量控制阀操作而引发的压力波动。必须指出：该图只是表示所关闭的阀门上游固定点 x 处的瞬变过程。图中，p_1 表示瞬变事件起始时刻的初始水压，p_2 表示该事件终止时刻的终态水压，p_{min} 表示最小瞬变水压，p_{max} 表示最大瞬变水压。

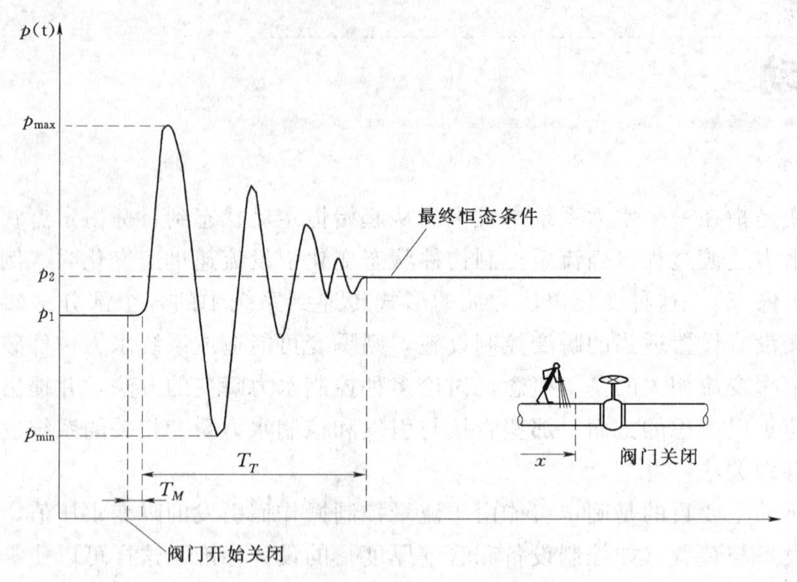

图 13.1　系统 x 位置处的水力瞬变

瞬变影响

波是通过某种媒介从一点到另一点传输能量以及动量的一种扰动，而在这两点之间并没有明显的质的传输。例如，一艘正划过湖面的小船产生的波会影响远处的另一艘小船，但是，水体并未直接从该运动的小船传输到另一艘小船。从图 13.1 可以看到，受系统管道及其他设施影响的瞬变压力波在压力峰值与压力谷值之间震荡。这种压力峰谷变化以及相关现象对于水力系统会产生许多不利的影响。

如果瞬变压力过高，可能超过管道的压力容限，导致管道或接口破裂，弯管弯头移动，产生故障，而负压过大可能导致管道压扁或地下水被吸入系统。在一个正缓慢关闭的止回阀下游端发生的低压瞬变可能会导致该阀门快速、剧烈关闭，这种阀门两端低压力波动可能导致高冲击应力作用于管道。例如，断面口径为 16in（或 400mm）的阀门，其两端压力差为 10lb/in^2（或 69kPa）可导致超过 2000lb（或 8900N）的应力。这种情况在泵站前置压力水箱系统中较为常见，但也可能是由与泵站类似的高位水箱引发。

某些流量控制操作最初会使压力升高，当波反射时，压力又产生大的降落。这些压力降落的幅值如果不进行适当的瞬变分析则难以预估。如果有负压产生，对于某些管材、管径、管壁厚度的管道，其被压扁的风险增大。虽然整个管道可能没有被压扁，但是负压可能破坏一些管道内壁，将其内壁衬层剥落。

即使管道没有被压扁，如果管道压力降低到液体的蒸汽压，由于流入与流出某一断面的流体流量差可能引发液柱分离（突然的蒸汽气穴），会产生两种不同类型的气穴。溶汽气穴由包括溶于水体的二氧化碳、氧气等溶汽溢出水体产生，蒸汽气穴是水体自身汽化产生。当溶汽气穴产生时，在管道中形成小气泡，由于这些小气泡要缓慢溶入水体，若气泡量很大，则有助于减缓瞬态变化。

若是产生蒸汽气穴，蒸汽气泡形成，当管道压力升高时由于该区域流入流量大于流离流量，气泡溃灭。蒸汽气泡溃灭时，若水柱快速重新汇合，可能会产生惊人的瞬变高压，使管道破裂，蒸汽气穴也可能造成管道扭曲，损害管道内衬。气穴必须通过在系统中安设适当的防护设施加以避免，具体说明可见本章13.6小节中“防护设施”。

当压力波动十分迅速，也就是产生所谓的水锤，突然的变化可能会造成管道或管道配件（弯头或弯管）移动，造成漏口或管道破裂。实际上，气穴发生时通常伴随着水锤的消能现象，正如其名，发出的声响就如有人用重锤敲击管道。

瞬变评估总论

对于典型的供水系统的铺设，即使流速很低也必须进行瞬变分析。系统环状连接和服务连接可能增大瞬变影响，需要仔细研究。对于大型、重要管道，特别是那些有泵站的管网系统需要进行瞬变分析。完整的瞬变分析方案应该与系统其他的设计方案一起在工程初始设计阶段得以执行。在设计时当然应考虑常规流量控制动作和预计的紧急状态控制动作，然而，系统在实际运行中可能发生非常态流量控制动作，因此考虑所有影响系统完整性的因素是十分重要的。

估计一个系统潜在的瞬变影响包括确定系统各个剖分点的水头值（H_{max}和H_{min}）。这些水头值所对应的瞬变压力波的最小压力、最大压力就是图13.1所示的p_{max}和p_{min}。计算出系统各剖分点水头值可让工程师绘出因瞬变引发的最低与最高水力坡度线图，如果沿管道的高程已知，则管道剖面线可与水力坡度线一同绘出，用于检查整个系统可能的压力范围。

图13.2表示一个泵动力系统，该系统由于意外或紧急状态，水泵停车。图13.2是以水

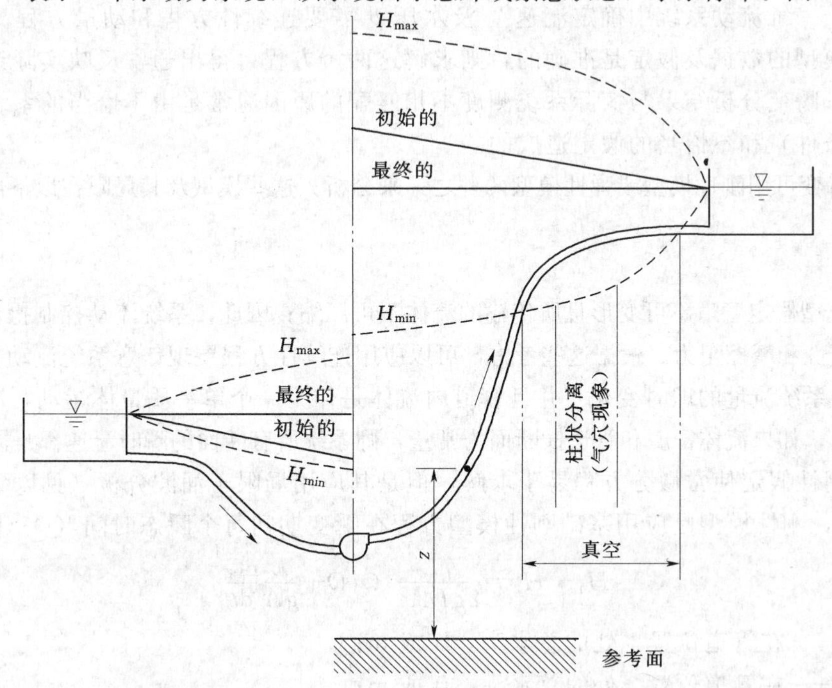

图13.2　水泵突发停车时各特征水力坡度线

力坡度线形式显示的沿管道各剖分点极值通过抽取所述各点相应的水头—时间数据绘出。

H_{min}和 H_{max}的水力坡度线定义了水压或水头的包络线，可用于系统设计。如果 H_{min}水力坡度线急剧降落，即如图 13.2 所示部分管道低于所铺设管道的高程，工程师必须注意管道的真空条件，该情况可能导致水柱分离以致管道被压扁。管道故障也可能是因为管道的瞬变水压超过管道的压力容限。计算管道上各点瞬变的最大（或最小）水压可以通过将所对应各点最大（或最小）水头值（即 H_{max}或 H_{min}）减去相应的各点高程，并将所得水压值的单位转换为适当的水压单位而得到。

在供水系统中有必要采用特定程序进行瞬变分析。本书中所论述的延时模拟没有考虑系统中水流的惯量，因此不能检测或分析水力瞬变，只能模拟和分析那些流速与水压变化缓慢的水力系统，其惯性力较小。如果一个系统流速与水压在短时间内发生巨大变化，则需进行瞬变分析。

13.2 瞬变流动的物理机制

在一个水力系统中，当一个流量控制设备快速动作时，所传输流体的加速度使流体惯量改变，从而发生瞬变现象。这种流体瞬变可以应用数学方法，根据系统流量控制操作确定的某种初值条件和边界条件，通过求解已给定高程数据系统的流速［$V(x, t)$］及水压［$p(x, t)$］方程对水力瞬变进行分析。换言之，其主要目的就是求解问题的两个未知量，即流速 V 和水压 p 对于独立变量位置 x 和时间 t 的变化。当然，也可求解流量 Q 和水压 H 的方程。

在一个一维流动系统中确定流速 V 及水压 p 需要连续性方程和动量方程。如果用于建立数学模型的数据及假定是准确的，则求解这两个方程可得出通常反映实际系统测度的理论结果。瞬变分析结果与实际系统测度不相匹配的原因通常是由不恰当的系统数据（特别是边界条件）和不恰当的假定造成的。

水力瞬变可用刚性模型或弹性模型两种之一来分析。这些模型及其局限在以下部分讨论。

刚性模型

刚性模型假定管道不可变形且所传输的流体不可压缩；因此，系统流动控制操作只影响瞬变流动的惯性和摩擦阻力。根据这些考虑，可以应用连续性方程展现任意系统流动控制操作所引发的整个系统流量的即时变化，并且管道内流体是作为一个单一质量体运动，产生质量震荡。实际上，如果流体密度和管道横断面为常量，则系统所有断面的瞬时流速都是同一值。

这些刚性假定使常微分方程易于求解，但是其应用局限于涌波分析（见以下关于局限性的说明），刚性模型是应用基础刚性模型方程在瞬变期间每个瞬态时间（t）建立：

$$H_1 - H_2 = \frac{fL}{2gDA^2}|Q|Q + \frac{L}{gA}\frac{\mathrm{d}Q}{\mathrm{d}t} \tag{13.1}$$

式中 H_1——在管道位置 1 处的总水头，ft 或 m；

H_2——在管道位置 2 处的总水头，ft 或 m；

f——达西-魏斯巴赫阻力系数；

L——位置 1 和位置 2 之间的管道长度，ft 或 m；

g——重力加速度，ft/s^2 或 m/s^2；

D——管径，ft 或 m；

A——面积，ft^2 或 m^2；

Q——流量，ft^3/s 或 m^3/s；

dQ/dt——流量对时间 t 的变化率。

如果是恒定流动条件，也就是如果 $dQ/dt=0$，那么方程（13.1）可简化为计算管道长度水头损失的达西-魏斯巴赫公式。但是，如果由于流动控制操作导致非恒定流动，那么必须确定三个未知量，即 $H_1(t)$（上游水头）、$H_2(t)$（下游水头）、$Q(t)$（管道即时流量）。为确定这些未知量，工程师必须知道管道两端的边界条件。

应用基本的刚性模型方程，可以确定管道即时水力坡度线。即时水力坡度线的斜率表示管道两端的水力梯度，也就是用于克服管道内摩擦损失及惯性力所需的水头。对于由于阀门关闭而引起的流量变小（$dQ/dt<0$）的情况，其水力坡度值变小。如果阀门打开，水力坡度值变大，管道中可能有真空条件发生。

局限性　刚性模型在水力瞬变分析中仅有有限的应用，因为结果方程不能正确解释流动控制操作所引发的压力波传播的物理现象，并且它不适用于流量的快速变化分析。根据刚性模型，水力坡度变化直接与流量变化成比例。根据该模型，如果由于流动控制操作而引发瞬态流量变化（即使很小）发生，结果水头会马上改变。因此，在分析系统快速变化时，刚性模型结果与实际情况不符。

可以应用刚性模型分析的流动状态缓慢改变的瞬变现象称为涌波。对于涌波来说，水头变化缓慢而且相对量值较小，可以认为流体密度变化及管道的弹性变形可以忽略。

弹性模型

弹性模型假定流体的动量改变造成管道变形和流体压缩。由于流体并非绝对不可压缩，因此其密度可发生改变。基于这些模型假设，一个波的传播现象则可发生。波将形成一个由管壁和流体的弹性所确定的有限波速。

液体的弹性　介质的特点在于其受到外力作用而产生变形。如果介质是液体，这个力就是压力。弹性系数（又称弹性模量）描述了力和变形之间的关系，是介质的一种物理性质。

因此，如果一个给定体积（V）的确定的流体质量团对于一个静态的压力增量，将会发生相应的流体体积变小。其原因（压力增大）与结果（体积变小）之间的关系可以用流体的体积弹性模量表述，如方程（13.2）所示：

$$E_v=-\frac{dp}{dV/V}=\frac{dp}{(d\rho)/\rho} \tag{13.2}$$

式中　E_v——流体弹性模量，M/LT^2；

dp——静压升高，M/LT^2；

dV/V——流体体积变化率；

$d\rho/\rho$——流体密度变化率。

根据流体弹性模量与密度的关系可以得出特征波速，如方程（13.3）所示：

$$a=\sqrt{\frac{E_v}{\rho}}=\sqrt{\frac{dp}{d\rho}} \tag{13.3}$$

式中　a——流体的特征速度，L/T。

特征速度（a）是一个扰动在一种流体中的传播速度。其在水中的传播速度大致为4716ft/s（1438m/s），而在空气中大致为1115ft/s（340m/s）。若在含百分之一体积空气的水中，由于水-气混合，弹性降低，其值大致为410ft/s（125m/s）。接下来的部分解释特征波速的物理意义及波速值随其传输所在介质的性质而大幅变化的原因。

【例 13.1】 计算流体的弹性模量。

假定在环境温度下密度为1.94slugs/ft^3（1000kg/m^3）的0.26gal（1L）水所受压力大致为290lb/in^2（20bar）。这种情况下，水体体积大致变小0.055in^3（0.9cm^3）或0.09%。计算水的弹性模量。

应用方程（13.2），弹性模量可计算为

$$E_v=-290\text{lb/in}^2-0.0009=3.2\times105\text{lb/in}^2$$

或

$$E_v=-20\text{bar}/-0.0009=2.2\times104\text{bar}=2.2\times10^9\text{Pa}=2.2\text{GPa}$$

流体中波的传播　在恒定流动分析中，即使是系统中由于摩擦水头损失或位置高差而产生相当大的水压的空间变化，也不考虑流体密度的时间变化和系统管道的变形。恒定流分析假定在管道系统中一个流体微团的移动，系统中其他所有的流体微团也同时移动。也同时假定整个系统中流体密度为常量。

然而，实际上流体微团间存在一定距离，一个流体微团小的扰动要传递到其邻接微团上必须运动经过两个微团之间的距离。这种运动使流体密度产生一个当地微量变化，从而产生一个波传遍整个系统。

分析瞬变波的方法取决于所述方程组选取的参照系。方程组可以以固定观察者、水流速度运动的观察者或波速速度运动的观察者为参照写出相关方程组。

例如，考虑一个在不可变形的管道内，由管道左端系统操作而产生的沿流向的压力差（dp）作用下，以流速（V）流动的流体（见图13.3）。作用于左端流体微团的力以微团作用的形式传递到其邻接的右端微团，从而形成了一个沿流向传播的机械波。在图13.3中，水流以速度V向右流动，观察者和扰动以速度c向右运动［c项表示相对于某一个固定点的波速，等于特征波速（a）加上运动流体的速度（V）］。因此，在运动的观察者之

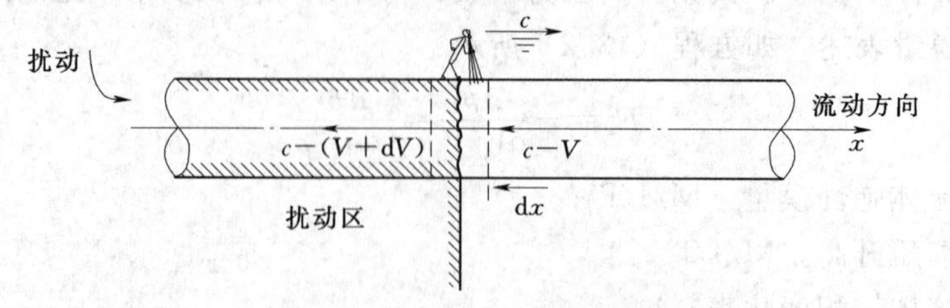

图 13.3　在流体中波的传播，假设观察者以速度 c 运动

前的流体速度相对于观察者的速度是（$c-V$）$=a$。

经过一段时间，波已传播过一段距离，在波后会出现一段扰动影响区域。在波前，初始流动条件未受影响并保留其初始属性。由于流动条件沿管道变化，对于一个固定点观察者而言，管道中的流动属性看来是变化的。对于随控制体以速度 c 一起运动的观察者而言，流体以速度（$c-V$）流入控制体，而以速度［$c-(V+\mathrm{d}V)$］流出控制体，这里 $\mathrm{d}V$ 表示由压力引发流动的绝对速度的扰动。

水锤理论 水锤指的是快速系统流动控制操作产生的瞬变条件。它在液压油缸案例中很有用处，也就是一个水泵为提升小量的水到一个更高位置而用大量的水来临时存储弹性能。更常见的吸引工程师注意的是水锤的潜在破坏作用。

一个波在管道内的流体中传播的概念对于理解水锤现象是必要的。前述的关于流体弹性部分只是表述了在流体中压力波的传播。这些解说可用于描述在一个完全刚性管道内的波速，然而，大多数管道由可变形材料制成，必须考虑弹性因素。

要得出描述水锤现象的方程，需将非恒定动量方程和质量守恒方程应用于一个在无摩擦、水平、弹性管道内的流动。首先，动量方程应用于处于波锋处的控制体，而由下游端阀门动作所引发的扰动紧随该波锋之后。所得出的以下方程适用于波往上游端传播的情况：

$$\Delta p=-\rho a\Delta V \text{ 或 } \Delta H=-\frac{a}{g}\Delta V \tag{13.4}$$

式中 Δp——压强变化量，$\mathrm{lb/in^2}$ 或 Pa；

ρ——流体密度，$\mathrm{slugs/ft^3}$ 或 $\mathrm{kg/m^3}$；

a——流体的特征速度，ft/s 或 m/s；

ΔV——流速的变化，ft/s 或 m/s；

ΔH——水头的变化，ft 或 m。

直观上看，该方程在阀门动作产生正的流速变化则会使压力降落；反之，若阀门关闭（产生负的流速变化），则压力变化为正值。

对于在管道上游端的扰动重复这个步骤，就可得到在下游方向传播的脉冲的一组类似方程：

$$\Delta p=\rho a\Delta V \text{ 或 } \Delta H=\frac{a}{g}\Delta V \tag{13.5}$$

这些方程在没有反射波的管段中是正确的。它将流速脉冲与压力脉冲相关联，两者都是以波速 a 传播。知道管道中波在流体中的传播速度值既是必须的，也是有用的。

假定阀门在时间 $t=0$ 瞬时关闭。在时间间隔 L/a（该时间为波从阀门传递到管道入口处的时间）内，恒定流不断地从管道上游端流入。在该时间段内流入的流体质量用于补充由于管道的弹性而引发的管道扩张及因流体的压缩性而引发的流体密度微量变化所需流体。

以下关于 a 数值方程是由整个管道在 L/a 秒内的质量守恒方程和方程（13.4）相结合导出得到的：

$$a=\sqrt{\frac{\frac{E_v}{\rho}}{1+\frac{E_v \Delta A}{A \Delta p}}} \tag{13.6}$$

式中 E_v——流体弹性模量，lbf/ft^2 或 Pa；

ΔA——管道过水断面面积变化量，ft^2 或 m^2。

对于完全刚性的管道，管道断面面积变化，ΔA 为零，则方程（13.6）可简化为方程（13.3）。对于实际的可变形管道，在压力变化 Δp 的作用下其面积 A 产生变形 ΔA，从而使波速下降。找出一个给定的因压力变化而引发的管道面积变化的固体力学问题解决方法是确定任意管道的波传播速度 a 所必须的。在本章的 Korteweg 方程［方程（13.11）］给出了薄壁弹性管的方程形式。

通过应用方程（13.6）计算管道的波速数值，在没有反射波的情况下，有把握应用方程（13.4）、方程（13.5）计算管道的任一断面。假定 a 大概是 g 的 100 倍，流速 1ft/s（0.3m/s）的变化会产生水头 100ft（30m）的变化。因为当水泵停车或消火栓、阀门关闭时，会使流速产生每秒几英尺或几米的变化，所以在给水系统中可以很容易见到大的瞬变发生。

完整弹性水锤方程 推导瞬变分析的完整方程超出了本书的论述范围，具体相关内容可见其他参考文献，如 Almeida 和 Koelle（1992）和 Wylie 和 Streeter（1993）的文章。水锤方程，即一维非恒定压力流方程如下：

$$\frac{\partial H}{\partial t}+\frac{a^2}{gA}\frac{\partial Q}{\partial x}=0 \tag{13.7}$$

$$\frac{\partial Q}{\partial t}+gA\frac{\partial H}{\partial x}+\frac{fQ|Q|}{2DA}=0 \tag{13.8}$$

瞬变模拟本质上包括求解这些方程在多种多样的边界条件及系统拓扑情况下的解。由于该方程组求不出其解析解，多年来，开发了大量的近似方法。现今，除了最简单的问题外，其余所有问题都用计算机求解。以下部分介绍已经应用的一些方法。

瞬变分析方法历史

已有多种管道中的瞬变流动问题分析方法被提出，包括将动量方程中的非线性摩擦项忽略或线性化的解析法、非线性系统的数值法。这些方法可按如下方法分类：

算术法：该方法忽略摩擦力（Joukowski，1904；Allievi，1903 和 1925）。

图解法：该方法在理论推导中忽略了摩擦，但是想办法通过校正而将摩擦加以考虑（Parmakian，1963）。

特征线法：该方法是处理瞬变的最常用的方法，它把两个偏微分方程（PDEs，连续性方程和运动方程）变换成四个常微分方程，然后应用有限差分技术求解这些常微分方程的数值解（Gray，1953；Streeter 和 Lai，1962；Chaudhry，1987；Elansary、Silva 和 Chaudhry，1994）。

代数法：该方法中代数方程组基本上是波在管道范围内正向和逆向两个方向上的两个特征方程，将时间作为一个整数角标方式写出（Wylie 和 Streeter，1993）。

波面分析法：该方法应用一个波面分析程序跟踪边界上的反射（Wood、Dorsch 和

Lightner，1966）。

隐式法：该方法应用一种有限差分格式来求解瞬变流动问题。应用该方法建立计算公式时，长度增量 Δx 和时间增量 Δt 之间保持某种关系的要求可以放松（Amein 和 Chu，1975）。

线性法：通过线性化摩擦项，对于正弦波振荡型运动，可解出两个偏微分方程（连续性方程和动量方程）的解析解。这些线性分析方法可分为两类：一类是阻抗法，基本上是由一些强迫函数所建立的定常振荡型脉动；另一类是管道系统的自由振动方法，该方法确定系统的自然频率和给出当强迫停止时振动的衰减速率（Wylie 和 Streeter，1993）。

摄动法：应用该方法，可将非线性摩擦项展成一个摄动级数，可给出管道中瞬变速度的显式解析表达。解答以函数的形式给出，适于工程应用，可用于确定流速及水压的关键值及其在管道中的位置和该关键值出现的时间（Basha 和 Kassab，1996）。

“我必须是我！”

13.3　瞬变量级和速度

应用方程（13.4）和方程（13.5），工程师可以计算对于某个给定的流速变化所对应的压力变化量值。这些压力变化可能会非常大。例如，某个管道中波速为 $a=3200$ft/s（980m/s），流速变化为 3.3ft/s（1m/s）（在水泵状态切换时并非罕见），可导致压力上升 330ft（100m）或 143lb/in^2（980kPa）。供水系统中压力达到 60lb/in^2（410kPa），这个量级的一个正压力波就可将压力提升超过该管道爆裂强度，而负压力波则可将压力降到流体的蒸汽压之下。

在确定应用哪个方程来估计瞬变所采用的标准是管道的特征时间。这个属性的重要性将在下面解释。接着，本节介绍了 Joukowsky 方程，它是一个用于预计瞬变幅值的公式。瞬变的幅值取决于前面所介绍的波速。最后讨论刚性和弹性水锤大小计算比较及边界条件和反射方法。

特征时间

由某个流动控制操作所引发的压力波以速度 a 传播，在时间间隔 L/a 内到达管道的另一端，而反射波传回原地也需要同样的时间，总共用时需要 $2L/a$。该量值 $2L/a$ 即为该管道的特征时间。它可用于划分水力瞬变传播的相对速度。

如果某个流动控制操作产生流速变化 $\mathrm{d}V$ 所需的时间间隔（T_M）小于或等于该管道的特征时间，则该操作被认为是“快的”；若所需时间长于特征时间，则该操作被认为“渐变的”或“慢的”。表 13.1 总结了具体分类及相关命名。

表 13.1　基于系统特性时间的流动控制操作分类

运行时间	运行分类
$T_M=0$	瞬变
$T_M\leqslant 2L/a$	快
$T_M>2L/a$	渐进
$T_M\gg 2L/a$	慢

特征时间在瞬变流动分析中是很重要的，因为其揭示了哪种方法适用于在一个给定系统中估计某个特定流动控制操作。只有对于不会引发显著的流体压缩和管道变性的“慢的”流动控制操作引发的涌波瞬变，刚性模型可以给出精确的结果。“瞬时的”、“快的”和“渐变的”变化必须应用弹性模型分析。

Joukowsky 方程

1897 年，Joukowsky 在有阀门和其他保护设施（稳压罐和安全阀）的莫斯科水力系统确定最大流速的实验中准确地预测了最大管道压力和扰动传播时间，并通过以上实验论证了方程（13.4）和方程（13.5）的适用性。注意到有 $\rho g h=p$，方程（13.4）和方程（13.5）可重写为显式的水头变化与流量变化相关关系如下：

$$\mathrm{d}H=\pm\frac{a}{g}\mathrm{d}V=\pm\frac{a}{gA}\mathrm{d}Q=\pm B\mathrm{d}Q \tag{13.9}$$

式中　H——水头，ft 或 m；

a——流体特征速度，ft/s 或 m/s；

g——重力加速度，$\mathrm{ft/s^2}$ 或 $\mathrm{m/s^2}$；

V——流体速度，ft/s 或 m/s；

A——面积，$\mathrm{ft^2}$ 或 $\mathrm{m^2}$；

Q——流量，$\mathrm{ft^3/s}$ 或 $\mathrm{m^3/s}$；

B——特性阻抗，$B=a/gA$，$\mathrm{s/ft^2}$ 或 $\mathrm{s/m^2}$。

特征阻抗因子 B 将水头变化与流量变化联系起来。B 值取决于流体和管道特征并定义其等于 a/gA。如果该流动控制动作是“快的”（也就是控制变化的持续时间小于 $2L/a$），那么，时间间隔可分解为更小的时间间隔，且各个水头变化相累加就可确定总的水头变化：

$$H = \sum dH = \pm B \sum dQ = \pm B \Delta Q \tag{13.10}$$

波速与管道弹性

1848年，Helmholtz指出管道中的波速随管壁的弹性而变化［30年后，Korteweg提出一个与方程（13.11）相类似的方程，使波速作为管壁弹性及流体压缩性的函数用以确定波速］。在进行瞬变分析时，应该应用带有考虑管壁弹性校正的弹性模型公式：

$$a = \sqrt{\frac{\dfrac{E_v}{\rho}}{1 + \dfrac{DE_v}{eE}\psi}} \tag{13.11}$$

式中 a——流体特性波速，ft/s或m/s；

E_v——流体的体积弹性模量，lbf/ft^2 或Pa；

ρ——流体密度，$slugs/ft^3$ 或 kg/m^3；

D——管径，in或mm；

e——管壁厚度，in或mm；

E——杨氏模数，lbf/ft^2 或Pa；

ψ——管线支撑系数。

方程（13.11）对于薄壁（$D/e>40$）管道是正确的。因子 ψ 取决于管道支承特征及泊松比。如果一个管道是整个固定住，没有轴向运动，则 $\psi=1-\mu$，这里 μ 为泊松比。如果该管道全部采用膨胀接头连接，$\psi=1$。如果该管道只在一端支承，且允许承受切向应力与轴向应力，$\psi=5/4-\mu$(ASCE，1975)。对于薄壁管道，虽然有建议用于计算波速的理论方程，但是还需现场实测以验证这些方程。表13.2与表13.3所示为用于计算瞬变分析中波速所需的不同管道材料及不同流体的相关数据。图13.4给出了给定管道弹性及不同管径/壁厚比值的波速计算图。

表13.2 普通管材的物理属性

材　料	杨氏模数		泊松比 μ
	$10^9 lbf/ft^2$	GPa	
钢	4.32	207	0.30
铸铁	1.88	90	0.25
球墨铸铁	3.59	172	0.28
混凝土	0.42～0.63	20～30	0.15
预应力混凝土	0.63～1.25	30～60	0.25
石棉水泥	0.50	24	0.30
PVC（20°）	0.069	3.3	0.45
聚乙烯	0.017	0.8	0.46
聚苯乙烯	0.10	5.0	0.40
玻璃钢	1.04	50.0	0.35
花岗岩（岩石）	1.0	50	0.28

表 13.3　　　　普通管材的物理属性

流　体	温度/℃	体积弹性模量		密　度	
		10^6lbf/ft^2	GPa	slug/ft^3	kg/m^3
淡水	20	45.7	2.19	1.94	998
盐水	15	47.4	2.27	1.99	1025
矿物油	25	31.0～40.0	1.5～1.9	1.67～1.73	860～890
煤油	20	27.0	1.3	1.55	800
甲醇	20	21.0	1.0	1.53	790

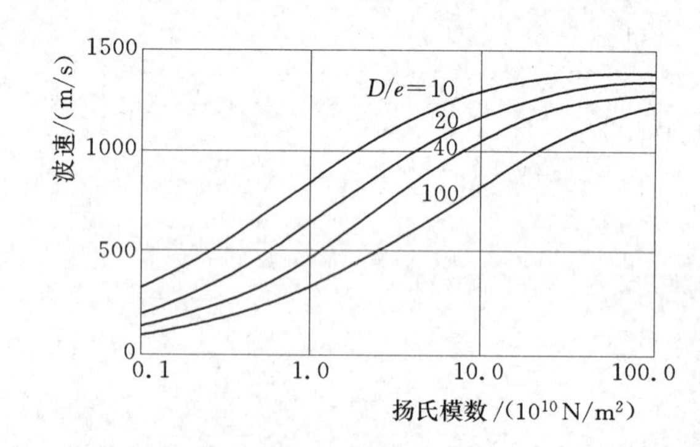

图 13.4　在不同的 D/e 条件下波速与管壁弹性的关系

对于那些存在明显黏弹性效应的管道（例如，类似聚氯乙烯、聚乙烯塑料管），Covas 等（2002）展示了包括蠕动流的管道黏弹性效应，这可影响管道中的波速，如果要求高精度的结果，则必须予以考虑；此外，提出了在连续性方程与动量方程中考虑这些效应的方法。

弹性模型与刚性模型比较

弹性模型与刚性模型相比，只需考虑小摩擦流动条件及利用下述关系确认每个模型的压力变化：

$$\frac{\Delta p_{rigid}}{\Delta p_{elastic}} \propto \frac{L\,\dfrac{\mathrm{d}V}{\mathrm{d}t}}{(a)\mathrm{d}V} \tag{13.12}$$

式中　Δp_{rigid}——所计算刚性模型的压力变化；

$\Delta p_{elastic}$——所计算弹性模型的压力变化；

$\mathrm{d}V/\mathrm{d}t$——流体加速度。

两个模型虽有其相似性，但是弹性模型与刚性模型方程的差别还是相当大的，可通过以下方法比较：在一个管道末端触发一个流动控制操作，在时间 $\mathrm{d}t$ 间隔内引发流速变化 $\mathrm{d}V$，检查所引发的结果。

在弹性模型中，压力变化取决于管道特征时间相对应的流动控制操作执行时间。在刚性模型中，当发生一个快速的流动控制操作时（$\mathrm{d}t\rightarrow 0$），即使是很小的流速变化，所计算的压力变化量也会超过实际情况，并在整个管道上（$\mathrm{d}x\rightarrow L$）压力上升。

当 $\mathrm{d}V\rightarrow 0$ 时，也就是近恒定流状态，或对于某种水压变化缓慢，其量级与管道中的水头损失属同一量级的瞬变流态，两种模型可以得出相近的结果。因此，如前所述，对于缓慢操作变化，其操作时间 T_M 远大于特征时间，可以应用刚性模型。

如果一个流动控制操作产生流速变化 $\mathrm{d}V$ 的时间间隔小于特征时间 $2L/a$（也就是该操作是“快的”），在低摩擦系统中，相应的压力变化实际上是与一个“瞬时的”流动控制操作变化引发的压力变化一致的，该压力变化可用方程（13.4）或方程（13.5）确定。

波的反射与传播

除了了解描述瞬变流的方程组之外，还需了解其边界条件，如水箱、管道盲端及分叉，这些都影响瞬变现象的行为。

水力系统通常是由不同特性（如材料和管径）的管道互联而成。这些管道的管段和连接节点确定了系统的拓扑结构。

当一个波，可定义为一个水头脉冲 ΔH_0，在一个管道中传播，到达某一节点，以一个水头值 ΔH_R 向该管道反射，而以另一水头值 ΔH_s 向其他所有的与该节点相连的管道传播。在节点处，波的反射改变了与该节点相连的所有管道的水头、流量状态。

图 13.5 表示一个连接四根管道的节点。图（a）表示瞬变波接近节点时的情况，图

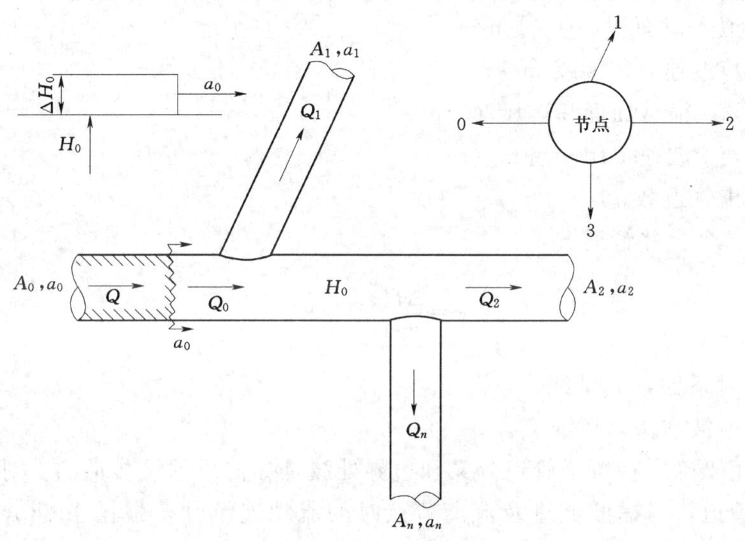

(a)波(ΔH_0)接近节点

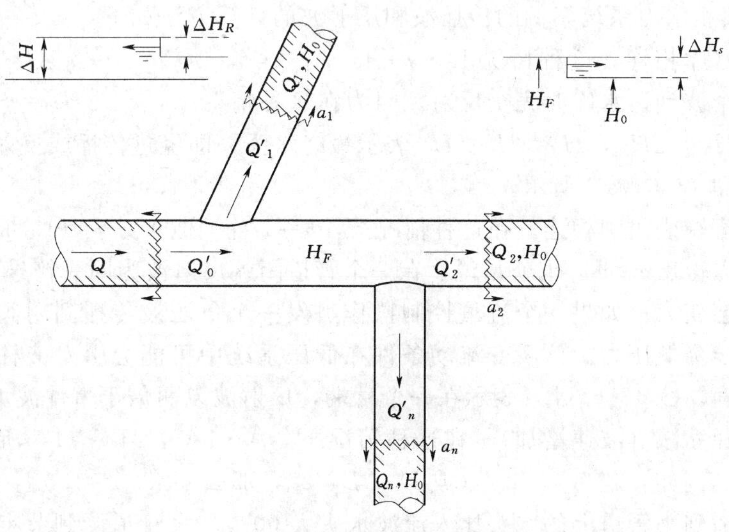

(b)波反射与传播经过节点后

图 13.5　管道连接

(b) 表示波反射与传播经过节点后的情况。如果管道连接点间的间距很小，各连接点处的水头可认为相同（也就是经过节点的水头损失忽略不计），传播系数和反射系数可定义为

$$s=\frac{\Delta H_s}{\Delta H_0}=\frac{2\dfrac{A_0}{a_0}}{\sum\limits_{i=0}^{n}\dfrac{A_i}{a_i}} \tag{13.13}$$

式中 s——传播系数，无量纲；

ΔH_s——传播波水头，ft 或 m；

ΔH_0——水头脉冲，ft 或 m；

A_0——管道入口面积，ft^2 或 m^2；

a_0——入口波速，ft/s 或 m/s；

A_i——管道 i 横截面面积，ft^2 或 m^2；

a_i——管道 i 波速，ft/s 或 m/s；

n——接出管道数；

i——第 i 个合并管道。

$$r=\frac{\Delta H_R}{\Delta H_0}=s-1 \tag{13.14}$$

式中 r——反射系数，无量纲；

ΔH_R——反射波水头，ft 或 m。

这些因子用于确定在每个管道分叉和边界处波是如何反射及传播的。对于与同一节点相连接的数根管道，考虑波流进及流离节点时的流动连续性，根据 Joukowsky 方程 [即方程 (13.9)] 可以得出 r 和 s 的表达式。

用于估算典型水力系统案例的传播波和反射波的计算方法如下：

- 管道与水库相连。这种情况下，$n=1$，$A_1\to\infty$，所以，$s=0$ 且 $r=-1$。也就是说，一个波到达水库时完全反射。因为在这种情况下，有 $\Delta H_R=-\Delta H_0$ 且 $H_f=H_0+\Delta H_0+\Delta H_R$，$H_f=H_0$（$H_f$ 表示最终水头，即经过传播或反射之后的水头），本例如图 13.6 (a) 所示。
- 管道与盲端或闭阀相连。在这种情况下，$n=1$ 且类似于方程 (13.13) 推导 r 的方程，可以得出 $r=1$。也就是说，在一个管道闭端反射波为同一符号，因此在闭端，水头将会变大。如果一个流量控制操作引发一个负压波传播到闭阀，该波的反射会进一步降低压力。该瞬变流动条件在低压系统中可能会引发液柱分离，管道可能被压扁。图 13.6 (b) 表示在一个盲端，反射波以两倍于事件波水压反射。
- 管道管径缩减（波速增加）。在这种情况下，$A_1<A_0$，且 $s>1$，所以所传播的水头放大。例如，若 $A_1=A_0/4$(或 $D_1=D_0/2$)，那么 $s=8/5=1.6$ 且 $r=s-1=0.6$，并且传播到小管道上的水头比入流波水头大 60%。大管道受到节点处波的部分反射引起的水头变化影响，该水头影响结果如图 13.6 所示。

* 管道管径增大（波速减小）。在这种情况下，在管道管径增大处发生事件水头的衰减。更小的水压波传播到大管道，并且经过反射，小管的最终水头变小。图 13.6 表示在管道扩张处，只有部分波反射。

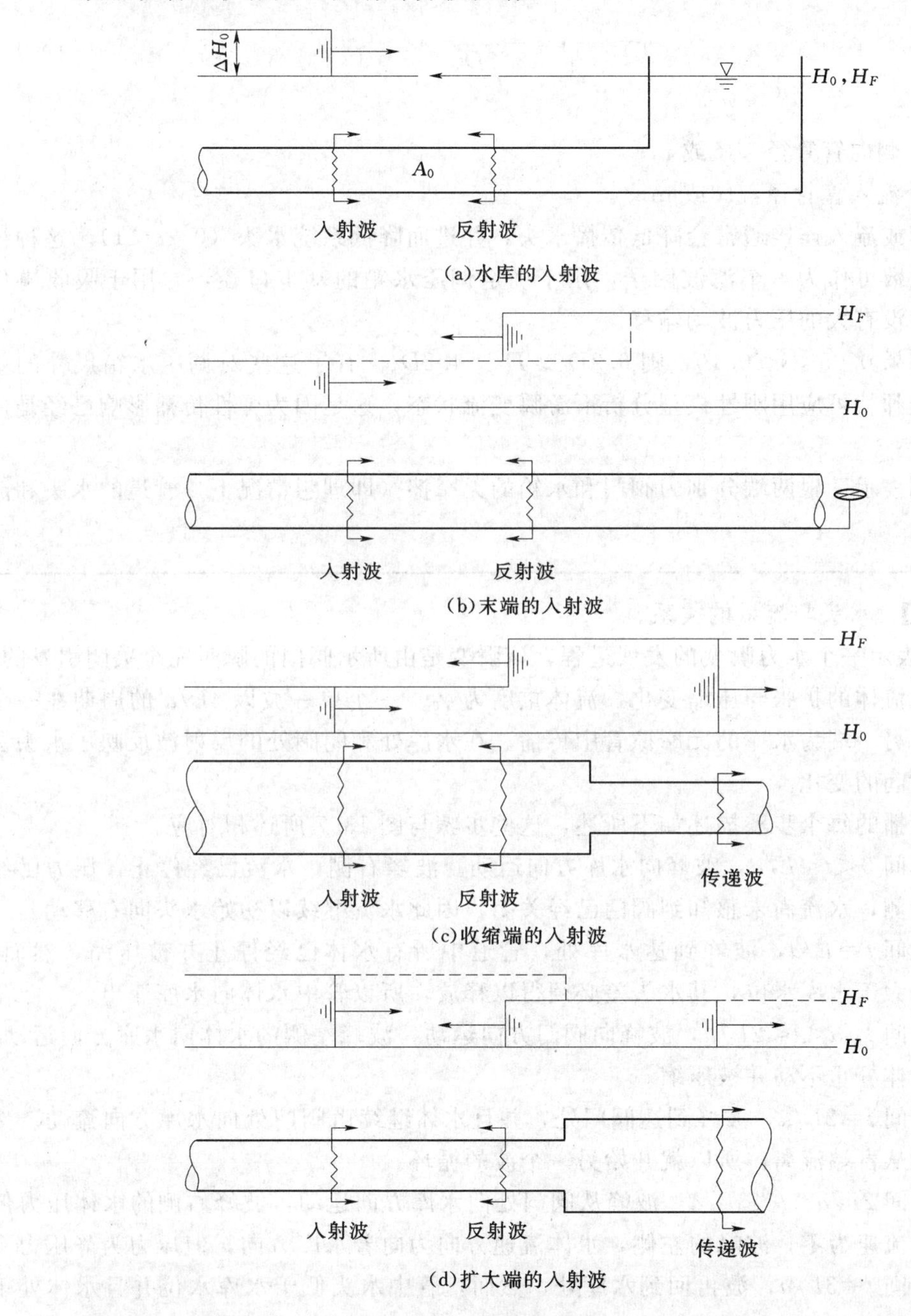

图 13.6　传播和反射系数

* 管道具有侧向回管。这种情况是指管道布设中一个侧向回管或调压水箱作为管道 1 与另一个管网相连。在这种情况下，$n=3$，且若 $a_0=a_1=a_2$ 和 $A_0=A_2$，则有

$$s=\frac{1}{1+\frac{D_1^2}{2D_0^2}} \tag{13.15}$$

$$r=s-1=-\frac{1}{\frac{2D_0^2}{D_1^2}+1} \tag{13.16}$$

式中 D_1——侧向管管径，ft 或 m；

D_0——流入管管径，ft 或 m。

侧向回管或流入连接通常会降低传播水头，并进而降低系统水头（$0<s<1$）。这种情况下，传播系数可作为一个滤波因子，用于确定调压水箱的基本口径，并用于吸收事件波，使对下游没有大的压力波动输移。

例如，如果 $0.05<s<0.10$，则 $6.2D_0>D_1>4.2D_0$。有了这些对调压水箱尺寸的基本估计，工程师就可应用刚性模型分析下游瞬变流状态，这是因为弹性传播影响已经是最小的。

以下事例表示一根两端分别为阀门和水箱的无摩擦（即理想情况下）管道的水头和流量关系。

【例 13.2】 水头与流量的关系。

图 13.7 表示一个水力瞬变的发展过程，该瞬变是由所示阀门的瞬时完全关闭引发的，并引发管道及流体的扩张与压缩变化，流体重度为 γ_0。一个单一波以 $4L/a$ 的周期在一个一端为闭阀，另一端为水库的无摩擦管中传播。在水库处和闭阀处的反射波反映了水头及流动方向随时间的变化。

瞬变波传播的每个步骤描述如下所述，这些步骤与图 13.7 所述相对应。

（1）在时间 $0<t<L/a$，波峰向水库方向运动。波峰右侧，水流已经停止，压力已经升高；波峰左侧，水流尚未感知到阀门已经关闭，因此水流继续以初始水头向右移动。

（2）在时间 $t=L/a$，波峰到达水库处，管道中所有水体已经停止并被压缩。然而，管道中的水头大于水库水位，其水头差必须得以释放，所以管中水体向水库流出。

（3）在时间 $L/a<t<2L/a$，波峰向阀门方向运动，波峰左侧的水体向水库方向运动，波峰右侧的水体静止不动并被压缩。

（4）在时间 $t=2L/a$，波峰到达阀门处，并且水体继续由阀门处向水库方向流动。然而，水体不能从盲端流离，所以就开始另一个波的循环。

（5）在时间 $2L/a<t<3L/a$，波峰从阀门处向水库方向运动，波峰右侧的水体压力低于静压力并且流速为零；波峰的左侧，水体流速方向为向着水库方向，但压力为静压力。

（6）在时间 $t=3L/a$，波再回到水库处，然而，管中水头低于水库水位并且水体处于低密度，就开始另一个波的循环。

（7）在时间 $3L/a<t<4L/a$，波再次返向阀门处运动。这次，波峰左侧为静压值，并且水流流入管中；波峰右侧流速为零，并且压力低于静压力。

（8）在时间 $t=4L/a$，波再次到达关闭的阀门处，而且各条件与 $t=0$ 时刻一致，波重

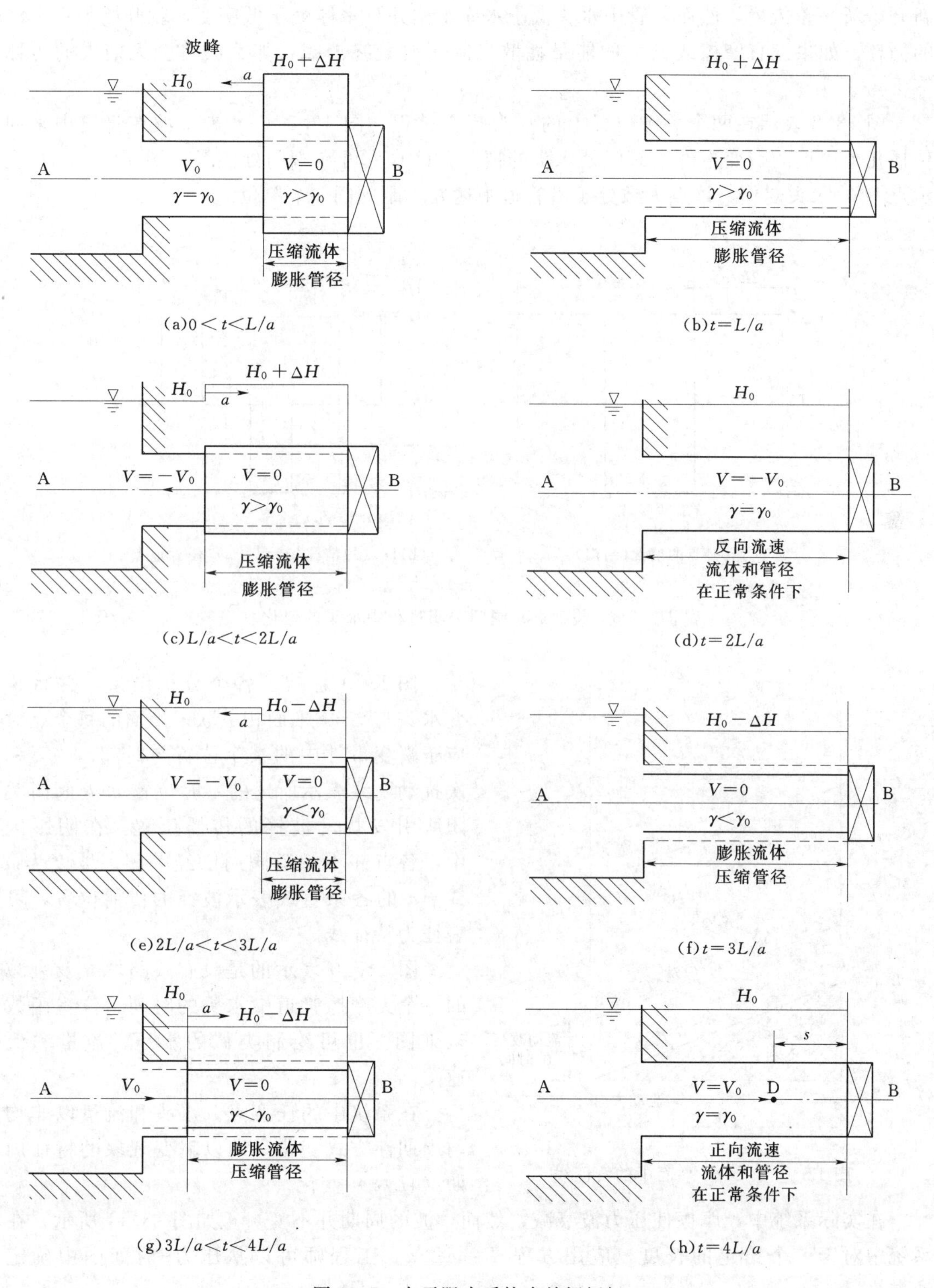

图 13.7 在无阻力系统中关闭闸门

新开始新一轮传播，然而，管中水头低于水库水位并且水体处于低密度，就开始另一个波的循环。如果没有摩擦或其他的能量耗散机制使波最终消减，那么波将会无期限的传播下去。

图 13.8 表示在两个关键位置上的水头瞬变过程。图 13.8（a）表示波在管道中来回传播几个周期的瞬变事件中阀门处水头的情况，该水头可在阀门处测量。图 13.8（b）表示点 D 的水头变化，该点大致处于沿管道中途处，距阀门 s 个单位。

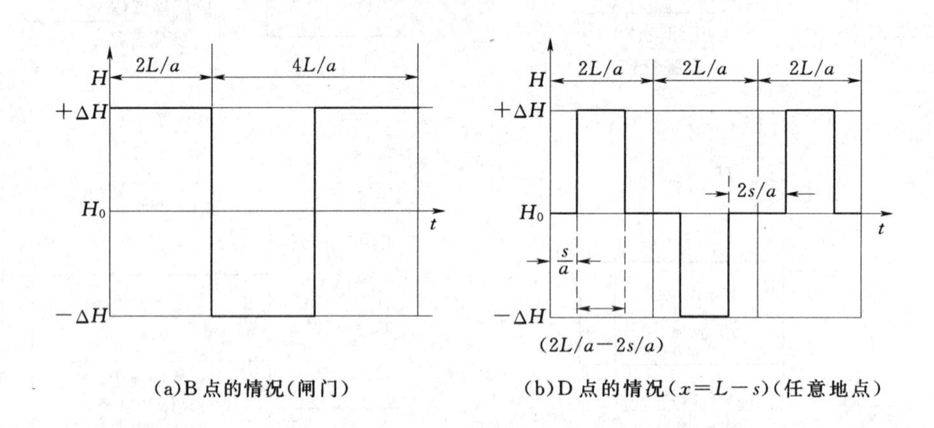

图 13.8　关键点在闸门关闭过程中水头的变化

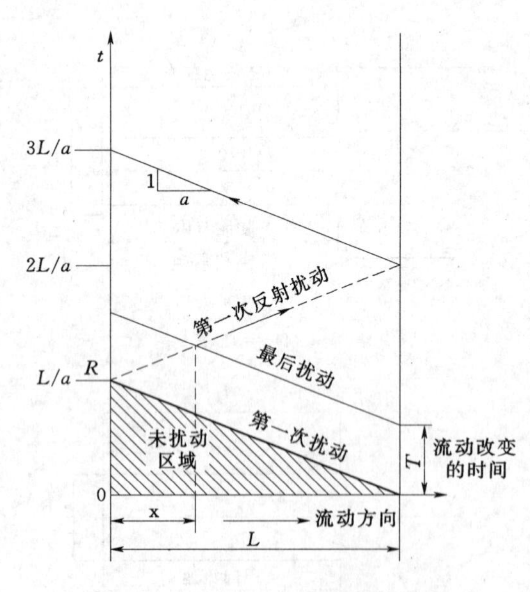

图 13.9　在 $x-t$ 平面中的特征线

图 13.9 总结了各个分析结果，并将瞬变水头与 $x-t$ 平面相关联。平面的每个点对应于瞬变事件中的某个位置与时间。“第一次扰动”线表示所述的零时位置 L 处阀门关闭所引发扰动波锋的传播位置。在阴影区中，各点并不知道阀门已经关闭。坡度为 a 或 $-a$ 的各条直线表示波锋的传播位置，可表征为特征线。

图 13.10 表示的是没有线路填充及衰减的一个无摩擦管道中水头的时间、位置函数三维图。也可绘制类似的水压、流量和流速图。

在系统中的任意点，水头和流量以非均匀周期性方式变化，即以瞬变现象的特征周期（$4L/a$）变化。

在实际系统中，摩擦使压力波衰减，然而，波的周期并不变。正如图 13.11 所示，在系统中对于一个给定的长度，应用方程 $T=4L/a$，工程师可以从压力-时间图中确定波速。

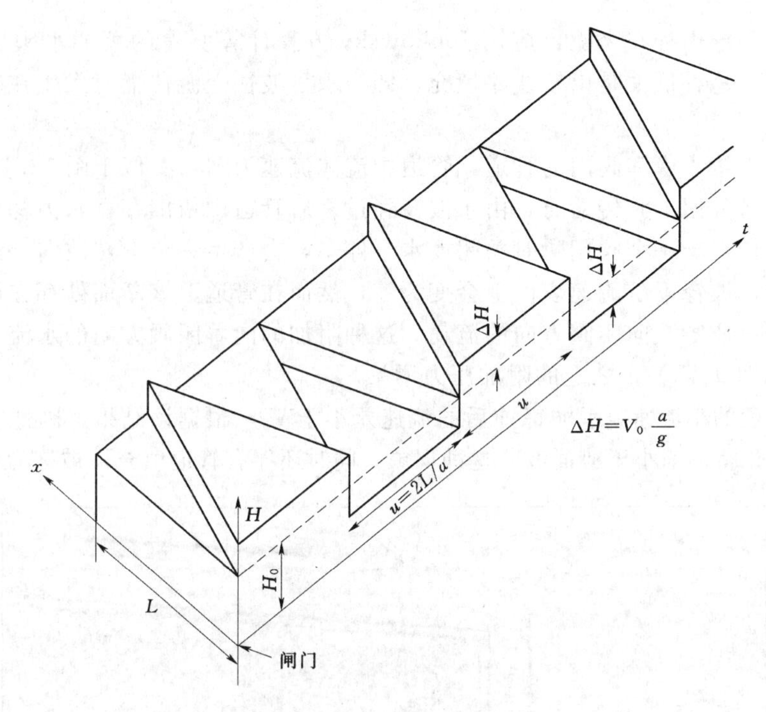

图 13.10　特征线的三维表示

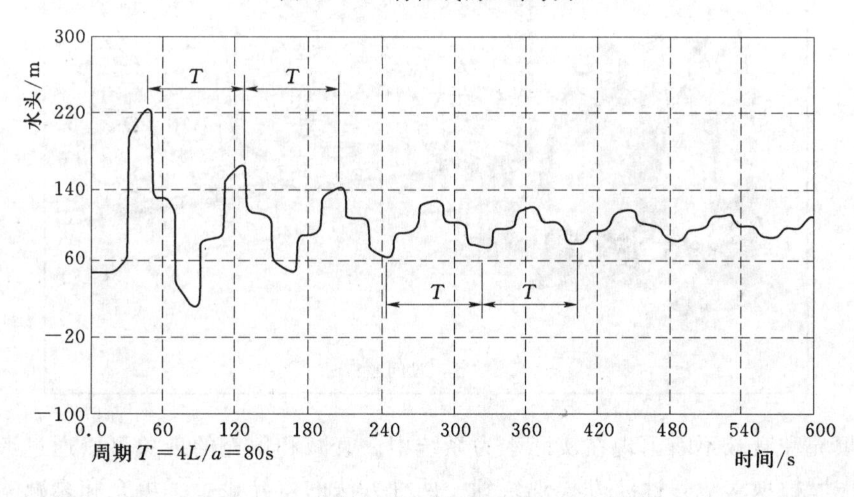

图 13.11　波速确定

衰减与线路填充

在一个没有摩擦或水箱减缓瞬变的系统里，瞬变现象将会毫无疑问地无限期地延续下去。然而，黏性和摩擦的影响及在水箱处动量的损失会使瞬变在几秒到几分钟的时间内衰减。

Joukowsky 方程［方程（13.9）］使工程师可以计算一个已知初始流量为 Q 的无摩擦系统中下游端阀门快速关闭而引起的水头增大。水头的增量 $\Delta H_0=aQ_0/gA=aV_0/g$ 是指可能的水头改变或压力波动。

由于实际系统中存在摩擦，应用 Joukowsky 方程计算所得的可能水头变化低估了实际的水头增量。这种低估是由于线路填充，即当水压波往上游传播时发生在阀门处的水头附加增量。

考虑一根连接水库和阀门的管道，管道中流体流速为 V，类似于图 13.12 上部所示系统。当波从闭阀处向上游传播时，由于波锋经过之后管道中依旧存在水力梯度，因此发生线路填充现象。对于一个阀门瞬时关闭或水泵停车，会产生一个突然波向上游传播。当波经过一个点时，波锋下游流速表面上会变为零，然而在管道上该断面处存在压力梯度，会产生一个小的（非零）向闭阀方向的流动。这种附加的向着闭阀方向的水流填充会产生一个在势涌波，即 $a(V_0)/g$ 之上的附加压力增量。

在波锋之后的小流速表示波锋前后的流速差小于 V_0，根据该结果，因此有波往上游传播时，压力变化将逐渐小于势涌波。这种现象，同时还伴有管道填充，被称为衰减或减小。

“嘿，没问题!”

管道填充和衰减不断出现在实际水力系统中。衰减和填充的现象可以通过考虑摩擦项以及不考虑摩擦项求解弹性波方程观察到。两种方法的差异显示了填充和衰减的效果。

图 13.12 表示连续时间增量的系统水头的变化。该系统包括一个 20km 长、500mm 管径的管道，该管道将水由一个 100m 水位的水库输运到一个海平面高程（参考数据）的供水水库。管道的内摩阻为 0.25mm（紊流 $f \cong 0.0175$），波速为 1000m/s（$2L/a=40$s），流量近似为 330L/s。

处于管道下游端的一个 500mm 的球阀的快速线性关闭（20s）引发一个瞬变。由于摩擦系数（$fL/D=700$）比球阀全开时的损失系数（$K=10$）大得多，系统的能量损失主要是管道沿程损失。因此，系统可认为是一个高摩擦系统。此外，由于在阀门关闭过程中大多数时候 K 值相对较低，可以知道阀门的有效关闭主要是发生在关闭周期的末期。因此可以预计阀门处水头快速、显著的上升应发生于接近 20s 的时刻。图 13.12 中的一系列图形展现了沿管道传播的波锋演化，在近阀门处出现管道填充，在波峰处出现衰减。

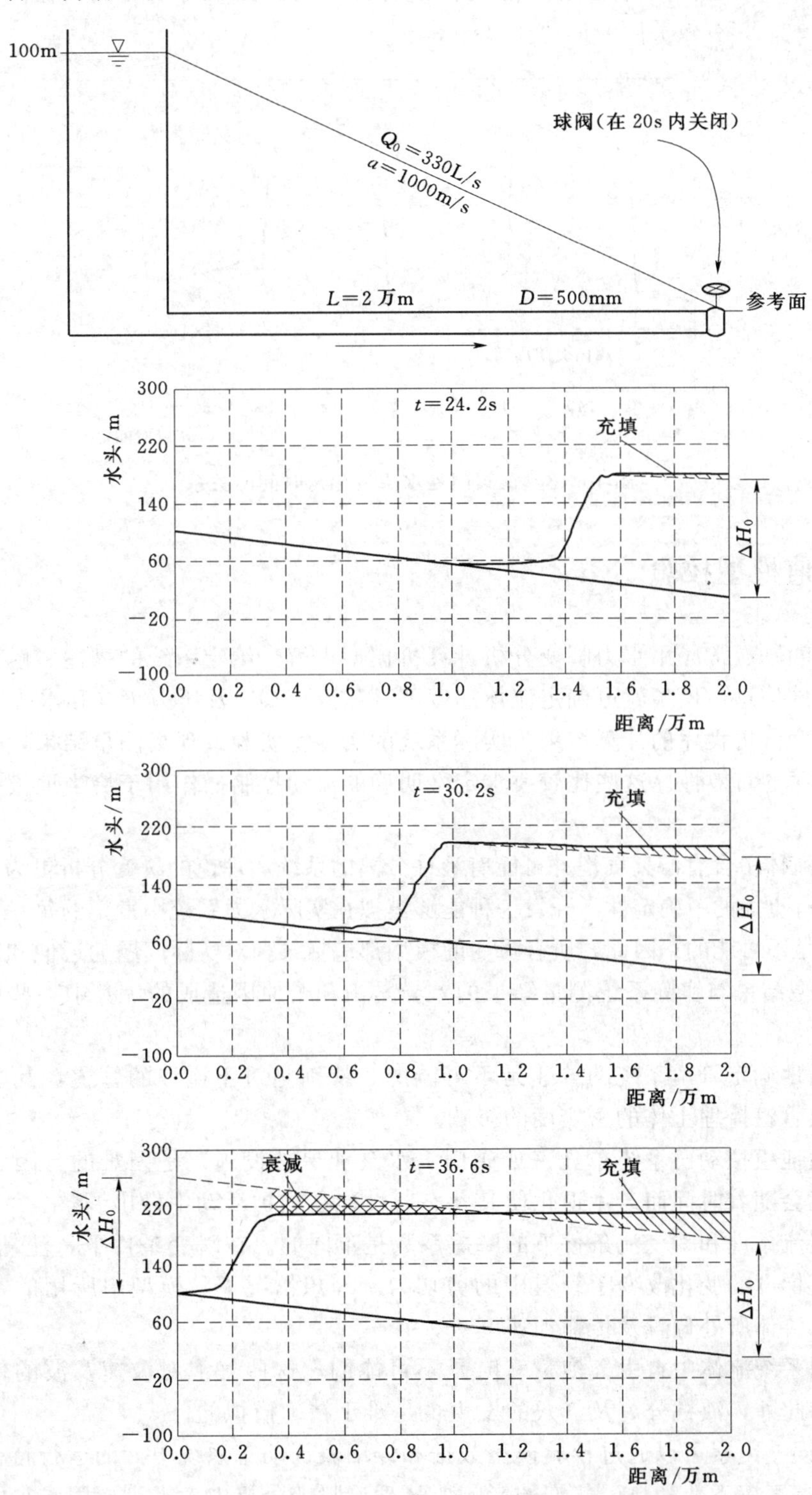

图 13.12　有阀门关闭引起的波传播、充填和衰减

在图 13.13 中绘出阀门处的水头-时间过程图。在该图中可以确认，在阀门 20s 的有效关闭周期中，其有效关闭时间小于 2s。

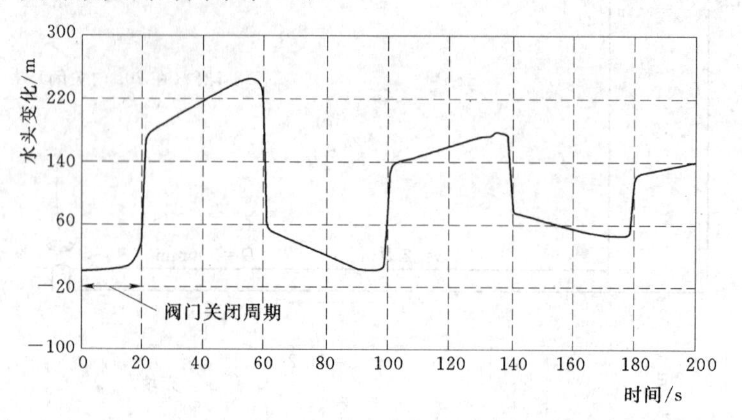

图 13.13　在阀门处水头变化与时间的关系

13.4　数值模型校验

瞬变流问题通常应用水力瞬变分析计算机模型求解。给定系统的描述、触发瞬变的事件和边界条件信息，模型就可确定流体速度 V（和流量 Q）及压力 P（和水头 H）。

比较瞬变分析程序的计算结果与实际系统的实验室实验或现场测量结果，可用于确认瞬变分析程序的有效性。这些比较要求定义明确的流动控制操作用于恰当地模拟和校验计算模型。

对于在流体中含有游离气泡并可能有液柱分离的系统，理论的瞬变分析更为复杂，并且计算结果具有更大的不确定性。开发一种能够模拟在实际水力系统中发生的每一个物理现象的理论模型是不可能的。因此，所有瞬变的模型都包括某种对实际问题的近似和简化。

计算模型结果与实际系统测量结果的差异是由几个原因造成的，其中一些原因着重强调如下：

- 精确地确定管道系统的波速是不可能的。特别是对于掩埋的管道，其受到掩埋条件及管道掩埋土体的密实度的影响。
- 精确地模拟动态系统单元（如阀门、水泵和保护设施）是困难的，因为这些单元性能会随着时间而产生退化使其状态、性能在维护活动中做出调整。
- 恒定流条件和瞬变流条件下的摩擦系数是不同的。在瞬变条件下，流动方向变化、速度梯度的变化改变了管道中的剪切力。理想情况下，模型中所用的摩擦系数应考虑流体所处位置及传输加速度。
- 预测系统流体中自由气泡量有时是不可能的。这些气泡对波速及波的传播影响很大。此外，液柱分离及气穴的发生也是难于精确模拟的。

前两项误差因素可以通过校验模型数据和详细表征动态系统单元的运行特征来予以消除。非恒定流摩擦系数和自由气泡的影响要从理论瞬变分析中考虑则要困难得多。现有的计算机模型在精确模拟这些因素的能力方面有其局限性，但模型的改进工作仍在进行。

值得庆幸的是，在供水和供水管网中，摩擦影响通常较小，而且汽化条件通常可以通过安装恰当的保护设施予以避免。因为这个原因，数值瞬变模型虽然有其局限性，但也是水力系统分析、设计、运转的一个适当而基本的工具。模型可应用于系统运转风险分析、流动控制动作操作确定及优化、保护设施定型，这样可以控制瞬变峰值水头在每个特定的系统可接受的范围之内。

现场测量分析可以清晰地表示瞬变的发展过程。如果记录如图 13.11 所示的瞬变周期（$4L/a$），并且知道测点间的长度（L），就可以确定波速。如果系统中有气体，测量得到的波速会比理论波速小得多。

如果系统中摩擦很大，实际系统测量得到的瞬变衰减通常会比数值理论模拟得到的计算值大得多，特别是在长的时间周期（$t>2L/a$）时更是如此。小摩擦表达不能解释快速瞬变系统中的初始势涌波的不吻合问题。考虑到计时因素，无论瞬变是由哪种流动控制操作引发的，系统的计算与测量周期应该相当吻合。一个校验良好的实际系统模型，可能用于系统的运转操作和预计特定流动控制操作的影响。

一个已校验模型还可作为一个“出流”检测系统的构成部分。对于一个特定的流动控制操作，可以在系统中的某些节点上对其模型模拟结果与实际系统结果进行比对。计算值与测量值较大的差别可能表示存在出流（如由开阀、漏水或管道破裂），该出流可能会快速定位、估计及校正。

通常，如果模型到达峰值时间有误，就需要调整波速。如果模型的峰值处形状有误，那么控制事件（水泵停车或阀门关闭）的描述需要调整。如果模型中瞬变过早或过晚消失，摩擦损失就需要调整。如果存在其他较小峰值，可能需要在模型中加入重要的环路或分叉。

13.5 现场测量数据采集

瞬变数值模型的校验取决于足够的用于动态测量实际系统中水压和流速的现场设备。图 13.14 表示一个获取管道系统特定位置信息的现场设备示意图。

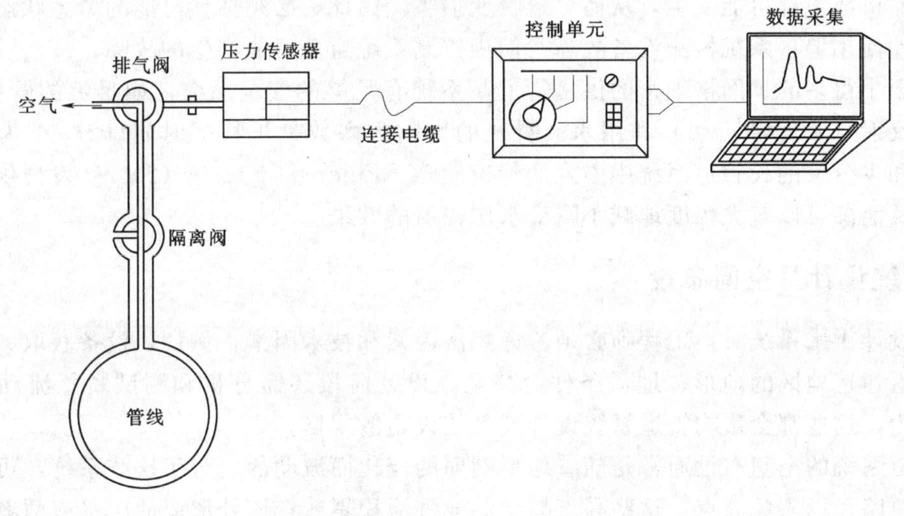

图 13.14 使用仪器记录瞬变压力

精确地跟踪记录瞬变事件需要高速数字记录设备，而非传统的测压计和SCADA系统。压力传感器要求具有高灵敏度、高精度，并与控制和数据采集单元相连接。由于在瞬变时气体能够使压力信号变形，在与系统管道相连时还需要有一个气体释放设备。控制单元能够设定压力测量时间间隔，并且将压力传感器传回的电信号转换为压力读数。

高精度的数据采集系统记录了瞬变事件期间的压力信息供以后查看及分析。对数据采集系统二次编程，可确定系统波速及压力水头峰值，如果需要，数据采集系统软件可以进行谐波分析来确定供水系统的主频率。

压力的记录要等到所有气体都排出管道且压力测量时间间隔确定以后才进行。要在系统中最少设定两个压力量测点，并且要仔细观测流动控制操作。所有记录设备的计时必须同步。对于阀门来说，阀位指示器记录阀位运动的时间函数。对于水泵来说，记录设备将记录转速的时间变化。对于如单路、双路涌波水箱和气压罐等保护设施，记录设备将记录其水位随时间的变化。

13.6 瞬变控制

理想情况下，设计和运行系统时要使其发生损害瞬变事件的可能性最小。然而实际中，瞬变依旧会发生，因此必须要有控制瞬变的方法。本节有两个主要目的：①使水力工程人员知道产生不希望的瞬变的系统条件，如水泵和阀门的操作以及管道高点气穴的形成；②讲述相应的保护方法和设备，以应用于设计和建造特定的系统，并讨论实际应用中这些设备的局限性。

现有两个控制瞬变压力的可能策略。第一个是在工程设计时，确定适当的系统流动控制，避免紧急状态及非常规系统操作的发生，以使瞬变条件产生的可能性最小。第二个是安设瞬变保护设施控制不可控事件（如断电和其他设备故障）引发的潜在瞬变。

设计足够涌波水箱来保护系统，由于涌波水箱不可能出现操作故障，所以系统通常不会受到紧急状态或其他非常规流动控制操作的影响。而由气压罐保护的系统，空气泄露或空气压缩机故障都可能发生，从而导致瞬变损害。因此，必须估计可能的紧急状态情形及故障，并使用警报系统检测设备故障及使用控制系统避免可能产生的故障。

对于小得多的、网格细密的供水管道，系统有足够的安全系数，如足够的管壁厚度、充分的反射（水箱和盲端）和用水。瞬变的影响大多数是长特征时间（$2L/A$ 为大值）、高流速和少分叉的长管道系统中引发的管道故障。Filion 和 Karney（2002）发现供水系统中用水及泄漏可以有大幅度地减小瞬变水压幅值的效果。

管道系统设计及空间布设

在设计供水系统时，工程师必须考虑经济因素和技术因素，例如，设备获取、建造成本、管道建造地区的地形、地质条件。甚至在设计阶段还需分析和测试紧急流动控制方案，因为，这些都会影响管道系统设计及系统设施的规格。

管道系统的空间布设通常是随着地形剖面的变化而波动的。对于这些系统，可以通过改变管道路径以避免高点，这些高点易于形成气泡积聚或在该处形成低压（或两者皆有）。

如果最小瞬变水头坡度线高于管道系统地形剖面线，那么大多数情况下不需要瞬变保护设备，这样可以最小化建设费用及运行风险。

低水头系统比高水头系统更易于产生瞬变真空条件及液柱分离。如果系统设计师在低水头系统中没有考虑低瞬变水压的发生，但可能会设定一个管壁厚度不足的管道，这样即使管道埋设在一个密实的管沟中，也有可能会导致管道破坏。例如，埋设钢管的低压系统必须避免其管径/管壁厚度比（D/e）超过 200，因为其在瞬变真空条件下，特别是管沟填充并不密实时，管道有结构破坏的危险。

钢管、聚氯乙烯管、高密度聚乙烯管和薄壁球墨铸铁管容易由于蒸汽分离而破坏，而且任何管道都可能因为反复承受这些事件而削弱并可能导致疲劳失效。管道由于腐蚀作用而削弱也可能失效。那些在瞬变事件中可能产生非常低压力的地方，工程师可能选用昂贵材料以排除破坏的可能。例如，高压状态下的大管径管道，钢管一般比球墨铸铁管经济，然而由于球墨铸铁管更不易于破坏，工程师可能选用球墨铸铁管。要避免蒸汽压力条件，无论采用哪种类型的管道，应用涌波保护设施通常是最好的。

在地面上建造的管道系统比埋设在地下的更易于破坏。对于埋设在地下的管道系统，周围的填埋材料和土体给管道的变形提供了附加的抗阻力并有助于防止管道破坏。

在设计系统防止水力瞬变损害时，另一个重要的考虑就是应用气阀。应用气阀避免真空条件要求仔细分析可能的瞬变条件，确保气阀恰当的定型和设计。文中引用的几个案例表述了由于一个进气阀失效而引发管道系统破坏，这个进气阀是由于糟糕的定型和设计或维护而失效的。气阀的操作故障的可能性是不应该忽略的。

影响瞬变峰值水头的其他因素是波速和流体流速。对于传送相对低流程的短管系统，选用大的管径以得到低流速从而使瞬变水头最小化是可以接受的。然而，对于长管道系统，必须优化建设和运营成本来选择管径。长管道系统通常都要求瞬变保护设施。

在系统概念和初步设计期间考虑这些因素之后，工程进入最终设计阶段。在最终设计阶段，系统的任何改动都必须应用瞬变模型分析，以确认最初的分析结果和规范依然是恰当的。

【例 13.3】 管道系统分析。

如图 13.15 所示，泵站高程为 690m（2263ft），出流量为 $1m^3/s$（$35.3ft^3/s$），吸水井水位为 700m（2296ft），水由水泵经过止回阀，一根 800mm（31in）管径、2500m（8200ft）长的管道，传送到一个水位为 765m（2510ft）的水库。水击波波速 a 约为 980m/s（3220ft/s）。泵站包括一个双吸泵，运行转速为 880r/min，驱动电机功率为 1000kW（1341hp）。泵和电机的总惯量约为 $150kg \cdot m^2$（$3562lbm \cdot ft^2$）。

水泵在 $t=10s$ 时刻启动，大约在 4s 内转速以线性增长到全速［见图 13.16（a）］。位于水泵出流端的喷射阀门在水泵启动时打开，然后又渐变关闭将水流导向输水干管［见图 13.16（b）］。在 $t=80s$ 时，由于电力中断而导致水泵停车，该事件可由图 13.16（a）和图 13.16（b）所示的水泵转速和流量的突然降落来表示，水泵停车可认为是一个突然事件情况。图 13.16（c）展示了瞬变分析计算机程序在 $t=10s$ 时（水泵启动）和 $t=80s$（水泵停车）时的水泵操作时段的模拟结果。

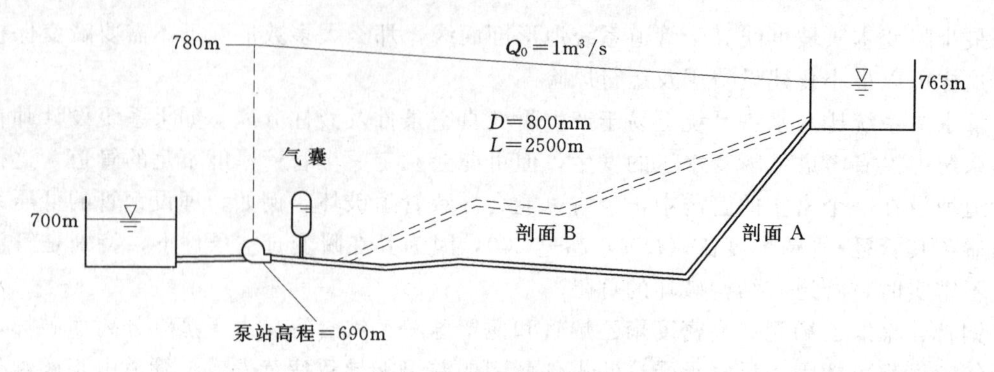

图 13.15　水泵系统的高程关系

模拟结果表明：水泵在 $t=10s$ 启动之后，在大约第 60s 时出现恒定流动状态并持续了大约 20s，在水泵突然停车之后，在泵站出流端产生的流量和水头降落向下游输水干管传播。真空压力和液柱分离将取决于下游输水干管的高程剖面，将有可能出现。其可能性如图 13.16（d）所示，该图给出了管道水头的包络线。H_{max} 表示沿管道的最大水头，H_{min} 表示最小水头，H_o 表示初始水头，H_e 表示终止水头（即水泵停车之后的水头）。若假定没有发生液柱分离，事件过程中其最大水头值为 820m（2690ft）。要充分利用水头包络线，必须要知道管道的相对高程。

对于这个工程，如图 13.15 和图 13.16（d）所示下游传输干管路径存在两个选项。路径 A 剖面高程较低［约为 660m（2165ft）］。该路径中，管道系统不用承受瞬变真空压力，但其最大瞬变水头大约为 16bar（232lb/in^2），比恒定流时的水头 12bar（174lb/in^2）高出 4bar（58lb/in^2），即最大瞬变水头比其静压大约高出 33%。图 13.16（d）所示的最小水头线 H_{min} 表明整个瞬变事件过程中管道水压始终为正值。

路径 B 剖面高程较高［大约为 720m（2360ft）］。在水泵停车之后，管道系统中发生瞬变真空条件，并产生液柱分离。该分离由图 13.16（d）所示的低于管道高程线 B 的瞬变最小水头线 H_{min} 表示。如果选定该路径，需要设置防护设施控制真空压力条件并避免气穴破裂而引发的瞬变高压。［例 13.4］将考虑该系统的防护设施。

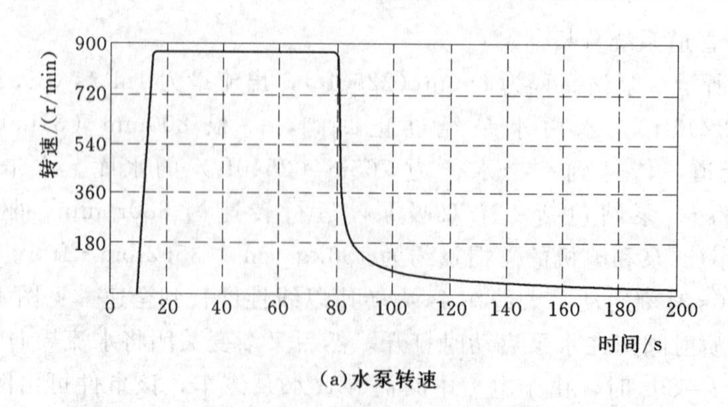

(a)水泵转速

图 13.16(一)　泵站系统的瞬变流

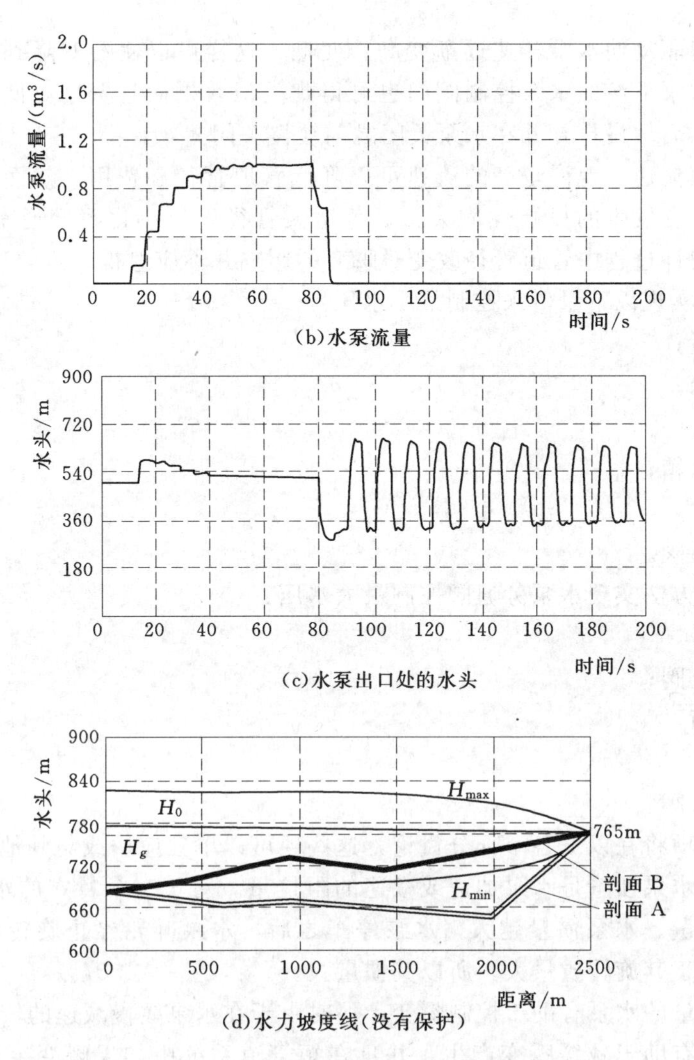

图 13.16(二)　泵站系统的瞬变流

防护设施

在可能的范围内，工程师更倾向于设计流动控制设备已防范严重瞬变事件。应用瞬变模型，工程师可以尝试不同的阀门开闭速度、管道型号、水泵控制，观察瞬变结果能否控制在可接受的范围之内，如果不能，就需要设置特定设备控制瞬变。

瞬变防止方法如下：

- 阀门缓慢启闭：对于长的管道系统，通常需要减慢阀门的操作时间。应训练操作人员正确操作阀门以避免产生瞬变。
- 正确操作消火栓：在小的供水系统中关闭消火栓速度太快是引发瞬变的原因。消防及供水人员应培训正确操作消火栓的方法。
- 正确控制水泵：除了断电之外，水泵流量可采用不同的技术缓慢控制。应用软启动或变速驱动使水泵转速逐渐变高、变低，这样可以使瞬变降到最低，但采用缓慢启闭水泵下游的水泵控制阀门也可得到类似效果而且费用更低。控制阀门应在水泵启动后缓慢打开并在水泵关闭之前缓慢关闭。

- 降低管道流速：允许较高的流速可以降低管道管径和费用。然而，降低管道管径使严重瞬变发生的可能性增大。显著增大管径以最小化瞬变通常没有成本效益，但是在设计过程中管道管径改变对瞬变的影响并不应忽视。

可以调整或实现以下量值来控制最小水压：

- 水泵惯量；
- 调压水箱；
- 气压罐；
- 单向流水箱；
- 进气阀；
- 水泵旁通阀。

可采用以下方法实现水泵旁通阀控制最大水压：

- 溢流阀；
- 主动安全阀；
- 调压水箱；
- 气压罐；
- 水泵旁通阀。

前述所列各项将在以下各个部分讨论，这些项可以单独应用或与其他设施组合应用。

水泵惯量　水泵惯量是水泵加速或减速的阻抗量。对于一个特定的水泵及电机组合，其水泵惯量为常量。水泵惯量越大，水泵停车之后，水泵叶轮停止旋转所花费的时间越长。大的水泵由于其旋转质量大，所以其惯量大。

具有较大惯量的水泵有助于控制瞬变，那时由于在水泵缓慢减速的较长时间内仍有水流流过泵体，这有助于减缓瞬变产生，并且在短管道系统中如果瞬变生成时间长于系统（周期）特征时间，则可缩短整个瞬变过程。水泵惯量可通过使用调速轮来增大。对于长管道系统而言，需要有效控制瞬变压力的水泵惯量值，但由于启动高惯量水泵所带来的机械问题而使该控制变得不切实际。因此，对于控制长管道系统的瞬变压力，不建议采用提高水泵惯量作为有效选项。

气压罐和调压水箱　气压罐和调压水箱的工作机制是：在系统瞬变高压时将水流出系统，而在系统瞬变低压时向系统补充水量。气压罐是一个包含水和一定量气体的压力容器，其压力由空气压缩机保持［见图 13.17（a）］。当水泵停车时，水泵出流端流量和水压降落，由于压力降落，气压罐中的空气膨胀，水体由气压罐进入系统。

调压水箱是一个相对较小的水箱，其正常水位与所处位置的水力坡度线高程相等［见图 13.17（b）］。水箱靠重力向系统补水，水箱的出流控制水泵出流端由于水泵停车而产生的低压瞬变幅值。

气压罐或调压水箱与系统的管道连接定型应确保当气压罐排水时有足够的水力容量，以及产生一个充分的水头损失以消解瞬变能量并防止气压罐或水箱充水太快。这两个要求可以通过图 13.17（a）所示的旁通管得到满足。

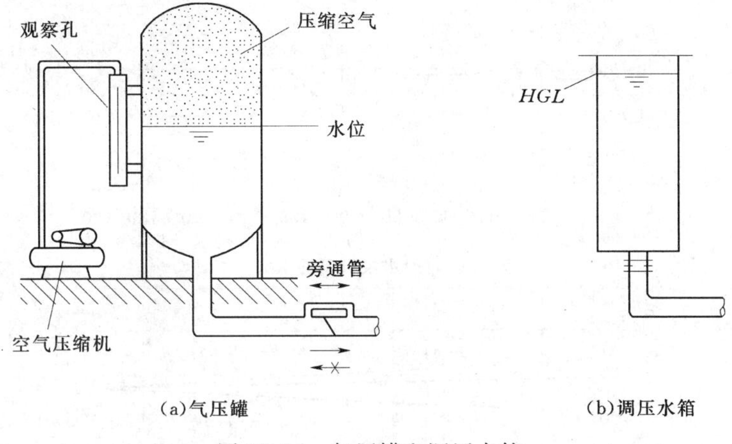

图 13.17　气压罐和调压水箱

【例 13.4】　应用气压罐进行瞬变控制。

本例继续研究［例 13.3］的管道系统。要使路径 B 方案可行，拟采用如图 13.18（a）所示尺寸的气压罐控制最小、最大瞬变水头。在水泵于 $t=80$s 停车之后，水流快速从气压罐中进入系统以使压力降低最小化。

气压罐如图 13.18（b）所示影响水泵出流。必须在水泵出流端应用快速响应的止回阀，以避免水泵中水体倒流（对于止回阀的更详细信息，见 13.6 小节中的“综合设备”）。

水泵出流端的水头结果如图 13.18（c）所示，管道的水压包络线如图 13.18（d）所示，有气压罐保护的系统的压力波频率和振幅减小。因此，比较图 13.16（d）和图 13.18（d）所示的水头表明：当应用气压罐时水头波动范围变窄。类似地应用其他保护设施也可得到有效的结果。

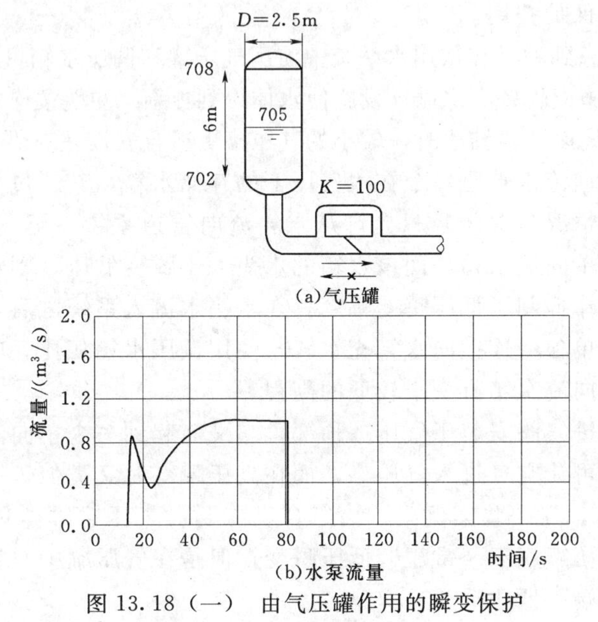

图 13.18（一）　由气压罐作用的瞬变保护

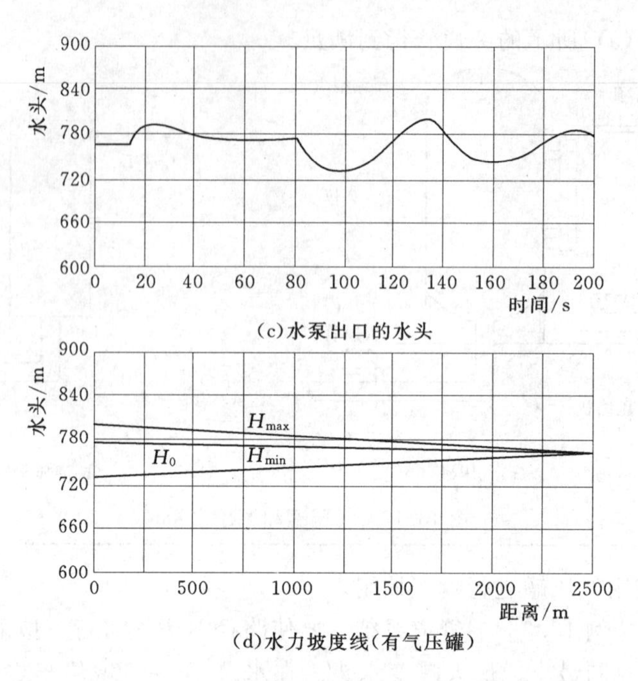

图 13.18（二） 由气压罐作用的瞬变保护

两种路径方案的经济分析有助于确定最优选项。必须注意到：即使选项 A 不需要安设保护设施，但是其不能够提供选项 B 所能提供的瞬变水头“平滑”过渡，而这对系统的操作和维护是有影响的。

正如上述范例所讨论的，在评估哪个选项为最优时，必须考虑系统选项 A 和选项 B 的压力响应所应对的工程费用。工程师比较不同路径方案在整个管道使用期限内的费用时必须考虑附加的瞬变保护费用。

重要的且必须注意到的是在饮用水系统中使用气压罐和调压水箱可导致水质下降和消毒剂余量降低。这些设施应配备有水循环设施使水体得到更新。更为复杂的是水箱处于那些水能够结冰的寒冷气候地区，当结冰时，较小的气压罐更适合安设在有供暖设备的建筑里。

单向流水箱 单向流水箱是一个在大气压下的存储水箱，其通过一个单向阀与管道系统相连，单向阀通常情况下关闭且只允许从水箱流向管道系统（见图 13.19）。当系统中的瞬变低压到达一个单向流水箱，而该水箱的水头大于瞬变低压，则水箱单向阀打开，水箱水流入系统，该动作抑制了低压瞬变幅度。在水箱水流入系统之后，水位下降，浮球阀打开，系统通过一个单独的连接向水箱充水。与使用调压水箱相比，应用单向流水箱一大优点就是单向阀使单向流水箱有一个较低的高程。

组合设施 如果进气阀安装于气压罐顶部，它又能起到一个单向流水箱作用。该组合设施在极低压瞬变时可让空气进入气压罐，而在高压瞬变时又类似于一个气垫作用控制最高压力（见图 13.20）。在一些案例中，该组合设施要对气压罐罐体尺寸进行优化。该组合设施可让较小的气压罐用于“常规”低压瞬变，但是在气压罐中空气体积不足时也可保护管道系统防止“极端”低压瞬变。

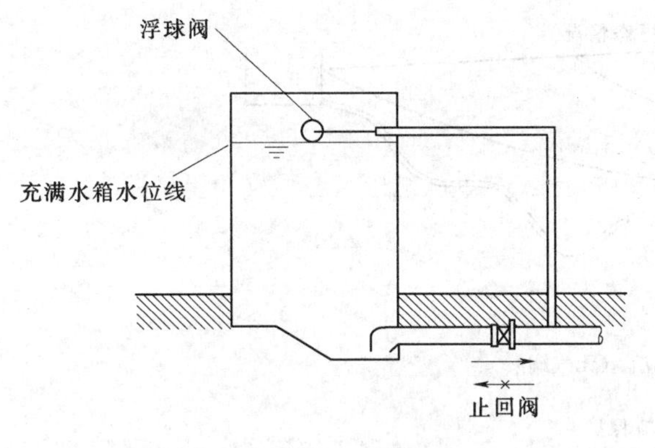

图 13.19 单向流水箱

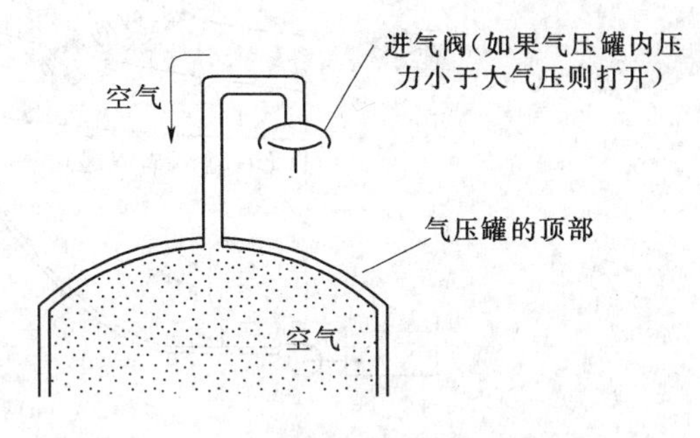

图 13.20 带有空气进气阀的气压罐

在进行系统设备和控制的设计和定型时，需要特别关注这些保护设施。其中一个方面就是温度。在气压罐中，温度的变化使罐中空气膨胀或压缩。过大的温度变化可能造成罐体内部覆盖物损害，应在设计中予以考虑。

另外一项需要特别关注的就是水泵止回阀。水泵止回阀的关闭时间应较短，以防止水流经过水泵倒流。阀门猛然关闭时应有阀门延时关闭时间，以及调压水箱的位置设定，这些都要在泵站设计中综合考虑。阀门的猛然关闭可能损害阀门、水泵或系统管道上游的气压罐。如果不可能设有在调压水箱反应之前就关闭的止回阀，那么关闭阀门就需要某些消减设施，例如阻尼器，以控制阀门最后5%～10%的关闭。

图 13.21 表示气压罐、单向流水箱和组合设施如何影响瞬变情况。若未设这些设施，系统水压会降得很低，甚至会发生液柱分离。若设有这些设施，系统水压保持为正值。标注的缓慢斜坡线即为系统初始水力坡度线。

“恒定流流态”。当水泵关闭时，水力坡度线从左边开始降落（如图 13.21 中实线所示的水头降落)。没有保护设施，水力坡度线降落到低于管道的位置，表明可能发生液柱分离和严重破坏。有保护设施，水力坡度线保持在地面之上。

图 13.21（a）表示有气压罐的保护影响，水力坡度线从未降落到低于实际管道高程。然而，没有气压罐，可能发生由于极端低压导致液柱分离（见虚线的水力坡度线)。

图 13.21（b）表示单向流调压水箱保护系统的影响。虽然允许水力坡度线降落到低于气压罐，但是在管道中保持正压力。此外，通常其费用低于气压罐，但在已装设系统中需要持续维护。

图 13.21（c）表示用一个气压罐和一个单向流调压水箱组合保护系统的影响。只有这两个设备安装得当，管道中才能够保持正压力，然而，若只安装一个单向流调压水箱，在水力坡度线低于管道高程线的区域可能会发生液柱分离。

压力释放阀及其他调节阀 一般情况下，如果瞬变引发的压力降低不足以使系统产生真空条件，由此产生的正压瞬变可能并不太大，可能不需要附设高压保护设施。在一些示例中，如果系统压强达到某一个预设的最大压强，压力释放阀门必须快速开启。压力释放阀门打开，流出水体以控制系统最大压力。当高水压降落后，阀门缓慢关闭以防产生瞬变条件。若在水泵的吸入端设有贮水设备，压力释放阀门所释放水体一般流入该贮水水箱，

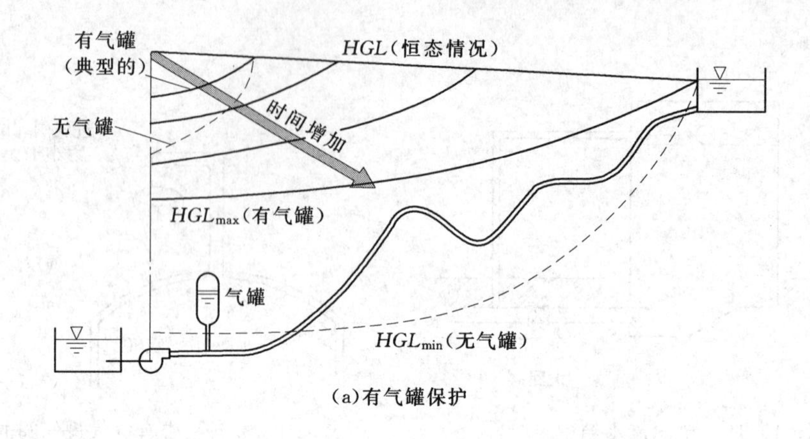

(a)有气罐保护

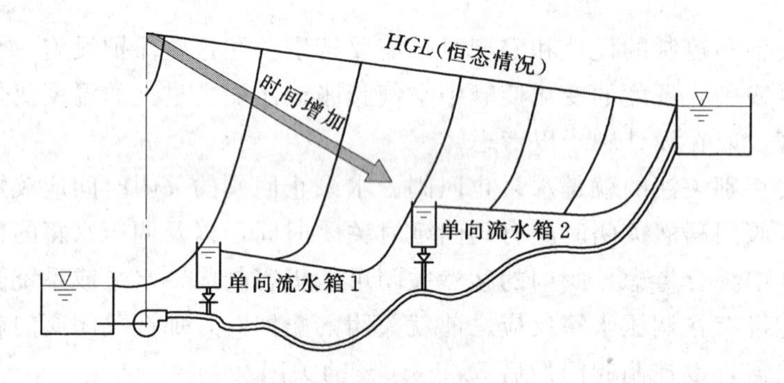

(b)有单向流涌波水箱保护

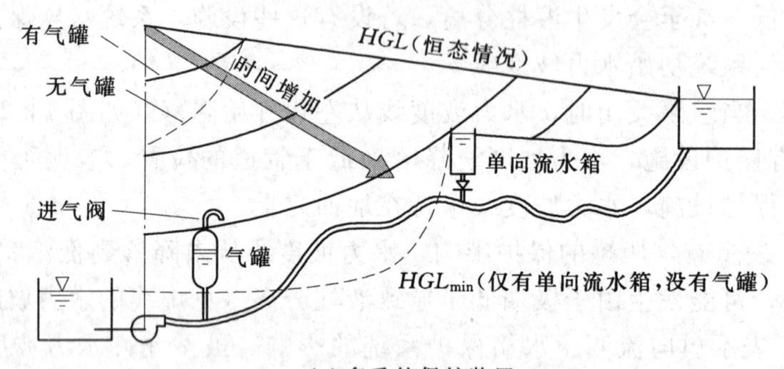

(c)多重的保护装置

图 13.21 保护装置对系统 HGL 的影响

虽然它也可直接流入水泵吸入端管道，若无水箱，甚至直接由系统外排。

超压安全阀可用于替代压力释放阀门以控制高压瞬变。这种安全阀门在水泵紧急停车后所预定的高压瞬变之后快速开启。当高压瞬变到达阀门处时，该阀门已经打开，并不需要感应高压来开始打开阀门。当高压瞬变很快发生而减压阀门开启所需时间不足时，这种阀门是很有效的。在设定阀门的低压动作点时应小心谨慎，以避免在水泵停止转动之前过早开启阀门，这可能会产生急剧的负压瞬变波。

沿管道系统的高点设置进气阀，可用于控制真空条件和可能的液柱分离。在低压瞬变之后，进入管道系统的空气必须缓慢地排出，以避免产生新的瞬变情况。在水泵重新启动之前必须要有足够的时间排出空气。现有一系列的阀门可以使空气进入或排出系统（其名称随其生产商不同而可能不同）。这些阀门包括：进气阀、排气阀、真空安全阀、真空阀、真空破坏阀。工程师在选用合适的空气阀控制瞬变的时候应仔细阅读该空气阀门生产商的技术资料。

增压泵旁通管 另外一种保护设备是水泵旁通管。图 13.22 表示一个有旁通管的增压泵系统。当增压泵停车时，流量降落产生两个压力波。向上游传播的是一个正的瞬变波，向下游传播的是一个负的瞬变波。

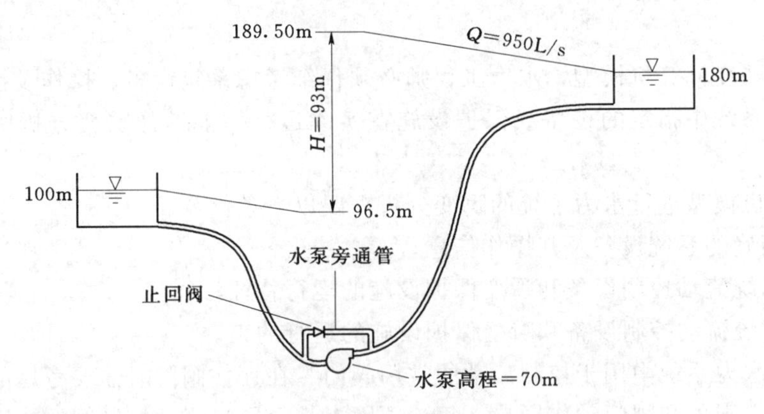

图 13.22 有旁通管的增压泵系统

水泵的旁通连接可作为瞬变保护单元，但其取决于上游管道（L_S）与下游管道（L_R）的相对长度及流速变化的量值。如果水泵下游端压力降落到比上游端压力低，那么水不断经过旁通管流入下游，这样既限制了增压泵站上游水压上升，也抑制了增压泵站下游水压降落。

图 13.23 表示图 13.22 所示系统的瞬变分析结果。这些结果表明旁通管打开，将水从上游管道传输到下游管道，这有助于减小或控制增压泵站上、下游的最大、最小瞬变水压。

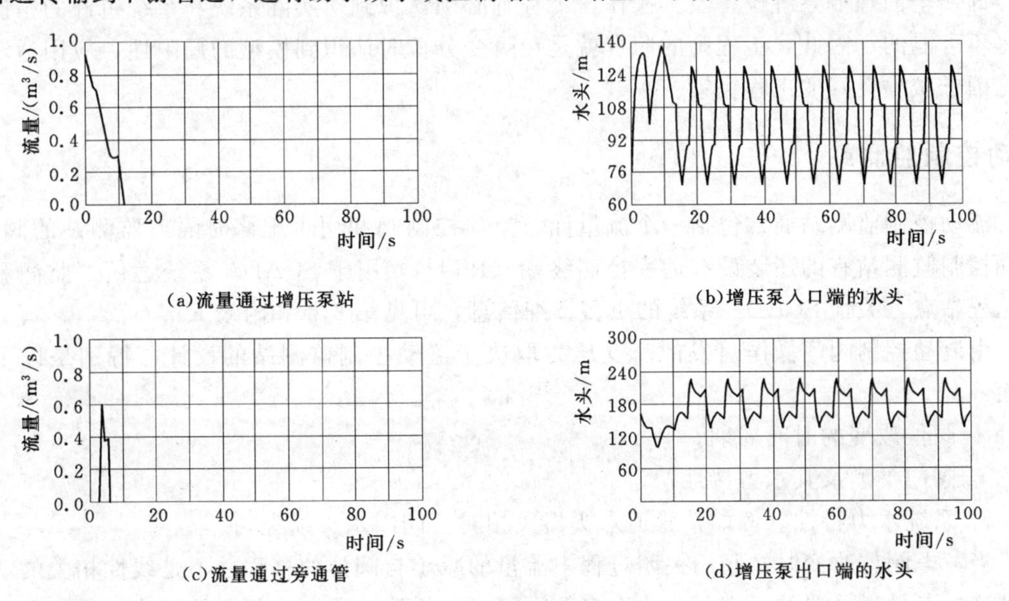

图 13.23 增压泵关闭

增压泵旁通管的有效性取决于特定的增压泵系统和上、下游管道的相对长度。如果水泵出流端产生的低压涌波的压力大于水泵入流端产生的高压涌波的压力（如果 $L_S < L_R$，通常会发生），旁通管就不会打开。对于旁通管可能不会打开的系统，就需要其他的瞬变保护设施。每个系统需分别分析，评估过大和/或过小的瞬变压力的发生，确定潜在的过量压力控制策略。

13.7 运行操作考虑

为了应用瞬变计算机模型，水力工程师必须仔细考虑系统设备、操作及操作约束。他或她需要确保系统中指定的设备或保护设施在实际运行中能够像瞬变分析所预计的那样运行。

应用计算机模型进行水力系统的瞬变分析需要以下条件：

- 获取精确的系统设备及其操作信息；
- 确定系统流动控制设备和瞬变保护设施的运行特征；
- 确认系统流动控制设备和瞬变保护设施的运行约束。

本节讨论水力系统中用于控制流动的常用阀门。在评估阀门时需要考虑的关键因素有水头损失、气穴现象和阀门动作影响。每一项因素都会影响流动控制阀的恒定流和瞬变流状态。

文献记载有很多关于设计较差的控制阀的案例。其中一些阀门由于在恒定流状态时过高的水头损失或气穴而不能充分运行，而另一些阀门由于选型或操作不当而不能有效控制水力瞬变。当为流动控制和/或泵站设计控制阀门时，阀门的类别、数量和型号大小必须仔细考虑评估，以确保提供恰当的恒定和瞬变流动规则特征。

即使全面理解系统设备及其操作，工程师必须认识到对实际系统和系统组件的精确模拟是不可能的。因此，工程师的职责就是在瞬变分析时认识到模型的局限性，应用适当的安全因子做出良好的工程决策。

流动控制监测站

流动控制监测站通常包括一个流量计、流动控制阀和用于维修时隔离监测站的阀门。流动控制监测站有的还装设有远程控制终端（RTU），用于 SCADA 系统通信、监测和控制远程站点（关于 SCADA 系统的更多详细信息，可见第 6 章和附录 E）

由流动控制阀门操作引发的瞬变压力取决于流动控制监测站的设计，特别是以下几方面：

- 阀位改变的时间周期；
- 阀门类型及其水力特性；
- 系统水力特性（例如，管道水头损失相对于阀门水头损失）。

当考虑阀位改变时，阀门关闭过程中流量的减小与阀位的移程并不是线性相关的，认识到这一点是很重要的。实际上，大多数阀门（包括消火栓）大部分的流速改变是发生于阀门刚刚打开的时候。正是阀门快速打开那一个旋转的瞬时可引发影响巨大的水锤事件。例如，如果关闭一个阀门需要旋转 20 转，并且经过阀门的初始流速为 16ft/s（5m/s），在最初 19 转流速改变到 6.6ft/s（2m/s），那么在阀门关闭的最后一转流速由 6.6 ft/s 变为 0（被称为阀门的“有效关闭”）。最后与特征时间（$2L/a$）相等的时间段内发生的流速改变决定了瞬变的大小。

在选择流动控制阀门类型时需要考虑的最重要的因素之一是气穴现象。当最小水压在阀门内的关键点处达到流体的蒸汽压（p_v），气穴现象发生，蒸汽泡形成。如果阀门两端压差太大，或阀门下游压力变小，在恒定流条件下会发生气穴。气穴会损害阀门并发出过量噪声，特别是阀门选用不当，更会如此。对于这些情况，应选择特殊设计的控制阀门，使发生气穴的可能性最小。

由于其严重性，气穴现象也可影响阀门的水力功能。当阀门下游流体膨胀、压力上升，造成蒸汽泡破裂。这种蒸汽泡的动态生成和破裂现象，会造成噪声和震颤，并腐蚀阀门的内表面。

要完全消除阀门的气穴现象，必须降低经过阀门的水头损失，或提高阀门下游压力。然而，这些要求对于特定的阀门站来说可能不可行。在临界流条件下有限的气穴现象是可以接受的。在这些情况下，为避免过于频繁的维护和维修，阀门材料必须选择抗气穴的材料，如不锈钢。如果不能降低经过阀门所需的水头损失，并且也不能提高下游水压而减轻阀门的气穴现象，那么必须针对这些极端的水力条件特别设计阀门，如多级喷射阀门。

最后考虑的一个设计关键与系统的水力特征有关。管道系统的水头损失会导致阀门邻近处波峰衰减和管道填充，这反过来又会影响在系统中生成和传播的瞬变水头。管道系统的摩擦还会影响产生特定流速所必须的阀位。

图 13.24 比较了不同流动控制阀门的水力特征，包括设计用于自由出流能量耗散的 Howell Bunger 阀门。该图表明不同型号的阀门的流量系数如何随阀门按全开位置百分比的程度（开度）而变化。流量系数可用于按阀位的函数计算确定流速。

自动控制阀门 那些不需要外部能源来操作的阀门被称为自动控制阀门。自动控制阀门的启闭取决于系统压力。阀体通常有一个球状或角状样式，其内部操作杆与一个位于阀体内的隔膜或活塞相连。水力导流控制或管道利用系统压力通过将水导向隔膜或活塞操作杆的任意一边来控制阀位。基于水力导流控制装置的选择和布局，阀门可设计为执行特定的功能，如保持恒定的上、下游压力或维持常量的流速。

对于运转良好的自动控制阀门，其必须安装于水力系统中有足够的水压克服阀体内部操作杆的重量及其摩擦阻力的位置。阀门的安装位置通常不成问题，那是因为并不需要在隔膜或活塞操作杆位置有很大的压力用以产生足够的力来克服内部操作杆阻力。需要对阀门进行定期检查，确保在阀座上没有异物妨碍阀门操作以及控制管内的滤网保持清洁。

自动控制阀门的内在设计限制了其对快速瞬变的快速反应能力。在感应到系统水压由于瞬变而发生变化时，水力导流控制杆导引控制水体进入内部阀门控制杆。所需的水体导引时间限制了控制阀的反应时间，其通常与阀门的尺寸有关，阀门越大所要求的控制水体

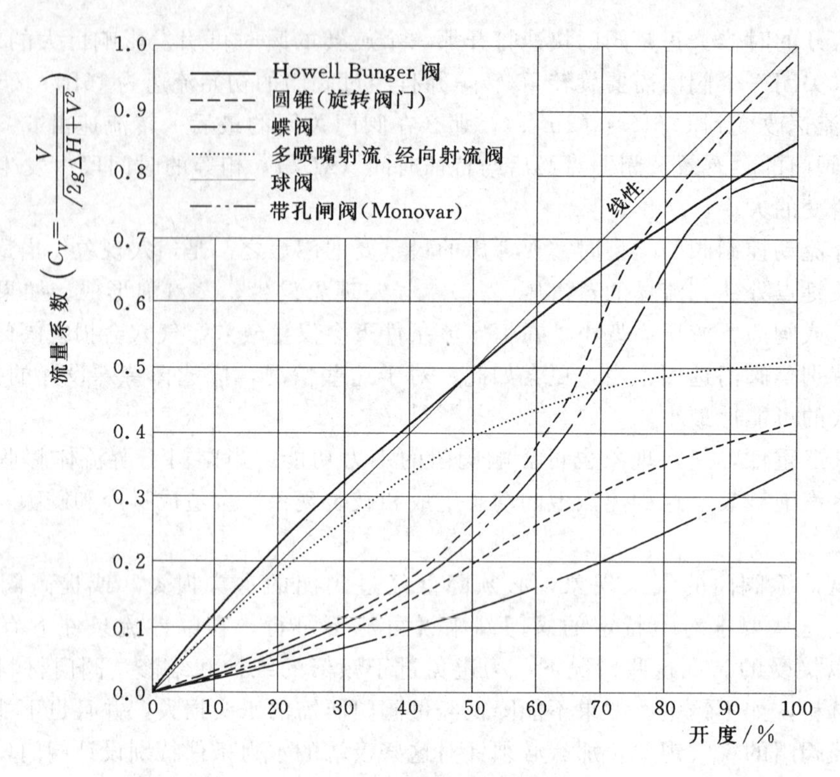

图 13.24 流量控制阀特性

体积越大。然而，某些自动控制阀门有快速响应特性以阻止倒流。

对于那些要求截断阀门两端相当大的水头的阀门站点而言，如果管道没有恰当的设计，那么会在阀门控制管道上产生大的紊动。这种紊动会产生振荡现象使阀门不能在系统中保持恒定流状态，而且在控制管道中发生气穴现象，使控制导流阀门产生过量的磨损。

若系统最大压力超过压力释放阀门的工作压力时，压力释放阀门从系统中向外排水，可将一个自动控制阀门设计为在此时动作。然而，由于其响应时间的约束，用于控制系统瞬变的压力释放阀门类型的有效性也受到了限制。

止回阀 目前，防止水力系统中倒流的止回阀有多种。所要求的止回阀必须仔细选定，确保其运行特征（如关闭时间）足以应对系统中发生的瞬变倒流。一些瞬变倒流情况发生得非常迅速，因此如果止回阀不能快速响应，阀门可能会瞬间怦然关闭，造成阀门和管道破坏。

那些带有移动圆盘和大质量部件的止回阀有很大的惯量，因此对于倒流其关闭缓慢。那些安设较轻止回装置的止回阀有较低的惯量并因此关闭迅速。一些止回阀（例如摆动止回阀）上的外部平衡物设计用于帮助阀门的关闭阻流作用。然而，对于瞬变倒流非常迅速的系统，平衡物所附加的惯量使阀门的关闭时间变长。弹簧式止回阀可用于降低关闭时间，但这些阀门有较高的水头损失特征，并且在一些流动条件下可能会产生振荡现象。

模拟者理解所用的止回阀的关闭特征是很重要的。例如，球止回阀往往关闭缓慢，摆动止回阀关闭稍微快一点（除非经过调整），喷嘴止回阀的关闭时间最短。模拟具有不同类型止回阀的瞬变事件可以表明是否采用昂贵的喷嘴止回阀。

总之，估计止回阀安装处的水柱减速情况，理解水柱倒流速度，以确保选用的止回阀有足够的关闭时间防止倒流，这些都需要瞬变分析。

空气释放阀

积聚于供水系统高点的空气和在水泵启动前存在于垂直水泵柱面内的空气需要适当的排出系统，以防止当系统中的气泡移动时发生流动阻力和瞬变现象发生。

气体进入供水系统有几种方式。水中所包含的可溶性气体可以缓慢地释放，其逐渐积聚于系统的高点。某些泵站吸入端的开放水面的涡流也可将空气吸入系统。如果系统部分区域由于维修或维护的原因需要放空和暂停服务，当其重新并入系统服务时，通常会截留部分空气。空气也会通过进气阀或溢流阀进入系统，这些阀门通常用于系统中控制低压瞬变和预防过度的真空状态。

用于控制低压瞬变的排气阀（见图 13.25）必须设计为以一个缓慢而可控的速度向外排放系统中的气体。如果气体以不可控的速度排出系统，当气体排出时，液柱重新合拢，相互撞击，会在系统中该排气阀处产生一个高压瞬变。由于不恰当的排气阀设计而引发系统故障的案例屡有记载。

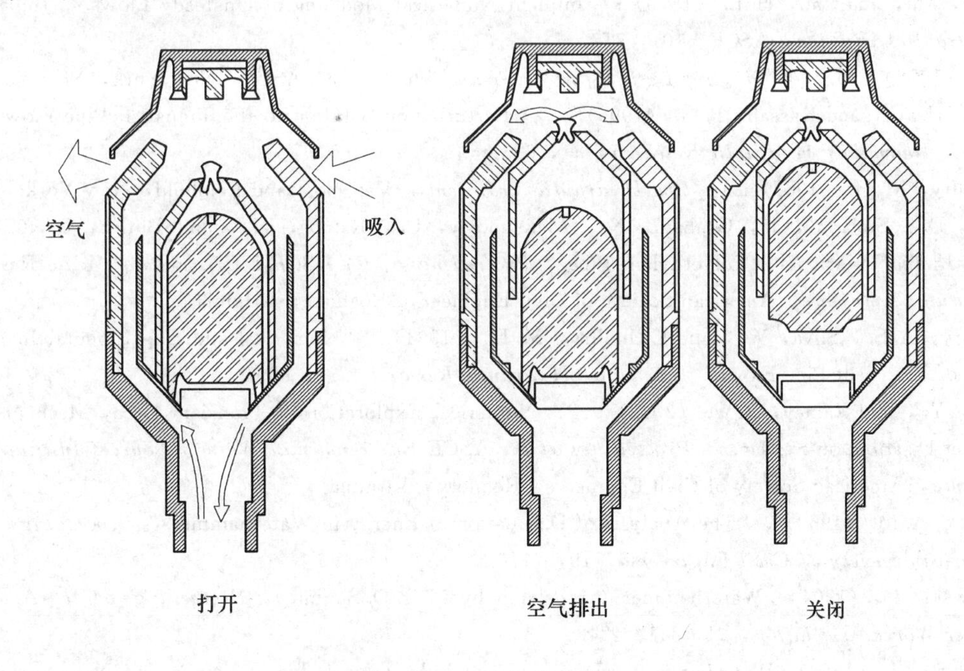

图 13.25 空气释放阀

有限制的关闭控制可以这样得到，在组合排气阀基础上，采用在阀圆盘上钻有多个孔洞的止回阀。该止回阀设备通常在弹簧作用下打开，只有在系统中气体排空出流时才关闭。当止回阀关闭时，水缓慢地流过止回阀圆盘上的孔洞并缓慢关上主气阀。这种设备主要用于那些快速排气会对排气阀产生损害的地方。

对于低压瞬变控制情况的附加的气体出流控制，可通过应用组合气阀得到，该气阀允许空气通过一个大口孔径流入系统，而该孔径在空气出流时关闭，使空气只能通过一个小孔径气阀出流。

水力气阀是控制系统瞬变的特殊的气阀。这种气阀可以在真空条件下快速打开，让空气通过一个大孔径进入系统，从而控制低压瞬变。当系统压力重新升高时，进入系统的空气从同一个大孔径快速排出，系统流体紧随其后排出。当系统流体开始排出时，阀门以一个设定速率缓慢关闭以避免在系统中产生高压瞬变。该类型设备的缺点是能量耗散且通常需要建设收集从气阀站点中排放水的构筑物。

参考文献

Allievi, L. (1903). *Teoria Generale del Moto Perturbato Dell'acqua Nei Tubi in Pressione*. Annali Della Societa Degli Ingegneri ed Architetti Italiani, Milan.

Allievi, L. (1925). *Theory of Waterhammer* (translated by E. E. Halmos). Riccardo Garoni, Rome.

Almeida, A. B., and Koelle, E. (1992). *Fluid Transients in Pipe Networks*. Elsevier Applied Science, Southampton, UK.

Amein, M., and Chu, H. L. (1975). "Implicit Numerical Modeling of Unsteady Flows." *Journal of Hydraulics Division*, ASCE, 101, 717.

ASCE (1975). *Pressure Pipeline Design for Water and Wastewater*. ASCE, New York, New York.

Basha, H. A., and Kassab, B. G. (1996). "A Perturbation Solution to the Transient Pipe Flow Problem." *Journal of Hydraulic Research*, 34, 633.

Chaudhry, M. H. (1987). *Applied Hydraulic Transients*. Van Nostrand Reinhold, New York.

Covas, D., Stoianov, I., Graham, N., Maksimovic, C., Ramos, H., and Butler, D. (2002). "Hydraulic Transients in Polyethylene Pipe." *Proceedings of the ASCE Environmental Water Resources Institute Conference*, American Society of Civil Engineers, Roanoke, Virginia.

Elansary, A. S., Silva, W., and Chaudhry, M. H. (1994). "Numerical and Experimental Investigation of Transient Pipe Flow." *Journal of Hydraulic Research*, 32, 689.

Filion, Y., and Kamey, B. W. (2002). "A Numerical Exploration of Transient Decay Mechanisms in Water Distribution Systems." *Proceedings of the ASCE Environmental Water Resources Institute Conference*, American Society of Civil Engineers, Roanoke, Virginia.

Gray, C. A. M. (1953). "The Analysis of Dissipation of Energy in Waterhammer." *Proceedings of the American Society of Civil Engineers*, 119, 1176.

Joukowski, N. (1904). Waterhammer (translated by Miss. O. Simmin). *Proceedings of the American Water Works Association*, 24, 341-424.

Parmakian, J. (1963). *Waterhammer Analysis*. Dover Publications, Inc., New York, New York.

Streeter, V. L., Lai, C. (1962). "Waterhammer Analysis Including Fluid Friction." *Journal of Hydraulics Division*, ASCE, 88, 79.

Wood, D. J., Dorsch, R. G., and Lightner, C. (1966). "Wave-Plan Analysis of Unsteady Flow in Closed Conduits." *Journal of Hydraulics Division*, ASCE, 92, 83.

Wylie, E. B., and Streeter, V. L. (1993). *Fluid Transients in Systems*. Prentice-Hall, Englewood Cliffs, New Jersey.

“是新的家庭作业吗？”

讨论话题与习题

学习本章并完成全部习题。将你的成果提交给 Haestad Methods，就能获得 11.0 继续教育学分。参见继续教育单元或登录网站 www.haestad.com/awdm-ceus/，可以获得更多信息。

13.1　一条直径为 12in 球墨铸铁输水干管从水位 500ft 的高位水箱向水位为 450ft 的地面蓄水水箱输水。位于地面水箱入口的控制阀被节流以便保持 1000gal/min 的流量。输水干管具有 4000ft/s 的波速。

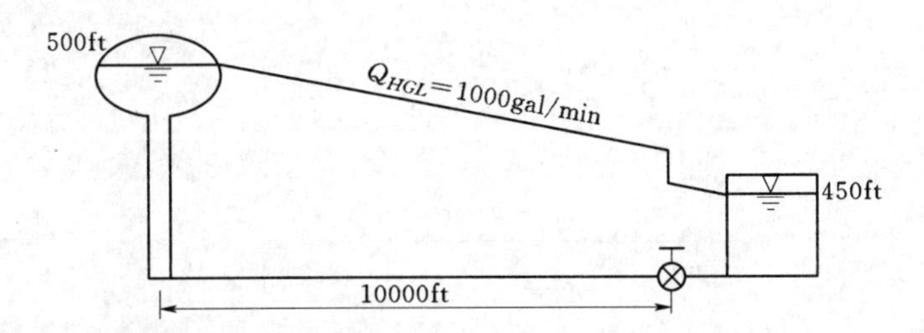

（1）压力波从一端传到另一端需要多长时间？

（2）系统的特性时间是什么？

（3）如果控制阀在 4s 内完全关闭，可能的水头变化会在控制阀的上游迅速产生吗？

13.2　一个卧式水泵从水位为 50ft 的水处理厂清水池向水位为 375ft 的高位蓄水水箱输水 1000 万 gal/d。水通过直径为 30in、长 2 万 ft 的钢输水干管输送。输水干管具有

3500ft/s 的波速。

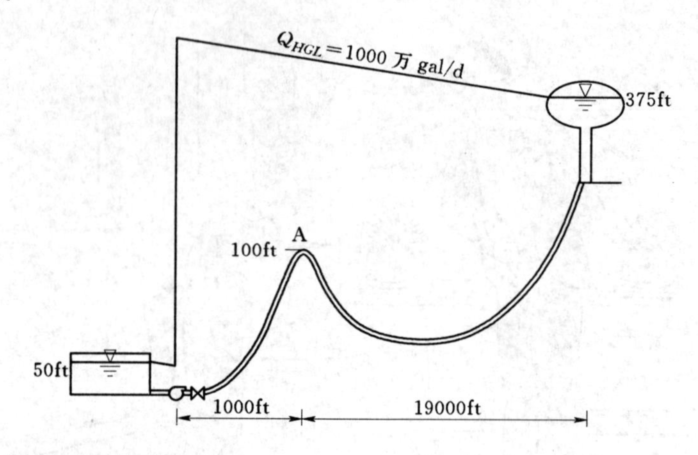

（1）系统的特征时间是什么？

（2）如果由于停电造成一个瞬时紧急的水泵停泵事件发生，在 A 点会发生水柱分离吗？

（3）在紧急水泵停泵事件的情况下，水泵旁通管对于预防 A 点出现真空的情况会有效吗？如果不能，怎样做能预防？

附录 A

单位和符号

A.1 单位

为了满足全部读者的需要，全书采用了两个系列的单位，英制单位和国际（SI）单位制或米制。在书中给出数值的地方，英制单位作为基本的单位，在括号中提供国际单位制等效的数值。在应用之处，全部的公式都以两种单位系统表示，并提供适当的转换系数。对于以一般形式表示公式的场合，一般单位系统建立如下：

L——长度单位；

M——质量单位；

T——时间单位。

A.2 符号

以下是《高级供水系统建模与管理》一书中全部使用过的变量的列表。因为有比英文字母和适当符号多得多的参数变量，所以存在某些冲突在所难免。然而，一旦相同的字母或符号用于表示两个不同的参数时，要相互离得较远以免混淆。

典型计量单位在括号中提供英制单位和国际单位制。因为在书中偶然使用不同的单位，为了清晰起见，这些单位被显示在变量定义之后。在某些情况下，用一般的单位表示(如上面解释的)：

a——流体的特征速度，L/T；

a——目标函数单位转换系数；

a——粗糙度的年变化率，in/y 或 mm/y；

a_0——入口波速，ft/s 或 m/s；

ΔA——管道过水断面面积变化量，ft^2 或 m^2；

A——校正系数；

A——过水断面面积，ft^2 或 m^2；

A——孔口横截面积，in^2 或 m^2；

A_i——管道 i 横载面面积，L^2；

$A_{i,t}$——水箱 i 在时刻 t 的表面面积，L^2；

A_{eq}——少量水箱的横截面面积，ft^2 或 m^2；

A_0——入流管道断面面积，ft^2 或 m^2；

A_1——断面 1 过水断面面积，ft^2 或 m^2；

A_2——断面 2 过水断面面积，ft^2 或 m^2；

$\overline{A}$——断面 1 与断面 2 平均过水断面面积，ft^2 或 m^2；

b——目标函数单位转换系数；

B——特性阻抗，$B=a/gA$，s/ft^2 或 s/m^2；

B——校正系数；

$B_{i,j}$——节点 i 需水类型 j 的基准需水量，L^3/T；

BHP——制动马力，hp 或 kW；

c——描述水泵特性曲线形状的系数；

C——时间段 t 内的能耗费用，美元；

C——浓度，M/L^3；

C——海曾-威廉系数；

C_c——C 系数修正值；

C_d——流量系数；

C_e——考虑局部水头损失的海曾-威廉系数；

C_f——单位转换系数（数值从一个公式转换到另一个公式）；

C_i——管道 i 中的浓度，M/L^3；

$C_{i,l}$——管道 i 中差分节点 l 的浓度，M/L^3；

$C_{i,ni}$——从管道 i 流入节点的浓度，M/L^3；

C_k——水箱或水库 k 中的浓度，M/L^3；

C_{lim}——反应的限制性浓度，M/L^3；

C_0——参考的 C 系数；

C_{OUTj}——流出节点 j 的浓度，M/L^3；

C_v——阀门系数，$(gal/min)/(lb/in^2)^{0.5}$ 或 $(m^3/s)/(kPa)^{0.5}$；

d——水分子扩散系数，L^2/T；

dQ/dt——流量对时间 t 的变化率；

dV/dt——流体加速度；

$\frac{dV}{dy}$——速度梯度，$1/T$；

dV/V——流体体积变化率；

$d\rho/\rho$——流体密度变化率；

D——管径（in 或 ft，m、cm 或 mm）；

e——效率，%；

e_{w-w}——从输入电功率到输出水体功率的总效率，%；

e_m——电机效率；

e_p——水泵效率；

e_d——变速驱动效率；

E——杨氏模数，lbf/ft^2 或 Pa；

E_v——流体弹性模量，lb/in^2 或 kPa；

El_{max}——供水区域内用户最大容许高程，ft 或 m；

El_{min}——供水区域内用户最小容许高程，ft 或 m；

EP——电能，W；

f——目标函数；

f——达西-魏斯巴赫摩擦阻力系数；

F——消防流量，gal/min 或 m^3/s；

F——建筑结构类型系数；

g——重力加速度，$32.2ft/s^2$ 或 $9.81m/s^2$；

h——流体深度，ft 或 m；

h——孔口水头损失，ft 或 m；

h_{dis}——水泵出流端水头，ft 或 m；

h_l——静压提升高度，ft 或 m；

h_L——摩擦阻力水头损失，ft 或 m；

Δh_L——摩擦阻力水头损失测量误差，ft 或 m；

h_{loss}——（从水箱到水泵之间的）水头损失和局部水头损失之和，ft 或 m；

h_m——局部水头损失，ft 或 m；

h_0——静（关闸）水头（流量为零时的水泵水头），ft 或 m；

h_P——水泵水头，ft 或 m；

h_{suc}——水泵吸水端水头，ft 或 m；

h_l——静态条件下，测试断面所测得的水头损失，ft 或 m；

h_1——净扬程，ft 或 m；

h_2——出流条件下，测试断面所测得的水头损失，ft 或 m；

h_3——静态条件下，测试断面所模拟的水头损失，ft 或 m；

h_4——出流条件下，测试断面所模拟的水头损失，ft 或 m；

ΔH_0——水头脉冲，ft 或 m；

ΔH_R——反射波水头，ft 或 m；

ΔH_s——传播波水头，ft 或 m；

H——总水头，ft 或 m；

H_{bar}——（泵站所处高程的）大气压力，ft 或 m；

H_i——时刻 i 的水箱水位，ft 或 m；

$H_{i,t}$——水箱 i 在时刻 t 的水位，L；

$H_{i,t+\Delta t}$——水箱 i 在时刻 $t+\Delta t$ 的水位，L；

H_s——静水头（水面高程-水泵高程），ft 或 m；

H_{vap}——（可随温度不同而校正的）水的蒸汽压，ft 或 m；

HGL——水力坡度线，ft 或 m；

HGL_{max}——最大水力坡度线，ft 或 m；

HGL_{min}——最小水力坡度线，ft 或 m；

HGL_U——上游消火栓的水力坡度线，ft 或 m；

HGL_D——下游消火栓的水力坡度线，ft 或 m；

i——第 i 个合并管道；

I——泵站平均电流，A；

IN_j——进入节点 j 的管段集合；

k——取决于使用的单位的单位转换系数；

k——反应速率常数，$(L^3/M)^{n-1}/T$；

k_1——能量转换系数；

k_2——描述系统特征系数；

k_b——水特征反应系数，1/T；

k_w——管壁反应系数，L/T；

k_f——水体到管壁的质量传递系数，L/T；

K——喷洒设备系数；

K——总反应速率常数，1/T；

K_L——局部水头损失系数，s^2/ft^5 或 s^2/m^5；

$\sum K_L$——局部水头损失系数之和，s^2/ft^5 或 s^2/m^5；

K_M——局部水头损失阻抗系数；

K_P——管道阻抗系数，s^z/ft^{3z-1} 或 s^z/m^{3z-1}；

L——管道长度，ft 或 m；

L——断面 1 和断面 2 之间的距离，ft 或 m；

L——将来漏失量，L^3/T；

L_e——等效管道长度，ft 或 m；

m——描述水泵特性曲线形状的系数；

M/A——修正后的需水量变化系数；

$(M/A)_c$——用水用户需水量变化系数；

n——曼宁粗糙系数；

n——接出管道数量；

n——反应速率指数常数；

n——水泵转速与水泵测试转速的比率；

n_i——管段 i 有限差分网格节点数；

n_1，n_2——水泵速度，r/min；

N——相位数；

N——已知水头的节点数；

N——管线横断面周长，ft 或 m；

NFF——消防用水量，gal/min；

$NPSH_a$——可利用的净吸入水头，ft 或 m；

O——容积系数；

OH_n——第 n 个节点观测水头，ft 或 m；

OQ_p——第 p 个管段观测流量，gal/min 或 m^3/s；

OUT_j——离开节点 j 的管道集合；

Δp——压强变化量，lb/in^2 或 Pa；

p——能耗单价，美分/(kW·h) 或美元/(kW·h)；

P——压强，lb/in^2 或 lb/ft^2，kPa 或 Pa；

P——通信系数；

P——流量已知的管道数；

ΔP——压差，lb/in^2 或 kPa；

$\Delta p_{elastic}$——用弹性模数计算的压强改变；

P_{abs}——绝对压强，lb/in^2 或 Pa；

P_{atm}——大气压强，lb/in^2 或 Pa

P_D——下游消火栓的压强，lb/in^2 或 kPa；

P_{dis}——出口水压，lb/in^2 或 kPa；

P_{DS}——静态条件下，下游消火栓的压强，lb/in^2 或 kPa；

P_{DT}——出流条件下，下游消火栓的压强，lb/in^2 或 kPa；

P_{gage}——压力表压强，lb/in^2 或 Pa；

PH_n——在第 n 个节点模型预测的压强，ft 或 m；

$P_{i,j,t}$——节点 i 时刻 t 需水类型 j 的模式系数；

$P_{\min}$——通过倒流保护器的最小压降，lb/in^2 或 kPa；

$P_{\min}$——可接受的最小水压，lb/in^2 或 kPa；

$P_{\max}$——可接受的最大水压，ln/in^2 或 kPa；

Δp_{rigid}——刚性模型计算的压强变化；

P_o——在 Q_0 处要计算的压强，lb/in^2 或 kPa；

PQ_p——在第 p 管段模型，预测的流量，gal/min 或 m^3/s；

P_s——测试期间的静压，lb/in^2 或 kPa；

P_{set}——出流压力设定值，lb/in^2 或 kPa；

P_{suc}——入口水压，lb/in^2 或 kPa；

P_t——测试期间残余压力，lb/in^2 或 kPa；

P_U——上游消火栓的压强，lb/in^2 或 kPa；

P_{US}——静态条件下，上游消火栓的压强，lb/in^2 或 kPa；

P_{UT}——出流条件下，上游消火栓的压强，lb/in^2 或 kPa；

P_1——断面 1 的压强，lb/ft^2 或 Pa；

P_2——断面 2 的压强，lb/ft^2 或 Pa；

PF——功率系数；

PF——最大日需水量和平均日需水量之间的峰值因子；

PW——能耗费用的折现值系数；

Q——管道流量，gal/min 或 ft^3/s，m^3/s；

Q——流量，gal/min 或 ft^3/s，L/s 或 m^3/s；

ΔQ——流量 Q 的测量误差，gal/min 或 m^3/s；

Q_{avg}——平均日需水量，L^3/T；

Q_c——将来通过用户水表计量的用水量，L^3/T；

Q_c——需水量修正值，gal/min 或 m^3/s；

Q_{demand}——平均需水量，L^3/T；

Q_e——测试区域需水量估计值，gal/min 或 m^3/s；

Q_i——在 i 时段流入水箱的流量，ft^3/s 或 m^3/s；

Q_{inflow}——平均入流量，L^3/T；

Q_i——节点 i 入流流量，ft^3/s 或 m^3/s；

Q_i——管道 i 的流量，L^3/T；

Q_i——时刻 i 的入流流量，L^3/T；

$Q_{i,t}$——节点 i 时刻 t 的总需水量，L^3/T；

Q_{max}——最大日需水量，L^3/T；

Q_0——压强 P_0 条件下的流量，gal/min 或 m^3/s；

$Q_{outflow}$——平均出流水量，L^3/T；

Q_P——水泵出流量，gal/min、ft^3/s 或 m^3/s；

Q_t——消火栓测试流量，gal/min 或 m^3/s；

r——反射系数（无量纲）；

Re——雷诺数；

R_H——管道水力半径，L；

S_H——舍伍德数；

S_f——阻力坡降；

s——传播系数，无量纲；

t——水泵在一个运行点的工作时间，h；

t——管龄，a；

Δt——测量前后的时间差，T；

Δt——时间段长度，s；

TC——管网使用周期的总费用，美元；

TDH——总动水头，ft 或 m；

U——节点用水量，ft^3/s 或 m^3/s；

U_j——节点 j 的浓度源，M/T；

ΔV——流体流速改变，ft/s 或 m/s；

V——电压，V；

V——平均流速，ft/s 或 m/s；

V_{dis}——出流端水头测量点处的流速，ft/s 或 m/s；

V_{eff}——水箱有效体积，ft^3 或 m^3；

V_f——流体体积，ft^3 或 m^3；

$V_{i,t}$——水箱 i 在时刻 t 的蓄水量，L^3；

$V_{i,t+\Delta t}$——水箱 i 在时刻 $t+\Delta t$ 的蓄水量，L^3；

V_k——水箱或水库的蓄水量，L^3；

V_0——确定 C_0 后的流速修正值，ft/s 或 m/s；

$\Delta V_{storage}$——系统内蓄水量变化，L^3；

V_{suc}——测定吸入水头处流速，ft/s 或 m/s；

$W_{n,p}$——节点和管段加权系数；

WP——水能，ML^2/T^3；

x——管道铺设条件集；

x——未知向量；

X——曝光因数；

Δx_i——差分节点之间的距离，L；

y——长度，ft 或 m；

z——流量指数；

z——系数；

Z——高程，ft 或 m；

Z_D——下游消火栓高程，ft 或 m；

Z_{pump}——水泵高程，ft 或 m；

Z_U——上游消火栓高程，ft 或 m；

Z_1——断面 1 的高程，ft 或 m；

Z_2——断面 2 的高程，ft 或 m；

α——拟合系数；

α——管道与水平线之间的角度；

γ——流体重度，lb/ft^3 或 N/m^3；

ρ——流体密度，$slug/ft^3$ 或 kg/m^3；

τ——切应力，lb/ft^3 或 N/m^3；

μ——绝对黏度（或动力黏度），lb/ft^3 或 N/m^3；

υ——流体运动黏度，L^2/T，ft^2/s 或 m^2/s；

τ_o——管壁切应力，lb/ft^3 或 N/m^3；

ε——管内粗糙度，ft 或 m；

ε——绝对粗糙度，in 或 mm；

ε_o——新管粗糙高度（$t=0$），in 或 mm；

$\theta(C_i)$——反应项，$M/(L^3 \cdot T)$；

$\frac{dS}{dt}$——蓄水量变化，ft^3/s 或 m^3/s；

$\theta(C_{i,l})$——反应项，$M/(L^3 \cdot T)$；

$\theta(C_k)$——反应项，$M/(L^3 \cdot T)$；

$\theta(C)$——反应项，$M/(L^3 \cdot T)$；

ψ——管线支撑系数。

附录 B

转换系数

使用以下表格（根据 ANSI，1971 编辑），定位在“从”行的单位和在列中“到”的单位，用你想转换的数值乘以“到”对应的转换系数。例如，将 km 转换成 ft，看 km 行和 ft 列相关的单元找到 3281，km 乘以 3281 就能获得 ft 的数值。

长度转换系数

从＼到	m	mm	km	in	ft	yd	mi
米（m）	1	1000	0.001	39.37	3.281	1.094	0.0006215
毫米（mm）	0.001	1	1.0E－06	0.03937	0.003281	0.001094	6.214E－07
千米（km）	1000	1000000	1	39370	3281	1094	0.6214
英寸（in）	0.0254	25.4	2.54E－05	1	0.08333	0.02778	1.578E－05
英尺（ft）	0.3048	304.8	3.048E－04	12	1	0.3333	1.894E－04
码（yd）	0.9144	914.4	9.144E－04	36	3	1	5.683E－04
英里（mi）	1609	1609000	1.609	63350	5280	1760	1

体积转换系数

从＼到	m^3	L	ft^3	gal（美国标准）	gal（英国标准）	ac・ft
立方米（m^3）	1	1.000	35.31	264.2	220.0	8.107E－04
升（L）	0.001	1	0.03531	0.2642	0.2200	8.107E－07
立方英尺（ft^3）	0.02832	28.32	1	7.481	6.229	2.296E－05
加仑（gal）（美国标准）	0.003785	3.785	0.1337	1	0.8327	3.069E－06
加仑（gal）（英国标准）	0.004546	4.546	0.1605	1.201	1	3.686E－06
英亩-英尺（ac-ft）	1233	1233000	43.560	325900	271300	1

压强转换系数

从＼到	Pa	kPa	bar	atm	psf	psi	ft H_2O	mmH_2O	mmHg	kg/cm^2
帕斯卡（Pa）	1	0.001	1.0E－05	9.869E－06	0.02089	1.451E－04	3.346E－04	0.1020	0.007501	1.020E－05
千帕（kPa）	1000	1	0.01	9.869E－03	20.89	0.1450	0.3346	102.0	7.500	0.01020
巴（bar）	1.00E+05	100	1	0.9869	2089	14.50	33.46	10200	750.0	1.0204

续表

到 从	Pa	kPa	bar	atm	psf	psi	ft H_2O	mmH_2O	mmHg	kg/cm^2
大气压强（atm）	1.01E+05	101.3	1.013	1	2116	14.70	33.90	10330	759.8	1.0337
磅/平方英尺（lb/ft^2）	47.88	0.04788	0.0004788	4.725E-04	1	0.006944	0.01602	4.884	0.3591	4.886E-04
磅/平方英寸（lb/in^2）	6894	6.894	0.06894	0.06805	144.0	1	2.307	703.3	51.72	0.07035
英尺水柱（ft H_2O）	2986	2.986	0.02986	0.02948	62.43	0.4335	1	304.6	22.42	0.03047
毫米水柱（mm H_2O）	9.803	0.009803	9.803E-05	9.677E-05	0.2047	0.001422	0.003283	1	0.07353	1.0003E-04
毫米汞柱（mm Hg）	133.3	0.1333	0.001333	0.001316	2.784	0.01934	0.04465	13.60	1	0.001360
千克/平方厘米（kg/cm^2）	98000	98	0.98	0.967423	2046.78	14.22	32.82	9997	735.07	1

流量转换系数

到 从	m^3/s	L/s	m^3/h	cfs	MGD	gpm	ac·ft/d
立方米/秒（m^3/s）	1	1.000	1.440	35.32	22.83	15850	70.08
升/秒（L/s）	0.001	1	1.440	0.03532	0.02283	15.85	0.07008
立方米/小时（m^3/h）	0.0006944	0.2777	1	0.02453	0.01585	11.01	0.04866
立方英尺/秒（ft^3/s）	0.02831	28.31	40.77	1	0.6462	448.7	1.984
百万加仑/天（MGD）	0.04381	43.81	63.09	1.548	1	694.4	3.070
加仑（美国标准）/分钟（gal/min）	0.00006309	0.06309	0.09086	0.002229	0.001440	1	0.004421
英亩·英尺/天（ac·ft/d）	0.01427	14.27	20.55	0.5041	0.3257	226.2	1

黏度转换系数

从 \ 到	Pa·s	cP	$lbf \cdot s/ft^2$
帕斯卡·秒（Pa·s）	1	1000	0.02089
厘泊（cP）	0.001	1	2.089E-05
磅力·秒/平方英尺（$lbf \cdot s/ft^2$）	47.88	47880	1

运动黏度转换系数

从 \ 到	m^2/s	cS	ft^2/s
平方米/秒（m^2/s）	1	1000000	10.76
厘沲（cS）	1.0E-06	1	1.080E-05
平方英尺/秒（ft^2/s）	0.09290	9.290E+04	1

流速转换系数

从 \ 到	m/s	km/h	fps	mph
米/秒（m/s）	1	3.600	3.281	2.237
千米/小时（km/h）	0.2778	1	0.9114	0.6215
英尺/秒（fps）	0.3048	1.097	1	0.6819
英里/小时（mph）	0.4470	1.609	1.467	1

能量转换系数

从 \ 到	W	kW	hp	ft·lbf/s	BTU/hr
瓦（W）	1	0.001	0.001341	0.7380	3.414
千瓦（kW）	1000	1	1.340	738.0	3414
马力（hp）	746	0.7460	1	550.6	2547
英尺·磅力/秒（ft·lbf/s）	1.355	0.001355	0.001816	1	4.626
英国热量单位/小时（BTU/h）	0.2929	0.0002929	0.0003926	0.2162	1

附录C

附表

水的密度、黏度和运动黏度

温度		密度		黏度		运动黏度	
℉	℃	kg/m^3	$slugs/ft^3$	$N\cdot s/m^2$	$lb\cdot s/ft^2$	m^2/s	ft^2/s
32	0	999.8	1.940	1.781E-3	3.746E-5	1.785E-6	1.930E-5
39	4	10000	1.941	1.568	3.274	1.586	1.687
50	10	999.7	1.940	1.307	2.735	1.306	1.407
68	20	998.2	1.937	1.002	2.107	1.003	1.088
86	30	995.7	1.932	0.798	1.670	0.800	0.864
104	40	992.2	1.925	0.547	1.366	0.553	0.709

资料来源： Compiled from Botz and Tuve（1973），Heary and Heinke（1996），Huglies and Brighton（1967），and Tcbobanaglous and Schroeder（1985）。

水的标准蒸汽压

温度		蒸汽压	
℉	℃	ft	m
32	0	0.20	0.061
40	4.4	0.28	0.085
50	10.0	0.41	0.12
60	15.6	0.59	0.18
70	21.1	0.84	0.26
80	26.7	1.17	0.36
90	32.2	1.61	0.49
100	37.8	2.19	0.67

资料来源： Hydraulic Instituec（1979）。

标准大气压

海拔标高		大气压强	
ft	m	ft	m
0	0	33.9	10.3
1000	305	32.7	9.97
2000	610	31.6	9.63

续表

海拔标高		大气压强	
ft	m	ft	m
3000	914	30.5	9.30
4000	1220	29.3	8.93
5000	1524	28.2	8.59
6000	1829	27.1	8.26
7000	2134	26.1	7.95
8000	2440	25.1	7.65

资料来源：Hrdraulic Institute（1979）。

各种流态的雷诺数

流态	雷诺数	流态	雷诺数
层流	<2000	紊流	>4000
过渡期的	2000～4000		

各种管材等效砂粒粗糙度

材　　料	等效砂粒粗糙度	
	ft	mm
铜，黄铜	$1\times10^{-4}\sim3\times10^{-3}$	$3.05\times10^{-2}\sim0.9$
锻铁，钢	$1.5\times10^{-4}\sim8\times10^{-3}$	$4.6\times10^{-2}\sim2.4$
涂沥青铸铁	$4\times10^{-4}\sim7\times10^{-3}$	0.1～2.1
电镀铁	$3.3\times10^{-4}\sim1.5\times10^{-2}$	0.102～4.6
铸铁	$8\times10^{-4}\sim1.8\times10^{-2}$	0.2～5.5
混凝土	$10^{-3}\sim10^{-2}$	0.3～3.0
无涂层铸铁	7.4×10^{-4}	0.226
有涂层铸铁	3.3×10^{-4}	0.102
有纺织涂层铁	1.8×10^{-4}	5.6×10^{-2}
水泥	$1.3\times10^{-3}\sim4\times10^{-3}$	0.4～1.2s
锻铁	1.7×10^{-4}	5×10^{-2}
无涂层钢	9.2×10^{-5}	2.8×10^{-2}
镀层钢板	1.8×10^{-4}	5.8×10^{-2}
木制排气管	$6\times10^{-4}\sim3\times10^{-3}$	0.2～0.9
PVC	5×10^{-6}	1.5×10^{-3}

资料来源：Compilcd from Lamout（1981），Moody（1944），以及 Mays（1999）。

各种管材的 C 值

各种管径对应的 C 值

管道型号	1.0in (2.5cm)	3.0in (7.6cm)	6.0in (15.2cm)	12in (30cm)	24in (61cm)	48in (122cm)
未涂层铸铁—新，光滑		121	125	130	132	134
涂层铸铁—新，光滑		129	133	138	140	141
30 年						
趋势 1—轻度腐蚀		100	106	112	117	120
趋势 2—中度腐蚀		83	90	97	102	107
趋势 3—可评估的腐蚀		59	70	78	83	89
趋势 4—严重的腐蚀		41	50	58	66	73
60 年						
趋势 1—轻度腐蚀		90	97	102	107	112
趋势 2—中度腐蚀		69	79	85	92	96
趋势 3—可评估的腐蚀		49	58	66	72	78
趋势 4—严重的腐蚀		30	39	48	56	62
100 年						
趋势 1—轻度腐蚀		81	89	95	100	104
趋势 2—中度腐蚀		61	70	78	83	89
趋势 3—可评估的腐蚀		40	49	57	64	71
趋势 4—严重的腐蚀		21	30	39	46	54
混杂的						
新刮管道		109	116	121	125	127
新刷管道		97	104	108	112	115
涤纺布铸铁——新，光滑		137	142	145	148	148
旧管道——作为相同管龄内涂铸铁管						
电镀铁管——新，光滑	120	129	133			
锻造的铁管——新，光滑	129	137	142			
内涂的钢管——新，光滑	129	137	142	145	148	148
未涂内衬的钢管——新，光滑	134	142	145	147	150	150
内涂石棉水泥管——清洁		147	149	150	152	
未内涂石棉水泥管——清洁		142	145	147	150	
内衬棉纱水泥和棉纱沥青管——清洁		147	149	150	152	153
光滑管（包括铅、黄铜、铜、聚乙烯和PVC）——清洁	140	147	149	150	152	153
PVC 波纹管—清洁	134	142	145	147	150	150

续表

管道型号	1.0in (2.5cm)	3.0in (7.6cm)	6.0in (15.2cm)	12in (30cm)	24in (61cm)	48in (122cm)
各种管径对应的 C 值						
混凝土						
等级 1—Cs=0.27：清洁		69	79	84	90	95
等级 2—Cs=0.31：清洁		95	102	106	110	113
等级 3—Cs=0.345：清洁		109	116	121	125	127
等级 4—Cs=0.37：清洁		121	125	130	132	134
最好—Cs=0.40：清洁		129	133	138	140	141
少量更换衬里的管道-清洁		109	116	121	125	127
预应力混凝土管—清洁				147	150	150

资料来源： Lamont (1981)。

曼宁糙率数值

管材	曼宁粗糙系数值	管材	曼宁粗糙系数值
石棉水泥管	0.011	波纹金属	0.022
黄铜	0.011	电镀铁	0.016
砖	0.015	石墨	0.011
新铸铁	0.012	塑料	0.009
混凝土		钢	
钢结构	0.011	煤焦油涂层	0.010
木制结构	0.015	新型无波纹	0.011
离心纺织布	0.013	铆制	0.019
铜	0.011	木制排气管	0.012

局部损失系数

设 备	K_L	设 备	K_L
管道入口		$D_2/D_1=0.20$	0.49
喇叭口	0.03～0.05	圆锥收缩管	
圆边	0.12～0.25	$D_2/D_1=0.80$	0.05
锐利边	0.50	$D_2/D_1=0.50$	0.07
凸出	0.78	$D_2/D_1=0.20$	0.08
渐缩管		渐扩	
$D_2/D_1=0.80$	0.18	$D_2/D_1=0.80$	0.16
$D_2/D_1=0.50$	0.37	$D_2/D_1=0.50$	0.57

续表

设　备	K_L	设　备	K_L
$D_2/D_1=0.20$	0.92	$\theta=60°$	0.35
圆锥扩		$\theta=90°$	0.80
$D_2/D_1=0.80$	0.03	三通	
$D_2/D_1=0.50$	0.08	直线流	0.30～0.40
$D_2/D_1=0.20$	0.13	分支流	0.75～1.80
阀门全开	0.39	四通	
打开 3/4	1.10	直线流	0.50
打开 1/2	4.8	分支流	0.75
打开 1/4	27	45°Y 形管	
球阀打开	10	直线流	0.30
角阀打开	4.3	分支流	0.50
90°弯管		止回阀-常规	4.0
弯曲半径/D=4	0.16～0.18	止回阀-净空	1.5
弯曲半径/D=2	0.19～0.25	止回阀-球形	4.5
弯曲半径/D=1	0.35～0.40	蝶阀打开	1.2
折管		直通旋塞水龙头	0.5
$\theta=15°$	0.05	铰链脚踩阀	2.2
$\theta=30°$	0.10	提升脚踩阀	12.5
$\theta=45°$	0.20		

资料来源： Walski（1984）。

附件 D

模型优化技术

当最优化技术应用到供水系统建模时，它就是寻找最好的或者最优的解决供水系统问题的过程。管网优化问题可能会在设计新管网或在确定最优泵站控制方式时出现。

用于设计的模型应用过程如图 D.1 所示（模型的选择、模型校验过程的选择、经济分析和决策过程）。然而，在开始上述设计过程之前，工程师必须建立一个描述管网拓扑关系的网络模型（或仿真系统），这一模型（或系统）可以预测系统在不同状况下的工况。作为建模工作一部分的模型校验过程可以使用最优化技术来获得更好的效果。最优化技术能够自动调整输入参数取值使得计算值和实测值更加接近。

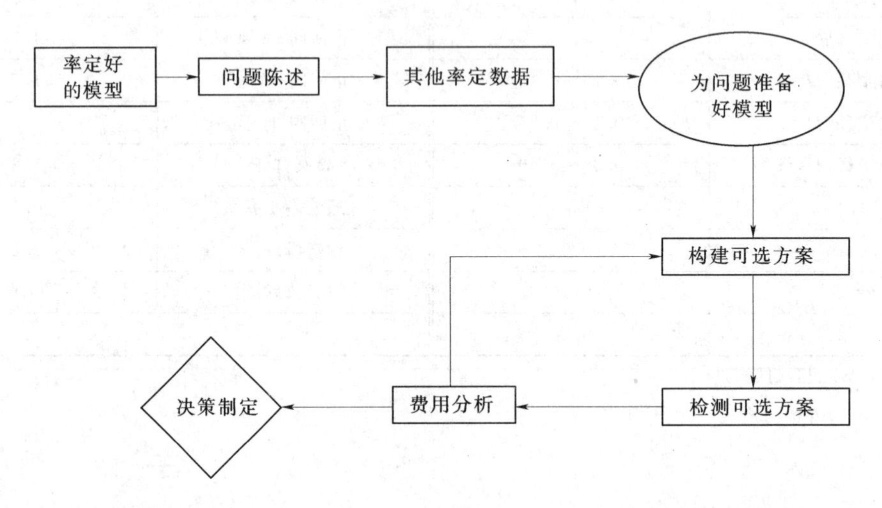

图 D.1　模型应用流程图

用于分析问题的模型已经准备完毕，工程师可以通过改变决策模型的输入来进行解决方案的比较、检验和评价，最后将得到的结论提供给决策者。提供给决策者的可选方案将能够较为理想地表现出不同可选方案在技术和经济方面结合的程度（如压力满足要求、系统可靠并且方案具有较好的经济性），该程度依赖于不同设计参数而有所不同（例如管径、泵的特性、阀门的设置或水池的尺寸）。

通过模型反复模拟所有可能的运行情况来确定最优设计方案的想法是容易想到的，但是，这会使可选方案数目迅速增加，并且随之增加耗时和花费是不可避免的。最优化技术能够提供一种有效的方式来搜索大范围备选方案的可行解空间，并自动调整系统的细节参数指标，从而产生新的改进的可选方案。采用自动（调整）技术的决策模型被称为优化模型。如何将最优化技术应用到供水系统设计中的观点是由 deNeufville、Schaake 和 Stafford 于 1971 年提出的，他们提出的原理至今仍在使用。

D.1 最优化技术概述

典型的最优化问题就是在一定约束条件下确定决策变量的取值使目标函数获得最大值或最小值的过程。本节讲述了最优化处理过程的一般概况，包括对其关键术语和原理的论述。

最优化术语

目标函数 在优化一个系统或者过程时，用量化的方法表征某个特定解决方案的优劣是一项重要的工作。一个被称为目标函数的数学函数被用来衡量系统的运行状况，并且表征系统达到优化目标的程度。如果多个优化目标并存，那么就存在多个目标函数。

所谓最优化，就是使用数学的方法来自动调整系统的细节因素，以便使系统获得尽可能最好的运行状态（即目标函数达到最优值），或者是在系统满足一定运行条件下使得设计方案花费最小。最好或最优的解决方案（或是在多目标分析中的方案集）集被称为最优解。

决策变量 为了改善系统的运行，调整某些系统参数是众所周知的方法。这些可以量化的参数被称为决策变量，它们的值将分别被确定下来。例如，在管径优化问题中，决策变量就是每根设计管道的管径。影响决策变量取值的任何约束都应该明确地表述在最优化模型中。在管径优选的问题中，每种离散管径的可用规格应该被事先定义。

约束条件 在审查系统和解决方案时，有必要考虑系统运行所必须的限制和约束条件。这些限制条件被称为约束条件。例如，某个优化目标是获得最小花费的解决方案，那么寻优者必须考虑保证系统运行和可靠性的约束条件。约束条件充当着限定决策空间、使目标函数在其空间内取值的角色。决策空间是决策变量所有可能取值的集合，而解空间则是问题所有可行解的集合。

约束条件可以进一步分为刚性约束和柔性约束。刚性约束就是系统必须严格遵循的条件，超出这些条件将使系统发生故障或者造成破坏；而柔性约束则是系统可以在一定范围内超出这些条件限制，但一般不鼓励这样做。刚性约束的一个范例就是管道所能承受的并且不破坏系统结构完整性的最大压力。而所有供水系统节点所需的最小压力和管道最大允许流速则可能是柔性约束。约束条件可以显式地直接作用于决策变量（如管径的不连续性）或可以隐式地作用于系统其他参数（如供水系统环路内水头损失闭合差为零）。

在评价系统和可行性解决方案时，理解不同约束条件之间的相互关系是非常重要的。针对某个给定约束条件的取值限制范围经常会使其他运行工况不能达到最优状态。例如，一个较大的管径可以有助于满足消防流量，但是与此同时较大的管径将对管网水质带来威胁。

最优化过程

图 D.2 展示了构建一个优化模型的基本步骤。

从图 D.2 可以看出，最优化过程涉及以下步骤：

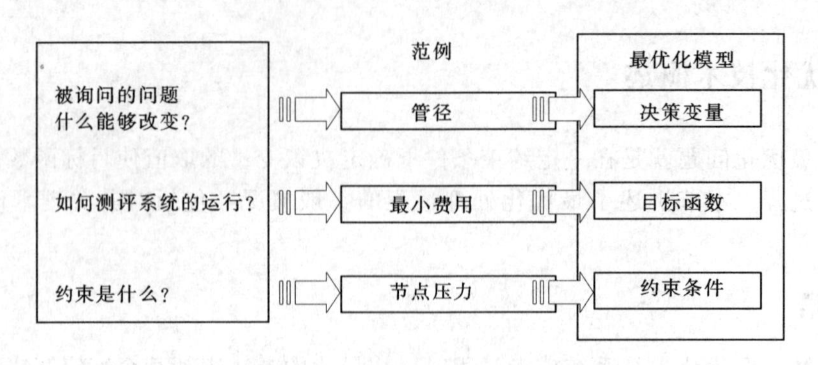

图 D.2　最优化模型构建过程

（1）描述决策方案的一系列决策变量的选择。

（2）单个优化目标或者若干优化目标的选择，以决策变量的形式来表现，寻找最优解（即使目标函数达到最小值或最大值）。

（3）约束条件的确定（包括刚性约束和柔性约束），以决策变量的形式来表现，这些变量必须满足可接受（可行）解的要求。

（4）在满足所有约束条件的情况下，确定决策变量的取值以便使目标函数获得最小值（或最大值）。

在更一般的情形下，如果上述问题参数齐全，最优化问题可以给出以下标准形式：

目标函数：
$$\max f(x) \tag{D.1}$$
约束条件：
$$g(x) \leqslant 0$$
$$h(x) \leqslant 0$$
$$x \in X$$

式中　f——目标函数；

x——决策向量；

f、g、h——以 x 为自变量的函数；

X——所有可行解的集合。

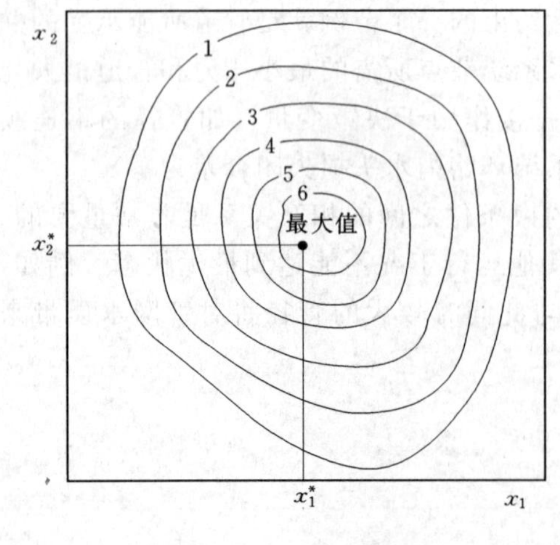

图 D.3　二维等高线图

最优化问题的图形描述

如果我们以二维空间为例（即存在两个决策变量），那么可以用一张地形图的形式直观地描述一个最优化问题。在这张图中，函数 f 就是某点的地面高程，并且我们可以绘制出关于 f 的相同增量的等高线图。这样的等高线图如图 D.3 所示。

在该例中，最优化的目标就是寻找两个决策变量的取值——地面坐标 x_1 和 x_2——使目标函数达到最大值（即地形图中山顶的坐标）。

这种问题可以形象地看作一个徒步旅行者从

山脚平原出发，在浓密的山林中寻找到达山顶路径的过程。问题开始阶段茂密的森林会阻碍徒步者看不到山顶，甚至看不到整个山的形状。徒步者或许最终仅凭不断获得他（她）走过路径的高程到达山顶。但是，在这过程中存在更容易（更迅速）或者更危险的通往山顶的路径。如果在搜索区域内存在多个山峰，问题将变得更加困难。这一决策空间的地形图描述将在本附录后面部分进行更加详细的论述。

为什么使用最优化技术?

所有的建模者都希望构建与实际吻合很好的模型或者是得到能够很好地体现方案造价性能的、良好安全的设计。但是，很少有建模者有时间和财力考虑一个工程问题上百种解决方案的优劣。在工程的设计阶段，对于某个方案中的每一个部分经常存在许多解决方案。如果设计方案数目不是无限的，那么一个完整方案可能的设计方案数目会非常多。甚至是在设计的最后阶段，通常也是存在很多可能的解决方案——这个数目多得以至于不能够分别考虑和评价这些解决方案。

为了展示最优化问题的解集规模，读者可以考虑一个简单的范例，即一个只有 10 个管段的管网的管径确定问题。如果我们假设每个管段存在 10 种离散的可选管径，那么在理论上可选的设计方案总数可达 10^{10}（或 100 亿）个。

在处理复杂的实际问题时，经验丰富的工程师通常使用手工的方法或者凭借个人经验来锁定技术经济合理的可行方案，因此能够大大减小决策空间。此外，在管网水力模型的帮助下，建模者采用试算的方法能够获得许多实用的解决方案，这些方案可以在后续工作中做进一步评价。

图 D.4 展示了这些解决方案经常满足一种标准（即满足可接受的水质要求），但是无法达到最优点，在最优点上则能够满足标准要求并且资金花费最小。对于更大的或者更复杂的问题，找到一个可行的解决方案都需要花费大量努力。因此，显而易见，使用手工试算的方式遍历海量的可行解空间是不可能的。

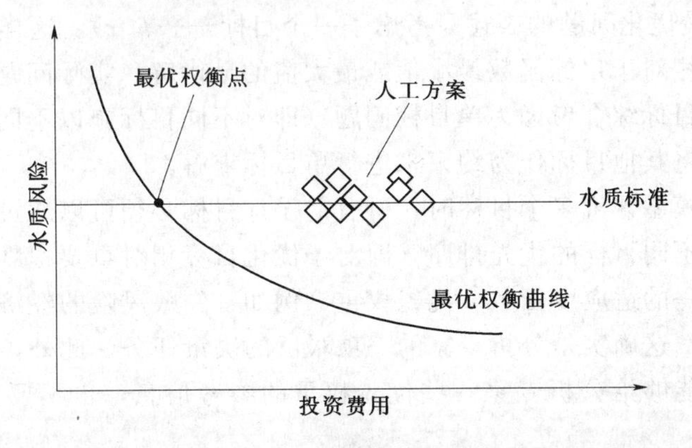

图 D.4 人工方案与最优权衡点

不仅仅是问题的规模限制了手工设计方法的效率。管网模拟模型的非线性特征也使得模型系统中一个组件的变化影响模型其他组件的运行，这将导致模型很难形成一个直观反映（实际）因果关系的系统。相类似地，大多数分析人员从上学时就被教育，认为每一个工况都改变一次系统的状态，这使得他们很难确定融合了各工况相互关系的新的解决方案。尽管用手工方式确定的工程解决方案在技术上能够满足设计标准，但是这些方案一般不是花费最少的最优方案。

最优化技术在一定程度上是成功的，它能够顾及一个问题中的所有重要的因素。但是最优化方法经常不能全面体现一些主观因素，这些主观因素包括需求的不确定性、可靠性需求、不同方案在花费上有不同的不确定性、多余能力的价值、不确定预算的限制和管道路由的主观选择偏好等。在理论上，最优化技术能够考虑到上述这些因素，但是在实际问题中这样做是非常麻烦的。因此，在应用最优化技术时务必要注意这一点，同时我们应该意识到通过计算机算法能够使问题优化到用试算法无法达到的程度。

D.2 如何使用最优化技术

分析人员（建模人员）和决策人员共同参与决策过程这是显而易见的事实。分析人员具有技术能力，能够为决策者提供有关问题的信息，而决策者负责选择通过何种途径来采取行动。分析人员可以使用建模和最优化技术为决策者提供有用的信息。

在决策过程中依赖模型的主要原因是模型能够对管理决策的效果进行定量评价。模型能够提供一个相对于系统行为主观观点的客观评价。因此，模型可以用作决策支持。

最优化仅仅是另一种建模形式，应用于其他计算机模型的逻辑算法也同样适用于最优化模型。因此，最优化工具应该用来支持决策而不是用来进行决策——它们不能够替代确定决策的过程。

单目标最优化

许多实际工程设计或者决策问题都需要实现多个目标，这些目标包括最小的风险、最大的可靠性、与期望（目标）水平最小的偏离、最小的花费（基建和运行），等等。但是，式（D.1）给出的最优化问题的表述只考虑了一个目标——$f(x)$。这样的单目标最优化问题的目标就是寻找相对于目标函数最小值或最大值的最优解。实际问题中，多目标问题经常通过将许多不同目标综合考虑为单目标问题（即对不同目标施以不同权重）来求解，或者保留一个目标而将其他目标作为约束来进行单目标求解。

当使用单目标模型评价多个目标时，所有的设计目标必须可以通过单目标函数进行评价。那么有必要用不同目标的优先排序（即对于优化目标相对重要程度的权重分配）将多个目标整合成为单一的适应度函数。优先权重（例如，失败风险的经济损失评价）最终要落到分析专家身上，这确实是分析专家的一项艰巨的决策任务。此外，即使决策者在技术上和意图上都希望能够给分析专家一些优先权重的参考信息，也不要让决策者干扰分析专家。

考虑下面的双目标范例。对于这个管径确定问题，有两个优化目标：①费用最小化（$\min f_1$）；②效益最大化（$\max f_2$）。首先，求解该问题两个目标之一的最小化或最大化处理。这是可以通过在目标函数前面加－1很容易实现的。例如，$\max f_2=\min(-f_2)=\min f_2'$。接着，两目标必须合并起来建立单一的目标函数。这种合并是可能的，例如，如果两目标都能够表达成费用函数的形式。如果以美元为单位的数字可以与两目标建立关联，那么多目标问题就被简化为单目标问题。权重（转化）系数 w_1 和 w_2 用来实现合并单一目标函数的任务 $[\max f=\max(w_1 f_1+w_2 f_2')]$。由于目标函数已经是一维的，这种合并是可行的（在这种情况下都是以美元计）。注意：如果在两目标之间还涉及预先确定好的其他权重设置就应该使用该权重设置。最后，在这样给定单一目标函数和一系列约束条件下，可以寻找到单一的最优解决方案。

这种最优化技术作为一种工具给决策者揭示问题的实质是非常有用的。但是，它不能够提供权衡不同目标间相互关系的一系列解决方案集，只能得到唯一的解决方案。下面将讨论评价多目标的方法。

多目标最优化

多目标最优化的原则不同于单目标最优化。最主要的差别是不同目标之间产生的一组折中解的交互关系，如众所周知的权衡的、不受约束的、不优的或者次优解。

例如，如果两个目标如图 D.5 目标空间所示。解 C 由解 D 控制，因为解 D 能够提供目标函数 f_1 和 f_2 的更优值（即最大值）。解 A 和解 B 在帕累托最优（Pareto-optimal）曲线上是帕累托边界解的设置，不受其他解的控制。如果从一个解搜索另一个解，不可能使得一个解得到改进而不降低其他解的质量。

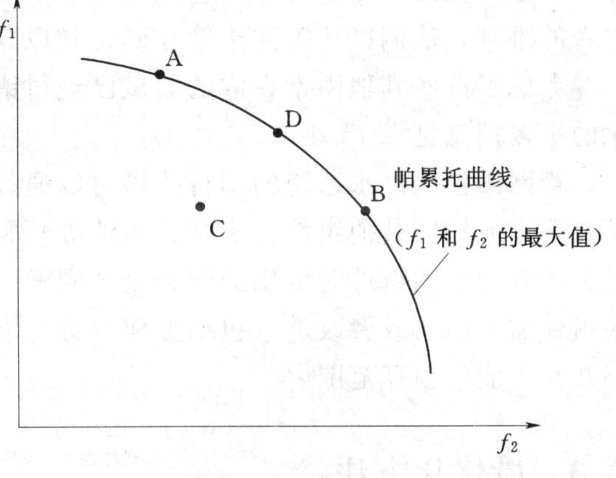

图 D.5　优势图解判读

设计规划阶段多目标的考虑给出了决策过程中三个主要的改进方面：

- 当多目标求解方法无效时通常需要扩大解的搜索范围。
- 在规划和决策过程中，多目标综合考虑能够提高参与者的作用。分析人员或者建模人员提出若干方案，决策者使用这些方案做出可行的决策。
- 如果多个目标均考虑到，那么一个问题的模型将会更贴近实际情况。

最优化技术的应用

供水系统建模过程中不同的问题可以构成不同的最优化问题。本节将对最优化技术应用到供水系统管理问题中的主要方面进行概述。

自动校验　在管网水力模型用于任何可信度的预测工作前，模型都需要与实际数据进行校准。最优化技术可以通过调整管网模型参数，并以模型计算值与实际观测值的匹配程度为目标函数自动实现校验过程。换句话说，在上述范例中最优化的目标就是确定管道摩阻、节点水量和管道状态数据，使得模拟值与观测值之差最小（详见 7.3 小节中“自动校核方法”）。

为校验服务的取样设计　供水系统中用于校验而确定的测试区域的选择称为取样设计。取样设计经常通过主观判断实现，这会导致系统校验数据不足或者会有多余的校验数据。

最优化可以提供确定供水系统校验测试区域选择的解决方案。但是使用最优化来进行取样设计的难点之一就是目标函数的选择，该目标函数能够如实代表控制目标（如模型最高准确度或最少的数据收集费用）。更多的使用最优化来进行取样设计的内容见 7.3 小节中“校核的采样设计”。

运行最优化 泵站运行费用是自来水公司支出的很大一部分。因此，非常有必要制定泵站的控制策略使得在满足供水要求和保证供水可靠性的同时动力消耗最小。对于供水系统来说，目标函数通常定义为一个周期内（通常是 24h）系统运行费用最小，决策变量是每台水泵的运行次数（见 10.8 小节中“水泵运行时程优化”）。

设计/扩建 新建供水系统的设计或现有系统的扩建经常被视为以管径作为决策变量的最小费用问题。管网拓扑、连通性和输入水头以及流速限制是已知的。很明显，其他因素（如水库和泵站）和其他可能的目标（可靠性、冗余性和水质）也会包括在最优化过程中。但是，在最优化过程中，包括水库和水泵并对其作用进行量化一直是困扰优化技术研究者的难题，他们以往关注于管径确定和以最小费用为目标的单一目标问题。虽然如此，一些考虑了这些其他因素在内的尝试已经付诸于通常的最优化过程中。用于系统设计最优化的更多信息见 8.11 小节。

管网维护 供水系统的运行改进可以通过替换旧管网、维护管网、铺设平行管路以及维修管道或管网其他组件（水泵、水池等）和增设新的组件来实现。很可能在每次维护或者新增管网中的组件时可用的资金是个问题。因此，多目标最优化问题就能够用来选择哪些组件需要增设或者改进（包括如何改进）以便使得系统变化带来的效益最大化、花费最小并在可能的预算范围内。

D.3 最优化方法

最优化方法的范畴从单变量解析最优化到线性、非线性和动态规划优化，再到众多搜索方法。大多数搜索方法都是在其实现方法中模仿不同的自然过程；这些技术称为适应性搜索方法。众所周知的遗传算法就是适应性搜索方法，它是通过模仿自然选择的过程实现优化搜索，并且该算法已经成功地应用到供水系统最优化中。

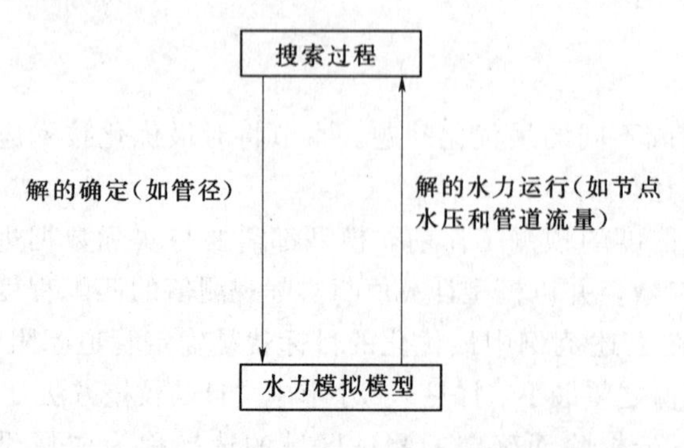

图 D.6 搜索-模拟框架

图 D.6 展示了本节中描述的搜索技术如何在最优化框架中应用，并且如何与水力模拟模型耦合。例如，在确定供水系统管径的实例中，最优解的获得是通过水力模拟模型与搜索方法交互得到的。水力模拟模型用来在后台求解各种反映流体现象的水力约束（如连续性和能量守恒），每一个时刻搜索方法需要评价这些约束。搜索过程以产生一组或者多组初始解开始（如分配到每个管道的管径）。接着由求解水力模拟模型计算出系统的流量和压力来评测每组解。根据系统费用和系统运行状态（节点最小水压、最小/最大流速、流行时间等），当前解被搜索方法评测并且产生新的评测解。这一过程不断重复直到收敛条件得到满足。

解析最优化法

解析最优化技术经常在微积分课程中介绍。这些技术通常用于处理无约束问题，这种问题就是试图找到拥有一个目标函数的问题的最优解（即没有约束施加在解上）。虽然每一个实际的供水系统最优化问题不可能都抽象成一个无约束最优化问题，但是这类问题对于高级优化技术的发展是很重要的。例如，有约束最优化算法经常是无约束最优化算法的扩展。许多算法一般用来通过求解连续性的一维问题来获得多变量目标函数的最优化。

在无约束问题中，一个真实函数的最大值 $f(x)$ 是可以求解的，其中 x 是真实变量。换句话说，优化方法寻找到了一个值 x^*，它的函数值 $f(x^*)$ 大于所有 x 的函数值 $f(x)$，即 $f(x^*)\geqslant f(x)$。为了求解这个问题，必须首先定义一些术语。

一个函数假定的最大值和最小值可以定义为局部的或者全局的。图 D.7 展示了如果一个局部最优解是点 x^*，它对应于局部最优函数值 $f(x^*)$，在其附近的所有 x 的函数值 $f(x)$ 都小于或者等于它。如果一个全局最优解在点 x^* 处，它对应于最大函数值 $f(x^*)$，$f(x^*)$ 大于或等于所有 x 对应的 $f(x)$（即在搜索区域内不存在任何比它大的值）。如果目标函数变成寻找最小值，在点 x^* 处存在全局最优解，那么 $f(x^*)$ 小于任何 x 的 $f(x)$。全局最大和最小解也称为绝对极值解。寻找全局最优解通常比寻找局部最优解困难得多。

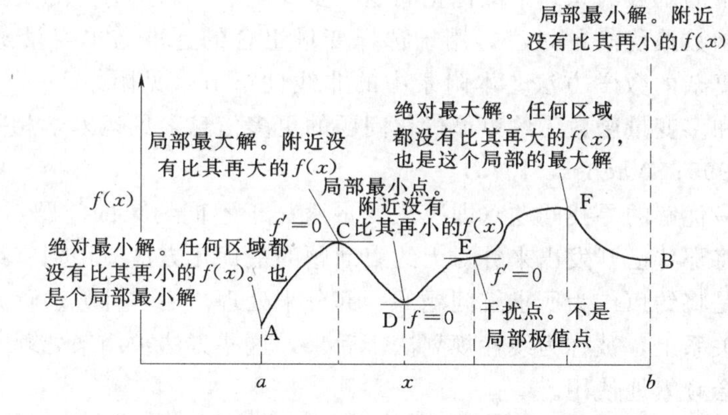

图 D.7　局部与全局最大解和最小解之间的关系

假设 $f(x)$ 是个连续的函数，很容易从图 D.7 中发现极值点必然在以下情形之一：

- 末端的 a 或 b [$f(x)=\mathrm{A}$ 或 $f(x)=\mathrm{B}$]。
- 水平切线处的点［即 $f'(x)=\mathrm{d}f/\mathrm{d}x=0$ 的一个根)]，[$f(x)=\mathrm{C}$ 或 $f(x)=\mathrm{D}$]。
- $f'(x)=\mathrm{d}f/\mathrm{d}x$ 的奇异点，[$f(x)=\mathrm{F}$]。

通过求解满足上述第二式的 x 值（即在水平切线处的点），可以获得在边界范围内局部最小和最大的备选点，但是这些独立的点不足以说明其是否是最小值点或最大值点。从图 D.7 中可以看出，虽然由于是拐点，点 E 处一阶导数等于零，但是可以直观地看出点 E 不是最小值点也不是最大值点。

如果某点的一阶导数等于零，并且临近该点的较小的 x 的 $f'(x)$ 值为负，而较大的 x 的 $f'(x)$ 值为正（即切线的斜率由负变为正），那么该点就是局部最小点（见图 D.8）。类似地，如果 $f'(x)$ 值的变化是由正变为负，那么这点就是局部最大点。对于拐点，其一阶导数在点两侧符号不发生变化。

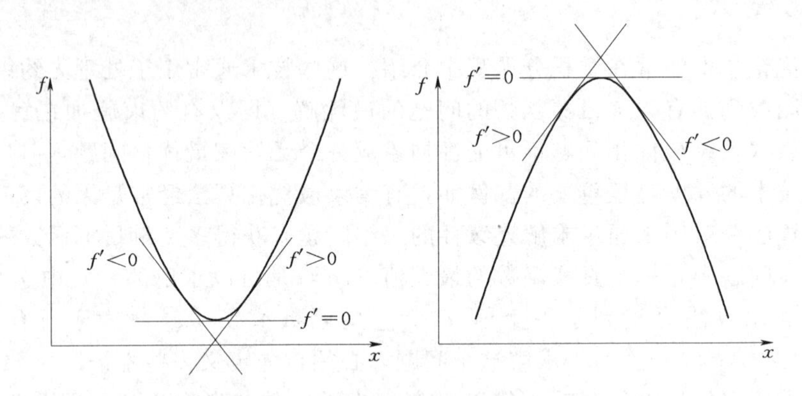

图 D.8　局部极值点的一阶导数测试

局部最小值点和最大值点也可以根据 $f(x)$ 的二阶导数确定。如果在某点处二阶导数小于零，那么函数具有局部最大值点；同样，如果二阶导数大于零，那么函数具有局部最小值点。这些判断条件能够拓展到有约束最优化的实例中（Finney，Weir 和 Giordano，2001）。

多于一个变量的函数的无约束最优化问题（多变量情形）是关于寻找多变量值的恰当组合以获得目标函数最优解的过程。用于选择变量组合的标准与单变量函数求解标准相似，但是需要更复杂的数学方法。本附录中的非线性章节（见附录 D.3）涉及了这些方法。有关单变量和多变量函数无约束最优化问题的更多信息参见运筹学相关介绍（Hillier 和 Lieberman，1995；Wagner，1975）。

有约束问题最优解的寻找问题（即决策变量服从于不同约束的问题）涉及两种方法。第一种方法就是将那些已开发出来针对无约束问题的最优化方法应用到有约束的案例和问题。第二种方法是将约束作为所求解问题的一部分来处理。后一种方法首先应用在线性函数和线性约束的关系上，被称为线性规划法。后来，这些方法被用来处理非线性问题。数学规划这一术语会频繁地使用。

由于管道数目巨大，解析优化法通常求解管网问题时效果不佳。使用这一方法正如每次将管道考虑成一根会造成一些问题一样。Camp（1939）首次将解析优化法应用到管径确定。Bhave（1983）、Cowan（1971）、Dancs（1977）、Deb（1973，1976）、Swamee 和 Khanna（1974）以及 Watanatada（1973）也都研究开发了相似的方法。Walski（1984）则研究展示了如何将解析法应用到数目巨大仅确定管网管径的问题。随着系统变得越来越复杂，这些解析方法效果就越差。

Shamir、Howard（1979）和 Walski 和 Pelliccia（1982）分别将这些方法应用到爆管引起的管道更换问题中。Walski（1982 和 1985）研究了一种使用解析法的方法来根据动力消耗或者平行管铺设费用来确定如何恢复管道输水能力。8.9 节论述了根据生命周期折算费用来选择管径和水泵设备的方法。

线性规划法

线性规划法（LP）是一类如式（D.1）中由目标函数和一组约束条件组成的最优化问题（线性函数即变量指数为1）。线性规划法可以想象为一座径直坡度的山坡面。在目标函数最大值问题中，线性规划可以确定这座山坡面的最高点。虽然与供水系统有关的建模和决策问题总是非线性的，但理解线性规划的基本原理对理解由其发展而来的非线性问题求解是非常必要的。

一个简单的两变量范例可以用来学习二维空间线性问题的求解，并展示线性规划法。如果最优化问题的等式给出式（D.1）的标准形式，即

$$\max f(x)=x_1+5x_2$$

约束条件：

$$x_1+x_2\leqslant 8 \quad \text{(i)}$$

$$x_1-3x_2\geqslant 0 \quad \text{(ii)}$$

$$x_1\geqslant 0 \quad \text{(iii)}$$

$$x_2\geqslant 0 \quad \text{(iv)}$$

很明显，目标函数和约束条件都是线性的，因为没有乘积项包括在决策变量中［即在目标函数和约束条件中没有像（$x_1 \cdot x_2$）或 x_1^2 这样的项］。

图解法求解要求根据目标函数和约束条件绘制若干直线完成。首先，考虑约束条件(i)。如果这个约束条件是等式，那么它可以绘制成在（x_1，x_2）空间的直线。这条直线完全由两极轴的交点确定并且连接它们。在式（1）中，$x_1=0$ 时，$x_2=8$［点（0，8）］；$x_2=0$ 时 $x_1=8$［点（8，0）］。

当约束条件是不等式时，问题求解范围要看在约束条件直线哪一侧的点满足不等式约束。这种确定是通过检查不在直线上的任意点是否满足要求来进行的。例如，坐标点（0，0）满足不等式要求，即 $0+0\leqslant 8$。如点（0，0）在边界线一侧的所有点和边界线上的点都满足不等式要求。而边界线另一侧的灰色区域（不可行区域）将不在求解的考虑范围之内（见图D.9）。

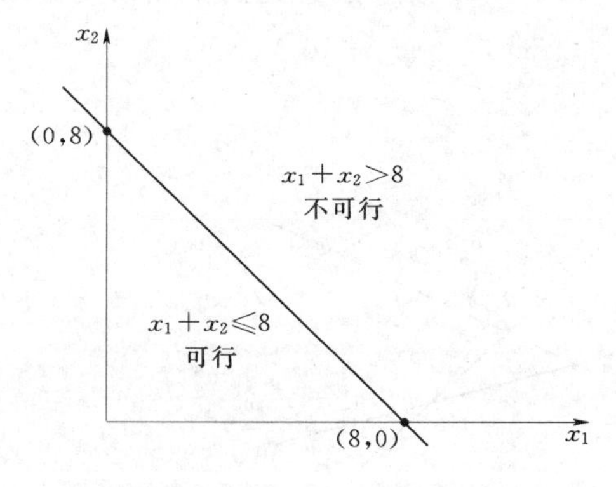

图D.9　二维空间中线性规划的约束条件（i）实例

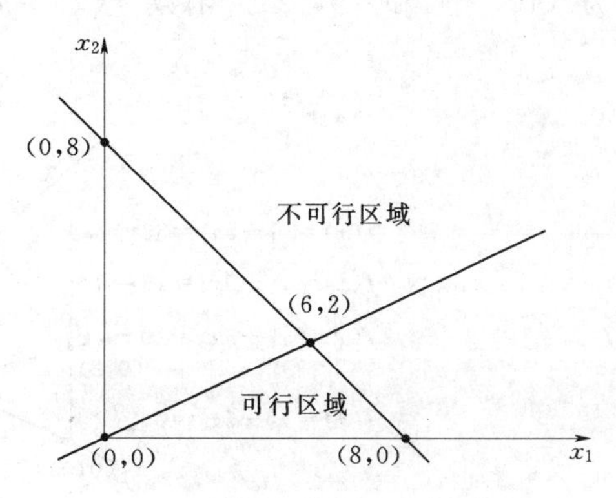

图D.10　实例问题的可行区域

在构造约束条件（ii）时，$x_1-3x_2\geqslant 0$ 与两个坐标轴的交点为（0，0）。绘制该直线的其他点可以通过取不同于 $x_1=0$ 的其他值来获得。例如，如果 $x_1=3$，那么 $x_2=1$，可以绘制约束条件边界线的点是（3，1）。接着，不在直线上的点可以用来检查可行解区域。例如，对于点（0，2），$x_1-3x_2=-6$，该值小于0。因此，点（0，2）不满足不等式，那么与该点同侧的区域应该为灰色非可行解区域（见图 D.10）。

如果将两个约束条件的可行区域同时绘制在一处，那么两个区域的重叠区域由一系列满足两个不等式的点的集合构成。同时，绘制所有的不等式获得满足全部约束条件的空间区域，包括非负约束［（iii）和（iv）］。图 D.10 展示了这一区域，该区域称为可行区域。可行区域的凸角点（0，0）、（8，0）和（6，2）被称之为极值点，因为它们属于可行区域并同时位于两个不同边界线的交点上。

图 D.10 的可行解区域也称为凸面，这是由于其中包含的任意对点构成的直线都完全位于该区域内。图 D.11 展示了在二维空间中凸面和非凸面可行解区域。

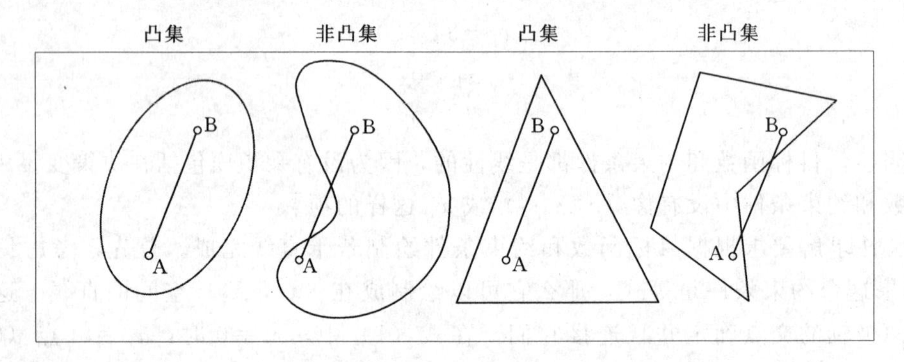

图 D.11　凸面与非凸面实例

求解线性规划问题的最后一步是在可行解区域内寻找目标函数值最大的点。由上述论述可知，如果极值点存在，一个线性函数在凸集中的最优值将会位于凸集的顶点。

为了获得产生最优解的极值点，目标函数直线要像边界线一样绘制。在可行解区域内取一个点，如（5，1），计算得到 $f(x)=5+5(1)=10$。这个函数在 x_1 和 x_2 轴上的交点分别为（10，0）和（0，2）。函数 $f(x)=x_1+5x_2=10$ 可以通过这两个点绘制出来一条

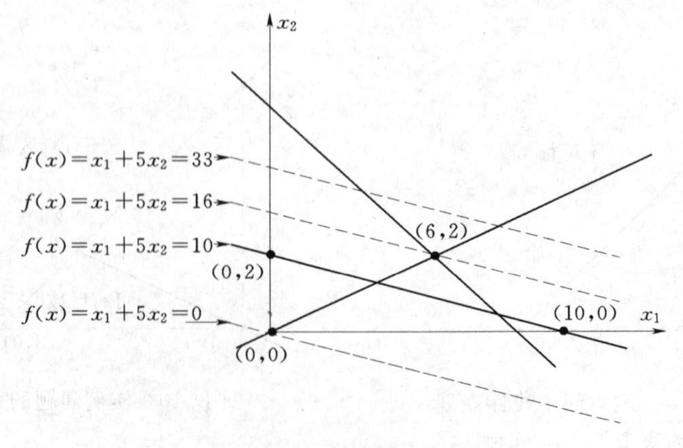

图 D.12　目标函数直线束

直线，如图 D.12 所示。如果给 $f(x)$ 分配任意值，每种情况下等式代表的直线拥有 $-1/5$的斜率（即目标函数是一束相互平行的直线）。随着分配给 $f(x)$ 的值的增大，代表函数的直线不断向上递增。可以看到位于可行解范围内的 $f(x)$ 的最大值对应于通过极值点（6，2）的直线（从上述论述中可知，这一点是线 $x_1+x_2=8$ 和 $x_1-3x_2=0$ 的交点）。因此，目标函数的最大值就是 $f(x)=x_1+5x_2=6+5\times2=16$。

注意： 如果平行线束代表了不同的目标函数值，并且都按照等间距绘制成曲线，曲线可以组成如图 D.3 所示的等值线图。其不同在于等值线是一系列直线，决策空间的面积由于线性约束条件而不包括在可行解范围内。例如，目标函数值为 33 的直线不经过可行解区域内的任意点，因此，目标函数在解可行时不能够达到这个值。

一个线性规划问题的最优解是通过极值点间的循环迭代逼近获得的方法称为单纯型法。从一个可行的极值点出发，单纯型法改变决策变量的值并不断向邻近极值点移动，在新的极值点目标函数拥有更大的函数值。因此，这种移动是沿着可行解区域边缘在与当前极值点相连的选中的约束条件边界线上运动的。这一过程是根据选中的下一个极值点的目标函数值最大化进行的。采用这种方式不断移动，直到极值点对应的目标函数值不能再改进为止。有关单纯型法更详细的论述参见 Hillier、Lieberman（1995）和 Wagner（1975）。

蕴藏在线性规划法里的基本原理可以通过一个确定支状管网（即不存在闭合环的管网）管径的范例来说明。这种方法只能应用到支状管网，因为在支状管网中用水量是已知的并且管道流量可以仅通过连续性方程确定。由于水头损失计算模型是非线性函数，那么首要的难点就是非线性特征。但是，可以将非线性函数线性化，转化成线性规划可用的形式。这种线性化转化是可行的，因为摩擦损失是与管长有关的线性函数。从而，最优化问题就转化为以支状管网中管道具有不同管长，每个管道对应固定管径作为约束条件，求解费用最小化的优化问题。该问题的决策变量是一个特定管径特定管段的长度。例如，程序求解 8in 支管的长度是求解整个问题的必要过程，同样接着要求解直径为 10in、12in 等管道的长度。其他约束条件确保所有可能的直径组合的管段总和长度与特定支管的长度相等。

线性规划法与非线性规划法相比最大的优点在于如果有最优解存在，线性规划法肯定能够找到这个解。一旦进行线性转化，线性规划问题更容易处理，特别是有许多开发完成的、多用途的、现成的线性规划法求解软件可以使用。由于过去十年来计算机计算能力的发展，成百上千的连续变量问题可以得到有效的求解。线性规划法的应用使分析最终解和确定参数变化的灵敏性带来可能。但是，线性化的假设经常不能够适用真实的工程系统，它也不适用于供水系统优化问题。

Karmeli、Gadish 和 Meyer（1968），Salcedo、Weiss（1972），以及 Austin 和 Robinson（1976）都证明了线性规划法能够有效地解决单一流向支状管道系统管径确定问题。对于环状管网，Alperovits 和 Shamir（1977）将另一种方法与线性规划法结合确定管网最优流量分配。从事该方面研究的还有：Bhave（1980）；Quindry、Brill 和 Liebman（1981）；Kettler 和 Goulter（1983）；Morgan 和 Goulter（1985）。Jowitt、Garrett、Cook 和 Germanopoulos（1988）也将线性规划法应用到系统最优化控制中。Boccelli 等（1998）和 Constans、Brémond 和 Morel（2000）还将线性规划法用于供水系统消毒工艺最优化中。

非线性规划法

非线性规划法（NLP）问题与一般的优化问题一样具有式（D.1）同样的形式。但是，非线性规划是这样一类最优化问题，它的部分或者全部问题函数 $f(x)$、$g(x)$ 和 $h(x)$对于决策变量来说都是非线性的。非线性规划法更能真实地反映系统关系间的特定特征，但是却引入了较大的计算复杂性。这类问题特别难求解是因为以下原因：

- 由于是非线性约束条件的组合，解的可行域不能保证是凸集；
- 最优解不一定在可行域的极值（固定）点；
- 可能存在多个局部最优解，使得全局最优解难以确定。

非线性规划问题存在许多不同的形式，并且很难求解。因此，不可能要求一种通用的最优化方法能够求解所有非线性规划问题。例如，如果一个问题包含非线性约束，并且没有指出其初始可行解，那么无法保证找到可行解，甚至不能确定其是否存在。但是，如果所有的约束条件是线性的，确定其可行解的难度是和线性规划一样的。大量的文献论述了不同的非线性规划法求解技术，全面论述这些方法已经超出了本书的范畴。但是，本节将使用积分法求解变量多于一个的非线性问题来逐步展示非线性规划法问题的求解复杂度。

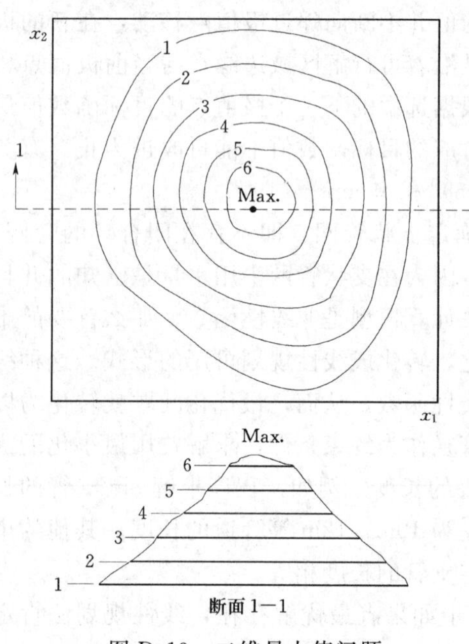

图 D.13　二维最大值问题

考虑 x_1 和 x_2 是二维空间内的决策变量，目标函数等值线如图 D.13 所示。如前所述的一维问题，f 的最优值仅在可行区域内的切平面点上（该情形两个变量构成平面），或者是非连续梯度点。

对于切平面是平面的点，它的一阶偏导数将等于零：

$$\frac{\partial f(x)}{\partial x_1}=\frac{\partial f(x)}{\partial x_2}=0$$

但是，与一维问题类似，这一条件是必要的但不是充分的，无法确定该点是否是最大值、最小值拐点或者鞍点［鞍点即在一个方向（如 x_1）是函数最大值，而在另一个方向（如 x_2）是函数最小值］。为了确定哪个驻点是最大值（或最小值），有必要判断 f 的二阶偏导数，即海曾矩阵（Hessian matrix）：

$$\frac{\partial f(x)}{\partial x_1}=\frac{\partial f(x)}{\partial x_2}=0$$

$$H=\begin{bmatrix}\frac{\partial^2 f}{\partial x_1^2} & \frac{\partial^2 f}{\partial x_1 \partial x_2}\\ \frac{\partial^2 f}{\partial x_2 \partial x_1} & \frac{\partial^2 f}{\partial x_2^2}\end{bmatrix}$$

为了使驻点是最大值，必须满足下列条件：

$$\frac{\partial^2 f}{\partial x_1^2}<0$$

$$\frac{\partial^2 f}{\partial x_2^2}<0$$

$$\det(H)=\begin{bmatrix}\frac{\partial^2 f}{\partial x_1^2} & \frac{\partial^2 f}{\partial x_1 \partial x_2}\\ \frac{\partial^2 f}{\partial x_2 \partial x_1} & \frac{\partial^2 f}{\partial x_2^2}\end{bmatrix}<0$$

换言之，问题中该点的海曾（Hessian）矩阵的对角线元素必须是负的，但该矩阵的行列式必须为正，也就是说该海曾矩阵必须是负定义的。

相反，对于最小值点，必须满足下列条件：

$$\frac{\partial^2 f}{\partial x_1^2}>0$$

$$\frac{\partial^2 f}{\partial x_2^2}>0$$

$$\det(H)=\begin{bmatrix}\frac{\partial^2 f}{\partial x_1^2} & \frac{\partial^2 f}{\partial x_1 \partial x_2}\\ \frac{\partial^2 f}{\partial x_2 \partial x_1} & \frac{\partial^2 f}{\partial x_2^2}\end{bmatrix}>0$$

这些条件就是要求点的海曾矩阵是正定的。

确定正定或负定是随着变量数目的增加不断增加难度。因此，这样的检查很少在那些使用矩阵进行分析的算法中应用了。

用上述方法来确定潜在极值点并检查是否是最优解的求解搜索方法基于以下假设：

- 优化函数的一阶和二阶偏导数部分或全部可计算；
- 初始决策变量值靠近所求的目标函数极值；
- 函数曲线是相当平滑的。

大量涌现的计算方法如知名的梯度上升法或者梯度法（最大值最优化情形）是在目标函数值增长最快的方向执行搜索步骤。但是，这些方法由于在最优解附近梯度减小而使得搜索速度减慢。相反，著名的牛顿法（牛顿-拉弗森）当试探解逼近最优解但是不能确定与最优解接近程度时效果最佳。上述难题可以通过 Levenberg-Marquardt 法解决，该法可以根据当前解与最优解的接近程度不断在梯度法和牛顿法之间切换使用。但是，该法还是不能够求解拥有多个局部最优解的决策空间问题。因为 Levenberg-Marquardt 法（和其他众所周知的爬山法）仅能寻找到靠近初始搜索解的局部最小解。

考虑一个或更多约束条件时，非线性问题将变得更难求解。详细论述非线性规划问题中多最优解和非线性约束的不同方法已经超出了本书的范畴。详细内容可以参见 Hillier、Lieberman（1995）和 Wagner（1975）的文献（如非线性等式约束的替换和拉格朗日算子法或者非线性规划中二次式分离变量问题等）。许多整数决策变量的非线性规划问题更加复杂。不连续管径就是这样的例子。连续和整数变量结合的最优化问题称为混合-整型问题需要使用如分支定界法这样的特定解法来求解（Hillier 和 Lieberman，1995）。

因为水头损失公式和费用函数的非线性本质，不同的非线性规划方法已经应用到管径最优化问题中。Jacoby（1968），Lam（1973），Loganathan、Greene 和 Ahn（1995），以及 Ormsbee 和 Contractor（1981），都提出了多种非线性规化求解方法，但是非线性规化由于所求解问题的维度限制尚不能得到广泛应用。非线性规化法已经在优化控制（Coulbeck 和 Sterling，1978；Ormsbee 和 Chase，1988；以及 Ormsbee 和 Lingireddy，1995）问题和压力管道泄露问题中显示出更多实用潜力。

一个非常流行的非线性规划方法就是广义简约梯度法，该法是由 Lasdon 和 Waren（1982）推广的。广义简约梯度法已经应用于管网设计（Shamir，1974；Lansey 和 Mays，1989；Duan、Mays 和 Lansey，1990；Cullinane、Lansey 和 Mays，1992）、操作控制（Sakarya 和 Mays，2000）和模型校验（Lansey，1988；Brion 和 Mays，1991）中。

动态规划法

动态规划法（DP）是一种多阶段决策最优化过程，在这一过程中每一阶段都需要进行决策。该方法是基于贝尔曼（Bellman）最优性基本原理（1957），该原理指出无论当前决策导致如何特定的状态，其后的决策必须能够构成从当前状态出发的最优决策序列。例如，如果 B 位于从 A 至 C 的最短路径上，那么 B 至 C 的最短路径也在这条路径上。如果 B 至 C 存在更短的路径，那么将整合 A 至 B 的最短路径从而给出 A 至 C 的最短路径（见图 D. 14）。

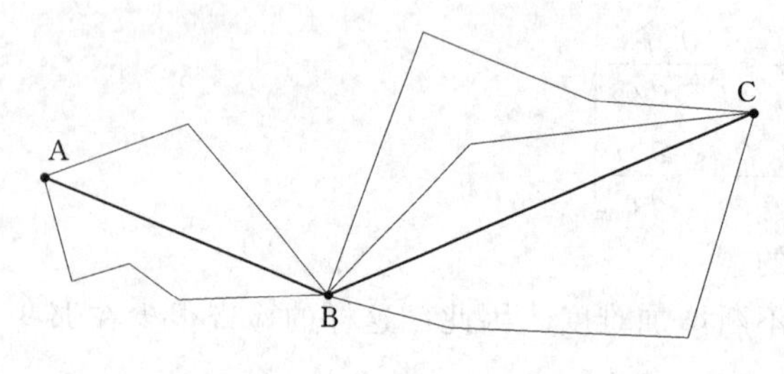

图 D. 14　最优化原理说明

这种方法具有以下特性：

- 问题能够分为若干个阶段，每个阶段需要做出相应决策；
- 每个阶段存在许多与之关联的系统状态；
- 某个阶段的决策转化至下一个阶段是通过状态转移函数实现的；
- 如果某阶段状态给定后，则在这阶段以后过程的发展不受这阶段以前各阶段状态和决策的影响。

下面的范例说明了动态规划法的基本原理。假设供水系统运行需要在已知供水量的情况下进行 24h 优化控制。如果将一天分成 24 个时间区间，那么将多少水注入中心水库以满足供水量需求，并且使得水泵在 24 个阶段运行费用最小是研究的内容。水库的容积会在 24h 内处于不同的状态（如水库开始时蓄满，接着排空再充水）。因此，系统状态或状态变量定义为水库的状态（即水库的容积）。

该方法主要难点源自状态变量离散化的要求。这一要求意味着动态规划法会受状态变量离散水平影响巨大（在这个范例中即水库需水量）。范例中的决策即泵入水库的水的体积，状态转化函数就是将一个时间段内水库库容量与该水库在前一个时间段内蓄水量建立关联的连续性方程。图 D. 15 是一个简单的示意图表示了动态规划过程的一个状态。

范例的 24 个阶段可以连接起来构成一个连续的序列，如同图 D. 15 一样。在每一个

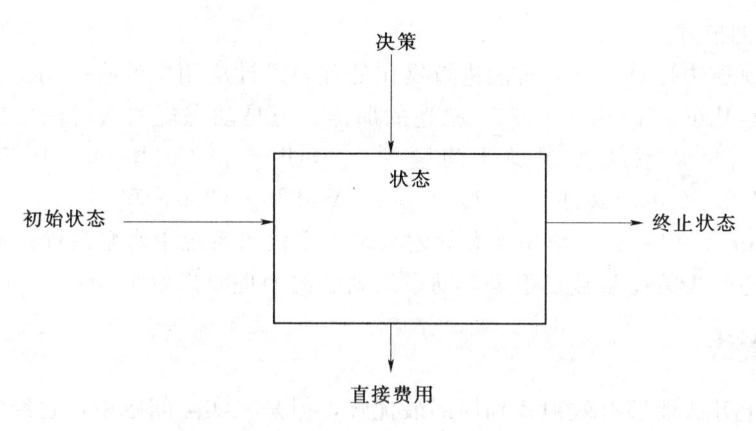

图 D.15　动态规划的一个状态

阶段，计算涉及了以下三个部分：

- 初始状态费用（即问题中目前状态所需费用）；
- 状态决策所需费用（在范例中就是水泵的运行费用）；
- 后续状态的最小费用（在范例中就是水泵在后续时间内泵水的最小费用）。

从初始状态到终止状态的转化是基于状态转化函数进行的（范例中是连续性方程）。动态规划中每一个决策——范例中就是泵入水库的水体积——都有一个与当前时期关联的直接水泵费用，同样长期费用源自于决策确定的进入水库水的体积。对于后续阶段的长期费用应该使其最小化。

为了求解动态规划问题，有必要求出每个阶段直接和长期后续可能状态的费用。这种求值可以通过下列递推公式求出（以最小化为例）：

$$f_i^*(S_i)=\min[c_i(S_i,d_i)+f_{i-1}^*(S_{i-1})],i=1,\cdots,N \tag{D.2}$$

式中　$c_i(S_i,\ d_i)$ ——从状态 S_{i-1} 转化到状态 S_i 决策 d_i 产生的费用（从 $i-1$ 状态开始）。

在水库的范例里，$c_i(S_i,\ d_i)$ 是泵入水库的水从一个体积级别变化到下一个时间步长的另一个体积级别所需要的水泵运行费用；$f_i^*(S_i)$ 是从 i 阶段 S_i 状态开始转化至最后阶段的最终状态采用的最优策略所需的费用；N 是问题中阶段的总数目（范例中是 24 个阶段）。

上述方程需要计算每个阶段每个可行状态所需的费用。由于状态变量需要被离散化，也就是说分成 n 级，从一个存储状态变化到另一个状态需要计算 $n\times n=n^2$ 个所有可能的各个阶段的组合。如果水库容积分成 10 级，那么计算总数为 100。但是，如果系统中存在多个水库，那么计算的组合数将大大增加。对于存在三个水库的系统，每个阶段的状态总数将增至 1000，总计算数目将是 $1000^3=10$ 亿。

因此，在实际系统中求解的问题将会变得非常庞大，将会出现另一个现象——“维数灾难”。动态规划法容易处理那些状态变量数目较少的问题，但随着状态变量维数的增大其变得越来越难求解。尽管这是主要的不足，但动态规划法可能是在水资源问题中应用最广的最优化技术（Yeh，1985）。这一方法的流行和成功可以归功于以下几点：

- 在状态空间离散化被确切定义后该法能够保证全局最优解；
- 绝大多数水资源问题所表现出的非线性和随机性特征都能比较容易地转化为动态

规划法的模式。

由于动态规划法是对一系列阶段进行操作处理，设计应用中的唯一用途就是对单管多管径权衡比较，其正如 Liang（1971）描述的那样。但是动态规划法对优化处理时间过程非常有效，特别是在系统控制操作问题中。Sterling 和 Coulbeck（1975），Coulbeck（1984），Sabel 和 Helwig（1985），Ormsbee、Walski、Chase 和 Sharp（1989），以及 Lansey 和 Awumah（1994），应用动态规划法来确定供水系统中水泵最优控制以达到最小费用。只要处理的决策变量数目很少，动态规划法的处理效果就很好。

非适应性搜索法

尽管梯度上升法能够有效地找到局部最优解，但是在实际问题中，它经常变得不能有效地通过解析法来求得以决策变量为因数的偏导数——经常使获得的解不符合实际或者根本找不到解。一种常用的解决方法就是求解当前解附近若干点的函数值，并使用一种数值差分方法来求解该点偏导数。但是在每一步长内迅速计算的函数个数的要求在高维情形下将无法实现。在这种情况下，目标函数值和决策变量之间的函数关系不但不可知并且还不能使用。

前文提及的浓密森林徒步登山搜索的问题实际上就会引起这样的优化难题。目标函数值（即山上各点的高程）和调整（决策）变量（即行走的方向）之间的函数关系由于浓密树木的遮蔽而是未知的。徒步登山的范例仅是一个二维的问题；多维空间搜索问题将变得更加复杂。

本节中介绍的一些范例能够搜索到最优解（本例中最优解就是山顶）。这些方法的共同特征就是产生并评估策略，即产生新的点并将其函数值进行评估。依靠特定的方法，产生一个新点（或者一系列点），同时不断向山顶搜索前进。

非适应性搜索方法在多维搜索问题中的根本目标就是通过一些尝试寻找到使得目标函数值接近可获得的最优值的决策变量组合。这样的搜索有两个目的：一个目标是获得目标函数的最优值；另一个目标是为定位特征评估点给出相关信息，即描述出可能找到的目标值。

随机搜索 简单的或者随机的搜索是能够用于定位上述范例中山顶的最简单方法。因为随机搜索不需要使用问题前期数据信息，其结果往往受概率法则影响。该方法也称为随机漫步法，因为该法假设徒步搜寻者处于酒醉状态，他或她的每一步对前进的任何方向具有等同的可能性。该方法的一种变体称为多源随机（random multistart）法，即多个酒醉的徒步搜索者随机降落到搜索区域，这样其中之一就有可能找到山顶。对于规模较大的问题，幸运迅速地寻找到最优解的概率将随着问题规模和维数的增加而减小。

登山策略 登山策略是一种搜索最大值的方法。即使是登山者仅有已走过的路径信息，该法也能够引导登山者攀登上山峰。登山法力求解决采用尽可能少的尝试来到达局部最大点。因此，每次尝试搜索的目的不仅要获得目标函数最优解还要为未来搜索需要的目标函数值提供有用的定位信息。采用启发式方法从给定的出发点系统地搜索解空间的方法称为直接搜索法。这些方法随着变量的变化效果发生变化，其搜索效果依据目标函数值来检测。每一次尝试搜索称为步，在每一步中采用不同的方式搜索解空间。搜索过程中“错误”方向的搜索步是不可避免的。直接搜索法的优势在于其不是以收敛理论证明为基础，而是在简单的实际搜索过程中不断证明本身的搜索效果来进行搜索。

斐波纳契坐标搜索法 斐波纳契（Fibonacci）坐标搜索法是以13世纪数学家的名字命名的，该数学家引入了一系列以坐标搜索法为基础的数学方法。这里研究该搜索法主要是因为它已经被证明是处理连续间隔过程问题最好的方法。在这种处理过程中，原始搜索空间的连续分割可以避免最优解无法出现的间隔区域（Schwefel，1981）。在坐标法里，线搜索能够对每个参数连续执行。线搜索详细分为以下三步：

（1）确定搜索方向。

（2）划定搜索区间。

（3）在搜索区间内进行最优参数搜索。

由于目标函数的梯度是未知的，搜索方向采用在正方向上小步长来确定，如果需要也可以在反方向上确定。如果目标函数值得到改进，那么在延续方向上进一步进行搜索直到最优参数值超出一定限度（即目标函数值开始减小）为止。这一过程称为模块化封闭最优化（blocking the maximum），其返回的区间必须包含着最优参数的值。最后，这一区间再次搜索，反复地将区间划分成四份进行搜索，接着摒弃掉不能包含最优参数值的两个远离中心的区间中的一个，然后，迭代搜索。Van Zyl、Savic 和 Walters（2001）以及 Van Zyl（2001）使用斐波纳契坐标搜索法进行供水系统最优控制操作。

虎克-吉夫斯模式搜索 虎克-吉夫斯（Hooke-Jeeves）模式-搜索法基于两类运动。在每一个迭代中，进行一次探索（模式）运动，该运动构成了一个简化的每个坐标方向上离散步长的坐标搜索。根据直线连接探索运动路径的第一个点和最后一个点，该运动代表着有利于改进解的方向的假设，运动外推到这条直线的方向上。另一种探索运动（局部探索）是由外推点构成的，接着用一个新的函数值来与之前模式步长的函数值进行比较。因此，模式步长的长度在连续模式运动中不断增加，而模式的搜索方向却只是逐渐变化。这种方法在解空间存在许多窄谷时最有优势（Schwefel，1981）。当在基础点附近通过探索没有解的进一步改进，并且需要更高的精度要求时，初始步长应该减小，重复上述搜索过程。

下山单纯形搜索法 下山单纯形搜索法依赖单一性特征，即一个几何元素对于其维数具有最小的边界数。其轮廓的顶点将比其维数大1（即在 N 维空间，$N+1$ 个顶点存在）。因此，在一维空间，单一性就表现为一条直线；在二维空间，则表现为三角形；在三维空间，则表现为四面体；等等。

Nelder 和 Mead（1965）开发了一种方法，只需要功能评价，而没有衍生的事物。由选择初始的单纯形开始（例如，选择一个随机的位置），对于边缘采用单位转换，评价函数是否达到单纯形的 $N+1$ 个顶点（点）。下山单纯形搜索法（用于最小化）要采取一系列步骤，多数的方法只是移动单纯形的点，从函数值最大（最差的点）向单纯形对面最低点（最小化）。这些步骤称为反射。如果能够延伸更远，就会采用更大的步长（见图D.16）。如果用这种方式前进比反射的点好，就保持移动；否则就选择初始的反射点。如果反射之后的点仍旧不好，那么搜索可能已经越过了最小值，替代反射前进方式，采用反射收缩方式。如果仍未获得较好的结果，就在其点附近收缩搜索。当这一方法达到了最小值，它将在其周围不断缩小步长并停止。这一方法的优点在于没有可调整的算法变量存在，而只有止步限制。

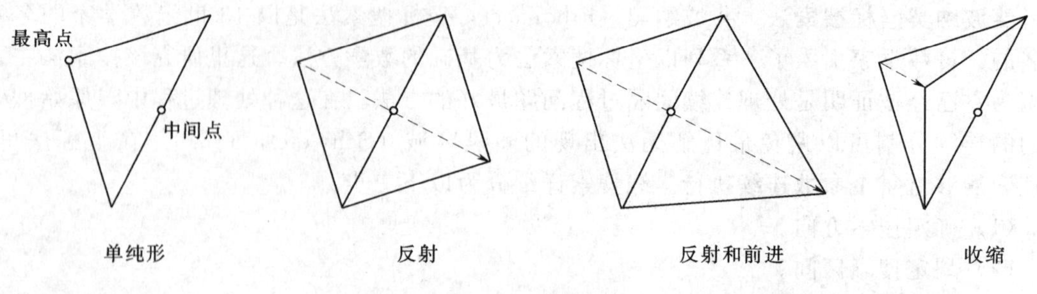

图 D.16　下山单纯形法移动方式

探索与挖掘

贯穿整个搜索过程，算法必须不断决定是否向更高级攀登（通过挖掘来自先前在搜索空间访问过的点的信息来确定哪个地方是接着需要访问的）或进行探索（通过访问搜索空间全部新的区域来确定是否能找到任何可以改进的地方）。这就涉及探索与挖掘之间的抗衡。

挖掘的一个范例就是登山搜索，它探究搜索空间的临近点，在目标函数最大增加的方向上前进。挖掘技术的优势在于发现局部最优解。不同于挖掘，探索包括对未知区域的跳跃搜索。具有许多局部最优解的问题有时只能使用这种随机搜索方法求解。为了在众多局部最优解中确定全局最优解，有必要进行一种平衡比较搜索策略。如果探索过程中进行了所有的评估，那么算法可以大体上确定山顶的位置，但是还不能详细定位。然而，如果只用先前产生的点来选择新点进行搜索，那么只能够找到局部最优解，而无法确定全局最优解。

总体搜索规划可以恰当地将探索与挖掘结合在一起，能够改变搜索过程中搜索策略的特性。在搜索前，对于目标函数一无所知，搜索算法必须在一些小的随机选取的区域进行探索，以便确定下一步前进搜索是在目标函数值更大的方向上。在搜索过程中，算法将函数值很小的区域不断舍弃，只探索必须进行连续引导搜索步长的区域，这样搜索就能尽可能快地进行。最终，在搜索的最后，有必要进行进一步的数据挖掘以获得高程上的增加。这是因为在接近最高点附近目标函数表面坡度经常变化较小。

适应性搜索法

在过去的20年里，模拟自然界法则的计算机算法已经在不同应用领域证明其作用。一些研究者认为特别有价值使用这些仿生法则，使用它们能够有效找到可能解空间内“凹凸不平的函数曲面”（rugged landscape）中的“平稳部分”（stable plateaus）。在退火过程、中枢神经系统和生物进化过程中研究人员发现了许多有价值的现象。受这些现象启发，已经研究出类似的新的优化算法——模拟退火法、人工神经网络和进化算法。

一种算法被认为是可靠的能够保证找到最优解（如在线性规划问题中的单纯形算法），但是它的这种搜索成功的保证对于真实世界里存在时间和费用约束的复杂问题来说经常被证明是代价昂贵且无法实现的。而启发式方法则是一些能够产生优质解，并且通常能够得到效果足够好的正确解的过程。启发式算法的优势在于它们不需要严格的数学法则，因此能够有效地优化各种复杂问题。例如，许多全局优化问题的结构是未知的或者对于采用解析优化法过于复杂而无法求解的情况启发式算法尤为有效。这些启发式方法提供了若干规则，它们能够趋向给出全局最优解，但是不能保证确实获得全局最优解。适应性启发式方法的主要特征之一就是它们能够跳出局部最优解在全局空间内取样搜索。

遗传算法 在若干世代过程中，自然种群依据查尔斯·达尔文（Charles Darwin）首先明确提出的原则进化着。这些主要的原则就是种群个体的优胜劣汰和适者生存。其他表征自然系统特征的原则是维持种群不同个体的稳定性、从父代获得遗传信息的继承性和基因的偶然变异性。进化程序（EPs）就是人工进化搜索方法，它基于自然选择和上述种群的遗传学机理。这种搜索方式贯穿于各世代进化中，通过生物学启发操作来不断改进潜在解的特性。尽管这些操作是对自然进化的粗糙简化，但是进化程序提供了有效的并且极具鲁棒性的搜索策略。

遗传算法可能是最著名的进化程序算法类型。虽然其称为一种算法，但是遗传算法实际上是一种适应性启发搜索方法。遗传算法对先前所述的难解型问题能够确定优质解的能力在分析人员和工程师中享有盛誉。近些年，遗传算法已经不断成功地应用到水力管网最优化问题（校验模型、设计和水泵调度）。商业模型软件包目前使得该技术在工程专业领域应用越来越广泛。正因为这一原因，本附录在 D.4 节详细论述了遗传算法。

模拟退火法 退火是古代为了锻造器皿、工具、武器和艺术品而加热和/或冷却材料时使用的正式术语。它是服从物质在压力和温度发生改变以获得所要求的物质特性的处理过程。正如前述，模拟退火是另一种随机搜索技术，它能够模拟自然过程中的有效搜索机理（Metropolis，Rosenbluth，Rosenbluth，Teller 和 Teller，1953；Kirkpatrick，Gelatt 和 Vecchi，1983）。这种方法是基于实际中金属冷凝至最小能量结晶结构（退火过程）和在普遍系统中搜索最小解之间的相似性来实现的。

模拟退火求解最优化问题与前文徒步搜索者（参见问题可视化章节，附录 D.1）的超人能力相似，若是最小值问题，它能够穿越山谷翻越山岭搜索到最低的谷地，或者若是最大值问题，他能够搜索到最高的山峰。但是，徒步者仍旧看不到这些搜索的山峰和谷地，也就说他不能使用地面坡度信息来引导前进，因此不能遵循最快上升/下降路径前进。

假设徒步搜索者在视野范围内众多可能的山谷里正在寻找最深的谷地。搜索在“高温高自由度”点开始，也就是意味着搜索能够有更大的初始运动灵活性，这能够使徒步搜索者进行更高（和长距离）的跳跃。在搜索的早期，这个温度点能够使跳跃翻越任何山峰（甚至是山脉）并且可以深入任何谷地。

随着温度（自由度）的降低（即搜索的灵活性变得更小），徒步搜索者不能再像先前那样翻越得那么高，而会陷入到相对浅的谷地中。随机搜索运动会探索到其他可能的山谷或情形，并且一个新的搜索点比先前一个点位置更低（即更小的目标函数值），则启发式搜索总是有效的。但是，并不是所有函数值比当前最好点的值大的运动都能够直接被避免。这里所使用的搜索终止接受准则需要根据当前产生点的高度值与最后保存的最低山谷高程之差来决定。接受程度的分布状态决定了是否做出保留在新的更低谷地还是跳出它的概率决策。接受准则依据当前的“温度”，并且使用了一种基于玻尔兹曼概率分布（Boltzmann probability distribution）的方法。

模拟退火法有两个方面需要进一步说明。一个方面就是退火（冷却）的程序——如同搜索前进中向更低温度逼近的规则。另一个重要的方面是在每个温度水平上确定多少随机步长才足够的确定过程。如果温度下降得过低，那么搜索的效率将会很低。但是，如果冷却速度过快，搜索将会陷入搜索空间的子区域内，达不到满意的效果。第一种方法通过常量统一地在每个温度水平不断降低温度，而第二种方法则通过一个常数因子（如10%）来降低温度。使用第一种方法，模拟退火过程在高温、中温和低温状态均采用相同的搜索步长，而第二种方法如果也采用相同步长将会导致在低温状态搜索花费更多时间。

模拟退火法能够处理高维非线性模型、混乱的噪声数据、多局部最优解和多约束问题。它是一种鲁棒的普遍通用的方法，其较局部搜索法的主要优势是它能够搜索到全局最优解的能力；但是，它不能保证一定搜索到全局最优解。

Goldman（1998）和Goldman、Mays（1999）论证了模拟退火法如何应用到系统控制中，而Cunha和Sousa（1999）说明了该法如何在设计中使用。

蚁群搜索法　蚁群优化（ACO）法是受观察真实蚁群行为的启发产生的。蚁群搜索新的食物来源是通过派出搜索蚁随机探索周边地区完成的。如果一个搜索蚁找到了食物，它就会返回蚁群，并在其返回经过的路径上留下信息素踪迹。于是，其他蚂蚁在选择路径时就会闻到信息素并趋向于选择标记信息素浓度高的路径。这一机理使得其他蚂蚁遵循最有希望的路径前往食物源，当更多的信息素遗留在相同的路径上时给其他蚂蚁提供了正反馈效应。引入信息素衰退过程提供了一种反向的负反馈机理。尽管这些行为描述得相当简单，但是蚂蚁群体能够利用其解决难题，在无数通往食物源的可能的路径里寻找到最短的路径。这种源自社会性昆虫群体的行为称为群体智能。

在蚁群优化搜索过程中，人工蚁群协作寻找困难的离散优化问题的最优解。类似于真实蚁群寻找食物源的最短路径问题，第一个采用该机理的最优化应用是尝试解决著名的“旅行商问题”（Dorigo和Di Caro，1999）。这一问题是许多经典的组合优化问题之一，该问题要求这个商人必须找到访问一定数目城市的最短路径，并且每个城市只能访问一次。在城市i和城市j之间的每个连接都有一个变量τ_{ij}，它是人工信息素的强度值。在决策点，蚁群凭概率选择拥有最多信息素的路径，但是该路径并不总是至今以来找到的最优路径。

蚁群最优化已经应用到许多领域，包括序列排序问题、二次分配问题、车辆路径问题和其他调度分配问题。这类最优化特别适合路由选择和网络问题，这类问题涉及寻找通向源数据和/或信息最短（最优）和最有效路径问题。这样的问题的一个重要特征是对后备计划的必需性。如果一个特定的路径不能使用，那么将会存在获得另一条和初始的满意路径同样有效路径的需求。通过维持信息素踪迹和不断探索新的路径，蚁群能够容易地响应环境所发生的变化。这一特性可以说明真实蚁群在社会生态学上的成功，这对许多应用是至关重要的。

Maier等（2001）和Simpson等（2001）论述了如何将蚁群最优化应用在供水系统设计中。

禁忌搜索　禁忌搜索法（TS）的发源可以追溯到20世纪70年代，但是该方法的当前形式是由Glover（1986）首先提出的。存储器系统的使用是禁忌搜索的本质特征。大多数搜索方法只在存储器中保存特定步长中的最优解的值；但是，禁忌搜索法能够保存访问路径上直至最后的解的信息。这样的信息将被用来引导从当前解到下一个解的搜索运动。存储器的作用就是限制搜索运动的选择，禁止在那些先前迭代中效果不好的路径选择上。在这种意义上，禁忌搜索是最速下降法的发展，最速下降法也系统地使用存储器完成搜索。

为了避免在相同解之间无终止的搜索，禁忌搜索在其结构第一级中构建了基于属性的存储器，用来提供短期记忆功能。如果所有搜索运动的属性信息形成一个行为列表来代表遇到的解决方案的路径，那么禁忌列表就可以根据行为列表中中路径记录记录下所需的路径。这些记录的属性将被禁止包含在下一个搜索步长内所选择的运动中，因为如果包含它们将导致产生先前已经搜索过的解决方案。因此，禁忌列表将搜索约束在容许的运动子集中，该子集包含了容许的属性或者属性组合。这样的目标就是使搜索在每一个步长内进行“高效的”运动，避免进行二次搜索。这样的机理强制搜索局部最优解之外的解空间。

Ribeiro、da Conceicao Cunha（2000）及 Fanni、Liberatore、Sechi、Soro、和 Zuddas（2000）论述了如何将禁忌算法应用到供水系统最优化中。

D.4 遗传算法

遗传算法（GAs）的基本理论是由 Holland（1975）提出的，并由 Goldberg（1989）和其他研究者在20世纪80年代进一步发展。这些方法依靠由个体组成的群体的集体学习过程，其中每个个体代表着潜在解空间的一个搜索点。自从第一本著作发表以来，不同的应用已经涌现出来。遗传算法已经明显表现出在复杂问题中甚至是在多峰、不连续和不可微分问题中搜索到优质解的能力。

以下是标准遗传算法的运行步骤：

（1）随机产生初始解种群。

（2）计算初始种群中每个解的适应度值。

（3）使用生物学启发操作算子产生一个新的种群：繁殖（交叉）和变异。

（4）计算新的解的适应度值。

（5）如果达到终止条件停止运算，否则重复步骤（3）～（5）产生连续的世代。

遗传算法对自然界的模拟是通过在有若干个体组成的初始群体的创建［见步骤（1）］开始的，体可用染色体（chromosomes）表示，其本质是一组类似于人类 DNA 中染色体的字符串。每一个染色体代表着在多维搜索空间中的一个可能解的位置。在函数最优化的范例中，一个染色体代表着一组在预先指定的范围内随机产生的参数 x_i（优化参数）。管径确定问题中，一个染色体就是一个试探解，它由管径、C 因子、水泵开启时间等组成。

标准遗传算法使用二进制字符（字符是0或1）来构成染色体。被优化的参数采用二进制字符串来进行编码。假定字符串长度是8，优化函数 $f(x)$ 自变量的数目等于染色体中基因数目。这就是一个非常简单的函数，该范例来自 Mitchell（1999），在此来说明遗传算法的运行机理。图 D.17 展示了一个典型的八字符的字符串来代表八个位的染色体。每一位字符都类似于一个基因位。

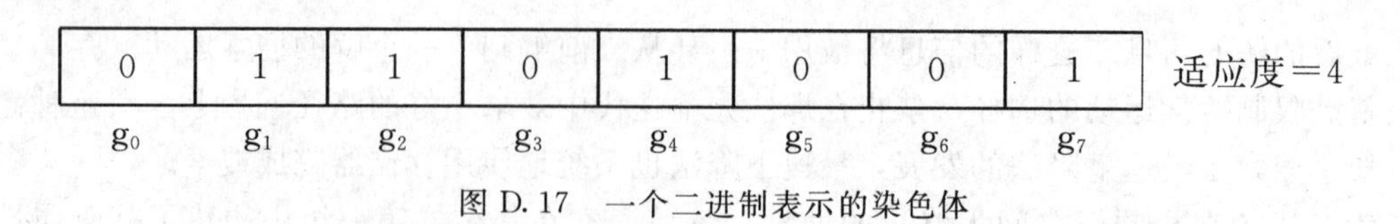

图 D.17　一个二进制表示的染色体

注意：并不是所有的进化程序都限制二进制字符的表示。这种灵活性使得二进制编码可以应用到各种决策问题中。

遗传算法中种群规模的典型取值范围是 50～1000。在初始种群已经产生后，种群中的个体将经历一个进化过程。在自然界中，不同的个体为生存环境中不同的资源（食物、水和栖居地）而竞争。一些被证明比其他优秀的个体获得这些资源。那些更优秀的个体更容易生存，吸引配偶，拥有和顺利地孕育后代，同时传递他们的遗传物质。个体在其生存环境中竞争力的表征称为个体的适应度，这与目标函数值相似。因此，交配权的选择是个体适应度的函数。为优化特定参数（定义为染色体）的目标函数值被用来评价适应度。在图 D.17 中染色体存在 4 个 1，那么适应度值就是 4。

在遗传算法中，约束条件通常通过使用罚函数的方法来实现，违反约束的解将受到惩罚。遗传算法并不是忽略非可行解，而是只重点关注可行解，非可行解允许保留在种群中，帮助引导搜索。与适应度函数结合的惩罚项被非可行解激活，从而减小它在种群中相对于其他解的适应度。惩罚函数应该被分级设置，就像表征距离可行性远近的函数一样。惩罚乘数通常被用来规格化与解的基本适应度同等尺度的惩罚额定值。乘数也用作世代数的函数，使得惩罚项逐渐地增加以确保最终解可行。

在自然界中，有性生殖产生不同遗传性状的后代，这些后代仍旧与其父母属于同一类。在分子水平上对遗传现象的简化观点就是配对的染色体交换其遗传信息。这是一个重组的操作，通常涉及交叉操作，因为遗传物质可以通过交叉从一个染色体交换到另一个染色体。在遗传算法重新产生新个体阶段［见步骤（3）］，个体从种群中选择出来并进行重组，产生能够组成下一代的后代。交叉算子操作两个个体（见图 D.18 中父代），在随机

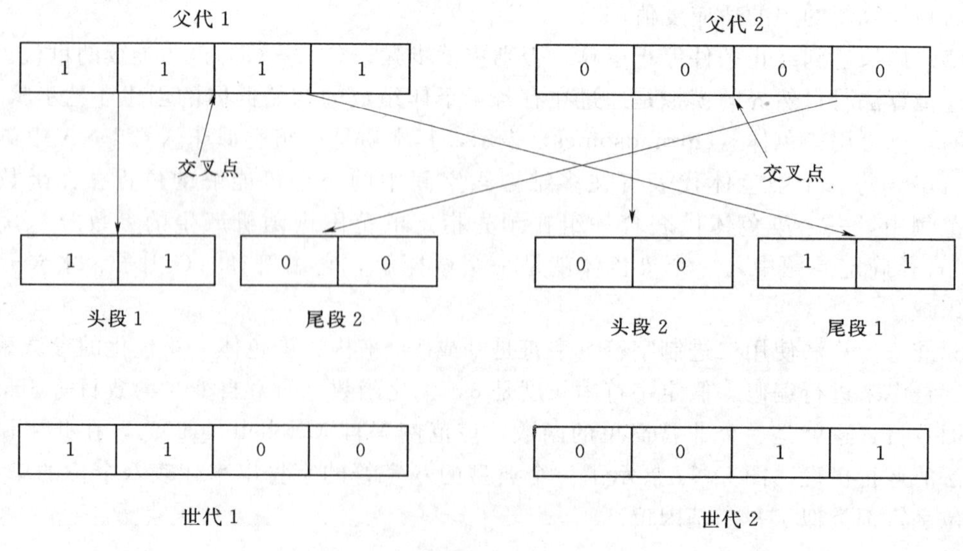

图 D.18　单点交叉算子

选择的点处切除它们染色体的字符串。新产生的染色体的头段保留在它们各自的位置，而染色体的尾段相互交换产生新的染色体。选择个体进行交叉操作的概率典型值范围是 0.5～1.0（所选个体的 50%～100%）。

变异在重新产生个体阶段也起着重要作用，虽然它在进化过程中不起支配作用，并且也不是普遍发生的。在遗传算法中，变异操作根据小的概率值随机改变个体的基因，从而进行小范围的随机搜索（图 D.19 只有一个基因发生改变）。如果变异概率过大，遗传搜索会退化成随机搜索。这种退化是不应该被允许的；适当的调整遗传算法使其求解不是随机搜索。变异概率的典型值范围是 0.001～0.01（0.1%～1%）。作为对遗传过程的模拟，遗传算法使用了随机机理，但是其搜索结果显然不是随机的。

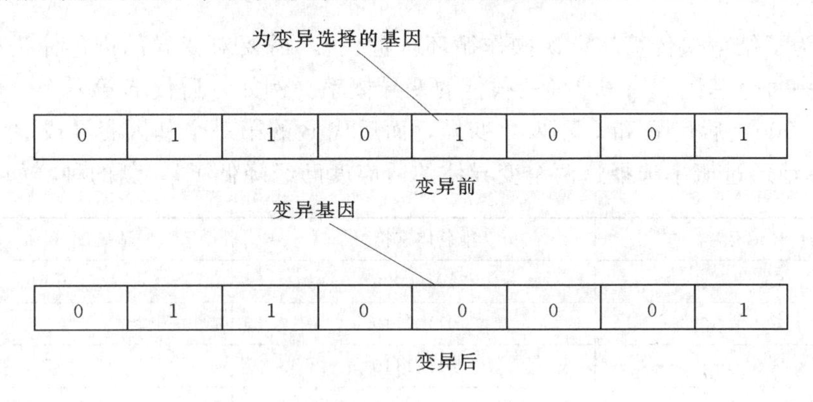

图 D.19　单点变异算子

上述简单的过程是大多数遗传算法应用的基础。为了平衡探索和数据挖掘，许多参数必须被确定，如种群的规模和交叉、变异的概率。

继续那个计数染色体中“1”个数的范例，假定种群的规模是 4（这是很不符合实际情况的极小值，只用来做说明的），交叉的概率是 0.7，变异的概率是 0.001，初始的随机产生的种群如下表所示。

染色体编号	染色体字符串	适应度（1 的个数）
A	00000110	2
B	11101110	6
C	00100000	1
D	00110100	3

遗传算法中一般使用的选择方法是适应度比例选择法，即一个个体被选择重新用于产生新个体的次数和其适应度与种群总适应度比值成比例。实现它的简单方法就是著名的轮盘赌选择（Goldberg，1989）。轮盘赌选择假定每一个个体将分配到轮盘的一部分上。但是，并不像赌场中的轮盘上每一部分大小都是一样的，算法中的每一部分是不同的；更适应的解将拥有更大的面积，从而在轮盘启动旋转时可以有更多的机会被选择来产生新的个体。在上述范例中，轮盘旋转了四次，选择了两对父代染色体。如果这些父代染色体分别选为 B、D 和 B、C（其中 A 没有被选中是因为轮盘的概率选择本质决定

的)，下一步就是执行在两对染色体间以70%的交叉概率来进行交叉操作（即存在70%的概率进行交叉操作）。如果我们假定由于概率父代B和D在第一位进行交叉形成后代E=10110100和F=01101110，而父代B和C不发生交叉，那么形成的中间种群如下表所示。

染色体编号	染色体字符串	适应度（1的个数）
E	10110100	4
F	01101110	5
B	11101110	6
C	00100000	1

最后，为了结束遗传算法一次操作循环（世代），需要对变异的染色体进行评估，变异的染色体中每个基因都有0.1%的很低的变异概率。例如，后代E第六个基因变异后成为E′=10110000，后代F和C不发生变异，而后代B的第一个基因变异成B′=01101110（注意：简单地通过概率选择这两个变异体的适应度已经降低了），新的种群如下表所示。

染色体编号	染色体字符串	适应度（1的个数）
E′	10110000	3
F	01101110	5
B′	01101110	5
C	00100000	1

在这个范例里，虽然源自初始种群的最优字符串（B，适应度=6）丢失了，但是种群的平均适应度已经从12/4增至14/4。需要重申的一点是这一过程最终将导致种群中所有染色体成为一个染色体形式。

遗传算法特别适合求解高维非线性组合问题、混乱噪声数据以及有多个局部最优解和多约束的搜索空间问题。它是一种鲁棒的普遍通用的技术，其主要优点就是能够运用局部搜索技术逼近全局最优解能力，正如该法在许多实际情况下处理疑难问题表现出来的能力。虽然遗传算法不能够保证找到全局最优解，但它通常在迅速寻找问题的满意解方面很有效。但是，特定的技术用于处理特定的问题，有些技术可能在速度和最终解准确度上都胜过遗传算法。当目标函数评价需要众多计算资源时，如需要对大型供水系统进行水力分析时，遗传算法会进行高强度计算。遗传算法计算也会非常费时，因为在众多世代中相同的个体会重复进行计算评价，并且此时众多解接近全局最优解的改进非常缓慢。

遗传算法在最近这些年已经广泛应用到各种供水系统问题中。Walters和Lohbeck（1993），Simpson、Dandy和Murphy（1994），Dandy、Simpson和Murphy（1996），Halhal、Walters、Savic和Ouzar（1997），Savic和Walters（1997），Lingireddy和Ormsbee（1999），Wu和Simpson（2001），Wu、Boulos、Orr和Ro（2001），以及Wu等（2002a），已经论述了遗传算法在系统设计和维护上的应用（见8.11小节）。

Savic、Walters（1995）和Wu等（2002b）论证了遗传算法能够用于模型的校验（见7.3小节）。Meier和Barkdoll（2000）使用遗传算法来确定流量检测点的位置。

D.5 多目标最优化

许多实际工程设计问题或决策问题都涉及多目标并存的最优化。多目标最优化的原则不同于单目标最优化。在单目标最优化中，求解的目标是寻找最优解，即对应于目标函数的最小值或最大值。而在多目标同时存在互相干扰时，不存在单一的最优解。不同目标之间的交互作用产生了一系列折中解，如众所周知的 Pareto（或权衡的、无控的或非劣解）最优解（见图 D.20）。

Pareto 最优化的每一个解不受其他解的控制。在从一个解搜索到另一个解时，不可能使一个目标得到改进（如水中铁数量降低）但至少是另一个别的目标变坏（如最小费用不能实现）。

Pareto 最优化曲线之上的所有解都是可行的（在这个特殊的范例中两个目标都是最小化目标），而那些位于曲线之下的解都是不可行的（见图 D.20）。例如，在 Pareto 最优化中解 B 必然优于解 C，因为解 B 能够使两目标更优（如大大减小水质风险并降低投资费用）。实际上，解 C 西南部阴影部分的任何解都优于解 C。但是，可以很清楚地看到必须尽可能地在 Pareto 最优化范围内确定若干解，从而确保可行解的产生并被决策者选择到。

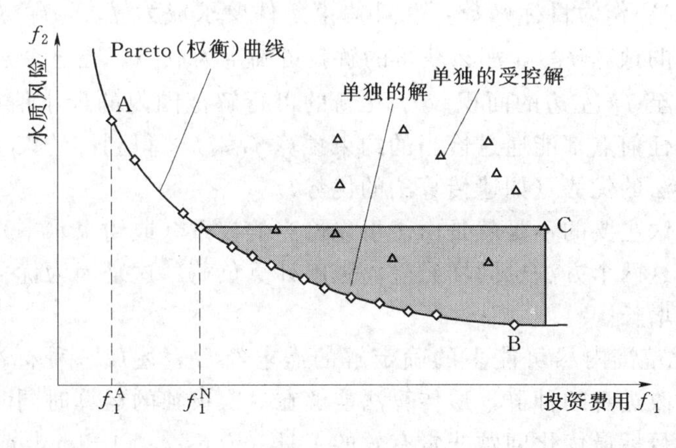

图 D.20 Pareto 解

权重法

如果考虑多目标并且单目标最优化技术中的部分技术使用恰当，它们能够产生 Pareto 最优化域的一个子集。这个子集可以通过目标的权重来获得 Pareto 解。点 A（见图 D.20）表示了一个廉价解（f_1 小）而其具有最高的水质风险水平（f_2 大）。在曲线的另一端，点 B 表示了一个最昂贵的解（f_1 大）但可以达到最低的水质风险目标（f_2 小）。每一个点都能够使用前文提出的单目标最优化技术获得。

两个目标必须被综合在一起产生一个单一的目标函数。当风险目标以费用形式表达时，这种综合是可能的。如果货币数能够与风险水平建立联系，那么多目标问题可以被简化为单一目标问题。权重（转化）系数 w 乘以目标 f_2 以便获得一个单一的组合的目标函数 $f=f_1+wf_2$。值得注意的是，这个目标函数只有一维（货币）。接着，如果存在这一单一目标函数和一系列约束条件，使用前文介绍的一些最优化方法就可以找到一个单独的最优解。在确定点 A 的过程中，w 取它的最大可能值（赋予 f_2 更大的权重），在确定点 B 的过程中，w 取其最小可能值（赋予更大 f_1 的权重）。Pareto 曲线上的所有中间解都可以通过设定两目标之间不同的权重比来获得。设定目标权重得到 Pareto 解的过程称为权重法（Cohon，1978）。

这种方法存在许多不足。一个不足就是一个目标函数值会随权重比另一个目标值大若干数量级，因此在权重上的大的变化会导致目标函数值没有对应的变化值。但是，权重法最大的缺点是当 Pareto 最优化边缘不是凸集时不能够产生恰当解点（见图 D.11 中凸集与非凸集区域说明）。

约束法

约束法表示了产生 Pareto 最优化解的备选框架。它通过约束其他目标的某些值来实现一个目标的最优化（Cohon，1978）。在前述的范例中（见图 D.20），不是把一个目标函数表示成与另一个一样的单位（即将风险目标表示为货币形式），而是把这个目标表示成一个约束条件。那么单一的最优化问题可以用来求解剩余的目标。如果单一目标最优化以“最小风险（f_2）”作为目标函数，并且约束条件要求成为 $f_1 \leqslant f_1^A$（即投资费用必须小于或者等于一定的预算 f_1^A），那么获得的解就可确定为点 A。在这个过程中，原始的可行解范围首先减小至 f_1^A 左边的面积。f_2 在新的可行解范围内的最小值就可确定为点 A。同样，曲线上其他任何点都能通过恰当的约束预算 $f_1 \leqslant f_1{}^N$ 得到。约束法不能在决策空间中充分利用一些方法的优势（如遗传算法的优势）。

权重法和约束法主要的不足就是由于事先恰当的权重（或约束水平）未知，因而不能够确定所有的点。这两个方法也同样经受高强度计算负荷，这是因为优化运算的数目随着目标的数目成指数增长。

在 Pareto 优化范围内尽可能多的确定解的需求经常表述成一种标准的解挖掘技术。通过保持和不断地改进身的种群，遗传算法能够在一次单独的运算时同时搜索到许多非占优解，这是求解多目标最优化问题非常有效的工具（Fonseca 和 Fleming，1997）。

供水系统建模实践中多目标优化问题的范例很多。实际上，可以说供水系统问题本身就是多目标的问题。但是，恰当的界面友好工具的缺乏（包括在其他问题中）已经阻碍了业内人士对这些技术的广泛应用。通常遇到的供水系统多目标优化问题是以费用与供水能力为最明显冲突目标的管网设计问题。其他的需求，如改进水质、供水安全、可靠性要求等也应该在设计或者维护管网时加以考虑。运行最优化也能够得益于多目标优化的使用。多目标优化的范例，例如考虑可选水泵调度方案的能量费用和在调度时水泵开启数目的范例就是一种能够表示出评价权衡的更好方式，权衡由于过多数量水泵开启引起的能量费用和维护费用之间的关系。再就是，由于停泵引起的如水质和供水安全的其他问题也应该纳入到多目标优化框架中。

使用多目标分析方法，决策者能够更好地评价不同目标间的权衡关系。虽然使用这种方法不能够确定获得的解是明确的最优解，但能够获得一组满意（接近最优）解，并且能有合理的范围以便做出合理的决策，避免出现那些极差的方案。

参考文献

Alperovits, G., and Shamir, U., (1977). "Design of Optimal Water Distribution Systems." *Water Resources Research*, 13 (6), 885.

Austin, and Robinson. (1976). "Cost Optimization of Rural Water Systems." *Journal of Hydraulics Division*, ASCE, 102 (8). 1119.

Bellman. R. E. (1957). *Dynamic Programming*. Princeton University Press.

Bhave. P. R. (1980). "Selecting Pipe Sizes in Network Optimization by Lp." *Journal of Hydraulics Division*, ASCE. 105 (HY7), 1019.

Bhave, P. R. (1983). "Optimization of Gravity Fed Water Distribution Systems." *Journal of Environmental Engineering*, 104 (4), 799.

Boccelli, D. L., Tryby, M. E., Uber, J. G., Rossman, L. A., Zierolf, M. L., and Polycarpou, M. M. (1998). "Optimal Scheduling of Booster Disinfection in Water Distribution Systems." *Journal of Water Resources Planning and Management*, ASCE, 124 (2), 99.

Brion, L. M., and Mays L. W. (1991). "Methodology for Optimal Operation of Pumping Stations in Water Distribution Systems." *Journal of Hydraulic Engineering*. ASCE, 117 (11), 1551.

Camp. T. R. (1939). "Economic Pipe Sizer for Water Distribution Systems." *Transactions of the American SocIety of Civil Engineers*, 104, 190.

Cohon, J. L. (1978). *Multi-objective Programming and Planning*. Academic Press, New York, New York.

Constans, S., Brémond, B., and Morel, P. (2000). "Using Linear Programs to Optimize the Chlorine Concentrations in Water Distribution Networks." *Proceedings of the ASCE Joint Conference on Water Resources Engineering and Water Resources Planning and Management*, Minneapolis, Minnesota.

Coulbeck, B. (1984). "Optimization of Water Networks." *Transactions of Institute of Measurements and Control*, 6 (5), 271.

Coulbeck, B., and Sterling, M. (1978). "Optimal Control of Water Distribution Systems." *Proceedings of the Institute of Electrical Engineers*, 125, 1039.

Cowan, J (1971). "Checking Trunk Main Designs for Cost-Effectiveness." *Water and Water Engineering*, 385.

Cullinane. M. J., Lansey, K., and Mays L. W. (1992). "Optimization of Availablity-based Design of Water Distribution Networks." *Journal of Hydraulic Engineering*, 118 (3), 420.

Cunha, M. D., and Sousa, J. (1999). "Water Distribution Network Design Optimization: Simulated Annealing Approach." *Journal. of Water Resources Planning and Management*, ASCE, 125 (4), 215.

Dancs. L. (1977). "Sizing Force Mains for Economy." *Water and Sewage Works*.

Dandy. G. C., Simpson, A. R., and Murphy. L. J. (1996). "An Improved Genetic Algorithm for Pipe Network Optimization." *Water Resources Research*, 32 (2), 449.

Deb, A. K. (1973). "Lease Cost Design of Water Main System in Series." *Journal of the Environmental Engineering Division*, 99 (2), 405.

Deb. A. K. (1976). "Optimization of Water Distribution Network Systems." *Journal of the Environmental Engineering Division*, 102 (4), 837.

deNeufville, R., Schaake, J., and Stafford. J. J. (1971). "Systems Analysis of Water Distribution Networks." *Journal of Sanitary Engineering Division*, ASCE, 9 (6), 825.

Dorigo, M., and Di Caro, G. (1999). "The Ant Colony Optimization Meta-Heuristic." *New Methods in Optimization*, Corne, D., Dorigo, M., and Glover, F., eds., McGraw-Hill.

Duan, N. L., Mays. L. W., Lansey, K. E. (1990). "Optimal Reliability-Based Design of Pumping and Distribution Systems. *Journal of Hydraulic Engineering*." ASCE, 116 (2), 249.

Fanni, A., Liberatore, S., Sechi, G. M., Soro, M. and Zuddas, P. (2000). "Optimization of Water Distribution Systems by a Tabu Search Metaheuristic." *Proceedings of the 7th IFORMS Computing Society Conference*, Cancun, Mexico.

Finney, R. L., Weir, M. D., and Giordano, F. R. (2001). *Thomas'Calculus*. Addison Wesley Longman, Tenth Edition, Boston. Massachusetts.

Fonseca, C. M., and Fleming, P. J. (1997). "Multi-objective Optimization." *Handbook of Evolutionary Computation*. Bäck, In T., Fogel, D. B., and Michalewicz, Z., eds., Institute of Physics Publishing and Oxford University Press.

Glover, F. (1986). "Future Paths for Integer Programming and Links to Artificial Intelligence." *Computers and Operations Research*, 13533.

Goldberg. D. E. (1989). *Genetic Algoruhms in Search, Optimization. and Machine Learning*. Addison-Wesley.

Goldman, F. E. (1998). *The Application of Simulated Annealing for Operation of Water Distribution Systems*. Ph. D. dissertation, Arizona State University.

Goldman, F. E., and Mays, L. W. (1999). "The Application of Simulated Annealing to the Optimal Operation of Water Systems." *Proceedings of the 26th ASCE Water Resources Planning & Management Conference*, American Society of Civil Engineers, Tempe, Arizona.

Halbal, D., Walters, G. A. Savic, D. A., and Ouazar, D. (1997), "Water Network Rehabilitation with a Structured Messy Genetic Algorithm." *Journal of Water Resources Planning and Management*, 123 (3), 137.

Hillier, F. S., and Lieberman, G. J. (1995). *Introduction to Operations Research*. McGraw-Hill, New York, New York.

Holland. J. H. (1975). *Adaptation in Natural and Artificial Systems*. MIT Press.

Jacoby. S. L. S. (1968). "Design of Optimal Hydraulic Networks." *Journal of Hydraulics Division*, ASCE, 94 (3), 641.

Jowitt, P. W., Garrett, R., Cook, S., and Germanopoulos, G. (1988). "Real-time Forecasting and Control of Water Distribution." *Computer Applictions in Water Supply*, Coulbeck, B., and Orr, C. H., eds. Research Studies Press Ltd., Leicester, United Kingdom.

Karmeli, D., Gadish, Y., and Meyer, S. (1968). "Design of Optimal Water Distribution Networks." *Journal of Pipeline Division*, ASCE, 94 (1), 1.

Kettler, A. J., and Goulter, I. C. (1983). "Reliability Considerations in the Least Cost Design of Looped Water Distribution Systems." *Proceedings of the International Symposium on Urban Hydrology, Hydraulics, and Sediment Control*, University of Kentucky, Lexington, Kentucky.

Kirkpatrick, S., Gelatt, C, D., and Vecchi, M. P. (1983). "Optimization by Simulated Annealing." *Science*, 220, 671.

Lam. C. F. (1973). "Discrete Gradient Optimization of Water Systems." *Journal of Hydraulics Divi-*

sion, ASCE, 90 (6), 863.

Lansey, K. E. (1988). "Water Distribution Network Calibration Considering Multiple Loading Conditions." *Proceedings of 15th Annual ASCE Water Resources Conference*, American Society of Civil Engineers, 150.

Lansey, K. E., and Awumah, K. (1994). "Optimal Pump Operation Considering Pump Switches." *Journal of Water Resources Planning and Management*, ASCE, 120 (1), 17.

Lansey. K. E., and Mays, L. W. (1989). "Optimal Design of Water Distribution Systems." *Journal of Water Resources Planning and Management*, ASCE, 115 (10), 1401.

Lasdon, L. S., and Waren, A. D. (1982). *GRG2 User's Guide*. Department of General Business, University of Texas, Austin.

Liang, T. (1971). "Design of Conduits System by Dynamic Programming." *Journal of Hydraulics Division*, ASCE, 97 (3), 383.

Lingireddy, S., and Ormsbee. L. E. (1990). "Optimal Network Calibration Model Based on Genetic Algorithms." *Proceedings of the ASCE Annual Conference of Water Resources Planning and Management*, Tempe, Arizona.

Loganathan, G. V., Greene. J., and Ahn. T. (1995). "Design Heuristic for Globally Minimum Cost Water Distribution Systems." *Journal of Water Resources Planning and Management*, 121 (2), 182.

Maier, H. R., Simpson, A. R., Foong, W. K., Phang, K. Y., Seah, H. Y., and Tan, C. L. (2001). "Ant Colony Optimization for the Design of Water Distribution Systems." *Proceedings of the World Water and Environmental Resources Congress*, Orlando, Florida.

Meier, R. W., and Barkdoll, B. D. (2000). "Sampling Design for Network Model Calibuation Using Genetic Algorithms." *Journal of Water Resources Planning and Management*, ASCE, 126 (4), 245.

Metropolis, N., Rosenbluth, A. W., Rosenbluth, M. N., Teller, A. H., and Teller, E. (1953). "Equation of State Calculations by Fast Computing Machines." *Journal of Chemical Physics*, 21 (6), 1087.

Mitchell, M. (1999). *An Introduction to Genetic Algorithms*. The MIT Press, Cambridge. Massachusetts.

Morgan, D. R., and Goulter. I. C. (1985). "Optimal Urban Water Distribution Design." *Water Resources Research*, 21 (5), 642.

Nelder, J. A., and Mead, R. (1965). "A Simplex Method for Function Minimization." *Computer Journal*, 7, 308.

Ormsbee. L. E. and Chase. D. V. (1998). "Optimal Pump Operation Using Nonlinear Programming." *Proceedings of 15th Annual ASCE Water Resources Conference*, 158.

Ormsbee, L. E., and Contractor, D. N. (1981). "Optimization of Hydraulic Networks." *Proceedings of the International Symposium on Urban Hydrology, Hydraulics, and Sediment Control*. Lexington, Kentucky.

Ormsbee, L. E., and Lingireddy, S. L. (1995). "Nonlinear Heuristic for Pump Operation." *Journal of Water Resources Planning and Manageement*, ASCE. 121 (4), 302.

Ormsbee, L. E., Walski, T. M., Chase. D. V., and Sharp. W. (1989). "Methodology for Improving Pump Operational Efficiency." *Journal of Water Resources Planning and Management*, ASCE. 15 (2), 148.

Quindry, G. E., Brill, E. D., and Liebman, J. C. (1981). "Optimization of Looped Water Distribution Systems." *Journal of Environmental Engineering Division*. ASCE, 107 (4), 665.

Ribeiro, L. and da Conceicao Cunha, M. (2000). "Tabu Search Algorithms or Water Network Distribution Systems Optimization." *Proceedings of the Decision Making in Urban and Civil Engineering*

Conference, Lyon, France.

Sabel, M. H., and Helwig, O. J. (1985). "Cost Effective Operation of Urban Water Supply System Using Dynamic Programming." *Water Resources Bulletin*, 21 (1), 75.

Sakarya, A. B. A., and Mays, L. W. (2000). "Optimal Operation of Water Distribution Pumps Considering Water Quality." *Journal of Water Resources Planning and Management*, 126 (4), 210.

附录 E

SCADA 基础

数据监控与数据采集（SCADA）系统是一个大型的分布式计算机系统，主要通过中央控制室进行远程控制和现场基础设施的条件监测。现场的基础设施包括水源井、泵站、阀门、水处理厂、水箱和水库。

在供水管网中，SCADA 系统一般具有以下功能：

- 监控系统；
- 控制系统并保证所需的任务能够完成；
- 通过自动控制或者从一个独立的中央控制室操作一个系统的方法，减少运营职工的数量；
- 存储系统行为数据，从而能够完全满足各法规机构的各种强制性报告要求；
- 提供系统运行信息和建立系统有效的资产管理规程；
- 通过减少定期巡查远程站点和在水泵运行期间通过操作的优化，潜在地减少电力消耗，建立系统的高效率运行；
- 提供一个将保证运行目标的建立与实现的控制系统；
- 提供一个报警系统，它将可以使问题从一个中心点诊断，可以让由具有资质的员工组成的抢险队进行抢险和系统恢复并避免对环境可能造成损坏的事故发生。

E.1 SCADA 系统的组分

SCADA 系统包括：SCADA 中央主机与一定数量远程站点（远程终端单元或 RTUs）之间的数据传输，中央主机与操作员终端之间的数据传输。图 E.1 显示了一个通用的 SCADA 系统，其在中央主机和 RTUs 之间采用数据多路通信方式（MUXs）。这些多路复用器在局域网上为多个 RTUs 路由数据，在广域骨干网上通过单个或非常少量物理链路将数据传回到中央主机。

SCADA 系统包括：

- 一个或多个现场数据接口设备，通常称为遥控站、远程终端单元（RTUs），或者可编程序逻辑控制器（PLCs），连接现场传感器和本地控制开关箱和阀门执行单元。
- 用于现场数据接口设备、控制单元和 SCADA 中央主机的计算机之间传输转移数据的通信系统。系统可以是无线电、电话、电缆、卫星等，或是这些方式的组合。
- 一台中央主机服务器或几台服务器（有时称 SCADA 中心、主控制台、主终端单元或 MTU）。
- 通信系统，其用于支持操作员工作站的使用，该工作站也许在地理位置上远离中

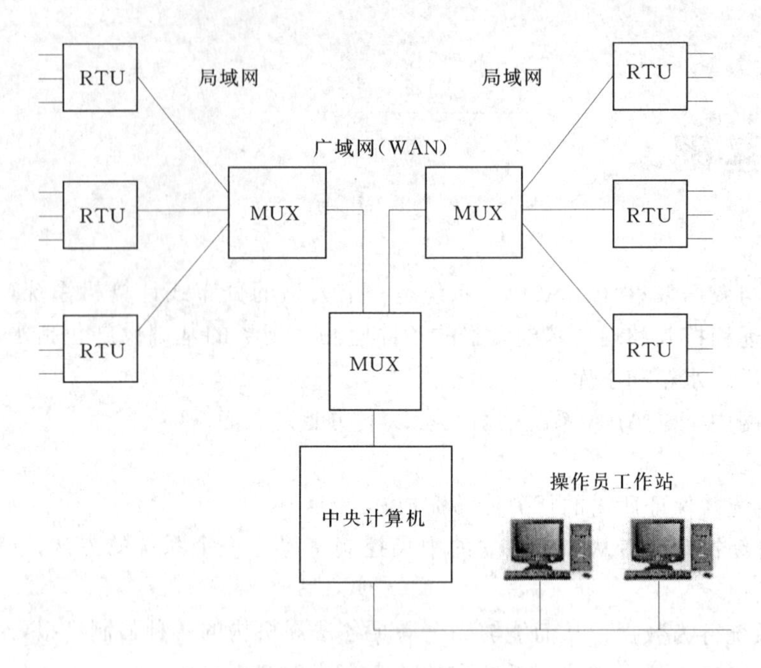

图 E.1 普通 SCADA 系统网络

央主机。

- 标准和/或自定义软件［有时也称人机接口（HMI）软件或人机界面（MMI）软件］系统，其用于支持 SCADA 中央主机和操作员终端应用，支持通信系统，并且监测和控制远程现场数据接口设备。

每一个前述的 SCADA 组成部分在以下各节中将进行详细介绍。

现场数据接口设备

现场数据接口装置是 SCADA 系统的“眼睛和耳朵”。诸如水库水位计、流量计、阀位传感器、温度传感器、电表，以及压力表等装置都能提供信息数据，这些数据能告诉富有经验的操作员判断供水系统的运行状况。除此之外，电动阀位执行装置、电机控制切换开关盘和电子化学投药设备等装置构成了 SCADA 系统的“手”，并且在自动化供水的程序方面给予帮助。

然而，在任何自动化或远程的监测能够成功之前，与现场数据接口设备进行交互的信息需要转换为与 SCADA 系统语言相兼容的格式。因此，需要采用某种格式的电子现场数据接口。

远程终端单元（RTUs），又称为远程遥测单元，其提供了这个接口。RTUs 主要用于将与现场装置交互的电子信号转换为在通信信道上传送数据的语言（称为通信协议）。RTUs 在现场就像是一个带有电信号电线的配电箱，它会连接到现场装置和一个通信信道接口相连的电缆，像是一部无线电通信装置（见图 E.2）。

现场数据接口装置自动化的指令，如水泵控制逻辑，通常本地储存。这相当程度上是由于 SCADA 中央的主机和现场数据接口装置之间的带宽限制造成的。这些控制指令通常存储在本地电子设备内，这就是所谓的可编程逻辑控制器（PLCs），其原来是与 RTUs 在物理上分开的（见图 E.3）。PLC 直接连接到现场数据接口装置，并将已经编写好的逻辑过程嵌入其中，可以在某种现场条件下触发执行这些逻辑。然而，有 SCADA 系统的许多供水系统却没有 PLC。在这种情况下，本地的控制逻辑被内嵌在 RTU 里面或者内嵌在本地配电箱的继电器逻辑中。

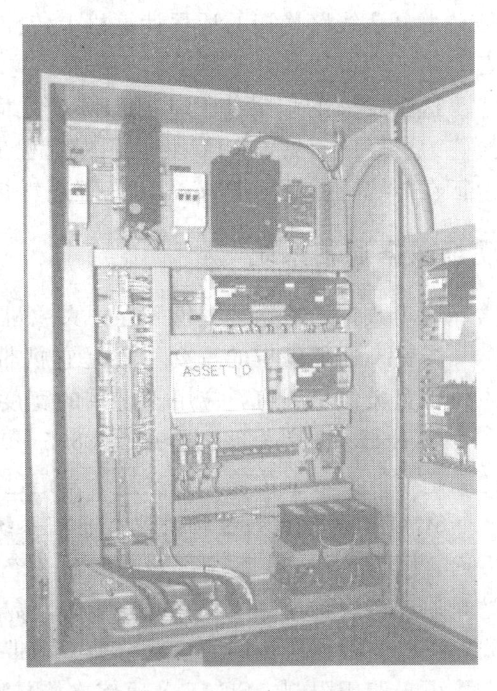

图 E.2　带有 RTU（中央控制器）、无线电通信（向上到中央控制器）、和现场配线终端（左）的 RTU 机柜

PLC 起源于自动化工业，因此时常被用于制造业和加工设备应用。在这些应用中，PLC 并不需要连接到通信信道，因为他们往往只是需要代替传统的逻辑继电器或气动控制器。SCADA 系统从另一方面讲，起源于早期的遥感勘测应用，其只是需要知道远程源端的基本信息。连接到这些系统的 RTU 无须控制程序，因为本地的控制逻辑已经内置于逻辑继电器中。

当 PLC 越来越多地用于替代继电切换逻辑控制系统，遥感勘测越来越多地在远程现场使用 PLC。它在 PLC 中通过使用远程信号来执行作业程序的功能变得越来越令人满意。这对于 SCADA 系统的监控部分是很有效的。仅仅需要

图 E.3　可编程逻辑控制器（PLC）执行本地控制功能，物理上与 RTU 分隔，但与邻近的远程遥控终端单元（RTU）相连

一个简单的本地控制程序，就可以在 RTU 里面内嵌这个程序并在这个装置中执行这个控制。同时，传统的 PLC 包含了通信模块，其允许 PLC 向与该 PLC 系统连接的计算机或

是经由电话线路连接的远程计算机上传控制程序的执行情况。因此，PLC和RTU制造业者为同一个市场展开了竞争。

这些发展的结果使PLC和RTU之间的界线已经模糊，而且二者的用词实际上可互换。为了简单起见，RTU将会用做远程现场数据接口装置；然而，如此的一个装置可以包括在传统上归类为PLC的可编程逻辑控制器的范围之内。

现场数据通信系统

现场数据通信系统提供了在中央主机服务器和现场的RTU之间传输数据的方法。

带宽 通信信道的重要特性是它携带数据的能力。术语带宽用来描述这种能力。本来，带宽类似于频道，应用于赫兹的宽度。例如，占据0.3～3.4kHz波段的电信频道有一个3.1kHz的带宽，占据929.88875～929.8875MHz波段的一个无线电频道有12.5kHz的频道带宽。数据传输，带宽这个术语已经被拓展到包括每秒的数据传输率（bps）。

SCADA通信有效性和协议 通信系统基础设施的有效性是SCADA系统的一个重要方面。因为SCADA系统部署一般在一个大的地理区域范围，中央主机与远程SCADA分站是通过多层物理和逻辑路径连接的，数据则通过这些路由进行交互。这种长距离的通信线路可能要根据所用的通信系统类型和带宽进行财务和预算方面的考虑。

由于费用限制，SCADA通信连接与那些通信骨干网连接相比，通常提供较少的带宽和较低的可信度；那些通信骨干连接较少有地理限制并且可以使用一些高速光纤局域网基础设施，通常用于工艺过程设备的通信连接。这种过程设备通信高速链路有效性在99.9%以上（即每年断线率少于9h）和比特错误率小于10^{-9}（每10^9比特出一次错）。相较而言SCADA连接，如数据广播、电话线路，卫星链路，或是这些链路混合连接，这些链路的有效性大概是99.0%（每年平均大约90h的断线率）和比特错误率在10^{-6}（每10^6比特出一次错）或更低。

连接链路有效性差异是基于以下这样的一些原因，多层SCADA链路连接与高速光纤局域网络链路相比要通过一系列介质转换和数据路由端口，因此，在一个变化多样的SCADA通信网络中可能存在许多单点故障。通信断线通常起因于设备故障，电力供给中断以及人类的干扰。较好的通信线路有效性可通过使用冗余通信链路到达分站来实现；然而，这种设计可能大幅增加通信系统成本，如果该通信链接对于运行安全并不是至关重要的话，那么建立冗余链路在经济上可能是不可行的。

SCADA通信协议明确的设计为较小可靠性的通信连接，该链接提供数据的安全传输，保证在大多数条件下数据可靠的传送到目的终端。通信协议采用错误检测和信息再发送技术，一般通过在传输中原始数据附加的“头和脚”的信息建立接收/发送信号交互关系。这些额外信息产生了数据传输的附加开销，有必要在数据传输速度和通信连接可靠性中做出权衡。因此，与SCADA相关的数据通信速度通常比在设备厂房、办公室或工厂不同楼层之间应用的典型通信高速链路速度慢。不只是因为后者所使用的优质介质链路连接，如硬导线光纤，它通常比广播无线链路连接有更高的速度数据传输，而且与SCADA系统有关的通信协议引入数据传输附加开销，这进一步减慢数据传输速度。介质，如有低比特错误率的光纤可用，可以采用简单通信协议，其不需要数据传输附加开销。

SCADA 系统和结果数据的用户不需要知道所使用的通信协议。事实上，协议应该对使用者是透明的。然而，重要的是了解使用这些通信连接，如无线广播链路，有可能会产生可能性非常小的通信错误。

例如，一个控制指令可能被送到错误的目的地。SCADA 系统时常请求来自操作员的确认，确认一个控制指令正是所要求的。这种方式可以给出某种程度的保障以避免控制信息被发送到错误的目的地。然而更有可能的是，操作员已经犯了错误，而且控制指令已经被错误的分站所接收。控制指令确认检查可以给操作员提供另外一个机会来选择正确分站。

SCADA 通信协议的一个例子，包括 DNP3.0（分布式网络协议），厂商的独立协议可以将通信链路的多个物理（逻辑）层的错误探测和修正包含其中，并且对于指令采用选择/确认的模式。Modbus 通信协议是另一种 SCADA 广泛应用的协议，但是它并不提供如 DNP3.0 相同程度的数据传输安全。对于 SCADA 厂商而言还有多种其他通信协议，其所提供的功能与前述协议相类似。

常见通信介质 下列是常见的通信介质：

- 得到许可的无线连接（超高频和特高频）（UHF 和 VHF）；
- 未经许可的“扩展频谱”无线连接；
- 公共交换电话网；
- 移动电话；
- 微波；
- 电视电缆网络；
- 专用卫星连接；
- 专用电缆，包括光纤（用于非常短距离的通信）；
- 企业的广域网计算机通信系统。

对于非常重要的站点，用来确保高可靠性通信的这些不同介质组合并没有特殊性。首选通信介质取决于以下一些重要因素：

- 现场设备站点的距离；
- 通信介质所要求的可靠度（主要取决于主观上该远程站点运行的重要性）；
- 有效的通信可选项；
- 特定应用每个可选项的费用；
- 电源（电力公司、电池、太阳能或其他）。

SCADA 通信系统通常分为两个部分，即广域骨干网络高速链路（广域网）和众多的本地局域网络（局域网络）。两个部分之间的接口通常是通过多路复用技术来实现的。

广域网高速链路 广域网连接中央主机到多路转换器，其可能包含与 SCADA 系统地理分布相关的电缆、无线广播连接或卫星数据通信连接。广域网连接通常是完全双向的（可实现双向同时数据传输），可能以星形或环形拓扑配置。

星型和环型结构在多路转换器之间采用点对点连接。星型结构（如图 E.1 所示）不提供冗余的广域网连接。环型结构（见图 E.4）连接毗连的多路转换器，而且提供其他可能的冗余通信路径给广域网，可以提供更高的可靠性。环状广域网需要数据通信分配路由器，同时必须将广域网的所有通信量分配到各个连接上。

在一些情况下，并不需要一个广域网。例如：在一个简单的SCADA系统中，所有的RTU通过一个单一主干多点集线通信连接直接连接到中央主机。这些系统因此只包含一个有效的RTU本地局域网络。

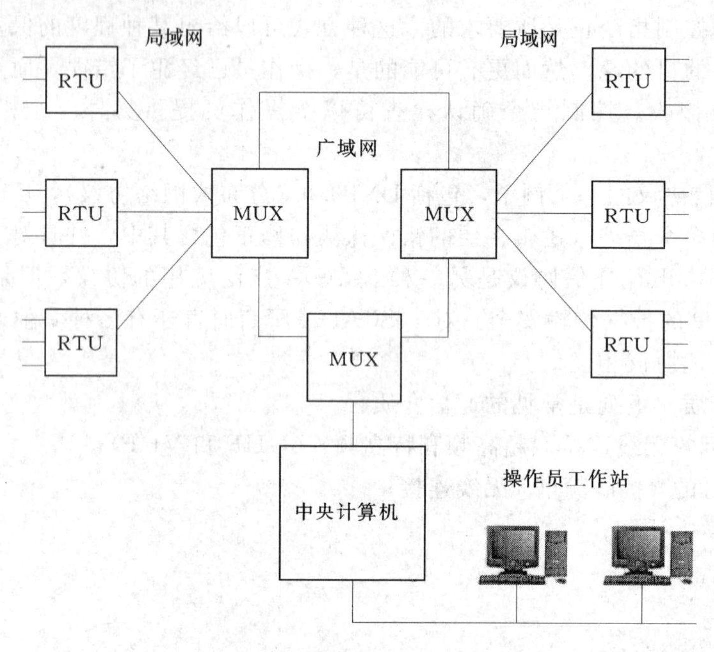

图 E.4 环状WAN结构

多路转换器 通常，需要一些形式的多路转换器连接RTU的本地网络和广域网高速链路。多路转换器允许不同的数据流共享一个数据连接，如图E.5所示。多路转换器将连接许多RTU的通信链路汇合成一个单一的比特流，通常使用时分多路转换器（TDM）或其他的比特流处理技术。多路转换器可以集合汇流数十甚至数百个RTU在SCADA广域网上进行信息传输。

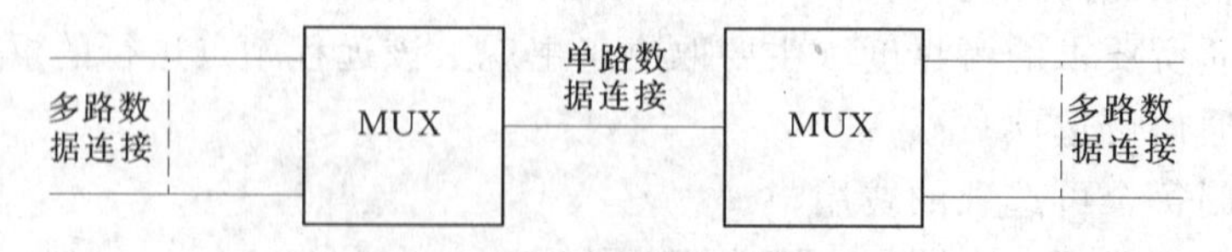

图 E.5 基本数据多路转换器结构

一个简单的多路转换器可以使用一个数据集汇路由器和一个单点对多点的无线链路来实现，具体如图E.6所示。在这个图中，LR指本地的无线发射接收器，PMR指单点对多点发射接收器，ROUT指数据路由器。

多路转换器本身可以是SCADA处理设备，它管理本地的网络，不仅可以汇集RTUs的数据，而且可以减少与中央主机必须进行交换的数据总量。SCADA系统还可以布设成一个由多层多路转换处理器组成的树状网络，如图E.7所示。

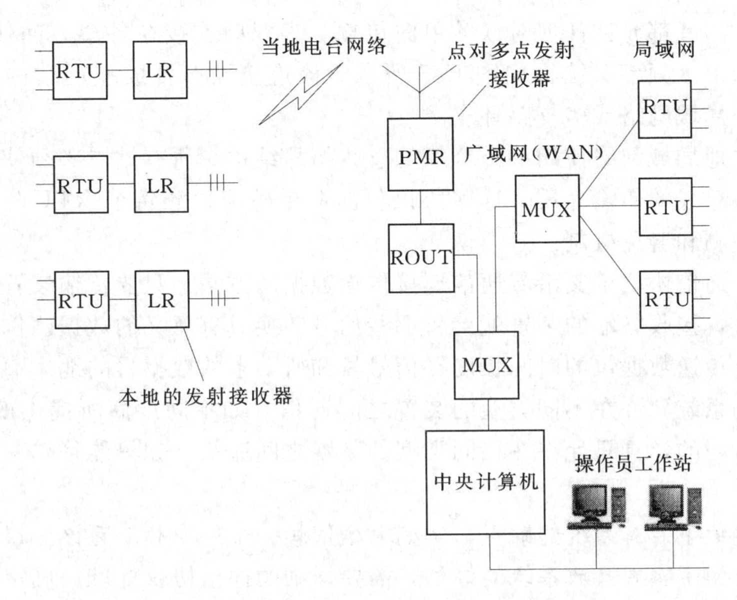

图 E.6　点对多点无线传输数据路由器

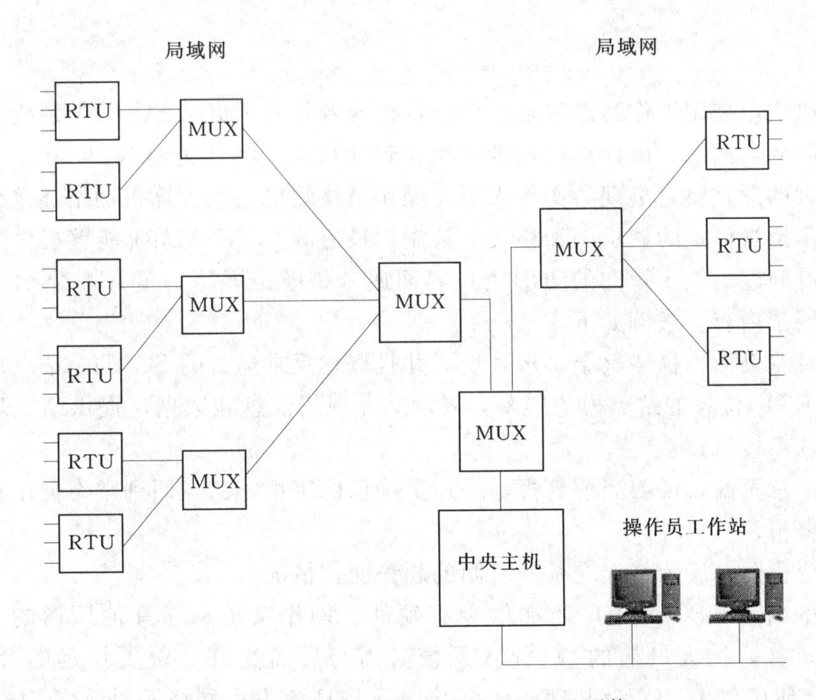

图 E.7　多重 MUX 水平的 SCADA 网络

本地局域网络　本地局域网络将 RTU 连接到多路转换器，如果没有广域网连接的话可以直接连接到 SCADA 中央主机。像广域网一样，本地局域网络可能包含电缆、无线链路或卫星数据通信连接，这依赖于 SCADA 系统的地理分布。该连接可能是私人的或向电信公司租借的通信线路。

本地局域网络结构一般是基于以单点连接多点的无线通信为基础。该无线连接通常是半双向或单向，两者都允许任何时候的单向传输。半双向连接在各个方向使用不同频率，而单向网络使用单一频率。结构如图 E.7 所示，该连接被布置成星形结构。本地局域网络也可能是一个局域网络或多支路环。

大多数的本地局域网络使用一个合理的总线拓扑结构。所有站点必须使用某种网络访问协议并共用该总线的传输介质。这些协议包括命令轮流探测每个 RTU、令牌传递，以及数据包冲突检测和避免机制。

通信协议 通信协议定义沿着通信连接传输数据的方法。只要传输装置遵从预定义的规则传输数据时，接收终端的装置就会将那些信号转换成有意义的数据。例如，协议这样定义数据，每个传送数据包的时间长度、信号量和所要求的数据目的地。

一个开放的系统允许在不同类型的装置之间通信（如不同厂商所提供的产品）。专有的系统定义为封闭的，且只允许在相同类型的装置之间通信（如只能是单一厂商所提供的产品）。

开放系统避免了专有系统的缺点，例如完全依赖一个厂商和缺乏该协议如何作用的相关信息。然而，为了实现开放系统的好处，需要详细的通信协议标准，确定计算机和其他装置之间通信互联的所有方面细节。

中央主机

中央主机或主控制工作站通常是一台计算机或者是一个提供 SCADA 系统人机操作接口的计算机服务器网络。该计算机处理所接收到的数据，将其送到 RTU 站点，并且以操作员可以处理的形式将它呈现给操作人员。操作员终端机通过计算机网络连接到中央主机以便观看展示给操作员的显示屏和相关的数据。最近的 SCADA 系统能够提供高分辨率的图形，展现有问题的供水管网的图形用户界面或者是模仿屏幕。图 E.8 显示了大多数系统所提供的展示内容。举例如下：

- 系统总览页面，描述整个供水系统，并且概述反常运行的 SCADA 站点；
- 每个 RTU 位置的站点模仿屏幕，展示站点现场信息和数据，提供站点现场设备的控制选项接口；
- 警报汇总页面，说明当前警报，操作员确认的警报，已经回到常态但未获操作员确认的警报；
- 趋势变化图，展示特定变量随时间的趋势变化情况。

从历史的角度，SCADA 厂商提供专有硬件、操作系统和与其他厂商的 SCADA 系统不相容的软件，扩大最初的 SCADA 系统必需与厂商签订一份更长远的合同。SCADA 主机平台使用以 UNIX 为基础的体系结构，并且该主机网络不纳入任何办公计算机网络区域内。

然而，随着个人计算机的增多，网络计算机开始在办公环境中变得平常。结果，SCADA 系统成为现在可以连接办公环境个人计算机网络的系统。的确，大部分今天的 SCADA 系统都能够驻留在那些计算机和服务器中，这些计算机和服务器也同时作为传统的办公室应用。这种开放性表明可以将 SCADA 系统连接到办公室应用中，如 GIS 系统、水力模型软件、绘图管理系统、工作计划安排系统和信息数据库。

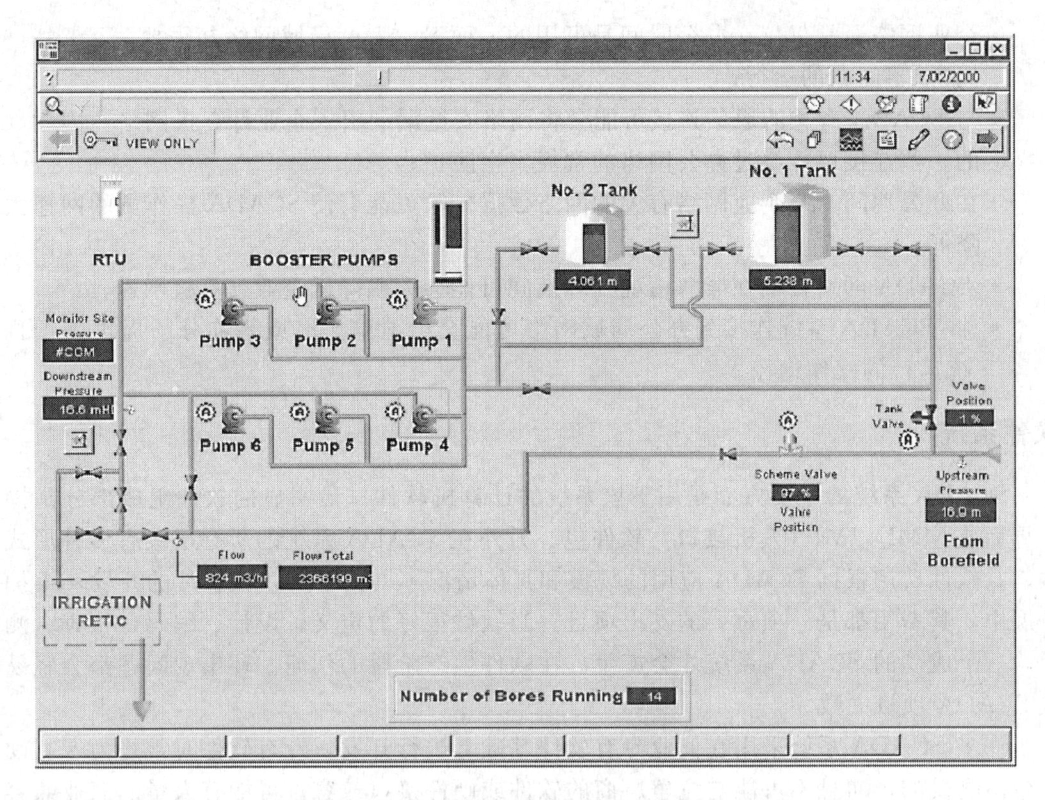

图 E.8　多数 SCADA 系统提供的典型显示内容

操作员工作站通信系统

对于供水 SCADA 系统，一些操作员可能需要同时访问 SCADA 系统中央主机以观察 SCADA 系统的运行情况。SCADA 系统通常设计为满足这一需求，包括操作员访问中央主机和远端工作站之间的通信信道。

操作员工作站通常是指与 SCADA 中央主机联网的计算机终端。中央主机则作为 SCADA 应用的服务器，操作员终端作为客户端，基于操作员的要求和控制需求向中央主机发出请求和相关信号。

在中央主机和操作员终端之间的通信系统是一个本地局域网络。SCADA 局域网络可以让多个用户能够在一个较小的地理空间内进行文件和信息交互，可以访问共享资源，例如，可以访问中央主机。

历史上，SCADA 局域网络是一个专用网络；然而，随着作为办公计算机网络信息交互解决方法的办公局域网络和广域网逐渐部署，将 SCADA 局域网整合进日常的办公计算机网络已经成为可能。

这种做法最大优点是无需投资一个独立的 SCADA 操作终端计算机网络。此外，也容易将 SCADA 数据与现有的办公应用系统，如表格处理程序、工作管理系统、历史数据库、GIS 系统和供水模型系统整合在一起。然而，在将办公局域网络和 SCADA 操作终端局域网络整合在一起之前还需要考虑以下不利情况：

- 企业网络通常仅仅在办公时间是可用的，而 SCADA 局域网络却需要一天 24h，一周 7d 不间断的运行；
- 与 SCADA 有关的通信连接可能会将网络安全漏洞引入企业计算机网络，因为其中的一些连接可能绕过办公网络的常规安全防护；
- 在办公期间，与企业网络有关的网络数据传输可能会使 SCADA 操作员的网速大幅降低；
- SCADA 网络传输在紧急情况处理期间可能会大幅降低企业计算机网速；
- 将 SCADA 系统连接到办公局域网络可能会给电脑黑客或恐怖分子提供了干扰系统运行的操作途径。

软件系统

SCADA 系统的重要方面是用于该系统的计算机软件。最明显的软件组成部分是操作员界面或 MMI/HMI（人机接口）软件包。另外在 SCADA 系统的所有层级有多种形式的软件。软件费用根据 SCADA 应用的规模和具体情况不同而不同，在软件的开发，维护和扩展中，其费用都是一项重要的支出项目。当软件很好的定义、设计、编码、检查、测试后，一个成功的 SCADA 系统才会产生。在软件生产阶段的任何一环出现问题都会轻易导致 SCADA 项目失败。

许多 SCADA 系统采用在商业专有软件基础上进行开发。专有软件时常是为专有硬件平台而配设的，而且不可能与竞争厂商的软件或硬件接口兼容。可能有大量的商业兼容性成品（COTS）软件可选，其中有些可能满足特定要求。COTS 软件通常更具有灵活性，而且可以兼容不同类型的硬件和软件。通常，COTS 软件强调的是设备和仪器的兼容性，而专有软件的重点是过程和控制的功能性。因此，最重要的是确保充分规划，对于任何新的 SCADA 系统选择合适的软件系统。这些软件产品可用于 SCADA 系统的下列组件中。

- 中央主机操作系统。用于控制中央主机硬件。该软件可基于 UNIX 或其他通用的操作系统。
- 操作员终端操作系统。用于控制该终端硬件。该软件通常和中央主机操作系统相同。该终端系统，和中央主机一起，可以进行信息交互和通联。
- 中央主机应用。处理传送和接收来自于 RTU 和中央主机数据的软件。该软件也提供图形用户界面，包括现场站点模仿图、警报页、趋势页和控制功能。
- 操作员终端应用。该应用可让用户访问中央主机应用上的数据信息，其通常是在中央主机上使用的软件子集。
- 通信协议驱动程序。该软件通常作为中央主机和 RTU 的基础，用于系统的通信连接末端之间控制数据的翻译和解释。该协议驱动程序为现场设备和中央主机准备数据。
- 通信网络管理软件。该软件用来控制通信网络并允许通信网络自动检查通信情况，判断是否存在通信失败和错误。
- RTU 自动化软件。该软件允许工程人员配置和维护内置在 RTU（或 PLC）中的应用。该软件大多包括本地自动化应用和 RTU 内数据的处理。

上述软件产品给出了特定应用软件的组件模块，可以在 SCADA 系统中根据需要进行定义、编码、测试和部署。

E.2 数据采集机制

在 SCADA 系统中数据采集首先要通过 RTU 扫描连接到 RTU 上的现场数据接口设备来实现的。执行这一工作的时间间隔称为扫描时间间隔，可小于 2s。中央主机扫描 RTU（通常在更慢的速度下）采用在轮询 RTU 过程中访问采集数据。一些系统允许 RTU 在中央主机未轮询时将扫描所得的现场检测值并报警传送给中央主机。这一机制称为非请求信息传送。采用这一机制的系统通常将其与 RTU 轮询过程相结合以提取 RTU 是否正常工作的信息。非请求信息通常只是在现场数据已经偏离超过预定百分比的时候才会传输，这样可以最小化通信信道的使用，或当紧急警报产生，表示某些站点出现反常情况时也可以使用非请求信息。

由中央主机执行的控制动作通常处理为数据传送到 RTU。同样的，登录到中央主机的操作员的任何控制动作将会创建与该 RTU 的通信连接，将控制指令发送到所控制的现场数据接口装置。SCADA 系统通常使用多层检查机制以确保所传送的指令能够为指定的目标设备所接收。

E.3 现场数据处理

数据具有三种主要类型：

- 模拟数据（实型数据），展现趋势（在曲线图内）；
- 数字数据（ON/OFF 开关量），其可以将警报设置成不同的状态量；
- 脉冲数据（如计算仪表的转数）通常是累积或计数的模拟数据，这些数据在 SCADA 操作员终端软件里进行处理并作为模拟数据展示和表现，而且可能可以表现数据的趋势。

操作员终端的主要界面是图形用户界面（GUI），以图形窗口形式展现水厂或设备的运行情况。在静态背景之上实时数据（作为前景）以图形方式展现。前景实时数据随着现场数据的变化不断更新。例如，阀门基于现场的最新数字量，显示为打开或关闭状态。最新的模拟量值可以在荧屏上以数值或物理图形显示，如屏幕上储水池填涂的颜色可以用来表示该储水池的水位。警报可以用屏幕上相关设备的红色闪烁图标来表示。系统可能有许多表现展示方法，操作员可以随时从中进行选择。

现场数据处理发现警报情况，或现有一个警报，那么这些警报将会出现在中央主机应用软件的专有警报列表上。在现场检测到的任何异常情况都会在中央主机上作为警报注册，而且在操作员终端计算机上通常会有声音报警和视觉信号警报通知操作员。然后操作员就可以通过使用 SCADA 系统调查报警的原因。每次警报和确认警报的操作员名字的历史记录都会作为文档保存下来，这些文档可以作为日后调查或审核的需要。

在那些现场变量随时间变化的地方，SCADA 系统通常提供一个趋势变化描述，其中的那些变量的变化情况会在一个图形用户界面屏幕上绘出。

E.4 控制的层级

SCADA 通信系统可能部署在一个较大的地理空间范围，因此希望能够有相应的通信连接，并且网速可以比常见的计算机和 PLC 之间通过硬线连接的以太局域网（LAN）的连接速度要低。

一个高速以太网作为高速通信链路的例子是常用于给水处理厂或污水处理厂的计算机控制系统。该控制系统类似于 SCADA 系统，但是更接近那些为制造业或工厂现场应用所开发的那些系统。这些系统通常称为分布式控制系统（DCS）。这些控制系统有与 SCADA 系统相类似的功能，但是现场数据接口装置通常是设置在一个很有限的地理区域内。通信局域网通常会有高达 99.98%的有效性，有比 SCADA 系统更大的带宽。一个 DCS 系统通常使用大量的远程开环控制，该控制中所需的现场变量值是基于接收到的现场测量量的反馈所计算得出的。在 DCS 系统中，这个计算通常在中央主机内完成。相反，如果需要在一个远程泵站实现开环控制，通常会将开环控制逻辑内嵌子在本地的控制设备中，计算所需要的现场变量值，因此该站点控制可以与中央主机相分离。

例如，考虑基于水库中水位确定阀门位置的例子。图 E.9 说明了一个常见的控制问题。

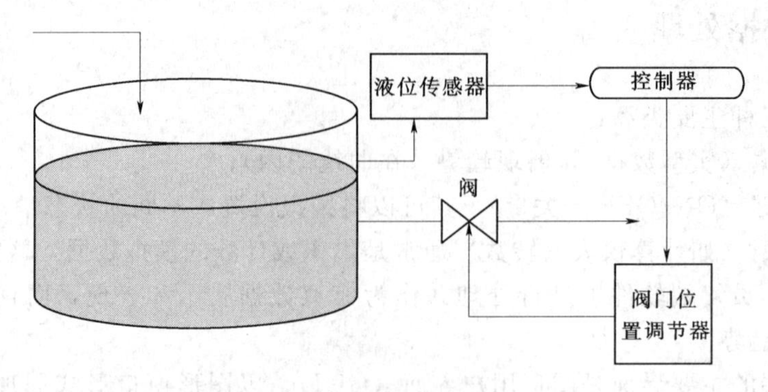

图 E.9 阀门位置控制

在这个案例中根据水库的水位来控制阀门的阀位。操作员可以通过设置一个固定点，即设定水库预计停留的水位来控制整个过程。一旦水库水位偏离所设定的水位点，控制器会探测到该偏离，并且发送信号到阀位调整器控制阀门调整阀位以缩小该水位偏离。

需要不间断监测水库水位使控制器能够调整阀位。在工厂或车间现场 DCS 系统中，在中央主机中设置控制器是很普遍的。连接本地 RTU 和中央主机的通信系统是非常快速和可靠的，并且将大部分计算能力集中在中央处理主机是非常方便的。

相反地，SCADA 系统通常包括大的地理区域范围而且依赖于多种通信系统，这些通信系统通常比与 DCS 相连的局域网系统的可靠性差。因此，基于中央主机的开环控制并不令人放心。另外，控制器应用可以内置在 RTU 中。SCADA 操作员能够远程改变储水池水位设定点，而且可以当控制环失效的时候允许手动控制阀门开或关闭。然而，阀门的自动控制通常内置在 RTU 中。如果远程站点的通信中断，本地自动控制系统可以继续工作；因此，RTU 是一个自控单元，可以控制阀门而不需要来自中央主机的持续指令。

当然，总是希望能够允许更高百分比的自动化功能集中在 SCADA 系统里。这方法有许多好处，最值得留意的有以下几个方面：

- 可以将计算能力集中在办公室环境中，减少现场设备费用，现场设备必须设计为可以在恶劣条件下运行，费用较高；
- 工程员工更加乐意于不断地改善、更新控制程序，确保整个 SCADA 网络控制算法的标准化；
- 可以将昂贵的冗余系统故障存根存放在中央主机。

需要考虑的重要问题是 SCADA 中央主机和现场站点之间通信连接的可靠性。在需要重要控制算法和控制器必须远程设置的情况下，通信连接必须设计成能够有效的保障整个系统的可靠性。与这一需要有关的费用有可能会否决在站点配置自动控制功能。

SCADA 考虑到在远程站点的资产和装置控制的许多选项。现代的 SCADA 系统使用先前提到的各种机制的组合是非常正常的。

E.5 在 SCADA 失效期间数据的处理

不同的 SCADA 系统处理失效事件的方式不同。一些系统主要依赖 SCADA 系统的固有冗余，而其他系统可能使用某些形式的存储机制以存档数据，当 SCADA 系统恢复到常态时再将数据恢复。这些选项概述如下：

- 在 RTU 中存储数据。一些 SCADA 系统利用 RTU 的存储容量来储存现场、正常运行情况下所采集的数据，然后周期性的将这些数据作为非请求信息或者在中央主机提取信息时上传数据。在 SCADA 系统失效期间，RTU 的存储容量用来存档信息，直到备份中央主机上线，或者原来的系统恢复正常。
- 系统冗余。大多数的 SCADA 系统在设计中考虑了某些情况的冗余，就像双通道通信信道、RTUs 备份或中央主机备份。这些系统可以设计为冗余设备在线（热备份）以确保在 SCADA 系统失效时进行热切换，或离线（冷备份）之后手动启动备份装置使其上线。

大多数 SCADA 系统使用前述多种机制的一个混合组合以确保在失效期间的数据连续性。

E.6 错误及准确性问题

正如前面所讨论的，供水系统的 SCADA 系统通常使用低带宽的通信信道。现场数据在传送到中央主机之前需要进行数据压缩，以避免所传输的数据超过通信介质传输数据的负荷容量。

其结果可能是现场数据可能会包括一些错误，在数据分析之前必须考虑这些错误。通常的数据错误来源以下几个方面：

• 在传输时间序列数据到中央主机之前，RTU 所使用的数据压缩算法；
• 使用压缩运算的存档软件，其可能用于存储 SCADA 系统的旧数据；
• SCADA 系统中的趋势分析系统的插值计算。

这些错误并不会从 SCADA 系统收到的数据趋势中立刻表现出来，而且错误可能表现为某个模拟变量不好理解的不正常的属性值，这种现象可能会误导数据使用者怀疑现场检测设备可能存在错误。通过了解数据采集系统工作的详细机制，有可能解释变量意外的属性值，并对最后用于模型校核用途的数据中的错误进行修正。更多的信息见第 6 章。

参考文献

Barnes，M.，and Mackay，S.（1992）. *Data Communications for Instrumentation and Control*. Instrument Data Communications（IDC），Australia.

Cisso Systems，Inc.（2000）. *CCIE Fundamentals: Network Design and Case Studies*. Cisco Press，Second Edition，Indianapolis，Indiana.

Citect version 5 User's Guide（1998）. CI Technologies Pty. Ltd.，Pymble，Australia.

Haime，A. L.（1998）. "Practical Guide to SCADA Communications." *SCADA at the Crossroads Conference Workshop*，The Institution of Engineers Australia，Perth，Western Australia.

Williams，R. I.（1992）. *Handbook of SCADA Systems for the Oil and Gas Industries*. Elsevier Advanced Technology Limited，1st Edition，Great Yarmouth，United Kingdom.

参考书目

一般供水系统水力学

American Water Works Association (1975). "Sizing Service Lines and Meters." *AWWA Mannal M* - 22, Denver, Colorado.

American Water Works Association (1989). "Distribution Network Analysis for Water Utilities." *AWWA Mamual M* - 32, Denver, Colorado.

American Water Works Association (1996). "Ductile lron Pipe and Fitting." *AWWA Manual M* - 41, Denver, Colorado.

ASCE (1975). *Pressure Pipeline Design for Water and Wastewater*. ASCE, New York, New York.

ASCE Committee on Pipeline Planning (1992). *Pressure Pipeline Design for Water and Wastewater*. ASCE, Reston. Virginia.

ASCE/WEF (1982). *Gravity Sanitary Sewer Design and Construction*. ASCE, Reston, Virginia.

Babbitt, H. E., and Doland, J. J. (1931). *Water Supply Engineering*. McGraw-Hill, New York, New York.

Benedict, R. P. (1910). *Fundamentals of Pipe Flow*. John Wiley and Sons. New York, New York.

Bernoulli, D. (1738). *Hydrodynamica*. Argentorati.

Buettner, C. F. (1980). *Practical Hydraulics and Flow Monitoring Workshop Notes*. Saint Louis, Missouri California-Nevada AWWA (1981). *Distribution Main Flushing and Cleaning*. California-Nevada AWWA Rancho Cucamonga, California.

Cesario, A. L. (1995). *Modeling, Analysis, and Design of Water Distribution Systems*. American Water Works Association, Denver, Colorado.

Chadderton, R. A., Christensen, G. L., and Henry-Unrath, P. (1992). *Implementation and Optimization of Distribution Flushing Programs*. AWWA Research Foundation, Denver, Colorado.

Colebrook, C. F., and White, C. M. (1937). "The Reduction of Carrying Capacity of Pipes with Age." *Proceedings of the Institute of Civil Engineers*, 5137 (7), 99.

Crane Company (1972). *Flow of Fluids through Valves and Fittings*. Crane Co., New York, New York.

Haestad Methods. Inc. (1997). *Computer Applications in Hydraulic Engineering*. Haestad Press. Waterbury, Connecticut.

Haestad Methods, lnc. (1997). *Practical Guide-Hydraulics and Hydrology*. Haestad Press, Waterbury, Connecticut.

Haestad Methods, lnc. (1999). *Essential Hydraulics and Hydrology*. Haestad Press, Waterbury, Connecticut.

Haestad Methods, lnc. (2001). *Current Methods*. Haestad Press, Waterbury, Connecticut.

Hauser, B. A. (1993). *Hydranlics for Operators*. Lewis Publishers. Ann Arbor, Michigan.

Hydraulic lnstitute (1979). *Engineering Data Book*. Hydraulic lnstitute, Cleveland, Ohio.

Hydraulic Research (1983). *Tables for the Hydraulic Design of Pipes and Sewers*. Wallingford, England.

Idelchik, I. E. (1999). *Handbook of Hydraulic Resistance*. 3rd edition. Begell House, New York, New

York.
Lamont, P. A. (1981). "Common Pipe Flow Formulas Compared with the Theory of Roughness." *Journal of the American Water Works Association*, 73 (5), 274.
Male, J. W., and Walski, T. M. (1990). *Water Distribution Systems—A Troubleshooting Manual*. Lewis Publishers, Chelsea. Michigan.
Mays, L. W., ed. (1989). *Reliability Analysis of Water Distribution Systems*. ASCE Task Committee on Risk and Reliability Analysis, New York, New York.
Mays, L. W., ed. (1996). *Water Resources Handbook*. McGraw-Hill, New York, New York.
Mays, L. W., ed. (1999). *Hydraulic Design Handbook*. McGraw-Hill, New York, New York.
Mays, L. W., ed. (2000). *Water Distribution Systems Handbook*. McGraw-Hill. New York, New York.
Miller, D. S. (1978). *Internal Flow Systems*. BHRA Fluid Engineering, Bedford, United Kingdom.
Nayar, M. L. (1992). *Piping Handbook*. McGraw-Hill, New York, New York.
Nikuradse (1932). "Gestezmassigkeiten der Turbulenten Stromung in Glatten Robren." *VDI-Forschungsh*. No. 356 (in German).
Oberoi, K. (1994). "Distribution Flushing Programs: The Benefits and Results." *Proceedings of the AWWA Annual Conference*, New York, New York.
Olujic, Z. (1981). "Compute Friction Factors for Fast Flow in Pipes." *Chemical Engineering*, 91.
Patison, P. L. (1980). "Conducting a Regular Main Flushing Program." *Journal of the American Water Works Association*, 72 (2), 88.
Rossman, L. A. (2000). *EPANET Users Manual*. Risk Reduction Engineering Laboratory, U. S. Environmental Protection Agency, Cincinnati, Ohio.
Rouse, H. (1980). "Some Paradoxes in the History of Hydraulics." *Journal of Hydraulics Division*, ASCE, 106 (6), 1077.
Seidler, M. (1982). "Obtaining an Analytical Grasp of Water Distribution Systems." *Journal of the American Water Works Association*, 74 (12).
Sharp, W. W., and Walski, T. M. (1988). "Prdicting Internal Roughness in Water Mains." *Journal of the American Water Works Association*, 80 (11), 34.
Stephenson, D. (1976). *Pipeline Design for Water Engineers*. Elsevier Scientific Publishing Company, New York, New York.
Streeter, V. L., Wylie, B. E., and Bedford, K. W. (1998). *Fluid Mechanics*. 9th edition, WCB/McGraw-Hill, Boston, Massachusetts.
Swamee, P. K., and Jain, A. K. (1976). "Explicit Equations for Pipe Flow Problems." *Journal of Hydraulic Engineering*, ASCE, 102 (5), 657.
Task Committee on Design of Pipelines (1975). *Pressure Pipeline Design for Water and Wastewater*. ASCE, Reston, Virginia.
Wagner, J., Shamir, U., and Marks, D. (1988a). "Water Distribution System Reliability: Analytical Methods." *Journal of Water Resources Planning and Management*, ASCE, 114 (2). 253.
Wagner, J., Shamir, U., and Marks. D. (1988b). "Water Distribution System Reliability: Simulation Methods." *Journal of Water Resources Planning and Management*, ASCE, 114 (2), 276.
Walski, T. M. (1984). *Analysis of Water Distribution Systems*. Van Nostrand Reinhold, New York, New York.
Walski. T. M., Edwards, J. D., and Hearne, V. M. (1989). "Loss of Carrying Capacity in Pipes Transporting Softened Water with High pH." *Proceedings of the National Conference on Environ-*

mental Engineering, ASCE, Austin, Texas.

Walski, T. M. , Sharp, W. , and Shields, F. D. (1988) . "Predicting Internal Roughness in Water Mains." *Miscellaneous Paper EL* - 88 - 2, U. S. Army Corps of Engineer Waterways Experiment Station, Vicksburg, Mississippi.

Williams, G. S. , and Hazen, A. (1920) . *Hydraulic Tables*. John Wiley & Sons, New York, New York.

一般水力模型

ANSI and ASTM (1971) . *Metric Practice Guide*.

Bhave, P. R. (1991) . *Analysis of Flow in Water Distribution Networks*. Technomics, Lancaster, Pennsylvania.

Chaudry M. H. , and Yevjevich, V. , eds. (1980) . *Closed Conduit Flow*. Water Resources Publications, Littleton, Colorado.

Collins. M. A. (1980) . "Pitfalls in Pipe Network Analysis Techniques." *Journal of Transportation Division*, ASCE, 106 (TE5), 507.

Cross, H. (1936) . "Analysis of Flow in Networks of Conduits or Conductors." *Univ. of Illinois Experiment Station Bulletin. No.* 286, Department of Civil Engineering, University of Illinois, Champaign Urbana, Illinois.

Dillingham, J. H. (1967) "Computer Analysis of Water Distribution Systems." *Water and Sewage Works*, 114 (1), 1.

Epp, R. , and Fowler, A. G. (1970) . "Efficient Code for Steady State Flows in Networks." *Journal of Hydraulics Division*, ASCE, 96 (HY1), 43.

Fishwick, P. A. (1995), *Simulation Model Design and Execution*. Prentice-Hall, Englewood Cliffs, New Jersey.

Goodwin, S. J. (1980) . "The Results of the Experimental Program on Leakage and Leakage Control." *Technical Report TR* 154, Water Research Centre.

Gupta, R. , and Bhave, P. (1996) . "Comparison of Methods for Predicting Deficient Network Performance." *Journal of Water Resources Planning and Management*, ASCE, 122 (3) . 214.

Jeppson, T. W. (1976) . *Analysis of Flow in Pipe Network*. Ann Arbor Science Publishers, Ann Arbor, Michigan.

Larock, B. E. , Jeppson, R. W. , and Watters, G. Z. (1999) . *Handbook of Pipeline Systems*. CRC Press, Boca Raton, Florida.

Metcalf & Eddy, Inc. (1979) . *Water Resources and Environmental Engineering*. 2nd Edition, McGraw-Hill. New York, New York.

Moody, L. F. (1944) . "Friction Factors for Pipe Flow." *Transactions of the American Society of Mechanical Engineers*, Vol. 66.

Muss, D. L. (1960) . "Friction Losses in Lines with Service Connections." *Journal of Hydraulics Division*, ASCE, 86 (4), 35.

Rao, H. S. , and Bree, D. W. (1977) . "Extended Period Simulation of Water Systems." *Journal of Hydraulics Division*, ASCE, 103 (HY2), 97.

Salgado, R. , Todini, E. , and O'Connell (1987) . "Comparison of the Gradient Method with Some Traditional Methods for the Analysis of Water Distribution Networks." *Proceedings of the International Conference on Computer Applications for Water Supply and Distribution*, Leicester Polytechnic, United Kingdom.

Shamir, U., and Howard, C. D. (1968). "Water Distribution Systems Analysis." *Journal of Hydraulics Division*, ASCE, 94 (1), 219.

Thorntopn, J. (2002). *Water Loss Control Manual*. McGraw-Hill.

Todini, E., and Pilati, S. (1987). "A Gradient Method for the Analysis of Pipe Networks." *Proceedings of the International Conference on Computer Applications for Water Supply and Distribution*, Leicester Polytechnic, UK.

Walski, T. M., Gessler. J., and Sjostrom. J. W. (1990). *Water Distribution—Simulation and Sizing*. Lewis Publishers, Ann Arbor, Michigan.

Water Research Centre (WRc) (1989). *Network Analysis—A Code of Practice*. Water Research Centre. Swindon, United Kingdom.

Wood, D. J. (1980). *Computer Analysis of Flow in Pipe Networks*. University of Kentucky, Lexington, Kentucky.

Wood, D. J., and Charles, C. O. A. (1972). "Hydraulic Analysis Using Linear Theory." *Journal of Hydraulics Division*, ASCE, 98 (7), 1157.

Wood, D. J., and Rayes, A. G. (1981). "Reliability of Algorithms for Pipe Network Analysis," *Journal of Hydraulics Division*, ASCE, 107 (10), 1145.

复原与维护

American Water Works Association (1987). *Distribution System Maintenance Techniques*. Denver, Colorado.

California-Nevada AWWA (1981). *Distribution Main Flushing and Cleaning*. California-Nevada AWWA, Rancho Cucamonga, California.

Chadderton, R. A., Christensen, G. L., and Henry-Unrath, P. (1992). *Implementation and Optimization of Distribution Flushing Programs*. AWWA Research Foundation, Denver, Coloardo.

Engelhardt, M. O., Skipworth, P. J., Savic, D. A, Saul, A. J., and Walters, G. A. (2000). "Rehabilitation Strategies for Water Distribution Networks: A Literature Review with a UK Perspective." *Urban Water*, Vol. 2, No. 2, 153 - 170.

Halhal, D., Walters, G. A., Savic, D. A., and Ouazar, D. (1997). "Water Network Rehabilitation with a Structured Messy Genetic Algorithm." *Journal of Water Resources Planning and Management*, 123 (3), 137.

Oberoi, K. (1994). "Distribution Flushing Programs: The Benefits and Results." *Proceedings of the AWWA Annual Conference*, New York, New York.

Patison, P. L. (1980). "Conducting a Regular Main Flushing Program." *Journal of the American Water Works Association*, 72 (2), 88.

Shamir, U., and Howard, C. D. D. (1979). "An Analytic Approach to Scheduling Pipe Size lmprovements." *Journal of the American Water Works Assoclation*., 71 (5), 248.

Walski, T. M. and Pelliccia, A. (1982). "Economic Analysis of Water Main Breaks." *Journal of the American Water Works Association*, 74 (3), 140.

Walski, T. M. (1982). "Economic Analysis for Rehabilitation of Water Mains." *Journal of Water Resources Planning and Management*. ASCE, 108 (3), 296.

Walski, T. M. (1985). "Cleaning and Lining vs. Parallel Mains." *Journal of Water Resources Planning and Management*, ASCE, 111 (1), 43.

模型应用

Basford, C., and Sevier, C. (1995). "Automating the Maintenance of Hydraulic Network Model Demand Database Utilizing GIS and Customer Billing Records." *Computers in the Water Industry*, AWWA, Denver, Coloado.

Bouchart, F., and Goulter. I. C. (1991). "Improvements in Design of Water Distribution Networks Recognizing Valve Location." *Water Resources Research*, 27 (12), 3029.

Bowen, P. T., Harp, J., Baxter, J., and Shull, R. (1993). *Residential Water Use Patterns*. AWWARF, Denver, Colorado.

Buyens, D. J., Bizier, P. A., and Combee, C. W. (1996). "Using a Geographical Information System to Determine Water Distribution Model Demands." *Proceedings of the AWWA Annual Conference*, American Water Works Association, Toronto, Canada.

Cannistra, J. R. (1999), "Converting GIS Data for GIS." *Journal of the American Water Works Association*, 91 (2), 55.

Carr, R. J., and Smith, N. A. (1995). "Useful or Useless-A Procedure for Maintaining Network Models." *Proceedings of the AWWA Annual Conference*, American Water Works Association, Anaheim, California.

Cesario, A. L. (1980). "Computer Modeling Programs: Tools for Model Operations." *Journal of the American Water Works Association*, 72 (9), 508.

Cesario, A. L. (1991). "Network Analysis from Planning, Engineering, Operations and Management Perspectives." *Journal of the American Water Works Association*, 83 (2), 38.

Dacier, N. M., Boulos, P. F., Clapp, J. W., Dhingra, A. K., and Bowcock, R. W. (1995). "Taking Small Steps Towards a Fully-Integrated Computer Based Environment for Distribution System Operation, Mainte-nance and Management." *Computers in the Water Industry*, AWWA, Denver, Colorado.

Davis, A. L., and Brawn, R. C. (2000). "General Purpose Demand Allocator (DALLOC)." *Proceedings of the Environmental and Water Resources Institute Conference*, American Society of Civil Engineers, Minneapolis, Minnesota.

Dustman, P. E., Beyer, D., Bialek. E. Z., and Pon, V. H. (1996). "Preserving the Existing Level of Service During Tank Outages." *Proceedings of the AWWA Annual Conference*, American Water Works Association, Toronto, Canada.

Eggener, C. L., and Polkowski, L. (1976). "Network Modeling and the Impact of Modeling Assumptions." *Journal of the American Water Works Association*, 68 (4), 189.

Engelhardt, M. O., Skipworth, P. J., Savic, D. A., Saul, A. J., and Walters, G. A. (2000). "Rehabilitation Strategies for Water Distribution Networks. A Literature Review with a UK Perspective." *Urban Water*, Vol. 2, No. 2, 153-170.

ESRI (2001). "What is a GIS?" http: //www. esri. com/library/gis/abtgis what_gis html.

Germanopoulos, G. (1995). "Valve control Regulation for Reducing Leakage." *Improving Efficiency and Reliability in Water Distribution Systems*, Kluwer Academic Press, London, United Kingdom, 165.

Goldman, F. E., and Mays, L. W. (1999). "The Application of Simulated Annealing to the Optimal Operation of Water Systems." *Proceedings of the 26th Water Resources Planning and Management Conference*, American Society of Civil Engineers. Tempe. Arizona.

Goulter, I. C. (1987). "Current and Future Use of Systems Analysis in Water Distribution Network Design." *Civil Engineering Systems*, 4 (4), 175.

Goulter, I. C., and Bouchart. F. (1990). "Reliability Based Design of Pumping and Distribution Systems." *Journal of Hydraulic Engineering*, ASCE, 116 (2), 211.

Great Lakes and Upper Mississippi River Board of State Public Health & Environmental Managers

(GLUMB) (1992) . *Recommended Standards for Water Works*. Albany, New York.
Guihan, M. T. , Irias, X. J. , Swain, C. , and Dustman, P. E. (1995) . "Making the Case for the GIS Hydraulic Modeling Tool." *Computers in the Water Industry*, AWWA, Denver, Colorado.
Hudson, W. D. (1973) . "Computerizing Pipeline Design." *Journal of Transportation Division*, ASCE, 99 (1), 73.
Kaufman, M. M. , and Wurtz, M. (1998) . "Small System Maintenance Management Using GIS." *Journal of the American Water Works Association*, 90 (7), 70.
Lee, J. H. (1998) . "Case Study of a Water Distribution System by Computer Modeling." *Proceedings of the International Symposium on Computer Modeling*, University of Kentucky, Lexington, Kentucky.
Martin, D. C. (1987) . "Professional Responsibilities Related to Computer-Aided Hydraulic Network Analysis." *Proceedings of the AWWA Anmal Conference*, American Water Works Associaton, Kansas City, Missouri.
Maritnez. F. , Conejos. P. , and Vercher. J. (1999) . "Developing an Integrated Model of Water Distribution Systems Considering both Distributed Leakage and Pressure Dependent Demands." *Proceedings of the ASCE Water Resources Planning and Management Division Conference*. Tempe. Arizona.
Miller, T. C. (1988) . "Application of Accurate Hydraulic Models." *Proceedings of the International Symposium on Computer Modeling*, University of Kentucky, Lexington, Kentucky.
O'Connell, K. M. C. (1992) . "Allocation of Water System Demand in a Hydraulic Model for the City of Vancouver, BC." *Proceedings of the AWWA Annual Conference*, American Water Works Association. Vancouver, Canada.
Pudar, R. S. , and Liggett, J. A. (1992) . "Leaks in Pipe Networks." *Journal of Hydraulic Engineering*, ASCE, 118 (7), 1031.
Shamir, U. , and Hamberg, D. (1988) . "Schematic Models for Distribution Systems Design Ⅰ: Combination Concept." *Journal of Water Resources Planning and Management*, ASCE, 114 (2), 129.
Shamir, U. , and Hamberg, D. (1988) . "Schematic Models for Distribution Systems Design Ⅱ: Continuum Approach." *Journal of Water Resources Planning and Management*, ASCE, 114 (2), 141.
Shamir, U. , and Howard, C. D. D. (1977) . "Engineering Analysis of Water Distribution Systems." *Journal of the American Water Works Association*, 69 (9), 510.
Stathis, J. A. , and Loganathan, G. V. (1999) . "Analysis of Pressure-Dependent Leakage in Water Distribution Systems." *Proceedings of the ASCE Water Resources Planning and Management Conference*, American Society of Civil Engineers. Tempe, Arizona.
Stern, C. T. (1995) . "The Los Angeles Department of Water and Power Hydraulic Modeling Project: Combining GIS and Network Modeling Techniques." *Proceedings of the AWWA Computer Conference*, American Water Works Association, Norfolk, Virginia.
Tang, K. W. , Brunone, B. , Karney, B. , and Rossetti, A. (2000) . "Role and Characterization of Leaks Under Transient Conditions." *Proceedings of the ASCE Joint Conference on Water Resources Engineering and Water Resources Management*, Minneapolis, Minnesota.
Ulanicki, B. , Coulbeck, B. and Rance. J. P. , eds. (2001) . *Water Software Systems: Theory and Applications*. Vol. 1 & 2, Resarch Studies Press, Hertfordshire, United Kingdom.
Walski, T. M. (1983) . "Using Water Distribution System Models." *Journal of the American Water Works Association*, 75 (2), 58.
Walski, T. M. , ed. (1987) . *Water Supply System Rehabilitation*. ASCE, New York, New York.
Walski, T. M. (1993) . "Practical Aspects of Providing Reliability in Water Distribution Systems." *Re-*

liability Engineering and Systems Safety, Elsevier, 42 (1), 13.

Walski, T. M. (1995). "An Approach for Handing Sprinklers, Hydrants, and Orifices in Water Distribution Systems." *Proceedings of the AWWA Annual Conference*. American Water Works Association, Anaheim, Calif.

Walski, T. M., and Lutes, T. L. (1994). "Hydraulic Transients Cause Low-pressure Problems." *Journal of the American Water Works Association*, 86 (12), 24.

Yanov, D. A., and Kotch, R. N. (1987). "A Modern Residential Flow Demand Study." *Proceedigns of the AWWA Annual Confernece*. American Water Works Associaton, Kansas City, Missouri.

水泵加压

Chase, D. V., and Ormsbee, L. E. (1989). "Optimal Pump Operation of Water Distribution Systems with Multiple Tanks." *Proceedings of the AWWA Computer Conference*, American Water Works Association, 205.

Hicks, T. G., and Edwards, T. W. (1971). *Pump Application Engineering*. McGraw-Hill, New York, New York.

Hovstadius. G. (2001). "Pump System Effectiveness." *Pumps and Systems*, 9 (1), 48.

Hydraulic Institute (1983). *Standards for Centrifugal. Rotary, and Reciprocating Pumps*. Cleveland, Ohio.

Hydraulic Institute (2000). *Pump Standards*. Parsippany, New Jersey.

Karassik, I. J., ed. (1976). *Pump Handbook*. McGraw-Hill, New York, New York.

McPherson, M. B. (1966). "Distribution System Equalizing Storage Hydraulics." *Journal of Hydraulics Divison*, ASCE, 92 (6), 151.

Ormsbee, L. E., and Lingireddy, S. (1995). "Nonlinear Heuristic for Pump Operations." *Journal of Water Resources Planning and Management*, ASCE, 121 (4), 302.

Sanks, R. L., ed. (1998). *Pumping Station Design*. 2nd edition. Butterworth, London, UK.

Tarquin, A., and Dowdy, J. (1989). "Optimal Pump Operation in Water Distribution." *Journal of Hydraulic Engineering*, ASCE, 115 (2), 168.

Walski, T. M. (1993). "Tips for Energy Savings in Pumping Operations." *Journal of the American Water Works Association*, 85 (7), 48.

Walski, T. M., and Ormsbee, L. (1989). "Developing System Head Curves for Water Distribution Pumping." *Journal of the American Water Works Association*, 81 (7). 63.

用户需水量

Basford, C., and Sevier, C. (1995). "Automating the Maintenance of Hydraulic Network Model Demand Database Utilizing GIS and Customer Billing Records." *Proceedings of the AWWA Computer Conference*, American Water Works Association, Norfolk, Virginia.

Baumann D., Boland. J. and Hanemann. W. H., eds. (1998). "Forecasting Urban Water Use: Models and Application." *Urban Water Demand Management and Planning*, McGraw Hill. New York, New York.

Buchberger, S. G., and Wells, G. J. (1996). "Intensity, Duration, and Frequency of Residential Water Demands." *Journal of Water Resources Planning and Management*, ASCE, 122 (1), 11.

Buchberger, S. G., and Wu, L. (1995). "A Model for Instantaneous Residential Water Demands." *Journal of Hydraulic Engincering*, ASCE, 121 (3), 232.

Buyens, D. J., Bizier, P. A., and Combee, C. W. (1996). "Using a Geographical Information System to Dctcrminc Watcr Distribution Model Demands." *Proceedings of the AWWA Annual Conference*, American Water Works Association, Toronto, Canada.

Cesario, A. L., and Lee T. K. (1980). "A Computer Method for Loading Model Networks." *Journal of the American Water Works Association*, 72 (4), 208.

Coote, P. A., and Johnson, T. J. (1995). "Hydraulic Model for the Mid-Size Utility." *Proceedings of the AWWA Computer Conference*, American Water Works Association, Norfolk, Virginia.

Dziegielewski, B., and Boland J. J. (1989). "Forecasting Urban Water Use: the IWR-MAIN Model." *Water Resource Bulletin*, 25 (1), 101-119.

Hunter, R. B. (1940). "Methods of Estimating Loads in Plumbing Systems." *Report BMS* 65, National Bureau of Standards, Washington, DC.

Insurance Advisory Organization (IAO)(1974). *Grading Schedule for Municipal Fire Protection*. Toronto, Canada.

Insurance Services Office (ISO). (1980). *Fire Suppression Rating Schedule*. New York. New York.

International Association of Plumbing and Mechanical Officials (1997). *Uniform Plumbing Code*. Los Angeles, California.

Linaweaver, F. P., Geyer, J. C., and Wolff J. B. (1966). *A Study of Residential Water Usc: A Report Prepared for the Technical Studies Program of the Federal Housing Administration*. Department of Housing and Urban Development, Washington, DC.

Macy, P. P. (1991). "Integrating Construction and Water Master Planning." *Journal of the Amertcan Water Works Association*, 83 (10), 44.

Male, J. W., and Walski, T. M. (1990). *Water Distribution: A Troubleshooting Manual*. Lewis Publishers, Chelsea, Florida.

Moore, M. (1998). "A Complete Integration of Water Distribution Computer Applications: Tomorrow's Water Utility." *Proceedings of the AWWA Information Management and Technology Conference*, American Water Works Association, Reno, Nevada.

Office of Water Services (Ofwat) (1998). 1997-98 *Report on Leakage and Water Efficiency*: http://www.open.gov.uk/ofwat/leak97.pdf, United Kingdom.

Rhoades, S. D. (1995). "Hourly Monitoring of Single-Family Residential Areas." *Journal of the American Water Works Association*, 87 (8), 43.

Vickers, A. L. (1991). "The Emerging Demand Side Era in Water Conservation." *Journal of the American Water Works Association*, 83 (10), 38.

Walski, T. M., Gangemi, Kaufman, and Malos (2001). "Establishing a System Submetering Project." Proceedings of the AWWA Annual Conference, Washington, DC.

Water Research Centre (WRc) (1985). *District Metering, Part I-System Design and Installation*, Report ER 180E, United Kingdom.

Wolff, J. B. (1961). "Peak Demands in Residential Areas." *Journal of the American Water Works Association*, 53 (10).

模型率定

Ahmed, I., Lansey, K., and Araujo, J. (1999). "Data Collection for Water Distribution Network Calibration." *Proceedings of Water Industry Systems: Modelling and Optimisaton Applications*, Savic, D. A., and Walters, G. A., eds., Vol. 1, Exeter, United Kingdom.

Akel, T. (2001). "Best Practices for Calibrating Water Distribution Hydraulic Models." *Proceedings of the AWWA Annual Conference*, American Water Works Association, Washington, D. C.

American Water Works Association (1989). "Installation, Field Testing, and Maintenance of Fire Hydrants." *AWWA Manual M-17*, Denver, Colorado.

American Water Works Association Engineering Computer Applications Committee (1999). *Calibration Guidelines for Water Distribution System Modeling*. http://www.awwa.org/unitdocs/592/calibrate.pdf.

Bhave, P. R. (1988). "Calibrating Water Distribution Network Models." *Journal of Environmental Engineering*, ASCE, 114 (1), 120.

Boulos, P. F., and Ormsbee, L. E. (1991). "Explicit Network Calibration for Multiple Loading Conditions." *Civil Engineering Systems*, 8 (3), 153.

Boulos, P. E. and Wood, D. J. (1990). "Explicit Calculation of Pipe-Network Parameters." *Journal of Hydraulic Engineering*, ASCE, 116 (11), 1329.

Boulos, P. F., and Wood, D. J. (1991). "An Explicit Algorithm for Calculating Operating Parameters for Water Networks." *Civil Engineering Systems*, 8. 115.

Brainard, B. (1994). "Using Electronic Rate of Flow Recorders." *Proceeding of the AWWA Distribution System Symposium*. American Water Works Association. Omaha, Nebraska.

Bush, C. A., and Uber, J. G. (1998). "Sampling Design and Methods for Water Distribution Model Calibration." *Journal of Water Resources Planning and Management*, ASCE, 124 (6), 334.

California Section AWWA (1962). "Loss of Carrying Capacity of Water Mains." *Journal of the American Water Works Association*, 54 (10).

Cesario, A. L., Kroon, J. R., Grayman, W., and Wright, G. (1996). "New Perspectives on Calibration of Treated Water Distribution System Models." *Proceedings of the AWWA Annual Conference*, American Water Works Association, Toronto. Canada.

Coulbeck, B. (1984). "An Application of Hierarchical Optimization in Calibration of Large-Scale Water Networks." *Optimal Control Applications and Methods*, 6 (31).

Datta, R. S. N., and Sridharan, K. (1994). "Paraneter Estimation in Water Distribution Systems by Least Squares." *Journal of Water Resources Planning and Management*, ASCE, 120 (4), 405.

DeOreo, W. B., Heaney, J. P., and Mayer, P. W. (1996). "Flow Trace Analysis to Assess Water Use." *Journal of the American Water Works Association*, 88 (1), 79.

deSchaetzen, W. (2000). "Optimal Calibration and Sampling Design for Hydraulic Network Models." *Ph. D. Thesis, School of Engineering and Computer Science*, University of Exeter. United Kingdom.

deSchaetzen. W., Randall-Smith. M., Savic, D. A., and Walters. G. A. (1999). "Optimal Logger Density in Water Distribution Network Calibration." *Proceedings of Water Industry Systems: Modelling and Optimisation Applications*, Savic, D. A., and Walters, G. A., eds., Vol. l. Exeter, United Kingdom.

Duncan, C. T. (1998). "Maintaining the Simulation Quality of your Hydraulic Distribution Model Through Innovative Calibration Techniques." *Proceedings of the AWWA Information Management and Technology Conference*, American Water Works Association, Reno, Nevada.

Ferreri, G. B., Napoli, E., and Tumbiolo, A. (1994). "Calibration of Roughness in Water Distribution Networks." *Proceedings of the 2nd International Conference on Water Pipeline Systems*, BHR Group, Edinburgh, United Kingdom.

Greco, M., and Del Guidice, G. (1999). "New Approach to Water Distribution Network Calibration." *Journal of Hydraulic Engineering*, ASCE, 125 (8), 849.

Howie, D. C. (1999). "Problems with SCADA Data for Calibration of Hydraulic Models." *Proceedings of the ASCE Annual Conference of Water Resources Planning and Management*, Tempe, Arizona.

Hudson, W. D. (1966). "Studies of Distribution System Capacity in Seven Cities." *Journal of the American Water Works Association*, 58 (2), 157.

Kapelan, Z., Savic, D. A., and Walters, G. A. (2000). "Inverse Transient Analysis in Pipe Networks for Leakage Detection and Roughness Calibration." *Water Network Modeling for Optimal Design and Management*, CWS 2000, Centre for Water Systems, Exeter, United Kingdom, 143.

Kapelan, Z., Savic, D. A., and Walters, G. A. (2001). "Use of Prior Information on Parameters in Inverse Transient Analysis for Leak Detection and Roughness Calibration." *World Water & Environmental Resources Congress*, Orlando, Florida.

Lansey, K., and Basnet, C. (1991). "Parameter Estimation for Water Distribution Networks." *Journal of Water Resources Planning and Management*, ASCE, 117 (1), 126.

Lansey, K. E. (1988). "Water Distribution Network Calibration Considering Multiple Loading Conditions." *Proceedings of 15th Annnal ASCE Water Resources Conference*, American Society of Civil Engineers, 150.

Lansey, K. E., El-Shorbagy, W., Ahmed, I., Araujo. J., and Haan, C. T. (2001). "Calibration Assessment and Data Collection for Water Distribution Networks." *Journal of Hydraulic Engineering*, ASCE, 127 (4), 270.

Lee, B. H., and Deininger, R. A. (1992). "Optimal Locations of Monitoring Stations in Water Distribution Systems." *Journal of Environmental Engineering*, ASCE, 118 (1), 4.

McBean, E. A., Al-Nassari, S., and Clarke, D. (1983). "Some Probabilistic Elements of Field Testing in Water Distribution Systems." *Proceedings of the Institute of Civil Engineers*, Part 2, 75 - 143.

McEnroe, B. M., Chase, D. V., and Sharp, W. W. (1989). "Field Testing Water Mains to Determine Carrying Capacity." *Miscellancous Paper EL* - 89, U. S., Army Corps of Engineers Waterways Experiment Station, Vicksburg, Mississippi.

Meier, R. W., and Barkdoll, B. D. (2000). "Sampling Design for Network Model Calibration Using Genetic Algorithms." *Journal of Water Resources Planning and Management*, ASCE, 126 (4), 245.

Meredith, D. D. (1983). "Use of Optimization in Calibrating Water Distribution System Models." *Proceedings of the ASCE Spring Convention*, Philadelphia, Pennsylvania.

Morin, M., and Rajaratnam. I. V. (2000). *Testing and Calibration of Pitot Diffusers*. University of Alberta Hydraulics Laboratory, Alberta, Canada.

Ormsbee, L. E. (1989). "Implicit Pipe Network Calibration." *Journal of Water Resources Planning and Management*, ASCE, 115 (2), 243.

Ormsbee, L. E., and Chase, D. V. (1988). "Hydraulic Network Calibration using Nonlinear Programming." *Proceedings of the International Symposium on Water Distribution Modeling*, Lexington, Kentucky.

Ormsbee, L. E., and Lingireddy, S. (1997). "Calibrating Hydraulic Network Models." *Journal of the American Water Works Association*, 89 (2), 44.

Lingireddy, S., and Ormsbee, L. E. (1999). "Optimal Network Calibration ModelBased on Genetic Algorithms." *Proceedings of the ASCE Annual Conference of Water Resources Planning and Management*, Tempe, Arizona.

Ormsbee, L. E., and Wood, D. J. (1986). "Explicit Pipe Network Calibration." *Journal of Water Resources Planning and Management*, ASCE, 112 (2), 166.

Piller. O., Bremond, B., and Morel, P. (1999). "A Spatial Sampling Procedure for Physical Diagnosis in a Drinking Water Supply Network." *Proceedings of Water Industry Systems: Modelling and Optimisation Applications*, Savic, D. A., and Walters, G. A., eds., Vol. 1, Exeter, United Kingdom.

Rahal, C. M., Sterling, M. J. H., and Coulbeck, B. (1980). "Parameter Tuning for Simulation Models of Water Distribution Networks." *Proceedings of the Institute of Civil Engineers*, Part 269, 751.

Reddy, P. V. N., Sridharan, K., and Rao, P. V. (1996). "WLS Method for Parameter Estimation in Water Distribution Networks." *Journal of Water Resources Planning and Management*, ASCE, 122 (3), 157.

Savic, D. A., and Walters, G. A. (1995). "Genetic Algorithm Techniques for Calibrating Network Models." *Report No.* 95/12, Centre For Systems And Control Engineering, School of Engineering, University of Exeter, Exeter, United Kingdom, 41.

Simpson, A. R., and Vitkovsky, J. P. (1997). "A Review of Pipe Calibration and Leak Detection Methodologies for Water Distribution Networks." *Proceedings of the 17th Federal Convention*, Australian Water and Wastewater Association, Australia, 1.

Tang, K., Karney, B., Pendlebury, M., and Zhang, F. (1999). "Inverse Transient Calibration of Water Distribution Systems Using Genetic Algorithms." *Water Industry Systems: Modelling and Optimisation Applications*, Research Studies Press Ltd., Exeter, United Kingdom, 1.

Todini, E. (1999). "Using a Kalman Filter Approach for Looped Water Distribution Network Calibration." *Water Industry Systems: Modelling and Optimisation Applications*, Research Studies Press Ltd., Exeter, United Kingdom, 1.

Vitkovsky, J. P., and Simpson, A. R. (1997). "Calibration and Leak Detectin in Pipe Networks Using Inverse Transient Analysis and Genetic Algorithms." *Report No. R* 157, Department of Civil and Environmental Engineering, University of Adelaide, Australia.

Vitkovsky, J. P., Simpson, A. R., and Lambert, M. F. (2000). "Leak Detection and Calibration Using Transients and Genetic Algorithms." *Journal of Water Resources Planning and Management*, ASCE, 126 (4), 262.

Walski, T. M. (1983). "Technique for Calibrating Network Models." *Journal of Water Resources Planning and Management*, ASCE, 109 (4), 360.

Walski, T. M. (1984). "Hydrant Flow Test Results." *Journal of Hydraulic Engineering*, ASCE, 110 (6), 847.

Walski, T. M. (1985). "Correction of Head Loss Measurements in Water Mains." *Journal of Transportation Engineering*, ASCE, 111 (1), 75.

Walski, T. M. (1986). "Case Study: Pipe Network Model Calibration Issues." *Journal of Water Resources Planning and Management*, ASCE, 109 (4), 238.

Walski, T. M. (1988). "Conducting and Reporting Hydrant Flow Tests." *WES Video Report*, U. S. Army Engineer Waterways Experiment Station, Vick sburg, Mississippi.

Walski, T. M. (1990). "Sherlock Holmes Meets Hardy Cross or Model Calibration in Austin. Texas." *Journal of the American Water Works Association*, 82 (3), 34.

Walski, T. M. (1995). "Standards for Model Calibration." *Proceedings of the AWWA Computer Conference*, American Water Works Association, Norfolk, Virginia.

Walski, T. M. (2000). "Model Calibration Data: The Good, The Bad and The Useless." *Journal of the American Water Works Association*, 92 (1), 94.

Walski, T. M. (2002). "Identifying Monitoring Locations in a Water Distribution System Using Simulation and GIS." *Proceedings of the AWWA Information Management and Technology Conference*, American Water Works Association, Kansas City, Missouri.

Walski, T. M., Lowry, S. G., and Rhee, H. (2000). "Pitfalls in Calibrating and EPS Model." *Proceedings of the Environmental and Water Resource Institute Conference*, American Society of Civil Engineers, Minneapolis, Minnesota.

Walski, T. M., and O'Farrell, S. J. (1994). "Head Loss Testing in Transmission Mains." *Journal of the American Water Works Association*, 86 (7), 62.

Walters G. A., Savic, D. A., Morley. M. S., de Schaetzen, W., and Atkinson. R. M. (1998). "Calibration of Water Distribution Network Models Using Genetic Algorithms." *Hydraulic Engineering Software Vll*, Witpess Computational Mechanics Publications, South Hampton, United Kingdom.

Wu, Z. Y, Walski, T. M., Mankowski, R., Herrin G., Gurierri, R. and Tryby, M. (2002). "Calibrating Water Distribution Model Via Genetic Algorithms." *Proceedings of the AWWA Information Management and Technolgy Conference*, American Water Works Association, Kansas City, Missouri.

Yu, G., and Powell, R. S. (1994), "Optimal Design of Meter Placement in Water Distribution Systems." *International Journal of Systems Seience*, 25 (12), 2155.

优化技术

Bäck, In T., Fogel, D. B., and Michalewicz, Z., eds. (1997). *Handbook of Evolutionary Computation*. Institute of Physics Publishing and Oxford University Press.

Bellman, R. E. (1957). *Dynamic Programming*. Princeton University Press.

Cohon, J. L. (1978). *Multiobjective Programming and Planning*. Academic Press, New York, New York.

Corne, D., Dorigo, M., and Glover, E., eds. (1999). *New Methods in Optimization*, McGraw-Hill.

Fanni, A., Liberatore, S., Sechi, G. M., Soro, M. and Zuddas, P. (2000). "Optimization of Water Distribution Systems by a Tabu Search Metaheuristic." *Proceedings of the 7th IFORMS Computing Society Conference*, Cancun, Mexico.

Finney, R. L., Weir, M. D., and Giordano, F. R. (2001). *Thomas Calculus*. Addison Wesley Longman. Tenth Edition, Boston, Massachussetts.

Glover, F. (1986). "Future Paths for Integer Programming and Links to Artificial Intelligence." *Computers and Operations Research*, 13, 533.

Goldberg, D. E. (1989). *Genetic Algorithms in Search, Optimization, and Machine Learning*. Addison-Wesley.

Hillier, F. S., and Lieberman, G. J. (1995). *Introduction to Operations Research*. McGraw-Hill. New York, New York.

Holland, J. H. (1975). *Adaptation in Natural and Artificial Systems*, MIT Press.

Kirkpatrick, S., Gelatt, C. D., and Vecchi, M. P. (1983). "Optimization by Simulated Annealing." *Science*, 220, 671.

Lasdon, L. S., and Waren, A. D. (1982). *GRG2 User's Guide*. Department of General Business, University of Texas, Austin.

Metropolis, N., Rosenbluth, A. W., Rosenbluth, M. N., Teller, A. H., and Teller, E. (1953). "Equation of State Calculations by Fast Computing Machines." *Journal of Checmical Physics*, 21 (6), 1087.

Michalewicz, Z. (1992). *Genetic Algorithms + Data Structures = Evolutionary Programs*. Springer-Ver-

lag.
Mitchell, M. (1999). *An Introduction to Genetic Algorithms*. The MIT Press, Cambridge, Massachusets.
Nelder, J. A., and Mead, R. (1965). "A Simplex Method for Function Minimization." *Computer Journal*, 7, 308.
Ribeiro, L. and da Conceicao Cunha, M. (2000). "Tabu Search Algorithms for Water Network Distribution Systems Optimization." *Proceedings of the Decision Making in Urban and Civil Engineering Conference*, Lyon, France.
Schwefel, H. P. (1981). *Numerical Optimisation of Computer Models*. Wiley.
Wagner, H. M. (1975). *Principles of Operations Research*, Prentice-Hall, Inc., Englewood Cliffs, New Jersey.
Wilde, D. J. (1964). *Optimum Seeking Methods*. Prentice-Hall, Inc., Englewood Cliffs, New Jersey.
Yeh, W. G. (1985). "Reservoir Management and Operations Models: a State-of-the -Art Review." *Water Resources Research*, 21 (12), 1797.

优化设计

Alperovits, and Shamir, U. (1977). "Design of Optimal Water Distribution Systems." *Water Resources Research*, 13 (6), 885.
Austin, and Robinson. (1976). "Cost Optimization of Rural Water Systems." *Journal of Hydraulics Division*, ASCE, 102 (8), 1119.
Bhave, P. R. (1980). "Selecting Pipe Sizes in Network Optimization by LP." *Journal of Hydraulics Division*, ASCE, 105 (HY7), 1019.
Bhave, P. R. (1983). "Optimization of Gravity Fed Water Distribution Systems." *Journal of Environmental Engineering*, ASCE, 104 (4), 799.
Camp, T. R. (1939). "Economic Pipe Sizes for Water Distribution Systems." *Transactions of the American Society of Civil Engineers*, 104, 190.
Cowan, J. (1971). "Checking Trunk Main Designs for Cost-Effectiveness." *Water and Water Engineering*, 385.
Cullinane, M. J., Lansey, K., and Mays L. W. (1992). "Optimization of Availability-based Design of Water Distribution Networks." *Journal of Hydraulic Engineering*, 118 (3), 420.
Cunha M. D., and Sousa, J. (1999). "Water Distribution Network Design Optimization: Simulated Annealing Approach." *Journal of Water Resources Planning And Management*, ASCE, 125 (4), 215.
Dancs, L. (1977). "Sizing Force Mains for Economy." *Water and Sewage Works*.
Dandy, G. C., and Engelhardt. (2001). "Optimum Rehabilitation of a Water Distribution System Considering Cost and Reliability." *Proceedings of the World Water and Environmental Resources Congress*, Orlando, Florida.
Dandy, G. C., Simpson, A. R., and Murphy, L. J. (1996). "An Improved Genetic Algorithm for Pipe Network Optimization." *Water Resources Research*, 32 (2), 449.
Deb, A. K. (1973). "Least Cost Design of Water Main System in Series." *Journal of the Environmental Engineering Division*, 99 (2), 405.
Deb, A. K. (1976). "Optimization of Water Distribution Network Systems." *Journal of the Environmental Engineering Division*, ASCE, 102 (4), 837.
deNeufville, R., Schaake, J., and Stafford. J. J. (1971). "Systems Analysis of Water Distribution

Networks." *Journal of Sanitary Engineering Division*, ASCE, 97 (6), 825.
Duan, N. L., Mays, L. W., and Lansey, K. E. (1990). "Optimal Reliability-Based Design of Pumping and Distribution Systems." *Journal of Hydraulic Engineering*, ASCE, 116 (2), 249.
Eiger, G., Shamir, U., and Ben-Tal, A. (1994). "Optimal Design of Water Distribution Networks." *Water Resources Research*, 30 (9), 2637.
El-Bahrawy, A., and Smith, A. A. (1985). "Application of MINOS to Water Collection and Distribution Networks." *Civil Engineering Systems*, 2 (1), 38.
Fujiwara, O., Jenchaimahakoon, B., and Edirisinghe, N. C. P. (1987). "A Modified Linear Programming Gradient Method for Optimal Design of Looped Water Distribution Networks." *Water Resources Research*, 23 (6), 977.
Fujiwara, O., and Khang, D. B. (1990). "A Two-phase Decomposition Method for Optimal Design of Looped Water Distribution Networks." *Water Resources Research*, 26 (4), 539.
Gessler, J. (1985). "Pipe Network Optimization by Enumeration." *Proceedings of the Specialty Conference on Computer Applications in Water Resources*, American Society of Civil Engineers. New York, New York.
Goldberg, D. E., Korb, B., and Deb, K. (1989). "Messy genetic algorithms: Motivation, analysis, and first results." *Complex Systems*, 3, 493.
Goldberg, D. E., and Kuo, C. H. (1987). "Genetic Algorithms in Pipeline Optimization." *Journal of Computing In Civil Engineering*, 1 (2), 128.
Goulter, I. C., and Morgan, D. R. (1985). "An Integrated Approach to the Layout and Design of Water Distribution Networks." *Civil Engineering Systems*, 2 (2), 104.
Haimes, Y. Y., and Allee, D. J. (1982). *Multiobjective Analysis in Water Resources*. American Society of Civil Engineers, New York, New York.
Halhal, D., Walters, G. A., Savic, D. A., and Ouazar, D. (1999). "Scheduling of Water Distribution System Rehabilitation using Structured Messy Genetic Algorithms." *Evolutionary Computation*, 7 (3), 311.
Jacobsen, Dishari, Murphy, and Frey (1998). "Las Vegas Valley Water District Plans For Expansion Improvements Using Genetic Algorithm Optimization." *Proceedings of the AWWA Information Management and Technology Conference*, American Water Works Association, Reno, Nevada.
Jacoby, S. L. S. (1968). "Design of Optimal Hydraulic Networks." *Journal of Hydraulics Division*, ASCE, 94 (3), 641.
Karmeli, D., Gadish, Y., and Meyer, S. (1968). "Design of Optimal Water Distribution Networks." *Journal of Pipeline Division*, ASCE, 94 (1), 1.
Kettler, A. J., and Goulter, I. C. (1983). "Reliability Considerations in the Least Cost Design of Looped Water Distribution Systems." *Proceedings of the International Symposium on Urban Hydrology, Hydraulics, and Sediment Control*, University of Kentucky, Lexington, Kentucky.
Lam, C. F. (1973). "Discrete Gradient Optimization of Water Systems." *Journal of Hydraulics Division*, ASCE, 99 (6), 863.
Lansey, K. E., and Mays, L. W. (1989). "Optimal Design of Water Distribution Systems." *Journal of Water Resources Planning and Management*, ASCE, 115 (10), 1401.
Liang, T. (1971). "Design of Conduits System by Dynamic Programming." *Journal of Hydraulics Division*, ASCE, 97 (3), 383.
Loganathan, G. V., Greene, J., and Ahn, T. (1995). "Design Heuristic for Globally Minimum Cost Water Distribution Systems." *Journal of Water Resources Planning and Management*, 121 (2), 182.

Loubser, B. F., and Gessler, J. (1994). "Computer Aided Optimization of Water Distribution Networks." *Proceedings of the AWWA Annual Conference*, American Water Works Association, New York, New York.

Maier, H. R., Simpson, A. R., Foong, W. K., Phang, K. Y., Seah, H. Y., and Tan, C. L. (2001). "Ant Colony Optimization for the Design of Water Distribution Systems." *Proceedings of the World Water and Environmental Resources Congress*, Orlando, Florida.

Morgan, D. R., and Goulter, I. C. (1985). "Optimal Urban Water Distribution Design." *Water Resources Research*, 21 (5), 642.

Murphy, L. J., Dandy, G. C., and Simpson, A. R. (1994). "Optimal Design and Operation of Pumped Water Distribution Systems." *Proceedings of the Conference on Hydraulics in Civil Engineering*. Australian Institute of Engineers, Brisbane, Australia.

Murphy, L. J., and Simpson, A. R. (1992). "Genetic Algorithms in Pipe Network Optimization." *Research Report No. R93*, Department of Civil and Environmental Engineering, University of Adelaide, Australia.

Ormsbee, L. E. (1986). "A Nonlinear Heuristic for Applied Problems in Water Resources." *Proceedings of Seventeenth Annual Modeling and Simulation Conference*, University of Pittsburgh, Pittsburgh, Pennsylvania.

Ormsbee, L. E., and Contractor, D. N. (1981). "Optimization of Hydraulic Networks." *Proceedings of the International Symposium on Urban Hydrology, Hydraulics, and Sediment Control*, Lexington, Kentucky.

Quindry, G. E., Brill, E. D., and Liebman, J. C. (1981). "Optimization of Looped Water Distribution Systems." *Journal of the Environmental Engineering Division*, ASCE, 107 (4), 665.

Rowell, W. F., and Barnes, J. W. (1982). "Obtaining Layout of Water Distribution Systems." *Journal of Hydraulics Division*, ASCE, 108 (1), 137.

Salcedo, D., and Weiss, A. O. (1972). "Solution of Water Resources Problems with Economies of Scale by Linear Programming." Water Resources Bulletin, 8, 546.

Savic, D. A., and Walters, G. A. (1997). "Evolving Sustainable Water Networks." *Hydrological Sciences*, 42 (4), 549.

Savic, D. A., and Walters G. A. (1997). "Genetic Algorithms for Least-Cost Design of Water Distribution Networks." *Journal of Water Resources Planning and Management*, ASCE, 123 (2), 67.

Savic, D. A., Walters, G. A., Randall-Smith, M., and Atkinson, R. M. (2000). "Large Water Distribution Systems Design Through Genetic Algorithm Optimisation." *Proceedings of the ASCE Joint Conference on Water Resources Engineering and Water Resources Planning and Management*, American Society of Civil Engineers, Hotchkiss, R. H., and Glade, M., eds., proceedings published on CD, Minneapolis, Minnesota.

Schaake, J. C., and Lai, D. (1969). "Linear Programming and Dynamic Programming Applied to Water Distribution Network Design." *MIT Hydrodynamics Lab Report* 116, Cambridge, Massachusetts.

Shamir, U. (1974). "Optimal Design and Operation of Water Distribution Systems." *Water Resources Research*, 10 (1), 27.

Simpson, A. R., Dandy, G. C., and Murphy, L. J. (1994). "Genetic Algorithms Compared to Other Techniques for Pipe Optimization." *Journal of Water Resources Planning and Management*, ASCE, 120 (4), 423.

Simpson, A. R., Maier, H. R., Foong, W. K., Phang, K. Y., Seah. H. Y., and Tan, C. L. (2001). "Selection of Parameters for Ant Colony Optimisation Applied to the Optimal Design of Water

Distribution Systems." *Proceedings of the International Congress on Modelling and Simulation MODSIM*, *Canberra*, *Australia*.

Simpson A. R., and Wu, Z. Y. (1997). "Optimal Rehabilitation of Water Distribution Systems Using a Messy Genetic Algorithm." *Proceedings of the AWWA17th Federal Convention Water in the Balance*. Melbourne, Australia.

Sonak, V. V., and Bhave, P. R. (1993). "Global Optimal Tree Solution for Single-Source Looped Water Distribution Networks Subject to a Single Loading Pattern." *Water Resources Research*, 29 (7), 2437.

Stephenson, D. (1981). "The Design of Water Pipelines." *Journal of Pipelines*, 1 (1), 45.

Swamee, P. K., and Khanna, P. (1974). "Equivalent Pipe Methods and Optimizing Water Networks—Facts and Fallacies." *Journal of Environmental Engineering Division*, ASCE, 100 (EEI), 93.

Swamee, P. K., Kumar, V., and Khanna, P. (1973). "Optimization of Dead End Water Distribution Systems." *Journal of the Environmental Engineering Division*, ASCE, 99 (2), 123.

Torno, H., ed. (1985). *Computer Applications in Water Resources*. ASCE, New York, New York.

Varma, K. V. K., Narasimhan, S., and Bhallamudi, S. M. (1997). "Optimal Design of Water Distribution Systems Using NLP Method." *Journal of Environmental Engineering*, ASCE, 123 (4), 381.

Walski, T. M. (1983). "Energy Efficiency Through Pipe Design." *Journal of the American Water Works Association*, Torno, H., ed., 75 (10), 492.

Walski, T. M. (1985). "State-of-the-Art: Pipe Network Optimization." *Computer Applications in Water Resources.*, ASCE, New York, New York.

Walski, T. M. (1995). "Optimization and Pipe Sizing Decisions." *Journal of Water Resources Planning and Management*, ASCE, 121 (4), 340.

Walski, T. M. (2001). "The Wrong Paradigm—Why Water Distribution Optimization Doesn't Work." *accepted for Journal of Water Resources Planning and Management* ASCE, 127 (2), 203.

Walski, T. M., Brill, E. D., Gessler, J., Goulter, I. C., Jeppson, R. M., Lansey, K., Lee, H. L., Liebman, J. C., Mays, L. W., Morgan, D. R., and Ormsbee, L. E. (1987). "Battle of the Network Models: Epilogue." *Journal of Water Resources Planning and Management*, ASCE, 113 (2), 191.

Walski, T. M., and Gessler J. (1985). "Water Distribution System Optimization." *Technical Report EL*-85-11, U. S. Army Engineer Waterways Experiment Station, Vicksburg, Mississippi.

Walski, T. M., Gessler, J., and Sjostrom. J. W. (1988). "Selecting Optimal Pipe Sizes for Water Distribution Systems." *Journal of the American Water Works Association*, 80 (2), 35.

Walski, T. M., Youshock, M., and Rhee, H. (2000). "Use of Modeling in Decision Making for Water Distribution Master Planning." *Proceedings of the ASCE EWRI Conference*, Minneapolis, Minnsota.

Walters, G. A. (1998). "Optimal Design of Pipe Networks: A Review." *Proceedings of the International Conference on Computer Methods and Water Resources in Africa*, Computational Mechanics Publications, Springer Verlag.

Walters, G. A., Halhal, D., Savic, D., and Ouazar, D. (1999). "Improved Design of 'Anytown' Distribution Network Using Structured Messy Genetic Algorithms." *Urban Water*, 1 (1), 23.

Walters, G. A., and Lohbeck (1993). "Optimal Layout of Tree Networks Using Genetic Algorithms." *Engineering Optimization*, 22 (1), 27.

Watanatada, T. (1973). "Least Cost Design of Water Distribution Systems." *Journal of the Hydraulics Division*, ASCE, 99 (9), 1497.

Watkins, D. W. Jr., and McKinney, D. C. (1997). "Finding Robust Solutions to Water Resources Problems." *Journal of Water Resources Planning and Management*, ASCE, 123 (1), 49.

Wu, Z. Y., Boulos, P. F., Orr, C. H., and Ro, J. J. (2000). "An Efficient Genetic Algorithms Approach to an Intelligent Decision Support System for Water Distribution Networks." *Proceedings of the Hydroinformatics Conference*, lowa.

Wu, Z. Y., Boulos, P. E., Orr, C. H., and Ro. J. J. (2001). "Rehabilitation of Water Distribution System Using Genetic Algorithms." *Journal of the American Water Works Association*, 93 (11), 74.

Wu, Z. Y., and Simpson, A. R. (1996). "Messy Genetie Algorithms For Optimization of Water Distribution Systems." *Research Report R*140, Department of Civil and Environmental Engineering, University of Adelaide, Australia.

Wu, Z. Y., and Simpson, A. R. (1997). "An Efficient Genetic Algorithm Paradigm For Discrete Optimization of Pipeline Networks." *Proceedings of the International Congress on Modeling and Simulation*, Vol. 2, MODSIM 97, Hobart, Tasmania, Australia.

Wu, Z. Y., and Simpson, A. R. (2001). "Competent Genetic Algorithm Optimization of Water Distribution Systems." *Journal of Computing in Civil Engineering*, ASCE, 15 (2), 89.

Wu, Z. Y., and Simpson, A. R. (2000). "Evaluation of Critical Transient Loading for Optimal Design of Water Distribution Systems." *Proceedings of the Hydroinformatics Conference*, lowa.

Wu. Z. Y, Walski, T. M., Mankowski, R., Tryby, M., Herrin, G., and Hartell, W. (2002). "Optimal Capacity of Water Distribution Systems." *Proceedings of the* 1st *Annual Enviromental and Water Resources Systems Analysis* (*EWRSA*) *Symposium*, Roanoke, Virginia.

Yates, D. F., Templeman, A. B., and Boffey, T. B. (1984). "The Computational Complexity of the Problem of Determining Least Capital Cost Designs for Water Supply Networks." *Engineering Optimization*, 7 (2), 142.

模拟能量效率

Arora, H., and LeChevallier, M. W. (1998). "Energy Management Opportunities." *Journal of the American Water Works Association*, 90 (2), 40.

Brdys, M. A., and Ulanicki, B. (1994). *Operational Control of Water Systems: Structures, Algorithms, and Applications*. Prentice Hall.

Brion, L., and Mays, L. W. (1991). "Methodology for Optimal Operation of Pumping Stations in Water Distribution Systems." *Journal of Hydranlic Engineering*, ASCE, 117 (11), 1551.

Chase, D. V. (1993). "Computer Generated Pumping Schedule for Satisfying Operational Objectives." *Journal of the American Water Works Association*, 85 (7), 54.

Coulbeck, B. (1984). "Optimization of Water Networks." *Transactions of Institute of Measurements and Control*, 6 (5), 271.

Coulbeck, B., Bryds, M., Orr, C., and Rance, J. (1988). "A Hierarchal Approach to Optimized Control of Water Distribution Systems." *Journal of Optimal Control Applications and Methods*, 9 (1), 51.

Coulbeck, B., and Orr, C. H., eds. (1988). *Computer Applications in Water Supply Vol 2: System Optimization and Control*. Research Studies Press Ltd., Leicester, United Kinadom.

Coulbeck, B., and Sterling, M. (1978). "Optimal Control of Water Distribution Systems." *Proceedings of the Institule of Electrical Engineers*, 125, 1039.

Esat, V., and Hall, M. (1994). "Water Resources System Optimization Using Genetic Algorithms." *Hydroinformatics'*94, Vol. 1, Rotterdam, Netherlands.

Goldman, F. E. , and Mays, L. W. (1999) . "The Application of Simulated Annealing to the Optimal Operation of water Systems. " *Proceedings of the 26th Water Resources Planning and Management Conference*, American Society of Civil Engineers, Tempe, Arizona.

Jowitt, P. W. , and Germanopoulos, G. (1992) "Optimal Pump Scheduling in Water Supply Networks. " *Journal of Water Resources Planning and Management*, ASCE, 118 (4), 406.

Lackowitz, G. W. , and Petretti, P. J. (1983) . "Improving Energy Efficiency Through Computer Modeling. " *Journal of the American Water Works Association*, 75 (10), 510.

Lansey, K. E. , and Awumah, K. (1994) . "Optimal Pump Operations Considering Pump Switches. " *Journal of Water Resources Planning and Management*, ASCE, 120 (1), 17.

Lansey, K. E. , and Zhong, Q. (1990) . "A Methodology for Optimal Control of Pump Stations. " *Proceedings of the Water Resources Planning and Management Specialty Conference*, American Society of Civil Engineers, 58.

Little, K. W. , and McCrodden, B. J. (1989) . "Minimization of Raw Water Pumping Costs Using MILP. " *Journal of Water Resources Planning and Management*, ASCE, 115 (4), 511.

Ormsbee, L. E. (1991) . "Energy Efficient Operation of Water Distribution Systems. " *Research Report UKCE*9104, University of Kentucky, Lexington, Kentucky.

Ormsbee, L. E. and Chase, D. V. (1988) . "Optimal Pump Operation Using Nonlinear Programming. " *Proceedings of* 15*th Annual ASCE Water Resources Conference*, 158.

Ormsbee, L. E. , and Lansey, K. E. (1994) . "Optimal Control of Water Supply Pumping Systems. " *Journal of Water Resources Planning and Management*, ASCE, 120 (2), 237.

Ormsbee, L. E. , Walski, T. W. , Chase, D. V. , and Sharp. W. (1989) . "Methodology for Improving Pump Operation Efficiency. " *Journal of Water Resources Planning and Management*, ASCE, 115 (2), 148.

Percia, C. , Oron, G. , and Mehrez. A. (1997) . "Optimal Operation of Regional System With Diverse Water Quality Sources. " *Journal of Water Resources Planning and Management*, ASCE, 123 (2), 105.

Pezeshk, S. , and Helweg, O. J. (1996) . "Adaptive Search Optimization in Reducing Pump Operating Costs. " *Journal of Water Resources Planning and Management*, ASCE, 122 (1), 57.

Reardon, D. (1994) . "Audit Manual for Water-Wastewater Facilities. " *CR*-104300, EPRI, St. Louis, Missouri.

Rehis, H. F. , and Griffin, M. K. (1984) . "Energy Cost Reduction Through Operational Practices. " *Proceedings of the AWWA Annual Conference*, American Water Works Association, Dallas, Texas.

Sabel, M. H. , and Helwig, O. J. (1985) . "Cost Effective Operation of Urban Water Supply System Using Dynamic Programming. " *Water Resources Bulletin*, 21 (1), 75.

Sakarya, A. B. A. , and Mays, L. W. (2000) . "Optimal Operation of Water Distribution Pumps Considering Water Quality. " *Journal of Water Resources Planning and Management*, ASCE, 126 (4), 210.

Savic, D. A. , Walters, G. A. , and Schwab, M. (1997) . "Multiobjective Genetic Algorithms for Pump Scheduling in Water Supply" *AISB*, Lecture Notes in Computer Science 1305, Springer Verlag.

Shamir, U. (1985) . "Computer Applications for Real-time Operation of Water Distribution Systems. " *Proceedings of the Water Resources Planning and Management Division Conference*, American Society of Civil Engineers, Buffalo, New York.

Simons, R. (1996) . "Simulation and Optimisation Join Forces to Schedule London's Water. " *The Newsletter of Mathematical Programming in Industry and Commerce*, http: //www. eudoxus. com/

mpac9601. pdf.

Sterling, M. J. H. , and Coulbeck, B. (1975) . "A Dynamic Programming Solution to Optimization of Pumping Costs." *Proceedings of Institute of Civil Engineers*, 59 (2), 813.

Sterling, M. J. H. , and Coulbeck, B. (1975) . "Optimization of Water Pumping Costs by Hierarchical Methods." *Proceedings of the Institute of Civil Engineers*, 59, 789.

TREEO. (1985) . "Operations and Training Manual on Energy Efficiency in Water and Wastewater Treatment Plants." *TREEO Center*, University of Florida, 1986.

Van Zyl. J. E. (2001) . *A Methodology for Improved Operational Optimization of Water Distrbution Systems*. Ph. D. Thesis, University of Exeter. United Kingdom.

Walski, T. M. (1980) . "Energy Costs: A New Factor in Pipe Size Selection." *Journal of the American Water Works Association*, 72 (6), 326.

Walski, T. M. (1993) . "Tips for Saving Energy in Pumping Operations." *Journal of the American Water Works Association*, 85 (7), 49.

Water and Environment Federation (WEF) (1997) . "Energy Conservation in Wastewater Tratment Facilities." *WEF Manual of Practice MFD - 2*, Alexandria, Virginia.

Wu, Z. Y. , Boulos, P. F. , Orr, C. H. , and Moore, M. (2001) . "Using Genetic Algorithm for Water Distribution System Optimization." *Proceedings of the World Water & Environmental Resources Congress*, Orlando, Florida.

Yu, G. , Powell, R. S. , and Sterling, M. J. H. (1994) . "Optimized Pump Scheduling in Water Distribution Systems." *Journal of Optimization Theory Applications*, 83 (3), 463.

Cabrera, E. , and Vela, A. F. , eds. (1995) . *Improving Efficiency and Reliability in Water Distribution Systems*. Water Science and Technology Library, Vol. 14, Kluwer Academic Publishers, Boston, Massachusetts.

Zessler, M. L. , and Shamir, U. (1989) . "Optimal Operation of Water Distribution Systems." *Journal of Water Resources Planning and Management*, ASCE, 115 (8), 735.

水质模型

American Water Works Association (1990) . "Recommended Practice for Backflow Prevention and Cross Connection Control." *AWWA Manual M - 14*, Denver, Colorado.

American Water Works Association Research Foundation (1991) . *Water Quality Modeling in Distribution Systems*. Denver, Colorado.

Antoun, E. N. , Dyksen, J. E. , and Hiltebrand (1999) . "Unidirectional Flushing." *Journal of the American Water Works Association*, 91 (7), 62.

APHA, AWWA, and WEF (1998) . *Standard Methods for Examination of Water and Wastewater*. 20th Edition, AWWA, Denver, Colorado.

Benjamin, M. M. , Reiber, S. H. , Ferguson, J. F, Vanderwerff, E. A. , and Miller, M. W. (1990). *Chemistry of Corrosion Inhibitors in Potable Water*. AWWARE, Denver, Colorado.

Boccelli, D. L. , Tryby, M. E. , Uber, J. G. , Rossman, L. A. , Zierolf, M. L. , and Polycarpou, M. M. (1998) . "Optimal Scheduling of Booster Disinfection in Water Distribution Systems." *Journal of Water Resources Planning and Management*, ASCE, 124 (2), 99.

Boorman, G. A. , Dellarco, V. , Dunnick, J. K. , Chapin, R. E. , Hunter, S. , Hauchman, F. , Gardner, H. , Cox, M. , Sills, R. C. (1999) . "Drinking Water Disinfection By-products: Review and Approach to Toxicity Evaluation." *Environmental Health Perspectives*, 107, Supplemental 1: 207.

Boulos, P. F. , Altman, T. , Jarrige, P. A. , and Collevati, F. (1995) . "Discrete Simulation Approach for Network Water Quality Models." *Journal of Water Resources Planning and Management*, ASCE, 121 (1), 49.

Caldwell, D. H. , and Lawrence, W. B. (1953) . "Water Softening and Conditioning Problems." *Industrial Engineering Chemistry*, 45 (3), 535.

Chen, W. J. , and Weisel, C. P. (1998) . "Halogenated DBP Concentrations in a Distribution System." *Journal of the American Water Works Association*, 90 (4), 181.

Clark, R. M. , and Cole, J. A. (1990) . "Measuring and Modeling Variations in Distribution System Water Quality." *Journal of the American Water Works Association*, 82 (8), 46.

Clark, R. M. , Geldreich, E. E. , Fox, K. R. , Rice, E. W. , Johnson, C. H. , Goodrich, J. A. , Barnick, J. A. , and Abdesaken, F. (1996) . "Tracking a Salmonella Serovar Typhimurium Outbreak in Gideon, Missouri: Role of Contaminant Propagation Modeling." *Journal of Water Supply Research and Technology-Aqua*, 45 (4), 171.

Clark, R. M. , and Grayman, W. M. (1998) . *Modeling Water Quality in Distribution Systems*. AWWA, Denver, Colorado.

Clark, R. M. , Grayman, W. M. , Goodrich, R. A. , Deininger, P. A. , and Hess, A. F. (1991) . "Field Testing Distribution Water Quality Models." *Journal of the American Water Works Association*, 84 (7), 67.

Clark, R. M. , Grayman W. M. , and Males, R. M. (1988) . "Contaminant Propagation in Distribution Systems." *Journal of Environmental Engineering*, ASCE, 114 (4), 929.

Clark, R. M. , Grayman, W. M. , Males R. M. , and Hess, A. F. (1993) . "Modeling Contaminant Propagation in Water Distribution Systems." *Journal of Environmental Engineering*, ASCE, 119 (2), 349.

Constans, S. , Brémond, B. , and Morel, P. (2000) . "Using Linear Programs to Optimize the Chlorine Concentrations in Water Distribution Networks." *Proceedings of the ASCE Joint Conference on Water Resources Engineering and Water Resources Planning and Management*, Minneapolis, Minnesota.

Dandy, G. , and Hewitson, C. (2000) . "Optimising Hydraulies and Water Quality in Water Distribution Networks using Genetic Algorithms." *Proceedings of the ASCE Joint Conference on Water Resources Engineering and Water Resources Planning and Management*, Minneapolis, Minnesota.

Elton, A. , Brammer, L. F. , and Tansley, N. S. (1995) . "Water Quality Modeling in Distribution Networks." *Journal of the American Water Works Association*, 87 (7), 44.

Gagnon, J. L. , and Bowen, P. T. (1996) . "Supply Safety and Quality of Distributed Water." *Proceedings of the AWWA Computer Conference*, American Water Works Association, Chicago, Illinois.

Gauthier, V. , Besner, M. C. , Barbeau, B. , Millette, R. , and Prevost, M. (2000). "Storage Tank Management to Improve Water Quality: Case Study." *Journal of Water Resources Planning and Management*, ASCE, 126 (4), 221.

Geldreich, E. E. (1996) . *Microbial Quality of Water Supply in Distribution Systems*. Lewis Publishers, Boca Raton, Florida.

Grayman, W. M. (2001) . "Use of Tracer Studies and Water Quality Models to Calibrate a Network Hydraulic Model." *Current Methods*, 1 (1), Haestad Methods, Inc. Waterbury, Connecticut.

Grayman, W. M. , Clark, R. M. , and Males, R. M. (1988) . "Modeling Distribution System Water Quality: Dynamic Approach." *Journal of Water Resources Planning and Management*, ASCE, 114 (3).

Grayman W. M., Deininger, R. A., Green, A., Boulos, P. F., Bowcock, R. W., and Godwin, C. C. (1996). "Water Quality and Mixing Models for Tanks and Reservoirs." *Journal of the American Water Works Association*, 88 (7).

Grayman, W. M., Rossman, L. A., Arnold, C., Deininger, R. A., Smith, C., Smith, J. F., and Schnipke, R. (2000). *Water Quality Modeling of Distribution System Storage Facilities*. AWWA and AWWA Research Foundation, Denver, Colorado.

Grayman, W. M., Rossman, L. A., Li, Y., and Guastella, D. (2002). "Measuring and Modeling Disinfectant Wall Demand in Metallie Pipes." *Proceedings of the ASCE Environmental Water Resources Institute Conference*, American Society of Civil Engineers, Roanoke, Virginia.

Harding, B. L., and Walski, T. M. (2000). "Long Time-series Simulation of Water Quality in Distribution Systems." *Journal of Water Resources Planning and Management*, ASCE, 126 (4), 199.

Harr, J. (1995). *A Civil Action*. Vintage Books, New York, New York.

Hart, F. F., Meader, J. L., and Chiang, S. M. (1987). "CLNET—A Simulation Model for Tracing Chlorine Residuals in Potable Water Distribution Networks." *Proceedings of the AWWA Distribution System Symposium*, American Water Works Association, Denver, Colorado.

Islam, R., and Chaudhry, M. H. (1998). "Modeling Constituent Transport in Unsteady Flows in Pipe Networks." *Journal of Hydraulic Engineering*, ASCE, 124 (11), 1115.

Kiene, L., and Hemery, A. (1999). "Monitoring of Water Quality in Distribution Systems Using Optimized Models, On-line Sensors and Booster Chlorination Stations." *Proceedings of the Water Resources Planning and Management Conference*, American Society of Civil Engineers, Reston, Virginia.

Kramer, M. H., Herwald, B. L., Craun, G. F., Calderon, R. L., and Juranek, D. D. (1996). "Waterborne Disease—1993 and 1994." *Journal of the American Water Works Association*, 88 (3), 66.

Kroon, J. R., and Hunt, W. A. (1989). "Modeling Water Quality in a Distribution Network." *Proceedings of the AWWA Water Quality Technology Conference*, American Water Works Association, Denver, Colorado.

Langelier, W. F. (1936). "The Analytical Control of Anti-Corrosion in Water Treatment." *Journal of the American Water Works Association*, 28 (10), 1500.

LeChevallier, M. W., Babcock, T. M., and Lee, R. G. (1987). "Examination of the Characterization of Distribution System Biofilms." *Applied and Environmental Microbiology*, 53 (2), 714.

Liou, C. P., and Kroon, J. R. (1987). "Modeling Propagation of Waterborne Substances in Distribution Networks." *Journal of the American Water Works Association*, 79 (11), 54.

Maddison, L. A., and Gagnon, G. A. (1999). "Evaluating Corrosion Control Strategies for a Pilot-Scale Distribution System." *Proceedings of the Water Quality Technology Conference*, American Water Works Association, Denver, Colorado.

Males, R. M., Clark, R. M., Wehrman, P. I., and Gates, W. E. (1985). "An Algorithm for Mixing Problems in Water Systems." *Journal of Hydraulic Engineering*, ASCE, 111 (2).

Maslia, M. L., Sautner, J. B., Aral, M. M., Reyes, J. J., Abraham, J. E., and Williams, R. C. (2000). "Using Water-Distribution Modeling to Assist Epidemiologic Investigations." *Journal of Water Resources Planning and Management*, ASCE, 126 (4), 180.

Mau, R. E., Boulos, P. F., Clark, R. M., Grayman, W. M., Tekippe, W. M., and Trussel, R. R. (1995). "Explicit Mathematical Model of Distribution Storage Water Quality." *Journal of Hydraulic Engineering*, ASCE, 121 (10), 699.

McNeil, L. S., and Edwards, M. (2000). "Phosphate Inhibitors and Red Water in Stagnant Iron

Pipes." *Journal of Environmental Engineering*, ASCE, 126 (12), 1096.

Merrill, D. T., and Sanks, R. L. (1978). *Corrosion Control by Deposition of* $CaCo_3$ *Films*. American Water Works Asociation, Denver, Colorado.

Mullen, E. D., and Ritter, J. A. (1974). "Potable-Water Corrosion Control." *Journal of the American Water Works Association*, 66 (8), 473.

Murphy, P. J. (1991). *Prediction and Validation in Water Distribution Modeling*. American Water Works Association Research Foundation, Denver, Colorado.

Nace, A., Harmant, P., and Villon, P. (2001). "Optimization of Location and Chlorine Dosage of the Booster Chlorination in Water Distribution Network." *Proceedings of the World Water and Environmental Resources Congress*, The Environmental & Water Resources Institute, Reston, Virginia.

Prentice, M. (2001). "Disinfection Modeling Study for the Owen Sound Water Distribution Ssytem." *Proceedings of the AWWA Annual Conference*, American Water Works Association, Denver, Colorado.

Propato, M., Uber, J. G., Shang, F., Polycarpou, M. M. (2001). "Integrated Control and Booster System Design for Residual Maintenance in Water Distribution Systems." *Proceedings of the World Water and Environmental Resources Congress*, The Environmental & Water Resources Institute, Reston, Virginia.

Rossman, L. A. (1994). *EPANET Users Manual*, U. S. Environmental Protection Agency, Cincinnati, Ohio.

Rossman, L. A., and Boulos, P. F. (1996). "Numerical Methods for Modeling Water Quality in Distribution Systems: A Comparison." *Journal of Water Resources Planning and Management*, ASCE, 122 (2), 137.

Rossman, L. A., Boulos P. F., and Altman, T. (1993). "Discrete Element Method for Network Water Quality Models." *Journal of Water Resources Planning and Management*, ASCE, 119 (5), 505.

Rossman, L. A., Clark, R. M., and Grayman, W. M. (1994). "Modeling Chlorine Residuals in Drinking-Water Distribution Systems." *Journal of Environmental Engineering*, ASCE, 120 (4), 803.

Sakarya, A. B., and Mays, L. W. (1999). "Optimal Operation of Water Distribution Systems for Water Quality Purposes." *Proceedings of the 26th Water Resources Planning and Management Conference*, American Society of Civil Engineers, Tempe, Arizona.

Sekhar, W. W., and Uber, J. G. (2001). "Field Study of Chlorine Decay and Disinfection Byproduct Formation in Water Distribution Systems." *Proceedings of the World Water and Environmental Resources Congress*, The Environmental & Water Resources Institute, Reston, Virginia.

Shah, M., and Sinai, G. (1988). "Steady State Model for Dilution in Water Networks." *Journal of Hydraulic Engineering*, ASCE, 114 (2), 192.

Sharp, W. W., Pfeffer, J., and Morgan, M. (1991). "In Situ Chlorine Decay Rate Testing." *Proceedings of the AWWARF/EPA Conference on Water Quality Modeling in Distribution Systems*, Cincinnati, Ohio.

Summers, R. S., Hooper, S. M., Shukairy, H. M., Solarik, G., and Owen, D. (1996). "Assessing DBP Yield: Uniform Formation Conditions." *Journal of the American Water Works Association*, 88 (6), 80.

Tryby, M. E., Boccelli, D., Koechling, M., Uber, J., Summers, R. S., and Rossman. L. (1999). "Booster Chlorination for Managing Disinfectant Residuals." *Journal of the American Water Works Association*, 91 (1), 86.

Tryby, M. E., and Uber, J. G. (1999). "Devlopment of a Booster Chlorination Design Using Distribution System Models." *Proceedings of the 26th Water Resources Planning and Management Conference*, American Society of Civil Engineers, Tempe, Arizona.

U. S. Environmental Protection Agency (1998). *Stage I Disinfectants and Disinfection Byproducts Rule*. Office of Water, http://www.epa.gov/safewater/mdbp/dbpl.html.

U. S. Environmental Protection Agency (2000). *Stage 2 Microbial/Dininfection Byproducts Federal Advisory Committee*. Office of Water, http: http://www.epa.gov/safewater/mdbp/st2faca.html.

Vandermeyden, C., and Hartman, D. (2001). "Water Quality Modeling of a Complete Distribution System. Development, Results, and Practical Applications." *Proceedings of the AWWA Anmual Conference*, American Water Works Association, Denver, Colorado.

Vasconcelos, J. J., Rossman, L. A., Grayman, W. M., Boulos, P. F., and Clark, R. M. (1996). *Characterization and Modeling of Chlorine Decay in Distribution Systems*. AWWA Research Foundation, Denver, Colorado.

Vasconcelos, J. J., Rossman, L. A., Grayman, W. M., Boulos, P. E., and Clark, R. M. (1997). "Kinetics of Chlorine Decay." *Journal of the American Water Works Association*, 89 (7), 54.

Volk, C., Dundore, E., Schiermann, J., LeChevallier, M. (2000). "Practical Evaluation of lron Corrosion Control in a Drinking Water Distribution System." *Water Research*, 34 (6), 1967.

Waller, K., Swan, S. H., DeLorenze, G., Hopkins, B. (1998). "Trihalomethanes in Drinking Water and Spontaneous Abortion." *Epidemiology*, 9 (1), 134.

Walski, T. M. (1991). "Understanding Solids Transport in Water Distribution Systems." *Water Quality Modeling in Distribution Systems*, AWWARF, Denver, Colorado.

Walski, T. M. (1999). "Modeling TCE Dynamics in Water Distribution Tanks." *Proceedings of the 26th Water Resources Planning and Management Conference*, American Society of Civil Engineers, Tempe, Arizona.

Walski, T. M., and Draus, S. J. (1996). "Predicting Water Quality Changes During Flushing." *Proceedings of the AWWA Annual Conference*, American Water Works Association, Toronto, Canada.

Wang, Z., Polycarpou, M. M., Shang, F., Uber, J. G. (2001). "Design of Feedback Control Algorithm for Chlorine Residual Maintenance in Water Distribution Systems." *Proceedings of the World Water and Environmental Resources Congress*. The Environmental & Water Resources Institute, Reston. Virginia.

Welker, R., Sakamoto, K., LeFebre, W., and Hanna, Y. (1995). "The Application of a Calibrated Water Quality Model in a System-wide Disinfection Study." *Computers in the Water Industry*, American Water Works Association, Denver, Colorado.

Wright, C., and Nevins, T. (2002). "In-situ Tracer Testing for Determining Effective Inside Pipe Diameters." *Proceedings of the ASCE Environmental Water Resources Institute Conference*, American Society of Civil Engineers, Roanoke, Virginia.

消防

American Water Works Association (1998). "Distribution System Requirements for Fire Protection." *AWWA Manual M* - 31, Denver, Colorado.

American Water Woks Association (1994a). "Standard for Dry Barrel Fire Hydrants." *AWWA* C502 - 94, Denver, Colorado.

American Water Works Association (1994b). "Standard for Wet Barrel Fire Hydrants." *AWWA* C503 - 94. Denver, Colorado.

Boulos. P. F. , Rossman, L. A. , Orr, C. H. , Heath, J. E. , and Meyer, M. S. (1997) . "Fire Flow Computation with Network Models." *Journal of the American Water Works Association*, 89 (2), 51.

Brock, P. D. (1990) . *Fire Protection Hydraulics and Water Supply*. Oklahoma State University, Stillwater, Oklaboma.

Circulaire des Ministreres de l'Intériur et de I'Agriculture du Février (1957) . *Protection Contre I'incendie dnas les Communes Rurales*. Paris, France.

Circulaire du Ministrere de l'Agriculture du Auout (1967) . *Réserve d'eau Potable. Protection Contre I'incendie dans les Communes Rurales*. Paris. France.

Circulaire Interministérielle du Décembre (1951) . *Alimentaion des communes en eau potable-Lutte contre l'incendie*. Paris. France.

DVGW (1978) . "DVGW W405 Bereitstellung von Löschwasser durch die Öffentliche Trinkwasserversorgung." *Deutscher Verein des Gas-und Wasserfaches*. Franfurt, Germany.

Hickey, H. E. (1980) . *Hydraulics for Fire Protection*. National Fire Protection Association, Quincy, Massachusets.

Insurance Services Office (ISO) (1963) . *Fire Flow Tests*. New York. New York.

Insurance Services Office (ISO) (1998) . *Fire Suppression Rating Schedule*. New York, New York.

National Frie Protection Association (NFPA) (1992) . "Standard for Inspection, Testing and Maintenance of Water Based Fire Protection Systems." *NFPA* 25, Quincy, Massachusetts.

National Fire Protection Association (NFPA) (1999) . *Fire Protection Handbook*. Quincy, Massachusetts.

National Fire Protection Association (NFPA) (1999) . "Sprinkler Systems in One-and Two-Family Dwellings and Manufactured Homes." *NFPA 13D*, Quincy, Massachusetts.

National Fire Protection Association (NFPA) (1999) . "Standard for Installation of Sprinkler Systems." *NFPA* 13, Quincy, Massachusetts.

Pucholvsky, M. T. (1999) . *Automatic Sprinkler Systems Handbook*, National Fire Protection Association. Quincy, Massachusetts.

SNIP (1985) . *Water Supply Standards* (in Russian) . 2. 04. 02 - 84, Moscow. Russia.

Walski, T. M. , and Lutes, T. L. (1990), "Accuracy of Hydrant Flow Tests Using a Pitot Diffuser." *Journal of the American Water Works. Association*, 82 (7), 58.

Water UK and Local Government Association (1998) . *National Guidance Document on the Provision of Water for Fire Fighting*. London, United Kingdom.

瞬变流

Abreu J. M. , ed. (1995) . *Transitoriosy Oscilaciones en Sistemas Hidraulicos a Presion*, Universidad Politécnica de Valencia. Spain.

Allievi, L. (1903) . *Teoria Generale del Moto Perturbato Dell'acqua Nei Tubi in Pressione*. Annali Della Societa Degli Ingegneri ed Architetti Italiani, Milan.

Allievi, L. (1925) . *Theory of Waterhammer* (translated by E. E. Halmos) . Riccardo Garoni, Rome.

Almeida, A. B. , and Koelle, E. (1992) . *Fluid Transients in Pipe Networks*. Elsevier Applied Science. Southampton. UK.

Amein, M. , and Chu. H. L. (1975) . "Implicit Numerical Modeling of Unsteady Flows." *Journal of Hydraulics Division*, ASCE. 101, 717.

ASCE (1975) . *Pressure Pipeline Design for Water and Wastewater*, ASCE. New York, New York.

Basha, H. A. , and Kassab, B. G. (1996) . "A Perturbation Solution to the Transient Pipe Flow Problem." *Journal of Hydraulic Research*, 34, 633.

Chaudhry, M. H. (1987) . *Applied Hydraulic Transients*. Van Nostrand Reinhold, New York.

Chen, L. C. (1995) . "Pipe Network Transient Analysis—The Forward and Inverse Problems." *Thesis, Faculty of the Graduate School*, Cornell University.

Covas, D. , Stoianov, I. , Graham. N. , Maksimovic, C. , Ramos, H. , and Butler, D. (2002) . "Hydraulic Transients in Polyethylene Pipe." *Proceedings of the ASCE Environmental Water Resources Institute Conference*, American Society of Civil Engineers, Roanoke. Virginia.

Elansary, A. S. , Silva, W. , and Chaudhry, M. H. (1994) . "Numerical and Experimental Investigation of Transient Pipe Flow." *Journal of Hydraulic Research*, 32, 689.

Filion, Y. , and Karney, B. W. (2002), "A Nunerical Exploration of Transient Decay Mechamisms in Water Distribution Systems." *Proceedings of the ASCE Environmental Water Resources Institute Conference*, American Society of Civil Engineers, Roanoke, Virginia.

Giacomini, M. R. (1999) . *Ajuste das Curvas Caracteristicas das Bombas Para a Análise dos Transitórios Hidránlicos em Instalações de Bombeamemo*. M. Sc. Dissertation. Universidade de Campinas, Brazil.

Gray, C. A. M. (1953) . "The Analysis of Dissipation of Energy inWaterhammer." *Proceedings of the American Society of Civil Engineers*, 119, 1176.

Joukowski, N. (1904) . Waterhammer (translated by Miss. O. Simmin) . *Proceedings of the American Water Works. Association*, 24, 341 - 424.

Koelle, E. (1983) . *Transientes Hidráulicos em Instalações de Condutos Forçados, Aplicações em Engenharia*. Apostila da Escola Politécnica da Universidade de São Paulo, Brazil.

Koelle, E. , Luvizotto Jr. , E. , and Andrade, J. P. G. (1996) . "Personality Investigation of Hydraulic Networks Using MOC-Method of Characteristics." *Proceedings of the 7th International Conference on Pressure Surges and Fluid Transients*. Harrogate Durham. United Kingdom.

Liggett, J. A. , and Chen, L. C. (1994) . "Inverse Transient Analysis in Pipe Networks." *Journal of Hydraulic Engineering*. ASCE, 120 (8), 934.

Luvizotto Jr. , E. , Koelle. E. (1992) . "The Analytic Representation of the Characteristics of Hydraulic Machines for Computer Simulations." *Proceedings of the International Conference on Unsteady Flow and Fluid Transiems*, Durham, United Kingdom.

Parmakian, J. (1963) . *Waterhammer Analysis*. Dover Publications. Inc. , New York, New York.

Streeter, V. L. , Lai, C, (1962) . "Waterhammer Analysis Including Fluid Friction." *Journal of Hydraulics Division*, ASCE, 88, 79.

Thorley, A. R. D. (1991) . *Fluid Transients in Pipeline Systems*. D&L George Ltd. , United Kingdom.

Thorley, A. R. D. , Chaudry, A. (1996) . "Pump Characteristics for Transient Flow Analysis." *Proceedings of the 7th International Conference on Pressure Surges*, Mechanical Engineering Publications, BHR Group.

Watters, G. Z. (1979) . *Modern Analysis and Control of Unsteady Flow in Pipelines*. Ann Arbor, Michigan.

Wylie, E. B. , and Streeter, V L. (1993) . *Fluid Transients in Systems*. Prentice-Hall, Englewood Cliffs. New Jersey.

Wood, D. J, Dorsch, R. G. , and Lightner, C. (1966) . "Wave-Plan Analysis of Unsteady Flow in Closed Conduits." *Journal of Hydraulics Division*, ASCE, 92, 83.

Agency for Toxic Substances and Disease Registry (ATSDR) (2001) . *Summary of Findings. Historical Reconstruction of the Water-Distribution System Serving the Dover Township Area, New Jersey: January* 1962 - *December* 1996, Atlanta, Georgia.

American Water Works Association (1984) . "Emergency Planning for Water Utility Management." *AWWA Manual* 19. 2nd Edition, Denver, Colorado.

American Water Works Association (1990), *Water Quality & Treatment A Handbook of Community Water Supplies*. 4th Edition, McGraw-Hill. New York. New York.

American Water Works Association (2001) . "Emergency Planning for Water Utilities." *Manual of Practice M* - 19, Denver, Colorado.

AwwaRF (2002) . *Online Monitoring for Drinking Water Utilities*. Edited by E. Hargesheimer, Denver, Colorado.

Berger, B. B. , and Stevenson, A. H. (1955) . "Feasibility of Biological Warfare Against Public Water Supplies." *Journal of the American Water Works Association*, 47 (101), 101.

Brosnan. T. M. (1999) . "Early Warning Monitoring to Detect Hazardous Events in Water Supplies." *ILSI Risk Science Institute Working Group Report*, Washington, D. C.

Burrows, W. D. , and Renner, S. E. (1998) . "Biological Warfare Agents as Threats to Potable Water," *Environmental Health Perspectives*, 107 (12), 975.

Clark, R. M. , and Deininger, R. A. (2000), "Protecting the Nation's Critical Infrastructure: The Vulnerability of U. S. Water Supply Systems." *Journal of Contingencies and Crisis Management*, 8 (2), 73.

Clark, R. M. , Geldreich, E. E. , Fox, K. R. , Rice, E. W. , Johnson, C. W. , Goodrich, J. A. , Barnick, J. A. , and Abdesaken. F. (1996) . "Tracking a *Salmonella* Serovar *Typhimurium* Outbreak in Gideon, Missouri: Role of Contaminant Propagation Modeling." *Journal of Water Supply and Technology*, 45 (4), 171.

Craun, G. , Swerdlow, D. , Tauxe, R. , Clark, R. , Fox, K. , Geldreich, E. , Reasoner, D. , and Rice, E. (1991) . "Prevention of Waterborne Cholera in the United States." *Journal of the American Water Works Association*, 83 (11), 43.

Deininger, R. A. (2000) . "Constituents of Concern. The Threat of Chemical and Biological Agents to Public Water Supply Systems." *Appendix F in Pipeline Net User's Guide*, SAIC, McLean, Virginia.

Deininger, R. A. , and Meier, P. G. (2000) . "Sabotage of Public Water Supply Systems." *Security of Public Water Supplies*, Deininger, R. A. , Literathy, P. , and Bartram, J. , eds, NATO Science Series 2, Environment-Volume 66, Kluwer Academic Publishers.

Denileon, G. P. (2001) . "The Who, What, Why, and How of Counterterrorism Issues." *Journal of the American Water Works Association*, 93 (5), 78.

Dreazen, Y. J. (2001) . "Water Utility Officials Fear Backflow from Terrorists." *Wall Street Journal*, December 27, 2001, A14.

Fox, K. R. , and Lytle, D. A. (1996) . "Milwaukee's Crypto Outbreak Investigation and Recommendations." *Journal of the American Water Works Association*, 88 (9), 87.

Grayman, W. M. , Deininger, R. A. , and Males, R. M. (2002) . *Design Of Early Warning and Predictive Source-Water Monitoring Systems*. AWWA Research Foundataion. Denver, Colorado.

Grayman, W. M. , and Males, R. M. (2001) . "Risk-Based Modeling of Early Warning Systems for Pollution Accidents." *Proceedings of the IWA 2nd World Water Congress*. IWA. London, United Kingdom.

Grayman. W. M., Rossman, L., A., Arnold. C., Deininger, R. A., Smith, C., Smith. J. F., Schnipke. R. (2000). *Water Quality Modeling of Distribution System Storage Facilities*. AWWA Research Foundation, Denver, Colorado.

Haestad Methods. Inc. (2002). *Proceedings of the Water Security Summit*. Haestad press, Waterbury. Connecticut.

Harding, B. L., and Walski, T. M. (2000). "Long Time-Series Simulation of Water Quality in Distribution Systems." *Journal of Water Resources Planning and Management*. ASCE, 126 (4), 1199.

Harr, J. (1995). *A Civil Action*. Vintage Books, New York, New York.

Harris, S. H. (1994). *Factories of Death. Japanese Biological Warfare* 1932 – 1945 *and the American Coverup*. Routledge. New York, New York.

Hickman, D. C. (1999), "A Chemical and Biological Warfare Threat: USAF Water Systems at Risk." *Counterproliferation Paper No*. 3. Maxwell Air Force Base, USAF Counterproliferation Center, http://www. au. af. mil/au/awc/awcgate/cpc-pubs/hickman. pdf.

Hoover, J. E. (1941). "Water Supply Facilities and National Defense." *Journal of the American Water Works Association*, 33 (11), 1861 – 1865.

Murphy, P. J. (1986). *Water Distribution in Woburn. Massachusetts*. University of Massachusetts, Amherst, Massachusetts.

Rakesh, B., Samuels, W., Grayman, W. (2001). "EPANET-Arcview Integration for Emergency Response." *Proceedings of the World Water and Environmental Resources Congress*, EWR1, Reston, Virginia.

Sandia National Laboratories. (2001). "Water Infrastructure Security Critical Infrastructure protection." *Webcast presented by AwwaRF*, http://www. awwarf, com/whatsnew. html.

Sobsey, M. D. (1999). "Methods to Identify and Detect Contaminants in Drinking Water." *Identifying Future Drinking Water Contaminates*, National Academy Press, Washington, D. C.

Williams, P., and Wallace, D. (1999). *Unit* 731: *Japan's Secret Biological Warfare in World War* Ⅱ. Hodder & Stoughton, London, United Kingdom.

管理控制与数据采集

Barnes, M., and Mackay, S. (1992). *Data Communications for Instrumentation and Control*. Instrument Data Communications (IDC), Australia.

Cisco Systems, Inc. (2000). *CCIE Fundamentals*: *Network Design and Case Studies*. Cisco Press, Second Edition, Indianapolis, Indiana.

Citect version 5 *User's Guide*. (1998). CI Technologies Pty. Ltd., Pymble. Australia.

Haime, A. L. (1998). "Practical Guide to SCADA Communications." *SCADA at the Crossroads Conference Workshop*, The Institution of Engineers Australia, Perth. Western Australia.

Williams. R. I. (1992). *Handbook of SCADA Systems for the Oil and Gas Industries*. Elsevier Advanced Technology Limited, 1st Edition, Great Yarmouth. United Kingdom.

地理信息系统（GIS）

Anderson, J. L., Lowry, M. V., and Thomte. J. C. (2001), "Hydraulic and Water Quality Modeling of Distribution Systems: What are the Trends in the US and Canada." *AWWA Anmial Conference*, Washington, DC.

Basford. C. and Sevier, C. (1995). "Automating Maintenance of Hydraulic Network Model Demand Database using GIS and Customer Billing Records." *AWWA Computer Conference*, Norfolk, Virginia.

Buyens, D. J., Bizier, P. A., and Combee, C. W. (1996). "Using a Geographical Information System to Determine Water Distribution Model Demands." *AWWA Annual Conference*, Toronto, Ontario, Canada.

Davis. A. L., and Braun, R. C. (2000), "General Purpose Demand Allocator (DALLOC)." *EWRI Conference*, ASCE, Minneapolis, Minnesota.

Deagle, G., and Ancel, S. (2002). "Development and Maintenance of Hydraulic Models." *AWWA IMTech*, Kansas City, Mo.

DeMartino, S., and Hrnicek, E. (2001). "Object Oriented GIS 101." *CE News*, November.

ESRI. (2001). *Dictionary of GIS Terminology*. ESRI Press, Redlands, California.

ESRI (series). *ESRI Map Book: Applications of Geographic Information Systems*. ESRI Press, Redlands, California.

Miller, D. (1999), "DEM-Based Terrain Modeling with Arc View 3-D Analyst." *ARC User*, ESRI, July-September, 16.

Orne, W., Hammond, R., and Cattran. S. (2001). "Building Better Water Models." *Public Works*. October.

Price, M. (1999). "Converting and Using SDTS Digital Elevation Models." *Arc User*. ESRI, July-September, 10.

Przybyla, J. (2002). "What Stops Folks Cold from Pursuing GIS." *Public Works*, April.

Schatzlein. M., and Dieterlein. J. (2002). "Finding Needles in a Haystack: IWC's Experience Optimizing Integration with Hydraulic Models." *AWWA IMTech*, Kansas City, Mo.

Shamsi, U. M. (2001). "GIS and Modeling Integration." *CE News*, 13 (6).

Tobler, W. (1959). "Automation and Cartography." *Geographical Review*, 49 (526).

Walski, T. M. (2002). "Identifying Monitoring Locations in a Water Distribution System." *AWWA IMTech*, Kansas City, Mo.

Walski, T. M., Toothill, B., Skronski, D., Thomas, D., and Lowry, S. G. (2001). "Using Digital Elevation Models." *Current Methods*, Haestad Press, 91.

Zeiler, M. (1999). *Modeling Our World*. ESRI Press, Redlands. California.